I0034963

COURS

DE

COMPTABILITÉ

POITIERS. — IMPRIMERIE P. OUDIN, RUE DE L'ÉPERON, 4.

BIBLIOTHÈQUE DES EMPLOYÉS DES CONTRIBUTIONS INDIRECTES.

COURS

DE

COMPTABILITÉ

PUBLIÉ PAR

AIMÉ TRESCAZE,

Directeur du Nouveau Recueil chronologique,
Lauréat et Membre correspondant de plusieurs Sociétés savantes
Chevalier de la Légion d'honneur,

AVEC LA COLLABORATION DE MM.

HOURCADE, LAUSSUCQ, ETC.,

Employés supérieurs des Contributions indirectes.

Deuxième édition, revue et augmentée

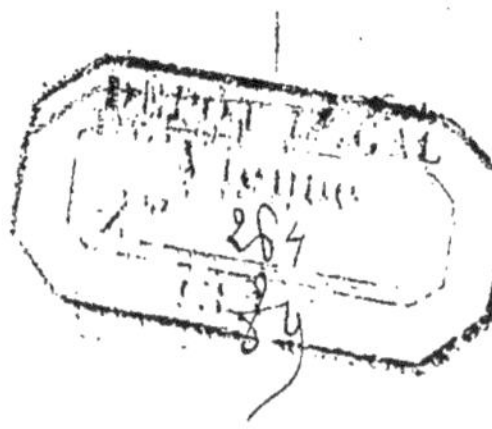

POITIERS

LIBRAIRIE ADMINISTRATIVE DE P. OUDIN

RUE DE L'ÉPERON, 4.

AVERTISSEMENT

AU SUJET DE LA NOUVELLE ÉDITION

La publication du Cours de Comptabilité de M. Trescaze avait un caractère d'utilité pour le service. Nous en avons eu la preuve par l'empressement que le personnel a mis à souscrire à cet ouvrage, dont la première édition est aujourd'hui épuisée. Mais, comme un livre de cette nature ne peut avoir d'intérêt qu'autant qu'il réunit, méthodiquement groupées, toutes les instructions, même les plus récentes, il nous a paru utile de compléter ce travail en y insérant les principales dispositions des circulaires de l'Administration et de la Comptabilité publique parues depuis sa publication. Le nombre et la variété de ces instructions, qui portent sur tous les services du budget des contributions indirectes, et les modifications apportées aux tarifs des droits perçus par la Régie, nous ont mis dans la nécessité de faire des retouches aux différents chapitres et de remanier un très grand nombre d'articles.

Pour ne pas obliger ceux qui connaissent cette publication, à faire une nouvelle étude du classement des instructions contenues dans le Cours de Comptabilité, nous avons maintenu le plan primitif de l'ouvrage ; mais nous avons fait en sorte de faciliter la lecture du texte, en adoptant, pour l'impression, des types différents de caractères qui permettent de distinguer rapidement la division des articles, et nous nous sommes attaché à faire une table alphabétique très développée, pour aider dans les recherches.

Nous pouvons donc offrir au personnel des contributions indirectes une nouvelle édition du Cours de Comptabilité, tout à fait à jour et qui, nous l'espérons, sera bien accueillie. Cet ouvrage est aussi intéressant pour les employés de tout grade que pour les comptables.

L'ÉDITEUR.

PRÉFACE

DE LA PREMIÈRE ÉDITION

Un enseignement professionnel est organisé pour la plupart des carrières. Les employés des Contributions indirectes en étaient privés, et il n'y a pas de service qui exige des connaissances plus variées.

L'importance toujours croissante de l'Administration rendait un cours spécial indispensable.

Nous commençons par la **Comptabilité**.

Ce travail, d'abord préparé sous le titre de *Mémorial*, nous a paru devoir être dégagé de la forme aride qu'il aurait eue ainsi. Il fera l'objet d'un cours régulier, dans lequel les notions administratives nécessaires pour tenir ou vérifier les écritures, les caisses et les comptes-matières se fondront avec les instructions du secrétariat général et de la comptabilité publique.

Nous avions entendu parler d'un manuscrit précieux, sans nom d'auteur, attribué à des employés d'élite, à d'anciens Premiers Commis, en collaboration anonyme, qui avaient voulu léguer à leurs successeurs le fruit de leurs études et de leur expérience. C'était un cahier de comptabilité qui, s'il n'avait pas eu les honneurs de l'impression, avait eu celui d'être copié plusieurs fois et servait de guide dans quelques directions. Nous étions à la recherche de ce traité, quand un chef nous l'a offert. Il n'était pas sans mérite ; il était seulement incomplet, et depuis trente ans il n'avait pas été tenu au courant.

Si nous l'avons consulté pour la première ébauche, pour la conception du plan général, il s'est trouvé noyé ensuite dans les instructions et les règlements de date plus récente, mis en lumière avec un soin scrupuleux par un de nos excellents collaborateurs, d'un talent éprouvé, qui a un juste renom de savoir et a rendu facile la revision définitive des matières, que nous avons fait marcher de front avec la préparation d'un cours sur le **Contentieux**, auquel nous consacrons plus particulièrement nos travaux personnels. Chacun de nous tour à tour traitera une branche de service.

La chaire d'enseignement ouverte dans le journal mensuel embrassera successivement tout ce qui intéresse les employés des contributions indirectes.

On pourra juger de son utilité par notre premier cours, celui qui tend à former de bons comptables. Il suffira de le suivre, de lire chaque mois une livraison, pour s'initier à tous les détails, à toutes les opérations impénétrables aux yeux de ceux qui y sont étrangers.

La publication terminée, une table très complète mettra sous la main les passages qu'on voudra consulter, et tout abonné appelé à de nouvelles fonctions pourra, en peu de temps, être au courant.

Le Directeur du nouveau Recueil,

Aimé TRESCAZE.

Cette (Hérault), 3 avril 1873.

ABRÉVIATIONS.

—

C.	Circulaire de l'Administration des Contributions indirectes.
CC.	Circulaire de la Direction générale de la Comptabilité publique.
C. M. F.	Circulaire du Ministre des finances.
C. S. G.	Circulaire du Secrétariat général.

INTRODUCTION HISTORIQUE.

Origine de la comptabilité publique et de la Cour des Comptes.

1. Une nation ne peut exister qu'en se donnant un gouvernement, chargé d'assurer la sécurité générale et de pourvoir aux mesures d'intérêt public.

La part contributive de chacun aux ressources dont dispose le gouvernement pour remplir sa mission constitue les impôts.

La perception et l'emploi de ces revenus sont confiés à des fonctionnaires, qui rendent compte de leur gestion.

2. En France, les premières traces de comptabilité publique remontent à saint Louis

Philippe le Bel établit une juridiction spéciale de comptabilité sous le titre de Chambres des comptes.

François Ier créa l'Epargne, « la mer à laquelle toutes les recettes générales et particulières devaient se rendre ». C'était ce que nous appelons aujourd'hui le Trésor.

3. Mais les produits, au lieu d'être perçus au nom de l'Etat, étaient recueillis pour le compte des fermiers généraux.

4. Le clergé et la noblesse jouissaient de privilèges excessifs. Des taxes arbitraires pesaient sur le peuple, qui protestait vainement contre les inégalités d'impôts et contre les exactions.

5. Les Chambres des comptes n'avaient mission de surveiller que les agents du domaine royal. Les autres échappaient à tout contrôle et se livraient à de véritables rapines.

6. Un bureau de comptabilité nationale créé le 17 septembre 1791, en remplacement des Chambres, fut impuissant à empêcher les dilapidations, favorisées par la guerre civile.

7. Il était réservé à la Cour des comptes, instituée le 26 septembre 1807 telle qu'elle fonctionne encore, de mettre fin à cet état de choses.

8. L'adoption de deux nouveaux principes, la gestion exclusive des caisses par des agents du Trésor et l'unité du mouvement général des fonds assurèrent dès le début son contrôle, qui devint encore plus complet lorsque toutes les comptabilités furent rattachées au Ministère des Finances.

Ce nouveau système, inauguré sous un régime d'égalité, qui avait permis de réformer et de rendre plus fructueux les impôts, a assuré d'abondantes recettes.

9. Le contrôle, ainsi perfectionné, a été si sérieusement organisé que la Cour, dont les travaux, il faut le dire, sont simplifiés par ceux de la Direction générale de la comptabilité publique, peut actuellement vérifier à fond tous les comptes dans l'année suivante, tandis que les anciennes Chambres étaient souvent en retard de vingt ans.

10. C'est un merveilleux résultat, que les employés de tout grade contribuent à rendre facile, en suivant les traditions de probité et d'honneur qui appellent depuis un demi-siècle la considération sur les administrations françaises

Crédit public.

11. Nous avons parlé de l'Epargne fondée par François Ier. Pendant longtemps elle a consisté à amonceler stérilement de l'argent. Le crédit public, plusieurs fois compromis par les banqueroutes de l'Etat, avait été lent à se développer en France. Il était si restreint dans le siècle dernier que la découverte d'un déficit de soixante millions, révélé en 1786, ne fut pas étrangère à la chute de la monarchie.

12. La dernière banqueroute qui a affecté nos finances date de 1798. Des bons échangeables en biens nationaux et représentant seulement les deux tiers de la créance furent remis aux porteurs de rentes. Ces bons, dès les premiers jours, éprouvèrent une

dépréciation de 70 p. 0[0, et furent, bientôt après, sans valeur.

13. A l'invasion de 1814, la France, s'élevant au-dessus de ses malheurs, retrempa son crédit en garantissant le paiement intégral des créances. Depuis lors, nous avons été témoins d'une seconde invasion, à la suite de laquelle nous avons subi une rançon de cinq milliards, et telle est la confiance qu'inspire actuellement la France, tel a été le développement de ses richesses, que dans un emprunt à jamais célèbre, les souscriptions offertes se sont élevées en 1871 à plus de quarante milliards.

14. Il y a loin de là aux soixante millions de déficit, qui avaient suffi pour ébranler le royaume, et l'on peut se demander si, après la manifestation financière qui a suivi ses effroyables revers, notre patrie, malgré ses mutilations territoriales, ne puise pas un nouveau prestige dans la révélation de ses immenses ressources.

Comptabilité et crédit public, chez les autres peuples.

15. Le président de Royer, se livrant à un parallèle entre nos moyens de contrôle et ceux de l'*Audit Office*, institué en 1785 dans la Grande-Bretagne, disait que la constitution primitive de cette cour n'avait supprimé qu'en partie des formes surannées, établies dans des siècles barbares, où les comptes, écrits en chiffres romains, étaient rédigés dans un langage entremêlé de mots saxons et latins, et avaient pour contrôle des découpures faites sur des morceaux de bois rapprochés et connus sous le nom de *tailles*. Ces formes étranges, ajoutait-il, s'étaient maintenues dans quelques bureaux de l'Echiquier jusqu'en 1834. De nombreuses dépenses cependant échappaient à tout examen. En 1806, le ministre avoua au Parlement que, depuis 1782, les comptes demeurés sans vérification dépassaient treize milliards. Signaler les lacunes, c'était appeler un remède aussi prompt qu'énergique ; et de cette époque datent, en Angleterre, des mesures d'ordre nouvelles, successivement complétées. Il ne s'agissait du reste chez nos voisins d'outre-Manche, que d'obtenir plus de régularité. S'il s'était produit des dilapidations isolées, elles n'avaient pas porté atteinte

au crédit de l'Etat, devenu immense comme ses richesses, sous la garantie de la foi nationale.

16. L'Angleterre n'est pas la seule puissance qui ait une institution remplissant avec plus ou moins d'étendue le même rôle que la Cour des comptes en France. Des cours semblables existent, sous diverses dénominations, dans la plupart des autres pays. Leur réorganisation remonte en Autriche à 1805, en Bavière à 1812, en Prusse à 1824, en Hollande à 1840, en Espagne à 1851.

17. Le taux des fonds publics donne la mesure du crédit des peuples.

DIVISION DES MATIÈRES.

Ch. I. Services financiers. Coup d'œil sur le budget des recettes et sur le budget des dépenses.

Ch. II. Attributions de la direction générale de la comptabilité publique.

Ch. III. Attributions des agents de perception et des comptables. Receveurs buralistes. Receveurs des droits d'entrée et d'octroi. Receveurs de la garantie. Receveurs particuliers sédentaires. Receveurs particuliers ambulants. Entreposeurs spéciaux. Receveurs principaux et receveurs particuliers entreposeurs. Receveurs principaux.

Ch. IV. Incompatibilités attachées aux fonctions de comptable. Responsabilité. Fondé de pouvoirs à établir en cas de congé.

Ch. V. Livres de comptabilité à tenir par les agents de perception et les comptables. Registre des timbres et vignettes en matière de bougies, nº 33. Registre de consignations, nº 33 A. Registre récapitulatif des recettes et des dépenses, nº 33 B. Journal général des recettes, nº 74 A. Journal général des recettes, nº 74 B. Livre de caisse, nº 74 D. Registre des comptes-ouverts, nº 75. Sommier, nº 76. Registre de recette et de dépense des timbres, nº 83. Livre-journal de caisse, nº 87 A. Registre de quitttances pour les comptables, nº 87 B. Sommier général, nº 88. Registre de développement des consignations provenant d'amendes et confiscations, nº 89 A (1re partie). Registre de développement des consignations provenant d'acquits-à-caution, nº 89 A (2e partie). Registre de développement des frais judiciaires, nº 89 B. Registre des consignations, nº 89 C. Droits consignés sur acquits, sur passe-debout. Non-émargement d'appointements, parts d'amendes, etc. Frais de poste. Trop perçu; avances de redevables. Abonnements aux circulaires. Remise d'un tiers pour cent payée par les assujettis admis à souscrire des obligations. Prix des barils et des sacs renfermant des poudres de mine. Registre de recette et de dépense des timbres et vignettes nº 106 A.

Ch. VI. Caisse. Sûreté de la caisse. Billets de banque. Cours légal et cours forcé des billets. Caractères distinctifs des billets de la Banque de France. Monnaies. Cuivre et billon. Passe des sacs. Admission des mandats de la Banque en paiement des droits.

Ch. VII. Réserves autorisées.

Ch. VIII. Versements. Généralités. Appels. Versements mensuels. Versements partiels et arrêtés des écritures. Receveurs buralistes. Receveurs d'octroi. Receveurs ambulants à pied ou à cheval. Receveurs particuliers sédentaires. Receveurs spéciaux de la garantie. Receveurs des salines. Receveurs particuliers entreposeurs. Entreposeurs spéciaux. Receveurs principaux. Arrêtés trimestriels.

Ch. IX. Escorte de fonds.

Ch. X. Debets et déficits de caisse. Mesures à prendre d'urgence. Constatation des débets. Ecritures de comptabilité. Frais de poursuites. Recouvrements. Intérêts. Scellés. Poursuites à exercer selon que les comptables sont présents, destitués, démissionnaires, faillis, absents, en fuite ou décédés. Rapports administratifs. Moyens judiciaires. Dispositions spéciales aux préposés d'octroi. Hypothèques.

Ch. XI. Vol de fonds. Vol de deniers en caisse. Vol de deniers publics pendant le transport. Enlèvement des deniers en caisse par une autorité incompétente. Prévarication et divertissement des deniers publics. Ecritures à passer.

Ch. XII. Concussion. Abus de confiance.

Ch. XIII. Droits au comptant.

Ch. XIV. Droits constatés. Epoque de l'exigibilité des droits.

Ch. XV. Obligations cautionnées. Bières. Cartes. Tabacs exportés. Sels, Huiles de schiste. Huiles végétales. Bougies. Dynamite. Sucres. Conditions à observer. Echéances. Cautions. Registre. Timbre. Endossements. Envoi. Versement. Paiement. Protêt. Contrainte par corps. Intérêts de crédit. Remises.

Ch. XVI. Obligations cautionnées pour les sucres et les glucoses. Sucres destinés au raffinage, placés sous le régime de l'admission temporaire. Sucres employés à la fabrication du chocolat placés sous le même régime.

Ch. XVII. Remises accordées aux receveurs, sur obligations cautionnées. Partage de ces remises.

Ch. XVIII. Recouvrement des droits. Action des comptables. Avertissement avant contrainte.

Ch. XIX. Contrainte. Forme, qualité, formule. Enregistrement. Visa. Porteurs. Garnisaires. Contestation sur le fond des droits. Opposition. Exécution des contraintes.

Ch. XX. Restes à recouvrer. Primes d'apurement. Responsabilité des comptables.

Ch. XXI. Reprises indéfinies.

Ch. XXII. Décharge de droits constatés.

Ch. XXIII. Faillite des redevables.

Ch. XXIV. Privilège de la Régie pour le recouvrement des droits.

Ch. XXV. Saisies-arrêts contre la Régie.

Ch. XXVI. Saisies-arrêts sur traitements et cautionnements. Limites. Dépôt et forme des oppositions. Certificat des sommes dues. Extrait des oppositions. Récépissé. Changements de résidence des employés. Sommiers des oppositions. Versements à la caisse des dépôts et consignations.

Ch. XXVII. Dettes. Retenues volontaires.

Ch. XXVIII. Caisse des dépôts et consignations. Attributions.

Ch. XXIX. Crédits législatifs.

Ch. XXX. Frais de régie.

Ch. XXXI. Classement des dépenses à ordonnancer.

Ch. XXXII. Liquidation. Altérations, ratures, surcharges. Abréviations.

Ch. XXXIII. Ordonnancement. Dispositions générales. Ordonnateurs secondaires. Livre-journal des crédits délégués. Livre d'enregistrement des droits des créanciers. Livre-journal des mandats délivrés. Livre de comptes par nature de dépenses. Situation mensuelle et situation finale. Rectifications d'erreurs. Mutation d'ordonnateurs secondaires. Etat de développement par classe d'emplois des dépenses du personnel. Relevé individuel des sommes dues aux créanciers de l'État.

Ch. XXXIV. Exercice. Exercice clos et exercices périmés.

Ch. XXXV. Paiement. Distinction entre le paiement et la dépense. Perte d'un mandat. Paiement avant autorisation. Paiement après autorisation. Paiement à des tiers. Paiement pour compte de la trésorerie générale.

Ch. XXXVI. Timbre. Timbre de l'enregistrement. Timbre de dimension. Timbre proportionnel. Timbre mobile de 10 centimes. Timbre à l'extraordinaire. Timbre de la Régie. Compte des timbres et vignettes. Vérifications. Cote et paraphe des registres.

Ch. XXXVII. Baux à loyer.

Ch. XXXVIII. Devis. Marchés au nom de l'Etat. Cautionnement des adjudicataires de fournitures et travaux. Adjudications et marchés. Marchés de gré à gré.

Ch. XXXIX. Mémoires et factures. Quittances. Quittances délivrées par les receveurs de la Régie. Quittances pour tout versement. Quittances cumulatives pour plusieurs droits. Quittances pour consignations d'amendes, et de doubles et sextuples droits. Quittances des créanciers de la Régie. Quittances des tiers. Paiements faits à des parties illettrées. Quittances à l'appui des répartitions. Quittances qui ne doivent pas être soumises au timbre. Quittances de la gendarmerie.

Ch. XL. Héritiers des employés décédés et de tous autres créanciers de l'Etat.

Ch. XLI. Prescription acquise par l'Etat. Prescription acquise par les redevables.

Ch. XLII. Opérations de comptabilité. Distinction à faire tant entre les recettes de Contributions et revenus publics et les recettes d'opérations de trésorerie, qu'entre les dépenses publiques et les dépenses de trésorerie.

Ch. XLIII. Recettes de contributions et revenus publics. Boissons. Sels. Sucres. Allumettes chimiques. Huiles minérales et végétales. Stéarine et bougies. Voitures publiques. Droits divers et recettes à différents titres (Licences. Droits de touage. Péage sur les ponts et ponts affermés. Bacs, passages d'eau et moins-value des agrès. Pêche, chasse, francs-bords, recettes accessoires à la navigation. Garantie des matières d'or et d'argent. Droit de dénaturation sur l'alcool. Marques de fabrique et de commerce. Timbres. Cartes à jouer. Prélèvement sur les communes pour frais de casernement. Portion du trésor dans le prix des poudres et tabacs saisis. Amendes et confiscations en matière de contributions indirectes. Simples, doubles et sextuples droits sur acquits non rentrés. Amendes et confiscations en matière de culture de tabac autorisée. Indemnités pour suite d'exercices, relativement aux octrois. Abonnements pour traitements d'employés. Frais d'impression, transports, etc., remboursés pour octrois. Prix du papier filigrané et des moulages de cartes, etc. Prix d'instruments et autres objets consignés, etc. Retenue d'un centime par kilogramme pour le paiement des experts. Prix des plombs apposés. Indemnités pour frais de surveillance des entrepôts de sucre. Indemnités pour frais de surveillance des fabriques de soude. Recettes accidentelles. Tabacs. Poudres à feu. Retenues pour pensions. Produits divers du budget. Justifications. Imputation d'exercice.

Ch. XLIV. Recettes de trésorerie. Consignations. Recouvrements pour des tiers. Fonds à rembourser à divers et recettes à classer. Droits perçus après arrêtés. Fonds particuliers du comptable. Recouvrements de frais judiciaires et autres avances. Fonds reçus du trésor, etc. Virements de fonds. Fonds de subvention. Justifications.

Ch. XLV. Dépenses publiques. Exercices périmés. Exercices clos. Traitements. Formation du tableau des appointements. Cumul. Vacances d'emplois. Traitements et honoraires des agents et chimistes des laboratoires. Indemnités aux intérimaires. Indemnités pour insuffisance de remises. Remises. Gratifications. Frais divers de la garantie. Instruments et ustensiles. Emballage, transport du matériel et correspondance. Constructions. Transport de poudres et frais accessoires. Poudres reprises ou provenant de saisies. Frais de loyer. Frais de recensement et d'inventaire pour services extraordinaires. Indemnités de tournées et d'entretien des chevaux. Indemnités aux surnuméraires. Frais de loyers et indemnités. Indemnités de logement et de résidence. Indemnités de déplacement. Dépenses accidentelles. Primes d'apurement. Loyers et menus frais d'entrepôt. Vacations en matière de garantie. Frais judiciaires. Honoraires des avocats et des avoués. Contribution foncière. Achats de tabacs repris des débitants ou provenant de saisies. Frais de transport des tabacs et frais accessoires. Frais de perception des octrois gérés par la Régie. Dépenses payées pour le service des manufactures de l'Etat. Restitution de droits indûment perçus. Remboursement de droits pour cause d'exportation. Remboursement des manquants aux planteurs. Répartitions de produits d'amendes. Sous-répartitions. Justifications.

Ch. XLVI. Dépenses de trésorerie. Consignations. Versements des receveurs particuliers. Versements après arrêtés. Versements sur recouvrements pour des tiers. Fonds à rembourser à divers et recettes à classer. Remboursements de fonds particuliers du comptable. Avances recouvrables pour frais judiciaires, timbres de l'enregistrement, frais de poursuites, provisions, frais de loyer, frais de garde et dépenses diverses. Débets pour déficit de caisse. Versements. Virements de fonds. Fonds de subvention fournis aux receveurs des douanes et aux receveurs des postes. Echange de numéraire contre des pièces de dépenses avec les percepteurs. Justifications.

Ch. XLVII. Documents mensuels. Etat des remises des buralistes, n° 34. Etat de situation d'admissions temporaires, n° 74 bis. Avis des recettes, n° 76 K. Bordereau des receveurs particuliers, n° 80 A. Relevé des consignations, n° 80 ter. Relevé des consignations versées en numéraire, n° 80 quater. Etat de renseignements sur la perception du droit de consommation, n° 82 B. Relevé des bordereaux des receveurs particuliers, n° 90. Bordereau mensuel des recettes et des dépenses, n° 91 A. Bordereau récapitulatif par direction, n° 91 B. Etat récapitulatif des pièces de dépense, n° 95 A. Etat des coupons d'acquits-à-caution adressés à la comptabilité, n° 96. Etat de contrôle, n° 96 bis. Etat des récépissés de tabacs livrés par les planteurs, n° 97. Mandats de régularisation, n° 98. Etat récapitulatif des répartitions de produits d'amendes et confiscations, n° 100 A. Etat récapitulatif des consignations en matière d'acquits-à-caution, n° 100 B. Relevé des remises des buralistes, n° 107. Etat des congés, vacances et frais d'intérim n° 138. Situation mensuelle des recouvrements, n° 154 C. Etat mensuel n° 154 E du produit de l'impôt des boissons. Situation mensuelle des crédits, n° 155. Etat du partage de la remise sur obligations cautionnées.

Ch. XLVIII. Documents trimestriels. Etat des produits constatés, n° 81. Relevé des droits au comptant, n° 82. Etat des restes à recouvrer, n° 85. Etat des produits des amendes et confiscations, n° 122 B. Etat 154 D. Etat des visites opérées par le service de la garantie, n° 157. Etat récapitulatif des frais de garantie, n° 158. Etat des produits des simples, doubles et sextuples droits, n° 196. Etat des frais de garde des chargements de poudre à feu.

Ch. XLIX. Documents annuels. Relevé des produits, n° 76 H. Etat présentant la valeur des impressions fournies aux communes pour le service des octrois, n° 79 B. Etat des restes à recouvrer au 30 juin, n°s 85 A, 85 B et 85 C. Etat rectificatif, n° 91 C. Relevé général annuel, n° 101. Relevé complémentaire, n° 101 bis. Feuille 101 A. Registre de dépouillement des produits, n° 102 A. Registre, n° 103. Etat des produits constatés, n° 104 A. Etat 104 B. Compte annuel, n° 108 A (1re et 2e partie). Bordereau récapitulatif des comptes des receveurs principaux, n° 108 B. Procès-verbal de situation de caisse, n° 108 C. Comptereaux des consignations et des avances, n° 108 D et 108 E. Comptes-matières, 108 A bis et 108 B bis. Etat de situation des timbres, n° 151 A, 151 A bis, 151 AA, 151 C, 151 C bis, et 151 CC. Inventaire des timbres, etc., n° 152 B. Relevé des virements de fonds, n° 169. Autres documents.

Ch. L. Envoi des pièces de comptabilité. — Chemises récapitulatives.

Ch. LI. Comptes de gestion et comptes de clerc à maître.

Ch. LII. Comptes-matières de tabacs et poudres (Comptes 73). — Comptes de fin d'année. — Comptes de clerc à maître. — Notice indiquant les pièces justificatives à produire.

Ch. LIII. Suppression d'emplois de comptables.

Ch. LIV. Arrêts de la cour des comptes.

Ch. LV. Attributions des chefs, en matière de comptabilité. Inspecteurs des finances. Directeur général. Directeurs, Sous-Directeurs. Tournées des Sous-Directeurs et Directeurs des contributions indirectes et des Directeurs des tabacs. Inspecteurs départementaux. Inspecteurs sédentaires. Contrôleurs et commis principaux chefs de poste.

Ch. LVI. Vérifications. Dispositions générales. Ecritures et registres de perception. Situation de la caisse. Vérification d'une recette buraliste. Consignations reçues par les buralistes. Receveurs d'octroi faisant la perception du droit d'entrée. Vérification des recettes particulières, sédentaires et ambulantes. Recettes de garantie. Vérification des entrepôts : comptabilité en deniers, comptabilité en matières, charges et sorties. Vérification d'une recette principale : écritures en recette et en dépense, compte général des consignations et avances provisoires.

Ch. LVII. Forcement en recette.

Ch. LVIII. Cautionnement des employés. Fixation des cautionnements. Garantie. Service des manufactures de l'État. Bailleurs de fonds. Intérêts. Demande de remboursements. Pièces à produire. Débets. Dettes.

Ch. LIX. Cautionnements relatifs aux octrois. Régie simple. Ferme et régie intéressée. Mode de remboursement des cautionnements fournis par les receveurs des droits d'entrée et d'octroi.

Ch. LX. Cautionnements des redevables. Entrepositaires dans les villes sujettes. Marchands en gros établis dans les autres lieux. Débitants de spiritueux dont les charges sont supérieures à 10 hectolitres.

Ch. LXI. Cautionnements des adjudicataires de bacs et passages d'eau.

Ch. LXII. Matériel des bureaux. Objets livrés aux Domaines. Bâtiments de l'Etat.

Ch. LXIII. Instruments.

Ch. LXIV. Circulaires.

Ch. LXV. Impressions.

Ch. LXVI. Papiers de service hors d'usage, à livrer aux Domaines.

TABLE alphabétique.

CHAPITRE Ier.

Coup d'œil sur le budget des recettes et des dépenses, sur la liquidation, l'ordonnancement et les paiements.

Budget, 4.
Crédits, 10, 12.
Dépenses, 9, 10.
Dépenses publiques, 20, 21.
Dette publique, 4.
Directeur, 11 à 15.
Droits au comptant, 7.
Droits constatés, 7.
Exercice, 3.
Gestion, 2.
Liquidation, 17.
Opérations de trésorerie, 8, 20, 22.
Ordonnancement, 11, 18.
Paiement, 16, 19.
Pièces de dépense, 14.
Recettes, 6 à 8.
Sous-directeur, 12, 14.

SECT. I. — Services financiers. Budget (1).

1. Les services financiers s'exécutent dans des périodes de temps dites de *gestion* et d'*exercice*. Art. 2 du décret du 31 mai 1862.

2. La *gestion* embrasse l'ensemble des actes d'un comptable, soit pendant l'année, soit pendant la durée de ses fonctions. Art. 3 id.

3. L'*exercice* est la période d'exécution des services d'un budget; il prend la dénomination de l'année à laquelle il se rapporte. Art. 4 id.

4. Le *budget* est l'acte par lequel sont prévues et autorisées les recettes et les dépenses annuelles de l'Etat. Art. 5 id.

En 1814, le budget des dépenses ordinaires et extraordinaires était de . . . . 572.000.000 fr.

La chambre des députés, en 1829, fixait le budget de 1830 à. 981.000.000

En 1847, elle arrêtait celui de 1848 à 1.446.000.000

L'Assemblée législative avait fixé celui de 1851 à 1.434.000.000

La loi de finances votée par le corps législatif le 27 juillet 1870 établissait le budget de 1871 à. 1.852.000.000

(1) *Origine du mot Budget.* Le *budget* est la « bougette », la pochette, la sacoche de cuir, la bourse de nos pères, et peu importe que le mot lui-même de « bougette » ait son origine dans le bas-latin ou dans le celtique et dans le gaulois. Il nous a été commun, au moyen âge, avec l'Italie; mais nous ne l'avions pas employé, dans la langue officielle, pour désigner la bourse du Roi ou de l'Etat, tandis que les Anglais, en y intercalant un *d* ineuphonique, lui ont donné une signification financière que nous avons adoptée à la fin, et dont nous nous servons beaucoup plus qu'eux. C'est un mot court, commode et dont le sens est établi probablement pour plusieurs siècles parmi le groupe des peuples franco-latins et anglo-saxons. On a presque entièrement cessé de dire « la bougette privée », et chacun sait ce que veut dire le budget public. (Dictionnaire des Finances de M. Léon Say. — Berger-Levrault et Cie, éditeurs, Paris.)

Mais ce budget a dû être rectifié après la guerre, et porté à un chiffre presque double.

Voici du reste, d'après les renseignements contenus dans le Dictionnaire des Finances de M. Léon Say, les résultats généraux, en recette et en dépense, des opérations rattachées aux budgets des exercices 1871 à 1884 :

Budgets des exercices.	Recettes de la loi de finances.	Dépenses de la loi de finances.	Résultats des recettes ordinaires et des ressources extraord.	Résultats des dépenses ordinaires et extraordin.
		1° Résultats difinitifs.		
1871	2.190.120.207	2.161.262.952	3.548.523.013	3.374.792.960
1872	2.665.383.720	2.683.346.969	2.806.111.768	2.948.029.052
1873	2.800.846.993	2.708.180.497	3.069.184.315	3.114.116.879
1874	2.853.624.341	2.877.677.064	2.901.872.203	2.966.286.483
1875	2.923.707.606	2.944.699.813	3.103.500.790	3.025.010.368
1876	2.936.686.424	2.946.163.355	3.190.101.760	3.091.896.936
1877	3.121.473.896	3.120.718.046	3.199.225.432	3.135.414.123
1878	3.187.423.719	3.175.281.010	3.585.280.038	3.524.105.226
1879	3.569.129.160	3.568.136.938	3.580.649.711	3.584.973.504
1880	3.771.388.542	3.771.157.498	3.860.533.565	3.760.696.304
1881	3.821.820.850	3.820.334.378	4.167.163.351	4.060.191.848
Totaux	33.841.605.458	33.758.958.520	37.012.145.946	36.585.513.683
		2° Résultats provisoires.		
1882	3.828.927.180	3.826.624.862	4.187.150.906	4.235.001.774
1883	3.991.127.554	3.990.839.268	4.060.390.595	4.146.326.954
1884	3.740.402.806	3.739.251.295	3.786.608.117	3.933.843.244
Totaux	11.560.457.540	11.556.715.425	12.034.149.618	12.315.171.972
Totaux généraux des résultats définitifs et provisoires.	45.402.062.998	45.315 673.945	49.046.295.564	48.900.685.655

Notre budget normal s'élève donc à plus de trois milliards.

Il est vrai que nos dettes, qui étaient :

au 1er août 1830, de . . . . 164.000.000 de rente.
au 1er mars 1848, de 176.000.000
au 1er janvier 1852, de. 230.000.000
au projet du budget de 1871, préparé avant la guerre, de. 363.000.000
grèvent actuellement le trésor de. . . . 1.357.000.000 de rente, y compris les dotations et les dépenses des pouvoirs législatifs. (Bulletin de statistique.)

Ces lourdes charges font un devoir de redoubler de zèle pour assurer la rentrée de l'impôt. La France compte sur le rendement des contributions indirectes pour supporter ce fardeau.

Sect. II. — Budget des recettes.

5. Il est pourvu au paiement des dépenses par les voies et moyens prévus au budget des recettes.

6. Les produits dont la perception est confiée à l'administration des contributions indirectes sont évalués à 1.100 millions et forment plus du tiers des ressources du trésor. Ils portent sur les boissons, les sels, les sucres, les allumettes chimiques, les vinaigres et acides acétiques, les bougies et produits similaires, les huiles végétales et minérales, les voitures publiques, les ponts et les bacs soumis à un droit de péage, la pêche et les francs-bords des canaux et rivières; ils portent aussi sur la garantie des matières d'or et d'argent, le droit de dénaturation de l'alcool, les timbres, les cartes à jouer, les marques de fabriques ou de commerce, les prélèvements pour frais de casernement, le prix des tabacs et poudres saisis, les amendes et confiscations, les simples, doubles et sextuples droits, les indemnités pour suite d'exercice, les abonnements pour traitements d'employés d'octroi, le prix du papier filigrané et des moulages de cartes, le prix d'instruments et autres objets consignés, la retenue d'un centime par kilog. de tabac pour le paiement des experts, le prix des plombs apposés, les indemnités pour surveillance des entrepôts de sucre, les indemnités pour frais de surveillance des fabriques de soude, les recettes accidentelles, le produit de la vente des tabacs et des poudres, les retenues et autres produits affectés au service des pensions civiles.

7. Ces diverses taxes se perçoivent sous le titre de contributions et revenus publics, et se classent en deux grandes catégories :

1° Les droits *au comptant*, c'est-à-dire ceux qui sont payables et qui sont effectivement payés à l'instant même où les contribuables font les déclarations prescrites par la législation ;

2° Les droits *constatés*, c'est-à-dire ceux qui, résultant soit de faits établis par les exercices chez les assujettis, soit d'engagements souscrits par les contribuables, doivent être ultérieurement recouvrés à la diligence et sous la responsabilité des receveurs. CC. n° 8 du 10 déc. 1827; C. n° 445 du 5 févr. 1857.

8. Nous passerons en revue, par nature de recettes, les droits au comptant et les droits constatés.

Nous nous occuperons séparément des recettes qui ne constituent que des opérations de trésorerie, sous les titres de consignations, recouvrements pour des tiers, fonds à rembourser à divers, recettes à classer, fonds particuliers du comptable, recouvrements de frais judiciaires ou autres avances, fonds reçus du trésor et virements de fonds.

SECT. III. — Budget des dépenses.

9. Le budget des dépenses du ministère des finances se compose de trois catégories de dépenses, formant trois budgets distincts, savoir :

1° Budget des *dépenses ordinaires ;*

2° Budget des *dépenses sur ressources spéciales;*

3° Budget des *dépenses extraordinaires*. Art. 2 du Règl. du 26 déc. 1866.

Chaque budget est divisé en sections, chapitres et articles. Art. 54 du décret du 31 mai 1862.

Chaque chapitre ne contient que des services corrélatifs ou de même nature. Art. 56.

Les services du personnel et du matériel doivent être présentés d'une manière distincte et séparée. Art 9.

10. La loi annuelle de finances ouvre les crédits nécessaires aux dépenses présumées de chaque exercice. Art. 53 id.

SECT. IV. — **Liquidation, ordonnancement et paiement.**

11. Le directeur des contributions indirectes reçoit, tous les mois, du ministère, les ordonnances de délégation de crédits délivrées pour le paiement des dépenses de son administration dans le département. CC. n° 4 du 26 déc. 1825.

12. En ce qui concerne les crédits pour appointements, frais de bureau, frais d'entretien d'un cheval, frais d'intérim, etc., il adresse mensuellement aux sous-directeurs un extrait de ces ordonnances. CC. n° 4 précitée; C. n° 310 du 1er août 1855 et n° 17 du 16 mars 1870.

13. Il est ordonnateur secondaire de toutes les dépenses applicables au département.

Il a le droit de sous-déléguer, et, de fait, il transporte aux sous-directeurs la faculté de mandater les dépenses spéciales à leur circonscription. Id.

14. Le directeur, par l'entremise des chefs de service, recueille toutes les pièces qui se rattachent à la comptabilité de son département, et correspond avec la direction générale de la comptabilité publique pour ce qui concerne l'acquittement et la justification des dépenses. CC. n° 52 du 2 oct. 1852.

A cet effet, les sous-directeurs lui transmettent, avant le 5 de chaque mois, les pièces des dépenses acquittées dans leur circonscription pendant le mois précédent. Id. et circulaire administrative n° 344 du 5 août 1882.

Ces pièces sont immédiatement visées et contrôlées par le directeur. Id.

L'exercice de ce contrôle ne dispense pas les sous-directeurs de viser et de vérifier les pièces justificatives avant de les adresser. CC. n° 58 du 17 août 1854.

Mais la vérification de ces chefs de service ne dégage aucunement le directeur de la responsabilité qui pèse sur lui par suite des décharges provisoires qu'il est appelé à donner aux comptables. Id.

15. Dans les pays de culture de tabacs, dans les lieux où existe soit un magasin de feuilles, soit une manufacture, et pendant le mois où les dépenses sont le plus considérables, le directeur a la faculté de se faire transmettre, tous les dix jours, les pièces de dépenses pour les examiner successivement et diminuer ainsi les travaux de contrôle du commencement du mois. CC. n° 52 du 2 oct. 1852.

16. Les comptables chargés de la perception des revenus publics ac-

quittent les frais d'administration, de perception et d'exploitation qui sont ordonnancés sur leurs caisses. Art. 308 du décret du 31 mai 1862.

17. Aucune dépense ne peut être liquidée à la charge du trésor que par le ministre ou par ses délégués. Art. 62 id.

18. Sauf les exceptions consacrées par le mode d'administration et de comptabilité des divers services, toute dépense, après liquidation, doit être ordonnancée avant d'être acquittée. Art. 82 id.

19. Aucun paiement ne peut être fait qu'au véritable créancier et pour l'acquittement d'un service fait, à moins qu'il ne s'agisse d'avances autorisées. Art. 10 id.

20. Les paiements sont classés aux dépenses publiques ou aux opérations de trésorerie, selon qu'il s'agit d'une dépense imputée sur le budget et destinée à figurer définitivement dans la comptabilité du receveur principal, ou d'une opération d'ordre faite par ce comptable pour avances par simple mouvement de fonds ou pour des tiers.

21. Nous roproduirons toutes les dispositions en vigueur qui ont trait à la liquidation, à l'ordonnancement et au paiement des dépenses. Nous indiquerons en même temps les instructions à observer pour la tenue des registres qui s'y rapportent.

L'ordre que nous suivrons pour traiter séparément de chaque nature de dépense sera conforme au classement adopté par la comptabilité publique.

Ainsi nous passerons en revue, pour les dépenses publiques, celles des exercices périmés et des exercices clos, ensuite les dépenses relatives au personnel, au matériel, aux frais de perception des octrois gérés par l'administration, au service des manufactures de l'Etat, aux remboursements et aux répartitions.

Chaque subdivision, pour les traitements, les indemnités, les remises, les gratifications, fera l'objet d'une étude distincte.

22. Aux opérations de trésorerie, nous débuterons par les consignations et de là nous passerons aux versements pour des tiers, aux fonds à rembourser, aux avances pour frais judiciaires et autres, aux débets, aux versements, aux virements de fonds et aux fonds de subvention.

CHAPITRE II.

Direction générale de la Comptabilité publique.

Attributions, 23 à 27.
Caissier central, 29 bis.
Chemises, 29 bis.
Classement des pièces, 29 bis.
Comptabilité publique, 23 à 25.
Correspondance, 26 à 29 bis.
Deniers publics, 23.
Directeur du mouv. gén. des fonds, 29 bis.
Enveloppes, 28.
Etiquette, 28.
Grand-livre, 24.
Indications marginales, 28.
Lettre d'avis, 28.
Numéro d'ordre de département, 28.
Paquets, paquets chargés, 28, 29 bis.
Pièces justificatives, 26, 28, 29, 29 bis.
Poids maximum des paquets, 29.
Questions à résoudre, 27.
Situations de finances, 24.

SECT. I. — Attributions de la direction générale de la comptabilité publique.

23. Les deniers publics sont les deniers de l'Etat, des départements, des communes et des établissements publics de bienfaisance. Art. 1er du décret du 31 mai 1862.

La direction générale de la comptabilité publique, créée par ordonnance du 4 novembre 1824, est chargée de tracer les règles de toutes les comptabilités de deniers publics, et de maintenir dans chacune de ces comptabilités un mode uniforme d'écritures. Art 372 id.

24. Les résultats des comptabilités élémentaires de recette et de dépense, après avoir été contrôlés sur pièces justificatives, sont récapitulés, par classes de comptables, dans des bordereaux mensuels qui servent de base aux écritures centrales de la comptabilité publique. Art. 373 id.

Ces écritures sont tenues en partie double et se composent :

D'un journal général,

D'un grand-livre,

Et de livres auxiliaires. Id.

A l'expiration de chaque année, les comptes de gestion des comptables sont vérifiés à la Direction générale de la comptabilité publique qui les transmet à la Cour des Comptes, avec des résumés généraux établis par classe de préposés et par nature de service. Id.

Les comptes généraux d'année et d'exercice, les règlements de budgets et les situations de finances à publier, en exécution des lois, sont établis d'après les écritures centrales de la comptabilité publique ; des tableaux comparatifs de ces résultats généraux sont transmis à la Cour des Comptes pour lui donner les moyens d'en certifier l'exactitude et la conformité avec les arrêts qu'elle a rendus sur les comptes individuels des comptables. Id.

25. La comptabilité publique est chargée de la préparation du budget général de l'Etat et des lois collectives portant allocation ou régularisation de crédits. Art 374 id.

Sect. II. — Correspondance avec la direction générale de la comptabilité publique.

26. Le ministre des finances a prescrit aux directeurs des contributions indirectes d'adresser, sous son couvert, à la comptabilité publique les bordereaux mensuels, les comptes d'année et les pièces justificatives de toutes les opérations de recette et de dépense. CC. n° 1 du 15 décembre 1824.

27. Le directeur général de la comptabilité a mission de donner les instructions nécessaires pour la tenue des écritures et l'ordre de la comptabilité. Id.

Il est autorisé à correspondre directement, sous le couvert du ministre, avec les comptables, les chefs de service et les administrations, pour toutes les affaires dont la suite lui est confiée. Art. 15 de l'arrêté ministériel du 9 oct. 1832.

Ce serait par erreur que les directeurs écriraient au ministre pour lui faire parvenir des documents destinés au directeur général de la comptabilité publique ou pour lui soumettre des questions dont la solution rentre essentiellement dans les attributions de ce dernier. CC. n° 72 du 4 août 1864.

28. Les *paquets* destinés au directeur général de la comptabilité sont adressés à *M. le Ministre des Finances* et revêtus d'une étiquette jaune dont les directeurs sont pourvus par le matériel. CC. n° 1 du 15 déc. 1824 et n° 75 du 23 nov. 1865.

Cette étiquette désigne la comptabilité publique et l'agent qui fait l'envoi.

On inscrit sur les *enveloppes des lettres* toutes les indications que mentionne l'étiquette en usage pour les paquets. C. n° 77 du 12 janv. 1867.

Les *lettres* écrites au directeur général de la comptabilité publique doivent présenter *en marge* les indications suivantes :

Direction générale de la comptabilité publique ;

Comptabilité des receveurs des contributions indirectes ;

Numéro d'ordre du département. CC. n°s 1, 75 et 77 précitées.

C'est d'une manière générale que les comptables sont invités à inscrire, sur chaque document, le numéro d'ordre du département au moyen d'un timbre et avec de l'encre rouge ou bleue. Chaque lettre, quel qu'en soit l'objet, chaque état, bordereau ou compte, et en général toutes les pièces susceptibles d'un classement par ordre de département, doivent être timbrées de ces numéros, dont la nomenclature est jointe à la circulaire n° 75 du 23 novembre 1865. (Comptabilité publique.)

Ce numéro est placé sur le haut de la première page, dans le coin à gauche, quand même il couvrirait l'impression. Il est estampillé ou écrit en gros caractères, sans être accompagné d'aucune autre mention. CC. n° 75 du 23 nov. 1865.

Les *pièces justificatives* doivent faire l'objet d'un envoi spécial *par paquets chargés*. Il est recommandé de les renfermer dans une enveloppe de papier fort. Chaque paquet est revêtu d'une étiquette. Le numéro du département est mis sur l'étiquette. Id.

Les directeurs sont tenus d'aviser le directeur général de la comptabilité publique des envois chargés qu'ils effectuent par la poste. Ils doivent le faire *par lettre séparée*, qu'il est défendu de mettre dans le paquet des pièces et qui doit indiquer très sommairement les pièces renfermées dans les paquets. CC. n° 72 du 4 août 1864.

Il est essentiel que la lettre d'avis fasse connaître le numéro du récépissé délivré par le receveur des postes. CC. n°s 75 du 23 nov. 1865, 101 du 8 avril 1874 et 108 du 30 décembre 1880.

Sect. II. — Poids maximum des paquets contenant la correspondance de service. Limitation à 5 kilog.

29. L'article 60 de l'ordonnance du 17 novembre 1844 concernant les franchises postales a limité à 5 kilogrammes le maximum du poids des paquets contenant les correspondances de service. CC. n° 115 du 28 mai 1885.

L'administration des postes s'étant trouvée dans la nécessité de refuser des paquets contresignés parce qu'ils pesaient plus de 5 kilogrammes, les directeurs doivent veiller à ce que le poids des paquets expédiés par les agents de l'Administration, soit à Paris, soit dans les départements, ne dépasse pas le maximum réglementaire. Id.

L'observation qui précède s'applique au poids des paquets, et non à leur nombre qui n'est pas limité. Id.

Section III. — Confection des paquets de service confiés à la poste.

29 *bis*. Il a été remarqué que les papiers renfermés dans les paquets volumineux confiés à la poste ne sont pas suffisamment assujettis à l'intérieur, en sorte que, si l'enveloppe vient à se déchirer, les pièces qu'elle contient sont exposées à se perdre. CC. n° 115 du 28 mai 1885.

Le Ministre des postes et télégraphes ayant appelé l'attention de l'Administration des finances sur la confection défectueuse de certains paquets envoyés à la comptabilité publique par les comptables du Trésor, les recommandations ci-après ont été adressées aux directeurs des régies financières dans les départements :

1° Lorsque les pièces renfermées dans un même paquet sont nombreuses, il est indispensable de les entourer d'une ficelle en croix avant de les introduire dans l'enveloppe ; cette précaution devrait également être prise à l'égard de l'enveloppe elle-même, si le paquet dépassait un certain volume.

2° Pour les envois qui se composent d'imprimés, il paraît préférable de renoncer à l'emploi des enveloppes et de former simplement des paquets ficelés.

3° Les lettres ne doivent pas être mises dans des enveloppes trop grandes et par suite exposées à se déchirer plus facilement. Il y aurait avantage non seulement à n'employer que des enveloppes d'une dimension proportionnée à celle des lettres, mais encore à faire usage d'un format plus petit, afin d'augmenter, en pliant la lettre, la consistance de la dépêche.

4° Enfin, les enveloppes excédant les dimensions ordinaires ne doivent pas être fermées par un seul cachet. Cette fermeture insuffisante ne les empêche pas de s'entr'ouvrir, et il est à craindre que des lettres d'un format plus petit ne viennent à s'y introduire et ne reçoivent, dès lors, une fausse direction. Il y aurait donc lieu d'augmenter le nombre des cachets et de le porter à trois. Id.

Il importe d'assurer l'exécution de ces diverses prescriptions qui sont essentielles pour la marche régulière du service. Id.

Les instructions relatives au classement des pièces dans les chemises récapitulatives et aux envois divers à faire au directeur général de la comptabilité, sous le couvert du ministre, forment un chapitre spécial. V. **Envoi des pièces de comptabilité, Chemises, 2117 à 2124.**

Les formes à suivre pour les envois à faire également sous le couvert du ministre au *Caissier central du trésor* et au *Directeur du mouvement général des fonds* sont indiquées dans un autre chapitre. V. **Obligations cautionnées, 574 à 578.**

CHAPITRE III.

Agents de perception et comptables (1).

Receveurs buralistes, 30 à 37.
Receveurs des droits d'entrée et d'octroi, 35 et 36.
Receveurs de la garantie, 38.
Receveurs particuliers sédentaires, 39 à 46.
Receveurs particuliers ambulants, 47 à 51.
Entreposeurs spéciaux, 52.
Receveurs principaux et particuliers, entreposeurs, 53 à 55.
Receveurs principaux, 56 à 63.

Sect. I. — Receveurs buralistes.

30. Les receveurs buralistes font la recette des droits dus à chaque déplacement de boissons, et délivrent les expéditions nécessaires pour assurer le transport des boissons.

Ils perçoivent le droit de licence au comptant, le prix des estampilles, les droits sur les voitures publiques en service extraordinaire et accidentel, le droit de timbre sur les expéditions qu'ils délivrent, et en général tous les droits qui se paient au comptant.

Ils reçoivent et enregistrent les déclarations des particuliers qui veulent vendre des boissons en gros ou en détail, et celles des brasseurs, bouilleurs, distillateurs et entrepreneurs de voitures publiques. C. n° 67 du 7 juin 1806 et n° 488 du 19 juill. 1851.

La gestion personnelle de l'emploi est un principe général applicable à tous les agents de la Régie, et particulièrement aux receveurs buralistes, qui sont tenus de délivrer eux-mêmes les expéditions, de rechercher les agissements de la fraude et de concourir, au besoin, à sa répression. Il ne leur est donc pas permis de s'abstenir de remplir *personnellement* les fonctions de leur emploi, et encore moins de demeurer éloignés du siège de leur recette. Lett. comm. n° 24 du 27 mai 1875.

31. Dans certaines localités, le prix des résidus de tabac est encaissé par les buralistes, pour le compte du receveur particulier. C. n° 993 du 12 mai 1865.

Un registre de factures n° 64 B leur est remis à cet effet. Id. V. 81.

32. Les receveurs buralistes font encore pour le compte du receveur particulier, le recouvrement des droits consignés, à défaut de caution, des

---

(1) Chefs. Attributions et contrôle. Voir les chapitres relatifs aux **Attributions des chefs en matière de comptabilité** et aux **Vérifications**, Ch. LV et LVI, n°s 2167 à 2334.

droits d'entrée sur les quantités inventoriées chez les propriétaires récoltants qui ne jouissent pas de l'entrepôt et du supplément de la taxe unique. Id.

Ils remettent le montant total de leur recette au receveur ambulant ou sédentaire aux époques déterminées, sous la seule déduction de la remise qui leur est accordée. Id.

33. Ils ne doivent effectuer aucun versement au receveur particulier que celui-ci ne fournisse récépissé au moyen d'une ampliation du registre n° 74. Les récépissés autres que ceux inscrits sur ce registre sont regardés comme nuls et ne peuvent dans aucun cas être libératoires. Id.

34. Les buralistes doivent tenir leur bureau ouvert au public depuis le lever jusqu'au coucher du soleil, les jours ouvrables seulement. (Art. 234 de la loi du 28 avril 1816.) Mais l'Administration leur recommande de faciliter les opérations du commerce en délivrant des expéditions, soit avant le lever, soit après le coucher du soleil, soit les jours de dimanche et de fête, lorsqu'ils se trouvent chez eux.

35. Ils tiennent :

1° Les registres élémentaires de perception. CC. n° 8 du 10 déc. 1827 ;

2° Un registre n° 33 A, où sont constatées avec distinction d'origine les consignations faites à leur caisse. CC. n° 10 du 15 déc. 1828.

Ils sont dispensés de tenir un livre de caisse, lorsqu'ils ne font point d'autres perceptions que celles des droits appartenant au trésor ; mais ils doivent le tenir s'ils opèrent d'autres perceptions. Id.

Il en résulte que les receveurs d'entrée et d'octroi peuvent y être astreints. Cependant les directeurs sont laissés juges de la nécessité de cette mesure. Id. V. 104.

Registres qui doivent être cotés et paraphés. Vérification des timbres. V. 1053 bis et suiv.

36. Depuis que l'Administration a disposé les registres élémentaires (1er, 2 A, 2 B, etc.) pour la perception de toutes les taxes locales (droits d'entrée, droits d'octroi, les receveurs buralistes sont appelés à faire le recouvrement des droits d'octroi) en ce qui concerne les boissons expédiées par les entrepositaires du lieu sujet à destination de la localité. Ces droits sont récapitulés, soit seulement en fin de mois, soit plus souvent, s'il y a lieu, sur le reg. n° 10, et sont versés au receveur municipal en vertu de bordereaux G bis. On trouve au verso de la feuille de titre du reg. n° 10, un exemple de cette récapitulation. V. 260. Les quittances de versement au receveur municipal doivent être dépouillées au 33 B. V. 84.

37. Les recettes effectuées par les buralistes pour le compte du trésor sont récapitulées sur un registre n° 33 B. CC. n° 8 du 10 déc. 1827.

Bien que ce registre soit déposé à la recette buraliste, l'obligation de le remplir est imposée aux receveurs particuliers. C. n° 24 du 26 déc. 1818.

En fin d'année, le receveur détache du registre n° 33 B un récépissé final qu'il remet au buraliste lorsqu'il lui retire son registre. CC. n° 8 du 10 déc. 1827.

V. **Livres de comptabilité.** Ch. V, 79 et suiv.
Versement après les arrêtés. V. 258.

Sect. II. — Receveurs de la garantie.

38. Pour les recettes ordinaires de leur service, les receveurs de la garantie n'ont à tenir qu'un seul registre de perception, classé sous le nº 30 A de la série du service général. Mais ils font la recette des droits spéciaux pour marques de fabrique et de commerce, sur un registre nº 30 D. C. nº 124 du 6 juillet 1874.

Sect. III. — Receveurs particuliers sédentaires.

39. Les receveurs particuliers sédentaires font la recette des droits constatés. Ils ne vont point au domicile des redevables pour en faire le recouvrement. C. nº 67 du 7 juin 1806.

Ils peuvent remplir les fonctions de buraliste.

Dans certaines localités, ils font la perception du prix des résidus de tabacs. C. nº 993 du 12 mai 1865.

Enfin, ils encaissent les droits au comptant qui leur sont versés par les buralistes et les receveurs d'octroi faisant la perception des taxes d'entrée. C. nº 67 du 7 juin 1806. V. 32 et 33.

40. Ils concourent au paiement de quelques dépenses pour le compte du receveur principal, comme les receveurs particuliers ambulants, et dans les mêmes limites. V. la *section suivante*, nºs 49 et suiv.

41. Ceux qui remplissent les fonctions de buraliste tiennent les mêmes registres que ceux-ci.

42. En leur qualité de receveurs particuliers, ils sont chargés de la tenue des registres nºs 74 A (quittances), 74 D (livre-journal de caisse), 75 (comptes-ouverts), 76 (sommier). Ils dressent, en outre, mensuellement les bordereaux nºs 80 A, 80 ter et 80 quater. CC. nºs 8 du 10 déc. 1827 et 10 du 15 déc. 1828.

43. Ils remettent au sous-directeur, en fin de trimestre :

1º Un relevé nº 81 (droits constatés) ;
2º — 82 (droits au comptant) ;
3º — 85 (restes à recouvrer). C. nºs 24 du 8 fév. 1819, 76 du 22 nov. 1852 et 310 du 1er août 1855.

44. A l'expiration de l'année, ils fournissent un relevé général nº 76 H. C. nº 24 du 8 fév. 1819.

45. Ils joignent de plus, chaque mois, au bordereau nº 80 A, un état des remises payées aux buralistes, nº 34. C. nºs 4 du 31 déc. 1827 et 34 du 4 nov. 1845.

46. Leur comptabilité, en ce qui concerne les timbres et estampilles, est résumée sur un registre qui porte le nº 83 ; C. nº 24 du 8 fév. 1819 ; et, en ce qui concerne les timbres et vignettes de bougies, sur le reg. nº 83 A.

Commis auxiliaires. V. **Dépenses**, 1567.

Versements des buralistes après les arrêtés mensuels. V. 258.

Sect. IV. — Receveurs particuliers ambulants.

47. Les receveurs particuliers ambulants ont les mêmes obligations que les receveurs sédentaires, sauf qu'ils ne tiennent ni les registres de perception des droits au comptant, ni le livre de caisse n° 74 D. Ils fournissent les mêmes pièces et aux mêmes époques. C. n° 24 du 8 fév. 1819. — Leur registre de quittances porte le n° 74 B.

Ils font par eux-mêmes et *à domicile* la perception des droits constatés par exercice, qui ne se paient pas au comptant.

Vérificateurs directs et immédiats des receveurs buralistes, dont ils surveillent la gestion, ils retirent à chacune de leurs visites les fonds que ceux-ci ont en caisse. C. n°s 67 du 7 juin 1806, 107 du 1er déc. 1806 et 488 du 19 juill. 1851. — Versements des buralistes après les arrêtés. V. 258.

48. Les fonctions de receveur ambulant sont incompatibles avec celles de receveur buraliste.

49. En thèse générale, les receveurs ambulants ne sont appelés à payer que les remises des buralistes et les frais de contrainte ou autres qu'entraîne le recouvrement des droits. C. n°s 67 du 7 juin 1806 et 4 du 31 déc. 1827.

Cependant, ils peuvent être chargés d'effectuer, par prélèvement sur leurs recettes, ou bien au moyen de fonds qui leur sont envoyés par le receveur principal, le paiement des dépenses imputables sur la caisse de ce dernier.

Allumettes, Primes. V. 1753.

50. Lorsque le receveur principal adresse des fonds à son subordonné, il en fait dépense aux *avances provisoires* (registre n°s 87 A et 89 B). De son côté, le receveur particulier inscrit en recette, au registre n° 74, les sommes qui lui ont été envoyées et fait parvenir, aussitôt, la quittance au receveur principal. Cette quittance, dont le timbre est annulé, est conservée par le comptable supérieur comme justification de la dépense portée aux avances.

51. Quant au receveur subordonné, il fait figurer la recette et la dépense, à son bordereau n° 80 A, sur deux lignes spéciales ayant pour titre, l'une : *Fonds de subvention reçus du receveur principal* ; l'autre : *Paiements effectués pour le compte du receveur principal.* Il conserve jusqu'à son versement de fin de mois les pièces justificatives de ces paiements.

Au moment de ce versement, le receveur principal délivre à son subordonné une quittance du registre n° 87 bis, pour le montant total du bordereau, y compris les pièces de dépenses.

Le receveur principal en même temps fait recette: 1° aux *recouvrements d'avances* des sommes envoyées précédemment au receveur particulier; 2° à titre de sommes versées par ce dernier, du surplus du bordereau. Il inscrit ensuite en dépense, aux lignes *ad hoc*, le montant des pièces de dépense qui lui ont été versées. Déc. adm. du 25 mai 1867.

Sect. V. — Entreposeurs spéciaux.

52. Les entreposeurs spéciaux sont justiciables de la Cour des comptes quant aux matières ; mais, en ce qui concerne la comptabilité en deniers, ils ne sont que des comptables subordonnés. En cette qualité, ils sont tenus d'avoir un registre journal de caisse n° 74 C. CC. n° 8 du 10 déc. 1827.

Ils remettent au receveur principal, à chaque versement qu'ils lui font, un bordereau n° 76 A, d'imputation de leurs recettes, et, en fin de mois, un bordereau n° 80 A. Id.

L'obligation de fournir un bordereau n° 80 A entraîne nécessairement celle de tenir un sommier n° 76 C et E, puisque c'est à ce registre que se trouve le livre minute des bordereaux n° 80 A.

Les entreposeurs spéciaux n'acquittent aucune dépense. C. n° 192 du 19 juillet 1811, n° 10 du 6 janvier 1816 et n° 84 du 20 décembre 1822.

Sect. VI. — Receveurs principaux entreposeurs et receveurs particuliers entreposeurs.

53. Les receveurs principaux entreposeurs et les receveurs particuliers entreposeurs sont dispensés de la tenue du registre n° 74 C et de la formation du bordereau n° 76 A.

Le produit de la vente des tabacs et des poudres est porté par les premiers au journal de caisse n° 87 A et au sommier n° 88, par les seconds au journal n° 74 D et au sommier n° 76 D.

54. Les receveurs principaux dressent un bordereau des recouvrements qu'ils ont effectués sur les produits de l'entrepôt dont ils sont chargés. CC. n° 14 du 30 avr. 1831.

Ce bordereau est établi sur le modèle n° 80 A et doit être dépouillé au registre n° 90.

Au point de vue de la centralisation des recettes et du paiement des dépenses, les receveurs *principaux* entreposeurs ont les mêmes attributions que les receveurs principaux spéciaux, qui font l'objet de la section suivante.

55. Comme les receveurs principaux spéciaux, les receveurs principaux entreposeurs et les receveurs particuliers entreposeurs reçoivent une allocation, à titre de frais de commis. C. n° 13 du 27 nov. 1869. V. **Dépenses**, 1567.

Sect. VII. — Receveurs principaux.

56. L'organisation nouvelle restreint les attributions des receveurs

principaux à celles qu'ils avaient en qualité de comptables. Sous ce rapport, elle simplifie même leur travail, en transportant des bureaux de la recette principale aux bureaux de la direction ou de la sous-direction la tenue du registre de dépouillement n° 90 des bordereaux n° 80 A. A la vérité, un certain nombre de receveurs principaux ont maintenant à centraliser les opérations de la comptabilité pour deux ou trois arrondissements ; mais le système est resté absolument le même. C. n° 17 du 16 mars 1870.

57. Ils assurent leur service à l'aide des agents, pour la rémunération desquels des allocations leur sont concédées. C. n° 13 du 27 nov. 1870. V. **Dépenses**, 1567.

58. Les receveurs principaux peuvent remplir en même temps les fonctions de receveur particulier, d'entreposeur et de buraliste. Malgré cette cumulation, les règles de la comptabilité sont telles que chaque fonction a sa comptabilité distincte. Tous les fonds de la recette sont réunis dans une seule et même caisse ; les sommes perçues comme buraliste ou receveur particulier sont enregistrées, chaque soir, au journal général n° 87 A.

Comme receveurs buralistes et comme receveurs particuliers, ils tiennent les mêmes registres et fournissent les mêmes pièces que ces comptables. Seulement toutes les recettes qu'ils opèrent directement sont inscrites, non sur un registre n° 74 D, mais à leur livre-journal de caisse, qui porte le n° 87.

59. Ils tiennent en outre un sommier n° 88 des registres auxiliaires pour les consignations et les avances n°s 89 A (1re et 2e partie), 89 B et 89 C. CC. n° 8 du 10 déc. 1827.

60. En fin de mois, ils dressent :

Un bordereau, n° 91 A ;

Un état de pièces de dépenses transmises, n° 95 A ;

Un relevé récapitulatif des remises payées aux buralistes, n° 107 ;

Et, s'il y a lieu, un état série C, n° 74 bis, présentant la situation des sommiers d'admission temporaire, en ce qui concerne les sucres. CC. du 31 mars 1865, sans numéro.

En fin d'année, ils établissent le compte en deniers n° 108 A (2e partie), le compte en matières 108 A bis, et les comptereaux n°s 108 D et 108 E. CC. n° 8 du 10 déc. 1827, n° 10 du 15 déc. 1828, n° 46 du 30 nov. 1849 et n° 105 du 5 février 1876.

La première partie du compte n° 108 A est fournie après la clôture de l'exercice, c'est-à-dire après le 31 août de la seconde année. V. **Compte de gestion**, 2049 et suiv.

61. La comptabilité des receveurs principaux en impressions timbrées, instruments et ustensiles de vérification, est établie sur un registre n° 106 A ; la comptabilité des timbres et vignettes de bougies est suivie au reg. 106 C. Ces comptables fournissent annuellement pour la Cour des Comptes et pour l'Administration, des extraits des dits registres (Etats n°s 151 A, 151 A bis, 151 AA, 151 C, 151 C bis et 151 CC) et un inventaire des quantités restantes, n° 152 B. V. 2100 et suiv.

62. Ils reçoivent les versements des receveurs particuliers tant sédentaires qu'ambulants, des entreposeurs et des receveurs entreposeurs. C. n° 16 du 12 juin 1816 et n° 69 du 20 avr. 1831.

Ils acquittent toutes les dépenses de leur circonscription. C. n° 16 du 12 juin 1816.

Allumettes. Primes. V. 1753.

63. Pour les paiements effectués relativement au service des manufactures de l'Etat, ils sont uniquement sous la surveillance des vérificateurs du service des contributions indirectes. C. n° 738 du 28 févr. 1861 et n° 1021 du 25 janv. 1866.

Interruption de service (congé, maladie, etc.). V. le *Chapitre suivant*.

CHAPITRE IV.

Incompatibilités et responsabilité des comptables. Fondé de pouvoirs à établir en cas de congé

Comptables supérieurs, 64.
Incompatibilités attachées aux fonctions de comptable, 65.
Responsabilité, 66 à 74.
Fondés de pouvoirs à établir en cas de congé, 75, 76.

Sect. I. — Incompatibilités et responsabilité.

64. On entend par comptables supérieurs les agents qui ont un maniement de deniers publics ou de matières, et sont *justiciables directs de la Cour des comptes*, tels que les receveurs principaux et les entreposeurs de tabacs.

65. L'emploi de comptable est incompatible avec l'exercice d'une profession, d'un commerce ou d'une industrie quelconque. Art. 18 du décret du 31 mai 1862.

Il est interdit aux comptables de prendre intérêt dans les adjudications, marchés, fournitures et travaux concernant les services de recette ou de dépense qu'ils effectuent. Art. 19 id.

66. Les comptables sont responsables du recouvrement des droits liquidés sur les redevables et dont la perception leur est confiée. Art. 1er de l'ord. du 8 déc. 1832, et art. 1992 du Code civ.

67. La responsabilité des comptables est couverte, en ce qui concerne les droits et produits revenant à l'Etat :

1° Par les recouvrements effectués ;

2° Par les décharges accordées ;

3° Par l'admission en reprise sur l'exercice suivant des sommes susceptibles d'être ultérieurement recouvrées ;

4° Par le versement fait à leur caisse des sommes mises à leur charge. CC. n° 20 du 24 août 1833.

68. Les comptables sont et demeurent chargés, dans leurs écritures et dans leurs comptes annuels, de la totalité des états de produits qui constatent le montant de ces droits. Ils doivent justifier de leur entière réalisation. Art. 320 du décret du 31 mai 1862. V. **Primes, 1583 et suiv. ; Reprises indéfinies, 756 et suiv.**

69. Le contrôle des comptables supérieurs sur les agents de la perception qui leur sont subordonnés s'exerce par l'appel des pièces justificatives et des divers éléments de leur comptabilité, et par tous les autres moyens indiqués par les règlements de chaque service. Art. 321 id. Sous le régime de l'organisation actuelle, les appels sont faits dans les bureaux de direction et de sous-direction pour les états de produits, décomptes, etc. ; le receveur principal n'a plus à voir que la comptabilité proprement dite et à s'assurer de l'exactitude et de la justification des dépenses.

70. La libération des comptables inférieurs s'opère par la représentation des récépissés du comptable supérieur, qui justifient le versement intégral des sommes qu'ils étaient tenus de recouvrer. Id.

71. Les receveurs principaux sont ainsi rendus responsables des recettes et des dépenses des agents subordonnés, qu'ils ont rattachées à leur gestion personnelle. Art. 322 id.

Toutefois, cette responsabilité ne s'étend pas à la portion des recettes des comptables inférieurs dont il n'a pas dépendu des receveurs principaux de faire effectuer le versement ou l'emploi. Id.

72. Les comptables supérieurs qui ont payé les déficits ou débets de leurs subordonnés, sont subrogés à tous les droits du Trésor sur le cautionnement, la personne et les biens du comptable débiteur. Art. 327 id. et art. 6 de l'ordonnance du 8 décembre 1832.

S'ils se croient fondés à réclamer la décharge, ils peuvent provoquer une enquête administrative pour faire constater les circonstances qui ont précédé ou accompagné le déficit ou le débet, et s'il doit être attribué à des circonstances indépendantes de la surveillance du comptable. Art. 329 id.

73. Le ministre des finances statue sur les demandes en décharge de responsabilité, après avoir pris, s'il y a lieu, l'avis de la section des finances du conseil d'Etat, et sauf l'appel au même conseil, jugeant au contentieux. Id.

74. Lorsque les comptables ont soldé, de leurs deniers personnels, les droits dus par les redevables ou débiteurs, ils sont subrogés dans tous les droits du Trésor public, conformément aux prescriptions du Code civil. Art. 6 de l'ordonnance du 8 décembre 1832.

SECT. II. — Fondé de pouvoirs à établir en cas de congé.

75. D'après les dispositions combinées des circulaires nos 205 du 11 mai 1854 et 17 du 16 mars 1870, tout comptable sédentaire auquel un congé était délivré avait à se faire remplacer par un fondé de pouvoirs dont il demeurait responsable. Mais un intérim devait être réglementairement constitué si le comptable ne pouvait remplir ses fonctions par suite d'une maladie grave, ou si, étant en interruption de service, il subissait une retenue sur ses appointements, ou enfin s'il demandait à être admis à la retraite. L'administration a décidé que les comptables, à moins qu'ils n'aient perdu toute liberté d'esprit ou de corps (cas d'aliénation mentale, de paralysie, etc.), ne seraient plus remplacés à l'avenir et devraient confier à un fondé de pouvoirs le soin d'assurer la gestion de leur emploi. Leur responsabilité pécuniaire restera toujours pleinement engagée. C. no 68 du 16 sept. 1872.

Les receveurs sédentaires qui, en très petit nombre, n'ont point d'allocation pour frais de commis, peuvent, lorsque leur traitement est réduit de moitié, obtenir une indemnité à raison de la dépense qu'entraîne la rémunération de l'agent chargé par eux de tenir la recette. L'administration, en pareil cas, est appelée à statuer sur proposition spéciale.

76. Nous donnons ci-après un modèle de la déclaration à fournir par les comptables en cas de congé.

Je soussigné (nom, prénoms, grade et résidence), en conséquence du congé qui m'a été accordé par M. le Directeur général, désigne pour me remplacer durant mon absence M. (nom, prénoms, profession et demeure). Il sera chargé de gérer et d'administrer la caisse qui m'est confiée, et je me rends caution de sa gestion sur mes biens meubles et immeubles, répondant de tout débet, de toute soustraction de deniers et de tout retard de versement, comme s'ils étaient de mon propre fait, et me soumettant, à cet effet, à la contrainte personnelle, dans les cas ci-dessus.

Je prie Monsieur le Directeur de vouloir bien agréer ce fondé de pouvoirs, pour me remplacer dans ces conditions pendant mon absence.

Fait à , le 18

CHAPITRE V.

Livres de comptabilité à tenir par les agents de perception et par les comptables.

Registre des timbres et vignettes en matière de bougies, n° 33 C, 77.
Registre de consignations, n° 33 A, 78.
Registre récapitulatif des recettes et des dépenses, n° 33 B, 79 à 84.
Journal général des recettes, n° 74 A, 85 à 102.
Journal général des recettes, n° 74 B, 85 à 102.
Livre de caisse, n° 74 D, 103 à 108.
Registre des comptes-ouverts, n° 75, 109 à 116.
Sommier, n° 76, 117 à 126.
Registre de recette et de dépense des timbres, n° 83, 127 à 131.
Livre-journal de caisse, n° 87 A, 132 à 141.
Registre de quittances pour les comptables, n° 87 B, 142, 143.
Sommier général, n° 88, 144 à 151.
Registre de développement des consignations provenant d'amendes et confiscations, n° 89 A (1re partie), 152 à 160.
Registre de développement des consignations provenant d'acquits-à-caution, n° 89 A (2e partie), 161 à 165.
Registre de développement des frais judiciaires, n° 89 B, 166 à 174.
Registre des consignations, n° 89 C, 175 à 176.
Droits consignés sur passe-debout, sur acquits, 177.
Non-émargement d'appointements, parts d'amendes, redevances de débits de tabac, 178.
Frais de poste, 179 à 194.
Trop perçu ; avances des redevables, 195 à 197.
Abonnement aux circulaires, 198, 199.
Remise d'un tiers pour cent payée par les assujettis admis à souscrire des obligations, 200.
Prix des barils et des sacs renfermant des poudres de mine, 201 à 203.
Autres sommes portées au registre 89 C, 203.
Registre de recette et de dépense des timbres et vignettes, n° 106 A et 106 C, 204 à 207.

Sect. I. — Registre spécial des vignettes timbrées en matière de Bougies, n° 33 C.

77. Un modèle spécial n° 33 C a été créé pour la comptabilité des vignettes timbrées en matière de bougies. Note du 15 fév. 1873 et CC. 98 du 16 août 1873.

Il y a lieu de tenir ce registre par fabrique ou magasin d'entrepôt. Id. V. 1052.

Sect. II. — Registre de consignations, n° 33 A.

78. Les buralistes relèvent sur ce registre les consignations inscrites aux différents livres de perception, y compris les droits applicables aux acquits non rentrés, ainsi que les droits déposés à défaut de caution. CC. n° 27 du 21 déc. 1838.

Ils y portent en dépense :

1° Les consignations remboursées ;

2° Celles qui ont été converties en perception définitive ;

3° Celles qui n'ont pas été réclamées, bien qu'elles soient exigibles et que le délai fixé pour le remboursement soit expiré. CC. n° 10 du 15 déc. 1828.

La différence entre la recette et la dépense, représentant le montant des consignations non apurées, est laissée entre les mains du buraliste. Id. V. n° 79.

Le total de la recette est reporté sur le registre n° 33 B. Id.

Sect. III. — Registre récapitulatif des recettes et dépenses, n° 33 B.

79. Lors des arrêtés des registres de perception, le receveur particulier reporte sur le registre n° 33 B du buraliste les droits perçus depuis son dernier arrêté, ainsi que le prix des timbres de la Régie, et le montant des consignations inscrites au registre n° 33 A.

80. Il s'en fait verser le montant et délivre une quittance détachée du registre n° 74, dont le timbre est biffé et reste annexé à la souche. CC. n° 33 du 18 déc. 1844.

Cette quittance comprend la somme retenue par le buraliste à titre de remise ; elle y est mentionnée *pour ordre*. C. n° 6 du 16 fév. 1815.

81. Les droits sont classés au registre n° 33 B dans l'ordre qu'ils doivent invariablement conserver entre eux, jusque sur les registres de l'administration. C. n° 24 du 26 déc. 1818.

On doit y porter :

1° La recette afférente aux consignations perçues pour le compte du receveur principal (registre n° 33 A) :

(*a*) Des expéditeurs de boissons, pour doubles ou sextuples droits. § 8 de l'instruction du 15 février 1827 ;

(*b*) Des colporteurs, pour la garantie du paiement du droit de détail sur les quantités vendues (art. 5 de l'instruction annexée au reg. des congés, n° 5) ;

(*c*) Des conducteurs, pour obtenir un permis de passe-debout dans les communes sujettes au droit d'entrée (art. 28 de la loi du 28 avril 1816), — déduction faite de la portion des droits consignés et applicables à l'octroi ;

(*d*) De divers pour droits sur les sels, sur le sucre indigène, etc. (circul. n° 238 du 28 août 1840, n° 258 du 26 septembre 1841 et n° 59 du 3 septembre 1852).

Ces consignations sont inscrites en masse au reg. 33 B, et doivent ressortir dans la colonne 81, page 6. Instruction du reg. 33 B.

2° Les droits d'entrée perçus pour le compte du receveur particulier, des propriétaires récoltants qui ne réclament pas l'entrepôt, en vertu de la circulaire n° 6 du 21 novembre 1825. C. n° 12 du 31 déc. 1827 et CC. n° 8 du 10 déc. 1827 ;

3° Le prix des résidus de tabacs. Les buralistes délivrent une facture n° 64 B, et cette perception est inscrite au registre n° 33 B sur une ligne distincte ayant pour titre : *Recouvrements pour le compte du receveur principal. Vente de résidus de tabacs.* C. n° 993 du 12 mai 1865 ;

Les doubles droits de consommation et d'entrée à l'application desquels donnent lieu les vins présentant une surforce alcoolique, droits précédemment classés au chap. des recettes extraordinaires, sont maintenant inscrits à des lignes spéciales dans la nomenclature des droits et produits. C. n° 395 du 6 mai 1884.

82. La contexture du reg. n° 33 B a été récemment modifiée. — Ce registre doit présenter, pages 1 à 6, le dépouillement, par arrêté, des perceptions de toute nature faites aux différents registres buralistes, y compris les consignations et les recouvrements pour le compte du receveur particulier ou du receveur principal. — Les cadres 1, 2 et 3, pages 7, 8, 9 et 10 sont destinés : 1° à l'inscription des timbres livrés au buraliste ; 2° au dépouillement, par arrêté, des quantités de timbres employées ; 3° au relèvement, dans les mêmes conditions, des timbres annulés. Ces trois cadres doivent présenter distinctement les timbres livrés, employés ou annulés, par nature et par espèce de registre.

Des situations de timbres doivent être établies dans les recettes buralistes par les receveurs, contrôleurs, chefs de poste et inspecteurs. Ces situations sont faites sur des feuilles modèles 33 D. C. 261 du 31 janvier 1879. V. 1051 bis.

83. Le cadre 4, pages 11 et 12 du registre n° 33 B, est consacré à la récapitulation qui a pour objet de présenter l'ensemble des perceptions de chaque bureau, de justifier de l'exactitude du relevé n° 82 et des comptes ouverts n° 75 ; de prouver enfin que l'application des taxes ou de la quotité a été régulièrement faite aux objets imposés.

La page suivante présente le développement des versements faits au receveur particulier ; elle est suivie de l'état des décomptes mensuels des remises du buraliste.

En fin d'année, le reg. 33 B doit être retiré des mains du buraliste par le receveur particulier, qui remplit la récapitulation (cadre 4), après l'avoir fait certifier par le comptable, et lui délivre le récépissé final dont le montant doit égaler celui des quittances partielles. Instruction du reg. 33 B et C. n° 12 du 31 décembre 1827.

Les reg. du dernier tirage présentent, à la dernière page, un cadre dans lequel les receveurs particuliers indiquent les assujettis qui ont souscrit un cautionnement au reg. 52 D, avec les noms des cautions. (Application des prescriptions de la circul. n° 352 du 20 octobre 1882.) — V. 2437.

Jusqu'à la délivrance du certificat de décharge qui, en fin d'année est détaché du registre n° 33 B, les simples buralistes et les receveurs aux entrées doivent conserver les quittances constatant le versement des sommes revenant au trésor. C. n° 310 du 1er août 1855.

84. *Perceptions propres à l'octroi.* — Lorsqu'ils font des perceptions pour le compte des communes (V. 36), les simples buralistes conservent, de plus, les quittances relatives aux versements effectués à la *caisse municipale*. Ces diverses quittances sont distinctement inscrites et récapitulées (nos, dates et sommes) à l'un des cadres d'arrêté du registre n° 33 B. Id.

Sect. IV. — Journal des receveurs particuliers, n°s 74 A, 74 B et 74 spéciaux.

§ I. — Usage auquel est destiné le journal.

85. Le journal n° 74 est tiré en deux formats : l'un (n° 74 A) à l'usage des receveurs particuliers sédentaires, et l'autre (n° 74 B) à celui des receveurs ambulants.

86. L'enregistrement à la souche doit se faire à l'instant même où le comptable effectue une recette, à quelque nature de droit ou de produit qu'elle se rapporte. Les enregistrements présentent les énonciations suivantes :

1° En chiffres et sous une seule série pour tout l'exercice, le numéro de l'enregistrement ;

2° Le droit auquel l'enregistrement est imputable ;

3° La somme reçue en toutes lettres ;

4° Le nom et le domicile du redevable qui fait le versement ou pour compte de qui il est fait.

Les quittances doivent être en parfaite concordance avec les souches, et le montant de chacune d'elles sorti en chiffres dans le cadre en regard des souches. C. n° 216 du 29 oct. 1813.

Toute somme reçue par un receveur particulier doit être inscrite sur ce registre. La moindre omission qui serait signalée à l'administration entraînerait la destitution du comptable. C. du 16 février 1815.

Quittances cumulatives. V. **Quittances**, 1119 à 1122.

§ II. — Registre n° 74 A.

87. On porte à ce registre :

1° Les droits payés par les contribuables ;

2° Les perceptions faites pour le compte du receveur principal ;

3° Les recouvrements sur frais de contraintes et de poursuites ;

4° Les avances pour le service de l'octroi et les frais de casernement. CC. n° 8 du 10 déc. 1827.

88. Il est délivré quittance pour les sommes versées par les receveurs buralistes et par les receveurs des octrois ; mais le timbre est annulé et reste à la souche. CC. n° 103 du 24 juin 1875 et 105 du 5 février 1876. V. 1026 et 1027.

89. Les timbres du comptable ne figurent qu'au reg. n° 74 D. CC. n° 8 du 10 déc. 1827.

90. Le prix du timbre du registre n° 74 n'est pas dû pour les quittances constatant l'encaissement de la remise d'un tiers pour cent payée par les fabricants de sucre. CC. n° 53 du 16 déc. 1852. V. 1049 bis.

§ III. — Registre n° 74 B.

91. On fait figurer en recette à ce registre les mêmes droits et produits qu'au précédent, et, *de plus, les timbres du comptable*. CC. n° 8 du 10 déc. 1827.

C'est sur ce registre que les directeurs et les sous-directeurs mettent leur arrêté. C. n° 12 du 31 déc. 1827, n° 76 du 22 nov. 1852 et n° 310 du 1er août 1855.

§ IV. — Registres n° 74 spéciaux.

92. Un registre 74 est déposé à la recette buraliste dans le cas où ce comptable opère la perception du droit sur les vendanges. C. n° 31 du 21 nov. 1825.

Le receveur principal doit aussi en ouvrir un pour les recettes sur consignations (C. n° 94 du 6 août 1823), ainsi que pour tous les autres paiements ou versements effectués à sa caisse. CC. n° 19 du 31 mai 1833.

SECT. V. — Journal des recettes, à l'usage des entreposeurs, n° 74 C.

93. Le registre n° 74 C n'est obligatoire que pour les entreposeurs spéciaux. CC. n° 14 du 30 avr. 1831.

94. Les entreposeurs, après avoir additionné leurs registres élémentaires, rapportent chaque soir en une seule ligne sur le registre 74 C :

1° La date ;

2° Le total en toutes lettres des recettes de la journée ;

3° Le montant de chaque perception, suivant l'intitulé des colonnes. C. n° 84 du 20 déc. 1822.

95. Les versements effectués par l'entreposeur, soit à la recette des finances, soit à la caisse du receveur principal, sont inscrits au registre n° 74 C. Id.

96. Ce registre doit être suivi sans interruption du commencement à la fin de l'exercice ; on ne doit pas le totaliser à la fin de chaque mois. L'entreposeur inscrit seulement le versement de solde qu'il doit effectuer. Le directeur vérifie et arrête les registres de ce comptable et vise le bordereau n° 80 ; le receveur principal fournit un récépissé détaché du registre n° 87 B. C. 84 du 20 déc. 1822 et CC. n° 19 du 31 mai 1833.

97. Les entreposeurs doivent délivrer des factures à souche portant quittance pour toutes les livraisons de tabacs, de poudres et de colis qu'ils font, soit aux débitants, soit aux consommateurs. Le carnet dont la tenue avait été prescrite pour les ventes faites à ces derniers est supprimé. CC. n° 19 du 31 mai 1833.

98. Lorsque, dans le courant ou à la fin d'un mois, l'entreposeur verse des fonds à la caisse du receveur principal, il remet à celui-ci un bulletin n° 76 A ; le receveur principal garde cette pièce et délivre un récépissé du registre n° 87 B. Id.

99. Les recettes directes de l'entreposeur ne se composent que des produits ci-après :

Tabacs. . . .	Ventes aux débitants et consommateurs et ventes pour l'exportation. Recettes accessoires (frais de paquetage, etc.). Prix des colis.
Poudres. . . .	Ventes aux débitants et consommateurs et ventes pour l'exportation. Recettes accessoires. Prix des colis.

100. Les produits autres que ceux prévus par les modèles n°s 74 C et 74 A sont recouvrés directement par le receveur principal. C. n° 84 du 20 déc. 1822.

101. Parmi les *recettes accessoires* des entreposeurs, il faut comprendre la perception du prix des jus de tabacs. Ces jus n'entrent pas dans la comptabilité en matières des entrepôts. C. n° 984 du 29 déc. 1864. V. 1280.

102. Les recettes provenant de la vente des résidus de tabacs sont, au contraire, encaissées au titre de *produits généraux de la vente des tabacs*. C. n° 993 du 12 mai 1865. V. 1276 bis.

La perception du prix des résidus de tabacs peut être faite par les buralistes et les receveurs particuliers. Un tableau indiquant le comptable de la Régie qui, au siège de chaque manufacture et de chaque magasin, doit encaisser le prix des résidus de tabacs, a été annexé à la C. n° 993 du 12 mai 1865. V. 81.

La circulaire précitée indique la marche à suivre pour faire entrer ces recouvrements dans la comptabilité de l'entreposeur ou dans celle du receveur principal entreposeur.

Sect. VI. — Livre de caisse, n° 74 D.

§ I. — Agents qui tiennent le livre de caisse 74 D

103. Ce registre est obligatoire :

1° Pour les receveurs particuliers sédentaires ;

2° Pour les receveurs particuliers entreposeurs. CC. n° 8 du 10 déc. 1827.

104. En principe, les receveurs buralistes qui font d'autres perceptions que celles des droits du trésor doivent aussi tenir un registre n° 74 D. Les directeurs sont laissés juges de l'opportunité de cette mesure. CC. n° 10 du 15 déc. 1828. V. 35.

105. Le registre 74 D présente, en trois colonnes et sans distinction, la totalité des recettes et des dépenses depuis le commencement de l'exercice, plus le solde en caisse à la fin de la journée. On doit donc inscrire sur le livre de caisse, et sans aucune interruption, toutes les recettes et toutes les

dépenses, de telle sorte que le solde en caisse, à la fin de chaque journée ressorte exactement de la comparaison des recettes et des dépenses, sauf à établir dans la colonne destinée aux libellés, la distinction des recettes du mois et de celles des mois antérieurs. CC. n° 12 du 30 nov. 1829.

106. Les dépenses des receveurs particuliers sédentaires et des receveurs particuliers entreposeurs se composent uniquement des versements que ces comptables opèrent :

1° A la recette des finances ;

2° A la recette principale ;

3° A la recette municipale.

Il leur est interdit d'effectuer aucun paiement, à moins que ce ne soit pour le compte du receveur principal, et dans ce cas *ils n'en passent pas écriture.* Les pièces justificatives de ces derniers paiements sont versés pour comptant au receveur principal. CC. n° 14 du 30 avril 1831. V. **Paiements**, 1001.

§ II. — Receveurs sédentaires.

107. Les receveurs sédentaires portent au livre de caisse n° 74 D :

1° D'après les registres de perception et le journal n° 74 A, les droits au comptant et constatés perçus par eux directement ;

2° Le prix des timbres employés dans leur bureau ;

3° Le montant des versements effectués par les buralistes dépendant de la recette, d'après le compte-ouvert n° 75 A ;

4° Les recouvrements effectués pour le compte de l'octroi. CC. n° 8 du 10 déc. 1827.

§ III. — Receveurs particuliers entreposeurs.

108. Les receveurs particuliers entreposeurs font figurer jour par jour au livre de caisse n° 74 D :

1° Les mêmes droits et produits que les receveurs sédentaires ;

2° Les produits de la vente des tabacs et des poudres, et le prix des colis vendus.

Sect. VII. — Registre des comptes-ouverts n° 75.

§ I. — Division du registre.

109. Ce registre est divisé en deux parties. La première se rapporte aux comptes-ouverts aux buralistes et a le n° 75 A. La seconde est destinée aux comptes-ouverts aux redevables et a le n° 75 B. C. n° 24 du 8 fév. 1819.

§ II. — Comptes-ouverts aux buralistes.

110. Le receveur inscrit au compte-ouvert n° 75 A les recettes effectuées

par les buralistes, d'après le registre n° 33 B, à mesure qu'il vérifie leurs registres de perception.

Le registre n° 75 A doit renfermer autant de comptes qu'il y a de buralistes dans la recette. C. n° 24 du 8 fév. 1819.

Les charges d'un buraliste étant établies comme il vient d'être dit, le receveur inscrit aux trois dernières colonnes :

1° Le numéro du registre n° 74 B ;

2° Les sommes versées par le buraliste pour solde de ses charges. Ces sommes doivent être égales au montant des droits perçus par le buraliste, sans quoi il serait constitué en débet ;

3° *Pour mémoire* les sommes retenues par le buraliste pour ses remises C. n° 19 du 12 déc. 1816. V. 1497 et suiv.

§ III. — Comptes-ouverts aux contribuables et aux communes.

111. Chaque contribuable doit avoir sur le registre 75 B un compte par *doit* et *avoir*. Le compte est chargé par nature de droits et pour chaque trimestre, d'après le dépouillement des états de produits. Les paiements effectués y sont inscrits au crédit, jour par jour, d'après le relevé du journal général des recettes 74 A ou 74 B. C. n° 6 du 16 fév. 1815.

Les droits qui se rapportent à une profession exercée en vertu de la même licence, ne donnent lieu qu'à l'ouverture d'un seul compte ; mais on ne peut confondre dans le même compte ceux qui découlent de licences différentes. Ainsi le droit de fabrication des bières ne peut figurer sur le même compte que celui du dixième des voitures publiques, et l'un et l'autre doivent être séparés des droits sur les cartes et les boissons. C. n° 67 du 7 juin 1806 et n° 60 du 28 mars 1833. V. **Quittances cumulatives**, 1119 à 1122.

112. On doit ouvrir des comptes au registre 75 aux adjudicataires ou fermiers des bacs, de la pêche, des francs-bords, etc. Le titre de chacun de ces comptes indique l'espèce du droit affermé, la date du bail ou du procès-verbal d'adjudication, celle de l'entrée en jouissance et celle de l'échéance. Le compte du redevable indique chacune des échéances à laquelle le fermier est tenu d'effectuer un paiement et le montant de ces paiements. Cette partie du compte est remplie dès le commencement de l'année. C. n° 6 du 16 fév. 1815 et n° 430 du 28 nov. 1856.

113. Il est également ouvert un compte à chacune des communes lorsque l'administration a des perceptions à opérer pour frais d'impressions, pour indemnité d'exercices, etc. C. n° 19 du 12 déc. 1816.

114. Les recouvrements sur les fermiers des bacs ou sur les communes sont présentés, comme pour les contribuables, sur la partie intitulée *paiement*. C. n° 6 du 16 fév. 1815.

115. D'après les dispositions de la circulaire n° 19 du 12 décembre 1816, les receveurs particuliers n'étaient responsables des recouvrements, en ce qui concerne les bacs, les francs-bords, etc., et en général pour les produits pour lesquels il n'était pas formé d'états de constatation, qu'autant que les directeurs avaient inscrit ou fait inscrire au registre n° 75 les sommes dues pour ces différents produits.

Il est dressé maintenant, à l'expiration de chaque trimestre, des états de produits pour les bacs, moins-values, etc. (modèle n° 27 E), ainsi que pour la pêche, les francs-bords, etc. (modèle n° 27 B). C. n° 430 du 28 nov. 1856. V. **Baux des bacs, de pêche, etc.**, 1250 à 1253.

116. En ce qui concerne les débitants, les comptes ouverts doivent présenter le détail, par espèce et par prix, des quantités de boissons vendues par chaque débitant. Ce détail est relevé sur les états trimestriels de produit n° 55. CC. n° 26 du 18 déc. 1837.

En marge de chaque compte, on doit relever les quantités imposées et les droits constatés par trimestre de l'année précédente. *Note imprimée au bas de chaque feuillet du reg. 75 B.*

Les receveurs sédentaires sont tenus de dépouiller, dans les colonnes réservées à cet effet, les bulletins détachés des avertissements à souche, à mesure qu'ils leur sont remis par les employés. C. n° 24 du 8 fév. 1819 et n° 445 du 5 février 1857. V. 684.

Sect. VIII. — Sommier n° 76.

§ I. — Division.

117. Le sommier récapitulatif par nature de perception est tenu pour les droits au comptant et pour les droits constatés. Il prépare ainsi les éléments des bordereaux, des états de trimestre et de fin d'exercice ; il est divisé en trois parties. C. n° 24 du 8 fév. 1819.

118. *Perceptions propres à l'octroi.* Les receveurs particuliers qui, en cette qualité ou comme buralistes, font des perceptions pour le compte des communes, inscrivent et récapitulent au sommier n° 76 les quittances constatant les versements à la caisse du *receveur municipal.* C. n° 340 du 1er août 1855.

Ils font de même pour les quittances du reg. 87 B, délivrées par le receveur principal. V. 143.

§ II. — Comptables qui font usage du sommier n° 76

119. La tenue du registre n° 76 est obligatoire :

1° Pour les receveurs particuliers sédentaires et ambulants. CC. n° 8 du 10 déc. 1827;

2° Pour les receveurs particuliers entreposeurs et les entreposeurs spéciaux. CC. n° 17 du 20 déc. 1831;

Chaque comptable ne doit ouvrir au sommier que les comptes relatifs aux perceptions qui lui sont confiées. Id.

§ III. — Droits au comptant (C).

120. Cette partie offre exactement les mêmes colonnes que les comptes-ouverts aux buralistes. C. nº 4 du 31 déc. 1827.

Sauf la première colonne, destinée à recevoir les noms des bureaux, au lieu de la date des arrêtés, le receveur y rapporte en une seule ligne, par bureau, les enregistrements faits pendant le mois aux comptes-ouverts aux buralistes. C. nº 24 du 8 fév. 1819.

§ IV. — Droits constatés (D).

121. On doit ouvrir, dans cette partie, autant de comptes que le répertoire imprimé au dos du titre contient de lignes. C. nº 24 du 8 fév. 1819.

Chacun de ces comptes est divisé en deux sections :

1º Exercices expirés ;

2º Exercice courant. CC. nº 8 du 10 déc. 1827.

On doit y présenter par conséquent à des comptes séparés : 1º chaque espèce de droits ; 2º les remboursements d'avances ; 3º les recettes pour compte du receveur principal ; 4º celles pour compte de l'octroi; 5º les droits au comptant ; 6º enfin les versements au receveur principal, et ceux à la caisse municipale. C. nº 24 du 8 fév. 1819 et CC. nº 8 du 10 déc. 1827.

122. Le receveur rapporte à ce sommier chaque enregistrement, tant au journal nº 74 A ou nº 74 B, qu'au livre de caisse nº 74 C ou nº 74 D, aux comptes ouverts aux buralistes et à la colonne 12 des comptes ouverts aux redevables. Il doit le faire au moment même où les enregistrements ont lieu. C. nº 24 du 8 fév. 1819.

§ V. — Livre minute des bordereaux de mois (E).

123. Cette partie est divisée par mois ; le receveur y inscrit à la fin du mois les totaux des enregistrements faits sur chacun des comptes de la seconde partie. Elle doit être présentée, lors du versement, à la vérification du directeur, qui y arrête le montant et l'imputation des sommes à verser. C. nº 24 du 8 févr. 1819 et nº 310 du 1er août 1855.

§ VI. — Relevé des frais de poursuites payés aux huissiers et aux employés (F).

124. Tous les frais de poursuites pour le recouvrement des droits figurent, en recette et en dépense, dans les écritures et dans les comptes des receveurs principaux. (Reg. 87 A et 89 B.)

125. Les sommes payées, à ce titre, par les receveurs particuliers, *pour le compte du receveur principal*, sont relevées sur la partie du sommier qui porte le nº 76 F. CC. nº 8 du 10 déc. 1827 et C. nº 12 du 31 déc. 1827.

Les receveurs sédentaires et ambulants doivent tenir, en outre, suivant le modèle annexé à la circul. n° 445 du 5 février 1857, un registre spécial dit « *Répertoire des frais de poursuites*, et sur lequel ils inscrivent pour chaque créance donnant lieu à poursuites: 1° les contraintes; 2° au-dessous, dans un espace réservé à cet effet, les autres actes de poursuites qui pourront intervenir; 3° dans une colonne particulière, les motifs qui, successivement, déterminent l'ajournement ou la reprise des poursuites; 4° enfin, dans une autre colonne, le paiement des frais et le paiement des droits, s'il y a lieu. Les vérificateurs doivent viser et compulser ce registre, dont la tenue ne dispense pas les receveurs de remplir les relevés 76 F et 76 G.

§ VII. — Relevé général des frais de poursuites exercées (G).

126. L'objet de ce relevé est de présenter la totalité des frais faits par un receveur particulier pour parvenir au recouvrement des droits; il sert d'éléments aux renseignements à fournir tous les trimestres sur la situation des frais de poursuites, et fait connaître, en le comparant au compte n° 76 F, les frais restant dus aux huissiers et aux employés. C. n° 12 du 31 déc. 1827.

Sect. IX. — Registre de recette et de dépense des timbres et vignettes, n° 83.

127. Ce registre présente les recettes et dépenses en matières (expéditions timbrées, estampilles et matières de cartes).

128. Les vérificateurs doivent en surveiller la tenue et s'assurer, à chaque versement, que la recette correspond toujours à la dépense du compte n° 1 du registre n° 106 A.

129. Les receveurs principaux doivent, sinon y inscrire eux-mêmes, au moins faire inscrire sous leurs yeux, par les receveurs subordonnés, les livraisons qu'ils font à ces employés. C. n° 24 du 26 déc. 1818.

130. Si le receveur principal est en même temps receveur particulier, il doit tenir un registre n° 83 et y porter les livraisons qu'il se fait à lui-même. Inst. du registre n° 106 A.

131. Un registre spécial n° 83 A a été créé pour la comptabilité des vignettes timbrées, en matière de bougies. Note du 15 fév. 1873.

Il y a lieu de tenir ce registre par recette particulière, s'il y a dans la circonscription des fabriques ou des entrepôts. Id.

Timbres manquants. V. 1054, 1276.

Des situations de timbres et vignettes doivent être faites dans les recettes particulières sédentaires ou ambulantes, par les inspecteurs. Ces situations sont établies sur des feuilles modèle 83 B pour les timbres, et 106 E pour les vignettes. On les épingle à la dernière page du reg. 83. C. n° 261 du 31 janvier 1879. V. 1051 bis.

Sect. X. — Journal des receveurs principaux, nº 87 A.

§ I. — Dispositions générales.

132. Le livre-journal nº 87 A résume toutes les opérations comptables du receveur principal, tant en recette qu'en dépense, à quelque nature de droits, de produits ou de service qu'elles appartiennent. Le solde en caisse y doit ressortir à la fin de chaque journée. CC. nº 8 du 10 déc. 1827.

Trois colonnes d'émargement y sont destinées, la 1re pour la recette, la 2e pour la dépense, la 3e pour l'encaisse. C. nº 24 du 8 févr. 1819; CC. nº 8 du 10 déc. 1827 et C. nº 12 du 31 déc. 1827.

133. Au commencement de chaque page du journal, depuis la marge jusqu'à la colonne d'émargement, et en tête de chaque journée, on doit tirer une ligne, au milieu de laquelle on laisse un intervalle pour y écrire la date. Le dernier article de chaque page doit être fermé par une ligne tirée en plein dans toute sa longueur, sans qu'il puisse être laissé aucun vide d'un article à l'autre. Déclaration du 4 octobre 1723.

§ II. — Recettes.

134. On porte en recette au livre-journal :

1º Les droits au comptant perçus, soit par le comptable lui-même, soit par les autres buralistes, et le produit des timbres employés par le comptable directement ou versés à sa caisse par les receveurs d'octroi. CC. nº 8 du 10 déc. 1827;

2º Le total des recouvrements sur droits constatés. Id. ;

3º Les versements des receveurs particuliers et des entreposeurs spéciaux. Id. ;

4º Les recettes pour compte de l'octroi, lorsque le comptable fait fonctions de receveur central ou de buraliste. CC. nº 8 du 10 déc. 1827 ;

5º Le produit de la vente des tabacs et des poudres, lorsque le comptable est en même temps entreposeur. CC. nº 14 du 30 avr. 1831 ;

6º Le montant brut des amendes et confiscations et des simples, doubles et sextuples droits sur acquits-à-caution. CC. nº 24 du 16 déc. 1836 et nº 25 du 7 janv. 1837 ;

7º Les produits dévolus à la caisse des pensions. CC. nº 26 du 18 déc. 1837;

8º Les frais de poursuites remboursés par les contribuables. CC. nº 13 du 20 déc. 1830 ;

9º La portion du trésor dans la répartition du prix des poudres et tabacs saisis ;

10º Le second droit sur les expéditions timbrées et les estampilles manquantes. V. 1276 ;

11º Les droits sur manquants en matière de cartes ;

12º Toutes autres recettes extraordinaires effectuées par le receveur principal;

13° Le prix de vente des objets sujets à dépérissement, qui doit être inscrit provisoirement parmi les recettes à classer ;

14° Les sommes versées sur amendes et confiscations, par l'octroi, l'administration des domaines ou toute régie financière, pour les parts attribuées à des employés des contributions indirectes en qualité de verbalisants.

135. Passées en recettes au journal n° 87 A en un article spécial, ces sommes n'en sont pas moins, et préalablement, inscrites au registre à quittances n° 74 (spécial).

136. Lorsque, par des circonstances particulières, un receveur principal encaisse le montant d'une transaction se rapportant à une affaire ayant pris naissance dans une autre Direction, la recette n'est pas enregistrée sous le titre de consignation d'amende, mais bien au titre de virement de fonds ; elle n'est présentée avec cette imputation que dans la comptabilité de la recette principale du lieu d'origine de l'affaire. C. n° 310 du 1er août 1855.

§ III. — Dépenses.

137. On porte en dépense au livre-journal :

1° Les versements effectués au receveur des finances et au receveur municipal. CC. n° 8 du 10 déc. 1827 ;

2° Les paiements faits pour satisfaire aux besoins du service. Id. ;

3° Les dépenses sur consignations. (V. **Amendes et doubles droits**, 1799 et suiv.), et les sommes attribuées par suite du classement des poudres et des tabacs saisis. Id. ;

4° Le montant des frais de poursuites payés aux huissiers ou aux employés. CC. n° 13 du 20 déc. 1830.

§ IV. — Tenue du livre-journal.

138. Ce registre est précédé d'une instruction destinée à guider les comptables dans la tenue du journal. C. n° 12 du 31 déc. 1827.

Il est absolument interdit aux comptables de passer écriture d'aucun article de recette ou de dépense, soit avant, soit après l'opération de caisse qui en fait l'objet. C'est pour eux une obligation étroite à laquelle ils ne peuvent se soustraire sous peine d'apporter dans leur comptabilité le trouble et la confusion. CC. n° 98 du 16 août 1873.

Dans une lettre commune en date du 8 juillet 1872, la Direction générale des Contributions indirectes a déjà rappelé ces règles au service, en visant plus spécialement l'état des appointements. Id. V. 1458. Id.

Ces recommandations s'appliquent nécessairement aussi à l'état de répartition des amendes, n° 100 A, dont il est fait souvent dépense au reg. 87 A en un seul article, bien que les paiements qui s'y rapportent aient lieu à diverses dates. L'inscription en dépense ne doit jamais comprendre que des paiements réellement effectués. Si, au moment de l'arrêté de mois, quelques parts d'amendes n'ont pu être payées, le receveur principal peut en faire l'objet d'un article unique de dépense dont il reprend le montant au compte des consignations. Id.

Quant aux opérations de dépense comprises à l'état 100-A, qui ne donnent pas lieu à des paiements effectifs (frais, parts des pensions, etc.), rien ne s'oppose à ce qu'il en soit passé écriture en une seule fois. Id.

L'attention des comptables et des vérificateurs est appelée également sur certaines opérations de *virements de fonds* relatives à des paiements à effectuer hors de la résidence du receveur principal et pour le compte d'un de ses collègues. V. 1409.

Il arrive fréquemment que des comptables se croient autorisés, lorsque, pour un motif quelconque, les paiements assignés sur leur caisse se trouvent retardés, à passer outre à la dépense en portant en recette au compte des *consignations* le montant des *créances non payées*. Si quelques-uns d'entre eux n'opèrent ainsi qu'en fin d'année ou d'exercice, dans le but, soit d'apurer leurs écritures, soit d'éviter le réordonnancement sur exercice clos, d'autres n'hésitent pas à employer ce moyen de comptabilité dans le cours d'une gestion, sans nécessité même apparente et uniquement parce qu'ils se croient tenus de faire dépense, dans le mois pendant lequel ils les reçoivent, des mandats qui leur sont transmis. Cet usage a pour principaux inconvénients de présenter comme effectifs des paiements non accomplis et qui peuvent même ne pas avoir lieu, et de séparer la justification de ces paiements des pièces et documents servant à établir la créance ; aussi n'est-il admis qu'en ce qui concerne les appointements, remises et autres émoluments attribués aux agents de l'Administration. CC. n° 102 du 20 mars 1875.

Les receveurs principaux ne doivent sortir de ces limites qu'en des circonstances exceptionnelles et après autorisation spéciale. Id.

Il est essentiel que les articles à passer au journal soient rédigés avec concision, mais en même temps avec clarté. C'est ainsi que, pour toute dépense, il est nécessaire d'indiquer son objet, le nom de la partie prenante et le numéro du mandat ; mais rien ne s'oppose à ce que plusieurs opérations du même ordre ou corrélatives soient réunies sous un seul libellé, à condition d'être présentées séparément et d'une manière précise. Chacune d'elles peut donc le plus souvent, en dehors du libellé général, n'occuper qu'une seule ligne. CC. n° 98 du 16 août 1873.

Les livres auxiliaires sur lesquels sont enregistrées, avec développement, les opérations relatives aux amendes et doubles droits, aux avances à régulariser, aux consignations (*registres* 89 *A*, *B*, *C*), permettent de réunir au journal plusieurs opérations en un seul article annoté par ces mots : *suivant détail au registre n°* . Id.

La répétition de la date à chaque article est, par elle-même, sans objet ; il doit suffire d'indiquer cette date au commencement de chaque journée et de chaque page, et, pour le reste, de la remplacer par un *dito*. Id.

Les formules en usage : *fait recette, le comptable, de la somme de...*

fait dépense, le comptable, de la somme de. . . . , peuvent être réduites aux seuls mots : *Recette de. . . , Dépense de. . . . .* Id.

Il a été jugé possible aussi d'autoriser les comptables, conformément au désir exprimé par l'Inspection des Finances, à ne plus inscrire *en toutes ettres* le montant de chacun des articles passés à leur livre de caisse. Id.

Les receveurs principaux trouveront eux-mêmes, dans la pratique, des procédés abréviatifs qui seront certainement acceptés par les agents du contrôle, toutes les fois qu'ils ne nuiront pas à l'exactitude et à la clarté des écritures, les déclarations du livre-journal devant être très précises et toujours intelligibles, même en l'absence et sans les explications de l'agent vérifié. Id.

139. On doit inscrire au livre-journal, sans interruption, depuis le commencement jusqu'à la fin de l'exercice, toutes les recettes et toutes les dépenses, de telle sorte que le solde en caisse, tiré hors de ligne, chaque jour, présente exactement l'excédent des recettes sur les dépenses. A la fin du mois, on établit pour ordre, dans la colonne des libellés, la distinction des recettes et des dépenses du mois et des mois antérieurs, pour en faire arrêter séparément le montant par le directeur ou le sous-directeur. CC. nº 12 du 30 nov. 1829 et C. nº 310 du 1er août 1855.

Le receveur constate au journal nº 87 A, par une opération d'ordre, l'imputation aux divers comptes du sommier nº 88, des droits versés par les receveurs particuliers et provisoirement inscrits au compte cumulatif des versements. CC. nº 10 du 15 déc. 1828 et nº 79 du 21 nov. 1867.

140. Les registres de la recette buraliste et de la recette particulière, jointes à la recette principale, doivent être arrêtés trois jours avant l'expiration du mois (V. Versements, 254), et le total des recouvrements doit figurer au journal, dont les opérations ne sont arrêtées que le dernier jour, à midi. C. nº 34 du 28 décembre 1871.

La comptabilité publique a réglé la marche à suivre en cas de versements par les receveurs buralistes après les arrêtés mensuels. On trouvera plus loin (V. 258) les instructions qu'elle a données à cet égard par une circulaire du 3 février 1886, nº 117. Ces instructions sont évidemment applicables aux perceptions faites après l'arrêté de la recette buraliste et de la recette particulière annexées à la recette principale. C. nº 34 du 28 décembre 1871.

Arrêtés mensuels. V. Versements, 234 à 277.

141. Quelques exemples d'opérations nous ont paru utiles, pour faciliter la tenue du livre-journal 87 A. On les trouvera ci-après :

MODÈLES d'opérations au Livre-Journal de caisse n° 87 A.

NUMÉROS des enregistrements.	FOLIOS du Sommier général, n° 8.	DATES ET LIBELLÉ DES ENREGISTREMENTS ET INDICATION DES COMPTES auxquels les recettes et dépenses sont imputables.	RECETTES en toutes VALEURS.		DÉPENSES de toute NATURE.		ENCAISSE à la fin de chaque JOURNÉE.	
		Reprise de l'encaisse existant au 30 avril 1887 et s'élevant à la somme de vingt mille deux cents francs, ci.	20.200	»				
		— 1er MAI 1887. —						
		Traitement des agents et préposés de tous grades. Ligne 128.						
124	»	Payé deux cent cinquante francs, pour appointements d'avril à M. P..., contrôleur à.			250	»		
		(Indiquer le nom de chaque partie prenante et la somme brute qui lui est afférente.) Voir la section relative aux *Traitements* au chapitre des Dépenses publiques, 1448 à 1485.						
		Traitement des receveurs, etc. Ligne 129.						
125	51	Payé cinq cents fr. pour appointements d'avril à M. L..., entreposeur à. . . .			500	»		
		Retenues pour le service des pensions. Ligne 61.						
126	29	Retenue de trente-sept fr. cinquante cent., opérée sur les traitements ci-dessus, à savoir : 5 p. %. . . . . { M. P..., contrôleur à. . . . . . . 12 f. 50. { M. L..., entreposeur à. . . . . . . 25 »	37	50				
		Avances diverses. Ligne 163.						
127	41	Retenu cinquante fr. sur le traitement de M. L..., entreposeur à. . . . . . pour régulariser l'avance de sa part contributive dans le prix du loyer de la maison qu'il occupe. 2e trimestre, payable d'avance.	50	»				
		(Inscrire également cet article au reg. n° 89 B pour apurer l'avance de cette somme.)						
		Papier filigrané. Ligne 41.						
128	18	Reçu soixante-quatorze fr., du sieur B..., cartier : 2,000 feuilles de point. . . . . 44 1,000 feuilles de moulage. 30	74	»				
		Recettes de la journée.						
129		Reçu sept mille huit cent soixante-seize fr. cinquante-cinq cent.; savoir:						
	9	Ligne 28. Timbres employés par le receveur principal. . . . . 2 f.						
	22	Ligne 49. Produit de la vente des tabacs. 7.450						
	25	Ligne 53. Prix des colis de tabacs livrés aux débitants. 5						
	27	Ligne 55. Produit de la vente des poudres. 200						
	37	Ligne 91. Recette particulière. { Droits au comptant. . . . 25 35 Droits constatés. . . . . 125 90 Timbres . . . . . . » 20 } 151 45	7.876	55				
	35	Ligne 95. Remise du 1/3 p. %. 48						
		Ligne 46 bis. Intérêts pour crédits des droits (Obligations n° et n°). 20,10						
		— 2 MAI 1887. —	28.238	05	750	»	27.488	05
		Versement en obligations à la caisse du trésor public. Ligne 255.						
130	108	Versement de deux obligations s'élevant à vingt mille cent fr. N° , du. . . . . M. A. . . . . 9.500 N° , du. . . . . M. L. 10.600			20.100	»		
		Avances pour frais judiciaires. Ligne 248.						
131	104	Payé treize francs cinquante cent. pour frais avancés dans les affaires ci-après: Procès-verbal n° 20 contre D. . . . . 4 95 — n° 21 — F. 8 55			13	50		
		(Inscrire cet article au reg. n° 89 B.)						
		Avances pour le service des contributions indirectes. Ligne 250.						
132	104	Payé trois cent soixante-quinze fr. sur mandat provisoire, au Sieur G..., propriétaire de la maison occupée par le receveur de ...., pour loyer du 2me trimestre de 1887, exigible d'avance, ci.		»	375	»		
		(Inscrire cet article au reg. 89 B.)						
		A reporter.	28.238	05	21.238	50		

NUMÉROS des enregistrements.	FOLIOS du Sommier général n° 88	DATES ET LIBELLÉ DES ENREGISTREMENTS ET INDICATION DES COMPTES auxquels les recettes et dépenses sont imputables.	RECETTES en toutes VALEURS.		DÉPENSES de toute NATURE.		ENCAISSE à la fin de chaque JOURNÉE.	
		Report.	28.238	05	21.238	50		
		SUITE DU 2 MAI 1887.						
		Recouvrements pour frais judiciaires tombés à la charge de l'Administration. Ligne 101.						
133	4	Régularisé l'avance de cent cinquante-quatre fr. portés en dépense définitive à l'article suivant, en vertu de l'autorisation du. . n° et applicable aux affaires ci-après. . . . . 1er fév 1886 n° 25, Billote. . . . . 78 40 8 mars — n° 75, Dedieu. . . . . 75 60 (Inscrire cet article au reg. n° 89 B.)	154	»				
		Frais judiciaires à la charge de l'Administration. Ligne 154.						
134	65	Dépense de cent cinquante-quatre fr. à titre de frais judiciaires admis en dépense définitive suivant mandat n° du. . . pour les affaires détaillées à l'article précédent.			154	»		
		Recettes de la journée. Voir le modèle à la date du 1er.						
		3 MAI 1887.	28.392	05	21.392	50	6.999	55
		Virement de fonds Ligne 257.						
135	111	Payé quatre-vingt-dix francs, pour intérêts de cautionnement, à M. P. . . . . . pour le compte du Receveur principal de. . . . . . , en vertu de l'ordre de paiement n° du ou par suite du virement de fonds n° du. . .			90	»		
		Virement de fonds. Ligne 109.						
136	45	Recette de cent dix fr. versée par M. N...., receveur à.... pour paiement d'une dette à.... et transférés aujourd'hui dans la comptabilité du receveur principal d... par virement n°.	110	»				

NUMÉROS	FOLIOS	DATES ET LIBELLÉ	RECETTES		DÉPENSES		ENCAISSE	
		SUITE DU 3 MAI 1887.						
		Régularisation d'avances pour frais judiciaires. Ligne 101.						
137	41	Régularisé l'avance de trente-trois francs, montant des frais de poursuite admis en reprise indéfinie, suivant mandat du...., n°...., dans les affaires ci-après : 15 mars 1871, n° 40. . . . . 14 f. 50 18 avril 1871, n° 52. . . . . 18 50 } 33 f. (Inscrire cet article au reg. n° 89 B, pour balancer la dépense.)	33	»				
		Frais judiciaires admis en reprise indéfinie. Ligne 155.						
138	65	Dépense de trente-trois francs, à titre de frais judiciaires admis en reprise indéfinie, suivant mandat du . . . . . n° . . . pour les affaires détaillées à l'article précédent.			33	»		
		Amendes et confiscations. Ligne 35.						
139	13	Reçu cent trente-deux fr., montant des transactions dans les affaires ci-après : P. V n°... du 12 mai 1887 rapporté contre. . . . . 82 » P. V n°... du 16 — rapporté contre. . . . . 50 » (Inscrire cet article au reg. 89 A, 1re partie.)	132	»				
		Amendes et confiscations. Ligne 35.						
140	13	Reçu soixante-seize francs, versés par le receveur central de l'octroi d.... et à sous-répartir dans les affaires ci-après : P. V. n° du 15 janvier 1887, contre . . . . 40 f. P. V. n° du 15 février 1887, contre . . . . 36 (Inscrire cet article au reg. n° 89 A, 1re partie.)	76	»				
		Avances pour frais judiciaires. Ligne 248.						
141	104	Avances de vingt centimes pour timbres de quittances du 74 dans affaires du 15 janvier et du 15 février ci-dessus. (Inscrire cet article au reg. n° 89 B.)			»	20		
		Versements aux receveurs des finances. Ligne 256.						
142	108	Versé mille francs à la recette des finances de.... suivant récépissé n°. . . . . visé à la préfecture sous le n°.			1.000	»		
		Recettes de la journée. Voir le modèle à la date du 1er.						
		A reporter	28.743	05	22.515	70	6.227	35

NUMÉROS des enregistrements.	FOLIOS du Sommier général n° 88.	DATES ET LIBELLÉ DES ENREGISTREMENTS ET INDICATION DES COMPTES auxquels les recettes et dépenses sont imputables.	RECETTE en toutes VALEURS	DÉPENSES de toute NATURE.	ENCAISSE à la fin de chaque JOURNÉE.
		Report.	28.743 05	22.515 70	
		4 MAI 1887.			
		Avances diverses. Ligne 250.			
144	108	Porté aux avances quinze mille treize francs quatre-vingt-dix-sept centimes, pour : 1° Une obligation souscrite le .... par M. B......... et dont le montant a été remboursé après protêt par le comptable, y compris les frais. . . . 5018 97 2° Une obligation protestée souscrite le...... par M. B........, et dont le montant, à défaut de numéraire en caisse, a donné lieu à un récépissé motivé, remis au receveur des finances à la date de ce jour. (V. l'article suivant). 10000 » (Inscrire cet article au reg. n° 89 B.)		15.013 97	
		Fonds reçus des receveurs des finances (Obligations protestées). Ligne 108.			
145	43	Obligation de dix mille francs souscrite par M. B..... et reçue de M. le Receveur des finances d...... en échange du récépissé comptable, motivé, que je lui ai remis ce jour. . . . . (Cet article n'est nécessaire que lorsque le comptable n'est pas en mesure d'effectuer le remboursement en numéraire. Voir la section relative aux *Protêts* au chapitre des Obligations cautionnées, 583 et suivants.	10.000 »		
		Recettes de la journée. Voir le modèle à la date du 1er.			
		5 MAI 1887.	38.743 05	37.529 67	1.213 38
		Recouvrement d'avances. Ligne 103.			
146	41	Recouvré en numéraire l'avance de cinq mille treize francs quatre-vingt-dix-sept centimes, faite pour une obligation protestée à M. B...... et pour les frais de protêt ; savoir : Obligation. . . . . 5.000 f. » Protêt . . . . 13 97 (Inscrire cet article au reg. n° 89 B.)	5.013 97		

NUMÉROS des enregistrements.	FOLIOS du Sommier général n° 88.	DATES ET LIBELLÉ DES ENREGISTREMENTS	RECETTE	DÉPENSES	ENCAISSE
		Taxe des lettres et paquets. Ligne 239.			
147	99	Versé deux francs au receveur principal des postes, suivant état dûment quittancé (affaire du......, n°....., portée à l'état 100 A de. . . . . . .). . . . . . . (Inscrire cet article au reg. n° 89 C. pour balancer la recette.) Ces versements doivent être effectués tous les trois mois seulement. C. n° 376 du 5 mai 1856. V. 179 et suiv.		2 »	
		Répartition du produit des amendes. Etat n° 100 A. Ligne 216.			
148	93	Fait dépense de cent cinquante-huit francs, répartis ainsi qu'il suit, d'après l'état n° 100 A du mois d.... : Droits fraudés revenant à l'octroi. . . . . 21 f. 07 c. Remboursement des frais. . . . . 4 90 Taxe des lettres, affaire n°. . . . . 2 » Portion de l'octroi. Saisie commune . . . . 7 50 Retenues pour le service des pensions. . . . . 59 88 Parts { des employés de l'administration. . . . . . . 42 63 Parts { des étrangers. . . . . 39 02 (Inscrire cet article au reg. n° 89 A, 1re partie.) Nous donnons ici un exemple d'enregistrement présentant en bloc les opérations d'un état 100 A. Mais nous croyons devoir rappeler qu'il est prescrit de passer les écritures au fur et à mesure des opérations de recette ou de dépense. On doit donc enregistrer les dépenses des amendes et confiscations au fur et à mesure des paiements effectués.		158 »	
		Retenues pour le service des pensions. Ligne 64.			
149	29	Fait recette de cinquante-neuf francs quatre-vingt-huit centimes attribués au service des pensions par les répartitions de l'état 100 A indiqué ci-dessus.	59 88		
		Recouvrement d'avances pour frais judiciaires. Ligne 98.			
150	41	Régularisé l'avance de quatre francs quatre-vingt-dix centimes pour frais remboursés suivant l'état n° 100 A, du mois d. . . . . dans les affaires suivantes. (Inscrire cet article au reg. n° 89 B, pour balancer la dépense.)	4 90		
		A reporter.	43.821 80	37.639 67	

NUMÉROS d'enregistrement.	FOLIOS du Sommier général n° 88.	DATES ET LIBELLÉ DES ENREGISTREMENTS ET INDICATION DES COMPTES auxquels les recettes et dépenses sont imputables.	RECETTES en toutes VALEURS		DÉPENSES de toute NATURE.		ENCAISSE à la fin de chaque JOURNÉE.	
		Report.	43.821	80	37.689	67		
		SUITE DU 5 MAI 1887.						
		Taxe des lettres. Ligne 89.						
151	33	Fait recette de deux francs pour le compte de l'administration des postes, suivant état n° 100 A, indiqué ci-dessus, aff. n°.	2	»				
		(Inscrire cet article au reg. n° 89 C.)						
		Répartition de consignations sur acquits-à-caution. Ligne 216.						
152	98	Fait dépense de deux cent cinq francs, montant des droits attribués au service des pensions d'après l'état n° 100 B du mois d.			205	»		
		(Inscrire cet article au registre n° 89 A, 2ᵉ partie.)						
		Retenues pour le service des pensions. Ligne 64.						
153	29	Fait recette de deux cent cinq francs, attribués au service des pensions par l'état n° 100 B indiqué ci-dessus.	205	»				
		Recettes de la journée. Voir le modèle à la date du 1ᵉʳ.						
		25 MAI 1887.	44.028	80	37.894	67	6.134	13
		Versements des receveurs particuliers. Ligne 91.						
154	37	Reçu quatre mille quatre cents francs, montant des perceptions opérées par le receveur particulier de. . . . . pendant le mois de.	4.400	»				
		Droits sur acquits non rentrés. Ligne 86.						
155	13	Reçu la somme de dix francs perçue pour mon compte par le receveur de. . . . et inscrite à son bordereau du mois d. . . . . ; savoir : Acquit, n° , N. . . . . . . , 17 juillet 1872. Vin.	10	»				
		(Inscrire cet article au reg. n° 89 A, 2ᵉ partie, Boissons.)						

NUMÉROS	FOLIOS	LIBELLÉ	RECETTES		DÉPENSES		ENCAISSE	
		Versement aux receveurs des finances. Ligne 256.						
157	103	Fait dépense de quatre mille francs versés à la recette des finances d. . . pour le compte du receveur principal, par le receveur d. . . . . , suivant récépissé n° du. . . . . visé à la préfecture sous le n°.			4.000	»		
		Remises des buralistes. Ligne 132.						
158	53	Fait dépense de quatre cent dix francs payés, suivant états n° 34, par le receveur d. . . . . . . aux receveurs buralistes de sa circonscription, pendant le mois de.			410	»		
		Recettes de la journée. Voir le modèle à la date du 1ᵉʳ.	48.438	80	42.304	67	6.134	13
		30 MAI 1887.						
		Répartition de la remise payée par les redevables. Ligne 245.						
159	101	Payé quarante-huit francs sur mandat de M. le directeur, à titre de remise de un tiers p. % sur les obligations souscrites pendant le mois ; savoir : A M. O. . . . receveur particulier. . . . . 16 » Au Receveur principal. . . . . 32 »			48	»		
		(Inscrire cet article au reg. n° 89 C, pour balancer la recette.)						
		Transports aux contributions et revenus publics. Ligne 241.						
160	101	Fait dépense pour application aux droits et produits de neuf mille cent quatre-vingt-deux francs versés pendant le mois par les receveurs sédentaires et ambulants de la circonscription.			9.182	»		
		Application aux droits, des versements des receveurs particuliers.						
161	1 à 10	Recette de neuf mille cent quatre-vingt-deux fr., montant des versements des receveurs particuliers à appliquer aux droits et produits, conformément aux bordereaux n° 80 A et au reg. de dépouillement n° 90 ; savoir :						
		A reporter.	48.438	80	41.534	67		

NUMÉROS des enregistrements.	FOLIOS du Sommier général n. 88.	DATES ET LIBELLÉ DES ENREGISTREMENTS ET INDICATION DES COMPTES auxquels les recettes et dépenses sont imputables.	RECETTES en toutes VALEURS.		DÉPENSES en toute NATURE.		ENCAISSE à la fin de chaque JOURNÉE.	
		Report.	48.438	80	41.534	67		
		SUITE DU 30 MAI 1887.						
		DROITS AU COMPTANT ET CONSTATÉS. Ligne 1. Droit de circulation . . . . 47 f. 50 — 3. — détail. . . . . 548 — 4. — consommation. . . . . 1.846 — 5. — entrée. . . . . 58 — 6. Taxe unique. . . . . 548 — 7. Bières. . . . . 810 — 8. Droit de 40 centimes par expédition. . . . 40 — 15. Chemins de fer Voyageurs. . . . . 800 — 16. — — Marchandises. . . . . 150 — 17. Voitures. . . . . 220 — 19. Licences. Boissons. . . . . 522 — 24. Bacs. . . . . 18 — 25. Pêche. . . . . 200 — 26. Garantie. . . . . 114 — 27. Dénaturation. . . . . 41 — 28. Timbres. . . . . 600 — 29. Cartes. . . . . 10 50 — 60. Sucres. 3.614	9.182	»				
			57.620	80	51.534	67	6.086	13
		31 MAI 1887.						
		Droits perçus après les arrêtés et portés aux recettes à classer. Ligne 91 bis.						
162	35	Reçu trois cent vingt-huit fr., montant des perceptions directes du comptable, savoir : Droits au comptant. . . . . 98 f. 50 — constatés. . . . . 229 Timbres de la recette particulière. . . . . » 50	328	«				
		Voir à ce sujet la circul. de la comptabilité n° 117 du 3 février 1886. — V. aussi n°s 140 et 258.	57.948	80	51.534	67	6.414	13

Sect. XI. — Registre de quittances à délivrer par le Receveur principal aux Comptables subordonnés, n° 87 B.

142. Ce registre a été créé en vertu des dispositions de l'article 8 de l'ordonnance du 8 décembre 1832; il est à souche. Les quittances qui en sont détachées libèrent les comptables des versements qu'ils effectuent. Ces quittances ne sont pas timbrées. Art. 13 de la loi du 13 brumaire, an VII. CC. n° 77 du 12 janvier 1867 et C. administrative n° 185 du 7 août 1835. V. 1027.

143. Les récépissés (modèle n° 87 B) sont conservés avec soin par les comptables subordonnés, jusqu'à la délivrance du certificat de décharge provisoire qui, lors du versement de décembre, est détaché du relevé des produits n° 76 H. Ces récépissés sont inscrits (n^{os}, dates et sommes), totalisés et récapitulés, de mois en mois, à un cadre spécial du sommier n° 76. C. n° 310 du 1er août 1855.

Sect. XII. — Sommier n° 88.

144. Ce registre sert au dépouillement de tous les articles de recette et de dépense inscrits au journal n° 87 A. Les articles sont reportés au sommier, aux comptes-ouverts par nature de droits ou de produits et par nature de dépense. Le répertoire qui le précède donne la nomenclature des comptes à ouvrir. CC. n° 12 du 30 nov. 1829.

En tête de chacun de ces comptes, on laisse un espace en blanc suffisant pour y indiquer les opérations de recette et dépense se rattachant à l'exercice expiré. CC. n° 8 du 10 déc. 1827.

45. Le produit des droits au comptant et des droits constatés recouvrés directement par le comptable y est inscrit chaque jour. Id.

146. On y fait figurer les frais de poursuites (dépenses et recouvrements), ainsi que les recettes et dépenses faites pour compte de l'octroi. Id.

147. Les versements des receveurs particuliers sont portés à un compte cumulatif, et classés à la fin du mois à un compte-ouvert par nature de droits ou de produits, d'après le registre n° 90. CC. n° 10 du 15 déc. 1828.

Le montant en figure d'abord aux recettes à classer (opérations de trésorerie). CC. n° 79 du 21 nov. 1867.

La classification aux droits et produits entraîne une dépense correspondante d'opération de trésorerie. Id.

Cette dépense ne donne lieu à aucune justification particulière. Id.

La classification aux droits s'effectue avant la clôture des opérations mensuelles. CC. n° 80 du 18 mars 1868.

148. Les perceptions faites après les arrêtés mensuels et qui, sous le régime de la décision de 1866, ne pouvaient être qu'une rare exception, sont devenues un fait normal que les comptables ne peuvent se dispenser

de retracer dans leurs écritures ; elles doivent figurer aux recettes à classer. CC. n° 92 du 30 déc. 1871.

149. Aux termes de la circulaire de la comptabilité publique n° 117 du 3 février 1886, les sommes versées par les buralistes après les arrêtés mensuels doivent figurer, en bloc, à la ligne 91 bis du bordereau 91. V. n° 258.

150. Parmi les recettes à classer, on fait également figurer le produit de la vente des objets sujets à dépérissement. V. **Objets sujets à dépérissement**, 1348 et 1856.

151. Les comptes du sommier doivent être chargés au fur et à mesure des enregistrements au journal n° 87 A. Ce sommier sert de minute au bordereau n° 91 A. C. n° 24 du 8 fév. 1819.

Il suit de là que lorsque tous les comptes du sommier sont reportés au bordereau et que ce dernier document est additionné, on doit retrouver les mêmes totaux que sur le registre n° 87 A.

SECT. XIII. — Registres auxiliaires des consignations et des avances, n°s 89 A, 89 B et 89 C.

§ I. — Dispositions générales.

152. Les articles de recette et de dépense sont inscrits à ces registres sous une seule série de numéros, mais dans des colonnes spéciales à chaque nature de recette ou de dépense. Au fur et à mesure qu'elles ont lieu, on doit remplir exactement les n^{os} de correspondance de la recette avec la dépense, afin qu'il soit facile de reconnaître, par la seule inspection du registre et par les blancs qui se trouvent dans la colonne de corespondance, les articles restant à apurer. C. n° 186 du 19 mars 1811.

153. Les sommes partielles restant à apurer à la fin d'un exercice sont reportées au registre de l'exercice suivant, article par article, avec une nouvelle série de numéros, tout en conservant ceux du registre précédent. C. n° 186 du 19 mars 1811 et n° 15 du 20 avr. 1816.

On se sert de ces registres jusqu'à épuisement, sans qu'il soit nécessaire de les renouveler à la fin de chaque année.

A la fin de l'année, chaque registre est clos par un article ainsi libellé :

Reporté du présent registre à celui de l'exercice... la somme de... montant de la recette (ou dépense) comprise aux articles n^{os} ci-dessus et relative à des affaires non terminées, lesquels articles reportés audit registre de l'exercice... sous les n^{os}... depuis 1 jusques et y compris celui n°... C. n° 186 du 19 mars 1811 et n° 15 du 20 avr. 1816.

Le détail des affaires non terminées doit présenter les mêmes indications que le comptereau à fournir à la direction de la comptabilité publique, à l'appui des comptes annuels. V. 2094.

Autrefois les opérations des recouvrements **pour des tiers**, des fonds appartenant à divers et des recettes à classer étaient confondues avec celles des consignations proprement dites. Elles sont aujourd'hui présentées sur les modèles de comptabilité sous des désignations bien distinctes. CC. n° 102 du 20 mars 1875 V. 1329 et suivants.

On remarquera que les opérations des reg. 89 A. et 89 C commencent toujours par une recette, et celles du 89 B par une dépense.

§ II. — Registre de développement des consignations provenant d'amendes et confiscations, n° 89 A (1re partie).

154. Le registre 89 A (1re partie) présente spécialement le compte des produits d'amendes et confiscations réalisés par vente, par transaction, ou en vertu de jugements, dans des affaires contentieuses.

Lorsque, *par suite d'un jugement*, un contrevenant ne satisfait qu'en plusieurs fois au paiement des sommes mises à sa charge, l'enregistrement en recette des paiements successifs doit relater les recouvrements précédemment faits et être libellé comme suit : « Fait recette le comptable de la « somme de..... payée par le sieur... laquelle, ajoutée à celle (ou celles) de... « précédemment reçue et inscrite sous le n°..., forme la somme totale de... « que le sieur... a été condamné, par jugement du..., à payer à la régie, par « suite du procès-verbal dressé contre lui... » Dans ce cas, le comptable a soin de porter le numéro sous lequel la nouvelle recette est inscrite, en regard des articles de recette précédents, dans la colonne de correspondance. C. n° 186 du 19 mars 1811.

155. Les contrevenants avec lesquels il a été transigé ne peuvent être admis à se libérer en plusieurs paiements. Id.

C'est permis cependant, mais dans des cas extrêmement rares, lorsque la solvabilité du contrevenant est suffisamment assurée, soit par lui-même, soit par caution solvable. On ne doit remettre alors au contrevenant le double de l'acte de transaction que lorsqu'il a soldé le montant intégral et lorsqu'il en a été justifié par la production d'une quittance du registre n° 74. A l'égard des objets vendus, l'adjudicataire ne doit être mis en possession qu'après avoir justifié de l'acquittement du prix au receveur principal, qui donne l'ordre de délivrer les objets saisis. C. n° 189 du 6 juin 1811.

156. En général, les receveurs principaux sont les seuls qui peuvent encaisser les sommes versées à titre de transaction ; ils doivent délivrer au dépositaire une quittance à souche, détachée d'un registre n° 74 B destiné à cet usage. C. n° 94 du 6 août 1823.

Cependant, lorsque le domicile du contrevenant est éloigné de la recette principale, le receveur particulier de la circonscription peut être autorisé à recevoir le montant de la transaction, *pour compte du receveur principal.* Dans ce cas, l'article 1er de la transaction est modifié ; il est délivré quittance du registre n° 74 ordinaire, et la somme est portée au sommier n° 76 à un compte spécial. Elle figure au bordereau n° 80 A, à une ligne destinée à ces sortes de perceptions. C. n° 22 du 8 oct. 1831 ; CC. n° 17 du 20 déc. 1831.

157. Les transactions pour le simple remboursement des frais doivent être inscrites au registre n° 89 A. CC. n° 27 du 21 déc. 1838.

158. L'administration avait donné, par sa circulaire n° 19 du 12 décembre 1816, des instructions sur les divers enregistrements relatifs au compte des consignations d'amende, à cause des changements d'imputation qu'éprouvent les sommes consignées. Un manuel a reproduit ces instructions ; mais les dispositions des circulaires de la comptabilité générale n° 24 du 10 décembre 1836, n° 25 du 7 janvier 1837 et n° 26 du 18 décembre 1837, ayant apporté d'importantes modifications aux instructions de la circulaire n° 19, nous donnons ici ces anciennes instructions modifiées et mises en harmonie avec les nouvelles règles de la comptabilité.

Supposons qu'un receveur ait dressé procès-verbal et que les frais de timbre, d'enregistrement, etc., s'élèvent à 4 fr. 95.

Au versement suivant, le receveur principal rembourse cette somme au receveur, la porte en dépense sur son journal général n° 87 A, à titre d'avances pour frais judiciaires, et l'inscrit d'abord au sommier 88 (compte des avances) et ensuite au registre auxiliaire n° 89 B ; il opérerait de même pour toute autre avance qu'exigerait la suite de l'affaire.

Si le prévenu consigne, par exemple, une somme de 100 fr. et la verse dans la caisse du receveur principal, celui-ci lui en donne récépissé sur quittance à souche détachée du registre n° 74 B spécial, se charge en recette de la même somme sans aucune réduction, à son livre de caisse n° 87 A, et la porte d'abord au sommier n° 88 (compte des consignations), ensuite au registre auxiliaire n° 89 A (1re partie).

Le moment de répartir cette somme arrivé, l'état de répartition dressé par le directeur ou sous-directeur parvient au receveur principal, qui fait dépense à son journal n° 87 A des portions attribuées :

1° Aux octrois ;
2° A l'indicateur ;
3° Aux saisissants ;
4° Au remboursement des frais ;
5° Aux droits fraudés (octrois) ;
6° Au service des pensions ;
7° Aux droits de poste. V. **Frais de poste**, 179 et suivants.

Il n'est pas fait mention dans cette dépense de la portion du trésor ni des droits fraudés (contributions indirectes).

Le libellé de cet article de dépense est ainsi conçu : « répartition de la somme de ... faisant partie de celle de 100 francs consignée le..., par le sieur... »

La somme est en même temps reportée *en masse* au sommier n° 88 (compte des consignations — dépense).

Elle est transportée ensuite au registre n° 89 A (1re partie), où l'on présente toutes les portions ou remboursées au contrevenant ou attribuées comme il vient d'être dit. On y fait aussi figurer la portion revenant au trésor et le montant des droits fraudés (contributions indirectes).

Il résulte de ces différentes opérations :

1° Que le compte du prévenu sur le registre n° 89 A (1re partie) est balancé en recette et en dépense ;

2° Que le sommier n° 88 n'est pas balancé et que la recette y est supérieure à la dépense des sommes dont le trésor se trouvait déjà saisi par la consignation (soit la part d'amende, soit les droits fraudés) ;

3° Que le comptable qui a fait dépense des sommes attribuées à l'octroi, à l'indicateur, aux saisissants, aux droits fraudés (octroi), aux remboursements de frais et au service des pensions, et qui n'a cependant tiré de sa caisse qu'une partie de ces attributions, a conservé entre ses mains la portion des retraites et le montant des frais. Il doit donc inscrire ces diverses sommes en recette à son journal n° 87. Voici le libellé de cet enregistrement :

Du..

Retenu par le comptable sur la somme de... montant de la répartition portée en dépense au présent journal, dans le n°... à la date du... la somme de... imputable qu'il suit :

1° Frais judiciaires ; ci...

2° Service des pensions ; ci...

Ces deux sommes doivent être reportées au sommier n° 88, la première au compte des avances et la seconde au compte des pensions civiles.

La première est en outre inscrite en recette au registre n° 89 B, où elle balance les diverses avances faites dans l'affaire.

159 Tout enregistrement au livre-journal de produits d'amendes et confiscations et de consignations versées pour non-rapport d'acquits-à-caution déchargés (consignations ayant trait à la même affaire) donne lieu à un enregistrement corrélatif sur les registres auxiliaires n° 89 A (1re et 2e parties).

Il convient de faire un article spécial pour les parts d'amendes revenant aux agents des contributions indirectes et versées, soit par l'octroi, soit par l'administration des domaines ou toute autre administration publique.

Ces parts d'amendes, nous l'avons dit, doivent être inscrites d'abord au registre *ad hoc* n° 74, registre dont on délivre la quittance avec le timbre. CC. n° 103 du 24 juin 1875. V. Timbre, nos 1039 et 1048.

Quand un receveur principal encaisse le montant d'une transaction relative à une affaire qui a pris naissance dans une autre circonscription, il n'en fait pas recette sous le titre de *consignation d'amende*. Il ne s'agit pour lui que d'un virement de fonds. La somme ne peut être portée aux consignations que par le receveur principal du lieu d'origine, dans la caisse duquel elle est transférée. V. 136.

160. Autrefois l'opération de dépense au registre n° 89 A (1re partie) pouvait être différée jusqu'à la fin du mois et comprendre, en un seul article, toutes les affaires portées à l'état n° 100 A. Il est prescrit maintenant

de passer écriture des opérations de dépense au fur et à mesure des paiements. CC. nº 98 du 16 août 1873.

§ III. — **Registre de développement des consignations provenant d'acquits à-caution, nº 89 A (2e partie).**

161. Le reg. 89 A (2e partie) est affecté au compte des consignations de simples, doubles ou sextuples droits sur des acquits-à-caution non rentrés déchargés dans les délais prescrits.

En raison de la création des impôts sur le vinaigre, la bougie, les huiles minérales, etc., l'indication, par espèce, des opérations sur simples, doubles ou sextuples droits provenant d'acquits-à-caution, n'était plus possible sur un registre unique. On a dû disposer ce modèle de manière à avoir un registre distinct par nature de droit (boissons, sels, sucres, etc.).

Les registres doivent être ouverts dans chaque recette principale au fur et à mesure des besoins et suivis jusqu'à épuisement. CC. nº 96 du 30 déc. 1872.

162. Les quittances délivrées aux consignataires sont extraites d'un registre nº 74 B, qui sert pour toute espèce de consignation. L'enregistrement à la souche est libellé de la manière suivante : « fait recette le comptable » de la somme de..., payée par le sieur... à titre de consignation sur h... l... d... qui ont fait l'objet de l'acquit-à-caution nº.. du (bureau d...), non rentré déchargé, laquelle somme est reportée au journal nº 87, sous le nº..., au sommier nº 88, et au journal auxiliaire des consignations nº 89, sous le nº...

163. Les receveurs particuliers qui reçoivent des consignations pour le compte d'un receveur principal, seul comptable de cette recette, doivent en délivrer une quittance timbrée détachée de leur journal nº 74 B. C. nº 94 du 6 août 1823.

164. Après un délai de six mois, s'il n'a pas été produit de justification de décharge (art. 8 de l'ordonnance du 11 juin 1816), les consignations pour non rapport d'acquits-à-caution sont réparties. Le second ou quintuple droit est porté en dépense, puis repris en recette au profit du service des pensions. S'il y a eu restitution, le montant de la restitution figure en dépense à une ligne spéciale du bordereau. On procède au surplus par analogie avec ce qui a été dit plus haut. V. 158.

Un article spécial est consacré aux *consignations faites aux buralistes* par les expéditeurs, colporteurs, etc., dans le chapitre des **Recettes de trésorerie**. V. 476 à 481, 501 à 515, 1319 et suiv.

165. Lorsque des employés des douanes constatent un déficit sur un chargement de sel, d'eau salée ou de matières salifères, accompagné d'un acquit-à-caution des contributions indirectes, ils entrent en partage du second droit imposé à titre d'amende suivant les proportions déterminées par l'arrêté ministériel du 17 oct. 1816, c'est-à-dire moitié du produit net. Lett. comm. du 21 juill. 1843.

§ IV. — Registre de développement des avances pour frais judiciaires, timbres, provisions et autres avances, n° 89 B.

1° *Dispositions générales.*

166. Le registre 89 B présente le compte des avances à régulariser. Il comme le registre 89 A, une colonne destinée à présenter le n° correspondant de la recette et de la dépense, en sorte que les enregistrements en dépense, en regard desquels ne se trouve pas le n° correspondant de la recette, fassent connaître, d'un coup d'œil, les affaires non terminées. C. n° 216 du 29 oct. 1813.

Ce registre, qui existait en 1813 sous le n° 42, avait été supprimé et réuni au sommier n° 88 ; mais il a été rétabli à partir de 1830, sous le n° 89 B. CC. n° 12 du 30 nov. 1829.

On y porte :

1° Les frais judiciaires faits par suite de procès-verbaux et ceux de poursuites pour le recouvrement des droits ;

2° Les achats de timbres de l'enregistrement qui doivent être ultérieurement recouvrés, et les frais d'adjudication de lots de pêche, de francs-bords, etc. CC. n° 108 du 30 décembre 1880. V. 1253 et suiv. ;

3° Les arrérages de pensions payés par provision ;

4° Les frais de garde des convois des poudres ;

5° Les sommes payées, à quelque titre que ce soit, qui ne peuvent être régularisées au moment du paiement. Id.

6° Les primes d'arrestation des colporteurs d'allumettes chimiques. C. n° 166 du 18 août 1875. V. 1753.

167. Les droits de poste perçus dans les affaires portées en justice ne peuvent être inscrits aux avances provisoires. Ils ne sont payés à l'administration des postes qu'autant qu'ils ont été effectivement recouvrés. C. n° 376 du 5 mai 1856. V. 179 à 194.

Les receveurs principaux doivent toujours être en mesure de justifier, par les procès-verbaux, quittances, feuilles revêtues du timbre de l'enregistrement, etc., de toute différence existant, lors de la vérification de leur comptabilité, entre le total de la *Recette* et celui de la *Dépense* (colonnes 13 et 19). Si ces pièces leur étaient demandées en communication, ils ne s'en dessaisiraient que sur un reçu motivé. CC. n° 10 du 15 décembre 1828.

2° *Frais judiciaires, timbres, provisions et autres avances à porter au reg. n° 89 B.*

168. Toute avance pour frais judiciaires est portée en dépense au journal n° 87 A et reportée d'abord au sommier n° 88, ensuite sur le registre n° 89 B. Toute somme remboursée par les contrevenants ou par les redevables est, par contre, portée en recette au journal et reportée d'abord au sommier,

et ensuite sur le registre auxiliaire n° 89 B. Le compte de ces avances se trouve ainsi balancé. C. n° 21 du 27 mars 1817. V. pour les recouvrements le chapitre des **Recettes de Trésorerie**, 1369 à 1373.

169. Les dossiers des affaires qui ont pour cause unique des erreurs commises par le service sont transmis d'office, le plus tôt possible, au moyen d'une feuille n° 122 C fournie en simple expédition, et à laquelle sont joints des états n° 98 ayant pour objet la présentation des frais en dépense. C. n° 310 du 1er août 1855, n° 7 du 7 juin 1869, et Lett. comm. du 5 mars 1873.

Il en est de même des dossiers des procès-verbaux rédigés contre inconnus et dont les frais retombent, en totalité ou en partie, à la charge de l'administration. C. n° 444 du 4 février 1886.

170. Ces mesures ont été généralisées et rendues applicables à tous les cas de productions d'états n° 98. Actuellement, les dossiers doivent être envoyés à l'Administration dans le courant du trimestre, aussitôt qu'ils ont été complétés. C. n° 444 du 4 février 1886.

171. Les frais judiciaires admis en dépense ou en reprise indéfinie sont soumis à l'ordonnancement. CC. n° 1 du 2 janv. 1825.

Les demandes d'admission sont transmises à la division administrative compétente ; les frais de poursuites sont dans le même cas, et, en ce qui les concerne, l'admission doit être demandée en même temps que celle du principal de la créance. Id. V. **Reprises indéfinies**, 533 à 538 et 756 et suiv.

L'ordonnancement a lieu mensuellement. C. n° 55 du 31 déc. 1832. On passe écriture en vertu du mandat d'admission en dépense ou en reprise indéfinie, dans lequel il est fait mention de l'ordonnance qui régularise la dépense.

Lorsque des frais judiciaires ou de poursuites sont admis en dépense ou en reprise indéfinie, on inscrit le montant de ces frais en recette pour balancer le compte des avances, tant au journal qu'au sommier et au registre n° 89 B. On fait dépense ensuite au registre n° 87 A de la même somme et on la porte au sommier n° 88, en dépense, lorsqu'il s'agit de frais tombés à la charge de la régie, soit parce que l'affaire a été jugée contre elle, soit parce que l'Administration a donné l'ordre de cesser les poursuites sans transaction, ou en reprise indéfinie, quand la régie est en droit de poursuivre le recouvrement des frais contre un débiteur présentement insolvable. Les frais, dans ce dernier cas, doivent être, en outre, inscrits au registre prescrit par l'instruction n° 28. C. n° 21 du 27 mars 1817. V. **Reprises indéfinies**, 764.

172. En cas de transaction, si cet acte stipule, outre les frais, le paiement d'une amende, les frais sont portés en recette lors de la répartition, tant au journal 87 A qu'au sommier 88 et au registre 89 B, pour balancer le compte des avances. C. n° 19 du 12 déc. 1816.

Mais si la transaction ne stipule que les frais, on porte en recette les frais remboursés, aux registres 87 A, 88 et 89 A, sous le titre consignation, puis en dépense aux mêmes registres pour balancer les consignations, et enfin en recette au 87 A, au 88 et au 89 B, pour balancer le compte des avances. Ces opérations doivent être faites simultanément. CC. n° 27 du 21 déc. 1838.

173. Les receveurs principaux doivent rembourser immédiatement aux huissiers ou aux employés qui en ont fait l'avance le montant des frais dont ils opèrent le recouvrement ; il est essentiel que la recette ne précède pas la dépense, pour éviter toute perturbation dans les écritures. CC. n° 17 du 20 déc. 1831.

174. Nous nous référons au chapitre des **Dépenses de trésorerie** 1862 et suivants, pour les *timbres* des contraintes, des transactions, et des récépissés à délivrer aux planteurs, dont les receveurs principaux font l'avance. On trouvera également à ce chapitre les développements que comportent les *frais de poursuites*, les *provisions* accordées aux retraités en attendant la liquidation définitive de la pension, l'avance provisoire des *frais de loyer*, les *frais de garde* de convois de poudres, les *paiements faits d'urgence* pour les manufactures de l'Etat.

§ V. — Registre des consignations et recouvrements pour des tiers, pour manquants ; non-émargement d'appointements, frais de poste, etc., n° 89 C.

1° *Dispositions générales.*

175. Le reg. 89 C présente le compte de certaines opérations de trésorerie qui commencent par une recette et laissent disponibles des sommes à attribuer soit au Trésor, soit à des tiers.

A partir de 1841, un nouveau registre n° 89 C a été établi pour y porter les opérations de trésorerie, qui se composent :

1° Des droits consignés sur passe-debout ou sur acquits, à défaut de caution ;

2° Des appointements, etc., portés en consignation ;

3° Des droits de poste, etc. C. n° 186 du 19 mars 1811, n° 376 du 5 mai 1856, et CC. n° 62 du 24 mai 1856 ;

4° Du prix des abonnements aux circulaires ;

5° De la remise d'un tiers pour cent sur obligations cautionnées ;

6° Du trop perçu (avances des redevables) ;

7° Des droits perçus après les arrêtés des recettes buralistes ;

8° Des majorations et retenues pour la caisse des retraites de la vieillesse, etc. V. 1358 et 1560.

176. La situation annuelle des recettes et des dépenses qui figurent dans les écritures sous le titre de Correspondants du Trésor, est justifiée par la production du comptereau n° 108 D (2° partie), qui comprend toutes les opérations de l'espèce ayant pris naissance et devant être régularisées dans la même circonscription. CC. n° 79 du 21 nov. 1867.

Les receveurs fournissent, dans le second cadre de ce comptereau, le détail de l'excédent, à la fin de l'année, en ce qui concerne les droits consignés sur les manquants, les avances des contribuables, les appointements, parts d'amendes, etc., non émargés ; mais il suffit d'indiquer pour mémoire, à la fin de ce tableau, les soldes de chacun des articles énumérés dans la formule et qui, par le fait, ne comportent aucun développement, en raison de leur affectation spéciale. Id. V. 2094.

2° *Droits consignés sur passe-debout, ou sur acquits à défaut de caution.*

177. Les écritures passées au livre-journal n° 87 A, au sujet des droits consignés sur passe-debout, ou sur acquits à défaut de caution, entraînent des écritures corrélatives au registre auxiliaire n° 89 C. Tout ce qui s'y rapporte est expliqué au chapitre des **Recettes de trésorerie,** section des *Consignations*. V. 1319 et suivants.

Autrefois, les marchands en gros pouvaient être tenus de consigner les droits afférents aux manquants ordinaires constatés dans leurs magasins, sauf règlement définitif en fin d'année (art. 2 de la loi du 24 juin 1824). Ces consignations ne doivent plus être exigées maintenant, attendu que les marchands en gros sont tenus de souscrire un engagement cautionné au reg. 52 C. Art. 6 de la loi du 2 août 1872. V. 382, 2416 et suiv.

3° *Appointements non émargés, parts d'amendes, redevances de débits de tabac, etc.*

178. Les appointements, parts d'amendes, non émargés, sont inscrits en consignation au reg. 89 C.

Les receveurs principaux sont autorisés à porter en dépense, pour leur montant total, les états collectifs d'émargement revenant à divers titres aux employés de l'administration, sauf à reprendre en recette au compte de Trésorerie des fonds à rembourser à divers (reg. 89 C) celles de ces sommes qui, à défaut d'émargement, n'auraient pu être payées aux ayants droit au moment de l'inscription de l'état en dépense. Or, les quittances produites par les comptables lors du paiement ultérieur de ces sommes sont plus ou moins exactement motivées et ne permettent pas toujours de s'assurer, en se référant aux pièces mises à l'appui de la dépense budgétaire, que le paiement a été fait dans des conditions régulières et aux véritables ayants droit. CC. n° 114 du 24 décembre 1884.

Pour faciliter le contrôle sur ce point, les receveurs principaux doivent indiquer avec précision, soit sur les quittances elles-mêmes, soit au moyen de fiches, le mandat sur lequel se trouve comprise la somme payée, l'imputation de la dépense et sa date : ces indications doivent être données par certificats émanant du sous-directeur ou du directeur, *lorsque le paiement n'est pas effectué dans la même gestion que la dépense*. Id.

Les paiements définitifs aux créanciers sont auorisés par le directeur sur la production de la quittance des ayants droit, et, si la restitution est faite à des héritiers, sur celle des pièces prescrites en pareil cas. Les appointements portés en consignation sont inscrits d'office *en recette extraordinaire* au bout de deux ans. Art. 50 du décret du 1er germinal an XIII, et CC. n° 18 du 21 déc. 1832.

On porte également au reg. 89 C. les redevances payées, en cas de vacance, par les gérants de débits de tabac. V. 1275, 1344 et 1345.

4° *Frais de poste.*

179. L'article 18 de la loi de finances du 5 mai 1855 indique les sommes à percevoir pour tenir lieu du port des lettres et paquets, après chaque jugement définitif, dans les affaires portées en justice.

Cet article est ainsi conçu :

« Le port des lettres et paquets compris par le paragraphe 11 de « l'article 2 du décret du 18 juin 1811 dans les frais de justice crimi- « nelle sera perçu, après chaque jugement définitif, suivant le tarif ci- « après :

NATURE DES AFFAIRES.	TARIF DES FRAIS de poste à percevoir.	
	f.	c.
Affaire de simple police.		
Portée directement à l'audience.	0	20
Jugée en appel.	1	00
Portée à l'audience après instruction.	1	20
Jugée sur appel	2	60
Jugée en cassation	6	40
Affaire correctionnelle.		
Portée directement à l'audience.	2	00
Jugée en appel.	4	40
Portée à l'audience après instruction.	3	00
Jugée sur appel.	5	20
Jugée en cassation.	9	60
Affaire criminelle.		
Devant la haute cour.	25	00
Devant la cour d'assises.	16	00
En cassation.		

180. Ces frais doivent être compris par les greffiers dans la liquidation. C. n° 376 du 5 mai 1856.

181. Ils sont perçus, suivant le tarif, autant de fois que l'affaire a parcouru de degrés de juridiction. Lettre du Directeur général des postes du 12 oct. 1858.

182. En cas de transaction après jugement ou en cas d'exécution du jugement, les frais de poste sont recouvrés cumulativement avec les autres frais. C. n° 376 du 5 mai 1856.

183. Il n'est rien dû pour les affaires terminées par transaction avant jugement. Id.

Ni pour les affaires purement civiles.

184. Les frais de poste recouvrés sont portés en recette sous le titre commun de *consignation d'amende*. Id.

Mais la feuille de transaction nº 124 et, le cas échéant, l'état de répartition nº 99, doivent présenter distinctement les frais de poste. Id.

185. Lors des répartitions, le receveur principal comprend dans la dépense, tant au journal de caisse nº 87 A qu'au registre des consignations nº 89 A, le montant intégral des frais, y compris les droits de poste. Il reprend en recette les frais ordinaires avec imputation au solde des avances provisoires ; quant aux frais de poste, il les prend en recette, non pas comme remboursement d'avances, mais au titre général de consignations ou dépôts divers, et sous la désignation spéciale de *taxe des lettres et paquets, dans les affaires criminelles, à rembourser à l'administration des postes* (registres nº 87 A et 89 C). C. nº 376 du 5 mai 1856 et CC. nº 62 du 24 mai 1856.

186. Un extrait du registre de caisse, constatant cette recette, est joint à l'état de répartition pour justifier la dépense comprise audit état. CC. nº 62 du 24 mai 1856.

187. Les sous-directeurs des contributions indirectes établissent, aux époques ci-après indiquées, le relevé des droits de poste effectivement encaissés, et qui, *par suite de l'apurement des affaires*, c'est-à-dire après inscription à l'état 100 A, sont devenus disponibles au compte particulier des consignations :

Pour les affaires apurées pendant les mois de :

Janvier, février et mars. . . . . 1er avril.
Avril, mai et juin. . . . . 1er juillet.
Juillet, août et septembre. . . . . 1er octobre.
Octobre, novembre et décembre. . . . . 1er janvier.

188. Ces relevés sont dressés en double expédition par les sous-directeurs, qui les envoient au directeur des contributions indirectes du département. C. nº 376 du 5 mai 1856.

190. Celui-ci vise les deux expéditions ; il renvoie l'une au receveur principal et remet l'autre au directeur des postes. De plus, il remet à ce chef, pour les besoins du contrôle, un état sommaire et récapitulatif des relevés fournis pour toutes les recettes principales de la direction. Ce tableau récapitulatif est dressé dans la même forme que les relevés établis par les sous-directeurs. Id.

191. Les relevés formés dans les sous-directions et remis au directeur des postes sont envoyés par lui aux receveurs des postes chargés de l'encaissement ; ceux-ci en font toucher le montant à la caisse du receveur

principal des contributions indirectes, par le facteur de leur bureau. Id.

Le facteur remet au receveur principal une quittance souscrite par le receveur des postes et ainsi conçue :

« Je soussigné, receveur du bureau de , reconnais avoir reçu « de M. le receveur principal des contributions indirectes à la « somme de , montant des produits réalisés, en exécution de l'article « 18 de la loi du 5 mai 1855, pendant le trimestre de l'an- « née 18 . » Id.

Le receveur principal fait dépense, à titre de remboursement de consignation (registres n° 87 A et 89 C), de la somme versée au service des postes ; il justifie de la dépense par la production de la quittance et de l'expédition du relevé des produits réalisés. C. n° 376 du 5 mai 1856 et CC. n° 62 du 24 du même mois.

192. Il doit toujours y avoir concordance, sur les bordereaux n° 91 A, entre la dépense pour *taxe des lettres et paquets*, et la recette de cette *taxe* au compte des consignations. CC. n° 62 du 24 mai 1856

193. Les sommes perçues par les receveurs principaux des contributions indirectes doivent être encaissées par les receveurs des postes dans les quinze premiers jours du mois qui suit le trimestre écoulé (dans les quinze premiers jours d'avril, de juillet, d'octobre et de janvier). C. n° 376 du 5 mai 1856.

194. Dans les divers cas où le montant des frais liquidés par les jugements et arrêts n'est recouvré qu'en partie, les sommes reçues sont imputées d'abord aux frais avancés par la régie. Si les sommes sont insuffisantes pour couvrir ces frais, il n'y a rien à imputer aux droits de poste, rien à verser à l'administration des postes ; s'il y a un excédent, cet excédent, même s'il est insuffisant pour solder intégralement les droits de poste, est versé à l'administration des postes, qui reçoit seulement cette partie de ses droits. Id.

En cas de demande d'admission en reprise indéfinie, les propositions à soumettre présentent les frais inscrits aux avances provisoires ; elles ne portent pas sur les sommes représentatives des droits de poste; mais le montant de ces droits est annoté au registre des reprises indéfinies, pour être recouvré si le délinquant devient solvable. Id.

Les droits dont il s'agit ne doivent être payés à l'administration des postes qu'autant qu'ils ont été effectivement recouvrés. V. 167.

5° *Trop perçu. Avances des redevables.*

195. Les sommes inscrites à l'état 85 du 4e trimestre dans la colonne du *trop perçu* sont transportées, *en fin d'année*, directement et pour mémoire sur le reg. n° 75 de l'année suivante au Crédit du redevable, puis au sommier n° 76 de l'année courante, à un article spécial, parmi les perceptions pour le compte du receveur principal, qui impute la recette à la ligne 92

du bordereau. Ce transport ne donne lieu à aucune écriture sur le registre n° 74. Le bordereau 80 A, seul, est modifié en conséquence. CC. n° 75 du 23 nov. 1865.

Le receveur principal se charge en recette aux opérations de trésorerie du montant du *trop perçu* (reg. 89 C). Id.

196. Lorsque le redevable qui a trop payé dans une année continue son commerce, on fait l'application aux droits au fur et à mesure des constatations jusqu'à concurrence du montant de l'avance. Id.

Une nouvelle quittance dont le timbre est annulé est alors délivrée par le receveur particulier au nom du receveur principal, et est versée comme comptant à ce comptable supérieur, qui la joint à sa comptabilité. Id.

197. A l'égard des assujétis qui ont cessé leur commerce, comme l'application aux droits ne peut avoir lieu, la somme reste en consignation jusqu'à ce que la prescription légale, à défaut de restitution, permette d'en faire effectuer le retour au budget à titre de recettes accidentelles. Id.

Quant aux trop perçus qui apparaissent dans le cours de l'année, ils sont affectés de trimestre en trimestre au compte de chaque contribuable, en déduction des droits ultérieurement constatés à sa charge. CC. n° 75 du 23 nov. 1865.

La restitution des avances des contribuables qui cessent leur commerce, ne peut avoir lieu que sur la demande des parties intéressées et en vertu d'un ordre de l'Administration. Cette demande doit lui être transmise par le directeur appuyée d'un double extrait du compte ouvert, de l'état de produit et de la quittance délivrée à l'assujéti, ou, à son défaut, d'une déclaration de perte. C. n° 96 du 20 nov. 1823 et lett. comm. n° 6 du 7 mai 1826.

6° *Abonnement aux circulaires.*

198. Tous les employés de l'Administration ont la faculté de s'abonner aux circulaires. Ils ont, pour cela, à en informer, en fin d'année, le sous-directeur ou le directeur de la circonscription, et à payer au receveur principal le prix de l'abonnement annuel qui est fixé actuellement à un franc.

Le montant des abonnements aux circulaires est porté en recette simultanément au journal n° 87 A et au registre auxiliaire n° 89 C.

On fait ensuite, pour balancer cette recette, un article collectif de dépense qui est imputé au compte intitulé : *Remise au receveur principal de Paris du prix des abonnements aux circulaires.* Cet article est naturellement reproduit au registre n° 89 C.

A ce moment, le receveur principal dresse un récépissé de virement de fonds souscrit au profit de son collègue de Paris, et fait recette *à ce titre* du montant de ce récépissé.

199. La dépense est justifiée par un extrait littéral de l'article de recette au livre de caisse n° 87. V. **Circulaires. 2472 à 2475.**

7° Remise d'un tiers pour cent payée par les assujétis admis à souscrire des obligations.

200. Cette remise est due par les fabricants de sucre, les raffineurs, les brasseurs, les fabricants de sel, de cartes, de bougies, de dynamite, d'huile de schiste, etc., admis à se libérer au moyen d'obligations cautionnées. V. **Obligations** cautionnées, 539 et suivants.

La recette en est faite, soit directement par le receveur principal, soit pour son compte par un receveur subordonné. Dans le premier cas, elle est portée au registre n° 74 (spécial) avant d'être enregistrée au journal n° 87 A; dans le second cas, le comptable subordonné l'inscrit à son registre n° 74 et la fait figurer au bordereau 80 A parmi les perceptions effectuées pour le compte du receveur principal.

Celui-ci, au moment du versement, s'en charge en recette au livre de caisse avec l'imputation voulue (ligne 95 du bordereau 91).

Répartition à faire. V. **Obligations** cautionnées, 669 et suivants.

Au moment de la répartition de cette remise entre le Trésor et les comptables, répartition qui doit être faite mensuellement (C. n° 439 du 19 nov. 1885), le receveur principal porte la part des comptables en dépense au journal n° 87 A, la fait figurer au bordereau n° 91 A, ligne 245: *répartition de la remise payée par les redevables*, et joint au bordereau l'état de répartition dûment quittancé. Il porte, de même, en dépense la part du Trésor, dont il fait immédiatement recette à la ligne des *recettes accidentelles*. n° 72 du 4 août 1864.

8° Prix des barils et des sacs renfermant des poudres de mine.

201. Le prix des barils et des sacs renfermant les poudres de mine n'est pas acquitté au moment de la livraison, mais simplement consigné en garantie de la rentrée ou du paiement définitif de ces colis. C. n° 325 du 18 oct. 1845.

202. Certains comptables ne font pas figurer dans leurs écritures le montant de ces consignations ; ils se contentent de former de ces fonds une caisse spéciale dont ils suivent le mouvement au moyen de simples notes et de comptes particuliers ouverts aux consignataires. CC. n° 96 du 30 déc. 1872.

Cette manière d'opérer est absolument contraire au principe de l'unité de caisse. Les comptables sont tenus de retracer dans leurs écritures toutes les opérations de comptabilité qu'ils exécutent à quelque titre que ce soit, sans compensation ni dissimulation d'aucune sorte. Id.

Dans le cas qui nous occupe, les receveurs principaux doivent encaisser le prix des colis de poudre de mine au compte des correspondants du trésor : *fonds à rembourser à divers*. Lorsque les colis vides sont rapportés, la valeur en est balancée jusqu'à concurrence de celle des colis pleins qui peuvent être livrés. S'il y a excédent de consignation, cet excédent est remboursé et le compte des correspondants déchargé au moyen d'une dépense égale ; dans le cas contraire, recette est faite du supplément de garantie exigible. Id. et circul. ad. n° 93 du 13 juin 1873. V., au chapitre des **Recettes des contributions**, la section relative au *prix des colis*, n° 1284.

Les entreposeurs spéciaux et les receveurs particuliers entreposeurs inscrivent les consignations de l'espèce dans la seconde partie du bordereau n° 80 A, parmi les *recouvrements effectués pour le compte du receveur principal*. Ils portent les remboursements au verso, cadre des *versements*. Ces opérations figurent à leur livre de caisse. C. n° 93 du 13 juin 1873.

9° *Autres sommes portées au reg. n°* 89 *C*.

03. Indépendamment des consignations et recouvrements dont il a été question, on porte au reg. n° 89 C d'autres sommes revenant à divers.

Les recettes pour lesquelles il n'y a pas de colonne spéciale au registre n° 89 C, sont inscrites dans la colonne qui a principalement pour objet les sommes non payées à défaut d'émargement.

Autrefois, on portait au reg. 89 C le prix des timbres de 10 c. qui auraient dû être apposés sur les tableaux d'appointements ; mais aujourd'hui que ces timbres sont apposés d'une manière effective, il n'y a plus lieu d'opérer ainsi, attendu que la recette se fait directement et résulte de l'achat des timbres. V. 1037.

Sect. XIV. — Registres de recette et de dépense des timbres, n° 106 A, et des vignettes, n° 106 C.

204. Le registre 106 A sert à inscrire les recettes et dépenses des receveurs principaux en expéditions timbrées, estampilles, matière de cartes, instruments et ustensiles sujets et non sujets à consignation.

205. On y enregistre successivement les timbres, estampilles et instruments reçus du garde-magasin central, de même que les envois effectués de recette principale à recette principale, en vertu d'ordres particuliers, ou lorsque des besoins imprévus et urgents ne permettent pas d'attendre un approvisionnement demandé à Paris.

Au fur et à mesure des livraisons, les timbres, estampilles, etc., remis aux receveurs particuliers, sont inscrits en dépense sur le registre n° 106 A et en recette sur le registre n° 83.

206. Lorsque des timbres sont rapportés à la recette principale soit pour être réexpédiés au garde-magasin central, soit pour toute autre cause, le receveur principal totalise le compte n° 4 du registre n° 106 A et le n° 1er du registre n° 83. Il opère ensuite aux deux comptes la déduction des quantités qui lui sont rendues. Son visa au registre n° 83 vaut décharge pour le receveur particulier. Inst. du reg. n° 106 A.

Cette instruction est très développée ; on pourrait s'y reporter utilement, si l'on était embarrassé par la tenue du registre n° 106 A.

Les inspecteurs ont à recenser, au cours de l'année, les timbres et vignettes en magasin dans les recettes principales. Les situations qu'ils établissent sont faites sur des feuilles 106 D (timbres) et 106 E (vignettes) ; elles sont indépendantes des états annuels d'inventaire nos 152 B et 161 C *bis*. C. n° 261 du 31 janvier 1879.

207. Un modèle spécial n° 106 C a été créé pour la comptabilité des vignettes timbrées en matière de bougies. Note du 15 fév. 1873 et CC. n° 98 du 16 août 1873.

Il y a lieu de tenir ce registre par recette principale. Id.

V. le chapitre spécial aux **Timbres**, nos 1050 bis et suivants.

Timbres manquants. V. 1054, 1276.

CHAPITRE VI.

Caisse. Valeurs en caisse et en portefeuille.

Billets de banque, 212 à 216.
Carnet des valeurs, 208.
Coffre, 208, 211.
Convention monétaire, 221 à 223.
Déficit, 208.
Echanges, 224.
Faux billets, 216.
Force armée, 211.
Garde des fonds, 209.
Livres officiels, 208.
Mandats sur la Banque, 226, 227, 228.
Monnaies, 212, 217 à 224.
Monnaies de cuivre et de billon, 223.
Monnaies étrangères, 223.
Passe des sacs, 225.
Perte de fonds, 210.
Portefeuille, 208.
Précautions à prendre, 209.
Responsabilité, 209.
Sûreté des deniers, 209.
Système monétaire, 217 à 220.
Titre des monnaies, 220, 222.
Trafic des fonds, 224.
Unité de caisse, 208.
Vol de fonds, 210.

Sect. I. — Unité de caisse. Responsabilité.

208. Chaque comptable ne doit avoir qu'une seule caisse, dans laquelle sont réunis tous les fonds appartenant à ses divers services. Art. 21 du décret du 31 mai 1862.

Il est de règle que les fonds soient constamment réunis, sinon dans le même coffre, ce qui n'est pas toujours possible, du moins dans une même pièce où ils puissent être représentés à chaque instant et complètement. C. M. F. nº 56, du 26 sept. 1821.

Tous les comptables publics doivent décrire sur leurs livres officiels leurs recettes et leurs dépenses, jour par jour et à mesure qu'elles ont lieu, et comparer, à la fin de chaque journée, les soldes des comptes de valeurs avec le montant des fonds existant matériellement dans la caisse et dans le portefeuille, afin de reconnaître si les écritures retracent exactement la quotité et la composition de ce solde matériel. Id.

Ce principe d'unité de caisse et de comptabilité n'a jamais cessé d'être maintenu. Il est cependant arrivé que des comptables, au moment d'une vérification de leur caisse, n'ont pas représenté la totalité des fonds et que, pour en compléter le montant, ils ont été obligés d'aller chercher des sommes tenues en réserve hors du local où étaient établis leurs bureaux. Il en est résulté des doutes portant à craindre qu'ils n'eussent momentanément détourné les fonds manquant à leur caisse et qu'ils n'eussent recours à un emprunt pour cacher un déficit réel. L'observation ponctuelle des règles est pour les comptables un devoir, qui leur est d'ailleurs commandé par la délicatesse. Quelle que soit la confiance qu'ils méritent, c'est le seul moyen de se mettre à l'abri de tout inconvénient ; car il est prescrit, s'il manque des fonds à la caisse, de constater le déficit, quand même il serait comblé un moment après. Id.

En vertu des mêmes règles, les valeurs en papier doivent être renfermées dans le même portefeuille.

Pendant la crise monétaire, les comptables de tout ordre étaient dans l'obligation de tenir un carnet 87 C présentant, jour par jour, le détail de leur encaisse. CC. nº 97 du 31 mars 1873

Ce carnet a été supprimé. CC. nº 100 du 14 mars 1874.

209. Le premier devoir d'un comptable est de donner tous ses soins à la sûreté des deniers dont il est dépositaire. C. nº 52 du 26 frim. an XIV.

Il lui est prescrit de coucher ou de faire coucher un homme sûr dans le lieu où il tient ses fonds, et ce lieu, s'il est au rez-de-chaussée, doit être solidement grillé. Arrêté du 8 flor. an X. C. nº 52 du 26 frim. an XIV, nº 16 du 22 juin 1816 et nº 66 du 22 août 1821 ; art. 329 de l'ord. du 31 mai 1838.

Il est responsable des deniers publics qui sont dans sa caisse. Art. 21 du décret du 31 mai 1862.

210. En cas de vol ou de perte de fonds, il est statué sur la demande en décharge par une décision ministérielle, sauf recours au Conseil d'Etat. Id. V. **Vol de fonds**, 314 à 337.

211. Il n'est pas fait aux receveurs une obligation d'avoir un coffre-fort, résistant aux fausses clés et aux effractions ordinaires ; mais nous conseillons à tous ceux qui ont un maniement de fonds, qui engage sérieusement leur responsabilité, de se pourvoir de ces coffres.

Si leur domicile est exposé à une attaque, les receveurs doivent requérir la force armée. V. **Escorte de fonds**, 277 et suiv.

Sect. II. — Billets de banque et monnaies.

§ Ier. — Billets de banque.

212. Les caisses publiques et les particuliers sont tenus de recevoir comme monnaie légale les billets de la banque de France. Les comptables doivent accepter ces billets en acquit des contributions et revenus publics et les employer eux-mêmes dans leurs paiements. Lett. comm. n° 2336 du 28 juill. 1870 et n° 2508 du 13 août suivant.

Les billets ne sont d'ailleurs reçus qu'autant que leur admission n'obligerait pas les comptables à rendre en numéraire une somme supérieure à 25 francs. Lett. comm. n° 2508 du 13 août 1870.

S'ils n'avaient pas de monnaie divisionnaire en quantité suffisante pour les appoints, les receveurs de la Régie s'en pourvoiraient à la recette des finances de leur arrondissement. Ils trouveraient également dans ces mêmes caisses, s'ils en avaient besoin, des billets de 100 fr. et de 50 fr., en échange de billets de 500 fr. ou de 1,000 fr. Id.

Des considérations d'ordre économique et politique ont conduit l'administration à prescrire à ses comptables d'employer dans leurs paiements le plus qu'ils peuvent de billets de banque. Lett. comm. n° 2336 du 28 juil 1870 et n° 2508 du 13 août suivant.

Il leur a été recommandé également de faire leurs paiements en pièces de 5 fr. d'argent et de réserver les monnaies d'or pour leurs versements aux caisses publiques. C. n° 302 du 28 oct. 1880.

213. *Cours légal et cours forcé des billets de la Banque de France.*

Sous le régime *du cours forcé* des billets, on n'avait pas le droit de refuser les billets de banque remis en paiement ; on devait les accepter pour leur valeur nominale, absolument comme les monnaies d'or ou d'argent, et on *ne pouvait obliger la Banque à en faire l'échange contre des espèces.* Ce régime, établi par une loi, a fonctionné de 1870 à 1877 inclus.

Sous le régime *du cours légal,* qui existe aujourd'hui, un créancier quelconque n'a pas le droit non plus de refuser les billets de banque qui lui sont donnés en paiement ; il doit les recevoir de même pour leur valeur nominale et ne peut contraindre le débiteur à payer en espèces ; *mais il a la faculté d'échanger lui-même ses billets à la Banque contre des monnaies d'or et d'argent.* Cet échange doit être fait, par la Banque, à présentation des billets, et sans aucune retenue pour droit de change.

214. *Caractères qui distinguent les billets de la Banque de France.*

Le papier des billets est relativement fin.

Le poids des billets est rigoureusement fixé dans les marchés et maintenu dans la fabrication par un examen minutieux à l'usine et à la Banque ; la tolérance accordée n'est que de 10 centigrammes en dessous et de 15 centigrammes en dessus pour les billets de 1,000 francs et de 500 francs, et de 5 centigrammes en dessous et de 10 centigrammes en dessus pour les billets de 500 fr.

Le poids moyen des billets neufs tout imprimés et sans leurs talons est :

Pour les billets de 1000 fr., de 1 gr. 53 ;

Pour les billets de 500 fr., de 1 gr. 75 ;

Pour les billets de 100 fr., de 1 gr. 01.

Le poids moyen des billets ayant déjà servi, et qui se trouvent dans la circulation, à une légère tendance à l'augmentation ; celle-ci est proportionnelle à la surface et peut atteindre jusqu'à 75 milligrammes pour les billets de 1,000 francs.

Le papier est blanc, sonore au froissement, et présente en outre un caractère tout spécial ; il est absolument privé de défauts de fabrication, boutons ou épaisseurs de pâte, ordures, clairs ou trous résultant de grattages. C'est un caractère qu'il ne perd pas en vieillissant et en se salissant dans la circulation.

Un billet qui présente des défauts sensibles au toucher ne sort pas des ateliers de la Banque.

Le billet change de couleur suivant les milieux dans lesquels il se trouve placé ; il se graisse et perd sa sonorité, il se crible de trous d'épingle ; mais il reste exempt d'épaisseurs de pâte. On a donc là une indication précieuse, toujours facile à observer.

Le papier porte un filigrane, c'est-à-dire une empreinte obtenue pendant la fabrication, en même temps que le papier lui-même. Cette empreinte, lettres ou figure, donne toujours trois teintes: la teinte du fond du papier, une teinte plus claire, une teinte plus foncée; quand le filigrane représente une tête ou un objet naturel, les ombres sont fondues, c'est-à-dire se dégradent en demi-teintes avant de se perdre dans les lumières. Aucun procédé mécanique ne peut donner au filigrane l'aspect qu'il tire de sa formation dans une pâte liquide et qui se coagule lentement. Il suffit d'avoir examiné avec soin quelques filigranes ainsi formés dans la pâte pour ne plus pouvoir les confondre avec aucun autre.

Les planches qui servent à imprimer les billets sont revues, avant d'être employées, avec le même soin que le papier lui-même ; la moindre cassure dans les tailles, le moindre défaut dans les traits les fait rejeter. Les procédés au moyen desquels elles sont obtenues assurent leur identité constante et parfaite.

A l'impression, les billets sont examinés un à un avec le plus grand soin, et ceux qui ont le moindre défaut sont rejetés.

Un billet authentique ne doit donc présenter aucun défaut, aucune brisure dans les traits de la vignette, dans les tailles qui forment les ombres de celle-ci, dans les lettres du texte et surtout dans les lettres des médaillons. Celles-ci particulièrement doivent être d'une netteté parfaite, et c'est un détail du billet que les faussaires n'ont jamais pu imiter.

De toutes les précautions prises pour assurer à l'impression des billets une beauté et surtout une régularité exceptionnelle, il résulte que ceux-ci présentent, au premier aspect, un ensemble facilement reconnaissable et que la contrefaçon paraît à peu près impuissante à imiter. Seulement, au fur et à mesure que le billet vieillit et circule, ce caractère perd ce qu'il a de saisissant, et les faussaires le savent si bien que, presque toujours, ils plient et salissent leurs billets; le plus souvent même, ils les déchirent et les réparent avec des bandes qui en dissimulent les imperfections les plus appréciables.

Plus un billet est usé et fatigué, plus il importe donc de l'examiner avec soin et de se reporter aux caractères que la vieillesse et l'usure ne sauraient lui faire perdre, c'est-à-dire, à la netteté de l'impression et des lettres de texte contenues dans les médaillons.

L'intérêt du public et des comptables est en même temps de ne laisser circuler que des billets en bon état de conservation. La Banque ne recule devant aucun sacrifice pour arriver à ce résultat; les comptables peuvent l'aider puissamment à l'obtenir en ne remettant jamais en circulation les billets fatigués qu'ils reçoivent et en ayant soin, au contraire, de les comprendre dans leurs plus prochains versements.

Il est facile de comprendre que toutes les fois que les billets sont reçus en grand nombre, surtout en liasses, il n'est pas possible de se livrer, pour chaque billet, à l'examen successif de tous les caractères qui viennent d'être indiqués; mais il est un procédé facile et sûr, basé sur la régularité à peu près absolue de la fabrication des billets, et qui peut toujours être employé.

C'est de choisir, dans les billets, du côté où on les compte ordinairement, une figure, un ornement, un ensemble de lettres; de bien se pénétrer de l'apparence de ce détail et de s'y reporter avec attention, au fur et à mesure que les billets passent sous les doigts; au bout de très peu de temps, la moindre défectuosité frappe machinalement le regard et appelle l'attention sur le billet. On doit alors détacher celui-ci de la liasse et se reporter aux autres signes en se livrant à un examen plus attentif, afin de ne pas s'exposer à rejeter comme faux un billet authentique, qu'un accident quelconque aurait détérioré à cette place. Il n'y en a pas de faux qui puissent résister à cet examen.

(Note de la Banque de France annexée à la circul. du D. du mouvement général des fonds du 6 février 1877, et à la circul. adm. nº 241 du 28 juin 1877.)

215. *Explication du numérotage des billets.* — Pour familiariser les comptables avec ces valeurs, nous expliquons ci-après le sens des signes employés. Supposons un billet de 100 fr., portant la date du 26 décembre 1872, présentant à gauche, à la partie supérieure, le nombre 232, et, à droite, la lettre L, suivie du nombre 488. On sait que les mêmes indications sont reproduites dans l'ordre inverse au bas de chaque billet.

Les émissions de billets ont lieu par alphabets, et chaque mille correspond à une lettre de cet alphabet. Il y a donc vingt-cinq mille billets par alphabet.

La date du 26 décembre 1872 veut dire que c'est ce jour-là que le conseil d'administration a décidé la création de l'alphabet auquel le billet appartient.

Le chiffre placé à côté de la lettre est le numéro de l'alphabet.

Celui qui est écrit isolément est le numéro du billet dans la lettre de son alphabet.

Le billet dont il s'agit appartient, on le voit, à la 488e série de vingt-cinq mille ; la lettre L, la douzième de l'alphabet, indique qu'il est du douzième millier de cette série, et le nombre 232, qu'il a ce numéro dans le douzième millier de la série. Il est ainsi le 12,186,232e billet de 100 fr. mis en circulation (487 × 25000 + 11000 + 232).

216. *Billets faux.* — Depuis quelques années, la Banque de France ne rembourse plus aux comptables du Trésor la valeur des billets encaissés par eux et reconnus faux après l'encaissement. C. n° 211 du 18 juin 1877.

Quand un receveur a lieu de croire qu'un billet qui lui est présenté est faux, il peut le refuser ; mais il doit en même temps engager le porteur à soumettre ce billet à la vérification de la Banque de France. Si le détenteur y consentait, la transmission à la Banque pourrait être faite par l'intermédiaire du comptable lui-même, qui donnerait reçu du billet au déposant. Il est désirable que ce mode puisse être suivi ; toutefois, en cas de refus de a part du détenteur, le receveur, loin d'insister, se bornerait à avertir l'intéressé qu'il s'exposerait à une peine sévère, s'il remettait en circulation des billets dont la fausseté viendrait à être ultérieurement établie. Id.

Les billets réputés faux qui seraient laissés, contre reçu, entre les mains des comptables de la Régie, pourraient être soumis à la vérification de la Banque de France par la voie des succursales de cet établissement, des trésoriers-payeurs généraux ou de la direction générale des contributions indirectes. Mais il ne saurait être question que des billets qui offrent des indices sérieux de falsification, sans que cependant les indices soient suffisants pour donner une certitude absolue à cet égard. Id.

Si des incidents particuliers se produisaient à propos de billets paraissant avoir une origine frauduleuse, les directeurs devraient en rendre compte immédiatement, sous le timbre de la 1re division et du bureau compétent. Id.

Il y avait, à une certaine époque, des billets faux de 20 fr. qui portaient tous les mêmes indications : 525 et Z 1256. Le papier était un peu plus fort, la gravure un peu moins nette que dans les vrais billets. La répétition du n° 525 dans la même série suffisait pour établir le faux qui avait été commis.

On trouve rarement aujourd'hui des billets de 5 fr. et de 20 fr. dans la circulation.

§ II. — Monnaies.

1° Système monétaire.

217. Les monnaies françaises sont assujéties au système métrique, sous le rapport de leur division, de leur titre, de leur poids et de leur module.

La dénomination de franc a été substituée à la dénomination de livre, pour l'unité monétaire. Loi du 18 germ. an III.

Le franc pèse cinq grammes. Loi du 7 germ. an XI.

218. Dans l'échelle décimale, qui admet les diviseurs 2 et 5, on passe du *franc* aux pièces de 10 et de 100 francs, et on descend au dixième et au centième de franc nommés décime et centime. La division, par 5 et par 2, des pièces de 10 et de 100 francs donne encore les pièces de 2, 5, 20, 50 francs. La division du *décime* et du franc donne, de même, les pièces de 2, 5, 20, 50 centimes.

219. Les pièces de 1, 2, 5, 10 centimes sont en bronze. Loi du 19 avr. 1852.

La pièce de 20 centimes et celle de 50 centimes, puis le franc et ses multiples, 2 francs, 5 francs, sont en argent. Lois des 7 germ. an XI et 10 avr. 1852.

220. La monnaie d'or et d'argent a d'abord été établie invariablement au titre de neuf dixièmes de fin. Loi du 7 germ. an XI.

On frappe actuellement au titre de 835 millièmes de fin les pièces de 20 centimes, 50 centimes, 1 franc et 2 francs. Lois des 25 mai 1864 et 27 juin 1866 ; Convention du 23 déc. 1865, renouvelée le 6 nov. 1885.

2° Convention monétaire.

221. La France, la Belgique, la Grèce, l'Italie et la Suisse sont constituées à l'état d'union pour ce qui regarde le poids, le titre, le module et le cours de leurs espèces monnayées d'or et d'argent. Convention du 23 déc. 1865, renouvelée le 6 novembre 1885. C. n° 447 de 19 février 1886.

222. Les pays contractants ont arrêté ainsi qu'il suit les bases de leur système monétaire :

3° Tableau des monnaies admises dans la circulation en France.

223. La Direction du mouvement général des fonds a publié, en février 1886, un tableau présentant le détail des monnaies d'or, d'argent et de billon admises à la circulation en France. Ce tableau, qui est reproduit à la suite de la circulaire n° 447 du 19 février 1886, doit être affiché à tous les guichets des agents ayant le maniement des deniers de l'État. Les Inspecteurs, dans leurs tournées de vérification, doivent s'assurer que ce tableau est toujours placé à la portée et à la vue du public.

Voici les indications qu'il présente :

MONNAIES NATIONALES.

Or.

Pièces de 100 fr., 50 fr., 40 fr. et 20 fr., sans distinction de millésime.

Pièces de 10 fr. et de 5 fr. aux millésimes de 1856 et années suivantes.

Les pièces de 10 fr. du diamètre de 17 millimètres et les pièces de 5 fr. du diamètre de 14 millimètres, frappées antérieurement à 1856, ont été démonétisées. (Décrets des 7 avril 1855 et 19 février 1859.)

Argent.

Pièces de 5 fr., sans distinction de millésime.

Pièces de 2 fr. et 1 fr. aux millésimes de 1866 et années suivantes.

Pièces de 0 fr. 50 c. et 0 fr. 20 c. aux millésimes de 1864 et années suivantes.

Toutes les pièces divisionnaires de 2 fr. et de 1 fr. portant un millésime antérieur à 1866, et les pièces de 0 fr. 50 et 0 fr. 20 portant un millésime antérieur à 1864, ont été démonétisées et ont cessé d'avoir cours à partir du 1er janvier 1869. (Loi du 14 juillet 1866.)

Bronze.

Pièces de 0 fr. 10 c., 0 fr., 05 c., 0 fr. 02 c. et 0 fr. 01 c., frappées à partir de 1852 inclusivement.

Observation. — Les pièces nationales d'or et d'argent sont admises par les caisses publiques, sans limitation de quantité ; les pièces de bronze, pour l'appoint de 5 fr. seulement.

MONNAIES ÉTRANGÈRES.

Or.

Monnaies à l'effigie des États signataires de la Convention du 6 novembre 1885 ou ayant adhéré à cette Convention.

Belgique, Grèce, Italie, Suisse :

Pièces de 100 fr., 50 fr., 20 fr., 10 fr. et 5 fr.

Monnaies à l'effigie de la principauté de Monaco :

Pièces de 100 fr. et de 20 fr.

Monnaies de l'Autriche-Hongrie:

Pièces de 8 et de 4 florins (20 fr. et 10 fr.).

Nota. — Dans les monnaies italiennes sont comprises les pièces de 20 fr. et 10 fr. de l'ancien royaume de Piémont et celles de 40 fr. et de 20 fr. de l'ancien royaume d'Italie.

Les nouvelles pièces d'or russes, frappées à l'effigie de S. M. l'Empereur de Russie, dans les mêmes conditions de fabrication que nos pièces nationales de 10 fr. et de 20 fr., doivent aussi être admises pour 10 fr. et 20 fr., dans les caisses publiques. C. n. 495 du 29 octobre 1887.

Argent.

Monnaies à l'effigie des États signataires de la Convention du 6 novembre 1885 ou ayant adhéré à cette Convention.

Belgique, Grèce, Italie, Suisse :

Pièces de 5 fr., sans distinction de millésime, à l'effigie des quatre États ci-dessus.

Dans les pièces italiennes sont comprises les pièces de l'ancien royaume de Piémont et de l'ancien royaume d'Italie.

Pièces de 2 fr., 1 fr., 0 fr. 50 et 0 fr. 20 c., savoir :

Pièces belges aux millésimes de 1866 et années suivantes,

Pièces grecques aux millésimes de 1868 et années suivantes,

Pièces suisses aux millésimes de 1866 et années suivantes,

Pièces italiennes aux millésimes de 1863 et années suivantes.

La circulation en France de ces dernières pièces, qui avait été momentanément suspendue en exécution de l'art. 8 de la Convention du 5 novembre 1878, est rétablie par la nouvelle Convention.

Bronze, cuivre et nickel.

Aux termes des art. 1 et 2 du décret du 11 mai 1807 et de l'art. 1er, § 2, de la loi du 22 juin 1846, *l'introduction* et la *circulation* en France des monnaies étrangères de cuivre et de billon sont prohibées.

Observation. Les pièces d'or et les pièces d'argent de 5 fr. des pays de l'Union monétaire sont admises par les caisses publiques, sans limitation de quantité ; les pièces divisionnaires d'argent des mêmes pays, jusqu'à concurrence de 100 fr. seulement dans chaque paiement.

Il est expressément interdit aux comptables de recevoir dans les versements faits à leurs guichets et de comprendre dans leurs paiements des monnaies autres que celles indiquées ci-dessus.

L'administration croit devoir ecommander au public, dans son intérêt, de refuser également les pièces dont la circulation n'est pas autorisée, notamment les pièces d'argent similaires de notre pièce de 5 francs (pièces chiliennes, péruviennes, espagnoles... etc.) et de nos pièces d'appoint. Les détenteurs de ces pièces s'exposent à des pertes sérieuses, par suite de la dépréciation très sensible que subissent en France ces sortes de monnaies.

Nota. Par une circulaire du 27 avril 1886, n° 455, l'Administration a porté à la connaissance des comptables une décision ministérielle aux termes de laquelle les pièces d'or de cinq francs versées à leurs guichets ne doivent plus être remises en circulation. Ces pièces doivent être comprises dans les versements pour être centralisées aux caisses des receveurs des finances.

4° Echanges de numéraire.

224. Les fonds doivent être versés au Trésor tels qu'ils sont reçus des contribuables. Lett. comm. n° 2336 du 28 juill. 1870, n° 2508 du 13 août suivant et n° 82 du 8 sept. 1871 ; CC. n° 97 du 31 mars 1873.

Il est interdit aux comptables d'échanger du numéraire contre des billets de banque. Id.

L'Administration a fait connaître qu'elle n'hésiterait pas à prononcer la révocation de tout receveur qui se serait livré au trafic des espèces métalliques encaissées par lui et les aurait converties en billets de banque. Lett. comm. n° 926 du 28 oct. 1871. V. **Versements**, 246 à 251.

Les comptables qui convertiraient en monnaie de cuivre une partie des sommes reçues en argent encourraient également la révocation. C. n° 154 du 8 août 1809.

5° *Passe des sacs.*

225. Dans tout paiement de 500 fr. et au-dessus, en pièces d'argent, le débiteur est tenu de fournir le sac et la ficelle. Chaque sac doit être d'une dimension propre à contenir 1,000 fr., en bon état et en toile propre à cet usage. Les sacs sont payés par celui qui reçoit. Décret du 1er juill. 1809.

Le prix est de 10 centimes par sac. Décret du 17 novembre 1852.

Il n'y a pas de passe de sacs pour les versements faits par exception en monnaie de cuivre. Lett. M. F. du 5 août 1809.

Si les employés devaient en fournir, les frais d'achat seraient à la charge de l'Administration. Id.

Pour dispenser du comptage, lesdits sacs seraient cachetés et timbrés de la marque de la Régie. Id.

Sect. III. — Admission des mandats sur la Banque en paiement des droits dus au Trésor.

226. Deux décisions ministérielles, en date des 10 mai et 4 juillet 1884, rendues sur la proposition de la Direction du mouvement général des fonds et de la Direction générale de la comptabilité publique, autorisent certaines catégories de comptables à admettre *les récépissés de la Banque de France et les mandats de virement* sur cet établissement dans les versements effectués à leurs caisses. Le paiement en mandats de virement est, en effet, un mode de libération facile, dont l'usage tend à se développer de plus en plus, et il a paru utile d'en généraliser l'emploi, à la fois dans l'intérêt du public, auquel il évite des déplacements de fonds, et dans l'intérêt des comptables eux-mêmes, puisque la substitution d'un papier fiduciaire au numéraire a pour résultat de diminuer les risques afférents à la conservation de leurs encaisses et aux transports de fonds nécessités par leurs versements périodiques. CC. n° 113 du 4 juillet 1884.

La décision du 4 juillet est ainsi conçue :

« Art. 1. Les récépissés délivrés *sur papier bleu* par la Banque de France seront admis comme numéraire :

« A Paris, à la caisse centrale du Trésor public, à la recette centrale de la Seine et aux caisses des receveurs-percepteurs des contributions directes, des receveurs de l'enregistrement et des domaines, des receveurs des douanes et des receveurs des contributions indirectes ;

« Dans les villes pourvues d'une succursale de la Banque de France, aux caisses des trésoriers-payeurs généraux et des receveurs particuliers des finances, des percepteurs des contributions directes et des receveurs des administrations financières ci-dessus dénommées.

« Les récépissés à talon ou quittances à souche délivrés par ces comptables seront libératoires au même titre et dans les mêmes conditions que s'il s'agissait de numéraire.

« Art. 2. Les mandats de virement sur la Banque de France, établis *sur papier rose*, pourront aussi être reçus aux mêmes caisses, à la condition que les récépissés ou quittances des comptables porteront la mention : *en un mandat de virement sur la Banque de France pour la totalité du versement* ou (en cas de versement partiel) *pour la somme de F.*

« Les comptables seront pécuniairement responsables des conséquences que pourrait avoir l'omission de cette mention.

« Art. 3. Les comptables remettront immédiatement aux parties versantes leurs récépissés ou quittances, sans attendre l'admission par la Banque de France des mandats de virement, toutes les fois que la délivrance des récépissés ou quittances n'aura pas pour effet de dessaisir le Trésor de la garantie ou du gage de ses droits.

« Art. 4. Lorsque, au contraire, le versement aura pour objet une remise de titre ou valeur, qu'il entraînera permis d'enlèvement ou de sortie, ou qu'il comportera pour le Trésor dessaisissement de tout ou partie de la garantie de ses droits, le comptable devra différer la délivrance de son récépissé ou de sa quittance jusqu'après l'encaissement du mandat, à moins que la partie versante ne soit notoirement solvable.

« En cas de non-encaissement du mandat par la Banque de France, le comptable pourra obtenir la décharge de sa responsabilité, en justifiant que les circonstances qui ont détruit ou altéré la solvabilité de la partie versante ne pouvaient pas être prévues par lui.

« Art. 5. Les mandats de virement reçus par les comptables devront être versés le jour même ou le lendemain matin au plus tard, à Paris, à la caisse centrale du Trésor, et, dans les départements, à la caisse du receveur des finances de l'arrondissement.

« Lorsque la succursale de la Banque de France sera située dans une ville autre qu'un chef-lieu de département ou d'arrondissement, ces mandats seront adressés au receveur des finances par le plus prochain courrier et sous pli chargé.

« Art. 6. Le caissier central du Trésor public et les receveurs des finances devront, sans aucun délai, remettre à l'encaissement à la Banque de France ou à ses succursales les mandats qui leur seront versés ou envoyés par les autres comptables ; ils leur en délivreront immédiatement récépissé, sauf leur recours contre ces derniers, en cas de rejet desdits mandats.

« Tout rejet de mandat par la Banque de France devrait être notifié sans aucun délai à la direction du mouvement général des fonds. »

227. Il convient tout d'abord de remarquer que l'admission des récépissés sur *papier bleu* et des mandats sur *papier rose*, au lieu et place de nu-

méraire, n'a d'utilité et ne saurait dès lors être mise en pratique que dans les villes pourvues d'une succursale de la Banque de France, puisque, aux termes de l'article 5 de l'arrêté ministériel, ces récépissés et mandats doivent être immédiatement reversés à ladite succursale. Id.

En ce qui concerne les *récépissés sur papier bleu*, ils sont émis par la Banque elle-même et ils ont dès lors, pour le comptable qui les reçoit, la même valeur qu'un billet de banque. C'est par ce motif que l'article 1er de l'arrêté ne prescrit aucune formalité pour leur réception et déclare que les « récépissés à talon ou quittances à souche délivrés par les comptables seront libératoires au même titre et dans les mêmes conditions que s'il s'agissait de numéraire », Id.

Quant aux *mandats sur papier rose*, ils sont émis par le titulaire d'un compte courant à la Banque, et leur valeur est naturellement subordonnée à l'existence d'une provision suffisante à ce compte courant. L'admission de ces mandats doit donc être entourée de certaines formalités et garanties.

En premier lieu, et aux termes de l'article 2 de l'arrêté, il faut que les récépissés ou quittances portent la mention: *en un mandat de virement sur la Banque de France pour la totalité du versement*, ou (en cas de versement partiel) *pour la somme de F*. Cette mention est indispensable, parce que, comme il sera expliqué ci-après, la quittance souscrite par le comptable ne vaut que ce que vaut le mandat lui-même. Les comptables seraient donc responsables des conséquences que pourrait avoir l'omission de cette mention. Id.

D'un autre côté, il y a une distinction fondamentale à établir dans la marche à suivre, selon l'objet auquel sont destinés les *mandats roses* remis au lieu d'espèces, aux comptables du Trésor. Id.

Si le mandat a pour objet une *remise de titre ou valeur*, par exemple la libération d'un certificat d'emprunt, l'émission d'un bon du Trésor, etc., s'il entraîne *permis d'enlèvement ou de sortie de marchandises*, comme cela a lieu pour l'acquittement de certains droits de douanes et de contributions indirectes, en un mot, s'il comporte pour le Trésor *dessaisissement de tout ou partie de la garantie de ses droits*, il tombe sous le sens que le titre ou la quittance demandés par la partie versante ne doivent, en principe, lui être remis qu'après l'encaissement de la valeur reçue en paiement. Dans ces cas, le comptable a le droit de différer la délivrance de son récépissé ou de sa quittance. Mais, quand la partie est *notoirement solvable*, il est permis au comptable de se dessaisir immédiatement de son récépissé ou de sa quittance, sans attendre l'encaissement du mandat. Id.

La plus grande latitude est laissée à cet égard aux comptables, et, à moins qu'ils n'aient des raisons *sérieuses* de suspecter la valeur des mandats roses qui leur sont offerts, il leur est recommandé de ne pas exagérer le sentiment de leur responsabilité, pour refuser au public les facilités que l'arrêté ministériel du 4 juillet a entendu lui accorder. D'ailleurs, l'article 6 porte expressément qu'un comptable peut « obtenir la décharge de sa responsabilité, en justifiant que les circonstances qui ont détruit ou altéré la solvabilité de la partie versante, ne pouvaient pas être prévues par lui ». En d'autres termes, les comptables ne seront rendus responsables à ce point de vue que dans le cas de *faute lourde*. Id.

Au contraire, quand le versement en un mandat rose a pour but d'acquitter une somme due au Trésor, sans le dessaisir de la garantie ou du gage de ses droits, le comptable ne court aucun risque en délivrant immédiatement son reçu (récépissé à talon ou quittance à souche, suivant la classe du comptable), pourvu qu'il soit revêtu de la mention dont il a été question ci-dessus. En effet, la partie qui acquitte en *un mandat rose*, soit une contribution directe, soit le prix d'un produit domanial, soit un droit d'enregistrement ou tout autre impôt indirect (sauf le cas ci-dessus visé de permis d'enlèvement ou de sortie), ne serait nullement libérée, si, par une cause quelconque, le mandat venait à être rejeté par la Banque. Id.

Il importe que les mandats de virement reçus dans les caisses publiques soient remis à l'encaissement dans le moindre délai possible, afin de dégager la responsabilité des comptables. A cet effet, et aux termes de l'article 5 de l'arrêté ministériel, les percepteurs et les receveurs des administrations financières sont tenus de verser ces mandats, le jour même de leur réception ou le lendemain matin au plus tard, à Paris, à la caisse centrale du Trésor, et, dans les départements, au receveur des finances de leur arrondissement. Quant aux comptables de centres industriels importants, qui sont le siège de succursales de la Banque (par exemple, Annonay, Flers, Roubaix et Tourcoing), ils doivent adresser les mandats au receveur des finances *par le plus prochain courrier et* SOUS PLI CHARGÉ. Id.

De leur côté, le caissier du Trésor et les receveurs des finances doivent reverser les mandats à la Banque de France ou à ses succursales, *le jour même* où ils les auront reçus des autres comptables.

Il est recommandé aux comptables de se conformer exactement à cette double disposition. Id.

228. Enfin, l'article 6 de l'arrêté porte que le caissier du Trésor et les receveurs des finances délivreront *immédiatement* récépissé des mandats de virement qui leur seront versés par les autres comptables. Jusqu'ici, en effet, il était d'usage de différer la délivrance du récépissé jusqu'après l'encaissement du mandat; mais ce mode de procéder n'a plus de raison d'être aujourd'hui que les récépissés mentionnent le montant des mandats roses compris dans les versements des comptables, et qu'il est facile au caissier du Trésor et aux receveurs des finances, en cas de rejet des mandats, d'exercer leur recours contre ceux qui les ont versés. Id.

Si cette éventualité venait à se présenter, le comptable qui aurait reçu d'un autre comptable un mandat de virement et qui l'en aurait crédité en lui délivrant son récépissé devrait le débiter d'*office*, en lui restituant le mandat non encaissé, et exiger un récépissé de contre-valeur. Tout rejet de mandat par la Banque de France devrait d'ailleurs être notifié sans aucun délai à la Direction du mouvement général des fonds. Id.

CHAPITRE VII.

Réserves autorisées.

Autorisation nécessaire, 229.
Directeurs et sous-directeurs, 230, 233.
Lettres spéciales, 231.
Quittances individuelles, 232, 233.
Traitements, 230.
Versements anticipés (disposition spéciales). 233 bis.

229. Il est interdit aux comptables de faire aucune réserve de fonds sans y être autorisés. C. nº 73 du 13 mars 1822.

230. Généralement le paiement des traitements et autres émoluments fixes peut être effectué par les divers comptables au moyen des fonds qu'ils ont reçus après le versement mensuel ; mais il y a des postes où les rentrées des derniers jours du mois seraient souvent insuffisantes et où dès lors les receveurs ont dû être autorisés à conserver devers eux, au moment des versements mensuels, les sommes nécessaires pour faire face à cette dépense.

Chaque année, dans le mois de janvier, le directeur, statuant d'office pour ce qui concerne la division administrative du chef-lieu de département, et sur les propositions des sous-directeurs, pour ce qui concerne les autres divisions, désigne les postes où des réserves sont autorisées et fixe le chiffre de ces réserves eu égard à la somme de traitements dont il faut assurer le paiement. C. nº 413 du 3 mars 1849 et lett. comm. nº 3471 du 8 juill. 1872.

231. Le chiffre des réserves est notifié par des lettres spéciales tant aux receveurs principaux qu'aux receveurs subordonnés, de telle sorte qu'ils puissent toujours, les uns et les autres, justifier aux vérificateurs des sommes inscrites à ce titre dans leur comptabilité. (Journal 87 A et bordereau 91, sommiers 76 et bordereaux 80 A.) Id.

232. A l'expiration du mois, dans chaque poste extérieur, c'est-à-dire en dehors des chefs-lieux de direction et de sous-direction, le receveur chargé d'acquitter les traitements doit effectuer ce paiement sur des quittances individuelles qu'il met dans sa caisse et verse en fin de mois comme pièces de dépense. Id.

233. Le plus souvent, ces quittances doivent former double emploi avec les émargements donnés aux tableaux d'appointements ; mais, dans ce cas, elles ne sont jointes au bordereau mensuel que comme pièces d'ordre et avec cette mention spéciale : *la présente quittance forme double emploi avec l'émargement donné au tableau* 93 A. Id.

233 *bis*. *Versements anticipés. Dispositions spéciales*. Par suite d'une réduction faite, dans le budget de 1888, sur les frais de versement, l'Administration a dû laisser aux receveurs ambulants le soin de faire opérer, par des intermédiaires, et sous leur propre responsabilité, les versements des deux premiers mois du trimestre. Il peut donc arriver que, pour profiter de l'entremise d'une personne sûre, il y ait nécessité d'anticiper un peu les versements, c'est-à-dire de faire porter les fonds à la recette des Finances avant la clôture des opérations du reg. 74. Dans ce cas, les perceptions effectuées depuis le versement jusqu'au jour de l'arrêté doivent être analysées (numéros, dates, sommes), soit en regard du cadre 4 du bordereau 80 A, soit sur un relevé annexe; et, jusqu'à ce qu'elles soient comprises dans le versement du mois suivant, elles doivent figurer, dans les écritures du receveur principal, à titre d'encaisse chez les comptables subordonnés. Les inspecteurs, sous-directeurs et directeurs ont à exercer un contrôle spécial sur ces opérations. L. c. n. 7, du 13 mars 1888.

CHAPITRE VIII.

Versements.

Appels, 238 à 240.
Appoint, 237.
Arrêtés mensuels des écritures, 252 à 256.
Arrêtés trimestriels, 254, 274 à 277.
Avis de recouvrements, 272.
Bons provisoires, 235.
Bordereau des valeurs versées, 249.
Bulletin de versement, 76 A, 268.
Carnet des valeurs, 248.
Commis principaux, 240, 243.
Directeurs et sous-directeurs, 239, 240, 253, 263.
Echanges, 246, 247.
Entreposeurs spéciaux, 254 et 267 à 271.
Fractions de franc, 237.
Lieu de versements, 234, 238, 241, 242.
Ordre de versement, 259.
Récépissés, 236.
Receveurs ambulants, 240 et 243, 254, 255, 256, 257, 259, 263, 276.
Receveurs buralistes, 234, 256, 258, 259.
Receveurs de garantie, 238, 265.
Receveurs d'octroi, 234, 260 à 262.
Receveurs des salines, 238, 257, 265.
Receveur municipal, 261.
Receveurs particuliers entreposeurs, 240, 245, 260.
Receveurs particuliers sédentaires, 238, 254, 257, 265, 274.
Receveurs principaux, 254, 273.
Réserves autorisées, 251.
Trimestre, 240, 254, 274.
Valeurs en caisse, 246 à 248.
Vérification de comptabilité, 239, 240, 244.
Versements mensuels, 252 à 258.
Id. (nouvelles mesures), 276 bis.
Versements partiels ou intermédiaires, 256 à 275.
Visa de récépissés, 236.

Sect. I. — Dispositions générales.

234. Il est de règle que les versements aient lieu dans la caisse des receveurs des finances. Il est fait *exception* pour les *buralistes* et les

receveurs d'octroi percevant le droit d'entrée et pour les versements destinés à couvrir des dépenses. Arrêté M. F. du 24 oct. 1812 ; C. n° 207 du 30 nov. 1812, n° 218 du 4 février 1814 ; D. M. F. du 11 déc. 1822 ; C. n° 84 du 20 du même mois ; Art. 260 de l'O. d. du 31 mai 1838 ; C. n° 410 du 21 déc. 1848, n° 413 du 3 mars 1849, n° 458 du 19 août 1850 et n° 310 du 1er août 1855.

235. Il est formellement interdit d'accepter des bons provisoires. C. n° 54 du 19 sept. 1820 et n° 58 du 6 déc. suivant.

236. Les récépissés des receveurs des finances doivent être visés par le préfet ou le sous-préfet, dans les 24 heures, à la diligence du comptable qui a versé les fonds. Ord. du 8 déc. 1832 ; CC. n° 19 du 31 mars 1833 ; C. n° 12 du 12 mai 1833 ; CC. n° 73 du 10 janv. 1865.

237. *Appoint.* On ne doit pas comprendre les fractions de franc dans les versements effectués aux receveurs des finances. CC. n° 6 du 14 déc. 1826 et n° 55 du 7 déc. 1853.

On ne doit même pas le faire en fin d'année. Id.

Plusieurs instructions, notamment la circulaire de la Direction générale de la comptabilité publique, en date du 7 décembre 1853, nos 523-55, ont prescrit aux receveurs des contributions indirectes de ne pas comprendre *les fractions de franc* dans les versements qu'ils effectuent aux caisses des receveurs des finances. Cette règle est loin d'être exactement suivie, et la comptabilité publique a constaté qu'en 1882, des comptables s'en étaient écartés dans plus de la moitié des départements. CC. n° 112 du 26 décembre 1883.

Elle doit toujours être rigoureusement observée, même lorsque les versements comprennent des mandats payés, pour le compte des trésoriers généraux, par les receveurs des contributions indirectes. Dans ce cas, le somme en numéraire versée avec les pièces de dépenses doit être calculée de manière que le total du versement forme un nombre entier de francs. Id.

238. *Appels et vérifications d'écritures.* Les receveurs particuliers sedentaires, les receveurs des salines, les receveurs de la garantie, en résidence dans les arrondissements où se trouve le siège de la circonscription administrative, se rendent, chaque mois, à la direction ou à la sous-direction pour la vérification de leur comptabilité. C. n° 17 du 16 mars 1870.

Ceux qui sont placés dans les autres arrondissements n'ont à s'y présenter qu'en fin de trimestre. Id. V. 240.

239. Le jour où les employés de chaque poste, de chaque recette, doivent soumettre leurs écritures, leur travail, au chef de service de la circonscription administrative, est fixé par le directeur ou le sous-directeur. Celui-ci adresse au directeur un tableau présentant cette fixation. C. n° 17 du 16 mars 1870.

Ayant égard à cette fixation, les chefs locaux de service prennent les dispositions nécessaires pour que toutes les écritures de comptabilité et autres puissent être terminées la veille. CC. n° 91 du 19 déc. 1871 et C. n° 34 du 28 du même mois.

240. Tous les receveurs ambulants et commis principaux adjoints de la circonscription administrative sont tenus de se rendre également, chaque mois, dans les bureaux de la direction ou de la sous-direction. C. n° 16 du 22 juin 1816. V. 243.

Si, à raison de l'éloignement, de la difficulté des parcours, des exceptions à ce sujet paraissaient nécessaires, l'Administration les autoriserait sur la proposition des directeurs. Alors, les appels, les vérifications seraient opérés seulement en fin de trimestre, et embrasseraient le travail accompli durant les trois mois. C. n° 9 du 20 avr. 1831, n° 310 du 1er août 1855 et n° 17 du 16 mars 1870.

Les employés des recettes ambulantes situées dans un arrondissement autre que celui où se trouve le siège de la circonscription administrative, se transportent, à la fin des deux premiers mois de chaque trimestre, au chef-lieu *de leur arrondissement*, où l'appel des acquits-à-caution avec les portatifs et le registre 49, l'appel des divers registres de comptabilité et du bordereau 80 A, sont effectués par le receveur entreposeur. L. C. n° 2 du 14 avril 1883.

Le commis principal doit accompagner le receveur. Id.

Entreposeurs spéciaux. V. 267 à 271.

Nouvelles mesures prises à la suite de la réduction des frais de versement. V. 276 bis.

241. *Lieu du versement des fonds.* En principe, tous les receveurs de la Régie doivent verser leurs fonds à la caisse du receveur des finances de leur arrondissement. V. 257.

Des exceptions ont dû cependant être autorisées, en ce qui concerne les receveurs des arrondissements qui dépendent d'une sous-direction située dans un autre arrondissement.

242. A la date du 2 novembre 1876, le Ministre des finances a pris, relativement aux receveurs de la Régie résidant dans les arrondissements de sous-préfecture *où ne se trouve pas le siège de la circonscription administrative ou n'ayant pas de recette des finances à leur résidence*, la décision suivante :

1° Les receveurs des contributions indirectes désignés dans la col. 4 du tableau dont les directeurs ont reçu extrait, sont autorisés à faire *tous leurs versements* à la recette des finances où se trouve le siège de la direction ou de la sous-direction.

2° Les receveurs désignés dans la col. 5 du même tableau peuvent ne faire au receveur des finances de leur arrondissement que les versements des deux premiers mois de chaque trimestre, et effectuer le versement du troisième mois à la recette des finances du siège de la direction ou de la sous-direction, de manière qu'il coïncide avec le règlement trimestriel de leur comptabilité.

3° Le receveur des finances qui recevra les versements des receveurs des contributions indirectes d'un autre arrondissement, s'en chargera immédiatement en recette au compte *Versements des receveurs des contribu-*

tions indirectes, et en délivrera récépissé au même titre que s'il s'agissait des comptables de son propre arrondissement. L. C. nº 39 du 14 décembre 1870.

Aucune allocation spéciale ne pourra être exigée, à titre de compensation, de la part des receveurs particuliers des finances qui, par suite de la mesure ci-dessus, subiraient une diminution dans le montant de leurs remises, attendu d'ailleurs le peu d'importance de cette diminution. Toutefois, les comptables qui se trouvent dans le cas prévu à l'articl 4 de l'arrêté ministériel du 13 mars 1866, continueront de recevoir, tant qu'ils resteront en fonctions dans le même poste, l'indemnité temporaire qui leur est attribuée par cet arrêté. CC. 945-327 du 31 mai 1870 adressée aux trésoriers généraux.

243. Les receveurs ambulants doivent verser les fonds eux-mêmes. C. nº 67 du 7 juin 1806.

Ils doivent toujours être accompagnés du commis principal, alors même que le versement et la vérification des écritures entraînent l'obligation d'aller à deux chefs-lieux d'arrondissement. C. nº 67 du 7 juin 1806 et nº 310 du 1er août 1855.

Dans ce cas, ils ne se rendent pas nécessairement le même jour à la recette des finances et dans les bureaux de la sous-direction ; au contraire, ils peuvent effectuer le versement des fonds avant le jour fixé pour la vérification des écritures. C. nº 17 du 16 mars 1870.

Il est d'ailleurs peu de recettes qui se trouvent aujourd'hui dans ce cas.

244. Les employés ne doivent pas être retenus dans les bureaux de direction et de sous-direction au delà du temps ordinaire qu'exigent les versements et les appels. Un séjour prolongé au chef-lieu leur occasionnerait un surcroît de dépenses et serait préjudiciable au service. C. nº 310 du 1er août 1855.

• Nouvelles mesures prises à la suite de la réduction des frais de versement. V. 276 bis.

245. *Exception pour les receveurs entreposeurs.* Les receveurs entreposeurs *ne se déplacent pas.* Leurs opérations sont vérifiées par les inspecteurs. Le sous-directeur n'aurait à se rendre chez ces comptables que si son intervention était réclamée par quelque circonstance particulière. C. nº 17 du 16 mars 1870.

Fonds de subvention fournis à des comptables d'autres administrations. V. 1937 et suivants.

SECT. II. — Bordereau de versement.

246. Après la guerre de 1870, des considérations économiques et financières de la plus haute importance ont fait recommander aux agents du Trésor de s'abstenir de tout échange de numéraire (V. Caisse, 224), et de comprendre dans leurs versements les valeurs mêmes qu'ils ont reçues des contribuables. A cause de la crise monétaire, qui avait fait donner un *cours forcé* aux billets de banque, il a été prescrit aux comptables de restreindre

autant que possible dans leurs paiements l'emploi du numéraire, et de ne conserver dans leurs encaisses que les espèces d'or et d'argent rigoureusement indispensables au service des appoints. CC. n° 97 du 31 mars 1873.

Les receveurs ont même été autorisés, lorsqu'ils avaient en caisse du numéraire excédant leurs besoins, à l'échanger, chez les percepteurs, contre des billets de banque ou des pièces de dépenses. Id.

247. Enfin, il avait été créé, pour faciliter le contrôle du mouvement des fonds, un carnet présentant, par nature, le détail des valeurs existant matériellement en caisse à la fin de chaque journée. Ce carnet (modèle 87 C) était fourni par l'Administration.

248. Quand les circonstances qui avaient motivé la création d'un carnet spécial n° 87 C pour constater le détail des valeurs existant matériellement en caisse à la fin de chaque journée, ont disparu, il a été jugé utile de dispenser les comptables de la tenue de ce carnet et d'alléger ainsi leur travail.

Ce carnet a donc été supprimé. CC. n° 100 du 14 mars 1874.

Par les mêmes motifs, a été supprimée la faculté donnée aux receveurs des régies financières, par la circulaire du 31 mars 1873, de verser aux percepteurs le numéraire excédant leurs besoins contre des billets de banque ou des pièces de dépenses ; mais il n'a été rien changé aux dispositions de la circulaire du 22 mars 1867, § 2, qui autorise les percepteurs en cas d'insuffisance de fonds, à échanger les pièces de dépenses acquittées par eux, contre les fonds en numéraire dont les receveurs des régies financières peuvent disposer. Id.

249. Il doit être dressé, pour les versements opérés soit à la recette des finances, soit à la recette principale, un bordereau énonciatif des valeurs versées. Ce bordereau est détaché d'un carnet à souche créé sous le n° 87 D, dont le talon conserve le détail, par nature, des valeurs versées. CC. n° 97 du 31 mars 1873 et C. n° 90 du 6 mai suivant.

250. Les receveurs des régies financières doivent toujours, lorsqu'ils font un versement à la recette des finances, fournir ce bordereau de versement. C. n° 119 du 29 avril 1874.

251. Réserves autorisées. V. 229 et suivants.

Sect. III. — Arrêté des écritures. Versements mensuels.

252. *Arrêté des écritures.* Une décision du ministre des finances, en date du 16 décembre 1866, avait prescrit aux receveurs subordonnés des contributions indirectes de comprendre dans leurs arrêtés de fin de mois, de trimestre ou d'année, tous les droits et produits constatés jusqu'aux derniers jours de chaque période de règlement. Lett. comm. n° 53 du 19 déc. 1866, C. n° 1051 du 12 janv. 1867, et CC. n° 77 du même jour.

L'expérience a démontré que, dans la pratique, ce système présentait de sérieuses difficultés d'exécution. Il imposait aux agents du service actif, dans les derniers jours de chaque mois, un travail excessif et précipité dont les intérêts du Trésor pouvaient avoir à souffrir. D'autre part, les documents présentant les recettes et les dépenses effectuées dans les circonscriptions autres que les chefs-lieux de direction et de sous-direction devaient être envoyés par la voie de la poste, ce qui entraînait parfois de fâcheux retards, et les receveurs principaux avaient à établir d'après des éléments qui n'avaient pas été préalablement vérifiés et qui étaient souvent imparfaits, les états récapitulatifs destinés à la comptabilité publique. C'est donc seulement après un intervalle de plusieurs jours que les receveurs subordonnés venaient successivement soumettre leur travail, leurs opérations, au contrôle des chefs d'arrondissement. Jusque-là, d'ailleurs, ils gardaient en caisse des sommes considérables qui apparaissaient dans les recouvrements du mois expiré. Par une décision du 17 décembre 1871, le ministre a prescrit de revenir aux anciens errements. Il a décidé qu'à partir du 1er janvier suivant, les arrêtés et les versements auraient lieu selon ce qui se pratiquait antérieurement à la décision du 16 décembre 1866. CC. n° 91 du 19 déc. 1871 et C. n° 34 du 28 du même mois.

253. D'après ce système, les arrêtés pouvant être terminés avant le dernier jour du mois, rien ne peut s'opposer à ce que les versements des receveurs ambulants ou sédentaires soient terminés, au plus tard, le 28 au soir pour les mois de 30 jours, et le 29, pour les mois de 31. L. C. n° 1180 du 28 février 1873.

Sous l'autorité du directeur, le chef d'arrondissement fixe d'avance, pour chaque mois, le jour auquel les employés des circonscriptions de recette auront à soumettre leur travail à son contrôle et à effectuer le versement des fonds. C. n° 34 du 28 décembre 1871.

Ayant égard à cette fixation, les chefs locaux de service prennent les dispositions nécessaires pour que toutes les écritures de comptabilité et autres puissent être terminées la veille. Id.

254. *Dates des arrêtés mensuels.* Dans les *recettes sédentaires*, les décomptes trimestriels des droits dus par suite d'exercices sont nécessairement établis assez à temps pour que le comptable puisse assurer le recouvrement de ces droits par voie d'avertissement, et au besoin par voie de contrainte, avant le jour fixé pour son *versement*. Quant à *l'arrêté mensuel* des recettes buralistes et des bureaux d'entrée et d'octroi, il ne doit être opéré, en thèse générale, que *l'avant-veille du jour* où le receveur particulier doit clore sa comptabilité. Lorsque l'utilité en a été constatée, les receveurs buralistes et les receveurs d'entrée et d'octroi sont d'ailleurs tenus d'effectuer à la recette particulière, dans le courant du mois, des *versements intermédiaires*. Id. Voyez ci-après nos 259 et suivants.

Dans les *recettes ambulantes*, les fonds encaissés pour le Trésor par les buralistes et receveurs d'entrée et d'octroi sont retirés à chaque visite du comptable chef de service ; mais *l'arrêté mensuel* ne doit être établi que lors du *dernier exercice du mois*. Id.

Les *receveurs entreposeurs* arrêtent leurs écritures *trois jours* avant l'expiration du mois, et immédiatement ils font parvenir au chef d'arrondissement toutes leurs pièces de comptabilité. Il importe que ces documents, dûment vérifiés, puissent être remis au receveur principal dans la matinée du dernier jour, et même la veille au soir. Id.

Les *entreposeurs spéciaux* font leurs arrêtés deux jours avant l'expiration du mois, et dès le lendemain (avant-dernier jour du mois), ils soumettent leur comptabilité à la vérification du chef d'arrondissement. Id.

Les *recettes buralistes* et les *recettes particulières* annexées aux recettes principales pourront être arrêtées *trois jours* avant l'expiration du mois ; les opérations des *entrepôts* réunis aux recettes principales, ne sont arrêtées que *l'avant-dernier jour à midi*. Quant aux *recettes principales* elles-mêmes, la clôture des écritures ne doit avoir lieu que le *dernier jour à midi*, et le comptable doit y comprendre toutes les perceptions opérées comme buraliste, receveur particulier et entreposeur, postérieurement aux arrêtés. Id. et L. C. nº 1180 du 28 février 1873.

Même en fin d'année, ces perceptions après les arrêtés figurent en recette à la ligne 91 *bis* du bordereau.

Versements des receveurs buralistes après les arrêtés mensuels. V. 258 et 1335 *bis*.

255. *Ordre des arrêtés mensuels dans les recettes ambulantes.* Des mesures doivent être prises pour que les tournées d'arrêtés des receveurs ambulants aient lieu, autant que possible, à la date la plus rapprochée de la fin du mois (aujourd'hui, du versement mensuel) et qu'elles soient combinées de façon que les plus importantes comme produits soint réservées pour les derniers jours. CC. nº 91 du 19 décembre 1874.

A la dernière visite, dans chaque tournée, le receveur ambulant arrête, pour le mois, les recettes buralistes et retire les fonds en caisse. C. nº 1051 du 12 janvier 1867.

En ce qui concerne les droits constatés le receveur ambulant opère les recouvrements jusque et y compris la veille du versement. Id.

La veille aussi du versement, le receveur ambulant arrête sa comptabilité du mois (reg. 74, 76, etc.). Il établit le bordereau mensuel 80 A.

256. *Agents chargés de faire les arrêtés.* Les recettes buralistes des recettes ambulantes sont arrêtées par le receveur ambulant. C. nº 67 du 7 juin 1806, nº 24 du 26 décembre 1818 et 1051 du 12 janvier 1867. Les recettes buralistes des recettes sédentaires, sont arrêtées par le contrôleur ou chef de poste, de même que les bureaux d'entrée ; mais la recette buraliste annexée à la recette particulière est arrêtée par le comptable lui-même. C. 410 du 21 décembre 1848 et 1051 du 12 janvier 1867. Il en est de même évidemment de la recette buraliste annexée à la recette principale.

Les arrêtés des registres des recettes particulières, sédentaires ou ambulantes sont préparés par le comptable lui-même ; mais le chef de l'arrondissement doit vérifier et viser les arrêtés.

257. *Versements.* Les receveurs ambulants qui ont leur résidence dans la ville même où est établie une recette des finances, versent à cette recette le montant intégral des fonds dont ils sont détenteurs. C. nº 1051 du 12 janv. 1867 et circul. 17 du 16 mars 1870.

De même, les receveurs particuliers sédentaires, les receveurs des salines, etc., les entreposeurs spéciaux, les receveurs principaux, qui sont à la résidence d'un receveur des finances, versent à la caisse de ce comptable l'intégralité des sommes qu'ils ont entre les mains. **Id.**

Les receveurs sédentaires et ambulants de l'arrondissement dans lequel se trouve le siège de la sous-direction versent naturellement leurs fonds à la recette des finances de cet arrondissement, et ils opèrent le versement de fin de mois le jour où ils soumettent leur comptabilité à la vérification du sous-directeur. C. nº 17 du 16 mars 1870.

Les receveurs qui résident dans des arrondissements de sous-préfecture où ne se trouve pas le siège de la circonscription administrative versent, suivant le cas, au receveur des finances de leur arrondissement, ou à celui du chef-lieu de la sous-direction. Nous avons indiqué plus haut (V. nº 242) les mesures qui ont été prises à cet égard.

Nouvelles mesures prises à la suite de la réduction des frais de versement. V. 276 bis.

258. *Versements des receveurs buralistes après les arrêtés mensuels.* Il arrive assez fréquemment que des versements sont effectués, par les receveurs buralistes ou les receveurs aux entrées, après l'arrêté mensuel de leurs recettes et avant la clôture de la comptabilité du receveur particulier dans la circonscription duquel se trouve leur bureau. Le mode d'après lequel les receveurs particuliers passent écriture des versements opérés à leur caisse dans ces conditions est variable et le plus souvent irrégulier : il convient dès lors de préciser la manière dont les comptables doivent procéder. CC. nº 117 du 3 février 1886.

Les produits versés après les arrêtés ne pouvant ni être classés parmi les recettes du mois, ni être simplement réservés pour le mois suivant, les receveurs doivent les comprendre dans leur prochain bordereau nº 80 A, mais pour leur total seulement, sans distinction de droits, parmi les recettes pour le compte du receveur principal et sous le titre spécial : *Droits perçus après les arrêtés des recettes buralistes et d'entrée* ; le receveur principal prend charge du montant de ces versements à un article distinct de son compte des correspondants du Trésor, portant le même titre et le nº 91 *bis* de son bordereau. Le mois suivant, le receveur particulier classe, d'après leur nature, les recettes encaissées en masse le mois précédent, et délivre, pour la somme totale, une quittance extraite de son registre 74 ; il remet cette quittance comme valeur, lors de son prochain versement, au receveur principal, qui la produit pour justification de sa dépense au nouveau compte, dépense classée sous le nº 241 *bis*. Ce compte doit figurer au registre 89 C, où des colonnes nouvelles seront ouvertes à la main, ainsi qu'aux autres modèles, en attendant leur réimpression. Id.

Versements à l'octroi. V. 261 et 262.

Sect. IV. — Versements partiels ou intermédiaires.

§ Ier. — Receveurs buralistes.

259. Dans les recettes ambulantes, les buralistes versent à chaque visite du receveur ambulant. C. nº 67 du 7 juin 1806, nº 107 du 1er déc. 1806 et nº 34 du 28 déc. 1871.

Dans les recettes sédentaires, aussi fréquemment que l'importance des recettes l'exige, les directeurs fixent les époques des versements. §§ 44 et s. de l'Inst. nº 36 du 16 janv. 1809 et C. nº 56 du 12 janv. 1833.

Les contrôleurs et chefs de postes signalent aux receveurs particuliers, par une formule nº 54 B (Avis d'ordre de versement), les versements intermédiaires qui devront être faits par les buralistes ; ils indiquent sur cette formule la somme à verser.

§ II. — Receveurs d'octroi.

1º Perceptions pour le compte du Trésor.

260. Sont versées au receveur des contributions indirectes. §§ **44 et s.** de l'Inst. nº 36 du 16 janv. 1809.

Les directeurs fixent les époques des versements. Id.

Elles doivent concorder avec les versements des droits d'octroi qui ont lieu tous les cinq jours à la caisse du receveur municipal. (Art. 67 de l'Ord du 9 déc. 1814.) § 45 de l'Instruction nº 36 de 1809.

Dans les villes rédimées des exercices, les receveurs d'octroi doivent être astreints à des versements très fréquents et même quotidiens, si l'importance des recettes l'exige. C. nº 48 du 22 août 1832, nºs 56 du 12 janv. 1833 et 157 du 21 juin 1875.

2º Perceptions propres à l'octroi.

261. *Dispositions générales.* Dans un certain nombre de départements, les produits encaissés pour le compte de l'octroi, par les comptables des contributions indirectes, étaient versés par ces derniers à la caisse du receveur du bureau central. Aux termes de l'ordonnance royale du 23 juillet 1826, les *receveurs municipaux* sont seuls chargés de la centralisation des recettes d'octroi, précédemment attribuée aux receveurs centraux. Le receveur du bureau central n'opère que les recettes provenant du mouvement des entrepôts dans l'intérieur des villes, ou faites à titre de recettes accessoires ou de consignations. C'est à lui que les comptables de la Régie doivent verser les parts d'amendes revenant, soit à la commune, soit aux agents de l'octroi, et les remises allouées à ces agents pour leur participation au recouvrement des droits d'entrée ; mais les produits généraux de l'octroi doivent être versés *à la caisse municipale*. CC. nº 105 du 5 février 1876.

Octrois en régie simple.

262. Versement tous les cinq jours, et plus souvent dans les villes où les perceptions sont importantes. Art. 67 et 97 de l'Ord. du 9 déc. 1814; C. n° 2 du 17 du même mois et n° 2 du 25 janv. 1827; Lett. M. F. du 27 déc. 1826.

Octrois administrés par la régie des contributions indirectes

Mêmes dispositions, Art. 67. de l'Ord. du 9 déc. 1814.

Octrois en régie intéressée ou affermés.

Le prix des baux doit être versé par douzième et d'avance, C. n° 154 du 17 août 1837 et cahier des charges.

§ III. — **Receveurs ambulants à pied ou à cheval.**

263. Le nombre des versements est réglé par le directeur. Hors des résidences des receveurs des finances, il doit y avoir au moins un versement par mois, à la date fixée d'avance par le directeur ou le sous-directeur. C. n° 16 du 22 juin 1816, n° 19 du 12 déc. 1816, n° 27 du 12 nov. 1817, n° 413 du 3 mars 1849, n° 310 du 1er août 1855, et 17 du 16 mars 1870.

§ IV. — **Receveurs particuliers sédentaires, receveurs spéciaux de la garantie, receveurs de droit de péage et receveurs des salines.**

264. A la résidence du receveur des finances, trois versements par mois.

265. On verse, en outre, chaque fois que l'encaisse approche du montant du cautionnement. CC. n° 23 du 17 déc. 1835; C. n° 16 du 22 juin 1816, n° 9 du 20 avr. 1831, n° 393 du 25 juin 1848, n° 413 du 3 mars 1849 et n° 310 du 1er août 1855.

Dans les autres résidences, au moins un versement par mois, à la date fixée. Les versements intermédiaires sont réglés par le directeur. C. n° 16 du 22 juin 1816, n° 27 du 12 mars 1817, n° 413 du 3 mars 1849, nos 310 du 1er août 1855 et 17 du 16 mars 1870.

§ V. — **Receveurs particuliers entreposeurs.**

266. Tous les dix jours, et de plus chaque fois que l'encaisse atteint 5,000 francs. C. n° 43 du 6 sept. 1830; CC. n° 23 du 17 déc. 1835; C. n° 413 du 3 mars 1849.

§ VI. — **Entreposeurs spéciaux.**

267. Tous les cinq jours, et de plus chaque fois que l'encaisse atteint 5,000 francs. C. n° 43 du 6 sept. 1830 et CC. n° 28 du 1er déc. 1847. V. 251.

268. Les entreposeurs spéciaux font usage d'un modèle particulier de bulletin de versement portant le n° 76 A, lorsqu'ils reçoivent l'ordre de faire un versement en numéraire à la caisse du receveur principal. Le bulletin est rempli pour faire connaître au receveur principal l'imputation à donner à la somme qui sera versée en numéraire. C. n° 84 du 20 déc. 1822.

269. Le receveur principal conserve cette pièce et délivre son récépissé sur une quittance-à souche du registre 87 B. C. n° 12 du 31 déc. 1827 et CC. n° 19 du 31 mai 1833.

270. L'entreposeur doit toujours être en mesure de justifier des versements inscrits au livre de caisse 74 C, savoir : ceux du mois courant, par les récépissés à talon du receveur des finances et par les quittances du registre 87 B ; ceux des mois antérieurs, par ces quittances. C. n° 84 du 20 déc. 1822 et CC. n° 19 du 31 mai 1833.

271. Le modèle 76 B a été supprimé. Id.

§ VII. — Dispositions communes aux comptables subordonnés. Avis des recettes.

272. Autrefois, les receveurs subordonnés étaient appelés à faire connaître, tous les quinze jours, le montant des recouvrements par eux effectués. Ils arrêtaient, à cet effet, leur sommier 76 le 15 et le 30 de chaque mois.

Pendant quelque temps, ils ont été dispensés de fournir des avis de recettes. Mais, depuis peu, la comptabilité publique a rétabli des avis de recettes *mensuels*. Ces avis sont donnés par les receveurs principaux et les receveurs particuliers, sur une formule spéciale n° 76 K.

Ils ne comportent ni comparaison ni discussion de produits. CC. n° 118 du 11 juillet 1887. V. 1960.

§ VIII. — Receveurs principaux.

273. Tous les dix jours, et de plus chaque fois que l'encaisse atteint 5,000 francs. Un versement du solde le dernier jour du mois. C. n° 16 du 24 juin 1816, n° 84 du 20 déc. 1822 et n° 43 du 6 sept. 1830.

Perceptions après les arrêtés. V. 258.

Sect. V. — Arrêtés trimestriels.

274. Dans les circonscriptions de recettes particulières, les décomptes trimestriels des droits dus par suite d'exercices sont nécessairement établis assez à temps pour que le comptable puisse assurer le recouvrement de ces droits par voie d'avertissement et, au besoin, par voie de contrainte, avant le jour fixé pour son versement. C. n° 34 du 28 déc. 1871.

275. Ces mêmes décomptes doivent comprendre, dans les recettes ambulantes, toutes les sommes exigibles d'après les résultats du dernier exercice trimestriel.

276. La marche qui consisterait à former ces décomptes dès les premiers jours du troisième mois de chaque trimestre et à faire ensuite, avant le versement, des exercices *à compte nouveau*, n'a jamais été admise par la

Régie ; elle ne doit être tolérée sur aucun point, les exercices *à compte nouveau* avant la clôture du trimestre ne pouvant être que des incidents. C. n° 34 du 28 déc. 1871.

Nouvelles mesures concernant les versements et les appels mensuels.

276 *bis*. Au budget de 1888, le crédit concernant les indemnités aux agents des Contributions indirectes, pour frais de versements (chap. 90, art. 1er, § 6) a été réduit de 30,000 francs, parce qu'il a été jugé que les employés des recettes ambulantes pourraient utilement ne plus être tenus qu'en fin de trimestre, de se rendre au chef-lieu de la circonscription administrative, à l'effet de soumettre leur travail à une vérification spéciale. L. C. n° 7 du 13 mars 1888.

En conséquence, depuis le mois d'avril 1888, les receveurs, pour les deux premiers mois de chaque période trimestrielle, doivent, à la date qui leur a été fixée, envoyer par la poste, au Directeur ou au Sous-Directeur, leur bordereau 80 A, appuyé de toutes les pièces justificatives des dépenses par eux faites pour le compte du Receveur principal. Ils adressent en même temps les acquits-à-caution déchargés pendant le mois, et les registres 49, 49 A ou 49 C, sur lesquels a été inscrite la décharge de ces titres de mouvement. A cet effet, il a été réglé que, sinon le registre 49, au moins les registres 49 A et 49 C ne seraient plus que de simples cahiers formés d'un nombre de feuilles libres en rapport avec les besoins d'un mois, de telle sorte qu'ils n'aient pas à revenir dans la recette, après l'appel des articles avec les acquits-à-caution. Les Receveurs font parvenir, en outre, au chef de la circonscription, le registre des ordres journaliers n° 70 A, les carnets n°s 6 et 6 B et les bulletins 6 C, les relevés n° 7, les registres 52 C et 52 D, et le carnet 75 D de distribution et de retrait des bons de livraison de tabacs de troupe, le relevé 82 B (contrôle de la perception du droit de consommation), enfin le registre n° 167 et le registre des ordres généraux. Les rapprochements auxquels doivent donner lieu ces divers documents, soit entre eux, soit avec les bulletins de présence n° 86 C, sont effectués sans aucun retard, dans les bureaux de direction et de sous-direction, de manière que les registres et carnets puissent être renvoyés aux Receveurs pour la suite des opérations journalières. Id.

A l'expiration du trimestre, les receveurs et les commis principaux se transportent au chef-lieu de la circonscription administrative. A ce moment, l'appel des registres de comptabilité doit embrasser toute la période trimestrielle. A l'égard des acquits-à-caution, les pointages ont lieu, pour le 3e mois, dans les conditions anciennes et sont complétés, pour les deux premiers mois, par le rapprochement des relevés n° 49 A et des portatifs. Il est procédé d'ailleurs, selon les règles ordinaires, aux appels d'états de produits, de reprise, etc. Ibid.

Pour les versements de fonds des deux premiers mois du trimestre, les receveurs doivent utiliser, sous leur responsabilité et à leurs risques et périls, les intermédiaires dont ils peuvent disposer pour la remise du montant de leurs perceptions à la Trésorerie générale ou à la Recette particulière des finances. Cette remise doit avoir lieu, en règle générale, la veille ou l'avant-veille du jour fixé pour la production de bordereau 80 A, afin que le Receveur soit en mesure d'annexer à ce bordereau le récépissé de versement dûment visé à la Préfecture ou à la Sous-Préfecture. Parfois il peut arriver que, pour profiter de l'entremise d'une personne sûre, il y ait nécessité d'anticiper un peu ; dans ce cas, les perceptions opérées depuis le versement jusqu'à l'arrêté du reg. n° 74, sont analysées (numéros et dates de quittances et sommes perçues), soit en regard du cadre 4 du bordereau 80 A, soit, au besoin, sur un relevé annexe ; et jusqu'à ce qu'elles soient comprises dans le versement du mois suivant, elles figurent dans les écritures du Receveur principal, au titre d'encaisse chez les comptables subordonnés. Ibid.

Ces diverses mesures ont été prises pour permettre aux employés des recettes ambulantes de consacrer aux opérations de service et à la surveillance le temps qu'ils employaient en voyages au chef-lieu de la Direction ou de la Sous-Direction. Elles ont conduit à réduire les allocations pour frais de versement, et à faire modifier la fixation du nombre des exercices à effectuer mensuellement dans les tournées. Ibid

Les prescriptions qui précèdent doivent être étendues, non pas littéralement, mais dans leur esprit, aux receveurs particuliers sédentaires et aux commis principaux chefs de poste. Ibid.

CHAPITRE IX.

Escorte de fonds.

Gendarmerie, 280.
Militaires, 280.
Modèle de réquisition, 281.
Préfets et sous-préfets, 277 à 280.
Refus d'escorte, 279.
Réquisition, 277 à 281.

277. Une lettre du ministre des finances, en date du 21 juillet 1809 avait autorisé les receveurs des contributions indirectes chargés de transports de fonds qui exigeraient l'escorte de la gendarmerie, à présenter directement leurs réquisitions pour ces escortes aux commandants de la gendarmerie.

278. Quelques refus s'étant produits, des mesures ont été arrêtées en 1821, entre le ministère de la guerre et celui des finances. Il a été con-

venu que les agents du Trésor devraient, lorsqu'ils seraient dans la nécessité de requérir des escortes, s'adresser à l'autorité locale, c'est-à-dire aux préfets, sous-préfets et même aux maires, suivant les localités, pour faire faire ces réquisitions ou *viser* celles qu'ils auraient eux-mêmes rédigées et signées. Lett. M. F. du 26 mai 1825 et art. 1401 de l'Inst. gén. de 1859.

279. Ces réquisitions ne doivent se produire que s'il existe des motifs réels de prendre des précautions, et les receveurs, dans ce cas, ont à s'entendre avec les autres comptables de leur résidence, afin que tous les fonds soient autant que possible protégés par une seule et même escorte. C. n° 159 du 6 oct. 1809.

Il faut, pour recourir aux escortes, que ce soit le seul moyen qui offre une garantie réelle. Les préfets et les sous-préfets sont chargés d'apprécier si elles sont nécessaires. En cas de refus de leur part de les autoriser, les comptables font constater les motifs de ce refus. Art. 1401 de l'Inst. gén. de 1859.

Les transports de fonds par chemins de fer ne sont jamais escortés. Idem.

280. Les réquisitions ne doivent contenir aucun terme impératif, tel que : ordonnons, voulons, enjoignons, mandons, etc., ni aucune expression ou formule pouvant porter atteinte à la considération de la gendarmerie et au rang qu'elle occupe parmi les corps de l'armée. Art. 97 du décret du 1er mars 1854.

Elles s'adressent, dans les chefs-lieux de département, au commandant de la compagnie, dans les sous-préfectures, au commandant de l'arrondissement et, sur les autres points, aux commandants des brigades. Art. 461. Id.

S'il s'agit d'une escorte militaire, il y a lieu de se concerter avec les chefs compétents, les commandants de place ou les officiers de détachement. L'intervention de l'autorité locale, à laquelle il est actuellement prescrit de recourir, aplanit les difficultés.

281. La lettre précitée du 21 juillet 1809 donne le modèle suivant :

« En vertu des ordres de M. le ministre des finances, le... (indiquer la « qualité du requérant)..... soussigné, requiert M. le commandant de la « force armée (ou des brigades de la gendarmerie départementale), de « fournir, sur l'exhibition de la présente, l'escorte qui sera demandée, « à l'effet de protéger les fonds publics pour le service du gouvernement.

« Fait à , le

CHAPITRE X.

Débets et déficits de caisse.

Absence, 302.
Administration, 285, 289.
Agence judiciaire du Trésor, 289, 298.
Bordereau, 284, 289, 300, 303.
Cautionnement, 300, 302.
Comptabilité en matières, 283, 288.
Comptables présents, absents ou décédés, 300 à 303.
Compte de clerc à maître, 293.
Compte judiciaire, 299.
Conseil d'Etat, 308 à 310.
Contestations, 310.
Contrainte par corps, 305.
Créanciers, 299.
Débets soldés, non soldés, 290.
Décès, 303
Déficits, 284, 285, 288 à 293.
Démission. destitution, 301.
Directeurs et sous-directeurs, 285, 300 à 305.
Division du contentieux des finances, 289, 306.
Ecritures, 290.
Faillite, fuite, 302.
Fonds et valeurs, 299.
Fonds publics, 282.
Forcement en recette, 291.
Frais de poursuites, 294.
Héritiers, 303.
Honneur, probité, 282.
Hypothèques, 300, 313.
Inspecteurs, 283.
Intérêts, 297, 298, 303.
Intérims, 295, 299, 303.
Inventaire, 299.
Liquidation, 307.
Maires, 311.
Ministre, 308 à 310.
Modèle de procès-verbal de débet, 293 bis.
Octrois, 312.
Poursuites, 300 à 303, 306, 312.
Premières mesures, 282 à 287.
Prescription, 312.
Procès-verbaux, 289 à 292, 309, 311.
Rapports, 289, 309.
Receveurs buralistes, 292 ; des finances, 295, 296. 298 ; particuliers, 292 ; principaux, 286, 295,
Reconnaissance des valeurs reçues, 284.
Recouvrements, 295.
Registres, 299.
Remise des débets, 308, 309.
Responsabilité des chefs, 283,
Saisie mobilière, 300,
Scellés, 299, 300 à 303.
Sommes dues aux comptables, 296.
Suspension, 284, 285.
Verifications, 283, 301.

Sect. I. — Premières mesures à prendre.

282. Les deniers publics ne sont entre les mains des comptables qu'à titre de dépôt. Ceux-ci ne peuvent en disposer, pour quelque cause que ce soit, sans compromettre leur probité, sans manquer à l'honneur. Inst. n° 16 du 23 fruct. an XII.

283. Les employés supérieurs qui vérifient avec soin les caisses rendent difficile tout détournement. Il suffit, en effet, de la moindre irrégularité pour mettre sur la voie des opérations qui peuvent masquer un déficit, et c'est en procédant aux vérifications avec le sentiment rigoureux du devoir, qui méconnait toute considération personnelle, qu'ils empêchent ou préviennent les défaillances. Quelque sévère que soit d'ailleurs la surveillance exercée sur les caisses, elle n'a rien de pénible pour le plus grand nombre des comptables ; celui dont la gestion est régulière en tout point, s'applaudit d'un examen qui doit mettre sa situation en évidence, et le faire signaler avantageusement à l'Administration. C. n° 229 du 27 octobre 1813.

D'après les règlements, les inspecteurs et en général les vérificateurs sont intéressés d'ailleurs à bien remplir leur mission. Ils peuvent être déclarés administrativement et pécuniairement responsables des débets, s'il n'est pas pleinement prouvé qu'aucune négligence ne peut leur être reprochée, et qu'ils ont fait, non seulement au moment où les débets sont constatés, mais encore dans le passé, tout ce qu'ils devaient faire pour les prévenir et pour maintenir les comptables dans la bonne voie. C. n° 443 du 1er mars 1850.

Cette responsabilité est très sérieuse, quand les chefs par leur action molle et indifférente ont laissé préparer et réaliser des malversations que plus de sollicitude de leur part aurait empêchées. Non seulement la responsabilité pécuniaire serait encourue dans ce cas pour le capital et les intérêts des débets que les comptables infidèles ne solderaient pas, mais, de plus, l'Administration examinerait, d'après les circonstances et selon la gravité des cas, si des mesures disciplinaires ne devraient pas être adoptées à l'égard des vérificateurs négligents ou insuffisants. Id.

Ce qui précède concerne également la vérification de la comptabilité en matière des entrepôts de tabacs et de poudres à feu. Id.

284. Le premier devoir d'un vérificateur qui constate un débet ou une infidélité, ou qui reconnaît dans les écritures un désordre tel que l'on ne peut, sans danger pour les intérêts du Trésor, laisser le comptable à ses fonctions, est de lui fermer les mains. Inst. n° 16 du 23 fruct. an XII ; C. n° 52 du 26 frim. an XIV, n° 66 du 22 août 1821 et n° 310 du 1er août 1855.

Il doit rendre compte au directeur, pour le mettre à même d'approuver la suspension ; il doit, en outre, attendre chez le comptable et faire directement la recette des sommes qui seraient versées à celui-ci, à quelque titre que ce fût. Id.

Le vérificateur fournit au comptable la reconnaissance des valeurs que ce dernier lui a remises, conformément au bordereau dressé au début de la vérification ; il se fait remettre aussi, sur sa reconnaissance, tous les registres servant à la perception. Id.

285. La suspension étant prononcée, le directeur pourvoit à l'intérim et à la gestion de l'emploi jusqu'à la décision de l'Administration. Inst. n° 16 et C. n° 52 précitées.

Les directeurs, les sous-directeurs et les inspecteurs ont le pouvoir de suspension à l'égard des comptables de tous grades. Id.

286. Lorsqu'en procédant à ses écritures, un receveur principal aperçoit des faits graves de nature à motiver la suspension d'un comptable ou d'un autre employé, il doit porter, sur-le-champ, ces faits à la connaissance du chef de la division administrative. C. n° 310 du 1er août 1885.

Le sous-directeur qui constate des faits semblables en procédant aux appels ou vérifications d'écriture, doit de même en informer le directeur du département, Id.

287. Dispositions diverses. V. **Caisses, Vol de fonds, Concussion, Reprises indéfinies, Attributions des chefs.**

SECT. II. — Constatation des débets. Ecritures de comptabilité.

288. Un déficit peut, entre autres causes, résulter :

1° De la soustraction constatée de sommes devant exister en caisse, d'après les écritures telles que le comptable les avait lui-même passées ;

2° De la rectification d'erreurs ou de combinaisons qui auraient affaibli les recettes ou exagéré les dépenses ;

3° De l'inscription immédiate et d'office en recette :

Des sommes exprimées à des quittances régulières représentées par les contribuables, et pourtant non enregistrées ;

NOTA. La somme totale à laquelle s'élèveraient ces quittances serait constatée par un procès-verbal descriptif indiquant les dates et numéros des quittances, la nature des droits qu'elles concerneraient, les noms, prénoms, qualité et domicile des contribuables au profit de qui elles auraient été délivrées, et au compte de qui elles seraient rétablies en recette, afin que leur situation vis-à-vis du Trésor pût être régularisée sans retard. Il serait mentionné dans le procès-verbal ou que les quittances n'ont pas été trouvées aux registres, ou qu'elles présentaient des différences, et, dans ce dernier cas, les différences seraient indiquées.

Des sommes dont la soustraction serait démontrée par le rapprochement de divers registres corrélatifs (une seule et même déclaration donnant lieu, dans certains cas, à la perception de taxes différentes sur des registres distincts) ;

Des sommes représentant la valeur des quantités de tabacs et de poudres à feu manquantes d'après la vérification de la comptabilité en matières ;

Des sommes représentant la valeur d'objets de matériel manquants (caisses, colis, ustensiles, instruments, timbres, vignettes, etc.), etc., etc. Inst. n° 16 du 23 fruct. an XII ; C. n° 52 du 26 frim. an XIV et n° 66 du 22 août 1821.

289. Dans les cas ci-dessus énoncés, les déficits doivent être constatés sur-le-champ par des procès-verbaux qui énoncent seulement et d'une manière sommaire, outre l'indication des sommes, les faits qui établissent le déficit ou les soustractions. Ces procès-verbaux sont dressés en triple expédition, dont une est destinée à l'Administration : les deux autres sont adressées à la comptabilité publique. L'une de ces dernières est jointe au bordereau n° 91 A, sur lequel le débet figure en dépense, puis elle est annexée au compte de gestion destiné à la cour ; l'autre est transmise à l'agence judiciaire du Trésor, chargée de poursuivre le recouvrement des

sommes dues au Trésor. Cette troisième expédition doit être adressée *par lettre spéciale* au directeur de la comptabilité publique, aussitôt après la rédaction des procès-verbaux. On doit indiquer en même temps les ressources au moyen desquelles les débets pourraient être couverts en tout ou en partie. C. n° 10 du 6 janvier 1816 ; CC. n° 18 du 21 décembre 1832; C. n° 79 du 26 mars 1834, n° 437 du 16 janv. 1850, et CC. n° 85 du 26 août 1871.

Les circonstances, les détails propres à éclairer l'Administration sur les moyens mis en usage par le comptable ou par son commis particulier, doivent être exposés et développés dans un rapport administratif. Id.

Les prescriptions de la circulaire de la comptabilité n° 85 du 26 août 1871, concernant la transmission des procès-verbaux de débet, étant souvent perdues de vue, M. le Directeur général de la comptabilité publique a rappelé qu'indépendamment de l'expédition qui doit être jointe, comme pièce justificative de dépense, à l'envoi de la comptabilité mensuelle, une copie des procès-verbaux de débet devait lui être adressée spécialement, avec l'indication des mesures prises pour garantir les droits du Trésor, et des ressources au moyen desquelles les déficits constatés pourront être couverts ou atténués. Ces renseignements sont destinés à être communiqués à l'agence judiciaire du Trésor, qui en a besoin pour exercer une action prompte et utile. Il est également nécessaire que *les prénoms* des agents en débet soient toujours mentionnés dans les procès-verbaux. CC. n° 105 du 5 février 1876.

290. Si un comptable constitué en débet le solde sur-le-champ par un versement au comptable supérieur, le débet n'apparaît point dans les écritures, puisque les recettes sont balancées par les versements ; néanmoins, les procès-verbaux et le rapport où se trouvent relatés les faits de déficit doivent être dressés et transmis à l'Administration pour l'application des peines disciplinaires encourues. C. n° 68 du 20 oct. 1821 ; Lett. M. F. du 26 sept. 1821 et art. 14 du règl. du 9 nov. 1820.

Si le débet n'est point soldé sur-le-champ, il est constaté dans les écritures au moyen d'un article de dépense établi pour ordre, qui balance la comptabilité et la dégage du débet. Cette dépense est faite dans la comptabilité du receveur principal, à qui le procès-verbal constatant le déficit est versé comme pièce justificative, et qui, se chargeant de toutes les recettes, doit faire dépense du débet. C. n° 10 du 6 janv. 1816, n° 69 du 30 nov. 1821, n° 84 du 20 déc. 1822 ; CC. n° 4 du 26 déc. 1825.

291. Lorsque les détournements ne résultent pas directement des écritures ou des quittances représentées par les contribuables, etc., le forcement en recette ne doit être accompli qu'après que le conseil d'Administration a arrêté le montant du déficit, et conformément aux instructions qui sont alors données spécialement par l'Administration. Id.

292. Quand le comptable en débet est seulement receveur buraliste, le receveur particulier ne se charge pas moins en recette du produit total des perceptions de ce buraliste ; ensuite, conformément à la marche ci-dessus

tracée, il dégage sa comptabilité en versant au receveur principal le procès-verbal de débet. C. n° 69 du 30 nov. 1821 et n° 84 du 20 déc. 1822.

293. Si, à la reddition d'un compte de clerc à maître, le comptable sortant est constitué en débet, le montant du procès-verbal est porté en dépense, suivant les règles précitées, pour dégager la comptabilité propre à la gestion du successeur. Id.

293 bis. Il n'y a pas de modèle officiel de procès-verbal de débet. Les vérificateurs qui ont à en établir doivent dès lors s'inspirer des circonstances et présenter clairement, d'une part, les sommes qui ont dû être encaissées par le comptable en déficit, d'autre part, les versements régulièrement effectués, ainsi que le reste en caisse, et faire apparaître exactement la différence qui constitue le débet.

Mais comme, dans certains cas, et principalement lorsque les comptables reçoivent à la fois des deniers pour le Trésor et pour les communes, des difficultés se présentent pour l'affectation des recettes et du solde en caisse, nous croyons devoir donner ci-après un modèle de procès-verbal de débet portant sur des perceptions de diverse nature, c'est-à-dire s'appliquant à un cas des plus compliqués. On trouvera facilement le moyen d'employer ce modèle en toute autre circonstance, en supprimant les détails inutiles, ou en variant la formule relative à la présence du comptable.

CONTRIBUTIONS INDIRECTES.

DÉPARTEMENT D

DIRECTION D

PROCÈS-VERBAL DE DÉBET

L'an mil huit cent. . . . . . , à . . . heure du . . .

Nous, soussigné (grade et résidence du ou des vérificateurs) . . . certifions que, ce jour, nous étant rendu au bureau de M. . . . . à l'effet de procéder à la vérification de ses écritures et de sa caisse, nous avons constaté :

1° Que le montant des recettes par lui effectuées du. . . . . à ce jour, s'élevait à. . .

2° Que ses versements à l'Administration des Contributions indirectes et aux Octrois d. . . . , versements dont il justifiait par des quittances régulières émanant de. . . . , s'élevaient, pour la même période, à. . .

3° Que son encaisse était de. . . . ,

D'où il résulte un débet général de. . . . , conformément à la situation présentée en chiffres, dans le cadre suivant :

NATURE DES RECETTES.	VILLE DE. . . X.			VILLE DE. . . Y.		
	Trésor.	Octroi de banlieue	Octroi de. . X.	Trésor.	Octroi de banlieue	Octroi de. . . Y.
	fr. c.			fr. c.		
Circulation.	452 25	»	»	315 20	»	»
Consommation.	1850 22	»	»	719 40	»	»
Entrée.	312 50	»	»	222 50	»	»
Voitures publiques. . .	420 »	»	»	42 20	»	»
Licences.	117 50	»	»	»	»	»
Timbres.	812 »	»	»	540 »	»	»
Octroi de banlieue. . .	»	512 »	»	»	320 50	»
Octrois particuliers. . .	»	»	2150 40	»	»	1550 22
Totaux. .	3964 47	512 »	2150 40	1839 30	320 50	1550 22
Versements à la Régie. .	1250 »	»	»	950 »	»	»
Versements à l'octroi de banlieue. .	»	400 »	»	»	250 »	»
Versements à l'octroi de X.	»	»	1500 »	»	»	»
Versements à l'octroi de Y.	»	»	»	»	»	1000 »
Différence à justifier.	2714 47	112 »	650 40	889 30	70 50	550 22
Encaisse de 1,500 fr. imputée proportionnellement aux différences ci-dessus. . . . . . *Nota.* S'il y avait des créances liquides, immédiatement réalisables en espèces (parts d'amendes ordonnancées, remises pour lesquelles il ne manquerait que l'émargement à l'état 34, etc.), on pourrait les imputer comme l'encaisse.	816 57	33 69	195 65	267 52	21 06	165 51
Débets partiels. .	1897 90	78 31	454 75	621 78	49 44	384 71
	Débet total. .		3486 fr. 89			

En foi de quoi nous avons dressé le présent procès-verbal, en présence de M. . . . qui nous a déclaré se reconnaître débiteur de l'État et des Octrois d. . . . et d. . . . , pour la somme totale de. . . . , résultant de notre arrêté de caisse, ajoutant. . . .

Et il a signé avec nous.

(*Suivent les signatures.*)

Sect. III. — Frais de poursuites faits à l'occasion de débets.

294. Les frais quelconques de poursuites faits à l'occasion des débets ne doivent pas figurer au compte des avances provisoires; le receveur principal doit les porter immédiatement en dépense, à mesure qu'il les paie, sur la même ligne et de la même manière que le débet principal, qui se trouve augmenté d'autant. C. n° 18 du 21 déc. 1822.

Sect. IV. — Recouvrements sur débets.

295. Les opérations qui viennent d'être indiquées ont pour effet de distraire absolument de la comptabilité de la régie le débet sur lequel les recouvrements ne peuvent plus être faits que par les receveurs des finances; les receveurs principaux n'ont plus rien à encaisser. CC. n° 19 du 31 mai 1833.

296. Toutes les sommes qui reviennent à un comptable en débet, et qui lui sont acquises à un titre quelconque (appointements, parts de répartition d'amende, frais de bureau, etc.), doivent être versées au receveur des finances, qui en délivre des récépissés spéciaux, lesquels sont produits par le receveur principal comme justification de dépense à l'appui de son bordereau. C. n° 66 du 22 août 1821 et CC. n° 19 du 31 mai 1833.

Le directeur énonce, sur les états d'émargement et sur les mandats, que le comptable est en débet, afin que les sommes acquises à ce comptable soient versées par le receveur principal au receveur des finances. C. n° 195 du 18 sept. 1811.

Sect. V. — Intérêts des débets.

297 Les comptables en débet doivent l'intérêt des sommes formant le montant des débets; le décompte, à raison de 5 p. %, est établi conformément aux prescriptions de l'avis du conseil d'Etat en date du 9 juillet 1808. Art. 368 du Décret du 31 mai 1862.

Cette disposition s'exécute ainsi qu'il suit:

Si les débets proviennent de soustractions de valeurs ou d'omissions de recette ou d'un déficit quelconque dans la caisse, les intérêts courent à dater du jour où les fonds ont été détournés de leur destination par les comptables. Av. du conseil d'Etat du 9 juillet 1808.

S'ils proviennent d'erreurs de calcul qui ne peuvent être considérées comme des infidélités, les intérêts ne courent qu'à dater du jour de la notification de l'acte qui en a constaté le montant. Id.

S'ils ont pour cause l'inadmission ou la non-production de pièces justificatives dont l'irrégularité ou l'omission engage la responsabilité des comptables, les intérêts ne commencent à courir que du jour où ces comptables ont été mis en demeure d'y pourvoir. Id.

Pour les débets constatés à la suite de circonstances de force majeure, les intérêts ne courent que du moment où le montant en a été mis par l'Administration à la charge des comptables. Id.

Contestations. V. 310.

298. Si le débet a été immédiatement soldé, l'intérêt est porté en recette extraordinaire par le receveur principal de la Régie, comme intérêt pour retard de versement. C. n° 16 du 22 juin 1816.

Mais le débet étant constaté et ayant été porté en dépense dans les écritures du receveur principal, le recouvrement des intérêts, comme celui du principal, ne peut plus être fait que par le receveur des finances, à la diligence de la comptabilité publique et de l'agence judiciaire du Trésor. Id.

Sect. VI. — Scellés.

299. Quand le débet n'est pas soldé sur-le-champ, ou n'est pas couvert par le cautionnement, on doit faire apposer les scellés sur les titres, papiers et effets mobiliers du comptable. V. ci-après 300.

Les registres de recette et autres de l'année courante ne sont pas placés sous le scellé ; ils sont arrêtés et parafés par le juge de paix, qui les remet à l'employé chargé par intérim de la recette, et en fait mention dans son procès-verbal. Art. 19 de l'Arrêté du 5 germ. an XII ; art. 49 du Décret du 1er germ. an XIII ; Inst. n° 16 du 23 fruct. an XII ; C. n° 52 du 26 frim. an XIV, n° 66 du 22 août 1821 et n° 79 du 26 mars 1834.

Les fonds et valeurs sont également remis à l'intérimaire. Id.

La levée des scellés doit être requise et avoir lieu au plus tard dans la huitaine, en présence ou en l'absence du comptable dûment appelé, et de ses créanciers opposants, s'il y en a aussi dûment appelés. Il est dressé inventaire des titres, papiers et effets du comptable, et l'on procède ensuite à la formation d'un compte *judiciaire*, si l'Administration le juge convenable. Id.

Sect. VII. — Poursuites à exercer.

§ I. — Comptables présents à leur poste.

300. Lorsqu'un comptable, présent à son poste et prenant part contradictoirement aux opérations qui ont pour objet d'établir les faits, est constitué en débet d'une somme inférieure à son cautionnement, s'il est manifeste que les intérêts du Trésor sont complètement garantis par ledit cautionnement, les directeurs peuvent s'abstenir de faire un acte de poursuite. C. n° 488 du 19 juill. 1851.

Mais quand le débet d'un comptable présent n'est ni soldé immédiatement ni couvert par le cautionnement, le juge de paix doit être appelé pour apposer les scellés sur les titres et papiers du comptable, ainsi que sur ses effets mobiliers. Un bordereau sommaire est dressé pour constater sa situation. Au bas de ce bordereau, le directeur décerne immédiatement la contrainte, et il doit de plus, en vertu de ce premier acte, faire procéder à tous les actes conservatoires nécessaires, tels que saisie mobilière, prise d'inscription sur les immeubles du comptable, etc. Id. Application des dispositions de la loi du 13 frimaire an VIII.

La contrainte doit être décernée par le directeur et présentée au visa du juge de paix du canton où réside le comptable. Elle emporte hypothèque à charge d'inscription, et peut donner lieu à la mise sous séquestre des biens du comptable. Lois des 28 pluv. an III et 2 messidor an V. C. n° 66 du 22 août 1821. La contrainte doit être enregistrée et signifiée. V. 305.

Si un tiers souscrit des billets au profit de la Régie, pour couvrir le débet d'un comptable, on n'est pas fondé à agir envers lui par voie de contrainte, comme s'il s'agissait d'une perception de droits. Le recouvrement, faute de paiement à l'échéance, doit être poursuivi suivant les voies ordinaires. A. C. du 10 août 1814.

§ II. — Comptables destitués. — Comptables démissionnaires.

301. Si un comptable destitué est encore en fonctions au moment où sa révocation lui est notifiée, il est tout de suite procédé à la vérification de sa caisse; et, dans le cas où la situation établie ferait ressortir un débet qui ne serait ni soldé immédiatement ni couvert par le cautionnement, le directeur décernerait sans retard une contrainte, et prendrait toutes les mesures convenables pour assurer la créance du Trésor, conformément aux règles rappelées dans l'article précédent. C. n° 488 du 19 juill. 1851.

Si un comptable destitué ou démissionnaire s'absentait avant d'avoir rendu ses comptes, on agirait comme dans le cas d'absence non autorisée. Id.

§ III. — Comptables faillis, absents ou en fuite.

302. En cas de faillite, de fuite ou d'absence non autorisée d'un comptable, le directeur doit être averti par l'employé principal de la localité, et, de grade en grade, par tout employé. Inst. n° 16 du 23 fruct. an XII; C. n° 52 du 26 frim. an XIV; Arrêté M. F. du 29 janv. 1821 et C. n° 66 du 22 août suivant.

L'apposition des scellés doit toujours être requise, et la réquisition doit être faite dans les vingt-quatre heures. Si le directeur ne peut arriver à temps, cette apposition est requise, dans le délai prescrit, par le principal employé du lieu. Id.

Après l'apposition des scellés, et selon que la situation établie dans le bordereau sommaire ferait ressortir un débet inférieur ou supérieur au montant du cautionnement, les règles ci-dessus rappelées seraient suivies tant pour les suites à donner au débet que pour la levée ultérieure des scellés. Id.

§ IV. — Comptables décédés.

303. Tout ce qui précède s'applique au cas de décès d'un comptable. Seulement, quel que soit le résultat du bordereau sommaire, le directeur doit donner avis, sans aucun retard, aux héritiers, et attendre, pour provoquer la levée des scellés, l'expiration du délai que la loi accorde pour prendre qualité. C. n° 488 du 19 juill. 1851.

Si, à l'expiration de ce délai, les héritiers ont pris qualité, la levée des scellés a lieu en leur présence, et ils rendent le compte qu'aurait rendu le comptable lui-même ; s'ils n'ont pas pris qualité, on procède en leur absence, en ayant soin de faire constater qu'ils ont été dûment appelés. Id.

Quand un intérim a été établi pendant la maladie et avant le décès du comptable; lorsque, par conséquent, des comptes de clerc à maître ont été rendus, sans débet, à l'intérimaire, le décès du comptable n'entraîne pas l'apposition des scellés à la requête de la Régie. Id.

Sect. VIII. — Rapports administratifs. Moyens judiciaires. Contrainte par corps.

304. Les comptables qui ont détourné ou soustrait des deniers publics sont passibles des peines édictées par les art. 169 et suivants du code pénal. V. 339.

A moins qu'il n'y ait urgence d'agir immédiatement, les directeurs attendent les instructions de la Régie pour porter plainte et dénoncer le débet au ministère public ; ils jugent eux-mêmes si les circonstances permettent ce retard, sans que leur responsabilité et les intérêts du Trésor puissent être compromis. C. n° 66 du 22 août 1821 et n° 79 du 26 mars 1834.

305. Autrefois, si les lenteurs ordinaires des moyens judiciaires mettaient les intérêts du Trésor sérieusement en péril, les directeurs, après avoir fait *enregistrer* et *signifier* la contrainte, invitaient le préfet du département à délivrer, d'après cette contrainte, un mandat d'exécution par corps contre le débiteur. C. n° 65 du 10 juin 1806 et n° 66 du 22 août 1821.

Mais la contrainte par corps a été abolie en matière civile. Ce mode de correction n'est plus applicable à l'égard des comptables et détenteurs de deniers publics ou d'effets mobiliers appartenant à l'Etat. Loi du 22 juill. 1867 et C. n° 1073 du 14 oct. suivant.

306. Après que le conseil d'Administration a délibéré sur un débet et en a arrêté le montant, l'affaire est remise à la direction du contentieux du ministère des finances : c'est d'après les instructions qui sont données par

cette direction que les poursuites ultérieures sont exercées. C. n° 79 du 26 mars 1834.

307. Il ne peut être procédé à aucune revision de la liquidation, lorsque les débets résultent des comptes acceptés par la partie, ou définitivement réglés par des décisions administratives ayant acquis l'autorité de la chose jugée. Art. 369 du Décret du 31 mai 1862.

308. Aucune remise totale ou partielle de débet ne peut être accordée à titre gracieux, qu'en vertu d'un décret publié au *Journal officiel* sur le rapport du ministre liquidateur, et sur l'avis du ministre des finances et du conseil d'Etat. Art. 370 id.

309. Les rapports contenant des demandes en allocations en non-valeur de sommes non recouvrables sur les débets des comptables des administrations des finances, indiqueront l'origine et les causes de ces débets, les mesures qui ont été prises au moment où ces débets ont été reconnus, tant pour la conservation des droits du Trésor, que pour la garantie à prendre sur les biens du comptable. Ils relateront la date de ces divers actes, et désigneront les agents supérieurs chargés de la surveillance des comptables lorsque le débet a éclaté, ainsi que la nature de la responsabilité qui pourrait les atteindre. Art. 1er de l'Arrêté M. F. du 29 janv. 1821.

A ces rapports seront joints la copie des procès-verbaux ou de tout autre document constatant les débets, les divers degrés de poursuites et l'insolvabilité des comptables, ainsi que toutes pièces propres à éclairer sur la marche et la conduite de chaque affaire en particulier. Art. 2 id.

310. En cas de contestation entre l'Administration et les comptables, tant sur les demandes d'intérêt que sur toutes autres questions relatives à la comptabilité, la question doit être soumise au ministre, sauf recours au conseil d'Etat. Avis du cons. d'Etat du 9 juill. 1808.

311. La prescription de l'action criminelle n'engendre pas celle de l'action civile. Cette dernière peut être exercée pendant 30 ans. A. C. du 23 janv. 1822 et art. 2262 du C. civ.

Sect. IX. — Préposés d'octroi.

312. Dans le cas où des détournements ont été commis par des préposés d'octroi, si les sommes soustraites se rapportent exclusivement aux droits d'octroi, les procès-verbaux constatant les faits sont remis aux maires, à qui il appartient d'y donner suite ; si, au contraire, il s'agit de perceptions communes aux villes et au Trésor, l'initiative des poursuites appartient à la Régie, en vertu de la décision ministérielle du 16 février 1807, et par analogie avec les règles prescrites par l'art. 83 de l'ordonnance du 9 décembre 1814. C. n° 7 du 17 août 1827, n° 13 du 18 janvier 1828 et n° 79 du 26 mars 1834. V. Octrois au Dict. gén.

Sect. X. — Hypothèques.

313. Les contraintes décernées contre des comptables *emportent hypothèque*, à charge d'inscription ; elles peuvent aussi donner lieu à la mise du séquestre sur les biens des comptables. D. M. F. du 2 pluv. an X ; Avis du cons. d'Ét. des 16 therm. an XII, 12 nov. 1811 et 24 mars 1812 ; Arrêt de la cour de Lyon du 7 août 1829. V. **Arrêts de la cour des comptes, 2153** et suivants.

Nous avons expliqué tout ce qui se rapporte aux *Hypothèques* dans un article spécial inséré au Dictionnaire général ; mais nous croyons devoir faire remarquer ici que la jurisprudence de la Cour de cassation, établie par l'arrêt Cailleux, du 9 novembre 1880, pour les contraintes décernées en vue du recouvrement des droits, est inapplicable dans l'espèce. Il ressort du texte même de cet arrêt que « si les contraintes décernées aux redevables, aux assujettis, sont considérées comme des actes de pur commandement qu'une opposition met en litige devant les tribunaux ordinaires, et qui par conséquent n'emportent pas hypothèque, il en est tout autrement des contraintes décernées par des administrateurs faisant office de juges, parce qu'elles ne peuvent venir en litige devant les tribunaux civils ou de commerce, et qu'ayant le caractère de jugements, elles doivent en produire les effets ».

CHAPITRE XI.

Vol de fonds.

Autorités incompétentes, 329.
Bordereau, 316, 317, 326, 327.
Caisse, 314, 318, 321, 329.
Commis particuliers, 320.
Conseil d'État, 320.
Décharge des fonds, 320.
Declaration, 316.
Directeurs, 319, 328.
Écritures, 327.
Émeute, guerre. 322, 323, 324, 331.
Fraude, 333 à 335.
Inspecteurs, 316.
Juge de paix, 316, 326.
Ministre, 320.
Octrois, 322, 335.
Officier de police, 316, 326.
Présents reçus, 334.
Prévarication, 332 à 336.
Procès-verbal du vol, 315, 318, 319, 326, 331.
Rapport, 319 323.
Registres. 316.
Responsabilité, 318, 325, 330.
Transport de fonds, 325 à 328.
Violation de caisse, 330.

Sect. I. — Vol de deniers en caisse.

314. Nous avons insisté, dans l'intérêt des comptables, sur la disposition

à prendre pour la sûreté des deniers, dans le chapitre spécial relatif aux **Caisses**, 208 à 211.

Rappelons que tout receveur, caissier, dépositaire, percepteur ou préposé quelconque, chargé de deniers publics, ne peut obtenir décharge d'aucun vol, s'il ne justifie que ce vol est l'effet d'une force majeure, et que le dépositaire, outre les précautions ordinaires, avait eu celle de coucher ou faire coucher un homme sûr dans le lieu où il mettait ses fonds, et en outre, si c'est au rez-de-chaussée, de le tenir solidement grillé. Arrêté du 8 flor. an X ; C. n° 52 du 26 frim. an XIV et n° 66 du 22 août 1821.

315. Les vols de deniers doivent être constatés, à la réquisition du comptable volé, à l'instant même où celui-ci s'en aperçoit, et au plus tard dans les vingt-quatre heures. Id.

316. Le procès-verbal doit être dressé par le juge de paix ou l'officier de police le plus voisin du lieu où le vol s'est commis. Il doit contenir : 1° déclaration si la pièce où le vol a eu lieu était ou non occupée ; 2° une description exacte de la pièce, ainsi que de toutes les effractions faites aux portes, fenêtres, coffres, etc., et celle des moyens employés par les voleurs pour s'introduire ; 3° toutes les dépositions, tant à charge qu'à décharge, qui pourraient être reçues par le juge de paix, au moment où il constate le délit ; 4° une déclaration faite par le comptable volé, énonçant la quotité des sommes volées, et appuyée d'un bordereau de sa situation, dressé d'après le relevé de ses registres qu'il fera arrêter et viser par le juge de paix et un employé de l'administration ou l'inspecteur, s'il est sur les lieux ; 5° enfin toutes les indications pouvant servir à faire ressortir l'innocence du comptable, et les dispositions qu'il avait faites pour prévenir l'événement. C. n° 52 du 26 frim. an XIV.

Autant que possible, les procès-verbaux constatant les vols de caisse doivent être dressés en présence des inspecteurs qui, dans ce cas, signent avec les receveurs. Inst. n° 16 du 23 fruct. an XII.

317. Il est sans doute inutile de faire observer que ce serait en vain qu'un receveur, après avoir donné l'affirmation nécessaire pour établir, concurremment avec son bordereau, la somme qui lui aurait été volée, prétendrait avoir ensuite reconnu que cette somme serait plus forte. Id.

318. Les comptables demeurent irrévocablement responsables des vols des deniers de la régie, chaque fois qu'il ne résulte pas du procès-verbal du juge de paix ou de l'officier de police, de la manière la plus positive :

1° Qu'il y a eu effraction de fermetures suffisantes pour empêcher le vol, ou violence à main armée, en un mot, force majeure ;

2° Que le comptable n'était point absent de son domicile lorsque le vol a été commis la nuit ;

3° Que la caisse n'était point placée de manière à ce qu'il fût prévoyable qu'elle pourrait être forcée ;

4° Enfin, qu'aucune négligence ne peut être imputée au comptable. Id.

319. Aussitôt qu'un directeur a connaissance d'un vol, il doit en informer l'administration et rendre compte, sous le timbre de la comptabilité

publique, des précautions prises pour prévenir le vol, en indiquant le montant des sommes volées, et celles qu'on pourra recouvrer, soit de suite, soit ultérieurement. C. n° 66 du 22 août 1821.

Deux copies du procès-verbal sont transmises par les directeurs à la comptabilité publique, avec les explications nécessaires. C. de la comptabilité n° 27 (Douanes) du 26 décembre 1833.

320. Il est statué sur la demande en décharge formée par le comptable, par une décision ministérielle, sauf recours au conseil d'Etat. Arrêté du 8 flor. an X et art. 21 du Décret du 31 mai 1862.

Les comptables doivent se tenir avertis qu'il ne peut leur être accordé décharge des fonds qui leur seraient volés, qu'autant qu'ils prouveraient de la manière la plus évidente qu'ils ont pris toutes les précautions voulues par la loi pour prévenir le vol. Id.

En cas de force majeure ou de circonstances qu'ils n'auraient pas eu le moyen de prévenir, les comptables peuvent obtenir décharge des sommes détournées par un employé auxiliaire. Arrêt du cons. d'Etat du 1er février 1871.

La soustraction de deniers par un commis particulier d'un comptable est un vol domestique. A. C. du 5 août 1825.

321. Le Trésor peut imposer à ses comptables des précautions spéciales pour la sûreté des deniers déposés dans leur caisse, et le receveur qui ne satisfait pas aux conditions qui peuvent prévenir le vol ou faire connaitre ses auteurs, en est responsable. Arrêt du cons. d'Et. du 16 juin 1828.

322. Un receveur de l'octroi, autorisé à avoir son domicile dans l'intérieur de la ville, est responsable des sommes enlevées de sa caisse dans un mouvement populaire, lorsqu'il est prouvé qu'il aurait pu sauver les fonds s'il s'était trouvé sur les lieux. Arrêt du cons. d'Etat du 20 avril 1835.

323. En cas d'émeute, le comptable n'est pas à couvert par le seul fait de la force majeure ; il faut qu'il justifie des précautions qu'il aurait dû prendre pour empêcher l'enlèvement des fonds. Arrêt du cons. d'Et. du 5 déc. 1837.

324. Après la guerre de 1870, la direction générale de la comptabilité publique a donné des instructions pour la régularisation des écritures des comptables chez lesquels des fonds avaient été saisis par l'armée allemande, ou qui avaient perdu des timbres, vignettes, tabacs, poudres, etc., et des pièces de recette et de dépense. Ces instructions ne présentent maintenant qu'un intérêt rétrospectif; elles sont contenues dans les CC. n° 83 du 20 juillet 1871, et 85 du 26 août de la même année.

Sect. II. — Vol de deniers publics pendant le transport.

325. Tout transport de deniers doit être fait par le comptable dépositaire en personne, ou par un homme à lui duquel il répond, ou par un employé

de la régie, lorsqu'il sera autorisé à prendre les fonds chez ce comptable, ou enfin par les voitures publiques. C. n° 52 du 26 frim. an XIV.

Un receveur de l'enregistrement, empêché par sa santé de faire lui-même les versements, en avait chargé un commissionnaire qui fut attaqué sur un chemin par un malfaiteur. Le vol fut constaté judiciairement; mais il fut refusé de donner décharge au comptable de la somme soustraite, par le motif que le commissionnaire était parti seul au milieu de la nuit. Arrêt du cons. d'Ét. du 23 avr. 1836.

Les receveurs ambulants doivent être accompagnés du commis principal et marcher de jour. C. n° 67 du 7 juin 1806.

Nouvelles mesures. V. 276 bis.

326. Tout vol de deniers publics transportés par les comptables, leurs agents ou les employés de la régie, doit être constaté par un procès-verbal dressé par le juge de paix ou un officier public du lieu le plus voisin où le délit a été commis. Le procès-verbal doit rapporter toutes les circonstances connues du vol, ainsi que toutes les dépositions, tant à charge qu'à décharge, qui pourraient être faites sur les lieux, et tendant à faire connaître si celui qui était porteur des deniers est exempt de tout blâme. Il doit, en outre, être accompagné d'un bordereau détaillé de la quotité et de la nature des espèces volées : à cet effet, le porteur de deniers doit toujours être nanti de ce bordereau, qui doit être séparé du sac, coffre ou baril dans lequel sont renfermées les espèces. Id.

327. Tout envoi de fonds fait par les voitures publiques doit être fait à découvert, c'est-à-dire que les espèces envoyées doivent être comptées en présence des entrepreneurs desdites voitures. Il doit en être dressé un bordereau triple, portant reconnaissance de l'envoi, signé des entrepreneurs ou de leur commis, ainsi que du comptable qui fait l'envoi, et visé par le principal officier public du lieu et par le préfet ou son délégué, lorsque l'envoi est fait par un directeur. Un de ces bordereaux doit être joint aux fonds expédiés; un second doit être adressé au receveur à qui ils sont envoyés, et le troisième doit rester au comptable pour servir au besoin de titre justificatif et de pièce de recours contre les entrepreneurs. Dans le cas où ceux-ci se refuseraient à recevoir les fonds à découvert, ils doivent faire mention de leur refus sur le bordereau, ainsi que la déclaration qui leur a été faite du montant de la somme envoyée, et s'obliger à répondre de la somme déclarée. Id.

328. Le directeur doit rendre compte des vols sans retard. Id. V. 319.

Nouvelles mesures concernant les versements. V. 276 bis.

Sect. III. — Enlèvement des deniers en caisse par une autorité incompétente.

329. Il est expressément défendu à toute autorité civile et militaire de disposer d'aucune somme dans les caisses publiques. Art. 5 de l'Arrêté du 22 fruct. an VIII.

Les receveurs ne doivent pas avoir égard aux mandats des autorités incompétentes. Procès-verbal est dressé si elles emploient la force. Inst. n° 16 du 22 fruct. an XII.

Les comptables doivent opposer à l'arbitraire toute la résistance qui leur est commandée par la nature de leurs fonctions. C. n° 13 du 10 mai 1815.

330. Tout emploi de deniers publics contraire aux règles de la comptabilité reste à la charge de celui qui l'a provoqué et du comptable qui y a concouru. Art. 1er du Décret du 27 avril 1815.

Tout prélèvement de fonds publics qui n'a pas été régulièrement autorisé est réputé violation de caisse. Art. 2 id.

331. Les employés qui ont été surpris par des mouvements populaires ou par l'invasion des troupes étrangères, doivent justifier par des procès-verbaux, ou par des certificats des autorités locales, les violences auxquelles ils auraient été exposés, la dispersion ou l'incendie de leurs papiers, ainsi que la violation des caisses ou l'enlèvement des fonds. C. n° 1 du 30 mai 1815. V. 324.

Ils doivent également faire constater, soit par des certificats des autorités locales, soit par des procès-verbaux, la cause et l'époque de leur retraite, ainsi que l'impossibilité de pourvoir à la sûreté de leurs papiers ou à la conservation des deniers de leur caisse. Id.

Cette circulaire indique par quel moyen il est suppléé, en pareil cas, aux justifications de recette et de dépense.

La circulaire n° 83 de la comptabilité publique, en date du 20 juillet 1871, a tracé la marche à suivre pour l'admission en non-valeur des matières et du numéraire dont s'était emparé l'ennemi pendant la dernière guerre.

Sect. IV. — Prévarication et divertissement des deniers publics.

332. La loi punit la négligence des comptables, en laissant à leur charge les pertes qui pourraient résulter de l'inobservation de quelqu'une des dispositions prescrites. Elle traite avec plus de rigueur ceux qui se rendent coupables de malversations ou de divertissement de deniers publics. C. n° 52 du 26 frim. an XIV.

333. Il y a prévarication quand un employé s'approprie ou cherche à s'approprier des deniers publics, soit en exigeant des redevables des sommes qui ne sont pas dues, soit en favorisant sciemment la fraude. Art. 15 de l'Arrêté du M. F. du 9 nov. 1820.

La prévarication entraîne la destitution et des poursuites, suivant les circonstances. Art. 15 de l'Arrêté M. F. du 9 nov. 1820.

334. Tout préposé qui favorise la fraude soit en recevant des présents, soit tout autrement, est condamné aux peines portées par le code pénal contre les fonctionnaires prévaricateurs. Art. 16 de la Loi du 27 frim. an VIII.

Ces peines sont la dégradation civique et la condamnation à une amende double de la valeur des promesses agréées ou des choses reçues, sans que l'amende puisse être inférieure à deux cents francs. Art. 177 du C. pén.

335. Les dispositions qui précèdent sont applicables aux préposés d'octroi. Art. 63 de l'Ord. du 9 déc. 1814.

Si les prévarications ont pour objet des fraudes qui intéressent également l'octroi et la régie, l'employé prévenu est poursuivi et jugé d'après les lois particulières à cette dernière administration, conformément aux principes reconnus par tous les tribunaux, que le délit le plus grave est celui qui entraîne la peine la plus forte et est jugé le premier. Art. 143 de l'Inst. M. F. du 25 sept. 1809.

Un régisseur d'octroi est comptable public, et est passible, en cas de détournement de fonds, des peines applicables aux fonctionnaires prévaricateurs. A. C. du 22 janv. 1813.

336. Toute amende perçue sans transaction préalable constitue un acte de prévarication. C. nº 18 du 12 pluv. an XIII et nº 46 du 25 therm. suiv.

Il en serait de même de tout procès-verbal fait par suite d'une rixe particulière et personnelle à laquelle on tenterait de donner une couleur de rébellion. Id.

V. **Concussion**, 338 à 342.

Sect. V. — Écritures à passer.

337. On suit, pour les écritures à passer par suite de vols de deniers, les mêmes règles que pour les débets qui ne sont pas soldés immédiatement. C. nº 16 du 22 juin 1816 et nº 79 du 26 mars 1834. V. **Débets**, 290.

CHAPITRE XII.

Concussion. Abus de confiance.

Abus de confiance, 342.
Blanc-seing, 342.
Commis, 339, 340.
Concussion, 338 à 340.
Exaction, 338.
Fonctionnaires, 339, 340.
Fraude, 341.
Péculat, 338.
Perceptions illégitimes, 340.
Préposés, 339, 340.
Probité, 338.
Vol de fonds, 338.

338. « La probité est devenue si commune, parmi les fonctionnaires préposés en France au maniement des deniers publics, qu'elle a même cessé

d'être un mérite. » Ainsi s'exprimait, à l'honneur des administrations financières, le procureur général de la cour des comptes, dans un discours prononcé le 4 août 1864. Nous n'en avons pas moins dû, dans les chapitres relatifs aux **Débets** et aux **Vols de fonds**, exposer la législation et la jurisprudence applicables en cas de prévarication et divertissement de deniers publics. Nous complétons cet examen, en nous occupant de la concussion, crime que commet un officier public, un homme revêtu d'une autorité quelconque, en exigeant de ceux qui dépendent de son ministère, de plus grands droits que ceux que les règlements lui ont attribués. La concussion prend le nom *d'exaction* lorsque celui qui perçoit plus qu'il ne doit percevoir, donne reçu de tout ce qu'il a pris. Elle diffère du *péculat*, explique Chabrol, en ce que le péculat se constitue par la soustraction des deniers de l'État de la part de ceux qui en ont le maniement.

339. Tous fonctionnaires, tous officiers publics, leurs commis ou préposés, tous percepteurs des droits, taxes, contributions, deniers, revenus publics ou communaux, et leurs commis ou préposés, qui se sont rendus coupables du crime de concussion, en ordonnant de percevoir, en exigeant ou en recevant ce qu'ils savaient ne pas être dû ou excéder ce qui était dû, s'exposent à être condamnés, les fonctionnaires et les officiers publics à la peine de la réclusion, leurs commis ou préposés à un emprisonnement de deux ans au moins et de cinq ans au plus. Art. 174 du C. pén.

Les coupables sont, de plus, condamnés à une amende dont le maximum est le quart des restitutions et des dommages-intérêts, et le minimum le douzième. Id.

340. La déclaration du jury doit constater les caractères élémentaires du crime de concussion. A. C. du 15 mars 1821.

Il faut entendre par commis ou préposés dans l'application de l'art. 174 du code pénal les individus qui n'ont pas personnellement le caractère public et qui n'agissent pas en leur propre nom et dans leur intérêt. Un commis des contributions indirectes, commissionné par l'administration, exerce une autorité personnelle au nom de la loi; il est investi d'une portion de l'autorité publique et il est fonctionnaire dans le sens de cet article. A. C. du 21 avr. 1821.

L'illégitimité de la perception est le fait matériel qui forme la base même du crime, et elle est illégitime, font ressortir Chauveau et Hélie, lorsqu'elle n'est pas régulièrement autorisée par la loi ou les règlements, lorsque, légale en elle-même, elle a pour objet une somme que la partie a déjà payée ou qu'elle ne devait pas, enfin lorsqu'elle excède les droits, taxes ou salaires que l'officier public devait recevoir.

Mais il faut qu'il soit constaté que l'agent a exigé ou reçu ce qu'il savait ne pas être dû. Toute la gravité de l'action, d'après les mêmes auteurs, repose là-dessus : il n'y a pas de concussion, si la perception est exempte de mauvaise foi.

341. Un employé qui s'abstient de faire une saisie moyennant une

somme obtenue du prévenu, commet le crime de concussion. A. C. du 21 avr. 1821. V. 333.

342. Il y a délit d'abus de blanc-seing toutes les fois qu'un individu, abusant d'une signature qui lui a été confiée à l'avance, inscrit frauduleusement au-dessus une obligation, une décharge ou tout autre acte de nature à compromettre la personne ou la fortune du signataire. Art. 407 du C. pén. et A. C. du 14 janv. 1826.

CHAPITRE XIII.

Droits au comptant.

Arrêtés mensuels et trimestriels, 356.
Bouteilles, 347 à 349.
Constatation, 345.
Décimes, 350 à 353.
Définition, 344.
Droits au comptant, 344.
Registres, 346 et s.
Relevés, 352.
Vins de 15 à 21 degrés, 354 et s.
Vins importés, 360 à 362.
Taxes locales, 354, 365.

Sect. I. — Dispositions générales.

343. Les taxes perçues par les receveurs des contributions indirectes se classent en deux grandes catégories, les *droits au comptant* et les *droits constatés*.

344. On entend par *droits au comptant* ceux qui sont effectivement payés à l'instant même où les contribuables font les déclarations prescrites par la législation. C. n° 445 du 5 fév. 1857.

Nous donnons ci-après la nomenclature des principaux *droits* au comptant :

Droit de circulation sur les vins, cidres, poirés et hydromels.

Droit de détail à l'enlèvement.

Droit général de consommation sur les eaux-de-vie et liqueurs (au comptant).

Double droit de consommation sur l'alcool de surforcé des vins alcoolisés.

Droit d'entrée à l'effectif sur les boissons.

Double droit d'entrée.

Taxe unique aux entrées sur les boissons.

Droit de consommation sur les sels.
Droit d'entrée sur les huiles végétales ou animales.
Droit de consommation sur les vinaigres et acides acétiques.
Estampilles.
Voitures publiques en service extraordinaire.
Voitures publiques en service accidentel et journalier.
Licences, autres que celles des voitures publiques.
— annuelles des voitures publiques.
Garantie sur les matières d'or et d'argent.
Droit de garantie pour marques de fabrique et de commerce.
Droit de dénaturation sur l'alcool.
Droit de 40 c. par expédition.
Timbres des buralistes et des receveurs des octrois.
— du receveur particulier.
Produit de la vente des tabacs et poudres.

345. La constatation de ces droits résulte de leur inscription sur les registres à souche que tiennent les agents administratifs et de perception.

346. Chaque registre est précédé d'une notice qui en explique l'objet et en fait comprendre l'usage. On trouve la solution des questions qu'entraîne la pratique dans le *Dictionnaire général des contributions indirectes*, qui est aujourd'hui entre les mains de la plupart des employés.

SECT. II. — Calcul des droits sur les boissons et sur les produits à base alcoolique.

347. Il serait en dehors du programme du Cours de comptabilité de reproduire ici les tarifs des droits au comptant et les nombreuses instructions qui en règlent l'application.

Nous indiquerons cependant les règles suivies pour le calcul des droits sur les boissons et sur certains produits à base d'alcool.

Les bouteilles sont comptées pour un litre chacune et les demi-bouteilles pour un demi-litre, quand il s'agit de la perception des taxes établies sur les *vins*, les *cidres*, les *poirés* et l'*hydromel*. Art. 145 de la Loi du 28 avr. 1816.

Il est expliqué par les instructions imprimées en tête des registres de perception des droits au comptant que, pour assurer l'application de cette mesure, toute bouteille de contenance inférieure au demi-litre est comptée pour cette quantité; celles d'une contenance inférieure au litre, mais supérieure au demi-litre, pour un litre. C. n° 252 du 8 juin 1841.

Pour les bouteilles ou vases d'une plus grande contenance, on multiplie le nombre de centilitres correspondant à la capacité effective par celui des vaisseaux: le résultat du calcul donne la quantité de litres à porter sur les expéditions. Sur le total, les fractions au-dessous de 50 centilitres sont négligées, et celles de 50 centilitres et au-dessus sont comptées pour un litre. Tableau 117 E.

348. Les liqueurs, les eaux-de-vie et les esprits expédiés en bouteilles sont imposés d'après la capacité des bouteilles. Art. 9 de la Loi du 27 juillet 1870.

Le droit sur les liqueurs, les absinthes, les fruits à l'eau-de-vie, les eaux-de-vie et les esprits est perçu proportionnellement à leur richesse alcoolique. Art. 1er de la Loi du 26 mars 1872, et art. 2 de la Loi du 21 juillet 1880.

349. Pour déterminer la quantité imposable, il y a lieu de suivre d'abord la marche prescrite par la circulaire n° 252 du 8 juin 1841 et qui consiste à multiplier le nombre de *centilitres* correspondant à la capacité des bouteilles ou des vases présentés, par le nombre de bouteilles ou de vases. On obtient ainsi le volume du liquide, lequel volume, multiplié par le degré, donne la quantité d'alcool imposable. On détermine cette dernière quantité *en centilitres*, que les eaux-de-vie, liqueurs ou esprits soient en cercles ou en bouteilles. C. n° 435 du 1er septembre 1885.

350. Aux registres de perception, les quantités passibles de taxes différentes sont inscrites dans des colonnes distinctes ; mais les buralistes et les receveurs d'entrée n'ont plus à établir une distinction entre le droit principal et les décimes.

351. Ils déterminent par nature de droit (circulation, détail, consommation, entrée) les sommes exigibles, en appliquant aux quantités imposables le montant total du tarif, décimes compris, et ils se bornent à faire figurer ces sommes dans les cadres d'émargement. Lett. comm. du 23 avr. 1872.

352. Du reste, pour toutes les autres taxes sur les divers objets soumis à l'impôt (sucres, huiles végétales, bougies, vinaigres, chemins de fer, voitures publiques, licences, garantie, droit de dénaturation sur l'alcool, cartes à jouer), les droits, soit *au comptant*, soit *au constaté*, sont calculés d'après les tarifs formés en principal et décimes. Aucune distinction entre le principal et les décimes n'est établie, ni aux registres élémentaires de perception, ni aux différents relevés ou états de produits. C. n° 304 du 9 déc. 1880.

353. Le même mode serait naturellement suivi pour les taxes d'octroi, si ces taxes se subdivisaient en principal et décimes. L. C. du 23 avril 1872.

354. *Vins alcoolisés.* A l'égard des vins présentant une force alcoolique supérieure à 15 degrés, l'article 3 de la loi du 1er septembre 1871 les assujétit au double droit de consommation, d'entrée ou d'octroi pour la quantité comprise entre 15 et 21 degrés. Les vins présentant une force alcoolique supérieure à 21 degrés sont imposés comme alcool pur. C. n° 23 du 4 sept. 1871. V. 361 pour les *vins importés*.

355. L'attention des directeurs et des comptables est appelée sur le rattachement, au *chapitre des boissons*, des droits sur l'alcool contenu dans les vins alcoolisés, droits qui, en raison de leur faible produit, avaient été classés précédemment parmi les recettes accidentelles. CC. n° 114 du 24 déc. 1884.

La perception des doubles droits applicables aux vins de 15 à 21 degrés s'établit sur le nombre exact de centilitres d'alcool déterminé en multipliant les quantités de vin par le nombre de degrés passibles. Lett. comm. n° 964 du 28 fév. 1872.

L'application de cette mesure est d'autant plus facile que, dans les vins en question, chaque degré passible correspond exactement à un centilitre d'alcool. Du reste, pour simplifier encore le mécanisme de la perception et éviter les nombreux forcements qu'entraîneraient des calculs partiels (droits, doubles droits, décimes, doubles décimes), l'administration croit devoir admettre que, relativement aux minimes quantités, le service détermine par un seul et même calcul le montant total des diverses surtaxes. Id.

356. Il suffit, lors des arrêtés mensuels ou trimestriels, de multiplier par chaque droit le total des quantités d'alcool soumises aux taxes, pour avoir la somme afférente aux doubles droits de consommation, d'entrée et d'octroi. Lett. comm. du 23 avr. 1872.

357. *Vins alcolisés importés.* La loi du 7 mai 1881 a abrogé l'art. 6 de la loi du 8 mai 1869 qui fixait à 14 degrés la limite à partir de laquelle les vins étrangers devaient payer, indépendamment des droits propres aux vins, les droits de douane et de consommation sur la quantité d'alcool dépassant 14 centièmes. C. n° 37 du 26 mai 1883.

358. Le nouveau tarif général des douanes établit sur les vins de toute sorte, y compris les vermouths, un droit d'importation de 4 fr. 50 par hectolitre. Cette taxe est réduite, par le tarif conventionnel, à 2 fr. pour les vins et à 3 fr. pour les vermouths importés des pays contractants. Id.

359. Indépendamment des droits de douane, les vins importés sont soumis aux taxes intérieures. Id.

360. Il appartient à la douane de déterminer la nature des liquides présentés à l'entrée en France. Après avoir assuré le paiement du droit d'importation, les agents de ce service ne donnent mainlevée des boissons que sur la représentation d'un titre de mouvement de la régie (congé ou acquit-à-caution) constatant que les taxes intérieures ont été acquittées ou garanties d'après le régime appliqué par la douane. C. n° 373 du 6 juillet 1883.

361. Le tableau ci-après indique la marche que les buralistes de la régie ont à suivre pour la délivrance des expéditions relatives aux vins alcoolisés *importés ou autres* :

Vins importés et autres.

Vins ayant une force alcoolique de plus de 15 degrés jusqu'à 21.	A destination de simples particuliers domiciliés ailleurs qu'à Paris ou que dans les villes rédimées.	Congé du registre n° 1 ou 4 A avec perception de droit de circulation, etc., et, s'il y a lieu, sur le volume total considéré comme vin. Inscription au même registre n° 1er ou 4 A, dans les colonnes spéciales ouvertes à cet effet, du double droit de consommation et des doubles droits locaux, s'il y a lieu, sur la quantité d'alcool comprise entre 15° et 21°.
	A toute autre destination.	Acquit-à-caution énonçant : D'une part, l'origine et le volume total du liquide considéré comme vin ; D'autre part, la force alcoolique et la quantité d'alcool contenue au delà de 15 degrés. Cet acquit-à-caution devra stipuler que « *ladite « quantité d'alcool est passible des surtaxes éta- « blies par l'art. 3 de la loi du 1er septembre 1871.* »

Vins ayant une force alcoolique supérieure à 21 degrés	A destination de simples particuliers ailleurs que dans les villes rédimées.	Congé du registre n° 4 B pour le volume total considéré comme alcool pur.
	A toute autre destination.	Acquit-à-caution du registre n° 2 B pour le volume total considéré comme alcool pur.

Pour les vins *français* présentant *naturellement* une force alcoolique supérieure à 15 degrés, sans dépasser 18 degrés, et expédiés directement par les propriétaires récoltants, Voir la C. n° 97 du 5 juillet 1873.

362. C'est au moment même de l'importation, si les vins présentant une surforce alcoolique viennent de l'étranger, qu'il y a lieu de percevoir ou de garantir les taxes dues. C. n° 9 du 14 juin 1869.

Sauf le cas où les vins sont à destination d'un entrepôt, les droits d'entrée et d'octroi doivent toujours être perçus lors de l'introduction dans le lieu sujet. Id.

A l'égard des débitants abonnés, les doubles droits de consommation sont payés avant la décharge des acquits-à-caution. Id. On les incrit à un reg. n° 9 spécial.

En ce qui concerne les vins introduits dans Paris à toute autre destination qu'un entrepôt, les mêmes surtaxes seront perçues au moment de l'introduction. Id.

363. *Alcool et produits à base d'alcool importés.* Il est perçu des droits de douane sur les alcools arrivant de l'étranger. Lois des 8 flor. an **XI**, 16 nov. 1860, 1er mai 1861, 17 janvier et 16 mai 1863.

Une disposition expresse de la loi du 7 mai 1881 spécifie que *les produits « dans la composition ou la fabrication desquels il entre de l'alcool* acquit« teront, indépendamment du droit de douane qui les concerne, les taxes « intérieures sur l'alcool employé et d'après les bases déterminées par le « comité consultatif des arts et manufactures ».

Cette disposition, qui atteint les produits importés sous le tarif conventionnel aussi bien que les produits importés sous le tarif général, a pour but de couper court aux contestations de certains industriels qui prétendaient ne pas avoir à supporter le droit intérieur lorsque les produits, bien que fabriqués à l'alcool, n'en renfermaient plus au moment de leur entrée en France. C. n° 370 du 26 mai 1883.

Autrefois, pour tous les produits à base d'alcool importés, la taxe intérieure exigible était uniformément le droit général de consommation. Maintenant, lorsqu'il s'agit de produits dont l'alcool a été éliminé, évaporé ou transformé, et dont les similaires en France jouissent de la modération de taxe résultant de la loi du 2 août 1872, il convient de ne percevoir, lors de l'importation, que le droit de dénaturation (37 fr. 50 par hectolitre, décimes compris). Id.

Quant aux bases d'après lesquelles le droit intérieur doit être perçu, des décisions antérieurement notifiées au service les ont déjà déterminées pour un certain nombre de produits. (V. les L. C. 44 du 15 juin 1866, 66 du 27 mars 1868, 6230 du 3 oct. 1872, 6707 du 30 décembre suivant, L. C. sans n° du 4 février 1873.)

De nouvelles fixations ont été arrêtées pour d'autres préparations. C. n° 370 du 26 mai 1883.

Certains produits sont exempts de la taxe intérieure : l'aldéhyde, les bases et sels de quinine, les dérivés de l'opium, etc. Id.

364. La perception a pour base la déclaration des importateurs et les constatations du service des douanes.

Elle s'effectue au bureau de la régie le plus rapproché du point d'introduction, et elle est inscrite au même registre n° 4 B que les paiements afférents aux alcools en nature, ou les alcools dénaturés.

La souche et l'ampliation de ce registre doivent énoncer à la fois le poids du produit et la quantité représentative d'alcool.

Quant à l'émargement, il comprend seulement la quantité d'alcool imposée.

Avant de permettre l'enlèvement, le service des douanes est tenu de se faire représenter la quittance justificative de l'acquittement du droit général de consommation, ou de la taxe de dénaturation. Id.

365. *Taxes locales.* L'immunité des taxes locales est accordée aux préparations médicamenteuses ou industrielles dans lesquelles l'alcool a subi une transformation ou a complètement disparu. L'alcool ne subsistant plus, la base de perception fait défaut. Mais les taxes locales doivent frapper les produits pour la quantité d'alcool qu'ils contiennent au moment même de l'introduction dans le lieu sujet. C. n° 223 du 2 nov. 1877.

CHAPITRE XIV.

Droits constatés.

Abonnements collectifs, 418, 419.
Abonnements généraux, 416, 417.
Abonnements individuels, 414, 415.
Acquits-à-caution, 465, 466, 476 et s.
Alcools dénaturés, 447.
Allumettes, 448.
Amendes et confiscations, 463, 464, 467 à 475, 503 et suiv.
Apurement, 503 à 515.
Arbres (Ventes d'), 437.
Argenterie de ménage, 441.
Bacs, 434.
Bières (Droit sur les), 421.
Bougies, 446.
Caisse des dépôts et consignations, 501, 502.
Cartes à jouer, 429.
Casernement (Frais de), 439.
Circulation (Droit de), 376 à 382.

Compétence, 482 et s., 523.
Consommation (Droit de), 327 à 400, 406 à 411, 420.
Culture des tabacs, 470, 532.
Demandes de franchise, 493.
Détail (Droit de), 401 à 405.
Droits constatés, 366, 368.
Droits simples, doubles ou sextuples, 465, 466, 476 et s.
Dynamite, 452.
Entrée (Droit d'), 388 à 394, 396 à 400.
Entrée sur les huiles, 445.
États : nº 22, 432, 433 ; nº 27 B, 435 à 439 ; nº 27 E, 434 ; nº 42, 430, 431 ; nº 51 A, 372 à 375 ; nº 51 B, 376 à 382 ; nº 51 C, 396 à 411 ; nº 51 C spécial, 447 bis, 511, 414 ; 51 J, 445 ; 51 L, 446 ; 51 M, 447 ; 52 A, 383 à 394, 395 à 400 ; nº 55, 412, 413 à 420 ; nº 58, 421 ; nº 61, 422 à 428 ; nº 63, 429 ; nº 65 C, 514 ; nº 98, 535 ; nº 100 A, 528 ; nº 101, 515 ; nº 115 B, 414 à 419 ; nº 122 B, 467 et s., 515 ; nº 122 D, 524 à 527 ; nº 166, 515 ; nº 195, 476, 491, 503.
État de la garantie, 440, 441.
Fabriques de soude, frais de surveillance, 451.
Francs-bords, 436.
Garantie (Droit de), 440, 441.
Garantie des marques de fabrique, 442.
Gérants, 461.
Glucoses, 433.
Huile de schiste, 444, 489.
Impressions, 450 ; indemnité d'exercice, 449.
Insolvabilité, 533, 537.
Instruments, 459.
Jugement définitif, 463.
Jus et résidus de tabacs, 456.
Licence (Droit de), 372 à 375.
Modération, 462.
Octroi : abonnement pour les employés, 448.
Papiers filigranés, 458.
Passages d'eau, 434.
Pêche, 435.
Peines corporelles, 521.
Pensions (Retenues pour le service des), 457.
Ponts, 434.
Poudres. Voir Tabacs.
Prise d'eau, 437.
Produits divers, 433.
Produits salifères, 431.
Recettes accessoires à la navigation, 437.
Recettes ambulantes, 367 à 370.
Recettes extraordinaires, 441, 454, 462.
Recettes sédentaires, 367.
Recouvrements, 369, 503 et s.
Redevances, 461.
Registres : nº 87, 496 et s. ; nº 88, 496 et s. ; nº 89 A, 528 ; nº 122 A, 464 ; nº 166, 466.
Remises, 486 et s., 503 et s.
Répartitions, 530.
Reprises, 503 et s.
Reprises indéfinies, 533 à 538.
Restes à recouvrer, 515.
Restitution, 503, 504.
Saisies de tabacs et de poudres, 453.
Sels, 430, 431.
Sucres, 432, 433.
Tabacs et poudres : jus et résidus de tabacs, 465 ; retenue d'un centime, 460 ; saisies, portion du Trésor, 453 ; ventes et manquants, 455.
Taxe unique, 381, 382, 395.
Transactions, 463, 516 à 532.
Vente en détail (Droit à la), 412, 413.
Villes rédimées, 395.
Vinaigres, 447.
Voitures publiques, 422 à 428.

SECT. I. — Dispositions générales.

366. On entend par droits constatés ceux qui, résultant soit de faits établis par les exercices chez les assujettis, soit d'engagements souscrits par les contribuables, doivent être ultérieurement recouvrés à la diligence et sous la responsabilité des receveurs. C. nº 445 du 5 fév. 1857.

367. Le recouvrement des droits constatés est confié, savoir :

Dans les recettes ambulantes, aux receveurs à cheval ou à pied qui vont eux-mêmes opérer la perception au domicile des contribuables ;

Dans les recettes sédentaires, aux receveurs particuliers chez qui les contribuables, astreints alors à se déplacer, vont payer les droits. Id.

368. Sauf de très rares exceptions, les droits et produits qui portent la désignation de droits constatés sont réglés à la fin de chaque trimestre et inscrits alors sur des états ou relevés de produits. Id.

Dans les recettes ambulantes, le receveur qui prend part à la formation des états de produits dépouille immédiatement ces états au registre des comptes ouverts ; dans les recettes sédentaires, le chef local de service, après s'être assuré de l'exactitude des états de produits, remet ces états au comptable, qui, sans retard, en fait le dépouillement aux comptes individuels.

369. Généralement, les droits constatés sont exigibles en totalité ou en partie bien avant la formation des états de produits. Il y aurait de graves inconvénients si les diligences aux fins de recouvrement étaient suspendues jusqu'à l'expiration du trimestre, si elles ne devenaient pressantes qu'à cette époque, et si, par suite, les rentrées étaient ajournées jusque-là. Les revenus du Trésor public, dont les besoins sont journaliers, n'arriveraient que tardivement dans ses caisses ; les contribuables se libéreraient plus difficilement, et le recouvrement pourrait même être absolument compromis. L'expérience atteste ce fait que les recouvrements sont plus aisément opérés lorsque, au lieu de laisser la dette du contribuable s'accumuler durant tout un trimestre, on réclame l'impôt dès qu'il est exigible. L'administration a donc toujours recommandé aux receveurs de ne rien négliger pour provoquer la rentrée immédiate des droits et pour accoutumer les redevables à payer successivement les sommes dont ils deviennent successivement débiteurs. C. n° 445 du 5 fév. 1857.

370. Dans les recettes ambulantes, le receveur concourt à la constatation des droits et se trouve ainsi toujours en mesure d'en demander à l'instant même le paiement. Id.

Sect. II. — Cas de perception. Epoque de l'exigibilité des droits.

371. Afin de faciliter le travail des receveurs et de prévenir des poursuites tardives ou prématurées, l'administration a résumé les époques d'exigibilité des droits dans la circulaire n° 445 du 5 février 1857, que nous reproduisons ci-après, en y ajoutant les instructions qui ont paru depuis cette époque.

§ I. — Droit de licence. (Etat n° 51 A.)

372. Licences des assujétis autres que les fabricants de sucre et de glucose, de bougies et de cierges, ainsi que des fabricants et marchands en gros de vinaigres.	Le premier jour du trimestre, pour le trimestre qui commence.

(Loi du 28 avr. 1816, art. 171 ; Loi du 21 avril 1832, art. 44 ; Loi du 1er sept. 1871, art. 6.)

373. Licences des fabricants de sucre ou de glucoses, de bougies et de cierges, ainsi que des fabricants et marchands en gros de vinaigres.	Le premier jour de l'année, pour l'année qui commence.

(Loi du 18 juill. 1837, art. 1 et 2 ; Loi du 31 mai 1846, art. 4 ; Loi du 1er sept. 1871, art. 6 ; Loi du 30 décembre 1873, art. 11 ; Loi du 17 juillet 1875, art. 3.)

374. Lors d'une première déclaration d'établissement, le droit de licence est payé *au comptant*. Jusqu'à déclaration de cesser ou jusqu'à ce que la cessation effective du commerce se trouve régulièrement établie, le droit de

licence est ensuite *constaté* de trimestre en trimestre à l'égard de tous les assujétis autres que les fabricants de sucre et de glucoses, de bougies et cierges, les fabricants et marchands en gros de vinaigres.

D'après les instructions (C. n° 151 du 11 août 1837 ; C. n° 275 du 26 août 1842 ; Inst. gén. du 15 déc. 1853), le droit de licence à payer par les fabricants de sucre ou de glucoses devait, dans tous les cas, être perçu au comptant ; mais, en ce qui concerne ce droit, il n'y a pas d'inconvénient à procéder par voie de constatation, comme cela se pratique effectivement sur quelques points.

Les états de produits du droit de licence sont dressés le premier jour de chaque trimestre ; celui du 1er trimestre présente pour l'année entière la licence des fabricants de sucre et de glucoses, etc. (Principe posé par la D. du cons. d'adm. n° 654 du 26 avr. 1821.)

375. Le prix de la licence des fabricants et entrepositaires de bougies, de vinaigres, doit être payé intégralement, à quelque époque de l'année que la licence soit demandée.

Il sera perçu pour la première fois à la recette buraliste la plus voisine des fabriques et inscrit au registre n° 16, où l'on ouvrira, à cet effet, au cadre d'émargement une colonne spéciale ; il figurera ensuite à l'état de produits n° 51 A du premier trimestre de chaque année, et il sera recouvré par le receveur particulier de la circonscription comme les autres droits constatés. C. nos 28, 29, 30 et 31 de déc. 1871 et 94 du 5 juillet 1873.

§ II. — Droit de circulation. (Etat n° 51 B.)

376. Vins en cercles et en bouteilles formant ensemble un reste total de 25 litres et au-dessus :	
1° Chez les marchands en gros qui sont admis à faire une déclaration de cesser ;	Au moment même où l'assujéti fait sa déclaration de cesser ;
2° Chez les débitants exercés ou abonnés qui ont déclaré vouloir renoncer à leur commerce.	Au moment même où l'assujéti fait sa déclaration de cesser.

(Loi du 28 avr. 1816, art. 1, 67, 105 ; Loi du 25 mars 1817, art. 82 ; D. n° 398 du 10 juin 1817 ; C. n° 54 du 28 janv. 1822 ; C. n° 75 du 30 janv. 1834 ; Décret du 17 mars 1852, art. 16 ; C. n° 25 du 3 avr. 1852.)

3° Chez les débitants exercés ou abonnés, dont l'établissement est fermé par ordre de l'autorité administrative ou judiciaire. Art. 7 et 10 de la loi du 17 juillet 1880.	Au moment de la fermeture de l'établissement si le débitant ne demande pas un délai afin de procéder à des ventes en gros, ou bien dans un délai de trois mois au plus si le débitant a déclaré vouloir opérer des ventes en gros.

(Lois et instructions citées à l'article qui précède; C. nº 9 du 13 fév. 1852 et nº 23 du 4 sept. 1871.)

377. Cidres, poirés et hydromels formant ensemble, dans les trois cas spécifiés ci-dessus, un reste total de 25 litres et au-dessus.	Comme ci-dessus, selon le cas.

(Lois et instructions citées dans les deux articles qui précèdent.)

378. Quantités *quelconques* de vins, cidres, poirés et hydromels en la possession des débitants établis dans les villes qui passent du régime des exercices au régime de la taxe unique.	Au moment du changement de régime.

(Loi du 21 avr. 1832, art. 42 ; C. nº 44 du 22 mai 1832; Loi du 25 juin 1831 ; C. nº 259 du 5 nov. 1841 ; C. nº 157 du 21 juin 1875.)

379. Quantités *quelconques* de vins, cidres et poirés restant, lors d'une déclaration de cesser, en la possession des récoltants qui, pour ne pas avoir à payer immédiatement le droit, en cas de transport au delà des limites déterminées pour la franchise, ont pris la position de marchands en gros.	Au moment de la déclaration de cesser.

(Loi du 25 juin 1841, art. 16 ; C. nº 259 du 5 nov. 1841 ; Décret du 17 mars 1852, art. 20 ; Tabl. reg. des expéditions à délivrer.)

380. Le droit de circulation n'est pas constaté sur les restes lorsque les quantités formant ces restes étaient en la possession de l'assujéti au moment du premier inventaire ; le droit de circulation n'est pas non plus constaté sur les restes lorsque les quantités formant ces restes ont été récoltées par l'assujéti et sont demeurées dans le rayon déterminé pour la franchise du droit de circulation.

(Décisions nº 612 du 25 sept. 1819 et nº 618 du 8 déc. 1819 ; correspondance générale.)

Si les restes en vins, cidres, etc., chez les détaillants ou marchands en gros sont inférieurs à 25 litres, on doit exiger le droit de détail. V. 402.

381. Dans les villes à une taxe unique, quantités *quelconques* de vins, cidres, poirés et hydromels qui ressortent en manquants définitivement imposables aux comptes des marchands en gros entrepositaires ou non entrepositaires.	Au moment où les manquants définitivement imposables apparaissent dans les comptes des assujétis.

(Loi du 24 juin 1824; Loi du 21 avr. 1832, art. 38; C. n° 44 du 22 mai 1832; Loi du 20 juill. 1837, art. 7; C. n° 152 du 9 août 1837; Loi du 25 juin 1841; C. n° 259 du 5 nov. 1841.)

382. Autrefois, dans les villes à taxe unique, le droit de circulation était, en outre, exigible, mais seulement *à titre de consignation*, sur les quantités de vins, cidres, poirés et hydromels qui, lors du règlement opéré à la clôture du 1er, du 2e et du 3e trimestre, ressortaient en manquants nets provisoires aux comptes des marchands en gros non entrepositaires. Ces consignations sont devenues inutiles depuis que l'art. 6 de la loi du 2 août 1872 a obligé tous les marchands en gros indistinctement à présenter une caution solvable garantissant les taxes générales et locales. V. 177 et 2416 et suiv.

§ III. — **Droits d'entrée sur les boissons de toute nature. (Etat n° 52 A.)**

383. Manquants définitivement imposables reconnus aux comptes des marchands en gros et distillateurs jouissant de l'entrepôt ainsi que les liquoristes.	Au moment même où les manquants imposables ressortent aux comptes.

(Inst. n° 36 du 16 janv. 1809; Loi du 28 avr. 1816, art. 31, 32, 37; Loi du 21 avr. 1832, art. 38; C. n° 44 du 22 mai 1832; C. n° 60 du 26 mars 1833; Loi du 20 juill. 1837, art. 7; C. n° 153 du 9 août 1837 et n° 229 du 23 mars 1840; Loi du 26 mars 1872, art. 5; C. n° 47 du 8 avril 1872.)

384. Manquants *bruts* reconnus aux comptes des débitants ordinaires qui profitent exceptionnellement de l'entrepôt.	Dans le cours du trimestre: à mesure qu'une pièce entière se trouve débitée ou que les bouteilles et bocaux sont vides; Enfin de trimestre: Sur tous les manquants indistinctement.

(Loi du 28 avr. 1816, art. 65; Décision n° 131 du 7 sept. 1816; Décision n° 281 du 15 janv. 1817; C. n° 22 du 10 mai 1817; C. n° 49 du 8 sept. 1821 et n° 44 du 22 mai 1832.)

385. Manquants *bruts* reconnus sur les quantités de vins, cidres ou poirés que les récoltants entrepositaires ont déclaré vouloir vendre en détail, et qui ont été, en conséquence, l'objet d'une prise en charge spéciale au portatif de détail n° 53.	Comme l'article qui précède.

(Lois et instructions citées à l'article qui précède; correspondance générale.)

386. Quantités de vins, cidres et poirés qui, à l'intérieur des villes ouvertes, sont fabriquées avec des vendanges et fruits venant de l'extérieur, lorsque le fabricant ne réclame ni la faculté de l'entrepôt ni la faculté de payer par douzième.	Immédiatement après l'inventaire des quantités fabriquées.

(C. n° 96 du 16 août 1813 ; Loi du 28 avr. 1816, art. 40 ; Décision n° 185 du 2 nov. 1816 ; C. n° 39 du 23 oct. 1817 ; Décision n° 662 du 21 juin 1821 ; Loi du 21 avr. 1832, art. 40 ; C. n° 44 du 22 mai 1832.)

387. Quantités de vins, cidres et poirés qui, à l'intérieur des villes ouvertes ou fermées, sont fabriquées avec des vendanges et fruits récoltés à l'intérieur, lorsque le fabricant ne réclame ni l'entrepôt ni la faculté de payer par douzièmes.	Comme à l'article qui précède.

(Lois et instructions citées à l'article qui précède.)

388. Manquants *nets* reconnus aux comptes des récoltants qui ont réclamé l'entrepôt relativement aux vins, cidres et poirés introduits à l'état de vendanges, de fruits, etc., dans les villes ouvertes, ou relativement aux vins, cidres et poirés, qui, à l'intérieur des villes ouvertes ou fermées, sont fabriqués avec des vendanges, des fruits récoltés à l'intérieur.	Au moment même du récolement annuel.

(Inst. n° 36 du 16 janv. 1809 ; Loi du 28 avr. 1816, art. 40 et 42 ; Loi du 22 avr. 1832, art. 39 ; C. n° 44 du 22 mai 1832 ; Décret du 17 mars 1852, art. 17 ; C. n° 25 du 3 avr. 1852.)

389. Manquants *nets* reconnus aux comptes des entrepositaires dans les divers cas autres que ceux déterminés ci-dessus.	A la fin du trimestre dans le cours duquel la constatation des manquants a eu lieu, constatation qui généralement n'est opérée qu'une fois par an.

(Loi du 28 avr. 1816, art. 31, 32, 33, 34 et 37 ; Décret du 17 mars 1852 art. 17.)

390. Droits afférents aux quantités de vins, de cidres et de poirés fabriquées à l'intérieur ou introduites à l'état de vendanges, de fruits, dans le cas où les récoltants ont	Par douzième, de mois en mois et d'avance, à compter de l'introduction ou de la fabrication.

demandé la faculté de se libérer par douzièmes.	

(Loi du 21 avril 1832, art. 39 ; C. nº 44 du 22 mai 1832.)

391. Abonnement général consenti aux communes en ce qui concerne les vins fabriqués avec des vendanges venant de l'extérieur ou récoltées à l'intérieur.	Par vingt-quatrième, de quinze jours en quinze jours et d'avance.

(Loi du 21 mai 1832. art. 40 ; C. nº 44 du 22 mai 1832 ; Texte des traités.)

392. *Sorties non justifiées* (quantités quelconques de boissons que des entrepositaires ont déclaré expédier à l'extérieur d'un lieu sujet, mais dont la sortie n'est pas justifiée.)	Aussitôt que l'absence de justifications relatives à la sortie est bien constatée.

(Inst. nº 34 du 1er déc. 1806 ; Loi du 28 avr. 1816, art. 31, 32 et 37 ; Décision nº 475 du 26 nov. 1817 et nº 628 du 15 mars 1820 ; Lett. comm. n. 3 du 20 déc. 1825 ; Loi du 21 avr. 1832, art. 38 ; C. nº 44 du 22 mai 1832 et n. 504 du 29 déc. 1851.)

393. Quantités quelconques de boissons qu'un entrepositaire a déclaré expédier à un autre entrepositaire du même lieu, et à l'égard desquelles il n'est pas justifié de la délivrance d'un bulletin d'entrepôt souscrit par le destinataire.	Aussitôt que l'absence de justifications relatives à la délivrance d'un bulletin d'entrepôt est bien constatée.

(Lois et instructions citées à l'article qui précède.)

394. Quantités quelconques de boissons restant en la possession des entrepositaires, lorsque, par quelque cause que ce soit (déclaration de l'assujéti, défaut de renouvellement du cautionnement, etc.), ils cessent de profiter de l'entrepôt.	Au moment même où cesse l'entrepôt.

(Lois et instructions citées à l'article qui précède.)

A l'égard des manquants provisoires qui ressortent aux comptes des marchands en gros entrepositaires, lors du règlement de clôture des 1er, 2e et 3e trimestres, il n'y a pas lieu de faire consigner le droit d'entrée : le cautionnement fourni par ces négociants garantit à la fois les droits locaux (entrée) et les droits généraux (détail et consommation). Du reste, tous les marchands en gros sont actuellement cautionnés. L. du 2 août 1872.

De même que les droits afférents aux quantités inventoriées chez les récoltants qui déclarent vouloir se libérer immédiatement, les droits dont les propriétaires récoltants sont admis à se libérer par douzièmes, et les droits à payer par les communes, en vertu d'abonnements généraux, sont portés intégralement à un seul état de produits, au moment où le chiffre en est définitivement réglé. Cet état de produits est aussitôt dépouillé au registre des comptes ouverts n. 75 A. (C. n. 44 du 22 mai 1832.)

En ce qui concerne les passe-debout pour lesquels il y a eu cautionnement, le recouvrement des droits exigibles à défaut d'apurement est assuré par voie d'avertissement et de contrainte, comme s'il s'agissait des droits constatés; en fait, ces droits sont inscrits, dans tous les cas, au registre n° 10 et classés parmi les perceptions au comptant. (C. n° 285 du 30 avr. 1855.)

§ IV. — Villes rédimées. — Vins, cidres, poirés et hydromels. Taxe unique en remplacement du droit d'entrée et du droit de détail. (Etat n° 52 A.

395. Dans les villes rédimées, la taxe qui, relativement aux vins, cidres, poirés et hydromels, remplace le droit d'entrée et le droit de détail, est indivisible; elle est intégralement exigible par voie de constatation dans les divers cas où il y a constatation du droit d'entrée dans les villes non rédimées (V. ci-dessus : Droit d'entrée). Toutefois, les quantités vendues en détail par les récoltants entrepositaires ne sont pas soumises à la taxe de remplacement au fur et à mesure de la vente (il n'y a pas d'exercices); elles sont constatées seulement lors du récolement qui est fait chaque année avant la récolte nouvelle, et alors elles sont imposées cumulativement et sans distinction avec les manquants provenant de la consommation de famille.

(Lois et instructions citées à l'article Droit d'entrée, spécialement: Loi du 21 avr. 1832 ; C. n° 44 du 22 mai 1832 ; Loi du 25 juin 1841 et C. n° 259 du 5 nov. 1841.)

Etablissement de la taxe unique dans les villes d'une population agglomérée de 10,000 âmes et au-dessus. Loi du 9 juin 1875 et C. n° 157 du 21 du même mois. Perception du droit de détail à l'enlèvement dans les villes rédimées. C. n° 178 du 21 déc. 1875.

§ V. — Boissons spiritueuses. — Droit d'entrée et droit de consommation. (Etats n°s 51 C et 52 A.)

396. Dans les villes rédimées, le droit d'entrée et le droit de consommation sur les boissons spiritueuses ne se confondent pas en une seule et même taxe collective : chacun de ces droits conserve, au contraire, son caractère distinct comme dans les villes non rédimées.

Voici, avec l'indication de l'époque de l'exigibilité de l'impôt, les divers cas dans lesquels on constate :

Soit simultanément, mais distinctement, le droit d'entrée et le droit de consommation,

Soit seulement le droit de consommation,

Soit simplement le droit d'entrée.

1° Entrée et consommation.

397. Manquants définitivement imposables qui ressortent aux comptes des marchands en gros, distillateurs, etc., jouissant de l'entrepôt, ainsi qu'aux comptes des liquoristes ;	Au moment même où les manquants apparaissent dans les comptes ;
Manquants *bruts* reconnus aux comptes des débitants qui profitent exceptionnellement de l'entrepôt ;	A mesure que les vérifications font ressortir des manquants ;
Quantités existant chez les débitants entrepositaires au moment où, pour une cause quelconque, l'entrepôt cesse de leur être accordé.	Au moment même où l'entrepôt cesse d'être accordé.

(Lois et instructions citées aux articles : Droit d'entrée et droit de consommation, spécialement : Loi du 21 avril 1832 ; C. n° 44 du 22 mai 1832 ; Loi du 25 juin 1841 ; C. n° 259 du 5 novembre 1841 ; Loi du 1er septembre 1871 ; C. n° 23 du 4 du même mois ; Loi du 26 mars 1872 ; C. n° 47 du 8 avril 1872.)

2° Simple droit d'entrée.

398. Quantités que des entrepositaires ont déclarées pour l'extérieur et dont la sortie n'est pas justifiée ;	Aussitôt que l'absence de justifications relatives à la sortie est constatée ;
Quantités qu'un entrepositaire a déclaré vouloir livrer à un autre entrepositaire du même lieu, et pour lesquelles il n'est pas justifié de la délivrance d'un bulletin d'entrepôt souscrit par le destinataire.	Aussitôt que l'absence de justifications relatives à la délivrance d'un bulletin d'entrepôt est bien constatée.

(Lois et instructions citées à l'article qui précède.)

3° Simple droit de consommation.

399. Quantités quelconques existant chez les débitants exercés au moment de l'adoption du régime de la taxe unique.	Au moment même du changement de régime.

Le droit de consommation n'est pas constaté sur les restes lorsque les quantités formant ces restes étaient en la possession de l'assujéti au moment du premier inventaire.

(Décisions nos 612 et 618 ; Correspondance générale. Voir l'article : Droit de circulation.)

400. A l'égard des marchands en gros qui profitent de l'entrepôt, il n'y

a lieu de faire consigner ni le droit d'entrée ni le droit de consommation relativement aux manquants provisoires que font ressortir les règlements opérés à la fin des premier, deuxième et troisième trimestres. Le cautionnement fourni par ces négociants au reg. 52 C garantit à la fois le droit d'entrée et le droit de consommation.

(Lois et instructions citées à l'article qui précède.)

§ VI. — Droit de détail sur les vins, cidres, poirés et hydromels manquant chez les marchands en gros, etc., ou restant chez les assujétis qui cessent leur commerce dans les localités autres que les villes rédimées. 12 fr. 50 p. % du prix moyen de la vente dans les débits, sans aucune déduction. (Etat n° 51 C.)

401. Quantités quelconques de vins, cidres, poirés et hydromels qui ressortent en manquants définitivement imposables aux comptes des marchands en gros, ainsi que des propriétaires assimilés aux marchands en gros (récoltants qui réclament la suspension du paiement des droits pour les vins, cidres et poirés, qu'ils font transporter de chez eux en dehors des limites déterminées pour la franchise du droit de circulation).	Au moment même où les manquants apparaissent dans les comptes.

(Loi du 28 avril 1816, art. 104 ; Loi du 24 juin 1824 ; C. n° 31\|6 du 29 novembre 1825 ; Lett. n° 3 du 29 décembre 1825 ; Loi du 20 juillet 1837, art. 7 ; C. n° 153 du 9 août 1837 ; Ordonnance du 21 décembre 1838 ; C. n° 196 du 31 décembre 1838 ; C. n° 218 du 20 décembre 1839 ; C. n° 229 du 23 mars 1840 ; Loi du 25 juin 1841, art. 16 ; C. n° 259 du 5 novembre 1841 ; Décret du 17 mars 1852 ; C. n° 25 du 3 avril 1852.)

402. Vins en cercles et en bouteilles, formant ensemble un reste inférieur à 25 litres :	
1° Chez les marchands en gros, etc., qui renoncent au commerce des boissons ;	Au moment de la cessation du commerce ;
2° Chez les débitants exercés ou abonnés qui cessent leur commerce volontairement ou par ordre de l'autorité ;	Au moment de la cessation du commerce ;
3° En la possession des débitants forains, lorsque, quittant la foire, le marché où ils avaient ou-	Au moment où les débitants quittent le lieu de foire ou de marché.

vert un débit extraordinaire, ils déclarent ne point vouloir vendre ce reste sur une autre foire ou sur un autre marché (la quittance des droits tient lieu alors d'expédition pour légaliser le transport).	

(Loi du 28 avril 1816, art. 102 ; Décision n° 569, du 14 octobre 1816 ; C n° 54 du 28 janvier 1822 ; C. n° 75 du 30 janvier 1834 ; C. n° 9 du 12 février 1852 ; Décret du 17 mars 1852 ; C. n° 25 du 3 avril 1852 ; Instruction pratique du registre n° 4 A.)

403. Cidres, poirés et hydromels en cercles et en bouteilles formant ensemble, dans les trois cas spécifiés ci-dessus, un reste total inférieur à 25 litres.	Comme ci-dessus, selon le cas.

(Lois et instructions citées à l'article qui précède.)

404. Autrefois le droit de détail était en outre exigible, mais seulement à titre de consignation, sur les quantités de vins, cidres, poirés et hydromels qui ressortaient en manquants nets provisoires (règlement des trois premiers trimestres) au compte des marchands en gros non entrepositaires. Aussi était-il d'usage d'exiger le paiement à titre de consignation au moment des arrêtés trimestriels. Depuis que tous les marchands en gros sont assujétis à un cautionnement garantissant les droits généraux et locaux, cette consignation est inutile.

405. Le droit de détail n'est pas constaté lorsque les quantités formant les restes étaient en la possession de l'assujéti au moment du premier inventaire ; le droit de détail n'est pas non plus constaté lorsque les quantités formant ces restes ont été récoltées par l'assujéti. Dans ce dernier cas aucun droit n'est dû, ou bien le droit à percevoir est le simple droit de circulation. (Voir l'article : Droit de circulation.)

(Décision n° 612, du 29 septembre 1819 ; Décision n° 618, du 8 décembre 1819 ; Correspondance générale.)

§ VII. — Droit de consommation sur les boissons spiritueuses reconnues manquantes chez les marchands en gros distillateurs, etc., ou formant les restes chez les assujétis qui déclarent cesser, etc. (156 fr. 25, décimes compris). (Etat n° 51 C.)

406. Quantités quelconques de boissons spiritueuses qui ressortent en manquants définitivement imposables chez les marchands en gros, distillateurs, etc., etc.	Au moment même où les manquants apparaissent dans les comptes.

(Instruction n° 44, du 6 mai 1813 ; Loi du 28 avril 1816, art. 89 ; Loi du 24 juin 1824, art. 5 ; Lettre commune n° 3, du 29 décembre 1825 ; Loi du

20 juillet 1837, art. 7; C. n° 153 du 9 août 1837; Ordonnance du 21 décembre 1838; C. n° 196 du 31 décembre 1838; C. n° 218 du 20 décembre 1839; C. n° 229 du 23 mars 1840; Loi du 25 juin 1841, art. 22; C. n° 259 du 5 novembre 1841; C. n° 301 du 10 juillet 1855; Loi du 14 juillet 1855; C. n° 23 du 4 sept. 1871; C. n° 47 du 8 avr. 1872; C. n° 67 du 19 sept. 1872; Loi du 19 juillet 1880.)

407. Boissons spiritueuses restant chez les marchands en gros, distillateurs, débitants et autres assujétis qui cessent leur commerce.	Au moment de la cessation du commerce.

(Instruction n° 44 du 6 mai 1813; Loi du 28 avril 1816, art. 89; C. n° 52 du 28 janvier 1822; Loi du 24 juin 1824; C. n° 75 du 30 janvier 1831.)

408. Boissons spiritueuses restant chez les débitants dont l'établissement est fermé par ordre de l'autorité.	Au moment de la fermeture de l'établissement, si le débitant ne demande pas un délai afin de procéder à des ventes en gros; ou bien dans un délai de trois mois au plus, si le débitant a déclaré vouloir opérer des ventes en gros.

(Lois et instructions citées à l'article qui précède; C. n° 9 du 13 février 1852.)

409. Boissons spiritueuses en la possession des débitants qui, afin de s'affranchir des exercices, déclarent vouloir payer le droit au comptant.	Immédiatement après la déclaration

Le receveur doit sur-le-champ mettre le contribuable en demeure d'acquitter le droit. A défaut de paiement immédiat, il n'est pas exercé de poursuites; la déclaration est considérée comme non avenue, le décompte des droits est annulé, et l'exercice continue.

(Loi du 21 avr. 1832, art. 41 et 42; C. n° 44 du 22 mai 1852, n° 170 du 5 avr. 1838, et n° 79 du 23 déc. 1852.)

410. Le droit de consommation n'est pas constaté sur les restes lorsque les quantités formant les restes étaient en la possession de l'assujéti au moment du premier inventaire.

(Principe réglé par la Décision n° 618 du 8 déc. 1849; Correspondance générale.)

411. Le droit de consommation était autrefois exigible, mais seulement à titre de consignation, sur les boissons spiritueuses, qui, lors des règlements de compte des trois premiers trimestres, ressortaient en manquants nets provisoires : 1° au compte des marchands en gros établis dans les lieux non sujets aux droits d'entrée; 2° au compte des marchands en gros établis dans des lieux sujets, mais ne jouissant pas de l'entrepôt. C'est ainsi qu'il était d'usage d'exiger le paiement, à titre de consignation, au moment où les

manquants apparaissaient. Depuis que tous les marchands en gros sont assujétis à un cautionnement garantissant les droits généraux et locaux, cette consignation est inutile.

(Art. 6 de la loi du 2 août 1872.)

§ VIII. — **Droits à la vente en détail sur les vins, cidres et hydromels. (12 fr. 50 p. 0/0 du prix de vente, sous déduction de 3 p. 0/0). Système des exercices. (Etat n° 55.)**

412. Manquants reconnus : 1° Aux comptes des débitants qui, exerçant leur commerce à domicile, dans les localités autres que les villes rédimées, n'ont pas souscrit un abonnement ;	Dans le cours du trimestre : Au fur et à mesure qu'une pièce entière est débitée ou que les bocaux et bouteilles sont vides ; En fin de trimestre, ou bien lors d'une déclaration de cesser, ou bien encore lors d'un changement de régime (abonnement, taxe unique) ; Sur tous les manquants indistinctement ;
2° Aux comptes des débitants extraordinaires qui vendent en détail sur les foires, marchés, etc., dans les localités autres que les villes rédimées.	Durant la foire, le marché, etc., et à l'expiration de la foire, du marché, etc. ; Sur tous les manquants indistinctement.

(Inst. n° 32 du 29 mars 1806 ; loi du 28 avr. 1816 ; Décret du 17 mars 1852 ; Inst. générales résumées au modèle du portatif annexé à la C. n° 150 du 21 juillet 1837.)

413. A la fin du trimestre, dans les recettes sédentaires, les chefs locaux de service ne se bornent pas à remettre aux comptables les états de produits n° 55 ; au fur et à mesure de la vérification des décomptes établis aux portatifs, ils communiquent ces portatifs aux comptables, qui sont ainsi à même de faire plus promptement au registre des comptes ouverts les dépouillements nécessaires, et, par suite, de délivrer plus promptement aussi les avertissements n° 77.

§ IX. — **Système des abonnements individuels. (Etats n°s 115 B et 55.)**

414. Montant des soumissions d'abonnement par lesquelles les débitants établis ailleurs que dans les villes rédimées s'engagent à payer l'équivalent des droits de détail qui seraient constatés à leurs charges par suite d'exercices.	Par mois et d'avance, c'est-à-dire dès le 1er du mois.

(Loi du 28 avr. 1816, art. 70 ; Loi du 12 déc. 1830 ; C. nº 124 du 1er mars 1836, nº 170 du 5 avr. 1838 ; Loi du 25 juin 1841, art. 21 ; C. nº 259 du 5 nov. 1841 ; Décret du 22 juin 1848 ; C. nº 79 du 23 déc. 1852.)

415. Dès leur conclusion, les abonnements sont annotés au registre des comptes ouverts où l'on fait figurer, dans les cadres *ad hoc*, la somme afférente à chacune des périodes trimestrielles. Si le chef local de service est lui-même comptable, il fait personnellement ce travail d'annotation ; dans le cas contraire, il communique à cet effet les soumissions d'abonnements au comptable.

En cas de résiliation d'abonnement, soit par suite de décision de l'administration, soit par suite d'une cessation de commerce ordonnée par l'autorité, soit en cas de modification du chiffre des soumissions, l'inscription faite au registre des comptes ouverts subit les modifications ou rectifications nécessaires.

(C. nº 124 du 1er mars 1839, nº 304 du 22 juill. 1844, nº 504 du 29 déc. 1851, et nº 9 du 13 fév. 1852.)

§ X. — **Système des abonnements généraux. (Etats nos 115 B et 55.)**

416. Abonnements généraux consentis dans les villes avec les conseils municipaux pour tenir lieu des droits de détail et de circulation.	Par vingt-quatrième, de quinzaine en quinzaine.

(Loi du 28 avril 1816, art. 73, 74, 75 et 76 ; C. nº 124 du 1er mars 1836, et nº 170 du 5 avr. 1838.)

417. Le comptable, dûment informé de la conclusion de ces abonnements, les annote au registre des comptes ouverts, en ayant soin d'inscrire, dans les cadres *ad hoc*, les sommes afférentes à chacune des périodes trimestrielles. Le recouvrement de ces sommes est poursuivi sur le receveur municipal.

§ XI. — **Système des abonnements collectifs ou par corporation. (Etats nos 115 B et 55.)**

418. Abonnements collectifs ou par corporation pour tenir lieu du droit de détail par exercice.	Par douzième, de mois en mois et d'avance.

(Loi du 28 avr. 1816, art. 77 à 84 ; C. nº 124 du 1er mars 1836, et nº 170 du 5 avr. 1838.)

419. Les rôles présentant la somme à payer par chaque débitant sont remis au comptable, qui les dépouille au registre des comptes ouverts, en ayant soin d'inscrire, dans les cadres *ad hoc*, la portion afférente à chaque période trimestrielle. Le recouvrement de la somme due par chaque débitant est poursuivi d'abord à sa charge, puis, à défaut de paiement, à la charge de la corporation.

§ XII. Droit de consommation sur les boissons spiritueuses vendues par les débitants placés sous le régime des exercices (156 fr. 25, sous déduction de 3 p. %). (État n° 55.)

420. Mêmes règles qu'en ce qui concerne le droit de détail par exercices sur les vins, cidres, poirés et hydromels.

(Lois et instructions citées à l'article : Droit de détail par exercices ; de plus : Loi du 24 juin 1824 ; C. n° 8 du 16 déc. 1824 ; Loi du 14 juill. 1855 ; C. n° 301 du 10 juill. 1855, n° 23 du 4 sept. 1871, et n° 47 du 8 avr. 1872.)

§ XIII. — Droit à la fabrication des bières. (État n° 58.)

421. Quantités entonnées durant le mois, d'après les déclarations de fabrication.	A la fin de chaque mois ;
Excédents imposables pris en charge en vertu d'actes réguliers.	A la fin de chaque mois.

(Inst. n° 6 du 25 prair. an XII ; Inst. n° 32 du 29 mai 1086 ; C. n° 67 du 7 juin 1806 et n° 23 du 19 déc. 1812 ; Loi du 28 avr. 1816 ; C. n° 24 du 31 déc. 1818 ; Loi du 1er sept. 1871 ; C. n° 23 du 4 du même mois.)

§ XIV. — Voitures publiques. (Etat n° 61.) — Voiture de terre en service régulier. — Régime de l'exercice.

422. Droit de dixième du prix des places, d'après la déclaration ;	De dix jours en dix jours ;
Droit de dixième du prix effectif du transport des marchandises.	De dix jours en dix jours.

(Loi du 9 vend. an VI ; Loi du 5 vent. an XII ; Décret du 14 fruct. an XII ; Loi du 25 mars 1817 ; C. n° 17 du 17 mars 1817, et n° 81 du 3 juin 1834 ; Loi du 16 sept. 1871 ; C. n° 25 du 12 oct. 1871.)

§ XV. — Régime de l'abonnement.

423. Abonnement pour tenir lieu du droit sur le prix des places et du droit sur le prix du transport des marchandises.	Par trimestre et d'avance.

(Loi du 9 vend. an VI ; Loi du 5 vent. an XII ; C. n° 12 du 30 sept. 1816 ; Loi du 25 mars 1817 ; C. n° 2 du 16 avr. 1823, et n° 81 du 3 juin 1834.)

Lorsqu'un abonnement a été consenti, le comptable chargé du recouvrement est informé sans retard de la conclusion du traité ; ce comptable annote immédiatement la soumission d'abonnement au registre des comptes ouverts, en ayant soin d'inscrire, dans les cadres *ad hoc*, la somme afférente à chaque période trimestrielle.

§ XVI. — Voitures d'eau. — Régime de l'exercice.

424. Droit sur le prix des places d'après la déclaration. (Il n'y a pas perception du droit de dixième en ce qui concerne le transport des marchandises.)	De dix jours en dix jours.

(Lois et instructions citées à l'article relatif aux voitures de terre placées sous le régime de l'exercice.)

§ XVII. — Voitures d'eau. — Régime de l'abonnement.

425. Abonnement pour tenir lieu du droit sur le prix des places.	Par trimestre et d'avance.

(Lois et instructions citées à l'article relatif aux voitures de terre placées sous le régime de l'abonnement.)

§ XVIII. — Voitures d'eau. — Régime de la perception à l'effectif.

426. Droit sur le prix effectif des places, d'après les registres et feuilles de l'entreprise.	De dix jours en dix jours.

(Loi du 25 mars 1817 ; Décision n° 521 du 27 mai 1818 ; Correspondance générale.)

§ XIX. — Chemins de fer.

427. Droit sur le prix des places.	De dix jours en dix jours ;
Droit sur le prix du transport des marchandises expédiées à grande vitesse.	De dix jours en dix jours.

Généralement, cependant, le décompte des droits dus par les chemins de fer s'établit par mois.

(Loi du 2 juillet 1838 ; C. n° 181 du 9 juillet 1838 ; C. n° 327 du 20 octobre 1845 ; Loi du 14 juillet 1855 ; C. n° 304 du 10 juillet 1855 ; Loi du 16 sept. 1871 ; C. n° 25 du 12 oct. 1871.)

§ XX. — Voitures de terre dites d'occasion ou à volonté et voitures de terre en service régulier assimilées aux voitures d'occasion ou à volonté.

428. Droit fixe sur les voitures nouvellement déclarées.	Immédiatement après la déclaration.
Droit fixe sur les voitures qui étaient en circulation dans le mois précédent et à l'égard desquelles il n'a pas été fait de déclaration de cesser.	Dès le premier jour du mois.

Le droit fixe ne peut être constaté d'office après le 1er janvier sur des voitures anciennement déclarées qu'autant que les laisser-passer applicables à ces voitures ont été renouvelés au commencement de l'année.

(Loi du 25 mars 1817 ; C. n° 17 du 17 mars 1817 ; Loi du 28 juin 1833 ; C. n° 71 du 11 sept. 1833 ; C. n° 409 du 19 sept. 1856 ; Loi du 11 juillet 1879, et C. n° 270 du 15 du même mois.)

§ XXI. — **Droit sur les cartes à jouer.** (Etat n° 63.)

429. Droits sur les jeux fabriqués et représentés ;	Dès l'apposition de la bande de contrôle ;
Droit sur le nombre de jeux correspondant aux quantités de papiers manquantes.	Au moment de la constatation des manquants.

A moins qu'il n'y ait des motifs particuliers pour hâter le recouvrement des droits, la formation des décomptes et par suite le recouvrement lui-même n'ont lieu que de mois en mois.

(Arrêté du 3 pluviôse an VI ; C. n° 17 de fructidor an XII ; C. n° 23 du 22 frimaire an XIV ; C. n° 52 du 22 décembre 1810 ; C. n° 178 du 31 décembre 1810 ; Décision ministérielle du 27 décembre 1814 ; C. n° 6 du 16 février 1815 ; Loi du 28 avril 1816 ; C. n° 8 du 15 juin 1816 ; C. n° 2 du 16 avr. 1823 ; Loi du 1er sept. 1871 ; C. n° 23 du 4 du même mois ; C. n° 45 du 5 avr. 1872 ; Loi du 21 juin 1873, et C. n° 94 du 5 juill. suiv.)

§ XXII. — **Droit de consommation sur les sels.** (Etat n° 42.)

430. Sels proprement dits.	
Manquants reconnus aux comptes des fabricants de sel ;	Au moment même des inventaires effectués de trois mois en trois mois ;
Manquants afférents aux quantités de sel résultant de la fabrication ou du raffinage du salpêtre, ainsi que de la fabrication des produits chimiques ;	Au moment même des inventaires effectués de trois mois en trois mois ;
Manquants reconnus aux comptes des raffineurs de sel ;	Au moment de la constatation des manquants ;
Quantités de sel restant en la possession des fabricants de sel, des salpêtriers et des fabricants de produits chimiques après la cessation de l'exploitation ou de la fabrication ;	Un mois après la cessation de l'exploitation ou de la fabrication,
Quantités de sel non libérées d'impôt restant en la possession des raffineurs de sel, lors de la cessation de l'exploitation.	Au moment de la cessation de l'exploitation.

(Loi du 17 juin 1840 ; Ordonnance du 26 juin 1841 ; C. n° 258 du 25 septembre 1841 ; C. n° 265 du 7 février 1842 ; Décret du 19 mars 1852 ; C. n° 18 du 22 mars 1852 ; C n° 30 du 21 avril 1852 ; Décret du 30 juillet 1853 ; C. n° 132 du 4 août 1853, et n° 66 du 17 sept. 1872.)

§ XXIII. — **Produits salifères autres que les sels proprement dits.**

431. Manquants reconnus chez les fabricants de toute nature sur les produits salifères autres que les sels proprement dits (cendres de varech, salins, sulfate de soude, chlorure de magnésium, etc.).	Au moment même des inventaires effectués de trois mois en trois mois.

(Décret du 12 août 1852 ; C. n° 55 du 30 août 1852, et n° 66 du 17 sept. 1872.)

§ XXIV. — **Droit de fabrication sur les sucres. (Etat n° 22.)**

432. Quantités enlevées des fabriques à une destination autre qu'un entrepôt réel ;	Avant l'enlèvement ;
Quantités enlevées d'un entrepôt réel ;	Avant l'enlèvement ;
Manquants imposables reconnus dans les fabriques ;	Au moment de la constatation des manquants ;
Quantités restant en la possession des fabricants qui cessent leur exploitation ;	Au moment de la cessation de l'exploitation ;
Quantités de sucre contenues dans les mélasses non libérées d'impôt qui sont reconnues manquantes aux charges des distillateurs.	Au moment de la constatation des manquants.

Les redevables qui désirent être affranchis de l'obligation de payer les droits au moment de l'enlèvement des sucres peuvent être admis par le receveur principal à souscrire une soumission cautionnée (crédits d'enlèvement) garantissant, pour une période déterminée, le montant des droits qui deviendront exigibles. V. **Obligations cautionnées,** Ch. XVI. 596 et suivant.

Les employés placés dans les fabriques de sucre et dans les entrepôts réels reçoivent les déclarations d'enlèvement, et ils en avertissent immédiatement par des bulletins spéciaux (n° 26) les receveurs ambulants ou sédentaires, ainsi que les sous-directeurs ou directeurs. Ils donnent un avis analogue en ce qui concerne les manquants passibles du droit.

(Loi du 18 juillet 1837 ; Loi du 31 mai 1845 ; Règlement d'administration du 1er septembre 1852 ; C. n° 59 du 3 septembre 1852 ; Instruction générale du 15 décembre 1853 ; C. n° 248 du 10 décembre 1854 ; Lois des 7 mai 1864, 8 juill. 1871 et 22 janv. 1872 ; C. n° 36 du 23 janv. 1872, et n° 40 du 8 févr. suiv.)

§ XXV. — **Droit de fabrication sur les glucoses et autres produits saccharifères incristallisables. (Etat n° 22.)**

433. Quantités enlevées des fabriques, sans aucune réfaction :	Au moment de l'enlèvement ;
Manquants reconnus dans les fabriques, sans déduction de 5 p. 0/0.	Au moment de la constatation des manquants.

A moins qu'il n'y ait des motifs particuliers pour hâter le recouvrement des droits, la formation des décomptes et par suite le recouvrement lui-même n'ont lieu que de mois en mois.

(Loi du 2 juillet 1843 ; Ordonnance du 7 août 1844 ; Loi du 31 mai 1846 ; Ordonnance du 29 août 1846 ; Décret du 1er septembre 1852 ; C. n° 59 du 3 septembre 1852 ; Instruction générale du 15 décembre 1853 ; Loi du 22 janv. 1872 ; C. n° 37 du 23 du même mois.)

§ XXVI. — **Bacs ou passages d'eau et ponts. (Etat n° 27 E.)**

434. Montant des traités d'amodiation relatifs aux bacs ou passages d'eau et aux ponts ;	De trois mois en trois mois et d'avance ;
Moins-values qui existent en détail sur le prix d'estimation du matériel fourni par l'Etat pour l'exploitation des bacs et passages d'eau.	Dès que le montant des moins-values a été fixé par arrêté préfectoral.

A mesure que des traités d'amodiation sont passés, relativement aux bacs ou aux passages d'eau et aux ponts, le directeur ou le sous-directeur en avertit le receveur particulier, sédentaire ou ambulant, chargé du recouvrement du prix d'amodiation. Celui-ci fait mention des traités au registre des comptes ouverts, en ayant soin d'inscrire, dans les cadres *ad hoc*, pour l'exercice courant, la somme afférente à chaque période trimestrielle. A la fin de l'exercice, ces annotations sont transcrites au nouveau registre des comptes ouverts, et ainsi de suite d'année en année jusqu'à l'expiration des baux. En cas de résiliation des traités ou en cas de réduction du prix d'amodiation, le receveur particulier en est averti, et il fait immédiatement, au registre des comptes ouverts, les radiations ou rectifications nécessaires.

Les moins-values sont fixées par arrêté préfectoral. Le directeur, à qui une expédition de ces arrêtés est envoyée par le préfet, transmet immédiatement cette pièce au receveur, si celui-ci relève de sa circonscription administrative et, dans le cas contraire, au sous-directeur de la division, lequel en adresse un extrait au receveur particulier chargé du recouvrement.

Le receveur particulier en inscrit l'analyse au compte du redevable. V. 1250. (Loi du 6 frim. an VII ; Arrêté du 5 germ. an XII ; C. n° 68 du 13 oct. 1852, n° 264 du 25 janv. 1855, et n° 430 du 28 nov. 1856 ; Loi du 10 août 1871 ; Lett. comm. du 30 du même mois.)

§ XXVII. — Droit de pêche. (Etat n° 27 B.)

435. Montant des traités d'amodiation relatifs à la pêche dans les canaux et rivières canalisées.	De trois mois en trois mois et d'avance.

En ce qui concerne la notification des traités intervenus et leur inscription au registre des comptes ouverts, les règles sont les mêmes que celles relatives aux traités concernant l'amodiation des bacs ou passages d'eau. Il y a seulement lieu de faire observer ici qu'à l'égard de la première période trimestrielle (périodes comptées du 1er janvier au 31 mars, du 1er avr. au 30 juin, etc.), la somme à constater pour droit de pêche doit être fixée au prorata du temps à écouler depuis le jour où l'approbation du traité d'amodiation a été notifiée au fermier, jusqu'au premier jour du trimestre suivant.

(Décret du 23 sept. 1810 ; C. n° 35 du 13 fév. 1832, et n° 52 du 7 déc. 1832 ; C. de la compt. n° 18 du 21 déc. 1832 ; C. n° 76 du 6 fév. 1834, n° 264 du 25 janv. 1855, n° 356 du 11 mars 1856, et n° 430 du 28 nov. 1856 ; Correspondance générale.)

§ XXVIII. — Francs-bords. (Etat n° 27 B.)

436. Comme pour le droit de pêche, les traités d'adjudication relatifs aux francs-bords déterminent les conditions et les époques d'exigibilité et de paiement du prix d'amodiation.

(Lois et instructions citées à l'article précédent.)

§ XXIX. — Recettes accessoires à la navigation ; vente d'arbres, prises d'eau, etc. (État n° 27 B.)

437. La constatation et le recouvrement des produits accessoires à la navigation sont opérés selon les conditions spéciales déterminées dans les actes d'amodiation, de vente, etc.

(Lois et instructions citées à l'article relatif aux droits de pêche.)

§ XXIX *bis*. — Droit de touage.

438. Un service de touage à vapeur sur chaîne noyée a été organisé dans le souterrain de Pouilly (Cote-d'Or) et dans les tranchées aux abords. Décret du 28 avr. 1866. — D'autres services du même genre ont été établis dans le bief de partage du canal de Saint-Quentin, dans celui de Mauvages (Meuse) et dans le souterrain de Ham (Ardennes). Décrets des 13 avril 1870, 21 juin 1866 et 15 mars 1880.

Les recettes qui en résultent sont inscrites au bordereau 91, à la ligne 22, sous le titre de *Droit de touage*. CC. n° 77 du 12 janv. 1867.

§ XXX. — Frais de casernement.

139. Frais de casernement, c'est-à-dire indemnité spéciale qu'ont à payer au Trésor public les communes à octroi, où des troupes sont casernées dans des bâtiments appartenant à l'Etat ou pris à loyer par l'Etat.

Dès que le tableau présentant le décompte de l'indemnité à payer a été rendu exécutoire par le préfet.

Le décompte des frais de casernement est établi trimestriellement par l'intendance militaire. Les tableaux présentant ces décomptes sont transmis au directeur par le préfet. Le directeur les fait parvenir au receveur particulier chargé du recouvrement. Celui-ci inscrit aussitôt la créance au registre des comptes ouverts et agit pour le recouvrement.

La constatation du montant des frais de casernement figure aux relevés de produits à l'expiration du trimestre dans le cours duquel les extraits de décomptes parviennent au receveur particulier ; mais les sommes afférentes à un exercice expiré sont rattachées, par voie de rappel, aux constatations de l'exercice expiré, afin de former ressource à l'exercice auquel cette année donne son nom. CC. n° 105 du 5 février 1876. V. *Relevé* 101 *bis*, n° 2042, et *Imputation d'exercice*, n° 1311.

(Décret du 7 août 1810 ; Ord. du 5 août 1818 ; C. n° 32 du 3 sept. 1818 ; Lett. comm. n° 41 du 12 mai 1819 ; C. n° 52 du 29 août 1820, et n° 89 du 20 avr. 1823 ; Inst. du M. de l'Int. de sept. 1824 ; C. de la compt. n° 18 du 21 déc. 1832.)

§ XXXI. — Droit de garantie. (État manuscrit, modèle de la circulaire n° 236, du 11 juillet 1840.)

140. Ouvrages d'or et d'argent qui, destinés à être exportés sans application d'aucune marque, sont reconnus manquants au compte des fabricants dans le délai de dix jours au plus, qui, à partir de la déclaration des ouvrages, est accordé aux fabricants pour les achever et les soumettre, dans le bureau de garantie, à la formalité du plombage ;

Au moment où les manquants sont constatés ;

Défaut de justifications relativement à la sortie des ouvrages d'or et d'argent qui, non marqués

A l'expiration du délai de trois mois qui est accordé pour l'exportation ;

ou marqués seulement du poinçon d'exportation, ont fait l'objet d'une soumission d'exportation.	
Ouvrages d'or et d'argent marqués seulement du poinçon d'exportation qui sont reconnus manquants au compte des fabricants, négociants, marchands en gros, commissionnaires, etc., en sus des quantités ayant fait l'objet de soumissions d'exportation ou de déclaration de transfert.	Au moment où les manquants sont constatés

(Loi du 10 août 1839 ; Ord. du 30 déc. 1839 ; C. n° 236 du 11 juill. 1840 ; Loi du 30 mars 1872 ; C. n° 46 du 5 avr. 1872 ; Décret du 11 juin 1872 ; C. n° 54 du 20 du même mois.)

441. Suivant une décision du ministre des finances en date du 5 septembre 1823, l'argenterie de ménage apportée en France par des étrangers est admise en franchise, à charge de réexportation dans un délai qui ne peut excéder trois années, et moyennant la consignation, au bureau de douane, du montant des droits d'entrée et de garantie dont cette argenterie aura été reconnue passible.

A l'expiration du délai déterminé pour la réexportation, les sommes consignées seront définitivement acquises au Trésor, si la réexportation n'a pas été effectuée. Les droits de garantie seront versés par les receveurs des douanes aux receveurs principaux de la régie, et inscrits, comme *recette extraordinaire*, au registre n° 87, et non sur celui des recettes de la garantie n° 30, où cette perception ne pourrait en effet être portée sans détruire la concordance qui doit exister entre ce dernier registre et ceux d'essai et de contrôle nos 29 et 31. Lett. comm. du 17 déc. 1831.

§ XXXII. — Droit de garantie des marques de fabrique ou de commerce.

442. Le droit de garantie des marques de fabrique ou de commerce, créé par la loi du 26 novembre 1873, se perçoit au comptant, au moment de l'apposition du poinçon spécial sur les estampilles présentées par les commerçants. — C. n° 124 du 6 juillet 1874. — Nous ne le rappelons ici que pour mémoire.

§ XXXIII. — Droit sur les allumettes chimiques.

443. Depuis l'établissement du monopole, il n'y a plus à constater de droits sur les allumettes chimiques, attendu que la fabrication et la vente appartiennent exclusivement à la Compagnie concessionnaire.

La redevance due à l'État par cette Compagnie (17.010.000 par an) est exigible par douzièmes. Elle peut être augmentée dans une proportion déterminée par le cahier des charges, lorsque la vente des allumettes en France dépasse 35 milliards par an. (C. n° 411 du 25 novembre 1884.) La constatation de cette redevance se fait à Paris, dans les écritures de la Direction et de la Recette principale de la Seine.

§ XXXIV. — **Huile de schiste. (Etat n° 51 I.)**

444. Le crédit de l'impôt est accordé aux fabricants, aux épurateurs et aux marchands en gros placés sous le même régime que les fabricants, jusqu'au moment où ils livrent leurs produits à la consommation.

Sommes dues par les fabricants et les épurateurs.	A la fin de chaque mois.
Quantités formant les charges non libérées des fabricants et épurateurs qui cessent.	Au moment de la déclaration de cesser (n° 17).

(Loi du 16 sept. 1871 ; C. n° 31 du 26 déc. suiv., et 189 du 15 mai 1876.)

Quand le décompte dépasse 300 fr., le paiement peut être effectué en une obligation cautionnée à quatre mois de terme.

§ XXXV. — **Droit d'entrée sur les huiles végétales et animales. (Etat 51 J.)**

445. Le droit d'entrée sur les huiles autres que les huiles minérales a été supprimé par la loi du 22 décembre 1878, dans les villes qui n'ont aucune taxe d'octroi sur les produits de l'espèce.

Dans les villes où la taxe d'octroi est maintenue, les municipalités ont la faculté de racheter le droit d'entrée au moyen d'une redevance ou d'un abonnement.

Le montant de la redevance ou de l'abonnement, stipulé dans un traité approuvé par l'administration, est recouvrable par vingt-quatrièmes, de quinzaine en quinzaine. En fin de trimestre, on constate, sur l'état de produit 51 J, six vingt-quatrièmes, soit le quart de la redevance.

Dans les villes où le régime ordinaire de l'exercice est maintenu, les droits sont exigibles, sur les quantités livrées à l'intérieur, au fur et à mesure des livraisons, et sur les manquants ou sorties non justifiées, lors de la constatation des manquants, ou après que le délai pour la justification des sorties est expiré. C. n°s 107 du 31 décembre 1873, et 253 du 27 décembre 1878.

Les marchands munis de licence et les fabricants peuvent se libérer au moyen d'obligations cautionnées, lorsque les droits exigibles dépassent 300 fr.

§ XXXVI. — **Bougies et produits similaires. (Etat. 51 L.)**

446. Nonobstant l'apposition des timbres et vignettes, le crédit de l'impôt est acquis aux fabricants et aux marchands en gros munis de licence jusqu'au moment où ils livrent leurs produits à la consommation.

Le règlement du compte se fait à la fin de chaque mois. Lorque le service constate des manquants de cire, ces manquants sont passibles du quadruple droit afférent à la bougie. En cas de manquant de vignettes, les droits correspondants sont immédiatement exigibles.

Sommes dues pour quantités livrées à la consommation.	A la fin de chaque mois.
Sommes dues pour manquants de cire ou de vignettes.	Aussitôt après la constatation des manquants.
Sommes dues pour manquants de produits achevés.	Aussitôt après la constatation des manquants.

(Loi du 30 déc. 1873; Décr. du 8 janv. 1874, et circ. nº 109 du 11 janv. 1874.)

Quand le décompte dépasse 300 fr. le paiement peut être effectué en une obligation cautionnée, à quatre mois de terme. Mais cette disposition ne s'applique pas aux manquants de vignettes, qui doivent être payés en numéraire. (Art. 11 du règlement.)

§ XXXVII. — **Vinaigres et acides acétiques. (Etat 51 M.)**

447. Le droit sur les vinaigres et acides acétiques est assuré, dans les fabriques et magasins de gros, par l'exercice des employés de la régie. (Art. 2 de la loi du 17 juillet 1875.)

Dans les fabriques, les manquants du *compte de fabrication* sont, d'après la nature des matières premières employées, imposables comme alcool ou comme vinaigre. (C. 403 du 16 août 1884.)

Dans les mêmes établissements et chez les marchands en gros munis de licence, les manquants de *produits achevés* sont imposables comme vinaigre; mais, selon qu'ils portent sur le volume ou sur l'acide, le degré du vinaigre imposable peut varier. La circulaire nº 161, du 1er août 1875, indique la marche à suivre pour opérer ce calcul.

En tout cas, les produits sur manquants doivent être constatés lorsque les manquants apparaissent dans les comptes. Ceux du compte de magasin peuvent être couverts par la déduction de 7 %, dans les mêmes conditions que les manquants constatés chez les marchands en gros de boissons.

§ XXXVIII. — **Droits sur les alcools dénaturés. (Etat nº 51 C spécial.)**

447 *bis*. Mêmes règles qu'en ce qui concerne le droit de consommation sur les alcools non dénaturés.

(Loi du 24 juill. 1843; Ord. du 14 juin 1844; C. nº 298 du 19 juin 1844, nº 302 du 8 juill. 1844, nº 303 du 16 juill. 1844, et nº 311 du 22 déc. 1844; Ord. du 19 août 1845; C. nº 324 du 20 août 1845; Loi du 2 avr. 1872; C. nº 67 du 19 sept. suiv.)

L'industriel qui prépare ou fabrique des alcools dénaturés doit être pourvu d'une licence de distillateur, s'il produit lui-même l'alcool qu'il dénature, ou d'une licence de marchand en gros, s'il conserve en magasin, avec le crédit du droit général de consommation, les alcools destinés à être dénaturés. Décret 29 janvier 1881, et C. nº 314 du 30 avril 1881.

Celui qui ne demande pas le crédit du droit est tenu de dénaturer les alcools qui lui sont expédiés sous acquit-à-caution, dans un délai de 10 jours, à partir de la réception.

Il doit payer l'impôt au moment même où se fait la dénaturation.

Le simple commerce en gros ou en détail des produits industriels (vernis, éthers, etc.), obtenus par la transformation des spiritueux, n'entraîne nullement, au surplus, l'obligation de la licence. (Correspondance générale.)

Fabricants qui ne sont pas pourvus de la licence de marchand en gros, mais qui reçoivent, en vertu d'acquits-à-caution et avec le crédit des droits, les spiritueux destinés à être mis en œuvre.

La dénaturation doit avoir lieu en présence du service, *dans un bref délai*, et les taxes de dénaturation (Trésor et octroi) doivent être acquittées au moment même. La perception peut se faire à un reg. nº 9 spécial.

Les employés relatent ce paiement à la suite du décompte établi au portatif 50 A, et ils l'annotent également aux acquits-à-caution, afin d'en justifier la décharge. (C. nº 314, du 30 avril 1881.)

Un compte d'ordre sera ouvert à chaque fabricant et, jusqu'à due concurrence, il lui sera délivré, pour régulariser le transport de ses produits, des passavants du registre nº 3 B. C. nº 314 précitée.

Fabricants pourvus de la licence de marchand en gros ou de distillateur et ayant obtenu le crédit des droits pour les alcools dénaturés comme pour les alcools en nature.

S'ils se soumettent au paiement des taxes de dénaturation (Trésor et octroi) au moment même des dénaturations (décompte au portatif 50 A et perception comme ci-dessus); des passavants nº 3 B leur seront délivrés pour régulariser leurs expéditions.

Dans le cas contraire, ils auront la faculté de payer l'impôt à l'enlèvement (registre nº 4 B), ou d'en reporter le paiement à la charge des destinataires (acquits nº 2 B énonçant que les quantités sont imposables).

Les manquants de magasin sont imposables au fur et à mesure de leur constatation, sous la déduction légale.

Dans tous les cas, les passavants et les acquits-à-caution délivrés aux fabricants quelconques devront spécifier que les produits expédiés consistent en *vernis, éthers, produits chimiques*, etc., fabriqués avec de l'alcool dénaturé. Ils énonceront le volume de ces produits et la quantité d'alcool pur qu'ils contiennent.

§ XXXIX. — Abonnement pour le traitement des employés d'octroi.

448. Abonnement pour le traitement des employés, dans le cas où

Par douzième à la fin de chaque mois.

la régie est chargée de la gestion des octrois.	

Aussitôt qu'un traité de gestion est mis en vigueur, le comptable inscrit au registre des comptes ouverts : 1° le montant annuel de la somme à payer par la commune ; 2° dans les cadres *ad hoc*, la portion afférente à chaque mois. A la fin de chaque mois, le receveur municipal verse au receveur particulier, par prélèvement sur les produits de l'octroi, le douzième des frais de perception convenus par le traité. A la fin de chaque trimestre, le montant de ces versements est inscrit aux relevés de produits n°s 76, 81, 102 et 104. (Ord. du 9 déc. 1814, art. 94, 95 et 97.)

La quittance délivrée par le receveur de la régie pour les frais de perception dont il s'agit, doit être timbrée. CC. n° 103 du 21 juin 1873.

§ XL. — Indemnité dite d'exercice.

449. Indemnités que les communes assujéties à des droits d'octroi ont à payer à la régie, en ce qui concerne les perceptions d'octroi qui sont assurées par les exercices des employés des contributions indirectes.	A la fin de chaque trimestre.

(Ord. du 9 déc. 1814 ; Lett. du M. des F. du 20 déc. 1816 ; D. n° 328 du 2 avr. 1817 ; C. n° 22 du 10 mai 1817, et n° 6 du 14 déc. 1824.)

§ XLI. — Impressions fournies pour le service des octrois.

450. Prix des impressions fournies par la régie pour le service des octrois.	Dès que le décompte des sommes dues par les communes a été arrêté par l'administration.

Chaque année, dans le cours du 4e trimestre, l'administration arrête et renvoie au directeur les tableaux (n° 79 B) présentant le décompte des sommes dues par les communes. Les directeurs transmettent aussitôt à chaque sous-directeur le tableau spécial à sa circonscription. Les sous-directeurs en forment immédiatement, pour chaque commune, des extraits destinés à être remis aux receveurs municipaux, et ils envoient ces extraits aux receveurs particuliers chargés d'opérer le recouvrement. Les receveurs particuliers inscrivent la créance au registre des comptes ouverts et, sans retard, ils en réclament le paiement aux receveurs municipaux. V. 2020 et suiv.

(Ord. du 9 déc. 1814, art. 68 et 69 ; C. n° 156 du 17 août 1817, n° 49 du 22 août 1832, et n° 51 du 23 nov. 1832.)

§ XLII. — Frais de surveillance des fabriques de soude, etc.

451. Les fabriques de soude auxquelles est délivré en franchise le sel nécessaire à leur fabrication sont soumises à une surveillance permanente. Le

nombre des préposés à l'exercice est fixé par l'administration. Pour couvrir le Trésor de la dépense à laquelle donne lieu cette surveillance, chaque fabricant verse à la caisse du receveur principal des douanes ou des contributions indirectes une redevance annuelle dont le montant est fixé à trente centimes par cent kilogrammes de sel employé à la fabrication. Art. 1er du Décret du 13 déc. 1862.

Les recouvrements ont lieu par trimestre. Ibid.

On procède de même dans les fabriques d'eau de Javel, lorsqu'il y a lieu à la perception d'une indemnité d'exercice de 1 fr. par 100 kilog. de sel mis en œuvre. (C. nº 459 du 11 déc. 1886.)

Les industriels qui emploient des huiles végétales ou des vinaigres en franchise, ont eux-mêmes à payer à la régie des frais d'exercice qui sont réglés à la fin de chaque année par le Ministre des Finances. C. nº 107 du 31 décembre 1873, et art. 5 de la Loi du 17 juillet 1875.

§ XLIII. — Dynamite fabriquée par l'industrie privée en vertu de la loi du 8 mars 1875.

452. Usant de la faculté que lui laisse l'art. 9 du règlement du 24 août suivant, l'administration a décidé que, dans les dix derniers jours de chaque mois, le service établirait, au portatif 50 A, le décompte des droits afférents aux quantités de dynamite expédiées pour la consommation intérieure, et aux quantités manquantes. C. nº 179 du 28 décembre 1875.

Ces droits doivent figurer aux relevés 102 et 104, à un cadre spécial établi à la suite du cadre des poudres à feu. Une ligne distincte a été ouverte également (ligne 60) aux bordereaux 80 et 91. Id.

Les fabricants ont la faculté de se libérer en obligations, lorsque les décomptes mensuels s'élèvent à plus de 300 fr. Id.

§ XLIV. — Produits divers.

453. Les produits désignés ci-après figurent parmi les droits constatés ; mais, en fait, on ne constate rien à ces divers titres : il s'agit d'une simple imputation de recettes effectives.

Portion du Trésor sur les saisies de tabacs et de poudres.

(Ord. du 31 déc. 1817 ; C. nº 29 du 16 mars 1818 ; Ord. du 17 nov. 1819 ; C. nº 118, du 26 août 1835.)

454. Recettes extraordinaires.

(C. nº 3 du 24 mars 1823, nº 21 du 6 oct. 1831, nº 25 du 3 avr. 1832, nº 44 du 22 mai 1832, et nº 301 du 10 juill. 1855.)

455. Produit de la vente des tabacs et des poudres ; prix des manquants au compte des planteurs de tabac et recettes accessoires au produit des tabacs et des poudres.

(Décret du 29 déc. 1810 ; C. nº 64 du 30 déc. 1810 ; Loi du 28 avr. 1816 ; C. nº 22 du 14 mai 1818 ; Ord. du 5 janv. 1831 ; C. nº 66 du 2 sept. 1833, et nº 37 du 1er mai 1832.)

456. Prix des jus et résidus des tabacs.

(C. de l'adm. des M. de l'Et. des 31 oct. 1864 et 16 mars 1865 ; C. n° 984 du 29 déc. 1864, n° 993 du 12 mai 1865, et n° 1076 du 15 nov. 1867 ; C. n° 63 du 27 août 1872.)

457. Produit des retenues au profit du service des pensions civiles.

(Loi du 9 juin 1853 ; Règl. du 9 nov. 1853 ; C. de la compt. n° 55 du 7 déc 1853.)

258. Prix des papiers filigranés, vendus ou manquants.

(Loi du 28 avr. 1816 ; Décision n° 249 du 11 décembre 1816 ; Décision ministérielle du 12 décembre 1840 ; C. n° 245 du 24 février 1841.)

459. Prix des instruments livrés aux employés, aux communes et à divers, ou manquants.

(Instruction pratique du registre n° 106 A.)

460. Montant de la retenue d'un centime par kilogramme de tabacs sur les livraisons faites par les planteurs.

(Loi du 24 déc. 1814 ; loi du 21 avril 1832, art. 1er.)

461. Redevances payées par les gérants des débits de tabacs.

(C. n° 12 du 31 août 1869.)

Observations générales.

462. La circulaire n° 445 de la Direction générale des contribution indirectes en date du 5 février 1857, relative à la classification et au recouvrement des droits, porte que certains produits, bien que compris parmi les droits constatés, ne donnent pas lieu à une constatation réelle, mais à une simple imputation de recettes effectuées et, par suite, ne prennent place dans les écritures qu'au moment de l'encaissement et pour le montant de la somme versée. Or, si cette remarque est entièrement applicable à quelques-uns des produits qu'énumère l'instruction précitée, tels que la portion du Trésor dans la valeur des tabacs et des poudres saisis, le produit des tabacs et des poudres, vendus aux débitants et consommateurs, les retenues pour pensions, etc., il n'est pas possible de l'étendre, au moins comme règle, à plusieurs de ces recettes pour lesquelles la constatation du fait qui donne lieu à la perception est absolument distincte de cette perception. CC. n° 117 du 3 février 1886.

On peut citer particulièrement :

Les recettes accidentelles qui résultent soit d'exercices chez les assujettis (redressements d'erreurs, rappels de droits, perceptions aux anciens tarifs, etc.), soit de procès-verbaux de manquants reconnus en timbres ou autres matières aux charges des comptables, soit d'autres titres variables suivant les circonstances, mais établis antérieurement à la recette (voir les circulaires de la comptabilité publique nos 96 et 105, des 30 décembre 1872 et 5 février 1876. Id.

Les manquants aux charges des planteurs de tabacs qui font l'objet de rôles rendus exécutoires par les préfets. Id.

Quelques-unes des recettes accessoires au produit des tabacs et des poudres, notamment la valeur des manquants de colis ou de plombs, le produit des avaries reconnues dans les années antérieures, etc. Id.

Pour ces divers produits, comme pour tous ceux à l'égard desquels la constatation ne se confond pas avec l'inscription en recette et qui, par conséquent, peuvent ne pas être intégralement recouvrés et donner lieu à des ordonnances de décharge ou de reprise indéfinie, les receveurs doivent en constater le montant dès qu'ils ont établi ou reçu les états, décomptes, procès-verbaux ou autres titres, en vertu desquels la perception est effectuée. Id.

SECT. III. — Droits constatés en matière de contraventions.

§ I. — Généralités.

1° *Amendes et confiscations.*

463. En ce qui concerne les amendes et confiscations, on ne fait une *constatation* dans l'acception ordinaire de ce mot, que s'il y a jugement ayant acquis force de chose jugée. Dans tous les autres cas, ce sont les recettes effectives qui figurent aux états trimestriels de produits n° 122 B. C. n° 445 du 5 fév. 1857.

Les amendes et confiscations prononcées par jugements ayant acquis force de chose jugée, ainsi que les sommes convenues par transactions définitives, sont inscrites sur des sommiers de droits constatés. Id. V. 517 et s.

Les parts d'amendes versées par les octrois et par les administrations étrangères et attribuées aux employés des contributions indirectes sont également constatées à l'état trimestriel des produits n° 122 B.

Cette constatation a lieu d'après les états de répartition dressés par ces administrations, états qui sont produits à l'appui des sous-répartitions. C. n° 17 du 30 oct. 1816; CC. n° 32 du 19 déc. 1843, et C. n° 381 du 21 mai 1856.

Une décision ministérielle du 3 décembre 1850 a posé en principe, relativement aux amendes en matière de timbre des lettres de voiture, etc., que le receveur de l'enregistrement n'a pas à se déplacer pour en payer le montant. C'est, aux termes de cette décision, le receveur principal des contributions indirectes qui doit se présenter à sa caisse, parce qu'il agit dans l'intérêt des parties prenantes. C. n° 381 du 21 mai 1856.

464. Le registre n° 122 A sert de sommier pour les amendes et confiscations.

2° *Droits simples, doubles ou sextuples exigibles par suite du non-apurement d'acquits-à-caution, etc.*

465. Les droits exigibles pour non-rapport de certificats de décharge

relatifs aux acquits-à-caution sont déterminés à la sous-direction. Chaque mois, et plus souvent s'il y a utilité, le sous-directeur inscrit aux registres des recettes particulières (nos 167, 192, etc.), les acquits-à-caution pour lesquels il y a lieu de poursuivre le paiement de droits ou d'amendes. A cet égard, les receveurs particuliers font immédiatement les diligences nécessaires. Ces droits et amendes sont toujours perçus pour le compte du receveur principal. Ils ne sont *constatés* avant paiement que lorsque l'exigibilité ne peut plus en être judiciairement contestée. Dans tous les autres cas, ce sont les recettes effectives qui figurent aux états trimestriels de produits n° 196. *Prescription*. V. 1216.

(C. n° 92 du 9 décembre 1834 ; C. de la compt. n° 22 du 28 décembre 1834 ; C. n° 480 du 29 janvier 1851, et n° 310 du 1er août 1855.)

Les droits exigibles pour les acquits-à-caution dont la décharge n'a pas été régulièrement justifiée sont inscrits, comme les amendes prononcées par jugements définitifs ou dues par suite de transactions définitives, sur des sommiers de droits constatés.

466. Le registre n° 166 sert de sommier pour les acquits-à-caution. C. n° 92 du 9 déc. 1834.

On réserve une feuille spéciale, à la fin de ce dernier registre, pour y inscrire les acquits en retard relatifs aux sels, aux vinaigres, aux bougies, aux tabacs, aux poudres, etc., les droits dus par suite du défaut de production des certificats de décharge pour ces acquits devant également être constatés à la fin de chaque trimestre. Id.

§ II. — Amendes. Etat n° 122 B.

1° *Constatations. Contributions indirectes.*

467. L'état n° 122 B est destiné à présenter, chaque trimestre, les sommes constatées sur les amendes et confiscations, et doit être dressé d'après les indications du mémorial du contentieux n° 122 A et du registre de consignations n° 89 A, 1re partie. On y inscrit, pour chaque affaire :

1° Le montant des transactions qui ont été précédées ou suivies de la consignation des sommes pour lesquelles elles ont été consenties ;

2° Les parts versées entre les mains des receveurs principaux et revenant aux employés de la régie dans les saisies qu'ils ont opérées à la requête d'administrations étrangères. V. 92, 134, 159 et 463 ;

3° Le montant des transactions définitives, c'est-à-dire qui ont été approuvées par l'autorité compétente, soit le directeur, soit l'administration, soit le ministre, suivant l'importance de la somme, et pour lesquelles, par dérogation aux règles établies, la consignation n'a pas eu lieu.

Ce cas devra être fort rare, si l'on se conforme aux instructions qui prescrivent de faire consigner le montant de chaque transaction avant que celui qui transige soit admis à la signer et que la copie lui soit remise ;

4° Les produits de vente d'objets saisis, dont l'abandon à la régie a été stipulé par transaction, ou dont la confiscation a été prononcée par jugement;

5° Enfin, les sommes dues à titre d'amendes, confiscations ou frais, par suite de jugements passés en force de chose jugée, c'est-à-dire pour lesquels les délais d'appel ou de recours en cassation sont expirés à la fin du trimestre pour lequel l'état 122 B est formé. C. n° 92 du 9 déc. 1834.

468. Il n'y a pas lieu de faire figurer sur ces états les affaires en instance ou qui ne sont pas encore terminées par transaction, les sommes à recouvrer dans l'un et l'autre cas n'étant pas connues. Id.

469. Il va sans dire que lorsqu'on aura constaté, en vertu de transactions définitives ou de jugements, des sommes qui n'étaient pas encore payées, on ne devra point les constater de nouveau dans le trimestre où le recouvrement aura lieu, puisqu'il en résulterait nécessairement un double emploi. Pour prévenir toute erreur à cet égard, il sera fait, sur le sommier n° 122 A, une annotation en ces termes : *Constaté par l'état du trimestre d*
188 , *n°* *fr.* *c.* — ou par abréviation :
Cté au Titre d' 188 , *n°*

Les registres 122 A des derniers tirages présentent ces indications.

2° *Constatations. Culture des tabacs.*

470. Bien que les écritures de comptabilité soient passées aux mêmes registres dans les recettes principales, les amendes et confiscations en matière de culture autorisée (Tabacs), ne sont cumulées ni sur l'état n° 122 B, ni sur les bordereaux n°s 91 A et 91 B, avec les recouvrements propres au service des contributions indirectes. CC. n° 68 du 26 déc. 1861.

471. Au vu d'un bulletin de versement remis au contrevenant par le chef du service des tabacs, le receveur principal des contributions indirectes encaisse le montant de la transaction arrêtée et donne quittance. C. n° 738 du 28 fév. 1871, et C. de l'adm. des tab. n° 8 du même jour.

472. Sur la représentation de cette quittance, le chef de service des tabacs dresse l'acte de transaction. Id.

473. Lorsque la transaction a été approuvée par l'autorité compétente, le même chef de service dresse l'état de répartition, et transmet cet état, avec le dossier de chaque affaire, au receveur principal qui, pour les paiements à effectuer et les écritures à passer, se conforme aux règles propres à son administration. Id.

474. S'il y a abandon des procès-verbaux, le chef de service des tabacs remet toutes les pièces de l'affaire au receveur principal des contributions indirectes, et ce comptable procède à la liquidation des frais. Id.

475. État n° 100 A. V. **Documents mensuels**, 1814 et suivants.

§ III. — Simples, doubles et sextuples droits. (État n° 196.)

1° *Constatations.*

476. Classé sous le n° 196 dans la série des modèles du service général, l'état de produit des acquits-à-caution sert à récapituler, chaque trimestre,

le produit des sommes constatées à défaut de rapport de certificat de décharge, et doit être dressé d'après le sommier des acquits-à caution n° 166, les registres de consignation et les contraintes non suivies d'opposition.

On inscrit sur cet état :

1° Les simples, doubles ou sextuples droits payés après l'expiration des délais fixés pour le rapport des certificats de décharge des acquits-à-caution, et les doubles droits déposés au moment de l'enlèvement, lorsque la consignation, n'ayant pas été réclamée dans le délai fixé pour le remboursement, aura dû être versée au receveur principal, et portée en consignation d'après un bordereau n° 80 *quater* ;

2° Les doubles ou sextuples droits dus par les soumissionnaires d'acquits-à-caution en retard, auxquels des contraintes auront été décernées sans qu'ils y aient fait opposition dans les délais. C. n° 92 du 9 déc. 1834. V. **Prescription**, n° 1216.

477. La constatation doit être annotée sur le registre n° 166 (boissons). Id.

478. Quand les simples, doubles ou sextuples droits sont acquittés par les destinataires, ils appartiennent au département où ils ont été encaissés. C. n° 480 du 29 janv. 1851, et n° 310 du 1er août 1855.

Dans ce cas, le sous-directeur dans le ressort duquel la perception est opérée dresse, pour son collègue de la circonscription administrative où l'acquit a été délivré, un avis contenant extrait de la quittance des droits. Il notifie, en même temps, la décision relative à l'apurement, si le destinataire a été admis à ne payer que le simple droit. Id.

479. L'apurement des acquits-à-caution délivrés pour les sucres est suivi sur des relevés n° 13 et sur les reg. n° 14 (Recettes principales), et n° 15 (Recettes particulières). Circul. n° 983 du 28 déc. 1864.

481. C'est sur l'état n° 196 que doivent être classées les consignations relatives aux droits sur la bougie, le vinaigre, les sucres, l'huile de schiste, etc.

2° *Compétence.*

482. Le simple droit constituant l'impôt, la régie n'a pas le droit de l'abandonner. C. n° 16 du 24 juin 1831, n° 207 du 20 juill. 1839, n° 25 du 3 avr. 1852, n° 310 du 1er août 1855, et n° 17 du 16 mars 1870. V. 486 et s.

483. Mais lorsque les directeurs ont la conviction que le défaut de décharge des acquits-à-caution n'a été occasionné par aucune manœuvre frauduleuse ou répréhensible, ni par des retards calculés, etc., ils peuvent abandonner le second ou le quintuple droit. C. n° 480 du 29 janv. 1851.

484. Leur renonciation est définitive en matière de boissons et pour les vinaigres et alcools dénaturés, si ces droits (second ou quintuple), représentant l'amende, ne dépassent pas 500 francs en principal et décime. Au delà de 500 francs, les directeurs ne sont autorisés à concéder la remise que sous réserve de l'approbation de l'administration. Id. et C. n° 480 du 17 juin

1887. — Ces dispositions, concernant le second ou le quintuple droit, sont applicables aux acquits-à-caution de sels, de sucres, et aux congés de colportage. C. n° 17 du 16 mars 1870.

485. En matière de sels et de sucres, l'administration se réserve exclusivement la faculté d'accorder la remise du *simple droit*. Id.

486. Dans les limites de leur compétence, les directeurs peuvent faire remise du *simple droit*, chaque fois que des différences en moins reconnues sur les chargements de boissons résultent d'accidents dûment constatés. Id.

487. L'administration leur accorde, en outre, le pouvoir d'autoriser, même en l'absence de procès-verbaux réguliers de constatation, la libération pure et simple des soumissionnaires d'acquits-à-caution, lorsque, pour des différences attribuées à des *pertes* ou *coulages*, à des *déchets extraordinaires d'évaporation*, à des *erreurs de jauge*, le simple droit ne représente pas plus de 250 francs. C. n°s 23 du 4 sept. 1871, et 480 du 17 juin 1887.

488. Enfin, dans les mêmes conditions, l'administration reconnaît aux directeurs la faculté de libérer les soumissionnaires des acquits-à-caution dont il n'a pas été fait usage et de ceux qui, du fait des buralistes, présentent des énonciations erronées ayant ou n'ayant pas motivé un procès-verbal. Id.

489. En matière de bougies et d'huile de schiste, les directeurs sont autorisés, jusqu'à concurrence du chiffre de 100 francs, à faire la remise du droit sur les différences provenant d'erreurs ou de pertes matérielles. C. n°s 31 du 26 déc. 1871 et 109 du 11 janvier 1874.

Toutefois, dans ces divers cas, les motifs des décisions intervenues doivent être soumis à l'appréciation de l'administration. En conséquence, les acquits-à-caution figureront au registre n° 166. C. n° 17 du 6 mars 1870.

490. Pour rendre plus clair l'exposé qui précède, nous résumons dans un tableau les instructions qui fixent les limites de la compétence des directeurs en matière d'acquits-à-caution :

Compétence des Directeurs en matière d'apurement d'acquits-à-caution.

Nota. Le pouvoir de stipuler au sujet des acquits de saisie appartient au directeur dans le département duquel la transaction est conclue.

En cas de différence de quantité ou de degré, si l'acquit doit être déchargé pour la quantité reconnue (art. 5 de l'ordonnance du 11 juin 1816), la compétence ne se règle que sur le montant des droits afférents à cette différence (Circul. n° 480 du 29 janvier 1851).

Boissons. — Vins, cidres, poirés, hydromels (sextuple droit) et spiritueux (double droit). Art. 1er. Ordonnance du 11 juin 1816. Art. 22 du décret du 17 mars 1852 et art. 10 de la loi du 21 juin 1873. *Vinaigres* (double droit). C. 161 du premier août 1875, 403 de 1884 et 480 de 1887. *Alcools dénaturés.* Double droit.	1° Remise du 1er droit constituant l'impôt.	1° Sur des différences en moins résultant d'*accidents* dûment constatés.	Jusqu'à 500 fr. (circ. nos 17 du 16 mars 1870 et 480 du 17 juin 1887).
		2° Sur des différences attribuées à des *pertes* ou *coulages*, à des *déchets extraordinaires d'évaporation*, à *des erreurs de jauge*. 3° Pour les acquits dont il n'a pas été fait usage. 4° Pour les acquits présentant, du fait des buralistes, des énonciations erronées, ayant ou n'ayant pas motivé un procès-verbal.	Jusqu'à 250 fr. C. n° 480 du 17 juin 1887.
	2° Remise du second ou du quintuple droit (amende).	Dans n'importe quel cas, si les directeurs ont la conviction que le défaut de décharge totale ou partielle n'a été occasionné par aucune manœuvre frauduleuse, ni par des retards calculés.	Jusqu'à 500 fr. (circ. 480 du 29 janv. 1851).
Huiles minérales (double droit). Art. 17 du règlement du 22 décembre 1871. *Bougies* (double droit); mais acide stéarique et cire (quadruple droit). Art. 18 du règlement du 8 janvier 1874.	1° Remise du 1er droit (impôt).	Sur des différences provenant d'*erreurs* ou de *pertes matérielles.*	Jusqu'à 100 fr. (circ. 31 et 109 des 26 décembre 1871 et 11 janvier 1874).
	2° Remise du second ou du triple droit (amende).	Il n'a rien été stipulé à cet égard dans les circulaires nos 31 et 109.	
Sucres et sels (double droit). Art. 19 de la loi du 31 mai 1846 et 19 de l'ordonnance du 26 juin 1845.	1° Remise du 1er droit (impôt).	Nul pouvoir (circ. n° 480 du 29 janvier 1851).	
	2° Remise du second droit (amende).	Dans n'importe quel cas, comme pour les boissons.	Jusqu'à 500 fr. (circ. 480 du 29 janv. 1851.)

491. L'administration est toujours consultée lorsqu'il s'agit de la décharge ou de la restitution de droits qui figurent dans les constatations. (État nº 196.) Id.

492. Tant que les acquits-à-caution n'ont pas été inscrits en retard au régistre nº 166, les sous-directeurs peuvent en autoriser la décharge, moyennant le paiement des simples droits ou la prise en charge au compte d'un assujéti. Id.

S'il s'agissait d'abandonner le simple droit, le directeur serait nécessairement appelé à prendre ou à provoquer une décision. Id.

Quand les acquits-à-caution ont été inscrits en retard, le sous-directeur ne peut apurer lui-même que ceux qui rentrent régulièrement déchargés. Id.

A l'égard de tous les autres, les propositions d'apurement sont soumises au directeur, qui statue dans les limites de sa compétence nouvelle ou qui rend compte à l'administration. Id.

493. *Changement de domicile.* Mais dans le cas où un simple consommateur s'expédie à lui-même des boissons enlevées d'un lieu non sujet au droit d'entrée, le *sous-directeur*, lorsqu'il est convaincu que le droit de consommation (eaux-de-vie, esprits, liqueurs et fruits à l'eau-de-vie), ou le droit de circulation (vins, cidres, poirés et hydromels), a été précédemment acquitté sur ces boissons, peut autoriser le buraliste à délivrer, non pas un passavant, mais un acquit-à-caution. Cet acquit fait mention de la franchise accordée à l'expéditeur. C. nº 310 du 1er août 1855 et nº 17 du 16 mars 1870.

Les chefs locaux de service à qui des demandes de franchise sont présentées les mettent à l'appui d'un état de proposition dressé en double expédition, et envoient le tout au *sous-directeur*, qui statue sommairement et renvoie l'une des expéditions revêtue de sa décision. Id.

Une telle autorisation n'est point nécessaire *lorsque le lieu d'enlèvement est sujet au droit d'entrée* ; la délivrance d'un acquit-à-caution en franchise du droit, et non d'un passavant, résulte alors de la loi elle-même (15 mai 1818). Id.

494. En toute hypothèse, le sous-directeur a qualité pour apurer d'office les acquits-à-caution dont il a autorisé la délivrance en franchise. C. nº 17 du 16 mars 1870.

495. Amendes. Transactions. V. 517 à 532.

§ IV. Inscription sur le livre de caisse nº 87 et le sommier nº 88.

496. Les receveurs principaux se chargent directement en recette sur le livre-journal de caisse nº 87 A, à titre de contributions et revenus publics, du montant brut des amendes et confiscations, ainsi que des simples, doubles ou sextuples droits provenant d'acquits-à-caution. Les recouvrements de cette origine sont inscrits tant au sommier nº 88 que sur le bordereau nº 91, avec les distinctions établies sur ces modèles.

497. Les receveurs principaux font dépense, à l'article des répartitions,

non seulement des portions attribuées aux octrois, aux indicateurs et aux saisissants, ainsi que des remboursements de frais, mais encore des sommes restituées aux contrevenants ou aux consignataires, et qui doivent figurer parmi les dépenses de ce service, puisqu'elles en atténuent le produit brut. CC. n° 24 du 16 déc. 1836. V. **Livres de comptabilité**, 134.

498. Ils portent aussi en dépense :

1° Les droits fraudés (octrois). CC. n° 25 du 7 janv. 1837 ;

2° La portion attribuée aux retraites. CC. n° 26 du 18 déc. 1837 ;

3° Les frais de poste dont le montant est ensuite repris en recette au registre n° 89 C. — C. n° 376 du 5 mai 1856 et CC. n° 62 du 24 du même mois.

Tenue du registre n° 89 A. V. **Livres de comptabilité**, 138 et suivants.

499. Il n'en est pas de même de la portion revenant au Trésor (amendes et acquits) et des droits fraudés (contributions indirectes). Cette double inscription serait surabondante, aujourd'hui que le Trésor est saisi par la recette brute faite à son profit ; mais le registre n° 89 et l'état n° 100 contiennent l'indication distincte de ces attributions. CC. n° 21 du 16 déc. 1836.

État n° 100 A. V. **Documents mensuels**, 1997.

500. Le montant des consignations sur acquits (boissons, etc.) doit être converti en perception définitive dans le délai de six mois, pour les droits qui auront été payés par suite de la non-rentrée, en temps utile, des expéditions délivrées. Art. 9 de l'ordonnance du 11 juin 1816; CC. n° 27 du 21 déc. 1838.

501. Quant aux droits délaissés depuis *plus de six mois*, soit chez les receveurs buralistes, soit chez les receveurs principaux ou particuliers, remplissant les fonctions de buralistes, le versement à la caisse des dépôts et consignations en aura lieu chaque année, dans les quinze derniers jours de décembre. CC. n° 78 du 15 juin 1867.

502. Ce délai de six mois sera compté à partir de l'expiration du mois pendant lequel les formalités voulues ayant été remplies, les consignations pourraient être restituées. Id.

§ V. Apurement des constatations pour amendes et doubles ou sextuples droits.

503. La faculté accordée précédemment aux directeurs, par la circulaire n° 7 du 4 avril 1831, de réduire les sommes dues pour non-rapport de certificats de décharge d'acquits-à-caution, ne peut pas s'appliquer à celles qui auraient été constatées sur l'état n° 196. Id. V. 491.

504. En pareil cas, la restitution des sommes encaissées doit être ordonnée par l'administration. C. n° 480 du 29 janv. 1851. V. 497.

505. L'apurement des constatations pour amendes et doubles et sextuples droits s'opère :

1° Par les recouvrements effectués;

2° Par les remises ou modérations dûment accordées;

3° Par l'admission en reprise, sur l'exercice suivant, des sommes non recouvrées à l'expiration de l'exercice clos, sauf à justifier des motifs qui en ont retardé le recouvrement;

4° Enfin, par l'obligation imposée aux comptables de payer de leurs propres deniers les sommes mises à leur charge. CC. n° 22 du 18 déc. 1834.

506. Pour la balance de ce compte, il n'y a donc lieu d'employer les décharges ou modérations accordées que dans les cas suivants :

1° Lorsqu'on se trouve obligé de réduire le montant d'une transaction approuvée par l'autorité compétente et qui n'avait pas été précédée de la consignation;

2° Lorsqu'il est intervenu une transaction ou une décision ministérielle à la suite d'un jugement passé en force de chose jugée;

3° Enfin, lorsqu'il est accordé, en matière d'acquits-à-caution, remise de l'un des droits constatés en vertu de contrainte.

507. Dans les deux premiers cas, la transaction ou la décision fait bien ressortir la décharge ou la modération accordée. Dans le dernier cas, il est nécessaire qu'une décision du conseil d'administration fixe la somme dont il est fait remise au redevable. C. n° 92 du 9 déc. 1834.

Les décharges ou modérations sont justifiées :

1° Par des ordonnances émanées de l'administration;

2° A défaut, par des décomptes rappelant les dates, soit des transactions, soit des décisions de l'administration qui, en autorisant l'admission des frais en non-valeur, ont régularisé l'abandon des instances. Lett. de l'adm. n° 6302 du 17 déc. 1836. Ces décomptes, établis par les directeurs, font ressortir exactement, par affaire, le chiffre des constatations qui doivent apparaître en décharge; on les appelle communément *certificats de modération*. En matière contentieuse, on en établit, pour mettre à l'appui des comptes, toutes les fois qu'une transaction intervient après un jugement passé en force de chose jugée, et lorsque le montant des condamnations prononcées a été constaté.

508. Les ordonnances qui accordent la remise ou la modération des amendes sont employées dans le compte de l'année pendant laquelle elles ont été délivrées. CC. n° 22 du 18 déc. 1834.

509. Si l'administration accorde la remise d'une amende qui a été constatée mais non payée, l'ordonnance est adressée à la direction générale de la comptabilité publique, à l'appui du compte de gestion. CC. n° 79 du 21 nov. 1867 et n° 102 du 20 mars 1875.

510. Si la remise porte sur des amendes consignées, l'ordonnance de remboursement est annexée à l'état n° 100 A. CC. n° 22 du 18 déc. 1834.

511. Les notes se rapportant aux remises d'amendes non encaissées sont, comme les états de modération, les ordonnances de décharge, etc., adressées non plus par lettres spéciales, ainsi que le prescrivait la circulaire de la

comptabilité publique du 26 avril 1866, n° 256, mais en même temps que les comptes n° 108. CC. n° 79 du 21 nov. 1867.

512. Ces notes doivent faire connaître : 1° le montant de la réduction, 2° l'état de répartition auquel sont jointes les pièces originales. CC. n° 22 du 18 déc. 1834 et n° 72 du 4 août 1864.

513. Autrefois les déductions de toute nature étaient résumées sur un relevé récapitulatif qui portait le n° 103 des impressions du service de la comptabilité. CC. n° 256 du 26 avr. 1866.

514. Etabli par les soins des directeurs, ce relevé était adressé, chaque année, en double expédition, au directeur général de la comptabilité publique, dès que les propositions formulées sur l'état n° 85 C avaient reçu l'approbation de l'administration. CC. n° 72 du 4 août 1864. — Cet état a été supprimé. V. 2033, 2047.

515. Les restes à recouvrer au 31 décembre sur les produits des amendes sont justifiés par le relevé général n° 101. Les comptables sont dispensés de fournir à l'appui de ce relevé des états de développement n°s 122 B, et 166, etc. CC. n° 24 du 18 déc. 1836.

§ VI. Transactions.

516. En matière de Contributions indirectes, il n'appartient pas aux tribunaux de modérer les peines. Art. 39 du Décret du 1er germ. an XIII. Cependant, aux termes de l'art. 42 de la loi de finances du 30 mars 1888, ils ont un certain pouvoir d'appréciation quant à l'application de la peine, attendu que l'art. 463 du code pénal a été rendu applicable aux délits et contraventions prévus par les lois sur les Contributions indirectes.

517. L'administration a le pouvoir de transiger sur les condamnations à obtenir, par suite des procès-verbaux de contravention et de saisie. Art. 23 de l'arrêté du 5 germ. an XII.

518. Elle n'a pas ce droit en matière de garantie. Décret du 28 flor. an XIII.

En cas de fraude sur les boissons, donnant lieu à l'emprisonnement dans les cas prévus par les articles 12 et 14 de la loi du 21 juin 1873 et par l'article 46 de la loi du 28 avril 1816, et en général dans tous les cas où à l'action fiscale est liée l'action publique, le droit de transaction ne peut s'exercer qu'après jugement et seulement sur le montant des condamnations pécuniaires prononcées. Art. 15 de la loi du 21 juin 1873.

En matière de poudres à feu, les conditions de transaction sont soumises au Préfet. C. n° 41 du 29 mai 1852.

519. Dans tous les cas où la régie peut transiger, les transactions ont lieu soit avant, soit après jugement. Art. 23 de l'Arrêté du 5 germ. an XII.

520. Mais l'administration ne peut transiger que sur les condamnations purement pécuniaires. C. M. J. du 1er janv. 1844 et C. n° 295 du 6 févr. 1844.

521. Au chef de l'Etat seul appartient alors le droit de remettre ou de modérer les peines corporelles. Id.

522. La préparation et l'acceptation des transactions rentrent dans les

attributions des directeurs et des sous-directeurs. C. n° 51 du 23 août 1852, n° 76 du 22 nov. suiv. et n° 17 du 16 mars 1870.

523. Les transactions deviennent définitives :

1° Par l'approbation du directeur, lorsque les condamnations encourues ne s'élèvent pas au delà de 500 fr. Art. 23 de l'Arrêté du 5 germ. an XII ; art. 10 de l'Ord. du 3 janv. 1821 ; art. 6 de l'Ord. du 4 déc. 1822, et C. n° 450 du 8 juin 1850.

2° Par l'approbation du directeur général, lorsqu'elles s'élèvent au-dessus de 500 fr. jusqu'à 3,000 fr. Id.

3° Par celle du ministre des finances, lorsqu'elles excèdent 3,000 francs, ou lorsqu'il y a dissentiment entre le directeur général et le conseil d'administration. Id.

En thèse générale, c'est le *minimum* des amendes encourues qui détermine la compétence. C'est le *maximum*, au contraire, qui sert de base, lorsque la transaction stipule, outre la confiscation et les frais, une amende supérieure au minimum.

Après jugement, il n'y a plus ni minimum ni maximum ; il y a le chiffre des condamnations prononcées, au delà duquel la régie, dès qu'elle accepte la décision, ne saurait plus rien réclamer. L. C. du 8 février 1876.

524. Les transactions qui doivent être soumises à l'approbation du conseil d'administration ou du ministre sont adressées au moyen d'un état collectif n° 122 D.

525. Celles de la compétence du ministre font l'objet d'un état distinct. C. n° 7 du 7 juin 1869. On produit cet état en double expédition.

526. Les états 122 D sont dressés tous les quinze jours ; ils doivent parvenir à l'administration, avec les dossiers complets, le 20 au plus tard, pour la première quinzaine, et le 5 du mois suivant, pour la seconde. Lett. comm. du 14 nov. 1872, et C. 344 du 5 août 1882.

527. Il n'y a pas lieu de former de feuilles n° 122 C relativement aux transactions qui sont de la compétence de l'administration ou du ministre, ni de porter les affaires sur les états n° 122 D dans leur ordre d'inscription au mémorial.

528. Contrairement aux dispositions de la circulaire n° 56 du 25 novembre 1820, le montant des transactions consenties moyennant le remboursement des frais seulement doit être introduit au registre n° 89 A, et à l'état n° 100 A. CC. n° 27 du 21 déc. 1838. V. 157.

529. Ecritures à passer. V. 154 à 157 et 172.

530. Répartitions. V. 158 à 160, 1739 et suiv.

531. Constatation du montant des transactions. V. 467 et suiv.

532. Transactions en matière de culture de tabacs. V. 470 à 474.

§ VII. Reprises indéfinies pour amendes et frais de justice.

533. *Les frais de justice* peuvent tomber à la charge de la régie lorsqu'elle a été condamnée par jugement ou lorsque le procès-verbal n'a point été porté en justice pour une cause quelconque.

Les frais et les amendes à recouvrer en vertu d'un jugement peuvent tomber en non-valeur et être admis en reprise indéfinie, par suite d'insolvabilité ou de disparition des délinquants. V. au chapitre des **Dépenses publiques** l'article des *Frais judiciaires*, 1600 et suivants.

534. Dans le premier cas, l'affaire est traitée sous le timbre du contentieux. C. nº 79 du 26 mars 1834. Il intervient tout d'abord une décision portant abandon de l'affaire et autorisant le directeur à produire un état nº 98 pour l'admission des frais en dépense. C. nº 7 du 7 juin 1869.

535. L'administration prononce ensuite l'admission en dépense des frais et délivre, d'après l'état nº 98, présentant la liquidation des avances faites à ce titre, un mandat qui permet au receveur principal dans la circonscription duquel l'affaire a pris naissance, de porter lesdits frais en dépense définitive et d'apurer le reg. 89 B.

536. Dans le deuxième cas, l'admission en reprise indéfinie est demandée à l'administration par feuille 122 C spéciale. Lorsque l'autorisation est accordée, le directeur produit un extrait en double expédition de l'état 122 B, et un état nº 98 auquel est joint le dossier complet de l'affaire.

L'administration renvoie : 1º l'extrait 122 B à l'appui d'une ordonnance de reprise indéfinie, mentionnant le reliquat de la dette du condamné; 2º l'état nº 98 avec le dossier, à l'appui d'un mandat au vu duquel le receveur principal apure son compte d'avances provisoires, et porte en dépense définitive les frais, qu'il impute à son bordereau, à la ligne (reprise indéfinie).

537. Le règlement du 26 décembre 1866 sur la comptabilité prescrit la production, au soutien de la dépense résultant de l'admission en reprise indéfinie des frais judiciaires et autres non recouvrables, des procès-verbaux de carence et des certificats d'insolvabilité ou de disparition des débiteurs. CC. nº 108 du 30 décembre 1880.

Cette production n'est pas moins nécessaire à l'appui des ordonnances en vertu desquelles les *droits et produits* constatés dans les écritures des comptables sont passés en non-valeur. Ces pièces ont toujours été exigées, et la Cour des comptes les a réclamées partout où elles faisaient défaut. Il convient donc de produire régulièrement ces pièces avec les ordonnances de reprise indéfinie. Au dossier des frais, on joindra des duplicata de ces pièces, ainsi que le prescrit le CC. nº 52 du 24 mai 1856, ou au moins une note faisant connaître l'ordonnance à laquelle les *certificats originaux* auront été annexés. Id.

538. Toutes les créances admises en reprise indéfinie doivent être portées, avec le détail nécessaire, sur un registre spécial dont il sera question plus loin. V. 764.

CHAPITRE XV.

Obligations cautionnées. Bières. Cartes. Tabacs exportés. Sels. Dynamite. Sucres. Huile de schiste. Huiles végétales. Bougies.

Allumettes, 555.
Avances provisoires, 584, 589.
Bières, 548.
Bougies, 553.
Caissier central, 573, 576 à 579, 588.
Cartes, 549.
Cautions, 558 à 569.
Centimes, 541.
Crédit de droits, 539.
Débets, 564.
Domicile, 563, 581.
Dynamite, 556.
Endossement, 573.
Envoi, 574.
Exigibilité, 587.
Faillite, 590.
Force majeure, 567.
Frais de protêt, 586, 589.
Huiles végétales, 554
Huile de schiste, 552.
Intérêts de crédit et de retard, 545 à 547.
Limites du crédit, 539, 540.
Mineurs, 562.
Obligations cautionnées, 539 et suiv.
Paiement anticipé, 581, 582.
Poursuites, 565.
Protêt, 568, 569, 583 à 595.
Récépissé, 584, 585.
Recettes accidentelles, 545, 595.
Receveurs, 539, 558 à 569, 584 à 586.
Registre n° 147 A, 570, 571.
Remboursement, 569, 584, 589.
Remise, 545.
Responsabilité, 558.
Sels, 551.
Sucres, 543, 557.
Tabacs, 550.
Tableau des oblig. en souffrance, 592, 593.
Timbre, 572.
Versements, 580.

Sect. I. — Droits et achats qui peuvent être acquittés en obligations cautionnées.

§ I. Dispositions générales.

539. Les redevables dont la solvabilité est connue peuvent être admis à souscrire des obligations cautionnées, payables à terme, pour l'acquittement de divers droits et achats. Ils jouissent ainsi d'un crédit, sous la responsabilité des receveurs.

Les droits dont le paiement peut être effectué en obligations cautionnées sont les suivants :

1° Les droits sur les sels (art. 53 de la loi du 24 avril 1806, art. 11 de la loi du 23 avril 1833 et art. 7 de la loi du 8 août 1847);

2° Le droit de fabrication des bières (art. 127 de la loi du 28 avril 1816);

3° Le droit sur les sucres (art. 24 de la loi du 31 mai 1846, et art. 36 du décret du 1er septembre 1852);

4° Le droit sur les huiles minérales (art. 15 du décret du 22 décembre 1871);

5° Le droit d'entrée sur les huiles végétales (art. 5 de la loi du 31 décembre 1873) ;

6° Le droit sur les bougies et les produits similaires (art. 19 du décret du 8 janvier 1874);

7° Le droit sur les cartes à jouer (art. 2 de la loi du 15 février 1875);

8° Le droit sur la dynamite et les explosifs à base de nitro-glycérine (art. 32 de la loi de finances du 3 août 1875) ;

9° Le montant des achats de papier filigrané et de moulage, faits par les fabricants de cartes de Paris (décis. min. du 22 mai 1818 et art. 2 de la loi du 15 février 1875).

Quelquefois l'administration admet encore les négociants qui achètent des tabacs pour l'exportation, à souscrire des traites pour la valeur des tabacs qui leur ont été livrés. Mais c'est une pure tolérance qui est accordée en pareil cas. V. 550 et 1277.

540. Quand il s'agit de sucres, les receveurs principaux soumettent *par trimestre*, à l'approbation du directeur, un état des sommes pour lesquelles les redevables et leurs cautions leur paraissent pouvoir s'engager. V. 610. Il n'y a à ce sujet ni instruction ni modèle imprimé pour les autres taxes ; mais sans que leur initiative puisse être gênée, les receveurs, en principe, ne doivent pas moins faire approuver par le directeur la limite de crédit qu'ils ont fixée pour chaque redevable. C'est la logique et le bon ordre qui le veulent ainsi ; c'est aussi conforme à l'esprit de la C. n° 81 du 5 oct. 1822. V. 560.

541. Si les sommes dues sont assez considérables pour que le redevable puisse être admis à souscrire plusieurs obligations, le montant total de la dette est divisé en portions égales. C. n° 202 du 11 mars 1839.

Il n'y a plus de limite pour le montant des obligations. Id.

Les centimes formant l'appoint doivent être payés en numéraire, de manière que les obligations ne présentent que des francs. Id.

542. Autrefois les crédits accordés aux redevables étaient la contre-partie de l'escompte dont jouissaient ceux qui payaient comptant les taxes donnant lieu à cet escompte, qui a été supprimé par la loi du 15 février 1875. Par suite de la suppression de l'escompte, les obligations souscrites pour jouir du crédit donnent lieu au paiement d'un intérêt fixé par arrêtés du ministre des finances en vertu de la même loi.

543. Des instructions spéciales, reproduisant les règles tracées en matière de droits de douane, ont été données pour les obligations cautionnées se rapportant aux sucres et glucoses. Le chapitre suivant est consacré à ces obligations. V. 596 à 668.

544. *Durée du crédit.* Le délai du crédit, c'est-à-dire le terme, l'échéance des obligations cautionnées, est uniformément fixé à 4 mois, et le minimum des sommes pour lesquelles des obligations peuvent être souscrites est indistinctement de 300 fr., quelle que soit la nature des droits. Loi du 15 février 1875 ; C. n° 141 du même mois, et CC. n° 102 du 20 mars 1875.

545. *Intérêts de crédit. Intérêts de retard. Remise.* Par sa circulaire du

20 février 1875, n° 141, l'administration a porté à la connaissance du service les dispositions de la loi du 15 du même mois, portant *suppression de l'escompte* dont jouissaient certains contribuables, lorsqu'ils acquittaient leurs droits au comptant.

Comme conséquence de cette suppression, la loi a imposé à ceux d'entre eux qui demanderaient à jouir du crédit, un *intérêt de retard*, indépendamment d'une *remise* limitée à un tiers de franc p. 0[0. CC. n° 102 du 20 mars 1875.

Pour tous les redevables mentionnés dans la loi, le crédit est uniformément porté à quatre mois. Un arrêté rendu par le Ministre, à la date du 17 février, a fixé, en outre, l'intérêt à 3 p. 0[0 par an, et la remise à un tiers p. 0[0. Id.

Les obligations souscrites sous le régime de cette loi comprennent, outre les droits dus, s'élevant au minimum à 300 francs, les intérêts de ces droits calculés pour quatre mois et déduction faite des fractions de franc, lesquelles continuent à être soldées en numéraire. Ces intérêts font l'objet, *dans la comptabilité des receveurs principaux*, d'un article spécial de recette, avec le titre : *Intérêts pour crédit de droits*. Id.

En marge des traites, comme à la souche du registre dont elles sont détachées, les receveurs doivent présenter la distinction du principal et des intérêts formant le montant des *obligations* ; ils ajoutent, en outre, dans le libellé même des obligations, après l'indication de la nature des droits dus, les mots : *Et pour les intérêts à raison de 3 p. 0[0 par an*. La distinction des intérêts est pareillement établie sur les quittances du registre n° 74. Les intérêts sont dus, non seulement pour les droits qui font l'objet de traites à quatre mois, mais encore pour les droits acquittés sur les sucres admis temporairement en franchise ; les intérêts doivent alors être calculés d'après le nombre réel des jours écoulés, à partir du jour de la soumission jusqu'à celui du paiement, ce dernier non compris, les mois étant d'ailleurs uniformément comptés pour trente jours. Id.

Pour justifier, dans leurs comptes annuels, la constatation des intérêts de crédit, les receveurs principaux établissent un état conforme au modèle n° 2 annexé à la circ. de la compt. n° 102, du 20 mars 1875, sur lequel ils présentent, en masse et sur une seule ligne, la totalité des obligations à quatre mois, et, en détail, chaque paiement relatif à des produits placés sous le régime de l'admission temporaire. Cet état est annexé au relevé n° 101, auquel il sert, sur ce point, de développement. Id.

Rien n'est changé aux règles tracées en ce qui concerne l'envoi mensuel des *obligations* au caissier central du Trésor, les écritures à passer en cas de non-paiement des traites à échéance, etc. ; dans ce dernier cas, les intérêts de retard, calculés à 5 0[0, portent sur le montant total des obligations protestées ; ces intérêts continuent à être classés parmi les recettes accidentelles. Id.

La *remise* de 1[3 p. 0[0 doit être versée par les redevables au moment même où ils souscrivent les traites. Il est à remarquer que la remise dont il s'agit doit être exigée de tous les contribuables admis au crédit, quelle que soit d'ailleurs la nature des taxes pour lesquelles des obligations sont souscrites (*sucres, bières, etc.*), et l'extension est très profitable aux comptables. Id.

546. On trouvera plus loin (V. 669 et suivants) le résumé des instructions relatives aux écritures de comptabilité à passer pour cette remise d'un tiers pour cent sur obligations, ainsi que les prescriptions administratives concernant le partage de ladite remise entre le Trésor et les comptables.

547. *Distinction à faire entre les intérêts de crédit et les intérêts de retard.* Nous croyons devoir faire remarquer la différence qui existe entre les intérêts exigibles des contribuables au moment de la signature des obligations cautionnées, et les intérêts dus par suite du non-paiement des traites à l'échéance. Les premiers, que nous appelons *intérêts de crédit*, bien qu'ils soient qualifiés par le législateur « intérêts de retard », sont calculés, conformément aux prescriptions de l'arrêté ministériel du 17 février 1875, sur le taux de 3 0/0 par an. On les porte en recette à la ligne 46 *bis* du bordereau 91. Les seconds, qui sont les véritables *intérêts de retard*, sont calculés d'après le taux de 5 %, sur le montant des traites non payées, à partir de la date du protêt, et ensuite sur les frais, à partir de la demande en justice. C. n° 392 du 22 juin 1848 et art. 7 de la loi du 7 mai 1864. On en crédite le Trésor sous le titre de *recettes accidentelles*. CC. n° 78 du 15 juin 1867.

§ II. Bières.

548. Les brasseurs ont, avec la régie, pour les droits constatés à leur charge, un compte ouvert, qui est réglé et soldé à la fin de chaque mois. Art. 127 de la loi du 28 avril 1816. Les sommes dues peuvent être payées en obligations cautionnées à quatre mois de terme, pourvu que chaque obligation soit au moins de 300 fr. Loi du 15 février 1875.

Le délai de 4 mois commence à courir, pour chaque obligation, à partir du 30 du mois pendant lequel les droits ont été constatés. Ainsi, une obligation applicable à un décompte fait en janvier devrait avoir pour échéance le 30 mai, quand même elle n'aurait été souscrite qu'en février. C. n° 202 du 11 mars 1839 et 1074 du 23 octobre 1867.

§ III. Cartes à jouer.

549. A Paris, les fabricants de cartes peuvent se libérer en obligations à quatre mois, pour le montant du papier filigrané et de moulage, si la livraison donne lieu au paiement de 300 fr. au moins. Arrêté M. F. du 12 déc. 1840 et C. n° 245 du 24 fév. 1841. Loi du 15 février 1875.

Il en est de même, en tous lieux, pour les droits sur les cartes à jouer dus par les fabricants. Loi du 15 février 1875.

§. IV. Tabacs exportés.

550. Le crédit accordé pour le paiement des tabacs achetés par des négociants et destinés à l'exportation n'est qu'une exception à la règle. Il faut

que le montant de l'achat, défalcation faite de la prime, s'élève au moins à la somme de 1,200 fr., et que les marchés particuliers passés par l'administration, avec l'autorisation du ministre, accordent cette faculté. C. n° 12 du 12 avr. 1817, n° 39 du 17 mars 1832 et n° 245 du 24 fév. 1841.

§ V. Sels.

551. La taxe de consommation sur le sel ne peut être acquittée en obligations qu'autant que la déclaration donne ouverture à un droit de plus de 300 fr. ; mais on peut cumuler, pour former la somme qui donne droit au crédit, toutes les déclarations faites dans la même journée. Les obligations sont souscrites à 4 mois. Art. 7 de la loi du 8 août 1847 ; C. n° 369 du 16 sept. suiv., et Inst. du reg. n° 147 A. Art. 2 de la Loi du 15 février 1875.

Le délai du crédit court du jour même de l'enlèvement pour la consommation intérieure. C. n° 202 du 11 mars 1839.

§ VI. Huile de schiste.

552. L'administration règle de mois en mois les sommes dues par les fabricants et épurateurs d'huile ou d'essence de schiste. Lorsque le décompte s'élève à plus de 300 fr., les sommes dues peuvent être payées en une obligation cautionnée à quatre mois de terme, sous la condition que l'obligation sera souscrite au plus tard cinq jours après le règlement mensuel. Art. 15 du Décret du 22 déc. 1871.

Le délai de quatre mois pour le paiement en obligations cautionnées doit être déterminé à partir du jour où le compte a été réglé : par exemple, du 30 janvier au 30 mai, chaque mois étant compté pour trente jours. Il n'y a pas lieu de s'arrêter au retard de un à cinq jours qui peut se produire dans le paiement. C. n° 31 du 26 déc. 1871.

§ VII. Bougies.

553. Mêmes dispositions que pour l'huile de schiste. Art. 16 du Décret du 8 janvier 1874 et C. n° 109 du 11 janvier 1874. Il y a lieu de remarquer toutefois que les manquants de vignettes sont payables en numéraire. Id.

§. VIII. Huiles végétales.

554. La loi du 31 décembre 1873 donne aux fabricants comme aux commerçants qui croient devoir renoncer à l'entrepôt pour les huiles végétales, la faculté de se libérer en obligations cautionnées à quatre mois de terme, lorsque les droits d'entrée afférents aux quantités fabriquées ou introduites s'élèvent à 300 fr.

§ IX. Allumettes.

555. Des dispositions analogues à celles qui concernent l'huile de schiste avaient été prises pour les droits sur les allumettes (art. 22 du Décret du 29 nov. 1871 et C. n° 29 du 3 déc. 1871); mais l'établissement du monopole

(Loi du 2 août 1872) et la concession à une compagnie les ont rendues sans objet pour l'avenir.

§ X. Droit sur la dynamite et les autres explosifs à base de nitro-glycérine.

556. Dans les dix derniers jours de chaque mois, le service de la régie établit, au portatif 50 A, le décompte des droits afférents aux quantités de dynamite expédiées pour la consommation intérieure et aux quantités reconnues manquantes. C. n° 179 du 28 décembre 1875.

Aux termes de la loi du 3 août 1875, les fabricants ont la faculté de se libérer en obligations cautionnées à 4 mois de terme, pour les décomptes qui atteignent le chiffre de 300 fr. Id.

En conséquence, les règles tracées par la circul. n° 141 du 20 février 1875 et la CC. n° 102 du 20 mars 1875 leur sont applicables. Id.

§ XI. Sucres et glucoses.

557. Les droits sur les sucres et glucoses peuvent être payés en obligations cautionnées, à quatre mois de terme, du jour où le droit est exigible, pourvu que chaque obligation soit au moins de 300 fr. Art. 24 de la loi du 31 mai 1846. V. le chapitre spécial aux **Obligations cautionnées se rapportant aux sucres**, 608 à 668.

Sucres destinés au raffinage, placés sous le régime de l'admission temporaire. V. 625 à 651.

Sucres employés à la fabrication du chocolat, placés sous le même régime. V. 652 à 668.

Sect. II. — Cautions.

558. Il est recommandé aux receveurs d'apporter le plus grand soin dans la discussion de la solvabilité des souscripteurs d'obligations et de leurs cautions. Personnellement responsables envers la régie de la solidité des personnes qu'ils admettent à cautionner des obligations, la loi leur accorde toute latitude relativement au rejet des cautions qui leur seraient présentées, sans offrir une garantie suffisante. C. n° 218 du 4 fév. 1814 et n° 81 du 5 oct. 1822.

Ils sont juges de la solvabilité des cautions, à l'exclusion de l'autorité judiciaire. A. C. du 19 mai 1806.

Cette latitude ne laisse aux receveurs aucun moyen de se soustraire aux effets de la responsabilité que pourrait entraîner leur négligence. C. n° 81 du 5 oct. 1822.

559. Les conservateurs des hypothèques sont tenus de remettre aux receveurs principaux des contributions indirectes, sur les réquisitions écrites de ces derniers, des états indiquant la situation hypothécaire des redevables qui demandent à souscrire des obligations et de leurs cautions. Ces états, qui ne donnent pas lieu au salaire établi par le décret du 21 décembre 1810, ne

sont établis toutefois qu'à titre de simples renseignements. Ils ne sont pas signés, et ils n'engagent pas dès lors la responsabilité des conservateurs. Lett. comm. n° 26 du 27 mai 1875.

Quand ils ont à user de ce privilège exclusivement accordé dans l'intérêt du Trésor et dont on ne saurait réclamer le bénéfice pour un autre motif, les receveurs principaux remettent directement au conservateur des hypothèques de leur résidence des réquisitions écrites énonçant, avec toute la précision désirable, les noms, prénoms, demeures et qualités des redevables dont il leur est utile de connaître la situation hypothécaire. Id.

Si les renseignements demandés doivent être fournis par les conservateurs établis près des tribunaux civils autres que ceux de la localité qu'habitent les receveurs principaux, ceux-ci doivent faire parvenir, par la voie hiérarchique, leurs réquisitions qui, en toute hypothèse, sont directement remises aux bureaux des conservateurs des hypothèques, où un agent de la régie doit également prendre les documents délivrés en échange, de telle sorte que les fonctionnaires des domaines ne soient obligés à aucun déplacement. Id.

560. Les employés supérieurs doivent veiller eux-mêmes à ce que la valeur des obligations n'excède pas les limites du crédit dont peuvent jouir le redevable et sa caution. Leur responsabilité personnelle est engagée dans la question. Id.

561. Lorsque les principaux obligés et leurs cautions jouissaient d'une solvabilité notoire au moment de la signature des obligations, la responsabilité est à couvert. Avis du Cons. du cont. du Trésor du 16 déc. 1823.

562. Un receveur qui admettrait pour caution un mineur, en serait responsable. Id.

563. Les cautions doivent, autant que possible, avoir leur domicile dans le ressort de la recette, afin que le receveur puisse recueillir toutes les informations qu'exige sa propre garantie et qu'à défaut de paiement les poursuites à diriger n'éprouvent aucun retard. C. n° 202 du 11 mars 1839.

564. Il est de règle que l'administration n'admette pas en non-valeur les débets de comptables, résultant de non-paiement des obligations cautionnées. C. n° 81 du 5 oct. 1822. V. 282 et suiv.

565. Le créancier d'une obligation contractée solidairement peut s'adresser à celui des débiteurs qu'il veut choisir. Art. 1203 du C. civ.

Les règles relatives aux cautions font l'objet des art. 2011, 2014, 2023 et 2043 du même code.

566. La caution d'un débiteur notoirement solvable à l'époque de l'exigibilité de la dette, et même quelque temps après cette époque, ne peut être déchargée pour cela seul que le créancier n'a pas exercé de poursuites en temps utile contre le débiteur. A. C. du 22 janv. 1849.

Mais elle a le droit d'intervenir dans la faillite de ce dernier, et elle peut faire défense au syndic de se dessaisir de l'actif sans avoir, au préalable, acquitté la totalité de la créance privilégiée des contributions indirectes. Jug. du trib. civ. de Lyon du 9 décembre 1876.

Lorsque l'administration a négligé de recouvrer, contre le débiteur principal, une somme dont elle connaissait l'existence, pour avoir formé saisie-arrêt et avoir été sommée de produire à la distribution du produit de la vente des meubles du redevable, l'obligation de la caution de payer au lieu et place de ce dernier se trouve réduite à ladite somme. Code civil, art. 2037.

Le tiers, caution d'un redevable, ne peut être tenu des frais de l'instance engagée sur l'opposition du débiteur principal, que si la contrainte et la procédure lui ont été dénoncées. Code civil, art. 2016. Jug. du tribunal civil de Domfront du 10 décembre 1874.

567. Les événements de force majeure, qui ont fait donner à bas prix les marchandises dont les droits étaient garantis par des obligations ne dispensent pas du paiement de ces obligations. A. C. des 15 juill. 1818 et 1er mars 1820.

568. Quand des obligations sont protestées à l'échéance, *le protêt doit être immédiatement dénoncé à la caution*. C. n° 392 du 22 juin 1848.

569. Si elles ne sont pas remboursées à bref délai, la signature de l'engagé principal est considérée comme sans valeur pour les soumissions ultérieures, et le comptable doit, pour sa responsabilité, exiger deux autres signatures notoirement solvables, afin d'avoir les mêmes garanties. Let. comm. du 1er avril 1848. V. 583 à 596.

Sect. III. — Registre des obligations, n° 147 A.

570. Les obligations cautionnées sont extraites d'un registre à souche qui porte le n° 147 A. Chacune d'elles est résumée sur le talon du registre; il présente la date de l'enregistrement, en recette, qui doit être la même que celle de l'obligation, le nom du souscripteur, celui de la caution, la nature du droit, le montant de l'obligation et l'époque de l'échéance. C. n° 202 du 11 mars 1839, n° 244 du 31 déc. 1840 et n° 258 du 25 sept. 1841.

Afin que la validité de ces titres ne puisse être contestée, l'administration veut que la signature des obligations soit certifiée par deux employés au moment même où l'engagement est conclu. C. n° 61 du 23 août 1872.

571. Le modèle n° 147 comprend à cet effet, outre la souche et l'ampliation, un talon qui doit être signé, comme l'obligation elle-même, par le redevable. Id.

Dans les recettes ambulantes, la signature apposée sur ce talon est attestée par le receveur et le commis principal ; dans les postes sédentaires, elle est certifiée à la fois par le comptable et par le chef local de service. Id.

Les talons détachés de l'ampliation du registre n° 147 sont envoyés le jour même au directeur ou au sous-directeur et classés avec soin par recette pour être compulsés au besoin. Id.

Il existe un modèle particulier pour les sucres. V. 620.

SECT. IV. — Timbre.

572. Les obligations sont passibles du timbre proportionnel. On doit en demander le prix au souscripteur au moment de la signature et les faire timbrer aussitôt qu'elles ont été souscrites. C. nº 202 du 11 mars 1839.

Le tarif du timbre proportionnel a été fixé à cinq centimes pour cent francs ou fraction de cent francs, par les lois en vigueur.

Au-dessus de 1,000 fr., le droit de timbre est de 50 centimes par 1,000 fr., sans fractionnement. Loi du 22 décembre 1878.

SECT. V. — Endossement.

573. La circulaire nº 245 du 24 février 1841 a donné la formule suivante pour l'endossement à mettre par le receveur principal sur les obligations :

« Payez à l'ordre de M. le caissier central du Trésor public, valeur en versement des contributions indirectes.

« A   le   18

« Le Receveur principal des contributions indirectes. »

SECT. VI. — Envoi.

574. Le receveur principal forme en double expédition un bordereau (nº 50) des obligations qu'il comprend dans son versement ; une expédition de ce bordereau est jointe à l'envoi que fait le receveur directement au caissier central du Trésor avec une lettre (nº 51). CC. nº 29 du 24 déc. 1840.

Cet envoi doit être fait, tous les dix jours, sous enveloppe cachetée de deux cachets au moins avec empreinte en cire et chargé en franchise. Id. C. nº 479 du 16 juin 1887.

Un bordereau spécial nº 50 *bis* a été établi pour les obligations *payables à Paris*. On le trouve dans le série des imprimés de service, sur le modèle de demande nº 151 B.

Les obligations sont classées par ordre de numéro et attachées au bordereau nº 50 par une épingle ou avec un fil ; on indique à la marge intérieure de la lettre et au-dessous de son numéro de série, le montant en chiffre des obligations transmises. C. nº 245 du 24 fév. 1841.

La deuxième expédition du bordereau nº 50 reste entre les mains du comptable pour lui servir de justification jusqu'à ce que le récépissé du Trésor lui soit parvenu ; il est passé article distinct de ces envois au Journal général nº 87 A, et le montant en est reporté au sommier nº 88 et au bordereau nº 91 A, à la ligne intitulée : *Versement à la caisse du Trésor public*. CC. nº 29 du 24 déc. 1840.

575. Le caissier central du Trésor envoie au receveur principal un récépissé à talon du montant des obligations qui lui ont été expédiées. Ce récépissé doit être visé dans les 24 heures de sa délivrance, à la diligence du caissier central. CC. nº 19 du 31 mars 1833.

576. Au moment où ils font l'envoi des obligations au *caissier central du Trésor*, les receveurs principaux en donnent avis au *directeur du mouvement général des fonds* par une formule n° 52, également chargée en franchise. CC. n° 29 du 24 déc. 1840 ; C. n° 245 du 24 fév. 1841, et Note du 16 nov. 1869.

577. *Modèle de suscription de la lettre n° 51 :*

A CHARGER. CAISSE CENTRALE DU TRÉSOR PUBLIC.

A MONSIEUR LE MINISTRE DES FINANCES,

A PARIS.

578. *Modèle de suscription de la lettre n° 52 :*

A CHARGER. DIRECTION DU MOUVEMENT GÉNÉRAL DES FONDS.

SERVICE DU CONTRÔLE CENTRAL.

A MONSIEUR LE MINISTRE DES FINANCES,

A PARIS.

579. Le caissier central transmet les obligations, quinze jours avant l'échéance, aux trésoriers généraux chargés de les encaisser. CC. n° 86 du 9 sept. 1871.

Le caissier central du Trésor et le trésorier général sont responsables du montant des obligations non acquittées à leur échéance, s'ils ont négligé de remplir les formalités voulues par le Code de commerce pour assurer le recours du Trésor. Art. 8 de l'Arrêté M. F. du 12 déc. 1840.

SECT. VII. — Versement du montant des obligations.

580. A l'époque de chaque versement, les receveurs particuliers de la régie remettent au receveur principal, comme valeurs actives, les obligations qu'ils ont acceptées, accompagnées d'un bordereau indiquant le montant et l'échéance de chacune d'elles, ainsi que les noms et qualités des souscripteurs. C. n° 218 du 4 fév. 1814.

SECT. VIII. — Paiement des obligations.

581. Toutes les obligations sont exclusivement payables au chef-lieu de l'arrondissement dans lequel elles sont souscrites.

Elles peuvent être acquittées soit à la caisse du receveur des finances, soit au domicile des souscripteurs, soit à celui d'un banquier ou de toute autre personne déléguée à cet effet. C. n° 202 du 11 mars 1839.

582. Les souscripteurs d'obligations jouissent de la faculté de les acquitter par anticipation ; ils peuvent même les acquitter par acomptes, pourvu que le solde en soit versé le jour même de l'échéance au plus tard. Dans le premier cas, l'obligation revêtue de l'acquit du receveur des finances est remise par lui au souscripteur. Dans le second, il en inscrit le reçu au dos de l'effet, en présence du souscripteur ou de son représentant. C. n° 218 du 4 fév. 1814.

Si le receveur n'était pas porteur de l'obligation, il délivrerait un reçu provisoire des fonds versés à sa caisse ; il y remplacerait ensuite ce reçu par l'obligation elle-même, aussitôt qu'elle lui serait parvenue et qu'il en aurait touché le solde. Id.

L'intérêt de crédit ne peut être remboursé au contribuable, en cas de paiement, avant l'échéance de l'obligation. C'est un droit qui est définitivement acquis au Trésor au moment de la souscription de l'obligation. **L. C.** de l'adm. des Douanes du 1er avril 1884.

Sect. IX. — Protêt des obligations.

583. Toute obligation non acquittée à l'échéance doit être protestée. Arrêté M. F. du 12 déc. 1840 et § 147 de l'inst. du 15 déc. 1853.

584. Après le protêt, l'obligation est présentée au receveur principal, qui en rembourse le montant, ainsi que les frais, au receveur des finances, chargé de l'encaissement de ces valeurs, et l'inscrit au compte des avances provisoires, où ces sommes figurent jusqu'à ce qu'elles soient remboursées. Lett. comm. du 1er avr. 1858.

Si le receveur principal n'a pas en caisse des fonds suffisants, ou s'il ne peut s'en procurer promptement au moyen d'un versement extraordinaire que le directeur prescrit au receveur le plus voisin, les obligations lui sont remises par le trésorier-payeur général ou par le receveur particulier des finances, contre des récépissés comptables motivés, énonçant que le défaut de fonds en caisse n'a pas permis le remboursement de ces effets. Lett. comm. précitée et § 147 de l'Inst. du 15 déc. 1853.

On se sert pour ce récépissé du modèle 92, en remplaçant ces mots : *Mon collègue de l'arrondissement de...* par ceux-ci : *M...., trésorier-payeur général du...* Le talon est adressé avec les pièces du mois à la comptabilité publique. C. n° 392 du 22 juin 1848.

La dépense est portée aux avances provisoires ; mais elle est balancée par une recette à la ligne 108 du bordereau 91 : Fonds reçus des receveurs des finances, obligations protestées. C. n° 392 du 28 juin 1848 et n° 443 du 3 mars 1849 ; CC. n° 78 du 15 juin 1867.

585. Quelques directeurs avaient supposé que le récépissé comptable remis, à défaut de numéraire, au receveur des finances, n'était qu'un titre provisoire dont le retrait devait être opéré lorsque la situation de la caisse du receveur principal en aurait donné la possibilité. C'était une erreur. C. n° 392 du 22 juin 1848.

Sans doute, si le receveur principal avait la facilité de se procurer très promptement les fonds nécessaires par un appel aux sous-comptables, on pourrait, ou prier le trésorier général de garder l'obligation jusqu'à ce que les fonds fussent faits, ou retirer le récépissé motivé, s'il en avait été délivré un. Mais il a paru préférable, pour la régularité des opérations de cette nature, de prescrire d'une manière générale et absolue que ces récépissés ne fussent pas ultérieurement échangés contre espèces. C'est une pièce comptable à verser au Trésor en remplacement des sommes qu'elle représente, et qui figure dans la comptabilité à titre de fonds reçus des receveurs des finances. Id.

586. Dans les arrondissements où il n'y a pas de receveur principal, c'est le receveur particulier entreposeur qui, agissant pour le compte du receveur principal, rembourse aux receveurs des finances le montant de l'obligation non payée et des frais de protêt. L'administration a décidé, d'accord avec le directeur général de la comptabilité publique, que les receveurs particuliers entreposeurs donneraient récépissé du montant des obligations non acquittées à l'échéance, et dont le remboursement, à défaut de numéraire en caisse, ne pourrait avoir lieu immédiatement. Ce récépissé est délivré au nom du receveur principal, dans la forme indiquée par la circulaire nº 392 précitée. C. nº 413 du 3 mars 1849.

Dans cette hypothèse, le receveur particulier entreposeur fait à son journal nº 74, au sommier nº 76 et au bordereau nº 80, un article de recette et, en définitive, verse comme pièce de dépense, au receveur principal, le montant de l'obligation et des frais de protêt. Id.

587. Si une obligation était protestée, celles qui resteraient à acquitter alors seraient exigibles de suite ; de plus, l'intérêt légal de 5 % serait dû sur ces obligations à compter du jour du protêt, et celui des frais à dater du jour de la demande en justice, conformément aux dispositions de la circulaire nº 392 du 22 juin 1848. V 547.

588. En cas de protêt des obligations payables à Paris et non acquittées à l'échéance, le caissier central du Trésor en fait le renvoi, dans les délais de rigueur, au trésorier-payeur général du département d'où elles provenaient. Le trésorier en fournit récépissé au caissier central, et en fait effectuer le remboursement immédiat par le receveur principal des contributions indirectes, qui conserve son recours contre les souscripteurs des obligations et les cautions. Art. 6 de l'Arrêté M. F. du 12 déc. 1830. V. 579.

589. Au fur et à mesure du remboursement des obligations et des frais, les sommes versées sont portées en recette définitive aux recouvrements d'avances (registre nº 89 B). C. 392 du 28 juin 1848.

590. Dans le cas de faillite, si les cautions solidaires d'un redevable ou les syndics consentent à désintéresser immédiatement le Trésor par l'acquittement des droits et le versement d'une somme équivalente au montant des obligations non encore échues, les premiers sont portés, sans retard, en recette aux contributions et revenus publics. Le surplus est inscrit aux consignations, conformément aux dispositions de la lettre administrative du 15 octobre 1858, jusqu'à ce qu'il soit possible aux receveurs d'en faire l'application au remboursement des effets non échus. Id.

591. A défaut de consignation préalable de la part des intéressés, les receveurs de la régie remboursent également, mais sur les fonds de leur caisse, au trésorier-payeur général ou au receveur des finances, le montant des obligations souscrites en paiement des droits et protestées à

l'échéance, en y comprenant les frais. On fait les mêmes opérations de comptabilité que dans le cas de protêt ordinaire. V. 584.

592. La nouvelle forme donnée au bordereau n° 91 B a permis d'y ménager un cadre de développement sur lequel sont portées : 1° par nature de droits (sels, sucres, bières, etc.), les sommes comprises dans les obligations protestées et qui figurent aux avances à la fin de chaque mois ; 2° les soumissions relatives à des sucres admis temporairement en franchise et dont le montant n'a pas été apuré dix jours après le délai fixé par la loi du 8 juillet 1865. CC. n° 79 du 21 nov. 1867.

593. Les réductions et extinctions résultant de recouvrements ou d'admissions en non-valeurs sont indiquées successivement dans la colonne d'observations, de manière à faire ressortir, à la fin de chaque mois, le reste à recouvrer. Id.

Ce tableau reproduisant toutes les indications nécessaires au contrôle de la comptabilité, les receveurs n'ont plus à faire figurer, à la fin du mois, le montant des obligations en souffrance dans leur solde en caisse ou en portefeuille, comme le prescrivait la circulaire de la comptabilité, n° 78. Id.

594. Lorsque la créance n'a pu être recouvrée totalement, en principal, intérêts et frais, il en est référé à l'administration, afin qu'elle puisse provoquer une solution. C. n° 218 du 4 fév. 1814 ; Lett. comm. n° 784 du 1er avr. 1848.

On en informe également le directeur général de la comptabilité publique. CC. n° 78 du 15 juin 1848.

595. Qu'il s'agisse d'obligations de crédit ou de soumissions d'admission temporaire, les intérêts dus par suite du retard du paiement sont ajoutés au principal de la créance au moment du règlement de compte avec les débiteurs. Conformément à la loi du 7 mai 1864 et aux dispositions de la circulaire n° 392 de l'administration et n°s 66 et 72 de la comptabilité publique, on en crédite en même temps le Trésor, sous le titre de *Recettes accidentelles*, et les directeurs rendent compte de la conclusion de l'affaire. Id. V. 545 et suivants.

CHAPITRE XVI

Soumissions et obligations cautionnées pour les sucres et les glucoses. Admissions temporaires de sucre pour le raffinage. Sucres destinés à la fabrication du chocolat et placés par acquit-à-caution sous le régime de l'admission temporaire.

Acceptation des obligations, 619 à 621.
Acquits-à-caution pour le sucre employé à la fabrication du chocolat, 652 à 668.
Admission temporaire, 625 à 668.
Avis des enlèvements, 597, 606.
Cautions, 599, 616.
[illegible]ntim s, 620.
Chocolatiers, 652 à 668.
Compte-ouvert, 6 0.
Constatation du droit, 606, 607, 630.
Contrainte, 602, 635.
Contrainte par corps, 624.
Crédit de droits, 618 à 624.
Crédits d'enlèvement, 598 à 605, 608.
Délai, 621, 631, 635, 653.
Domicil 615.
Entrepôts, 638 à 648.
Intérêts, 620, 633, 634, 660.
Limites des crédits, 600, 605, 610.
Nantissement, 618.
Obligations cautionnées, 608 à 651.
Paiement, 601, 607, 631,
Poursuites, 602, 623, 633.
Propositions de crédit, 610.
Protêt, 623.
Raffinage, 625 à 651.
Recev. amb., 596, 601, 621.
Receveur principal, 609 à 614, 617, 618, 622, 640.
Receveurs des douanes, 640, 641.
Receveur sédentaire, 596, 601, 619, 621.
Recouvrements, 632, 639 à 648.
Remises, 614, 632.
Responsabilité, 617, 618, 649, 650.
Solvabilité, 616.
Soumissions cautionnées, 596 à 607, 652 à 668.
Sucres exotiques, 638 et s., 652 et suiv.
Timbre, 620, 627, 648.
Transcription des obligations, 622.
Virements de fonds, 640 à 642.

Sect. I. — Soumissions cautionnées pour les sucres bruts.

§ I. Droit dû à la sortie des fabriques de sucre.

596. Aucune quantité de sucre ne peut être livrée à la consommation qu'après paiement des droits ou garantie suffisante de leur acquittement. Art. 36 du règlement du 1er sept. 1852.

Les droits sont dus sur les quantités constatées par la vérification des employés. Ils doivent être acquittés entre les mains du receveur sédentaire ou ambulant de la circonscription. § 130 de l'Instruction du 15 déc. 1853.

§ II. Avis des enlèvements.

597. A mesure que des enlèvements sont effectués pour la consommation ou qu'il y a lieu à un acquittement de droits à un titre quelconque, les chefs de service des fabriques et les contrôleurs des entrepôts en informent simul-

tanément le receveur sédentaire ou ambulant de la circonscription et le sous-directeur. Ils emploient dans cet objet deux formules n°s 26 et 33 (*Service des sucres*), qui portent le titre de *bulletin d'avis* et d'*extraits de bulletin d'avis*, et qui comprennent, indépendamment du bulletin ou de l'extrait, une formule de récépissé. Le bulletin d'avis est détaché d'un registre à talon. Il est adressé au receveur particulier (ambulant ou sédentaire). L'extrait de bulletin d'avis est sur simple feuille. Il est envoyé au sous-directeur. Art. 131 de l'Inst. du 15 déc. 1853.

On consultera avec fruit l'instruction jointe au registre n° 26.

§ III. Crédits d'enlèvement. Souscription des soumissions cautionnées.

598. Les redevables qui désirent être affranchis de l'obligation de payer les droits au moment de l'enlèvement des sucres peuvent être admis par le receveur principal de l'arrondissement à retarder de quelques jours ce paiement, et, par conséquent, peuvent être autorisés à faire sortir des sucres sans *acquittement préalable des droits*, en souscrivant une soumission cautionnée à la convenance de ce receveur, et garantissant, *pour une période déterminée*, le montant des droits qui deviendront exigibles. Cette soumission est reçue sur le registre n° 24 (*Service des sucres*). Art. 132 de l'Inst. du 15 déc. 1853. V. 613.

Elle est ainsi conçue :

« Je soussigné (nom et profession), demeurant à (domicile), m'oblige envers le receveur principal des contributions indirectes de à payer, à sa première réquisition, et à quelque époque qu'elle soit faite, le montant des droits afférents aux sucres que j'aurai déclarés pour la consommation, à partir du 18 , et jusqu'au 18 , ainsi que le montant des liquidations qui seront établies à ma charge, de l'une à l'autre de ces dates, par suite d'excédents ou de manquants, ou en vertu de mes soumissions d'acquits-à-caution et autres engagements. Ce paiement sera effectué, au choix dudit receveur, soit en effets à terme remplissant les conditions voulues par le règlement du 1er septembre 1852, soit en numéraire.

« Et moi (nom et profession), demeurant à (domicile), également soussigné, après avoir pris connaissance de la soumission ci-dessus, je déclare me rendre caution solidaire des engagements qu'elle contient.

« A le 18 . »

599. Les soumissions doivent être cautionnées *à la convenance* du receveur. Le principal obligé et sa caution doivent avoir leur domicile dans l'arrondissement. Si l'un ou l'autre n'y réside pas, il sera exigé une seconde caution remplissant la condition de domicile dans l'arrondissement. Inst. du reg. n° 24. V. 558 à 569.

600. Lorsque les soumissions ont été souscrites, le receveur principal indique au chef du service des fabriques les quantités de sucre qui peuvent être enlevées sans paiement préalable des droits, et le délai pendant lequel ces enlèvements sont autorisés (*le mois, l'année, etc.*, selon les termes de la

soumission). La même indication est donnée au receveur ambulant ou sédentaire auquel la fabrique ou l'entrepôt ressortit, pour qu'il puisse s'assurer que les enlèvements n'ont eu lieu que dans les limites déterminées par le receveur principal. Art. 132 de l'Inst. du 15 déc. 1853 et l'Inst. du reg. n° 24.

Si la limite était dépassée, il en informerait immédiatement le receveur principal et il prendrait les mesures nécessaires pour assurer le recouvrement des droits. Id.

601. Les droits applicables aux sucres livrés aux redevables, en vertu des soumissions cautionnées, doivent être acquittés dans les cinq jours de l'enlèvement, lorsqu'il s'agit de sucres sortis des entrepôts ou des fabriques dépendant d'une recette sédentaire, et à la première tournée du receveur, en ce qui concerne les quantités sorties des fabriques comprises dans la circonscription d'une recette ambulante. Inst. du reg. n° 24.

602. A défaut de paiement, les redevables et leurs cautions sont poursuivis par voie de contrainte. Art. 11 de la loi du 17 avr. 1832. V. **Contrainte**, 699 et suivants.

603. Une autre soumission est souscrite, pour obtenir le *crédit d'enlèvement,* lorsque les droits doivent être soldés en obligations cautionnée et en attendant la réalisation de ces obligations. (V. 608 à 624.) Elle est faite sur un feuillet de papier timbré suivant le modèle ci-après :

« Nous soussignés..... demeurant à..... désirant obtenir de monsieur le receveur principal des contributions indirectes de cette ville la faculté de retirer, aussitôt après vérification les sucres indigènes par nous déclarés pour la consommation, et jouir du délai de dix jours, pour lui fournir un règlement en traites à sa satisfaction, reconnaissons nous engager par la présente soumission pour une somme de... que nous promettons de lui payer, en numéraire à sa première réquisition, sous la caution solidaire de... à... lequel consent également à acquitter cette dite somme de... en cas de non-paiement de notre part, et ce aussi, sur la première demande qui lui en sera faite par le receveur principal des contributions indirectes, dans le cas où nous n'aurions pas fourni en temps convenable, c'est-à-dire dans le délai de dix jours à partir de chaque certificat de visite, un règlement en traites ou obligations à sa convenance pour les sommes partielles dont nous lui serions débiteurs et dont nous ne pourrions justifier le paiement par la présentation des acquits délivrés en son bureau et portant numéro de recette ; bien entendu que l'effet de la présente soumission, dont le but est de garantir le crédit qui nous est accordé par ledit receveur principal jusqu'à concurrence de... ne sera valable que pour les opérations résultant des déclarations par nous fournies ou à fournir en son bureau à partir de ce jour jusqu'au... et jusqu'à l'acquittement total des sommes créditées pendant ce délai et pour lesquelles le règlement en traites ou en espèces n'aurait pas été fourni.

« Il est convenu que cette soumission pourra cesser d'avoir son effet à la volonté du receveur des contributions ou des contractants, en se prévenant mutuellement et après libération totale.

« En foi de quoi nous avons signé le présent, après lecture, pour valoir ce que de raison.

« Fait à... le .. »

604. Si le crédit d'enlèvement est demandé pour des sucres qui doivent être déclarés en admission temporaire (V. 625 à 651), la seconde soumission est rédigée ainsi qu'il suit :

« Nous soussignés... négociants-raffineurs, demeurant à... désirant obtenir la faculté d'enlever partiellement, aussitôt après vérification, les sucres par nous déclarés en admission temporaire par application de la loi du 7 mai 1864, et de celle du 19 juillet 1880, nous engageons, jusqu'à concurrence de la somme de... à payer à M. le receveur principal des contributions indirectes à... les droits afférents à ces sucres, dès que le décompte en aura été établi par le service des contributions indirectes, et cela en cas de non-remise à M. le receveur principal, ou de non-acceptation de sa part pour l'admission temporaire desdits sucres, d'obligations cautionnées conformes aux prescriptions des lois et règlements sur la matière.

« Et nous... également soussigné, demeurant aussi à... après avoir pris connaissance de la soumission ci-dessus, déclarons nous rendre caution solidaire des engagements qu'elle renferme.

« Il demeure convenu que cette soumission pourra cesser d'avoir son effet à la volonté d'une des parties contractantes en se prévenant mutuellement et après libération totale.

« Fait à... le... »

605. La soumission extraite du registre n° 24 limite *la durée du crédit*, tandis que les autres *fixent le maximum de crédit accordé.*

§ IV. Constatation du droit.

606. A la réception du bulletin d'avis n° 26, le receveur particulier porte au compte ouvert n° 75 (*Comptabilité*) les quantités auxquelles ces bulletins sont relatifs. Les sucres de qualité différente sont inscrits distinctement avec l'indication de leur degré de richesse et de la quantité de raffiné qu'ils représentent. Art. 133 de l'Inst du 15 déc. 1853.

607. Lorsque le redevable n'a pas obtenu de *crédit d'enlèvement*, le paiement immédiat des droits a lieu au vu des bulletins d'avis. Le numéro de recette est alors mentionné sur le récépissé de ces bulletins, et les chefs de service des fabriques ou les contrôleurs des entrepôts attendent, pour permettre la sortie des sucres, le renvoi des récépissés ainsi annotés. Id.

Lorsque le fabricant de sucre a obtenu un crédit d'enlèvement, on procède comme il a été dit plus haut, sous le n° 601.

Sect. II. — Obligations cautionnées pour les sucres bruts livrés à la consommation. Crédits de droits.

§ I. Minimum des crédits.

608. Tout acquittement de moins de 300 fr. de droits sur les sucres et glucoses doit être fait en numéraire. Art. 134 de l'Inst. du 15 déc. 1853.

Les redevables peuvent être admis à souscrire, pour les acquittements de 300 fr. et au-dessus, des obligations cautionnées à quatre mois d'échéance. Id. et art. 2 de la Loi du 15 février 1875.

Nous l'avons déjà indiqué au chapitre précédent ; mais nous avons à relater ici les instructions spéciales données par l'administration pour les *crédits de droits* relatifs aux sucres.

On remarquera tout d'abord la distinction qui doit être faite entre les *crédits d'enlèvement* et les *crédits de droits*. Les premiers sont accordés par les receveurs principaux pour permettre aux fabricants de faire sortir des sucres sans paiement préalable des droits. Les seconds sont d'une autre nature ; ils portent autorisation de se libérer en obligations cautionnées. Les prescriptions qui suivent ne s'appliquent qu'aux crédits de droits.

§ II. Concession des crédits de droits. Attributions des receveurs principaux.

609. Les receveurs principaux sont chargés de la concession des crédits de droits. Art. 138 de l'Inst. du 15 déc. 1853.

610. Au commencement de chaque trimestre, ces receveurs soumettent à l'approbation du directeur, par l'entremise de l'inspecteur des sucres et du sous-directeur, l'état des sommes pour lesquelles les redevables et leurs cautions lui paraissent pouvoir s'engager. Ils ne doivent comprendre dan leurs propositions que des redevables ou cautions offrant toutes les garanties de solvabilité requises. Le sous-directeur s'assure que ces conditions ont été remplies, et il consigne ses observations dans la colonne ouverte à cet effet. Le directeur fait le même examen et arrête l'état. S'il juge que les propositions des receveurs doivent être réduites, il détermine le maximum des crédits à accorder. Id.

611. Dans aucun cas, les crédits autorisés par les directeurs ne peuvent être dépassés ; mais les receveurs principaux restent libres de les restreindre ou même de refuser tout crédit, s'ils ont des doutes sérieux sur la solvabilité des redevables ou des cautions. Id.

612. Lorsque de nouveaux redevables demandent, dans le courant du trimestre, à jouir du crédit, des propositions spéciales sont faites par les receveurs principaux, dans la forme indiquée ci-dessus pour les propositions trimestrielles. Id.

Le tableau des redevables proposés pour le crédit porte le n° 25 (*Service des sucres*). Id.

613. Une lettre de l'administration du 4 mai 1857 a prescrit de tenir un

compte ouvert n° 30 A, sur lequel les traites souscrites par les redevables sont inscrites immédiatement après leur enregistrement au reg. n° 30. Il est fourni mensuellement un relevé 30 B des crédits accordés.

614. Remises accordées aux receveurs. V. **Remises**. 669 et suivants.

§ III. Conditions de domicile.

615. Le redevable qui est autorisé à souscrire une obligation de crédit doit, ainsi que sa caution, être domicilié dans la circonscription de la recette principale. Si l'un ou l'autre ne remplit pas cette condition, une deuxième caution domiciliée dans cette circonscription doit être exigée, de telle sorte que deux des signataires aient leur domicile dans la circonscription de la recette principale. Art. 139 de l'Inst. du 15 déc. 1853.

§ IV. Conditions de solvabilité.

616. Tous les signataires des obligations cautionnées doivent être notoirement solvables à la date de ces obligations pour le crédit total qui leur a été accordé. § 140 de l'Inst. du 15 déc. 1853.

Si la fortune des redevables ou de leurs cautions consiste en biens-fonds, le receveur principal est tenu de s'assurer que ces biens sont libres de toute hypothèque (V. 559) pour une somme notablement supérieure au montant des droits dont ils garantissent le crédit. Il doit prendre inscription sur ces mêmes biens aussitôt qu'il est possible de le faire légalement, s'il arrive que les obligations soient protestées à l'échéance, à défaut de paiement. Id.

Il est interdit d'admettre pour cautions des personnes dont la fortune serait commune avec celle du principal obligé ou d'une première caution, c'est-à-dire des associés, s'il s'agit de négociants, ou des parents communs en biens, si ce sont des personnes étrangères au commerce. Id.

§ V. Responsabilité.

617. A défaut d'accomplissement de l'une quelconque des conditions prescrites, le receveur principal est, en cas de sinistre, personnellement responsable des crédits de droits, et tenu de verser de ses deniers le solde à recouvrer après épuisement des poursuites contre les redevables et leurs cautions. Art. 141 de l'Inst. du 15 déc. 1853.

Telle est la règle, que la loi du 7 mai 1864 a étendue aux obligations cautionnées, relatives aux sucres admis temporairement en franchise. CC. n° 78 du 15 juin 1867.

La question de responsabilité des receveurs pour les obligations restées en souffrance est soumise à la décision du ministre. Art. 141 de l'Inst. du 15 déc. 1853.

618. Les receveurs principaux sont autorisés à accepter, en remplacement de la deuxième signature exigée pour les obligations, le transfert en leur nom, à titre de nantissement, de sucres existant dans les entrepôts réels

en quantité suffisante pour répondre de l'acquittement des droits à l'échéance. Id.

Cette disposition ne concerne que les sucres placés en entrepôt. Elle ne peut être étendue aux sucres existant dans les magasins des fabriques ou des raffineries. Id.

§ VI. Acceptation des obligations.

619. Le receveur principal indique au receveur particulier, dans la limite des crédits arrêtés par le directeur, les sommes pour lesquelles les redevables et leurs cautions peuvent être admis à souscrire des obligations pour droits sur les sucres. Art. 143 de l'Inst. du 15 déc. 1853

Tout receveur particulier qui accepterait des obligations sans l'autorisation du receveur principal, serait tenu d'effectuer immédiatement le paiement en numéraire des droits exigibles, sauf son recours personnel contre les redevables. Id.

620. Les obligations sont souscrites sur une formule spéciale (nº 31, *Sucres*).

Elles doivent être :

Timbrées aux frais des souscripteurs ;

Sans fractions de franc ;

Et payables au domicile du trésor général du département ou du receveur des finances de l'arrondissement. Art. 144 id.

De plus, les souscripteurs d'obligations ont à acquitter immédiatement en numéraire la remise de 1/3 p. 0/0. L'intérêt de crédit est compris dans le montant de l'obligation. V. 545.

La signature du principal redevable doit être précédée d'un *approuvé* ou d'un *bon pour*, énonçant *en toutes lettres* la somme pour laquelle l'obligation est souscrite. Id.

621. Les receveurs sont autorisés à remettre aux redevables des formules d'obligation que ceux-ci peuvent remplir et signer sans déplacement. Cette facilité ne doit, toutefois, être accordée qu'autant que les signatures des principaux obligés et de leurs cautions sont bien connues. Les receveurs sont, dans tous les cas, responsables de l'authenticité de ces signatures. Art. 145 id. V. 570-571.

Au recto se trouve l'obligation souscrite par le principal obligé. Au verso est d'abord l'engagement de la caution, à la suite duquel le receveur principal met: *Payez à l'ordre de M. le caissier central du Trésor public, valeur en versement de droit sur les sucres indigènes.* Le caissier central, quand il en est temps, passe l'obligation à l'ordre du trésorier-payeur général du département, comme valeur en compte-courant.

Délai de souscription. Les obligations doivent être souscrites dans les délais fixés pour les paiements en numéraire.

Dès lors, un fabricant qui n'a pas obtenu la concession d'un crédit d'enlèvement doit signer l'obligation avant la sortie des sucres qu'il veut expédier. Par contre, un fabricant auquel un crédit d'enlèvement a été accordé doit signer l'obligation dans les cinq jours de l'enlèvement, s'il est placé dans la circonscription d'une recette sédentaire, ou au premier passage du receveur, s'il dépend d'une recette ambulante. V. 601.

§ VII. Transcription des obligations.

622. A mesure que les obligations pour droits sur les sucres sont reçues, elles sont inscrites sur un registre spécial (*n° 30 — Service des sucres*). Art. 146 de l'Inst. du 15 déc. 1853.

Le numéro d'inscription au registre n° 30 est rappelé sur les obligations. Id.

§ VIII. Protêt des obligations.

623. Toute obligation non acquittée à l'échéance doit être protestée. Après le protêt, l'obligation est présentée au receveur principal de la régie, qui en rembourse immédiatement le montant, ainsi que les frais de protêt, au receveur général ou particulier des finances chargé de l'encaissement de l'obligation, et inscrit la somme totale au compte des avances provisoires, où elle figure jusqu'à remboursement par les souscripteurs ou leurs cautions. Art. 147 de l'Inst. du 15 déc. 1853.

Si le receveur principal n'a pas en caisse des fonds suffisants, ou s'il ne peut s'en procurer promptement au moyen d'un versement extraordinaire, que le directeur prescrit au receveur le plus voisin, les obligations lui sont remises par le receveur général ou particulier des finances contre des récépissés comptables motivés. énonçant que le défaut de fonds en caisse n'a pas permis le remboursement de ces effets. Id.

Nous avons décrit sous les n°s 584 à 593 les diverses opérations de comptabilité auxquelles il peut être utile de recourir, en cas de protêt.

Poursuites à diriger après le protêt. V. 568, 569, 583 à 595.

624. *Contrainte par corps*. Autrefois la contrainte par corps était exercée contre les redevables qui, ayant obtenu un crédit de droits, n'avaient pas acquitté leurs obligations à l'échéance. Art. 52 du Décret du 1er germinal an XIII, et art. 11 de la Loi du 17 avril 1833.

Actuellement la contrainte par corps ne s'exerce plus en matière civile. Art. 1 de la loi du 22 juillet 1867.

Sect. III. — Sucres destinés au raffinage, placés sous le régime de l'admission temporaire.

§ I. Admission temporaire des sucres. Obligations cautionnées. Délai. Intérêts de crédit. Remise.

625. L'article 5 de la loi du 7 mai 1864 autorise l'admission temporaire des sucres bruts et la substitue au système de drawback précédemment en vigueur. C. n° 954 du 31 mai 1864.

Le délai de quatre mois accordé par l'article 5 de la loi du 7 mai 1864, pour la libération des obligations relatives aux sucres admis en franchise temporaire, a été réduit à *deux mois*. Art. 27 de la Loi du 8 juillet 1865.

L'admission temporaire est ainsi déterminée par le nº 214 des observations préliminaires du tarif général des douanes :

Peuvent être admis temporairement en franchise des droits :

1º Les sucres non raffinés *de toute qualité*, indigènes ou du cru des colonies françaises (loi du 19 juillet 1880, art 8) ;

2º Les sucres étrangers non raffinés, de toute qualité (y compris les sucres titrant plus de 98 degrés) *importés en droiture* des pays hors d'Europe (même loi, même article, et loi du 16 mai 1863, art. 23).

Sont exclus du régime de l'admission temporaire, en vertu des dispositions de l'art. 18 de la loi du 19 juillet 1880, les sucres étrangers importés des pays d'Europe. L'exclusion atteint par conséquent : 1º la totalité des sucres d'origine européenne venant d'un pays d'Europe, et 2º les sucres de provenance extra-européenne *importés par la voie des entrepôts d'Europe*.

626. Les sucres déclarés sous le régime de l'admission temporaire sont livrés moyennant des obligations cautionnées qui, pour l'action ou les privilèges du Trésor et la responsabilité des comptables, ont tous les caractères des traites souscrites pour le paiement des droits. En cas de faillite ou de suspension de paiements, les formes de procéder sont les mêmes. Id.

627. L'admission temporaire constitue par elle-même un crédit. La somme stipulée sur les obligations doit être *acquittée* dans le délai de deux mois au plus tard, soit en *numéraire*, soit en *certificats* du service des douanes et des contributions indirectes constatant l'exportation ou la mise en entrepôt d'une quantité de sucre raffiné correspondante à la quantité de sucre brut soumissionnée. Ces obligations, libellées selon la formule (modèle nº 1), sont passibles du timbre fixe de 75 centimes. C. nº 954 précitée et nº 1010 du 18 sept. 1865.

628. Les obligations d'admission temporaire donnent lieu au paiement d'une remise d'un sixième pour cent, c'est-à-dire de la moitié de la remise sur les obligations cautionnées ordinaires. Cette différence de tarif tient à la durée du crédit, qui est de deux mois seulement, en matière d'admission temporaire. V. ci-après 670.

Il est dû également un intérêt de retard, ou plutôt un intérêt de crédit, mais seulement sur les sommes applicables aux produits qui, à défaut de justification d'exportation ou de mise en entrepôt dans le délai réglementaire, *seront libérés par le paiement effectif des droits*. En pareil cas, l'intérêt tés calculé pour le temps écoulé depuis la date de la soumission jusqu'au jour du paiement. C. nº 141 du 20 février 1875.

§ II. Souscription des obligations.

629. Dans les localités où il existe à la fois une recette principale et des recettes de section, c'est entre les mains du receveur principal que les obligations sont souscrites. C. nº 954 du 31 mai 1864.

Partout ailleurs, le receveur particulier qui a reçu une obligation la détache de la souche et la transmet au receveur principal ; celui-ci en accuse réception, et adresse immédiatement à l'administration un avis (modèle n° 3). Les receveurs principaux envoient aussi sans retard à l'administration un bulletin du même modèle pour chaque obligation passée dans leur bureau. Id.

Les receveurs particuliers annexent à la souche les accusés de réception des receveurs principaux (modèle n° 4). Id.

§ III. Compte-ouvert.

630. Les receveurs principaux ouvrent un registre de compte-ouvert (modèle n° 2), pour y porter à la fois les obligations souscrites à leur caisse et celles qui ont été reçues dans les bureaux particuliers de leur circonscription. C'est par les soins de ces comptables qu'est suivi l'apurement des unes et des autres. C. n° 954 du 31 mai 1864.

Le montant des obligations n'est pas porté immédiatement en recette. Id.

On attend l'apurement pour passer l'écriture des sommes qui sont alors effectivement recouvrées. Id.

§ IV. Apurement des obligations.

631. Le délai de deux mois expiré, les sucres dont l'exportation n'est pas justifiée selon ce qui a été réglé par la circulaire n° 954, donnent lieu au paiement des droits sans crédit ni escompte. C. n° 1010 du 8 sept. 1865.

Les obligations sont apurées, soit par le paiement des taxes applicables aux sucres bruts soumissionnés, soit par l'exportation ou la mise en entrepôt d'une quantité de sucre raffiné correspondant aux rendements fixés. C. n° 954 du 31 mai 1864.

L'apurement a lieu : — soit par l'exportation ou la constitution en entrepôt de quantités correspondantes de sucres candis, de sucres raffinés, ou de sucres en pains agglomérés ; — soit (la faculté de l'entrepôt étant interdite dans ce cas) par l'exportation directe de vergeoises ou de sucres raffinés autres que ceux spécifiés ci-dessus ; — soit par le paiement en numéraire et avec intérêt de retard, à compter de la date de la soummission (V. 628), du montant des droits sur les sucres soumissionnés. (Loi du 7 mai 1864, art. 5 et 6 ; loi de finances du 8 juillet 1865 ; loi du 15 février 1875 et loi du 19 juillet 1880, art. 19). C. n° 297 du 25 août 1880.

Lorsque les obligations sont apurées par le paiement des droits ou par production des justifications d'exportation ou de mise en entrepôt, le comptable fait parvenir à l'administration un avis (modèle n° 5). C. n° 954 du 31 mai 1864.

632. Les éventualités d'exportation ne permettent pas d'étendre aux obligations les règles de comptabilité applicables aux effets de crédit. On s'abstiendra donc d'en porter immédiatement le montant en recette, et l'on attendra l'apurement pour passer écriture des sommes qui seront alors effectivement recouvrées. Les remises seules figurent ainsi en recette à la date des obligations. Id.

633. Si les obligations ne sont pas apurées dans le délai de deux mois fixé par l'article 27 de la loi du 8 juill. 1865, le Trésor doit poursuivre immédiatement, outre le recouvrement du droit, le paiement des intérêts à raison de 5 p. % l'an, à partir de l'expiration dudit délai, en vertu de l'article 8. Id.

Cette prescription se rattache au cinquième paragraphe de l'article 5 de la loi du 7 mai 1864. L'intérêt budgétaire engagé dans le régime des sucres est trop considérable pour qu'on ait voulu s'exposer à altérer les résultats de la loi par des prolongations de délai. Il n'en sera donc jamais accordé, alors même que les soumissionnaires croiraient pouvoir exciper de circonstances de force majeure. Id.

634. Des relevés conformes au modèle annexé sous le n° 1 à la circulaire de la comptabilité n° 72, du 4 août 1864, et présentant le décompte des intérêts payés, seraient, le cas échéant, envoyés *chaque mois* à la direction générale de la comptabilité publique, qui, après vérification, les joindrait, en fin d'année ou d'exercice, aux bordereaux récapitulatifs n° 108.

Un double de ces relevés serait joint au bordereau n° 91 B, comme justification de la recette. CC. n° 75 du 23 nov. 1865.

635. Mais, dans la pensée des législateurs, c'est la date des certificats de sortie ou d'admission en entrepôt qui doit servir de base au calcul des délais. Il faut, dès lors, donner au commerce quelque latitude pour rapporter ces certificats à la recette principale dépositaire des obligations. Dix jours suffiront largement pour les plus longues distances. Cinq jours après l'expiration du délai de deux mois, le receveur principal enverra un avertissement au soumissionnaire et à sa caution. Si, cinq jours après ce premier sursis, c'est-à-dire dix jours après l'exigibilité de l'obligation, les engagements ne sont pas remplis, le receveur principal fera signifier contrainte aux deux obligés. Le comptable informera aussitôt l'administration de l'incident. C. n° 954 du 31 mai 1864.

636. Il est bien entendu que la tolérance accordée pour le rapport des certificats ne changera rien aux délais légaux, et que ce sera toujours la date du visa de sortie ou d'entrée en entrepôt qui servira au calcul du terme de deux mois. Id.

637. Une fois la contrainte décernée, les obligations ne pourront plus être apurées que par le paiement des droits et de l'intérêt. Le receveur principal refusera, dès ce moment, toute imputation de bulletins de sortie ou de mise en entrepôt. Id.

§ V. Entrepôts. Application des droits. Virements de fonds avec la Douane. Imputation d'exercice.

638. Après avoir été raffinés en France, les sucres bruts importés de l'étranger ou des colonies françaises, sous le régime des obligations d'admission temporaire, peuvent être placés dans les entrepôts des sucres indigènes. C. n° 954 du 31 mai 1864 et CC. n° 72 du 4 août 1864.

639. Par application du régime de l'admission temporaire, les receveurs

principaux qui ont des fabriques-raffineries ou des entrepôts réels dans leur circonscription peuvent être appelés à recevoir des obligations et à liquider des droits afférents à des sucres de l'extérieur. C. n° 8 du 10 juin 1869.

640. Le comptable des douanes, qui a fait souscrire les obligations d'admission temporaire, pouvant seul présenter en compte, aux contributions et revenus publics, les droits provenant des sucres exotiques déclarés pour la consommation, à la sortie des entrepôts établis en vertu de l'article 21 de la loi du 31 mai 1846, ces droits sont transférés dans sa caisse au moyen d'un bordereau de virement de fonds. CC. n° 72 du 4 août 1864.

641. Les agents des douanes transfèrent de la même manière, dans la comptabilité des contributions indirectes, les recouvrements qu'ils effectuent sur des sucres indigènes, à l'extraction des entrepôts réels dont la surveillance leur est confiée. Id.

642. Dans les deux cas, il convient de fournir au receveur qui doit passer écriture définitive des produits, les indications nécessaires pour qu'il puisse régulièrement établir l'état n° 93 (douanes) ou l'état n° 101 (contributions indirectes), selon qu'il s'agit de sucres exotiques ou de sucres français. Id.

643. Il est, du reste, entendu que les receveurs des contributions indirectes porteront en recette définitive les droits qu'ils percevront sur des *sucres indigènes* extraits des entrepôts, qu'ils aient ou non inscrit, à leur bureau, l'obligation d'admission temporaire. Id.

644. Lorsque des obligations d'admission temporaire sont apurées, en vertu de l'article 5 de la loi du 7 mai, par le paiement des taxes et surtaxes applicables aux sucres bruts soumissionnés, les droits sont portés en recette avec rattachement à *l'exercice*, pendant la durée duquel les obligations ont été souscrites. Id.

645. En conséquence, on porte les droits dont il s'agit sur un relevé n° 101 supplémentaire, dont le modèle, classé sous le n° 101 *bis*, est fourni comme papier de service et comprend, avec tous les développements nécessaires, les droits et produits qui donnent lieu à rattachement dans les mêmes conditions (casernement, chemins de fer, etc.). CC. n° 105 du 5 février 1876.

646. Lorsqu'il s'agit d'une déclaration de sortie d'entrepôt *pour la consommation*, c'est la date de cette déclaration qui détermine l'exercice auquel la perception devra être rattachée. CC. n° 72 du 4 août 1864.

647. Les directeurs des départements dans lesquels il existe un entrepôt de sucres indigènes fournissent des registres de quittances à souche propres à l'inscription des droits sur les sucres exotiques. CC. n° 72 du 4 août 1864.

648. Le prix du timbre de ces quittances est également transféré dans la comptabilité des receveurs des douanes, qui, de leur côté, sont pourvus de formules de quittances n° 74, dont le timbre est compris dans les bordereaux de virement de fonds qu'ils sont appelés à établir, lorsqu'ils perçoivent des droits sur des sucres indigènes extraits des entrepôts réels. Id.

§ VI. Responsabilité.

649. La responsabilité des comptables se trouvant étroitement engagée, ils doivent prendre toutes les garanties exigées en matière de crédits. Le montant de leurs remises est acquitté au moment où les obligations sont souscrites. C. n° 954 du 31 mai 1864 et CC. n° 78 du 15 juin 1867.

650. Les inspecteurs et les directeurs étendent aux obligations le contrôle qu'ils doivent exercer sur les effets de crédit. On se dispense cependant de leur soumettre, au préalable, les états trimestriels en usage pour la préparation des traites. Id.

651. L'administration, de son côté, centralise le mouvement des obligations. Id.

Sect. IV. — Sucres employés à la fabrication du chocolat, placés par acquit-à-caution sous le régime de l'admission temporaire.

§ I. Admission temporaire.

652. Jusqu'en 1872, le sucre et le cacao employés à la fabrication du chocolat destiné à l'exportation étaient exclus du drawback ; il n'était pas tenu compte à l'exportateur des droits payés à l'importation.

Un décret du 5 juin 1872 a autorisé, sous les conditions déterminées par la loi de douane du 5 juillet 1836, l'admission temporaire, en franchise, de ces matières dans les fabriques de chocolat qui travaillent pour l'exportation.

L'exécution de la mesure, en ce qui touche, d'une part, les déclarations d'admission temporaire relative au cacao et aux sucres importés, d'autre part, à la constatation de la qualité et du passage à l'étranger des chocolats exportés à la décharge des soumissions d'admission temporaire, incombe exclusivement au service des douanes, de même que la constatation de l'entrée en entrepôt du produit fabriqué, qui, *du reste, ne peut être admis que dans les entrepôts de douane.* C. n° 55 du 22 juin 1872.

§ II. Soumissions cautionnées. Acquits-à-caution.

653. Le cacao et le sucre importés des pays hors d'Europe, ainsi que le sucre indigène qui sont destinés à la fabrication du chocolat, pourront être admis temporairement en franchise de droits sous les conditions déterminées par l'article 5 de la loi du 5 juillet 1836. Art. 1er des décrets des 5 juin 1872 et 17 août 1880.

L'importateur s'engagera, par une soumission valablement cautionnée, à réexporter ou à réintégrer en entrepôt 100 kilogrammes de chocolat pour 53 kilogrammes de cacao et 54 kilogrammes de sucre raffiné ou une quantité équivalente de sucre brut. Art. 2 du Décret du 17 août 1880.

Le délai maximum dans lequel devra avoir lieu la réexportation ou la mise en entrepôt sera *de quatre mois.* Id.

654. Ne seront admis à la décharge des soumissions d'admission temporaire que les chocolats valant au moins 2 fr. 50 le kilogramme en fabrique, droits compris, composés exclusivement de cacao, de sucre et d'aromates, sans mélange d'aucune substance. Ils devront être revêtus de l'étiquette ou de la marque des fabricants. Art. 3 id.

Les opérations ne peuvent avoir lieu : à l'entrée, que par les bureaux où il existe un entrepôt ; à la sortie, que par les douanes de Bayonne, Bordeaux, Lille, Marseille, Nantes et Paris. Les déclarations seront faites au nom et sous la responsabilité des fabricants. Art. 4 ibid.

Toute manœuvre ayant pour objet de faire admettre comme purs des chocolats mélangés entraînera, pour le fabricant, la déchéance du régime de l'admission temporaire, indépendamment des pénalités résultant de l'art. 5 de la loi du 5 juillet 1836. Art. 5 ibid.

655. Par dérogation aux dispositions du paragraphe 1er de l'art. 2 du décret du 17 août 1880, les chocolats exportés par la frontière de Belgique ne seront comptés, pour la décharge des soumissions d'admission temporaire, qu'à raison de 38 kilogrammes de cacao et de 38 k. 70 gr. de sucre raffiné, ou d'une quantité équivalente de sucre brut par 100 kilogrammes de chocolat. Art. 6 ibid.

Toutes dispositions antérieures sont rapportées. Art. 7 ibid.

656. La tarification du sucre au degré saccharimétrique ayant été substituée, par la loi du 19 juillet 1880, au système des classes, il était nécessaire de mettre les conditions de l'admission temporaire du sucre qui entre dans la fabrication du chocolat en harmonie avec le régime général créé par la loi précitée. Lett. com. du 8 sept. 1880.

Les sucres raffinés seront soumissionnés pour leur poids effectif, et les sucres bruts pour la quantité de sucre raffiné qu'ils représenteront. Cette quantité sera déterminée par l'analyse polarimétrique et sous la déduction des cendres et de la glucose. Ibid.

Le coëfficient des cendres sera abaissé à 4, conformément aux dispositions de l'art. 18 de la loi du 19 juillet 1880 ; le rendement sera calculé en raffiné conformément aux exemples donnés par la circulaire n° 297 du 25 août 1880, sous la seule réserve qu'il n'y aura pas lieu d'allouer la déduction complémentaire de 1 1/2 pour 0/0 pour déchet de raffinage. Ib.

657. Les acquits-à-caution devront être apurés dans le délai de quatre mois, soit par l'exportation, soit par la mise en entrepôt d'une quantité de chocolat correspondante aux sucres soumissionnés ; à défaut de justification à cet égard, le soumissionnaire serait passible du *quadruple droit* sur ces sucres. Art. 5 de la Loi de douane du 5 juillet 1836.

658. La mission du service des contributions indirectes consiste uniquement à recevoir les soumissions applicables aux sucres indigènes expédiés sur les fabriques de chocolat et à suivre l'apurement de ces soumissions. C. n° 55 du 22 juin 1882.

Il ne s'agit pas ici du régime de l'admission temporaire tel qu'il a été défini par l'art. 5 de la loi du 7 mai 1864 pour les sucres bruts destinés à être exportés après raffinage. Celui qu'il y a lieu d'appliquer est réglé par les décrets du 5 juin 1872 et du 17 août 1880. Il fonctionne au moyen d'acquits-à-caution spéciaux des douanes qui portent le n° 46 D de la série M. Idem.

Les receveurs principaux dans la circonscription desquels il y aura lieu d'en faire usage doivent en demander, sous le timbre du matériel des finances. C. n° 55 du 22 juin 1872.

659. Aux termes du décret du 17 août 1880, les chocolatiers qui veulent placer des sucres en admission temporaire doivent s'engager, par une soumission valablement cautionnée, à exporter ou à réintégrer en entrepôt, dans un délai qui ne peut excéder *quatre mois*, 100 kil. de chocolat pour 54 kil. de raffiné ou une quantité équivalente de sucre brut. En cas de sortie sur la frontière belge, ils s'engageront à faire sortir 100 kil. de chocolat pour 38 kil. 70 de sucre. A défaut de justifications à cet égard, le soumissionnaire serait passible du *quadruple droit* sur les sucres soumissionnés. Art. 5 de la Loi du 5 juillet 1836 et C. n° 55.

660. Il a été reconnu cependant qu'il serait rigoureux d'exiger le paiement du quadruple droit imposé à titre d'amende. L'Administration a décidé que les fabricants de chocolat pourront être admis à payer au comptant le simple droit de consommation sur les sucres déclarés en admission temporaire qui ne pourront être exportés. Cette facilité est subordonnée à la condition qu'ils en feront la demande par écrit, avant l'expiration du délai fixé pour l'apurement des acquits délivrés en leur nom, et qu'ils verseront en même temps *l'intérêt à 5 p.* 0/0 pour le nombre de jours écoulés depuis la date de la soumission jusqu'au jour de la liquidation. Lett. man. n° 444 du 30 avr. 1873.

Un extrait certifié de ces quittances doit être adressé à l'Administration. Il importe que les quittances relatent le numéro et la date de l'acquit auquel se rapporte le versement. Id.

661. C'est la date des certificats d'exportation ou de réintégration en entrepôt qui doit servir de base au calcul du délai de quatre mois. Mais, en raison du temps qu'entraîne le renvoi au lieu d'origine des acquits-à-caution au dos desquels sont libellés ces certificats, l'Administration admet, quand les expéditions ne sont pas rentrées, qu'un premier avertissement ne soit adressé aux soumissionnaires qu'un mois après l'expiration de ce délai de quatre mois. C. n° 55.

662. Nous pensons que lorsque le paiement des droits est effectué après ce délai, il n'y a pas lieu non plus d'admettre le redevable à souscrire une obligation cautionnée : ce serait, en effet, prolonger abusivement le crédit des droits.

663. Les comptes ouverts à l'entrepôt sont déchargés dans les conditions ordinaires, c'est-à-dire que, pour cette décharge, les sucres expédiés sur les fabriques de chocolat sont exprimés en sucre raffiné. Id.

664. Les déclarations d'admission temporaire autorisées par le décret du 5 juin 1872 ne peuvent être reçues que dans les lieux où il existe un entrepôt réel. Elles doivent être faites par les fabricants de chocolat eux-mêmes

ou par leurs fondés de pouvoirs. Les sucres que ces industriels veulent placer sous ce régime, et qui ont été entreposés au nom d'un tiers, doivent donc être préalablement transférés à leurs noms. Le receveur principal de la circonscription reste, au surplus, seul juge, sous sa responsabilité, de la solvabilité des soumissionnaires et de leurs cautions. Id.

665. Les registres d'acquits-à-caution (n° 46 D) sont déposés dans les recettes particulières ou buralistes annexées aux entrepôts. Id.

Aucune ampliation n'en peut être détachée sans qu'au préalable les intéressés aient souscrit, entre les mains du receveur principal, l'engagement cautionné d'exporter ou de réintégrer en entrepôt, dans un délai de *quatre mois*, 100 kil. de chocolat pour 54 ou 38 kil. 7° de sucre raffiné, suivant la destination, et cela, dans la limite que le comptable juge convenable, eu égard à la solvabilité des déclarants. Id.

Cette limite est indiquée, pour chaque soumissionnaire et sa caution, au chef de service de l'entrepôt, par une lettre qu'il annexe au registre n° 46 D; elle ne peut être dépassée sous aucun prétexte, sauf à tenir compte, bien entendu, des quantités exprimées aux acquits-à-caution qui rentrent déchargés. Id.

666. Malgré l'engagement préalablement souscrit à la recette principale, la souche du registre n° 46 D doit être signée, sur place, avant l'enlèvement des sucres, tant par le soumissionnaire que par sa caution ou, à défaut, par une personne autorisée à cet effet par une procuration qui reste entre les mains du receveur buraliste. Les expéditions détachées de ce registre servent d'ailleurs à régulariser le transport des sucres soumissionnés de l'entrepôt d'où ils seront extraits à l'usine du soumissionnaire. Ce dernier les conserve pour les représenter ultérieurement au service des douanes, chargé de constater l'exportation ou l'entrée en entrepôt du produit fabriqué. Id.

667. Les acquits-à-caution, ainsi revêtus des annotations de la douane, sont transmis directement à l'Administration, qui les renvoie ensuite dans les directions des lieux d'origine. Id.

668. Enfin des relevés spéciaux de tous les acquits-à-caution n° 46 D sont formés, à la fin de chaque mois, en double expédition. Une expédition est transmise à l'Administration, en même temps que les autres productions mensuelles relatives aux sucres. Id.

Le modèle de ces relevés est annexé à la circ. n° 55 du 22 juin 1872.

CHAPITRE XVII.

Remises accordées aux receveurs sur les obligations cautionnées.

Allumettes, 669.
Bières, 669.
Bougies, 669.
Cartes, 669.
Dynamites, 669.
Décompte mensuel, 675.
Huile de schiste, 669.
Huiles végétales, 669.
Quotité, 670 à 674.
Recettes extraordinaires, 675.
Receveur particulier, 677.
Receveur principal, 677 à 679.
Relevé pour le personnel, 678, 679.
Remises, 669 à 680.
Sucres, 669.
Tableau des crédits et du partage de la remise, 680.
Trésor, 671 à 676.

Sect. I. — Quotité de la remise.

669. Une remise proportionnée au montant des droits est payée par les redevables qui souscrivent des obligations cautionnées relatives, savoir :

Au droit de consommation du sucre indigène (art. 36 du Règl. du 1er sept. 1852 et art. 148 de l'Inst. du 15 déc. 1853) ;

Aux sucres destinés au raffinage, placés sous le régime de l'admission temporaire (C. n° 954 du 31 mai 1864) ;

Au droit sur les sels (art. 3 de la loi du 15 février 1875) ;

Au droit sur les bières (id.) ;

Au droit sur les huiles minérales (id.) ;

Au droit d'entrée sur les huiles végétales (id.) ;

Au droit sur la bougie et produits similaires (id.) ;

Au droit sur les cartes à jouer, en tous lieux ; et à Paris seulement, au montant des achats de papier filigrané et de moulage (déc. min. du 22 mai 1818 et art. 3 de la loi du 25 février 1875) ;

Au droit sur la dynamite et les explosifs à base de nitro-glycérine (art. 32 de la loi de finances du 3 août 1875).

Cette remise est destinée à couvrir les receveurs et le Trésor des risques attachés à la concession des crédits.

670. La remise est d'un tiers de franc pour cent francs (arrêté ministériel du 17 février 1875), excepté pour les sucres destinés au raffinage et admis temporairement en franchise. La remise a été réduite, pour ces sucres, à un sixième de franc pour cent quand le délai des obligations d'admission temporaire a été ramené de quatre mois à deux mois. Dans ce dernier cas, pour fixer la quotité de l'indemnité, on se borne à réduire de moitié le montant de chaque obligation. Une obligation de 100,000 fr., par exemple, est comptée pour 50,000 fr. Lett. lith. du 27 juill. 1865.

671. La répartition de la remise entre les comptables responsables et le Trésor est actuellement réglée en vertu d'un arrêté ministériel du 30 octobre 1885, qui a substitué à l'ancien régime de liquidation annuelle un mode de décompte déterminé par périodes mensuelles. C. n° 439 du 19 nov. 1885.

672. Aux termes de cet arrêté, la part du comptable doit être calculée comme suit :

Sur les premiers 500,000 fr. de crédits concédés pendant le mois. . . . . 1/3 de fr. p. %
Sur les 400,000 fr. suivants. . . . . 1/10 de fr. p. %
Sur les 800,000 fr. suivants. . . . . 1/20 de fr. p. %
Sur le surplus des crédits concédés. . . . . . 1/40 de fr. p. %

673. En cas d'intérim résultant de vacance d'emploi, l'agent qui en sera chargé participera au partage de la remise, au prorata des crédits qu'il aura concédés, mais en tenant compte de ceux qui l'auraient déjà été pendant le mois par le receveur sortant. Art. 3 de l'Arrêté ministériel précité.

674. Par exemple, un premier titulaire aura concédé, depuis le commencement du mois, des crédits s'élevant à 600,000 fr. : il aura droit à 1/3 de centime par franc sur 500,000 francs et à 1/10 de centime par franc sur les 100,000 fr. suivants. Le successeur recevra, jusqu'à concurrence de 300,000 francs, une remise de 1/10 de centime par franc, puis 1/20 et 1/40 sur les sommes suivantes. C. n° 439 du 19 novembre 1885.

675. La portion revenant au Trésor est inscrite aux recettes extraordinaires, et la dépense doit être justifiée par un extrait du livre de caisse n° 87 A, tenant lieu de quittance. CC. n° 53 du 16 déc. 1852.

On y joint un état de répartition quittancé par le receveur principal et par le receveur particulier, s'il y a lieu. (Le modèle de cet état est annexé à la CC. n° 66 du 24 déc. 1859.)

676. La remise sur les droits afférents aux sucres admis temporairement en franchise est portée en recette aux opérations de trésorerie, cumulativement avec celles dont les receveurs jouissent lorsqu'ils concèdent des crédits sur les sucres ou bien sur la bougie, l'huile de schiste, etc. CC. n° 72 du 4 août 1864.

Sect. II. — Part attribuée aux receveurs particuliers.

677. Les receveurs particuliers doivent suivre attentivement et signaler aux receveurs principaux tous les changements qui surviennent dans la position des redevables et de leurs cautions. A titre de rémunération pour leurs soins à cet égard et en ce qui concerne la réception des traites, le receveur principal leur abandonne le tiers de la remise qui lui est acquise. Art. 149 de l'Inst. du 15 déc. 1853.

Cette fixation au profit des receveurs particuliers a été faite par arrêté ministériel du 25 septembre 1852. CC. nº 66 du 24 déc. 1859.

SECT. III. — Etat de renseignements sur les remises payées aux comptables pour obligations cautionnées.

678. L'établissement des nouveaux impôts ayant eu pour effet d'appeler un plus grand nombre de comptables à prendre part aux remises payées par certains contribuables autorisés à souscrire des obligations cautionnées, il a été jugé indispensable de recueillir des renseignements précis et très complets qui doivent être fournis sous *le timbre du personnel*. Lett. comm. du 12 avr. 1872.

679. Il est envoyé annuellement, le 15 avril au plus tard, pour chaque recette principale de la direction, un relevé conforme au modèle annexé à la lettre commune précitée, et qui est absolument indépendant de l'état de répartition fourni mensuellement à la comptabilité publique. V. 675.

Cet état présente, y compris le receveur principal, les noms des comptables subordonnés recevant également des obligations donnant droit à des remises. Il indique la part des remises attribuée à chaque comptable pour toute la durée de sa gestion pendant l'exercice expiré. Id.

Sur la première ligne de l'état, en regard du nom du receveur principal, figure le montant des traites reçues directement par ce comptable pour la recette particulière dont il a lui-même la gestion ; sur la même ligne est indiqué le chiffre correspondant de remises attribué intégralement au receveur principal. Id.

Sur les lignes suivantes sont portés, lorsqu'il y a lieu, les noms des comptables subordonnés qui ont reçu des traites pour le compte du receveur principal, avec indication, pour chacun, de la part de remises déterminée par la circulaire nº 65 du 30 septembre 1852, et de la quotité revenant au receveur principal.

Le total des parts devra présenter un chiffre toujours égal à celui inscrit au bordereau 91 A, sauf le cas où les remises, à raison de leur importance, donneraient lieu à partage entre le Trésor et le receveur principal. Id.

Si, dans le cours d'un exercice, le même emploi avait été successivement occupé par plusieurs titulaires, l'état indiquerait la durée de chaque gestion avec la part de remises revenant à chacun des divers titulaires, comme il vient d'être dit. Id.

Lorsque les acquittements de droits n'auront donné lieu à aucun crédit, un état négatif devra être adressé. Id.

680. Les directeurs ont encore à fournir à l'Administration le tableau du montant des droits dont il a été fait crédit, et du montant de la remise payée par les redevables, avec l'indication du partage de cette remise entre le Trésor et les comptables. L. C. nº 283 du 11 mars 1874.

Cet état, qui, autrefois, était produit trimestriellement, doit actuellement être fourni à la fin de chaque mois. L. C. nº 10 du 13 mai 1886.

CHAPITRE XVIII.

Action des comptables. Avertissement avant contrainte.

Avertissement n° 54, 684 à 691.
Avertissement n° 77, 684, 692 à 698.
Avertissement verbal, 684.
Commis, 683, 694.
Commis principaux chefs de poste, 690, 695.
Contrôleurs, 690, 695.
Débitants de boissons, 684.
Décompte, 693.
Démarches à domicile, 698.
Etat n° 81, 682.
Journal de recette, 683.
Portatifs, 683, 689.
Position pécuniaire des contribuables, 681, 683.
Receveurs ambulants, 683.
Receveurs sédentaires, 684, 689, 694.
Registre des comptes ouverts, 683.
Registre n° 75, 691.
Responsabilité, 681.

Sect. I. — Action des comptables.

681. Le recouvrement des droits constatés exige une vigilance soutenue, une activité constante ; il faut qu'incessamment les receveurs se tiennent bien informés de la position pécuniaire des contribuables et des incidents qui, en modifiant cette position, pourraient commander une intervention immédiate (Inst. n°. 32 du 29 mai 1806). Il ne s'agit pas seulement, pour les receveurs, d'accomplir un devoir envers l'Etat ; il s'agit encore de sauvegarder une responsabilité effective que l'ordonnance du 21 décembre 1832 a consacrée formellement. C. n° 61 du 30 mars 1883; CC. n° 20 du 24 août 1833, et C. n° 445 du 5 févr. 1857. V. **Décharge de droits constatés**, 765 et suivants.

682. Dans un service bien réglé et bien exécuté, les contribuables paient les droits aussitôt que ces droits sont exigibles. Ainsi l'état n° 81, dressé à la fin de chaque trimestre, ne présente ordinairement, comme restant à recouvrer, que de faibles sommes, et celles-ci rentrent d'ailleurs dès les premiers jours qui suivent la clôture du trimestre. Ce serait un abus si des receveurs, sous un prétexte quelconque, suspendaient, retardaient volontairement le recouvrement de sommes exigibles. C n° 445 précitée.

683. Les receveurs ambulants doivent être toujours porteurs du journal de recette et du registre des comptes ouverts individuels ; les commis avec qui les receveurs ambulants procèdent conjointement aux exercices (commis principal adjoint ou commis de postes auxiliaires) doivent être toujours munis des portatifs. Dans le cours même des exercices, les receveurs ambulants sont donc en mesure de demander aux redevables les sommes

successivement exigibles, d'en faire immédiatement le recouvrement, de donner toutes les explications, tous les avertissements nécessaires ; ils sont en mesure de reconnaître et de savoir par eux-mêmes quelle est la position pécuniaire des débiteurs, quels incidents nécessitent une action immédiate. C. n° 68 du 18 juin 1806 ; Inst. n° 24 du 1er déc. 1806 ; C. n° 310 du 1er août 1855 et n° 445 du 5 fév. 1857.

684. Agissant eux-mêmes au domicile des assujétis, ces comptables n'ont pas communément à délivrer des avertissements écrits ; ils ne donnent de tels avertissements que dans des cas exceptionnels, par exemple lorsque l'assujéti en fait la demande, ou bien lorsque, l'assujéti étant absent, l'exercice a lieu avec le concours d'une personne n'ayant qualité ni pour solder le compte, ni pour le discuter. C. n° 445 précitée.

Ainsi qu'on l'a expliqué ci-dessus, les receveurs sédentaires qui ne vont point eux-mêmes au domicile des contribuables, qui ne constatent pas eux-mêmes les droits, reçoivent immédiatement des chefs locaux de service (contrôleurs, commis chefs de poste) soit un extrait, soit une copie de tous les avertissements n° 54 et des décomptes délivrés d'office dans le cours du trimestre par les commis aux exercices ; puis, en fin de trimestre, ils reçoivent les états de produits qui présentent l'ensemble des constatations faites au compte de chaque assujéti. A l'égard de la classe des redevables la plus nombreuse (débitants de boissons), les receveurs reçoivent en outre communication des portatifs au fur et à mesure de la vérification des comptes. Id. V. 116.

Dans le cours du trimestre, au vu de ces états sommaires, à la fin du trimestre, au vu des états de produits, ainsi que des portatifs, les receveurs sédentaires dressent et remplissent pour les redevables des avertissements n° 77, et ils font ensuite les autres diligences nécessaires pour le recouvrement. Inst. n° 34 du 1er déc. 1806 et C. n° 445 du 5 fév. 1857.

Sect. II. Avertissements avant contrainte.

§ I. — Avertissements n° 54.

685. Dans les recettes sédentaires, les employés exerçants doivent, lors de leurs exercices, au fur et à mesure de l'exigibilité des droits (droit de détail, droits sur les manquants chez les marchands en gros, droits sur les voitures publiques, droit à la fabrication des bières, droit sur les cartes, etc., etc.), délivrer aux contribuables un avertissement n° 54 présentant les éléments du calcul des sommes à payer. C. n° 445 du 5 fév. 1857.

686. Ces avertissements sont extraits d'un registre à double souche que le chef local de service représente au comptable chaque fois que de nouvelles inscriptions y ont été faites. Le comptable en détache les souches qui lui sont destinées et les dépouille au registre des comptes ouverts. Id.

687. Lorsque le cadre du modèle n° 54 ne comporte pas l'inscription de

tous les éléments du calcul des droits, les employés établissent ces éléments sur des feuilles spéciales qu'ils dressent en double expédition, l'une pour l'assujéti, l'autre pour le comptable. Id.

688. L'obligation de délivrer aux contribuables des avertissements n° 54 ou des décomptes destinés à en tenir lieu, l'obligation de remettre aux comptables des extraits de ces avertissements et des décomptes, engage sérieusement la responsabilité des commis et chefs locaux de service, puisque le receveur, qui ne sait point par lui-même les faits constatés, ne peut agir à cet égard que d'après les informations que le service lui donne. Id.

689. Là où il est chef local de service, le receveur sédentaire doit être attentif à se faire remettre par les agents d'exécution les extraits d'avertissements, les états sommaires et les portatifs, afin de s'assurer que les commis aux exercices ne négligent pas la délivrance des avertissements. Id.

690. Là où il y a, pour chefs locaux, des contrôleurs, des commis principaux chefs de poste, ces chefs locaux doivent veiller à ce que les commis aux exercices délivrent exactement aux assujétis les avertissements relatifs aux droits qui deviennent successivement exigibles ; les receveurs se concertent à ce sujet avec les chefs locaux ; ils leur signalent les faits d'après lesquels il y a lieu de penser que la remise des avertissements éprouve des retards ; les chefs locaux s'empressent de donner aux observations des receveurs toute la suite qu'elles comportent. Id.

691. Les receveurs ne doivent pas omettre d'annoter sur le registre n° 75, au compte de chaque redevable, la date des avertissements successivement délivrés. Id.

§ II. Avertissements n° 77.

692. Il n'est pas délivré d'avertissements n° 54 en ce qui concerne les résultats constatés par le dernier exercice de chaque trimestre. Le comptable, à qui les états de produits sont alors remis, dresse immédiatement, pour les redevables, des avertissements n° 77, résumant la situation générale de leur compte. C. n° 6 du 16 fév. 1815 ; Lett. comm. n° 19 du 19 juin 1817 ; C. n° 24 du 26 déc. 1818, n° 229 du 23 mars 1840, n° 445 du 5 fév. 1857, et Modèle du portatif de détail.

693. Un décompte particulier des droits de détail est réservé au dos des avertissements. On indique les quantités vendues et les prix de vente, le montant des droits dus, la déduction accordée, le montant des acomptes payés et les sommes restant à payer. C. n° 104 du 8 avr. 1835.

694. Quand, à défaut de contrôleur ou de commis principal chef de poste, les receveurs sont chefs locaux de service, ils remettent directement les avertissements aux commis, et ceux-ci sont tenus de les distribuer immédiatement ou lors du 1er exercice, selon les ordres des receveurs. C. n° 445 du 5 fév. 1857.

695. Si le chef local de service est un contrôleur ou un commis principal chef de poste, c'est à ce chef local que le receveur remet les avertissements.

Le chef local, après s'être, au besoin, entendu avec le receveur quant au mode à suivre pour la distribution des avertissements, détermine ce mode. Id

696. La remise des avertissements ne doit pas faire ajourner les vérifications, les exercices qui garantissent la constatation des produits. En thèse générale, la distribution en doit donc être faite lors du premier exercice de la tournée dans laquelle sont compris les assujétis auxquels les avertissements sont destinés. Dans les cas spéciaux et exceptionnels où l'utilité d'une distribution immédiate leur est démontrée, les chefs locaux désignent spécialement quelques employés pour ce travail. Id.

697. Les commis, les chefs locaux de service, doivent accorder aux receveurs un concours aussi complet que le permettent les exigences du service d'exécution ; les uns et les autres ne doivent pas seulement venir en aide aux receveurs par une grande ponctualité dans la délivrance des avertissements, ils doivent aussi leur fournir des renseignements utiles sur la position pécuniaire des débiteurs, sur les incidents qui nécessiteraient des mesures particulières de la part des receveurs ; ils doivent encore, par de sages conseils, par des recommandations verbales, appuyer les avertissements émanés des receveurs. Id.

698. L'obligation de faire personnellement des démarches au domicile des retardataires n'est pas imposée absolument aux receveurs sédentaires ; mais ces comptables ont dû reconnaître par expérience que de telles démarches, faites à propos, amènent souvent de bons résultats. L'Administration ne peut qu'encourager l'emploi de ce moyen, mais elle entend que les receveurs agissent en personne, qu'ils ne se fassent pas suppléer par leurs commis auxiliaires. Id.

CHAPITRE XIX.

Contrainte Forme, qualité, formule. Enregistrement. Visa. Porteurs. Garnisaires. Contestation sur le fond des droits. Opposition. Exécution des contraintes.

Actes primitifs de poursuites, continuation de poursuites, 701.
Bacs, 718.
Commis principal chef de poste, 719.
Communes, coercition, 702.
Comptables (Devoir des), 699 à 713.
Contestations sur le fond des droits, 725, 727.
Contraintes, forme, qualité, formule, 714, 715.
Contrôleurs, 719.
Décès des débiteurs, 711.
Détournement d'objets mobiliers saisis, 733.
Directeurs, 712, 714, 719, 729.
Enregistrement, 720 à 722.
Etat n° 125, 712.
Exécution des contraintes, 729 à 732.
Faillites, 711.
Feuille 122 C, 729.
Fondé de pouvoirs, 714.
Formule n° 78, 715.
Frais, 699, 701, 707.

Garnisaires, 724.
Huissier, 704, 713, 720.
Hypothèque, 730.
Intérimaires, 714.
Mémorial nº 122, 712.
Opposition à contrainte, 711, 728, 730.
Opposition à la saisie mobilière, 711.
Opposition faite par la régie, 708, 711.
Porteurs de contraintes, 723.
Poursuites après la saisie, 709, 729.
Privilège, 711, 732.
Quittances, 713.
Receveurs, 703, 712, 714, 721, 729.
Revendication d'objets saisis, 711.
Saisie-brandon, 710.
Saisie-immobilière, 710.
Signification des contraintes, 719.
Sous-directeurs, 712, 729.
Timbre, 715.
Vente mobilière, 707.
Visa, 716 à 718.

SECT. I. — Devoir des comptables.

699. C'est un mérite, pour un receveur, de faire sans frais, ou tout au moins à peu de frais, le recouvrement des droits constatés. C. nº 445 du 5 fév. 1857.

700. Hors le cas de nécessité réelle, l'emploi des contraintes, le recours à d'autres poursuites quelconques entraînant le ministère d'un huissier, seraient des mesures regrettables à tous égards. Ces mesures, sans résultats véritablement utiles pour le Trésor public, aggraveraient la charge de l'impôt, et il pourrait arriver qu'elles atteignissent le redevable jusque dans son crédit. Les contraintes, et surtout les autres poursuites, qui viennent après les contraintes, sont donc des actes graves dont les receveurs doivent bien calculer l'opportunité, l'utilité et les conséquences : il est essentiel d'écarter de la perception toutes les formes qui pourraient devenir le sujet de plaintes fondées de la part des redevables. Id.

701. Si les receveurs doivent employer avec discrétion, avec prudence, les moyens de poursuite que la loi donne, il faut pourtant, lorsque cela est nécessaire, qu'agissant avec plus ou moins de ménagements, mais aussi avec plus ou moins de résolution, selon le cas, ils sachent assurer la rentrée des droits. En toute hypothèse, ils se gardent de multiplier, de renouveler inutilement les actes de poursuite. Par exemple, si, après un sursis ou un paiement d'acompte, le redevable ne se libère pas complètement des droits pour lesquels des poursuites ont été exercées, il ne faut pas que tous les actes de procédure soient renouvelés quant à la somme qui demeure exigible ; les poursuites, s'il y a lieu, sont simplement continuées en vertu des actes primitifs : il importe que les frais soient toujours limités au chiffre le plus restreint ; l'exagération des frais de poursuites constituerait un abus très grave : ce serait un grief contre l'Administration. Id.

702. L'emploi de moyens de coercition pour le recouvrement des sommes dues par les communes (abonnement pour tenir lieu du droit d'entrée sur les vendanges, abonnements généraux pour tenir lieu des droits de détail et de circulation, indemnités d'exercice, frais d'impressions, frais de casernement, etc.) n'a lieu qu'avec l'autorisation de l'Administration, qui prend elle-même les ordres du ministre. (Commentaire relatif à l'exécution de l'article 162 du décret du 17 mai 1809, commentaire approuvé par le ministre des finances le 25 septembre 1809.) Id.

703. Les receveurs décident eux-mêmes s'il y a lieu de décerner une contrainte relativement à des sommes dues par d'autres redevables. Id.

704. En cela, ils tiennent compte des observations qui peuvent leur être faites par les vérificateurs ; ils mettent également à profit les indications qui leur sont données par les employés locaux, par les huissiers, etc. ; mais ils *décident toujours personnellement* et ne laissent, dans aucun cas, à leurs subordonnés *ni aux huissiers* le soin d'agir d'eux-mêmes. Id.

705. Les contraintes peuvent être décernées par les employés de la régie, s'il ne s'agit pas de bacs. Il convient toutefois de recourir, dans certains cas, aux huissiers. Id. V. 719 à 721.

706. Les receveurs doivent bien apprécier les ressources pécuniaires des débiteurs ; ils doivent bien s'attacher à savoir si des poursuites poussées jusqu'à la vente mobilière produiraient un résultat utile pour la régie. Id.

707. Ce ne serait pas un résultat utile, si les frais inévitables devaient rester en partie à la charge de la régie, ou seulement s'ils absorbaient le produit de la vente. Ce ne serait pas non plus un résultat utile, si le produit net des ventes devait, sans que la régie fût payée, être affecté à des créances dont le privilège primerait le sien. Dans ce cas, en effet, la régie, sur qui pèserait la responsabilité morale des poursuites, n'aurait agi que dans l'intérêt des autres créanciers. Id.

708. Si, au moment où ils se croient dans la nécessité d'exercer des poursuites contre un redevable, ce redevable est l'objet de poursuites de la part d'autres créanciers, les receveurs ne doivent pas se dispenser d'établir le titre de la régie au moyen de la délivrance d'une contrainte, mais ils n'ont à faire concurremment aucun autre acte de poursuites ; ils se tiennent exactement informés de l'action exercée par les autres créanciers, et, le cas échéant où il est procédé à une saisie-exécution, ils font signifier à qui de droit l'acte d'opposition nécessaire pour que la créance de la régie soit prélevée sur le produit de la vente, dans les conditions de privilège déterminées par l'article 47 du décret du 1er germinal an XIII.

709. Si les poursuites entamées par les autres créanciers sont abandonnées, les receveurs donnent à la contrainte qu'ils ont fait signifier la suite qu'ils jugent utile et nécessaire. Ils peuvent faire pratiquer d'office la saisie mobilière ; mais, pour passer à la vente, ils doivent demander préalablement l'autorisation du directeur. Le sous-directeur consigne son avis sur une feuille 122 C, en double expédition, et le directeur statue. C. n° 17 du 16 mars 1870. V. 729.

710. Aucun acte de poursuite tendant à la saisie immobilière ne doit être fait sans l'assentiment préalable de l'Administration. (Décision du ministre de la justice du 15 frim. an XII, n° 15147 ; C. n° 79 du 26 mars 1834 et n° 328 du 2 déc. 1845.) Cette défense s'applique également à la saisie-brandon. C. n° 445 précitée.

711. Les incidents quelconques qui surviennent relativement à l'exécution des contraintes décernées au nom de la régie (opposition à contrainte, opposition à la saisie du mobilier, revendication d'objets saisis, etc.) ; les oppo-

sitions faites par la régie elle-même intervenant dans les poursuites exercées par d'autres créanciers (faillite, décès des débiteurs, successions, etc.), les questions de privilège, de dépôts à la caisse des consignations, les discussions, les retards au sujet de l'attribution du produit des ventes, lorsque ce produit est resté aux mains des officiers publics, etc., constituent des affaires contentieuses. Id. et Circ. 905 du 5 juin 1863. V. 727, 728.

712. Ces affaires doivent être inscrites au registre mémorial n° 122 A, ainsi qu'aux états n° 125. A l'exclusion des receveurs secondaires, ambulants ou sédentaires, les directeurs et sous-directeurs suivront ces affaires (C. n° 328), pour lesquelles la correspondance avec l'Administration (C. n° 479 du 23 janv. 1851) aura lieu au moyen de feuilles 122 C (en triple expédition). Id.

713. Les huissiers ne doivent pas recevoir directement des mains des contribuables le montant des créances pour lesquelles des contraintes sont décernées ; c'est exclusivement entre les mains des receveurs que les redevables doivent se libérer ; ils ne peuvent le faire valablement que chez le receveur, qui seul a qualité pour délivrer quittance. Id.

Sect. II. — Forme des contraintes, qualité, formule.

714. A défaut de paiement des droits, il est décerné contrainte contre les redevables. Art. 89 de la Loi du 5 ventôse an XII, art. 43 du Décret du 1er germinal an XIII et art. 239 de la Loi du 28 avril 1816.

La contrainte est décernée par le directeur contre les comptables de la régie. Art. 44 du Décret du 1er germ. au XIII et Inst. n° 27 du 18 prair. suiv.

Contre les redevables, elle est décernée par le receveur. Id.

Le fondé de pouvoirs non assermenté d'un receveur principal n'a pas qualité pour décerner contrainte. A. C. du 29 avril 1835.

Lorsque l'intérim n'est pas confié à un employé assermenté, les contraintes doivent être décernées au nom du directeur. *Note* du Mémorial insérée à la suite de cet arrêt.

La loi n'exigeant pas que la contrainte énonce le titre sur lequel elle est fondée, une erreur d'indication ne peut en entraîner la nullité. A. C. du 25 juill. 1814.

715. Une formule de contrainte a été imprimée sous le n° 78.

Ce modèle, imprimé pour le droit de détail, sert aussi pour tous les autres droits.

Le timbre de dimension doit être appliqué à l'original et aux copies signifiées. D. M. F. du 14 avr. 1807 et C. n° 164 du 6 janv. 1809.

Il a été créé un papier spécial et des timbres mobiles pour le droit de timbre des copies d'exploits, des notifications d'avoué à avoué et des significations, à acquitter au moyen de timbres mobiles apposés sur l'original de l'exploit. Art. 2 et 5 de la loi du 29 déc. 1873.

Mais cette loi n'est pas applicable aux copies imprimées ou manuscrites d'actes et procès-verbaux passibles du droit de timbre au comptant, dont la signification est faite *par les agents* de l'Administration ou de l'octroi. L. C. du 3 mars 1875.

Elles peuvent être sur papier ordinaire de la débite, ou sur formules revêtues du timbre extraordinaire ou du timbre mobile. Id.

Sect. III. — Visa.

716. La contrainte doit être visée et déclarée exécutoire, sans frais, par le juge de paix du canton où le bureau est établi. Art. 44 du Décret du 1er germ. an XIII.

Le juge de paix ne peut refuser de viser la contrainte pour être exécutée, à peine de répondre des valeurs pour lesquelles elle est décernée. Id.

717. Si l'individu contre lequel une contrainte est décernée réside dans un canton autre que celui où le bureau de perception est établi, il faut *aussi* le visa du juge de paix du canton où doit s'exercer la contrainte. Inst. n° 27 du 18 prair. an XIII.

Quand une contrainte n'a pas été soumise au visa du juge de paix, la fin de non-recevoir ne peut être proposée qu'avant de plaider au fond. A. C. du 14 nov. 1815.

718. En matière de bacs, la contrainte doit être visée par le préfet, qui ne peut refuser son visa. D. M. F. du 3 janv. 1809.

En matière de pêche, chasse sur les cours d'eau, francs-bords, etc., la contrainte doit être visée par le président du tribunal (lois des 19 août et 12 septembre 1791, art. 4).

Sect. IV. — Signification.

719. Les contraintes peuvent être notifiées par les employés de la Régie (art. 44 du décret du 1er germinal an XIII). Il est à propos qu'elles soient ainsi notifiées chaque fois que la contrainte est un acte purement conservatoire ne devant pas être suivi de poursuites immédiates, et chaque fois encore qu'une telle notification paraît devoir suffire pour déterminer le redevable à payer sans délai. Cette recommandation concerne aussi bien les recettes ambulantes que les recettes sédentaires. C. n° 445 du 5 fév. 1857.

Mais les employés ne peuvent suppléer les huissiers lorsqu'il s'agit du recouvrement des droits de bacs. C. n° 119 du 28 déc. 1835.

Dans les recettes sédentaires où, à défaut de contrôleur, de commis principal chef de poste, le receveur est chef local de service, ce receveur remet directement aux commis les contraintes qu'ils ont à signifier. Dans les recettes sédentaires où il y a un contrôleur, un commis principal chef de poste, le receveur remet les contraintes à ces chefs locaux qui, agissant de même que pour la délivrance des avertissements, donnent aux commis les ordres nécessaires pour la signification. C. nº 445 précitée.

Quand les receveurs sont persuadés que la contrainte signifiée par les employés n'aurait pas plus d'effet qu'un simple avertissement, qu'elle ne déterminerait pas le redevable à se libérer promptement, mi ux vaut avoir recours au ministère d'un huissier : il est toujours désirable que la notification de la contrainte amène le contribuable à se libérer, et rien n'est à négliger afin que les poursuites n'aillent pas plus loin. Id.

En matière d'acquits-à-caution non rentrés déchargés, les contraintes sont décernées par les employés. C. nº 97 du 5 juill. 1873.

Les significations de contraintes ne doivent pas être faites les dimanches et autres jours fériés. Art. 5 de la Loi du 17 thermidor an VI.

Sect. V. — Enregistrement.

720. Les significations de contraintes doivent être enregistrées dans les quatre jours de leur date. Art. 20 et 34 de la Loi du 22 frim. an VII.

Ni le jour de la date de l'acte, ni le dernier jour du délai, lorsqu'il se trouve un dimanche ou un jour de fête légale, ne sont comptés pour l'enregistrement. Art. 25 id.

Les huissiers et autres ayant pouvoir de faire des exploits peuvent faire enregistrer ces actes soit au bureau de leur résidence, soit au bureau du lieu où ils font ces actes. Art. 26 id.

721. Lorsqu'il s'agit de 100 francs et au-dessous, l'enregistrement des notifications de contraintes a lieu gratis. Art. 6 de la Loi du 16 juin 1824.

Lorsqu'il s'agit de plus de 100 francs, il est perçu un droit fixe de 1 fr. 88 c., décimes compris. Nombre 30 du § 1er de l'art. 68 de la Loi du 22 frim. an VII, art. 6 de celle du 16 juin 1824, et art. 4 de celle du 28 février 1872.

Il suffit que le montant *primitif* des droits dépasse *cent* francs pour que l'enregistrement ne soit pas gratuit. D. M. F. du 14 avril 1807 : Lett. du D. gén. de l'enreg. du 23 juill. 1821, et art. 6 de la Loi du 16 juin 1824.

Quoique, par l'effet d'acomptes payés, la contrainte ne soit décernée que pour une somme au-dessous de cette quotité, l'enregistrement n'est pas gratuit. Id.

722. Les copies d'exploits qui se signifient à partie ou par affiche peuvent être délivrées avant l'enregistrement. Art. 41 de la Loi du 22 frim. an VII.

Sect. VI. — Porteurs de contraintes. Garnisaires.

723. L'emploi de porteurs de contraintes n'est pas autorisé en matière de contributions indirectes. D. du cons. d'adm. nº 162 du 11 sept. 1816.

Excepté en matière de culture de tabacs, pour les poursuites à exercer contre les planteurs qui ont à payer des manquants.

724. Aucune disposition réglementaire ou législative n'accorde à la régie

le droit de faire usage *des garnisaires*. D. du Cons. d'adm. n° 162 du 11 sept. 1816.

Toutefois on peut avoir recours à ce moyen dans les circonstances difficiles, lorsque les préfets prennent sur eux de l'autoriser. Id.

Sect. VII. — Contestations sur le fond des droits. Opposition aux contraintes.

725. En cas de contestation sur le fond des droits, de mise en question de leur exigibilité, les directeurs doivent, autant que possible, consulter l'Administration avant de faire signifier une contrainte. C. n° 479 du 23 janv. 1851.

726. S'ils devaient faire décerner d'urgence la contrainte, pour prévenir la prescription, ils en informeraient immédiatement l'Administration. Id.

727. En cas d'opposition, ils ne produiraient de mémoire qu'après y avoir été autorisés. Id.

Ils procéderaient de même si une opposition imprévue venait les surprendre. Id.

728. Tant qu'il n'y a pas d'opposition judiciairement signifiée, les rapports des directeurs sont adressés sous le timbre de la division administrative compétente. Dans le cas contraire, ces rapports sont transmis sous le timbre du *contentieux*. Un simple avis de l'envoi de ces rapports est donné sous le timbre de la division administrative. Id.

Sect. VIII. — Exécution des contraintes.

729. A moins de circonstances graves qui obligent d'agir tout à fait d'urgence, la question de savoir jusqu'à quel point il faut continuer les poursuites après la saisie doit être soumise au directeur. Les receveurs subordonnés signalent au sous-directeur les saisies qu'ils ont fait pratiquer sans que cette démonstration ait suffi pour amener le débiteur à se libérer; ils motivent leurs conclusions relativement à la continuation des poursuites (vente des objets saisis). Le sous-directeur soumet l'affaire au directeur; il fait usage, à cet effet, de feuilles n° 122 C (en double expédition). C. n° 445 du 5 fév. 1857 et n° 310 du 1er août 1855.

730. Les contraintes sont exécutoires nonobstant opposition et sans y préjudicier. Art. 239 de la Loi du 28 avr. 1816.

Excepté en matière de pêche, chasse, francs-bords, etc. (loi du 22 frimaire an VII, art. 64; note du Mémorial, tome XIX, page 40), et en matière d'acquits-à-caution sur la consignation du simple droit (art. 33 du décret des 6-22 août 1791).

En supposant que la somme ne fût pas due, le prévenu devrait tout de même la payer, sauf à demander des dommages et intérêts. A. C. du 4 fév. 1807.

Les contraintes produisent les mêmes effets et obtiennent la même exécution que les jugements. Avis du Cons. d'Ét. du 16 therm. an XII.

Mais, hors le cas où il s'agit de débets constatés à la charge des comptables, les contraintes n'emportent pas, par elles-mêmes, droit d'hypothèque A. C. du 9 novembre 1880.

731. Les receveurs doivent retenir entièrement la direction des poursuites et donner de nouveaux ordres à chaque phase des poursuites. C. n° 445 du 5 fév. 1857.

732. Jurisprudence et législation. V. *Recouvrement des droits*, au DICTIONNAIRE GÉNÉRAL.

Privilége de la régie. V. 787 et suivants.

SECT. IX — Détournements d'objets saisis.

733. On ne doit pas, sans autorisation de l'Administration, porter plainte pour détournement d'objets mobiliers saisis et laissés à la garde du débiteur. C. n° 328 du 2 déc. 1845 et n° 445 du 5 fév. 1857 ; art. 445 du C. pénal.

CHAPITRE XX.

Restes à recouvrer.

Compte n° 108 A, 737, 750.
Décharges admises, 747, 749.
Droits indûment constatés, 740.
Droits irrécouvrables, 740.
État des restes à recouvrer au 31 mars, 742.
État annuel des restes à recouvrer fourni au ministère, 752 à 755.
États annuels des cotes irrécouvrables n° 85 A, 85 B et 85 C, 746.
État trimestriel des restes à recouvrer n° 85, 735, 736.
Primes d'apurement, 739.
Recouvrements, 734, 751.
Relevé général n° 101, 736.
Relevés nominatifs par recette, 743 à 745.
Responsabilité des comptables, 747 à 749.
Sommes portées en reprise à charge de transport, 737, 738.

---

734. La prompte rentrée des droits constatés témoigne du zèle des comptables et de la bonne impulsion des chefs. C. n° 98 du 14 janv. 1824, et n° 310 du 1er août 1855.

735. A l'expiration de chaque trimestre, les receveurs particuliers, sédentaires ou ambulants, remettent au directeur ou sous-directeur un état des restes à recouvrer n° 85. C. n° 107 du 6 mai 1807, n° 76 du 22 nov. 1852 et n° 310 du 1er août 1855.

736. Cet état, comme ceux des produits dont le chef de la division administrative est également dépositaire, lui sert à justifier, au besoin, des sommes qu'il fait figurer au relevé général n° 101. CC. n° 8 du 10 déc. 1827. V. au Ch. des **Documents trimestriels** n° 2010, les instructions relatives à *l'Etat des restes à recouvrer n°* 85, et au Ch. des **Documents annuels** n°s 2036 et suiv., celles qui se rapportent au *Relevé général annuel n°* 101.

Il est du devoir du directeur et du sous-directeur de s'assurer, en fin de trimestre, que le montant des restes à recouvrer, d'après les comptes ouverts aux redevables et les états n° 85, forme bien le solde ressortant de la comparaison du total des constatations avec celui des sommes perçues. C. n° 100 du 5 sept. 1873.

Ces chefs doivent suivre de près l'action des comptables en ce qui concerne la rentrée et leur adresser les observations et instructions nécessaires. Id.

737. En fin d'année, les sommes qui restaient dues au 31 décembre, sur tous les droits qui ne se paient pas au comptant, sont portées en reprise au compte n° 108 A (1re partie). Cette reprise est établie, sans autorisation préalable de la régie, pour chaque espèce de droits. CC. n° 20 du 24 août 1833.

738. Mais elle n'est admise, dans les comptes, qu'à charge d'en compter l'année suivante, et, à cet effet, d'en former le premier chapitre de la recette du prochain compte à rendre. C'est par ce motif qu'elle est qualifiée : *reprise à charge de transport*. C. n° 107 du 6 mai 1807.

739. Les receveurs peuvent recevoir la prime d'apurement, pourvu qu'ils paient de leurs propres deniers le montant des reprises non soldées par les débiteurs, sauf à poursuivre la rentrée de ces sommes au nom de l'Administration, mais à leurs risques et périls. C. n° 117 du 17 août 1807 ; art. 327 du Décret du 31 mai 1862.

740. Il est recommandé de mettre promptement l'Administration en mesure d'accorder décharge ou d'admettre en reprise indéfinie les droits indûment constatés ou devenus irrécouvrables. C. n° 61 du 30 mars 1833. V. **Décharge de droits constatés**, 765 et suiv.

741. Deux époques sont principalement fixées pour rendre compte à l'Administration de la situation des restes à recouvrer : la première au 31 mars, et la deuxième au 30 juin de la 2e *année de l'exercice*. C. n° 97 du 31 déc. 1834, et 467 du 23 oct. 1850.

742. A la première de ces époques, on forme l'état dont le modèle est annexé à la circulaire n° 61 du 30 mars 1833. Cet état, qui a pour titre : « Etat présentant, à l'époque du paiement des primes de 18..., la situation « des reprises transportées de ladite année sur l'année suivante », a été modifié par les circulaires n°s 97 du 31 décembre 1834 et 422 du 22 mai 1849. V. l'article *Primes d'apurement* au Ch. des **Dépenses publiques**, n°s 1583 et suivants, et TABLEAUX SYNOPTIQUES, 105.

743. Il doit être appuyé de relevés nominatifs, par recette, dressés à la main *d'après le modèle n°* 85 *A*, et présentant le développement des sommes restant à liquider. Id.

744. Il indique le montant des frais de poursuites, le millésime de la constatation et la distinction des sommes afférentes à chaque exercice, lorsque le même contribuable est redevable sur plusieurs. C. n° 97 du 31 déc. 1834.

745. L'Administration recommande de dresser cet état avec beaucoup de soin.

746. A la deuxième époque, c'est-à-dire au 30 juin, on fournit les états n°s 85 A, 85 B et 85 C. C. n° 467 du 23 oct. 1850.

Les états 85 A et B doivent parvenir à la Direction avant le 30 juillet, et l'ensemble des productions doit être adressé à l'Administration le 10 août, au plus tard. C. n° 344 du 5 août 1882.

747. L'Administration notifie au directeur la décision du ministre sur la responsabilité des comptables ; elle lui donne connaissance des décharges admises et lui envoie les ordonnances, ainsi que les pièces relatives aux articles susceptibles d'être ultérieurement recouvrés. CC. n° 20 du 24 août 1832 et n° 49 du 18 juill. 1851. V. 749.

748. Les comptables peuvent obtenir la décharge de leur responsabilité s'ils justifient qu'ils ont pris toutes les mesures et fait, en temps utile, toutes poursuites et diligences nécessaires contre les débiteurs. Art. 328 du Décret du 31 mai 1862.

749. Le bordereau des sommes admises en décharge et de celles mises à la charge des comptables est notifié aux receveurs principaux par le directeur. Ces sommes sont reportées à l'exercice courant, et les comptables versent immédiatement à leur caisse celles dont ils ont été déclarés responsables. Ils en justifient par un extrait du journal n° 87. CC. n° 20 du 24 août 1832. V. le Ch. intitulé **Décharge de droits constatés,** 765 et suiv.

750. Dès le 1er septembre, c'est-à-dire après le renvoi de l'état 85 C, les receveurs principaux se trouvent en mesure de dresser le compte n° 108 A (1re partie). V. au Ch. des **Documents annuels** les instructions relatives au *Compte annuel* n° 108 A, 2055 et suiv.

Le compte, dûment vérifié et certifié, est adressé au ministère du 10 au 15 octobre, avec le bordereau n° 85 C, et, s'il y a lieu, le complément des ordonnances de décharge ou de reprise indéfinie imputable à l'exercice expiré. CC. n° 49 du 18 juill. 1851 et C. n° 344 du 5 août 1882.

751. Les recouvrements qui sont opérés et les versements qui sont effectués, après le 30 juin, sur les restes à recouvrer de l'exercice clos, sont classés au bordereau dans les colonnes de l'exercice courant. C. n° 467 du 23 oct. 1850.

Modèles n°s 85 A, B et C. V. **Documents annuels,** 2030 et suivants.

752. *État des restes à recouvrer au* 31 *décembre.* Indépendamment des états dont il s'agit, il est fourni chaque année, au ministère des finances, un état des restes à recouvrer au 31 décembre.

Autrefois il était d'usage de demander ce document aux directeurs dans les premiers jours de janvier; maintenant on doit l'envoyer d'office le 5 du même mois au plus tard. CC. n° 76 du 20 déc. 1866, 96 du 30 déc. 1872, 106 du 28 déc. 1877, et 108 du 30 déc. 1880.

753. L'état des restes à recouvrer au 31 décembre n'ayant d'autre objet que de permettre d'apprécier, dès la clôture de l'année, les ressources qui pourront profiter à l'exercice, il n'est pas indispensable que les résultats qui s'y trouvent présentés soient d'une exactitude absolue ; il conviendrait donc, dans le cas où les directeurs n'auraient pas reçu en temps utile les renseignements nécessaires, de procéder par évaluation plutôt que d'apporter le moindre retard dans la transmission de ce document, qui doit être établi conformément à la nomenclature budgétaire, telle qu'elle figure sur la formule 76 K. CC. n° 106 du 28 sept. 1877.

754. Cet état ne doit présenter, col. 3, que les droits dont le recouvrement dans les six premiers mois de la deuxième année de l'exercice paraît assuré. Quant aux constatations supplémentaires (sucres, chemins de fer, frais de casernement), qui figurent audit état dans une colonne spéciale, le montant ne pourra en être donné que par évaluation. CC. n° 107 du 20 déc. 1878.

En établissant l'état, il convient de défalquer les non-valeurs qui, en fin d'exercice, pourraient être l'objet de remises ou de décharges. Id.

755. Le modèle de ce document se trouve à la suite de la circulaire de la comptabilité publique n° 107 du 20 déc. 1878.

CHAPITRE XXI.

Reprises indéfinies.

Absence des redevables, 760.
Amendes, 763.
Droits et produits, 756 à 762.
Etats de propositions, 759 à 761.
Frais de justice, 763.
Insolvabilité des redevables, 760.
Justifications à produire, 759, 763.
Registre des sommes portées aux reprises indéfinies, 764.
Responsabilité, 756 à 758.
Restes à recouvrer, 759.
Tableau de situation au 31 mars, 762.

Sect. I. — Droits et produits.

756. Tous les comptables ressortissant au ministère des finances sont responsables du recouvrement des droits dont la perception leur est confiée. Art. 1er de l'Ord. du 8 déc. 1832.

757. Ils peuvent toutefois obtenir la décharge de leur responsabilité en justifiant qu'ils ont pris toutes les mesures et fait, en temps utile, toutes les poursuites et diligences nécessaires contre les redevables débiteurs. Art. 2 de l'Ord. précitée et C. n° 445 du 5 fév. 1857.

758. Il est d'obligation pour les receveurs de se tenir informés de la position pécuniaire des redevables et d'assurer la prompte rentrée des droits constatés. C. n° 98 du 14 janv. 1824, n° 448 du 19 juill. 1851, n° 310 du 1er août 1555 et n° 445 du 5 fév. 1857.

La responsabilité s'étend aux employés. C. n° 121 du 13 oct. 1807.

759. Toute somme restant due par un contribuable à quelque titre que ce soit, et lors même qu'il y aurait lieu d'en accorder la décharge ou la reprise indéfinie, doit être portée aux restes à recouvrer. C. n° 12 du 7 mai 1875. V. 734 à 755.

Les états de propositions, concernant l'admission en reprise indéfinie des droits irrécouvrables, sont dressés par les directeurs et sous-directeurs. C. n° 310 du 1er août 1855 et n° 17 du 16 mars 1870. Le modèle est annexé à la circ. 422 du 22 mai 1849. V. **Tableaux synoptiques**, 76.

Il doit être fourni des renseignements assez complets pour que l'Administration n'ait pas à demander de nouvelles explications. C. n° 1 du 2 janv. 1825.

760. Ces états doivent être accompagnés :

1° Des originaux des actes de poursuites, jugements, etc.;

2° Des certificats délivrés par les maires et visés par les sous-préfets, constatant l'époque précise où l'insolvabilité aura été reconnue et celle de la disparition de chaque redevable ;

3° Des certificats attestant le non-paiement des primes d'apurement afférentes aux années pendant lesquelles les droits non recouvrés ont été constatés. C. n° 1 du 2 janv. 1825 et n° 22 du 22 mai 1849.

Il n'est plus fourni d'extraits des états de produits, ni des comptes ouverts. C. n° 422 du 22 mai 1849.

L'insolvabilité ou l'absence des redevables est justifiée par des procès-verbaux de perquisition ou de carence dressés par des huissiers ou par des certificats de maires ou adjoints, revêtus du visa des préfets ou sous-préfets. Arr. du 6 mess. an X.

761. Il importe que l'Administration soit promptement mise en mesure d'accorder décharge ou d'admettre en reprise indéfinie les droits indûment constatés ou devenus irrécouvrables. C. n° 61 du 30 mars 1833 et n° 467 du 23 oct. 1850.

Il n'y a pas d'époque fixe pour l'envoi de ces demandes. C. n° 467 du 23 oct. 1850.

Les directeurs doivent les présenter dès que les faits motivant les propositions sont connus. Id.

762. Les tableaux de situation au 31 mars et les états de développement à l'appui continuent à être fournis à l'Administration 10 jours après l'époque fixée pour le paiement des primes. C. n° 344 du 5 août 1882.

Sect. II. — Amendes et frais de justice.

763. Tout ce qui se rapporte aux reprises indéfinies pour amendes et frais de justice a été traité au chapitre des **Droits constatés.** V. 533 à 538.

Frais admis en reprise indéfinie. V. 171.

Le règlement du 26 décembre 1866 sur la comptabilité prescrit la production, au soutien de la dépense résultant de l'admission en reprise indéfinie des *frais* judiciaires et autres non recouvrables, des procès-verbaux de carence et des certificats d'insolvabilité ou de disparition des débiteurs. CC. nº 108 du 30 déc. 1880.

Cette production n'est pas moins nécessaire à l'appui des ordonnances en vertu desquelles *les droits et produits* constatés dans les écritures des comptables sont passés en non-valeur. Ces pièces ont toujours été exigées, et la Cour des comptes, notamment dans les arrêts sur les gestions de 1877 (2e partie) et 1878 (1re partie), les a réclamées partout où elles faisaient défaut. On doit veiller à ce que ces justifications soient régulièrement produites avec les ordonnances de reprises indéfinies. Au dossier des frais il convient de joindre, ou des duplicata de ces pièces, ainsi que le prescrit la CC. nº 52 du 24 mai 1856, ou au moins une note faisant connaître l'ordonnance à laquelle les certificats originaux ont été annexés. Id.

Sect. III. — Registre des sommes portées aux reprises indéfinies pour cause de non-valeurs.

764. Il est prescrit aux comptables de tenir un registre destiné à présenter les sommes dont il a été fait reprise pour cause de non-valeurs. Inst. nº 28 du 10 mess. an XIII ; C. nº 66 du 22 août 1821, nº 98 du 14 janv. 1824 et nº 61 du 30 mars 1883.

Ce registre doit offrir, outre les noms et domiciles des débiteurs, le montant des droits et des frais dus, ainsi que les débets constatés, et un précis des poursuites exercées. Id.

Lorsque, par suite de cette mesure, des recouvrements ont été effectués, le montant en est employé dans le compte de l'année pendant laquelle ils ont eu lieu sous le titre de *recettes extraordinaires*. Id.

Ces recettes doivent être justifiées par un extrait du registre des reprises indéfinies. C. nº 205 du 7 nov. 1812.

CHAPITRE XXII.

Décharge de droits constatés

Décharges à proposer d'office, 768, 769.
Décharges en matière contentieuse, 773.
Droits indûment constatés, 765.
Droits justement contestés, 765.
État de proposition de décharge n° 85 C, 765, 766, 772.
Ordonnances de décharge, 770 à 773.
Suppression de l'état 103, 772.

765. La décharge des droits dont le paiement serait justement contesté ou qui auraient été indûment constatés, est accordée par l'Administration. C. n° 61 du 30 mars 1833 et CC. n° 20 du 24 août 1833.

766. A cet effet, le directeur adresse à la division compétente•

1° La demande du réclamant ;

2° Un état de proposition en double expédition ;

3° Un extrait de l'état de produits portant constatation

4° Un extrait du compte ouvert. C. n° 1 du 2 janv. 1825.

767. La proposition énonce les causes propres à motiver la décharge. Elle contient l'avis formel d'accorder ou de rejeter la demande. Inst. n° 28 du 10 mess. an XII et n° 1 du 2 janv. 1825.

768. Il serait fâcheux que des sommes fussent encaissées ou que des poursuites fussent engagées pour des droits qui, en définitive, devraient être restitués ou passés en décharge. C. n° 504 du 29 déc. 1851.

769. En pareil cas, il serait dans les vues de l'Administration que la décharge fût proposée d'office.

770. Les ordonnances de décharge sont employées dans l'année où elles ont été délivrées. CC. n° 34 du 4 nov. 1845.

771. Aux termes de la circulaire précitée, les ordonnances de décharge devaient être annexées, avec les pièces justificatives, à un état annuel n° 103. Lett. du 20 avr. 1866 ; CC. 79 du 21 nov. 1867 et 72 du 4 août 1867.

772. Cet état, qui avait reçu le n° 103, a été supprimé par la circulaire de la comptabilité publique n° 102 du 20 mars 1875. Les renseignements qui devaient y figurer sont aujourd'hui consignés dans un cadre spécial du compte 108.

773. *Décharges accordées en matière contentieuse.* Lorsque, pour erreur dans les constatations, ou pour toute autre cause, les directeurs ont à proposer la décharge d'amendes, ils doivent formuler leur proposition par

feuille 122 C, sous le timbre du contentieux. Sur la production d'un extrait 122 B faisant ressortir le montant des constatations à passer en décharge, l'Administration délivre une ordonnance, en la forme de celles qu'elle délivre pour les droits constatés, et dont il est fait emploi dans les mêmes conditions.

Modérations d'amendes. V. 506 et suivants.

CHAPITRE XXIII.

Faillite des redevables.

Assemblées de créanciers, 780.
Cautions à renouveler, 779.
Concordat, 784.
Contrainte, 776, 781.
Crédits d'enlèvement, 786.
Dividendes, 780.
Droits des tiers, 782.
Feuille n° 122 C, 777.
Obligations cautionnées, 786.
Oppositions, 783.
Premières dispositions à prendre, 774 à 776.
Privilège, 780, 781.
Rapports à faire à l'Administration, 777, 785 ; à la comptabilité publique, 786.
Saisie-arrêt, 776, 782.
Saisies-exécution, 776.
Soumissions d'admission temporaire, 786.
Syndic, 776, 778, 780, 782.
Tribunaux compétents, 780, 783.

774. Lorsque les redevables tombent en faillite, il importe que les mesures nécessaires pour sauvegarder les intérêts du Trésor soient prises en temps opportun. C. n° 905 du 5 juin 1863.

Dans les affaires de cette nature, il surgit des incidents variés, des complications imprévues. Il y a lieu d'agir selon les cas qui se présentent. Une instruction générale, voulant tout réglementer à l'avance, ne pourrait être utilement donnée. Id.

Mais l'Administration a indiqué les mesures générales, les moyens d'action et de conservation auxquels, dès le début de toute faillite, il est à propos d'avoir recours. Id.

775. Aussitôt que la faillite d'un assujéti parvient à la connaissance du service dont la sollicitude, relativement à la solvabilité des contribuables, doit toujours être en éveil, il est nécessaire que la situation de cet assujéti vis-à-vis de la Régie soit établie. Par exemple :

S'il s'agit d'un débitant de boissons exercé, il faut, par un exercice régulier, constater les ventes et, par suite, régler le décompte des droits à la charge du failli.

S'il s'agit d'un marchand en gros, d'un liquoriste marchand en gros, d'un bouilleur, d'un distillateur de profession, il faut aussi procéder à l'inventaire des magasins, constater les manquants, établir le décompte soit des droits définitivement dus par le failli, soit des droits également à la charge du failli, mais dont la consignation peut être seulement exigée à titre provisoire, sauf règlement définitif du compte, soit enfin, s'il y a lieu, des droits d'entrée et d'octroi sur les restes au compte d'entrepôt. Id.

Ces exemples ne sont indiqués que pour guider le service dans ce qu'il doit faire à l'égard des débiteurs des diverses taxes. Ce qui est à déterminer, c'est le montant des droits à la charge de la faillite. Puis il faut agir pour engager, pour conserver à la Régie son action à l'encontre du failli. Id.

776. A cet effet, contrainte doit être immédiatement décernée *au failli* pour tous les droits, sans distinction, dont il est débiteur. Id.

Cette contrainte est dénoncée au syndic, entre les mains de qui l'on pratique une saisie-arrêt sur toutes les valeurs mobilières dont il est ou dont il pourra devenir détenteur en sa qualité de syndic. Id.

L'exploit de saisie-arrêt contient sommation au syndic d'avoir à verser à la caisse de receveur de la Régie le montant de la somme formant l'objet de la contrainte. Id.

De plus, s'il s'agit d'une somme importante, s'il y a péril pour les intérêts du Trésor, il est essentiel qu'il soit procédé à la saisie-exécution des marchandises en magasin, du mobilier du redevable, et ce avant que le syndic ait fait apposer les scellés. Id.

777. Ces mesures conservatoires étant prises, l'Administration doit, sans aucun retard, être informée de la situation des choses, au moyen d'une feuille n° 122 C, transmise en double expédition. Id.

Cette feuille, à laquelle il est nécessaire de joindre des copies certifiées de la contrainte, de l'acte de saisie-arrêt et, s'il y a lieu, de l'acte de saisie-exécution, doit contenir notamment les indications suivantes :

1° Chiffre approximatif des valeurs composant l'actif mobilier de la faillite (marchandises en magasin, mobilier, etc.) ;

2° Chiffre des sommes qui peuvent être dues pour contributions directes et pour loyers des lieux occupés par le failli (six mois de loyer échus, art. 47 du décret du 1er germinal an XIII). Id.

778. Supposé le cas où, dans l'intérêt de la masse des créanciers, le syndic demanderait à continuer l'exploitation du fonds de commerce, le service exigerait de lui une déclaration en son propre et privé nom ; mais le prix de la licence délivrée au failli profiterait au syndic pour toute la durée du trimestre commencé. Id.

Si le failli, dessaisi de l'administration de ses biens au point de vue commercial, est laissé, en fait, à la tête de son établissement, une nouvelle déclaration, une nouvelle licence ne sont point nécessaires. Id.

779. La faillite a pour effet de mettre fin au cautionnement que les entrepositaires sont tenus de fournir. La caution n'est engagée que relativement

aux sommes dues par le failli ; elle est dégagée relativement aux faits postérieurs à la faillite. Id.

Toutes les fois que le commerce d'un assujéti doit être continué, soit par le failli soit par le syndic, *il y a lieu d'exiger une nouvelle caution* (ou un renouvellement de cautionnement, si la même personne maintient sa garantie). Id.

En cas de faillite d'un débitant, le privilège peut être exercé sur l'actif de la faillite pour les droits ultérieurement constatés, si le syndic n'a pas fait une déclaration de cesser. A. C. du 26 nov. 1872.

780. Créancière privilégiée sur la généralité des meubles (décret du 1er germinal an XIII, art. 47), la Régie n'est astreinte à aucune des formalités imposées par le code de commerce aux créanciers ordinaires. Elle ne doit ni faire vérifier ni affirmer sa créance. Elle doit rester étrangère à toute réunion ou assemblée quelconque de créanciers. Il est expressément recommandé aux comptables de ne rien accepter à titre de *dividende*, de ne faire avec les syndics aucune convention, de quelque nature qu'elle soit. Id. V. 787 et s.

En cas de faillite, l'Administration est dispensée des formalités ordinaires de production et de vérification, et les tribunaux civils sont compétents pour connaître de l'opposition à contrainte des contestations relatives au privilège. Jug. du trib. de commerce de Lure du 21 mai 1880.

781. Un redevable tombant en faillite, la Régie peut poursuivre, en vertu de son privilège et par voie de contrainte, le recouvrement des droits dus au Trésor. A. C. du 9 janv. 1815.

L'état de faillite d'un redevable ne peut ni paralyser l'action de la Régie, ni imposer à celle-ci l'obligation de faire vérifier et admettre sa créance par le syndic. A. C. du 23 avril 1883.

782. En l'absence de toute intervention précise de la part du syndic, concernant les droits des tiers, il est fait attribution, au profit de la Régie, des sommes frappées de saisie-arrêt. Arrêt de la cour de Paris du 29 nov. 1864 ; Jug. du trib. civ. de Châlons-sur-Marne du 23 janvier 1880.

783. S'il est fait opposition, par les syndics des autres créanciers, à la vente des objets saisis à la requête de la Régie, l'instance relative à cette opposition doit être engagée devant les tribunaux ordinaires. Id.

C'est aux tribunaux civils que doivent être référées toutes les contestations qui peuvent s'élever relativement au recouvrement de l'impôt. C. n° 905 du 5 janv. 1863.

Les tribunaux de commerce ne sont pas compétents. Arrêt de la cour de Paris du 29 août 1836.

784. Le concordat ne porte aucune atteinte au privilège de la Régie. Id.

785. Il est indispensable, au reste, que, sans aucun retard, l'Administration soit mise en mesure de donner des instructions sur la suite que peuvent comporter les affaires de ce genre. C. n° 905 du 5 janv. 1863.

Il doit également être rendu compte, sans retard, des incidents quelconques qui surviennent relativement à l'exécution des contraintes décernées au nom de la Régie. En général, l'Administration doit être informée de toutes les questions, de toutes les difficultés auxquelles peut donner naissance le recouvrement des droits. La circulaire n° 445, du 5 février 1857, contient une énumération de la plupart de ces sortes d'affaires. Id.

Enfin, quand des incidents sortant du cours ordinaire, du cours régulier des choses, amènent inopinément la constatation, l'exigibilité de sommes relativement importantes, il est à propos, même en l'absence de contestation, de difficultés actuelles, d'exposer les faits à l'Administration. Id.

786. S'il s'agit d'assujétis ayant souscrit des obligations cautionnées, la comptabilité publique est chargée par l'arrêté ministériel du 9 octobre 1832, de faire prononcer sur la responsabilité des comptables. Il est aussi indispensable qu'elle soit informée également, sans retard, des incidents qui peuvent compromettre les intérêts du Trésor. CC. n° 78 du 15 juin 1867.

Aussitôt après la déclaration d'une faillite dans laquelle l'Administration se trouve engagée, les directeurs doivent, en conséquence, adresser au directeur général de la comptabilité publique un rapport touchant la position des redevables et de leurs cautions, quant aux droits garantis par les obligations (sels, sucres, bières, etc.), par les soumissions d'admission temporaire, ou simplement par des crédits d'enlèvement. Id. V. 539 à 668.

Ce rapport doit indiquer distinctement :

1° Le montant des droits ayant fait l'objet d'obligations, de soumissions d'admission temporaire, etc., ainsi que les époques des échéances ou de l'exigibilité des taxes ;

2° Les garanties offertes par les principaux redevables et leurs cautions ;

3° L'importance de l'actif de la faillite et celle des créances privilégiées. Id.

Il est encore indispensable de faire connaître les dates :

1° De la souscription des engagements pris par le failli ;

2° De la suspension de paiement ;

3° Du jugement déclaratif de la faillite et des mesures qui auront été prises par le comptable, conformément aux instructions administratives, pour sauvegarder les intérêts du Trésor (contrainte décernée, inscription sur les biens du failli, opposition entre les mains du syndic, saisie du mobilier, etc.). Id.

CHAPITRE XXIV.

Privilège de la régie pour le recouvrement des droits.

Bases du privilège de la régie, 787.
Cautions solidaires, 790.
Contrainte, 791, 793.
Contributions directes, 788.
Douane, 788.
Frais de justice, 788.
Immeubles et immeubles par destination, 791.
Loyers, 787, 792.
Meubles et effets des redevables, 787, 789 à 791.
Octroi, 794.
Produit de la vente d'immeubles, 791.
Réparations locatives, 792.
Revenus des immeubles dotaux, 791.
Saisie-exécution, 793.
Subrogation, 793.
Tiers, droits acquis, 789.
Vente de mobilier, 791.

787. La régie, pour les droits, a privilège et préférence à tous les créanciers, sur les meubles et effets mobiliers des redevables, à l'exception des frais de justice, de ce qui est dû pour six mois de loyer, et sauf la revendication dûment formée par les propriétaires des marchandises en nature qui sont encore sous balle et sous corde. Art. 47 du Décret du 1er germ. an XIII.

788. Le privilège des frais de justice prime tous les autres. A. C. du 25 avr. 1854.

La régie ne peut exercer non plus son privilège qu'après celui accordé par l'article 1er de la loi du 12 mai 1808 à l'administration des contributions directes. D. M. F. du 17 août 1820.

Le privilège de la régie et celui de la Douane s'exercent sur le même rang ; mais le premier prime le second. Jugement du tribunal de commerce de la Seine, du 17 mai 1882 et arrêt de la cour de Paris du 28 mai 1884.

789. Les droits antérieurement acquis par des tiers ne sont pas atteints par le privilège. Art. 2098 du C. civ. et A. C. du 9 déc. 1844.

Mais celui qui, pouvant revendiquer un meuble dans la masse d'une faillite, en a laissé faire la vente avec les autres, ne peut ensuite en réclamer la valeur par préférence, au préjudice du privilège du Trésor. A. C. du 17 oct. 1844.

Il faut, si un tiers veut exercer le droit de revendication, que la propriété soit légalement constatée. Arrêt de la cour de Limoges du 15 mars 1873.

790. Le privilège de la régie sur les meubles et effets du redevable s'étend à la caution solidaire du débiteur. A. C. des 14 mai 1816, 12 déc. 1822 et 18 janv. 1841 ; Arrêt de la cour de Paris du 29 nov. 1846.

791. Par meubles et effets mobiliers, on entend tout ce qui est réputé meubles par la loi. A. C. des 28 nov. 1827 et 12 juill. 1854.

La loi ne distingue pas entre les meubles garnissant les lieux où le redevable exploite son commerce et ceux qui peuvent se trouver dans d'autres lieux occupés par lui. Arrêt de la cour de Paris du 17 fév. 1846.

Le prix non soldé de ventes d'immeubles est placé par les articles 529 et 535 du Code civil parmi les biens meubles. A. C. du 12 juill. 1854.

En cas de vente d'immeubles après faillite, la régie exerce son privilège sur le produit de cette vente non absorbé par les créanciers hypothécaires. Jug. du trib. civil de Senlis du 30 juillet 1879.

Les créanciers du mari peuvent saisir sur lui pendant le mariage les revenus des immeubles dotaux et les intérêts de la dot mobilière de sa femme. A. C. du 28 mars 1827.

Il y a une distinction à établir pour les objets mobiliers qui deviennent immeubles par destination. A. C. du 4 fév. 1817.

La vente du mobilier, faite entre la signification de la contrainte et la saisie opérée en vertu de cette contrainte, est valable. A. C. du 18 mai 1879.

792. Le privilège pour loyers ne peut être admis que pour six mois seulement, au préjudice de celui des contributions indirectes. A. C. du 28 août 1837 et du 18 fév. 1840.

L'article 47 du décret du 1er germinal an XIII, qui le veut ainsi, n'a pas été abrogé, en ce point, par la loi du 5 septembre 1807. A. C. du 11 mars 1835.

Le privilège de la régie est primé par celui du propriétaire non seulement pour le loyer, mais encore pour les réparations locatives, lorsque ces réparations réunies au loyer dû ne dépassent pas le montant de six mois de loyer. A. C. du 15 juill. 1835.

Il ne s'agit que de *loyers échus*. Un paiement anticipé est sans influence sur le privilège. A. C. du 26 janv. 1852.

793. Quand le redevable est l'objet de poursuites de la part d'autres créanciers, les receveurs établissent le titre de la régie au moyen de la délivrance d'une contrainte. C. nº 445 du 5 fév. 1857.

Ils n'ont à faire concurremment aucun autre acte de poursuite. Id.

S'il y a saisie-exécution, ils font signifier l'acte d'opposition nécessaire pour que la créance de la régie soit prélevée sur le produit de la vente. Id.

Si les poursuites entamées par les autres créanciers sont abandonnées, les receveurs donnent à la contrainte qu'ils ont fait signifier la suite qu'ils jugent utile et nécessaire. Id.

Un tiers peut se subroger aux droits de la régie; mais il ne peut exercer son privilège au même rang que l'Administration concurremment avec elle, sur les deniers de la faillite. Jug. du trib. civil de Péronne du 18 juin 1879.

La caution qui acquitte les droits dus à la régie, à la place du débiteur principal, est subrogée dans le privilège établi au profit de l'Administration, sauf à se pourvoir par les voies de droit commun. Jugement du tribunal de commerce de la Seine du 23 juin 1881.

794. Le privilège dont jouit le Trésor ne peut être invoqué en matière de droits d'octroi. Jug. du trib. de Strasbourg du 8 oct. 1862.

CHAPITRE XXV.

Saisies-arrêts contre la régie.

Comptables, 797.
Droits insaisissables, 795 à 797.
Nullité des saisies, 795.
Redevables, 797.
Tribunaux, 796.

795. Toutes saisies du produit des droits, faites entre les mains des préposés de la Régie ou dans celles des redevables, sont nulles et de nul effet. Art. 48 du Décret du 1er germ. an XIII.

Les deniers appartenant au fisc ne peuvent jamais être saisis dans les caisses publiques, à la requête de ses créanciers. A. C. du 31 mars 1819.

796. Les tribunaux n'ont pas qualité, les droits dont la perception est attribuée aux administrations eussent-ils été indûment perçus, pour en ordonner la restitution par voie de saisie. A. C. du 16 therm. an X.

797. Il est arrivé que des particuliers, ayant obtenu des condamnations contre la Régie, se sont permis de saisir le produit des droits, ou entre les mains des préposés de la Régie, ou dans celles de ses redevables.

L'article 48 du décret du 1er germinal an X déclarant ces saisies nulles et de nul effet, elles doivent être considérées comme non avenues. Ni les comptables, ni les redevables ne peuvent s'en faire un titre pour se dispenser de vider leurs mains, ou pour opposer des compensations. Inst. n° 27 du 18 prair. an XIII et C. n° 114 du 26 fév. 1807.

CHAPITRE XXVI.

Saisies-arrêts sur traitements et cautionnements.

Caisse des dépôts et consignations, 815 à 823.
Cautionnements, 808.
Certificat des sommes dues, 811 à 814.
Changement de résidence des employés, 829.
Dépôt et forme des oppositions, 804 à 810.
Exploit, 804 à 810.
Extrait des oppositions, 826 à 828.
Frais de bureau, 802.
Indemnités, 798.
Nullités, 805, 807.
Octroi, 803.
Oppositions, 810, 825, 833 à 835.
Paiements irréguliers, 824, 825.
Paris, 807.
Part de saisies, 800.
Pensions, 810.
Pièces à produire, 804 à 810.
Prescription, 833.
Primes d'apurement, 802.
Récépissés des extraits, 826 à 829.
Registre, 830 à 832.
Remises, 798, 799, 838, 820.
Renouvellement des saisies-arrêts, 833 à 835.
Saisie-arrêt, 804 à 810, 825, 833 à 835.
Secours, 801.
Sommes non encore ordonnancées, 809.
Sommiers des oppositions, 830 à 832.
Surveillance des chefs, 836
Traitement, portion saisissable, 798, 799 à 818, 820.
Versement à la c. des dép. et cons., 815 à 826.
Visa des oppositions, 807, 809, 826.

Sect. I. — Limites assignées aux saisies-arrêts sur traitements.

798. Les traitements des fonctionnaires publics et employés civils sont saisissables jusqu'à concurrence du cinquième sur les premiers mille francs, et toutes les sommes au-dessous ; du quart sur les cinq mille francs suivants, et du tiers sur la portion excédant six mille francs, à quelque somme qu'elle s'élève, et ce, jusqu'à l'entier acquittement des créances. Loi du 21 vent. an IX.

Les sommes qui tiennent lieu de traitement sont saisissables dans les mêmes proportions. Art. 1er de l'Arrêté M. F. du 24 oct. 1837.

Dans cette catégorie sont les remises, les indemnités de localité et les indemnités accordées à quelques employés pour leur coopération à un service spécial, tel que celui de la garantie, des tabacs ou des poudres. C. n° 161 du 30 nov. 1837.

Les appointements bruts, les remises et les autres indemnités qui viennent d'être désignées ainsi, forment le total sur lequel doit être effectué le prélèvement. Id.

Par sa circulaire du 30 novembre 1837, n° 161, relatives aux règles à suivre à l'égard des saisies-arrêts et oppositions sur les sommes dues aux créanciers de l'État, la Direction générale des Contributions indirectes a fait connaître qu'en ce qui concerne les appointements, remises, etc., revenant aux employés et agents de l'Administration, la retenue pour cause de saisie ne doit être opérée que sous déduction des prélèvements au profit du service des pensions civiles, c'est-à-dire sur le montant net des émoluments. CC. n° 114 du 24 déc. 1884.

Or, dans tous les autres services administratifs, le principe contraire est appliqué; ce principe a d'ailleurs été consacré par une instruction sur la matière adressée le 11 décembre 1879 aux Trésoriers-payeurs généraux par le directeur du Contentieux des finances et approuvée par le Ministre. Cette instruction dispose, en effet, article 105, que « la retenue doit être calculée sur le chiffre brut des traitements, sans déduction du prélèvement pour retraite ou pour congé ». Id.

Il importe que cette règle soit également suivie dans le services des Contributions indirectes. Les directeurs de ce service devront donc, en attendant les instructions nouvelles que prépare l'Administration centrale, veiller à ce qu'elle soit exactement observée par les comptables entre les mains desquels des oppositions seront formées sur les appointements d'agents de leur circonscription. Comme moyen de contrôle, il conviendra que le décompte d'un traitement frappé d'opposition soit établi sur le tableau d'appointements, en deux parties distinctes : l'une afférente à la partie saisie ; l'autre, pour le surplus payé à l'employé. L'acquit sera donné pour la totalité du traitement, ainsi que le prescrit la circulaire de la comptabilité générale en date du 18 décembre 1837, n° 26 ; mais le transport au compte des fonds de divers de la somme retenue sera justifié au moyen d'un extrait du registre de caisse n° 87 A. Les autres dispositions des circulaires précitées continueront d'être observées jusqu'à nouvel ordre. Il n'est pas inutile de rappeler que les portions de traitements saisies doivent être versées d'office, chaque mois, à la Caisse des dépôts et consignations. Id.

799. Pendant le cours de l'année, la quotité de la retenue est déterminée par la réunion tant des indemnités passibles du prélèvement, que du montant des appointements et de la partie fixe des remises réellement payées à l'employé, soit qu'il y ait eu interruption de service pour cause de maladie ou de congé, soit qu'il y ait eu intérim d'un autre emploi. Mais, lors du règlement définitif des remises, le solde en sera ajouté aux sommes qui auront supporté le prélèvement pendant l'année expirée, afin que l'on puisse calculer la totalité de ce que l'employé doit abandonner à ses créanciers, et en déduire les acomptes déjà retenus. Id.

800. Les parts revenant aux employés pour amendes et confiscations ou pour valeur des tabacs, poudres, etc., dans les répartitions auxquelles donnent lieu les procès-verbaux, ainsi que les primes pour arrestation de colporteurs, ne sont pas placées sous le régime exceptionnel consacré par la loi du 21 ventôse an IX ; on doit opérer à l'égard de ces émoluments, comme à l'égard de toutes les autres sommes dues à des créanciers de l'Etat. Id. Cela revient à dire que ces sommes sont entièrement passibles de la retenue pour saisie-arrêt.

801. Quant aux sommes que l'Administration accorde à titre de secours

aux employés, soit par suite de maladie, soit pour perte de cheval, soit pour toute autre cause analogue, elles sont insaisissables, puisque ces allocations exceptionnelles reposent toujours sur des besoins impérieux. Id.

802. Les frais de bureau étant le remboursement d'une dépense indispensable pour le service, ne peuvent non plus, sous aucun prétexte, être frappés d'opposition ; ils continueront donc à être payés en totalité aux parties prenantes. Il en sera de même des primes d'apurement de comptes, destinées à couvrir les non-valeurs. Id.

803. Les créanciers des préposés d'octroi ne peuvent saisir, sur les appointements et remises de ces derniers, que les sommes fixes déterminées par la loi du 21 ventôse an IX. Art. 61 de l'Ord. du 9 déc. 1814. V. 798.

Une saisie-arrêt ne peut être pratiquée qu'en vertu d'une créance certaine. Ainsi, une créance dont l'existence est subordonnée au résultat d'un compte à faire entre les parties, est insuffisante pour autoriser une pareille saisie. Arrêt de la Cour de Limoges du 27 nov. 1868.

Mais, à défaut de titre, le juge du domicile du débiteur et même celui du domicile du tiers saisi peuvent, *sur requête*, permettre la saisie-arrêt ou opposition. Art. 558 du code de pr. civ.

Sect. II. — Dépôt et forme des oppositions. Pièces à l'appui. Nullités.

804. Indépendamment des formalités communes à tous les exploits, tout exploit de saisie-arrêt ou opposition entre les mains des receveurs, dépositaires ou administrateurs de caisses ou de deniers publics, en cette qualité, doit exprimer clairement les noms et qualités de la partie saisie ; il faut qu'il contienne, en outre, la désignation de l'objet saisi. Art. 1er du Décret du 18 août 1807.

L'exploit doit énoncer pareillement la somme pour laquelle la saisie-arrêt ou opposition est faite ; il est fourni, avec copie de l'exploit, aux receveurs, caissiers ou administrateurs, copie ou extrait en forme *du titre du saisissant*. Décret du 8 juin 1793 ; Arrêté du 1er pluv. an XI et art. 2 du Décret du 18 août 1807.

Il faut copie ou extrait du titre du saisissant ou de l'ordonnance du juge qui a autorisé la saisie. Art. 10 de l'Arrêté M. F. du 24 oct. 1837.

805. A défaut par le saisissant de remplir les formalités prescrites par les articles 1 et 2 du décret du 18 août 1807, la saisie-arrêt ou opposition est regardée comme non avenue. Art. 3 du Décret du 18 août 1807.

Dans ce cas, le conservateur ou comptable mentionne et motive son refus en marge de l'original. Art. 10 de l'Arrêté M. F. du 24 oct. 1837.

Les saisies-arrêts formées entre les mains des receveurs doivent être dénoncées par le saisissant, dans le délai de huitaine, au débiteur saisi, avec assignation en validité. Art. 563 et 565 de code de proc. civ. et arrêt de cassation du 6 nov. 1872.

Mais, pour éviter les frais de signification de la saisie, de l'assignation en validité et du jugement qui pourraient intervenir en exécution des articles

563 et 565 du code de procédure civile, l'employé au préjudice duquel a été faite la saisie-arrêt peut être invité à adhérer à la saisie. Il en fait alors la déclaration formelle sur l'expédition et sur l'original de l'exploit.

806 La saisie-arrêt ou opposition n'a d'effet que jusqu'à concurrence de la somme portée en l'exploit. Art. 4 du Décret du 18 août 1807.

L'opposition n'ayant d'effet que pour la somme pour laquelle elle est formée, les payeurs et comptables doivent payer au créancier, c'est-à-dire à l'ayant-droit, tout le surplus de la somme ordonnancée et non saisie. Art. 10 de l'Arrêté M. F. du 24 oct. 1837.

807. La saisie-arrêt ou opposition formée entre les mains des receveurs, dépositaires ou administrateurs de caisses ou de deniers publics, en cette qualité, n'est point valable si l'exploit n'est fait à la personne préposée pour le recevoir, et s'il n'est visé par elle sur l'original, ou, en cas de refus, par le procureur de la République près le tribunal de 1re instance de leur résidence, lequel en donne de suite avis aux chefs des administrations respectives. Art. 5 du Décret du 18 août 1807.

Toutes saisies-arrêts ou oppositions sur des sommes dues par l'Etat, toutes significations de cession ou transport des sommes, et toutes autres ayant pour objet d'en arrêter le paiement, doivent être faites entre les mains des payeurs, agents ou préposés, sur les caisses desquels les ordonnances ou mandats sont délivrés. Art. 13 de la Loi du 9 juill. 1836 ; art. 148 du Décret du 31 mai 1862 et art. 147 du Règl. gén. de compt. de 1866.

Néanmoins à Paris, et pour tous les paiements à effectuer à la caisse du payeur central au Trésor public, elles doivent être exclusivement faites entre les mains du conservateur des oppositions au ministère des finances; toutes dispositions contraires sont abrogées. Id.

Sont considérées comme nulles et non avenues toutes oppositions ou significations faites à toutes autres personnes que celles ci-dessus indiquées. Id.

808. Il n'est pas dérogé aux lois relatives aux oppositions à faire sur les capitaux et intérêts des cautionnements. Id.

Les oppositions sur cautionnements en numéraire peuvent être faites, soit aux greffes des tribunaux civils ou de commerce dans le ressort desquels les titulaires exercent leurs fonctions, soit au Trésor, au bureau des oppositions. Art. 150 du Décret du 31 mai 1862 et art. 147 précité du Règl. de 1866.

Celles qui sont faites aux greffes des tribunaux doivent être notifiées au Trésor, pour valoir sur les intérêts des cautionnements. Id.

Les oppositions à faire sur les cautionnements des titulaires inscrits sans désignation de résidence sur les livres du Trésor doivent être signifiées à Paris, au bureau des oppositions. Art. 150 du Décret du 31 mai 1862 et art. 147 du Règl. de 1866.

809. Toute opposition et signification doit rester déposée pendant vingt-quatre heures au bureau ou à la caisse où elle est faite, et doit être visée sur l'original par le conservateur ou par le comptable. Art. 9 de l'Arrêté M. F. du 24 oct. 1837. V. 807.

Si des oppositions étaient formées entre les mains des comptables sur des sommes non encore ordonnancées et dues à des personnes étrangères à la régie, les directeurs devraient en donner avis dans le plus bref délai à l'Administration. C. n° 461 du 30 nov. 1837.

810. *Pensions de retraite.* Les pensions sont incessibles. Aucune saisie ou retenue ne peut être opérée, du vivant du pensionnaire, que jusqu'à concurrence d'un cinquième, pour débet envers l'Etat, ou pour des créances privilégiées, aux termes de l'art. 2101 du code civil, et d'un tiers, dans les circonstances prévues par les art. 203, 205, 206, 207 et 214 du même code. Art. 26 de la Loi du 9 juin 1853.

Les créances privilégiées énumérées à l'art. 2001 du code civil sont valables dans l'ordre ci-après : 1° les frais de justice ; 2° les frais funéraires ; 3° les frais quelconques de la dernière maladie, concurremment entre ceux à qui ils sont dus ; les salaires des gens de service pour l'année échue et pour ce qui est dû pour l'année courante. Les art. 203, 205, 206 et 207 prévoient la dette d'aliments entre mari et femme, et entre ascendants et descendants.

Sect. III. — Certificat des sommes ordonnancées ou restant dues.

811. Les receveurs, dépositaires ou administrateurs sont tenus de délivrer, sur la demande du saisissant, un certificat qui tient lieu, en ce qui les concerne, de tous autres actes et formalités prescrits, à l'égard des tiers saisis, par le titre VII du livre V du code de procédure civile. Art. 6 du Décret du 18 août 1807.

Ce certificat doit être établi sur papier timbré. V. 814.

S'il n'est rien dû au saisi, le certificat l'énonce. Id.

Si la somme due au saisi est liquide, le certificat en déclare le montant. Idem.

Si elle n'est pas liquide, le certificat l'exprime. Id

Ces prescriptions ont été édictées conformément aux dispositions de l'art. 569 du code de procédure civile, ainsi conçu :

« Les fonctionnaires publics dont il est parlé à l'art. 561 (receveurs, « dépositaires ou administrateurs de caisses ou deniers publics) *ne seront* « *point assignés en déclaration* ; mais ils délivreront un certificat constatant s'il est dû à la partie saisie et énonçant la somme, si elle est « liquide. »

812. Quand il est survenu des saisies-arrêts ou oppositions sur la même partie et pour le même objet, les receveurs, dépositaires ou administrateurs sont tenus, dans les certificats qui leur sont demandés, de faire mention de ces saisies-arrêts ou oppositions, et de désigner les noms et élection de domicile des saisissants, et les causes des saisies-arrêts ou oppositions. Art. 7 id.

S'il survient de nouvelles saisies-arrêts ou oppositions depuis la délivrance d'un certificat, les receveurs, dépositaires ou administrateurs sont tenus, sur la demande qui leur en est faite, d'en fournir un extrait contenant pareillement les noms et élection de domicile des saisissants, et les causes des saisies-arrêts ou oppositions. Art. 8 id.

813. L'Administration ne pouvant, en aucun cas, être appelée en déclaration affirmative (V. 811), ce sont les payeurs et autres comptables ou agents de l'Administration qui délivrent, lorsqu'ils en sont requis par le saisissant ou autre créancier opposant, un certificat constatant les sommes ordonnancées sur leur caisse et restées dues à la partie saisie. Art. 11 de l'Arrêté M. F. du 24 oct. 1837.

814. Le conservateur des oppositions et tous les payeurs et autres comptables entre les mains desquels il a été fait des oppositions ou significations ayant pour objet d'arrêter le paiement des sommes dues par l'Etat, doivent, lorsqu'ils en sont requis par la partie saisie, par l'un des créanciers opposants, leurs représentants ou ayants cause, délivrer extrait ou état desdites oppositions ou significations, à la charge par la partie de fournir *le papier timbré nécessaire*. Art. 8 id.

Sont toutefois dispensés du timbre les extraits ou états délivrés sur la demande et dans l'intérêt de l'Administration. Id.

Sect. IV.— Versement à la caisse des dépôts et consignations.

815. Le receveur principal des contributions indirectes doit verser d'office à la caisse des dépôts et consignations la portion saisissable des appointements arrêtée entre ses mains par des saisies-arrêts. Art. 1er de l'Ord. du 16 sept. 1837 et art 1er de l'Arrêté M. F. du 24 oct. suiv.

La partie *des appointements ou traitements* et des sommes qui en tiennent lieu, régulièrement saisie entre les mains des receveurs principaux, est versée ainsi chaque mois au receveur des finances, qui en délivre récépissé comme préposé de la caisse des dépôts et consignations. Il lui est remis, lorsque les sommes versées proviennent de nouvelles oppositions, un extrait établi dans la forme indiquée par l'article 2 de l'arrêté ministériel. Art. 1er de l'Ord. du 16 sept. 1837 et C. nº 161 du 30 nov. suiv. V. 826.

816. A l'égard de *toutes les autres sommes* ordonnancées ou mandatées sur la caisse des payeurs, agents ou préposés, et qui se trouveraient frappées de saisies-arrêts ou oppositions entre leurs mains, le dépôt ne peut en être effectué à la caisse des dépôts et consignations qu'autant qu'il a été autorisé par la loi, par justice ou par un acte passé entre l'Administration et ses créanciers. Art. 1er de l'Ord. du 16 sept. 1837 et art. 1er de l'Arrêté M.F. du 24 oct. suiv.

817. Aux termes de l'article 8 de l'ordonnance du 3 juillet 1816, les versements des sommes saisies doivent être faits dans la huitaine à partir de l'expiration du mois accordé aux créanciers, par l'art. 656 du code de procédure, pour procéder à une distribution amiable. C. nº 161 du 30 nov. 1837.

Ce mois, pour les sommes saisies et arrêtées, commence à compter du jour de la signification au tiers saisi du jugement qui fixe ce qu'il doit rapporter. Id.

818. En ce qui concerne les appointements, remises, etc., il a été dérogé à ces dispositions, tant par l'ordonnance du 16 septembre 1837, qui a prescrit de verser d'office, que par l'article 1er de l'arrêté du 24 octobre suivant, qui a ordonné de verser *chaque mois*, à la caisse des dépôts et consignations, la partie saisissable des traitements ; mais les règles rappelées dans l'article 8 de l'ordonnane du 3 juillet 1816, en exécution de l'article 656 du code, doivent être suivies pour les sommes saisies qui auront une autre origine, telles que celles qui seraient dues à des fournisseurs, adjudicataires ou autres créanciers de l'Etat, lesquelles ne peuvent être déposées que dans les cas prévus au second paragraphe de l'article 1er de l'arrêté. Id.

819. Tout dépôt est accompagné des pièces prescrites par l'article 2 de l'ordonnance du 16 septembre 1837, c'est-à-dire d'une copie de l'exploit et d'une copie ou extrait du titre du saisissant. CC. n° 26 du 18 déc. 1837.

Voir, pour les extraits des oppositions et les récépissés des extraits, 826 à 828.

Caisse des dépôts et consignations. V. 839 à 849.

820. Relativement aux appointements, remises, indemnités de localité et indemnités spéciales, les receveurs principaux font dépense et retirent quittance du montant intégral du paiement. Ils se chargent en recette, au compte des consignations, de la portion retenue ; la dépense est inscrite au même chapitre au moment du versement à la caisse des dépôts et consignations. CC. n° 26 précitée.

Le récépissé de versement est produit comme pièce justificative. Id.

821. Dans les autres cas, lorsqu'il y a opposition ou saisie de sommes inférieures au montant de la créance, les receveurs principaux paient au titulaire la portion restée libre, ou retirent une quittance motivée, et font dépense du montant de cette quittance. Id.

822. Ils attendent, pour faire le dépôt de la portion arrêtée, que les oppositions soient levées, ou que la consignation ait été ordonnée, comme il est dit plus haut, ou par une loi, ou par un jugement, ou par une ordonnance du juge. Id.

823. A l'époque de la clôture des paiements (31 août de la seconde année de l'exercice), les sommes saisies sur mandats de l'exercice clos et qui n'ont pu être acquittées, faute des justifications nécessaires, sont annulées dans les écritures des ordonnateurs secondaires. Id.

Sect. V. — Paiements irréguliers.

824. La validité des oppositions au paiement faites par un tiers est de la compétence des tribunaux. Arrêt du Cons. d'Et. du 18 sept. 1833.

825. Le paiement d'une créance, au mépris d'une opposition formée entre les mains du Ministre des finances, ne libère pas l'Etat, alors même que le paiement aurait été fait par l'intermédiaire d'un payeur de département, si

précédemment une partie de cette même créance avait déjà été acquittée directement par le Trésor. A. C. du 21 déc. 1835.

SECT. VI. — Extraits des oppositions. Récépissés des extraits.

826. Les versements à la caisse des dépôts et consignations (V. 815 à 819) doivent toujours être accompagnés d'un extrait certifié des oppositions et significations existantes, et contenant les noms, qualités et demeures du saisissant et du saisi, l'indication du domicile élu par le saisissant, le nom et la demeure de l'huissier, la date de l'exploit et le titre en vertu duquel la saisie a été faite, la désignation de l'objet saisi, et la somme pour laquelle la saisie a été formée. Art. 2 de l'Ord. du 16 septembre 1837 et 2 de l'Arrêté M. F. du 24 oct. suiv.

827. Le récépissé qui est délivré par la caisse des dépôts ou par ses préposés, doit toujours être accompagné d'un reçu particulier constatant la remise des extraits d'oppositions et significations jointes au dépôt. Art. 3 de l'Arrêté précité.

828. Pour les versements faits à Paris, le reçu des pièces est remis au conservateur des oppositions au ministère des finances. Id.

SECT. VII. — Changement de résidence des employés.

829. Lorsqu'un employé sur les appointements duquel il a été formé opposition, reçoit un ordre de changement, le directeur se fait remettre par le receveur principal un extrait certifié du sommier et du compte ouvert, ainsi que les copies d'exploits, les copies ou extraits des titres des saisissants restés entre les mains des comptables. C. n° 161 du 30 nov. 1837.

Le directeur, après avoir vérifié et visé les pièces, les adresse sur-le-champ à son collègue du département dans lequel l'employé est appelé, pour qu'il en fasse faire immédiatement la remise au receveur principal qui doit payer les appointements de l'employé. Ce comptable donne récépissé des pièces, fait les inscriptions nécessaires à son registre des oppositions (V. 830), et remet, sur reçu, au receveur des finances, lors du premier versement des sommes saisies, l'extrait prescrit par l'article 2 de l'arrêté. Id.

Le récépissé du receveur principal est envoyé au directeur sous les ordres duquel l'employé était précédemment placé ; on l'annote au sommier, et il y reste annexé. Id.

SECT. VIII. — Registre sommier des oppositions.

830. Le conservateur des oppositions au ministère des finances, et tous les payeurs et autres comptables du Trésor et des administrations des finances, sont tenus d'ouvrir un registre sur lequel ils portent, par ordre de dates et de numéros, toutes les saisies-arrêts, oppositions, significations

de cession ou transport, et tous autres actes ayant pour objet d'arrêter le paiement des sommes dues par l'État. Art. 5 de l'Arrêté M. F. du 24 oct. 1837.

On trouvera le modèle de ce registre aux *Tableaux synoptiques* du **Nouveau Recueil Chronologique**.

La première partie de ce registre doit présenter successivement, et par ordre de dates, les oppositions formées entre les mains des comptables; la seconde, un compte ouvert à chaque tiers saisi, où l'on rappelle les oppositions qui le concernent, les sommes retenues et celles qui ont été versées à la caisse des dépôts et consignations. C. n° 161 du 30 nov. 1837.

831. Le sommier des oppositions doit être établi sur papier blanc, et coté et paraphé par le directeur; il n'est pas renouvelé annuellement Lorsqu'un registre est rempli, le comptable en ouvre un second, mais il conserve toujours les anciens. Id.

832. Les copies d'exploits, les copies ou extraits de titres des saisissants, qui doivent être fournis au receveur en exécution de l'article 5 de l'arrêté, sont conservés à l'appui du registre, et classés par ordre de dates et de numéros d'inscription, pour qu'on puisse y avoir recours au besoin. Id.

Sect. IX. — Renouvellement. Oppositions périmées.

833. Les saisies-arrêts n'ont d'effet que pendant cinq années, si elles n'ont pas été renouvelées. Art. 14 de la Loi du 9 juill. 1836.

Le délai de cinq ans ne court, pour les oppositions et significations faites ailleurs qu'à la caisse des dépôts et consignations ou à celle de ses préposés, que du jour du dépôt des sommes grevées desdites oppositions et significations. Art. 11 de la Loi du 8 juill. 1837.

834. Lesdites oppositions et significations passant à la caisse des dépôts et consignations avec les sommes saisies, le renouvellement prescrit par les articles 14 et 15 de la loi du 9 juillet 1836 et par l'article 11 de la loi du 8 juillet 1837, doit être fait entre les mains du préposé de la caisse chargé de recevoir et viser les oppositions et significations. Art. 3. de l'Ord. du 16 sept. 1837.

Ce renouvellement doit être également fait entre les mains des payeurs, agents ou préposés du Trésor public, lorsque les oppositions et significations continuent à subsister entre leurs mains, à raison des paiements à effectuer ultérieurement pour le compte de l'État. Id.

835. A défaut du renouvellement des oppositions et significations dans les délais prescrits par les articles précités, ces oppositions et significations sont rayées d'office des registres des payeurs, agents ou préposés du Trésor public et de la caisse des dépôts et consignations. Art. 4 id.

Au fur et à mesure que les oppositions et significations ont cinq années de date sans avoir été renouvelées, elles sont rayées du registre, conformément aux art. 14 de la loi du 9 juillet 1836 et 4 de l'ordonnance royale du 16 septembre 1837. Art. 6 de l'Arrêté M. F. du 24 oct. 1837; art. 149 du Décret du 31 mai 1862 et 147 du Règl. gén. de compt. de 1866.

Sect. X. — Surveillance des chefs.

836. Le registre sommier des oppositions doit être vérifié et arrêté par le sous-directeur ou le directeur; cet employé supérieur vérifie et vise également les extraits destinés pour le receveur des finances ou pour les opposants. Il examine aussi, avant qu'elles aient reçu le visa exigé, les oppositions formées entre les mains du receveur principal, qui doit, à cet effet, les lui communiquer aussitôt après le dépôt. C. n° 161 du 30 nov. 1837.

CHAPITRE XXVII.

Dettes. Retenues volontaires.

Arrangements, 837.
Autorisation du directeur, 837.
Consignations et paiement, 837, 838.

837. Les dispositions qui font l'objet du chapitre précédent concernent exclusivement les oppositions faites par huissiers en vertu de titre régulier ou d'ordonnance de juge. Elles ne sont point applicables aux sommes retenues soit par suite d'arrangement fait de gré à gré entre les employés et leurs créanciers, soit, dans quelques cas particuliers, en conformité d'autorisations des directeurs. La consignation et le paiement de ces sommes ont lieu sans l'intervention de la caisse des dépôts et consignations. C. n° 161 du 30 nov. 1837 et CC. n° 20 du 18 déc. suiv.

838. Les recettes et dépenses des sommes retenues d'office ou en vertu d'oppositions régulières figurent, au compte des consignations (reg. 89 C), parmi les opérations de trésorerie. Id.

CHAPITRE XXVIII.

Caisse des dépôts et consignations.

Attributions, 839 à 842.
Cautionnements, 849.
Curateurs, 846.
Paiements, 842.
Prix des immeubles grevés d'hypoth., 847.
Récépissé, 841.
Recettes extraordinaires, 848.
Receveurs des finances et trésoriers-payeurs 840 et suiv.
Saisies-arrêts, 843.
Sommes consignées, 844, 845.
Successions vacantes, 846.
Traitements, 848.
Versements, 843 à 849.

SECT. I. — Attributions.

839. Les dépôts, les consignations, les services relatifs à la Légion d'honneur, aux fonds de retraites départementaux et communaux de plusieurs administrations publiques, aux caisses d'épargne, aux sociétés de secours mutuels, à la caisse des retraites pour la vieillesse, à la caisse de la dotation de l'armée, et les autres attributions de même nature qui lui sont légalement déléguées, sont administrés par un établissement spécial, sous le nom de *Caisse des dépôts et consignations*. Art. 823 du Décret du 31 mai 1862.

840. La caisse des dépôts et consignations emploie l'intermédiaire des receveurs des finances et des trésoriers-payeurs pour effectuer, dans les départements, l'Algérie et les colonies, les recettes et les dépenses qui la concernent. Art. 836 id.

Les receveurs des finances et les trésoriers-payeurs sont comptables, envers la caisse des dépôts et consignations, des recettes et dépenses qui leur sont confiées par cette caisse. Art. 837 id.

Ils sont responsables des erreurs qu'ils ont commises, ainsi que des recettes et dépenses qui n'ont pas été valablement justifiées, conformément aux lois et règlements. Art. 838 id.

Ils doivent conserver avec soin les dossiers relatifs à chaque consignation. Id.

841. Les receveurs des finances et les trésoriers-payeurs délivrent récépissé des sommes dont ils font recette pour le compte de la caisse des dépôts et consignations : leurs récépissés doivent être à talon. Art. 839 id.

Les talons de ces récépissés sont envoyés directement à la caisse des dépôts, comme justification des recettes dont les préposés doivent compte à la Cour des comptes. Id.

842. La justification des paiements s'opère au moyen des quittances des

parties prenantes et des diverses justifications spéciales propres à chaque nature de dépense. Id.

Sect. II. — Versements à la Caisse des dépôts et consignations.

§ Ier. Versement des sommes saisies.

843. Tout ce qui se rapporte au versement à la caisse des dépôts et consignations des sommes pour lesquelles il y a eu saisie-arrêt fait l'objet de la section IV du chapitre des **Saisies-arêts sur traitements.** V. 815 à 819.

§ II. Versements effectués en dehors de toute saisie-arrêt ou opposition.

844. On verse également à la caisse des dépôts et consignations les sommes consignées sur passe-debout et sur acquits, à défaut de caution, si, après régularisation, les intéressés ne se présentent pas pour en recevoir le montant. C. nº 504 du 29 déc. 1851.

Dans ce cas, et conformément à la circulaire de la comptabilité nº 10, du 15 décembre 1828, les sommes doivent être retirées des mains du receveur à qui elles ont été comptées, et transportées en consignation dans la comptabilité du receveur principal. Id.

845. Après six mois d'attente à la recette principale, les sommes non retirées ne sont point attribuées au Trésor ; elles doivent être versées à la caisse des dépôts et consignations, où elles restent à la disposition des ayants-droit. CC. nº 78 du 15 déc. 1867.

Ce ne sont plus, en effet, que de simples dépôts sur lesquels les consignataires conservent leur droit de propriété qui ne peut être éteint par la prescription. Arrêté M. F. du 22 juill. 1826 ; art. 2236 du C. civil, et C. nº 504 précitée.

846. D'après l'article 813 du code civil, les fonctions des curateurs nommés à des successions vacantes sont limitées à *l'administration* des biens de la succession ; elles ne peuvent être étendues à la *perception des deniers.*

Lorsque des créances dues par l'Etat, à quelque titre que ce soit, font partie de successions demeurées vacantes et sont réclamées par le curateur, les payeurs réunissent d'abord toutes les pièces formant le titre de la personne décédée.

Ils se font remettre ensuite par ce curateur un extrait du jugement qui a déclaré la vacance de la succession ; mais, au lieu de payer entre ses mains, ils font le versement des fonds au receveur des domaines, auquel est attribué le recouvrement des produits de l'espèce et qui est chargé d'en compter avec la caisse des dépôts et consignations. CC. nº 73 du 10 janv. 1865.

Ce comptable fournit d'ailleurs quittance au pied de l'ordonnance ou du mandat de paiement. Id.

847. C'est encore à la caisse des dépôts et consignations qu'est versé le

prix des immeubles acquis par l'administration des contributions indirectes ou par celle des tabacs, s'il existe des inscriptions hypothécaires. Règ. gén. de compt. de 1866.

848. On agit de même lorsque des traitements n'ont pas été réclamés, bien que les émargements nécessaires aient été donnés.

Il en est autrement s'il n'y a pas eu émargement. Les sommes dues sont portées en *recette extraordinaire* dès que le délai pour la prescription est écoulé. *Correspondance.* Le délai de prescription est, dans ce cas, de 2 ans. Art. 50 du Décret du 1er germinal an XIII.

849. Enfin, le montant des cautionnements dont le remboursement n'a pas été effectué par le Trésor public, faute de productions ou de justifications suffisantes, dans le délai d'un an, à compter de la cessation des fonctions du titulaire, ou de la réception des fournitures et travaux, peut être versé en capital et intérêts à la caisse des dépôts et consignations, à la conservation des droits de qui il appartiendra. Ce versement libère définitivement le Trésor public. Art. 144 du Décret du 31 mai 1862 et art. 146 du Règl. gén. de compt. de 1866.

CHAPITRE XXIX.

Crédits législatifs.

Budget, 851 à 853.
Crédits législatifs, 850 à 857.
Domaines, 856, 857.
Loi de finances, 850.
Mandats, 855.
Matériaux et effets à réemployer, 857.
Ministre, 854, 855.
Objets mobiliers ou immobiliers sans emploi, 856, 857.
Ordonnances, 855.

---

850. La loi annuelle de finances ouvre les crédits nécessaires aux dépenses présumées de chaque exercice; il est pourvu au paiement de ces dépenses par les voies et moyens compris dans le budget des recettes. Art. 53 du Décret du 31 mai 1862.

851. A l'époque désignée pour la préparation du budget à présenter aux Chambres, les directeurs et chefs des services administratifs du ministère des finances, les directeurs généraux des administrations financières et les autres autorités compétentes adressent au ministre les propositions et renseignements qui doivent servir à l'établissement du nouveau budget, pour

chaque catégorie de dépense. Le ministre dresse ensuite le projet de budget pour l'ensemble des services du département des finances.

Chaque projet de budget, établi comparativement aux allocations de l'exercice précédent et accompagné de notes explicatives des différences ressortant de cette comparaison, est formé d'un tableau des crédits par sections et chapitres et d'états de développements par subdivisions de chapitre. Art. 31 et 32 du Décret du 31 mai 1862 et art. 4 du Règl. gén. de compt. de 1866.

852. Le budget des dépenses est plus tard présenté à la Chambre des députés avec ses divisions en sections, chapitres et articles. Le budget de chaque ministère est voté par sections. La répartition, par chapitres, des crédits accordés pour chaque section est réglée par décret rendu en conseil d'Etat. Art. 54 du Décret du 31 mai 1862 et art. 5 du Règ. gén. de 1866.

853. Le budget peut être rectifié, s'il y a lieu, pendant le cours de l'exercice par une nouvelle loi. Les opérations de régularisation postérieures à la clôture de l'exercice sont l'objet de propositions spéciales dans la loi de règlement. Art. 32 du décret du 31 mai 1862 et art. 15 du Règl. gén. de 1866.

854. Le Ministre ne peut, sous sa responsabilité, dépenser au delà des crédits qui lui ont été ouverts, ni engager aucune dépense nouvelle, avant qu'il ait été pourvu par un supplément de crédit au moyen de la payer. Art. 41 du Décret du 31 mai 1862 et art. 16 du Règl. gén. de 1866.

855. Toute ordonnance ou tout mandat énonce l'exercice, le crédit, ainsi que les chapitres, et, s'il y a lieu, les articles auxquels la dépense s'applique. Art. 11 du Décret du 31 mai 1862.

856. Le Ministre ne peut accroître par aucune ressource particulière le montant des crédits affectés aux dépenses de son département.

Lorsque quelques-uns des objets mobiliers ou immobiliers à sa disposition ne peuvent être réemployés et sont susceptibles d'être vendus, la vente doit en être faite avec le concours des préposés des domaines et dans les formes prescrites. Le produit de ces ventes est porté en recette au budget de l'exercice courant. Art. 43 du Décret du 31 mai 1862 et art. 23 du Règl. gén. de 1866.

857. Les dispositions de l'article précédent, concernant les ventes d'objets mobiliers ou immobiliers, ne sont point applicables aux matériaux et effets susceptibles d'être utilisés, lesquels peuvent être réemployés, moyennant justification, pour les besoins du service même d'où ils proviennent, sans qu'il y ait lieu d'en ordonnancer la valeur au profit du Trésor public. Art. 43 du Décret du 31 mai 1862 et art. 24 du Règl. gén. de 1866.

CHAPITRE XXX.

Frais de régie.

État annuel des frais de régie, 858 à 860.
Gratifications, 859.
Indemnités, 859.
Matériel, 858.
Personnel, dépenses, 858.

858. Tous les ans, au commencement du mois de décembre, les directeurs présentent, sur un état, n° 39, série P, en double expédition, le budget des dépenses en personnel et matériel. C. lith. du 1er déc. 1853.

Une expédition de cet état est renvoyée après avoir été rapprochée des écritures tenues à l'Administration centrale. Id.

Les directeurs, en formant l'état, doivent s'abstenir de toute observation sur les allocations qui y sont inscrites. Si des changements paraissaient devoir y être apportés, ils auraient à soumettre des propositions spéciales. Idem.

Le classement des emplois doit avoir lieu par sous-direction et par résidence, et non en groupant sous le même titre tous les emplois du même grade. Lett. comm. du 14 juillet 1871.

859. Portés en dépenses au titre de *gratifications*, les suppléments de traitements alloués aux receveurs, commis principaux, commis, etc., du service actif, sont inscrits à l'état des frais de régie dans une colonne faisant suite au cadre des indemnités. C. n° 13 du 27 nov. 1869.

860. Les allocations accordées aux employés sont présentées dans la récapitulation par grade et par service. C. lith. du 1er déc. 1853.

On indique également, sur une des expéditions, celle qui est destinée à rester dans les bureaux de l'Administration, les dates des autorisations en vertu desquelles ont eu lieu les dernières modifications. Ces dates sont mises, par renvoi, au bas des pages, afin que la colonne d'observations de l'état reste libre pour inscrire les changements qui peuvent avoir lieu dans le cours de l'année. Id.

Les imprimés de l'état de frais de régie sont fournis chaque année, vers la fin de novembre, par l'Administration. Les directeurs n'ont pas à les demander spécialement.

CHAPITRE XXXI.

Classement des dépenses à ordonnancer.

Dépenses annuelles fixes, 861.
Dépenses éventuelles, 861.
Dépenses réglées sur les bases de tarifs ou traités, 861.

861. Les dépenses du service des contributions indirectes consistent : 1° en dépenses annuelles fixes ordonnancées mensuellement ; 2° en dépenses éventuelles payables sur autorisations spéciales de l'Administration et après ordonnancement ; 3° en dépenses dont la quotité est réglée par des tarifs ou des traités préexistants, comme les remises aux buralistes et préposés d'octroi, les frais de transport et accessoires, les menus frais des entrepôts, et les frais de perception des octrois administrés par la régie. C. n° 95 du 26 déc. 1834.

Les dépenses de la première catégorie doivent être inscrites au livre des droits constatés au profit des créanciers de l'Etat, mois par mois, d'après les extraits d'ordonnances de délégation; celles de la deuxième, successivement et à mesure de la réception des avis d'autorisation, et celles de la troisième, d'après les liquidations mensuelles arrêtées et mandatées par les directeurs. Id.

Ces dernières dépenses sont faites d'office. Les directeurs ne font qu'en compléter le mandatement. C. n° 310 du 1er août 1855.

CHAPITRE XXXII.

Liquidations. Altérations, ratures, surcharges. Abréviations.

Abréviations, 880.
Acompte, 873.
Altérations, ratures, surcharges, 880.
Bulletin, 870.
Créances, 864, 865.
Date des travaux, 869.
Direct. gén. des cont. ind., 879.
Droits constatés, 862 et s.
Exercice, 874.
Exercices clos, 868.
Exercices périmés, 868.
Fin d'année, 864, 876.
Fractions de centime, 878.
Liquidation (Mode de), 866.
Mandats, 862.
Manufact. de l'Etat, 879.
Ministre, 862.
Ordonnances, 862.
Poudres, 879.
Procès-verbaux de réception, 873, 877.
Production des pièces, 867.
Rectifications, 880.
Réductions, 865.
Retenues aux entrepreneurs, etc., 872.
Tabacs, 879.
Travaux durant plusieurs années, 877.
Trop perçu, 871.

---

862. Aucune créance ne peut être liquidée à la charge du Trésor que par le ministre ou par ses délégués. Art. 62 du Décret du 31 mai 1862 et 57 du Règl. gén. de compt. de 1866.

Il ne peut être effectué de paiement pour l'acquittement d'un service fait, sans que la constatation des droits des créanciers ait précédé l'émission des ordonnances ou mandats. Art. 58 du Règl.

Cette constatation résulte des rapports des comptes de liquidation, appuyés de pièces justificatives, que les chefs des services administratifs établissent par trimestre ou par mois et par créancier, pour chaque espèce de dépense, selon la nature des services et l'exigibilité des créances. Art. 59 id.

Elle peut avoir lieu d'office lorsqu'il existe des bases et éléments de liquidation. Id.

863. Tout prélèvement de dépense sur les produits du budget est formellement interdit. Art. 56 id.

864. A l'expiration de l'année, les directeurs inscrivent, au livre-journal des droits constatés, toutes les dépenses qui leur sont connues, quoiqu'elles n'aient pas encore été soumises à l'Administration ou autorisées par elle, soit que la quotité de ces créances puisse être fixée avec précision, soit qu'elle ne puisse l'être que par évaluation. C. n° 95 du 26 déc. 1834.

865. Les sommes primitivement inscrites par évaluation peuvent toujours être réduites. Id.

Une circulaire du secrétariat général du 8 novembre 1858 indique la marche à suivre pour réduire le montant des droits, lorsque les sommes ont été primitivement inscrites par évaluation approximative.

Dans tous les cas, il importe que les directeurs mettent, sans retard, l'Administration en état de statuer sur les créances qui doivent être liquidées. C. n° 95 précitée.

866. Lorsqu'ils émanent d'une des divisions de l'administration centrale du ministère, les rapports de liquidation sont soumis soit à l'approbation du ministre, soit à celle du directeur général, selon l'importance et la nature de la dépense. Art. 60 du Règl. de 1866.

Les titres de liquidation doivent offrir la preuve des droits acquis, et être rédigés conformément aux instructions spéciales qui déterminent le mode de liquidation applicable à chaque espèce de dépense, la nature et la forme des pièces justificatives, les époques de leur production, ainsi que les divers contrôles auxquels elles sont soumises. Art. 63 du Décret du 31 mai 1862 et 61 du Règl. de 1866.

867. Pour être légale, la production des pièces de dépenses doit s'effectuer par l'envoi direct ou le dépôt entre les mains des ordonnateurs secondaires des comptes, factures et autres documents exigés par les règlements, marchés ou conventions. Art. 62 id.

868. Les formalités qui précèdent sont applicables aux dépenses des exercices clos ou périmés. Ces liquidations sont établies distinctement par exercice. Art. 167 id.

869. On ne doit admettre ni mémoire ni quittances qui n'indiqueraient pas la date des fournitures, des travaux ou des services faits, ou dans lesquels cette date serait altérée. CC. n° 22 du 18 déc. 1834 et art 72 du Règl.

870. Tout créancier a le droit de se faire délivrer un bulletin énonçant la date de sa demande en liquidation et les pièces produites à l'appui. Art. 137 et 138 du Décret du 31 mai 1862 et art. 62 du Règl.

871. La liquidation de droits acquis à un remboursement de trop-perçu doit relater la date de l'encaissement par le Trésor de la somme à rembourser et indiquer l'imputation qu'elle a reçue au budget des recettes. Art. 74 du Règl.

872. Dans le cas de retenues à exercer envers des entrepreneurs, fournisseurs, comptables ou autres créanciers, pour cause de perte, moins-value ou débet, ainsi que pour retard dans l'exécution des travaux ou dans la livraison des fournitures, ces retenues peuvent être opérées par voie d'imputation à leur débit. Mais des ordonnances simultanées de pareilles sommes sont alors délivrées au profit du Trésor. Art. 70 id.

873. Jusqu'à l'époque fixée par les marchés pour qu'il soit dressé procès-verbal de réception définitive des travaux, les décomptes de liquidation établis pour constater le droit de l'entrepreneur au paiement des acomptes qui lui sont accordés doivent rappeler la retenue exercée sur le prix des travaux, en garantie de leur qualité et de leur bonne exécution. Art. 109 id.

874. Toutes les dépenses d'un exercice doivent être liquidées dans les

sept mois qui suivent l'expiration de l'année de ces exercices. Art. 116 et 74 id. V. 955.

875. S'il y a lieu de former, lors de la clôture d'un exercice, un relevé nominatif des titulaires ayant droit ou prétendant à ces créances, une expédition de ce relevé est adressée à l'Administration. C. n° 95 du 26 déc. 1834.

A défaut de constatation, par les ordonnateurs secondaires, des créances dont le montant dépasserait l'ensemble des crédits mis à leur disposition, chaque administration centrale, saisie par eux à cet effet, dresse d'office un état complémentaire des sommes restant dues sur l'exercice dont les dépenses sont arrêtées. C. du Sous-Secr. d'Etat n° 78 du 22 juillet 1876.

876. La durée de la période pendant laquelle doivent se consommer tous les faits de dépense de chaque exercice se prolonge : 1° jusqu'au 1er février de l'année qui suit celle de l'exercice, pour achever, dans la limite des crédits ouverts, les services du *matériel dont l'exécution commencée* n'aurait pu être terminée avant le 31 décembre précédent pour des causes de force majeure ou d'intérêt public, qui doivent être énoncées dans une déclaration de l'ordonnateur jointe à l'ordonnance ou au mandat; 2° jusqu'au 31 juillet de cette seconde année, pour la liquidation et pour l'ordonnancement des dépenses; 3° jusqu'au 31 août suivant, pour le paiement des ordonnances et des mandats. Art. 11 du Règlement.

877. Quand l'exécution d'un même travail ou d'une même fourniture a eu lieu en plusieurs années, le liquidateur du solde de la dépense exige pour la justification des droits du créancier, indépendamment du procès-verbal de réception définitive, une copie du décompte général et détaillé de l'entreprise certifié par l'agent administratif qui l'a dirigée et surveillée. Art. 110 du Règl.

878. Dans toutes les liquidations de dépenses, les fractions de centime doivent être négligées au profit du Trésor. Arrêté M. F. du 20 janv. 1840.

879. La direction générale des contributions indirectes est chargée de la liquidation et de l'ordonnancement des dépenses inhérentes à la vente des tabacs (*traitements des entreposeurs, frais de transport quant aux tabacs envoyés aux entrepôts, frais de bureau et menus frais d'entrepôt, prix des tabacs saisis ou repris aux débitants, répartitions d'amendes en matière de tabacs*).

Il en est de même pour toutes les dépenses du service de la vente des poudres à feu. C. n° 1021 du 25 janvier 1866.

A l'égard de toutes les autres dépenses du service des manufactures de l'Etat (traitement des agents, gages et salaires des ouvriers, frais de construction et de réparation des bâtiments, achat et frais de transport des matières premières, etc., etc.), les crédits sont délégués aux chefs de ce service, lesquels sont constitués ordonnateurs secondaires. Mais les paiements sont faits par les receveurs principaux des contributions indirectes. C. n° 738 du 28 fév. 1861, n° 8 (même date) de l'adm. des tab. et n° 1021 du 25 janv. 1866.

Un décret du 13 novembre 1873 ayant placé toutes les *poudreries* dans les attributions du ministère de la guerre, les receveurs principaux de la régie ne sont plus chargés de payer les dépenses diverses se rattachant au service de la fabrication de la poudre. Ce sont les receveurs des finances qui ont mission d'effectuer ces paiements. C. n° 122 du 11 juin 1874.

880. Aucun décompte de liquidation ne doit être gratté ni surchargé. Lorsqu'il y a lieu d'opérer sur ces pièces une rectification, la somme, le texte ou la partie du texte à corriger, est biffé au moyen d'un trait de plume et remplacé par l'énonciation exacte qui doit lui être substituée. La substitution en *interligne* ou *par renvoi* est approuvée et signée par le liquidateur. Art. 71 du Règl.

L'approbation ne peut être considérée comme valable, si la rectification est simplement interlignée au-dessus de la signature primitive, sans apposition d'une nouvelle signature. Art. 22 des disp. gén. du Règl.

Il est d'usage que l'approbation soit donnée en marge, au moyen de renvois, dans la forme suivante. Ratures : *Approuvé la rature de* (le nombre en toutes lettres) *mots.* Altérations de sommes en toutes lettres : *Bon pour la somme de* (la reporter en toutes lettres et souligner). Altérations ou surcharges : *Approuvé les mots* (les écrire) *altérés ou surchargés.* CC. n° 22 du 18 déc. 1834.

Ces renvois doivent être signés par ceux qui ont arrêté les mémoires ou états, par les souscripteurs de quittances et par l'agent administratif qui a visé les pièces. Art. 22 des disp. génér. du Règl. et CC. n° 22 précitée.

Il en est de même de tout renvoi ayant pour objet d'ajouter des énonciations omises. Id.

Toute lettre d'avis de l'expédition d'une ordonnance de paiement et tout mandat présentant, dans leur partie manuscrite, des ratures ou renvois non approuvés, doivent être refusés par le comptable et ne peuvent donner lieu à paiement qu'après régularisation par le signataire. Art. 23 des disp. gén. du Règl.

Rectifications d'erreurs dans l'ordonnancement. V. 943 à 947.

Les abréviations sont interdites sur les registres, dans les procès-verbaux et autres actes. Art. 25 de la Loi du 22 août 1791.

CHAPITRE XXXIII.

Ordonnancement.

Adjudications et marchés, 935.
Acquisitions d'imm., 893.
Annulations, 904, 917, 943.
Avances provisoires, 889.
Carnet des ordonn. par circonscript., 886.
Clôture d'exercice, 904, 914, 939.
Consignations, 889.
Correspondance, 891.
Crédits de délégation, 881 à 884, 893 à 906, 942.
Demandes de crédits, 942.
Dépenses d'urgence, 910, 927.
Directeur général, 885.
Directeurs, 885 à 892.
Direction du mouvem. gén. des fonds, 897.
Droits constatés, 907 à 919.
Erreurs, 905, 941, 943 et suiv.
Etat annuel de dév. par cl. d'emploi des dép. du pers., 950 à 952.
Exercice, 883, 884, 903, 914, 924, 932, 937.
Exercice clos, 916, 918.
Extraits d'ordonnances, 886, 887, 900.
Frais de bureau, 909 ; de tournée, 893 ; de transport, 889 ; judiciaires, 889, 893, 911.
Griffes, 890.
Indemnités de réforme, 893 ; diverses, 893.
Intérimaires, 949.
Lettres d'avis, 886, 929.
Livres de comptes, par nature de dépense, 883, 884, 936.
Livre d'enreg. des droits des créanciers, 883, 884, 907 à 919.
Livre-journal des crédits délégués, 883, 884, 893 à 906.
Livre-journal des mandats délivrés, 883, 884, 929 à 932.
Loyers, 909.
Mandats, 881, 883, 884, 920 à 935.
Mandats de régularisation, 934.
Manuf. de l'Etat, 885, 891.
Ministre, 881, 896.
Mutations d'ordonn. second., 948.
Ordonnancement, 881 et s.
Ordonnateurs secondaires, 881 à 891, 948, 949.
Récépissés de reversement, 941, 946, 947.
Rectification d'erreurs, 905, 941, 943 et suiv.
Relevé individuel des sommes dues, 952, 953.
Répartitions, 893.
Restitutions de droits, 893.
Retenues aux entrepreneurs, 893.
Reversements, 941, 946, 947.
Secours annuels, 893; temporaires et accidentels, 893.
Signature, 890.
Situation mensuelle, 891, 937, 938 ; finale, 939 à 941.
Sous-directeurs, 886.
Traitement d'activité, 888, 889, 908, 928.

Sect. I. — Dispositions générales.

881. En dehors et au-dessus de la comptabilité qui fait ressortir la situation de chaque caisse, est exercé un ordonnancement qui a pour but de diriger l'emploi des crédits ouverts pour les dépenses à la charge du Trésor.

Aucune dépense faite pour le compte de l'Etat ne peut être acquittée si elle n'a pas été préalablement ordonnancée par le ministre, ou mandatée par les ordonnateurs secondaires, en vertu de délégations ministérielles. Art. 82 du Décret du 31 mai 1862 et art. 75 du Règl. gén. de compt. de 1866.

Toute ordonnance doit porter sur un crédit régulièrement ouvert, et se renfermer dans les limites des distributions mensuelles de fonds. Art. 83 du Décret et art. 80 du Règl.

Elle doit énoncer l'exercice et le crédit, ainsi que les chapitres, et, s'il y a lieu, les articles auxquels la dépense s'applique. Art. 11 du Décret et art. 81 du Règl.

L'ordonnance émane, on le voit, du ministre, et le *mandat* de paiement de l'ordonnateur secondaire. Art. 76 et 77 du Règl.

882. Il est prescrit aux ordonnateurs secondaires :

1° De veiller à ce que la totalité des crédits nécessaires soit mise à leur disposition en temps opportun ;

2° De rechercher si tous les droits ouverts dans leur service au profit des créanciers de l'Etat ont été constatés ;

3° D'émettre les mandats qui restent à délivrer assez à temps pour que ces titulaires puissent en obtenir le paiement dans le délai réglementaire ;

4° Enfin, de s'assurer, au vu des bordereaux mensuels des comptables chargés d'acquitter les mandats, que tous les paiements effectués ont été consignés par eux sur le livre *ad hoc*. C. S. G. n° 563 du 29 juin 1864.

883. Les livres de la comptabilité administrative des ordonnateurs secondaires des dépenses sont :

1° Un livre-journal des crédits délégués ;

2° Un livre d'enregistrement des droits des créanciers ;

3° Un livre-journal des mandats délivrés ;

4° Un livre de comptes par nature de dépense.

Ces livres sont tenus par exercice. Les opérations de chaque exercice se cumulent sur les mêmes livres jusqu'à l'époque de clôture. Art. 299 à 301 du Décret du 31 mai 1862 et art. 171 du Règl. de 1866.

Ils sont destinés à recevoir l'enregistrement successif, par créancier, par chapitre et par article, des crédits ouverts, des droits constatés et des mandats délivrés, ainsi que l'inscription, par chapitre seulement, des paiements effectués. Art. 302 du Décret et 171 du Règl.

884. Les journaux, livres et registres des ordonnateurs secondaires sont clos pour chaque exercice dès que le ministre a notifié à ces ordonnateurs les résultats définitifs de l'emploi des crédits de délégation ouverts sur ledit exercice. Art. 182 du Règl.

C'est au 31 août de la seconde année de l'exercice qu'a lieu la clôture. Art. 181 id.

SECT. II. — Ordonnateurs secondaires.

885. Dans l'administration des contributions indirectes et dans celle des manufactures de l'Etat, les ordonnateurs secondaires sont :

1° Pour le service des contributions indirectes, le directeur général de l'administration et les directeurs dans les départements ;

2° Pour le service des manufactures de l'Etat, le directeur général de l'administration, les directeurs des manufactures, les directeurs de la culture et des magasins, les inspecteurs de la culture dans les départements ;

le chef du service des tabacs, directeur de la culture et des magasins en Algérie. Art. 85 du Régl.

886. Le directeur du département est donc, dans les contributions indirectes, ordonnateur secondaire de toutes les dépenses applicables au département. C'est à lui que sont adressées tous les mois les ordonnances de délégation de crédits délivrées par le ministre. C. n° 17 du 16 mars 1870.

Mais il a le droit de sous-déléguer et, de fait, il transporte aux sous-directeurs la faculté de mandater les dépenses spéciales à leur circonscription. A cet effet, il leur envoie des *extraits certifiés des ordonnances de délégation de crédits*, et il tient un carnet spécial sur lequel il constate *par circonscription administrative* les ordonnances émises et les paiements qui s'y rattachent. CC. n° 4 du 26 déc. 1825 et C. n° 17 du 16 mars 1870.

Les ordonnances ministérielles de délégation pour les dépenses sont délivrées par département au lieu de l'être par arrondissement, pour faciliter la centralisation des pièces de dépense et la formation d'un seul bordereau mensuel récapitulatif par département. En effet, pour tout ce qui concerne les dépenses fixes payables par douzième à la fin de chaque mois, telles que les appointements, frais de bureaux etc., il est facile au directeur de reconnaître et d'indiquer à chaque *sous-directeur* la somme pour laquelle la *circonscription administrative* se trouve comprise dans l'ordonnance qui a été transmise pour tout le département, puisque le directeur a sous les yeux l'état général de fixation des dépenses de cette nature, qu'il a lui-même fourni l'extrait de cet état en ce qui concerne chaque *circonscription administrative*, et qu'aucune modification n'est apportée dans la quotité de la somme afférente à chacun des articles de l'ordonnance de délégation, que dans les cas de créations ou suppressions d'emplois et d'augmentations ou diminutions dans le montant des appointements et frais de bureau. Dans cette hypothèse, le directeur a été préalablement informé des changements à opérer, et il a, en conséquence, prescrit les rectifications nécessaires tant sur l'état général du département que sur les états particuliers des *circonscriptions administratives*. Lett. comm. n° 5 du 12 janv. 1826 et C. n° 17 du 16 mars 1870.

D'après l'avis qui leur est donné, les *sous-directeurs* font effectuer les dépenses. Id.

Quant aux dépenses spéciales, les crédits nécessaires pour y faire face sont également compris dans une ordonnance de délégation qui est délivrée pour tout le département ; mais, attendu que la même ordonnance peut comprendre des sommes afférentes à plusieurs arrondissements et payables à différents individus et pour diverses causes, l'Administration, afin de prévenir toute confusion et dans le but de faciliter le travail des directeurs et celui des sous-directeurs, transmet avec l'ordonnance de délégation les lettres particulières d'avis (*formule n° 98, série P*), qu'elle est dans l'usage de délivrer pour chaque affaire. Par ce moyen, le directeur fait facilement la répartition de la somme totale portée dans l'ordonnance et, en informant les *sous-directeurs* des paiements qu'ils ont à faire effectuer, il leur adresse les lettres particulières d'avis, délivrées par circonscription administrative. Ces employés supérieurs les lui renvoient avec les pièces justificatives de dépense. Id.

887. Si les lettres d'avis comprennent des dépenses dont le paiement est assigné sur la caisse de comptables différents, l'original est joint aux justifications produites par l'un des receveurs. Des extraits certifiés sont adressés à ses collègues avec les pièces justificatives qui les concernent. CC. n° 79 du 21 nov. 1867 et art. 172 du Régl.

Ces extraits doivent être établis conformément au modèle n° 19, annexé au règlement de 1866, et contenir, comme la lettre d'avis elle-même, les indications relatives à l'imputation de la dépense, le numéro et la date de l'ordonnance de délégation, ainsi que l'énumération des pièces dont chacun d'eux est appuyé. Id.

Afin de faciliter l'application de ce système, la direction générale délivre, par circonscription administrative, les mandats relatifs aux dépenses variables ou accidentelles. C. n° 17 du 16 mars 1870.

888. Les ordonnances relatives aux traitements d'activité sont délivrées pour le montant brut. C. n° 221 du 21 déc. 1837 et art. 115 du Régl.

889. Le sous-directeur dresse le tableau des appointements. C. n° 17 du 16 mars 1870.

Il établit les états n°s 100 A et 100 B, présentant les consignations restituées ou réparties. Id.

Il met en paiement tous les mandats qui lui sont adressés par le directeur. Id.

Il autorise, avec imputation au compte des *avances provisoires*, le paiement des frais de saisie, des frais de poursuites, etc. Id.

Les frais judiciaires sont ordonnancés mensuellement ; le détail en est donné par lettre d'avis. C. n° 55 du 31 déc. 1832.

Relativement aux entrepôts de tabacs et de poudres placés à sa résidence, le sous-directeur arrête le décompte des frais de transport et en autorise le paiement. A l'égard des autres entrepôts, le paiement des frais de transport est effectué d'office par le receveur entreposeur agissant pour le compte du receveur principal, et c'est seulement à la fin du mois que le sous-directeur vérifie et vise les pièces de dépense. C. n° 17 du 16 mars 1870.

890. Les signatures des ordonnateurs secondaires sont, au moment de leur entrée en fonctions, accréditées auprès des comptables sur la caisse desquels ils peuvent avoir des mandats de paiement à délivrer. Art. 85 du Règl.

Les signatures griffées sont interdites sur les ordonnances, lettres d'avis ou mandats, et sur toute pièce justificative de dépense. Art. 24 des disp. gén. du Règl.

891. Les rapports des directeurs avec le ministère sont directs pour une partie de la comptabilité. Les pièces qu'ils doivent fournir au bureau de l'ordonnancement sont expédiées sous le timbre :

Bureau de l'ordonnancement et de la comptabilité des dépenses du ministère.

Ces pièces doivent être transmises séparément et sous enveloppe particulière.

Les directeurs des contributions indirectes font connaître au ministère, à des époques périodiques, l'emploi des crédits mis à leur disposition. Ils dressent dans ce but une situation mensuelle et divers états extraits de leurs livres de comptabilité. C. S. G. n° 170 du 10 déc. 1827 ; C. n° 162 du 15 oct. 1835 et n° 191 du 18 oct. 1836.

Les ordonnateurs secondaires du service des manufactures de l'Etat tiennent les mêmes écritures, en fournissant à leur administration les mêmes documents.

892. Mutations d'ordonnateurs secondaires. V. 948.

Intérimaires. V. 949.

Sect. III. — Livre-journal des crédits délégués.

893. Les crédits ouverts pour les dépenses de chaque exercice ne peuvent être employés à l'acquittement des dépenses d'un autre exercice. Art. 8 du Décret du 31 mai 1862 et art. 12 du Règl. gén. de compt. de 1866.

Le principe de la spécialité des crédits par exercice s'applique d'après les règles suivantes :

§ 1er. Les restitutions de droits indûment perçus par le Trésor et les répartitions de produits attribués à divers sont rattachés au budget de l'année pendant laquelle elles sont ordonnancées ou mandatées.

§ 2. Les indemnités de réforme et les secours annuels suivent la même règle que les pensions ; ils sont imputés sur l'exercice qui doit en supporter la dépense, et les époques d'échéance des arrérages déterminent cet exercice.

§ 3. Les secours temporaires et accidentels s'imputent d'après la date des décisions qui les accordent.

§ 4. Les indemnités diverses se rapportent à l'année du service qui donne lieu à leur allocation. Si les services pour lesquels les indemnités sont allouées embrassent plusieurs années, sans qu'il soit possible de préciser les charges afférentes à chacune d'elles, la dépense est rattachée à l'année de la décision qui l'autorise.

§ 5. Les frais de tournées, de voyages et de missions spéciales, se rapportent au temps même de leur durée, et grèvent le budget de chacune des années pendant lesquelles les services ont été exécutés.

§ 6. Les frais de poursuites et d'instance et autres frais judiciaires à la charge du Trésor appartiennent à l'année pendant laquelle le paiement en est ordonnancé ou mandaté.

A l'égard des condamnations prononcées contre l'Etat, dont le paiement n'a pas été compris dans celui des frais judiciaires, l'exercice est déterminé par la date des décisions judiciaires, jugements et arrêts définitifs, ou de l'acte administratif d'acquiescement à un jugement non définitif.

§ 7. Les retenues de garantie faites aux entrepreneurs de travaux se rapportent à l'année pendant laquelle le certificat de réception définitive ayant été délivré, le paiement de ces retenues devient exigible.

§ 8. Les prix d'acquisition d'immeubles s'imputent suivant les distinctions ci-après :

Lorsqu'il y a eu adjudication publique, d'après la date du jugement ou du procès-verbal d'adjudication ;

Lorsqu'il y a eu acquisition amiable, ou cession amiable après expropriation, d'après la date de l'approbation donnée au contrat, ou d'après celle du contrat, en cas d'autorisation préalable ;

Lorsqu'il y a eu expropriation non suivie de convention amiable, d'après la date de l'ordonnance du magistrat directeur du jury dont la délibération a réglé le montant de l'indemnité due à l'exproprié.

Toutefois, lorsque les titres d'acquisition stipulent exceptionnellement des termes de paiement, l'imputation est déterminée par l'époque des échéances.

Les autres dépenses non spécifiées ici appartiennent à l'exercice de l'année pendant laquelle les services ont été effectués. Art. 43 du Règl.

894. Au fur et à mesure de l'exigibilité des créances, la direction générale des contributions indirectes réunit les titres constatant les droits des créanciers, et arrête, dans la forme déterminée pour chaque nature de dépense, les états, bordereaux, décomptes ou relevés des sommes à ordonnancer. Art. 78 id.

895. Elle adresse au bureau de l'ordonnancement des relevés mensuels des sommes à mettre, au moyen d'ordonnances de délégation du ministre à la disposition des ordonnateurs secondaires des divers services que la direction générale comprend. Id.

Ces relevés sont appuyés des pièces justificatives. Id.

896. Quand les demandes d'ordonnances ministérielles parviennent au bureau de l'ordonnancement des dépenses, elles y sont l'objet d'une revision spéciale, ainsi que les pièces probantes dont elles sont accompagnées. Art. 79 id.

D'après le résultat de cette revision, le ministre délivre, s'il y a lieu, les ordonnances demandées, et, dans ce cas, avis de la délivrance est adressé aux divisions administratives qui l'ont provoquée. Dans le cas contraire, le ministre fait renvoyer aux divisions administratives leurs demandes, accompagnées de notes énonçant les motifs du rejet, de l'ajournement ou de la modification dont elles sont susceptibles. Id.

897. La direction du mouvement général des fonds, chargée de vérifier si elles ne dépassent pas les crédits régulièrement ouverts, remet à la direction générale de la comptabilité publique les ordonnances délivrées sur les caisses des receveurs des régies. Art. 119 id.

898. Toute ordonnance ministérielle doit porter sur un crédit régulièrement ouvert et se renfermer dans les limites des distributions mensuelles de fonds. Art. 80 id.

Elle énonce d'ailleurs l'exercice et le crédit, ainsi que la section et le chapitre du budget auxquels la dépense s'applique. Les articles et paragraphes y sont de plus indiqués, s'il y a lieu, d'après la nomenclature générale des dépenses. Art. 81 id.

Une ordonnance de délégation peut embrasser plusieurs chapitres, sauf division des sommes par chapitre. Id.

899. Les ordonnateurs secondaires enregistrent les ordonnances de délégation sur le livre-journal des crédits, dans l'ordre d'arrivée des lettres d'avis. Art. 172 id.

Cet enregistrement doit toujours avoir lieu exactement dans le mois pendant lequel les ordonnances ont été délivrées, c'est-à-dire à la date de l'émission des ordonnances, nonobstant celle de la réception des lettres d'avis, sans dépasser toutefois la limite ordinaire assignée à la clôture des écritures mensuelles. Lett. du Secrét. gén. du 8 nov. 1858.

900. Les ordonnances ou extraits d'ordonnances sont adressés aux directeurs des bureaux du ministère chargés de l'ordonnancement. Art. 82 id.

Les énonciations d'exercice et de chapitre y sont reproduites. Id.

Mais l'Administration adresse, de son côté, des lettres d'avis et des instructions particulières pour les paiements qui l'exigent. C. n° 5 du 15 juin 1827.

Les extraits d'ordonnances sont conservés par le directeur. C. du Secrét. gén. n° 170 du 10 déc. 1827.

901. Les crédits délégués pour le même service et le même exercice sont successivement ajoutés les uns aux autres, et forment, ainsi cumulés, un crédit unique par chapitre et par article, selon le mode d'après lequel ils ont été ouverts. Art. 86 du Règl.

Ils ont une affectation spéciale déterminée par les budgets. Art. 6, 7, 8, 14 et 87 id.

902. Les chefs des services administratifs sont tenus, sous leur propre responsabilité, de se renfermer, quant aux dépenses, dans la limite des autorisations résultant des règlements ou des décisions spéciales. Art. 87 id.

L'obligation qui est faite aux ordonnateurs secondaires de renfermer exactement le chiffre de leurs mandats dans la limite des crédits mis à leur disposition leur crée celle de réclamer sans retard à l'Administration les délégations nécessaires pour les paiements de droits constatés auxquels ils ne seraient pas en mesure de pourvoir. C. du Secrét. gén. n° 625 du 22 mai 1869.

903. Tout crédit ouvert est valable quelle que soit sa date, et sauf annulation expresse, jusqu'au 31 août de la seconde année de l'exercice, date fixée pour terme des paiements. Il cesse alors d'être à la disposition des ordonnateurs secondaires. Art. 11, 27 et 88 du Règl.

904. *Annulations.* Mais ceux-ci s'abstiennent d'en constater l'annulation dans leur comptabilité, jusqu'à ce qu'ils aient reçu des instructions. Art. 89 id.

Lorsque, pour quelque cause que ce soit, il y a lieu, dans le cours d'un exercice, d'annuler, en tout ou en partie, une ordonnance de délégation ou de paiement, des bordereaux d'annulation sont dressés à cet effet par le bureau de l'ordonnancement des dépenses. Art. 120 id.

Aucune ordonnance ou portion d'ordonnance ne doit être considérée comme définitivement annulée qu'autant que l'annulation a fait l'objet de bordereaux de cette nature. Id.

Des extraits de ces bordereaux sont adressés, en ce qui les concerne, aux divisions administratives qui ont provoqué la délivrance des ordonnances, ainsi qu'aux ordonnateurs secondaires délégataires des crédits annulés. Id.

De même qu'ils inscrivent les crédits délégués sur le livre-journal, les directeurs portent dans la colonne des crédits annulés ceux dont ils cessent d'avoir la faculté de disposer, soit dans le courant, soit à la clôture de l'exercice. Art. 172 id.

Dès qu'un ordonnateur secondaire reconnaît que tout ou partie d'un crédit de délégation a cessé de lui être utile, il doit en informer l'Administration, et attendre, sans faire usage de ce crédit, que le service de l'ordonnancement l'ait autorisé à en constater l'annulation dans sa comptabilité. C. du chef du cabinet du ministre du 9 déc. 1885.

Les mandats non payés en fin d'exercice, les crédits, droits et mandats concernant des dépenses *d'exercice clos* non payées au 31 décembre, sont annulés d'office. Id.

905. *Erreurs dans l'ouverture des crédits.* Si les crédits demandés sur un exercice étaient accordés sur un autre, il y aurait lieu d'inscrire l'ordonnance à l'exercice dont elle porterait le timbre. Des éclaircissements seraient ensuite provoqués; mais on s'abstiendrait de délivrer des mandats sur ces crédits.

Cependant, s'il y avait urgence, on mandaterait sur l'exercice convenable, sauf imputation ultérieure des mandats sur le crédit à obtenir sur cet exercice. C. n° 170 du 10 déc. 1827.

Mais, en cas d'erreur ou d'omission sur les lettres d'avis portant extraits d'ordonnances, il est prescrit d'en référer au bureau de l'ordonnancement, en faisant le renvoi de la pièce qui a pu paraître erronée, et défense est faite aux ordonnateurs de modifier l'imputation des crédits ouverts à leur nom. C. du Secrét. gén. n° 606 du 16 mai 1868.

906. Les dispositions de l'article 89 du règlement du 26 décembre 1866, précité, interdisent aux ordonnateurs secondaires de faire usage de crédits auxquels ils ont déclaré renoncer, tout en les maintenant provisoirement dans leur comptabilité. Ainsi, après que des déclarations de crédits présumés devoir rester sans emploi ont été adressées soit au bureau de l'ordonnancement, soit à l'Administration, aucun mandatement, aucun paiement ne peut plus être fait sur ces crédits. C. du Secrét. gén. n° 606 du 16 mai 1868.

SECT. IV. — Livre d'enregistrement des droits des créanciers.

907. On porte au livre des droits constatés toutes les sommes qui peuvent

être dues par l'Etat à quelque titre que ce soit, aussitôt et au fur et mesure que le chiffre en peut être connu. Cette inscription doit précéder la délivrance de tout mandat de paiement. C. nº 141 du 25 oct. 1834 et art. 173 du Règl. gén. de compt. de 1866.

908. Les droits acquis aux employés pour leur traitement doivent être constatés pour le brut de leur montant. C. nº 221 du 21 déc. 1837 et art. 115 du Règl.

Ces droits sont constatés mois par mois tels qu'ils sont établis dans la col. 3 du tableau 93. Art. 63 du Règl.

On ne constate aucun droit de l'espèce par anticipation, et la constatation se fait dans le mois qui lui est propre.

Les employés qui jouissent de plusieurs traitements à la charge de différents services sont tenus d'en faire la déclaration aux ordonnateurs respectifs. Art. 116 id. V. **Cumul**, 1453 et suiv.

Les ordonnateurs secondaires n'arrêtent le livre des droits constatés qu'après y avoir inscrit, chaque mois, sous la date du dernier jour, les droits personnels acquis pour ce même mois à tous les titulaires d'emplois de leur service. Art. 173 id.

C'est au vu des états de traitement établis par circonscription administrative qu'ils font la constatation des droits de tous les titulaires d'emplois.

909. Quant aux dépenses qui sont acquittées avant l'expiration du terme pour lequel elles sont liquidées, les loyers et frais de bureau, par exemple, qui se paient parfois au commencement du trimestre, elles sont l'objet d'une inscription dès le premier mois du trimestre. Note de la Compt.

910. Les *dépenses d'urgence* (V. 861, 3ᵉ paragraphe) doivent être enregistrées dès qu'elles sont connues du directeur sans attendre l'ouverture des crédits qui s'y appliquent.

911. Les frais judiciaires ne constituent une dépense susceptible d'évaluation qu'après le jugement définitif des instances ou en cas d'abandon. Art. 13 du Règl.

La date, soit du jugement, soit de la décision qui prononce l'abandon, détermine l'exercice dans lequel les frais doivent prendre place. Id.

912. Le montant de la plupart des dépenses est connu à l'avance, et le directeur est à même de délivrer des mandats de paiement aux créanciers de l'Etat, au moment même où la liquidation des droits de ces créanciers est arrêtée. Ces dépenses sont inscrites pour le montant de la liquidation, sans qu'il puisse s'élever de difficultés à ce sujet. C. nº 95 du 26 déc. 1834.

913. Mais il en est autrement des dépenses pour lesquelles la délivrance des mandats de paiement ne suit pas la liquidation des droits des créanciers, et de celles qui concernent des services exécutés ou en cours d'exécution, dont le prix est susceptible d'élévation et dont la liquidation et le mandatement sont retardés par une cause quelconque. Dans ces cas particuliers, on doit inscrire les faits à mesure de leur accomplissement, en les évaluant par l'importance de la connaissance des services exécutés ou en

cours d'exécution, en vertu d'adjudications, de traités, etc. Id. V. 861.

Il est recommandé aux ordonnateurs secondaires de porter, sans aucun retard, sur le livre d'enregistrement des droits des créanciers, les dépenses évaluées ou liquidées à la charge d'un exercice, même dans le cas où ils n'auraient pas encore les crédits nécessaires pour en opérer le mandatement. C. du chef du cabinet du ministre du 9 déc. 1885.

Avant de constater ces dépenses, ils s'assurent qu'elles se trouvent dans les conditions exigées par le règlement du 26 déc. 1866, et ne doivent pas perdre de vue, pour leur imputation, les règles prescrites par l'art. 13. Ils s'attachent d'ailleurs, en ce qui concerne les restitutions de droits indûment perçus, et les répartitions de produits à divers (art. 13, § 3), à ne constater comme droits sur un exercice que les dépenses mandatées jusqu'au 31 décembre inclusivement, la date du mandat emportant l'imputation. Id.

914. A l'expiration de l'année, c'est-à-dire au 31 décembre, le directeur doit compléter cette inscription, rechercher et enregistrer d'office le montant des dépenses qui se rattachent à l'exercice par la date de l'exécution du service ou par celle des engagements contractés au nom de l'Etat; si le montant de ces dépenses ne peut être fixé définitivement, il les porte par évaluation sur le registre. C. n° 95 du 26 déc. 1834.

Il faut en excepter quelques dépenses qui, par leur nature, ne sont susceptibles d'être réglées que dans la 2e année de l'exercice, telles que les indemnités aux buralistes pour insuffisance de remises, lesquelles devront figurer seulement à cette époque au livre des droits constatés.

A l'époque de la clôture de l'exercice (31 juillet de la 2e année), on doit, de même, rechercher et reconnaître les droits qui, pouvant être acquis à des créanciers, resteraient encore à constater sur l'exercice arrivé au terme de clôture. Art. 180 du règlement. Le directeur en donne avis à l'Administration et lui transmet un relevé nominatif des titulaires ayant droit à ces créances. Circ. n° 95 du 26 déc. 1834.

915. La comptabilité étant centralisée au chef-lieu de chaque recette principale, les directeurs ou sous-directeurs peuvent aisément compulser le registre des avances provisoires. En consultant, d'un autre côté, les écritures qu'ils ont eux-mêmes à tenir pour constater les faits qui occasionnent des dépenses, les directeurs sont en mesure de presser les liquidations. C. n° 192 du 18 sept. 1838 et n° 467 du 23 oct. 1850.

916. L'enregistrement des droits acquis aux créanciers de l'Etat n'est pas toujours fait exactement comme le prescrit l'article 173 du règlement du 26 décembre 1866. Il en résulte l'obligation de réclamer l'ouverture de crédits spéciaux pour des dépenses d'exercices clos qui n'ont pas été déclarées en temps utile. L'attention des directeurs est appelée sur ce point, tant dans l'intérêt des parties prenantes que pour assurer l'exactitude des comptes de règlement d'exercice, et prévenir des complications dans la marche du service. C. du Secrét. gén. n° 625 du 22 mai 1869.

Il ne faut pas oublier du reste que, si les dispositions des règlements accordent jusqu'au 31 juillet de la deuxième année de l'exercice pour la liquidation et l'ordonnancement, ce délai est un délai maximum qu'il est du devoir des ordonnateurs de chercher à devancer. C. du Secrét. gén. n° 632 du 20 mai 1870.

917. Au moyen de la colonne d'annulation, les sommes primitivement inscrites par évaluation peuvent toujours être réduites au montant des droits définitivement liquidés. C. n° 95 du 26 déc. 1834.

Les annulations s'opèrent sur le registre au moyen d'enregistrements péciaux.

Aux termes des articles du règlement sur la comptabilité, les mandats non acquittés à l'époque de la clôture d'un exercice cessent d'être valables et doivent être annulés d'office, mais sans préjudice des droits des créanciers. Cette annulation ne saurait être étendue aux droits constatés que ces mandats concernent, lorsque les droits en question représentent des créances réellement dues et que par cela même il y a lieu de maintenir dans les écritures comme constituant des restes à payer à comprendre dans le compte définitif de l'exercice.

Il faut donc avoir soin de vérifier, avant d'annuler des droits afférents à des mandats dont l'annulation doit être opérée par suite de non-paiement, si ces droits ne s'appliquent pas à des créances susceptibles d'être réclamées. C. du Secrét gén. n° 563 du 29 juin 1864.

918. Au 31 août de chaque année, les bureaux administratifs du ministère et des administrations des finances, ainsi que tout liquidateur des dépenses, dressent pour la partie du service qui les concerne, un état nominatif ou individuel des sommes dues à des titulaires de créances dont les droits se rapportent à l'exercice expiré (V. 953), soit qu'il s'agisse de créances non liquidées, qui, à la même époque, n'avaient pas été l'objet d'ordonnances ou mandats de paiement, soit de créances liquidées et ordonnancées ou mandatées pour lesquelles les ordonnances ou mandats délivrés n'avaient pas été payés à l'époque sus-indiquée. Ces états sont envoyés au bureau de l'ordonnancement. Art. 155 du Règl. gén. de 1866.

Ils sont joints aux relevés annuels des paiements, et forment la justification des divers résultats que doit présenter l'apurement définitif de chaque exercice. Ils sont, en somme, la base de la comptabilité spéciale des dépenses qui ont lieu par rappel sur exercices clos Art. 63 du Règl.

Les sommes portées sur l'état dont il s'agit sont ensuite acquittées avec imputation des crédits ouverts sur exercices clos ou périmés.

Créances constatées après la clôture d'un exercice. Toutes les fois qu'une créance dûment constatée n'a pas été payée à la clôture d'un exercice, l'ordonnateur secondaire doit la comprendre à titre de reste à payer, s'il a reçu le crédit nécessaire à la constatation de cette créance. Les dépenses constatées devant être renfermées, en effet, dans la limite des crédits délégués, cette créance représente alors l'excédent des droits sur les paiements. Circ du Sous-Secrét. n° 78 du 22 juillet 1876.

A défaut de constatation par l'ordonnateur secondaire des créances dont le montant dépasserait l'ensemble des crédits mis à sa disposition, l'Administration centrale, saisie par lui à cet effet, dresse d'office un état complémentaire des sommes restant dues sur l'exercice dont les dépenses sont arrêtées. Id.

Dans l'un et l'autre cas, des crédits égaux aux créances restant à payer sont réservés sur l'exercice auquel ces créances se rapportent. Id.

Mais lorsque des créances dûment constatées sur un exercice clos ont pu cependant faire partie des restes à payer arrêtés par le règlement de cet exercice, soit que les crédits législatifs aient été insuffisants, soit que la révélation de la créance ait eu lieu tardivement, il y est pourvu au moyen d'une loi spéciale qui accorde sur le budget de l'exercice courant, à titre de nouvelles créances constatées sur exercice clos, les crédits additionnels nécessaires. Id.

919. Il est publié, chaque année, par le ministre des finances, un compte spécial présentant par chapitre de dépense et pour chacun des exercices clos, en ce qui concerne son département, les crédits annulés par les lois de règlement pour les dépenses restées à payer à la clôture de l'exercice, les nouvelles créances qui auraient fait l'objet de crédits supplémentaires et les paiements effectués jusqu'au terme de déchéance. Art. 164 id.

Sect. V. — Livre-journal des mandats délivrés.

920. Comme celui des crédits et des droits constatés, ce livre est ouvert par exercice.

On y enregistre immédiatement et successivement par ordre numérique tous les mandats individuels et collectifs délivrés par le directeur, en mentionnant dans des colonnes distinctes les numéros indicatifs du classement du budget de chaque nature de dépense. C. du Secrét. gén. n° 170 du 10 déc. 1827, et art. 174 du Règl. gén. de compt. de 1866.

921. Il y est fait mention, indépendamment de l'exercice, des sections, des chapitres et articles de la nomenclature générale des dépenses auxquelles ils se rapportent, et, de plus, s'il y a lieu, des autres subdivisions de ladite nomenclature. Art. 91 du Règl.

Les caisses du Trésor où les dépenses doivent être payées y sont également indiquées. Art. 131 id.

Ces mandats sont datés, et chacun d'eux porte un numéro d'ordre unique par exercice. Id.

Les ordonnateurs secondaires dont la circonscription comprend plusieurs départements, et qui délivrent des mandats sur différents comptables, doivent avoir, en outre, des séries spéciales de numéros pour les mandats payables dans chaque département. Id.

922. Les mandats de paiement désignent le titulaire de la créance par son nom, et, au besoin, par ses prénoms, si sa qualité ne suffit pas pour faire reconnaître son individualité. Art. 95 id.

Quand le nombre des créanciers ne permet pas que le nom de chacun d'eux soit indiqué dans le corps même du mandat, il y est suppléé au moyen d'un bordereau nominatif dûment arrêté par le liquidateur de la dépense. Art. 96 id.

La date et le numéro de ce bordereau sont énoncés dans le mandat auquel il se rapporte. Id.

923. Tout mandat de paiement doit être appuyé des pièces qui constatent que son effet est d'acquitter en tout ou en partie une dette de l'Etat régulièrement justifiée. Art. 87 du Décret du 31 mai 1862 et art. 98 du Règl.

On y indique le nombre et la nature des pièces qui s'y trouvent jointes. Art. 99 et 100 du Règl.

Lorsque plusieurs pièces sont produites à l'appui d'un mandat, elles doivent être accompagnées d'un bordereau énumératif, à moins que ces pièces ne soient énumérées dans le mandat même. Art. 101 id.

924. Toutes les dépenses d'un exercice devant être mandatées dans les *sept mois* qui suivent l'expiration de l'année de cet exercice, les pièces justificatives des créances qui, par l'effet d'une cause quelconque, n'ont pu être mandatées dans ce délai, ne sont produites qu'avec les mandats délivrés ultérieurement au titre des *exercices clos*. Art. 103 et 123 id.

925. Les mandats émis pour le *paiement intégral* d'un service fait sont accompagnés de toutes les pièces justificatives qui établissent le droit des créanciers de l'État. Art. 104 et 105 id.

Il en est de même des paiements pour *solde* d'un service fait. Art. 108 id.

Les mandats délivrés pour un service *à faire* donnent lieu aux paiements *d'avances*. Art. 106 id.

Ceux qui ont pour objet un service *en cours d'exécution* donnent lieu à des paiements *d'acompte*. Art. 107 id.

Ces paiements ne peuvent excéder les cinq sixièmes des droits constatés par pièces régulières présentant le décompte du service fait, à moins que des règlements spéciaux n'aient exceptionnellement déterminé une autre limite. Art. 13 du Décret du 31 mai 1862 et art. 107 du Règl.

926. Les ordonnateurs secondaires sont responsables de la remise aux ayants droit des mandats qu'ils délivrent. Art. 92 du Règl.

Pour que ces mandats leur soient délivrés, les titulaires doivent justifier de leur individualité. La remise ne peut se faire à leurs représentants que sur la production de titres ou pouvoirs réguliers. Art. 86 du Décret du 31 mai 1862 et art. 83 du Règl.

On doit prendre les dispositions nécessaires pour que la délivrance des mandats, leur remise aux ayants droit et leur paiement aient lieu, *en fin d'exercice*, aussi rapidement que possible. On diminue ainsi le nombre, toujours trop grand, des créances qui restent à payer sur exercices clos. C. du chef du cabinet du ministre du 9 déc. 1885.

927. Les *dépenses d'urgence* sont enregistrées aussitôt qu'elles sont connues. *Le visa du directeur tient lieu de mandat.*

928. Chaque inscription donne lieu à une inscription correspondante sur le sommier ou grand-livre de comptes ouverts par ordre de matières et suivant les divisions du budget. Art. 300 du Décret du 31 mai 1862.

Les mandats concernant les appointements sont délivrés pour le brut de la dépense. C. du Secrét. gén. n° 221 du 21 déc. 1827.

Ils sont libellés à la suite des tableaux nos 93 A et 93 B, sous forme d'arrêté.

929. A l'exception des dépenses qui se liquident par douzième et de celles qui sont payables d'urgence, les ordonnateurs des deux services des contributions indirectes et des manufactures de l'Etat ne mandatent pas. L'Administration leur adresse des lettres d'avis sur lesquelles ils apposent leur signature en marge sous les mots : *Vu bon à payer.* Puis ces lettres d'avis sont inscrites au livre-journal des mandats.

930. Tout mandat non payé sur un exercice au 31 août de la seconde année cessant d'être valable, le montant en est, à cette époque, annulé dans les écritures. Art. 179 du Règl.

931. Le livre-journal des mandats est arrêté chaque mois de la même manière et à la même époque que celui des crédits délégués. C. du Secrét. gén. n° 170 du 10 déc. 1827.

932. En fin d'exercice, le montant des mandats doit être égal à celui des paiements. C. du Secrét. gén. n° 191 du 18 oct. 1836.

933. *Mandats de paiement.* Aux termes de l'art. 82 du décret du 31 mai 1862, « *aucune dépense faite pour le compte de l'État ne peut être acquittée* « *si elle n'a été préalablement ordonnancée directement par le ministre, ou* « *mandatée par les ordonnateurs secondaires, en vertu de délégation ministé-* « *rielle.* » CC. n° 108 du 30 déc. 1880.

C'est donc par l'émission de mandats que les ordonnateurs secondaires disposent des crédits qui leur sont délégués. Les comptables chargés des paiements sont tenus régulièrement de justifier de l'accomplissement de cette formalité par la production des mandats délivrés par les ordonnateurs des dépenses. Id.

Or, l'usage s'est établi dans le service des contributions indirectes de ne pas fournir de mandats et d'y suppléer par une simple mention, sur les pièces justificatives, de l'ordonnance ministérielle qui a autorisé les dépenses. Cette mention est même souvent omise ; elle ne donne pas d'ailleurs les indications diverses que doit présenter le mandat, conformément aux articles 91, 95 et 100 du Règlement de 1866 sur la comptabilité des finances. Il convient donc de revenir, sur ce point, aux règles tracées par le décret de 1862 et par le règlement, lesquelles sont applicables à tous les comptables du Trésor, sans exception. Id.

934. A cet effet, les directeurs doivent établir, sur un imprimé qui sera fourni comme papier de service (modèle 98 B, Comptabilité), des mandats pour toutes les dépenses budgétaires à acquitter par les receveurs principaux, à l'exception de celles qui sont acquittées d'urgence. Id. V. ci-dessus, 927.

Le mandat relatif aux appointements des employés et agents de tout grade est émis pour le montant brut des traitements (V. 928) ; mais il y est fait mention des retenues à exercer pour le service des pensions. Ce mandat est délivré au nom du receveur principal, qui l'acquitte pour ordre. Il en est de même pour les mandats concernant la dépense des frais judiciaires tombés à la charge de l'administration ou admis en reprise indéfinie. Les ordonnancements collectifs, tels que ceux qui se rapportent aux indemnités pour insuffisance de remises, primes d'apurement de comptes, etc., donnent lieu à la délivrance d'autant de mandats distincts qu'il y a d'ayants droit. Id.

Suivant les dispositions générales du règlement de 1866 (art. 11, § 2), « *lorsque la quittance de la partie prenante est produite séparément..., le* « *mandat n'en doit pas moins être quittancé pour ordre et par duplicata, la* « *décharge du Trésor ne pouvant être séparée de l'ordonnancement qui a ouvert* « *le droit* ». Le titulaire d'un mandat, quel qu'il soit, doit donc apposer son acquit au pied du mandat ; cet acquit est daté par lui. Il ne donne lieu à l'application du timbre de 10 centimes qu'autant qu'il n'est pas donné quittance sur une des pièces jointes au mandat, ou par acte séparé. Id.

Mandats de régularisation. V. 1995 et suivants.

935. *Adjudications et marchés*. La direction générale des contributions indirectes, par sa circulaire du 26 févr. 1883, n° 366, a porté à la connaissance des directeurs les dispositions du décret du 18 novembre 1882, relatif aux adjudications et marchés passés au nom du gouvernement. CG. n° 112 du 26 déc. 1883.

Il est recommandé aux directeurs de tenir la main à ce que toutes les pièces concernant les marchés et dont la production est exigée par le règlement du 26 décembre 1866 soient toujours exactement jointes aux mandats de paiement qu'ils émettent sur la caisse des receveurs principaux ; l'omission de quelques-unes de ces pièces est fréquemment relevée soit par la comptabilité publique, soit par la Cour des comptes. La mention de production antérieure doit toujours être faite, avec les références voulues, sur les mandats qui suivent le premier mandat d'acompte. Id. — V. 1080 et suivants.

SECT. VI. — Livre des comptes, par nature de dépense.

936. Le livre des comptes ouverts par nature de dépense est destiné à rapprocher et à présenter, sous un seul aspect, pour chaque division de la nomenclature détaillée du budget, les crédits délégués, les mandats délivrés et les paiements effectués.

Il est procédé à cet effet, pour les crédits et les mandats, au dépouillement : 1° du livre-journal des crédits, appuyé des extraits d'ordonnances et des avis d'annulation ; 2° du livre-journal des mandats. Quant aux paiements, les ordonnateurs secondaires les constatent sur le livre des comptes, à la fin de chaque mois, d'après les relevés des mandats acquittés qu'ils reçoivent des comptables dans les premiers jours du mois suivant. Art. 175 du Règl. gén. de compt. de 1866.

Sect. VII. — Situation mensuelle et situation finale des opérations des ordonnateurs secondaires.

937. Dans les premiers jours de chaque mois, les ordonnateurs secondaires extraient des livres de la comptabilité administrative de chaque exercice, jusqu'à l'époque de sa clôture, une situation (modèle n° 253, série C. B), arrêtée au dernier jour du mois précédent, sans préjudice du délai accordé pour terminer l'enregistrement des crédits. V. 899.

Cette situation, où les opérations du mois sont inscrites distinctement est le relevé des totaux du livre des comptes ouverts par nature de dépense et de ceux du livre servant à l'enregistrement des droits des créanciers.

Elle présente, par chapitres du budget, et, s'il y a lieu, par articles et paragraphes :

1° Les crédits délégués ;

2° Les droits constatés au profit des créanciers ;

3° Les mandats délivrés ;

4° Les paiements effectués.

Avant de certifier l'exactitude de la situation mensuelle, les ordonnateurs secondaires en contrôlent les résultats généraux, en ce qui concerne les crédits et les mandats, à l'aide du livre-journal des mandats délivrés. Art. 303 et 304 du Décret du 31 mai 1862 et art. 176 du Règl. gén. de compt. de 1866.

938. Le 10 de chaque mois, les ordonnateurs secondaires adressent au ministre des finances, sous le timbre du bureau de l'ordonnancement, la situation établie au dernier jour du mois précédent. Art. 177 id. et C. 344 du 5 août 1882.

Une situation à peu près semblable est fournie à l'administration.

Cette situation, qui porte le n° 155, doit parvenir avec une lettre d'envoi le 10 de chaque mois. Art. 177 id. et circ. 344 précitée.

Elle se fournit de mois en mois jusqu'à la clôture de l'exercice.

Dans les situations mensuelles, toutes les opérations doivent être comprises dans le mois où elles ont pris naissance, et on se conforme, pour les rectifications nécessaires, au nota imprimé dans la colonne : *Observations.* Pendant la deuxième année de l'exercice, aucun droit constaté, aucun mandat délivré ne doit figurer dans la colonne(mois) pour les dépenses des remboursements et répartitions. C. du chef du cabinet du ministre du 9 déc. 1885.

939. Le 31 août de la 2e année, on en dresse une qui est définitive. Elle doit être accompagnée :

1° Du relevé individuel. V. 952.

2° De l'état de développement, par classes d'emploi, de la dépense du personnel pour traitements fixes. V. 950 à 952.

Ces trois documents doivent parvenir sous la même enveloppe. C. du Secrét. gén. du 4 juill. 1860.

Les résultats des documents annexes doivent toujours concorder avec ceux de la situation définitive, qu'ils sont destinés à expliquer et justifier. Art. 181 id.

940. Les directeurs ne doivent adresser les situations finales qu'après s'être assurés que leurs écritures sont complètement d'accord, pour le chiffre des paiements effectués, avec celles des comptables chargés de ces paiements. C. du Sous-Secrétariat d'Etat n° 78 du 22 juillet 1876.

Cet accord n'implique pas une similitude complète de chiffres. Les écritures des comptables et celles des ordonnateurs secondaires sont, en effet, suivies d'après des principes différents. Alors que les unes présentent les paiements pour leur chiffre brut et avec leur imputation primitive, si une imputation erronée n'a pu être rectifiée dans le cours même de la gestion où le paiement avait été fait, les autres doivent présenter la dépense nette avec son imputation définitive. Il y a lieu de tenir compte, dans le rapprochement à faire, de ces causes de différence dont les traces doivent exister dans la comptabilité des directeurs. C. du Secrét. gén. n° 625 du 22 mai 1869 et Lett. lith. n° 628 du 20 déc. 1869.

A l'époque fixée pour la clôture des écritures (31 août de la deuxième année de l'exercice), on établit la situation finale, dans laquelle les droits constatés ne doivent jamais dépasser le chiffre des crédits délégués, et les mandats délivrés celui des paiements effectués. C. du chef du cabinet du ministre du 9 déc. 1885.

Si une créance dont les droits se rapportent à l'exercice expiré n'a pas donné lieu à l'ouverture d'un crédit de délégation, il y a lieu d'en demander à l'administration l'inscription sur les états supplémentaires des restes à payer. Id.

Cette situation finale est adressée le 15 septembre au service de l'ordonnancement et de la comptabilité des dépenses du ministère, accompagnée du relevé individuel des sommes restant à payer et de l'état de développement, par classes d'emplois, du montant net de la dépense définitive pour traitements fixes. Id.

Si, après l'envoi de cette situation des crédits étaient ouverts, ou annulés, une nouvelle situation ne serait pas nécessaire. On se bornerait à constater ces opérations sur les livres. C. du Secrét. gén. n° 191 du 18 oct. 1836.

Il en serait autrement si des erreurs affectant les droits constatés ou les paiements étaient reconnues. Dans ce cas, le ministère donnerait l'ordre d'établir une nouvelle situation. Id. V. 943 et s.

941. *Reversements*. Lorsqu'un paiement a été fait à tort, on en assure le reversement, et le récépissé original est épinglé à la situation, sur laquelle on réduit, jusqu'à due concurrence, le montant des paiements, et, s'il y a lieu, celui des droits et des mandats ; les motifs du reversement sont indiqués dans la colonne : *Observations*. C. du ch. du cabinet du ministre du 9 déc. 1885.

L'annulation d'un paiement doit toujours être demandée dans un délai maximum de trois mois à partir de la date du récépissé. Id.

942. *Demandes de crédits de délégation.* Les demandes de crédits que les directeurs adressent mensuellement à l'administration sur le modèle 155 (V. 938) doivent contenir, autant que possible, toutes les sommes qu'ils auront à mandater pendant le mois suivant. C. du ch. du cabinet du ministre du 9 déc. 1885.

Pour les créances concernant :

« Les indemnités ou compléments d'indemnités aux intérimaires ;

« Les remises aux receveurs buralistes ;

« Les remises aux préposés d'octroi ;

« Les remises pour la vente des poudres en Corse ;

« Le remboursement de la valeur des instruments ;

« Les frais d'emballage, de transport et de correspondance extraordinaire ;

« Les frais de transport de poudres ;

« Les achats de poudres saisies ou reprises des débitants ;

« Les achats de tabacs saisis ou repris des débitants ;

« Les frais de transport de tabacs et menus frais ;

« La répartition du produit des amendes, etc. » ;

toutes créances que les directeurs sont autorisés à porter en dépense au moment même du paiement, on doit avoir soin, si les crédits ne sont pas suffisants, d'en demander de nouveaux pour que la situation soit régularisée dès le mois suivant. Id.

Aucun crédit de régularisation n'est mis à la disposition des ordonnateurs secondaires après la date du 31 juillet de la seconde année de l'exercice. Id.

SECT. VIII. — Rectifications d'erreurs.

943. La rectification de toute erreur commise dans l'enregistrement des opérations sur les livres d'un ordonnateur secondaire et reconnue après l'envoi des situations mensuelles au ministre des finances donne lieu à un enregistrement spécial, à la date du jour où l'erreur est reconnue, soit qu'il s'agisse d'une augmentation ou d'une réduction. Cette rectification, considérée comme appartenant au mois pendant lequel elle a été effectuée, s'ajoute aux opérations de ce mois ou s'en déduit, et il n'est procédé dans aucun cas par voie de modification en plus ou en moins du chiffre des enregistrements antérieurs. Art. 178 du Règl. gén. de compt. de 1866.

S'il arrivait que, pour un article de dépense, les annulations du mois excédassent les opérations effectives, il conviendrait alors d'*inscrire cet excédent en encre rouge*, dans la colonne du mois, comme exprimant une opération négative. Lett. du Secrét. gén. du 8 nov. 1858 et C. du 13 juin 1863.

944. Des annulations qui figurent dans les situations sont l'objet d'explica-

tions spéciales dans la colonne d'observations de ces situations. C. du Secrét. gén. nº 606 du 16 mai 1868.

On établit également dans cette colonne le décompte de la réduction à opérer en indiquant d'abord le *chiffre brut* des opérations du mois, puis la *somme à déduire* avec le motif de la déduction, de manière à faire ressortir la *somme nette*, soit positive, soit négative, inscrite dans la colonne des opérations du mois. Id.

La colonne *antérieurs* étant la reproduction exacte et fidèle de la colonne *total* du mois précédent, il s'ensuit que les annulations effectuées pendant le mois viennent en atténuation des opérations de ce même mois, lors même qu'elles porteraient sur l'antérieur. C. du Secrét. gén. du 8 nov. 1858.

945. Aucun changement ne peut être apporté aux paiements une fois constatés dans les écritures; les bordereaux sommaires présentent toujours le brut de ces paiements. Mais les situations à transmettre par les ordonnateurs secondaires au ministère des finances doivent toujours, au contraire, être établies pour le net. C. du Secrét. gén. nº 606 du 16 mai 1868.

Toute fausse imputation dont la rectification ne peut plus être effectuée par le comptable qui a été chargé du paiement, donne lieu à la transmission immédiate du certificat de réimputation au service de l'ordonnancement, auquel il appartient de prendre les mesures nécessaires pour maintenir l'accord entre les diverses comptabilités. C. du chef du cabinet du ministre du 9 décembre 1885.

Il doit être tenu compte de ces régularisations dans les situations mensuelles qui ne doivent jamais présenter que des résultats nets. Id.

946. En cas de réimputation de paiement ou de reversement, on doit donc ramener, dans les situations, les chiffres indiqués par les bordereaux aux chiffres nets et réels de la dépense. Id. V. 941.

947. Il ne faut pas perdre de vue qu'aux termes de l'article 25 du règlement du 26 déc. 1866, il convient de joindre aux situations dans lesquelles il est tenu compte de reversements, les originaux mêmes des récépissés qui les constatent, après avoir annoté ces récépissés des indications nécessaires sur l'imputation des mandats auxquels ils se rapportent. Id.

Il est recommandé de ne pas différer l'envoi des récépissés de reversement afin que le bureau de l'ordonnancement puisse, sans retard, faire opérer les réductions de dépense nécessaires dans les écritures centrales de la direction générale de la comptabilité publique. C. du Secrét. gén. nº 625 du 22 mai 1869, nº 11 du 1er mai 1872 et nº 15 du 12 oct. 1872.

Altérations, ratures, surcharges. V. 880.

Sect. IX. — Mutations d'ordonnateurs secondaires.

948. En cas de mutation de directeurs, les livres de comptabilité sont arrêtés et paraphés par le directeur qui sort de fonctions et par celui qui

lui succède ; le nouveau directeur n'ouvre pas de nouveaux livres : il se sert de ceux qui sont déjà ouverts et qui restent à sa disposition, ainsi que toutes les pièces qui s'y rattachent. Ce directeur reste chargé de faire connaître la situation du service depuis le commencement de l'exercice. Art. 90 du Règl. du 26 déc. 1866.

949. Lorsqu'un ordonnateur est remplacé par un intérimaire, ce dernier dispose des crédits ou portions de crédits ouverts à celui dont il remplit les fonctions. Id.

Sect. X. — Etat de développement, par classe d'emploi, des dépenses du personnel.

950. **L'état de développement des dépenses du personnel par classe d'emploi**, qui était établi mensuellement d'après les anciennes instructions, n'est plus produit qu'une fois par an. C. du Secrét. gén. des 4 août 1848 et 5 nov. 1858. Il présente, dans des colonnes distinctes, les résultats suivants pour les diverses classes d'emplois qui en composent la nomenclature :

1° Nombre d'agents en activité de service pendant le cours de l'exercice;

2° Montant des droits constatés à la charge de l'exercice ;

3° Montant net des paiements effectués à la clôture de l'exercice ;

4° Reste à payer à la fin de l'exercice sur les droits constatés. C. du Secrét. gén. du 8 nov. 1858. V. 939.

951. Le nombre à porter dans la 1re colonne doit être celui de l'effectif du personnel pendant le cours de l'année, abstraction faite des agents qui ont pu exercer successivement les mêmes emplois. Si, dans l'année, l'effectif avait varié, il serait nécessaire d'en déterminer la moyenne en proportion avec le chiffre de la dépense. Id.

On procéderait dès lors de la manière suivante : additionner, pour chaque classe d'emploi, les nombres des agents ayant concouru au service soit pendant un mois entier, soit pendant une partie seulement du mois ; ensuite diviser le produit de cette addition par 12, et forcer d'une unité le quotient, quelle que soit la fraction restante. C. du Secrét. gén. du 4 juill. 1860.

A l'égard des droits constatés et des paiements effectués, les totaux de ces deux colonnes doivent reproduire *exactement* les sommes portées en dépense à titre d'appointements fixes, dans la situation finale. Les restes à payer doivent concorder avec les résultats du relevé individuel. C. du Secrét. gén. du 8 nov. 1858 et du 4 juill. 1860.

L'état de développement par classe d'emploi de la dépense du personnel pour traitements fixes doit indiquer, avec le montant net des droits constatés et des paiements effectués, le nombre des emplois et non celui des agents qui auraient été appelés successivement à remplir une même fonction pendant l'année. On doit d'ailleurs, dans l'établissement de cet état, se conformer strictement à la nomenclature imprimée et éviter la création de toute ligne spéciale pour des agents chargés d'un service extraordinaire. C. du Sous-Secrétariat d'État n° 78 du 22 juillet 1876, et C. du chef du cabinet du ministre du 9 déc. 1885.

SECT. XI. — Relevé individuel des sommes dues aux créanciers de l'Etat.

952. Le montant des créances constaté au livre spécial (V. 907 et s.) et qui reste à payer à la clôture de chaque exercice (31 août, 2e année) est justifié par un état nominatif des titulaires ayant droit ou prétendant à ces créances. Ce relevé est joint à la dernière situation finale (V. 919).

Il doit indiquer :

1° Les créances non liquidées au 31 août, mais portées par évaluation ;

2° Les créances liquidées, non suivies de mandats de paiement ;

3° Les créances liquidées et mandatées qui n'auraient pu être payées avant la clôture de l'exercice. Art. 155 du Règl. gén. de compt. de 1866.

Il est recommandé d'indiquer, pour toutes les dépenses, les causes de non-paiement. C. du Secrét. gén. du 2 juill. 1859.

953. Le relevé individuel des créances restant à payer sur l'exercice dont on règle le compte, ne doit présenter que des résultats absolument conformes à ceux de la situation finale qu'ils sont destinés à expliquer et à justifier. Il est nécessaire d'indiquer, d'une manière précise, les noms des créanciers, le lieu de leur résidence, le montant des créances et les chapitres du budget dont les crédits doivent servir à l'acquittement de ces créances. C. du S.-Secr. d'Etat n° 78 du 22 juillet 1876.

Les dépenses qui s'appliquent à la IVe partie du budget (Remboursements et restitutions), ainsi qu'au budget sur ressources spéciales, sont rattachées, en vertu de l'article 13 du règlement du 26 décembre 1866, au budget de l'année pendant laquelle elles sont ordonnancées ou mandatées. Ces dépenses ne doivent donc pas figurer sur le relevé individuel. Id.

Le total du relevé individuel des sommes restant à payer doit représenter exactement la différence entre le net des droits constatés et le net des paiements effectués contenus dans la situation finale. Les noms des créanciers seront très correctement et très lisiblement écrits. C. du chef du cabinet du ministre du 9 déc. 1885.

CHAPITRE XXXIV.

Exercice. Exercices clos et exercices périmés.

Année, 954.
Annulation de mandats, 957, 968 ; — d'ordonnances et de crédits, 978.
Bord. annuel de paiement pour ex. clos, 962, 963.
Crédits insuffisants, 972, 973.
Spécialité par exercice, 956.
Date déterminant l'exercice, 954, 955.
Etat annuel des dép. des ex. périmés, 976 ; — des dép. qui n'ont pu être liquidées, 974 ; — des mandats d'exercice clos acquittés, 975, 976 ; — non acquittés, 966, 980.
Exercice, 955 à 960 ; — clos, 959, 961 et s. ; — périmé, 961 et s.
Lettre d'avis, 964, 976.
Mandats, indications, 977.
Ordonnancement, 968 et s.
Paiement des dep. de l'année précédente, 959.
Relevé individuel des sommes dues, 960.
Situations mensuelles, 980

Sect. I. — Exercice.

954. L'exercice prend la dénomination de l'année à laquelle il se rapporte. Art. 4 du Décret du 31 mai 1862.

Sont seuls considérés comme appartenant à un exercice les services faits et les droits acquis du 1er janvier au 31 décembre de l'année qui donne son nom à cet exercice. Art. 6 du Décret précité et art. 10 du Règl. gén. de compt. de 1866.

955. La durée de la période pendant laquelle doivent se consommer tous les faits de dépense de chaque exercice se prolonge :

1° Jusqu'au 1er février de la seconde année, pour achever, dans la limite des crédits ouverts, les services du matériel dont l'exécution commencée n'aurait pu être terminée avant le 31 décembre précédent, pour des causes de force majeure ou d'intérêt public, qui doivent être énoncées dans une déclaration de l'ordonnateur jointe à l'ordonnance ou au mandat ;

2° Jusqu'au 31 juillet, pour la liquidation et l'ordonnancement des sommes dues aux créanciers ;

3° Jusqu'au 31 août de cette seconde année, pour le paiement des ordonnances et des mandats. Art. 33, 116 et 117 du Décret et art. 11, 74 et 149 du Règl. V. 903, 914, 924 et 930.

956. Les crédits ouverts pour les dépenses de chaque exercice ne peuvent être employés à l'acquittement des dépenses d'un autre exercice. Art. 8 du Décret et art. 12 du Règl.

Le principe de la spécialité des crédits par exercice s'applique d'après règles les tracées au n° 893 pour les restitutions de droits, les répartitions, les indemnités diverses, les frais de tournées, de voyages et de missions spéciales, les frais judiciaires, les retenues aux entrepreneurs, etc. Art. 13 du Règl.

957. Faute par les créanciers de réclamer leur paiement avant le 31 août de la deuxième année, les ordonnances et mandats délivrés à leur profit sont annulés, sans préjudice des droits de ces créanciers, sauf réordonnancement jusqu'au terme de déchéance. Art. 118 du Décret du 31 mai 1862 et 150 du Règl.

958. Les livres d'ordonnancement sont tenus par exercice. V. 883, 884.

959. Les directeurs doivent demander, dans les *trois premiers mois* de la seconde année, les autorisations nécessaires pour le paiement des dépenses se rattachant à l'année précédente. C. n° 4 du 21 sept. 1827, n° 192 du 18 sept. 1838 et n° 467 du 23 oct. 1850.

Ils consultent dans ce but le registre des avances à régulariser. C. n° 72 du 10 janv. 1834, n° 192 du 18 sept. 1838 et n° 467 du 23 oct. 1850.

Il leur est recommandé d'éviter autant que possible d'avoir à faire application des règles relatives aux exercices clos. A cet effet, les dépenses inscrites au chapitre des avances à régulariser et qui appartiennent à un service fait dans l'année de l'exercice, doivent indispensablement être extraites du compte des avances pour être portées en dépense définitive avant la clôture de l'exercice. C. n° 72 du 10 janv. 1834 et n° 192 du 18 sept. 1838. V. 916.

960. Relevé individuel des sommes dues aux créanciers de l'Etat à l'expiration de l'exercice. V. 918, 952 et 953.

Sect. II. — Exercices clos et exercices périmés

961. Il a été ouvert dans les comptes des receveurs principaux, pour les dépenses des anciens exercices, un chapitre spécial sous le titre de *dépenses des exercices clos* et un autre sous le titre de *dépenses des exercices périmés non frappées de déchéance.* CC. n° 24 du 16 déc. 1836.

On classe au premier de ces deux chapitres les dépenses qui, ayant été constatées dans le cours des cinq années, à partir de l'ouverture des exercices qu'elles concernent, sont payées avant l'expiration de la sixième année. Id.

Celles qui ont été constatées postérieurement à l'expiration de la période quinquennale, et celles qui, l'ayant été antérieurement, n'ont pu être acquittées qu'après la sixième année, sont classées au chapitre des dépenses des exercices périmés. Id.

962. A la fin de chaque année, les receveurs principaux dressent en double expédition, pour le ministère, un bordereau nominatif, par exercice et par chapitre, des paiements qu'ils ont effectués pendant l'année pour dépenses

des exercices clos. CC. n° 27 du 21 déc. 1838 ; art. 132 du Décret du 31 mai 1862 et 162 du Règl. de 1866 ; CC. n° 79 du 12 janv. 1867.

963. Les indications données, quant aux dépenses sur exercices *clos* ou *périmés*, soit au bordereau nominatif de ces dépenses, soit dans les cadres du compte 108 qui leur sont affectés, sont souvent erronées. Ces documents doivent faire connaître :

1° L'exercice pendant lequel la dépense a été constatée ;

2° Le service (Contributions indirectes. — Manufactures de l'Etat) auquel incombe cette dépense;

3° Le chapitre de la dépense. Il ne s'agit pas du chapitre réservé spécialement aux exercices clos ou périmés dans le budget en cours d'exécution, mais de celui auquel le paiement aurait été imputé, si ce paiement avait été effectué dans l'exercice même où la créance a été constatée ;

4° Enfin le numéro d'ordre de la créance, d'après le bordereau général, le nom du créancier et la somme payée. CC. n° 77 du 12 janv. 1867 et n° 96 du 30 déc. 1872.

964. La lettre d'avis des ordonnances de délégation fournit ces indications. CC. n° 27 du 21 déc. 1838 et n° 77 du 12 janv. 1867.

965. Une colonne est ouverte à cet effet au bordereau, dont la circulaire n° 27 précitée a donné le modèle ; elle est placée après celle qui est intitulée : *Noms des créanciers*. Id.

966. Les receveurs principaux adressent également, en fin d'année, aux ordonnateurs secondaires, l'état des mandats d'exercice clos non acquittés. Ils reçoivent en même temps les pièces justificatives à reproduire, s'il y a lieu, à l'appui d'un nouvel ordonnancement. CC. n° 27 du 21 déc. 1838 et n° 77 du 12 janv. 1867 ; art. 132 du Décret du 31 mai 1862 et 162 du Règl.

967. Enfin ces comptables fournissent avec leur compte de gestion, en ce qui concerne les *dépenses des exercices périmés*, des états nominatifs en double expédition. Ils approprient à leur formation le modèle annexé à la circulaire n° 27 dont il est question plus haut. CC. n° 64 du 10 déc. 1857 et n° 77 du 12 janv. 1867 ; art. 140 du Décret du 31 mai 1862 et 166 du Règl.

968. On ne doit pas perdre de vue que les mandats délivrés pour l'acquittement des *dépenses des exercices clos* ne sont valables que *jusqu'au 31 décembre de l'année pendant laquelle ils ont été expédiés*. Quant aux dépenses *des exercices périmés*, comme elles sont établies par exercice, les mandats émis peuvent être acquittés jusqu'au 31 août de la seconde année. CC. n° 24 du 16 déc. 1836.

969. Les paiements à effectuer pour solder les dépenses des exercices clos sont ordonnancés sur les fonds de l'exercice courant. Art. 123 du Décret du 31 mai 1862 et 152 du Règl.

Ces ordonnances sont imputées sur un chapitre spécial ouvert pour mémoire et pour ordre au budget de chaque ministère, sans allocation spéciale de fonds. Art. 124 du Décret du 31 mai 1862, 152 et 159 du Règl.

Lors du paiement, elles sont inscrites particulièrement au livre-journal de caisse n° 87, au sommier n° 88 et au bordereau n° 91. CC. n° 21 du 12 déc. 1833.

970. Mais les ordonnances délivrées sur l'exercice courant, pour rappels de dépenses d'exercice clos, doivent être renfermées dans les limites des crédits, par chapitre, à annuler par la loi de règlement, pour les dépenses restant à payer à la clôture de l'exercice. Art. 126 du Décret du 31 mai 1862 et 152 du Règl.

971. Les dépenses que les comptes présentent comme restant à payer à l'époque de la clôture d'un exercice, et qui ont été autorisées par des crédits régulièrement ouverts, peuvent être ordonnancées sur les fonds des budgets courants, avant que la loi de règlement de cet exercice ait été votée. Art. 125 du Décret du 31 mai 1863 et 153 du Règl.

972. Dans le cas où des créances dûment constatées sur un exercice clos n'auraient pas fait partie des restes à payer arrêtés par la loi de règlement, il ne peut y être pourvu qu'au moyen de crédits supplémentaires et selon les formes suivantes :

Si les dépenses se rattachent à des chapitres dont les crédits ont été annulés pour une somme égale ou supérieure à leur montant, les crédits supplémentaires peuvent être ouverts par des décrets ;

S'il s'agit de dépenses excédant les crédits affectés à chaque chapitre, le ministre attend, pour les ordonnancer, que les suppléments nécessaires aient été accordés par la loi. Art. 126 du Décret du 2 mai 1862 et 154 du Règl.

973. Les opérations de régularisation postérieures à la clôture de l'exercice sont l'objet de propositions spéciales dans la loi de règlement. Art. 32 et 126 du Décret du 31 mai 1862, 15 et 154 du Règl.

974. Au 31 août de chaque année, on forme, s'il y a lieu, pour les créances des exercices clos, un état nominatif ou individuel des dépenses se rapportant à l'exercice expiré et qui n'ont pu être liquidées, ordonnancées, mandatées et payées avant cette époque du 31 août. Art. 129 du Décret du 31 mai 1862 et 155 du Règl.

975. Les dépenses d'exercices clos qui ont été acquittées pendant l'année sont justifiées au compte n° 108 A par un semblable état nominatif. CC. n° 27 du 21 déc. 1838 ; art. 129 du Décret du 31 mai 1862 et 162 du Règl.

976. Il est recommandé d'établir ce bordereau de la manière la plus régulière et d'y mentionner exactement le numéro de la créance, dont l'indication se trouve sur les lettres d'avis des ordonnances de délégation. CC. n° 77 du 12 janv. 1867. V. 963.

977. Toute ordonnance de paiement et tout mandat se rapportant à des dépenses d'exercices clos doivent relater, outre le numéro d'ordre donné à chaque créance sur les états nominatifs, l'exercice ou l'année à laquelle se rapporte la créance à payer. S'ils comprennent des créances de plusieurs années, les sommes afférentes à chacune d'elles y sont détaillées et totalisées. Art. 160 du Règl.

978. Il a été dit plus haut (V. 968) que les ordonnances pour dépenses

d'exercices clos ne sont valables que jusqu'à la fin de l'année pendant laquelle elles ont été émises. Art. 130 du Décret du 31 mai 1862 et 161 du Règl.

A défaut de paiement, l'annulation en a lieu d'office, à cette époque, par les agents du Trésor, et le réordonnancement des dépenses n'est effectué que sur une nouvelle réclamation des créanciers. Id.

979. Les crédits de délégation pour dépenses d'exercices clos non consommés au 31 décembre de chaque année sont annulés dans la comptabilité des ordonnateurs secondaires, et les mandats délivrés cessent également d'être payables à la même époque. CC. nº 141 du 25 oct. 1834 ; C. nº 95 du 26 déc. 1834 et art. 161 du Regl.

980. Lorsqu'il s'agit à la fin de chaque année, d'arrêter, d'accord avec la direction générale de la comptabilité publique, le chiffre des dépenses d'exercices clos et périmés, des différences plus ou moins nombreuses sont fréquemment reconnues dans l'indication de l'exercice primitif auquel se rapportent les créances ou dans la désignation de la nature de la dépense. Les mêmes différences sont ensuite constatées à la cour des comptes, qui est dans la nécessité de recourir au bureau de l'ordonnancement pour les émargements que son contrôle l'oblige à faire sur les états nominatifs des restes à payer. On évitera ces discordances en reproduisant exactement sur les mandats les indications que portent les lettres d'avis de délégation de crédits relativement aux exercices et au numéro d'inscription de chaque créance aux états nominatifs de restes à payer. C. du Secrét. gén. nº 632 du 20 mai 1870.

Chaque situation mensuelle de crédits doit comprendre exactement, dans les cadres 1 et 2, destinés à cet usage, *le détail des créances payées dans le mois sur exercices clos et périmés*, et non celui des crédits délégués, des droits constatés et des mandats délivrés. C. du Sous-Secrét. d'Etat nº 78 du 22 juillet 1876.

La mention des numéros des chapitres du budget de l'exercice périmé ou clos est également indispensable, et ne peut être remplacée par la désignation des numéros des chapitres spéciaux ouverts sur l'exercice courant. Id.

Prescription. — V. 1197 et suiv.

CHAPITRE XXXV

Paiement.

Appointements, 981, 1001, 1002.
Autorisation de paiement, 981 et s.
Bons et mandats des tr. gén., 1015.
Cautionn. des entrep. et fourn., 897.
Certif. administratifs, 991.
Clôture des paiements, 991.
Contrib. foncières, 1004.
Créancier, 982, 984.
Dépenses, 981; — d'urgence, 1000 et s.
Duplicata, 1010, 1011.
Fausses imput. de paiement, 995.
Frais de bureau, 981; — de poursuites, 1001; — de transport, 1001; — judiciaires, 1006.
Indemn. de route aux milit., 1014.
Lettre d'avis, 984.
Mandat égaré, 1010, 1011.
Menus frais d'entrepôt, 1001.
Paiement, 981 et s.
Percepteurs, 1017.
Ratures, 989.
Refus de paiement, 992 à 994.
Réimputation, 995.
Respons. des comptables, 985.
Restitutions et remb., 1005.
Reversements, 997 à 999.
Sommes en toutes lettres, 990.
Système décimal, 988.
Tiers, paiement, 1008.
Timbre, 986.
Trésoriers gén., paiements pour leur compte, 1012 à 1018.

Sect. I. — Paiement après autorisation.

981. Il ne faut pas confondre le paiement avec la dépense. Par dépenses on entend la totalité des sommes susceptibles d'être répétées contre l'Etat, à quelque titre et pour quelque cause que ce soit. Les paiements ne sont qu'une opération de caisse. Les directeurs ne doivent les autoriser qu'en vertu d'états de frais de régie constituant le budget de la direction pour appointements et frais de bureau, ou allocations spéciales de l'administration, ou par des mandats signés du directeur général. C. 209 du 20 mars 1813, n° 18 du 8 oct. 1822 et n° 1 du 2 janv. 1825.

982. Tout paiement doit être inscrit sans retard. C. n° 10 du 6 janv. 1816.

Il ne peut avoir lieu que pour l'acquittement d'un service fait et au véritable créancier, justifiant de ses droits. Art. 124 du Régl. gén. de compt. de 1866.

983. Les comptables chargés de la perception des revenus indirects acquittent les frais de régie et les remboursements inhérents à la perception et à l'exploitation des impôts et revenus indirects. Art. 128 id.

984. Le titulaire d'une ordonnance est accrédité auprès du comptable du Trésor public, qui doit la payer, au moyen d'une lettre d'avis contenant extrait de l'ordonnance, que la partie prenante revêt de son acquit. Art. 1er des Disp. gén. du Régl.

Le mandat de paiement est émis par un ordonnateur secondaire ; il tient lieu de lettre d'avis au titulaire de la créance. La partie prenante donne quittance sur le mandat. Id.

985. Avant de procéder au paiement des ordonnances et mandats délivrés sur leurs caisses, ou de les viser pour être payés par d'autres comptables, les agents chargés de la dépense doivent s'assurer, sous leur responsabilité, que toutes les formalités déterminées par les règlements ont été observées et que les justifications désignées par la nomenclature sont produites. Art. 5 id.

986. En thèse générale, le timbre est exigible pour les justifications relatives au paiement des dépenses de l'État. Il est à la charge des créanciers. Art. 29 de la Loi du 13 brum. an VII et art. 138 du Règl.

987. Il ne peut être fait aucun paiement aux entrepreneurs et fournisseurs assujettis à un cautionnement matériel, avant qu'ils aient justifié de la réalisation de ce cautionnement. Art. 139 du Règl.

L'ordonnance ou le mandat *de premier paiement*, délivré au nom de tout entrepreneur ou fournisseur assujéti à un cautionnement matériel, doit être appuyé, à défaut de pièces constatant la réalisation du cautionnement, d'une déclaration de l'ordonnateur ou de son délégué compétent, faisant connaître la date de la réalisation de la garantie exigée et la nature des valeurs qui y ont été affectées. Art. 33 des Disp. gén. du Règl.

988. Tout titre de créance énonçant des quantités en poids ou mesures doit être rejeté, si ces quantités sont exprimées autrement qu'en poids et mesures du système décimal, conformément à la loi du 4 juill. 1837. Art. 26 id.

989. On doit refuser de même les ordonnances de paiement dont la partie manuscrite aurait été raturée ou présenterait des renvois non approuvés. Art. 23. V. **Altérations**, 880.

990. Il est prescrit, du reste, d'énoncer en *toutes lettres* dans l'arrêté de l'ordonnateur ou liquidateur les sommes en chiffres inscrites dans le corps d'une ordonnance ou d'un mandat. Art. 21 id.

991. Dans tous les cas où les énonciations contenues dans les pièces produites ne paraissent pas suffisamment précises, les comptables peuvent se faire délivrer par les ordonnateurs, avant le paiement, des certificats administratifs qui complètent ces énonciations. Art. 38 id.

992. Mais ils ne peuvent suspendre un paiement assigné sur leur caisse que s'ils reconnaissent qu'il y a omission ou irrégularité matérielle dans les pièces produites. Art. 91 du Décret du 31 mai 1862 et art. 140 du Règl.

993. Il y a irrégularité matérielle toutes les fois que les indications de noms, de service ou de sommes portées dans l'ordonnance ou le mandat ne sont pas d'accord avec celles qui résultent des pièces justificatives y annexées, ou lorsque ces pièces ne sont pas conformes aux règlements. Id.

994. En cas de refus de paiement, le payeur est tenu d'en remettre immédiatement la déclaration écrite et motivée au porteur de l'ordon-

nance ou du mandat, et il en adresse copie le jour même à l'ordonnateur. Id.

Si celui-ci requiert qu'il soit passé outre au paiement, le payeur y procède sans autre délai, et il annexe à l'ordonnance ou au mandat, avec une copie de sa déclaration, l'original de l'acte de réquisition qu'il a reçu. Id.

L'incident est immédiatement porté à la connaissance du ministre sous le timbre de la comptabilité publique et de l'ordonnancement. Id.

995. Les imputations de paiement reconnues erronées pendant le cours de la gestion peuvent être rectifiées dans les comptes des payeurs au moyen de certificats indiquant les motifs de la réimputation et délivrés par l'ordonnateur. Quand les comptes des comptables ont été établis, ces changements d'imputation ne peuvent plus être opérés que par voie de virement et doivent être réclamés auprès de la comptabilité publique au plus tard le 30 novembre de la seconde année de l'exercice. Art. 48 du Décret et 144 du Règl. précité.

Dans la pratique, les fausses imputations qui ne remontent pas à une gestion expirée, sont l'objet de rectifications faites par le comptable, à l'antérieur de son bordereau mensuel de situation.

Quant au directeur, il annule son premier mandat et en délivre un autre en se conformant à l'article 178 du règlement.

996. La clôture des paiements est fixée au 31 août de la seconde année de l'exercice. Art. 117 du Règl. et 149 du Décret. V. **Exercices clos**, 955.

995. Il est fait recette de la restitution au Trésor des sommes qui auraient été payées indûment ou par erreur. Art. 44 du Décret du 31 mai 1862.

Ces reversements sont suivis à la diligence des liquidateurs ou des ordonnateurs des dépenses. Art. 141 du Règl.

A l'égard des reversements faits sur les dépenses indûment payées pendant la durée de l'exercice sur lequel l'ordonnance a eu lieu, le montant peut en être rétabli aux crédits du service qui avait d'abord supporté la dépense. Art. 25 du Règl.

Ces crédits sont ensuite rectifiés par voie d'annulation. Art. 145 du Règl.

Quant aux sommes que les parties prenantes n'auraient restituées qu'après la clôture de l'exercice, il en est fait recette au budget de l'exercice courant. Art. 44 du Décret du 31 mai 1862.

998. Le débiteur est tenu de rapporter, pour sa décharge, un récépissé à talon de la somme par lui versée, lequel doit être adressé au bureau de l'ordonnancement, pour l'annulation, s'il y a lieu, en tout ou en partie, de l'ordonnance ou du mandat acquitté. Art. 141 du Règl.

999. En cas de refus de reversement, il est statué par le ministre, sur la proposition des chefs administratifs. L'arrêté qui constate le débet est adressé au bureau de l'ordonnancement pour l'enregistrement du débet et la transmission de l'arrêté au directeur du contentieux des finances, qui fait poursuivre le recouvrement par l'agent judiciaire du Trésor. Art. 142 id.

Sect. II. — Paiement avant autorisation.

1000. Par exception à la règle, quelques dépenses *d'urgence* peuvent être acquittées sans autorisation préalable.

1001. Les receveurs particuliers entreposeurs sont autorisés à payer, pour compte du receveur principal, les menus frais d'entrepôt, les frais de transport des tabacs et autres dépenses de cette nature ; les pièces justificatives de ces paiements sont versées *pour comptant*, ainsi que cela se pratique pour les traitements des buralistes et les frais de poursuites. CC. n° 14 du 30 avr. 1831 et n° 310 du 1er août 1855. V. 106.

1002. Les receveurs sédentaires et ambulants qui sont autorisés à payer les appointements des employés (lorsque ceux-ci sont dispensés de se rendre au chef-lieu de la direction à la fin de chaque mois) doivent exiger des quittances individuelles destinées à être annexées à l'état n° 93. CC. n° 27 du 31 déc. 1838. V. **Réserves de fonds,** 229 à 233.

1003. Nous nous référons aux nos 910 et 927 pour l'ordonnancement des dépenses d'urgence.

1004. Les contributions foncières des bacs et francs-bords sont payées sur avances provisoires, en attendant la décision de l'administration. C. n° 203 du 3 mai 1839 et n° 443 du 24 janv. 1857.

1005. Les restitutions et remboursements de droits et d'amendes doiven être préalablement autorisés.

1006. L'autorisation préalable est encore indispensable pour l'admission en dépense définitive ou en reprise indéfinie des frais judiciaires tombés en non-valeur. CC. n° 82 du 18 oct. 1822. V. **Reprises indéfinies,** 756 et suivants.

1007. Les avis préalables d'allocation de dépenses donnés sous le timbre de diverses divisions administratives n'ont d'autre but que de faire connaître que le conseil a admis le principe de la dépense proposée. Il faut attendre l'autorisation, c'est-à-dire la lettre d'avis-mandat, qui énonce le n° et la date de l'ordonnance de délégation des crédits. Id.

Sect. III. — Paiements à des tiers.

1008. La partie prenante dénommée dans une ordonnance ou dans un mandat de paiement doit toujours être le créancier réel, c'est-à-dire la personne qui a fait le service, effectué les fournitures ou travaux, et qui a un droit à exercer contre le Trésor public. Art. 10 du Décret du 31 mai 1862 et art. 9 des disp. gén. du Règl. gén. de 1866.

Les mandats tirés sur les caisses des receveurs principaux ne doivent être acquittés qu'entre les mains des fournisseurs dénommés dans les factures. Id.

Cette règle ne doit jamais être perdue de vue, notamment en ce qui touche les factures faites pour le compte de l'administration des manufactures de l'État. Id.

1009. Tout paiement qui n'aurait pas été fait au véritable créancier, ou à quelqu'un muni d'un pouvoir régulier, serait, en cas d'événements, mis à la charge du comptable qui l'aurait effectué. CC. n° 23 du 17 déc. 1835.

SECT. IV. — Perte de mandat. Duplicata.

1010. En cas de perte d'un extrait d'ordonnance de paiement ou d'un mandat, il en est délivré un duplicata sur la déclaration motivée de la partie intéressée, et d'après l'attestation écrite du comptable chargé du paiement, portant que l'ordonnance ou le mandat n'a été acquitté ni par lui, ni pour son compte, et sur son visa, par aucun autre comptable concourant au service des paiements. Art. 97 du Règl. gén. de 1866.

1011. Les paiements ne peuvent avoir lieu qu'en vertu d'une autorisation spéciale émanée de la division compétente de l'administration, à laquelle on transmet la demande du créancier, rédigée sur papier timbré. C. n° 31 du 27 fév. 1829.

Cette demande doit être appuyée des pièces ci-après :

1° Attestation du comptable visée par le directeur ;

2° Copie textuelle du titre perdu ;

3° Déclaration du créancier par laquelle il énonce la perte de son titre, renonce à s'en prévaloir, s'engage à le rapporter s'il le retrouve et à réintégrer à la première réquisition le montant de tout paiement fait par double emploi. C. n° 22 du 6 juill. 1817.

SECT. V. — Paiements pour compte de la trésorerie générale.

1012. Le trésorier-payeur général du département peut réclamer le concours des receveurs de la régie, pour le paiement des dépenses publiques. Art. 308 de l'Ord. du 31 mai 1838 et art. 127 du Règl. gén. de 1866.

1013. Tout paiement, pour être admis, doit être fait sur la production par l'ayant droit d'un mandat ou autre pièce visée par le payeur. Id.

Le visa du payeur doit être libellé de la sorte : *Vu bon à payer par le percepteur de... ou, à son défaut, par l'un des receveurs des revenus indirects de la même localité.* CC. n° 65 du 16 déc. 1858 et art. 127 du Règl.

L'agent de la recette qui a effectué le paiement est tenu d'inscrire sur le mandat ou titre de paiement la mention suivante, revêtue de sa signature : « Payé par le receveur de........ à........ ». Responsables des paiements matériels qu'ils auront effectués, les receveurs doivent s'assurer de l'identité des parties prenantes. Id.

1014. Toutefois, les indemnités de route à payer à des militaires sont acquittées sans le visa du payeur, au vu des mandats délivrés par les intendants et sous-intendants militaires, ou par les sous-préfets lorsqu'ils remplacent ces fonctionnaires. CC. n° 67 du 19 déc. 1860.

Les comptables qui se trouveraient dans le cas d'acquitter des dépenses de l'espèce se conformeraient aux dispositions suivantes :

1° Tout mandat d'indemnité de route ne peut être payé qu'au créancier lui-même, sur la présentation d'une feuille de route, revêtue, comme le mandat, du cachet de l'ordonnateur et portant mention de la délivrance de ce mandat ;

2° Si le titulaire du mandat ne sait pas signer, la déclaration en est faite au sous-intendant militaire, qui la mentionne sur le mandat, et cette mention tient lieu d'acquit pour le comptable ;

3° Tout mandat relatif à une indemnité de route est payable le jour ou le lendemain au plus tard de sa délivrance si le militaire est de passage, ou dans les dix jours si le militaire est rendu à sa destination ;

4° Un mandat qui représente le prix d'effets délivrés est payable dans les cinq jours de sa date ;

5° Enfin les mandats doivent être versés le plus promptement possible au receveur des finances, afin que le payeur puisse les remettre en temps utile au sous-intendant militaire, qui ne peut les accepter après l'expiration du mois qui suit celui pendant lequel ils ont été acquittés. CC. n° 67 du 29 déc. 1860.

1015. Les bons et mandats délivrés par les trésoriers généraux sur les caisses de la régie doivent être acquittés à présentation par les comptables. C. n° 38 du 14 juin 1819.

Ces mandats sont extraits d'un registre à souche ; ils libèrent les comptables, à la charge par eux de les échanger contre un récépissé à talon, lors de leur plus prochain versement. CC. n° 19 du 31 mars 1833.

1016. D'après l'article 661 de l'instruction générale sur le service des receveurs des finances, toutes les dépenses publiques doivent être centralisées dans les écritures du trésorier-payeur général aux époques ci-après :

30 juin de la deuxième année de l'exercice, pour le service de la guerre et pour le service départemental ;

31 août de la même année, pour les autres services ;

31 décembre de l'année courante, pour les dépenses imputables sur les chapitres des exercices clos.

D'où il suit que les pièces de dépenses acquittées dans les arrondissements de sous-préfecture doivent nécessairement, pour pouvoir être admises à la trésorerie générale aux époques ci-dessus, être versées aux receveurs particuliers des finances les 20 juin, 20 août et 20 décembre au plus tard, selon la nature des services qu'elles concernent. C. n° 1061 du 18 avr. 1867.

1017. Pour simplifier le service et l'accélérer en même temps, le directeur général de la comptabilité publique a pris l'arrêté suivant, qui a reçu l'approbation du ministre :

1° Les percepteurs habitant la même résidence que les receveurs des régies financières seront *exclusivement* chargés d'effectuer tous les paiements pour le compte de la trésorerie générale ;

2° En cas d'insuffisance de fonds, ces comptables pourront s'en approvisionner auprès des receveurs des régies financières, en leur remettant, en échange de numéraire, des pièces de dépenses précédemment acquittées sur les fonds de la perception ;

3° A l'appui de sa demande de fonds, le percepteur fournira un bordereau détaillé, signé par lui, des mandats à échanger. Les pièces de dépenses, versées aux receveurs des régies financières, devront d'ailleurs être revêtues du timbre de la perception ;

4° Ces receveurs ne pourront être tenus de faire des versements exceptionnels à la recette des finances ; mais ils devront comprendre les mandats échangés dans leur plus prochain versement à la recette des finances ;

5° Les percepteurs resteront seuls responsables de la régularité des paiements faits par eux, et, conséquemment, si des pièces susceptibles de rejet étaient versées aux receveurs des finances, ceux-ci devraient néanmoins les admettre dans les versements des receveurs des régies financières et leur en délivrer récépissé, sauf à les mettre ultérieurement à la charge des percepteurs qui les auraient indûment payées ;

6° Pour prévenir les rejets de l'espèce, les percepteurs s'abstiendront d'échanger aucune pièce un mois avant la clôture de l'exercice, c'est-à-dire dans le courant de juin, d'août ou de décembre, selon que les dépenses appartiendront à l'un des services désignés plus haut. En aucun cas, ils ne sauraient comprendre dans leurs échanges des pièces concernant les services municipaux ou hospitaliers. Id.

1018. Il n'est pas inutile de faire remarquer que, dans les localités où il n'existe pas de percepteur, les receveurs des contributions indirectes doivent continuer de payer les mandats de dépenses publiques qui leur sont présentés. C. n° 1061 du 18 avr. 1867 et CC. n° 78 du 15 juin 1867.

Ils doivent, toutefois, conserver en caisse les fonds qui leur seraient rigoureusement nécessaires pour l'acquittement des dépenses de leur service et de celui de l'administration des manufactures de l'Etat. CC. n° 78 du 15 juin 1867.

CHAPITRE XXXVI.

Timbre.

Acte de dépôt au greffe, 1026.
Administrations publiques, 1027, 1028.
Affiches de la Régie, 1026.
Bacs et passages d'eau, 1024, 1026, 1030.
Classement des timbres en magasin, 1054.
Commissions d'emploi, 1030.
Comptage des feuilles des registres timbrés, 1052.
Consignations, 1050.
Contraintes, 1030, 1031.
Cote et paraphe des registres timbrés, 1051.
Débitants de tabacs, vente de timbres à 10 c., 1043, 1044.
Demandes d'avancement, de congés, etc., 1028.
Emargements, 1035 à 1038, 1046.
Entreposeurs, approvisionnement de timbres à 10 c., 1044, 1045.
Etats de répartition, 1036 à 1039, 1042.
Exceptions au timbre, 1026 à 1028.
Frais de transport de tabacs, 1040, 1041.
Garantie, demandes de remboursement, 1020.
Inventaire de timbres dans les bureaux, 1053.
Manquants, 1054.
Mémoires, 1025, 1030.
Oblitération des timbres, 1037, 1042.
Octrois, 1023, 1039, 1049 bis.
Particuliers, 1021.
Pétitions, 1020, 1028, 1030.
Procès-verbaux, 1030.
Quittances, 1021, 1035 à 1045.
Quittances au-dessous de 10 fr., 1035, 1040.
Quittances de la Régie, 1039, 1048 et suiv.
Quittances du K bis, 1039.
Recensement pour changement de gestion, 1053 bis.
Récépissés par débet, 1022.
Registre des redevables, 1026.
Remises sur la vente des timbres, quittances, 1043.
Restitution de droits, 1026.
Significations, 1030.
Situations des timbres 33 D, 83 B, 106 D, 106 E, 1056 bis.
Timbres, 1019 et suiv.
Timbre à l'extraordinaire, 1046.
Timbre de dimension, 1029 à 1032
Timbre de 10 c., 1034 et suiv.
Timbre de la Régie, 1048 et suiv.
Timbre mobile, 1029, 1033, 1034.
Timbre proportionnel, 1033.
Timbres de transactions, 1030, 1032, 1047.
Vente de timbres à 10 c., 1043, 1044.
Vérification de la situation des timbres, 1050 bis et suiv.
Vérification à l'arrivée du magasin central, 1052 bis.
Vignettes de bougies, comptabilité, 1054 bis.

SECT. I. — Timbre de l'enregistrement.

§ Ier. Cas dans lesquels il est exigible.

1019. La contribution du timbre a été établie sur tous les papiers destinés aux actes civils et judiciaires, et aux écritures qui peuvent être produites en justice et y faire foi. Il n'y a d'autres exceptions que celles nommément exprimées dans la loi. Art. 1er de la Loi du 13 brum. an VII.

1020. Toute réclamation, pétition ou demande, quels que soient la qualité du pétitionnaire, l'objet de la demande et le fonctionnaire auquel elle s'adresse, est sujette à la formalité du timbre. Art. 12 de la Loi du 13 brum. an VII ; C. n° 424 du 14 juin 1849 ; CC. n° 87 du 10 sept. 1871, et Lett. comm. du 5 oct. suiv.

Il n'est pas fait d'exception pour les demandes en remboursement des droits de garantie sur les ouvrages d'or et d'argent exportés. Lett. comm. du 14 oct. 1871.

Mais une seule demande suffit pour toutes les soumissions mentionnées au même nom dans un état de proposition. Id.

1021. Le timbre des quittances fournies à l'Etat ou délivrées en son nom est à la charge des particuliers qui les donnent ou les reçoivent; il en est de même pour tous autres actes. Art. 29 de la Loi du 13 brum. an VII.

1022. Il y a lieu de délivrer des récépissés *timbrés* pour les sommes versées à valoir sur *débets*. CC. nº 65 du 16 déc. 1858.

1023. Parts d'amendes versées à l'octroi en cas de saisies communes. V. **Quittances**, 1141 et suivants.

1024. Des difficultés s'étaient élevées touchant la question de savoir si les concessionnaires des droits de péage sur les ponts et les canaux devaient être tenus de se conformer à la loi du 13 brumaire an VII sur le timbre, tant pour leurs registres que pour les quittances de sommes excédant dix francs.

Le comité des finances a été saisi de l'examen de cette question, et, sur son avis, le ministre des finances a décidé, le 23 janvier 1830 :

1º Que les concessionnaires, à temps, de droits de péage déjà établis et perçus par la régie des contributions indirectes, doivent continuer de délivrer aux redevables des quittances munies du timbre de la régie ;

2º Que les nouveaux péages, établis et concédés en même temps que le canal ou le pont qui donne lieu à leur perception, ne doivent être assujétis, quant au timbre, qu'aux règles prescrites par l'acte de création et de concession, et qu'à défaut de règles, il y a lieu d'appliquer la loi générale du timbre ;

3º Qu'il importe que le cahier des charges des nouvelles concessions de péages à faire soit connu du ministre des finances, et préalablement soumis à ses observations ;

4º Que les registres des particuliers ou des compagnies concessionnaires de péages doivent, comme tous les registres des maisons de commerce, être soumis à la loi commune du timbre. C. nº 39 du 30 avr. 1830.

1025. Mémoires collectifs. V. **Mémoires et factures, 1713** et suivants.

Quittances isolées. **Id.**

§ II. Exceptions.

1026. Peuvent être sur papier libre :

1º Les quittances de frais et autres paiements de toute nature pour des sommes de 10 fr. et au-dessous, lorsqu'il ne s'agit pas d'un acompte ou d'une quittance finale pour une plus forte somme. Art. 16 de la Loi du 13 brum. an VII et art. 20 de celle du 23 août 1871 ;

2° Les quittances de restitution de droits indûment perçus. D. M. F. du 16 août 1808 et C. n° 234 du 2 juill. 1840 ;

3° Les affiches de la régie annonçant la vente d'objets saisis, et toutes autres concernant un service fait pour le compte de l'Etat. Art. 56 de la loi du 9 vendémiaire an VI et C. n° 234 du 2 juillet 1840.

4° Les actes de dépôt au greffe des objets de service. Id. ;

5° En matière de bacs et de passages d'eau, les copies ou expéditions des procès-verbaux d'adjudication, d'actes d'abonnement pour soumission directe, d'actes de cautionnement et de cahier des charges, remises au directeur pour faire opérer les recouvrements. C. n° 282 du 20 avr. 1855.

6° Les registres des entrepreneurs de voitures publiques, des fabricants et débitants de cartes, des fabricants et marchands d'ouvrages d'or et d'argent, des joailliers, des bijoutiers, horlogers, et généralement de tous les redevables. C. n° 175 du 10 mai 1838.

L'immunité du timbre est également applicable aux quittances délivrées au nom d'une administration publique, à une autre administration publique. Art. 16 de la Loi du 13 brum. an VII et CC. n° 77 du 12 janv. 1867.

1027. Par analogie, le timbre des quittances délivrées par un fonctionnaire à un autre fonctionnaire et extraites de registres à souche n'est pas exigé. Il reste annexé au talon. C. n° 185 du 7 août 1835.

1028. Les demandes présentées hiérarchiquement par les agents des services publics, pour obtenir de l'avancement, un changement, un congé, etc., sont dispensées du timbre. Lett. comm. du 5 oct. 1871.

§ III. Timbre de dimension.

1029. Le timbre ordinaire de dimension est de 0 fr. 60, 1 fr. 20, 1 fr. 80, 2 fr. 40 et 3 fr. 60. Loi du 23 août 1871.

Il a été frappé des timbres mobiles représentant ces sommes. Lois des 2 juill. 1862 et 23 août 1871.

1030. Sont assujétis au timbre de dimension

1° Les procès-verbaux de contravention, les contraintes, les originaux et copies de signification et autres actes judiciaires, ainsi que les transactions Lett. M. F. du 5 mai 1807;

2° Les pétitions et les mémoires, même en forme de lettre. Art. 12 de la Loi du 31 brum. an VII. V. 1020 ;

3° Les commissions d'emploi. C. n° 10 du 7 brum. an XIII, n° 264 du 3 fév. 1842 et n° 413 du 29 sept. 1856 ;

4° Les demandes de débits de tabac, de recettes buralistes, de débits de poudre ou de cartes et d'admission au surnumérariat. C. n° 424 du 14 juin 1849 ;

5° En matière de bacs et passages d'eau, les procès-verbaux d'adjudication, les actes d'abonnement par soumission directe, les actes de cautionnement et les cahiers de charges, ainsi que les expéditions de ces pièces délivrées aux fermiers ou remises aux directeurs *pour exercer* des poursuites. C. n° 282 du 20 avr. 1855.

1031. Timbres des contraintes. Timbre spécial de copies d'exploits. V. 715.

1032. Les dispositions des articles 19 et 243 de la loi du 28 avril 1816, relatives aux quittances des contributions indirectes, sont maintenues. Art. 4 de la Loi du 8 juill. 1865. V. 1048.

Timbres de transactions. V. 1047.

§ IV. Timbre proportionnel.

1033. Le prix du timbre proportionnel des obligations a été fixé par la Loi du 22 décembre 1878. V. 572.

Sont assujéties à ce timbre les obligations à terme que les redevables sont autorisés à souscrire. Lett. M. F. du 5 mai 1807 et C. n° 202 du 11 mars 1839.

Ces obligations doivent être timbrées aussitôt qu'elles ont été souscrites. D. M. F. du 25 niv. an XIII et C. n° 202 du 11 mars 1839.

§ V. Timbre mobile de 10 centimes.

1034. Tous les titres, signés ou non signés, emportant libération, reçu ou décharge, sont assujétis à un droit de timbre de 10 centimes. Art. 18 de la Loi du 23 août 1871.

Ce droit peut être acquitté par l'apposition d'un timbre mobile. Id.

1035. Le droit de timbre de dix centimes n'est applicable qu'aux actes faits sous signatures privées et ne contenant pas de dispositions autres que celles spécifiées ci-dessus. Id.

Les quittances de dix francs et au-dessous, quand il ne s'agit pas d'un acompte ou d'une quittance finale sur une plus forte somme, sont exemptes du droit de timbre de dix centimes. Art. 20 id.

Les quittances délivrées par les comptables de deniers publics restent soumises à la législation qui leur est spéciale. Id.

1036. Le timbre de dix centimes est applicable aux émargements donnés, pour acquit de leur solde ou salaire, par les fonctionnaires et employés de l'Etat, pour des sommes excédant 10 francs. Art. 20 de la Loi du 23 août 1871 et CC. n° 90 du 1er déc. suiv.

1037. Aux termes d'une décision ministérielle du 25 novembre 1871 qui a été notifiée par la circulaire de la comptabilité publique n° 1012-90 du 1er décembre suivant, les comptables avaient été autorisés, pour l'exécution de l'art. 24 de la loi du 23 août 1871 (paiement du droit de 10 cent. établi sur les quittances, reçus et décharges), à ne pas apposer de timbres mobiles sur les états d'émargement, mais à en retenir la valeur sur le montant desdits droits. CC. n° 109 du 19 juillet 1881.

Ce dernier procédé a été critiqué par la Cour des Comptes, qui a constaté que, souvent, le manque de références et l'absence de pièces justificatives ne lui permettaient pas de s'assurer de l'exactitude du montant des droits perçus. Il a paru que le retrait de la faculté laissée aux comptables d'opérer par voie de retenue et la création de nouveaux timbres correspondant à un certain nombre d'acquits faciliteraient le contrôle de la Cour des Comptes aussi bien que celui de la Direction générale de la comptabilité publique. Id.

Tel est l'objet du décret du 29 avril 1881, qui abroge la décision précitée du 25 novembre 1871, et crée de nouveaux timbres mobiles de 50 cent., 1 fr. et 2 fr., représentant un timbrage de cinq, dix et vingt quittances. Id.

Il est prescrit aux Directeurs de veiller à ce que les receveurs principaux des contributions indirectes ne fassent usage que de timbres mobiles pour la perception des droits de timbre afférents aux états d'émargements. Id.

L'usage des nouveaux timbres n'exclut en aucune façon celui des timbres à 10 cent., qui continueront à être employés, soit seuls, soit concurremment avec les nouveaux, et comme appoints ; mais, quelle que soit la quotité des timbres apposés sur chaque page, il est essentiel que la valeur en corresponde exactement au montant total des acquits contenus dans cette même page. L'oblitération des timbres collectifs sera effectuée, jusqu'à nouvel ordre, par les comptables eux-mêmes, au moyen de leur signature et de la date de l'oblitération. Les receveurs principaux demeurent responsables des contraventions commises à raison des pièces acquittées à leur caisse. Id.

L'emploi des timbres nouveaux est exclusivement réservé pour les états d'émargement ou autres documents analogues qui constatent des paiements ou remises d'objets effectués *par les comptables*, et qui, à ce titre, restent entre leurs mains comme pièces de comptabilité soumises à la vérification de l'Administration. Les quittances ou décharges isolées, ainsi que les états collectifs constatant des paiements ou remises faites par des tiers *entre les mains des comptables*, demeurent régis par les lois et règlements antérieurs et ne peuvent être revêtus que de timbres mobiles à 10 centimes. Id.

Les receveurs principaux s'approvisionnent des nouveaux timbres chez les receveurs de l'enregistrement. Id.

1038. Il y a lieu de remarquer que les timbres mobiles sont spéciaux pour les quittances, reçus et décharges, et que, de même qu'ils *ne sauraient tenir lieu du timbre de dimension*, lorsque ce dernier est exigible, ils ne peuvent non plus être remplacés par ce timbre. Si donc un état de paiement collectif comprend douze émargements, aux douze timbres de quittance qu'il y a lieu d'apposer, on ne peut substituer, bien que représentant une valeur égale, un timbre de dimension de 1 fr. 20. Id.

Les états qui seraient produits dans ces conditions seraient considérés comme non timbrés et rejetés pour être régularisés aux frais des receveurs principaux. Id.

1039. Les quittances délivrées lors du versement à la régie des parts allouées aux employés verbalisants dans les saisies en matière d'octroi, doivent être marquées au timbre spécial des contributions indirectes. Ces versements sont, en effet, classés parmi les recettes du Trésor, comme produits budgétaires (amendes et confiscations), et une portion en est affectée au service des pensions civiles. CC. nº 103 du 24 juin 1875.

Il n'en est pas de même des versements de l'espèce effectués par la Régie à l'octroi, versements qui forment dépense pour le Trésor sans constituer une recette pour les communes, puisqu'ils sont rangés, dans la comptabilité municipale, parmi les services hors budget. Ces versements doivent donc être justifiés par des quittances du reg. K *bis*, dont le timbre restera à la souche et sera remplacé par le timbre à 10 cent. créé par la loi du 23 août 1871. Id.

Enfin, au timbre de la quittance K *bis*, sera substitué le timbre de 25 cent. (loi du 8 juillet 1865), lorsque les versements comprendront la part des communes, avec ou sans allocation pour les agents verbalisants. Id.

Les quittances des remises allouées par la régie aux receveurs d'octroi pour la perception du droit d'entrée doivent être revêtues du timbre spécial à 10 cent. Id.

Mais les quittances de versement au receveur municipal des produits d'octroi encaissés par les agents de la Régie sont exemptes du timbre. Id

1040. Depuis le 1er janvier 1885, et conformément aux prescriptions de la circulaire de la comptabilité publique du 24 décembre précédent, nº 1489-114, les coupons d'acquits-à-caution produits par les receveurs principaux pour justification de la dépense des frais de transport des tabacs et des poudres à feu sont, lorsque le montant de ces frais excède 10 francs, soumis au droit de timbre de 10 centimes, créé par la loi du 23 août 1871, bien que ces pièces ne soient pas revêtues de l'acquit de la partie prenante. CC. nº 116 du 2 septembre 1885.

Les compagnies de chemins de fer ayant réclamé contre cette disposition, le Ministre, après un nouvel examen de la question, a décidé, le 14 août 1885, qu'à l'avenir, dans le but de prévenir toute difficulté sur ce point et pour se conformer d'ailleurs aux prescriptions du règlement sur la comptabilité du ministère des finances, aux termes duquel les dépenses concernant le transport du matériel doivent être justifiées par les quittances des ayants droit, il convenait d'exiger des agents des compagnies un acquit régulier des sommes payées à titre de frais de transport, et qu'il y avait lieu, par suite, de modifier les modèles nº 21 A et 21 B des contributions indirectes, en ajoutant les mots « Pour acquit » au bas du décompte des frais. Id.

1041. Cette modification sera opérée, lors du prochain tirage des modèles dont il s'agit. Elle devra, en attendant, être faite à la main sur tous les coupons d'acquits-à caution. L'acquit, sans énonciation de somme, sera placé à la suite du décompte et signé par l'agent accrédité de la compagnie au lieu de destination, chef de gare ou voiturier, entre les mains duquel le paiement sera effectué. L'attestation d'inscription en dépense continuera d'être donnée par le receveur principal. Id.

Pour déterminer l'exigibilité du timbre, on doit considérer le montant ne des frais de transport, déduction faite des diverses retenues exercées en vertu du traité de 1877 (retards de route, défaut de fardage, etc.) ; mais, dans le cas de perte ou d'avarie, le remboursement par les compagnies de la valeur des matières perdues ou avariées étant une opération absolument distincte du paiement des frais de transport, c'est par le chiffre brut de ces frais qu'on reconnaît si le timbre est applicable. CC. n° 414 du 24 déc. 1884.

Le droit de timbre doit être également perçu à l'occasion du transport sur les voies de raccordement qui relient les gares de chemins de fer à certains établissements du service des manufactures. Mais de plus, comme ces transports, effectués dans des conditions particulières et en vertu de traités spéciaux, ne donnent pas lieu à la délivrance d'acquits-à-caution, et sont payés sur la production de relevés mensuels, ayant la forme de mémoires, ces relevés sont, par leur nature même, passibles du droit de timbre de dimension. Id.

En pareil cas, les compagnies ont à produire, avec les relevés des *transports sur voie de raccordement*, une facture établie sur papier au timbre de 60 centimes, récapitulant les totaux des relevés du mois et acquittée par le chef de gare ; cet acquit donne lieu à l'apposition d'un timbre de 10 centimes, toutes les fois que la somme payée excède 10 francs. Id.

1042. *Oblitération des timbres-quittances.* Aux termes du décret du 27 novembre 1871, rendu en exécution de la loi du 23 août de la même année, l'oblitération des timbres mobiles à 10 c. doit avoir lieu, à défaut de griffes spéciales dont les préposés des contributions indirectes ne sont pas munis, « *par l'apposition à l'encre noire, en travers des timbres, de la signature du créancier, ainsi que de la date de l'oblitération* ». La loi dispose d'ailleurs que les pièces sur lesquelles les timbres auraient été apposés sans l'accomplissement de ces conditions sont considérées comme non timbrées, infraction punie d'une amende de 20 francs. CC. n° 107 du 20 déc. 1878.

D'un autre côté, il arrive souvent que les parties prenantes n'apposent sur les quittances qu'une signature unique, laquelle sert à la fois pour l'acquit du paiement et pour l'oblitération du timbre. Id.

Le décret du 17 novembre n'a rien stipulé, il est vrai, et n'avait rien à stipuler à cet égard ; mais il est évident que l'acquit et l'oblitération du timbre sont deux opérations distinctes, d'une importance très différente, et qu'on ne saurait confondre sans inconvénient. Les comptables eux-mêmes ont un intérêt personnel à ce que cette confusion n'ait pas lieu, car, dans le cas où le timbre, ainsi revêtu de l'acquit, viendrait à se détacher, toute preuve de paiement disparaîtrait. Id.

1043. *Vente de timbres-quittances par les débitants de tabac.* Tous les débitants de tabac sont chargés de la vente des timbres mobiles à 10 c. établis pour les quittances, décharges, etc. Ils sont assujétis à un minimum d'approvisionnement que les directeurs de l'enregistrement déterminent de concert avec leurs collègues des contributions indirectes. L. G. des 9 mars 1872, 12 déc. 1872 et 4 février 1874.

Cette vente constitue, pour les titulaires ou gérants de débits de tabac, une obligation d'emploi dont ils ne peuvent s'affranchir sous aucun prétexte. Id.

Afin que les débitants de tabac aient toute facilité pour renouveler leurs approvisionnements sans frais et sans déplacement, les deux administrations ont arrêté, d'un commun accord, qu'ils peuvent indifféremment acheter les timbres, soit au bureau de l'enregistrement de leur canton, soit à l'entrepôt où ils prennent leurs tabacs. L. C. du 12 déc. 1872.

Les entreposeurs devront avoir un approvisionnement de timbres mobiles en rapport avec les ventes auxquelles ils sont appelés à pourvoir. Les livraisons leur seront faites par le receveur d'enregistrement de leur résidence. Ils paieront comptant le prix des timbres, sous déduction de la remise de 1 fr. 50 p. 0[0 accordée par la décision du 2mars 1872, et dont ils tiendront compte à leur tour aux débitants en leur livrant les timbres. Id.

1044. De même que les receveurs de l'enregistrement, les entreposeurs devront, selon le vœu de l'article 3 de l'arrêté ministériel du 15 novembre 1864, inscrire chaque vente sur un carnet spécial qui sera fourni par le receveur de l'enregistrement du canton et que le débitant apportera à l'entrepôt. Ils tiendront, en outre, un registre d'entrées et de sorties où seront mentionnées, d'une part, et par dates, les livraisons qui leur seront faites par les receveurs de l'enregistrement ; d'autre part, les quantités qu'ils remettront aux débitants. Id.

Le concours réclamé des entreposeurs ne donnera lieu à aucune allocation spéciale. Les livraisons de timbres s'effectueront comme une sorte d'échange de monnaie, au moment des livraisons de tabacs. Id.

1045. A chaque vérification de caisse, l'agent de contrôle arrêtera le registre des entrées et des sorties. Il établira la balance du compte, s'assurera que les restes en timbres sont en harmonie avec le solde indiqué par les écritures; et ces timbres, qui devront toujours être enfermés dans la caisse, seront comptés comme valeurs effectives, comme numéraire, pour leur prix nominal affaibli de la déduction de 1 fr. 50 p. %. Id.

§ VI. Timbre à l'extraordinaire.

1046. Pour s'affranchir de l'obligation d'apposer et d'oblitérer les timbres mobiles, on doit soumettre à l'avance, mais après l'impression, les formules pour quittances, factures, reçus, etc., au timbre à l'extraordinaire. Il est alloué une remise de 2 p. %. CC. n° 90 du 1er déc. 1871.

Les formules d'états de solde ou de paiement, dits états d'émargement, pour lesquels il est dû un droit de timbre pour chaque paiement excédant 10 francs, ne peuvent pas être timbrées à l'extraordinaire. CC. n° 90 du 1er déc. 1871 et n° 96 du 30 déc. 1872.

1047. *Timbres de transactions.* Les formules administratives n° 124, sur lesquelles les directeurs et sous-directeurs établissent les traités d'arrangement en matière contentieuse, sont assujéties au timbre de dimension.

V. 1030. Il est d'usage d'y faire apposer le timbre mobile de dimension de 60 c. ou de les faire timbrer à l'extraordinaire. Dans l'un et l'autre cas, le receveur principal porte, sur autorisation spéciale, le montant de l'avance des timbres au reg. 89 B, et au fur et à mesure du paiement des amendes, reprend en recette 1 fr. 20 c. au même registre, pour le timbre de l'original et de la copie, par affaire.

Sect. II. — Timbre de la Régie.

1048. Les expéditions et quittances délivrées par les employés des contributions indirectes sont marquées d'un timbre spécial. Art. 243 de la Loi du 28 avr. 1816.

La loi précitée a fixé le prix de ce timbre à 10 centimes.

Le coût des acquits-à-caution et passavants de toute sorte a été élevé à 50 centimes, y compris le timbre et le droit d'expédition. Art. 1er de la Loi du 31 déc. 1873 et C. n° 108 du 2 janv. 1874.

Le prix du timbre est recouvré par la régie. Art. 26 de la Loi du 24 mai 1806.

Aux termes de l'art. 243 de la loi du 28 avril 1816, les quittances délivrées par les employés de la régie doivent être marquées d'un timbre spécial de dix centimes. Cette disposition a été pleinement maintenue par les lois du 8 juillet 1865 et du 23 août 1871, et *elle ne comporte pas d'exception*. Il suit de là que les quittances émanant des comptables des contributions indirectes, qu'elles s'appliquent soit à des perceptions de droits soldées par les redevables, soit à des paiements, à des remboursements effectués à un titre quelconque par les communes ou par les particuliers, doivent être extraites de registres à souche au timbre de la régie. Bien entendu, le prix de ces timbres (10 c.) *est toujours exigible*. L. C. du 12 novembre 1874. — V. Quittances, 1127.

1049. Doivent être frappés du timbre, les congés, les passavants, les acquits-à-caution, les licences, les quittances de droits, les déclarations des brasseurs, distillateurs ou autres redevables, etc. Lett. M. F. du 5 mai 1807.

Le timbre de la quittance reste annexé à la souche du registre n° 1er (circulation), dans le cas où le droit ne dépasse pas la somme de 50 centimes, en principal et décime. C. n° 285 du 20 juill. 1843 et n° 25 du 3 avr. 1852.

Dans la perception du droit de détail à l'enlèvement, quand la somme à recevoir en principal et décime, y compris les droits locaux, ne dépasse pas 50 centimes, le timbre de la quittance reste également annexé à la souche, et le coût n'en est point perçu. On se borne à percevoir le coût du timbre du congé qui doit être délivré pour régulariser le transport. Inst. des reg. n°s 1er et 4 A et C. n° 25 du 3 avr. 1852.

La quittance n'en est pas moins remplie et remise au contribuable, et doit, lorsque le comptable est un simple buraliste, entrer dans les calculs des remises proportionnelles, par analogie avec ce qui se pratique pour les bulletins des registres d'acquits-à-caution. C. n° 25 précitée.

L'Administration n'abandonne, en général, la perception du droit de timbre que lorsqu'il y aurait deux timbres à délivrer simultanément pour un encaissement ne dépassant pas 50 centimes ; elle ne renonce pas à tout droit de timbre ; elle réduit seulement les timbres exigibles à un seul au lieu de deux.

1049 *bis*. Les quittances des octrois doivent être marquées du timbre de la régie, et le droit de timbre ne peut pas être perçu au profit de la commune. Lett. M. F. du 25 août 1812 ; art. 66 de l'Ord. du 9 déc. 1814 ; D. du cons. d'adm. n° 87 du 7 août 1816 et Arrêt du cons. d'Et. du 14 juill. 1817. — Les perceptions d'octroi de 50 centimes et au-dessous ne donnent pas lieu à paiement de timbre. C. 317 du 24 mai 1881.

Le prix du timbre n'est pas dû pour les quittances du reg. 74, constatant le paiement de la remise d'un tiers pour cent sur obligations cautionnées. CC. n° 53 du 16 décembre 1852.

1050. Les consignations des doubles droits pour non-rapport d'acquits-à-caution reçues directement par le receveur principal, ou recouvrées pour son compte par les receveurs particuliers, doivent être inscrites au journal général n° 74, d'où suit que le timbre de la quittance de ce registre, le seul à exiger des consignataires, doit être perçu et compté en dehors du montant de la consignation. Il ne doit pas être perdu de vue que la consignation proprement dite, à inscrire aux reg. 74 et 89, ne doit se composer que du montant des doubles droits, calculés d'après les tarifs de perception *et sans l'addition d'aucun prix de timbre*. C. n° 5 du 9 mars 1824.

Le timbre des factures de tabacs et de poudres (64 B et 64 D) est maintenant exigible, aussi bien des débitants que des consommateurs. C. n° 484 du 1er août 1887.

L'Administration fait suivre exactement, à partir de la réception des imprimés par les receveurs principaux, le compte des timbres et matières timbrées remis aux comptables de tous grades.

Ce compte est suivi, chez les buralistes, sur le registre 33 B (V. 82) ;

Chez les receveurs particuliers, sur le registre 83, (V. 127 et 131),

Et chez les receveurs principaux, sur le registre 106 A. (V. 204 et suiv.).

On suit également sur ces registres, les estampilles et les instruments de service, sujets et non sujets à consignation. Pour la comptabilité des vignettes de bougies, des modèles spéciaux ont été établis. V. ci-après, 1054 bis.

§ 1. Vérification de la situation des timbres chez les comptables de tout grade. Registres à faire coter et parapher.

1050 *bis*. Il a été constaté qu'un receveur buraliste avait détaché d'un registre n° 2 B des feuilles en blanc dont les ampliations ont servi de titres de mouvement pour accompagner des esprits enlevés chez des bouilleurs de cru et devant être livrés en fraude à la consommation. Des quantités considérables ont été ainsi soustraites à l'impôt. L'agent coupable de ces actes de prévarication a été livré à la justice. Lett. comm. du 4 fév. 1873.

De telles manœuvres de fraude ne seraient pas praticables si les inspecteurs et, dans les circonscriptions d'ambulance, les chefs locaux avaient soin de vérifier, de temps à autre, et tout au moins deux fois par an, dans chaque recette buraliste, la situation des timbres, en s'assurant, par une reconnaissance matérielle et complète, de la parfaite conformité des restes avec le « doit rester » indiqué au reg. 33 B. Id.

Les directeurs doivent insister fermement pour que ce contrôle ne soit pas délaissé, pour qu'il soit partout exercé avec le soin qu'il exige. Que les agents supérieurs se pénètrent bien d'ailleurs de cette pensée que ceux de leurs subordonnés qui seraient disposés à oublier leurs devoirs étudient très attentivement leurs habitudes, et que c'est précisément par les points qui échappent à leurs investigations que les abus ne manquent jamais de se produire. Id.

Il est spécialement recommandé aux inspecteurs de reconnaître aussi fréquemment que possible chez les receveurs ambulants ou sédentaires la situation des impressions timbrées, et de comparer notamment les restes en magasin dans les registres commencés, avec le solde ressortant au reg. 33 qu'ils sont également tenus de vérifier. Id.

Dans plusieurs recettes principales, des manquants, des excédents provenant d'erreurs et d'omissions dans les écritures et même de désordre dans les magasins, ont été constatés. Des procès-verbaux d'inventaire ont été inexactement dressés ou l'ont été d'après la balance du compte. Ces comptables supérieurs doivent donner à cette partie de leur gestion les soins nécessaires. De même qu'un bordereau de situation de caisse doit indiquer *au vrai* le montant des valeurs formant le solde que doivent se faire représenter les vérificateurs, de même il faut que les procès-verbaux énoncent *au vrai* et en concordance avec les écritures, les restes effectifs dont l'existence en magasin a été constatée *de visu*. Id.

Depuis la lettre commune du 4 février 1873, de nouveaux faits ont porté l'Administration à insister sur la nécessité de vérifications approfondies pour prévenir les graves abus qui peuvent se rattacher à des manquants demeurés inexpliqués et provenant de soustractions commises dans un but frauduleux. C. n° 171 du 2 sept. 1875.

Il est indispensable que les envois du bureau central du matériel soient toujours exactement reconnus par le comptable assisté de deux employés (circulaire n° 14 du 25 mars 1825). Les instructions à ce sujet sont généralement perdues de vue. Aussitôt après cette reconnaissance, les quantités dont l'existence a été constatée sont inscrites au registre n° 106 A. S'il existe des différences entre les réceptions et les bulletins d'expédition, elles font l'objet d'un procès-verbal administratif, dont une copie est annexée au bulletin renvoyé au bureau central du matériel. Id.

Chaque fois qu'il délivre des impressions timbrées à un comptable, le receveur principal doit, sur-le-champ, porter la livraison en dépense au registre 106 A, compte n° 4, et l'inscrire, séance tenante, au registre n° 83. Id.

De leur côté, les receveurs sédentaires ou ambulants, lorsqu'ils remettent des timbres aux receveurs buralistes, doivent, à l'instant même, en passer écriture au registre 83, faire apposer dans la colonne d'émargement la signature de la partie prenante et inscrire eux-mêmes les livraisons au registre n° 33 B. Id.

A la fin de l'année, il est dressé, dans chaque recette principale, un inventaire général des impressions timbrées ou non timbrées, ainsi que des vignettes et instruments ; cette opération, qui exige le plus grand soin, doit être présidée par le directeur, au chef-lieu de département, ou par l'inspecteur délégué à cet effet ; dans les chefs-lieux de sous-direction, elle est dirigée par le sous-directeur en personne. Id.

Les receveurs sédentaires, les receveurs ambulants sont également tenus de dresser, à la clôture de l'exercice, un inventaire général des quantités existant en leur possession et dans les recettes buralistes ; ils doivent en transmettre une copie à la direction ou à la sous-direction, après s'être assurés que le reste total effectif concorde avec le résultat final ressortant au registre 83. Le receveur principal, à qui ce registre est remis dès les premiers jours de janvier, doit le vérifier attentivement avant d'en reporter les éléments à son registre 106 A. Id.

En cas de changement de gestion d'une recette principale dans le cours d'une année, il est nécessaire qu'un agent supérieur, du grade d'inspecteur ou de sous-directeur, intervienne au moment de la prise de service de l'intérimaire ou du nouveau titulaire, afin de déterminer avec précision, au moyen d'un inventaire général, les restes en timbres et autres matières devant former le point de départ de la gestion nouvelle. Id.

Enfin, dans le cours de leurs tournées, les inspecteurs ont le devoir de vérifier, au moins une fois par an, la situation des timbres dans les recettes sédentaires ou ambulantes, dans les recettes buralistes, et, en un mot, chez tous les comptables soumis à leur contrôle. Ils rendent compte de ces opérations dans leurs rapports de vérification. Id.

1051. Dans ses instructions générales et dans sa correspondance périodique, l'Administration a fréquemment rappelé l'obligation qui incombe aux receveurs ambulants de ne déposer dans les recettes buralistes que des registres cotés et paraphés. Des faits constatés à la charge d'un receveur buraliste ont été un témoignage frappant des abus auxquels l'inaccomplissement de ce devoir peut donner ouverture. C'est d'un reg. 2 B non coté que le prévaricateur avait détaché des feuilles en blanc dont il avait fait un usage frauduleux. Il importe donc que les vérificateurs s'assurent très exactement que les registres de perception déposés dans les recettes buralistes sont régulièrement cotés et paraphés par l'autorité compétente, et qu'ils signalent, dans leurs comptes rendus, les chefs locaux qui feraient preuve d'incurie sous ce rapport. Lett. comm. du 4 février 1873.

L'article 244 de la loi du 28 avril 1816, qui n'est que la reproduction de l'art. 138 de la loi du 8 décembre 1814, dispose que les registres de perception et de déclaration doivent être cotés et paraphés par un fonctionnaire public désigné par le sous-préfet. La circulaire n° 1er du 14 décembre 1811 prescrit de faire remplir cette formalité avant le dépôt des registres dans les recettes buralistes ; *ce soin incombe au comptable qui fait les livraisons.* Enfin, aucun registre de perception ne doit être commencé sans que tous les articles en aient été numérotés d'avance, tant à la souche qu'aux ampliations. Ces dispositions sont fréquemment mises en oubli, ainsi qu'en témoignent les nombreuses observations critiques que contiennent à ce sujet les rapports des inspecteurs. C. n° 171 du 2 sept. 1875.

Dans les recettes principales, dans les recettes particulières, dans les recettes buralistes, les impressions timbrées, de même que les vignettes pour les bougies (V. 1054 *bis*), doivent être classées avec ordre et tenues sous clef. Les registres en usage doivent être placés en dehors des atteintes du public. Id.

L'Administration fait une obligation aux directeurs de tenir fermement la main à ce que les prescriptions qui viennent d'être rappelées soient ponctuellement suivies, et de s'assurer, par des vérifications aussi fréquentes que possible, de la concordance qui doit toujours exister entre le reste effectif des timbres chez les divers comptables et le doit rester, d'après les écritures. Id.

A l'avenir, l'Administration n'accueillera qu'avec la plus grande réserve les propositions de décharge qui lui seront remises relativement à des manquants de timbres. Alors même que des excédents ressortiraient sur d'autres modèles, tout manquant à l'égard duquel des justifications précises ne seraient pas fournies serait laissé à la charge des comptables, qui auraient à payer le simple ou le double droit, selon le cas. Id.

La responsabilité des vérificateurs pourrait elle-même être engagée, s'il était démontré que leur action a été en défaut. Id.

§ II. Bordereaux, nos 33 D, 83 B, 106 D, et 106 E destinés à constater la situation des timbres, des vignettes et des impressions timbrées, dans les postes, les recettes buralistes, particulières et principales.

1051 *bis.* L'Administration a décidé la création de bordereaux de situation de timbres et vignettes.

La formation de ces bordereaux donne aux inventaires de ces papiers de valeur la même authenticité qu'aux vérifications des espèces en caisse et des pièces de dépense. C. n° 261 du 31 janvier 1879.

Le bordereau destiné aux recensements de timbres chez les receveurs buralistes, d'entrée et d'octroi, etc., prend le numéro 33 D. Id.

Celui qui concerne les recettes particulières est désigné sous le n° 83 B. Id.

Pour les recettes principales, c'est le n° 106 D. Id.

Enfin, les recensements de vignettes de bougies, à effectuer chez les receveurs principaux, particuliers, sédentaires ou ambulants et chefs de poste, sont consignés sur un modèle portant le n° 106 E. Id.

Ces états sont fournis comme papier de service et doivent être demandés à la division du matériel. Id.

Tous les recensements de timbres, de vignettes et d'impressions timbrées effectués par les titulaires ou intérimaires, en cas de changement de gestion, et par les agents vérificateurs de tous grades, sont constatés sur ces relevés, dont les colonnes font ressortir les charges, les sorties, le doit rester et les restes effectifs. De la comparaison de ces deux derniers éléments résulte la balance ou l'émargement des excédents et des manquants. Id.

La reconnaissance des restes effectifs exige le plus grand soin, et jamais un agent ne doit inscrire dans la colonne destinée à certifier leur existence, aucun chiffre dont il n'ait lui-même reconnu la réalité et l'exactitude. Id.

Les résultats de l'inventaire sont certifiés, sous leur responsabilité personnelle, par le vérificateur et par le comptable vérifié, ou par les deux comptables qui se succèdent, et le bordereau de vérification est ensuite annexé soit aux registres 33 B et 33 C (recettes buralistes ou postes), soit aux registres 83 ou 83 A (recettes particulières sédentaires ou ambulantes), soit aux registres 106 A ou 106 C (recettes principales). Une mention spéciale, en toutes lettres, constate, à ces divers registres, la date et le résultat de la vérification et le nom et le grade du vérificateur. Cette mention est inscrite à la dernière page des reg. 33 B, 33 C, 83, 83 A, 106 A et 106 C, et est ainsi libellée :

« Le . . . . . . 18 M. (nom, prénoms et grade) a opéré le « recensement des timbres et vignettes suivant bordereau n° épinglé « ci-contre. La situation a été reconnue exacte *ou* les différences reconnues « sont les suivantes : (en toutes lettres). » Id.

Les inspecteurs, en relatant sur leurs rapports de vérification les recensements de timbres et de vignettes effectués par eux, mentionnent la formation des bordereaux 33 D, 83 B, 106 D ou 106 E, qu'ils déclarent avoir épinglés au registre correspondant. Id.

§ III. Comptage des feuilles composant chaque registre d'expéditions timbrées et chaque paquet de vignettes.

1052. Un recensement, pour être rigoureusement certain, comporterait le comptage de toutes les feuilles des registres et des vignettes contenues dans les paquets ; mais cette opération serait impraticable dans les recettes où il existe un stock considérable. On recommande aux vérificateurs de faire ce comptage d'une manière complète toutes les fois que la consistance du magasin le permet ; ils peuvent procéder par épreuve seulement, dans les recettes trop chargées. En tout cas, les prescriptions suivantes doivent être suivies exactement. Chaque volume dont les feuilles ont été comptées sera annoté, sur la couverture, à côté du timbre de l'imprimerie placé à l'angle supérieur du cartonnage, par l'agent qui aura effectué le comptage. Il y insérera la date de la vérification et son visa. Le comptable ajoutera son paraphe. Pour les vignettes de bougies, le comptage pourra être fait également par épreuve sur un ou plusieurs paquets. De même que pour les registres de timbres, chaque paquet de vignettes vérifié relatera, sur la feuille d'enveloppe, le résultat, la date et les signes de la vérification. De cette manière, chaque registre et chaque paquet vérifiés conserveront la trace de la vérification et de la date à laquelle elle aura été effectuée. C. n° 261 du 31 janvier 1879.

Les épreuves dont il est parlé ci-dessus porteront spécialement sur les registres dont l'abus est le plus à craindre, c'est-à-dire sur ceux des expéditions n°s 1, 2 A, 2 B, 2 C, 2 D, 4 B, etc., ou des quittances n° 74. Id.

On relatera, dans une annotation aux bordereaux n°s 33 D, 83 B, 106 D, 106 E, le nombre de registres ou paquets ainsi comptés. Id.

Les inspecteurs porteront, en outre, la même mention dans leur rapport 86 A. Id.

Les excédents de timbres que les inventaires font ressortir sont immédiatement pris en charge. Les manquants donnent ouverture au paiement du double droit de 10 centimes, lequel est immédiatement versé par le comptable, à moins que le directeur ne l'autorise à attendre la décision de l'Administration. Le directeur doit alors, sans aucun délai, adresser des propositions, sous le timbre du bureau compétent. Dans tous les cas, toutes les fois que, par la nature des expéditions sur lesquelles portent les manquants, il y a lieu de soupçonner des abus, les vérificateurs adressent un rapport spécial au directeur, qui rend compte à l'Administration. Id.

Pour les vignettes de bougies, les excédents qui apparaissent sont pris en charge. Quant aux manquants, la valeur en est versée dans la caisse du comptable, ou bien il en est rendu compte à l'Administration.

Un registre spécial n° 33 C doit être tenu par les chefs de poste pour chaque fabrique et magasin de bougies de leur circonscription. C'est à ces employés qu'il incombe exclusivement de livrer aux industriels les vignettes qui leur sont nécessaires. On a constaté souvent que des livraisons de l'espèce étaient effectuées directement aux contribuables par les receveurs principaux ou particuliers. Cette pratique est vicieuse et, par cela même, la tenue du registre n° 33 C peut être faussée. C. n° 261 du 31 janvier 1879.

§ IV. Vérification à l'arrivée des envois du magasin central.

1052 *bis*. L'Administration a souvent recommandé de vérifier avec le plus grand soin les envois du garde-magasin central. Ces prescriptions ne sont pas toujours observées. Il arrive fréquemment que des demandes en décharge, basées sur des erreurs commises dans les envois, sont adressées par les comptables. L'Administration insiste à nouveau pour que les comptables, assistés de deux employés, s'assurent très exactement du nombre et du calibre des registres et des paquets de vignettes, et reconnaissent, au moins par épreuve, dans les conditions qui viennent d'être indiquées, le nombre des feuilles ou des vignettes dont se compose chaque registre ou chaque paquet. Les modèles qui doivent être spécialement comptés à l'arrivée sont ceux qui portent les numéros désignés ci-dessus. Les volumes et les paquets vérifiés sont annotés, comme il a été prescrit plus haut, sur la couverture des registres et sur l'enveloppe de paquets, et mention est faite, à la dernière page des registres 106 et 106 C, du nombre de paquets et de registres de chaque espèce ainsi contrôlés. Les réceptions de paquets de vignettes et de registres timbrés du magasin du matériel, n'ayant lieu qu'un très petit nombre de fois chaque année, peuvent facilement être l'objet des vérifications approfondies du comptable et du service. C. n° 261 du 31 janv. 1879.

§ V. Nombre et époque des recensements à opérer dans les recettes buralistes, particulières et principales, par les agents vérificateurs.

1053. Les précédentes instructions ont réglé les attributions et les devoirs des divers agents vérificateurs, en ce qui concerne le nombre et l'époque des recensements d'impressions timbrées et de vignettes, qu'ils doivent effectuer chaque année. Chacun de ces inventaires donne lieu à la formation de bordereaux 33 D, 83 B, 106 D ou 106 E. Les modèles 152 B et 151 C *bis* (comptabilité) fournis à l'appui des comptes 108 A, n'en sont pas moins remplis en fin d'année, dans les recettes principales. Indépendamment des inventaires que les chefs locaux de service sont tenus d'établir, soit en fin d'année, soit lors des changements de titulaires par suite de mutation, de mise à la retraite, de décès, de démission, de maladie, d'interruption ou de suspension, les inspecteurs doivent, au moins une fois par an, établir la situation des vignettes et des impressions timbrées chez tous les receveurs principaux et particuliers et chez les receveurs buralistes et d'entrée dont ils vérifieront la comptabilité. De leur côté, les contrôleurs, les receveurs ambulants et les chefs de poste feront, au moins une fois par an, outre la situation de fin d'année et en dehors des recensements éventuels, l'inventaire des vignettes et des timbres chez les comptables de leur circonscription. C. n° 261 du 31 janvier 1879.

§ VI. Recensement en cas de changement de gestion.

1053 *bis*. Dans le cas de mise à la retraite ou de démission d'un receveur sédentaire ou de départ avant l'arrivée du successeur, les états n° 83 B et 83 C doivent être établis par le comptable sortant et par le chef local de service (recettes particulières sédentaires), ou par le commis principal adjoint (recettes ambulantes). A son arrivée, le receveur titulaire, après avoir reconnu les restes, peut accepter la situation si elle est exacte, ou, si elle ne l'est pas, modifiée, ou en faire établir une nouvelle, s'il y a lieu. C. n° 261 du 31 janvier 1879.

En cas de maladie, de suspension ou de décès d'un receveur particulier, sédentaire ou ambulant, l'inventaire est établi par l'inspecteur, s'il est sur les lieux ou s'il est envoyé avec mission spéciale ; autrement, le recensement est fait par les soins du chef local de service, assisté d'un employé, ou du commis principal adjoint et de l'intérimaire. Lors du rétablissement, ou à l'arrivée du nouveau titulaire, la remise du service a lieu dans les mêmes conditions que celles indiquées ci-dessus. Id.

A l'égard des receveurs buralistes et des receveurs aux entrées, c'est au chef local de service qu'il appartient, dans les différents cas, hormis la présence d'un inspecteur, de procéder aux recensements des timbres. Ibid.

En cas de changement de gestion de la recette principale, il est essentiel que la présence d'un employé supérieur assure une plus grande authenticité aux recensements destinés à établir la responsabilité du comptable qui prend le service et de celui qui le remet. Les directeurs ont à veiller à l'exécution de ces dispositions. Ibid.

§ VII. Bonne tenue des magasins, nécessité de classer avec ordre les impressions. Manquants.

1054. L'ordre, dans un magasin, est la condition essentielle pour que les réceptions et les livraisons soient effectuées sans erreurs, et pour que les vérifications soient rapides et sûres. Les receveurs dont les magasins ne sont pas rangés d'une manière satisfaisante, doivent être mis en demeure d'y rétablir un classement méthodique, et les chefs de service doivent reconnaître si ces prescriptions sont exécutées. C. n° 261 du 31 janvier 1879.

Les directeurs et sous-directeurs, dans les rapports 105, et les inspecteurs dans leurs rapports 86 A, signalent spécialement les lacunes qu'ils ont relevées en matière de timbres. Id.

Timbres et objets du matériel manquants aux charges des comptables; constatation des droits. — Aux termes de la circulaire administrative n° 3 du 24 mars 1823 sur le service du matériel, confirmés par celle du 25 mars 1825, n° 14, les receveurs doivent verser immédiatement à leur caisse la valeur, le prix marchand ou de consignation, le droit simple ou double, suivant la nature du déficit, des manquants constatés à leurs charges sur les timbres, matières de cartes et autres objets matériels dont ils sont comptables, sauf remboursement en cas de réclamations reconnues fondées. Si ce versement n'est pas justifié, les quantités manquantes sont rétablies aux charges des comptables. CC. n° 112 du 21 déc. 1883.

Il résulte de cette disposition que, dans les écritures et comptes, figurent comme existant en magasin des quantités qui font réellement défaut. Id.

Il est donc nécessaire que l'on se conforme absolument à la règle posée par les instructions rappelées ci-dessus. Mais, comme il pourrait n'être pas sans inconvénient d'obliger les comptables à verser des sommes quelquefois importantes pour valeurs de manquants dont souvent ils obtiennent ultérieurement décharge, on peut admettre qu'au versement effectif soit substituée, dans certains cas, la simple constatation de cette valeur : le droit dû sur les manquants serait ainsi assuré, et la comptabilité en matières ne serait pas faussée par une opération contraire à la réalité. Id.

Il appartiendra aux directeurs d'apprécier les circonstances où cette substitution pourra avoir lieu sans péril pour les intérêts du Trésor ; mais elle ne devra être que l'exception, le versement immédiat restant la règle pour la généralité des cas. Id.

SECT. III. — Comptabilité des vignettes servant à la perception de l'impôt sur la bougie.

1054 *bis*. En dehors des cas prévus par les art. 8, 9 et 10 du règlement du 8 janv. 1874, la bougie stéarique et les produits similaires ne peuvent sortir des fabriques ni être exposés ou vendus qu'en boîtes ou paquets fermés et revêtus de *vignettes timbrées*. Art. 12 de la Loi du 30 décembre 1873 et art. 6 du règlement du 8 janvier 1874.

Des dispositions analogues avaient été prises pour les allumettes chimiques et pour la chicorée. Mais la suppression de l'impôt sur la chicorée, l'incinération des vignettes spéciales à ce droit (L. C. n° 30 du 16 oct. 1880, et du 24 mars 1882), et l'établissement d'un monopole sur les allumettes chimiques ont rendu ces instructions sans intérêt pour le service.

Les vignettes qui servent pour les bougies et produits similaires sont les suivantes :

Vignettes à 3 cent.
Vignettes à 6 cent.
Vignettes à 15 cent.
Vignettes à 30 cent.

Au moment de l'établissement du droit sur la chicorée et sur les allumettes, l'Administration faisait usage de timbres de prix correspondants à ceux des vignettes ; elle a renoncé à l'emploi de ces marques.

Les modèles créés pour la comptabilité des vignettes de bougies (reg. 33 C, 83 A, 106 C, 106 E, etc.) prévoient les divers cas d'entrée et de sortie des vignettes ; prenant les vignettes à leur arrivée à la recette principale, ils en suivent et en décrivent tous les mouvements, toutes les transformations, les envois aux recettes particulières, les remises aux fabricants, les réceptions de l'extérieur, les sorties définitives avec ou sans perception, etc. CC. n° 98 du 16 août 1873.

Les instructions données par la Direction générale des contributions indirectes sur le mode d'exercice des fabriques et les dispositions mêmes des modèles permettent aux agents de service de comprendre l'économie de ces imprimés, sans qu'il soit besoin de donner à ce sujet des explications plus détaillées. Id.

Le compte des vignettes doit être tenu comme le compte des expéditions timbrées, des estampilles, etc. Les entrées ou sorties de matières libérées d'impôt et les sorties avec transfert du crédit des droits forment, dans le compte d'ensemble, deux séries dont les résultats sont présentés d'une manière distincte et qui doivent être suivies séparément. Ibid.

Pour que cette comptabilité offre toutes les garanties désirables, il est nécessaire que le contrôle en soit exercé à des époques suffisamment rapprochées et par un agent du cadre supérieur; l'importance des valeurs que représentent les vignettes en question et l'usage qui pourrait en être fait frauduleusement rendent ce contrôle indispensable. Id.

Pour la manière dont ce contrôle doit être exercé, nous nous référons à ce qui a été dit à la section précédente (V. 1051 *bis* à 1054). Les instructions qui y ont été rappelées s'appliquent, en effet, tout à la fois aux timbres à 10 c. de la Régie et aux vignettes de bougies.

Les vignettes doivent être tenues sous clef. C. n° 171 du 2 sept. 1875.

Les comptes annuels 108 A *bis* et 108 B *bis* présentent la situation des vignettes. CC. n° 105 du 26 février 1876. On les envoie définitivement après que les situations 151 C *bis* destinées à la Cour des comptes ont été renvoyées dûment vérifiées et arrêtées par la comptabilité publique. CC. n° 106 du 28 déc. 1877. Le modèle 151 C *bis* est indépendant de l'état 151 A *bis*, qui présente aussi la situation des vignettes, mais qui est destiné au matériel des finances. C. 344 du 5 août 1882.

CHAPITRE XXXVII.

Baux à loyer.

Baux, 1055 et s.
Bureaux de garantie, 1059.
Changement de local, 1056, 1060 ; — de titulaire, 1056, 1058.
Contributions, 1063.
Copies des baux, 1069.
Déclarations, 1056, 1058.
Directeurs, 1057 à 1061, 1066.
Dixième du traitement, 1055.
Durée, 1062, 1069.
Enregistrement, 1057. 1069.
Entrepôts de tabac, 1060.
Etat des lieux, 1065, 1066.
Incendies, 1064.
Logement des employés, 1055 et s.
Locations au nom de l'Administration, 1057, 1060, 1070.
Modèle de bail, 1068.
Paiement des loyers, 1070.
Projets de baux, 1061 et s.
Retenues, 1055.
Réparations locatives, 1066.
Tacite reconduction, 1069.
Timbre, 1067, 1069.

1055. La portion du loyer à mettre à la charge de la Régie avait d'abord été calculée d'après le nombre de pièces affectées spécialement au service. C. n° 33 du 31 déc. 1831, n° 109 du 17 août 1835 et n° 406 du 3 nov. 1848.

Il a été décidé ensuite que, lorsqu'il y aurait des baux, la partie du prix de location à supporter par les employés auxquels il est alloué des frais de loyer, serait représentée par un chiffre équivalant au dixième du traitement fixe.

Quand ce dixième est supérieur à la moitié du prix total du loyer, l'Administration ne laisse à la charge des employés qu'une somme égale à cette moitié. C. n° 406 du 3 nov. 1848, n° 427 du 21 août 1849 et n° 496 du 13 déc. 1851.

1056. Les déclarations (n° 168) relatives aux loyers doivent être produites en cas de changement de titulaire ou de local. C. n° 109 du 17 août 1835.

1057. Par la circulaire n° 406, du 3 novembre 1848, l'Administration avait autorisé la location, en son nom, des maisons déjà occupées par les directeurs, ou de celles dont ils prendraient ultérieurement possession, à la condition que ces logements offriraient une distribution entièrement convenable, tant pour l'habitation particulière de ces fonctionnaires, que pour l'installation des bureaux et pour la commodité du public.

L'Administration exige, aujourd'hui, que tous les baux à loyer soient, *sans exception*, *conclus en son nom*, et rédigés d'après les indications données par la formule générale annexée à la lettre commune du 6 décembre 1848 (V. ci-après, 1068), avec cette modification que l'enregistrement n'est plus facultatif, mais obligatoire, et qu'il doit avoir lieu gratis, en ce qui concerne la redevance à la charge de l'Etat, suivant les décisions ministérielles des 17 septembre 1823 et 27 octobre 1871. Il ne reste passible du droit d'enregistrement que la portion du loyer à la charge des employés. L. C. du 25 nov. 1871, et CC. nº 105 du 5 février 1876.

1058. Les directeurs doivent, lors de la présentation des baux de l'espèce, délivrer à l'appui de chaque acte un extrait, certifié conforme, de la décision administrative qui règle la part de loyer supportée par l'employé. La production de cet extrait suffit pour motiver l'exemption du droit sur la portion incombant à la Régie. L. C. du 25 nov. 1871.

On doit toujours user de la faculté que laisse la loi de fractionner le droit exigible en autant de paiements égaux qu'il y a de périodes triennales dans la durée du bail. Si le nombre des années n'est pas exactement divisible par 3, le dernier paiement se composera des droits afférents aux années qui ne formeraient pas une période triennale entière. Id.

S'il n'existe pas de convention écrite constatant la jouissance de biens immeubles, il y est suppléé par des déclarations détaillées et estimatives, dans les trois mois de l'entrée en jouissance.

Dans ce cas spécial et tout à fait exceptionnel, les directeurs délivreront également aux preneurs des immeubles une attestation de la quotité du loyer mise à leur charge, conformément à ce qui a été dit ci-dessus. Id.

Au moment de leur entrée en fonctions à leur nouvelle résidence, les employés doivent rembourser à leurs prédécesseurs le montant de l'impôt afférent au temps restant à courir jusqu'à l'échéance de la période ternaire. Id.

1059. Les frais de loyer des bureaux de garantie, dans les lieux où le local n'est pas fourni par la commune conformément aux dispositions de l'article 44 de la loi du 19 brumaire an VI, sont, aux termes de la lettre commune nº 55 du 1er décembre 1820, réunis à ceux qui sont alloués, pour le service général, aux directeurs ou receveurs qui fournissent le local. C. nº 33 du 31 déc. 1831.

1060. Dans le choix des maisons des entreposeurs de tabacs, on doit moins consulter les convenances personnelles des comptables que les intérêts de la Régie. La conservation des tabacs exige des locaux bien choisis. Lett. com. du 15 juill. 1826; C. nº 406 du 3 nov. 1868, nº 414 du 6 mars 1849, et nº 476 du 21 déc. 1850.

Tous les magasins doivent en général être établis dans des locaux favorables à la conservation des approvisionnements qu'ils seront susceptibles de recevoir, et assez spacieux pour que les tabacs et les poudres y soient placés de manière à faciliter les vérifications. C. nº 33 du 31 déc. 1831 et nº 476 du 21 déc. 1850.

Aussi l'Administration avait-elle décidé que les entreposeurs ne pourraient pas transférer l'entrepôt dans un nouveau local sans en avoir obtenu l'autorisation. C. nº 476 du 21 déc. 1850. Cette mesure doit plus que jamais être appliquée, puisque maintenant les baux doivent être passés au nom et sous l'approbation de l'Administration. CC. nº 105 du 5 février 1876.

1061. Les directeurs doivent apporter le plus grand soin dans l'examen des baux, et veiller à ce que le service soit installé dans de bonnes conditions. Lett. comm. du 25 nov. 1871.

Les projets de baux doivent être soumis à l'approbation de l'Administration. C. nos 406 du 3 nov. 1848 et 476 du 21 déc. 1850.

L'approbation ministérielle est exigée pour les baux à loyer au-dessus de 3,000 fr. ou ayant plus de neuf ans de durée. Art. 53 du Règl. gén. de 1866.

1062. En général, les baux passés au nom de l'Administration doivent être faits pour neuf années. C. n° 406 du 3 nov. 1848 et Lett. comm. du 6 déc. suivant. V. 1069.

1063. Autant que possible, les propriétaires doivent se soumettre à payer toutes les contributions établies ou à établir, y compris celle des portes et fenêtres. C. n° 406 du 3 nov. 1848.

1064. Il est à désirer que, par une clause spéciale du bail et par dérogation à l'article 1733 du code civil, les propriétaires renoncent à exercer toute espèce de recours contre la Régie et ses agents, dans le cas d'incendie. Lett. comm. du 25 nov. 1871.

1065. Si le propriétaire ne prend pas à sa charge les réparations locatives, elles sont supportées par les employés qui jouissent des locaux.

Les employés, dans tous les cas, sont tenus de remettre les lieux en bon état à leurs successeurs.

Un état des lieux loués doit être dressé par les soins et aux frais du bailleur. C. n° 433 du 6 déc. 1849 et Lett. comm. du 25 nov. 1871.

1066. D'après les articles 1731, 1732 et 1735 du code civil, le preneur, s'il n'a pas été fait un état des lieux, est censé les avoir reçus *en bon état de réparations locatives*, et doit, sauf la preuve du contraire, preuve qu'il n'est pas toujours facile d'administrer, les rendre tels. Il répond des dégradations ou des pertes survenues pendant sa jouissance, à moins qu'il ne démontre qu'on ne peut pas les lui imputer, comme résultant de sa faute personnelle, ou de celle des personnes de sa maison. Id.

L'état des lieux n'est pas seulement le complément du contrat qui lie le bailleur et le preneur, il remplit le même office entre tous les agents de l'Administration qui se succèdent dans l'occupation de la maison louée. Id.

Un directeur, par exemple, qui change de résidence, est tenu, en remettant la maison, d'y faire exécuter toutes les réparations qui sont réellement à sa charge. Sans cette précaution, le directeur qui le remplace serait exposé à devenir seul responsable des dépenses que, plus tard, le propriétaire aurait droit d'exiger. Id.

Au moyen d'un état des lieux, les exigences respectives peuvent être réglées, et, s'il s'élevait une difficulté, elle serait promptement résolue à dire d'experts ou sur le simple rapport d'un architecte choisi par les dissidents. Id.

La Régie ne peut être mise en cause au sujet des réparations locatives. Id.

1067. La gratuité de l'enregistrement des baux, dans les cas où ils sont passés exclusivement dans l'intérêt de l'Administration, n'implique pas celle du timbre. Une décision ministérielle du 19 novembre 1868 porte que les baux faits à l'État, bien que dispensés du paiement des droits d'enregistrement, sont assujétis au droit de timbre, dont le montant, du reste, est à la charge des bailleurs, par application de l'article 29 de la loi du 12 brumaire an VII. C. du Secrét. gén. n° 632 du 20 mai 1870.

1068. Un modèle de bail a été envoyé par l'Administration le 6 décembre 1848. Nous le reproduisons ci-après, en y ajoutant la clause recommandée par la lettre commune du 5 novembre 1871 ; il est d'usage de passer l'acte pour trois, six ou neuf ans, ou pour neuf ans, sans autre clause résolutoire que pour la sixième année.

« Les soussignés :

« M. demeurant à propriétaire d'une maison sise audit lieu, ou à rue n° d'une part;

« Et M directeur des contributions indirectes du département d demeurant à et stipulant pour son administration, d'autre part ;

« Ont dit et arrêté ce qui suit :

« M donne à bail à l'administration des contributions indirectes, qui l'accepte, pour (trois, six ou neuf années consécutives) lesquelles commenceront à courir le mil huit cent pour finir à pareil jour de l'année mil huit cent

« Une maison sise à rue n° ayant sa principale entrée, etc.

ou, une partie de la maison sise à rue n° composée d'un rez-de-chaussée et d'un premier étage.

(*Suit la description des lieux avec leurs dépendances, telles que cour, jardin, remises, caves, greniers, etc.*)

« Le présente location est faite pour une somme totale et annuelle de payable en quatre termes égaux, de trois mois en trois mois, aux époques ordinaires (ou d'avance).

« Moyennant quoi le bailleur reste chargé :

1° De payer toutes contributions quelconques, présentes et à venir, y compris celle des portes et fenêtres;

« 2° De tenir les lieux suffisamment clos et couverts selon l'usage;

« 3° De veiller (au cas où la maison ne serait pas entièrement louée par l'administration des contributions indirectes) à ce que les cours, passages, escaliers et autres dépendances à usage commun soient maintenus en bon état de propreté; qu'il n'y soit déposé ni immondices, ni matières encombrantes, et qu'on n'y fasse point stationner des voitures, charrettes ou animaux, pour tout autre motif que le service des locataires.

« Le bailleur, entendant déroger, pour ce qui le concerne, aux articles 1733 et 1734 du code civil, renonce pour lui et ses ayants droit, à exercer, en cas d'incendie, aucune espèce de recours, soit contre l'Administration, soit contre ses agents.

« M directeur, prend, au nom de son Administration, l'engagement :

« 1° D'entretenir les lieux loués en bon état, en y faisant, au besoin, les réparations locatives auxquelles tous bons fermiers sont tenus ;

« 2° De ne céder ni transporter ses droits au présent bail, soit en totalité, soit en partie, sans le consentement par écrit du bailleur ;

« 3° De souffrir les grosses réparations si l'on est obligé d'en faire pendant la durée du bail, mais dans les termes de droit ;

« 4° De ne faire aucun changement ni percement dans la bâtisse, ni aucune construction intérieure ou extérieure sans le consentement exprès et par écrit du bailleur ;

« 5° De laisser, en cas de résiliation ou fin de bail, et sans aucune indemnité, les portes, croisées, persiennes et fermetures quelconques adaptées à des percements consentis et exécutés pendant la jouissance du preneur ;

« 6° De payer la contribution personnelle et mobilière, et de satisfaire à toutes les charges de villes et de police dont les locataires sont ordinairement tenus ;

« 7° Enfin, de soumettre le présent bail à l'approbation de M. le directeur général de l'administration des contributions indirectes, lequel bail ne sera définitif qu'après approbation.

Conventions générales.

« Le présent bail ne pourra être résilié qu'au moyen d'un avertissement notifié de part ou d'autre six mois au moins avant l'expiration de la sixième ou de la neuvième année. (Ce paragraphe est supprimé si le bail est fait pour trois, six ou neuf années.)

« Un état des lieux sera fait en double par les soins et aux frais du bailleur, vérifié par le preneur et signé de tous les deux. Il sera joint au présent acte, dont les frais d'enregistrement, si cette formalité est requise, seront à la charge de celui des contractants qui l'aura exigée.

« En cas de contestation, le différend sera jugé par des experts, et les frais de l'expertise seront payés par la partie qui aura succombé.

Conventions particulières.

. . . .

« Fait double sous nos seings privés, à , le mil huit cent

« Approuvé l'écriture ci-dessus et des autres parts.

Signature du bailleur.

« Approuvé l'écriture ci-dessus et des autres parts.

Signature du preneur.

« Le présent bail a été approuvé par le conseil d'administration dans sa séance du »

Les copies de baux, produites sur papier timbré à l'appui de la première quittance, doivent relater la mention de l'enregistrement. On doit certifier aussi qu'ils sont devenus définitifs par l'approbation de l'Administration, et indiquer la date de la décision.

1069. Quand la location continue par voie de tacite reconduction, ce mode, d'après l'article 1759 du code civil, ne change rien aux conditions ; mais il substitue au délai de trois, six ou neuf ans, ordinairement porté dans les baux, le délai fixé par l'usage des lieux. Il y a lieu, en tous cas, d'en faire la déclaration à l'enregistrement, puisque les locations verbales donnent ouverture au paiement d'un droit.

Les bâtiments destinés à un service public sont exempts de la contribution foncière. Décret du 11 août 1808.

1070. *Paiement des loyers.* Il a été décidé par l'Administration que les frais de loyer des locaux occupés par les bureaux ou magasins de la Régie ne seraient plus portés en dépense par voie d'allocation mensuelle aux directeurs ou comptables, lesquels n'en touchent le montant que pour le reverser aux propriétaires des immeubles ; il résultait, en effet, de ce mode de procéder que les quittances des propriétaires n'étant pas produites à l'appui de la dépense, des abus pouvaient être commis sans que l'Administration eût le moyen de les réprimer. C'est d'ailleurs au nom ou sous l'approbation de l'Administration que les baux sont passés ; c'est en son nom que les quittances doivent être données. CC. n° 105 du 5 février 1876.

Les frais de loyer ont cessé, en conséquence, de figurer aux états mensuels d'appointements ; ils doivent être justifiés *uniquement* par les quittances des propriétaires, lesquelles, dûment timbrées au timbre de 10 c., sont régularisées par le visa pour paiement, la mention de l'ordonnance ministérielle dans laquelle la dépense est comprise, et enfin le décompte servant à distinguer la part de loyer mise à la charge de l'employé et celle mise au compte de l'Etat. Ibid. V. 933

Rien n'a été changé, quant à l'imputation de ces frais dans la comptabilité les receveurs principaux, au mode de remboursement par ces agents de la portion qui leur incombe, etc. Ibid.

CHAPITRE XXXVIII.

Devis et marchés passés au nom de l'Etat. Cautionnement des adjudicataires de fournitures et travaux.

Adjudications, 1080 et suiv.
Approbation, 1084, 1088.
Autorisation, 1107, 1108.
Bons du Trésor, 1094.
Caisse des dépôts et consignations, 1083.
Cahier des charges, 1082.
Cautionnements, 1082, 1089 et suiv.
Concurrence, 1082.
Constructions, 1079.
Débets, 1083.
Devis, 1071 à 1079.
Enregistrement, 1074, 1100.
Excédent de dépenses, 1075.
Marchés de gré à gré, 1082, 1085 et suiv.
Modifications au devis, 1075.
Ratures, 1077.
Readjudications, 1084.
Réemploi, 1076.
Réparations, 1071.
Timbre, 1072.
Urgence, 1086.

SECT. I. — Devis.

1071. Par devis, on entend l'état estimatif, contenant la description détaillée de toutes les parties d'un travail projeté.

Ils doivent être divisés, s'il y a lieu, en trois chapitres, présentant les fournitures premières, les remplacements et les réparations. On doit y indiquer les immeubles pour lesquels sont proposés les travaux et fournitures, et décrire distinctement par article la nature des dépenses et le prix de chaque objet.

Il convient de mentionner à la suite de chaque article, quand un objet est réformé, la destination qui lui sera donnée, s'il existe encore, et, s'il n'existe plus, la cause de la destruction.

Il est recommandé de donner le poids du fer employé à certaines réparations, la longueur, la largeur et l'épaisseur des bois, les dimensions des surfaces sur lesquelles portent les travaux évalués au mètre carré, les dimensions servant de base au calcul du nombre de mètres cubes pour les travaux payés au mètre cube. Les travaux de maçonnerie sont évalués au mètre et non à la journée.

Les travaux relatifs aux immeubles doivent être partagés en travaux de fouille, maçonnerie, menuiserie, serrurerie, peinture, vitrerie, etc. *Corresp. générale.*

1072. En principe, tout devis, même au-dessous de dix francs, doit être sur papier timbré. Il y a, en effet, entre la facture et la quittance cette différence essentielle que l'une est destinée à créer l'obligation et l'autre à l'éteindre, et l'article 12 de la loi du 13 brumaire an VII est applicable aux factures et devis ; mais tout devis qui ne contient pas engagement ou soumission de la part de l'entrepreneur d'exécuter les travaux aux conditions qui y sont stipulées, est exempt de la formalité du timbre, attendu que dans ce cas il ne constitue qu'un simple document administratif propre à éclairer l'Administration sur l'importance de la dépense. CC. n° 49 du 18 juill. 1851 ; Décision du 25 janv. 1868 et C. du Secrét. gén. n° 114 du 28 août suiv.

1073. Les devis qui ne contiennent ni soumission ni engagement de la part des entrepreneurs sont également dispensés de l'enregistrement. Ils sont, dans ce cas, simplement signés ou arrêtés par les entrepreneurs. Décision du 29 juill. 1858.

1074. Ceux qui ont le caractère d'un marché avec soumission ou engagement, sont assujétis au droit fixe de 3,75, décimes compris ; et ce droit est à la charge de l'entrepreneur. (Art. 4 de la Loi du 28 février 1872.)

Rien ne s'oppose, pour éviter autant de fois les droits qu'il y a d'entrepreneurs, à ce qu'un seul d'entre eux souscrive le devis et prenne à sa charge la responsabilité des travaux dans leur ensemble. C. de l'adm. de l'enreg. du 20 fév. 1844.

1075. On doit se conformer ponctuellement aux devis. C. n° 138 du 25 janv. 1837.

Cependant il peut survenir des modifications inévitables dans la nature des travaux ou la quantité des matériaux. Il est nécessaire, dans ce cas, d'en référer à l'Administration, de relater les changements et de les expliquer à chaque article sur le mémoire. *Corresp. gén.*

Quand l'excédent est au-dessous du dixième des évaluations prévues par le devis primitif, il est admis pour les justifications que la liquidation constitue une autorisation suffisante de la part de l'Administration. *Corresp. gén.*

1076. Les réemplois d'effets mobiliers et de matériaux utilisés pour les services d'où ils proviennent, conformément à l'article 25 du Règlement, doivent être prévus dans les marchés ou conventions et justifiés au moyen d'un décompte établi à l'appui des devis, dans lequel se trouvent décrits et évalués les objets réformés remis aux entrepreneurs ou fournisseurs, et dont la nature et la valeur sont ensuite rappelées au bas des mémoires. Art. 35 des disp. gén. du Règl. gén. de 1866.

1077. Les ratures et surcharges que présentent les devis doivent être approuvées. CC. n° 22 du 18 décembre 1834.

1078. Constructions et réparations de magasins de poudres. V. au Ch. des **Dépenses publiques**, l'article *Constructions*, 1548 et 1563.

1079. Le modèle adopté pour les mémoires indique le cadre à suivre pour les devis. V. 1164.

Sect. II. — Adjudications et marchés.

1080. On entend par adjudications des marchés faits au nom de l'État avec publicité et concurrence.

Un décret du 18 novembre 1882, imprimé à la suite de la circulaire nº 366 du 26 février 1883, a sensiblement modifié la réglementation antérieure concernant les marchés passés au nom de l'Etat et déterminé les conditions nouvelles auxquelles ils sont subordonnés. Il porte abrogation de l'ordonnance du 4 décembre 1836 et des articles 68 à 81 du décret du 31 mai 1862, reproduits dans le règlement du 26 décembre 1866 sur la comptabilité publique.

Parmi les dispositions contenues dans le décret du 18 novembre 1882, il importe de distinguer celles qui ont trait : 1° aux adjudications publiques ; 2° aux marchés de gré à gré ; 3° aux achats, travaux et transports effectués sur simple facture ou sur simple mémoire.

§ Ier. Adjudications publiques.

1081. Dans le service des contributions indirectes, les adjudications publiques ont généralement lieu à Paris et sont suivies directement par l'Administration. Aussi l'Administration s'est-elle bornée, dans une instruction, à citer les principaux articles qui s'y rapportent, se réservant, le cas échéant, de donner des instructions spéciales.

Aux termes de l'art. 2 du décret, toute adjudication doit avoir lieu en séance publique; elle est annoncée au moins vingt jours à l'avance par la voie des affiches et par tous les moyens ordinaires de publicité. C. nº 366 du 26 février 1883.

1082. Il y a deux sortes d'adjudications publiques : les adjudications à concurrence illimitée et les adjudications à concurrence limitée. On recourt à ces dernières lorsque les fournitures, travaux ou transports ne peuvent, sans inconvénient, être livrés à la concurrence libre. (Art. 3.) Ibid.

Les articles 4 à 12 sont relatifs aux garanties pécuniaires exigées des soumissionnaires à titre de cautionnement provisoire, et des adjudicataires à titre de cautionnement définitif. Ibid.

L'art. 4 consacre une innovation sur laquelle est appelée l'attention des directeurs, en raison surtout de l'application qui peut en être faite aux marchés de gré à gré.

Cet article dispose, en effet, paragraphe 4, que les cahiers des charges peuvent, s'il y a lieu, dispenser de l'obligation de déposer un cautionnement provisoire ou définitif, et stipuler que le cautionnement réalisé avant l'adjudication, à titre provisoire, servira de cautionnement définitif. Ibid.

1083. A l'avenir, tous les cautionnements, quelle qu'en soit la nature, sont reçus à la caisse des dépôts et consignations ou par ses préposés. Les opérations relatives aux remboursements de cautionnements passent également dans les attributions de la caisse des dépôts et consignations. (Art. 7, 8, 9 et 10.) Ibid.

L'application des cautionnements définitifs à l'extinction des débets liquidés par les ministres compétents a lieu aux poursuites et diligences de l'agent judiciaire du Trésor public, en vertu d'une contrainte délivrée par le ministre des finances. (Art. 12.) Ibid.

Les art. 13, 14 et 15 déterminent les formes suivant lesquelles il est procédé aux adjudications. Ibid.

1084. D'après l'article 16, les réadjudications, qui étaient obligatoires, deviennent facultatives, et le délai fixé pour recevoir les offres de rabais est réduit à vingt jours, au lieu d'un mois. Ibid.

Sauf les exceptions spécialement autorisées ou résultant de dispositions particulières à certains services, les adjudications et réadjudications sont subordonnées à l'approbation du ministre, et ne sont valables et définitives qu'après cette approbation. Les exceptions spécialement autorisées doivent être relatées dans le cahier des charges. Ibid.

§ II. — Marchés de gré à gré.

1085. Des marchés de gré à gré peuvent être passés pour les fournitures, transports et travaux dont la dépense totale n'excède pas 20,000 fr., ou, s'il s'agit d'un marché passé pour plusieurs années, dont la dépense annuelle n'excède pas 5,000 francs. (Art. 18 du décret.)

L'art. 18 énumère, en outre, un certain nombre de cas dans lesquels il peut être également traité de gré à gré, *quel que soit le chiffre de la dépense*. Id.

1086. Il est ainsi conçu :

Il peut être passé des marchés de gré à gré :

1° Pour les fournitures, transports et travaux dont la dépense totale n'excède pas 20,000 francs, ou, s'il s'agit d'un marché passé pour plusieurs années, dont la dépense annuelle n'excède pas 5,000 francs;

2° Pour toute espèce de fournitures, de transports ou de travaux, lorsque les circonstances exigent que les opérations du gouvernement soient tenues secrètes; ces marchés doivent préalablement avoir été autorisés par le Président de la République, sur un rapport spécial du ministre compétent;

3° Pour les objets dont la fabrication est exclusivement attribuée à des porteurs de brevets d'inventions;

4° Pour les objets qui n'auraient qu'un possesseur unique;

5° Pour les ouvrages et objets d'art et de précision, dont l'exécution ne peut être confiée qu'à des artistes ou industriels éprouvés;

6° Pour les travaux, exploitations, fabrications et fournitures qui ne sont faits qu'à titre d'essai ou d'étude;

7° Pour les travaux que des nécessités de sécurité publique empêchent de faire exécuter par voie d'adjudication ;

8° Pour les objets, matières et denrées qui, à raison de leur nature particulière et de la spécialité de l'emploi auquel ils sont destinés, doivent être achetés et choisis aux lieux de production;

9° Pour les fournitures, transports ou travaux qui n'ont été l'objet d'aucune offre aux adjudications, ou à l'égard desquels il n'a été proposé que des prix inacceptables; toutefois, lorsque l'Administration a cru devoir arrêter et faire connaître un maximum de prix, elle ne doit pas dépasser ce maximum;

10° Pour les fournitures, transports ou travaux qui, dans les cas d'urgence évidente amenée par des circonstances imprévues, ne peuvent pas subir les délais des adjudications;

11° Pour les fournitures, transports ou travaux que l'Administration doit faire exécuter aux lieu et place des adjudicataires défaillants et à leurs risques et périls;

12° Pour les affrétements et pour les assurances sur les chargements qui s'ensuivent;

13° Pour les transports confiés aux administrations des chemins de fer;

14° Pour les achats de tabac et de salpêtre indigènes dont le mode est réglé par une législation spéciale;

15° Pour les transports des fonds du Trésor. Art. 18 du Décret du 18 novembre 1882.

1087. Les marchés de gré à gré sont passés par les ministres ou par les fonctionnaires qu'ils ont délégués à cet effet. Ils ont lieu :

1° Soit sur un engagement souscrit à la suite du cahier des charges;

2° Soit sur une soumission souscrite par celui qui propose de traiter;

3° Soit sur correspondance, suivant les usages du commerce. C. n° 366 du 26 février 1883.

Les marchés passés par les délégués du ministre sont subordonnés à son approbation, si ce n'est en cas de force majeure ou sauf les dispositions particulières à certains services, et les exceptions spécialement autorisées. Les cas de force majeure ou les autorisations spéciales doivent être relatés dans lesdits marchés. Ibid.

1088. Les dispositions du règlement du 26 décembre 1866, particulières au service des contributions indirectes, sont maintenues. Aux termes de ces dispositions, l'Administration approuve : 1° les marchés relatifs à l'achat d'instruments et d'ustensiles; 2° les marchés concernant la construction, l'entretien et la réparation des magasins de poudre à feu, lorsqu'ils ne sont pas supérieurs à 2,000 francs (VIIIe section du règlement). Ibid.

Les dispositions des articles 4 à 12 du décret, relatives aux cautionnements, sont applicables aux marchés de gré à gré. Ibid.

Nous insérons ci-après ces articles :

1089. Les cahiers des charges déterminent l'importance des garanties pécuniaires à produire :

Par les soumissionnaires, à titre de cautionnements provisoires pour être admis aux adjudications;

Par les adjudicataires, à titre de cautionnements définitifs, pour répondre de leurs engagements.

1090. Les cahiers des charges peuvent, s'il y a lieu, dispenser de l'obligation de déposer un cautionnement provisoire ou définitif. Ils peuvent disposer que le cautionnement réalisé avant l'adjudication, à titre de cautionnement provisoire, servira de cautionnement définitif.

1091. Les cahiers des charges déterminent les autres garanties, telles que cautions personnelles et solidaires, affectations hypothécaires, dépôts de matières dans les magasins de l'Etat, qui peuvent être demandées, à titre exceptionnel, aux fournisseurs et entrepreneurs pour assurer l'exécution de leurs engagements. Ils déterminent l'action que l'Administration peut exercer sur ces garanties. Art. 4 du Décret du 18 novembre 1882.

1092. Les garanties pécuniaires peuvent consister, au choix des soumissionnaires et adjudicataires : 1° en numéraire ; 2° en rentes sur l'Etat et valeurs du Trésor au porteur ; 3° en rentes sur l'Etat nominatives ou mixtes. Les valeurs du Trésor transmissibles par voie d'endossement, endossées en blanc, sont considérées comme valeurs au porteur.

1093. Après la réalisation du cautionnement, aucun changement ne peut être apporté à sa composition, sauf le cas prévu à l'art. 9. Art. 5 ibid.

La valeur en capital de rentes à affecter aux cautionnements est calculée : pour les cautionnements provisoires, au cours moyen du jour de la veille du dépôt ; pour les cautionnements définitifs, au cours moyen du jour de l'approbation de l'adjudication.

1094. Les bons du Trésor à l'échéance d'un an ou de moins d'un an sont acceptés pour le montant de leur valeur, en capital et intérêts.

Les autres valeurs déposées pour cautionnement sont calculées d'après le dernier cours publié au *Journal officiel*. Art. 6 ibid.

1095. Les cautionnements, quelle qu'en soit la nature, sont reçus par la caisse des dépôts et consignations ou par ses préposés ; ils sont soumis aux règlements spéciaux à cet établissement.

Les oppositions sur cautionnements provisoires ou définitifs doivent avoir lieu entre les mains du comptable qui a reçu lesdits cautionnements. Toutes autres oppositions sont nulles et non avenues. Art. 7 ibid.

1096. Lorsque le cautionnement consiste en rente nominative, le titulaire de l'inscription de rente souscrit une déclaration d'affectation de la rente, et donne à la caisse des dépôts et consignations un pouvoir irrévocable, à l'effet de l'aliéner, s'il y a lieu.

L'affectation de la rente au cautionnement définitif est mentionnée au Grand-Livre de la Dette publique. Art. 8 ibid.

1097. Lorsque des rentes ou valeurs affectées à un cautionnement définitif donnent lieu à un remboursement par le Trésor, la somme remboursée est touchée par la caisse des dépôts et consignations, et cette somme demeure affectée au cautionnement jusqu'à due concurrence, à moins que le cautionnement ne soit reconstitué en valeurs semblables. Art. 9 ibid.

La caisse des dépôts et consignations restitue les cautionnements provisoires, au vu de la mainlevée donnée par le fonctionnaire chargé de l'adjudication, ou d'office, aussitôt après la réalisation du cautionnement définitif de l'adjudicataire.

Les cautionnements définitifs ne peuvent être restitués, en totalité ou en partie, qu'en vertu d'une mainlevée donnée par le ministre ou le fonctionnaire délégué à cet effet. Art. 10 ibid.

1098. Sont acquis à l'Etat, d'après le mode déterminé à l'article suivant, les cautionnements provisoires des soumissionnaires qui, déclarés adjudicataires, n'ont pas réalisé leurs cautionnements définitifs dans les délais fixés par les cahiers des charges. Art. 11 ibid.

L'application des cautionnements définitifs à l'extinction des débets liquidés par les ministres compétents a lieu aux poursuites et diligences de l'agent judiciaire du Trésor public, en vertu d'une contrainte délivrée par le ministre des finances. Art. 12 ibid.

Achats, travaux et transports effectués sur simple facture ou simple mémoire.

1099. Le décret du 31 mai 1862 avait fixé à 1,000 francs le maximum des achats, travaux et transports effectués sur simple facture ou sur simple mémoire. Aux termes de l'article 22 du décret du 18 novembre 1882, il peut être suppléé aux marchés écrits par des achats sur simple facture, pour les objets qui doivent être livrés immédiatement, quand la valeur de ces achats n'excède pas 1,500 francs. La dispense de marché écrit s'étend aux travaux et transports dont la valeur présumée n'excède pas 1,500 francs, et qui peuvent être exécutés sur simple mémoire (art. 22). C. n° 366 du 26 février 1883.

Dispositions diverses.

1100. Les droits de timbre et d'enregistrement auxquels donnent lieu les marchés, soit par adjudication, soit de gré à gré, sont à la charge de ceux qui contractent avec l'Etat. Les frais de publicité sont supportés par l'Administration (art. 21). C. 366 ibid.

1101. Les dispositions du décret du 18 novembre concernant les adjudications publiques et les marchés de gré à gré, ne sont pas applicables aux travaux exécutés en régie, soit à la journée, soit à la tâche. Les fournitures de matériaux que comporte l'exécution en régie, sont néanmoins soumises, sauf le cas de force majeure, aux dispositions des articles 1 à 22 (art. 23). Ibid.

1102. Les travaux neufs exécutés par voie d'entreprise pour les bâtiments de l'Etat ne peuvent avoir lieu qu'après approbation des devis qui en déterminent la nature et l'importance (art. 24). Ibid.

1103. Il ne sera accordé aux architectes chargés des travaux au compte de l'Etat, aucun honoraire ni aucune indemnité pour les dépenses qui excéderaient les devis approuvés (art. 25). Ibid.

1104. Les cahiers des charges, marchés, traités ou conventions à passer pour les services du matériel doivent toujours exprimer l'obligation, pour tout entrepreneur ou fournisseur, de produire les titres justificatifs de ses travaux dans un délai déterminé, sous peine de déchéance (art. 27). Ibid.

1105. Les directeurs ont été invités à se conformer exactement, lorsqu'ils auront des marchés à passer, aux dispositions du décret du 18 novembre 1882. Il leur a été rappelé d'ailleurs qu'aucune dépense, soit pour travaux de construction ou de réparation, soit pour achats de fournitures, ne peut être engagée sans qu'au préalable l'Administration en ait accordé l'autorisation. Ibid.

1106. Les marchés de gré à gré sont plus particulièrement adoptés par la Régie. Si des marchés par voie d'adjudication devaient être exceptionnellement passés, des instructions spéciales seraient adressées par l'Administration. C. n° 138 du 25 janv. 1837.

1107. En toute hypothèse, aucune dépense, soit pour des travaux de construction ou de réparation, soit pour des achats de fournitures, ne peut être faite qu'après que les directeurs en ont obtenu l'autorisation expresse de l'Administration. Sa décision doit être produite afin de suppléer au devis, lorsque cette dernière pièce n'a pas été établie. CC. n° 79 du 21 nov. 1867.

1108. Cette autorisation est demandée par un rapport auquel sont annexés d'ordinaire les projets de devis, de soumission, etc. C. n° 138 du 25 janv. 1867.

1109. Les directeurs soumettent plus tard un état, en double expédition, des dépenses de l'espèce. Ils y joignent en original ou en copie les devis, mémoires ou factures qui s'y rapportent. Id.

1110. La régularisation des dépenses est de rigueur dans tous les cas, et cette régularisation doit avoir lieu immédiatement pour celles qui auraient dû être acquittées d'urgence et inscrites au compte des avances provisoires. Id.

1111. Quant aux dépenses qui n'ont pas un caractère d'urgence, les demandes de régularisation doivent être adressées assez à temps pour que l'avis d'approbation puisse parvenir avant la clôture de l'exercice auquel les travaux et fournitures se rattachent. Id.

1112. Lorsque des dépenses ont été autorisées, on doit se conformer exactement aux devis, conventions et propositions d'après lesquels les autorisations ont été accordées, et qui ne peuvent être modifiés qu'avec l'assentiment de l'Administration. Id.

Il ne suffit pas, en effet, que le chiffre total d'une dépense ne soit pas dépassé ; il faut encore que chaque partie de cette dépense soit limitée à la nature de l'objet pour lequel elle a été spécialement accordée, et que l'économie obtenue sur un ou plusieurs articles ne serve pas à couvrir des dépenses non autorisées. Id.

CHAPITRE XXXIX.

Mémoires, factures et quittances. Modèles de devis, cahier des charges, etc.

Appointements, 1130.
Arrêté de liquidation, 1163.
Consignations, 1123 à 1126.
Chef de-poste, 1115.
Contrôleurs, 1114 et 1115.
Dépenses qui n'excèdent pas 10 fr., 1147.
Emargements, 1135.
Factures, 1153 et suiv., 1170 et suiv.
Frais de casernement, 1129.
Illetirés, 1138 à 1140.
Impressions d'octroi, 1129.
Inspecteurs, 1114.
Indemnité d'exercice, 1128.
Mandats-quittances, 1130 et suiv., 1161.
Marchés de gré à gré, 1154.
Mémoires, 1153 et suiv., 1170 et suiv.
Modèle de cahier de charges, 1165.
Id. de devis, 1164-1167, 1168.
Modèle de mémoire, 1170.
Id. de procuration, 1137.
Id. de soumission, 1166.
Quittances cumulatives, 1119 à 1122.
Quittances de la Régie, 1113 à 1129.
Id. des créanciers de la Régie, 1130 à 1152.
Id des tiers, 1135 à 1137, 1147.
Id. exemptes de timbre, 1147 à 1152.
Id. pour consignations, 1123 à 1126.
Id. pour tout versement, 1116 à 1118.
Procurations, 1136, 1137.
Registre à talon, 1113, 1116, 1133.
Repartitions, 1125, 1126, 1141 à 1145.
Talon, 1113, 1116, 1133.
Tiers, 1135 à 1137, 1147.
Timbre de dimension, 1130, 1144.
Timbre de 10 c., 1130, 1141 et suiv.

SECT. I. — Quittances délivrées par les receveurs de la Régie.

§ Ier. Dispositions générales.

1113. La forme de registre à talon a été donnée aux quittances de droits à délivrer aux contribuables. Il est adopté, pour chaque registre, une seule série de numéros pendant toute l'année. Un rapport exact doit exister entre le volant et la souche dans l'indication de la date, du nom du contribuable, de la somme payée et de la nature du droit.

1114. Les inspecteurs et contrôleurs doivent rapprocher de la souche les quittances représentées par les redevables, ou prendre note de ces quittances, afin de faire ensuite le rapprochement des sommes qu'elles mentionnent, en se reportant à la souche. C. n° 488 du 19 juill. 1851. V. **Attributions**, 2167 et suiv.

Dans le cas de soupçon sur la gestion d'un comptable, le vérificateur, après avoir opéré ce rapprochement avec toute la réserve convenable, retient les quittances irrégulières et en remet aux contribuables une reconnaissance détaillée. Id.

Il est recommandé de demander la représentation des quittances avec prudence et circonspection. Ce contrôle essentiel est exercé ou complété par les inspecteurs à l'égard des recettes particulières qui sont annexées aux recettes principales. C. n° 310 du 1er août 1855.

1115. Dans les contrôles ou postes, toutes les quittances extraites d'une recette buraliste ou d'un bureau d'entrée qui auront été représentées au chef de poste, sont par lui analysées au cadre 7 de son rapport 72 A, après qu'il les a rapprochées de la souche. C. n° 282 du 19 décembre 1879.

§ II. Quittances pour tout versement.

1116. Tout versement fait aux comptables de la Régie donne lieu à une quittance à souche. Il doit en être délivré même pour le prix des poudres et tabacs livrés aux débitants ou aux consommateurs. Il n'y a d'exception que pour le droit de péage sur les ponts. CC. n° 19 du 31 mai 1833.

1117. Les quittances délivrées pour le droit de garantie sont détachées d'un registre n° 74 spécial. C. n° 488 du 19 juill. 1851.

1118. Elles sont détachées d'un registre n° 87 B pour les versements faits au receveur principal par les receveurs particuliers et les entreposeurs. CC. n° 19 du 31 mai 1833. V. 142 et 143.

§ III. Quittances cumulatives pour plusieurs droits.

1119. Les droits qui se rapportent à une profession exercée *en vertu de la même licence* peuvent être compris dans une quittance unique, lorsqu'ils sont payés au même moment. Les comptables doivent indiquer distinctement, dans l'émargement du registre n° 74, les sommes imputables à chaque espèce de droits. C. n° 60 du 28 mars 1833.

Ils se conforment au modèle suivant.

		FOLIOS		Sommes reçues.
		des comptes ouverts.	du sommier général.	
Licence.	3 »	82	10	
Entrée.	13 »	83	37	
Détail.	44 »	82	30	
Total.	60 »			60 »

1120. Le droit de licence peut être compris dans une même quittance avec d'autres droits, lorsque le paiement est effectué au commencement d'un trimestre ; mais si un redevable, par exemple un marchand en gros, n'est redevable d'aucun autre droit que celui de licence, on doit exiger le paiement de celui-ci au plus tard avant l'expiration du 1er mois du trimestre. Autrement le redevable se livrerait à un commerce sans licence, ce qui ne peut être dans aucun cas. Id.

1121. Il est bien entendu que les droits qui découlent de licences distinctes ne peuvent pas être confondus dans le même enregistrement. Ainsi le droit de fabrication des bières ne peut être joint à celui du dixième sur les voitures publiques ; l'un et l'autre doivent être séparés des droits sur les cartes et sur les boissons. Id.

1122. Toute quittance cumulative doit porter à la suite de la somme reçue cette indication : *suivant le détail d'autre part.* Ce détail est inscrit au verso des quittances. Id.

§ IV. Quittances pour consignations d'amendes et doubles ou sextuples droits.

1123. Les sommes versées aux receveurs principaux à titre de consignation sont inscrites sur un registre à souche ordinaire, n° **74**, mais affecté spécialement à cet usage. L'enregistrement doit être libellé comme suit : « Fait recette le comptable de la somme de....., payée par le sr..... à titre « de consignation, laquelle somme reportée au journal 87, sous le n°... « au sommier 88 et 89, sous le n°.... » Le timbre de la quittance sera exigé du redevable. C. n° 94 du 6 août 1823. V. 78 et suiv.

1124. Les receveurs particuliers qui reçoivent des consignations pour le compte du receveur principal délivrent quittance de leur registre n° **74**, émargent la somme reçue comme à l'ordinaire et la reportent au sommier n° 76 à un compte spécial. Id. V. 87 et suiv.

1125. Parts d'amendes, en matière d'octroi, revenant aux employés des contributions indirectes. V. **1141**.

1126. Les parts d'amendes en matière d'enregistrement sont versées au receveur principal, qui annule le timbre de la quittance extraite du registre n° 74 et délivrée au receveur de l'enregistrement. V. **1027**.

§ V. Quittances pour indemnités d'exercices, frais de casernement, prix d'impressions, etc.

1127. La création du timbre mobile de **10** centimes établi par la loi du 23 août 1871 a rendu inapplicables quelques-unes des anciennes instructions.

L'Administration a constaté que des quittances délivrées par des comptables de son service à des receveurs municipaux, pour acquit de frais de casernement ou d'indemnités d'exercices, avaient été libellées sur papier libre et revêtues tantôt du timbre mobile de **10** centimes créé par l'article **18** de la loi du **23** août **1871**, tantôt du timbre mobile établi par l'article **4** de la loi du

8 juillet 1865; timbre qui, fixé alors à 20 centimes, a été porté depuis à 25 centimes. Lett. comm. du 12 nov. 1874.

Aux termes de l'article 243 de la loi du 28 avril 1816, les quittances délivrées par les employés de la Régie doivent être marquées d'un timbre *spécial* de 10 centimes. Cette disposition a été pleinement maintenue par les lois de 1865 et de 1871 précitées, *et elle ne comporte pas d'exception*. Il suit de là que les quittances émanant des comptables des contributions indirectes, qu'elles s'appliquent soit à des perceptions de droits soldés par les redevables, soit à des paiements, à des remboursements effectués à un titre quelconque par les communes ou par les particuliers, doivent être extraites de registres à souche au timbre de la Régie. Bien entendu, le prix de ce timbre (10 centimes) *est toujours exigible*. Id.

Par la lettre commune précitée, la Direction générale des contributions indirectes a rappelé aux comptables que les quittances délivrées par eux à un titre quelconque doivent, aux termes de l'article 243 de la loi du 28 avril 1816, être extraites d'un registre à souche et frappées du timbre spécial à la Régie, dont le prix, 10 centimes, est toujours exigible.

1128. *Indemnité d'exercice.* Les faits qui ont motivé ce rappel aux instructions ont également été relevés par la Cour des comptes, qui a particulièrement critiqué l'application du timbre de dimension aux quittances délivrées par les comptables des contributions indirectes aux receveurs municipaux, lors du paiement, par les communes, des indemnités dues à la Régie pour suite d'exercices dans les lieux sujets aux droits d'entrée et d'octroi. CC. n° 103 du 24 juin 1875.

Cette critique a été reconnue fondée, et la Direction générale de l'enregistrement, consultée à cette occasion, a déclaré que les quittances d'indemnités d'exercices devaient être frappées du timbre spécial des contributions indirectes. On a considéré, en effet, que ces indemnités constituent pour le Trésor une véritable recette figurant au budget, sous un titre spécial, et que, par suite, les quittances qui en justifient l'encaissement sont des quittances de produits et tombent par ce fait sous l'application de l'article 243 de la loi de 1816. Id.

1129. *Frais de casernement, abonnements pour traitements d'employés, prix d'impressions, etc.* Ces considérations sont absolument applicables aux quittances des frais de casernement; elles le sont également aux quittances délivrées à l'occasion du paiement des abonnements souscrits par les communes pour traitements d'employés, et du prix des impressions qui leur sont fournies pour le service de leurs octrois. Ainsi l'a admis la Direction générale de l'enregistrement. Les dispositions anciennes (CC. 33 du 18 décembre 1844 et autres) en vertu desquelles les quittances de l'espèce étaient ou exonérées de tout droit de timbre ou frappées du timbre de dimension, cesseront donc à l'avenir d'être suivies; les instructions données à ce sujet sur la feuille de titre des registres à souche n°s 74 A et 74 B seront modifiées en conséquence, lors du prochain tirage qui sera fait de ces modèles. Id.

Quittances à l'appui des répartitions. V. 1141 et suiv.

Sect. II. — Quittances des créanciers de la Régie

§ Ier. Dispositions générales.

1130. Les quittances payables sur les caisses publiques sont assujéties à un droit de timbre de 10 centimes. Art. 18 de la loi du 23 août 1871. CC. n° 90 du 1er déc. 1871 et n° 92 du 30 du même mois.

Appointements, remises des buralistes. V. 1036 et suiv.

Lorsqu'un mandat est accompagné d'une facture timbrée au timbre de dimension, l'apposition du timbre de 10 centimes, spécial au droit de quittance, est en outre indispensable, soit sur la facture, soit sur le mandat. CC. n° 92 du 1er déc. 1871.

Mais si le mandat forme la seule pièce justificative de la dépense, il suffit d'apposer le timbre de 10 centimes sur la partie de ce mandat destinée à recevoir la quittance. Id.

Oblitération des timbres-quittances. V. 1042.

1131. Il est indispensable que les quittances indiquent d'une manière précise la date des fournitures ou des travaux exécutés. CC. n° 22 du 18 déc. 1834.

Elles doivent relater en outre la somme en toutes lettres, et être datées devant l'agent de la dépense, au moment même du paiement. Art. 11 des disp. gén. du Règl. de 1866.

1132. Il n'est pas nécessaire qu'il soit fourni une quittance isolée et distincte quand l'extrait d'ordonnance ou le mandat est quittancé par le créancier; mais l'extrait d'ordonnance ou le mandat est, s'il y a lieu, soumis au timbre. Art. 11 des disp. gén. du Règl.

En ce qui concerne la formule de la quittance, quand elle est apposée sur l'extrait d'ordonnance ou le mandat, l'énonciation la plus simple suffit, par exemple: Pour acquit, le

Elle ne doit contenir ni restrictions ni réserves. Id.

1133. Lorsque la quittance est produite séparément, comme il arrive si elle doit être extraite d'un registre à souche ou à talon, ou si elle se trouve au bas des factures, mémoires ou contrats, l'extrait d'ordonnance ou le mandat n'en doit pas moins être quittancé *pour ordre et par duplicata*, la décharge du Trésor ne pouvant être séparée de l'ordonnancement qui a ouvert le droit. Id. V. 934.

Lorsqu'il s'agit de paiements collectifs, il peut toujours être suppléé aux quittances individuelles par des états d'émargement dûment certifiés. Id.

1134. Les états nominatifs de liquidation, quand chaque titulaire ne reçoit pas personnellement du payeur la somme qui lui revient, doivent porter, outre l'émargement des ayants droit, l'acquit de la personne autorisée à recevoir en leur nom le montant de l'ordonnance ou du mandat. Id.

§ II. Quittances de tiers.

1135. Les émargements, acquits ou quittances donnés par des tiers, au nom des ayants droit, doivent être appuyées de la procuration de ceux-ci. Cette pièce est jointe au premier émargement ou acquit pour lequel il en est fait usage. Pour les émargements ou acquits ultérieurs, il suffit de joindre une copie de la procuration indiquant la pièce à laquelle a été annexé l'original. Art. 36 des disp. gén. du Règl.

1136. Toute procuration doit être timbrée et enregistrée, sauf l'exception faite par l'article 1985 du code civil pour celles données en forme de lettres par les employés et préposés pour leurs traitements et émoluments. Art. 19 id.

1137. Les procurations peuvent être formulées ainsi qu'il suit :

Je soussigné (*nom, prénoms et grade de l'employé*) à la résidence de direction de donne pouvoir à M. de pour moi et en mon nom, recevoir les sommes et émoluments de toute espèce attribués à mon emploi, qui peuvent ou pourront m'être dus par la Régie des contributions indirectes, et de donner les quittances et émargements nécessaires, promettant d'avoir pour bon et agréable ce qui sera fait par mon procureur fondé susnommé.

Fait à , le 188 .

§ III. Paiements faits à des parties illettrées.

1138. Les paiements faits à des parties illettrées doivent être certifiés par acte notarié pour les sommes au-dessus de 150 francs. Art. 11 des dispositions gén. du Règl. et art. 363 du Décret du 31 mai 1862.

1139. Une décision ministérielle du 27 avril 1858 porte que les quittances notariées à fournir par des créanciers illettrés qui auraient à toucher dans les caisses de l'Etat des sommes supérieures à 150 francs, seront enregistrées *gratis*, quelle que soit la nature de la créance. CC. nº 65 du 16 déc. 1858.

1140. Pour les paiements inférieurs à 150 fr., si la partie prenante est illettrée ou dans l'impossibilité de signer, la déclaration en est faite au comptable chargé du paiement, qui la transcrit sur l'ordonnance ou le mandat, la signe et la fait signer par deux témoins présents au paiement. Art. 11 des disp. gén. du Règl. de 1866 et art. 363 du Décret du 31 mai 1862.

§ IV. Quittances à l'appui des répartitions.

1141. Les quittances délivrées par les employées de la Régie à l'appui des états de répartition d'amendes sont soumises au timbre de 10 centimes lorsque la somme payée à chaque agent excède 10 francs. Art. 18 de la loi du 23 août 1871.

Les parts d'amendes, en matière d'octroi, revenant aux employés des contributions indirectes, sont versées au receveur principal. CC. n° 74 du 22 juill. 1865.

1142. En vertu du principe énoncé plus haut (V. 1127), les quittances délivrées lors du versement à la Régie des parts allouées aux employés verbalisants dans les saisies en matière d'octroi doivent être marquées au timbre spécial des contributions indirectes. Ces versements sont, en effet, classés parmi les recettes du Trésor, comme produits budgétaires (amendes et confiscations), et une portion en est affectée au service des pensions civiles. CC. n° 103 du 24 juin 1875.

Il n'en est pas de même des versements de l'espèce effectués par la Régie à l'octroi, versements qui forment dépense pour le Trésor sans constituer une recette pour les communes, puisqu'ils sont rangés, dans la comptabilité municipale, parmi les services hors budget. Ces versements doivent donc être justifiés par des quittances du reg. K *bis*, dont le timbre reste à la souche et est remplacé par le timbre créé par la loi du 23 août 1871. Id.

Enfin, au timbre de la quittance K *bis* est substitué le timbre de 25 centimes (loi du 8 juillet 1865), lorsque les versements comprennent la part des communes avec ou sans allocation pour les agents verbalisants. Id.

Il reste entendu que, dans les cas de versements de parts d'employés, le timbre étant à la charge des ayants droit, le prix doit en être prélevé sur la somme à répartir, et que ce timbre est indépendant du timbre dû par chaque agent touchant plus de 10 francs. Id.

Lors de la répartition, le prix du timbre est présenté en déduction, à la ligne des frais, sur l'état de sous-répartition n° 99. Le surplus est ensuite partagé, d'après les règles admises, entre le service des pensions civiles et les employés saisissants. CC. n° 57 du 7 juill. 1854.

1143. Un droit de timbre de 10 centimes est dû pour chaque émargement supérieur à 10 francs, sur l'état d'attribution d'amendes soit aux agents de l'octroi, soit aux agents de la Régie.

Les timbres mobiles de 10 centimes créés par l'article 2 de la loi du 25 août 1871 ne peuvent en aucun cas suppléer les timbres proportionnels ou de dimension. Ce serait donc mal interpréter la loi que d'apposer six timbres de 10 centimes lorsque c'est le prix du timbre de 60 centimes qui est dû. V. 1038.

1144. Lorsqu'il y a lieu de faire emploi du timbre de 25 centimes, qui doit être oblitéré avec une griffe spéciale, c'est au receveur central de l'octroi qu'il incombe de réclamer au receveur de l'enregistrement l'apposition du timbre exigé par la loi. Lett. de la comptab. pub. au directeur de la Charente du 7 nov. 1866.

1145. *Quittances de la gendarmerie.* Lorsque les receveurs principaux ont à payer aux militaires de la gendarmerie, soit des parts d'amendes, soit des primes pour tabacs ou poudres saisis et arrestation de colporteurs, ils se bornent souvent à remettre ces sommes aux officiers trésoriers des corps et à en retirer quittance. CC. n° 102 du 20 mars 1875.

Or, aux termes des art. 311 et 405 du décret du 18 février 1863 sur l'administration de la gendarmerie, les comptables publics qui ont des sommes à payer à des militaires de cette arme, doivent exiger une quittance collective des membres du conseil d'administration et inscrire eux-mêmes les sommes payées sur le livret de solde, dont sont pourvus, en vertu de l'art. 405 précité, les corps, compagnies et détachements de gendarmerie. Id.

Il est de l'intérêt des comptables de ne pas omettre l'accomplissement de ces formalités. Id.

§ V. Quittances de l'octroi pour remises allouées par la Régie aux receveurs d'entrée.

1146. Les quittances des remises allouées par l'Administration des contributions indirectes aux receveurs d'octroi pour la perception des droits d'entrée étaient, jusqu'à la loi du 23 août 1871, affranchies du droit de timbre, ces remises formant un émolument personnel et non un produit communal (CC. 79 du 21 novembre 1867). Ce motif d'exemption ne peut plus être invoqué, la loi précitée ayant expressément soumis au droit de timbre de 10 centimes toute quittance de traitement ou émolument payé tant par l'État que par les communes, etc. Les quittances dont il s'agit doivent donc être soumises au timbre édicté par cette loi. CC. n° 103 du 24 juin 1875.

§ VI. Quittances qui ne doivent pas être soumises au timbre.

1147. Les quittances des tiers pour les sommes inférieures à 50 centimes sont exemptes du timbre. Art. 20 de la Loi du 23 août 1871.

1148. Il n'y a pas lieu non plus d'exiger le prix du timbre pour les quittances constatant le versement dans les caisses communales du montant des droits d'octroi perçus *en régie simple* ou par voie d abonnement avec l'Administration des contributions indirectes. Il n'y a pas là, comme dans le cas de ferme ou de régie intéressée, un tiers pour qui la quittance forme un titre de libération. CC. n° 75 du 23 nov. 1865, et n° 103 du 24 juin 1875.

1149. Ne sont pas non plus assujéties à la formalité du timbre, entre autres exceptions, les quittances délivrées au nom d'une administration ou d'un fonctionnaire public à une autre administration publique ou à un fonctionnaire public. Il n'y a donc pas lieu d'exiger le droit de timbre des quittances délivrées par le service des douanes en paiement des droits afférents à des objets imposables introduits en France par le service des manufactures de l'Etat, non plus que sur celles données par les consuls de France, à l'étranger, chargés par la Direction générale de l'achat des tabacs exotiques. CC. nº 77 du 12 janv. 1867 et nº 79 du 21 nov. 1867.

1150. En cas de déduction sur le montant des droits mentionnés sur les quittances (restitution, etc.), celles-ci sont appuyées d'un décompte établi sur papier libre, et dans lequel on indique le motif et le chiffre des déductions. CC. nº 79 du 21 nov. 1867.

1151. Lorsque les titres, factures ou mémoires portant quittance sont timbrés, ou que la quittance est fournie séparément sur papier timbré, l'acquit donné *pour ordre* sur les extraits d'ordonnances ou les mandats n'entraîne pas la nécessité du timbre de ces pièces. Art. 14 des disp. gén. du Règl.

1152. N'est point soumis à la formalité du timbre tout bordereau produit par un agent administratif, à l'effet soit d'obtenir le remboursement de dépenses ou d'avances, soit de justifier de l'emploi des fonds qui avaient été mis à sa disposition pour un service public. Art. 17 id.

Sect. III. — Mémoires et factures.

1153. Pour les dépenses qui n'excèdent pas 10 francs dans leur totalité, la production des factures et mémoires de travaux ou fournitures n'est pas exigible, quand le détail des fournitures ou travaux est présenté dans l'ordonnance ou le mandat. S'il s'agit d'une dépense exécutée en régie, il peut être suppléé à la facture ou au mémoire par une quittance de l'ayant droit contenant le même détail. Art. 20 des disp. gén. du Règl.

1154. L'article 22 du décret du 18 novembre 1882 dispose qu'il peut être suppléé aux marchés de gré à gré par des travaux sur simple mémoire ou par des achats sur simple mémoire pour les objets qui sont livrés immédiatement, quand la valeur n'excède pas 1,500 francs. C'est à l'Administration supérieure seule qu'il appartient d'opter pour le mode à employer. Sa décision doit par suite être produite afin de suppléer au devis, lorsque cette dernière pièce n'a pas été établie. CC. nº 79 du 21 nov. 1867. V. 1099.

1155. A l'appui de tous les travaux de construction ayant une durée de plusieurs années, on doit joindre des certificats délivrés par l'architecte. Ces certificats rappellent distinctement les acomptes précédents, par masse, pour chacun des exercices antérieurs, et, par détail, sur l'exercice courant. CC. nº 22 du 18 déc. 1834.

1156. Les mémoires doivent indiquer aussi distinctement la date des services faits. Id.

1157. On ne devrait pas admettre ceux dans lesquels cette date serait effacée ou raturée.

1158. Il est prescrit de ne pas cumuler dans les mémoires les fournitures et travaux effectués dans deux exercices différents. CC. nº 23 du 17 déc. 1835.

1159. Par suite d'une décision ministérielle du 6 décembre 1850, les factures ou mémoires produits comme justification du droit du créancier à l'appui des dépenses doivent être établis sur papier timbré, lors même que les travaux ou fournitures ne s'élèvent pas à 10 fr. CC. n° 49 du 18 juill. 1851.

1160. Si les mémoires ou factures, timbrés au timbre de dimension, sont accompagnés d'un mandat, l'apposition du timbre de 10 centimes spécial au droit des quittances est en outre indispensable pour la quittance, soit sur les factures ou mémoires, soit sur le mandat. CC. n° 92 du 1er déc. 1871.

1161. Mais les comptables sont dispensés de produire des mémoires ou factures des fournisseurs à l'appui des dépenses qui n'excèdent pas dix francs, pourvu que le détail et le prix des travaux ou des fournitures se trouvent dans le mandat de paiement ou dans la quittance des intéressés. Ibid.

Le timbre de 10 centimes, lorsqu'il est apposé sur le mandat, est mis sur la partie de cette pièce destinée à recevoir la quittance. Id.

1162. Il est essentiel que les mémoires soient totalisés en chiffres et en toutes lettres. Ils sont datés et signés par les créanciers. Le domicile de ces derniers doit y être indiqué. Art. 31 des disp. gén. du Règl.

1163. L'arrêté de liquidation des mémoires et factures de toute fourniture d'objets matériels doit contenir un certificat de réception de ces objets par l'Administration, à moins que leur livraison n'ait été constatée soit par un procès-verbal compris au nombre des pièces justificatives, soit par la déclaration d'un agent compétent, relatant le numéro d'inscription sur le registre tenu par cet agent pour les objets qu'il doit prendre en charge. Art. 32 id.

Sect. IV. — Modèles.

§ Ier. Formule de devis pour réparations et fournitures dans un entrepôt de poudres.

1164. Devis de travaux de réparation et de fournitures à exécuter à l'entrepôt principal de poudres de

Immeuble de l'État, n°

Les travaux mentionnés au devis ci-dessus ont pour objet :

1° De réparer certains murs dont le crépissage est tombé, de changer quelques pierres du bandeau du mur d'enceinte, de remanier ou réparer les ouvertures suivant que cela est nécessaire ;

2° De mettre des cheneaux au pourtour de la maison renfermant l'habitation du gardien et le corps de garde, de fournir et mettre en place quelques portes pleines et contrevents aux ouvertures principales du grand magasin et du magasin de distribution, ces ouvertures n'étant pas grillées et n'étant closes simplement que par des croisées et de légers volets intérieurs, ce qui nous a paru tout à fait insuffisant, eu égard à l'importance et à la nature des marchandises que renferment ces magasins, de mettre une porte au corps de garde, ce qui est indispensable, de revérifier, remastiquer et reprendre les deux mâts du paratonnerre et les paratonnerres eux-mêmes, de mastiquer et peindre les portes, croisées et barrières qui en ont besoin, enfin de faire différentes petites réparations qui nous ont paru nécessaires et qui figurent au devis ci-dessous ;

3° Enfin, de placer une pompe au puits pour le service du gardien et des militaires.

CHAPITRE 1er.

Article 1. Crépir et rustiquer au balai, à deux mortiers, après avoir fait tomber ce qui reste des crépissages actuels, les murs d'enceinte du magasin, en employant de bon sable de courant et de la chaux de première qualité.

Article 2. *Côté Ouest :*

Longueur....	35m33	117m64
Hauteur.....	3m33	

Article 3. *Côté Nord :*

Longueur....	15m00	52 50
Hauteur.....	3m50	

Article 4. *Côté Sud:*

Longueur ...	35m33	102 45
Hauteur.....	2m90	

Article 5. Extérieur des mêmes murs.

(*Côté Sud*) :

Longueur ...	42m00	189 00
Hauteur.....	4m50	

Article 6. *Côté Nord :*

Longueur ...	16m00	72 00
Hauteur.....	4m50	

Article 7. *Côté Est :*

Longueur ...	42m00	105 00
Hauteur.....	2m50	

Ensemble.......... 638m59

Article 8. Soit 638m 59c carrés de crépissages faits ainsi qu'il vient d'être dit à l'article 1er à 0 f. 80 c. le mètre carré, y compris l'enlèvement des anciens crépissages. 510 f.87

Article 9. Pour le bandeau de couronnement du mur d'enceinte, remplacer en divers endroits 25 pierres en gros bourg de première qualité à 3 f. 75 l'une, mise en place, y compris l'enlèvement des anciennes pierres et les raccords et rejointoiements à faire au pourtour. 93 75

A reporter. . . 604 62

Report. . . . 604 62

Couverture.

Article 10. Couverture du magasin de distribution remaniée d'un bout à l'autre sur une

Longueur de. 10m00 } 50m00
Largeur de.. 5m00 }

Lesquels 50m 00 carrés à 0 fr. 30 c. l'un. . . 15 f. 00

Article 11. 45 mètres linéaires de rives, arêtiers et faîtages pour cette couverture, lesquels à 0 fr. 30 c. l'un, y compris la fourniture du mortier. 13 50

Article 12. 8 mètres linéaires de prolongement d'entablement en ardoises pour la corniche, lesquels à 3 f. 00 l'un. 24 00

Article 13. Couverture du magasin aux poudres nettoyée et balayée :

Longueur... 19m00 } 190m00
Largeur de.. 10m00 }

Lesquels 190m carrés à 0 f. 15c l'un. 28 50

Article 14. 42 mètres linéaires d'arêtiers et faîtages, refaits à neuf pour ce magasin, lesquels à 0 f. 30c. . 12 60

Article 15. Couverture du corps de garde et de la maison d'habitation, nettoyée et balayée sur une

Longueur... 16m00 } 304m00
Largeur..... 19m00 }

Lesquels 304m00 carrés à 0 f. 15 c. l'un.......... 45 60

Article 16. 102 mètres linéaires d'arêtiers, rives et faîtage, refaits à neuf pour cette couverture, lesquels à 0 f. 30c l'un.................................... 30 60

Article 17. Fourniture de 500 tuiles pour ces différentes réparations, à 5 f. 00 le %............. 25 00

Article 18. Couverture du mur d'enceinte en tuiles de Gironde, pour la garantie des infiltrations d'eau sur une surface d'environ 100m carrés, à 2 f. 25 l'un.............................. 225 00

Total pour la couverture.......... 419 80 — 419 80

Total pour le chapitre 1er.......................... 1024 42

CHAPITRE II.

Travaux divers à faire dans le logement du gardien, le corps de garde, le grand magasin, le magasin de distribution, etc.

Art. 19. Cheneaux en fer-blanc double peints à deux couches, supportés par 80 crochets en fer forgé et à scellement, mis en place au cordon qui contourne le corps de garde et la maison du garde.

Longueur développée 70 m. linéaires, à 2 fr. 90 l'un........ 203 »

Art. 20. Quatre tuyaux de descente en zinc n° 12, de 0 m. 25 de diamètre avec crochets, mis en place, ayant 5 m. de longueur, ensemble 20 m. à 2 f. 25 l'un........................ 45 »

Art. 21. Réparation à faire à la couverture en zinc du hangar servant au chargement et déchargement des poudres, dégradée par le mauvais temps, fourniture et peinture des ferrures comprises... 16 »

Art. 22. Fourniture d'une porte à deux battants en bois de Nerva de 0 m. 033 d'épaisseur, cintrée par le haut avec imposte, ouvrant et dormant bouvetés, avec des clefs dans les joints et emboîture dans le haut; elle est destinée à empêcher l'eau pluviale de pénétrer dans le grand magasin. Hauteur 3 m. 50, largeur 1 m. 50, surface 5 m. 25 carrés, lesquels à 8 fr. l'un. . . 42 »

Art. 23. Ferrure de cette porte, composée de 6 gonds, 6 pentures, 2 verrous, loqueteau et pattes d'arrêt en haut et en bas, plus 2 loqueteaux, 4 fortes charnières et 2 fils de fer pour l'imposte, le tout ensemble...................... 29 »

Art. 24. Fourniture de deux paires de contrevents en bois de Nerva de 0 m. 03 d'épaisseur, pour le magasin de distribution. Chaque paire de contrevents, qui aura 2 m. 80 de haut sur 1 m. 21 de large, portera emboîtage et sera bouvetée avec clef dans le haut. Surface d'une paire 3 m. 38. Les deux ensemble 6 m. 76 carrés, à 8 fr. l'un.............. 54 08

Art. 25. Ferrure de ces contrevents composée pour chaque paire de 6 pentures, 2 verrous, loqueteau et pattes d'arrêt en bas et en haut. Le tout monte pour une 15 fr., les deux....... 30 »

Art. 26. Peinture à trois couches de ces deux paires de contrevents, donnant en surface 13. m. 57 sur les deux faces, à 0 fr. 80 l'un... 10 86

Art. 27. Ouverture d'une porte extérieure, dans un mur de 0 m. 65 d'épaisseur, pour aller dans la cour; fourniture de 24 pierres pour monter les jambages et fermer l'ancienne porte dans la cuisine. Lesquelles, à raison de 1 fr. 25 l'une, transport compris.. 30 «

Art. 28. 4 dallottes en pierres dures de 1 m. de long sur 0 m. 33 de large, à 3 fr. 25 l'une.................................. 13 »

A reporter.................. 472 94

Report.	472 94
Art. 29. Une pierre dure pour la marche extérieure, ayant 1 m. 50 de large sur 0 m. 33 d'équarrissage.	9 »
Art. 30. Un linteau en chêne placé en dedans de la porte	2 50
Art. 31. Fourniture de la chaux pour servir à la construction de ladite porte.	3 »
Art. 32. Dix journées de maçon pour l'exécution de ces divers travaux, à 3 f. 25 l'une.	32 50
Art. 33. Fourniture d'une porte pleine extérieure en bois de Nerva de 0 m. 03, pour la communication du poste avec la cour, hauteur 2 m. 25, largeur 0 m. 85, surface 1 m. 91 carrés, à 8 fr. l'un.	15 28
Art. 34. Ferrure de cette porte, composée de pentures en haut et en bas, avec pivot et crapaudine, loquet et verrous. Le tout.	8 50
Art. 35. Peinture à trois couches de cette même porte ayant pour les deux faces 3 m. 82 carrés, lesquels à 0 fr. 80 l'un.	3 06
Art. 36. Remplacement de 35 carreaux en terre cuite de Gironde de 0 m. 32 de côté, dans le corridor du magasin à distribution et la cuisine du poste, à 45 c.	14 40
Art. 37. Fourniture de 50 mètres courants de tains ou chantiers en bois de pin de 0 m. 10 à 0 m. 11 d'équarrissage, servant à supporter les barils, à raison de 0 m. 60 le mètre, mis en place.	30 »
Art. 38. Fourniture de 800 cales pour maintenir en place les barils de poudre, à raison de 0 fr. 02 l'une. . . .	16 »
Art. 39. Fourniture de 2 capotes de guérite pour service des sentinelles, à 35 fr. l'une.	70 »
Art. 40. Remplacement des deux consoles en fer, servant à supporter le guichet du magasin à distribution, en y ajoutant une jambe de force également en fer pour supporter la tablette.	4 50
Art. 41. Remplacement de la barre de fer placée sur la façade pour supporter le drapeau, mise en place. . . .	2 »
Art. 42. Fourniture d'un drapeau national, en calicot, de 3 m. sur 4 m., soit 12 m. carrés, pour remplacer celui qui existe qui ne peut plus servir, à 1 fr. 25.	15 »
Art. 43. Fourniture de 6 m. cubes de moellons concassés pour réparer le chemin conduisant au grand magasin, à 5 fr. l'un.	30 »
Art. 44. Six journées de manœuvres pour réparer ce chemin, à 2 fr. 25 l'une.	13 50
A reporter	742 48

Report.	742 18
Art. 45. Remastiquage des deux mâts du paratonnerre, du haut en bas; les peindre à deux couches, ainsi que les ferrures; vérification de l'aiguille aimantée et des chaînes conduisant au puits, le tout.	30 »
Art. 46. 3 portes du grand magasin, première enceinte extérieure, mastiquées et peintes à deux couches, ayant chacune 3 m. 50 de hauteur sur 1 m. 50 de largeur, ce qui donne pour la surface des trois 15 m. 75, à 0 fr. 65 l'un.	10 23
Art. 47. 2 croisées du magasin à distribution, mastiquées et peintes sur une face à 2 couches, ayant chacune 2 m. 80 de hauteur sur 1 m. 20 de largeur, ensemble 6 m. 78, à 0 f. 65 l'un.	4 37
Art. 48. 5 portes extérieures (côté Nord) du corps de garde et du logement du gardien; mastiquées, lessivées et peintes sur 2 faces. Hauteur d'une, 3 m. 40 sur 1 m. 40 de large; ensemble, 47 m. 60, à 0 fr. 65 le mètre, montent. .	30 94
Art. 49. 5 portes extérieures (côté Sud) du corps de garde, et du logement du gardien, semblables aux cinq précédentes, à 0 fr. 65.	30 94
Art. 50. 10 paires de volets, mastiqués, lessivés et peints à deux couches sur les deux faces. Hauteur, 1 m 85 sur 1 m. 20. Surface ensemble 44 m. 40, à 0 fr. 65. . .	28 86
Art. 51. 5 portes intérieures, mastiquées, lessivées et peintes à deux couches sur les deux faces, pour la cuisine, le corps de garde, le pas perdu et la salle de police. Hauteur 5 m. 25, largeur 1 m. 10, ensemble 25 m. 85 carrés, à 0 f. 65 l'un.	16 80
Art. 52. 22 mètres de barrières, mastiqués et peints à 2 couches sur 1 m. de hauteur, à 0 f. 65 l'un.	14 30
Art. 53. 3 guérites, mastiquées et peintes à 2 couches, sur une hauteur de 3 mètres, une largeur intérieure de 0 m. 80 et une largeur extérieure de 1 m., ce qui donne pour une guérite 16 m. 20. Les 3 ensemble 48 m. 60, à 0 fr. 65 l'un.	31 59
Art. 54. 18 mètres carrés de planches, lessivées et peintes à 2 couches sur deux faces. Ces planches, destinées pour les bagages et râteliers de havre-sac, ont 15 mètres sur 0 m. 60, ce qui donne, les 18 mètres carrés, à 0 fr. 65. . .	11 70
2 consoles en fer de 0 m. 30 de hauteur pour soutenir les râteliers, pesant ensemble 6 kilog., à 0 fr. 90 cent. le kilogr. mis en place.	5 40
Art. 55. Fourniture de 8 carreaux de 50 cent. sur 60 c.,	
A reporter...	957 31

Report	957 31
soit 0 m. 30 carrés, et au total 2 m. 40 carrés, à 5 fr. le mètre carré.	12 »
Art. 56. Fourniture d'un carreau de lucarne éclairant la salle de police, de 0 m. 80 de longueur sur 0 m. 50 de largeur, 0 m. 003 à 0 m. 004 d'épaisseur, mis en place avec réparation des ferrements.	6 50
Art. 57. Réparation des deux seaux en fer battu, pour le service du poste, changer les fonds et les peindre. . .	8 50
Art. 58. Confectionner six paires d'espadrilles pour le service du magasin, à 2 fr. 25 la paire.	13 50
Total du chapitre 2. . .	997 81

CHAPITRE III.

Travaux à faire dans le puits pour la pose d'une pompe pour le service du gardien et des militaires.

Art. 59. Cette pompe, qui aura 11 mètres de long, se composera d'une colonne de 3 m. de long et d'un tuyau d'aspiration de 8 m. Le corps de la pompe et de la colonne aura 0 m. 095 de diamètre. Les tuyaux auront 0 m. 045 de diamètre, avec les brides nécessaires pour l'aspiration. La pompe versera l'eau dans un timbre. Un tuyau pratiqué dans le côté du timbre servira à remplir les seaux. La ferrure sera composée de consoles en fer forgé, scellées sur la margelle du puits, et d'une bringueballe. Le puits sera couvert d'une couverture en tôle. Le tout mis

en place coûtera	180 f. »	
On déduira pour les vieux fers forgés, qui seront réemployés par l'entrepreneur et consistant en consoles et chaines.	40 »	
Reste pour montant net	140 f. »	140 f. »
Total du chapitre 3.		140 f. »

RÉCAPITULATION.

Chap. 1er. Maçonnerie et couverture.	1024 f. 42
Chap. 2. Travaux divers.	997 81
Chap. 3. Travaux pour la pompe.	140 »
Total de la dépense.	2162 f. 23
A valoir pour frais imprévus, les 3 p. % de la somme ci-dessus.	64 87
Total.	2227 f. 10
Honoraires de l'architecte, les 5 p. % de la somme ci-dessus.	111 35
Total général.	2338 f. 45

Arrêté le présent devis à la somme de deux mille trois cent trente-huit francs quarante-cinq centimes par l'architecte soussigné.

A le

L'architecte,

Le sous-directeur soussigné certifie que les travaux et fournitures énumérés au présent devis sont indispensables, que les prix d'estimation ont été débattus avec soin et sont modérés.

A le

Vu par le Directeur,

Instructions relatives aux devis. V. 1071 à 1079.

§ II. Formule de cahier des charges.

1165. Cahier des charges et conditions des travaux à exécuter à l'entrepôt des poudres de

Article 1er.

Les travaux dont il est ici question sont décrits au devis dressé par M. le

Ils seront adjugés à un seul et même entrepreneur dont la soumission devra être conforme au modèle ci-annexé, sur papier timbré, et remise à M. le directeur des contributions indirectes, à le

Art. 2.

L'entrepreneur adjudicataire devra se mettre à l'œuvre huit jours après l'avis qu'il aura reçu de l'acceptation de sa soumission.

Il devra avoir achevé ses travaux dans un délai de qui partira du jour où il aura reçu avis de l'acceptation de sa soumission. Ces travaux seront exécutés dans l'ordre qui lui sera indiqué par l'architecte.

Art. 3.

L'entrepreneur s'engage à exécuter les travaux sus-mentionnés avec soin, suivant les règles de l'art, les prescriptions du devis et les instructions qui lui seront données par l'architecte ou son inspecteur. Il se soumet à se voir refuser par l'architecte et à refaire, à ses frais, risques et périls, tous ceux qui ne seraient pas acceptés par l'architecte.

Art. 4.

Dans le cas où il serait jugé utile de retrancher quelques-uns des articles prévus au devis, cette faculté est réservée à l'architecte, qui en informera l'entrepreneur à l'avance. Celui-ci n'aura aucune réclamation à adresser pour ce fait.

ART. 5.

Si l'entrepreneur n'avait pas achevé ses travaux dans le délai fixé à l'article 2 et s'il était reconnu, par l'architecte, que ce retard provient de son fait, il lui serait fait sur le montant de son mémoire une retenue de quinze francs par chaque jour de retard.

Fait à le

L'architecte,

§ III. Formule de soumission.

1166. **Soumission :**

Je soussigné demeurant à rue n° m'engage à exécuter à l'entrepôt des poudres de les travaux décrits au devis dressé par M. architecte à le moyennant un rabais de centimes par franc, et à me conformer aux conditions énoncées dans le cahier des charges dressé par le même architecte le

A le

nstructions relatives aux adjudications. V. 1080 et suiv.

— aux marchés de gré à gré. V. 1085 et suiv.

§ IV. Formules de devis pour embarcations, etc.

1167. **Devis de la dépense à faire pour la construction d'une barque de 0 fr. 60, destinée à**

Entrepreneur, M....

Dimensions.

Longueur en tête de l'étrave à l'étambot.	6m »
Longueur de la cale d° d°	5 40
Largeur entre les deux tolletières.	1 40
Hauteur du plan au plat-bord entre les deux tolletières.	» 50

Coque.

18m »	Courbes en bois de sapin de 4 cent. d'épaisseur, à.	» f. 45	8 f. 10
4m 40	Planche en sapin pour vaigrage de 25 cent. longr sur 3 cent. épaisr, à.	» 60	2 64
33m »	Planche en sapin pour bordages, payol et roufles de 50 cent. largeur et de 2 cent. épaisseur, à.	» 60	19 80
12m »	Planche en sapin pour supports de bancs		
	A reporter. . . .		30 54

	Report..			30 54
	de 20 cent. largeur et de 2 cent. épaisseur, à.	»	30	3 90
13m	» Bois de hêtre de 6 cent. de chaque côté pour plat-bord, à.	»	50	6 50
2m	» Bois de sapin de 8 cent. de chaque côté pour les roufles, à.	»	75	1 50
3m	» Plateau en bois de sapin de 25 cent. largeur et de 4 cent. épaisseur pour les deux bancs, à.	»	75	2 25
2m	» Bois de sapin de 10 cent. de chaque côté pour étraves et étambot, à.	1	»	2 »
1 kil.	Etoupes, à.	1	»	1 »
3 kil.	Clous étamés de divers numéros, à. . . .	1	50	4 50
4 kil.	Goudron, à.	»	50	2 »
5	Journées de charpentier, à.	4	50	22 50
	Total de la dépense.			76 f. 69

Arrêté le présent à la somme de soixante-seize francs soixante-neuf centimes. V. 1071 à 1079.

A   le

L'entrepreneur,

Le sous-directeur soussigné certifie que cette embarcation est indispensable, que les prix ont été discutés avec soin et n'excèdent pas ceux du cours.

A   le

Vu par le Directeur,

1168. Devis de la dépense à faire pour les radoubs des embarcations.

Entrepreneur, M...

Barque plate la Minerve n°

Attachée au port de

Jaugeant 1t 20.

Remplacements.

Nos de l'inventaire.					
1	2	Avirons en bois de hêtre de 2m 50c l'un (les anciens usés et sans valeur serviront de pieux pour amarrer la barque). Prix par aviron, à raison de 1 fr. 60 le mètre.	4 »	8 »	
2	2 kil.	Amarre en sparterie (l'ancienne usée et sans valeur, servira pour défenses).	» 75	1 50	11 40
3	1	Ecope à main en bois de hêtre (l'ancienne cassée et sans valeur). . .	» 40	» 40	
6	1	Eponge (l'ancienne complètement usée et sans valeur).	1 50	1 50	
		A reporter.			11 40

Report. 11 40

Radoubs-Coque.

» 4 mres	Planche en sapin de 30c larg. et de 2c épais. pour le plan.	» 60	2 40	
» 2 mres	Bois de hêtre de 6c de chaque côté pour plat-bord.	» 50	1 »	
» 1 kil.	Clous en fer étamés n° 40.	1 50	1 50	
» 4 kil.	Goudron.	» 50	2 »	
» 1 kil.	Etoupe goudronnée.	1 »	1 »	
» 4 kil.	Brai.	» 70	2 80	29 70
» 1 kil.	Suif blanc.	1 60	1 60	
» 1 kil.	Fil carré pour estrops.	1 40	1 40	
» 4 kil.	Peinture chamois à l'huile.	1 40	5 60	
» 1 kil.	Peinture noire à l'huile.	1 40	1 40	
» 1	Journée de charpentier.	4 50	4 50	
» 1	Journée de calfat.	4 50	4 50	
	Total.			41 10

Même arrêté, certificat et visa qu'au n° 1167.

1169. S'il s'agissait de fournitures ou réparations de mobilier pour un bureau de garantie, par exemple, la même forme de devis pourrait être adoptée en présentant séparément les fournitures premières, les remplacements et les réparations. Il y a à mentionner, pour le mobilier, lorsqu'il s'agit de remplacements ou de réparations, le numéro d'inscription à l'inventaire. Le numéro des immeubles appartenant à l'Etat ou tenus à bail, dans lesquels il est fait usage du mobilier, doit aussi être indiqué.

Les embarcations reçoivent un nom et un numéro, qu'il y a lieu de rappeler au devis s'il s'agit de radoubs ou remplacements.

Le nom et le numéro des nouvelles embarcations sont toujours indiqués au mémoire.

§ V. Formules des mémoires et factures.

1170. Les mémoires doivent présenter les *mêmes détails que les devis*. Ils doivent être dûment certifiés et arrêtés, et contenir le détail des travaux, celui des fournitures en quantités, les prix d'unités ou l'application des prix par article, la date de l'exécution ou des livraisons et la somme à payer. Règl. gén. de 1866.

Pour les travaux de longue durée, on indique la date du commencement et celle de l'achèvement des travaux. Toutes les fois que le devis renferme une clause pénale, en cas de retard dans l'exécution des travaux, etc., l'ordre de commencer ces travaux est annexé du reste au mémoire, et les certificats dont ce mémoire est revêtu font connaître si les engagements du fournisseur à cet égard ont été remplis.

A la suite du détail des travaux et fournitures, l'arrêté et les certificats peuvent être libellés ainsi qu'il suit :

Je soussigné certifie avoir livré les objets (ou avoir exécuté les travaux) *décrits au mémoire ci-dessus et dont le prix total s'élève à la somme de.....*

A le

Le soussigné atteste que les objets et travaux détaillés au présent mémoire ont été réellement fournis ou exécutés, qu'ils sont bien confectionnés et que les objets neufs ont été inscrits à l'inventaire sous les numéros indiqués.

A le

Vu par le Directeur.

1171. S'il y a plusieurs fournisseurs, on fait suivre les mémoires d'une récapitulation par fournisseur. V. 1074.

1172. Quand il y a réemploi d'effets mobiliers et de matériaux utilisés pour le service d'où ils proviennent, la nature et la valeur en sont rappelées au bas des mémoires. V. 1076.

1173. Si les objets remplacés doivent être livrés aux domaines, il en est fait mention. V. 1178.

1174. On y mentionne aussi, s'il y a lieu, la prise en charge par qui de droit des fournitures ou le numéro d'inscription sur l'inventaire ou le catalogue des objets qui en sont susceptibles.

1175. Un procès-verbal de réception des travaux, libellé sur papier timbré, est exigé généralement quand il s'agit de travaux mis en adjudication.

Pour les travaux et fournitures de peu d'importance, il suffit d'un certificat de réception également sur papier timbré. Il est dressé par l'architecte ou l'ingénieur qui a présidé à leur exécution.

Lorsque le règlement n'exige aucune de ces deux pièces, l'agent compétent constate simplement à la suite des mémoires la livraison et la bonne exécution des fournitures et travaux.

1176. Dans les magasins et manufactures, la justification des mêmes frais d'entretien et de réparation a lieu au moyen de mémoires dûment vérifiés et arrêtés par les conseils des établissements.

La réception des fournitures diverses est constatée sur un registre au fur et à mesure des livraisons, et fait, chaque mois, l'objet d'un bulletin récapitulatif qui sert de base à la liquidation des sommes dues aux fournisseurs.

Les mémoires sont transmis à l'Administration après avoir été vérifiés, réglés et arrêtés par le conseil de l'établissement.

1177. Instructions relatives aux mémoires. V. 1153 et suiv

1178. Objets à livrer aux domaines. V. **Matériel des bureaux**, ch. LXII, 2448 et suiv.

1179. Instructions spéciales pour les instruments. V. **Instruments**, ch. LXIII, 2459 et suiv.

CHAPITRE XL.

Héritiers des employés décédés et de tous autres créanciers de l'Etat.

Acte de décès, 1185, 1193.
Acte de notoriété, 1180, 1184.
Aliénation mentale, 1190.
Appointements, 1180 et s.
Certificat de propriété, 1181, 1189 ; — du maire, 1192 à 1195.
Consignation, 1182.
Créances qui n'excèdent pas 50 fr., 1192 à 1196.
Curateurs, 1191.
Emargement, 1182.
Héritiers, 1180 à 1196.
Insuffisance de justifications, certificat qui peut y suppléer, 1187.
Inventaire (intitulé d'), 1180, 1181.
Mandats, 1188.
Modèle de certificat du maire, 1195 ; — de quittance, 1196.
Pensions, 1183.
Timbre, 1193,

Sect. I. — Dispositions générales.

1180. Les appointements d'un employé décédé appartiennent et doivent être payés à ses héritiers. Ceux-ci, lorsque la créance dépasse 50 francs (V. 1192), justifient de leurs droits soit par une expédition en forme de l'intitulé d'inventaire, soit par un acte de notoriété délivré par un notaire ou un juge de paix.

1181. S'il n'y a pas eu d'inventaire, les héritiers produisent les pièces ci-après :

1° Acte de décès sur papier timbré ;

2° Certificat de propriété délivré par le juge de paix, sur l'attestation de deux témoins, faisant connaître que l'employé décédé n'a pas laissé de testament et qu'à son décès il n'a pas été dressé d'inventaire.

Ce certificat doit indiquer les noms et qualités des héritiers, ainsi que la part revenant à chacun d'eux.

1182. Si ces justifications sont produites avant l'expiration du mois pendant lequel le décès a eu lieu, les héritiers ou leurs mandataires porteurs de leurs pouvoirs émargent le tableau d'appointements.

Dans le cas contraire, on porte la somme due en consignation.

Si les héritiers justifient de leurs droits dans un délai de deux ans, à partir de l'époque du décès de l'employé, on leur rembourse la somme qui avait été portée en consignation. (Art. 50 du décret du 1er germinal an XIII.)

Cas dans lesquels les traitements non réclamés doivent être versés à la caisse des dépôts et consignations ou portés en recette extraordinaire. V. 848, 1206.

1183. Les pensions liquidées au profit d'anciens employés sont rayées du livre du Trésor après trois ans de non-réclamation, sans que leur rétablissement donne lieu à aucun rappel d'arrérages antérieurs à la réclamation. La même déchéance est applicable aux héritiers ou ayants cause des pensionnaires qui n'ont pas produit la justification de leurs droits dans les trois ans qui suivent la date du décès de leur auteur. Art. 38 du Règl. de 1866.

1184. Les actes notariés produits pour la justification des droits des créanciers de l'Etat doivent porter l'empreinte du sceau des notaires qui les ont dressés, et ils doivent être légalisés s'ils proviennent d'un département autre que celui où s'effectue le paiement. Art. 25 des disp. gén. du Règl.

1185. Il est entendu que l'acte de décès doit être produit lorsque la date du décès détermine la somme à payer. Id.

1186. Lorsque le décès d'un employé a lieu le *dernier jour de février*, la totalité du traitement mensuel est due à ses héritiers ou ayants cause, attendu que c'est le *premier* du *mois suivant* que s'ouvre la vacance. Lett. de la compt. du 7 mai 1867.

1187. Aux termes de l'article 38 du règlement, les comptables peuvent, au moyen d'un certificat délivré par les ordonnateurs secondaires, suppléer à l'insuffisance des pièces justificatives qui leur ont été produites. Ce certificat est délivré soit avant paiement, soit en exécution de l'arrêt de la Cour des comptes. Id.

1188. Les ordonnances ou mandats délivrés, après le décès d'un créancier de l'Etat, au profit de ses héritiers, ne désignent pas chacun d'eux, mais portent seulement cette indication générale : *les héritiers*. C'est au comptable chargé de la dépense qu'il appartient, avant de procéder au paiement, d'exiger les titres justificatifs de la qualité des ayants droit, ainsi qu'il est dit plus haut. Art. 10 des disp. gén. du Règl.

1189. D'après une décision ministérielle du 13 novembre 1847, les certificats de propriété étaient exempts de l'enregistrement dans tous les cas où il s'agissait d'une créance sur l'Etat, quelle que fût d'ailleurs la nature de cette créance. Une nouvelle décision du 30 mars 1848 a restreint l'exemption de la formalité de l'enregistrement aux seuls certificats de propriété relatifs à des sommes dues à titre de *pensions*, *rémunérations* et *secours*. CC. n° 65 du 16 déc. 1858 et art. 10 des disp. gén. du Règl.

Cette immunité est donc acquise aux héritiers des employés pour les sommes qu'ils auraient à toucher à titre *d'appointements*, *d'indemnités* ou de parts attribuées à ces employés dans les répartitions d'amendes et confiscations.

1190. Le traitement d'un employé absent pour cause d'altération des facultés mentales et soigné dans un établissement public peut être payé, sauf déduction des retenues prescrites, sur l'acquit du receveur de cet établissement, appuyé d'une quittance à souche, et sur la production d'un certificat de vie du malade, délivré par le directeur de l'établissement, dont la signature doit être légalisée par le maire de la commune. L'extrait d'ordonnance ou le mandat de paiement doit, en outre, être visé par celui des membres de la commission administrative qui remplit les fonctions d'administrateur provisoire. A Paris, ces fonctions sont remplies par le directeur de l'assistance publique. Art. 28 des disp. gén. du Règl.

1191. Selon l'interprétation donnée à l'article 813 du code civil, le curateur d'une succession administre les biens, mais ne perçoit pas les deniers. CC. nº 73 du 10 janv. 1865. V. 846.

Sect. II. — Créances qui n'excèdent pas 50 francs.

1192. Quelle que fût la somme, les héritiers des employés et de tous autres créanciers de l'Etat étaient dans l'obligation de produire des titres d'hérédité en règle avant de toucher les sommes revenant aux personnes qu'ils représentaient.

L'article 10 des dispositions générales du règlement du 26 décembre 1866 autorise les comptables à n'exiger qu'un simple certificat du maire, lorsque la dépense n'excède pas 50 francs. CC. nº 78 du 15 juin 1867 et CC. nº 114 du 24 déc. 1884.

1193. Il est entendu que l'acte de décès doit être produit lorsque la date du décès des créanciers détermine la somme à payer. Ib.

Toutefois le maire ayant qualité pour constater la date du décès, les héritiers pourront être dispensés de produire l'acte de décès de leur auteur quand le certificat du maire énoncera, dans son contexte, la date du décès du titulaire de la créance. CC. nº 91 (Douanes) du 25 janv. 1868.

Les certificats délivrés dans ces conditions doivent, en vertu d'une décision ministérielle en date du 24 juin 1867, qui n'a pas jusqu'ici été notifiée au service des contributions indirectes, être établis sur papier timbré. CC. nº 114 du 24 déc. 1884.

La signature du maire, dans les départements autres que celui de la Seine, doit être légalisée. Art. 10 des disp. gén. du Règl.

1195. *Modèle de certificat d'hérédité*, délivré par le maire :

Le maire de la commune de certifie que le sieur N. Edouard, commis principal des contributions indirectes à est décédé à le sans laisser de testament, et qu'il a pour seuls et uniques héritiers, savoir :

1º Pour un quart, son père, N. Louis, propriétaire à

2º Pour un quart, sa mère, R. Joséphine, épouse N

3° Pour un tiers chacun de l'autre moitié, son frère Jean, âgé de dix-huit ans ; sa sœur Rose, âgée de quinze ans, et son frère Paul, âgé de dix ans ;

Tous demeurant et domiciliés à

En foi de quoi nous avons délivré le présent pour servir et valoir ce que de raison.

A , le

1196. *Modèle de quittance* d'héritiers, parmi lesquels se trouvent le père, la mère et des frères et sœurs mineurs :

Nous soussignés, d'une part, N. (nom, prénoms, qualité et demeure), agissant, tant pour autoriser mon épouse qu'en qualité d'héritier pour un quart de mon fils Edouard, ex-commis principal des contributions indirectes à décédé à le et comme tuteur légal de : 1° Jean, âgé de dix-huit ans ; 2° Rose, âgée de quinze ans ; 3° Paul, âgé de dix ans, mes enfants mineurs, héritiers chacun pour un sixième de leur frère Edouard ; — et, d'autre part, Joséphine R. , épouse N. , mère du défunt, autorisée de mon mari et agissant en ma qualité d'héritière pour un quart de mon fils Edouard, reconnaissons avoir reçu chacun en ce qui le concerne et dans les proportions ci-dessus indiquées, de M. le receveur principal des contributions indirectes à , la somme de revenant à feu Edouard N. , pour son traitement net de jours du mois de 188 , en sa susdite qualité, dont quittance.

A , le

Cette quittance est signée par le père et la mère. S'il y a des frères ou sœurs majeurs, ils signent également, et la quittance est modifiée dans ce sens.

Cas dans lequel il suffit d'émarger. V. 1182.

CHAPITRE XLI.

Prescription.

Appointements, 1206, 1211.
Cas de force majeure, 1129.
Comptables, 1218, 1219.
Contrainte, 1219.
Créances sur l'Etat, 1197 à 1213.
Bulletins de réclamation, 1204.
Doubles droits, 1206.
Droits, 1206, 1211 à 1218.
Exercice clos, 1199 et s.
Exercices périmés, 1200 et s.
Marchandises, 1206, 1211.
Pensions, 1207.
Prescription, 1197 à 1219.
Prescription sur acquit-à-caution, 1216.
Recettes extraordinaires, 1206.
Redevables, 1211 à 1213.
Régie, 1211 à 1219.

Sect. I. — Prescription des créances sur l'État.

1197. Est prescrite et définitivement éteinte, au profit de l'Etat, toute créance qui n'aurait pas été réclamée, ou qui n'aurait pu, à défaut de justifications suffisantes, être liquidée, ordonnancée et payée dans un délai de cinq ans, à partir de l'ouverture de l'exercice pendant lequel la créance a pris naissance, pour des créanciers domiciliés en Europe, et de 6 ans pour ceux résidant hors du territoire européen. Art. 9 et 10 de la Loi du 29 janv. 1831 et 165 du Règl. de 1866.

1198. Cette disposition n'est pas applicable aux créances dont l'ordonnancement et le paiement n'ont pu être effectués dans les délais déterminés par le fait de l'Administration ou par suite de pourvois formés devant le Conseil d'Etat. Art. 136 et 137 du Décret du 31 mai 1862 et 165 du Règl.

1199. A l'expiration de la période quinquennale, fixée par l'article 9 de la loi du 29 janvier 1831, pour l'entier apurement des exercices clos, les crédits relatifs aux créances restant encore à solder demeurent définitivement annulés, et l'exercice, arrivé au terme de déchéance, cesse de figurer dans la comptabilité du ministère. Art. 134 et 135 du Décret.

1200. Les dépenses d'exercices clos à solder postérieurement aux délais ci-dessus et provenant soit de créances d'individus résidant hors du territoire européen, pour lesquelles une année de plus est accordée par la loi du 29 janvier 1831, soit de créances affranchies de la déchéance, dans les cas prévus par l'art. 10 de la même loi, ou qui sont soumises à des prescriptions spéciales, ne sont ordonnancées qu'après que des crédits extraordinaires, spéciaux par articles, ont été ouverts. Ces créances sont imputées sur le budget courant à un chapitre spécial intitulé : *Dépenses des exercices périmés non frappées de déchéance.* Art. 139 et 166 du Décret et CC. n° 24 du 16 déc. 1836.

1201. Si elles n'ont pas été payées à l'époque de la clôture de l'exercice sur lequel le crédit spécial a été ouvert, ce crédit est annulé, et le réordonnancement des mêmes créances ne peut plus avoir lieu qu'en vertu d'un nouveau crédit également applicable aux dépenses des exercices périmés. Id.

1202. Les crédits spéciaux à demander pour ces créances ne peuvent être ouverts que par une loi. Id.

1203. Il est formé pour les créances des exercices périmés, comme pour celles des exercices clos, des états nominatifs en double expédition. Art. 140 du Décret du 31 mai 1862 et 166 du Règl.

1204. Tout créancier a le droit de se faire délivrer par le Ministre compétent ou par l'agent qui le représente un bulletin énonçant la date de sa réclamation et les pièces à l'appui. CC. n° 22 du 18 déc. 1834.

1205. Cette disposition n'abroge point les dispositions des lois antérieures ni celles consenties par des marchés ou des conventions.

1206. Ainsi la prescription est acquise à la Régie contre toute demande en restitution de droits et marchandises, paiement de loyers et appointements, après un délai de deux années. Art. 50 du Décret du 1er germ. an XIII. V. 1211.

Six mois après le paiement des doubles droits effectués par voie de contrainte, aucune réclamation n'est admise et les doubles droits sont acquis au Trésor. Art. 8 et 9 de l'Ord. du 11 juin 1816.

Il en résulte que les appointements non réclamés dans un délai de deux ans sont prescrits et doivent être portés en *recette extraordinaire*, sans attendre les ordres de la Comptabilité publique. CC. n° 18 du 21 déc. 1832 et n° 22 du 18 déc. 1834.

Les sommes consignées sur acquits-à-caution ou sur passe-debout, et rendues disponibles par suite de justifications de décharge ou de sortie, ne peuvent être retenues par le Trésor, attendu que ce sont de simples dépôts sur lesquels les consignataires ont un droit de propriété qui ne peut être éteint pour prescription. V. 1843.

1207. Pensions de retraite non réclamées. V. 1183.

1208. On doit accepter jusqu'à minuit le 31 décembre de la cinquième année, ou de la sixième, selon le cas, les titres des créances qui sont présentés. La réception en est constatée sur le livre de correspondance, et l'on en délivre reçu, s'il est requis.

1209. Toute dépense admise dans le cours de cinq ans, à partir de l'ouverture de l'exercice qu'elle concerne et payée avant l'expiration de la 6e année est classée au chapitre : *Dépenses des exercices clos.* CC. n° 24 du 16 déc. 1836.

1210. Tout mandat *sur exercices clos* n'est payable que jusqu'au 31 décembre de l'année pendant laquelle il a été émis. Art. 161 du Règl.

SECT. II. — **Prescriptions acquises à la Régie contre les redevables.**

1211. La prescription est un moyen d'acquérir ou de se libérer par un certain laps de temps, et sous les conditions déterminées par la loi. Art. 2219 du code civil.

1212. La prescription est acquise à la Régie contre toutes demandes en restitution de droits et marchandises, paiement d'appointements, etc., après un délai révolu de deux années. Art. 50 du Décret du 1er germ. an XIII. V. 1206.

1213. La prescription n'est pas interrompue par les actes qu'a faits l'Administration. A. C. du 30 mars 1808.

SECT. III. — **Prescriptions acquises aux redevables contre la Régie.**

1214. La prescription est acquise aux redevables contre la Régie, pour les droits que ses préposés n'auraient pas réclamés dans l'espace d'un an à compter de l'époque où ils étaient exigibles. Art. 50 du Décret du 1er germ. an XIII.

1215. Il n'en serait pas ainsi s'il y avait eu avant ce terme contrainte décernée et signifiée, demande formée en justice, etc. Id.

Quand l'action de la Régie contre un redevable a été intentée en temps utile, et que l'instance est liée, l'instruction complète et la cause en état de recevoir décision, la cessation ultérieure des poursuites, pendant le temps nécessaire pour la prescription, n'opère pas prescription de l'action de la Régie : l'instance conserve, malgré cette circonstance, son effet interruptif de la prescription. A. C. du 14 nov. 1831.

La prescription peut être opposée en tout état de cause, même lorsqu'on a plaidé au fond. A. C. du 5 juin 1810 *.

1216 En matière d'acquits-à-caution, la prescription est acquise contre la Régie, lorsque la contrainte n'a pas été délivrée dans les 4 mois qui suivent l'expiration du délai de transport. Art. 8 de la Loi du 21 juin 1873.

A cet égard, il n'est pas inutile de faire observer que lorsqu'à la conclusion d'une affaire correctionnelle est lié l'apurement d'un acquit, il y a lieu, comme dans tout autre cas, de délivrer contrainte pour les droits sur acquit-à-caution, dans les 4 mois de l'expiration du délai de transport, attendu que le procès-verbal de contravention n'a pas pour effet d'interrompre la prescription spéciale sur acquit. *

1217. Lorsqu'il y a dol, la prescription ne court que du jour où le dol a été découvert. Jug. du trib. de Rouen du 8 oct. 1822 et A. C. du 23 mai 1832 *.

1218. Les dispositions générales, en matière de prescription, se trouvent aux articles 2219 à 2227 du code civil.

Ce dernier article ayant soumis les droits du Trésor public aux principes généraux de la prescription, cette prescription court, au profit des comptables, du jour de la cessation de leur gestion et leur est acquise trente années après.

1219. Lorsque des sommes dues par un ancien comptable ont pour origine des dilapidations de deniers provenant de sa caisse et ont pu donner lieu à une action criminelle qui se trouve éteinte, cette prescription n'entraîne pas celle de l'action civile, qui peut s'exercer pendant trente ans. A. C. du 23 janv. 1822.

Les contraintes délivrées dans l'année de l'exigibilité des droits interrompent la prescription et donnent à l'Administration le droit de faire tous actes d'exécution qu'elle pourrait faire en vertu d'un jugement. Ces contraintes, n'ayant été soumises, par la loi spéciale, à aucune péremption particulière, conservent toute leur force exécutoire tant qu'elles n'ont pas été annulées par une décision judiciaire ou atteintes par la prescription trentenaire. A. C. du 11 décembre 1887. Aff. Hudréaux.

La prescription annale de l'art. 50 du décret du 1er germinal an XIII ne s'applique qu'aux droits que les employés ont pu constater dans les formes ordinaires. Les règles de droit commun sont applicables en cas d'empêchements, de manœuvres de fraude, etc. La prescription des art. 637 et 638 du code d'instruction criminelle n'est pas opposable à la Régie pour le recouvrement des droits. A. C. du 18 juin 1880. Aff. Lobry.

1219 *bis*. *Prescription à l'égard des cautions.* L'interpellation faite au débiteur principal, ou sa reconnaissance, interrompt la prescription contre la caution. Art. 2250 du code civil.

Ceci revient à dire, en matière de contributions indirectes, qu'une contrainte décernée au débiteur principal interrompt la prescription à l'égard de la caution.

CHAPITRE XLII.

Opérations de comptabilité. Distinction à faire entre les recettes et les dépenses de trésorerie.

Dépenses de trésorerie, 1220, 1221.
Dépenses publiques, 1220, 1221.
Opérations de trésorerie, 1220, 1221.
Recettes de trésorerie, 1220, 1221.
Recettes publiques, 1220, 1221.

1220. Il importe de bien distinguer les *recettes* et *dépenses publiques* des *opérations de trésorerie*.

Les contributions et revenus publics se composent des recettes, des produits et impôts perçus au profit de l'Etat.

Toutes les dépenses publiques sont à la charge de l'Etat. Elles ne peuvent s'accomplir qu'en vertu de la loi annuelle de finances, de crédits et de mandats, à l'appui desquels sont produites des pièces justificatives qui sont soumises à l'examen de la direction générale de la comptabilité publique et de la Cour des comptes.

Les recettes et dépenses de trésorerie ne constituent qu'un maniement de fonds, étranger aux recettes et dépenses publiques, et par conséquent aux ressources comme aux charges de l'Etat. Les comptables ne sont appelés à faire des opérations de trésorerie qu'à titre de correspondants du Trésor et pour des avances et des mouvements de fonds facilitant le fonctionnement des services.

1221. Les recettes et dépenses de toute sorte se subdivisent ainsi qu'il suit :

1° RECETTES ET DÉPENSES PUBLIQUES.

Recettes.	*Dépenses.*
Boissons.	Dépenses des exercices périmés.
Droit de 40 c. par expédition.	Dépenses des exercices clos.
Sels.	Personnel.
Allumettes chimiques.	Matériel.
Huiles minérales.	Frais de loyer et indemnités.
Huiles végétales et animales.	Dépenses diverses.

Bougies.
Vinaigres.
Voitures publiques.
Droits divers et recettes à différents titres.
Tabacs.
Poudres.
Dynamite.
Sucre indigène.
Retenues et autres produits affectés au service des pensions civiles.
Produits divers du budget.

Achats de tabacs, primes et transports.
Avances recouvrables.
Remboursements sur produits indirects et divers.
Répartitions de produits d'amendes, etc.

2° RECETTES ET DÉPENSES DE TRÉSORERIE.

Recettes.

Consignations.
Recouvrements pour des tiers.
Fonds à rembourser à divers et recettes à classer.
Fonds particuliers des comptables.
Recouvrements de frais judiciaires et autres avances.
Fonds reçus sur lettres de crédit du Trésor public, du caissier central du Trésor et des receveurs des finances.
Virements de fonds.
Fonds de subvention reçus des receveurs des douanes.

Dépenses.

Consignations.
Versements sur recouvrements pour des tiers.
Fonds à rembourser à divers et recettes à classer.
Remboursement de fonds particuliers du comptable.
Avances recouvrables pour frais judiciaires, etc.
Débets pour déficit de caisse, à la charge des comptables.
Versements à la caisse du Trésor public et aux receveurs des finances, en numéraire et en obligations.
Virements de fonds.
Fonds de subvention fournis aux receveurs des douanes et des postes.

Ces diverses recettes et dépenses font l'objet de quatre chapitres spéciaux.

CHAPITRE XLIII.

Recettes de contributions et revenus publics.

Abonnements pour traitements (octrois), 1266.
Accise, 1223.
Aides, 1222.
Allumettes, 1239.
Amendes et confiscations (cont. ind.), 1262.
— (culture), 1264.
Anciens tarifs (recouvrements), 1276.
Avaries, 1278.
Bacs et passages d'eau, 1250 à 1252.
Bières, 1236.
Boissons, 1230 et suiv.
Bougies, 1243.
Cartes à jouer, 1257.
Casernement, 1258, 1311.
Cercles, 1280.
Centralisation des recettes, 1295 et suiv.
Chemins de fer, 1245, 1311.
Circulation (Droit de), 1230.
Colis (Prix des), 12-0, 1284.
Consommation (Droit de), 1233.
Décharges, 1307.
Dénaturation (Droit de), 1256.
Détail (Droit de), 1232.
Doubles droits, 1233.
Droit de 40 cent. par expédition, 1231.
Droits de traite, 1223.
Droits sur acquits non rentrés, 1263.
Dynamite, 1284 bis.
Entrée (boissons), 1234.
Entrée (huiles végétales), 1235.
Exercice (Imputation), 1310 et suiv.
Estampilles, 1245.
Forcement en recette, 1276.
Frais d'impressions et transports (octroi); 1267.
Frais d'adjudication (pêche, etc.), 1276.
Francs-bords, 1253.
Garantie (Droit de), 1254.
Historique, 1222.
Huiles minérales, 1242.
Huiles végétales, 1235.
Indemnités pour frais de surv. (entrep. de sucres), 1273.
Id. (fabriques de soude, etc.), 1274.
Id. pour suite d'exercice (octrois), 1265.
Instruments (consignés ou non), 1269, 1276.
Intérêts pour crédits de droits, 1275.
Intérêts de retard, 1276.
Jus de tabac, 1280.
Justification des recettes publiques, 1307 et suiv.
Licences, 1246, 1247.
Manquants, 1276, 1279.
Marques de fabriques, 1254 bis.
Papiers filigranés et moulages, 1257, 1268.
Péage (Droit de), 1249.
Pêche, 1253.
Pensions (Imputation d'exercice), 1312.
Plombs, 1271.
Poudres (produits), 1281, 1282.
Poudres saisies (portion du Trésor), 1261.
Poudres (retenues), 1261, 1283.
Rappels de droits, 1308.
Recettes accidentelles, 1276, 1308 et suiv.
Recherche (Droit de), 1276.
Rectifications, 1276.
Redevances des gérants, 1273.
Régie, 1225.
Régie générale, 1223.
Remboursement de retenues, 1291.
Résidus de tabacs, 1276 bis.
Retenues pour pensions, 1285 et suiv.
Id. aux voituriers, 1278, 1283.
Retenue d'un centime, 1270.
Second droit, 1268, 1276.
Sels, 1237.
Sextuple droit, 1263.
Sucres, 1238.
Tabacs (produits), 1276 bis, 1277.
Id. paquetage, 1280.
Tabacs saisis (Trésor), 1259, 1313.
Tabacs (retenues), 1259, 1278.
Taxe de remplacement, 1234.
Taxe unique, 1234, 1276.
Timbre, 1256.
Timbres de récépissés (magasins généraux), 1294
Touage (Droit de), 1248.
Vinaigre, 1244.
Voitures pub. et ch. de fer, 1245, 1246.

Sect. I. — Aperçu historique.

1222. Avant la révolution, la plupart des produits, actuellement perçus sous le titre de contributions indirectes, formaient l'impôt des *aides*.

On entendait en effet par *aide* les droits sur les marchandises transportées ou vendues en gros ou en détail, principalement sur le vin et les autres boissons.

1223. En 1790, les droits qui, sous la dénomination de banvin, vet-de-vin, étanche ou autre, emportaient pour un seigneur la faculté de vendre seul et exclusivement aux habitants de sa seigneurie, pendant un certain temps de l'année, ses vins ou autres boissons et denrées, furent abolis par la révolution. Art. 10 de la Loi du 28 mars 1790.

Tous les droit d'accise (1) sur les comestibles, le droit de Leyde ou dîme sur les boissons, les droits de bouteillage, de wingeld ou autres sur les vins et autres boissons, les impôts et billots seigneuriaux et autres de même nature furent abolis sans indemnité. Art. 12 id.

Les élections, greniers à sels, juridictions des traites, grueries, maîtrises des eaux et forêts, bureaux des finances, juridictions et cours des monnaies, et les cours des aides, furent supprimés la même année. Art. 10 de la Loi du 11 sept. 1790.

L'abolition des droits de traite dans l'intérieur fut décrétée par l'assemblée constituante. Loi du 5 nov. 1790.

Quelques mois après, la Ferme et la Régie générale furent supprimées. Loi du 27 mars 1791.

Une autre loi du même jour rendit libre la culture, la fabrication et la vente du tabac. Loi du 27 mars 1791.

1224. La pénurie du Trésor ne tarda pas à ramener quelques droits.

Un droit de navigation fut d'abord établi sur le canal du centre. Loi du 28 fruct. an V.

Dans la même année, il fut décidé qu'on percevrait un dixième du prix des places dans les voitures exploitées par des entrepreneurs particuliers. Loi du 9 vend. an V.

Cet impôt s'applique actuellement aux chemins de fer et s'étend aux transports par grande vitesse.

Un droit de garantie fut perçu sur les ouvrages d'or et d'argent, fabriqués à neuf. Art. 21 de la Loi du 19 frim. an VI.

Les cartes à jouer furent frappées d'un droit de timbre. Arrêté du 3 pluv. an VI.

Un impôt fut établi sur le tabac. Loi du 22 brum. an VII.

Mais le privilège de la culture, du monopole et de la vente ne fut rendu à l'État que quelques années plus tard. Décret du 29 déc. 1810.

(1) Le mot *accise* est en usage en Belgique et dans quelques autres pays, pour désigner les taxes ou contributions indirectes, qui s'appliquent particulièrement à la consommation des objets nécessaires à l'existence, comme viande, boissons.

Les accises se perçoivent tant sur les denrées de provenance étrangère que sur les denrées indigènes. Elles sont indépendantes des droits de douane.

En Angleterre, l'accise prend le nom d'excise. Un bill du 27 février 1849 y a réuni en une seule administration, portant le nom de *Bureau des commissaires du revenu intérieur*, l'excise, le timbre et les taxes.

Pendant longtemps, le monopole des poudres avait été affermé par des compagnies. Le dernier bail fut résilié en 1775. Depuis cette époque, l'Etat s'en est réservé la fabrication et la vente.

La faculté d'un octroi municipal, concédée à la ville de Paris par la loi du 27 vendémiaire an VII, fut suivie de l'autorisation d'établir des taxes municipales semblables dans plusieurs communes. Loi du 11 frim. an VII.

Un arrêté du 24 frimaire an XI décréta un prélèvement de 5 p. 0/0 sur les droits d'octroi, pour fournir du pain de soupe aux soldats. Elevé à 10 p. 0/0 par la loi du 24 avril 1806, ce prélèvement fut maintenu, à titre de subvention à l'Etat, quand toute affectation spéciale des recettes eut disparu de la comptabilité publique. Il a été supprimé par l'art. 25 du décret du 17 mars 1852.

Un droit de navigation intérieure fut perçu, dans toute l'étendue de la république, sur les fleuves et rivières navigables. Loi du 30 flor. an X.

1225. Ces droits amenèrent la création d'une régie spéciale, qui prit le titre de Régie des droits réunis. (Art. 77 de la loi du 5 vent. an XII.) Le titre de contributions indirectes n'a été donné à l'Administration qu'en 1814, lorsque les directions générales des douanes et des droits réunis ont été placées pour la première fois sous l'autorité du même chef (ord. du 17 mai 1814). A la séparation des deux services, la Régie a conservé ce titre (décret du 25 mars 1815).

1226. La taxe d'entretien des routes fut remplacée par une taxe sur le sel. Loi du 24 avr. 1806.

En vertu de cette loi, le sel était vendu au profit de l'Etat, comme le tabac, dans les départements au delà des Alpes. L'impôt a été maintenu; mais la quotité en a été plusieurs fois modifiée, et le monopole n'a été que de courte durée.

1227. Un droit d'entrée établi, au profit du Trésor, par la loi du 25 mars 1817, sur les huiles introduites ou fabriquées dans les communes ayant au moins 2,000 âmes, fut supprimé par l'art. 15 de la loi du 17 août 1822. Il a été rétabli par l'art. 4 de celle du 31 décembre 1873 dans les communes ayant au moins 4,000 âmes.

1228. La fabrication du sucre de betterave, restée pendant longtemps à l'état d'essai, ayant fait assez de progrès pour supporter un impôt, il fut établi par la loi du 18 juillet 1837. La quotité en a été plusieurs fois modifiée.

1229. En présence des charges léguées par la dernière guerre, de nouveaux impôts ont été créés depuis 1871. Ils portent sur les allumettes, les bougies, les huiles minérales et végétales, les vinaigres et acides acétiques, etc.

SECT. II. — Instructions spéciales à chaque article de recette.

§ I. Droit de circulation (vins, cidres, poirés et hydromels).

1230. Les départements sont divisés en trois classes pour la perception du droit de circulation sur les vins, cidres, poirés et hydromels. Ce droit est perçu ainsi qu'il suit :

Vins en cercles et en bouteilles, principal et décimes : 1re cl. 1 f., 2e cl. 1 f. 50, 3e cl. 2 f., par hectolitre.

Cidres, poirés et hydromels, 0. 80 c., en principal et décimes, par hectolitre.

Art. 2 et 3 de la Loi du 19 juillet 1880.

Le droit de circulation est perçu au comptant. On le porte toutefois aux droits constatés pour les assujétis qui ont cessé. V. 376 à 382.

§ II. Droit de 40 centimes par expédition.

1231. Le droit de 15 centimes par expédition établi par la loi du 28 avril 1816 a été porté à 40 centimes, non compris le timbre, qui est de 10 centimes. Art. 1er de la Loi du 31 déc. 1873 et C. n° 108 du 2 janv. 1874.

Ce droit est affranchi de tout décime.

Il est au comptant.

§ III. Droit de détail.

1232. Le droit de détail perçu sur les vins, cidres, poirés et hydromels, est, en principal et décimes, de 12 fr. 50 p. 0/0 du prix de vente. Art. 4 de la Loi du 19 juillet 1880.

Il est au comptant, à l'enlèvement des boissons en quantités inférieures à 25 litres, expédiées à destination de simples consommateurs, tandis qu'il est porté aux droits constatés pour les marchands en gros et les débitants, y compris les abonnements. V. 401 à 405.

§ IV. Droit général de consommation (eaux-de-vie, liqueurs, etc.), et doubles droits sur les vins alcoolisés.

1233. Le droit général de consommation, dont le taux actuel est de 156 fr. 25, décimes compris, par hectolitre d'alcool pur, porte sur les eaux-de-vie, esprits, liqueurs, fruits à l'eau-de-vie, absinthe, etc., en un mot, sur tous les spiritueux. Art. 87 de la Loi du 28 avril 1816, 1er de celle du 24 juin 1824, et 2 de celles des 1er septembre 1871 et 30 décembre 1873.

Les eaux de senteur, vernis et autres liquides à base d'alcool sont imposés au même taux que les spiritueux ordinaires. C. n° 47 du 8 avril 1872.

Vins alcoolisés. — Vins contenant plus de 15 centièmes d'alcool. Double droit de consommation d'entrée et d'octroi pour la quantité d'alcool comprise entre 15 et 21 degrés. Loi du 1er sept. 1871 et circul. n° 25 du 3 avril 1852.

Les vins présentant une force alcoolique supérieure à 21 degrés sont imposés pour leur volume total comme alcool pur. Id.

Le droit de consommation est perçu au comptant sur les envois à destination de simples particuliers et sur les quantités reçues par les débitants qui se rédiment des exercices. Dans tous les autres cas, il est constaté. V. 397 à 400, 406 à 411 et 420.

Les doubles droits de consommation et d'entrée, classés autrefois aux recettes extraordinaires, sont maintenant portés à des lignes spéciales du budget, au chapitre des boissons.

§ V. Droit d'entrée et taxe unique (vins, cidres, poirés, hydromels et alcools).

1234. Le tableau ci-après présente le tarif des droits d'entrée sur les vins, cidres, poirés, hydromels et alcools.

POPULATION agglomérée des communes.	DROIT EN PRINCIPAL et décimes par hectolitre de vin en cercles et en bouteilles dans les départements de			DROIT en principal et décimes par hectolitre de cidre, poiré et hydromel.	Par hectolit. d'alcool pur contenu dans les spiritueux.
	1re classe.	2e classe.	3e classe.		
De 4,000 à 6,000 âmes.	0f 40c	0f 55c	0f 75c	0f 35c	7 50
— 6,001 à 10,000 —	0 60	0 85	1 10	0 50	11 25
— 10,001 à 15,000 —	0 75	1 15	1 50	0 60	15 00
— 15,001 à 20,000 —	0 95	1 40	1 90	0 85	18 75
— 20,001 à 30,000 —	1 10	1 70	2 25	0 95	22 50
— 30,001 à 50,000 —	1 30	2 00	2 60	1 15	26 25
— 50,001 et au-dessus. . . .	1 50	2 25	3 00	1 25	30 00

Loi du 19 juillet 1880 pour les vins, cidres, poirés et hydromels, et art. 5 de la Loi du 26 mars 1872 pour les alcools.

Il n'est pas perçu de droit d'entrée dans les communes de moins de 4,000 âmes.

La taxe de remplacement aux entrées de Paris et de Lyon a été établie ainsi qu'il suit :

	Paris	Lyon
Vins en cercles ou en bouteilles, par hectolitre, en principal et décimes.	8 fr. 25	7 fr. 02
Cidres, poirés et hydromels, id.	4 50	2 45

Art. 2 et 3 de la Loi du 19 juillet 1880.

Alcool contenu dans les spiritueux, par hectolitre d'alcool pur, en principal et décimes.	186 25	» »

Lois des 26 mars 1872 et 19 juillet 1880.

La taxe sur les spiritueux, à Lyon, n'a pas le caractère d'une taxe de remplacement. La somme perçue par hectol. d'alcool pur s'élève bien, comme à Paris, à 186 fr. 25, mais, au lieu d'être indivisible, elle se compose de 156 fr. 25 pour droit de consommation et de 30 fr. pour droit d'entrée (ville de plus de 50,000 hab.).

Double droit d'entrée. V. 1233.

Dans toutes les villes d'une population agglomérée de plus de 10,000 habitants et dans certaines communes de 4,000 à 10,000 âmes, il est établi une taxe unique sur les vins, cidres, poirés et hydromels, taxe qui tient lieu des droits de détail et d'entrée, et dispense les employés de la Régie de l'exercice des débits. Le tarif de la taxe unique varie, d'une ville à l'autre, d'après l'importance des droits qu'il s'agit de compenser par la taxe unique. Lois des 21 avril 1832 et 9 juin 1875.

Le droit d'entrée à l'effectif et la taxe unique aux entrées sur les boissons sont perçus au comptant. On ne porte aux droits constatés que le droit d'entrée et la taxe unique sur les manquants aux comptes des marchands en gros entrepositaires ou non entrepositaires, etc. V. 381 à 400.

§ VI Droit d'entrée sur les huiles végétales et animales.

1235. Le droit d'entrée sur les huiles végétales et animales est perçu suivant le tarif ci-après, décimes compris :

POPULATION agglomérée.	HUILES et autres liquides pouvant être employés comme huile, à l'exception des huiles minérales.
De 4,000 à 10,000 âmes, en principal. . .	7 fr. 50 les 100 kil.
De 10,001 à 20,000 âmes.	8 75 —
De 20,001 à 50,000 âmes.	10 » —
De 50,001 à 100,000 âmes.	12 50 —
Au-dessus de 100,000 âmes.	15 » —

Art. 4 de la Loi du 31 déc. 1873.

Ce droit est perçu au comptant. Cependant il est porté aux droits constatés pour les manquants aux comptes des entrepositaires. V. 445.

Obligations cautionnées. V. 539 et 554.

§ VII. Droit de fabrication sur les bières.

1236. Le droit de fabrication sur les bières a été fixé, savoir :

Bière forte, par hectolitre, en principal et décimes. . . . 3 fr. 75

Petite bière, par hectolitre. . . . . 1 fr. 25

Loi du 1er sept. 1871 et art. 2 de celle du 30 décembre 1873.

Le droit des bières figure aux droits constatés. V. 421.

Obligations cautionnées. V 539 et suivants.

§ VIII. Sels. Droit de consommation perçu hors du rayon des douanes.

1237. La taxe de consommation sur les sels est de 10 centimes par kilogramme.

Loi du 28 déc. 1848 et art. 2 de la Loi de finances du 26 déc. 1876.

Cette taxe est affranchie de tout décime. Id.

Elle est perçue au comptant ; mais les manquants reconnus aux comptes des fabricants ou des raffineurs de sel et les quantités restant après la cessation de l'exploitation ou de la libération sont portés aux droits constatés. V. 430 et 431.

Obligations cautionnées. V. 539 et suivants.

§ IX. Sucre indigène, glucoses et dérivés du sucre.

1238. Le droit sur les sucres indigènes et les glucoses se perçoit d'après le tarif suivant :

Sucres bruts et raffinés, par 100 k. de sucre raffiné.	60 »	décimes compris
Sucre candi, par 100 kil.	64 20	
Glucoses, par 100 kilog.	12 »	
Les droits sur les dérivés du sucre sont, en outre, établis sur les bases suivantes :		
Mélasses autres que pour les distilleries, par 100 kilog. . . . . (Richesse de 50 % ou moins.)	18 »	
Mélasses autres que pour les distilleries, par 100 kilog. . . . . (Richesse supérieure à 50 %.)	38 40	
Chocolat, par 100 kilog.	98 40	
Sucres bruts ou raffinés de toute origine employés au sucrage des vins, cidres et poirés, avant la fermentation, par 100 kil. de raffiné.	24 »	

Loi du 27 mai 1887.

Bien que la surtaxe établie par la loi du 27 mai 1887 n'ait qu'un caractère temporaire, nous avons cru devoir, pour la facilité des calculs, donner ici l'ensemble du tarif, surtaxe comprise.

Une nouvelle loi, du 24 juillet 1888, a réduit le principal des droits sur les sucres bruts et raffinés de toute origine, et a augmenté en même temps la surtaxe. Le droit total reste le même ; mais les fabricants, qui n'étaient tenus de payer que 10 fr. de surtaxe par 100 kil. de raffiné, sur leurs excédents de prise en charge, doivent payer maintenant 20 fr. de surtaxe, dans les mêmes conditions.

Une redevance de 30 c. par 1,000 kil. de betteraves mises en œuvre est exigible des fabricants de sucre, pour couvrir le Trésor des frais de surveillance. Loi du 4 juillet 1887. — Cette redevance figure dans la comptabilité sous le titre : *Redevances payées par les fabricants de sucre, pour participation aux frais de surveillance de leurs usines.* C. n° 483 du 20 juillet 1887.

Le droit sur les sucres est porté aux droits constatés. V. 432, 433.

Le montant des droits dus sur les sucres livrés à la consommation dans la circonscription des recettes ambulantes peut être versé à la recette principale de l'arrondissement, lorsque le paiement doit être effectué en numéraire. Art. 136 de l'Inst. du 15 déc. 1853.

Les receveurs ambulants se bornent, dans ce cas, à établir, au moment de leurs tournées, le décompte des droits exigibles. Ce décompte est remis aux fabricants dûment certifié. Le receveur principal le contrôle au moyen des *extraits des bulletins d'avis* n° 33 (*Sucres*), et il constate la perception au registre n° 87 B (*Service général*). Le fabricant est tenu d'échanger le récépissé du receveur principal contre une quittance définitive du receveur ambulant dans un délai de quarante-huit heures au plus, à dater de la tournée de ce receveur, et sous peine de retrait de la facilité pour l'avenir, s'il ne s'est pas mis en règle dans ce délai. Id.

Les sucres non raffinés peuvent être admis temporairement en franchise, au moyen d'obligations cautionnées par lesquelles le déclarant s'engage soit à mettre en entrepôt ou à exporter les sucres après raffinage, soit à acquitter les droits dans un délai qui ne peut excéder deux mois. Art. 5 de la Loi du 7 mai 1864 et art. 27 de celle du 8 juill. 1865. V. 596 et s.

Pour le paiement des droits sur les sucres livrés à la consommation, les fabricants peuvent souscrire des obligations cautionnées. V. 557.

Aux termes de la circulaire de la direction générale des contributions indirectes en date du 30 juillet 1886, n° 433, des lignes spéciales doivent être ouvertes sur certains imprimés, et notamment aux bordereaux 91 A et 91 B, pour l'inscription du produit : 1° du droit de 24 francs dont sont frappés les sucres déclarés pour le sucrage des vins et cidres ; 2° de la taxe complémentaire de 36 francs appliquée à ces sucres en cas de non-emploi. Cette distinction, indispensable au contrôle dans tous les documents où les quantités et les tarifs sont portés en justification des droits contractés, particulièrement le relevé général n° 101, est sans utilité aux bordereaux, comptes et autres imprimés qui n'ont pour objet que de présenter les produits conformément à la classification établie au budget. Les droits recouvrés sur les sucres destinés au sucrage devront donc être réunis, dans les écritures des comptables, aux produits généraux des sucres. (Ligne 60 *bis*.) Il n'est fait d'exception qu'en ce qui concerne les sucres raffinés dans les établissements libres et déclarés pour le sucrage en vue de l'apurement des admissions temporaires ; ainsi qu'il a été expliqué par les lettres circulaires des 30 septembre et 24 octobre derniers et par la lettre commune de l'Administration des contributions indirectes du 27 décembre suivant, les taxes perçues sur les sucres de cette provenance, ne pouvant être immédiatement classées, doivent faire l'objet d'un article séparé, lequel prendra place, dans les imprimés de 1886, à la suite de l'article affecté aux produits des sucres indigènes, sous le numéro d'ordre 60 *ter* du bordereau mensuel ; cet article sera provisoirement ouvert à la main. L'attribution définitive des recettes de l'espèce sera faite par les soins de la direction générale de la comptabilité et par voie de virement de comptes dans les écritures centrales. CC. n° 117 du 3 février 1886.

Quant à l'amende de 60 francs par 100 kilogrammes dont sont passibles les manquants de sucres dénaturés (circ. 433 précitée), elle sera portée en recette à l'article des droits sur acquits non rentrés, ligne 36 du bordereau 91, et attribuée en totalité au service des pensions comme formant second droit. Id.

Les quantités de sucres soumises aux taxes de 24 et de 36 francs doivent être, sur le relevé n° 101, présentées distinctement ; celles frappées de la taxe complémentaire, pour mémoire seulement. Id.

§ X. Allumettes chimiques.

1239. Le monopole de la fabrication et de la vente des allumettes a été concédé à une compagnie. Loi du 2 août 1872. V. 555.

1240. Aux termes du procès-verbal d'adjudication et du cahier des charges, la compagnie concessionnaire du monopole s'est engagée à verser à l'État une redevance annuelle de 17,010,000 fr. payable par douzièmes, et, en outre de cette redevance fixe, elle doit payer, pour toute quantité d'allumettes mise en consommation sur le territoire français, au delà de 35 milliards par an, la part de cette redevance fixe afférente à l'excédent, majorée de 40 %. C. n° 414 du 25 novembre 1884.

1242. Il a été stipulé (art. 3 du cahier des charges) que la compagnie devrait fabriquer et mettre en vente des allumettes conformes aux types choisis pour la consommation courante, et dont les prix maxima sont fixés comme suit :

1° TYPES DITS RÉGLEMENTAIRES.

			Nombre d'allumettes.	Prix de vente.
Allumettes en bois.	Au phosphore ordinaire.	Paquet de (1 kilog. au moins) . .	3,500	2 f. »
		Paquet de. . . .	500	» 30
		Boîte de.	150	» 10
		Boîte de.	60	» 05
	Au phosphore amorphe.	Boîte de.	100	» 10
		Boîte de.	50	» 05
Allumettes en cire.	Au phosphore ordinaire, boîte de. .		40	» 10
	Au phosphore amorphe, boîte de. .		30	» 10

2° TYPES DITS DE LUXE.

I. — *Allumettes en bois carré trempé, en presse.*

	Nombre d'allumettes.	Prix de vente.
Paquet de.	500	» 40
Portefeuille, par.	100	» 10
Portefeuille, par.	50	» 05
II. — *Allumettes en bois rond trempé, en presse.*		
Boîte ménagère de.	500	» 45
Portefeuille illustré de.	100	» 10
Portefeuille illustré de.	50	» 05
III. — *Allumettes en bois dites Suédoises, paraffinées au phosphore amorphe.*		
Paquet de.	1,000	1 10
Boîte munie d'un frottoir, de.	250	» 35
Idem.	50	» 10
IV. — *Allumettes en bois strié ou cannelé paraffiné dites Viennoises.*		
Boîtes de.	500	» 80
V. — *Allumettes en cire.*		
Boîtes illustrées en trois couleurs et au-dessus :		
Boîtes de.	50	» 15
Boîtes de 50 pièces d'amadou chimique.	»	» 15
Coulisse illustrée, par boîte de.	500	1 20
Coulisse illustrée, par boîte de.	40 allum. dites 5 minutes	» 25

(Loi du 4 septembre 1871. — Loi du 2 août 1872; cahier des charges du 7 juillet 1884. C. n° 414 du 25 novembre 1884.)

La redevance due par la compagnie concessionnaire du monopole est constatée à Paris.

§ XI. Huiles minérales.

1242. Le tarif sur l'huile de schiste et sur les autres huiles minérales propres à l'éclairage a été établi ainsi qu'il suit, décimes compris :

Essences à 700 degrés de densité et au-dessous, à la température de 15 degrés.	par 100 kil.	44 50
Huiles raffinées à 800 degrés de densité et au-dessus, à la température de 15 degrés.	par 100 kil.	31 50
Huiles raffinées au-dessous de 800 degrés, *surtaxe par degré en moins.*	. . . . .	0 10
Huiles brutes, pour chaque kilogramme d'huile pure à 800 degrés qu'elles contiennent, à la température de 15 degrés.	par kilog.	0 22
Huiles brutes, pour chaque kilogramme d'essence à 700 degrés qu'elles contiennent, à la température de 15 degrés.	par kilog.	0 32

Art. 1er de la Loi du 29 déc. 1873.

Le droit sur les huiles minérales figure aux droits constatés. V. 444, 489

Obligations cautionnées. V. 552.

§ XII. Stéarine et bougies.

1243. Il a été établi sur l'acide stéarique et autres matières à l'état de bougies ou de cierges un droit de consommation intérieure fixé *en principal et décimes* à 30 francs les 100 kilogrammes. Art. 9 de la Loi du 30 déc. 1873.

Le produit est porté aux droits constatés. V. 446.

Obligations cautionnées qui peuvent être souscrites à 4 mois de terme, lorsque le décompte s'élève à plus de 300 fr. Art. 16 du Règl. du 8 janv. 1874 et C. n° 109 du 11 du même mois. V. 553.

§ XIII. Vinaigres et acides acétiques.

1244. La loi du 17 juillet 1875 a établi un droit de consommation intérieure sur les vinaigres de toute nature et sur les acides acétiques.

Ce droit est fixé ainsi qu'il suit :

1° Vinaigres contenant 8 % d'acide acétiques et au-dessous.	5 »	par hectolitre, décime compris.
Vinaigres contenant de 9 à 12 % d'acide acétique.	7 50	
Vinaigres contenant de 13 à 16 % d'acide acétique.	10 »	
2° Acides acétiques et vinaigres contenant de 17 à 30 % d'acide.	18 75	

Acides acétiques et vinaigres contenant de 31 à 40 % d'acide	25 »	par hectolitre, décime compris.
Acides acétiques et vinaigres contenant plus de 40 % d'acide	52 50	
3° Acide acétique cristallisé ou à l'état solide.	62 50	par 100 kilog., décimes compris.

Le droit sur les vinaigres et acides acétiques est perçu au comptant sur les envois effectués à destination des consommateurs ou des négociants non munis de licence ; il est perçu au constaté, sur les manquants des fabricants et marchands en gros admis au crédit de l'impôt. V. 447.

§ XIV. Voitures publiques.

1245. Les voitures affectées ordinairement ou accidentellement à un service public de voyageurs, ou au transport des marchandises en grande vitesse, sont soumises à des droits qui varient avec la nature du service et avec le mode de transport. Les tarifs actuellement en vigueur sont les suivants, décimes compris :

Chemins de fer.

Droit de dixième sur le prix des places des voyageurs, et sur le prix payé pour le transport à grande vitesse des marchandises.	Recettes brutes encaissées par les compagnies de chemins de fer, comprenant, d'après les tarifs, l'impôt sur le transport des voyageurs et celui sur le transport des marchandises expédiées en grande vitesse.	D'après les recettes, sur les prix de transport de 50 centimes et au-dessus.	23 20 p. % des recettes nettes ou 29/154 des recettes brutes.	L. 2 juillet 1838. L. 14 juillet 1855. L. 16 sept. 1871. L. 11 juillet 1879. L. 3 mars 1881. D. 31 mai 1881. L. 9 sept. 1881.
		D'après les recettes, sur les prix ou fractions de prix de transport inférieurs à 50 cent.	12 % des recettes nettes ou 12/112 des recettes brutes.	

Le prix de transport des colis postaux est affranchi de l'impôt. Loi du 3 mars 1881.

Imputation d'exercice. V. 1311.

Voitures publiques de terre faisant un service régulier.

Droit de dixième sur le prix des places des voyageurs et sur le prix payé pour le transport des marchandises, par exercices ou par abonnements.	Prix de transport des voyageurs et des marchandises.	D'après les recettes, sur les prix de transport de 50 c. et au-dessus.	22.50 p. % des recettes nettes ou 9/49 des recettes brutes.	L. 5 ventôse an XII. L. 25 mars 1817. L. 16 sept. 1871. L. 11 juillet 1879.
		D'après les recettes, sur les prix de transport inférieurs à 50 cent.	12 p. % des recettes nettes ou 3/28 des recettes brutes.	

Voitures d'eau faisant un service régulier.

Mêmes tarifs que pour les voitures de terre, mais en ce qui concerne le transport des voyageurs seulement, l'art. 75 de la loi du 5 ventôse an XII relatif au transport des marchandises, ne concernant que les voitures de terre.

Voitures publiques de terre faisant un service d'occasion et à volonté, voitures d'eau et voitures de chemins de fer assimilées au service d'occasion (voyageurs).

Droit fixe.	Par voiture à	1 et 2 places. . .	Par voiture et par an.	50 »	L. 25 mars 1817. L. 28 juin 1833. L. 11 juillet 1879.
		3 places.		75 »	
		4 places.		100 »	
		5 places.		120 »	
		6 places.		137 50	
	Pour chaque place, au delà de	6 jusqu'à 50 inclus.	Par place et par an.	12 50	
		50 jusqu'à 150 inclus.		6 25	
		150.		3 125	

Les droits sont exigibles par mois et d'avance. Ils sont toujours dus pour un mois entier, à quelque époque que commence ou cesse le service.

Voitures publiques de terre faisant un service extraordinaire.

Droit de dixième sur le prix des places des voyageurs et sur le prix payé pour le transport des marchandises.	Prix de transport des voyageurs et des marchandises.	D'après les recettes, sur les prix de transport de 50 c. et au-dessus.	18.37 p. % ou 9/49 des recettes brutes.	L. 5 ventôse an XII. L. 25 mars 1817. L. 16 sept. 1871. L. 11 juillet 1879.
		D'après les recettes, sur les prix de transport au-dessous de 50 cent.	10.72 p. % ou 3/28 des recettes brutes.	

Voitures d'eau faisant un service extraordinaire.

Mêmes tarifs que ci-dessus, mais en ce qui concerne les voyageurs seulement.

Voitures de chemins de fer faisant un service extraordinaire.

Droit de dixième sur le prix des places des voyageurs, et sur le prix payé pour le transport des marchandises à grande vitesse.	Prix de transport des voyageurs et des marchandises.	D'après les recettes, sur les prix de transport de 50 c. et au-dessus.	29/154 des recettes brutes.	L. du 2 juillet 1838. L. 14 juillet 1855. L. 16 sept. 1871. L. 11 juillet 1879. L. 3 mars 1881. D. 21 mai 1881. L. 9 sept. 1881. (Circ. 329 du 22 février 1884.)
		D'après les recettes, sur les prix et fractions de prix inférieurs à 50 centimes.	12/112 des recettes brutes.	

Voitures faisant accidentellement un service de voyageurs.

Droit fixe.	Par place et par journée de voiture. . . .	0 fr. 18 c. 75	L. 18 juillet 1837. L. 30 déc. 1873.

Estampilles.

Droit fixe.	Vente, par la Régie, d'une plaque de métal, qui doit être apposée sur chaque voiture, wagon ou bateau faisant un service régulier, d'occasion ou extraordinaire.	Par plaque.	2 fr. »	L. du 25 mars 1817 (art. 117).

Avant que les voitures publiques puissent être mises en circulation, il est apposé sur chacune d'elles une estampille dont le prix est fixé à deux francs sans décimes, et remboursé par les entrepreneurs. Les voitures de place de Paris sont exemptes de cette formalité, attendu que les numéros que la police fait apposer sur ces voitures remplissent le même but que l'estampille.

Licences des voitures publiques faisant un service régulier ou extraordinaire.

Droit fixe annuel.	Voiture de chemin de fer.	Par wagon.	6 fr. 25	L. 25 mars 1817. L. 30 déc. 1873.
	Voiture de terre à 4 roues.	Par voiture.	6. 25	
	— — à 2 roues.		2 50	
	Voiture d'eau.	Par bateau.	6 25	

1246. Le prix de la licence est dû en entier et pour chaque voiture déclarée, à quelque époque que soit faite la déclaration. Les entrepreneurs de voitures d'occasion et à volonté sont également obligés de se munir d'une licence pour chacune de leurs voitures ; mais ils ne sont tenus qu'au paiement du timbre de cette licence, qui est de 10 centimes.

On perçoit au comptant le prix des estampilles (rég. 23 A), le coût des licences de voitures publiques (reg. 21), et les droits pour service extraordinaire (reg. 24 A) ou pour service accidentel (reg. 24 B). Les droits pour service régulier ou service d'occasion sont constatés aux états de produits. V. 422 à 428.

§ XV. Droit de licence.

1247. Par licence, on entend l'autorisation de se livrer à un commerce ou à une industrie dont la profession ne peut être exercée sans une déclaration préalable.

Les tarifs actuellement en vigueur sont les suivants, décimes compris :

Débitants de boissons et entrepositaires d'huiles établis dans les communes de.	4,000 âmes et au-dessous.	Par débit ou par entrepôt et par trimestre (1).	3 75	L. 28 avril 1816. D. M. 28 fév. 1817. L. 1er sept. 1871. L. 30 déc. 1873. L. 31 déc. 1873.
	4,000 à 6,000 âmes.		5 »	
	6,000 à 10,000 —		6 25	
	10,000 à 15,000 —		7 50	
	15,000 à 20,000 —		8 75	
	20,000 à 30,000 —		10 »	
	30,000 à 50,000 —		11 25	
	50,000 âmes et au-dessus (2).		12 50	
Colporteurs de boissons.	Au moyen de charrettes ou de voitures.	Par colporteur et par trimestre. (1)	31 25	
	A dos de bêtes de somme.		3 75	
Brasseurs.	Établis dans les départements de l'Aisne, des Ardennes, de la Côte-d'Or, de Meurthe-et-Moselle, du Nord, du Pas-de-Calais, du Rhône, de la Seine, de la Seine-Inférieure, de Seine-et-Oise et de la Somme.	Par établissement et par trimestre (1).	31 25	L. 28 avril 1816. L. 1er sept. 1871. L. 30 déc. 1873.
	Établis dans les autres départements.		18 75	
Bouilleurs et distillateurs de profession.		Idem. (1)	6 25	L. 28 avril 1816 L. 1er sept. 1871. L. 30 déc. 1873.
Marchands en gros de boissons.			31 25	
Dénaturateurs d'alcool ayant le crédit du droit.		Idem. (1)	31 25	O. 14 juin 1844. L. 1er sept. 1871. L. 30 déc. 1873.
Fabricants.	De cartes.	Par trimestre (1).	1 25	L. 28 avril 1816. L. 1er sept. 1871. L. 30 déc. 1873.
	De salpêtre.	Par trimestre (3).	6 25	L. 10 mars 1819. L. 1er sept. 1871. L. 30 déc. 1873.
	De sucres ou de glucoses.	Par établissement et par an. (3)	125 »	L. 18 juillet 1837 L. 1er sept. 1871. L. 4 sept. 1871. L. 30 déc. 1873.
	De papier.		25 »	
	De bougie et d'acide stéarique.		25 »	
	De vinaigre et d'acide acétique.		25 »	
Marchand en gros de vinaigre et d'acide acétique.		Idem. (3)	12 50	L. 18 juillet 1875. D. 11 août 1884.

(1) Le droit de licence est dû pour le trimestre entier, à quelque époque que commence ou cesse le commerce.

(2) Les débitants de boissons établis dans la ville de Paris sont affranchis du paiement de la licence.

(3) Le droit est dû pour l'année entière, à quelque époque que commence ou cesse la fabrication ou le commerce en gros.

A cette nomenclature il faut ajouter les licences des entrepreneurs de voitures publiques, dont le tarif a été donné au paragraphe précédent.

Lorsqu'un assujéti quelconque s'établit et fait une déclaration à la recette buraliste, le droit afférent à la 1re période (trimestrielle ou annuelle, suivant le cas) est immédiatement perçu comme droit au comptant. Dans la suite, et jusqu'à déclaration de cesser ou jusqu'à cessation effective de commerce, la licence est portée par les employés sur l'état de produit 51 A. (V. 372 à 375.) Elle est recouvrée, à la diligence du receveur particulier, comme droit constaté.

§ XVI. Droit de touage.

1248. Un service de touage à vapeur se fait, aux frais de l'Etat, sur divers canaux et rivières.

Il donne lieu au paiement d'une redevance, fixée comme suit :

Pour le souterrain de Pouilly (Côte-d'Or).	Bateaux vides.	par bateau. .	1 50	D. du 28 avril 1866.
	Bateaux chargés.	pour la coque.	1 50	
		par tonne. . .	0 05	
	Radeaux.	par stère. . .	0 035	
Pour le bief de partage du canal de St-Quentin (Aisne).	Bateaux chargés. . . .	par tonne et par kilomètre.	0 025	D. 13 avril 1870
Pour le bief de partage du canal de Mauvages (Meuse).	Bateaux et flottes. (Les bateaux vides sont exempts de toute taxe ; mais ils doivent être attachés à la queue des convois.)	par tonne et par kilom.	0 005	D. du 21 juin 1863.
Pour le souterrain de Ham (Meuse ardennaise).	Bateaux chargés traversant, dans un sens ou dans l'autre, le souterrain de Ham.	pour la coque.	0 25	D. du 15 mars 1880.
		par tonne. . .	0 015	

L'Administration des contributions indirectes est chargée de la perception.

§ XVII. Péage sur les ponts et ponts affermés.

1249. Les droits de péage sur les ponts faisant partie du domaine de l'Etat sont perçus suivant des tarifs spéciaux. Loi du 25 mars 1817.

Ces droits ne sont pas passibles de décimes.

Le péage sur les ponts est classé parmi les droits au comptant et le produit des ponts affermés aux droits constatés. V. 434.

Les recouvrements peuvent être mis en ferme.

D'après le tableau n° 117 E des droits à percevoir par la Régie, il n'y a actuellement en France qu'un seul pont, celui d'Orchamps (Jura), qui donne lieu au paiement d'une redevance au profit de l'Etat. Ce pont a été affermé suivant procès-verbal d'adjudication du 19 septembre 1783.

§ XVIII. Bacs, passages d'eau et moins-value des agrès.

1250. La Régie est chargée de percevoir les droits sur les passages d'eau appartenant à l'Etat. Art. 4 du Décret du 5 germinal an XII, Inst. n° 14 du

8 messid. an XII, D. M. F. du 25 fructid. an XII et C. n° 7 du 8 frimaire an XIII.

Elle ne peut opérer que des recettes et des remises ou des remboursements régulièrement ordonnancés. Toutes les dépenses doivent être supportées par le budget des ponts et chaussées. Lett. du 17 juillet 1832.

Il est fait des adjudications entraînant l'application de tarifs spéciaux à chaque localité pour les bacs et passages d'eau. Lois des 6 frimaire an VI, 14 floréal an X et 10 août 1871.

Un modèle de cahier des charges, qui doit être suivi pour les adjudications de cette nature, a été publié avec la circulaire n° 1110 du 12 janvier 1869.

Indépendamment du prix des fermages résultant de l'adjudication des bacs, et qui est porté à l'état de produit n° 27 E (V. 434), l'Administration est chargée de mettre en recouvrement *la moins-value* du matériel d'exploitation de certains passages d'eau, lorsque ce matériel appartient à l'État. Cette moins-value résulte d'un procès-verbal d'inventaire dressé par le service des ponts et chaussées au moment de l'expiration du bail de location, ou au moment du changement de fermier. (Art. 22 du cahier des charges.) Elle doit être justifiée par un arrêté préfectoral, qui sert de titre de perception. CC. n° 64 du 10 décembre 1857. V. 434.

1251. Il est prescrit de produire, en fin d'année, à l'appui du relevé n° 101, un extrait des procès-verbaux d'adjudication et des arrêtés établissant les moins-values. CC. n° 64 du 10 décembre 1857.

Toute différence entre la somme mise à la charge du fermier et celle portée aux extraits doit être expliquée par une annotation consignée sur le tableau n° 101. CC. n° 21 du 21 décembre 1833.

Les extraits dont il s'agit sont dressés sur papier non timbré ; ils ne doivent être produits qu'une fois pour la même adjudication. On les joint au compte de gestion qui se rapporte à l'année pendant laquelle a dû commencer l'entrée en jouissance. CC. n° 8 du 10 décembre 1827, C. n° 430 du 28 novembre 1851 et CC. n° 64 du 10 décembre 1857.

Avant de les envoyer, on s'assure qu'ils portent la mention de l'acquittement du droit d'enregistrement auquel les minutes ou originaux des traités doivent être soumis. Si cette mention a été omise, les extraits sont renvoyés aux préfets pour être complétés. C. n° 430 du 28 novembre 1856.

Ils doivent, en outre, être revêtus de la mention de l'approbation de l'autorité supérieure, et être accompagnés, au besoin, de la copie des actes de cautionnement indiquant, s'il y a lieu, la prise d'inscription hypothécaire sur les biens affectés aux cautionnements. CC. n° 64 du 10 décembre 1857.

En cas de résiliation ou de modification des baux ou des procès-verbaux fournis antérieurement, des certificats ou des arrêtés doivent être produits pour justifier la perte ou la diminution du droit, comparativement à celui qui a été payé l'année précédente. Id.

1252. Conformément aux dispositions de la circulaire n° 26 du 23 juin 1817, timbrée: *Divisions territoriales*, les directeurs aussitôt après une adjudication adressent à l'Administration un état présentant, dans des colonnes distinctes, les noms des bacs amodiés, celui des communes où ils sont situés, l'ancien et le nouveau prix de ferme, enfin les causes d'augmentation ou de diminution dans le montant des redevances. C. n° 68 du 13 octobre 1852.

Le compte ouvert, pour chaque fermier, au registre n° 75 A, doit indiquer la date de l'adjudication, la durée et le prix du bail. Id.

A moins de stipulations contraires insérées dans les traités, le prix annuel de la ferme est exigible de trois mois en trois mois et d'avance, à partir de l'époque fixée pour le commencement du bail. Art. 6 du cahier des charges, C. n° 110 du 12 janvier 1869.

Les constatations sont portées, chaque trimestre, sur l'état de produit 27 E. C. n° 68 du 13 octobre 1852.

Un cadre de développement pour les produits de bacs et passages d'eau figure au registre 102. Au commencement de chaque exercice, les directeurs reproduisent à ce cadre, article par article, les baux ou contrats en vigueur; ils y inscrivent successivement, au fur et à mesure que les ampliations transmises par les préfets leur parviennent, ceux passés dans le cours de l'année. C. n° 430 du 28 novembre 1856.

Les directeurs dressent en fin d'année, d'après le registre n° 102 et les renseignements qui leur seront fournis par les receveurs, un état de développement et de situation n° 183, pour les produits de bacs, etc.

Cet état est formé en double expédition, dont l'une est conservée comme minute, et l'autre adressée à l'Administration, dans la première quinzaine de janvier. Id. et C. 344 du 5 août 1882.

§ XIX. Pêche, chasse, francs-bords, recettes accessoires à la navigation.

1253. Il est procédé par adjudication à l'amodiation du droit de pêche et de chasse des oiseaux aquatiques sur les rivières et canaux, de la jouissance des francs-bords et des prises d'eau, à la vente des arbres, etc. Loi du 15 avril 1829.

Sous le titre de francs-bords sont rangés tous les produits des talus, tels que herbes, osiers, récolte de fruits, élagages et ventes d'arbres. On entend par dépendances les locations de terrains pour servir de dépôts de marchandises, les loyers de maisons, etc. Enfin, on classe parmi les recettes accessoires les redevances pour prises d'eau et permissions d'usines, ainsi que le produit du curage des canaux.

Ces produits sont perçus par la Régie des contributions indirectes; ils sont inscrits aux droits constatés et figurent trimestriellement aux états de produits 27 B. V. 435 à 437.

Un modèle de cahier des charges pour la pêche et la chasse a été notifié au service par la circulaire n° 1105 du 25 novembre 1868.

A moins de stipulations contraires insérées dans les traités, le prix annuel de la ferme est exigible de trois mois en trois mois et d'avance, à partir de l'époque fixée pour le commencement du bail. Toutefois, en ce qui concerne les droits de pêche, le service ne doit pas perdre de vue qu'aux termes des art. 21 et 23 du nouveau cahier des charges, le montant du premier terme de la redevance due par les fermiers ne doit être calculé qu'au prorata du temps qui doit s'écouler depuis la date de *l'homologation de l'adjudication* par le préfet, jusqu'au 1er jour du trimestre suivant.

Comme pour les bacs, un cadre de développement des produits de pêche, francs-bords, etc., est établi au reg. 102, et toutes les constatations sont portées, en fin d'année, sur le relevé n° 101, auquel on annexe les copies des traités de concessions. V. 1250 et suivants.

Il est recommandé aux directeurs de veiller à ce que les copies de traités portent la mention de l'enregistrement. CC. n° 114 du 24 déc. 1884.

A une époque, le Ministre avait dispensé de l'enregistrement les *autorisations de prise d'eau et permissions d'usine* (CC n° 109 du 19 juillet 1881) ; mais, sur des observations de la Cour des comptes, il est revenu sur sa décision, de sorte qu'aujourd'hui, pour toutes les concessions du domaine public, les concessionnaires sont obligatoirement tenus de faire enregistrer leurs soumissions. Ibid.

Lorsqu'il s'agit de concessions pour occupations du domaine public fluvial, les directeurs des Domaines sont consultés pour la fixation de la redevance. On trouvera, dans la circul. n° 247 du 7 septembre 1878, l'indication de la marche à suivre en pareil cas. Cette instruction indique la limite de la compétence des directeurs de la Régie et de ceux des Domaines.

L'Administration a prescrit, autrefois, de lui rendre compte, après réception des titres de perception par les directeurs, du résultat des adjudications. Un relevé modèle n° 181 avait été établi à cet effet. (CC. n° 430 du 28 nov. 1856.) Comme cet imprimé ne figure plus dans la série générale des impressions de service, et qu'il n'en est pas question dans le tableau des productions périodiques (V. C. n° 344 du 5 août 1883), on peut en conclure qu'il n'y a plus lieu de le fournir.

En fin d'année, les directeurs adressent à l'Administration un état général de ces produits, n° 182. C. 344 du 5 août 1882.

Frais d'adjudication. D'après les dispositions arrêtées par le Ministre de concert avec son collègue des Travaux publics, le préfet fait l'avance des frais d'adjudication, et, sur la remise des pièces justificatives, est immédiatement remboursé par le receveur principal des contributions indirectes. Ce comptable inscrit le montant de ces remboursements au compte des avances à régulariser (avances pour achat de timbres et pour divers services, ligne 251 *bis* du bordereau 91), qu'il balance au moyen de la taxe de 1 1/2 pour % ajoutée au prix des adjudications. En cas d'insuffisance du produit de cette taxe, le surplus des avances est remboursé au service des contributions indirectes en un mandat émis par le préfet sur les crédits des travaux publics ; si, au contraire, ce produit excède le montant total des frais, l'excédent est porté en recette, par le receveur principal, au titre des recettes accidentelles (ligne 47). La constatation en doit être justifiée par un décompte à joindre au relevé 101. CC. n° 108 du 30 déc. 1880.

Tenue du reg. des comptes ouverts pour la pêche, les francs-bords, etc. V. 112.

§ XX. Garantie des matières d'or et d'argent.

1254. Le droit de garantie des matières d'or et d'argent est fixé ainsi qu'il suit, en principal et décimes :

Ouvrages { d'or, en principal... 37 f. 50 c. par hectog.
d'argent .... 2 60 par hectog.,
non compris les frais d'essai ou de touchau.

Art. 1er de la Loi du 30 mars 1872.

Il se paie au comptant. Le droit sur les manquants au compte des fabricants est seul porté aux droits constatés. V. 440, 441.

On consultera utilement, pour cet objet, l'article « *Garantie* » au Dictionnaire Général, tant pour le droit de garantie lui-même, que pour le droit *d'argues*.

§ XXI. Marques de fabrique ou de commerce.

1254 *bis*. La loi du 26 novembre 1873 autorise les industriels et commerçants à réclamer le timbre de l'Etat pour la garantie d'authenticité de leurs marques, à charge par eux de payer un droit spécial de poinçonnage ou de timbrage.

Les marques de fabrique ou de commerce sont de trois sortes : ou bien elles sont imprimées sur des étiquettes ou bandes en papier, ou bien elles sont produites sur des estampilles en métal ; quelquefois elles font corps avec l'objet lui-même ou y sont incrustées. C. n° 124 du 6 juillet 1874.

Dans le premier cas, le contrôle de l'Etat se fait au moyen de l'empreinte d'un timbre ; dans le second et le troisième, au moyen de l'insculpation d'un poinçon.

La partie de la loi du 26 nov. 1873 et du règlement du 25 juin 1874 relative à l'apposition du timbre doit être exécutée par l'Administration de l'enregistrement, des domaines et du timbre ; c'est la Régie des contrib. indir. qui est chargée de l'exécution des dispositions concernant l'apposition du poinçon. Id.

Les droits de poinçonnage ou de timbre sont les suivants :

VALEURS.		CLASSES.	ÉTIQUETTES et estampilles présentées sans l'objet qui doit les porter.	MARQUES fixées sur l'objet, ou faisant corps avec l'objet.
Pour chaque objet d'une valeur déclarée	de 5 fr. » et au-dessous.	1re classe	0 f. 05	0 f. 06
	de 5 01 à 10 fr. .	2e —	0 10	0 12
	de 10 01 à 20 fr. .	3e —	0 20	0 24
	de 20 01 à 30 fr. .	4e —	0 30	0 36
	de 30 01 à 50 fr. .	5e —	0 50	0 60
	de 50 01 à 100 fr. .	6e —	1 00	1 20
	de 100 01 à 200 fr. .	7e —	2 00	2 40
	de 200 01 à 350 fr. .	8e —	3 50	4 20
	de 350 01 et au-dessus.	9e —	5 00	5 »

Art. 8 du Décret du 25 juin 1874.

La perception se fait au comptant (V. 442), sur un reg. n° 30 D. Circ. 124 du 6 juillet 1874.

§ XXII. Droit de dénaturation sur l'alcool.

1255. Les alcools dénaturés de manière à ne pouvoir être consommés comme boissons sont soumis en tout lieu à une taxe spéciale dite de dénaturation, dont le taux est fixé en principal et décimes à 37 fr. 50 par hectolitre d'alcool pur. Art. 4 de la Loi du 2 août 1872 et Loi du 30 déc. 1873.

Cette taxe est perçue au comptant. Les manquants sont seuls portés aux droits constatés. V. 447 *bis*.

§ XXIII. Timbres.

1256. Le prix du timbre de la Régie est fixé à 10 centimes. Art. 243 de la Loi du 28 avr. 1816.

Les congés, les passavants, les acquits-à-caution, les licences, les quittances des droits, les déclarations des brasseurs, distillateurs et autres redevables doivent être frappés du timbre. Lett. M. F. du 5 mai 1807. — Il en est de même des factures de tabacs et poudres (64 B et 64 D). C. n° 484 du 1er août 1887.

Il n'est pas perçu de décime sur le prix des timbres.

Les timbres sont payés au comptant.

Quand le droit à percevoir, y compris les taxes locales, ne dépasse pas 50 centimes, en principal et décimes, le prix du timbre n'est pas perçu. C. n° 285 du 20 juill. 1843 et n° 25 du 3 avr. 1852. Nous avons expliqué plus haut (V. 1049) dans quels cas cette exception est applicable.

Le service des contributions indirectes perçoit également le prix du timbre des obligations temporaires, qui est de 75 centimes, et celui des passavants relatifs aux sucres, qui n'est que de 5 centimes. Il en fait recette aux contributions et revenus publics ; mais il porte distinctement les timbres à 5 centimes, à 10 centimes et à 75 centimes, tant au relevé n° 101 qu'au chapitre 1er du compte des matières 108 A *bis*. CC. n° 92 du 4 août 1864. V. 2095.

§ XXIV. Cartes à jouer.

1257. Le droit sur les cartes à jouer a été fixé ainsi qu'il suit, en principal et décimes :

Au portrait français, par jeu . . . . » f. 625
Au portrait étranger . . . . » 875

Art. 19 de la Loi du 21 juin 1873, art. 2 de la Loi du 30 déc. 1873 et Loi annuelle de finances ; C. n° 108 du 2 janv. 1874.

Ce droit est porté aux droits constatés. V. 429.

Obligations cautionnées. V. 549.

La fabrication des cartes à jouer se fait avec des papiers portant les empreintes des moules confectionnés en exécution du décret du 16 juin 1808. Art. 1 du Décret du 9 fév. 1810.

La Régie fournit aux fabricants les feuilles de moulage. Art. 3 du Décret précité et art. 163 de la Loi du 28 avril 1816.

Le prix des matières est fixé comme suit :

1000 feuilles (papier de points). . . . . 22 fr.
— (figures). . . . . 30 fr.

Déc. min. du 29 déc. 1852 et C. n° 106 du 16 avril 1853.

Ces droits ne sont pas confondus avec ceux des droits sur les cartes à jouer. Ils sont inscrits à une ligne spéciale du bordereau 91. V. 1268.

XXV. Prélèvement sur les communes pour frais de casernement.

1258. Le décompte des frais de casernement est établi par l'intendance militaire. Ces frais donnent lieu à une indemnité spéciale qu'ont à payer au Trésor public les communes à octroi où des troupes sont casernées dans des bâtiments appartenant à l'État ou pris à loyer par l'État. Décret du 7 août 1810 et Ord. du 5 août 1818.

Le tarif qui sert de base au calcul de l'indemnité pour frais de casernement a été fixé à 7 fr. par homme et à 3 fr. par cheval, par année. On établit le décompte d'après l'effectif des troupes et d'après le nombre de journées de casernement. Art. 46 de la Loi du 15 mai 1818.

L'indemnité est inscrite aux droits constatés. V. 439.

Le coût du timbre de la Régie est dû pour la quittance constatant le paiement des frais de casernement. Déc. de la compt. publ. du 7 oct. 1867 et CC. n° 103 du 24 juin 1873.

Jusqu'en 1871, les frais de casernement n'étaient liquidés et ne se justifiaient à la Cour que dans les comptes de l'année qui suivait celle à laquelle ces frais s'appliquaient. Les décomptes justificatifs étaient alors transmis à la direction générale de la comptabilité publique dès que celui du 4e trimestre était parvenu à la direction ; ils devaient être accompagnés d'un *décompte général* présentant la situation de cet article de perception, et de l'état des communes qui, percevant des droits d'octroi, sont, en cas de garnison, assujéties au paiement des frais de casernement. CC. n° 108 du 30 déc. 1880.

Maintenant que ces frais sont liquidés et justifiés par gestion, et que la situation en est présentée à un cadre spécial de relevé 101, *lequel tient lieu de décompte général*, il est sans intérêt que l'état des communes assujéties soit transmis par envoi spécial. Il y a lieu alors de le faire joindre aux décomptes des frais de casernement et de l'adresser avec le relevé général n° 101. Id.

Imputation d'exercice des frais de casernement. V. 1310, 1311.

§ XXVI. Portion du Trésor dans le prix des tabacs et poudres saisis.

1259. C'est au moyen de l'état n° 71 A formé par le directeur ou le sous-directeur que le receveur principal passe les écritures. Il fait d'abord un article de dépense du montant de l'état qu'il inscrit à la ligne .. achat de tabacs saisis. Cet article doit reproduire la répartition telle qu'elle résulte de cet état. Puis, s'il y a lieu, il fait recette de la part attribuée au Trésor et de celle revenant au service des pensions.

La répartition du prix intégral des tabacs saisis doit s'opérer dans les proportions suivantes :

Le 1/3 à l'indicateur ;

Le 1/4 des deux tiers restants au Trésor ;

Pareil quart au service des pensions ;

Deux pareils quarts aux employés saisissants. C. n° 29 du 16 mars 1818.

S'il n'y a pas d'indicateurs, leur part profite au Trésor, à la caisse des retraites et aux saisissants ; alors, c'est exactement le prix intégral et sans aucun prélèvement qu'il faut répartir dans les proportions que l'on vient d'indiquer. Id.

Il arrive quelquefois que la valeur des tabacs est constatée à une époque trop avancée de l'année pour que le paiement puisse en avoir lieu avant la clôture des comptes. La somme restant à payer est alors indiquée à l'état n° 77 B, ainsi qu'à un relevé manuscrit joint au compte n° 73.

Mais la dépense doit être rattachée à l'exercice pendant lequel les procès-verbaux de classement ont été rédigés, et la constatation des parts revenant aux saisissants, au Trésor et au service des pensions appartient au même exercice que la dépense. Lett. n° 726 du 4 avr. 1873 au Direct. de la Gironde. V. **Imputation d'exercice**, n° 1313.

Les tabacs saisis jugés propres à la fabrication du tabac ordinaire seront payés à raison de 2 francs par kilogramme. S'ils consistent en tabacs de cantine pouvant être vendus sans préparation nouvelle, le paiement en aura lieu sur le pied de 1 fr. 50 par kilog. Le prix ne sera que de 1 fr. 25, s'ils sont simplement jugés propres à la fabrication du tabac de cantine. Les tabacs à détruire donnent lieu à une prime de 50 c. par kilog. C. n° 71 du 4 nov. 1872.

Aucune part n'est à prélever au profit du Trésor et du service des pensions sur la prime accordée pour les tabacs impropres à la fabrication ; les 2/3 sont dévolus aux saisissants et l'autre tiers aux indicateurs, ou le montant intégral aux saisissants, s'il n'y a pas d'indicateurs.

Mais les indicateurs n'ont aucune part dans la prime d'arrestation, à moins qu'ils n'y aient coopéré.

1260. Si les tabacs saisis sont de qualité supérieure et jugés susceptibles d'être vendus par la Régie comme tabacs de choix, les saisissants reçoivent, en sus du prix de 2 francs, une indemnité qui est réglée par l'Administration. Art. 4 de l'Ordonn. du 31 déc. 1817.

Cette indemnité est soumise aux prélèvements attribués au Trésor et au service des pensions sur la valeur des tabacs saisis. C. n° 185 du 7 août 1838.

Lorsque la saisie des tabacs a été opérée par le service des douanes, la valeur en est versée, sans aucune déduction de frais, au receveur principal de cette administration. C. n° 29 du 16 mars 1818.

§ XXVII. Portion du Trésor dans la répartition des poudres saisies.

1261. Quel qu'en soit le classement, la valeur des poudres saisies est toujours de 3 francs par kilogramme. Art. 3 de l'Ord. du 17 nov. 1819. — La dépense en est portée à la ligne : *Achats de poudres saisies*. Il faut avoir soin de détailler dans l'article du livre-journal la répartition exacte du montant.

Il est fait ensuite recette, s'il y a lieu, des sommes attribuées au Trésor qu'on impute à la ligne qui nous occupe, et de celles revenant aux pensions sous le titre de *Portions attribuées aux pensions d'après l'état n° 71 B.*

Le Trésor n'a aucune part en matière de saisies de poudres, si ce n'est lorsque la saisie est opérée par des magistrats de l'ordre administratif et judiciaire, soit seuls, soit concurremment avec des employés de divers services. La portion qui serait dévolue aux magistrats, dans les deux cas, devrait être partagée entre le Trésor et le service des pensions dans les proportions suivantes :

2/3 au Trésor ;

1/3 au service des pensions.

Aux termes d'une lettre de l'Administration du 27 septembre 1852 et bien que, d'après la législation existante, un commissaire de police doive être considéré comme magistrat civil et judiciaire, il est admis que cette classe de fonctionnaires participe à la répartition des amendes et confiscations. Ils sont mis ici sur la même ligne que les agents de la force publique.

Contrairement à ce qui se pratique dans les saisies de tabacs, en matière de poudres à feu, la portion dévolue au service des pensions n'est prélevée que sur la part qui revient aux employés de la Régie dans la proportion d'un quart, et sur celle revenant aux magistrats dans la proportion d'un tiers, comme nous l'avons déjà dit. C. n° 25-1 du 25 juin 1829.

Si, parmi les saisissants, il y a des préposés appartenant à d'autres administration ou s'ils sont seuls, leur part n'est frappée d'aucune espèce de retenue. Id.

§ XXVIII. Amendes et confiscations en matière de contributions indirectes.

1262. Tout ce qui se rapporte aux recettes pour amendes et confiscations a fait l'objet des nos 463 à 475, au chapitre des droits constatés.

Inscription sur le livre de caisse n° 87 et le sommier n° 88. V. 496 à 502.

Apurement des amendes et des doubles ou sextuples droits. V. 503 à 515.

Reprises indéfinies pour amendes et frais de justice. V. 533 à 538.

En matière de contributions indirectes, les amendes ne sont pas passibles des décimes. C. n° 158 du 13 nov. 1837.

§ XXIX. Droits (simples, doubles et sextuples) sur acquits non rentrés.

1263. Les droits exigibles pour non-rapport de certificats de décharge relatifs aux acquits-à-caution sont déterminés à la sous-direction.

Ces droits sont portés aux droits constatés. V. 465, 466, 476 et s. Ils figurent à l'état de produit 496.

§ XXX. Amendes et confiscations en matière de culture de tabac autorisée.

1264. Nous avons déjà expliqué que les amendes et confiscations en matière de culture autorisée de tabacs ne doivent être cumulées ni sur l'état 122 B, ni sur les bordereaux 91 A et 91 B, avec les recouvrements propres au service des contributions indirectes. CC. n° 68 du 26 déc. 1871.

Droits constatés. V. 470 à 475.

Apurement des amendes. V. 503 et s.

Reprises indéfinies. V. 533 et s.

§ XXXI. Indemnités par suite d'exercices (Octroi).

1265. Les communes assujéties à des droits d'octroi ont à payer une indemnité à la Régie, au sujet des perceptions d'octroi qui sont assurées par les exercices des employés des contributions indirectes chez les entrepositaires de boissons, les brasseurs, les distillateurs, etc. Art. 91 de l'Ord. du 9 déc. 1814.

Cette indemnité est portée aux droits constatés. V. 449.

Elle doit être basée sur la totalité des droits d'octroi payés par les entrepositaires au moment même de leurs livraisons pour l'intérieur du lieu sujet, ou constatés sur manquants, lors des arrêtés de compte. Décision n° 322 du 2 avril 1817, C. n° 22 du 10 mai 1817 et C. n° 309 du 19 février 1881.

Par décision du 20 novembre 1880, le Ministre des finances a fixé un tarif décroissant pour l'indemnité dont il s'agit. Aux termes de cet arrêté, l'indemnité se calcule sur les produits de chaque trimestre ; elle est de :

4 pour % sur les constatations		de 10,000 et au dessous ;
3 1/2 pour %	id.	de 10,001 à 20,000 ;
3 pour %	id.	de 20,001 à 50,000 ;
2 1/2 pour %	id.	de 50,001 à 100,000 ;
2 pour %	id.	de 100,001 à 200,000 ;
1 1/2 pour %	id.	au-dessus de 200,000.

Le timbre de la quittance du 74 est exigible. V. 1048.

L'indemnité ne doit pas être abandonnée en cas de traité pour la gestion de l'octroi par les employés des contributions indirectes. C. n° 13 du 18 janvier 1828.

§ XXXII. Abonnements pour traitements d'employés (Octroi).

1266. Quand la Régie est chargée de la gestion de l'octroi, il est souscrit un abonnement pour le traitement des employés.

Le montant des abonnements est porté aux droits constatés. V. 448.

§ XXXIII. Frais d'impressions, transports, etc. (Octrois).

1267. Chaque année, dans le cours du 4e trimestre, l'Administration arrête et renvoie au directeur les tableaux 79 B présentant le décompte des sommes dues par les communes pour les impressions fournies par la Régie au service des octrois. Art. 68 et 69 de l'Ord. du 9 déc. 1814.

Ces sommes sont portées aux droits constatés. V. 450, 2020 et suiv.

§ XXXIV. Prix du papier filigrané et des moulages de cartes.

1268. Le papier filigrané et des moulages de cartes se vend, savoir :

Papier de point, par paquet de 1,000 feuilles. . . . . 22 fr.

Papier de moulage de figures, à portrait français ou étranger, à une ou deux têtes, et les as de trèfle. . . . . 30 fr.

Décision M. F. des 23 déc. 1844 (C. n° 316 du 28 du même mois) et 29 déc. 1852 (C. n° 106 du 16 avr. 1853).

On porte sous le titre de *Prix du papier filigrané* et des *moulages de cartes vendus et manquants* :

1º Le prix des livraisons faites aux cartiers ;

2º La valeur des manquants mis à la charge des comptables.

A l'égard des manquants, l'Administration statue au préalable sur la question de savoir s'il convient d'imposer le paiement du simple ou du double droit.

Lorsque le double droit est exigé, le premier droit seulement est inscrit à l'article du prix du papier filigrané et des moulages de cartes ; le second droit est compris dans les *recettes accidentelles*.

Le prix des papiers filigranés vendus ou manquants est inscrit aux droits constatés. V. 458.

§ XXXV. Prix d'instruments et autres objets consignés, etc.

1269. Les instruments de service dont l'Administration approvisionne les recettes principales sont classés en deux catégories : les instruments sujets à consignation et les instruments non sujets à consignation.

Instruments sujets à consignation. Lorsque, sur un bon signé par le directeur ou le sous-directeur, un employé est autorisé à prendre à la recette principale un instrument sujet à consignation, il en verse la valeur au comptable, qui en fait recette à la ligne 42 du bordereau 91 et livre l'instrument.

Si, dans la suite, il y a réintégration, la valeur est remboursée et la dépense est inscrite à la ligne 140. Le remboursement est opéré au vu d'un état quittancé par la partie prenante, et visé par le sous-directeur. C. nº 12 du 7 mai 1815.

Les échanges n'ont lieu qu'en cas de bris d'instruments ou de modifications aux modèles en usage. Ils doivent toujours être autorisés par le chef de la circonscription administrative, et ne donnent lieu à des opérations *en recette et en dépense*, dans la comptabilité en deniers, qu'autant qu'il y a différence en plus ou en moins dans la valeur des objets délivrés ou réintégrés. C. nº 140 du 22 octobre 1807 et C. nº 438 du 8 octobre 1885.

Les instruments sont suivis à la recette principale, sur le reg. nº 106 A. Depuis quelques années, l'Administration a fait établir à la dernière page du reg. 83 (recettes particulières) un cadre spécial destiné à présenter le détail des instruments de service remis aux employés de chaque recette ou poste. La reprise, établie en fin d'année, doit être soumise au visa du receveur principal et les réintégrations ou les livraisons successives doivent être inscrites dans le même cadre, au fur et à mesure des opérations.

En cas de manquants dans le magasin de la recette principale, le comptable est tenu de payer la valeur des instruments. C. nº 14 du 25 mars 1825 et CC. nº 112 du 26 déc. 1883. V. 1054.

En cas de perte d'un instrument consigné, l'employé doit renouveler sa consignation pour avoir un autre instrument. C. n° 140 du 22 oct. 1807.

La nomenclature des instruments sujets à consignation figure sur l'état 151 AA, avec le prix de chaque objet. Voici quelques renseignements à cet égard :

Cachets, valeur.	1 »	(Circul. n° 21 du 6 octobre 1821.)
Densimètres —	3 »	(Etat 151 AA.)
Dict. des communes —	5 »	(Etat 151 AA.)
Etuis à 2 compart. —	» 75	(C. n° 11-3 du 17 déc. 1827.)
Jauges brisées —	5 75	(Etat 117 E et 151 AA.)
Alcoom. poinçonnés (mod. de 1885) :		
de 0 à 20°. . . .	4 »	
de 20 à 40°. . . .	4 »	
de 40 à 60°. . . .	4 »	
de 60 à 80°. . . .	4 »	
de 80 à 100°. . . .	4 »	
Thermomètres au mercure, poinçonnés (1885).	3 50	(C. n° 438 du 8 octobre 1885.)
Eprouvettes en verre (modèle de 1885).	1 25	
Boîtes en fer-blanc pour nécessaire alcoométrique (à 3 ou à 5 alcoomètres).	» 75	
Rouannes.	2 25	(Etat 151 AA et 117 E.)
Sondes pliantes.	» 85	Id.
Tubes gradués pour l'alc. dénat.	2 50 3 50	(Id. et C. n° 298 du 19 juin 1844.)
Rapporteurs centésimaux. . .	» 50	(C. n° 11-3 du 17 déc. 1827.)
Thermomètres au mercure montés sur bois.	3 25	(Etat 117 E et 151 AA.)
Modèle de portatif.	1 50	(C. n° 150 du 21 juillet 1837.)

Instruments non sujets à consignation. Un certain nombre d'instruments peuvent être remis au service sur un simple récépissé, en vertu d'autorisation du sous-directeur, et sans consignation. Ils sont détaillés par espèce, avec leur valeur, sur l'état 151 AA.

Au reg. 106 A, le receveur principal en tient compte, comme pour les instruments sujets à consignation, et il doit suivre attentivement le mouvement des objets qui sont dans les postes, attendu qu'il y aurait lieu d'en faire payer la valeur aux employés, s'il y avait des manquants. Ces manquants seraient portés, le cas échéant, aux recettes accidentelles. V. 1276. V. du reste l'instruction pratique du reg. 106 A.

Le reg. n° 83 présente un cadre pour les instruments non sujets à consignation.

§ XXXVI. Retenue d'un centime par kilogramme de tabac pour le paiement des experts.

1270. Comme son titre l'indique, cette recette a pour but de compenser les frais d'expertise et de classement des tabacs. Elle est supportée par les planteurs et calculée sur la quantité de tabacs livrée par eux à l'Administration.

Le montant de la retenue est inscrit aux droits constatés. V. 460.

§ XXXVII. Prix des plombs apposés.

1271. Il est perçu 10 centimes par plomb. C. n° 490 du 29 août 1851. Mais, en matière de sucres, la perception est seulement de 3 centimes. Arrêté ministériel du 15 nov. 1879, C. n° 280 du 25 nov. 1879.

Les instruments, les flans et la ficelle sont payés sur les fonds du matériel. C. n° 288 du 17 août 1843. — On alloue 1m 80c de ficelle pour le plombage d'un sac de sucre.

Il est tenu des carnets indiquant le nombre de flans reçus et le nombre employé. Id.

1272. Il n'est rien perçu pour l'apposition du cachet de la Régie sur les futailles de mélasse. Le prix de la cire est à la charge de l'Administration. Art. 95 de l'Inst. du 15 déc. 1853.

L'apposition des plombs sur les sacs des débitants de tabac ne donne pas lieu à paiement.

§ XXXVIII. Indemnités pour frais de surveillance des entrepôts de sucre.

1273. L'encaissement de cette indemnité a lieu de la même manière que pour l'indemnité relative aux frais de surveillance des fabriques de soude.

Le chiffre de la subvention est déterminé par l'Administration, en vertu de l'art. 10 de la loi du 27 fév. 1832 et de l'art. 21 de celle du 31 mai 1846.

Cette indemnité figure aux droits constatés. V. 451.

Les frais de surveillance des entrepôts de Paris et de Lille sont à la charge de l'Etat. Art. 11 de la Loi du 11 août 1839 et art. 21 de celle du 31 mai 1846.

§ XXXIX. Indemnité pour frais de surveillance des fabriques de soude, etc.

1274. Les fabriques de soude auxquelles est délivré en franchise le sel nécessaire à leur fabrication sont soumises à une surveillance permanente.

Le nombre des préposés à l'exercice est fixé par l'Administration. Pour couvrir le Trésor de la dépense à laquelle donne lieu la surveillance, chaque fabricant verse à la caisse du receveur principal une redevance dont le montant est fixé à trente centimes par cent kilogrammes de sel employé à la fabrication. Les recouvrements ont lieu par trimestre. Art. 1er du Décret du 13 déc. 1862.

Cette indemnité est inscrite aux droits constatés. V. 451.

Une quittance extraite du journal n° 74 est remise au fabricant. L'enregistrement au livre-journal n° 87 A a lieu ensuite.

Le chef de service de l'usine adresse au receveur principal, à l'expiration de chaque trimestre, un bulletin indicatif de la quantité de sel employée à la fabrication de la soude. C. n° 872 du 22 déc. 1862.

A la fin de l'année, les comptables fournissent à la comptabilité, à l'appui de leur compte de gestion et de l'état des produits n° 101, un décompte des indemnités qui leur ont été payées. CC. n° 72 du 4 août 1864.

L'indemnité de surveillance payée par les fabricants d'eau de Javel lorsqu'ils obtiennent la franchise des sels, est inscrite à la même ligne. V. 451.

Il en est de même pour les frais de surveillance dus par les industriels qui emploient de l'huile ou du vinaigre en franchise. V. 451.

Indemnité de surveillance des fabriques de sucre. V. 1238.

§ XL. Intérêts pour crédit de droits.

1275. Nous avons expliqué plus haut (V. 547) la distinction qui doit être faite entre les intérêts payés par les souscripteurs d'obligations cautionnées, au moment de la signature des traites, et les intérêts dus sur le montant des obligations non payées à l'échéance.

Il n'est question ici que des premiers, qui doivent figurer en recette à la ligne 46 *bis* du bordereau 91. Les autres entrent en comptabilité avec les recettes accidentelles.

§ XLI. Recettes accidentelles.

1276. On classe dans les recettes accidentelles:

Le second droit sur les expéditions timbrées, estampilles, instruments et matières de cartes manquant chez les comptables. V. 1268;

Le prix de quelques instruments non sujets à consignation et qui néanmoins sont mis à la charge des employés quand ils ne peuvent les représenter. V. 1054;

Les appointements, parts d'amendes, etc., revenant aux employés, lorsqu'ils ne sont pas réclamés dans le délai de deux ans, conformément à l'article 50 du décret du 1er germinal an XIII;

Les forcements en recette et redressements d'erreurs opérés par les employés qui vérifient la gestion des agents de la perception;

Les recouvrements faits sur les droits constatés et les frais judiciaires, après qu'ils ont été admis en reprise indéfinie ;

Les droits acquittés à la suite d'un changement survenu dans la législation et liquidés d'après les anciens tarifs ;

Le complément de la taxe unique sur les boissons, lorsqu'un des droits compris dans cette taxe a été perçu au départ, et que le restant des droits à payer ne résulte pas de l'application du tarif en vigueur dans la commune où les boissons sont expédiées, et ne peut point, par ce motif, être porté sur le registre spécial qui est affecté à la perception de cette taxe ;

Le droit de recherche dû pour communication des comptes tenus aux contribuables de la Régie. Art. 8 de la Loi du 2 août 1872 et C. n° 67 du 19 septembre 1872 ;

Les sommes exigibles par suite de rectifications prescrites par la Cour des comptes, l'Administration ou la comptabilité ;

La part revenant au Trésor, dans la remise d'un tiers pour cent payée aux receveurs sur le montant des droits applicables aux sucres indigènes etc., qui ont été réglés en obligations de crédits ou garantis par des soumissions d'admission temporaire. CC. n° 72 du 4 août 1864.

Les intérêts exigibles quand les droits ne sont pas acquittés dans le délai fixé par la soumission, etc. *Inst. gén. sur le serv. de la comptabilité.* V. 545 et suiv. ;

L'excédent disponible des frais d'adjudication de pêche, francs-bords, etc. V. 1253;

Les redevances payées par les gérants des débits vacants. CC. n° 96 du 30 déc. 1872.

Le débitant de tabac est un fonctionnaire public. Dès qu'il vient à manquer, son emploi fait retour à l'Etat, qui en dispose comme il l'entend. Le droit étant ainsi établi, le gérant, s'il veut conserver le bureau, en cas de décès du titulaire, jusqu'à ce qu'il passe en d'autres mains, ne peut le faire que dans les termes de son traité. L'Administration est donc en droit de lui imposer l'obligation de verser dans ses caisses et dans les mêmes conditions le montant de la redevance qu'il payait au titulaire, et cela pendant tout le temps que dure la vacance du débit. Il y a lieu de se reporter en pareil cas à la C. n° 12 du 31 août 1869.

Ces redevances, lorsqu'elles sont acquises au Trésor, sont inscrites aux droits constatés. V. 461.

Le second droit sur les timbres et les estampilles reconnus manquants doit faire l'objet d'un article séparé au journal n° 87 A.

Il en doit être de même pour les droits sur manquants en matière de cartes, etc.

Pour les droits perçus aux anciens tarifs et pour ceux compris sous le titre collectif de *toutes autres recettes extraordinaires*, un article séparé est également nécessaire au livre-journal; mais cet article doit être précédé d'une inscription au registre n° 74 spécial, si c'est le receveur principal qui a opéré directement la recette.

§ XLII. Vente de tabacs aux débitants, aux consommateurs, à la guerre, à la marine, et manquants chez les entreposeurs.

1276 *bis*. Les prix de vente aux débitants ont été fixés ainsi qu'il suit :

				Prix
Tabacs supérieurs vendus en paquets.				15 f. par kil.
Tabacs ordinaires.				11 50 —
Tabacs à prix réduits.	Scaferlati	1re zone	1re subdiv.	1 30 —
			2e subdiv.	2 60 —
		2e »		4 40 —
		3e »		7 20 —
	Rôles	1re »		5 30 —
		2e »		7 20 —
Tabacs de troupe.	Scaferlati.			1 30 —
	Rôles.			1 80 —

Décret du 1er mars 1872 ; C. n° 44 du 3 du même mois.

Le prix des cigares et des cigarettes varie suivant la qualité. De fréquentes modifications étant apportées au tableau, qui est du reste fourni par l'Administration, il nous a paru inutile de l'insérer.

Nous avons déjà eu occasion d'expliquer que le produit des ventes doit figurer distinctement dans les articles à passer au livre de caisse et qu'il se classe immédiatement d'une manière définitive au sommier n° 88.

Nous ferons seulement remarquer que les manquants constatés à la charge des entreposeurs ne doivent pas être confondus au livre de caisse avec les ventes. On doit les porter sur une ligne particulière ; il serait mieux même d'en faire l'objet d'articles de recette spéciaux.

Le timbre des factures de tabacs et de poudres (64 B et 64 D) est maintenant exigible des débitants et des consommateurs. C. n° 484 du 1er août 1887.

Des tabacs à *prix réduits* (râpé, scaferlati et rôles) sont livrés à tous les établissements hospitaliers (hôpitaux, hospices, asiles, dépôts de mendicité, maisons de refuge, de secours, maisons d'aliénés, etc.), sous certaines conditions dont l'exécution ponctuelle a pour but d'assurer à la mesure son caractère absolu de pure bienfaisance. Ces conditions sont définies par la circulaire n° 833 du 31 mars 1862.

Dans les arrondissements où il est fait application de l'ordonnance du 1er mars 1832, les entreposeurs fournissent à l'Administration de la marine, aux mêmes prix que pour l'exportation, les quantités de tabacs nécessaires. C. n° 85 du 23 juill. 1834 et n° 948 du 8 mars 1864.

Depuis l'année 1879, le produit des ventes de tabacs à la guerre et à la marine, produit qui avait jusque-là été classé, dans la comptabilité en deniers, parmi les ventes pour l'exportation (ligne 50 du bordereau 80), a été réuni aux ventes aux débitants et aux consommateurs (ligne 49). CC. n° 108 du 30 décembre 1880.

En vertu de l'art. 178 de la loi du 28 avril 1816, la Régie est autorisée à vendre aux pharmaciens, aux propriétaires de bestiaux et aux artistes vétérinaires, des tabacs en feuilles indigènes. Par arrêté du 9 avril 1874, le Ministre des finances a fixé le prix de ces feuilles à 8 fr. le kilogramme. L. G. du 25 avril 1874.

Elle livre également aux arboriculteurs et propriétaires de serres *des résidus*, c'est-à-dire des poussières et rebuts de tabac, au prix de 1 fr. par kilog. C. de l'Adm. des tabacs du 11 mars 1865. Ces produits entrent dans les recettes comme produits généraux de la vente des tabacs. C. n° 993 du 15 mars 1865.

§ XLIII. Vente de tabacs pour l'exportation.

1277. Les ventes de tabac pour l'avitaillement des marins expédiés au long cours ou à la grande pêche sont soumises à des formalités réglées par les circulaires n° 157 du 10 octobre 1837, n° 734 du 14 février 1861 et n° 899 du 18 mai 1863.

Un arrêté ministériel du 21 mars 1863 dispose que les primes *maxima* seront désormais accordées sans condition de quantité relativement aux *tabacs fabriqués* que les bâtiments naviguant au long cours embarqueront, comme provision de bord, soit pour les équipages, soit pour les passagers. C. n° 899 du 18 mai 1863.

Les tabacs en feuilles peuvent être livrés aux armateurs pour la même destination, à des prix calculés de manière à assurer à la Régie un bénéfice de 20 à 25 %. Art. 5 de l'Arrêté du M. F. du 10 octobre 1874.

On trouvera au Dictionnaire Général, — art. *Tabacs*, n°s 738 à 750, — les instructions qui se rattachent à l'exécution de ces prescriptions.

Les prix des tabacs destinés à l'exportation ont été fixés par l'arrêté ministériel du 10 octobre 1874. Des primes sont accordées aux acheteurs de tabacs destinés à l'exportation. Un nouveau tarif général d'exportation des tabacs français est à l'étude. En attendant qu'il puisse être approuvé, le Ministre des finances a décidé que les prix fixés par le règlement ministériel du 15 février 1879 seraient appliqués à toutes les exportations de tabacs indistinctement. Le tableau qui indique ces prix de vente est annexé à la circul. n° 508 du 15 mars 1888.

Le prix des tabacs fabriqués et vendus pour l'exportation doit être *payé comptant*. Ce n'est qu'en vertu d'une autorisation spéciale du Ministre des finances que les exportateurs pourraient être admis à souscrire des obligations cautionnées. (Circul. n°s 39 du 17 mars 1834, 202 du 11 mars 1832, et 245 du 25 février 1841.) C. n° 734 du 14 février 1861. V. 550.

§ XLIV. Retenues faites aux voituriers pour avaries, pertes ou soustractions de tabacs.

1278. Ces retenues sont prévues par le cahier des charges. Elles sont portées en recette après que la dépense de la *somme brute* représentant les frais de transport a été inscrito au livre-journal et au sommier n° 88 sous le titre de : *frais de transport de tabacs.*

Il n'est pas question ici des retenues à exercer pour retard de route, défaut de bâchage et de fardage. Le décompte établi sur les acquits-à-caution en présente la déduction, de telle sorte que le receveur principal n'a à porter en dépense au registre n° 87 que la somme restant à payer, abstraction faite de la retenue.

Le directeur du département dans lequel une avarie a été reconnue transmet à l'Administration une formule n° 27 énonçant que les frais de transport n'ont pu être payés. A cette formule doit être jointe une copie du procès-verbal administratif constatant l'avarie. Avis du renvoi des tabacs avariés est en même temps donné au directeur du département dans lequel est située la manufacture qui doit bénéficier les tabacs. C. n° 917 du 14 juillet 1863.

Dès que le montant de l'indemnité fixée par le conseil de la manufacture, tant pour le dommage que pour les frais d'expertise, a été versé à la caisse du receveur principal, le directeur du lieu où ce paiement a été opéré en informe l'Administration, et aussi le directeur du département dans lequel l'avarie a été reconnue. L'avis de paiement adressé à ce directeur doit être appuyé d'un extrait du registre n° 87 A indiquant la somme perçue, le n° de l'enregistrement et l'objet de la perception. Id.

Sur le vu de ces pièces, le directeur du département où l'avarie a été constatée, fait liquider et payer les frais de transport relatifs aux tabacs qui, n'étant point avariés, ont été emmagasinés dans l'entrepôt, et il donne à l'Administration avis de ce paiement. Id.

Les tabacs reconnus avariés lors de leur arrivée aux entrepôts sont renvoyés en manufacture pour être soumis à l'expertise qui doit servir à déterminer l'importance de l'avarie et la somme à mettre à la charge de l'agence des transports. Il importe au bon ordre de la comptabilité et à l'exercice du contrôle que le paiement de cette somme soit toujours effectué à *la caisse du receveur principal du lieu où est située la manufacture chargée de l'expertise.* Cette règle n'est pas toujours exactement observée, non plus que la marche tracée par la circulaire administrative n° 917 du 14 juillet 1863. Dès que l'encaissement du montant de l'avarie est effectué, avis doit en être donné, par la voie hiérarchique, au comptable, qui présente en dépense les frais de transport ; sur cet avis, qui doit être accompagné du procès-verbal de bénéficiement et d'un certificat de recette, ce dernier comptable paie les frais de transport relatifs aux tabacs sains, et joint au coupon de l'acquit-à-caution les pièces transmises, en ayant soin de biffer sur ce coupon le décompte du produit des avaries, ainsi que la déclaration d'encaissement, lesquels feraient double emploi avec lesdites pièces. Le décompte établi sur les acquits et coupons d'acquits, ainsi que le certificat de recette qui lui fait suite, *ne doivent donc être remplis que dans le cas de pertes ou soustractions.* CC. n° 105 du 5 février 1876.

Deux tableaux imprimés à la suite du nouveau traité des transports indiquent : l'un, les prix à rembourser pour les tabacs avariés ou perdus dont il n'aura pu être fait aucun usage ; l'autre, les prix à payer pour les tabacs soustraits ou perdus dont il aura pu être fait usage. C. n° 442 du 16 janvier 1886. — Cette circulaire prévoit aussi le cas des objets retrouvés.

§ XLV. Manquants aux charges des planteurs.

1279. Les états des sommes dues par les cultivateurs, à raison de manquants constatés à leurs charges, sont dressés par les employés du service des tabacs.

Ces états sont rendus exécutoires par les préfets.

Les sommes qui y figurent doivent être encaissées par les receveurs principaux de la Régie.

L'emploi des porteurs de contraintes peut être autorisé pour ces perceptions.

§ XLVI. Prix des colis livrés aux débitants de tabacs et autres recettes accessoires.

1280. Les débitants qui lèvent à l'entrepôt des colis entiers de tabacs doivent acquitter, en même temps que la valeur des tabacs, le prix des emballages tel qu'il est fixé par les instructions. Toutefois, la circulaire n° 948 du 8 mars 1864 accorde à ces débitants la faculté de rapporter à l'entrepôt les colis *en bon état de conservation.*

Suivant les dispositions de cette circulaire et à moins qu'il ne s'agisse d'un fait accidentel, il n'y a pas lieu de rembourser les prix des tonneaux ou des caisses qui rentrent ainsi à l'entrepôt : on livre par simple échange un nombre égal de colis, et la somme payée à l'origine est portée aux opérations de trésorerie, aux *fonds à rembourser à divers.* (Voir le n° 202 et cet article.) Mais les colis vides doivent être rapportés dans un délai de trois mois au *maximum.* Passé ce délai, leur valeur serait transportée du compte des correspondants du Trésor (inscription en dépense) aux recettes définitives, *prix des colis livrés aux débitants et autres recettes.*

Le prix des colis a été fixé comme suit :

Tonneaux.	5 fr. »
Caisses.	3 50

C. n° 48 du 8 mars 1864.

Sur cette ligne figurent encore :

1° Le produit des cercles laissés aux comptables comme bois de chauffage. Il ne s'agit, bien entendu, que des cercles non susceptibles de remploi. Leur valeur est déterminée par un procès-verbal d'estimation qui justifie la recette. Ceux qui peuvent être utilisés sont renvoyés aux manufactures.

2° Les recettes provenant de la vente des jus de tabacs.

L'Administration est autorisée à livrer aux particuliers des jus provenant de la macération des tabacs et marquant 5° à l'aréomètre. C. de l'Adm. des tabacs du 31 oct. 1864 et C. n° 984 du 29 décembre suivant.

Autrefois les jus de tabac pouvaient être vendus au degré qu'indiquaient les acheteurs eux-mêmes, de 1 à 15° et plus, et le prix en était déterminé à raison de 4 centimes par litre et par degré, soit :

0 fr.	04 c.	par litre,	pour les jus marquant	1°	à l'aréomètre.
0	08	—	—	2°	—
0	12	—	—	3°	—
0	16	—	—	4°	—
0	20	—	—	5°	—

et ainsi de suite, c'est-à-dire avec un accroissement de 4 c. par degré. C. de l'Adm. des tabacs du 20 juillet 1872.

Pour simplifier les opérations, l'Administration ne livre plus maintenant que des jus titrant uniformément 12°5 à l'aréomètre. Ils sont fournis au prix de 50 c. le litre. C. n° 397 du 20 mai 1884.

Les manufactures livrent aussi des jus de tabac dénaturés au goudron, moyennant le prix de 3 cent. par degré et par litr. C. n° 514 du 21 avril 1888.

Le produit du prix des jus est justifié au moyen d'un relevé présentant, article par article : 1° le numéro de la facture ; 2° la date de la livraison ; 3° la quantité de jus livrée ; 4° le prix des jus. C. n° 984 du 29 déc. 1864.

3° Le montant du double de la prime d'exportation, à défaut de justification de décharge des acquits-à-caution délivrés.

Les acquits-à-caution d'exportation indiquent le montant de la prime accordée aux déclarants, et stipulent que, si un certificat régulier de décharge n'était pas rapporté dans les délais déterminés, le soumissionnaire ou la caution serait tenu de payer le *double* de la prime d'exportation. Il ne s'agit pas ici d'une *consignation* comme en matière d'acquits-à-caution ordinaires, mais d'une recette attribuée définitivement au Trésor et imputable aux produits généraux des tabacs, sous la dénomination des recettes accessoires.

4° Les frais de paquetage et d'emballage de certaines espèces de tabacs et cigares :

Scaferlati ordinaire en paquets de 40 gr. et de 1 hectog. : — 10 c. par kilog. CC. n° 38 du 27 janvier 1866.

Cigares à 10 c. en coffrets de 250 : — 15 c. par kilog. L. C. du 30 juin 1886, n° 14.

Cigares à 7 c. 1/2 en paquets de 10 : — 10 c. par kilog. C. n° 57 de 6 juillet 1872.

Cigares opéras et favoritos à 44 fr. en boîtes de 50 : — 50 c. par kilog. idem, en boîtes de 25 : — 1 fr. par kilog. L. de l'Adm. du 17 avr. 1886, n° 307

Cigares londrecitos en boîtes de 50 : — 50 c. par kilog. Id.

On ne perdra pas de vue que toutes les recettes accessoires doivent être justifiées, en fin d'année, par un état dûment certifié et présentant en bloc les éléments de perception. L'état dont il s'agit est établi par nature de recette ; il est joint au relevé 101. V. 1309.

§ XLVII. Ventes de poudres aux débitants, aux consommateurs, et manquants.

1281. Le prix des poudres a été fixé ainsi qu'il suit :

		Aux débitants.	Aux consommateurs.
Poudres de chasse. . . .	au bois pyroxylé. . .	26 80	28 »
	fine ou ordinaire. . .	11 25	11 85
	superfine ou forte. .	14 50	15 »
	extra-fine ou spéciale.	18 75	19 35
Lois du 2 juin 1875 et du 6 août 1883.			
Poudre de mine à l'intérieur.	lente.	1 75	2 »
	ordinaire.	2 25	2 50
	forte.	2 60	2 85
Décrets des 29 sept. 1850, 20 avr. 1859 et 8 oct. 1865.			
Poudre de guerre (*dans les entrepôts*).		. . . .	3 40
Décret du 8 oct. 1864.			

Le produit des ventes de poudres appartient à la même catégorie de recettes que celui des tabacs, et nous ne pouvons, pour éviter des redites, que nous référer aux explications fournies relativement à ce produit.

Le timbre des factures n° 64 D est exigible des débitants et des consommateurs. C. n° 484 du 1er août 1887.

Pour les manquants de poudres, on procède exactement aussi comme pour les manquants de tabacs.

L'Administration livre encore aux artificiers patentés, et à certains fabricants, des poudres pour fabrication de cartouches, pour l'épreuve des armes et la fabrication des mèches de sûreté. On trouvera sur le tableau 117 E le prix de ces divers produits.

§ XLVIII. Ventes de poudres pour l'exportation.

1282. Les poudres destinées à l'exportation, c'est-à-dire à l'étranger ou aux colonies françaises, l'Algérie exceptée, sont vendues par l'Administration des contributions indirectes aux prix réduits indiqués ci-après (ces prix sont fixés chaque année par arrêté ministériel) :

ESPÈCE DE POUDRES.	Prix par kilog. A payer par les consommateurs en France.	Prix par kilog. A payer par les exportateurs.	OBSERVATIONS.
	f. c.		
Poudre de commerce extérieur. — ordinaire	»	0 675	Y compris l'emballage, pour les barillages supér. à 9kilog.
Poudre de commerce extérieur. — forte	»	» 66	
Poudre de mine ronde ou anguleuse — ordinaire	2 25	» 80	Non compris l'emballage. Destinée à être exportée en grains ou à l'état de cartouches comprimées.
Poudre de mine ronde ou anguleuse — forte	2 60	» 85	
Poudre de mine fin grain. — ordinaire	1 40	1 20	Non compris l'emballage. Destinée à être exportée en grains ou à l'état de mèches de sûreté.
Poudre de mine fin grain. — forte	1 60	1 25	
Poudre de guerre (ancienne fabrication)	3 40	1 25	Non compris l'emballage. Destinée à être exportée à l'état nu ou à l'état de cartouches ou de pièces d'artifice.
Poudre de guerre (nouveaux types). — à canon. — noire	3 40	1 75	Non compris l'emballage. Destinée à être exportée à l'état nu où à l'état de munitions confectionnées.
Poudre de guerre (nouveaux types). — à canon. — brune	3 40	2 »	
Poudre de guerre (nouveaux types). — à fusil	3 40	2 »	
Poudres de chasse. — livrées en boîtes — ordinaire (fine)	11 85	2 »	Non compris l'encaissage. Destinées à être exportées en boîtes ou à l'état de cartouches.
Poudres de chasse. — livrées en boîtes — forte (superfine)	15 »	2 25	
Poudres de chasse. — livrées en boîtes — spéciale (ou extra-fine)	10 35	2 50	
Poudres de chasse. — livrées à nu, dans des barils — ordinaire (fine)	11 85	1 40	Non compris l'emballage. Destinées à être exportées à l'état nu.
Poudres de chasse. — livrées à nu, dans des barils — forte (superfine)	15 »	1 65	
Poudres de chasse. — livrées à nu, dans des barils — spéciale (ou extra-fine)	19 35	1 90	
Poudres pyroxylées, livrées en boîtes	28 »	15 »	Non compris l'encaissage. Destinées à être exportées en boîtes ou à l'état de cartouches.

Décret du 21 mai 1886, C. n°s 452 du 6 juin 1886, 465 du 3 février 1887, et n° 503 du 2 février 1888.

La circulaire n° 503 du 2 février 1888 indique les conditions d'emballage et les plus-values à payer pour les barillages. V. du reste le n° 1284 ci-après.

Au moment de la livraison des poudres, il est délivré au déclarant un acquit-à-caution relatant les quantités et espèces fournies, et fixant la route à suivre.

L'acquit-à-caution garantit, pour le cas où l'exportation de la poudre ne serait pas ultérieurement justifiée, le paiement par les soumissionnaires :

1° En ce qui concerne les poudres de chasse et les poudres pyroxylées, d'une somme équivalente au double de la différence entre le prix déjà acquitté et celui qui est réglé par le tarif pour les poudres de même espèce vendues aux consommateurs de l'intérieur ; 2° en ce qui concerne les autres poudres, d'une somme égale à celle qui aurait dû être versée au Trésor, s'il se fût agi d'une pareille quantité de poudre de chasse ordinaire (fine), dont la sortie n'aurait pas été justifiée.

Notice annexée à la circulaire n° 452 du 6 juin 1886.

§ XLIX. Retenues aux voituriers pour avaries, pertes ou soustraction de poudres.

1283. Nous nous référons à ce qui a été dit, sous le même titre, au sujet des tabacs. V. 1278. Toutefois, nous insérons ici quelques dispositions spéciales.

Les compagnies remboursent la valeur des *poudres perdues ou soustraites en cours de transport*, d'après les prix de vente aux consommateurs. C. n° 837 du 29 avril 1862 et 216 du 1er août 1877, et C. n° 442 du 15 janvier 1886.

Quant aux poudres présentant des *avaries*, les prix ci-après, réglés par le département de la guerre, servent de base aux remboursements :

Poudre de commerce extérieur.		ordinaire.	70 fr. les 100 kilog.
		forte.	75 —
Poudre de mine ronde ou anguleuse.		ordinaire.	80 —
		forte.	85 —
Poudre de mine fin grain.		ordinaire.	120 —
		forte.	125 —
Poudres de guerre (ancienne fabrication).			125 —
Poudres de guerre	à canon.	noires.	175 —
		brunes.	200 —
	à fusil.		200 —
Poudres de chasse	livrées en boîtes.	ordinaire (fine)	200 —
		forte (superfine).	225 —
		spéciale (ou extra-fine).	250 —
	livrées à nu dans des barils.	ordinaire (fine).	140 —
		forte (superfine).	165 —
		spéciale (ou extra-fine).	190 —
Poudres pyroxylées.			15 fr. le kilogramme.
Coton azotique.			6 25 —

C. n° 442 du 15 janvier 1886.

Ces prix sont ceux des poudres nues et ne comprennent pas la valeur des enveloppes. Suivant les renseignements fournis par le ministère de la Guerre, il convient d'adopter, pour les emballages, les prix fixés par la nomenclature des poudres et salpêtres, savoir :

Barils à poudre de guerre, de mine, de chasse, etc.			de 100 kilog.		8 50 l'un.
			de 50 kilog.		7 50 —
			de 25 kilog.		5 » —
Barils et barillets pour les poudres de commerce extérieur.	anciens modèles.	Barillets.	de 20 kilog.		2 » —
			de 10 kilog.		1 30 —
			de 5 kilog.		1 » —
			de 2 kil. 50.		» 85 —
	nouveaux modèles.	Barils.	barils (contenance 45 kil.).		2 50 —
			1/2 baril	(contenance 22k 50).	1 85 —
			1/4 de baril	— 11k 25).	1 25 —
			1/5 de baril	— 9k 25).	1 10 —
		Barillets.	1/6 de baril	— 7k 50).	» 95 —
			1/10 de baril	— 4k 50).	» 80 —
			1/12 de baril	— 3k 75).	» 75 —
			1/20 de baril	— 2k 25).	» 70 —
			1/25 de baril	— 1k 80).	» 65 —
			1/30 de baril	— 1k 50).	» 60 —

Désignation				Prix
Caisses de 25 kilog. pour boîtes à poudres de chasse				2 75 l'une
Sacs à poudre	de guerre, mine, chasse, etc.		de 100 kilog.	1 60 —
			de 75 —	1 50 —
			de 50 —	1 40 —
			de 25 —	1 » —
	de commerce extérieur	anciens modèles.	de 20 kilog.	» 50 —
			de 10 —	» 25 —
			de 5 —	» 12 —
			de 2^{k} 50	» 08 —
		nouveaux modèles.	pour barils (contenance 45 kil.)	» 65 —
			pour 1/2 baril (contenance 22^{k} 50)	» 43 —
			pour 1/4 de baril — 11^{k} 25)	» 31 —
			pour 1/5 de baril — 9^{k} »)	» 19 —
			pour 1/6 de baril — 7^{k} 50)	» 19 —
			pour 1/10 de baril — 4^{k} 50)	» 12 —
			pour 1/12 de baril — 3^{k} 75)	» 12 —
			pour 1/20 de baril — 2^{k} 25)	» 09 —
			pour 1/25 de baril — 1^{k} 80)	0 09 —
			pour 1/30 de baril — 1^{k} 50)	» 09 —
Caisses en tôle galvanisée pour coton azotique (contenance 18^{k})				8 » —
Chapes en bois pour caisses à coton azotique				5 50 —

C. nº 442 du 15 janvier 1886.

Les frais de manutention et les déchets, qui se payaient autrefois à raison du 25 % de ces prix, ne doivent plus être exigés. C. nº 837 du 29 avril 1832.

Il est entendu que les poudres dont les compagnies auront payé la valeur pourront leur être remises, à charge par elles de les expédier, avec acquit-à-caution, sur une poudrerie, où on leur tiendra compte de la valeur du salpêtre. Dans le cas contraire, la destruction de ces poudres aura lieu en présence du délégué des compagnies, et il en sera dressé procès-verbal. Ibid. V. 1551.

§ L. Prix des colis livrés aux débitants de poudre et aux consommateurs, manquants et autres recettes accessoires.

1284. Il y a analogie complète entre cet article et l'article correspondant des tabacs. Les perceptions faites à ce titre sont portées en recette comme *produits accessoires du service des poudres.*

Le prix des colis a été fixé comme suit :

Poudre de mine et de guerre de toutes espèces :

		Prix
Baril de 100 kil. (ancienne chape de guerre)	Baril	9 »
	Sac	1 60
Baril de 50 kil.	Baril	7 50
	Sac	1 40
Baril de 25 kilog.	Baril	5 »
	Sac	1 »
Caisse de 25 kilog. pour la poudre de chasse		3 »
Caisse de 9 kilog. pour la poudre au bois pyroxylé		2 75

Pour les poudres de commerce extérieur, le tableau ci-dessous indique les dénominations et contenances des barillages, ainsi que les plus-values à payer par 100 kilogrammes de poudre, pour les barillets d'une contenance égale ou inférieure à 9 kilogrammes, plus-values qui doivent être payées par l'acheteur, au moment même de la livraison.

DÉNOMINATION DES barillages.		Contenances normales.	Plus-value à payer par 100 kil. de poudre.
		k. gr.	fr. c.
Barils.	Baril.	45 000	» »
	Demi-baril.	22 500	» »
	Quart de baril.	11 250	» »
Barillets.	Cinquième de baril. . .	9 000	» 10
		8 000	1 60
		7 500	2 45
	Sixième de baril. . . .	7 000	3 45
		6 000	6 »
		5 000	9 60
	Dixième de baril. . . .	4 500	9 90
		4 000	10 25
	Douzième de baril. . . .	3 750	11 65
		3 000	17 50
	Vingtième de baril. . . .	2 250	20 10
		2 000	24 15
	Vingt-cinquième de baril.	1 800	28 15
	Trentième de baril. . .	1 500	36 20

Circul. n° 452 du 6 juin 1886, 465 du 3 fév. 1867 et 503 du 2 fév. 1888.

La *poudre de mine* se livre souvent par barils entiers. En conséquence, l'Administration avait réglé, dans les termes reproduits ci-après, le mode de paiement ou de garantie de la valeur des emballages :

« Les débitants et les consommateurs qui prennent livraison des em- « ballages doivent en payer la valeur ; mais la Régie reconnaît à ces débi- « tants et à ces consommateurs la faculté de rapporter à l'entrepôt les colis « en bon état de conservation. »

« A moins qu'il ne s'agisse d'un fait accidentel, il n'y a pas lieu de rem- « bourser le prix des tonneaux, des sacs et des caisses qui rentrent ainsi « en magasin. On livre par échange un nombre égal de colis, et la somme « payée à l'origine est portée en *recette définitive* faisant l'effet d'une con- « signation applicable successivement à la dernière livraison. »

Quand donc les débitants, les consommateurs réintégraient en entrepôt des colis vides sans faire une nouvelle levée de colis pleins, l'Administration devait être appelée à autoriser le remboursement des sommes consignées.

Actuellement, les comptables ne doivent plus porter le prix des colis en recette définitive. Conformément aux dispositions (§ VII) de la circulaire de la comptabilité publique n° 1082, du 30 décembre 1872, ce prix sera encaissé avec imputation au compte des correspondants du Trésor (Recettes. — *Fonds à rembourser à divers*), et lorsqu'il y aura lieu d'effectuer un remboursement, ce remboursement fait d'office sera imputé de même au compte des correspondants du Trésor (Dépenses. — *Fonds à rembourser à divers*). C. n° 93 du 13 juin 1873.

Dans tous les entrepôts, indistinctement, les recouvrements effectués pour prix de colis devront être constatés au registre n° 64 D (factures). Ibid.

Les receveurs particuliers entreposeurs et les entreposeurs spéciaux transporteront ces recouvrements au registre de caisse n° 74 C ou D et aux bordereaux n° 80 A sous le titre de *recettes* pour le receveur principal, *compte des correspondants*. Quant aux remboursements, ils les feront figurer au même registre de caisse n° 74 C ou D et aux bordereaux n° 80 A sous le titre de *dépenses* pour le receveur principal, *compte des correspondants*. Id.

Ces comptables devront mettre à l'appui des bordereaux n° 80 A, pour justifier les recouvrements, des extraits des articles de recette au journal de caisse, et, pour justifier les remboursements, les quittances délivrées par les parties prenantes. Id.

Les receveurs principaux transporteront à leur registre de caisse n° 87, au registre 89 C et aux bordereaux n° 91, sous le titre d'*opérations pour le compte de correspondants*, aussi bien les recouvrements et les remboursements effectués directement par eux en qualité d'entreposeurs que les recouvrements et les remboursements effectués par les comptables subordonnés ; ils fourniront à l'appui de leur comptabilité, pour l'ensemble de leur division administrative, toutes les justifications prescrites relativement au *compte des correspondants*. Id.

Trois cas pourront se présenter :

1° Réintégration pure et simple d'un nombre de colis vides égal à celui dont la valeur a été consignée ;

2° Réintégration d'un nombre de colis vides supérieur à celui des colis pleins demandés en échange ;

3° Livraison d'un nombre de colis pleins supérieur à celui des colis réintégrés.

Dans le premier cas, la valeur des colis sera intégralement remboursée, et, par suite, le compte des correspondants se trouvera balancé.

Dans le second cas, l'excédent de consignation sera remboursé, et le compte des correspondants déchargé au moyen d'une dépense égale.

Dans le troisième cas, recette sera faite au compte des correspondants du supplément de garantie exigible. Id.

Le compte particulier dont il s'agit se modifiera donc à mesure que des réintégrations et des livraisons auront lieu, sauf dans le cas de parité entre le nombre de colis pleins nouvellement livrés et le nombre de colis vides rapportés. A cet égard, l'intervention de l'Administration ne sera plus nécessaire. Mais il est bien-entendu que les entreposeurs ne devront accepter que des colis en parfait état de conservation. Ils seraient rendus responsables de la perte qu'occassionnerait au Trésor la reprise de colis détériorés. Id.

Contrairement aux règles de la comptabilité, quelques entreposeurs ne font pas figurer dans leurs écritures le montant des consignations faites pour la valeur des colis ; ils se bornent à mettre ces fonds dans une caisse spéciale dont ils suivent le mouvement au moyen de simples notes et de comptes particuliers ouverts aux consignataires. Ces comptables devront à l'avenir se conformer aux dispositions qui précèdent et porter au compte des correspondants du Trésor les consignations qu'ils ont entre les mains. Idem.

Les colis vides doivent être rapportés dans un délai de trois mois au *maximum*. Passé ce délai, leur valeur serait transportée du compte des correspondants du Trésor (inscription en dépense) aux recettes définitives, *prix des colis livrés aux débitants et autres recettes*. Toutefois les intéressés devront être préalablement mis en demeure d'effectuer une réintégration. Idem.

§ LI. Dynamite.

1284 *bis*. Par dérogation à la loi du **13** fructidor an V, la dynamite et les explosifs à base de nitro-glycérine peuvent actuellement être fabriqués dans les établissements particuliers, moyennant le paiement d'un impôt. Art. 1er de la Loi du 8 mars 1875.

Le droit à percevoir sur la dynamite est provisoirement fixé à 2 francs par kilogramme, quelles que soient la nature et la proportion des absorbants employés dans sa composition. Décret du 5 juillet 1875.

Les employés de la Régie sont autorisés à exercer les fabriques et les débits de dynamite. Décret du 2 août 1875.

Le règlement de l'impôt dû pour les quantités livrées à l'intérieur ou manquantes s'opère aux époques fixées par l'Administration, et le montant du décompte est immédiatement exigible; toutefois les fabricants ont la faculté de se libérer en obligations cautionnées, lorsque les droits qui leur sont réclamés s'élèvent à plus de 300 fr. Art. 9 du Règlement du 2 août 1875 et Loi du 3 août de la même année. V. 556.

§ LII. Retenues et autres produits affectés au service des pensions civiles.

1285. Les fonctionnaires et employés du ministère des finances et des administrations financières, qui sont rétribués directement par l'Etat, supportent indistinctement pour le service des pensions civiles, et sans pouvoir, dans aucun cas, les répéter, les retenues ci-après, sur les sommes qui leur sont payées à titre de traitement fixe ou éventuel, de préciput, de supplément, de traitement, de remises proportionnelles, de salaires, ou qui constituent pour eux, à tout autre titre, un émolument personnel, savoir :

1° Une retenue de 5 p. 0|0 sur le montant brut de leur traitement ou autre rétribution ;

2° Une retenue du douzième du montant net du traitement ou de la rétribution, lors de la première nomination ou dans le cas de réintégration, et une autre du douzième net de toute augmentation ultérieure ;

3° Les retenues prescrites pour cause de congés et d'absence ou par mesure disciplinaire. Loi du 9 juin 1853 et art. 64 du Règlement du 26 décembre 1866.

1° *Retenue de 5 p. 0|0.*

Les receveurs principaux font dépense dans leurs écritures du montant brut des sommes mandatées pour dépense du personnel. Ils se chargent en même temps en recette des retenues opérées au profit du service des pensions. CC. n° 26 du 18 déc. 1837. — Imputation d'exercice. V. 1312.

2° *Premier mois net des appointements et des augmentations.*

1286. Il est de règle que le premier mois net des appointements et des augmentations successivement obtenues est attribué aux pensions civiles. Décompte spécial à produire. V. 1450.

La somme totale est portée en dépense au livre-journal avec son affectation propre, pour être reprise en recette avec attribution à la ligne dont il s'agit.

Le fonctionnaire démissionnaire, révoqué ou destitué, s'il est réadmis dans un emploi assujéti à la retenue, subit de nouveau la retenue du premier mois de son traitement et celle de premier douzième des augmentations ultérieures. Celui qui, par mesure disciplinaire ou par mutation volontaire d'emploi, est descendu à un traitement inférieur, subit la retenue du premier douzième des augmentations subséquentes. Art 25 du Décret du 9 novembre 1853 et art. 64 du Règlement de comptabilité du 26 décembre 1866.

La retenue du premier douzième d'augmentation sur le traitement d'un employé doit toujours être faite intégralement par le premier décompte, à moins que sa nomination à un traitement plus élevé ne remonte pas au premier jour du mois, ou que cet employé ne jouisse d'un congé *avec retenue* d'une partie de ses appointements, au moment où il reçoit une augmentation.

Dans la première hypothèse, la retenue ne porte que sur le nombre de jours pendant lesquels l'augmentation a eu lieu : elle est complétée le mois suivant. Dans la seconde, l'employé ne pouvant toucher moins qu'il n'aurait reçu s'il n'avait pas eu d'augmentation, la retenue du douzième n'a lieu, le premier mois, qu'en proportion du traitement dont l'agent conserve la jouissance, sauf à la compléter le mois suivant, s'il demeure en activité.

Ainsi, un employé en congé avec perte de la moitié de son traitement est nommé de 1,000 fr. à 1,200 fr. à dater du 1er août, et il ne retourne à son poste que le 1er septembre suivant. Le prélèvement motivé par son absence est dès lors de 47 fr. 50 ; mais, au lieu de porter à 15 fr. 84 c. la retenue du premier douzième d'août, cette retenue ne sera que de 7 fr. 92 pendant ce mois, et de pareille somme en septembre.

Ce serait toutefois s'écarter de l'esprit des instructions que de scinder la retenue du premier douzième d'une augmentation annuelle, sous le prétexte que l'employé toucherait un ou deux centimes de moins que le mois précédent, si la retenue était effectuée intégralement. (Note annexée à la circul. n° 205 de 1854 et CC. n°s 36 et 78 [Douanes].) — Instruction sur le service de la comptabilité, par M. de Beilac.

3° *Retenues pour congés et punitions.*

1287. Ces retenues, de même que les précédentes, ne sont portées en recette qu'après que la dépense en a été inscrite au livre-journal avec imputation aux lignes justificatives des dépenses pour traitements.

Les retenues ordonnées par l'Administration par suite de mesures disciplinaires sont classées avec les retenues pour congés; on met dans ce cas, à l'appui de l'état n° 93, une copie dûment certifiée des décisions qui les prescrivent et qui en fixent le montant. CC. n° 26 du 18 déc. 1837.

Néanmoins on doit présenter distinctement dans les comptes les retenues faites sur les appointements à titre de congé de celles exercées pour cause de punition, etc. CC. n° 61 du 20 déc. 1855.

4° *Portion attribuée dans les amendes et confiscations.*

1288. Les sommes acquises aux pensions sur amendes et confiscations sont constatées par les états de répartition et de sous-répartition, ainsi que par l'état n° 100 A qui en est le relevé; celles relatives aux consignations pour non-rapport d'acquits-à-caution résultent de l'état n° 100 B.

Les états de répartition dressés par les administrations étrangères, et présentant la liquidation des sommes revenant aux agents des contributions indirectes, indiquent si le service des pensions a reçu ou n'a pas reçu une part. C. n° 478 du 22 janv. 1851.

Lesdites sommes sont encaissées par les receveurs principaux des contributions indirectes, à qui un double de l'état de répartition est remis ; elles sont inscrites au compte des consignations 89 A, 1re partie. Id.

Si la répartition primitive n'a rien alloué au service des pensions, les directeurs, en formant l'état de sous-répartition, prélèvent au profit de ce service (ordonnances des 6 septembre 1815 et 12 janvier 1825) le quart de la somme, et distribuent le surplus entre les employés ayant droit. On procède ainsi, notamment, pour les saisies d'octroi (circulaire n° 56 du 25 novembre 1820). Conformément à une décision ministérielle du 19 juin 1841, il y a également lieu de retenir, au profit du service des pensions, le quart des sommes qui sont attribuées aux employés des contributions indirectes sur le produit des amendes en matière de timbre des lettres de voiture. Id.

Les receveurs principaux portent en dépense, au vu des répartitions de tabac et de poudres saisis ou d'amendes et confiscations, les sommes qui sortent de leur caisse et la portion des retraites. Ils se chargent en même temps en recette des retenues opérées au profit des pensions. CC. n° 26 du 18 déc. 1837.

5° *Part attribuée dans le prix des tabacs et des poudres saisis.*

1289. Tout ce qu'il y avait à dire ici a été exposé dans l'article consacré à la *portion du Trésor*. V. Sect. II, § XXVI et XXVII, nos 1259 à 1261.

6° *Autres recettes.*

1290. Les imputations qui peuvent être faites à cette ligne sont tout à fait accidentelles. Quand des recouvrements doivent y figurer, l'Administration, qui les ordonne, fixe le comptable sur leurs causes. En général, il s'agit de rappel pour le service des pensions, par suite d'erreurs commises dans les prélèvements, faits à son profit, soit sur traitements, soit sur répartition d'amendes.

Lorsque le rappel est prescrit, le comptable en fait recette en suivant l'ordre que l'Administration indique toujours dans les cas de l'espèce.

Comme pour les autres recettes accidentelles, le receveur principal doit produire pour celles-ci un extrait littéral de l'article passé au registre n° 87.

7° *Remboursement.*

1291. Les autorisations pour remboursement de sommes indûment attribuées aux retraites sur dépenses du personnel seront adressées par l'Administration. C. n° 5 du 15 juin 1827 et Lett. comm. du 9 janv. 1829.

Les sommes remboursées seront, par un article motivé, déduites de la recette tant au journal n° 87 qu'au sommier n° 88, et autant que possible sur la colonne du sommier où le recouvrement aura été indûment constaté. Lett. comm. du 9 janv. 1827.

On ne doit pas faire article de dépense pour ces remboursements, comme l'indiquait la C. n° 5 du 15 juin 1827.

1292. Les restitutions autorisées sur amendes et confiscations seront opérées par rectification et déduction sur les totaux des états n° 100 et libellés au cadre des rectifications. Les autorisations et les pièces justificatives seront jointes à ces états. C. n° 29 du 12 janv. 1829.

Ces additions et soustractions seront libellées au journal n° 87 et au sommier n° 88. Lett. comm. du 9 janv. 1827.

Après la clôture du bordereau de décembre, toute rectification qui entraînerait une réduction de recette sur fonds de retraite, doit être autorisée et opérée par voie de prélèvement sur l'année courante. C. n° 12 du 31 déc. 1827.

1293. Pour éviter autant que possible qu'il y ait lieu de faire de semblables remboursements, l'Administration recommande, en cas de prolongation de congé, d'installation fictive, etc., etc., de différer, jusqu'à ce qu'elle ait fait connaître sa décision, la liquidation des appointements et des frais d'intérim. La totalité des appointements disponibles est alors portée dans la colonne 4 du tableau 93 A (sommes restées sans emploi). De cette manière, la décision ultérieure de l'Administration peut toujours être exécutée sans qu'il y ait complication dans le travail d'écritures. C. n° 205 du 11 mai 1854.

L'Administration indique aussi le mode de consignation pour les doubles droits dont l'attribution aux retraites présente un sujet de doute. C. n° 5 du 15 juin 1827.

Timbre de récépissés de marchandises déposées dans les magasins généraux de l'Etat.

1294. Cette taxe a été instituée en 1848, et les détails d'application sont consignés dans la circulaire de la comptabilité publique du 7 juillet de la même année.

L'encaissement en a lieu suivant les règles établies pour les droits constatés ordinaires. S'il a lieu directement par le receveur principal, ce comptable ne l'enregistre à son livre-journal n° 87 qu'après avoir détaché une quittance du registre n° 74 spécial.

Dans tous les cas, le timbre de la quittance est annulé.

L'imputation se fait à la ligne 68 du bordereau 91.

Sect. III. — **Centralisation des recettes.**

1295. Le receveur principal est appelé, en qualité de comptable supérieur, à centraliser les opérations de recette et dépense de la circonscription. Les recouvrements effectués par les comptables subordonnés sont introduits à son livre-journal n° 87 A de la même manière que les fonds directement encaissés par lui, soit comme receveur principal, soit comme entreposeur, receveur particulier ou buraliste, s'il remplit simultanément ces diverses fonctions. V. 58.

1296. Les comptables qui réunissent aux fonctions de receveur principal celles d'entreposeur portent chaque soir à leur livre-journal n° 87 A, le produit de la vente des tabacs et des poudres, d'après les registres n° 64 A et n° 64 C.

Chaque soir aussi, ils y enregistrent, mais en total seulement, les droits au *comptant* qui sont relevés sur les registres élémentaires de la recette buraliste et ils les détaillent à leur compte personnel (registre n° 75 A, 1re partie).

1297. Les perceptions inscrites dans la journée au registre n° 74 prennent place dans le même article de recette, ainsi que le prix des timbres *dits des receveurs particuliers* et celui de ces timbres se rattachant à des factures (nos 64 B et 64 C) adirées par les débitants, qui est cumulé, à la fin du mois, dans un même arrêté, aux registres de vente nos 64 B et 64 C, avec celui des factures délivrées aux débitants et aux consommateurs. C. n° 83 du 13 juin 1864 et C. n° 484 du 1er août 1887.

Ces perceptions et ces droits doivent figurer au livre-journal sous la rubrique droits au *comptant*, droits *constatés*.

Le montant en est transporté au sommier n° 88, ligne : *versements des re-*

ceveurs particuliers, tandis que le produit de la vente des tabacs et des poudres y est reporté séparément.

Les recettes dont il s'agit forment en fin de mois les éléments du bordereau 80.

Celles qui font partie des droits au *comptant* y sont classées actuellement sous les n°s 1 à 20; les autres sous les n°s 21 à 56.

1298. Le droit des timbres *dits des receveurs particuliers* figure distinctement dans l'article des recettes de chaque jour, bien qu'il appartienne à la série des droits au comptant. V. le modèle donné au n° 141.

1299. Il en est de même du produit de la vente des tabacs et des poudres, du prix des colis livrés aux débitants (tabacs et poudres), etc., ainsi que des recouvrements sur transaction, des droits consignés pour non-rapport d'acquits-à-caution (sels, sucres, boissons, etc.) et des timbres dont le droit est directement encaissé par le receveur principal. Toutes ces recettes ont un compte distinct au sommier n° 88, au lieu que les droits au *comptant* et *constatés* proprement dits et les timbres des receveurs particuliers y sont inscrits en bloc sous le titre de *versements des receveurs particuliers, recettes à classer.*

1300. Il est essentiel, quand on comprend les recettes en question dans le même article du livre-journal, de les présenter par espèce, chacune sur une ligne différente et énonciative du produit.

Nous nous référons au n° 159 pour le mode d'enregistrement que comportent les produits d'amendes et confiscations.

1301. Jusqu'ici nous ne nous sommes occupés que des écritures se rapportant aux recouvrements opérés personnellement par le receveur principal. On suit les mêmes règles à l'égard des recettes de droits au *comptant* et *constatés* effectuées par les receveurs subordonnés.

Ces receveurs dressent, comme le receveur principal en qualité de receveur particulier et buraliste, un bordereau n° 80, qu'ils remettent à ce dernier au moment de leur versement.

Si ce bordereau ne présente que des droits au *comptant* et *constatés*, le receveur principal porte en recette, en un seul article, au livre-journal n° 87, et sous la dénomination de *droits généraux*, le montant total de ce document, qui est inscrit tel quel au sommier n° 88, avec la même imputation que les recouvrements de même nature faits par le receveur principal, c'est-à-dire sous le titre de : *versements des receveurs particuliers.*

Si, dans sa partie inférieure, le bordereau n° 80 comprend des recettes effectuées pour le compte du comptable supérieur, celui-ci, d'après le principe posé plus haut pour les perceptions effectuées par lui-même, doit indiquer séparément ces recettes dans l'article passé au journal, en ayant soin de le reproduire dans l'ordre où elles figurent au bordereau n° 80. Chacune de ces recettes est *immédiatement et définitivement* imputée au compte du sommier auquel elle se rapporte.

Une fois la recette introduite de la sorte dans les écritures du comptable supérieur, il y a lieu de faire dépense des versements effectués par le comptable subordonné *dans les valeurs mentionnées au verso du bordereau* n° 80. Un seul article de dépense suffit (1) ; mais il importe de désigner, pour chaque nature de dépense, la ligne du sommier à laquelle elle se réfère.

1302. Il va sans dire que les obligations souscrites par les redevables (voir les articles de recette qui s'y rapportent et 539 à 668) étant versées dans la caisse du receveur principal ne doivent pas figurer dans l'article de dépense au journal.

1303. La même observation est à faire à l'égard des fractions de franc qui figurent au bordereau n° 80 dans la somme portée sur la ligne intitulée *numéraire*. Ces appoints, ne pouvant être versés à la recette des finances, sont remis de la main à la main au receveur principal. V. 237.

1304. Tous les versements des comptables subordonnés comportent absolument les mêmes règles d'écritures. En ce qui concerne les receveurs entreposeurs, il paraît superflu de rappeler qu'au lieu de figurer parmi les recettes à classer, les sommes encaissées par eux à titre de produits de la vente des tabacs et des poudres doivent être reportées à leurs comptes respectifs (tabacs et poudres).

1305. Une distinction est à faire entre les versements dont il vient d'être question et les versements des receveurs buralistes ou des receveurs aux entrées relevant de la recette particulière annexée à la recette principale. Le receveur principal inscrit ces derniers versements au journal à souche n° 74, et ce n'est qu'à la fin de la journée qu'il les transporte au livre de caisse n° 87 A, dans la forme usitée pour les recouvrements de la même catégorie (droits au comptant et constatés).

1306. A la fin du mois, tous les bordereaux n° 80 dressés par les divers comptables sont dépouillés par les soins du directeur ou sous-directeur sur le registre n° 90. Aussitôt qu'il lui est communiqué, le receveur principal, à son tour, dépouille le registre n° 90 au sommier n° 88, lequel sert à la formation du bordereau n° 91 A.

On a ainsi, pour l'ensemble de la circonscription administrative et pour les droits au *comptant* et pour les droits *constatés* proprement dits, tous les recouvrements opérés pendant le mois et dont le versement se trouve effectué dans la caisse du receveur principal.

Sect. IV. — Justification des recettes publiques.

1307. Nous indiquons ci-après les justifications de recette à produire d'après l'*Instruction générale sur le service de la comptabilité*, mise au courant.

1° *Exercice expiré.*

Décharges, modérations et reprises indéfinies : Ordonnances de décharge, etc., et pièces à l'appui ou certificat du directeur.

(1) Pour éviter toute confusion, il semble préférable de faire autant d'articles qu'il y a de recettes et de dépenses différentes, et c'est sur ce principe que nous avons basé nos exemples sur la tenue du livre-journal de caisse.

Déductions de toute nature imputables sur l'exercice expiré : pour ces déductions, on fournissait autrefois un relevé récapitulatif n° 103, qui devait être adressé au ministère d'après la CC. n° 72 du 4 août 1864 et la C. lith. du 26 avr. 1866, dès que les propositions formulées sur l'état n° 85 C avaient reçu l'approbation de l'Administration. Le remaniement de l'état 85 C et l'établissement d'un cadre spécial au compte 108 pour les opérations de l'espèce ont fait supprimer l'état 103. V. 2033.

Les reprises de l'exercice précédent trouvent leur justification dans le compte de l'année courante.

2° *Exercice courant.*

Estampilles : Compte des matières.

Péage sur les ponts : Bordereau spécial des ponts en régie.

Ponts affermés, bacs, passages d'eau, pêche, chasse, francs-bords et autres recettes accessoires à la navigation : Baux ou procès-verbaux d'adjudication, certificats et arrêtés de préfet.

Timbres : Compte des matières.

Prélèvement sur les communes pour frais de casernement : Décomptes dressés par les intendants militaires, ordonnances ou décrets.

Portion du Trésor dans la répartition du prix :
- des tabacs saisis : Etats n° 71 ;
- des poudres saisies : Etats n° 71 *bis* ;
- dans les primes allouées pour saisies de tabacs en feuilles : Etats n° 71, modifiés en conséquence.

Indemnités pour frais d'exercices, etc. : Décomptes, modèle S.

Recouvrement sur avances :
- aux octrois : Décompte, modèle S.
- des papiers filigranés et du prix des instruments, etc. : Compte des matières.

Retenue d'un centime sur le prix des tabacs pour le paiement des experts : Pièces de dépenses.

Indemnités reçues des fabricants de soude, etc. : Décompte indiquant les noms des fabricants, les quantités de sels, d'huile, de vinaigre, employées, etc.

Droit et second droit sur les manquants, estampilles, timbres et bandes de contrôle, etc. : Compte des matières.

Droits perçus aux anciens tarifs : Extraits des journaux n°s 74 ou 87 et certificat du directeur.

Intérêts par suite de retard dans l'acquittement des droits : Décompte de ces intérêts dans la forme indiquée par la comptabilité. CC. n° 72 du 4 août 1864.

Portions revenant au Trésor dans la remise sur les crédits : Décompte justificatif indiquant la quotité de cette remise. Id

Tabacs.
- ventes pour l'exportation, à la marine et aux hôpitaux, etc. : Décomptes ;
- Retenues pour avaries, pertes et soustractions: Extrait du journal ;
- Manquants aux charges des planteurs : Etat nominatif ;
- Prix des colis livrés aux débitants ou manquants : Extrait du journal n° 64 A ;
- Autres recettes extraordinaires : Extrait du journal.

Poudres.
- Retenues pour pertes et avaries : Extrait du journal.
- Prix des colis livrés aux débitants ou manquants : Extrait du journal n° 64 C.
- Autres recettes extraordinaires : Extrait du journal.

Retenues affectées au service des pensions civiles : Décomptes des retenues établies sur les rôles, ainsi que sur les états n°s 100 A, 100 B, 71 et 71 *bis*.

Lorsqu'un employé obtient une augmentation de traitement dans le courant de décembre, la retenue du premier douzième est effectuée partie en décembre, partie en janvier, et se trouve comprise dans deux gestions. Afin que la cour puisse, dans l'examen de la première gestion, avoir la certitude que la retenue a été opérée en son entier, les comptables doivent produire des extraits de leur livre de caisse prouvant l'encaissement en janvier du complément de la retenue. Cet extrait est joint au compte rendu pour la gestion terminée. CC. n° 96 du 30 déc. 1872.

Les recettes ci-après sont justifiées par le *relevé général* n° 101 des droits perçus et constatés ; savoir :

Droits sur les boissons, les sels, les sucres, la bougie, les huiles minérales, les huiles végétales, le vinaigre ;

Droits de licence ;

Voitures publiques de terre ou d'eau, chemins de fer

Cartes à jouer ;

Droit de dénaturation sur l'alcool ;

Produit des amendes et confiscations

Prix des plombs ;

Frais de surveillance des entrepôts de sucre ;

Ventes et manquants de tabacs, autres que les ventes et manquants dont il a déjà été question ;

Ventes et manquants de poudre, autres que les pertes ou avaries, etc. ;

Et timbres des récépissés des marchandises déposées dans les magasins généraux.

1308. Les produits compris dans les comptes sous le titre de *Recettes accidentelles* sont justifiés par des extraits du livre de caisse faisant connaître l'origine des recettes. C. n° 83 du 22 oct. 1822.

Ces extraits ne sont plus produits à l'appui du bordereau mensuel. CC. n° 96 du 30 déc. 1872.

1309. Le développement, par nature, des produits de l'espèce constatés dans l'année est présenté dans un cadre préparé à cet effet, à la dernière page du relevé général n° 101. Id.

En fin d'année, les restes à recouvrer qui peuvent ressortir sur cet article de recette font l'objet d'un certificat du directeur, qui en fixe le montant. Id.

Les indications contenues dans ces divers documents ne fournissent ordinairement que des éléments de contrôle insuffisants et ne sauraient constituer une véritable justification des produits dont il s'agit. Cette justification ne peut résulter que de la production des titres mêmes de perception, soit en original, soit en extrait ou copie. Elle doit s'appliquer à la totalité des constatations accusées dans les comptes de gestion, et faire connaître d'une manière précise et complète : 1° la nature du produit et son origine; 2° les bases ayant servi au calcul des sommes à constater. Id.

Ainsi, par exemple, les comptables auront à produire :

1° Pour les surtaxes d'impôts, rappels de droits, etc., un extrait des registres de perception, comptes-ouverts, état de produits, etc.;

2° Pour les rectifications, les forcements en recette, une copie des lettres et instructions qui les prescrivent, complétée au besoin par des décomptes ou développements comme ci-dessus;

3° Pour les redevances acquises au Trésor sur débits de tabacs vacants, les rentrées sur reprises indéfinies et autres produits essentiellement éventuels, des extraits du livre de caisse, appuyés, s'il y a lieu, des ordres d'encaissement qui s'y rapportent. Id.

En ce qui concerne le produit des manquants en matière de cartes et du deuxième droit sur les timbres et estampilles manquants, il ne sera pas fourni de pièces, attendu que la justification résulte du compte des matières et du décompte inséré à la page 23 du compte 108. Id.

En résumé, les pièces à transmettre à l'appui des produits constatés à titre de recettes accidentelles doivent permettre à la comptabilité publique, ainsi qu'à la Cour des comptes, de s'assurer de l'entière régularité de la constatation.

Un état de développement des recettes extraordinaires avait été créé sous le n° 94. Il était joint en fin d'année au bordereau récapitulatif n° 108 B (CC. n° 72 du 4 août 1864). Mais il a cessé d'être fourni depuis que le relevé général des produits n° 101 comprend, avec les développements qu'elles comportent, les recettes de cette nature. CC. n° 75 du 23 nov. 1865.

Les pièces justificatives *n'étant produites qu'en fin d'année*, avec le relevé général n° 101, devront être groupées dans l'ordre et sous les titres, compléles au besoin, du tableau de développement qui termine ce relevé. CC. n° 96 du 30 déc. 1872.

Les observations qui précèdent s'appliquent *aux recettes accidentelles du service des tabacs et des poudres à feu*, aussi bien qu'à celles qui se rattachent au service général. Id.

Pour les recettes accidentelles qui résultent de constatations aux portatifs, les titres mêmes de perception ne pouvant être adressés, la Direction générale de la comptabilité publique a indiqué, circ. n° 1082-96 du 30 déc. 1872, qu'il y avait lieu d'en établir des extraits. Dans un certain nombre de directions, on a cru devoir donner à ces extraits un développement que ne réclamait pas la circulaire précitée, et qui ne peut être exigé des comptables sans leur donner un travail considérable; ce développement est d'ailleurs sans intérêt pour le contrôle exercé à la comptabilité publique et à la Cour des comptes. Peu importent, en effet, pour la vérification qui n'est pas effectuée sur place, les noms des redevables, les folios des comptes-ouverts, le détail des articles de perception, etc. Ce qui est nécessaire, c'est que la pièce transmise, certifiée conforme aux états ou registres dont elle reproduit les résultats, donne exactement, avec les sommes constatées, les quantités frappées des taxes et les tarifs qui leur ont été appliqués. Ces relevés, établis par espèce de droit, peuvent comprendre, en un seul décompte, comme le relevé général n° 101, sur le modèle duquel ils doivent être dressés, le total des perceptions faites au même titre et au même tarif dans toute l'étendue de la recette principale. Il suffit qu'ils soient rendus authentiques par le certificat de qui de droit, qu'ils présentent les divers éléments nécessaires au contrôle, et qu'ils soient classés et récapitulés dans l'ordre et d'après les distinctions prévus au cadre spécial du relevé 101. CC. n° 105 du 6 février 1876.

Ces conditions suffisent ; mais elles sont nécessaires, et les documents où elles ne se trouveraient pas réunies seraient renvoyés pour être complétés. Id.

SECT. V. — Imputation d'exercice.

§ I. Observation du principe de la spécialité par exercice

1310. Aux termes du décret du 31 mai 1862, portant règlement sur la comptabilité publique, art. 6, « sont seuls considérés comme appartenant « à un exercice, les services faits et les droits acquis du 1er janvier au 31 « décembre de l'année qui lui donne son nom. »

Ce principe n'est pas observé dans la constatation de certains produits dont la perception est confiée au service des contributions indirectes, et particulièrement de l'impôt sur le prix des places des voyageurs en chemin de fer et du transport des voyageurs en grande et en petite vitesse. Cet impôt, en effet, payé par les voyageurs ou expéditeurs en même temps que le prix principal sur lequel il est établi, ne peut être reconnu et constaté par les agents de la Régie qu'après un délai plus ou moins long nécessaire aux compagnies pour réunir les éléments de constatation, délai qui, pour les grandes lignes, peut s'étendre jusqu'à deux mois. CC. nº 105 du 5 fév. 1876.

Il résulte de cet état de choses que la plus grande partie des droits afférents aux mois de novembre et décembre n'est prise en charge au compte du Trésor que dans les mois de janvier et février suivants, et que le nouvel exercice bénéficie de produits qui devraient faire ressource à l'exercice précédent. Bien que cet avantage doive être à peu près compensé par la perte qui se reproduira, dans les mêmes conditions, à la fin de l'année, ce mode d'opérer, outre l'infraction au principe rappelé plus haut, a pour inconvénient d'occasionner un déplacement de produits dont le résultat définitif ne peut être prévu, et qui tend à fausser la situation de l'exercice et les évaluations auxquelles cette situation sert de base. Id.

1311. En conséquence, le Ministre a décidé qu'à l'avenir *les produits encaissés par les compagnies de chemins de fer, à titre d'impôts* au profit de l'Etat, jusques et y compris le 31 décembre, et constatés postérieurement à cette date, seraient rattachés, par voie de rappel, aux constatations de l'année expirée, afin de former ressource à l'exercice auquel cette année donne son nom. (Décision ministérielle du 21 janvier 1876.) Id.

Les frais mis à la charge des communes *pour le casernement des troupes* sont, à défaut d'abonnement consenti à ces communes, constatés sur décomptes dressés trimestriellement par l'intendance militaire. Le décompte du quatrième trimestre ne pouvant être transmis aux agents de la perception que dans le courant de janvier, il était admis que le montant en devait être compris seulement dans les revenus de la nouvelle année. Id.

Le même principe veut que, comme les impôts sur les chemins de fer, le produit des frais de casernement afférent au quatrième trimestre fasse retour à l'exercice auquel il appartient régulièrement. Id.

Des propositions dans ce sens ont été soumises au Ministre, qui les a approuvées et a décidé, le 3 février 1876, que la mise à exécution des nouvelles mesures aurait lieu à partir de 1875. Id.

Par application de ces prescriptions, il doit être établi un relevé 101 supplémentaire, dont le modèle, classé sous le nº 101 *bis*, est fourni comme papier de service, et qui comprend, avec tous les développements nécessaires, les droits et produits dont il vient d'être question, ainsi que le droit de fabrication sur les sucres admis temporairement en franchise, lequel devait, aux termes de la circul. de la comptabilité publique nº 801-75 du 23 novembre 1865, faire l'objet d'un relevé spécial établi à la main. Id.

L'état 101 *bis*, accompagné des pièces justificatives, doit être joint au compte 108 A (1re partie). Dans une nouvelle colonne ouverte à ce compte, sont portés les résultats dudit état, lesquels, ajoutés aux restes à recouvrer arrêtés au 31 décembre, seront ainsi compris dans la liquidation générale du 30 juin. Des modifications analogues sont faites au bordereau 108 B (1re partie). Id.

§ II. Retenues pour le service des pensions.

1312. Jusqu'ici les retenues opérées au profit du service des pensions civiles sur des dépenses imputables à l'exercice expiré ont été, dans la comptabilité des receveurs principaux des contributions indirectes, classées sous un titre spécial, parmi les produits de l'exercice en cours. CC. n° 112 du 26 décembre 1883.

Cette manière de procéder, qui constitue une infraction aux règlements, se justifiait alors qu'il était de principe, en matière de contributions indirectes, de n'admettre comme appartenant à un exercice que les droits dont la constatation avait eu lieu pendant la première année de cet exercice. Cette considération n'a plus la même valeur aujourd'hui que certains produits des contributions indirectes peuvent, bien que constatés après le 31 décembre, être rattachés à l'exercice précédent. Id.

Il convient dès lors de revenir sur ce point à la règle générale. A l'avenir donc, les recettes affectées aux pensions en exécution de la loi du 9 juin 1853 seront attribuées à l'exercice sur lequel sera imputée la dépense des émoluments qui supportent ces retenues. Par suite, la ligne 60 des bordereaux, comptes, etc., devient sans objet, et les produits perçus dans les conditions dont il s'agit seront répartis, suivant leur nature, entre les lignes 61 à 66, colonnes de l'exercice expiré. Ils devront être présentés distinctement sur les relevés 101 *bis* des constatations complémentaires, où des lignes seront ouvertes à la main, en attendant la réimpression de ce modèle. Id.

§ III. Part du Trésor dans le prix des tabacs saisis.

1313. La circulaire de la comptabilite publique n° 112 du 26 décembre 1883 a prescrit de rattacher à l'exercice expiré, par voie de constatation complémentaire, les sommes retenues pour le service des pensions civiles, sur les dépenses faites dans la seconde année de cet exercice. CC. n° 114 du 24 décembre 1884.

Appliquée à la répartition de la valeur des tabacs et poudres saisis, cette disposition est incomplète, si elle n'est pas étendue à la part qui peut être attribuée au Trésor dans la répartition. Il importe à l'ordre et à la clarté des écritures que cette part soit, comme la portion revenant aux pensions, imputée à l'exercice auquel appartient la dépense qui donne lieu au prélèvement. Id.

A l'avenir donc, les attributions sur la valeur des tabacs et poudres saisis seront rattachées à l'exercice qui supporte la dépense de répartition. Id.

CHAPITRE XLIV.

Recettes de trésorerie

Abonnements aux circulaires, 1338.
Appointements, 1339 à 1343.
Avances, 1367 à 1383.
Buralistes, 1319 à 1328.
Caissier central, 1387.
Caisse de retraites pour la vieillesse, 1358.
Colis (Prix des) renfermant des poudres, 1349.
Colporteurs, 1319 et s.
Consignations, 1315 à 1328.
Consignations faites aux buralistes, 1319 à 1328.
Dettes, 1356.
Directeurs, 1383.
Douanes, virements de fonds, 1410 à 1417; — subvention, 1417, 1419.
Doubles droits, 1321.
Droits perçus après les arrêtés, 1335 bis.
Fonds à rembourser à divers, 1335 à 1364.
Fonds de subvention, 1384 à 1387, 1417 à 1419.
Fonds particuliers des comptables, 1365 à 1367.
Frais admis en reprise indéfinie, 1376.
Frais de contraintes et autres, 1378 à 1380.
Frais judiciaires, 1369 à 1377.
Frais à la charge de la Cie des allumettes, 1375.
Frais à la charge des communes, 1377.
Frais tombés à la charge du Trésor, 1374.
Frets et frais non prévus (tabacs), 1381.
Justification, 1325, 1334.
Lettres de crédit, 1384 à 1387.
Loyers, 1357.
Manquants, 1315 à 1318.
Mouvements de fonds, 1384 à 1419.
Obligations cautionnées, protestées, 1388.
Octroi, 1322, 1328, 1331.
Parts d'amendes, 1339 à 1343.
Protêts, 1388.
Provisions, 1382.
Recettes à classer, 1335 à 1364.
Recettes de trésorerie, 1314 et s.
Receveurs des finances, 1384 à 1386, 1388.
Recouvrements d'avances, 1367 à 1383.
Recouvrements pour des tiers, 1329 à 1333.
Redevances, 1344 à 1347.
Remise d'un tiers pour cent, 1359 à 1363.
Reprises indéfinies, 1376.
Restitutions, 1319.
Retenues pour dettes, 1356; — pour loyers, 1357.
Taxe des lettres et paquets (aff. correct.), 1332.
Trésor public, 1384 à 1386.
Vente d'objets sujets à dépérissement, 1348.
Versements des recev. part, 1335 à 1337.
Virements de fonds, 1389 à 1416.

SECT. I. — Subdivision des recettes de trésorerie.

1314. Les recettes de trésorerie se subdivisent ainsi qu'il suit :

1° Correspondants du Trésor.

Consignations.	Droits consignés sur les manquants chez les marchands en gros, etc. Consignations faites aux buralistes par les expéditeurs, colporteurs, etc.
recouvrements pour des tiers.	Octroi. Taxe des lettres et paquets dans les affaires criminelles.

Fonds à rembourser à divers et recettes à classer.
- Versements des receveurs particuliers.
- Droits perçus après les arrêtés des recettes buralistes et d'entrée.
- Trop perçu, avances des redevables à la fin de l'année.
- Abonnements aux circulaires imprimées.
- Appointements, parts d'amendes, etc., non émargés, et autres recettes.
- Caisse de retraite pour la vieillesse (majorations et retenues).
- Remise d'un tiers p. % payée par les redevables (obligations souscrites).

Jusqu'en 1865, on comprenait sous le titre général de consignations, non seulement les consignations proprement dites, mais encore les recouvrements pour des tiers, les fonds à rembourser à divers et les recettes à classer. Il en résultait quelque confusion, et, par la circulaire de la comptabilité n° 72 du 4 août 1864, le titre de consignation a reçu un sens mieux défini et plus restreint. Il est cependant employé encore dans sa première acception, et cela tient à ce qu'il n'a été rien changé ni aux contrôles établis, ni aux rapports qui doivent exister entre quelques articles et les relevés n° 100 ou les registres n° 89. Il ne s'est agi, en 1864, explique la circulaire, que d'une modification dans la forme, qui laisse subsister, dans leur ensemble, les instructions précédemment transmises soit par l'Administration, soit par la Comptabilité, pour la régularisation des écritures.

2° Fonds particuliers du comptable.

3° Avances pour divers services.

Recouvrements sur frais judiciaires, suivant les états de répartition d'amendes n° 100.

Frais judiciaires ou autres
- à la charge des contributions indirectes.
- à la charge du service des tabacs.
- admis en reprise indéfinie.
- à la charge des communes.

Recouvrements de frais de contrainte et autres, pour le recouvremen des droits.

Recouvrements d'avances
- faites pour le service des contributions indirectes.
- faites pour le service des tabacs.
- pour achats de timbres de l'enregistrement et pour divers services.

4° Mouvements de fonds.

Fonds reçus
- sur lettres de crédit du Trésor public.
- du caissier central du Trésor.
- des receveurs des finances (obligations protestées).

Virements de fonds
- entre les comptables de la Régie.
- entre les receveurs des contributions indirectes et ceux des douanes.
- entre les comptables de la Régie et ceux des contributions diverses (Algérie).

Fonds de subvention reçus des receveurs des douanes.

Sect. II. — Consignations.

§ I. Droits consignés sur les manquants chez les marchands en gros, etc.

1315. On doit procéder, pour les droits consignés sur les manquants chez les marchands en gros, etc., comme pour toutes les recettes directes du receveur principal.

Si ce comptable opère lui-même la perception, il ne l'introduit au livre-journal n° 87 A qu'après inscription au registre n° 74 spécial.

Si, au contraire, elle est effectuée par un comptable subordonné, qui a délivré une quittance de son journal n° 74, ce comptable suit la marche tracée pour les recouvrements faits pour le compte du receveur principal ; il l'inscrit dans la partie inférieure du bordereau n° 80 en l'appliquant à la ligne qui s'y trouve ouverte. Le receveur principal s'en charge en recette dans la forme prescrite pour le versement d'un comptable subordonné.

1316. Différés jusqu'à l'époque du règlement définitif des comptes des marchands en gros, les articles de dépense que ces recouvrements nécessitent aux opérations de trésorerie, n'ont d'autre but que de balancer purement et simplement les recettes provisoires de même nature qui, alors, sont ou converties en recouvrements définitifs ou restituées aux consignataires.

Dans le premier cas, le montant de la consignation est porté en dépense avec imputation à la ligne du bordereau intitulé : *Droits convertis en perception définitive.* Immédiatement après, le receveur principal se charge en recette de la même somme à titre de *droits constatés.* Cette somme, après avoir été enregistrée au journal n° 74, est tout d'abord inscrite au sommier n° 88, parmi les recettes à classer.

Dans l'hypothèse où la consignation doit être remboursée, l'article de dépense est reporté au sommier n° 88 et au bordereau n° 91, à la ligne : *Droits manquants restitués ou remboursés.*

Les écritures en recette ou en dépense qui sont passées au livre-journal n° 87 A entraînent des écritures corrélatives au registre auxiliaire n° 89 C.

Nous ferons remarquer que ces instructions ne présentent plus d'intérêt aujourd'hui, attendu que l'obligation à laquelle sont tenus tous les marchands en gros de fournir caution (art. 6 de la loi du 2 août 1872) dispense de recourir aux consignations. V. 177.

1317. Tenue du registre n° 89 C. V. 175 et 177.

1318. Le receveur subordonné qui aurait encaissé des consignations de l'espèce et qui se trouverait ultérieurement dans le cas de les convertir soit en restitutions ou remboursements, soit en perception définitive, devrait, dans l'une comme dans l'autre hypothèse, mentionner ces opérations en dépense au verso du bordereau n° 80, à la ligne à ce destinée, et porter ensuite en recette au journal n° 74, comme *droit constaté* ordinaire, la somme qui aurait été convertie en perception définitive.

§ II. Consignations faites aux buralistes par les expéditeurs colporteurs, etc.

1319. Les boissons introduites dans un lieu sujet aux droits d'entrée, pour le traverser seulement ou y séjourner moins de vingt-quatre heures, ne sont pas soumises à ces droits ; mais le conducteur est tenu d'en consigner ou d'en faire cautionner le montant à l'entrée et de se munir d'un passe-debout. **Art. 28 de la Loi du 28 avr. 1816.**

La somme consignée est restituée au départ des boissons, quand la sortie du lieu en a été justifiée. Id.

1320. Les consignations, pour les diverses expéditions qui entraînent des soumissions, suppléent aux cautions.

1321. Outre les consignations sur passe-debout, les buralistes reçoivent celles qui sont faites, *à défaut de caution*, par les expéditeurs et colporteurs de boissons, qui consignent :

S'il s'agit de vins, cidres, poirés et hydromels, le sextuple du droit de circulation ;

S'il s'agit d'eaux-de-vie, esprits et liqueurs, le double droit de consommation.

Les colporteurs de boissons doivent consigner le montant du droit de détail, pour le cas où ils ne rapporteraient pas les justifications auxquelles ils sont tenus. V. au *Dictionnaire général* les articles **Acquits-à-caution, Colportage.**

On ne doit jamais se dispenser de constater dans les écritures les diverses consignations, quand même le remboursement devrait en être presque immédiat. **CC. n° 10 du 15 déc. 1828.**

1322. Les buralistes relèvent sur le registre n° 33 A les consignations inscrites aux différents livres de perception. V. 78.

La portion applicable à l'octroi n'est pas portée à ce registre.

1323. Le registre n° 33 A est précédé d'une instruction, suivant laquelle les receveurs buralistes doivent, après avoir fait sur ce registre le relevé des consignations inscrites sur leurs différents livres de perception, y porter en dépense :

1° Les consignations remboursées ;

2° Les consignations converties en perception définitive ;

3° Celles qui n'ont pas été réclamées, bien qu'elles soient exigibles et que le délai fixé pour le remboursement soit expiré. CC. n° 10 précitée.

La différence qui existe entre les recettes et les dépenses représente le montant des consignations pour lesquelles le délai du remboursement n'est pas expiré et dont les fonds sont laissés entre les mains des buralistes. Idem.

Le total de la recette seulement est porté sur le registre récapitulatif n° 33 B. Id.

1324. Par sa circulaire du 27 juin 1838, n° 180, l'Administration a chargé les receveurs particuliers de recevoir des buralistes, à titre de consignations, pour le compte des receveurs principaux, les droits applicables aux acquits-à-caution non rentrés, CC. n° 27 du 21 déc. 1838.

A l'époque de chaque arrêté de fin du mois, les receveurs particuliers établissent la situation des receveurs buralistes, sous le rapport des consignations, au moyen d'un relevé n° 80 *ter*, qui fait ressortir le montant, par bureau de perception, des consignations reçues, des consignations remboursées, de celles qui ont été converties en perception définitive, et des consignations à remettre au receveur principal. CC. n° 10 du 15 déc. 1828.

Les receveurs particuliers se chargent *du montant brut des recettes*, tant sur le livre-journal de caisse n° 74 B ou D, que sur le sommier général n° 76 C (2e partie), aux divers comptes qui sont indiqués par le répertoire de ce dernier registre, et ils les comprennent dans leurs bordereaux de mois n° 80 A ; enfin, ils remettent pour comptant au receveur principal le relevé qui justifie, comme on vient de le dire, les dépenses faites sur les consignations, et l'accompagnent d'un bordereau détaillé n° 80 *quater* des consignations versées en numéraire à ce comptable. Id.

1325. Au moyen des dispositions qui précèdent, les recettes et les dépenses relatives aux consignations sont comprises dans les écritures et dans les comptes annuels des receveurs principaux, qui puisent les indications nécessaires à cet effet, pour les recettes sur les bordereaux n° 80 A, et pour les dépenses sur les relevés n° 80 *ter* dûment certifiés qui doivent être dressés chaque mois pour constater ces dépenses. Id.

Ces relevés, qui énoncent le montant des consignations laissées à chaque buraliste, servent, pendant l'année, aux receveurs principaux, pour justifier la portion de solde que leurs écritures font ressortir sur ce service. Id.

A la fin de l'année, ces pièces sont produites, avec le compte n° 108, à l'appui des dépenses sur les consignations dont il s'agit. Id. V. **Dépenses de trésorerie**, section des *consignations*.

1326. Les dépenses, avons-nous dit, se composent pour les consignations faites aux buralistes :

1° Des remboursements effectués ;

2° Des consignations converties en perception définitive ;

3° Enfin des versements, opérés à la caisse du receveur principal, du montant des consignations non réclamées par les intéressés, nonobstant l'accomplissement des formalités exigées pour leur remboursement.

Cette dernière opération n'était pas constatée d'une manière uniforme par les receveurs principaux. Les uns se bornaient à modifier le détail de leur solde, en augmentant le numéraire de la somme qui leur était remise ; les autres apuraient l'article des consignations proprement dites et repre-naient en recettes, à une autre ligne du bordereau, ce qu'ils retranchaient des consignations. CC. n° 78 du 15 juin 1867.

Ce dernier mode d'opérer ayant l'inconvénient de compliquer sans utilité les écritures, il a été prescrit d'adopter le premier. Id.

Les receveurs principaux doivent donc se borner à modifier le détail de leur solde, en augmentant le numéraire de la somme qui leur est remise. Id.

1327. Il résulte des instructions qui précèdent qu'à défaut de cautions ou si celles qu'ils présentent ne peuvent être admises, les personnes qui lèvent des acquits, des congés de colportage, des passe-debout aux entrées des villes sujettes, etc., sont tenues de consigner entre les mains des buralistes, selon le cas, les simples, doubles ou sextuples droits. La somme consignée est inscrite en toutes lettres tant sur l'expédition que sur la souche du registre.

Ces consignations sont reçues directement par le receveur principal comme receveur buraliste, ou pour son compte.

Si elles sont encaissées par ce comptable, elles sont portées en recette après dépouillement au registre n° 33 A ; il peut les comprendre dans l'article collectif de recette à la fin de chaque journée.

Si elles sont opérées par un comptable subordonné, celui-ci les présente à son bordereau n° 80, sous le titre de *perceptions pour le compte du receveur principal*, et le receveur principal, au vu du bordereau n° 80 *ter* qui lui est remis au moment des versements, s'en charge en recette aux opérations de trésorerie, par des articles corrélatifs passés au livre-journal et au livre auxiliaire n° 89 C.

1328. Selon le mode prescrit plus haut pour constater les recettes et dépenses relatives aux consignations en matière de contributions indirectes, les consignations sur droits d'octroi, inscrites au registre des passe-debout, seront reportées, par les receveurs buralistes, sur un registre spécial (modèle BB, Octrois), qui recevra, en dépense, les consignations remboursées, les consignations converties en perception définitive, et celles qui devront être remises au receveur municipal, comme n'ayant pas été réclamées dans les délais fixés CC. n° 10 du 15 déc. 1828.

A la fin de chaque mois, le préposé chargé du contrôle administratif s'assurera de l'exactitude des sommes portées en recettes et en dépenses sur le registre dont il s'agit ; il formera, suivant le modèle G *ter*, le relevé des opérations constatées dans chaque bureau de perception, et le remettra au receveur municipal, avec un bordereau détaillé (modèle G *quater*) des consignations qui doivent lui être versées. Id.

Afin que ce dernier receveur puisse se charger successivement dans sa comptabilité de toutes les recettes et de toutes les dépenses relatives aux consignations sur passe-debout, chaque receveur buraliste les comprendra dans ses bulletins de versement (modèle G *bis*), sur une ligne distincte à la suite des sommes extraites du registre A. Il remplira la colonne des sommes perçues, en y rapportant le total des consignations enregistrées dans la colonne 5 du registre BB, et les colonnes de versements, en y rapportant les totaux de la dépense constatée dans la colonne 14 de ce dernier registre. Id.

Chaque receveur buraliste devra aussi comprendre le montant des consignations sur passe-debout, dans le bordereau des recettes (modèle H) qu'il remet tous les mois au préposé du contrôle administratif. Id.

Sect. III. — Recouvrements pour des tiers.

1329. On entend par recouvrements pour des tiers les recettes faites pour le compte d'autres administrations ou services publics.

1330. Il a été décidé, pour simplifier les écritures, que le droit de consommation des sucres, lorsqu'il est perçu par le service des contributions indirectes pour le compte de celui des douanes, ne doit figurer ni en recette ni en dépense aux recouvrements pour des tiers. Le produit est porté directement en recette aux virements de fonds, et un bordereau collectif est établi à la fin du mois pour transporter la somme dans la comptabilité du receveur principal des douanes. Décision de la compt. publ. du 10 mai 1864. V. 638 et suiv.

§ I. Octrois.

1331. Dans les villes sujettes aux droits d'entrée, les buralistes qui délivrent les congés, acquits-à-caution, etc., nécessaires pour régulariser les mouvements des boissons, perçoivent simultanément les droits du Trésor et la taxe communale d'octroi. Les droits d'octroi sur les boissons enlevées des entrepôts peuvent également être perçus par les buralistes de la Régie, dans les communes qui ne sont assujéties qu'à des droits locaux au profit de ces communes.

Mais les perceptions de cette sorte ne sont résumées dans les écritures de la recette principale que lorsqu'elles ont été opérées directement par le receveur principal en qualité de receveur buraliste. Il les comprend alors, à la fin de chaque journée, dans l'article collectif de recette qu'il fait à son livre-journal n° 87 A.

Quant à celles effectuées par les receveurs subordonnés, elles n'entrent point autrement dans la comptabilité ; elles constituent des opérations directes entre ces receveurs et l'administration municipale. Seulement, il en fait mention *pour mémoire* au verso du bordererau n° 80, dans le cadre *ad hoc.*

§ II. Taxe des lettres et paquets dans les affaires criminelles

1332. La recette des sommes à percevoir, en exécution de l'article 18 de la loi de finances du 5 mai 1855, pour tenir lieu de la taxe des lettres et paquets dans les affaires criminelles a lieu pour le compte de l'administration des postes. Elle s'opère soit après jugement définitif, soit après transaction, quand il y a eu préalablement jugement, et d'après le tarif que nous avons inséré au nº 179.

1333. Il n'est rien dû pour les affaires terminées par transaction avant jugement. C. nº 376 du 5 mai 1856.

Il n'est rien perçu non plus pour les affaires purement civiles. Id.

Nous nous référons, pour tout ce qui se rapporte à ces recettes, aux instructions résumées sous les nos 179 à 194.

Sect. IV. — Justification des consignations et des recouvrements pour des tiers.

1334. La situation annuelle des recettes et des dépenses qui figurent dans les écritures des receveurs des contributions indirectes, sous le titre de correspondants du Trésor, est justifiée par la production du comptereau nº 108 D (2e partie), lequel comprend toutes les opérations de l'espèce ayant pris naissance et devant être régularisées dans la même direction. CC. nº 79 du 21 nov. 1867.

Les receveurs fournissent, dans le second cadre de ce comptereau, le détail de l'excédent, à la fin de l'année, en ce qui concerne les droits consignés sur les manquants, les avances des contribuables, les appointements, parts d'amendes, etc., non émargés ; mais il suffit qu'ils indiquent pour mémoire, à la fin de ce tableau, les soldes de chacun des articles énumérés dans la formule, sans en donner le développement. Id.

Sect. V. — Fonds à rembourser à divers et recettes à classer.

§ I. Versements des receveurs particuliers.

1335. Les droits au *comptant* et *constatés* sont, au fur et à mesure de leur enregistrement au livre-journal, reportés à ce compte. En fin de mois, ces droits sont établis par nature au registre nº 90, d'après les bordereaux nº 80. Ils font l'objet d'un article de recette détaillé aux *droits et produits* et simultanément d'un article de dépense au chapitre des *correspondants du Trésor*, sous le titre de : *transport aux contributions et revenus publics des versements des receveurs particuliers*.

§ II. Droits perçus après les arrêtés des recettes buralistes et d'entrée.

1335 *bis*. On portait autrefois en recette à la ligne 91 du bordereau, « *Versements des receveurs particuliers* », les recouvrements opérés par les receveurs principaux après les arrêtés mensuels. CC. nº 92 du 30 déc. 1871.

De nouvelles prescriptions ont été adressées aux comptables à ce sujet :

Les produits versés après les arrêtés ne pouvant être ni classés dans les recettes du mois, ni être simplement réservés pour le mois suivant, les receveurs doivent les comprendre dans leur prochain bordereau 80 A, mais pour leur total seulement, sans distinction de droits, parmi les recettes pour le compte du receveur principal et sous le titre spécial : *Droits perçus après les arrêtés des recettes buralistes et d'entrée.* Le receveur principal prend charge du montant de ces versements à un article distinct de son compte des correspondants du Trésor, portant le même titre et le n° 94 *bis* de son bordereau. Le mois suivant, le receveur particulier classe, d'après leur nature, les recettes encaissées en masse le mois précédent et délivre, pour la somme totale, une quittance extraite de son reg. 74 ; il remet cette quittance comme valeur, lors de son prochain versement, au receveur principal, qui la produit, pour justification de sa dépense, au nouveau compte, dépense classée sous le n° 241 *bis*. Ce compte doit figurer au reg. 89 C, où des colonnes nouvelles sont ouvertes, ainsi qu'aux autres modèles. CC. n° 117 du 3 févr. 1886.

Pour le contrôle de ces opérations, l'Administration a prescrit d'établir chaque mois le situation des recettes à classer, en la forme suivante, sur un des feuillets du reg. 88 :

Recettes à classer. — Situation au.	
Excédent de recettes au 31 décembre précédent.	fr. c.
Recette de l'année.	
Total.	
Dépense de l'année.	
Solde créditeur { article n°	
article n°	
article n°	

Les vérificateurs doivent également fournir ces renseignements sur leurs bordereaux de caisse. L. C. n° 2 du 4 février 1887.

§ III. Trop perçu, avances des redevables à la fin de l'année.

1336. En fin d'année, le receveur principal se charge en recette, d'après l'état n° 85, du montant du trop perçu, transporté directement et pour mémoire sur le registre n° 75 de l'année suivante, au crédit du redevable, puis au sommier n° 76, à un article spécial. CC. n° 75 du 23 mai 1865.

Ce transport ne donne lieu à aucune écriture sur le registre n° 74. Le bordereau 80, seul, est modifié en conséquence. Id.

Mode d'apurement de ce compte. V. 195 à 197.

1337. Quant aux trop perçus qui apparaissent dans le cours de l'année, ils sont affectés de trimestre en trimestre au compte de chaque contribuable, en déduction des droits ultérieurement constatés à sa charge.

§ IV. Abonnements aux circulaires imprimées.

1338. Après l'inscription en recette, au livre-journal n° 87 A, du montant total des abonnements et le report de la somme au registre n° 89 C, le receveur principal fait un article collectif de dépense sous le titre de : *remise au receveur principal de Paris du prix des abonnements aux circulaires.* Pour balancer la recette déjà inscrite au registre n° 89 C, on fait à ce registre un article de dépense, en même temps qu'on reprend la somme en recette aux *virements de fonds.* Un récépissé n° 92 est alors formé pour la transférer dans la caisse du receveur principal de Paris. V. 198 et 199.

§ V. Appointements, parts d'amendes, etc., non émargés, et autres recettes.

1° Appointements, parts d'amendes, etc., non émargés.

1339. L'inspection générale des finances a signalé à diverses reprises, dans ses rapports, le désaccord qui existe dans la plupart des recettes principales des contributions indirectes entre le solde que font ressortir les écritures et les valeurs en caisse. CC. n° 98 du 16 août 1873.

Ce désaccord provient de ce que les comptables passent écriture en bloc, à leur livre de caisse, de certains états collectifs de paiement, alors que la dépense effective donnant lieu à des mouvements de valeurs est faite successivement, au fur et à mesure que les ayants droit se présentent, et par conséquent à des dates différentes. Les valeurs en caisse se trouvent ainsi inférieures ou supérieures au solde ressortant au livre-journal, selon que les écritures sont passées avant ou après le paiement. Id.

Ce mode de procéder, qui a été adopté par les comptables dans un but de simplification, est contraire aux règles de la comptabilité ; il est avec raison l'objet des critiques de l'inspection des finances. Il est en effet interdit aux comptables de passer écriture d'aucun article de recette ou de dépense soit avant, soit après l'opération de caisse qui en fait l'objet. C'est pour eux une obligation étroite à laquelle ils ne peuvent se soustraire sous peine d'apporter dans leur comptabilité le trouble et la confusion. Id.

Dans une lettre commune en date du 8 juillet 1872, la Direction générale des contributions indirectes a déjà rappelé ces règles au service, en visant plus spécialement l'état des appointements. Id.

1340. Ces recommandations s'appliquent nécessairement aussi à l'état de répartition des amendes n° 100 A, dont il est fait souvent dépense au registre 87 A en un seul article, bien que les paiements qui s'y rapportent aient lieu à diverses dates. L'inscription en dépense ne doit jamais comprendre que des paiements réellement effectués. Si, au moment de l'arrêté de mois, quelques parts d'amende n'ont pu être payées, le receveur principal pourra en faire l'objet d'un article unique de dépense dont il reprendra le montant au compte des fonds à rembourser à divers. Id.

C'est ainsi que l'on doit procéder pour les appointements non émargés *à la fin du mois.* La règle que nous venons de rappeler interdit seulement les articles collectifs se rapportant à des paiements déjà opérés depuis un certain temps, ou à des paiements ajournés, dont le montant ne doit pas être repris immédiatement en recette au compte des consignations.

1341. Quant aux opérations de dépenses comprises à l'état 100 A qui ne donnent pas lieu à des paiements effectifs (frais, parts des pensions, etc.), rien ne s'oppose à ce qu'il en soit passé écriture en une seule fois. Id.

1342. Les appointements portés en consignation sont inscrits d'office en *recette extraordinaire* au bout de deux ans. CC. n° 18 du 21 déc. 1832.

1343. Tenue du registre n° 89 C pour appointements, etc. V. 175, 176 et 178.

2° *Redevances payées par les gérants de débits de tabacs.*

1344. Les redevances versées par les gérants des débits de tabacs s'inscrivent au bordereau n° 91 A, à la même ligne que les appointements, parts d'amendes, etc., non émargés.

Dès qu'un débitant de tabacs vient à décéder, le débit fait retour à l'État, qui en dispose comme il l'entend. S'il est en gérance et si le gérant veut le conserver jusqu'à ce qu'il passe en d'autres mains, il ne peut le faire que dans les termes de son traité, et l'Administration est en droit de lui imposer l'obligation de verser dans ses caisses et dans les mêmes conditions le montant de la redevance qu'il payait au titulaire. C. n° 12 du 31 août 1869.

1345. Après le décès du titulaire, le service notifie au gérant que, s'il désire conserver le bureau, il sera tenu envers la Régie, substituée au débitant, de tenir les engagements stipulés dans son traité. En cas d'acceptation, le gérant remet aux employés une déclaration constatant son acquiescement ; s'il refuse, au contraire, il en est référé sans retard à l'Administration. Id.

1346. Les sommes provenant des redevances disponibles sont encaissées par le receveur principal ou, pour son compte, par les receveurs subordonnés, et elles sont mises en consignation. Id.

Si le nouveau titulaire est nommé, *à titre de survivance*, soit au bureau vacant, soit à un bureau de moindre importance, la redevance lui est attribuée en totalité, au moyen d'un article de dépense au compte des consignations. Si le débit vacant est donné à une autre personne, les sommes reçues sont définitivement acquises au Trésor, avec imputation aux *recettes accidentelles*. Id. V. 1276.

Les écritures sont passées en conséquence.

Il faudrait consulter l'Administration si des cas extraordinaires venaient à se présenter. Id.

1347. Justification des recettes. V. 1309.

3° *Objets sujets à dépérissement.*

1348. D'après un décret du 18 septembre 1811, rendu en matière de douanes, et qu'il est d'usage d'appliquer également en matière de contributions indirectes, les animaux et les objets sujets à dépérissement dont la mainlevée a été refusée, peuvent être vendus après huit jours. Le produit en est porté aux recettes à classer. Lettre de la comptabilité publique du 17 mai 1864.

Ce cas se présente pour les objets sujets à dépérissement provenant de saisies et dont la vente a lieu exceptionnellement avant la conclusion de l'affaire.

Suivant le mode réglé pour les octrois par l'article 82 de l'ordonnance du 9 décembre 1814, la vente est autorisée, sur requête, par une simple ordonnance du juge de paix. Voir, en ce qui concerne les octrois, le Dictionnaire Général, colonne 1169, nº 1376.

4º *Prix des colis renfermant des poudres.*

1349. La poudre de mine se livre souvent par barils entiers. En conséquence, l'Administration avait réglé, dans les termes reproduits ci-après, le mode de paiement ou de garantie des emballages :

« Les débitants et les consommateurs qui prennent livraison des emballages doivent en payer la valeur ; mais la Régie reconnaît à ces débitants et à ces consommateurs la faculté de rapporter à l'entrepôt les colis en bon état de conservation. »

« A moins qu'il ne s'agisse d'un fait accidentel, il n'y a pas lieu de rembourser le prix des tonneaux, des sacs et des caisses qui rentrent ainsi en magasin. On livre, par échange, un nombre égal des colis, et la somme payée à l'origine est portée en *recette définitive* faisant l'effet d'une consignation applicable successivement à la dernière livraison. »

Quand donc les débitants, les consommateurs, réintégraient en entrepôt des colis vides sans faire une nouvelle levée de colis pleins, l'Administration devait être appelée à autoriser le remboursement des sommes consignées.

Dorénavant, les comptables ne devront plus porter le prix des colis en recette définitive. Conformément aux dispositions (§ VII) de la circulaire de la comptabilité publique nº 96, du 30 décembre 1872, ce prix sera encaissé avec imputation au compte des correspondants du Trésor (Recettes. — *Fonds à rembourser à divers*), et lorsqu'il y aura lieu d'effectuer un remboursement, ce remboursement fait d'office sera imputé de même au compte des correspondants du Trésor (Dépenses. — *Fonds à rembourser à divers*).

C'est ce qui a été expliquée sous le nº 202 du cours. Voici d'ailleurs les nouvelles instructions qui ont été données à ce sujet :

1350. Dans tous les entrepôts, indistinctement, les recouvrements effectués pour prix de colis devront être constatés au registre nº 64 D. (factures). C. nº 93 du 13 juin 1873.

Les receveurs particuliers entreposeurs et les entreposeurs spéciaux transporteront ces recouvrements au registre de caisse nº 74 C ou D et aux bordereaux nº 80 A, sous le titre de *recettes* pour le receveur principal, *compte des correspondants*. Quant aux remboursements, ils les feront figurer au même registre de caisse nº 74 C ou D, et aux bordereaux nº 80 A, sous le titre de *dépenses* pour le receveur principal, *compte des correspondants*. Id.

Ces comptables devront mettre à l'appui des bordereaux nº 80 A, pour justifier les recouvrements, des extraits des articles de recette au journal de caisse, et, pour justifier les remboursements, les quittances délivrées par les parties prenantes. Id.

1351. Les receveurs principaux transporteront à leur registre de caisse n° 87, au registre n° 89 C et et aux bordereaux n° 91, sous le titre d'*opérations pour le compte de correspondants*, aussi bien les recouvrements et les remboursements effectués directement par eux en qualité d'entreposeurs que les recouvrements et les remboursements effectués par les comptables subordonnés ; et ils fourniront à l'appui de leur comptabilité, pour l'ensemble de leur division administrative, toutes les justifications prescrites relativement au *compte des correspondants*. Id.

1352. Trois cas pourront se présenter :

1° Réintégration pure et simple d'un nombre de colis vides égal à celui dont la valeur a été consignée ;

2° Réintégration d'un nombre de colis vides supérieur à celui des colis pleins demandés en échange ;

3° Livraison d'un nombre de colis pleins supérieur à celui des colis réintégrés.

Dans le premier cas, la valeur des colis sera intégralement remboursée, et, par suite, le compte des correspondants se trouvera balancé.

Dans le second cas, l'excédent de consignation sera remboursé, et le compte des correspondants déchargé au moyen d'une dépense égale.

Dans le troisième cas, recette sera faite au compte des correspondants du supplément de garantie exigible. Id.

1353. Le compte particulier dont il s'agit se modifiera donc à mesure que des réintégrations et des livraisons auront lieu, sauf dans le cas de parité entre le nombre de colis pleins nouvellement livrés et le nombre de colis vides rapportés. A cet égard, l'intervention de l'Administration ne sera plus nécessaire. Mais il est bien entendu que les entreposeurs ne devront accepter que des colis en parfait état de conservation. Ils seraient rendus responsables de la perte qu'occasionnerait au Trésor la reprise de colis détériorés. Id.

1354. Contrairement aux règles de la comptabilité, quelques entreposeurs ne font pas figurer dans leurs écritures le montant des consignations faites pour la valeur des colis ; ils se bornent à mettre ces fonds dans une caisse spéciale dont ils suivent le mouvement au moyen de simples notes et de comptes particuliers ouverts aux consignataires. Ces comptables devront désormais porter au compte des correspondants du Trésor les consignations dont il s'agit. Id.

1355. Les colis vides doivent être rapportés dans un délai de trois mois au *maximum*. Passé ce délai, leur valeur serait transportée du compte des correspondants du Trésor (inscription en dépense) aux recettes définitives, *prix des colis livrés aux débitants et autres recettes*. Toutefois les intéressés devront être préalablement mis en demeure d'effectuer une réintégration. Id.

5° *Retenues pour dettes.*

1356. Les retenues pour dettes opérées soit par suite d'arrangements faits de gré à gré entre les employés et leurs créanciers, soit, dans quelques cas particuliers, en conformité d'autorisations des directeurs, figurent aux fonds à divers. C. n° 161 du 30 nov. 1837 et CC. n° 20 du 18 déc. suiv. V. 837.

Le paiement doit être autorisé par le directeur. Sa décision et la quittance de la partie prenante servent de justification. Id.

Un autre mode a été adopté pour la portion saisissable des appointements saisie entre les mains des receveurs principaux. Elle est versée chaque mois au receveur des finances, qui en délivre récépissé comme préposé de la caisse des dépôts et consignations. V. 815.

6° *Retenues pour loyers.*

1357. Les retenues auxquelles sont soumis les directeurs et les receveurs, pour l'acquittement de la partie des loyers laissée à leur charge, sont inscrites en dépôt aux fonds particuliers, en attendant l'application de ces sommes à la régularisation des avances provisoires. Lett. de la Compt. publ. du 16 mars 1866.

7° *Autres recettes.*

1358. La Direction générale de la comptabilité publique avait créé, à une époque, une ligne spéciale pour les *autres recettes.* Cette ligne ayant été supprimée, les recettes dont il s'agit doivent figurer avec les appointements non émargés, etc. CC. n° 106 du 28 déc. 1877.

§ VI. Caisse des retraites pour la vieillesse. — Majorations et retenues.

1358 *bis.* Aux termes du règlement du 4 mars 1884 sur la participation des préposés et ouvriers des manufactures de l'État à l'institution de la caisse des retraites pour la vieillesse, les gages et salaires de ces ouvriers et agents sont majorés de certaines sommes destinées à être versées à ladite caisse. Les receveurs principaux des contributions indirectes, chargés des paiements concernant l'administration des manufactures, doivent faire dépense de la totalité des gages et salaires, y compris les majorations et les retenues volontaires, et reprendre en recette à un compte de trésorerie le montant de ces majorations et retenues dont ils conservent le dépôt jusqu'à remise de tout ou partie des fonds à l'agent du service des tabacs désigné pour en opérer le versement à la caisse de la vieillesse. CC. n° 116 du 2 sept. 1885.

Or, le compte de ces fonds n'a pas toujours été présenté distinctement dans la comptabilité des receveurs principaux : il se trouve réuni à certaines opérations d'origines diverses, et il n'en est pas établi de situation particulière. D'un autre côté, l'inscription en recette du produit des majorations ne peut que difficilement être contrôlée, aucun document récapitulatif n'étant exigé à l'appui des nombreuses pièces de dépense sur lesquelles sont décomptées les sommes bonifiées aux ouvriers pour être ultérieurement versées à leur compte à la caisse des retraites. Id.

Cette situation défectueuse a été signalée au Ministre par la Cour des comptes : il convenait donc d'y porter remède sans retard.

A cet effet, un compte distinct doit être ouvert, dans les écritures des receveurs principaux, parmi les correspondants du Trésor, sous le titre de : *Caisse des retraites pour la vieillesse. — Majorations et retenues.* Ce compte, qui prendra place dans les imprimés de service pour 1886, devra être présenté à la main sur les registres, états, bordereaux et comptes de 1885, où il sera classé, pour la recette, sous le n° 94 *bis* du bordereau mensuel. La dépense résultant de la remise des fonds à l'agent intermédiaire fera l'objet d'un article correspondant des opérations de trésorerie qui prendra le numéro d'ordre **244** *bis*, et le titre de : *Caisse des retraites pour la vieillesse. — Versement des majorations et retenues.* Id.

La recette de ce compte aura pour justifications les pièces de la dépense budgétaire, états de gages et feuilles de salaires ; mais, pour que le contrôle en puisse être aisément effectué, il conviendra : 1° que les décomptes individuels établis sur ces pièces soient exactement repris et récapitulés à la fin de chacune d'elles ; 2° que les totaux partiels ainsi obtenus soient à leur tour relevés sur un état d'ensemble destiné à présenter, par atelier et par dizaine, le montant total des sommes dont le comptable fera recette au compte des majorations. Cet état, dont les résultats devront être en concordance parfaite avec les indications des mandats de dizaine (*modèle* n° 53), servira ainsi de lien entre ces mandats et les pièces, dont il devra reproduire le titre, le montant et l'imputation. Il sera dressé par les soins du service des manufactures et remis au comptable avec les pièces de dépense mensuelle. Ce dernier le complétera par l'attestation de prise en recette dans ses écritures. Id.

La dépense au compte : Caisse de la vieillesse, etc., devra être appuyée de la quittance de l'agent intermédiaire accompagnée de déclarations constatant le versement fait par cet agent, soit à la caisse de la vieillesse, soit à la caisse des dépôts, suivant le cas, des fonds qui, sur sa demande, lui auront été remis par le receveur principal ; ces déclarations seront fournies à l'agent par le préposé de la caisse des dépôts. Id.

Il importe que ces dispositions soient exactement mises à exécution, et que le compte nouveau qui sera ouvert à la main, comme il vient d'être dit, soit appuyé des pièces qui doivent le justifier. Le relevé mensuel des majorations par état de paie devra donc être demandé, pour chacun des mois écoulés, au service des manufactures et être transmis à la comptabilité publique par envoi spécial. Id.

Enfin des lignes nouvelles portant les numéros d'ordre 94 *bis* et 244 *bis* ont été ouvertes aux bordereaux, comptes, etc., pour les opérations relatives aux majorations et retenues pour la caisse de la vieillesse, conformément aux dispositions de la circulaire du 2 septembre 1885, n° 116. CC. n° 117 du 3 février 1886.

§ VII. Remise d'un tiers p. 0/0 payée par les redevables. (Obligations souscrites.)

1359. Les redevables sont admis à souscrire des obligations cautionnées, qui ont pour effet d'ajourner le paiement des droits sur le sucre, les allumettes, l'huile de schiste, la bougie, etc.

Dans les concessions de crédit accordées ainsi, la responsabilité des comptables se trouve sérieusement engagée. (V. 649.) Une remise d'un tiers de franc pour cent, réduite à un sixième pour les sucres qui suivent le régime des admissions temporaires, leur est allouée pour les couvrir des risques. La remise est payée par les redevables au moment où ils souscrivent les obligations.

1360. La recette de la remise est faite soit directement par le receveur principal, soit pour son compte par un receveur subordonné.

Tenue du registre des consignations. V. 200.

1361. Sur la somme reçue, le receveur principal attribue une part aux receveurs particuliers.

1362. Après répartition, la portion revenant au Trésor est inscrite aux recettes extraordinaires. CC. n° 72 du 4 août 1864. V. 1276.

1363. Nous nous référons, pour les instructions qui ont réglé la quotité de la remise, la part attribuée aux receveurs particuliers, les répartitions et les décomptes, au chapitre spécial que nous y avons consacré sous les nos 669 et suivants.

Sect. VI. — Fonds particuliers du comptable.

1364. Les avances des fonds particuliers des receveurs doivent figurer dans leurs comptes. C. n° 8 du 10 déc. 1827.

Quel qu'en soit le motif, ces versements doivent être portés en recette au livre-journal de caisse, et figurer au sommier et au bordereau mensuel sous le titre de *fonds particuliers des comptables*. Id.

Le remboursement de ces avances est également constaté au journal, au sommier, et enfin sur le compte de gestion. Le bordereau mensuel et le compte le présentent sous le titre de remboursement de fonds particuliers. Id.

1365. Il suit de là que toute dépense est compensée par une recette opérée antérieurement, ce qui rend toute justification superflue lorsque la double opération est présentée dans la même année. C. n° 72 du 4 août 1864.

1366. Quand l'avance faite par les receveurs figure sur un compte produit antérieurement à celui qui présente en dépense la restitution, ces comptables fournissent à l'appui du bordereau n° 91 une déclaration indiquant la date et le numéro d'inscription de la recette à leur livre-journal. Id.

Sect. VII. — Recouvrement des avances pour divers services.

1367. Quelques avances figurent directement en dépense et en recette aux contributions et revenus publics. Telles sont celles qui se rapportent aux abonnements avec les communes pour traitements d'employés, aux impressions à payer par les communes, au prix du papier filigrané et des moulages de cartes, au prix d'instruments et autres objets consignés. Elles portent le titre d'*avances recouvrables*. D'autres avances en général plus aléatoires sont inscrites aux opérations de trésorerie, sous le titre d'avances *pour divers services*. Ce sont celles dont nous nous occupons ici.

§ I. Recouvrement sur frais judiciaires, suivant les états de répartition n° 100.

1369. On entend par frais judiciaires, les frais faits à l'occasion d'une affaire contentieuse correctionnelle, c'est-à-dire d'un procès-verbal de contravention. Il faut distinguer les frais judiciaires des frais de poursuites, qui sont faits pour le recouvrement des droits dans des affaires civiles. En thèse générale, les frais judiciaires quelconques sont portés d'office en dépense, au livre-journal n° 87 A d'abord, ensuite au registre auxiliaire n° 89 B, sous le titre d'avances provisoires, ligne des *frais judiciaires*.

1370. Les frais résultant de procès-verbaux de contravention, dont le montant figure toujours aux avances provisoires, sont balancés tant au livre-journal qu'au registre n° 89 B, au moyen d'une opération de recette.

Cette opération a lieu lorsqu'il y a eu paiement de l'intégralité des condamnations prononcées par un jugement ayant acquis force de chose jugée, ou bien quand il est intervenu une transaction stipulant l'acquittement d'une partie seulement des condamnations ou le simple remboursement des frais.

Dans les deux premiers cas, il est dressé un état de répartition n° 99; on est dispensé d'en former si l'on n'a fait que recouvrer le montant des frais par la transaction.

L'opération de recette dont il est question plus haut, et qui a pour but d'apurer le compte des avances provisoires, est suivie d'un article de dépen-e définitive que l'on impute aux *frais judiciaires*.

1371. On opère de la même manière pour avances de toute nature provisoirement faites, telles que timbres de l'enregistrement, etc., ainsi que pour les dépenses relatives aux frais de contraintes et autres pour le recouvrement des droits, qui font l'objet du paragraphe III de cette section; seulement, dans ces derniers cas, l'imputation est différente.

1372. En cas d'appel d'un jugement prononcé dans une autre division administrative, les frais qui en résultent sont acquittés par le receveur principal du lieu où l'appel doit être vidé. Ils figurent au compte des avances à régulariser, ligne *autres avances*. Une fois l'instance en appel terminée, ces frais rentrent dans la comptabilité de la recette principale du lieu d'origine.

Le receveur principal du lieu d'appel porte de nouveau en dépense, aux *mouvements de fonds*, le montant total des frais qu'il a payés, et dresse un récépissé de virement de fonds qu'il transmet à son collègue avec les pièces justificatives. Simultanément, il fait aux registres n°s 87 A et 89 B un article de recette imputable à la ligne des *Timbres de l'enregistrement et autres avances* qui est indispensable pour balancer la dépense primitivement passée aux *avances provisoires*.

Le receveur principal du lieu d'origine fait un article de recette en sens contraire aux *mouvements de fonds* et, en même temps, un article de dépense tant au livre-journal qu'au registre n° 89 B, pour *frais judiciaires*, et l'on suit pour l'apurement de ce compte le mode déjà rappelé pour tous les frais de l'espèce. C. n° 310 du 1er août 1855.

1373. Nous nous référons aux nos 166 à 174 pour de plus amples explications et pour la tenue du registre de développement des avances n° 89 B.

§ II. Frais judiciaires ou autres à la charge des contributions indirectes, du service des tabacs, de la compagnie générale des allumettes, admis en reprise indéfinie, et à la charge des communes.

1374. 1° *Frais judiciaires tombés à la charge de la Régie ou des manufactures de l'État.*

Lorsque la Régie succombe dans une affaire contentieuse ou qu'elle abandonne les poursuites et que les frais restent à sa charge, les frais portés aux avances provisoires (reg. 89 B) ne peuvent être balancés en recette qu'en vertu d'une décision de l'Administration qui autorise l'abandon. L'article de recette est imputé à la ligne *frais tombés à la charge des contributions indirectes* ou *du service des tabacs*, si l'affaire intéresse la culture des tabacs. Quant à la dépense définitive, elle est, en tout état de choses, imputable à la ligne *frais judiciaires*. V. 169 à 171 et 533.

Les propositions sont, en pareil cas, présentées par état 98.

2° *Frais à la charge de la compagnie générale des allumettes chimiques.*

1375. Les frais remboursés par la compagnie concessionnaire du monopole par suite d'abandon de procès-verbaux sont inscrits en recette à titre des recouvrements d'avances, comme les recouvrements faits, dans les mêmes conditions, sur les communes sujettes à octroi. On les impute à la ligne 101 *bis* du bordereau 91, dont l'intitulé a été complété en conséquence. Une colonne spéciale a d'ailleurs été ouverte, pour ces opérations, au reg. 89 B. CC. n° 117 du 3 février 1886.

C'est en vertu de l'art. 9 du cahier des charges que la compagnie est tenue d'effectuer ces remboursements. C. n° 411 du 25 novembre 1884.

3° *Frais admis en reprise indéfinie.*

1376. Les frais à recouvrer en vertu d'un jugement peuvent tomber en non-valeur et être admis en reprise indéfinie par suite d'insolvabilité ou de disparition de délinquants. V. 533 à 538, 756 et suiv.

On procède, dans ce cas, comme pour les frais tombés à la charge de la Régie ; mais l'enregistrement en recette est reporté à la ligne spéciale des *frais admis en reprise indéfinie*. La dépense définitive est inscrite à la ligne des frais judiciaires.

4° *Frais à la charge des communes.*

1377. Les frais que les communes remboursent, par suite d'abandon d'affaires, sont également portés en recette aux recouvrements d'avances. On utilise à cet effet la ligne spéciale du bordereau, et la colonne ouverte pour cet objet au 89 B. CC. n° 102 du 29 mars 1875.

§ III. Recouvrements sur frais de contraintes et autres pour le recouvrement des droits.

1378. Il s'agit ici des frais de poursuites, c'est-à-dire des frais de contrainte, de saisie, etc., faits à l'occasion du recouvrement des droits, ou dans des affaires civiles. Chaque mois, lors des versements des receveurs subordonnés, le receveur principal, sur la production des justifications prescrites, fait dépense du montant des frais payés par les receveurs subordonnés. La dépense est inscrite d'abord au livre-journal n° 87 A, puis au registre auxiliaire n° 89 B. CC. n° 17 du 20 déc. 1831. V. 174.

1379. Les receveurs subordonnés font eux-mêmes sur les contribuables le recouvrement des frais, et ils délivrent une quittance extraite du registre n° 74, laquelle peut comprendre à la fois des frais et des droits. En fin de mois, les receveurs principaux font recette à leur livre-journal des frais ainsi recouvrés, et en même temps ils apurent le compte des avances (registre n° 89 B) au moyen d'un article de recette. Id.

1380. Si, par suite de l'insolvabilité momentanée des contribuables, les frais de poursuites tombent en non-valeur, on en propose l'admission en reprise indéfinie selon le mode adopté pour les droits constatés. Plus tard, quand l'Administration a statué, la *dépense primitive* est balancée par un article de *recette* inscrit *pour ordre*.

Avant d'être inscrits en dépense au reg. 89 B, les frais dont il s'agit donnent lieu à la production d'un état spécial dûment quittancé et revêtu du *bon à payer* du directeur ou du sous-directeur. Quelquefois l'acquit est donné au pied de l'exploit de poursuite lui-même.

§ IV. Recouvrements d'avances faites pour le service des contributions indirectes ou celui des tabacs, et pour achats de timbres de l'enregistrement et divers services.

1381. On porte à la ligne, *service des contributions indirectes*, ou à celle qui est intitulée *service des tabacs*, les paiements effectués avant mandatement et qui doivent être ordonnancés plus tard, soit par le service de la Régie, soit par celui des manufactures de l'Etat. CC. n° 102 du 20 mars 1875.

Cette définition est bien claire et ne peut prêter à l'équivoque.

Des crédits spéciaux sont ouverts pour régulariser les avances provisoires qu'entraînent *les frets et frais accessoires* aux réceptions de tabacs en feuilles et de cigares dans les ports, *et autres frais non prévus*. C. de l'Adm. des tabacs n° 8 du 28 février 1861.

On inscrit à part, à la ligne 104 *bis* du bordereau, et dans la col. du 89 B intitulée *achats de timbres de l'enregistrement et avances pour divers services*, les timbres de l'enregistrement, les arrérages de pensions payés par provision, les produits de rectifications d'écritures, etc. CC. n° 102 du 20 mars 1875.

Nous avons indiqué plus haut (V. 1047) la marche à suivre pour les timbres de l'enregistrement apposés sur les formules de transaction.

Un article spécial est nécessaire en ce qui concerne les arrérages sur pensions.

1382. *Arrérages de pensions payés par provision.* Les receveurs principaux sont autorisés à payer mensuellement, à titre d'avances à régulariser, en négligeant les fractions de franc, les quatre cinquièmes de la pension présumée due aux employés dont l'admission à la retraite a été prononcée par le conseil d'Administration. Les indications nécessaires pour ce paiement sont données à chaque directeur. C. n° 1043 du 29 septembre 1866. Voir, aux dépenses de trésorerie, l'art. 1881.

Les receveurs principaux font dépense au compte des avances provisoires, sous le titre d'*arrérages de pensions payés par provision*. Id.

Cette dépense, inscrite tant au reg. 89 B qu'au bordereau n° 91, est régularisée ainsi qu'il suit :

Lorsque la pension est liquidée, l'Administration adresse le titre définitif au directeur, qui le fait parvenir au receveur principal. Celui-ci se fait remettre par le titulaire du brevet un certificat de vie établi, au plus tôt, à la date du dernier jour du trimestre, ainsi que les quittances des arrérages échus. Ces pièces sont transmises, par l'intermédiaire du directeur, au trésorier-payeur général, qui les renvoie, en autorisant le paiement de la dépense à la caisse du receveur principal. C. n° 1043 précitée et CC. du 12 janvier 1867.

Ce comptable balance dès lors le compte des avances par une recette correspondante et acquitte le solde revenant au pensionnaire, c'est-à-dire le montant de la différence entre les arrérages dus et les provisions déjà reçues. Enfin, il remet à la partie le brevet de sa pension, dont le paiement prend, dès ce jour, son cours réglementaire. Id.

Les quittances sont ensuite versées au receveur des finances, en échange d'un récépissé, comme les autres pièces de dépense. Id.

En cas de décès d'un pensionnaire ayant reçu des provisions, et si le décès a eu lieu avant la liquidation définitive de la pension, le receveur principal invite les héritiers à produire, avec l'acte de décès du titulaire, le certificat de propriété. Id.

Ce certificat est toujours dispensé de la formalité de l'enregistrement. Id.

Ces pièces sont jointes au certificat d'inscription et transmises au trésorier-payeur général, qui renvoie, en échange, une quittance à faire signer par tous les héritiers pour la portion leur revenant. Appuyée des reçus provisoires du pensionnaire et des autres pièces, cette quittance est ensuite comprise par le receveur principal dans son prochain versement au receveur des finances. Id.

Si les héritiers ne se présentent pas, ou renoncent à leurs droits, le receveur principal est remboursé de ses avances sur sa quittance appuyée de l'acte de décès du pensionnaire, rédigé sur papier non timbré, du titre de pension et des reçus provisoires. Id.

§ V. Contrôle des avances par les directeurs.

1383. Le compte des avances provisoires ayant pris un développement considérable, il importe que les directeurs en suivent avec soin la régularisation. A cet effet, chaque fois qu'il leur est donné avis de l'ouverture d'un crédit destiné à régulariser une avance d'un certaine importance, ils ont à s'assurer que les comptables chargés de présenter en dépense les mandats de régularisation délivrés à la suite de l'ouverture du crédit se sont immédiatement chargés en recette, à titre de recouvrement d'avances, du montant intégral de ces mandats. Ils s'attachent enfin à reconnaître si la dépense et la recette figurent dans la comptabilité du même mois. CC. nº 79 du 21 nov. 1867.

Ils peuvent, dans ce but, se faire remettre par les chefs divisionnaires, et sous la responsabilité personnelle de ces agents supérieurs, des états de situation des avances ou tous autres documents propres à faciliter l'exercice du contrôle qui leur est confié. Id.

Sect. VIII. — Mouvements de fonds.

§ I. Fonds reçus sur lettres de crédit du Trésor public.

1384. Dans les départements à culture de tabacs, les dépenses excèdent, à certaines époques, le montant des recettes. Pour faire face aux nécessités du service, l'Administration obtient du Ministère des lettres de crédit sur les trésoriers-payeurs généraux ou les receveurs particuliers des finances, qui, au moyen de ces crédits, fournissent au receveur principal chargé d'effectuer les dépenses, les fonds nécessaires. Ces fonds prennent le nom de fonds de subvention. C. nº 79 du 22 août 1822 et nº 413 du 3 mars 1849.

Le service des tabacs et celui des contributions indirectes doivent se concerter à cet égard à l'Administration centrale et dans les départements. C. nº 738 du 28 fév. 1861.

1385. Le Ministre des finances a adopté pour les récépissés de fonds de subvention une formule que l'Administration a fait connaître par la circulaire nº 79 du 22 août 1822.

Ces formules sont imprimées et fournies comme papier de service aux directeurs qui doivent en faire emploi.

Le modèle est divisé en trois parties distinctes :

1º Mandat du directeur sur le receveur des finances (il est recommandé de ne pas omettre de remplir, en marge de cette première partie, le décompte établissant la situation du crédit et faisant connaître le reste disponible) ;

2° Récépissé du receveur principal ;

3° Talon de ce récépissé.

Ces trois parties ne doivent pas être séparées ; elles sont remises toutes trois ensemble au receveur des finances qui fait les fonds. C. n° 79 du 22 août 1822 et n° 413 du 3 mars 1849.

1386. Dans le but de prévenir des embarras et des difficultés relativement aux fonds de subvention qui, imputables sur les crédits ouverts par le Ministre, sont demandés aux trésoriers-payeurs généraux ou aux receveurs particuliers des finances, il a été décidé, avec la direction générale de la comptabilité publique, que ces fonds pourront, au besoin, être versés directement entre les mains des receveurs particuliers entreposeurs. Ainsi les récépissés que ceux-ci souscriront au nom du receveur principal seront valables. A cet égard, le modèle annexé à la circulaire n° 79, du 22 août 1822, continuera d'être suivi, sauf les modifications résultant de la dénomination du comptable qui opérera pour le receveur principal, ce dont il sera fait mention dans le récépissé. C. n° 413 du 3 mars 1849.

Les sommes ayant cette origine figureront au bordereau n° 80 de la recette particulière entrepôt, sur une nouvelle ligne intitulée : *Fonds reçus des receveurs des finances pour le compte du receveur principal.* Des explications seront produites à l'appui du bordereau, auquel on joindra aussi les pièces justificatives de la dépense couverte par les fonds de subvention. Id.

De son côté, le receveur principal passera dans sa comptabilité des écritures analogues. Id.

§ II. Fonds reçus du caissier central du Trésor.

1387. Les fonds de subvention peuvent être reçus du caissier central du Trésor, comme ils sont reçus des receveurs des finances. Les explications données au paragraphe qui précède s'appliquent à celui-ci.

§ III. Fonds reçus des receveurs des finances. (Obligations protestées.)

1388. Sous les conditions prévues par les règlements, certains contribuables sont autorisés à souscrire des obligations cautionnées à terme fixe. Ces obligations doivent être adressées dans les cinq premiers jours de chaque mois au Trésor public à Paris, accompagnées d'un bordereau, dont un double reste entre les mains du receveur principal pour lui servir de justification jusqu'à ce que le récépissé du Trésor public lui soit parvenu.

Le jour même de l'envoi, il fait dépense au livre-journal n° 87 du montant de ce bordereau et l'impute à la ligne : *Versements à la caisse du Trésor public en obligations.* Transmises plus tard au receveur des finances pour en suivre le recouvrement, les obligations qui ne sont pas acquittées à l'échéance doivent être protestées, puis, après le protêt, remises au receveur principal, qui rembourse au receveur des finances le montant des obligations et les frais de protêt.

S'il n'a pas en caisse des fonds suffisants, et s'il ne peut pas faire la somme en faisant verser à sa caisse les receveurs subordonnés de sa résidence, il remet au receveur des finances un récépissé comptable du modèle n° 92 modifié en conséquence. Ce n'est que dans ce dernier cas que le receveur principal doit se charger en recette sous le titre de fonds reçus du receveur des finances. (Obligations protestées.)

Cette opération se justifie par le talon du récépissé.

Aussitôt après remboursement, soit en récépissés comptables, soit en numéraire, la somme est portée en dépense tant au livre-journal n° 87 qu'au registre auxiliaire n° 89 B (avances diverses). Au fur et à mesure que le recouvrement en a lieu, cette dépense est balancée par des articles de recette imputables aux recouvrements sur avances. V. 583 à 595, les instructions à suivre en cas de protêt d'obligations.

SECT. IX. — Virements de fonds.

§ I. Entre les comptables des contributions indirectes.

1° *Dispositions générales.*

1389. Le rétablissement des recettes principales a entraîné la suppression des virements de fonds entre les comptables subordonnés. C. n° 53 du 16 déc. 1852.

1390. Les virements de fonds entre les receveurs principaux ne peuvent avoir lieu qu'en vertu d'autorisations particulières émanées du Directeur. C. n° 73 du 13 mars 1822 et n° 310 du 1er août 1855.

Ils ont lieu d'office cependant quand il y a lieu d'envoyer les appointements d'un employé qui se trouve en intérim à la fin du mois, ou les intérêts de cautionnement dans le cas de changement après l'envoi au Ministre de l'état des employés cautionnés, etc. Id.

Il est interdit d'user, sous aucun prétexte, de la voie des virements de fonds pour affaires personnelles aux employés. CC. n° 18 du 21 déc. 1832 ; C. n° 76 du 22 nov. 1852 et n° 310 du 1er août 1855.

1391. Tous les paiements et les recouvrements effectués par virements de fonds doivent être portés immédiatement par les comptables à leur livre-journal et inscrits ensuite au sommier ; mais, afin de réduire le nombre des pièces justificatives, il convient de réunir dans un seul bordereau toutes les dépenses faites pendant le mois, pour un même comptable, sauf à former des bordereaux particuliers pour les paiements qu'il importerait à l'ordre de la comptabilité d'appliquer sans délai au service qu'ils concernent. CC. n° 81 du 8 janv. 1869.

1392. La même mesure peut être étendue aux recettes en numéraire, quand la régularisation des opérations n'a pas un caractère d'urgence. Id.

1393. Au moment de l'établissement des bordereaux, les numéros et les dates des pièces justificatives seront indiqués au livre-journal et au sommier en regard des opérations inscrites antérieurement, ainsi que sur les autorisations délivrées par les directeurs, lorsqu'il s'agira de dépenses. Id.

1394. Quant aux recettes résultant de bordereaux de virements de fonds émis par d'autres comptables, pour se couvrir de leurs avances, elles doivent être constatées dans les écritures sans le moindre retard, en même temps que les dépenses qui en sont la contre-partie. Id.

1395. Les opérations de virement de fonds doivent se balancer annuellement dans les écritures de la comptabilité publique. CC. n° 72 du 4 août 1864.

1396. En principe, tout virement de fonds est ainsi interdit pendant le mois de décembre. CC. n° 12 du 30 nov. 1829 et n° 17 du 20 déc. 1831.

Une certaine latitude est laissée, toutefois, à cet égard, aux directeurs, qui peuvent en autoriser l'émission pourvu qu'ils aient acquis la certitude que le bordereau sera compris dans les écritures du même mois par le receveur principal chargé de le régulariser.

Au cas où la régularisation ne pourrait avoir lieu, les comptables porteraient en recette, au compte des consignations, les recouvrements de cette sorte. CC. n° 22 du 18 déc. 1844 et n° 59 du 26 déc. 1854.

S'il s'agissait, au contraire, d'un paiement fait d'urgence, le montant en serait inscrit au compte des avances. CC. n° 59 du 26 déc. 1854.

Au commencement de l'année suivante, on balancerait ces opérations et l'on ferait, suivant qu'il y aurait lieu, recette et dépense, à titre de virement de fonds. Id.

1397. Dans le principe, la formule n° 92, créée par la circulaire de la comptabilité générale n° 17 du 20 décembre 1831, était seule employée pour tous les virements entre les comptables de la Régie. Plus tard, on pensa qu'il y aurait avantage à ce que le receveur chargé du paiement émît lui-même le bordereau de virement, au lieu de le recevoir de son collègue, et on créa à cet effet la formule n° 92 *bis*. CC. n° 72 du 4 août 1864.

1398. Mais l'expérience a démontré que l'emploi de ce modèle ne remédie en aucune façon aux inconvénients qu'on se proposait d'éviter et que, de plus, son mode spécial de transmission, qui n'avait pas d'ailleurs été généralement bien compris, amenait dans le classement des pièces une confusion fâcheuse et des recherches multipliées.

La formule n° 92 *bis* n'a donc pas été conservée. CC. n° 92 du 30 déc. 1871.

Soit que l'opération de virement commence par une recette, soit que le paiement la précède, on se sert exclusivement de la formule n° 92, complétée par quelques indications nécessaires au contrôle. Id.

1399. D'après le nouveau système, le comptable qui a commencé l'opération est toujours informé de la suite qui lui a été donnée, soit par le renvoi du talon s'il s'agit d'une recette, soit par la réception du récépissé lui-même s'il s'agit d'une dépense. Id.

Il est à remarquer, en outre, que les deux parties de la formule devront toujours de la sorte être produites à l'appui des opérations de recette ou de dépense qu'elles ont pour objet de justifier, et ne seront plus, dans aucun cas, transmises au ministère séparément et par envois spéciaux. Id.

Les deux parties de la formule n° 92 doivent être visées par les directeurs ou sous-directeurs, qui s'assurent en même temps que les récépissés n'ont pas été souscrits pour des causes étrangères au service. Id.

1400. Les récépissés de virements de fonds sont envoyés directement de la circonscription administrative où ils ont été délivrés à la circonscription administrative qui doit les recevoir. Cet envoi a lieu par l'intermédiaire des sous-directeurs, lesquels s'assurent que les récépissés n'ont pas été délivrés pour des affaires personnelles aux employés. C. n° 17 du 16 mars 1870.

Le visa apposé par un inspecteur sédentaire sur un récépissé pour virement de fonds ne saurait être considéré comme valable sans la signature du directeur. Lett. de l'Adm. au Direct. de Bordeaux du 22 déc. 1873.

1401. Il ne s'agit ici que des opérations de virement proprement dites; quant à celles qui en seront la conséquence (application aux droits et produits, paiements effectifs, etc.), c'est aux chefs de service qu'il appartiendra d'en assurer l'exécution. CC. n° 92 du 30 déc. 1871.

Nous allons suivre ces opérations sous leurs diverses formes.

2° *Virements de fonds entre les comptables de la Régie, commençant par une recette.*

1402. Le comptable qui a effectué une recette pour le compte d'un de ses collègues souscrit, au nom de ce dernier, un récépissé. Il en remplit les deux parties, à l'exception des colonnes 3 et 4 destinées à la mention de l'inscription en dépense, et le transmet *dans son entier*, par l'intermédiaire du directeur, à son correspondant.

Celui-ci, après avoir rempli les deux colonnes restées en blanc, détache la partie supérieure du récépissé, qu'il conserve pour être jointe à ses autres pièces de dépense, et renvoie *directement* à son collègue le talon qui justifie la recette. CC. n° 92 du 30 déc. 1871.

1403. On ne porte en recette aux virements de fonds que des sommes dont le paiement à un titre quelconque doit être fait dans une recette principale autre que celle dans laquelle la dépense doit être présentée avec son affectation propre. Ainsi, lorsqu'un employé a reçu son changement ou qu'il est absent pour toute autre cause, le receveur principal touche sur procuration les fonds qui lui reviennent; il en fait aussitôt recette aux *virements de fonds*, et il adresse le récépissé au receveur principal chargé de remettre la somme due à l'employé.

1404. S'il s'agit encore de sommes revenant à d'autres titres à des employés étrangers à la direction, le receveur principal, sur l'autorisation du directeur, reçoit les fonds, les porte en recette comme il vient d'être dit, et les comprend également dans un récépissé pour virement de fonds.

1405. Par application de la même règle, lorsqu'en raison de circonstances particulières et d'après les instructions qu'il a reçues du directeur, un sous-directeur est appelé à transiger sur une affaire ayant pris naissance dans une autre direction, le receveur principal de sa résidence inscrit en recette à son livre-journal le montant de la transaction aux mouvements de fonds et dresse un récépissé de virement qu'il fait parvenir avec le dossier de l'affaire à son collègue du lieu d'origine.

Celui-ci fait à son livre-journal l'opération inverse, c'est-à-dire qu'avant d'enregistrer la somme au livre-journal et au registre n° 89 A (1re partie) comme consignation (recette), il fait un article de dépense *au livre-journal seulement* et il l'impute au compte des *mouvements de fonds.*

3° *Virements de fonds entre les comptables de la Régie, commençant par une dépense.*

1406. Le receveur principal qui aura reçu de son directeur un ordre de paiement pour le compte d'un de ses collègues (modèle n° 92 A, ancien 36 *bis*) effectuera ce paiement avec imputation au compte des *virements de fonds entre les comptables de la Régie.*

Il enverra le jour même et directement à son correspondant la quittance de la partie prenante, après y avoir inscrit le numéro de son livre de caisse CC. n° 92 du 30 déc. 1871.

1407. A la réception de cette quittance, ce dernier comptable souscrira au nom de son collègue, un récépissé. Il en remplira les deux parties, y compris la mention de dépense, dont il trouvera les éléments (numéro et date) sur la quittance ; il conservera le talon du récépissé pour justifier de sa recette, et enverra la partie supérieure à son collègue pour être produite à l'appui de la dépense. Id.

1408. En cas d'appel d'un jugement, les frais sont acquittés par le receveur principal du lieu d'appel, qui se couvre ensuite au moyen d'un récépissé de virement souscrit sur son collègue du lieu d'origine de l'affaire, qui doit présenter la dépense de ces frais, et qui, en attendant, les inscrit au compte des avances provisoires.

Cette opération nécessite : 1° un article de dépense (mouvement de fonds) au livre-journal du comptable qui a effectivement payé les frais d'appel ; 2° un article de recette (mouvement de fonds) ; 3° un article de dépense aux *avances provisoires* de la part de l'autre comptable.

1409. Nous appelons l'attention sur certaines opérations de virements de fonds relatives à des paiements à effectuer hors de la résidence du receveur principal et pour le compte d'un de ses collègues.

Dans ce cas, le receveur principal qui doit présenter la dépense à titre de virement de fonds charge du paiement effectif un comptable subordonné. On remarquera que, si le comptable supérieur se fait alors adresser immédiatement les quittances des parties prenantes et qu'au reçu de ces quittances il passe écriture du paiement, il y a nécessairement désaccord entre le journal 87 A et la caisse. Il convient, pour éviter ce désaccord, que le receveur principal se charge en recette du montant du paiement au compte des *Versements des receveurs particuliers*, et transmette au receveur subordonné une quittance détachée du registre 87 B à valoir sur son prochain versement. CC. n° 98 du 16 août 1873.

Pour le contrôle des opérations de virement de fonds, V. 2106.

§ II. Virements de fonds entre les comptables des douanes et des contributions indirectes.

1410. Les virements de fonds entre les comptables des douanes et des contributions indirectes ont été autorisés par décision ministérielle du 29 octobre 1852. C. n° 72 du 2 nov. 1852.

Il est fait usage pour les virements de fonds entre les deux services des douanes et des contributions indirectes de deux modèles. L'un, sur papier rose (série C, n° 36), sert aux receveurs principaux des contributions indirectes à présenter en dépense *les paiements* faits par eux pour le compte des receveurs des douanes ; l'autre, sur papier vert (série C, n° 34), présente en *recette* les opérations qu'ils ont effectuées également pour le compte de ces receveurs. CC. n° 61 du 20 déc. 1855.

1411. Des conditions différentes de service s'opposent à ce que la marche tracée par la circulaire n° 92 pour les virements de fonds entre les comptables de la Régie soit également suivie pour les virements avec les receveurs des douanes. La formule spéciale à cette nature d'opérations a été modifiée pour remédier aux inconvénients résultant du mode d'envoi à adopter. CC. n° 96 du 30 déc. 1872.

Le receveur qui a effectué un paiement pour le compte d'un de ses collègues de l'autre service en fait immédiatement dépense aux opérations de trésorerie, article des virements de fonds. Il dresse ensuite le bordereau de virement n° 36 et transmet le talon, par l'intermédiaire du directeur dont il dépend, au receveur pour le compte duquel le paiement a été effectué. CC. n° 54 du 16 mars 1853 et n° 96 du 30 déc. 1872.

1412. Autrefois, tout le bordereau était envoyé au directeur. Actuellement le receveur qui a reçu de son directeur un ordre de paiement pour le compte d'un de ses collègues des douanes établit, comme par le passé, un bordereau série C, n° 36, dont il remplit les deux parties, à l'exception de la déclaration finale. Seulement, au lieu d'adresser, par l'intermédiaire de son directeur, la formule dans son entier au comptable correspondant, il détache la partie supérieure, c'est-à-dire le bordereau, pour l'annexer à la chemise n° 250, et il n'envoie à ce dernier, avec les pièces justificatives du paiement, que la deuxième partie de la formule, c'est-à-dire le talon, titre justificatif de la recette. CC. n° 96 du 30 déc. 1872.

1413. Les deux parties de la formule seront ainsi toujours produites à l'appui des opérations qu'elles ont pour objet de justifier, et transmises en même temps que les autres pièces de comptabilité mensuelles.

Avec ce système, il est vrai, le receveur qui engage l'opération n'a pas la certitude qu'elle sera complétée; mais les virements de l'espèce étant relativement peu nombreux, le contrôle opéré dans les bureaux de la comptabilité publique ferait promptement reconnaître les irrégularités, s'il s'en produisait. CC. nº 96 du 30 déc. 1872.

1414. S'il s'agit d'une opération commencée et terminée dans la même direction, chaque partie des formules est jointe à la comptabilité du receveur que l'opération de recette ou de dépense concerne. CC. nº 63 du 22 déc. 1856 et nº 72 du 4 août 1864.

Les directeurs ne transmettent, après les avoir fait séparer de leurs talons, que les bordereaux nº 36 formés dans les bureaux dépendant d'une autre direction. CC. nº 72 du 4 août 1864.

Plusieurs de ces bordereaux peuvent d'ailleurs être réunis dans le même envoi. Id.

1415. Le comptable qui a recouvré des fonds pour le compte de ses collègues de l'autre service s'en charge, en recette, aux virements de fonds. CC. nº 54 du 16 mars 1853.

Il détaille la recette sur un bordereau d'envoi, modèle série C, nº 34, qu'il transmet, par l'intermédiaire du directeur, après avoir toutefois rempli la reconnaissance qui le termine, au receveur que le recouvrement concerne. Id.

Aussitôt que le bordereau série C, nº 34, lui est parvenu, celui-ci fait dépense de la somme recouvrée pour son compte aux opérations de trésorerie, et il s'en charge immédiatement à l'article de recette auquel elle doit être appliquée. Id.

Il signe et fait viser par le chef de service de la localité la déclaration qui suit le cadre placé en tête du bordereau. Id.

Dans ce cas, le talon est toujours produit par le receveur qui a opéré le recouvrement. Le récépissé est annexé à la comptabilité du receveur qui a fait la dépense. CC. nº 72 du 4 août 1864.

1416. Les directeurs peuvent permettre que des opérations de virements de fonds concernant l'un ou l'autre service soient commencées en décembre, si l'opération doit être complétée dans ce mois. Id.

Sect. X. — Fonds de subvention reçus des receveurs des douanes.

1417. Avant de recourir à la recette générale des finances, les receveurs des douanes et des contributions indirectes, résidant dans la même ville ou dans des localités assez voisines pour que le transport des fonds puisse s'effectuer sans frais ou sans augmentation de frais, doivent réclamer à leurs collègues les fonds nécessaires à l'acquittement des dépenses de leur service. C. nº 154 du 18 oct. 1853; Lett. lithog. du 31 oct. 1864, et CC. nº 3 du 10 janv. 1865.

Les fonds réclamés à titre subventionnel ne peuvent toutefois être délivrés que sur l'ordre des directeurs. C. n° 154 du 18 oct. 1853 et CC. n° 73 du 10 janv. 1865.

1418. Les directeurs de chaque service se concertent à l'avance afin de régler les encaisses de manière à ce que les garanties du Trésor ne soient dans aucun cas affaiblies par des réserves anticipées ou hors de proportion avec les cautionnements des comptables. Id.

1419. Les formules de fonds de subvention série C, n° 32, en papier bleu clair, sont divisées : le talon est joint à la comptabilité du receveur qui *touche les fonds*, et l'ordre de subvention, ainsi que le récépissé, aux pièces à produire par le comptable qui doit présenter la dépense. CC. n° 63 du 22 déc. 1856 et n° 73 du 10 janv. 1865.

Il n'est pas nécessaire que le bordereau de subvention soit visé par le sous-directeur. CC. n° 73 du 10 janv. 1865.

CHAPITRE XLV.

Dépenses publiques.

En raison de son étendue, nous divisons ce chapitre en dix parties, ayant chacune son index :

1re partie. DISPOSITIONS GÉNÉRALES.
2e EXERCICES CLOS ET EXERCICES PÉRIMÉS.
3e PERSONNEL.

Service des cont. ind.
- Traitements des agents et préposés de tous grades.
- Traitements des Receveurs principaux, particuliers, sédentaires et entreposeurs.
- Traitements des agents des laboratoires d'essai.
- Honoraires des chimistes et indemnités aux agents des laboratoires.
- Indemnités ou compléments d'indemnités aux intérimaires.
- Indemnités à divers receveurs pour insuffisance de remises, etc.
- Remises aux receveurs buralistes à raison des expéditions délivrées.
- Remises aux préposés d'octroi, receveurs aux entrées des villes.
- Gratifications aux agents d'exécution.
- Indemnités aux surnuméraires.

Service des poud. à feu
- Traitements des préposés aux ventes et expéditions de poudres.
- Indemnités spéciales au service des poudres dans diverses localités.
- Remises aux entreposeurs pour la vente des poudres en Corse.

Manufactures de l'Etat.
- Traitements des agents des manufactures.
- Traitements des agents des magasins et du service de la culture.

4e MATÉRIEL.

Service des contr. indir.
- Fourniture et entretien des poinçons et ustensiles; frais divers de la garantie.
- Achat d'instruments et d'ustensiles ; remboursement de leur valeur consignée.
- Frais d'emballage et de transport et frais de correspondance extraordinaire.

Service des poudres à feu
- Constructions et réparations des magasins de poudres.
- Frais de transport de poudres et frais accessoires.
- Achat de poudres reprises des débitants ou provenant de saisies, etc.

Manufactures de l'Etat.
- Magasins de feuilles.
  - Loyers et contributions.
  - Entretien et réparations des ustensiles et menus frais.
  - Gages.
  - Salaires.
  - Fournitures diverses.
- Manufactures.
  - Loyers et contributions.
  - Entretien, réparations et achat des machines, des ustensiles, etc. ; menus frais.
  - Gages.
  - Salaires.
  - Fournitures diverses.
- Tabacs
  - Entretien et réparations ordinaires des bâtiments ; acquisitions de terrains et de bâtiments.
  - Constructions nouvelles et grosses réparations.

5e FRAIS DE LOYERS ET INDEMNITÉS.

Service des contr. indir.
- Frais de loyer et de bureau (service général, sucres, distilleries).
- Loyer des magasins des entreposeurs de tabac.
- Frais de loyer et d'entretien des laboratoires d'essai.
- Indemnités pour frais de recensement et d'inventaires et pour services extraordinaires. (Indemnités de déplacement.)
- Indemnités de logement et de résidence.
- Indemnités pour frais de tournées et pour entretien d'un cheval (frais de versement).
- Dépenses accidentelles. (Indemnités pour perte de chevaux, secours, etc.)

Service des poudres à feu. — Loyer des magasins des entreposeurs de poudres.

6e partie. DÉPENSES DIVERSES.

Service des contr. indir.

- Primes d'apurement de comptes ou frais de non-valeurs.
- Vacations des commissaires de police pour le service de la garantie.
- Frais judiciaires
  - à la charge de l'Administration.
  - admis en reprise indéfinie.
- Honoraires des avocats, avoués et conseils de l'Administration.
- Contribution foncière des bacs, francs-bords et canaux.
- Achat de tabacs provenant de saisies ou repris des débitants, etc.
- Frais de transport de tabacs et frais accessoires dans les entrepôts.

Manufactures de l'Etat. — Tabacs.

- Frais inhérents au paiement des dépenses du service des tabacs.
- Frais judiciaires restés à la charge de l'Administration.
- Secours et indemnités à des employés, à des veuves ou orphelins d'employés.
- Salaires des préposés temporaires, etc. ; dépenses imprévues.
- Frais de missions.
- Indemnités ou primes d'encouragement aux agents de la fabrication, etc.
- Indemnités et secours viagers à des ouvriers blessés ou infirmes.

7e AVANCES RECOUVRABLES.

Service des contr. indir. — Frais de perception des octrois gérés par l'Administration.

Manufactures de l'Etat. — Indemnités aux experts chargés du classement des tabacs indigènes, et autres frais à la charge des planteurs.

8e ACHATS ET TRANSPORTS.

Manufactures de l'Etat. — Tabacs.

- Achats
  - de tabacs indigènes.
  - de tabacs exotiques.
  - de cigares.
  - d'échantillons de tabacs.
  - de tabacs provenant de saisies chez les planteurs.
- Frais de transport, frais accessoires et primes d'assurances.

9e REMBOURSEMENTS SUR PRODUITS INDIRECTS ET DIVERS.

Contributions indirectes.

- Restitutions de droits indûment perçus.
- Remboursements de droits pour cause d'exportation.

Tabacs. Remboursements des manquants aux planteurs.

10e RÉPARTITIONS DE PRODUITS D'AMENDES, ETC.

En matière de contributions indirectes.
En matière de culture de tabac autorisée.

Première partie du Chapitre XLV.

DISPOSITIONS GÉNÉRALES.

Acompte, 1427 à 1437.
Architecte, 1430.
Avances au service des manufactures, 1442 à 1444.
Baux à loyer, 1421, 1427.
Bordereau énumératif, 1445.
Cautionnements, 1427.
Copies de pièces, 1438.
Date des travaux, 1425.
Décomptes, 1427, 1429, 1434.
Devis et marchés, 1421.
Dispositions générales, 1420 à 1445.
Exercices, 1433, 1436, 1437.
Exercices clos, 1436.
Extraits de pièces, 1439.
Héritiers, 1421.
Illettrés, 1426.
Ingénieurs du service des tabacs, 1431.
Liquidation, 1421.
Mandats annulés, 1433.
Mandats de paiement, 1424, 1427.
Marchés, 1421, 1427.
Mémoires, 1421, 1425.
Ordonnancement, 1421.
Ordonnances de paiement, 1424, 1427.
Paiement intégral, 1426 ; — pour acompte, 1427 à 1437 ; — pour solde, 1429 à 1433.
Paiements, 1421.
Paiements à des tiers, 1426.
Paiements par plusieurs caisses, 1432, 1441.
Pièces justificatives, 1424 et s.
Procès-verbal de réception définitive, 1429.
Procurations, 1426, 1440.
Quittances, 1421.
Réassignation de paiement, 1441.
Régie (Travaux en), 1434.
Responsabilité du comptable, 1420, 1423.
Reversement, 1435.
Services régis par voie d'économie, 1442 à 1444.
Solde (Paiement pour), 1429 à 1433.
Sous-directeur, 1445.
Tiers, 1426.
Timbre, 1428.
Visa des pièces, 1445.

SECT. I. — Préliminaires.

1420. Les dépenses publiques engagent la responsabilité du comptable, appelé à effectuer les paiements et à produire à l'appui de son compte les pièces justificatives qui s'y rattachent.

1421. Nous avons déjà exposé tout ce qui se rapporte à la liquidation (862 à 880), à l'ordonnancement (881 à 953), aux paiements (981 à 1018), aux baux à loyer (1055 à 1070), aux devis et marchés (1071 à 1112), à la forme des mémoires et quittances (1113 à 1179), au timbre (1019 à 1054), aux héritiers (1180 à 1196), etc.

1422. Avant d'entrer dans l'examen spécial de chaque article de dépense, il suffira ainsi de rappeler les principales dispositions générales.

1423. Il est fait une obligation aux comptables de se conformer, pour la justification de l'acquittement des dépenses publiques, aux prescriptions du Règlement du 26 décembre 1866. Art. 2 des disp. gén. du Règl. de 1866.

Dans la nomenclature des justifications insérée à la suite de ce règlement, il n'est question que des pièces nécessaires pour justifier de la légalité et de la réalité de la dépense, ainsi que de la validité du paiement à la personne dénommée dans l'ordonnance ou le mandat. Art. 3 id. V. 25 à 27.

Dans tous les cas de paiement à des ayants droit ou représentants du titulaire, les comptables doivent exiger, sous leur responsabilité et d'après le droit commun, les pièces constatant, selon le cas, les qualités et droits des parties prenantes. Id. V. 1008, 1009, 1113 et s.

Lorsqu'il s'agit de services non prévus dans la nomenclature, ou de cas spéciaux pour lesquels les règlements et instructions ont dû laisser aux comptables, sous leur responsabilité, le soin d'exiger les pièces nécessaires, les justifications produites à l'appui des ordonnances ou mandats doivent toujours constater la régularité de la dette et celle du paiement, aux termes des articles 98 et 99 du Règlement. Art. 4 id.

1424. Les pièces justificatives des dépenses ordonnancées directement par le Ministre sont jointes aux ordonnances mêmes par le bureau de l'ordonnancement des dépenses du ministère. Art. 102 du Règl.

Elles sont annexées par les ordonnateurs secondaires, quant aux dépenses mandatées par eux, aux bordereaux d'émission de mandats qu'ils adressent aux comptables. Id.

Les ordonnances et les mandats de paiement indiquent le nombre et la nature des pièces. Art. 100 du Règl. et CC. n° 7 du 30 déc. 1826.

1425. Les titres produits en justification des dépenses, notamment des mémoires des entrepreneurs et fournisseurs, doivent indiquer la date précise, soit de l'exécution des services ou des travaux, soit de la livraison des fournitures. Art. 8 des disp. gén. du Règl. V. 1156.

1426. S'il s'agit du *paiement intégral* d'un service fait, les pièces justificatives accompagnent les mandats délivrés. Art. 105 du Règl.

Paiements à des tiers. V. 1008, 1009 et 1135 à 1137.

Modèle de procuration. V. 1137.

Timbre et enregistrement des procurations. V. 1136.

Paiements à des personnes illettrées. V. 1138 à 1140.

Sect. II. — Acompte.

1427. Quand il est ordonnancé ou mandaté des acomptes sur une dépense, la première ordonnance ou le premier mandat doit être appuyé des pièces qui constatent le droit du créancier au paiement de cet acompte. Pour les acomptes subséquents, les ordonnances ou mandats rappellent les justifications déjà produites et relatent les ordonnances ou mandats précédemment délivrés. Ces justifications sont complétées lors du solde de la dépense. Art. 108 du Règl.; art. 7 des disp. gén. du Règl. et CC. n° 7 du 30 déc. 1826.

Lorsqu'une dépense donne lieu à la délivrance de plusieurs ordonnances ou mandats d'acompte, il faut distinguer, pour les justifications à produire, si les dépenses résultent ou non de marchés. Art. 108 du Règl.

A l'appui de la première ordonnance ou du premier mandat d'acompte, on produit, avec le décompte portant liquidation du service fait, savoir :

pour les dépenses provenant de marchés, des extraits certifiés des conventions et le certificat de réalisation du cautionnement; pour les autres natures de dépenses, les pièces qui ont créé ou autorisé le service, telles que baux, contrats, jugements, décisions ministérielles ou administratives. Idem.

A l'égard des acomptes subséquents, il suffit, dans l'un et l'autre cas, d'annexer aux ordonnances ou mandats le nouveau décompte du service fait, de rappeler les justifications déjà fournies, ainsi que le montant détaillé des acomptes payés, et de faire mention des dates et numéros des ordonnances ou mandats antérieurs. Id.

1428. Il est essentiel aussi de faire connaître la date du paiement à l'appui duquel les justifications ont été produites. Cette règle n'est pas applicable aux acomptes d'une entreprise pour laquelle les justifications peuvent, d'après l'article 108, être rattachées au paiement pour solde. Art. 36 des disp. gén. du Règl.

1429. Quant au paiement *pour solde*, il doit être, en cas de marché, appuyé du procès-verbal de réception définitive des travaux et du décompte général de l'entreprise, et accompagné de la remise des expéditions de toutes les pièces du marché demeurées entre les mains de l'entrepreneur. Art. 108 du Règl.

Jusqu'à l'époque fixée pour la rédaction du procès-verbal de réception définitive des travaux, les décomptes de liquidation établis pour constater le droit de l'entrepreneur du service au paiement des acomptes qui lui sont accordés doivent rappeler la retenue exercée sur le prix des travaux, en garantie de leur qualité et de leur bonne exécution. Art. 109 id.

1430. Quand l'exécution d'un même travail ou d'une même fourniture a eu lieu en plusieurs années, le liquidateur du solde exige, pour la justification du droit du créancier, indépendamment du procès-verbal de réception définitive, une copie du décompte général et détaillé de l'entreprise, certifiée par l'agent administratif qui l'a surveillée et dirigée. Art. 110 id.

Ce décompte est dressé, dans le service des contributions indirectes, par un architecte. CC. n° 22 du 18 déc. 1834.

1431. Les ingénieurs du service des manufactures de l'Etat suivent habituellement les travaux de construction et de réparation exécutés pour le compte de cette administration.

1432. Lorsqu'en raison de circonstances particulières, des paiement pour acompte ou pour solde sur un service ou sur une créance sont assignés sur une caisse autre que celles où les précédents acomptes auraient été acquittés, l'ordonnateur adresse aux comptables qui ont payé ces acomptes un bulletin faisant connaître le lieu où doit s'effectuer le paiement du solde, ainsi que le numéro et la date de l'ordonnance ou du mandat délivré, et à l'appui duquel se trouvent annexées les pièces justificatives de la dépense.

Ce bulletin est destiné à être joint à la dernière ordonnance ou au dernier mandat d'acompte payé à chaque caisse. Art. 111 id.

De son côté, le comptable chargé des paiements subséquents reçoit pour le même emploi, avec la première ordonnance ou le premier mandat payable sur sa caisse, un bulletin semblable contenant les indications relatives aux paiements antérieurs, et, en outre, pour la garantie de sa responsabilité personnelle, un certificat de non-opposition sur le titulaire de la créance délivré par chacun des comptables ayant participé à ces paiements. Id.

Le système des *virements de fonds* adopté dans les contributions indirectes rend ces dispositions sans objet.

1433. Si, à défaut de crédit ou par tout autre empêchement, une dépense ne peut être complètement soldée sur un exercice et doit, par conséquent, figurer parmi les restes à payer, toutes les pièces justificatives de cette dépense ne doivent pas moins être adressées, avant la clôture de l'exercice, au comptable qui a payé des acomptes, pour qu'il les rattache au dernier paiement. Art. 112 id.

Si les pièces se trouvaient jointes à une ordonnance ou à un mandat annulé, elles seraient retenues par le comptable, pour être pareillement rattachées au dernier paiement d'acompte. Id.

Dans l'un et l'autre cas, il est fait mention de la direction donnée à ces pièces sur l'ordonnance de solde à délivrer ultérieurement au titre des exercices clos. Id.

1434. Lorsqu'une entreprise est résiliée, abandonnée ou continuée en régie, et qu'il n'y a pas lieu de payer un solde à l'entrepreneur, l'ordonnateur remet au payeur, après le règlement définitif des travaux, un décompte établissant la liquidation de l'entreprise. Art. 114 id.

1435. Advenant le cas où, par suite d'erreur, les acomptes excéderaient le montant d'une créance définitivement liquidée, le reversement des sommes payées en trop serait effectué ou poursuivi conformément aux articles 141 et 142 du Règlement. Art. 113 id.

1436. Sont conservées par les ordonnateurs secondaires les pièces justificatives des créances qui, par une cause quelconque, n'ont pu être l'objet d'un mandat de paiement dans le délai voulu. Art. 103 id.

Ces pièces ne sont produites aux comptables qu'avec les ordonnances ou mandats délivrés ultérieurement, au titre des exercices clos. Id.

1437. Lorsqu'une dépense s'impute simultanément aux deux exercices de la même gestion, les comptables doivent toujours rattacher les justifications complètes à la quittance de la dépense qui est soumise la première au jugement de la Cour des comptes, sauf à annexer à l'autre quittance une note donnant la date et le détail de la production précédemment faite. CC. nº 65 du 16 déc. 1858.

Lorsqu'il sera fourni une quittance cumulative pour une dépense imputable sur deux exercices, cette quittance, sur laquelle on devra indiquer les deux imputations, sera jointe également à la première partie du compte avec toutes les pièces justificatives, et une note certifiée et détaillée de ces pièces sera produite à l'appui de la dépense comprise dans la deuxième partie. Id.

Sect. III. — Copies ou extraits de pièces.

1438. A défaut de la minute ou de l'original de toute pièce justificative à produire aux comptables du Trésor, il peut y être suppléé par des copies dûment certifiées par les agents administratifs compétents et mentionnant, s'il y a lieu, l'accomplissement de la formalité de l'enregistrement. Art. 37 des disp. gén. du Règl.

Les copies remises aux parties pour être produites par elles au lieu et place de l'expédition originale sont délivrées sur timbre lorsque le timbre est exigé pour l'original. Id.

Les copies faites par les soins de l'Administration pour l'ordre de la comptabilité sont exemptes du timbre. (Décisions ministérielles des 10 septembre 1830 et 20 janvier 1832.) Elles doivent contenir une mention expresse de leur destination. Id.

1439. Dans le cas où un procès-verbal d'adjudication, un marché, une décision, etc., se rapporteraient à plusieurs personnes ou à plusieurs entreprises distinctes, les originaux ou les copies peuvent être remplacés par des extraits certifiés qui doivent relater, en général, toutes les conditions de l'exécution du service et de la régularité du paiement, ainsi que l'accomplissement, s'il y a lieu, de l'enregistrement et de toutes les autres formalités voulues et qui seront complétés à cet effet, s'ils ne paraissent pas au comptable contenir les indications nécessaires. Id.

Les ordonnances et mandats, ainsi que les quittances des parties prenantes, sont toujours produites en original. Id.

1440. Paiements faits en vertu de procurations déjà produites. V. 1435.

Sect. IV. — Réassignation de paiement sur une autre caisse.

1441. Quand le titulaire d'un mandat demande que le paiement en soit réassigné sur une autre caisse, il doit produire à l'ordonnateur :

1° Le mandat, et, en cas de perte, le certificat de non-paiement prévu par l'article 97 du règlement ;

2° Un certificat spécial constatant qu'il n'existe pas d'opposition contre lui à la caisse où le paiement avait été primitivement assigné. Art. 132 du Règl.

Toute demande de réassignation d'ordonnance ministérielle ayant pour objet d'en faire transporter le paiement d'un département dans un autre, doit être adressée au bureau de l'ordonnancement, qui la notifie à la direction du mouvement général des fonds. Id.

Sect. V. — Services régis par voie d'économie.

1442. Pour faciliter l'exploitation des services administratifs régis par économie, il peut être fait aux agents spéciaux de ces services sur les ordonnances du Ministre, ou sur les mandats des ordonnateurs secondaires, des avances dont le total ne doit pas excéder 20,000 francs, à la charge par eux de produire, dans le délai d'un *mois*, au comptable qui a fait l'avance, les quittances des créanciers réels et autres pièces justificatives. Art. 134 id.

Aucune nouvelle avance ne peut, dans cette limite de 20,000 fr., être faite par un trésorier-payeur, pour un service régi par économie, qu'autant que toutes les pièces justificatives de l'avance précédente lui auraient été fournies, ou que la portion de cette avance dont il resterait à justifier aurait moins d'un mois de date. Id.

Toutefois, pour les services qui s'exécutent en Algérie ou à l'étranger, le chiffre des avances et le délai dans lequel leur justification doit être fournie aux trésoriers-payeurs, peuvent excéder la limite réglementaire, en vertu de dispositions ministérielles spéciales, sans néanmoins que, pour l'Algérie, le montant de l'avance puisse excéder 35,000 fr., ni le délai dépasser quarante-cinq jours. Id.

1443. En vertu de l'article 106 du règlement du 26 décembre 1866, il peut être fait des avances au service des manufactures de l'Etat en Algérie, en ce qui concerne les achats de tabacs indigènes et les salaires des ouvriers des magasins, seules dépenses régies par voie d'économie. Art. 135 du Règl.

1444. Toute avance ou portion d'avance faite pour un service régi par économie, dont l'emploi ne serait pas justifié à l'expiration de ce délai, doit être reversée immédiatement dans une caisse publique, suivant les formes déterminées par l'art. 141. Ce reversement donne lieu à un rétablissement de pareille somme au crédit du budget. Art. 136 du Règl.

Les agents spéciaux des services régis par voie d'économie forment des bordereaux en double expédition des pièces et quittances fournies par les parties prenantes, en y joignant, s'il y a lieu, le récépissé du reversement de la somme non employée ou non justifiée. Ils soumettent ces bordereaux à la vérification et au visa de l'ordonnateur des avances et les produisent ensuite, avec les pièces à l'appui, aux comptables du Trésor, qui leur remettent une expédition desdits bordereaux, après l'avoir revêtue de leur déclaration de réception. Id.

Les mandats délivrés s'imputent immédiatement sur les crédits affectés aux dépenses que chaque mandat concerne, et les paiements effectués sont portés dans les écritures des comptables, au moment de leur réalisation, parmi les dépenses définitives, sauf la production ultérieure du compte de l'emploi des fonds, appuyé des pièces justificatives, ainsi qu'il est prescrit par l'article précédent. Art. 137 id.

Sect. VI. — Visa des pièces justificatives.

1445. Les pièces justificatives produites à l'appui d'une ordonnance ou d'un mandat doivent être revêtues du visa de l'ordonnateur ou de son délégué; mais lorsqu'elles sont l'objet d'un bordereau énumératif, conformément à l'article 101 du règlement, ce bordereau seul est visé par l'ordonnateur ou son délégué, et il suffit, quant aux pièces, qu'elles soient arrêtées par le fonctionnaire ou l'agent administratif chef du service que la dépense concerne. Art. 6 des disp. gén. du Règl.

Il est prescrit aux sous-directeurs de viser toutes les pièces justificatives de recettes et de dépenses. C. n° 310 du 1er août 1855, n° 17 du 16 mars 1870.

La signature du sous-directeur ou du directeur n'ajoute rien à la garantie du contrôle à l'égard des versements qui sont effectués dans les caisses des receveurs des finances, puisque, déjà, ces pièces portent le visa préfectoral, conformément à l'ordonnance du 8 décembre 1832. Il n'y a donc pas lieu de l'apposer. CC. n° 73 du 10 janv. 1865.

Est également superflu le visa des bordereaux de virement de fonds de la part des chefs locaux quand il s'agit d'un bordereau de dépenses (formule série C, n° 36, et service général, n° 92) au bas duquel se trouve le récépissé du comptable chargé d'opérer la contre-partie en recette. Id.

En pareil cas, et lorsque des fonds de subvention sont fournis par un receveur à un de ses collègues, le visa peut être supprimé sans inconvénient.

Mais il doit être apposé sur le récépissé et sur le talon des bordereaux de virement de fonds n° 92 (recette), ainsi que sur le bordereau série C, n° 34, l'emploi de cette dernière formule exigeant une double opération sans mouvement de valeurs : dépense aux mouvements de fonds et recette à un article quelconque du bordereau, laquelle doit être réellement et régulièrement constatée. Id.

C'est au chef de la division dans laquelle le paiement est opéré qu'il appartient de viser les pièces de dépenses ayant fait l'objet de virements de fonds. Lett. de la compt. du 4 mai 1858. V. 1400.

Seconde partie du Chapitre XLV.

DÉPENSES DES EXERCICES CLOS ET DES EXERCICES PÉRIMÉS.

Exercices clos, 1446, 1447.
Exercices périmés, 1446, 1447.
Pièces justificatives, 1447.

1446. Ainsi que nous l'avons expliqué aux articles consacrés à la définition de l'exercice et aux instructions qui se rapportent soit aux exercices clos, soit aux exercices périmés (954 à 980), il a été ouvert dans les comptes des receveurs principaux, pour les dépenses des anciens exercices, un chapitre sous le tire de *Dépenses des exercices clos* et un autre sous celui de *Dépenses des exercices périmés non frappées de déchéance.*

On classe au premier de ces chapitres les dépenses qui, ayant été constatées dans le cours des cinq années, à partir de l'ouverture des exercices qu'elles concernent, sont payées avant l'expiration de la sixième année. CC. n° 24 du 16 déc. 1836.

Celles qui ont été constatées postérieurement à l'expiration de la période quinquennale, et celles qui, l'ayant été antérieurement, n'ont pu être acquittées qu'après la sixième année, sont classées au chapitre des dépenses des exercices périmés. Id.

Pièces justificatives.

1447. Les règles spéciales aux dépenses des exercices clos et des exercices périmés que nous avons insérées sous les n°s 961 à 980 ne modifient en rien la nature et la forme des pièces justificatives à produire à l'appui des paiements. Les justifications sont donc les mêmes que pour les dépenses analogues à l'exercice courant.

Troisième partie du chapitre XLV.

PERSONNEL (TRAITEMENTS, INDEMNITÉS, REMISES, GRATIFICATIONS).

Certificat modificatif nº 93 C, 1481, 1482.
Commis auxiliaires, 1474 bis.
Congés, 1473, 1480, 1490.
Cumul, 1453, 1454.
Décès, 1457.
Démission, 1457.
Emplois créés, 1451.
Fractions négligées, 1465.
Frais de bureau, 1475 ; — de commis auxiliaires, 1475 ; — de loyer, 1474 bis ; — de tournées, 1476.
Gratifications aux agents d'exécution, 1510 à 1512.
Honoraires des chimistes des laboratoires, 1483 bis.
Indemnités aux surnuméraires, 1513.
Indemnités de logement, 1475 bis.
Indemnités de résidence, 1475 bis.
Indemnités à divers receveurs pour insuffisance de remises, 1492 à 1496 ; — d'intérim, 1478, 1486 à 1491 ; — spéciales au serv. des poudres dans certaines localités, 1515.
Inscription en dépense, 1458, 1459.
Installations, 1468.
Intérimaires, 1456, 1466, 1468, 1471, 1473, 1478, 1486 à 1491.
Maladies, 1473, 1480, 1490.
Manufactures de l'État, 1461, 1462, 1481, 1485.
Pièces justificatives, 1483 à 1485, 1491, 1496, 1504, 1509, 1512, 1514, 1515, 1517.
Poudres à feu, 1484, 1514 à 1517.
Punitions, 1473.
Rappel de traitement, 1452, 1481.
Remises aux entreposeurs dans certaines localités, 1516 à 1517 ; — aux préposés d'octroi, receveurs aux entrées des villes, 1505 à 1509.
Remises aux receveurs buralistes, à raison des expéditions délivrées, 1497 à 1504.
Reprises pour traitements, 1452.
Retenues pour le service des pensions, 1449, 1450, 1471 à 1477, 1480.
Retraite, 1457.
Révocation, 1457.
Serv. des cont. ind., 1483.
Tableau nº 93 A, 1455, 1459 à 1482, 1489, 1490, 1513.
Tableau 93 B, 1480 bis.
Traitements fixes, 1448 à 1485.
Vacances d'emploi, 1455 à 1457, 1466, 1471 1480.

SECT. I. — Traitements fixes.

§ Ier. Préliminaires.

1448. Les traitements et autres émoluments personnels sont acquis aux agents et employés, en raison de l'accomplissement des fonctions ou services auxquels chaque rétribution est attachée. Art. 44 du Régl. de 1866.

Ils sont déterminés par les lois, décrets, arrêtés, ou règlements relatifs aux services dans lesquels les emplois sont exercés, ou par des décisions de l'autorité compétente. Art. 43 id.

1449. Ils se liquident par mois et sont payables à terme échu. Art. 63 id.

Chaque émargement, s'il s'agit d'une somme supérieure à 10 fr., est assujéti à un droit de timbre de 10 centimes. V. 1036 à 1041.

Les états mensuels de liquidation portent sur le douzième brut des allocations mensuelles. Id.

Il y est fait mention spéciale des retenues à exercer pour pensions. Art. 29 et 30 des disp. gén. du Règl.

1450. Les receveurs principaux les imputent en dépense pour leur montant intégral, et constatent en recette le produit des retenues, à un compte distinct, par exercice, intitulé : *Retenues sur traitements pour le service des pensions civiles*, conformément à l'article 5 du décret du 9 novembre 1853. Id.

Ils ne doivent pas omettre de fournir exactement à l'appui des états mensuels sur lesquels figurent des retenues pour 1er douzième de traitement et d'augmentation un décompte nominatif des retenues de l'espèce. On y fait ressortir le *douzième net* revenant aux pensions civiles. CC. n° 65 du 16 déc. 1858.

1451. Lorsqu'il s'agit d'un emploi à créer, on adresse un rapport sous le timbre de la division compétente. C. n° 109 du 17 août 1835.

La décision qui autorise la création fixe en même temps la classe et le traitement de cet emploi. Id.

1452. Tout rappel de traitement et autre émolument personnel se liquide distinctement à la charge de l'exercice déterminé par l'année pendant laquelle les droits au rappel ont été acquis. Il n'est, dans aucun cas, procédé par voie d'augmentation aux droits susceptibles d'être liquidés pour l'année courante. Art. 68 du Règl.

Les reprises à opérer pour traitements ou émoluments indûment payés peuvent être précomptées sur les liquidations de droits ultérieurement acquis, lorsque la dépense à annuler et la dépense à acquitter sont homogènes et concernent le même exercice et le même article du budget. Art. 69. Id.

Il suffit alors d'expliquer l'opération dans le nouveau décompte, sur lequel il est fait déduction de la somme à répéter aux titulaires. Id.

Ce mode de reprise par compensation s'applique également aux retenues. Id. V. 1480.

§ II. Cumul.

1453. Il est interdit de cumuler en entier le traitement de plusieurs places, emplois ou commissions : en cas de cumul de deux traitements, le moindre est réduit à moitié ; en cas de cumul de trois traitements, le troisième est, en outre, réduit au quart, et ainsi de suite, en observant cette proportion. Art. 65 du Décret du 31 mai 1862 et art. 46 du Règl. de 1866.

La réduction n'a pas lieu pour les traitements cumulés qui sont au-dessous de 3,000 francs, ni pour les traitements plus élevés qui en ont été exceptés par les lois. Id.

1454. Le cumul de deux pensions est autorisé dans la limite de 6,000 fr., pourvu qu'il n'y ait pas double emploi dans les années de service présentées pour la liquidation. Art. 270 du Décret précité et art. 47 du Règl.

Cette disposition n'est pas applicable aux pensions que des lois spéciales ont affranchies des prohibitions du cumul. Id.

Le titulaire de deux pensions, l'une sur le Trésor, l'autre sur les anciennes caisses de retenues des ministères et administrations, peut en jouir distinctement, pourvu qu'elles ne se rapportent ni au même temps, ni aux mêmes services. Art. 273 du Décret et art. 47 du Règl.

Les pensions de retraite pour services militaires peuvent se cumuler avec un traitement civil d'activité, excepté dans le cas où des services civils ont été admis comme complément du droit à ces pensions. Art. 271 du Décret et art. 48 du Règl.

Les pensions militaires de réforme sont, dans tous les cas, cumulables avec un traitement civil d'activité. Id.

Lorsqu'un pensionnaire civil est remis en activité dans le même service, le paiement de sa pension est suspendu. Art. 269 du Décret et art. 48 du Règl.

Lorsqu'il est remis en activité dans un service différent, il ne peut cumuler sa pension ou son traitement que jusqu'à concurrence de 1,500 fr. Id.

Après la cessation de ses fonctions, il peut rentrer en jouissance de son ancienne pension, ou obtenir, s'il y a lieu, une nouvelle liquidation basée sur la généralité de ses services. Id.

L'attention de l'Administration a été appelée par le directeur général de la comptabilité publique sur les difficultées que les trésoriers-payeurs généraux rencontrent dans l'application de la loi du 18 août 1881, relative aux suppléments de pensions accordés aux anciens militaires et à leurs veuves. Des déclarations inexactes de non-cumul produites, soit par ignorance, soit de mauvaise foi, par des pensionnaires titulaires de débits de tabacs ou de recettes buralistes, donnaient lieu fréquemment à des paiements irréguliers. En vue de faciliter le travail de l'ordonnancement des pensions de l'espèce, il est fourni, chaque trimestre, un état présentant la liste des titulaires de pensions militaires nommés pendant le trimestre à des emplois de receveurs buralistes simples, receveurs buralistes débitants de tabacs et débitants de tabacs simples. L. C. du 15 mai 1884.

Cet état doit être envoyé à l'Administration, sous le timbre du 2e bureau du personnel, dans les mêmes conditions que l'état 134, c'est-à-dire du 5 au 10 du mois qui suit le trimestre. Id.

§ III. Vacance d'emploi.

1455. On ne fait plus recette ni dépense des sommes restées sans emploi par suite de vacances. D. M. F. du 24 nov. 1834.

Au tableau n° 93 A on indique la durée des vacances et on fait ressortir la somme nette (après déduction de la partie afférente à la vacance) en raison du temps d'activité du titulaire de l'emploi. CC. n° 22 du 18 déc. 1834 et C. n° 95 du 26 déc. 1834.

Le montant des sommes restées sans emploi par suite de vacances est porté chaque mois sur l'état de situation des crédits, n° 155. C. n° 95 du 26 déc. 1834.

1456. S'il y a un intérimaire déplacé, le montant des appointements tombe encore en vacance (colonne 4 du tableau n° 93) ; mais, dans cette hypothèse, la somme disponible à titre d'indemnité pour entretien d'un cheval, etc., sert tout d'abord au paiement des indemnités d'intérim. La somme ainsi payée est portée colonne 17 (*frais de tournées*, etc.) du tableau n° 93 A. Circ. n° 205 du 11 mai 1854.

A défaut d'allocations de cette nature ou en cas d'insuffisance, les frais d'intérim ou le complément des frais d'intérim ressortent au cadre spécial de décompte. Id.

Quand il n'y a pas de titulaire installé, les intérimaires touchent, en sus des indemnités d'intérim, l'intégralité des allocations au titre spécial de frais de loyer et de commis auxiliaires, mais à charge, bien entendu, de faire face à ces frais de loyer, de commis, etc., etc. Id.

Si la liquidation et le paiement de la proportion de loyer applicable au logement particulier de l'ancien titulaire, ou du titulaire non encore installé, entraînait quelque embarras, il en serait rendu un compte spécial à l'Administration. Id.

1457. Les droits d'un titulaire d'emploi ou d'un intérimaire à la jouissance du traitement s'éteignent le lendemain du jour de la cessation du service, par suite soit de décès, soit de mise à la retraite, démission, révocation, suspension ou abandon de fonctions. Art. 45 du Règl.

Le fonctionnaire admis à faire valoir ses droits à la retraite et l'agent démissionnaire peuvent être maintenus momentanément en activité, lorsque l'intérêt du service l'exige. Id.

§ IV. Inscription en dépense.

1458. Les appointements doivent être portés en dépense au fur et à mesure que les paiements ont lieu. On détaille dans l'article du journal le nom de chaque partie prenante ainsi que la somme qui lui est afférente. CC. n° 48 du 21 déc. 1832.

Cependant il a été constaté sur plusieurs points que, dès les premiers jours du mois ou dès les premiers versements des recettes ambulantes, les receveurs principaux passent écriture de l'ensemble des tableaux d'appointements, des dépenses importantes se trouvant ainsi sans justification et l'encaisse présentant un excédent qui va diminuant à mesure que les employés des postes extérieurs viennent en versement.

C'est là une opération irrégulière formellement interdite : aucun article de recette ou de dépense ne doit être inscrit au journal de caisse avant que la recette ou la dépense ait été réellement effectuée. Lett. comm. n° 3471 du 8 juill. 1872 et CC. n° 98 du 16 août 1873. V. 138.

Cette dépense doit être enregistrée au journal n° 87, pour le brut des traitements, sauf à faire recette des sommes attribuées au service des pensions. CC. n° 26 du 18 déc. 1837 et art. 30 des disp. gén. du Règl. de 1886.

A la fin du mois, on porte en dépense le montant des sommes dues aux employés qui ne se sont pas présentés pour les toucher, et on fait recette de ces traitements à titre de consignation. CC. nº 18 du 21 déc. 1832.

1459. On ne fait plus recette aux consignations, comme l'avait prescrit la circulaire nº 5 du 15 juin 1827, des appointements des employés en congé ou malades, lorsqu'il y a doute sur les attributions quant aux affectations à faire aux retraites et aux employés. A cet égard, si la décision de l'Administration n'est pas connue au moment de la clôture du tableau nº 93 A, la liquidation des frais d'intérim doit être également différée. C. nº 205 du 11 août 1854.

§ V. Tableau nº 93 A.

1460. Le tableau d'appointements nº 93 A doit comprendre :

1º Tous les employés du service général, même les indemnités ou rétributions fixes attribuées aux buralistes. CC. nº 8 du 10 déc. 1827.

Ces indemnités ne sont pas passibles de la retenue pour le service des pensions civiles.

2º Les contrôleurs et employés de la garantie. C. nº 3 du 17 janv. 1825.

3º Les entreposeurs des tabacs. CC. nº 17 du 20 déc. 1831.

4º Les préposés aux ventes de poudres.

C'est au directeur ou sous-directeur qu'est dévolu le soin de dresser les tableaux d'appointements pour le service des contributions indirectes. C. nº 76 du 22 nov. 1852, nº 310 du 1er août 1855 et nº 17 du 16 mars 1870.

1461. Les employés des magasins et des manufactures de l'Etat sont portés sur un modèle analogue, mais spécial, qui porte le nº 93 B. CC. nº 17 du 20 déc. 1831.

1462. En ce qui concerne les manufactures de l'Etat, les tableaux d'appointements sont dressés :

1º Par les directeurs des tabacs et des manufactures ;

2º Par les directeurs ou inspecteurs du service de la culture, et dans les départements où il n'y a pas d'inspecteurs, par l'entreposeur des tabacs en feuilles.

Nous allons passer en revue les diverses colonnes du tableau nº 93 A, qui a été modifié dans ces derniers temps.

1463. *Colonne* 1re. Lorsque plusieurs emplois de la même dénomination existent à une résidence, il faut les distinguer par 1er, 2e, 3e, etc. C. nº 12 du 25 janv. 1816.

1464. *Colonne* 2. Les sommes à y établir doivent être identiques avec le budget de la direction. Id.

1465. *Colonne* 3. Elle doit présenter pour chaque emploi le douzième du traitement fixe annuel, en y faisant entrer les centimes dépendant de ce douzième, ni plus ni moins, et sans fraction de centime. Lett. du 24 fév. 1838 et art. 63 du Règl.

Toute fraction de cette nature, résultant de la division du traitement par 12, doit être négligée. Id.

Les tableaux d'appointements sont indépendants les uns des autres; donc il ne faut point reprendre à certaines époques les fractions négligées pour en former un ou deux centimes, afin d'arriver à compléter par appoint la somme ronde du traitement annuel. Il ne faut point se préoccuper dès lors des différences de quelques centimes en moins que la réunion de tous les états d'une même année ferait ressortir sur le traitement annuel d'un titulaire de l'emploi. Lett. du 24 fév. 1836.

1466. *Colonne 4.* Les sommes restées sans emploi, par suite de vacances, doivent figurer dans cette colonne ; on doit également y présenter les sommes non liquidées par suite de création et de suppression d'emploi dans le cours du mois. Art. 44 du Règl.

C'est aussi dans cette colonne que l'on porte, dans le cas de congé ou de maladie, et s'il y a une retenue d'appointements, le supplément de traitement alloué à titre de gratification, lequel n'est pas sujet à retenue pour le service des pensions. C. n° 13 du 27 nov. 1869.

En cas de décès, démission, révocation, non-installation, etc., on procède de la manière suivante :

S'il n'a pas été constitué d'intérim ou si l'intérimaire n'est pas déplacé, le traitement brut, plus, s'il y a lieu, les allocations à un titre quelconque, restent disponibles. Le montant brut des appointements est porté dans la col. 4 (sommes restées sans emploi) ; la colonne ouverte pour l'imputation des allocations n'est pas remplie. C. n° 205 du 11 mai 1854.

Si l'intérim donne lieu à des frais de déplacement, l'indemnité due à l'intérimaire est précomptée sur le montant des allocations ; mais la totalité du traitement tombe, comme dans le premier cas, en vacance. Id.

La date du commencement et de la cessation des vacances doit être énoncée avec le plus grand soin. Ces indications se réduisent à ces simples mots : *vacance absolue du..... au.....* Id.

S'il arrivait qu'au moment de la clôture du tableau d'appointements la décision de l'Administration se rattachant à une prolongation de congé, à une installation fictive, etc., etc., ne fût pas connue, la liquidation serait différée, et l'on porterait la totalité des appointements disponibles dans la colonne 4 (sommes restées sans emploi). Une annotation succincte ferait connaître le motif de la non-liquidation. Id.

La liquidation aurait lieu le mois suivant par rappel. Id.

1467. *Colonne* 5. Le total et les détails de cette colonne sont la différence des sommes portées aux colonnes 3 et 4.

1468. *Colonne* 6. Les noms des préposés doivent être rangés dans cette colonne précisément de la manière que les employés se sont succédé dans l'ordre des temps. C. n° 12 du 25 janv. 1816.

Les employés jouissent de leur traitement à dater du jour de leur installation, et ceux de l'employé remplacé cessent du jour de l'installation de son successeur. C. n° 145 du 22 fév. 1808 et art. 44 du Règl.

La qualité de titulaire ou d'intérimaire doit être énoncée sans exception immédiatement après le nom du préposé. C. n° 12 du 25 janv. 1816.

Il est prescrit d'y relater la date des autorisations d'absence accordées avec ou sans retenue. Règl. de 1866.

Les comptables n'ont plus dès lors à produire les copies de ces autorisations dans le cas spécifié par la circulaire de la comptabilité n° 73 du 10 janvier 1865.

Mais il convient d'indiquer toujours très exactement, en cas de congé, la date du départ de chaque employé, celle du retour, ainsi que les conditions imposées pour l'obtention de ces congés. CC. n° 78 du 15 juin 1867.

Plusieurs décisions administratives ont réglé que les indemnités d'intérim accordées aux agents déplacés seraient calculées, pour chaque intérimaire, d'après la durée effective du déplacement régulièrement justifiée, en comprenant dans la liquidation les jours consacrés à faire la route (aller et retour). Toutes les fois qu'il y aura lieu d'appliquer ces décisions, les états de traitements indiqueront que la durée de l'intérim a été de.... y compris.... jours accordés à l'intérimaire pour l'aller et le retour. Id.

La date du départ et du retour (congés), la date de l'interruption et de la reprise du service (maladie) doivent être indiquées comme il suit :

En fonctions du. . . au. . .
En congé de faveur ou avec retenue
du. . . . . . au. . .
Malade à la résidence du. . . . . .
au. . . . .
En fonctions du. . . . . . au. . . . . .

C. n° 205 du 11 mai 1854.

Lorsqu'un employé conserve la qualité qu'il avait déjà dans le tableau du mois précédent, il n'y a rien à ajouter à l'énonciation du nom et de la qualité. C. n° 12 du 25 janv. 1816.

Sinon la date des décisions en vertu desquelles ont eu lieu les nouvelles nominations ou les promotions. CC. n° 78 du 15 juin 1867.

Pour tout employé paraissant pour la première fois avec un titre dont il n'a pas encore été revêtu, on doit énoncer :

1° La date de l'entrée en fonctions. C. n° 12 du 25 janv. 1816 ;

2° La dernière résidence et le traitement antérieur. CC. n° 18 du 21 déc. 1832.

L'énonciation doit être faite dans le moindre nombre de termes possible. CC. n° 12 du 25 janv. 1816.

Elle peut être ainsi libellée : « Installé le...., était précédemment (tel grade), aux appointements de...., dans tel département. »

Au moyen de l'observation scrupuleuse des règles tracées ci-dessus, la

6e colonne deviendra la représentation fidèle de toutes les mutations survenues dans chaque emploi. CC. n° 12 du 25 janv. 1816.

Si quelques circonstances extraordinaires faisaient pressentir le besoin d'explications d'une certaine étendue, il faudrait non point en surcharger le tableau même, mais le donner avec une note signée qui y serait annexée. Id.

1469. *Colonne* 7. On doit porter dans cette colonne le temps effectif de service de chaque employé, la durée effective des intérim, congés et vacances, d'après la mention qui en est faite dans la colonne précédente.

1470. *Colonnes* 8 *et* 9. On porte dans l'une ou l'autre de ces deux colonnes, selon le cas, le partage entre les ayants droit du traitement mensuel, indiqué dans la colonne 5. La réunion des totaux des colonnes 8 et 9 représente successivement celui de la colonne 5 ; il s'en suit qu'on doit, dans ces colonnes, forcer quelquefois d'un centime pour arriver à la liquidation ; il n'y a pas de règles fixes à cet égard, mais il paraît rationnel d'opérer le forcement en faveur de l'employé dont le décompte présente la plus forte fraction.

1471. *Colonne* 10. On porte dans cette colonne la retenue de 5 0/0 au profit du service des pensions ; il est retenu un centime entier, chaque fois que le partage du douzième ou de toute autre portion de traitement donne une fraction de centime. Décision du 20 janv. 1840 et art. 63 du Règl.

Ainsi le forcement doit être fait sur la portion revenant à chaque employé, indépendamment de ce qui revient à ceux qui partagent avec lui le même traitement. Id.

Lorsqu'un emploi est sans titulaire, la jouissance du traitement et des émoluments attachés à l'emploi peut être accordée en totalité ou en partie à l'intérimaire, lequel supporte alors les charges inhérentes au titre de l'emploi. Art. 44 du Règl.

Toutefois la retenue pour le service des pensions civiles n'est exercée qu'autant que l'intérimaire fait partie d'une classe d'agents soumis au régime de cette retenue. Id.

Dans le service des contributions indirectes, les employés déplacés touchent des frais d'intérim. C. n° 205 du 11 mai 1854.

1472. *Colonne* 11. On porte dans cette colonne le montant du premier mois de traitement que reçoit un employé et la différence qui ressort entre un traitement ancien et un nouveau. Art. 44 du Règl.

Cette différence doit être calculée de la manière suivante :

Pour une augmentation de traitement de.	100 fr.
Il faut d'abord retrancher les 5 0/0, ci.	5
Reste net pour l'augmentation annuelle. . .	95 fr.

dont le douzième est de 7 fr. 91 8/12. La fraction de centime devant être forcée et ramenée au centime entier, la retenue sera en conséquence de 7 fr. 92. CC. n° 73 du 10 janv. 1865.

Le chiffre du 1er douzième ne peut varier; il est pour :

100 fr. d'augmentation, de.	7.92
150.	11.88
200.	15.84
300.	23.75
400.	31.67
500.	39.59
1000.	79.17 Id.

Quelles que soient les causes qui aient amené la démission d'un employé ou sa révocation, cet employé, s'il est réintégré, doit subir de nouveau la retenue du 1er mois de son traitement et celle du 1er douzième des augmentations ultérieures. Art. 25 du Décret du 9 nov. 1853 ; C. n° 205 du 11 mai 1854 et art. 44 du Règl. de 1866.

La retenue du 1er mois n'est pas faite si la cessation d'exercice a eu lieu par une cause de force majeure, telle que réforme prononcée pour infirmité, suppression d'emploi, etc. ; seulement, si le traitement actuel est supérieur à l'ancien, un douzième de l'augmentation doit être retenu. Id.

L'employé qui, par mesure disciplinaire ou par mutation volontaire d'emploi, est descendu à un traitement inférieur, subit la retenue du 1er douzième des augmentations ultérieures. Id.

Dans tous les cas, on doit accorder un centime entier dans cette colonne aux traitements, c'est-à-dire aux retraites, lorsque le calcul des traitements fait ressortir une fraction. Ce forcement est opéré indépendamment de ceux qui peuvent avoir lieu sur le même traitement dans les colonnes 10 ou 12. Décision du 20 janv. 1840.

Marche à suivre en cas de retenue pour congé et d'augmentation de traitement. Opérations simultanées. V. 1286.

1473. *Colonne* 12. Retenues pour congés et punitions.

1° *Congés.* Les employés ne peuvent obtenir chaque année un congé ou une autorisation d'absence de plus de quinze jours sans subir une retenue. Art. 16 du Décret du 9 nov. 1853 ; C. n° 205 du 11 mai 1854 et art. 65 du Règl. de 1866.

Toutefois, un congé d'un mois sans retenue peut être accordé à ceux qui n'ont joui d'aucun congé et d'aucune autorisation d'absence pendant trois années consécutives. Id.

Pour les congés de moins de trois mois, la retenue est de la moitié au moins et des deux tiers au plus du traitement. Id.

Après trois mois de congé consécutifs ou non, dans la même année, l'intégralité du traitement est retenue. Id.

Si, pendant l'absence de l'employé, il y a lieu de pourvoir à des frais d'intérim, le montant en est précompté, jusqu'à due concurrence, sur la retenue qu'il doit subir. Id.

En cas d'*absence pour cause de maladie* dûment constatée, le fonctionnaire ou l'employé peut être autorisé à conserver l'intégralité de son traitement pendant un temps qui ne peut excéder trois mois. *Pendant les trois mois suivants, il peut obtenir un congé avec la retenue* de la moitié au moins et des deux tiers au plus du traitement. Id.

Si la maladie est déterminée par l'une des causes exceptionnelles prévues aux premier et deuxième paragraphes de l'article 11 de la loi du 9 juin 1853, l'employé peut conserver l'intégralité de son traitement jusqu'à son rétablissement ou jusqu'à sa mise à la retraite. Id.

Sont affranchies de toute retenue les absences ayant pour cause l'accomplissement d'un des devoirs imposés par la loi. Id.

La retenue s'exerce sur les rétributions de toute nature constituant l'émolument personnel passible de la retenue de cinq pour cent, aux termes du paragraphe 2 de l'article 3 de la loi du 9 juin 1853. Art. 18 du Décret du 9 nov. 1853; C. n° 205 et art. 65 du Règl. précités.

Ne sont pas non plus soumises aux retenues prescrites par l'article 3 de la loi du 9 juin 1853, les sommes payées à titre de gratifications éventuelles, de salaires de travail extraordinaire, d'indemnités pour missions extraordinaires, d'indemnités de perte, de frais de voyage, d'abonnement et d'allocation pour frais de bureau, de régie et de loyer, de supplément de traitement colonial et de remboursement de dépenses. Art. 21 du Décret du 9 nov. 1853 et art. 67 du Règl.

Ainsi qu'il vient d'être dit, tout employé qui s'absente en vertu d'un congé autre qu'un congé à titre gratuit subit la retenue de *moitié* ou des *deux tiers* de son traitement.

Si l'intérim ne donne lieu à aucune indemnité, à aucuns frais, le montant de la retenue liquidée, d'après la quotité fixée par la formule de congé, est intégralement porté en recette, au profit du service des pensions. C. n° 205 du 11 mai 1854.

Si l'intérim occasionne des frais, ces frais sont inférieurs ou supérieurs au montant de la retenue. Dans le premier cas, le montant net mensuel des appointements est inscrit, sur des lignes distinctes, à l'article de l'employé en congé :

1° Le titulaire pour la somme d'appointements qui lui revient ;

2° L'intérimaire pour le montant de l'indemnité qui lui est due.

Le solde qui appartient au service des pensions est inscrit dans la colonne 12 (retenues pour congés). Id.

Dans le 2e cas (*frais d'intérim supérieurs au montant de la retenue*), le titulaire et l'intérimaire sont de même inscrits sur des lignes distinctes, à la première partie du tableau n° 93. Le titulaire y figure toujours pour la somme totale qui lui revient et l'intérimaire seulement pour le surplus du traitement net. Le complément à payer à l'intérimaire ressort au cadre spécial de décompte des frais d'intérim et y est l'objet d'un émargement particulier. Id.

Lorsque, par suite d'un intérim, deux employés sont déplacés, on fait figurer l'un et l'autre à l'article de l'emploi pour lequel s'ouvre l'intérim. Le montant de la retenue est tout d'abord appliqué à celui des intérimaires qui est le premier désigné sur le tableau. Si le montant de la retenue n'est pas entièrement absorbé, la différence est attribuée au 2e intérimaire, jusqu'à concurrence de l'indemnité qui lui est due ; s'il y a un complément à payer, ce complément ressort à la partie du tableau 93 qui est consacrée à la formation des décomptes. Id.

2° *Punitions.* L'employé qui s'est absenté ou qui a dépassé la durée de son congé, sans autorisation, peut être privé de son traitement pendant un temps double de celui de son absence irrégulière. Art. 17 du Décret du 9 nov. 1853 ; C. n° 205 du 11 mai 1854 et art. 66 du Règl. de 1866.

Une retenue, qui ne peut excéder deux mois de traitement, peut être infligée, par mesure disciplinaire, dans le cas d'inconduite, de négligence ou de manquement au service. Id.

Cette retenue s'exerce pareillement sur l'intégralité de l'émolument personnel passible de la retenue de 5 p. %. Id.

A l'appui du tableau d'appointements, on produit une copie certifiée de la décision qui prescrit la retenue et en fixe le montant. CC. n° 26 du 18 déc. 1837.

On opère pour les fractions de centime comme il est dit plus haut, à l'égard de la colonne 11.

1474. *Colonne* 13. La réunion des sommes inscrites dans les colonnes 10, 11, 12 et 13 représente exactement les sommes liquidées (colonne 5).

1474 *bis. Colonne* 14. Les sommes portées dans cette colonne sont identiques avec le budget de la direction. C. n° 12 du 25 janvier 1816.

Elles comprennent les frais de régie, de bureau, de tournées, de commis auxiliaires, etc.

Depuis le mois de janvier 1876, les frais de loyer ne figurent plus au tableau d'appointements. V. 1566.

1475. *Colonne* 15. Cette colonne est affectée aux frais de bureau alloués aux directeurs, contrôleurs et receveurs.

1475 *bis. Colonne* 16. On inscrit dans cette colonne les indemnités de logement et de résidence.

Indemnité de résidence. Dans les grandes villes, une indemnité de résidence est accordée à tous les commis ou préposés mariés ou vivant en ménage avec leurs parents. C. n° 383 du 29 décembre 1883.

Des indemnités sont payées aussi aux employés placés dans certaines villes d'eaux et les stations balnéaires, où la vie et le logement sont à un prix excessif. Id.

Indemnité de logement aux employés des sucres et des distilleries. Nouveau mode de paiement. Lorsque le décret du 17 novembre 1852 a rapporté les dispositions de l'article 1er du décret du 1er septembre précédent relatives au logement des employés dans les fabriques de sucres, l'Administration a décidé que ces agents, logés à leurs frais, recevraient une indemnité de 10 francs par mois. Lett. du 8 janv. 1853, n° 146.

Depuis, la même allocation a été accordée, d'abord à tous les préposés sédentaires ou mobiles du service des sucres (Lett. comm. du 29 juill. 1853), puis à tous les employés du service spécial des distilleries, y compris les préposés. Lett. comm. n° 25 du 17 mai 1873.

Conformément aux instructions contenues dans les lettres de l'Administration du 2 juin 1853, n° 2900, et du 21 février 1854, n° 857, l'indemnité de logement était payée mensuellement avec imputation au compte des avances provisoires, et la dépense en était régularisée, de trimestre en trimestre, sur la production des états d'émargement et de propositions établies d'après le modèle annexé à la lettre du 2 juin.

A cette manière de procéder, qui compliquait inutilement les écritures des receveurs principaux, a été substituée celle qui est généralement suivie à l'égard des diverses indemnités revenant aux agents de la Régie.

Depuis le 1er janvier 1876, l'indemnité dont il s'agit figure tous les mois au tableau d'appointements n° 93 A, tant dans les colonnes 16 et 17 qu'à la récapitulation, cumulativement avec les frais de bureau, de loyer, etc., alloués aux directeurs, aux contrôleurs et aux receveurs ; elle est portée en dépense à la ligne correspondante du borderaau 94 A, et l'état de frais de régie en présente distinctement le montant par chaque emploi. Lett. comm. n° 2 du 7 janv. 1876.

On ne perdra pas de vue qu'il s'agit d'une allocation non sujette à retenue en cas de congé ou de maladie, à moins que l'Administration n'en décide autrement dans des circonstances exceptionnelles. Id.

A l'origine, il avait été décidé que quinze jours au moins de service effectif, dans le courant d'un mois, seraient exigibles pour donner droit à l'indemnité de logement, et que, lorsqu'un emploi aurait été occupé successivement par deux titulaires, l'indemnité serait acquise intégralement à celui des deux qui compterait plus de quinze jours dans le poste ; enfin, qu'à durée de service égale, elle serait partagée exceptionnellement par égale portion, pourvu que l'un des employés ne fût pas compris dans un autre poste pour la même indemnité ; il n'en est plus ainsi avec le nouveau mode de paiement. Id.

Chaque agent reçoit le montant de l'indemnité à laquelle il a droit, au prorata du temps pendant lequel il a été en fonctions. Lorsque, dans le courant d'un mois, un employé figure sur plusieurs tableaux d'appointements, il y a lieu de fractionner l'indemnité et de calculer chaque fraction dans les mêmes conditions que le chiffre du traitement brut à inscrire colonne 5. Id.

Rien n'est changé à la marche qui a été tracée pour le paiement des frais de loyer, de chauffage et d'éclairage des bureaux concédés à l'Administration dans les fabriques de sucres et dans les distilleries.

A cet égard, les prescriptions de la lettre du 2 juin 1853 sont maintenues; il importe qu'elles soient exactement observées, spécialement en ce qui concerne la transmission, dans le mois qui suit l'expiration de chaque période trimestrielle, des propositions relatives aux avances effectuées dans le cours de cette période. Id.

1476. *Colonne* 17. L'indemnité de tournée des inspecteurs et contrôleurs et les indemnités ordinaires pour chevaux et voitures allouées aux receveurs et commis principaux des recettes ambulantes sont portées dans cette colonne. V. pour les fixations L. C. n° 8 du 15 avril 1878 et n° 249 du 25 janvier 1879.

Indemnité annuelle aux employés des recettes à pied, payable par mois. Cette allocation, qui remonte au 1er janvier 1876, figure au tableau d'appointements, dans la colonne relative aux indemnités pour frais de tournées et d'entretien d'un cheval. Lett. comm. n° 5 du 21 janv. 1876.

1476 *bis*. *Colonnes* 18, 19, 20 et 21. Ces 4 colonnes sont affectées à des dépenses extraordinaires mais prévues et fixées par l'Administration pour les divers postes d'une circonscription administrative. Elles ont respectivement pour titre :

La colonne 18 : Indemnités pour frais extraordinaires de tournées.

La col. 19 : Indemnités pour frais de découcher et de repas, et pour frais exceptionnels de chemins de fer.

La col. 20 : Indemnités pour frais extraordinaires de versements.

La col. 21 : Indemnités pour frais de passages de bacs, de ponts, etc.

Col. 22. Cette colonne présente le total des sommes *à payer* pour appointements, frais et indemnités à chaque employé. C'est la récapitulation des col. 13 et 15 à 21.

1477. *Observations générales pour la formation du tableau d'appointements, en raison des modifications qui ont été apportées.*

Allocations attribuées en dehors du traitement fixe. Les diverses allocations attribuées aux agents de l'Administration, en dehors de leur traitement fixe, étaient confondues en une seule colonne du tableau 93 A. Cette réunion avait l'inconvénient de rendre difficile, souvent impossible, le contrôle des imputations données, dans la comptabilité, à ces allocations. L'ouverture dans le nouveau modèle du tableau des appointements, d'autant de colonnes distinctes qu'il y a, au bordereau 91, de lignes de dépenses correspondantes, a fait disparaître cet inconvénient. Les totaux de ces colonnes se trouvent exactement reproduits à la récapitulation de l'état 93 A; un simple rapprochement suffit pour assurer l'exactitude des imputations. CC. n° 102 du 20 mars 1875

Une colonne spéciale a été, sur ce tableau, affectée à chacune des indemnités de diverses natures allouées aux agents du service, conformément aux instructions et particulièrement à la lettre commune de la direction générale des contributions indirectes n° 2, en date du 14 avril 1883. Chacune de ces allocations doit faire l'objet d'un décompte particulier, établi sur une ligne distincte de l'état 93, et les diverses sommes attribuées à un même employé doivent être groupées et réunies au traitement net de cet employé au moyen d'accolades, de manière à ne nécessiter qu'un seul émargement. CC. n° 112 du 26 déc. 1883.

Cette distinction est rendue nécessaire par les différents modes de répartition et d'attribution de ces indemnités. Ainsi, tandis que, en cas d'intérim, certaines indemnités sont attribuées à l'intérimaire au prorata du temps pendant lequel il a participé au service, l'allocation pour frais surélevés de versements doit être comptée en entier à l'employé, titulaire ou intérimaire qui a fait le versement. D'un autre côté, l'indemnité ordinaire pour frais de tournées allouée aux commis principaux, dans les recettes à un cheval, n'est jamais, même en cas de vacance d'emploi, attribuée à l'intérimaire; l'indemnité de cheval et de voiture, dans les mêmes recettes, est conservée au receveur en congé, s'il met les moyens de transport à la disposition de l'intérimaire de son emploi, et, dans le cas contraire, payée à ce dernier en proportion de la durée de l'intérim; enfin, les indemnités dont jouissent les inspecteurs pour leurs frais de tournées ne sont pas, en cas d'absence, décomptées par trentièmes, mais seulement en raison du nombre réel de jours de travail. CC. n° 112 précitée.

Dans ces conditions, il est indispensable, pour le contrôle des dépenses de l'espèce, que les diverses allocations attribuées aux agents du service ne soient pas confondues dans un même décompte, et qu'en outre les circonstances d'après lesquelles doit se régler l'attribution de chacune d'elles soient consignées avec le plus grand soin sur le tableau des appointements.

L'attention des directeurs et sous-directeurs est appelée sur ce point. Id.

1477 *bis*. *Timbre de quittance.* Au même état 93, une place a été ménagée pour l'apposition du timbre de quittance. Les comptables doivent veiller à ce que les timbres soient placés exactement en face des émargements auxquels ils se rapportent; la réglure de l'état permet qu'il en soit ainsi, à la condition de placer les timbres horizontalement. Il est recommandé de tenir la main à ce que les timbres soient toujours oblitérés, conformément au décret du 27 novembre 1871, c'est-à-dire au moyen de la signature de la partie prenante et de la date du paiement, ou par l'empreinte d'une griffe apposée par le comptable qui effectue le paiement. CC. n° 102 du 20 mars 1875.

On peut d'ailleurs faire emploi des nouveaux timbres créés pour des émargements par groupes. (V. 1037.)

1478. *Indemnités ou compléments d'indemnités revenant aux intérimaires. Cadre spécial.* Ce cadre est spécialement destiné au décompte des frais d'intérim. Il est dressé à la main dans l'espace que présente la colonne 6. On mentionne, colonne 1re du tableau, l'emploi qui a donné lieu à l'intérim. Les colonnes 2 et 4 restent en blanc ; celles nos 5 et 6 ne sont remplies qu'en cas de vacance ; on y fait figurer le complément de l'indemnité. C. n° 205 du 11 mai 1854.

Les colonnes ouvertes à la main présentent : le nom des intérimaires ; la durée des intérim ; la quotité de l'indemnité par jour ; le montant de l'indemnité due à chaque intérimaire ; les sommes attribuées à l'intérimaire par prélèvement sur les appointements, etc., enfin le reste à payer qui est reproduit dans les colonnes 8, 13, 15 et 16, selon le cas. Id.

Les frais d'intérim à payer dans le cas de congé à titre gratuit figurent toujours intégralement au cadre spécial de décompte des frais d'intérim. En cas de congé soumis à une retenue, on procède comme il a été dit plus haut. Id.

1479. *Récapitulation.* On doit observer dans la formation du tableau n° 93 A un ordre d'inscription tel qu'il soit facile d'établir la récapitulation. CC. n° 17 du 20 déc. 1831.

Il ne faut pas s'écarter des divisions que présente le bordereau n° 91. Note de la compt. publ. du 5 mai 1866.

Le total de la récapitulation doit être arrêté et mandaté par le directeur, et chacune des deux colonnes dont il se compose fournit une ligne à son arrêté.

1480. Nous donnons ci-après un modèle rempli du tableau n° 93 A, présentant la marche à suivre dans les divers cas de maladie, congés, vacances, etc. Il est à remarquer que ce modèle, qui présente les divisions anciennes, n'est pas en rapport, pour les indemnités, avec le 93 A actuel. Nous croyons devoir néanmoins nous abstenir de le modifier, parce qu'il est exact dans ses parties essentielles (col. 1 à 13). Il a été notifié au service par circul. n° 205 du 11 mai 1854.

Mois d

Service d

TABLEAU des appointements et frais de bureau des Employés d' pour le mois d' avec les émargements pour quittances.

DIRECTION d

RECETTE PRINCIPALE d

DÉSIGNATION des emplois. 1	Appointements de chaque emploi par an. (*) 2	NOMS DES EMPLOYÉS. Désignation de leur qualité de titulaires ou d'intérimaires ; Indication de la dernière résidence des employés portés pour la première fois aux états 93 A de la circonscription et des appointements dont ils jouissaient ; Indication des absences par congés avec ou sans appointements, des interruptions de service et des vacances. 6
		1° Appointements des Directeurs et Employés de tous grades.
		CAS DE CONGÉ. *(Congé ordinaire, congé pour cause de maladie, etc.)*
Directeur à.	10,000	A. Titulaire. { En fonctions du 1er au 15. En congé sans retenue du 16 au 30 *(congé de faveur)*.
		B. Inspecteur. Intérimaire du 16 au 30. N'a été ni remplacé, ni suppléé.
Inspecteur à.	4.500	O. Titulaire. En congé avec demi-traitement du 1er au 30.
		N. Receveur à cheval. Intérimaire du 1er au 30. A droit à 5 fr. par jour (**).
		M. Commis. Déplacé pour la suite de l'intérim du 1er au 30. A droit à 3 fr. par jour. (Voir à la dernière partie du tableau).
Receveur à cheval à.	2.000	N. Titulaire. { En congé avec demi-traitement du 1er au 10. Absent, après l'expiration du congé, du 11 au 20. En fonctions du 21 au 30.
		Remplacé par le commis principal de la recette, lequel par
		S. Commis. { Intérimaire du 1er au 10. (Voir à la dernière partie.) Intérimaire du 11 au 20.
		La décision de l'Administration relativement à la demande de prolongation de congé formée par V. n'étant pas connue, la liquidation de la retenue et des frais d'intérim est suspendue pour la durée de l'absence irrégulière.
Commis à.	1.200	C. Titulaire. { En congé (maladie) sans retenue du 1er au 15. En congé avec demi-traitement du 16 au 20. En fonctions du 21 au 30.
		D. Surnuméraire. Intérimaire non déplacé du 1er au 20.
		Rappel de traitement non payé pour 10 jours du mois d. (Décision de l'Administration du.)
Receveur à cheval à.	2.000	V. Titulaire. En congé du 11 au 20 avec retenue des 2/3 du traitement.
		S. Commis. Intérimaire du 11 au 20. A droit à 3 francs par jour.
Commis principal à cheval à.	1.7000	P. Titulaire. { En fonctions du 1er au 20. En congé sans retenue du 21 au 30 *(congé de faveur)*.
		Q. Commis. Intérimaire du 21 au 30.
		Liquidation des appointements et des frais d'intérim suspendus quant aux jours de congé (***).
		RAPPEL DU MOIS D
Commis principal à cheval à.	1.700	P. Titulaire. En congé sans retenue *(congé de faveur)* du 21 au 30. Est rentré à l'expiration du congé, et profite, en conséquence, de l'immunité.
		Q. Commis. Intérimaire du 21 au 30. A droit à 3 fr. par jour. (Voir à la dernière partie du tableau).
A reporter.	23,100	

TEMPS d'exercice des employés et durée des intérim, congés et vacances. 7	APPOINTEMENTS du mois (Colon. 5). Non passibles de retenues. 8	APPOINTEMENTS du mois (Colon. 5). Passibles de retenues. 9	Répartition des appointements du mois (Colonnes 8 et 9). Au service des pensions civiles. Retenue de 5 p. 0/0 sur le montant de la colonne 9. 10	Au service des pensions civiles. 1er mois des appoint. et des augmentations d'appoint. 11	Retenues pour congés et punitions. 12	Montant net payé à chaque employé. 13	FRAIS de bureau et de loyer, frais de tournées, etc. par an. 14	FRAIS pour le mois. 15	TOTAL des appointements, frais de tournées et frais de bureau payés net aux employés (Colon. 13 et 15). 16	Émargements pour quittances. 17
15 jours. 15 —	» »	833 33	41 67	» »	» »	791 66	1200 »	100 »	891 66	
30 —	» »	187 50	9 38	» »	» »	178 12	600 »	50 »	228 12	
30 —						150 »	» »	» »	150 »	
	» »	187 50	9 37	» »	» »					
30 —						28 13	» »	» »	28 13	
10 —	» »	27 77	1 39	» »	» »	26 38				
10 —	» »	» »	» »	» »	» »	» »	400 »	33 33	112 48	
10 —	» »	55 55	2 78	» »	» »	52 77				
10 —	» »	27 78	1 39	» »	» »	26 39	» »	» »	26 39	
10 —	» »	» »	» »	» »	» »	» »	» »	» »	» »	
15 —	» »	50 »	2 50	» »	» »	47 50	» »	» »		
5 —	» »	16 67	» 83	» »	7 92	7 92	» »	» »	87 08	
10 —	» »	33 33	1 67	» »	» »	31 66	» »	» »		
10 —	» »	18 52	» 93	» »	» »	17 59	» »	» »	17 59	
10 —	» »	37 04	1 85	» »	5 19	30 »	» »	» »	30 »	
20 —	» »	94 44	4 73	» »	» »	89 71	400 »	33 33	123 04	
10 —	» »	» »	» »	» »	» »	» »	» »	» »	» »	
10 —	» »	47 22	2 37	» »	» »	44 85	» »	» »	44 85	
10 —	» »	» »	» »	» »	» »	» »	» »	» »		
	» »	1616 65	80 86	» »	13 11	1522 68	2600 »	216 66	1739 34	

(*) Les colonnes 3, 4 et 5, non reproduites ici, ont pour titres
La colonne 3, Appointements de chaque emploi par mois ;
La colonne 4, Sommes restées sans emploi par suite de vacances ;
La colonne 5, Reste à payer pour le mois, après la déduction résultant de la colonne précédente.

(**) En cas de déplacement d'un employé par suite d'intérim, il est prescrit de comprendre dans la liquidation des frais d'intérim, les jours de route, aller et retour.

(***) Il n'y aura lieu de procéder ainsi qu'à l'égard des congés dont le point de départ se trouvera placé dans le mois de décembre. Pour tous les autres, le retour de l'employé aura lieu avant le moment fixé pour la production du tableau d'appointements, qui pourra dès lors comprendre le décompte définitif.

DÉSIGNATION des emplois.	Appointements de chaque emploi par an.	NOMS DES EMPLOYÉS. Désignation de leur qualité de titulaires ou d'intérimaires ; Indication de la dernière résidence des employés portés pour la première fois aux états 93 A de la circonscription et des appointements dont ils jouissaient ; Indication des absences par congés avec ou sans appointements, des interruptions de service et des vacances.
1	2	6
Report. . .	23 100	
Receveur ambulant à pied à.	1 800	M. Titulaire { En fonctions du 1er au 18. / En congé de faveur du 1er au 30. } N. Surnuméraire. Intérimaire du 19 au 30. Liquidation des appointements et frais d'intérim suspendus :
Receveur ambulant à pied à.	1 800 1 800	Rappel du mois d. . . . { M. Titulaire { En congé de faveur du 19 au 30 du mois d. / En congé du 1er au 8 d. . . . / Devait rentrer le 3 ; perd, dès lors, pour toute la durée de l'absence, le bénéfice de l'immunité. / L'Administration a décidé le. . . qu'il subirait la retenue des 2/3 de son traitement. } N. Surnuméraire. Intérimaire du 19 au 30 d. . . . et du 1er au 8 d. A droit à 1 fr. 50 par jour. . . . M. Titulaire. En fonctions du 9 au 30. . . .
		CAS DE MALADIE A LA RÉSIDENCE.
Commis principal à cheval à	1 700	H. Titulaire { En fonctions du 1er au 5. . . . / Malade à la résidence du 6 au 30, sans retenue. } I. Surnuméraire. Intérimaire du 6 au 30. A droit à 3 fr. 50 par jour. (Voir à la dernière partie). . . .
Commis principal à pied à.	1 700	K. Titulaire { Malade à la résidence, sans retenue, du 1er au 5. . . . / Malade à la résidence, avec demi-traitement, du 6 au 30. } L. Commis. Intérimaire du 8 au 30. A droit à 1 fr. 50 par jour. . . .
		CAS DE VACANCE (DÉCÈS, RÉVOCATION, ETC.).
Inspecteur à. .	4 500	Vacance absolue du 1er au 10. . . . D. Contrôleur. Intérimaire du 11 au 30. A droit à 5 fr. par jour. (Voir le décompte à la fin du tableau). . . .
Commis principal à pied à.	1 700	S. Commis { Intérimaire de l'emploi vacant du 1er au 20. (Voir à la dernière partie. . . . / Intérimaire de l'emploi pourvu d'un titulaire en congé avec demi-traitement, du 21 au 30. A droit à 1 fr. 50 par jour. } R. Titulaire. Installation fictive avec demi-traitement, à partir du 21. Était commis principal à 1700 fr., à. . . .
A. . . .	38 100	
		2° Appointements des receveurs principaux, etc.
Receveur principal entreposeur à. . . .	5 000	K. Contrôleur à. . . . Intérimaire de l'emploi vacant du 1er au 6. A droit, par suite de son déplacement, à 3 francs par jour en sus des allocations pour frais de bureau. (Voir à la dernière partie). . . Z. Titulaire. Installé le 7. Était receveur principal à. . . au traitement de 4,500 fr. Subit, pour 24 jours, la retenue de l'augmentation de traitement.
Receveur de navigation à. .	2 400	F. Titulaire. En fonctions du 1er au 18, jour où il est décédé. G. Commis. Non déplacé. Intérimaire du 19 au 30. N'a droit à aucune indemnité en sus des frais de bureau. . . .
B. . . .	7 400	
A. . . .	38 100	
C. . . .	45 500	

TEMPS d'exercice des employés et durée des intérim, congés et vacances.	APPOINTEMENTS du mois. (Col. 5.) Non passibles de retenues.	APPOINTEMENTS du mois. (Col. 5.) Passibles de retenues.	Répartition des appointements du mois. (Colonnes 8 et 9.) Au service des pensions civiles. Retenue de 5 p. 0/0 sur le montant de la colon. 9.	1er mois des appoint. et des augmentations d'appointem.	Retenues pour congés et punitions.	Montant net payé à chaque employé	FRAIS de bureau et de loyer frais de tournées, etc. par an.	FRAIS pour le mois.	TOTAL des appointements, frais de tournées et frais de bureau payés net aux employés (Colon. 13 et 15).	Émargements pour quittances.
7	8	9	10	11	12	13	14	15	16	17
	» »	1,616 65	80 86	» »	13 11	1,522 08	2,600 »	216 66	1,739 34	
18 jours.	» »	90 »	4 50	» »	» »	85 50	» »	» »	85 50	
12 —	» »	» »	» »	» »	» »	» »	» »	» »	» »	
12 — 8 —	» »	33 33	1 67	» »	» »	31 66	» »	» »	31 66	
10 —	» »	66 67	3 33	» »	33 34	30 »	» »	» »	30 »	
22 —	» »	110 »	5 50	» »	» »	104 50	» »	» »	104 50	
5 — 25 —	» »	141 66	7 09	» »	» »	134 57	400 »	33 33	167 90	
23 —	» »	» »	» »	» »	» »	» »	» »	» »	78 48	
5 —	» »	23 61	1 19	» »	» »	22 42	» »	» »		
25 —	» »	59 02	2 96	» »	» »	56 06	» »	» »	42 »	
23 —	» »	59 03	2 94	» »	14 09	42 »	» »	» »		
10 —	» »	» »	» »	» »	» »	» »	800 »	» »		
20 —	» »	» »	» »	» »	» »	» »		66 66	66 66	
20 —										
10 —	» »	23 61	1 19	» »	7 42	15 »	» »	» »	15 »	
10 —	» »	23 61	1 19	» »	» »	22 42	» »	» »	22 42	
	» »	2,247 19	112 42	» »	67 96	2,066 81	3,800 »	316 65	2,383 46	
6 —	» »	» »	» »	» »	» »	» »	s. g[1] 2,400 » Tabacs 600 »	s.g[1] 40 » tab 10 »	50 »	
24 —	» »	333 32	16 67	31 66	» »	284 99		s.g[1] 160 » tab 10 »	464 99	
18 —	» »	120 »	6 »	» »	» »	114 »	600 »	30 »	144 »	
12 —	» »	» »	» »	» »	» »	» »		20 »	20 »	
	» »	453 32	22 67	31 66	» »	398 99	3,600 »	300 »	608 99	
	» »	2,247 19	112 42	» »	67 96	2,066 81	3,800 »	316 65	2,383 46	
	» »	2,700 51	135 09	31 66	67 96	2,465 80	7,400 »	616 65	3,082 45	

DÉSIGNATION des employés.	Appointements de chaque emploi par an.	NOMS DES EMPLOYÉS. Désignation de leur qualité de titulaires ou d'intérimaires ; Indication de la dernière résidence des employés portés pour la première fois aux états 93 A de la circonscription et des appointements dont ils jouissaient ; Indication des absences par congés avec ou sans appointements, des interruptions de service et des vacances.						APPOINTEMENTS du mois (Colonne 5).		Répartition des appointements du mois (Colonnes 8 et 9). Au service des pensions civiles.			Montant net payé à chaque employé.	FRAIS de bureau et de loyer, frais de tournées, etc.		TOTAL des appointements, frais de tournées et frais de bureau payé net aux employés (Colon. 13 et 15).	EMARGEMENTS pour quittances.
		Indemnités ou complément d'indemnités revenant aux intérimaires (*).						Non passibles de retenues.	Passibles de retenues.	Retenue de 5 p. 0/0 sur le montant de la colonne 9	1er mois des appoint. et des augmentations d'appoint.	Retenues pour congés et punitions		par an.	pour le mois.		
		DÉSIGNATION des INTÉRIMAIRES.	DURÉE des intérim (Jours)	QUOTITÉ de l'indemnité par jour.	INDEMNITÉ due à l'intérimaire.	SOMMES attribuées à l'intérimaire par prélèvement sur les appointements, etc.	RESTE à payer.										
1	2	6						8	9	10	11	12	13	14	15	16	17
Inspecteurs à. .		N. Receveur à cheval.	30	5 »	150 »	150 »	» »	» »	» »	» »	» »	» »	» »	»	» »	» »	
		M. Commis. . . .	30	3 »	90 »	28 13	61 87	» »	» »	» »	» »	» »	» »	»	61 87	61 87	
Receveur à cheval à. . . .		S. Commis. . . .	10	3 »	30 »	26 39	3 01	» »	» »	» »	» »	» »	» »	»	3 61	3 61	
Receveur à cheval à. . . .		S. Commis. . . .	10	3 »	30 »	30 »	» »	» »	» »	» »	» »	» »	» »	»	» »	» »	
Commis principal à cheval à		Q. Commis. . . .	10	3 »	30 »	» »	30 »	» »	» »	» »	» »	» »	» »	»	30 »	30 »	
Receveur à pied à. . . .		N. Surnuméraire. . .	20	1 50	30 »	30 »	» »	» »	» »	» »	» »	» »	» »	»	» »	» »	
Commis principal à cheval à.		I. Surnuméraire. . .	23	3 50	80 50	» »	80 50	» »	» »	» »	» »	» »	» »	»	80 50	80 50	
Commis principal à pied à. .		L. Commis. . . .	28	1 50	42 »	42 »	» »	» »	» »	» »	» »	» »	» »	»	» »	» »	
Inspecteur à. .		D. Contrôleur. . . .	20	5 »	100 »	66 66	33 34	20 24	» »	» »	» »	» »	20 24	»	13 10	33 34	
Commis principal à pied à.		S. Commis. . . .	30	1 50	45 »	15 »	30 »	30 »	» »	» »	» »	» »	30 »	»	» »	30 »	
D.		. . . .			627 50	388 18	239 32	50 24	» »	» »	» »	» »	50 24	»	180 08	239 32	
E. Recev. principal à. . .		K. Contrôleur. . . .	6	3 »	18 »	» »	18 »	18 »	» »	» »	» »	» »	18 »	»	» »	18 »	
F. . . .		. . . .	»	» »	645 50	388 18	257 32	68 24	» »	» »	» »	» »	68 24	»	189 08	257 32	
Report C. . .		. . . .	»	» »	» »	» »	» »	» »	2.700 51	135 09	31 66	67 96	2465 80	»	616 65	3.082 45	
G. TOTAUX. .								68 24	2.700 51	135 09	31 66	67 96	2534 04	»	805 73	3.339 77	
								2.768 f. 75		2.768 f. 75							

(*) A porter colonne 15 du Tableau jusqu'à épuisement du crédit spécial ouvert aux Directeurs sous le titre de *Crédit pour frais*[illegible], et à imputer ensuite aux crédits généraux pour appointements, colonnes 3, 5, 8, 13 et 16 du Tableau.

NOTA. On remarquera que les indemnités d'intérim décomptées sur cet état ne sont plus applicables aujourd'hui. (Voir, pour la fixation des indemnités actuelles, le n° 1488.)

VI. Modèle n° 93 B (appointements des employés des manufactures de l'Etat).

1480 *bis.* Le tableau des appointements n° 93 A destinés aux agents des contributions indirectes présente actuellement, en ce qui concerne les indemnités diverses, un développement qui ne trouve pas son application au personnel des tabacs; il a dès lors paru utile de rétablir le modèle n° 93 B spécial à ce personnel. Les directions où existe le service des tabacs doivent donc être approvisionnées de ce modèle. CC. n° 105 du 5 février 1876.

§ VII. Certificat modificatif n° 93 C.

1481. S'il y a lieu de modifier les états d'appointements, on doit s'abstenir de gratter ou altérer les états primitifs. Les rectifications sont faites au moyen d'un certificat qui rappelle les résultats de l'état ou du décompte à modifier et est revêtu des mêmes visa et arrêté que l'état primitif. Il est appuyé des décisions administratives qui ont prescrit les modifications et émargé par les parties prenantes. Ce certificat porte le n° 93 C. Il est imprimé et fourni comme papier de service. CC. n° 22 du 18 déc. 1834.

En cas de *rappel de traitement* portant sur un exercice expiré, la dépense imputée sur l'année précédente, quoique acquittée dans l'année courante, est justifiée simplement par la production d'une copie textuelle de la décision administrative et d'un mandat spécial dûment quittancé et libellé dans la forme de l'arrêté placé à la suite de l'état n° 93. Lett. de la compt. n° 1149 du 2 sept. 1868.

1482. Nous insérons ci-après le modèle de certificat modificatif annexé à la CC. n° 22 du 18 déc. 1834.

Mois d

CERTIFICAT des modifications apportées aux résultats du tableau des appointements des employés d pour le mois d 188 .

APPOINTEMENTS FIXES de chaque emploi, par an.	APPOINTEMENTS FIXES de chaque emploi, par mois.	MOTIFS DES MODIFICATIONS.
2	3	4
		RAPPEL DES DÉCOMPTES A MODIFIER.
2.400f00	200f00	Recette à cheval de ...A..... titulaire, { du 1er au 15 inclusivement. / en congé du 16 au 30. . . .
1.900 00	158 33	Commis de surveillance à cheval, 2e classe. . . B
2.100 00	175 00	Recette à cheval de. . . { E. . . commis adjoint (Il était précédemment à aux appointements de 1.950 fr.). . .
1.100 00	91 66	Commis à pied à 3e classe. . . . . . D. . . . . . titulaire en congé. . . . .
1.250 00	104 16	Commis à pied de 2e classe à. . . . . . { E. . . titulaire, du 1er au 10 inclusivement / F. . . intérimaire, du 11 au 15 *idem*. . . / G. . . intérimaire, du 16 au 20 *idem*. . . / H. . . vacance, du 21 au 25 *idem*. . . / I. . . titulaire, du 26 au 30 *idem*. . .
8.750 00	729 15	
		DÉCOMPTES MODIFIÉS.
2.400 00	200 00	Le sieur A....., dont le décompte établi sur l'état présente une retenue pour congé de la somme de 47 fr. 50 c., en ayant obtenu la restitution par suite de la décision administrative du dont copie est ci-jointe, il y a lieu de rectifier ainsi son décompte. . . . .
1.900 00	158 33	Le sieur B....., qui figure sur l'état pour le mois entier, étant décédé le 25, le décompte de ce qui lui revenait au jour du décès doit être établi ainsi. . . . . . { au titulaire. . . . . . / vacance. . . . . . .
2.100 00	175 00	Le sieur C....., qui ne touchait dans sa dernière résidence que 1.950 fr., était, à la date du 1er janvier 1883, commis adjoint à aux appointements de 2,100 fr.; il faut, en conséquence, lui restituer la retenue indûment faite, et rectifier ainsi son décompte. . . . . . .
1.100 00	91 66	Le sieur D....., en congé, ne devait toucher que la moitié de ses appointements ; il y a donc lieu de rectifier ainsi son décompte. . . . . . .
1.250 00	104 16	Il s'était glissé plusieurs erreurs dans le décompte de l'emploi de commis à pied de 2e classe à ; ce décompte doit être rectifié ainsi. . . . . . { E... titulaire, du 1er au 10 inclusivement. / F... intérimaire, du 11 au 16 *idem*. . . . / G... intérimaire, du 17 au 20 *idem*. . . . / H... vacance, du 21 au 25 *idem*. . . . / I... titulaire, du 26 au 30 *idem*. . . .
		(Il était commis à pied de 3e classe, aux appointements de 1,100.)
8.750 00	729 15	TOTAUX. . . . . . .
8.750 00	729 15	REPORT des totaux des premiers décomptes. . . . .
		DIFFÉRENCE. . . { A ajouter. . . . . / A retrancher. . . . .
112.440 00	9.369 83	REPORT des totaux de l'état d'appointements. . . . .
112.440 00	9.369 83	RÉSULTATS DÉFINITIFS. . . . . . .

NOTA. — On n'a point prévu, dans le cadre ci-dessus, tous les cas de modifications ; ceux qui n'y figurent point devront être indiqués d'une manière analogue.

TEMPS d'exercice des employés et durée des intérim, congés et vacances	APPOINTEMENTS du mois. (Colon. 3.) Non passibles de retenues y compris les vacances.	APPOINTEMENTS du mois. (Colon. 3.) Passibles de retenues.	RÉPARTITION DES APPOINTEMENTS DU MOIS. (Colonnes 6 et 7.) AU SERVICE DES PENSIONS. Retenues de 5 p. 0/0 sur le montant de la colonne 7	AU SERVICE DES PENSIONS. 1er mois des appointements et des augmentations d'appointements.	Retenues pour congés.	Sommes restées sans emploi par suite de vacances.	Net payé à chaque employé	FRAIS de bureau et de loyer par an.	FRAIS de bureau et de loyer pour le mois.	TOTAL des appointements et frais de bureau payés à chaque employé. (Colon. 12 et 14.)
5	6	7	8	9	10	11	12	13	14	15
15 jours.	»	100f00	5f00	»	»	»	95f00	»	»	95f00
15 *idem*.	»	100 00	5 00	»	47f50	»	47 50	»	»	47 50
30 *idem*.	»	158 33	7 92	»	»	»	150 41	»	»	150 41
30 *idem*.	»	175 00	8 75	11f88	»	»	154 37	»	»	154 37
30 *idem*.	»	91 60	4 58	»	»	»	87 08	»	»	87 08
10 *idem*.	»	34 72	1 74	»	»	»	32 98	»	»	32 98
5 *idem*.	»	17 36	0 87	»	»	»	16 49	»	»	16 49
5 *idem*.	»	17 36	0 87	»	»	»	16 49	»	»	16 49
5 *idem*.	17f36	»	»	»	»	17f36	»	»	»	»
5 *idem*.	»	17 36	0 87	»	»	»	16 49	»	»	16 49
. . .	17 36	711 70	35 60	11 88	47 50	17 36	616 81	»	»	616 81
30 *idem*.	»	200 00	10 00	»	»	»	190 00	»	»	190 00
25 *idem*.	»	131 94	6 60	»	»	»	125 34	»	»	125 34
5 *idem*.	26 29	»	»	»	»	26 39	»	»	»	»
30 *idem*.	»	175 00	8 75	»	»	»	166 25	»	»	166 25
30 *idem*.	»	91 66	4 58	»	43 54	»	43 54	»	»	48 54
10 *idem*.	»	34 72	1 74	»		»	32 08	»	»	32 98
6 *idem*.	»	20 83	1 04	»	»	»	19 79	»	»	19 79
4 *idem*.	»	13 80	0 69	»	»	»	13 20	»	»	13 20
7 *idem*.	24 30	»	»	»	»	24 30	»	»	»	»
3 *idem*.	»	10 42	0 52	1 19	»	»	8 71	»	»	8 71
. . .	50 69	678 46	32 92	1 10	43 54	5 69	599 81	»	»	599 81
. . .	17 36	711 79	35 60	11 88	47 50	17 36	616 81	»	»	616 81
. . .	33 33	»	»	»	»	33 33	»	»	»	»
. . .	»	33 33	1 68	10 69	3 96	»	17 00	»	»	17 00
. . .	96 12	278 71	403 81	95 01	47 50	21 12	8742 30	4.435f00	369f57	9 111 96
. . .	129 45	240 38	402 13	84 32	43 54	54 45	8725 39	4.435 00	369 57	9.094 96

Je soussigné, Directeur des Contributions indirectes, certifie les faits énoncés au présent.

A le 188 .

§ VIII. Pièces justificatives à produire pour les traitements fixes.

1° *Service des contributions indirectes.*

1483. Dans le service des contributions indirectes, les tableaux d'appointements sont établis chaque mois et arrêtés par le sous-directeur ou le directeur. Ils présentent les traitements des agents et préposés de tous grades autres que les receveurs et les traitements des receveurs.

Ces derniers comprennent les traitements des agents ci-après :

Receveurs principaux et particuliers, entreposeurs et non-entreposeurs, et entreposeurs spéciaux ;

Receveurs des salines, de la garantie, des droits de péage sur les ponts.

Les dépenses relatives aux traitements fixes soumis aux retenues pour le service des pensions civiles se justifient par la production des pièces ci-après :

1° Etat nominatif dûment arrêté, *indiquant pour chaque fonctionnaire ou agent :*

A. — Le grade et l'emploi ;

B. — Le chiffre du traitement annuel ;

C. — La durée du service ;

D. — La somme brute à ordonnancer ;

E. — Le montant des retenues à exercer au profit du Trésor pour le service des pensions civiles, en exécution de la loi du 9 juin 1853, savoir :

Retenue de 5 p. % ;

Retenue du premier douzième de traitement ou d'augmentation ;

Retenue pour congé, absence ou mesure disciplinaire.

Et pour déterminer le montant desdites retenues :

En cas de nomination nouvelle ou de promotion, la date de la décision, l'époque de l'entrée en jouissance, la position et le traitement antérieurs.

En cas d'absence pour service public, la nature du service.

En cas d'absence par suite de congé, la date de la décision qui a accordé le congé, avec ou sans dispense de retenue, la nature et la durée du congé, l'époque de la cessation et de la reprise des fonctions.

En cas de retenue disciplinaire, la date de la décision qui en a fixé le montant.

F. — *Pour les retenues autres que celles à exercer pour le service des pensions civiles :* la nature et le montant de la retenue et la date de la décision qui l'a prescrite.

G. — La somme nette à payer, *déduction faite du montant des retenues.*

H. — *En ce qui concerne le cumul, ledit état contenant* la déclaration des parties elles-mêmes qu'elles ne remplissent aucun emploi et qu'elles ne jouissent d'aucun traitement ou pension, et, dans le cas contraire, l'indication précise de ces traitements ou pensions ;

2° Quittance de l'ayant droit par émargement ou séparé ;

Et, de plus, en cas d'ordonnancement collectif :

3° Acquit de la personne autorisée à recevoir. § 316 de la Nomencl. du Règl. de 1886.

2° *Honoraires des chimistes, traitements et indemnités aux agents des laboratoires d'essais.*

1483 *bis*. En exécution de l'art. 3 de la loi du 29 juillet 1875, et de l'art. 14 de la loi du 30 décembre de la même année autorisant le recours aux procédés saccharimétriques pour la détermination de la richesse des sucres, l'Administration a fait établir, dans les centres de production sucrière, un certain nombre de bureaux d'essai chargés d'analyser les sucres à la sortie des fabriques. L. C. du 6 septembre 1876.

Ces laboratoires sont établis à Lille, Valenciennes, Arras, Amiens, Saint-Quentin et Clermont-Ferrand. Id.

A Paris, il y a un laboratoire central qui, en dehors de l'expertise des sucres, est chargé de l'analyse des vins, liqueurs, alcools dénaturés, huiles, sels dénaturés, et de toutes autres substances imposables ou paraissant devoir être imposées. C. n° 227 du 3 janvier 1878.

Les chimistes, chimistes-adjoints et préparateurs, choisis hors des rangs de l'Administration, reçoivent des honoraires fixes, non passible de retenue pour la caisse des pensions. La dépense figure à la ligne 129 *ter* du bordereau 91. Elle est justifiée par les quittances des parties prenantes.

Mais à ces laboratoires sont attachés des agents de la Régie, qui étudient l'analyse des sucres et participent aux opérations d'expertise, lesquelles, fort nombreuses au moment de la fabrication du sucre, justifient, dans certains bureaux d'essai, la présence de plusieurs employés. Les traitements de ces derniers sont portés en dépense ligne 129 *bis* du bordereau ; ils sont soumis à la retenue pour pensions, et sont justifiés par émargement ou quittances comme les appointements des employés en service ordinaire.

Les indemnités allouées auxdits agents, pour leur séjour au laboratoire, sont payables mensuellement ; elles figurent à la ligne 129 *ter*, cumulativement avec les honoraires des chimistes.

L'Administration indique spécialement aux directeurs des départements où sont installés les bureaux d'essai : 1° les traitements des chimistes, adjoints ou préparateurs ; 2° les indemnités allouées aux agents déplacés.

3° *Service des poudres à feu.*

1484. Les traitements des *préposés aux ventes et expéditions de poudres* sont ordonnancés et payés comme ceux des employés du service des contributions indirectes.

On se conforme, pour les justifications à produire, aux dispositions du n° 1483.

4° *Service des manufactures de l'État.*

1485. Les états mensuels des appointements sont dressés, savoir :

Pour les *agents des manufactures*, par les directeurs des tabacs et des manufactures ;

Pour les *agents des magasins et du service de culture*, par les directeurs ou inspecteurs du service de la culture, et, dans les départements où il n'y a pas d'inspecteurs, par l'entreposeur des tabacs en feuilles.

Les dispositions du n° 1483 sont également applicables, pour les justifications à produire.

Sect. II. — Indemnités ou compléments d'indemnités aux intérimaires.

(Ligne 130 du bordereau 91.)

1486. L'employé qui exerce un emploi par intérim est investi de tous les pouvoirs confiés au titulaire. A. C. du 25 brum. an VII.

1487. Quelle que soit la cause de l'intérim (congé, maladie, décès, démission, destitution, suspension, mutation, etc.), les intérimaires touchent seulement et exclusivement le traitement de leur propre emploi, de l'emploi dont ils sont titulaires. C. n° 205 du 11 mai 1854.

Aucune indemnité n'est accordée, aucune allocation, à titre de frais, n'est donnée aux intérimaires (y compris les surnuméraires) qui remplissent l'intérim d'un emploi quelconque, sans avoir à faire, au dehors de leur résidence ordinaire, des tournées que leur propre emploi ne leur impose pas. Id.

Il n'est accordé d'indemnité qu'aux intérimaires *qui sont déplacés* ou qui, sans être déplacés (commis, surnuméraire, faisant l'intérim d'emplois de commis principal à cheval ou à pied des recettes ambulantes de banlieue), supportent des frais de tournée. Id.

1488. Quand des frais d'intérim doivent être accordés, ils sont calculés pour tous les cas, conformément aux dispositions de la C. n° 205 du 11 mai 1854. Le taux des indemnités d'intérim a été modifié par la circ. n° 259 du 25 janvier 1879. Nous donnons, ci-après, le tableau des nouvelles fixations.

DÉSIGNATION des intérimaires.	EMPLOIS OCCUPÉS par intérim.	Indemnité par jour attribuée à l'intérimaire.	Indemnité spéciale aux recettes ambulantes, à payer en sus au prorata du nombre de jours.
Inspecteur.	Directeur.	»	»
	Sous-directeur (avec déplacement).	»	»
	Inspecteur (au dehors du département).	4 »	»
	Receveur principal ou entreposeur spécial (à la résidence).	»	»
	Id. id. (au dehors de la résid.).	»	»
Contrôleur.	Inspecteur départemental.	6 »	»
	Inspecteur sédentaire (à la résidence).	»	»
	Receveur principal ou entreposeur spécial (à la résidence).	»	»
	Id. id. (au dehors de la résidence).	4 »	»
Receveur ambulant.	Inspecteur.	6 »	»
	Receveur principal ou comptable sédentaire quelconque (avec déplacement).	4 »	»
	Contrôleur (avec déplacement).	3 50	»
	Commis de bureau (avec déplacement).	3 »	»
Commis de bureau.	Inspecteur.	6 »	»
	Receveur principal ou comptable sédentaire quelconque (avec déplacement).	4 »	»
	Contrôleur (avec déplacement).	3 50	»
	Commis de bureau (avec déplacement).	3 »	»
Commis principal de 1re ou de 2e cl.	Inspecteur.	6 »	»
	Receveur principal ou comptable sédentaire quelconque (avec déplacement).	4 »	»
	Contrôleur (avec déplacement).	3 50	»
	Commis de bureau (avec déplacement).	3 »	»
Commis principal à cheval.	Receveur à cheval (à la résidence). — dans une recette à 2 chevaux. — avec disposition de la voiture.	»	»
	Receveur à cheval (à la résidence). — dans une recette à 2 chevaux. — sans disposition de la voiture.	»	150 »
	Receveur à cheval (à la résidence). — dans une recette à 1 cheval. — avec disposition du cheval et de la voiture.	2 »	»
	Receveur à cheval (à la résidence). — dans une recette à 1 cheval. — sans disposition du cheval et de la voiture.	»	900 »
Idem.	Receveur à cheval (au dehors de la résidence). — dans une recette à 2 chevaux. — avec la disposition du cheval et de la voiture.	2 »	»
	Receveur à cheval (au dehors de la résidence). — dans une recette à 2 chevaux. — sans la disposition du cheval et de la voiture.	2 »	900 »
	Receveur à cheval (au dehors de la résidence). — dans une recette à un cheval. — avec la disposition du cheval et de la voiture.	2 »	»
	Receveur à cheval (au dehors de la résidence). — dans une recette à un cheval. — sans la disposition du cheval et de la voiture.	2 »	900 »
	Comptable sédentaire (avec déplacement).	3 »	»
	Commis de bureau (avec déplacement).	2 50	»
Commis principal à pied.	Receveur à cheval. — Dans une recette à un cheval ou à 2 chevaux. — Avec la disposition du cheval et de la voiture.	2 »	»
	Receveur à cheval. — Dans une recette à un cheval ou à 2 chevaux. — Sans la disposition du cheval et de la voiture.	2 »	900 »
	Receveur à pied (avec déplacement).	2 »	(1) 100 »
	Comptable sédentaire (avec déplacement).	3 »	»
	Commis de bureau (avec déplacement).	2 50	»
Commis principal de 3e classe, chef de poste.	Comptable sédentaire (avec déplacement).	3 »	

DÉSIGNATION des intérimaires.	EMPLOIS OCCUPÉS par intérim.	INDEMNITÉ par jour attribuée à l'intérimaire.	INDEMNITÉ spéciale aux recettes ambulantes, à payer en sus au prorata du nombre de jours.
Commis.	Commis principal de 3e classe, chef de poste (avec déplacement).	2 »	»
	Commis principal. — Dans une recette à 2 chevaux. — Avec la disposition du cheval.	2 »	»
	Commis principal. — Dans une recette à 2 chevaux. — Sans la disposition du cheval.	2 »	750 »
	Commis principal. — Dans une recette à un cheval.	2 »	»
	Commis principal à pied.	2 »	(1) 100 (2)
	Comptable sédentaire (avec déplacement).	2 »	»
	Commis de bureaux (avec déplacement).	2 »	»
	Commis (avec déplacement).	2 »	»
Surnuméraire préposé ou receveur buraliste.	Commis principal. — Dans une recette à 2 chevaux. — Avec la disposition du cheval.	2 »	»
	Commis principal. — Dans une recette à 2 chevaux. — Sans la disposition du cheval.	2 »	750 »
	Commis principal. — Dans une recette à un cheval.	2 »	»
	Commis principal à pied.	2 »	(1) 100 (2)
	Commis de bureaux (avec déplacement).	2 »	»

(1) Dans les recettes à pied, où une indemnité spéciale est accordée pour frais de tournées extraordinaires, cette allocation est partagée par moitié entre les deux agents qui, pendant la durée de l'intérim, prennent part à l'exécution du service. C. nº 259 du 25 janvier 1879.

(2) Les commis principaux à pied touchent actuellement une indemnité de 100 fr., comme les receveurs. L. C. nº 2 du 14 avril 1883.

Les fixations de ce tableau doivent être invariablement appliquées. S'il se produit des circonstances entraînant une exception, des propositions sont soumises à l'Administration, qui peut seule modifier le taux de l'indemnité. C. nº 205 du 11 mai 1854.

1489. Les frais d'intérim sont payables aux mêmes époques que les appointements; ils sont payés directement aux intérimaires par les receveurs principaux, qui passent écritures de ces paiements comme des traitements ordinaires. Id.

Il est à remarquer seulement que les frais d'intérim se calculent d'après la durée réelle des mois : 28, 30 ou 31 jours. Sens de la correspondance administrative. CC. nº 78 du 15 juin 1867.

On y comprend les jours consacrés à faire la route, aller et retour. Id.

Les tableaux d'appointements (nº 93) présentent la liquidation de ces frais et en constatent le paiement, qui est justifié par l'émargement de l'intérimaire. Id.

1490. *Dispositions relatives aux divers cas d'intérim dans les recettes ambulantes.*

Recettes à 2 chevaux. Lorsqu'il y a vacance de l'emploi de receveur, l'allocation totale de 900 fr. qui y est afférente, est attribuée tout entière à l'agent chargé de l'intérim. Si, comme cela a lieu le plus généralement, cet intérim est confié au commis principal de la localité, l'indemnité de 750 fr., spéciale à l'emploi dont celui-ci est titulaire, est payée au commis ou au surnuméraire appelé à le suppléer. C. n° 259 du 25 janvier 1879.

Le receveur qui, interrompant son service par suite de congé ou pour cause de maladie, laisse son cheval et sa voiture à la disposition des intérimaires, conserve intégralement l'allocation de 900 francs, à charge par lui de pourvoir à *toutes* les dépenses d'entretien. S'il ne consent pas à lui prêter les moyens de transport, l'indemnité en question cesse de lui être payée. Elle est entièrement attribuée à l'intérimaire dans le cas où c'est un agent venant de l'extérieur. Si l'intérimaire est le commis principal de la résidence, il touche, en sus de son indemnité de 750 francs, la somme de 150 francs qui, dans l'allocation spéciale au titulaire, représente la part afférente à l'entretien de la voiture. De son côté, l'agent qui remplace le commis principal est indemnisé à raison de 750 francs. Id.

Quand il y a lieu de constituer l'intérim d'un emploi vacant de commis principal, l'indemnité de 750 francs est payée à l'agent qui a été désigné pour le remplir. Id.

Si, étant malade ou en congé, le commis principal laisse son cheval à la disposition de l'intérimaire, il conserve son allocation, sauf à lui à supporter les frais d'entretien de sa monture. L'indemnité entière est, au contraire, payée à l'intérimaire, s'il n'est pas admis à utiliser le cheval du commis principal. Id.

Dans les ambulances où l'usage de deux chevaux a été reconnue indispensable, mais où il n'y a pas possibilité de se servir d'une voiture, la somme de 150 francs qui, dans l'allocation de 900 francs, est destinée à subvenir aux frais d'entretien d'une voiture, est répartie par moitié entre le receveur et le commis principal, de sorte que chaque agent se trouve avoir une indemnité de 825 fr. Ces ambulances doivent être désignées à l'Administration, sous le timbre de la 1re division et du bureau compétent, afin que les états de frais de régie soient modifiés en conséquence. Lors de ses vérifications dans les recettes dont il s'agit, l'inspecteur a nécessairement à se pourvoir, à ses frais, des moyens de transport. C. n° 259 du 25 janvier 1879.

Recettes à un cheval. En cas de vacance de l'emploi de receveur, l'indemnité de 900 fr. est entièrement payée à l'intérimaire, lequel doit prendre toutes les mesures nécessaires pour assurer le service. Si l'intérimaire est le commis principal de la localité, il conserve néanmoins l'allocation de 100 francs qui lui est propre. Id.

Lorsque le receveur est malade ou en congé, s'il laisse sa voiture et son cheval à la disposition de l'intérimaire, il touche l'allocation de 900 francs, sauf à lui à faire face à *toutes* les dépenses d'entretien du cheval et de la voiture. Dans le cas où il ne confie pas à son suppléant l'usage des moyens de transport, ladite allocation est payée à ce dernier, qui a alors à se pourvoir lui-même d'un cheval et d'une voiture. Si l'intérim est rempli par le commis principal de la localité, celui-ci continue à toucher son indemnité de 100 francs. Id.

Recettes à pied. En cas de vacance de l'emploi de receveur à pied ou en cas de remplacement temporaire du titulaire malade ou en congé, l'indemnité de 100 francs, allouée pour frais de tournées et de versements, est entièrement attribuée à l'agent chargé de l'intérim. Si le receveur est suppléé par le commis principal de la résidence, l'allocation de 100 francs dévolue à celui-ci est payée à l'employé qui lui est momentanément adjoint. Id. et L. C. du 14 avril 1883.

De même, quand un emploi de commis principal à pied est vacant, ou lorsque le titulaire est malade ou en congé, l'intérimaire reçoit l'indemnité de 100 francs. Id.

Quant à l'allocation accordée pour frais extraordinaires de tournées aux employés de certaines recettes à pied, elle est partagée par moitié entre les deux agents qui, pendan la durée de l'intérim, prennent part à l'exécution du service. Id.

Indemnités spéciales de déplacement allouées aux intérimaires dans les recettes ambulantes.

Quel que soit le grade de l'agent déplacé pour aller remplir un intérim dans une recette ambulante, cet agent touche, en sus des indemnités dont il est parlé ci-dessus, une allocation de 2 francs par jour (V. le tableau ci-dessus). Les commis chargés de remplir l'intérim de commis principal dans une *recette banlieue* de leur résidence, sont considérés comme déplacés, et touchent les mêmes allocations. Id.

Toutes les indemnités quelconques payées à des intérimaires figurent à l'état d'appointements n° 93 A, en regard du nom de la partie prenante. Id.

Pièces justificatives.

1491. La dépense des indemnités d'intérim fixées col. 3 du tableau ci-dessus est prélevée sur les fonds résultant des vacances d'emploi.

On se conforme, pour les justifications à produire, aux mêmes règles que pour les traitements (V. 1883). § 319 de la Nomencl. du Règl. de 1866.

Sect. III. — Indemnités à divers receveurs, pour insuffisance de remises, etc.

(Ligne 131 du bordereau 91.)

1492. Lorsque le traitement d'un receveur buraliste est jugé insuffisant, il peut être accordé une indemnité. Les services particuliers rendus par ces agents peuvent également donner lieu à une gratification. C. n° 34 du 24 déc. 1829.

Tout en laissant aux directeurs l'appréciation de l'insuffisance des émoluments, l'Administration désire que leurs propositions tendent à compléter une somme de 50 fr. aux buralistes dont les rétributions réunies n'atteignent pas ce taux, et à employer à cette destination les sommes que précédemment ils demandaient pour ceux dont les rétributions s'élevaient à 300 fr., et qu'ils s'abstiennent de proposer des indemnités en faveur de ces derniers, à moins que ce ne soit pour récompense de services particuliers ou pour le concours aux exercices.

Il paraît, en effet, assez convenable qu'un préposé chargé de la tenue d'un bureau utile au service, et obligé d'offrir aux employés exerçant un local propre à leur travail, puisse trouver dans ces émoluments un *minimum* de 50 francs, tandis qu'on ne peut pas dire qu'il y ait insuffisance de rétributions pour les mêmes motifs, quand elles s'élèvent à 300 fr. Id.

1493. Relativement aux indemnités demandées en faveur des receveurs d'octroi chargés de la perception du droit d'entrée, il est à remarquer qu'elles ne peuvent être que la récompense de soins particuliers pour les intérêts de la Régie, et du zèle qu'ils apportent à la surveillance des boissons ; elles ne pourraient avoir pour motif l'insuffisance de leurs remises, puisque celles-ci sont proportionnelles aux recettes, et que d'ailleurs c'est aux communes à rétribuer convenablement ces préposés. Il est recommandé de mettre beaucoup de réserve dans ces propositions, dont la majeure partie paraît n'avoir d'autre fondement qu'un usage établi. Id.

Les allocations supplémentaires qu'à la fin de chaque année l'Administration accordait aux préposés d'octroi des villes rédimées, à titre d'insuffisance de remises, n'ont plus leur raison d'être maintenant que ces agents sont plus équitablement rémunérés. Les états de proposition que les directeurs avaient à fournir chaque année en exécution des circulaires 19 et 48 des 20 août 1831 et 29 août 1832 ne doivent donc plus être produits. Mais, suivant les dispositions de la circulaire n° 34 du 24 décembre 1829, il peut être alloué aux préposés d'octroi *des indemnités spéciales* en récompense des soins particuliers qu'ils donnent aux intérêts de la Régie. Ces indemnités, ayant le caractère de gratifications, ne doivent être accordées qu'aux agents qui apportent un zèle exceptionnel à la surveillance des boissons. Tenant compte exclusivement des véritables services rendus, les directeurs ne doivent formuler de propositions à ce sujet qu'avec une extrême réserve. C. n° 309 du 19 février 1881.

Les états de proposition d'indemnités, pour les buralistes et les préposés d'octroi, seront établis d'après les résultats de l'année pour laquelle ces indemnités seront proposées. On y présentera, d'une manière distincte, les allocations demandées pour insuffisance d'émoluments, et celles qui auraient pour objet des services particuliers. C. n° 34 précitée.

L'Administration a fait imprimer, pour être fourni comme papier de service, sous le n° 180 AA de la série du service général, un modèle pour les propositions de l'espèce. Note du 10 avril 1886.

1494. Quand même il n'y aurait lieu de rien proposer, les états de proposition devraient être fournis. C. n° 34.

1495. En ce qui concerne les buralistes, les remises sur les expéditions, les traitements fixes et les produits des débits de tabacs et de poudres seront totalisés. C'est d'après ces rétributions réunies qu'on devra apprécier leur position et leurs titres à une indemnité. C. n° 34.

Les services particuliers, à raison desquels il serait proposé des indemnités ou récompenses, seront exposés et précisés dans les colonnes d'observations, de manière à mettre l'Administration à portée d'en juger le mérite. Id.

Pièces justificatives.

1496. Les indemnités accordées aux receveurs pour insuffisance de remises et pour la perception des taxes de remplacements sont réglées par l'Administration.

Elles ne sont pas soumises à la retenue pour le service des pensions civiles. § 320 de la Nomencl. du Règl. de 1866.

On produit les pièces justificatives demandées pour les indemnités périodiques annuelles ou temporaires, exemptes de retenues pour le service des pensions ; savoir :

1° Etat nominatif dûment arrêté, *indiquant pour chaque fonctionnaire ou agent :*

Le grade et l'emploi ;

Le chiffre de l'indemnité annuelle ;

La durée du service ;

Dans le cas où cette indemnité n'est pas portée au budget : la date de la décision qui l'a fixée ;

La somme à payer ;

2° Quittance de l'ayant droit par émargement ou séparée ;

Et de plus, en cas d'ordonnancement collectif :

3° Acquit de la personne autorisée à recevoir. Id.

Sect. IV. — Remises aux receveurs buralistes, à raison des expéditions délivrées.

(Ligne 132 du bordereau 91.)

1497. Les receveurs buralistes sont payés à raison du nombre effectif des expéditions qu'ils délivrent, avec ou sans paiement du droit de timbre. C. n° 34 du 9 déc. 1818 et n° 3 du 17 janv. 1825.

Ces remises sont payées chaque mois.

Elles sont prélevées sur le montant des recettes. CC. n° 34 du 4 nov. 1845.

1498. Autrefois les remises allouées aux buralistes étaient calculées d'après un tarif décroissant appliqué à l'ensemble des expéditions délivrées au cours de la période annuelle. C. n° 250 du 9 décembre 1878.

Par décision du 22 novembre 1878, le Ministre a fixé un nouveau tarif, qui doit être appliqué : non plus par période annuelle, mais par période mensuelle. Id.

Ce tarif est le suivant :

Jusqu'à 100 expéditions		Remise,	12 c. 1/2	par expédition.
de 101 expéditions	à 300	—	7 c.	—
de 301 —	à 500	—	5 c.	—
de 501 —	à 700	—	4 c. 1|2	—
de 701 —	à 1000	—	3 c. 1|2	—
Au-dessus de 1000		—	2 c. 1|2	—

Le calcul des remises est facilité par le barème ci-après, qui donne les décomptes afférents aux 10 premières centaines d'expéditions :

Par 100 expéditions.	12 fr.	50
— 200 —	19	50
— 300 —	26	50
— 400 —	31	50
— 500 —	36	50
— 600 —	41	»
— 700 —	45	50
— 800 —	49	»
— 900 —	52	50
— 1000 —	56	»

Soit supposée une quantité de 633 expéditions délivrées pendant le mois, le produit des remises sera déterminé comme suit :

Pour 600 expéditions.	41 fr.	»
Pour 33 expéditions à 4 c. 1|2, quotité afférente à la série de 501 à 700, 4 c. 1|2 × 33 = 1 fr. 485, soit, en négligeant la fraction de centime.	1	48
Total.	42	48

Un cadre spécial a été établi au reg. 33 B pour les décomptes de l'espèce. C. n° 250 précitée.

1499. Après avoir établi pour chaque bureau le montant des remises dues pour le mois écoulé, les receveurs particuliers rapportent leur décompte sur un état spécial n° 34, et le buraliste donne son émargement dans la dernière colonne. Id.

Si la somme à toucher est supérieure à 10 francs, il y a lieu de faire apposer un timbre mobile de 10 centimes.

1500. Les états de décompte n° 34, récapitulés sur le relevé n° 107 par le receveur principal, sont transmis chaque mois au ministère à l'appui du bordereau n° 91. Id.

1501. L'Administration ayant adopté, comme base principale de la rétribution d'un buraliste, le temps et le travail qu'exigent de lui les écritures de son bureau, on doit faire entrer dans le calcul de ses remises toutes les expéditions délivrées *avec ou sans* paiement du timbre, telles que les bulletins du reg. 2 A. A cet effet, les receveurs ambulants relèvent, à la fin de chaque mois, le nombre de ces bulletins délivrés gratis, les inscrivent au reg. de récapitulation 33 B et les ajoutent au total des expéditions timbrées pour établir le décompte des remises. C. n° 36 du 3 avril 1819.

Les modifications apportées dans la tenue des registres seraient devenues la source d'un dommage s'il n'avait pas été attribué aux buralistes une allocation pour la perception des droits d'entrée qu'ils inscrivent actuellement aux registres n°s 1, 2 A, 2 B, 4 A et 4 B. En effet, dans le nouveau système, cette perception constitue encore un certain travail, puisqu'il faut toujours établir séparément le décompte des droits d'entrée. L'Administration a arrêté que les décomptes dont il s'agit seraient compris dans le calcul des remises pour *moitié* de leur nombre. Ainsi, le calcul du nombre des expéditions, bulletins, quittances, etc , donnant lieu à remises, sera établi de la manière suivante :

Nombre des timbres détachés des registres spéciaux au service des contributions indirectes, et dont le prix a été payé (cadre n° 2 du reg. 33 B) 422

A ajouter, suivant les instructions anciennes (C. n° 45 du 18 déc. 1819, n° 57 du 27 nov. 1820, n° 10 du 16 mars 1825, n° 285 du 20 juill. 1843 et n° 25 du 3 avr. 1852).

Bulletins ou quittances détachés *sans timbre* des registres	N°s 1er	40
	2 A.	12
	2 B	27
	3 B.	1
	4 A.	5
	5	»
A ajouter:		
Moitié du nombre des décomptes établis, en ce qui concerne le droit *d'entrée* ou la *taxe unique*, aux registres.	N°s 1er.	125
	2 A.	47
	2 B.	12
	4 A.	2
	4 B.	5
	Total.	701

donnant lieu à attribution d'une remise de 45 fr. 53.

Dans les lieux assujétis simplement à des droits d'octroi, les quittances relatives à la perception des droits locaux sur les boissons enlevées des entrepôts (registres n°s 1, 2 A, 2 B, 4 A et 4 B), entrent, comme aujourd'hui, dans le calcul des remises sur expéditions, non comme quittances d'octrois, mais comme bulletins ou quittances se rattachant à la perception des droits revenant au Trésor ; elles entrent dans ce calcul sans aucune addition motivée sur la perception des droits locaux. C. n° 459 du 2 avr. 1857.

1502. Quant aux quittances des droits locaux sur les boissons venant de l'extérieur (registre A), elles ne donnent lieu, de la part de la Régie, au paiement d'aucune espèce de remise. Id.

Il n'est pas tenu compte non plus des timbres d'octroi A, B, C, D, DD et K *bis*. C. n° 115 du 29 avr. 1835.

1503. Mais, dans les communes où la perception se fait au bureau central, celui qui en est chargé se trouve compris, lorsqu'il est buraliste de la Régie, dans les dispositions de la circulaire n° 31. Les remises lui sont dues sur les timbres des registres nᵒˢ 10, 11, 12, 13 et 15. C. n° 37 du 23 avr. 1819.

Les receveurs particuliers qui sont en même temps buralistes n'ont pas droit aux remises accordées aux buralistes. C. n° 44 (1ʳᵉ partie) du 24 nov. 1819.

Les receveurs d'octroi qui ne sont pas en même temps buralistes de la Régie n'ont aucun droit aux remises. C. n° 36 du 3 avril 1819.

Des vignettes timbrées à 50 c., 80 c. et 1 fr. 20, ont été créées pour être apposées sur des bouteilles de spiritueux transportées en petites quantités. Une remise de 2 centimes par vignette est accordée aux débitants de tabac chargés de la vente. La dépense figure dans la comptabilité au titre de « *remises aux buralistes* », et les débitants émargent l'état 34. — C. n° 525 du 11 août 1888.

Pièces à produire.

1504. Les remises aux receveurs buralistes à raison des expéditions délivrées sont réglées d'après un tarif spécial ; elles sont exemptes des retenues pour le service des pensions civiles.

Elles sont acquittées *d'urgence* et ultérieurement mandatées. § 321 de la Nomencl. du Règl. de 1866.

On produit les pièces justificatives demandées pour les indemnités variables, calculées d'après des tarifs et autres bases fixes de liquidation, savoir:

1° État nominatif dûment arrêté, présentant les bases du calcul des droits acquis et la somme à payer à chaque fonctionnaire ou agent (état n° 34) ;

2° Tarif ou autres actes qui ont fixé ces bases.

NOTA. — *Si ces pièces ont été produites antérieurement* ou si elles ont été insérées soit dans le *Bulletin des lois*, soit dans d'autres recueils officiels, il suffit de mentionner cette circonstance en indiquant le numéro du bulletin, ou le compte antérieur et le mandat à l'appui desquels la pièce a été produite.

3° Quittance de l'ayant droit par émargement ou séparée ;

Et de plus, en cas d'ordonnancement collectif :

4° Acquit de la personne autorisée à recevoir. Id.

SECT. V. — Remises aux préposés d'octroi, receveurs aux entrées des villes.

(Ligne 133 du bordereau 91.)

1505. Les receveurs d'octroi dans les communes sujettes au droit d'entrée sont tenus de faire, en même temps, pour le compte du Trésor, la recette de ce droit. Des remises réglées annuellement d'après l'importance des perceptions, leur sont accordées par la Régie. Art. 90 de l'Ordonnance du 9 déc. 1814.

Pour ces remises, le tarif applicable aux perceptions effectuées dans les *villes rédimées* est établi comme suit (Paris excepté) :

2	p. %	sur les sommes de	50.000 et au-dessous.
1 1/2	p. %	—	50.001 à 100.000 fr.
1	p. %	—	100.001 à 200.000 fr.
1/2	p. %	—	au-dessus de 200.000 fr.

Ces quotités doivent porter sur l'intégralité des sommes encaissées pour le compte du Trésor par les receveurs d'entrée, y compris le montant des droits de circulation et de consommation, et la portion représentative du droit de détail qui entre dans la formation de la taxe unique. Est abrogée la disposition contraire de la circulaire n° 19 du 20 août 1831, d'après laquelle les remises n'étaient pas applicables aux droits de remplacement perçus à l'entrée des villes rédimées. Arrêté du M. F. du 20 nov. 1880 et C. n° 309 du 19 février 1881.

1506. En ce qui concerne les *villes simplement soumises aux droits d'entrée*, un nouveau tarif a été établi de manière à assurer aux receveurs d'octroi une rémunération à peu près égale à celle qu'ils recevaient autrefois. Il est ainsi fixé :

5	p. %	sur les recettes de	5.000 fr. et au-dessus.
4 1/2	p. %	— de	5.001 à 10.000 fr.
4	p. %	— de	10.001 à 20.000 fr.
3 1/2	p. %	— au-dessus de	20.000 fr. Ibid.

Pour l'application de ces tarifs, on procède de la même manière que pour le calcul de l'indemnité d'exercices. Qu'il s'agisse de villes rédimées, ou qu'il s'agisse de communes simplement soumises au droit d'entrée, le décompte est établi, non par bureau de recette, mais sur l'ensemble des perceptions effectuées pour le compte du Trésor dans toute l'étendue du lieu sujet. Soit, par exemple, une somme totale de 30,000 fr. encaissée pour la Régie dans les divers bureaux d'une ville simplement sujette au droit d'entrée. Les remises seront calculées de la manière suivante :

5	p. % sur les premiers	5.000 fr.	ci	250 »
4 1/2	— sur les sommes de 5 à 10.000 fr.	5.000	ci	225 »
4	— — de 10 à 20.000 fr.	10.000	ci	400 »
3 1/2	— — au-dessus de 20.000 fr.	10.000	ci	350 »
	Soit pour	30.000 fr. une s. de		1.225 »

On opérerait de même pour l'application du tarif spécial aux villes rédimées. Id.

1507. Les remises annuelles accordées aux agents de l'octroi sont réparties entre tous les préposés d'une même commune (agents de contrôle, comptables, agents d'exécution), dans la proportion qui est déterminée par le maire (art. 90 de l'ordonnance du 9 décembre 1814). La décision prise à cet égard par l'autorité municipale ne peut être attaquée devant le Conseil de préfecture (arrêt du Conseil d'Etat du 6 mai 1836). Le produit des remises appartient d'ailleurs exclusivement aux préposés d'octroi, et il ne peut être ni compensé avec l'indemnité d'exercice (décision n° 417 du 30 juillet 1817), ni distribué dans une proportion quelconque à des employés de la Régie. (L. du M. des finances du 9 octobre 1827.) C. n° 309 précitée.

En cas de ferme, les remises appartiennent à l'adjudicataire, qui en dispose à son gré. CC. n° 44 du 24 nov. 1819. Id.

1508. Le paiement du montant des remises doit être fait à l'administration municipale, même lorsqu'il s'agit d'une régie intéressée, et non aux préposés individuellement. (CC. n° 44 du 24 nov. 1819.) Il donne lieu à la délivrance de quittances extraites du registre à souche K *bis*, par le receveur central ou l'agent qui en remplit les fonctions. Ces quittances, de même que celles délivrées pour la même cause par les fermiers d'octroi, sont exemptes du timbre de la Régie. (CC. n° 79 du 21 nov. 1867.) Mais elles doivent être soumises au timbre de 10 centimes établi par la loi du 23 août 1871. (CC. n° 103 du 24 juin 1875.) Ibid. V. 1039.

Allocations supplémentaires. V. 1493.

Les remises allouées aux receveurs d'entrée sont réglées et payées en fin d'exercice. C. n° 45 du 18 déc. 1819 et CC. n° 34 du 4 nov. 1845.

Le montant en figure à l'état n° 34 du mois de décembre (cadre spécial). CC. n° 34 du 4 nov. 1845.

On y annexe la quittance du registre K *bis*.

Pièces à produire.

1509. Ces remises se règlent en fin d'année, d'après la somme totale des produits réalisés et conformément aux tarifs indiqués ci-dessus.

Elles ne sont pas assujéties à la retenue pour le service des pensions civiles. § 322 de la Nomencl. du Règl. de 1866.

La dépense en est autorisée provisoirement par le directeur, qui délivre ensuite un mandat de régularisation. Id.

Elle donne lieu à la production des pièces ci-après :

1° Décompte annuel présentant les éléments de la liquidation ;

2° Extrait du tarif ;

3° Quittance à souche timbrée à 10 c. du receveur central de l'octroi, ou quittance du fermier de l'octroi, suivant le mode de régie. (Instruction générale du 20 juin 1859, art. 1464.) Id.

Sect. VI. — Gratifications aux agents d'exécution.

(Ligne 134 du bordereau 91.)

1510. Pendant longtemps les employés ont reçu des gratifications sous le titre de taxations.

L'arrêté ministériel du 8 mai 1848 a supprimé l'allocation qui était accordée chaque année sous ce titre. C. n° 393 du 25 juin 1848.

1511. La loi du budget de 1867 a ouvert ensuite un nouveau crédit pour les gratifications. C. n° 1080 du 6 déc. 1867.

Mais ce crédit a été employé, en vertu d'une décision du Ministre des finances du 14 février 1876, à l'amélioration des traitements. C. n° 185 du 11 mars 1876.

Si une nouvelle attribution était faite à titre de gratification, on se conformerait, pour les justifications de dépense, aux règles ci-après :

Pièces à produire.

1512. Les gratifications ne sont jamais soumises aux retenues pour le service des pensions civiles. § 323 de la Nomencl. du Règl. de 1866.

On produit les pièces justificatives demandées pour les indemnités spéciales et gratifications exemptes de retenues pour le service des pensions civiles ; savoir :

1° Décision qui accorde l'indemnité ou la gratification ;

2° Quittance de l'ayant droit par émargement ou séparée (timbrée à 10 centimes) ;

Et, de plus, en cas d'ordonnancement collectif :

3° État nominatif, dûment approuvé, indiquant la somme accordée à chacun des fonctionnaires et agents y dénommés ;

4° Acquit de la personne autorisée à recevoir. Id. (Timbre de 10 c. quand la somme dépasse 10 fr.)

Sect. VII. — Indemnités aux surnuméraires.

(Ligne 134 bis du bordereau 91.)

1513. Depuis le 1er janvier 1879, une indemnité mensuelle de 50 fr. par mois est allouée aux plus anciens surnuméraires désignés par l'Administration. C. n° 255 du 10 janvier 1879.

Les surnuméraires qui donnent lieu à des plaintes sous le rapport de la conduite et du travail ne sont pas admis à bénéficier de cette indemnité, et ceux qui en profitent déjà peuvent en être privés s'ils s'écartent de leurs devoirs. Id.

L'indemnité annuelle de 600 fr. dont il s'agit n'est pas soumise à la retenue pour la caisse des retraites ; elle est payable, par douzièmes, de mois en mois. Le mode de paiement est le même que celui qui est pratiqué pour les appointements. Les surnuméraires auxquels l'indemnité est accordée sont inscrits au tableau 93 A, et les sommes qui leur sont payées figurent dans les col. 2, 3, 5, 8, 13 et 22. La dépense est faite sous le titre : « *Indemnités aux surnuméraires* » et inscrite à une ligne spéciale de la récapitulation du tableau 93 A, immédiatement après celle réservée aux gratifications aux agents d'exécution. Cette ligne correspond à la ligne 134 *bis* du bordereau 91. Id.

Le paiement est justifié par émargement ou quittance, comme celui des appointements.

SECT. VIII. — Traitements des préposés aux ventes et expéditions de poudres.

(Ligne 135 du bordereau 91.)

1514. Les traitements sont ordonnancés et payés comme ceux des employés du service des contributions indirectes. § 324 de la Nomenclature du Règlement.

Ils figurent en dépense, ligne 135 du bordereau 91.

Pièces à produire.

Les pièces à produire pour la justification de la dépense sont les mêmes que celles indiquées plus haut, n° 1483.

SECT. IX. — Indemnités spéciales au service des poudres dans diverses localités.

(Ligne 136 du bordereau 91.)

1515. Dans certaines localités, il est alloué, pour surcroît de travail, aux receveurs principaux, une indemnité fixe annuelle, non sujette à retenue. § 325 de la Nomencl. du Règl.

(Nous croyons que cette indemnité, accordée surtout aux receveurs principaux qui, lorsque les poudreries dépendaient du Ministère des finances, avaient à payer les traitements des agents de fabrication, etc., n'est plus guère accordée aujourd'hui.)

Pièces à produire.

On produit les pièces justificatives demandées pour les indemnités périodiques ; savoir :

1° Etat nominatif dûment arrêté, *indiquant pour chaque fonctionnaire ou agent :*

Le grade et l'emploi ;

Le chiffre de l'indemnité annuelle ;

La durée du service.

Dans le cas où ladite indemnité n'est pas portée au budget :

La date de la décision qui l'a fixée ;

La somme à payer.

2° Quittance de l'ayant droit par émargement ou séparée ;

Et de plus, en cas d'ordonnancement collectif :

3° Acquit de la personne autorisée à recevoir. § 325 de la Nomencl. du Règl.

SECT. X. — Remises aux entreposeurs pour la vente des poudres en Corse.

(Ligne 137 du bordereau 91.)

1516. Il n'est plus accordé de remises *aux entreposeurs* sur la vente de poudres. C. n° 393 du 25 juin 1848.

Toutefois, il existe en Corse des *préposés spéciaux* chargés de la vente des poudres, qui touchent des remises. La dépense en est effectuée d'urgence comme pour les remises des buralistes, et ultérieurement mandatée. Le paiement a lieu à la fin de chaque mois. § 326 de la Nomencl. du Règl. de 1866.

Pièces à produire.

1517. On produit les pièces justificatives demandées pour les indemnités variables; savoir :

1° Etat nominatif dûment arrêté, présentant les bases du calcul des droits acquis et la somme à payer à chaque fonctionnaire ou agent;

2° Tarifs ou autres actes qui ont fixé ces bases;

NOTA. — Si ces pièces ont été produites antérieurement, il suffit de mentionner le compte antérieur et le mandat à l'appui desquels la pièce a été produite.

3° Quittance de l'ayant droit par émargement ou séparée ;

Et, de plus, en cas d'ordonnancement collectif :

4° Acquit de la personne autorisée à recevoir.

Quatrième partie du Chapitre XLV.

MATÉRIEL.

SECT. I. — Justifications communes applicables à tous les services pour le matériel, d'après la Nomenclature insérée au Règlement général du 26 décembre 1866, pages 111 à 130.

Absents, 1537.
Achat de poudres reprises ou saisies, 1557.
Achat d'instruments et ustensiles, 1545.
Acompte, 1519, 1522, 1526.
Acquisitions d'immeubles, 1529 à 1541.
Avaries, 1551.
Caisse de retraite, pour la vieillesse, 1560.
Colis vides, renvoyés, 1553, 1554.
Communes, 1532, 1539.
Constructions et réparations des magasins de poudres, 1548.
Constructions nouvelles, 1564.
Contributions, 1558.
Correspondance extraordinaire, frais, 1547.
Départements, 1532, 1539.
Echanges de propriétés, 1529 à 1541.

Emballages, 1547.
Entretien et réparations d'ustensiles, 1544, 1559.
Établissements publics, 1532, 1539.
Expropriation, 1533 à 1536.
Femmes mariées, 1531, 1538.
Fournitures, 1518 à 1520.
Fournitures diverses, 1562.
Frais accessoires, 1549 à 1554.
Frais de correspondance, 1547.
Frais d'emballage, 1547.
Frais de refonçage, 1556.
Frais de transport, 1525 à 1555, 1556.
Frais de transport de poudres, 1549 à 1554.
Gages, 1560.
Garantie, fournitures, etc., 1544.
Grosses réparations, 1564.
Incapables, 1537.
Indemnités mobilières, locatives ou industrielles, 1540, 1541.
Instruments, 1544, 1545.
Interdits, 1537.
Justifications communes, 1518 à 1543.
Locations d'immeubles, 1542, 1543.
Loyers des manufact., etc., 1558.
Magasins de poudres, 1548.
Majorats, 1537.
Matériaux réemployés, 1548.
Matériel, 1518 à 1564.
Menus frais, 1559.
Mineurs, 1537.
Mobilier, 1544.
Nolis de bâtiments, 1528.
Objets réemployés, 1548.
Paiements fractionnés, 1519, 1522, 1526.
Poinçons, 1544.
Poudres reprises des débitants, 1555, 1557.
Poudres saisies, 1555, 1557.
Refonçage, 1558.
Remboursement de la valeur des instruments, 1545.
Réparations, 1544, 1559, 1564.
Salaires, 1561.
Soustraction de poudres en cours de transport, 1551.
Transports, 1525 à 1528, 1547.
Transport de poudres saisies, etc., 1555.
Travaux, 1521 à 1524.
Travaux en régie, 1524.
Ustensiles, 1544, 1545, 1559.

Art. Ier. — Fournitures.

§ Ier. Fournitures exécutées en vertu d'adjudications publiques ou de marchés de gré à gré.

1518. Paiement unique ou intégral. (Art. 105 du Règl. de 1866.)

1° Procès-verbal d'adjudication ou marché de gré à gré (T), dûment approuvé et enregistré ;

2° Cahier des charges (T) ;

Nota. — Si le cahier des charges est un document administratif d'une application générale et ne constitue pas une annexe spéciale du marché, l'original est exempté du timbre.

3° Devis ou soumission (T), contenant l'indication des fournitures et des prix, lorsque ces détails ne résultent ni du procès-verbal d'adjudication ou du marché (n° 1), ni du cahier des charges (n° 2) ;

4° Certificat constatant la réalisation du cautionnement ou la dispense qui en a été donnée (art. 50, § 4) ;

5° Facture (T) ou mémoire (T), dûment certifié et arrêté, contenant le détail des fournitures en quantités, les prix d'unités, la date des livraisons et la somme à payer ;

6° Certificat constatant l'exécution du service dans les délais et suivant les conditions stipulées, faisant connaître, *s'il y a lieu*, la date des ordres de livraisons ; *et, de plus*, mentionnant la prise en charge par qui de droit des fournitures, ou le numéro d'inscription sur l'inventaire ou le catalogue des objets qui en sont susceptibles ;

7° *En cas d'exonération ou de réduction des retenues encourues pour retard dans les livraisons :*

Décision qui a prononcé cette exonération ou cette réduction;

8° Quittance (T) de l'ayant droit;

9° *En cas de traité de gré à gré pour les fournitures au-dessus de* 20,000 *francs, ou de* 5,000 *francs, si elles embrassent plusieurs années* (art. 18 du décret du 18 novembre 1882):

Certificat de l'ordonnateur, relatant l'une des exceptions spécifiées par le paragraphe 1er de l'article 18 du décret du 18 novembre 1882, et, pour le cas prévu par le n° 2 du même paragraphe, l'autorisation du Chef de l'État.

NOTA. — 1° Lorsque les fournitures résultant d'une même adjudication ou d'un même marché sont scindées, mais que chaque livraison fait l'objet d'une liquidation distincte et complète, dont le montant est ordonnancé intégralement, on produit, à l'appui du premier paiement, toutes les justifications indiquées ci-dessus; pour les paiements suivants, les justifications nos 5, 6, 7 (*s'il y a lieu*) et 8, sont seules produites, et il suffit de rappeler le numéro de l'ordonnance ou du mandat à l'appui duquel les justifications nos 1, 2, 3, 4 et 9 (*s'il y a lieu*) ont été jointes antérieurement, ainsi que la date et le lieu du paiement.

Chaque facture ou mémoire doit rappeler la situation de l'entrepreneur quant aux quantités qu'il était tenu de fournir, aux termes de son marché.

2° En cas de *traité à forfait*, il n'est pas nécessaire que le mémoire contienne le décompte détaillé en quantités et deniers, qui ne serait que la reproduction textuelle du devis ou du cahier des charges.

1519. Paiements fractionnés. (Art. 107 et 108 du Règl. de 1866.)

Premier acompte.

1° Extrait certifié du procès-verbal d'adjudication ou du marché, mentionnant l'approbation et l'enregistrement;

2° Extrait du cahier des charges faisant connaître le montant du cautionnement et les conditions du paiement (art. 50, § 4);

3° Certificat constatant la réalisation du cautionnement ou la dispense qui en a été donnée (art. 4 du décret du 18 nov. 1882);

4° Décompte portant liquidation des fournitures effectuées, indiquant la somme à ordonnancer, et, *s'il y a lieu*, la somme retenue (art. 109);

5° Quittance de l'ayant droit timbrée à 10 c.

6° *En cas de traité de gré à gré pour les fournitures au-dessus de* 20,000 *francs, ou de* 5,000 *francs par an, si elles embrassent plusieurs années:*

Certificat de l'ordonnateur, relatant l'une des exceptions spécifiées par le paragraphe 1er de l'article 18 du décret du 18 novembre 1882, et, pour le cas prévu par le n° 2 du même paragraphe, l'autorisation du Chef de l'État.

Acomptes subséquents.

1° Décompte portant liquidation des fournitures effectuées, indiquant, *s'il y a lieu*, la somme retenue, le détail des acomptes payés, les dates et numéros des ordonnances ou mandats en vertu desquels ces paiements ont été faits, le montant et le numéro d'ordre de l'acompte à ordonnancer (art. 109);

2° Quittance de l'ayant droit, timbrée à 10 c. si la somme dépasse 10 fr.

3° *Dans le cas où le solde serait payé par une autre caisse que celle qui a payé les acomptes :*

Certificat (*à rattacher au dernier mandat d'acompte*) indiquant le numéro et la date de l'ordonnance ou du mandat de solde auquel se trouvent jointes les pièces justificatives de la dépense, le lieu du paiement et le compte à l'appui duquel ces pièces doivent être produites (art. 111).

4° *Dans le cas où les premiers paiements auraient été effectués par une autre caisse que celle chargée d'acquitter un nouvel acompte ou le solde :*

Bulletin indiquant les paiements antérieurs et certificat de non-opposition déposé par le comptable désigné audit bulletin.

Paiement pour solde.

1° Procès-verbal d'adjudication ou marché de gré à gré (T), dûment approuvé et enregistré ;

2° Cahier des charges (T) ;

Nota. — Si le cahier des charges est un document administratif d'une application générale et ne constitue pas une annexe spéciale du marché, l'original est exempté du timbre.

3° Devis ou soumission (T) contenant l'indication des fournitures et des prix, lorsque ces détails ne résultent ni du procès-verbal d'adjudication ou marché (n° 1), ni du cahier des charges (n° 2) ;

4° Facture (T) ou mémoire (T), dûment vérifié et arrêté, contenant le détail en quantités, les prix d'unité et le montant total des fournitures, ainsi que la date des livraisons;

5° Décompte relatant les acomptes payés, les dates et numéros des ordonnances ou mandats antérieurs, et la somme à payer ;

6° Certificat constatant l'exécution du service dans les délais et suivant les conditions stipulées, faisant connaître, *s'il y a lieu*, la date des ordres de livraison, *et*, *de plus*, mentionnant la prise en charge par qui de droit des fournitures, ou le numéro d'inscription sur l'inventaire ou le catalogue des objets qui en sont susceptibles ;

7° *En cas d'exonération ou de réduction des retenues encourues pour retard dans les livraisons :*

Décision qui a prononcé cette exonération ou cette réduction ;

8° Quittance de l'ayant droit, timbrée à 10 c. si la somme dépasse 10 fr. ;

9° *En cas d'exécution d'une même fourniture en plusieurs années à l'appui du paiement de solde :*

Décompte général de l'entreprise détaillé et dûment certifié (art. 110).

Nota. — Lorsque les adjudications ou marchés sont passés pour plusieurs années, et que les dépenses se soldent par exercice, on produit, à l'appui du paiement de solde du premier exercice, toutes les justifications indiquées ci-dessus; pour les paiements de solde de chacun des exercices ultérieurs, les justifications n°s 4, 5, 6, 7 (*s'il y a lieu*) et 8 sont seules produites, et il suffit de rappeler le numéro de l'ordonnance ou du mandat à l'appui duquel les justifications n°s 1, 2 et 3 ont été produites, ainsi que la date et le lieu du paiement.

§ II. **Fournitures exécutées sur simple mémoire, lorsque la dépense n'excède pas 1,500 francs. (Art. 22 du décret du 18 novembre 1882.)**

1520. Les pièces justificatives à produire sont :

1° Facture (T) ou mémoire (T) dûment vérifié et arrêté, contenant le détail des fournitures en quantités, les prix d'unité, la date de la livraison et la somme à payer ;

2° Certificat constatant la prise en charge des fournitures, ou indiquant le numéro d'inscription sur l'inventaire ou le catalogue des objets qui en sont susceptibles ;

3° Quittance de l'ayant droit, timbrée à 10 c. si la somme dépasse 10 fr.

Nota. — Lorsqu'il est payé un ou plusieurs acomptes sur le montant d'un mémoire, les pièces justificatives doivent être fournies à l'appui du paiement du premier acompte. On s'y réfère pour les paiements suivants.

Art. 2. — Travaux.

§ Ier. **Travaux exécutés en vertu d'adjudications publiques ou de marchés de gré à gré. (Art. 50 du Règl. de 1866 et décret du 18 novembre 1882.)**

1521. Paiement unique ou intégral. (Art. 105 du Règl.)

1° Décision approbative des travaux, mentionnant, *s'il y a lieu*, la date du décret rendu dans les cas prévus par l'article 18 du décret du 18 novembre 1882 ;

2° Procès-verbal d'adjudication (T) ou marché de gré à gré (T), dûment approuvé (art. 50, §§ 11 et 12) et enregistré ;

3° Cahier des charges (T).

Nota. — Si le cahier des charges est un document administratif d'une application générale et ne constitue pas une annexe spéciale du marché, l'original est exempté de timbre.

4° Devis estimatif, s'il y a lieu.

Nota. — Quand le devis estimatif est un simple renseignement administratif sur le chiffre probable de la dépense, il ne constitue pas une pièce justificative nécessaire. Il ne prend ce caractère que lorsqu'il a servi de base à l'engagement souscrit par l'entrepreneur et que les chiffres d'évaluations qui y sont portés forment ainsi l'un des éléments de la liquidation du droit à solder. C'est dans ce cas seulement que cette pièce pourra être exigée par le comptable chargé de la dépense. C. du secrét. gén. des fin., n° 614, du 28 août 1868.

5° Série des prix ;

6° Certificat constatant la réalisation du cautionnement ou la dispense qui en a été donnée ;

7° Facture (T) ou décompte administratif des travaux exécutés, dûment vérifié et arrêté, contenant le détail des travaux, l'application des prix par article, la date de l'exécution et la somme à payer ;

8° Procès-verbal de réception définitive constatant l'exécution du service dans les délais et suivant les conditions stipulées ;

Nota. — Dans le cas où il ne serait pas dressé de procès-verbal de réception définitive, il est produit un certificat administratif contenant les mêmes énonciations.

9° *En cas d'exonération ou de réduction des retenues encourues pour retard :*

Décision qui a prononcé l'exonération ou la réduction ;

10° Quittance de l'ayant droit, timbrée à 10 c. si la somme dépasse 10 fr.

11° *En cas de traité de gré à gré pour les travaux au-dessus de 20,000 francs ou de 5,000 francs par an, s'ils embrassent plusieurs années :*

Certificat de l'ordonnateur, relatant l'une des exceptions spécifiées par le paragraphe 1er de l'article 18 du décret du 18 novembre 1882, et, pour le cas prévu par le n° 2 du même paragraphe, rappelant l'autorisation du Chef de l'Etat.

Nota. — 1° Lorsque les travaux résultant d'une même adjudication ou d'un même marché sont scindés et constituent plusieurs entreprises distinctes qui font l'objet, chacune, d'une liquidation spéciale dont le montant est ordonnancé intégralement, on produit, à l'appui du premier paiement, toutes les justifications indiquées ci-dessus ; pour les paiements suivants, les justifications nos 7, 8, 9 (*s'il y a lieu*) et 10 sont seules produites, et il suffit de rappeler le numéro de l'ordonnance ou du mandat à l'appui duquel les justifications nos 1, 2, 3, 4, 5 et 6 ont été jointes antérieurement, ainsi que la date et le lieu du paiement.

Chaque facture ou décompte doit rappeler la situation de l'entrepreneur quant à l'ensemble de son marché.

2° En cas de traité à forfait, il n'est pas nécessaire que le décompte contienne le détail des travaux et des prix, qui ne serait que la reproduction textuelle du devis.

1522. Paiements fractionnés. (Art. 107 et 108 du Règl. de 1866.)

Premier acompte.

1° Décision approbative des travaux, mentionnant, *s'il y a lieu*, la date du décret rendu dans les cas prévus par l'article 18 du décret du 18 novembre 1882 ;

2° Extrait certifié du procès-verbal d'adjudication ou du marché, mentionnant l'approbation et l'enregistrement ;

3° Extrait du cahier des charges faisant connaître le montant du cautionnement et les conditions du paiement (art. 108) ;

4° Certificat constatant la réalisation du cautionnement ou la dispense qui en a été donnée ;

5° Décompte portant liquidation des travaux effectués, indiquant la somme à ordonnancer et la somme retenue (art. 109) ;

6° Quittance de l'ayant droit, timbrée à 10 c. lorsque la somme dépasse 10 fr. ;

7° *En cas de traité de gré à gré pour les travaux au-dessus de* 20.000 *francs ou de* 5.000 *francs par an, s'ils embrassent plusieurs années :*

Certificat de l'ordonnateur, relatant l'une des exceptions spécifiées par le paragraphe 1er de l'article 18 du décret du 18 nov. 1882, et, pour le cas prévu par le n° 2 du même paragraphe, rappelant l'autorisation du Chef de l'Etat.

Acomptes subséquents.

1° Décompte portant liquidation des travaux effectués, indiquant la somme retenue, le détail des acomptes payés, les dates et numéros des ordonnances ou mandats en vertu desquels les paiements ont été faits, le montant et le numéro d'ordre de l'acompte à ordonnancer (art. 108) ;

2° Quittance de l'ayant droit, timbrée à 10 c. si la somme dépasse 10 fr. ;

3° *Dans le cas où le solde serait payé par une autre caisse que celle qui a payé les acomptes :*

Certificat (*à rattacher au dernier mandat d'acompte*) indiquant le numéro et la date de l'ordonnance ou du mandat de solde auquel se trouvent jointes les pièces justificatives de la dépense, le lieu du paiement et le compte à l'appui duquel ces pièces doivent être produites (art. 11) ;

4° *Dans le cas où les premiers paiements auraient été effectués par une autre caisse que celle chargée d'acquitter un nouvel acompte ou le solde :*

Bulletin indiquant les paiements antérieurs et certificat de non-opposition délivré par le comptable désigné audit bulletin.

Paiement pour solde.

1° Procès-verbal d'adjudication (T) ou marché de gré à gré (T), dûment approuvé et enregistré ;

2° Cahier des charges (T) ;

Nota. — Si le cahier des charges est un document administratif d'une application générale et ne constitue pas une annexe spéciale du marché, l'original est exempté du timbre.

3° Devis estimatif, s'il y a lieu ;

Nota. — Quand le devis estimatif est un simple renseignement administratif sur le chiffre probable de la dépense, il ne constitue pas une pièce justificative nécessaire. Il ne prend ce caractère que lorsqu'il a servi de base à l'engagement souscrit par l'entrepreneur et que les chiffres d'évaluations qui y sont portés forment ainsi l'un des éléments de la liquidation du droit à solder. C'est dans ce cas seulement que cette pièce pourra être exigée par le comptable chargé de la dépense. C. du secrét. gén. des fin., n° 614, du 28 août 1868.

4° Série des prix.

5° Facture (T) ou décompte administratif des travaux exécutés, dûment vérifié et arrêté, contenant l'application des prix par article, le montant total des travaux et la date de l'exécution ;

6° Décompte général de l'entreprise relatant les acomptes payés, les dates et numéros des ordonnances ou mandats antérieurs et la somme à payer ;

7° Procès-verbal de réception définitive, constatant l'exécution du service, dans les délais et suivant les conditions stipulées;

NOTA. — Dans le cas où il ne serait pas dressé de procès-verbal de réception définitive, il est produit un certificat administratif contenant les mêmes énonciations.

8° *En cas d'exonération ou de réduction des retenues encourues pour retard :*

Décision qui a prononcé l'exonération ou la réduction;

9° Quittance de l'ayant droit, timbrée à 10 c. si la somme dépasse 10 fr.

10° *En cas d'exécution de travaux durant plusieurs années :*

A l'appui du paiement de solde de la dernière année:

Décompte général de l'entreprise, détaillée et dûment certifiée (art. 110).

NOTA. — Lorsque les adjudications ou marchés sont passés pour plusieurs années et que les dépenses se soldent par exercice, on produit, à l'appui du paiement de solde du premier exercice, toutes les justifications indiquées ci-dessus; pour les paiements de solde de chacun des exercices ultérieurs, les justifications n°s 5, 6, 7 et 8 (*s'il y a lieu*) et 9 sont seules produites, et il suffit de rappeler le numéro de l'ordonnance ou du mandat à l'appui duquel les justifications n°s 1, 2, 3 et 4 ont été jointes antérieurement, ainsi que la date et le lieu du paiement.

§ II. Travaux exécutés sur simple mémoire, lorsque la dépense n'excède pas 1,500 francs. (Art. 50, § 12, 2e alinéa du Régl. de 1866, et art. 22 du décret du 18 novembre 1882.)

1523. Pièces à produire :

1° Mémoire (T) dûment arrêté, réglé (*s'il y a lieu*) et contenant le détail en quantités, les prix d'unité et la somme à payer;

2° Certificat constatant l'exécution des travaux;

3° Quittance de l'ayant droit, timbrée à 10 cent. si la somme dépasse 10 francs.

NOTA. — Lorsqu'il est payé un ou plusieurs acomptes sur le montant d'un mémoire, les pièces doivent être fournies à l'appui du paiement du premier acompte; on s'y réfère pour les paiements suivants.

§ III. Travaux en régie par économie. (Art. 106, 134, 135 et 136 du Régl. de 1866.)

1524. Pièces à produire :

1° Décision de l'Administration supérieure autorisant l'exécution des travaux et visant l'article du règlement sur lequel est motivée la mise en régie desdits travaux;

2° Décision ou arrêté nommant le régisseur;

3° Acquit de l'agent d'économie sur le mandat d'avance;

4° Bordereau détaillé de l'emploi des fonds avancés, visé par l'ordonnateur (art. 136) et appuyé des pièces ci-après, savoir :

Salaires à la journée et à la tâche.

1° Rôles des journées d'ouvriers, états ou mémoires des tâcherons, attestés par le régisseur, et indiquant le prix convenu, ainsi que le nombre des journées, ou le détail des travaux effectués à la tâche;

2° Quittances des ayants droit par émargement ou séparées.

Fournitures.

1° Mémoires (T) ou factures (T), attestés par le régisseur, contenant la date et le détail des livraisons en quantités et deniers et la somme à payer;

2° Certificat constatant la prise en charge des fournitures, ou indiquant le numéro d'inscription sur l'inventaire des objets qui en sont susceptibles;

3° Quittance de l'ayant droit, timbrée à 10 cent. si la somme excède 10 fr.

Et, dans le cas où les travaux ou fournitures seraient exécutés en vertu d'adjudications ou de marchés :

Les pièces exigées par la présente nomenclature : pour les fournitures, par les nos 1518 à 1520, et pour les travaux, par les nos 1521 à 1523.

Nota. — Lorsqu'il est délivré successivement plusieurs mandats d'avance, on produit, à l'appui de la première avance, toutes les justifications indiquées ci-dessus; pour les avances suivantes, les justifications nos 3 et 4 sont seules produites, et il suffit de rappeler le numéro et la date des ordonnances ou mandats à l'appui desquels les justifications nos 1 et 2 ont été transmises, ainsi que la date et le lieu du paiement.

Pour toutes les avances, excepté la première, le bordereau d'emploi des fonds doit relater la situation des avances antérieures.

Art. 3. — Transports.

§ I. Transports exécutés en vertu d'adjudications publiques ou de marchés de gré à gré. (Art. 50 du Règl. de 1866 et décret du 18 nov. 1882.)

1525. Paiement unique ou intégral. Art. 105 du Règl. :

1° Procès-verbal d'adjudication (T) ou marché de gré à gré (T), dûment approuvé et enregistré;

2° Cahier des charges (T);

Nota. — Si le cahier des charges est un document d'une application générale et ne constitue pas une annexe spéciale du marché, l'original est exempté du timbre.

3° Tarifs et états des distances entre les différents points à desservir;

4° Certificat constatant la réalisation du cautionnement ou la dispense qui en a été donnée;

5° Facture (T) indiquant les bases de la liquidation et le montant total des transports effectués;

6° Décompte de liquidation présentant, *s'il y a lieu*, le calcul des retenues encourues pour retard, perte ou avarie, et, en cas d'exonération ou de réduction des retenues pour retards, accordées par décision ministérielle ou administrative, mentionnant la date de cette décision et établissant la somme nette à payer;

7° *Pour les transports de matériel:* Lettres de voiture (T), acquits-à-caution ou justifications analogues constatant la date du départ et celle de la réception par le destinataire des objets transportés, *et, en cas de perte ou d'avarie*, procès-verbal faisant connaître la nature, le nombre et la valeur des objets perdus;

Pour les transports de personnel : Réquisition ou justification analogue donnant la date du départ et celle de l'arrivée dûment certifiée;

8° Quittance de l'ayant droit, timbrée à 10 c. si la somme excède 10 fr.;

9° *En cas de traité de gré à gré pour les transports au-dessus de* 20.000 *francs, ou de* 5.000 *francs par an, s'ils embrassent plusieurs années :*

Certificat de l'ordonnateur, relatant l'une des exceptions spécifiées par le paragraphe 1er de l'article 18 du décret du 18 novembre 1882, et, pour le cas prévu par le n° 2 du même paragraphe, rappelant l'autorisation du Chef de l'Etat.

En cas d'exécution des transports de matériel par abonnement et à forfait : Les justifications ci-dessus nos 1, 2, 4, 5, et, s'il y a lieu, 9; *et, de plus,* certificat constatant la régulière exécution du service.

Nota. — Lorsque les adjudications ou marchés pour transports sont passés pour plusieurs années et que les dépenses se soldent par exercice, on produit, à l'appui du paiement de solde du premier exercice, toutes les justifications indiquées ci-dessus; pour le paiement de solde de chacun des exercices ultérieurs, les justifications 5, 6, 7 et 8 sont seules produites, et il suffit de rappeler le numéro de l'ordonnance et du mandat à l'appui duquel les justifications nos 1, 2, 3, 4 et 9 (*s'il y a lieu*) ont été produites, ainsi que la date et le lieu du paiement.

1526. Paiements fractionnés. (Art. 107 et 108 du Règ. de 1866.)

Premier acompte.

1° Extrait certifié du procès-verbal d'adjudication ou du marché, mentionnant l'approbation et l'enregistrement;

2° Extrait certifié du cahier des charges faisant connaître le montant du cautionnement et les conditions du paiement;

3° Certificat constatant la réalisation du cautionnement ou la dispense qui en a été donnée;

4° Décompte portant liquidation des transports effectués et indiquant la somme retenue (art. 109) et la somme à payer;

5° Quittance de l'ayant droit, timbrée à 10 c. si la somme excède 10 fr.;

6° *En cas de traité de gré à gré pour les transports au-dessus de* 20,000 *francs, ou de* 5,000 *francs par an, lorsqu'ils embrassent plusieurs années :*

Certificat de l'ordonnateur, relatant l'une des exceptions spécifiées par le paragraphe 1er de l'article 18 du décret du 18 novembre 1882, et, pour le cas prévu par le n° 2, rappelant l'autorisation du Chef de l'État.

Acomptes subséquents.

1° Décompte portant liquidation des transports effectués, indiquant la somme retenue, le détail des acomptes payés, les dates et numéros des ordonnances ou mandats en vertu desquels ces paiements ont été faits, le montant et le numéro d'ordre du paiement à ordonnancer ;

2° Quittance de l'ayant droit, timbrée à 10 c. si la somme excède 10 fr. ;

3° *Dans le cas où le solde serait payé par une autre caisse que celle qui a payé les acomptes* :

Certificat (*à rattacher au dernier mandat d'acompte*) indiquant le numéro et la date de l'ordonnance ou du mandat de solde auquel se trouvent jointes les pièces justificatives de la dépense, le lieu du paiement et le compte à l'appui duquel ces pièces doivent être produites (art. 110) ;

4° *Dans le cas où les premiers paiements auraient été effectués par une autre caisse que celle chargée d'acquitter un nouvel acompte ou le solde* :

Bulletin indiquant les paiements antérieurs et certificat de non-opposition délivré par le comptable désigné audit bulletin.

Paiement pour solde.

1° Procès-verbal d'adjudication ou marché de gré à gré (T), dûment approuvé et enregistré ;

2° Cahier des charges (T) ;

Nota. — Si le cahier des charges est un document administratif d'une application générale et ne constitue pas une annexe spéciale du marché, l'original est exempté du timbre.

3° Tarifs et états des distances entre les différents points à desservir ;

4° Facture (T) indiquant le détail des expéditions, les bases de la liquidation et le montant total des transports effectués ;

5° Décompte de liquidation présentant, *s'il y a lieu*, le calcul des retenues encourues pour retard, perte ou avarie, et, en cas d'exonération ou de réduction des retenues pour retard accordées par décision ministérielle ou administrative, mentionnant la date de cette décision ; ledit décompte relatant en outre les acomptes payés, les dates et numéros des ordonnances ou mandats antérieurs, et la somme à payer ;

6° *Pour les transports de matériel* : Lettres de voiture (T), acquits-à-caution ou justification analogue constatant la date du départ et celle de la réception, par le destinataire, des objets transportés, et, *en cas de perte ou d'avarie* : procès-verbal faisant connaître la nature, le nombre et la valeur des objets perdus ou avariés ;

Pour les transports de personnel : Réquisition ou justification analogue donnant les dates de départ et d'arrivée dûment certifiées ;

7° Quittance de l'ayant droit, timbrée à 10 c. si la somme excède 10 fr.

Nota. — Lorsque l'entreprise de transport embrasse plusieurs années et que les dépenses se soldent par exercice, on produit à l'appui du paiement de solde du premier exercice toutes les justifications indiquées ci-dessus; pour le paiement de solde de chacun des exercices ultérieurs, les justifications nos 4, 5, 6, 7 (*s'il y a lieu*) et 9 sont seules produites, et il suffit de rappeler le numéro de l'ordonnance ou du mandat à l'appui duquel les justifications nos 1, 2 et 3 ont été produites, ainsi que la date et le lieu du paiement.

§ II. Transports exécutés sur simple mémoire, lorsque la valeur n'excède pas 1,500 francs. (Art. 50, § 12, 2e alinéa du Régl. de 1866, et art. 22 du décret du 18 novembre 1882.)

1527. Pièces à produire :

1° Mémoire (T), dûment réglé et arrêté, présentant les bases de la liquidation;

2° Quittance de l'ayant droit, timbrée à 10 c. si la somme excède 10 fr.;

Et, de plus, la justification n° 6 ci-dessus.

§ III. Nolis de bâtiments.

1528. Pièces à produire :

1° Charte partie (T);

2° Connaissements (*s'il y a lieu*);

3° Certificats d'embarquement et de débarquement;

4° Facture (T) ou décompte présentant les bases de la liquidation, appuyé (*s'il y a lieu*) des procès-verbaux justificatifs des frais de starie et de surestarie, et des certificats constatant le cours du change.

5° Quittance de l'ayant droit, timbrée à 10 c. si la somme excède 10 fr.

Nota. — Lorsqu'il est fait des avances au départ, on produit à l'appui du paiement des avances, outre la quittance, la charte partie et le certificat d'embarquement; les autres justifications sont produites à l'appui du paiement pour solde, et, dans ce cas, la facture ou le décompte mentionne les avances payées antérieurement.

Art. 4. — Acquisitions et échanges de propriétés immobilières.

1re SUBDIVISION. — Acquisitions d'immeubles d'après les règles du droit commun.

§ Ier. Immeubles appartenant à des personnes capables.

1529. Pièces à produire :

1° Loi, décret ou décision ministérielle qui a autorisé l'acquisition ou l'échange (art. 54 du Règl. de 1866);

2° Acte de vente (T) notarié ou administratif, jugement d'adjudication (T), ou tout autre titre constatant l'acquisition et la transmission de la propriété, transcrit au bureau des hypothèques et enregistré (1);

NOTA. — Les copies produites doivent relater *textuellement* la transcription et la mention de l'enregistrement.

3° Les justifications constatant la purge des privilèges et hypothèques, et des droits réels transcrits en vertu de la loi du 23 mars 1855 (2), savoir:

Certificat (T) négatif, délivré après transcription par le conservateur des hypothèques, relatant expressément qu'il s'applique aux mentions et transcriptions désignées par les articles 1 et 2 de ladite loi (3);

Ou, *s'il y a lieu*, état (T) des inscriptions, et, en outre, desdites transcriptions et mentions (4);

Dans le cas où lesdits certificats ou états ne seraient pas délivrés quarante-cinq jours au moins après la date de l'acte de vente :

Certificat (T) du conservateur, constatant qu'il n'existe pas d'inscriptions prises pour la conservation du privilège spécial mentionné par l'article 6 de ladite loi, ou état (T) des inscriptions prises pour cet objet;

Dans le cas où il existerait des inscriptions, si le montant du prix n'est pas versé à la caisse des consignations :

Certificat (T) de radiation desdites inscriptions, délivré par le conservateur des hypothèques (5);

4° Les justifications constatant la purge des hypothèques légales (6) (*art. 2194 du Code civil*), savoir:

Certificat (T) de dépôt du contrat au greffe pour être affiché;

Exploit (T) de notification au procureur de la République et aux parties intéressées;

Certificat (T) d'affiche pendant deux mois;

Exemplaire certifié de la feuille d'annonces judiciaires du département, contenant l'insertion de l'exploit de notification;

Certificat (T) du conservateur des hypothèques, constatant qu'aucune inscription n'a été requise sur l'immeuble acquis pendant deux mois à dater de l'insertion (*avis du Conseil d'Etat du 1er juin 1807*), ou, *s'il y a lieu*, état des inscriptions;

Dans le cas où il existerait des inscriptions, si le montant du prix n'est pas versé à la caisse des consignations :

---

(1) Toutes les pièces concernant les acquisitions faites pour le compte de l'Etat sont timbrées et enregistrées gratis. (*Art 70 de la loi du 22 frimaire an VII*, *et art.* 58 *de la loi du* 3 *mai* 1841 *sur l'expropriation pour cause d'utilité publique.*)

(2) Si le prix d'acquisition est inférieur à 500 francs, la purge des hypothèques n'est pas nécessaire (Art. 19 de la loi du 3 mai 1841.)

(3) Il n'est dû aucun droit ni aucun salaire aux conservateurs des hypothèques pour la transcription, pour la délivrance des certificats et pour tout autre renseignement dans l'intérêt de l'Etat. (*Décision du Ministre des finances du 24 juillet* 1837, *et art.* 58 *de la loi du* 3 *mai* 1841 *sur l'expropriation pour cause d'utilité publique.*)

(4) L'état des inscriptions ou le certificat négatif doivent énoncer formellement qu'il n'y a pas d'inscription au profit du Crédit foncier. (*Décret-loi du* 28 *février* 1852, *art.* 47.)

(5) Le paiement peut être fait sur la production d'une quittance notariée portant mainlevée des inscriptions; cette pièce est produite à défaut de certificat de radiation.

(6) En cas d'acquisition sur saisie immobilière, il n'y a pas lieu de procéder à la purge des hypothèques légales. (*Art.* 717 *du Code de procédure civile, modifié par la loi du* 21 *mai* 1858.)

Certificat (T) de radiation desdites inscriptions, délivré par le conservateur des hypothèques ;

NOTA. — Toutes les justifications concernant la purge des hypothèques et des hypothèques légales sont produites en original.

5° Décompte de liquidation en principal et intérêts du prix d'acquisition (1) ;

6° Quittance de l'ayant droit, timbrée à 10 cent. si la somme excède 10 fr.

Si le montant du prix de vente est versé à la caisse des dépôts et consignations par suite d'inscription :

Les justifications ci-dessus, à l'exception du certificat de radiation et de la quittance de l'ayant droit ;

Et, de plus :

7° Décision ou arrêté motivé de l'ordonnateur, prescrivant la consignation et visant la date de la délivrance, par le conservateur, des états d'inscriptions ;

NOTA. — L'état des inscriptions est remis à la caisse des dépôts et consignations et n'est pas produit à la Cour des comptes.

8° Récépissé du préposé de la caisse des dépôts et consignations.

§ II. Immeubles appartenant à des mineurs, interdits, absents ou incapables, ou faisant partie de majorats.

1530. Les mêmes justifications qu'au paragraphe 1er ;

Et, de plus :

9° Jugement (T) autorisant la vente ;

10° La justification du remploi, dans le cas où cette mesure serait prescrite par le jugement et où l'acquéreur en serait responsable.

§ III. Immeubles appartenant à des femmes mariées.

1531. Les pièces mentionnées au paragraphe 1er sous les nos 1, 2, 3, 4, 5, 7 et 8 ;

Et, de plus :

9° Acte de mariage ;

10° (*Dans le cas où le mariage est postérieur à la loi du 10 juillet 1850 et où l'acte contient déclaration de contrat*) Extrait du contrat de mariage, à l'effet de faire connaître le régime sous lequel les époux sont mariés et les dispositions relatives au remploi ;

---

(1) Dans le cas exceptionnel où des intérêts du prix capital de l'immeuble seraient payés avant ce capital, on ne sera tenu de produire à l'appui du premier paiement pour intérêts, outre la quittance, que les justifications nos 1, 5, et, de plus, un extrait certifié de l'acte d'acquisition, faisant connaître notamment les conditions de prix et de paiement.

Les autres justifications ne seront produites qu'avec le paiement du capital, ou, si ce paiement est fractionné, elles seront mises à l'appui du premier acompte.

(*Dans le cas où le mariage est antérieur à la loi précitée*) Extrait du contrat, aux effets ci-dessus, ou certificat du fonctionnaire qui a passé l'acte de vente, constatant que les époux ont déclaré s'être mariés sans contrat de mariage, quand l'acte de vente ne l'énonce pas ;

11° Acquits de la femme et du mari, ou, à défaut de l'acquit du mari, autorisation du tribunal ;

Dans le cas où l'aliénation ne pourrait avoir lieu qu'en vertu de jugement :

12° Jugement (T) du tribunal autorisant la vente ;

Dans tous les cas où le remploi est prescrit, soit par le contrat de mariage, soit par un jugement, et où l'acquéreur en est responsable :

13° La justification du remploi.

Nota. — Pour les immeubles appartenant à des femmes mariées, et dont la valeur en capital est inférieure à 500 francs, la production du contrat de mariage n'est pas exigée ; et, lors même que les femmes sont mariées sous le régime dotal, le paiement peut être fait sans justification de remploi. Art. 19 de la Loi du 3 mai 1841.

§ IV. Immeubles appartenant à des départements, des communes ou des établissements publics.

1532. Les justifications mentionnées au paragraphe 1er, sous les nos 1, 2, 3, 5, 6, 7 et 8 ;

Et, de plus :

9° Délibération dûment approuvée du conseil général, du conseil municipal ou de la commission administrative qui a autorisé la vente.

(Les justifications n° 4 du paragraphe 1er seront produites, s'il pouvait exister des hypothèques légales du chef des précédents propriétaires.)

2e SUBDIVISION. — Acquisitions d'immeubles par application de la loi du 3 mai 1841 sur l'expropriation pour cause d'utilité publique.

§ Ier. Immeubles appartenant à des personnes capables. Expropriations, lorsqu'il n'y a pas prise de possession pour cause d'urgence.

1533. En cas de conventions amiables :

1° Arrêté du préfet pris après l'accomplissement des formalités prescrites par les articles 4 à 10 de la loi du 3 mai 1841, relatant la date de la loi ou du décret (aux termes de l'article 2) qui a déclaré l'utilité publique, et déterminant les propriétés particulières auxquelles l'expropriation est applicable (art. 11 de la loi précitée) ;

2° Acte de vente (T) notarié ou administratif, dûment approuvé, transcrit au bureau des hypothèques de l'arrondissement (art. 16 et 19 de la oi) (1) ;

3° Certificat du maire constatant que, préalablement à la transcription, l'acte de vente a été publié et affiché conformément à l'article 15 de la loi précitée et suivant les formes de l'article 6 ;

4° Exemplaire du journal où l'insertion a été faite ;

Nota. — L'insertion doit être toujours faite antérieurement à la transcription.

5° Certificat négatif (T) ou état (T) des inscriptions, délivré par le conservateur des hypothèques quinze jours au moins après la transcription ;

Dans le cas où il existe des inscriptions, et si le montant du prix n'est pas versé à la caisse des consignations :

6° Certificat (T) de radiation, délivré par le conservateur des hypothèques ;

7° Certificat du préfet, délivré huit jours au moins après les publications et affiches susmentionnées, et constatant qu'aucun tiers ne s'est fait connaître à l'Administration comme intéressé au règlement de l'indemnité (art. 21, § 2, de la loi) ;

8° Décompte en principal et intérêts du prix d'acquisition ;

9° Quittance (T) de l'ayant droit (2) ;

Si le montant du prix de vente est versé à la caisse des dépôts et consignations :

Les pièces ci-dessus, à l'exception de la *quittance* de l'ayant droit n° 9 ;

Et, de plus :

10° Décision ou arrêté motivé de l'ordonnateur prescrivant la consignation, ledit arrêté visant la date de la délivrance, par le conservateur, de l'état d'inscriptions ;

Nota. — L'état des inscriptions n° 5 est remis à la caisse des consignations et n'est pas produit à la Cour des comptes.

11° Récépissé du préposé de la caisse des dépôts et consignations.

Nota. — Les justifications n°s 3, 5, 6 et 7 sont produites en original.

1534. En cas de jugement d'expropriation :

---

(1) En vertu du deuxième paragraphe de l'article 19 de la loi, l'Administration peut ne pas remplir les formalités de publication et de transcription pour les acquisitions dont le prix ne dépasse pas 500 francs. Art. 19 de la Loi du 3 mai 1841.

Les portions contiguës appartenant à un même propriétaire doivent faire l'objet d'un seul acte de vente.

Dans le cas où la dispense de ces formalités ne serait pas exprimée dans l'acte de vente, elle devra être l'objet d'un certificat spécial du préfet.

Si le vendeur n'est pas l'individu dénommé à la matrice des rôles, le contrat doit indiquer comment la propriété est passée du propriétaire désigné par la matrice des rôles à celui qui consent la vente.

Si la désignation portée à la matrice des rôles est inexacte ou incomplète, le vendeur doit prouver l'inexactitude ou l'erreur par la production d'un bail, d'un acte de vente, d'un partage ou d'un autre acte authentique.

A défaut d'acte authentique, l'identité sera prouvée par un certificat du maire de la commune où l'immeuble est situé, délivré sur la déclaration de deux témoins au moins.

Ces justifications seront énoncés au contrat.

(2) Les quittances peuvent être passées dans la forme des actes administratifs (art. 56 de la loi).

1° Si l'indemnité est réglée à l'amiable :

1° Jugement d'expropriation (T), relatant textuellement la mention de la transcription et énonçant la date de la notification ;

2° Certificat du maire constatant que, préalablement à la transcription, le jugement a été publié et affiché conformément à l'article 15 de la loi précitée et suivant les formes de l'article 6 de ladite loi ;

3° Exemplaire du journal où l'insertion a été faite ;

NOTA. — L'insertion doit être faite antérieurement à la transcription.

4° Convention (T), dûment approuvée, contenant règlement de l'indemnité ;

Et, de plus :

Les justifications mentionnées sous les n°s 5°, 6°, 7°, 8°, 9° et 10°, *comme en cas de conventions amiables.*

2° Si l'indemnité est réglée par le jury :

Mêmes justifications qu'à l'article précédent, moins les n°s 4, 7 et 8 ;

Et, de plus :

Décision du jury, suivie de l'ordonnance d'exécution rendue par le magistrat directeur, contenant règlement de l'indemnité et (*s'il y a lieu*) répartition des dépens (art. 40 et 41 de la loi) ;

Décompte, en principal et intérêts, du prix d'acquisition, portant (*s'il y a lieu*) déduction de la portion des dépens mise à la charge du vendeur (1).

Prise de possession, pour cause d'urgence, de terrains non bâtis.

1535. Consignations provisoires dans le cas de prise de possession pour cause d'urgence :

1° Jugement d'expropriation, relatant textuellement la mention de la transcription et énonçant la date de la notification ;

2° Certificat du maire, constatant que, préalablement à la transcription, le jugement a été publié et affiché conformément à l'article 15 de la loi du 3 mai 1841 et suivant les formes de l'art. 6 de ladite loi ;

3° Numéro du journal où l'insertion a été faite (cette insertion doit être faite antérieurement à la transcription) ;

4° Extrait ou mention du décret qui déclare l'urgence ;

5° Jugement qui fixe le montant de la somme à consigner par l'Administration ;

---

(1) Dans le cas exceptionnel où des intérêts du prix capital de l'immeuble seraient payés avant ce capital, on ne sera tenu de produire, à l'appui du premier paiement pour intérêts, que les pièces n°s 1, 8, 9, et, *s'il y a lieu*, 10 et 11, et, en outre, un extrait certifié de l'acte d'acquisition, faisant connaître notamment les conditions de prix et de paiement.

Les autres pièces ne seront produites qu'avec le paiement du capital, et si ce paiement est fractionné, elles seront mises à l'appui du premier acompte.

6° Arrêté du préfet motivant et prescrivant la consignation provisoire, qui doit comprendre, indépendamment de la somme fixée par le tribunal, les deux années d'intérêts exigées par l'article 69 de la loi précitée;

(Cet arrêté doit expliquer si la consignation est faite à la charge ou non d'inscriptions hypothécaires et s'il existe ou non d'autres obstacles à la remise des fonds entre les mains du propriétaire dépossédé, et doit relater, en outre, la date du certificat négatif ou de l'état des inscriptions délivré par le conservateur des hypothèques.)

7° Récépissé du préposé de la caisse des consignations.

1536. Paiement du complément, dans le cas où la consignation est inférieure au montant de l'indemnité :

1° Indication de l'ordonnance ou du mandat auquel copie ou extrait du jugement d'expropriation a été joint au moment de la consignation provisoire;

2° Convention (T), dûment approuvée, contenant règlement de l'indemnité;

Ou, *si l'indemnité a été réglée par le jury*, décision du jury, suivie de l'ordonnance d'exécution rendue par le magistrat directeur, contenant règlement de l'indemnité et (*s'il y a lieu*) répartition des dépens;

3° Décompte en principal et intérêts du prix d'acquisition, portant (*s'il y a lieu*) déduction des dépens mis à la charge des vendeurs;

4° Arrêté du préfet rappelant la somme précédemment consignée, ainsi que la date et le numéro du mandat primitif, déterminant le solde à consigner, et ordonnant la consignation de ce solde et la conversion de la consignation provisoire en consignation définitive;

(Cet arrêté doit expliquer si la consignation est faite à la charge ou non d'inscriptions hypothécaires et s'il existe ou non d'autres obstacles à la remise des fonds entre les mains du propriétaire dépossédé, et doit relater, en outre, la date du certificat négatif ou de l'état des inscriptions délivré par le conservateur des hypothèques.)

5° Déclaration de l'agent de la caisse des consignations, constatant la conversion de la consignation provisoire en consignation définitive;

6° Récépissé de l'agent de la caisse des consignations pour le complément du prix.

§ II. Immeubles appartenant à des mineurs, interdits, absents ou incapables, ou faisant partie de majorats.

1537. Les justifications désignées au paragraphe 1er; *et, de plus :*

1° Jugement autorisant la vente *en cas de convention amiable* ;

2° Justification du remploi, dans le cas où cette mesure serait prescrite soit par le jugement qui a autorisé la session amiable, soit par un autre jugement.

§ III. Immeubles appartenant à des femmes mariées.

1538. Les justifications désignées au paragraphe 1er ;

Et, de plus :

1° Acte de mariage ;

2° (*Dans le cas où le mariage est postérieur à la loi du 10 juillet 1850 et où l'acte contient déclaration de contrat*) Extrait du contrat de mariage à l'effe de faire connaître les dispositions relatives au remploi ;

(*Dans le cas où le mariage est antérieur à la loi précitée*) Extrait du contrat aux effets ci-dessus, ou certificat du fonctionnaire qui a passé l'acte de vente, constatant que les époux ont déclaré s'être mariés sans contrat de mariage ;

3° Acquits de la femme et du mari, ou, à défaut de l'acquit du mari, autorisation du tribunal ;

Dans le cas de convention amiable, si l'aliénation ne peut avoir lieu qu'en vertu d'un jugement :

4° Jugement autorisant la vente ;

Dans tous les cas où le remploi est prescrit soit par le contrat de mariage, soit par un jugement, et où l'acquéreur en est responsable :

5° Justification du remploi.

Nota. — Pour les immeubles appartenant à des femmes mariées et dont la valeur en capital est inférieure à 500 francs, la production du contrat de mariage n'est pas exigée, et, lors même que les femmes sont mariées sous le régime dotal, le paiement peut être fait sans justification de remploi. Art. 19 de la Loi du 3 mai 1841.

§ IV. Immeubles appartenant à des départements, des communes ou des établissements publics.

1539. Les justifications mentionnées au paragraphe 1er ;

Et, de plus :

Délibération dûment approuvée du conseil général, ou du conseil municipal, ou de la commission administrative qui a autorisé la vente.

§ V. Indemnités mobilières, locatives ou industrielles.

1540. *En cas de convention amiable :*

1° Convention (T) dûment approuvée ;

2° Quittance de l'ayant droit, timbrée à 10 c. si la somme excède 10 fr.

1541. *En cas de règlement par le jury :*

1° Décision du jury suivie de l'ordonnance d'exécution rendue par le magistrat directeur, contenant règlement de l'indemnité et (*s'il y a lieu*) répartition des dépens ;

2° Quittance de l'ayant droit, timbrée à 10 c. si la somme excède 10 fr.

ART. 5. — LOCATIONS D'IMMEUBLES. (ART. 53 DU RÈGL. DE 1886.)

1542. Premier paiement :

1° Bail (T) dûment approuvé et enregistré, et de plus transcrit lorsque sa durée est de plus de dix-huit ans ;

2° Quittance du propriétaire, timbrée à 10 c. si la somme excède 10 fr.

NOTA. — Les baux passés au nom de l'Administration sont susceptibles d'être *enregistrés* gratis (décision du Ministre, du 17 septembre 1823).

La gratuité de l'enregistrement pouvait faire supposer que le timbre de l'acte devait être également gratuit. Il n'en est pas ainsi, et une décision ministérielle du 19 novembre 1868, en confirmant celle du 17 septembre 1823, porte explicitement que les baux faits à l'Etat, bien que dispensés du paiement des droits d'enregistrement, sont assujétis au droit de timbre, dont le montant est à la charge des bailleurs, par application de l'article 29 de la loi du 13 brumaire an VII. (C. du secrét. gén. des fin., n° 632, du 20 mai 1870.)

1543. Paiements subséquents :

1° Quittance du propriétaire, timbrée à 10 c. si la somme excède 10 fr. ;

2° Indication du compte et du mandat auxquels le bail a été joint antérieurement, et (*dans le cas où l'immeuble aurait été vendu postérieurement au bail*) :

3° Extrait (T) de l'acte de vente.

SECT. II. — Service des contributions indirectes.

§ I. Fourniture et entretien des poinçons et ustensiles ; frais divers de la garantie.

(Ligne 139 du bordereau 91.)

1544. Cet article comprend :

La fourniture des poinçons, bigornes, etc., qui sont livrés par la commission des monnaies ;

L'achat et la réparation des ustensiles du service de la garantie ;

La fourniture et l'entretien du mobilier des bureaux de la garantie. § 335 de la Nomencl. du Règl. de 1866.

Les mémoires sont arrêtés par l'Administration. La dépense figure à la ligne 139 du bordereau 91.

Les objets fournis sont inscrits aux inventaires.

Les fournitures de papier sont à la charge des employés. C. n° 8, du 21 juill. 1874.

Pièces justificatives.

1° Fournitures. V. 1518 à 1520.
2° Travaux. V. 1521 à 1524.

§ II. Achat d'instruments et d'ustensiles; remboursement de leur valeur consignée.

(Ligne 140 du bordereau 91.)

1545. Les adjudications ou marchés pour achat d'instruments et d'ustensiles sont approuvés par le directeur général. § 336 de la Nomencl. du Règl. de 1866.

Les objets fournis sont inscrits aux inventaires.

Les mémoires sont arrêtés par l'Administration.

Pièces justificatives.

Fournitures. V. 1518 à 1520.

1546. Les préposés auxquels des instruments et ustensiles sujets à consignation sont remis pour l'exercice de leurs fonctions sont tenus d'en payer la valeur à la caisse du receveur principal. § 337 de la Nomencl. du Règl. de 1866.

Toutes les fois qu'un objet est rendu par un agent, la somme lui est immédiatement remboursée. Id.

Ce n'est guère que dans le cas de suppression d'emploi qu'il y a lieu de rembourser les consignations relatives à des instruments rendus; la dépense est effectuée d'urgence; elle figure à la ligne 140 du bordereau 91.

Pièces justificatives.

Certificat de prise en charge du receveur principal.
Quittance du préposé. § 337 précité.

§ III. Frais d'emballage et de transport et frais de correspondance extraordinaire.

(Ligne 141 du bordereau 91.)

1547. Les mémoires relatifs à la fourniture des matières d'emballage sont arrêtés par l'Administration. § 338 de la Nomencl. du Règl. de 1866.

Les matières fournies sont, lorsqu'il y a lieu, prises en charge aux inventaires. § 339 id.

Les marchés pour les transports, autres que les traités généraux passés pour l'ensemble des services du ministère, sont approuvés par l'Administration. Id.

Pièces justificatives.

1° Fournitures. V. 1518 à 1520.

2° Transports. V. 1525 à 1527.

3° Frais de correspondance. Les frais de correspondance par la voie de la poste sont remboursés aux directeurs, sur la production d'un état certifié par eux et présentant le détail, jour par jour, du prix des lettres non affranchies qu'ils ont reçues ou de celles qu'ils ont affranchies. Lett. de la compt. publ. du 3 juillet 1866.

SECT. III. — Service des poudres à feu.

§ Ier. Constructions et réparations des magasins de poudres.

(Ligne 142 du bordereau 91.)

1548. Les travaux, lorsqu'ils dépassent 2,000 francs, sont autorisés par le Ministre, et au-dessous de cette somme, par le directeur général. § 341 de la Nomencl. du Règl. de 1866.

Les adjudications ou marchés sont approuvés par le directeur général ou par le Ministre. Id.

Les mémoires sont arrêtés par les directeurs. Id.

Les acquisitions de terrains sont autorisées par le Ministre. Id.

Les questions propres à faire apprécier l'utilité des constructions et réparations sont traitées sous le timbre de la division compétente, à laquelle on adresse également les demandes de crédit pour l'exécution des travaux. C. n° 109 du 17 août 1835 et n° 138 du 25 janvier 1837.

Lorsque ces travaux sont terminés, on adresse les pièces à l'Administration, bureau de l'ordonnancement et matériel, qui règle définitivement le montant de la dépense. C. n° 109 du 17 août 1835.

Les matériaux et objets susceptibles d'être utilisés peuvent être réemployés, moyennant justifications, sans qu'il y ait lieu d'en ordonnancer la valeur au profit du Trésor public. Art. 43 du Décret du 31 mai 1862 et art. 24 du Règl.

Les réemplois doivent être prévus dans les marchés ou conventions, et justifiés au moyen d'un décompte établi à l'appui des devis, dans lequel se trouvent décrits et évalués les objets réformés remis aux entrepreneurs ou fournisseurs, et dont la nature et la valeur sont ensuite rappelées au bas des mémoires. Art. 35 des dispositions générales du Règl.

Pièces justificatives.

1° Travaux. V. 1521 à 1524.

2° Acquisitions d'immeubles. V. 1529 à 1541.

§ II. Frais de transport de poudres et frais accessoires.

(Ligne 143 du bordereau 91.)

1549. Un décret du 13 novembre 1873 a replacé dans les attributions du ministère de la guerre les poudreries et raffineries de salpêtre et de soufre qui, depuis 1865, relevaient du département des finances.

L'application de ce décret a soulevé diverses questions de réglementation et de comptabilité, qui ont été résolues d'un commun accord entre les deux ministères.

1° Mouvements entre les poudreries de la guerre et les entrepôts de la Régie des contributions indirectes.

1550. Les entreposeurs continuent à libeller leurs demandes d'approvisionnement sur des imprimés modèle n° 31 B, et, comme par le passé, ils les adressent par la voie hiérarchique aux directeurs des poudreries. Ceux-ci remettent les chargements à l'agence générale des transports et, en même temps, ils signalent les envois à la Régie dans la forme habituelle. C. n° 122 du 11 juin 1874.

Les frais de transport sont liquidés à l'arrivée dans les conditions déterminées par le traité du 26 janvier 1867, et ils sont portés en dépense au compte de la Régie. A cet égard, sauf le cas d'erreurs commises par les établissements expéditeurs, l'agence des transports est seule responsable vis-à-vis du ministère des finances, par qui les contestations sont jugées administrativement. Id.

Tous les envois de poudrerie à entrepôt sont effectués en vertu d'acquits-à-caution (modèle actuellement en usage), qui, après décharge ou apurement, sont envoyés à l'Administration centrale des contributions indirectes. Id.

C'est le maintien pur et simple de la situation ancienne, résumée en ces termes par le Règlement de comptabilité :

Les traités pour le transport des poudres sont autorisés par le Ministre. § 342 de la Nomencl. du Règl. de 1866.

Chaque expédition est accompagnée d'un acquit-à-caution détaché d'un registre à souche et qui tient lieu de lettre de voiture. Id.

Les acquits-à-caution servent à justifier la dépense en matières ; les coupons détachés sont produits à l'appui de la dépense en deniers. Id.

Ils doivent être revêtus de l'acquit de l'agent des transports et timbrés à 10 cent. quand la somme à payer excède 10 fr. CC. n° 116 du 27 sept. 1885.

En sus des frais de transport, il y a à payer 10 cent. pour droit d'enregistrement par expédition. Le service doit les ajouter au décompte des frais. C. n° 442 du 25 janvier 1886.

Pièces justificatives.

1° Transports. V. 1525 à 1527.

Aux pièces indiquées par ces numéros, ajouter en cas de perte soit de l'acquit-à-caution, soit du coupon :

Demande de paiement portant engagement de rapporter la pièce perdue, ou de restituer la somme payée en cas de double emploi;

Certificat du receveur principal, constatant que le paiement n'a pas eu lieu à l'arrivée;

Extrait du registre des acquits-à-caution dûment certifié;

Nota. — *Cet extrait n'est pas nécessaire lorsque le coupon seul est perdu.*

2° Frais accessoires :

Décision spéciale de l'Administration. § 343 de la Nomencl. du Règl. de 1866.

Mémoire (T) ou facture (T) liquidé et arrêté.

Acquit de l'ayant droit donné sur le coupon ou le duplicata de coupon, et timbré à 10 c. quand la somme dépasse 10 fr.

1551. Les frais de transport des poudres à feu sont acquittés d'urgence dans les départements. C. n° 341 du 2 juill. 1846.

Les acquits-à-caution sont remis pour comptant au receveur principal, lors du versement de fin du mois. C. n° 310 du 1er août 1855.

Lorsque la vérification fait reconnaître une avarie, le paiement des frais de transport reste suspendu jusqu'au moment où l'entrepreneur a reçu avis que la compagnie adjudicataire a remboursé la valeur du dommage. C. n° 917 du 14 juill. 1863.

Pour les poudres *présentant des avaries*, les prix ci-après, réglés par le département de la guerre, servent de base aux remboursements :

Poudre de commerce extérieur.		ordinaire	70 fr.	les 100 kilog.
		forte	75	—
Poudre de mine ronde ou anguleuse.		ordinaire	80	—
		forte	85	—
Poudre de mine fin grain.		ordinaire	120	—
		forte	125	—
Poudres de guerre (ancienne fabrication)			125	—
Poudres de guerre	à canon.	noires	175	—
		brunes	200	—
	à fusil.		200	—
Poudres de chasse	livrées en boîtes.	ordinaire (fine)	200	—
		forte (superfine)	225	—
		spéciale (ou extra-fine)	250	—
	livrées à nu dans des barils.	ordinaire (fine)	140	—
		forte (superfine)	165	—
		spéciale (ou extra-fine)	190	—
Poudres pyroxylées			15 fr.	le kilogramme.
Coton azotique			6 25	—

C. n° 442 du 15 janvier 1886.

Ces prix sont ceux des poudres nues et ne comprennent pas la valeur

des enveloppes. Suivant les renseignements fournis par le ministère de la guerre, il convient d'adopter, pour les emballages, les prix fixés par la nomenclature des poudres et salpêtres, savoir :

Barils à poudre de guerre, de mine, de chasse, etc.			de 100 kilog.	8 50 l'un.
			de 50 kilog.	7 50 —
			de 25 kilog.	5 » —
Barils et barillets pour les poudres de commerce extérieur.	anciens modèles.	Barillets.	de 20 kilog.	2 » —
			de 10 kilog.	1 30 —
			de 5 kilog.	1 » —
			de 2 kil. 50.	» 85 —
	nouveaux modèles.	Barils.	barils (contenance 45 kil.).	2 50 —
			1/2 baril (contenance 22^{k} 50).	1 85 —
			1/4 de baril — 11^{k} 25).	1 25 —
		Barillets.	1/5 de baril — 9^{k} »).	1 10 —
			1/6 de baril — 7^{k} 50).	» 95 —
			1/10 de baril — 4^{k} 50).	» 80 —
			1/12 de baril — 3^{k} 75).	» 75 —
			1/20 de baril — 2^{k} 25).	» 70 —
			1/25 de baril — 1^{k} 80).	» 65 —
			1/30 de baril — 1^{k} 50).	» 60 —
Caisses de 25 kilog. pour boîtes à poudres de chasse.				2 75 l'une
Sacs à poudre	de guerre, mine, chasse, etc.		de 100 kilog.	1 60 —
			de 75 —	1 50 —
			de 50 —	1 40 —
			de 25 —	1 » —
	de commerce extérieur	anciens modèles.	de 20 kilog.	» 50 —
			de 10 —	» 25 —
			de 5 —	» 12 —
			de 2^{k} 50.	» 08 —
		nouveaux modèles.	pour barils (contenance 45 kil.).	» 65 l'un.
			pour 1/2 baril (contenance 22^{k} 50).	» 43 —
			pour 1/4 de baril — 11^{k} 25).	» 31 —
			pour 1/5 de baril — 9^{k} »).	» 19 —
			pour 1/6 de baril — 7^{k} 50).	» 19 —
			pour 1/10 de baril — 4^{k} 50).	» 12 —
			pour 1/12 de baril — 3^{k} 75).	» 12 —
			pour 1/20 de baril — 2^{k} 25).	» 09 —
			pour 1/25 de baril — 1^{k} 80).	0 09 —
			pour 1/30 de baril — 1^{k} 50).	» 09 —
Caisses en tôle galvanisée pour coton azotique (contenance 18^{k}).				8 » —
Chapes en bois pour caisses à coton azotique.				5 50 —

C. n° 442 du 15 janvier 1886.

—

Les compagnies remboursent la valeur *des poudres perdues ou soustraites en cours de transport*, d'après les prix de vente aux consommateurs. C. n° 442 du 15 janvier 1886.

Après la décharge de l'acquit-à-caution, après le paiement des frais de transport, aucun recours ne peut être exercé contre l'agence des transports. La responsabilité existe alors tout entière pour l'entreposeur. C. n° 947 du 14 juill. 1863.

Dans leur propre intérêt, les entreposeurs doivent donc examiner eux-mêmes avec le plus grand soin tous les colis qu'ils reçoivent et provoquer la vérification complète de ceux dont l'état ferait soupçonner une soustraction ou une avarie. C. n° 947 du 14 juill. 1863 et n° 521 du 11 déc. 1857.

Relativement aux écritures que nécessite le remboursement des pertes et avariés, les comptables font distinctement *dépense* des frais de transport afférents aux quantités reconnues saines à l'arrivée, et *recette* du prix intégral versé par les compagnies pour perte, soustractions ou avaries. CC. n° 64 du 10 déc. 1857.

Il n'en est pas ainsi des retenues pour retard de route, défaut de fardage ou de bâchage, etc., qui sont toujours déduites du montant des frais de transport à porter en dépense, et dont par conséquent il n'est passé aucune écriture Id.

L'Administration doit être informée exactement de tous les incidents qui, aux termes des règlements, pourraient motiver une retenue sur le prix de voiture ou un recours quelconque contre l'agence des transports. C. n° 917 du 14 juill. 1863.

2° *Mouvements entre les entrepôts de la Régie.*

1552. Ici encore, rien n'est changé à l'ancien état des choses. Les envois d'entrepôt à entrepôt n'ont donc lieu qu'en vertu d'une autorisation spéciale de l'Administration ; ils sont effectués dans les conditions du traité des transports ; enfin, les frais de transport sont supportés par la Régie. C. n° 122 du 11 juin 1874 et C. n° 442 du 15 janvier 1886.

3° *Mouvements entre les entrepôts de la Régie et les poudreries ou raffineries. Matières et colis vides.*

1553. Les matières et les colis vides dirigés des entrepôts de la Régie sur les poudreries ou raffineries sont remis à l'entreprise des *transports de la guerre*, aux prix et conditions du traité du 10 février 1868, passé entre le Ministre de la guerre et les compagnies de chemin fer. Les frais de transport relatifs à ces sortes d'expéditions incombent à l'Administration de la guerre, et ils sont liquidés et payés sans que la Régie ait à intervenir, sauf, bien entendu, le cas où quelque erreur a été commise au lieu d'expédition. C. n° 122 du 11 juin 1874.

A moins d'instructions émanant directement du Ministre de la guerre, les renvois de colis vides en poudrerie ne peuvent être effectués qu'en vertu d'un ordre de transport que les entreposeurs doivent demander, par l'entremise des chefs divisionnaires, aux fonctionnaires de l'intendance militaire ou à leurs suppléants légaux. Id.

Les suppléants légaux des fonctionnaires de l'intendance sont : le commandant ou major de place, dans les places, forts ou postes ; et dans les autres localités : un conseiller de préfecture, délégué par le préfet, dans le chef-lieu de département ; le sous-préfet dans les chefs-lieux d'arrondissement ; le maire dans les autres communes. Id.

Dans tous les cas, ces fonctionnaires ou suppléants sont chargés de délivrer les lettres de voiture et les avis d'expédition. Ils remettent ces pièces d'exécution aux préposés de l'agence des transports de la guerre, qui se concertent avec l'entreposeur pour la reconnaissance et l'enlèvement des colis. Id.

Dès que le préposé des transports de la guerre a signé la prise en charge sur l'avis d'expédition qu'il doit remettre à l'entreposeur lors de l'enlèvement des colis, la responsabilité du comptable de la Régie se trouve dégagée. Ainsi les différences reconnues ultérieurement ne peuvent plus être constatées qu'au lieu de destination et aux risques et périls de l'entreprise des transports. Id.

L'avis d'expédition, dûment revêtu de la prise en charge de l'agence des transports, sert de pièce justificative de décharge dans la comptabilité de l'entrepôt. Id.

1554. La destination à donner aux barils vides dont les entrepôts de poudres à feu ont à effectuer le renvoi a été déterminée par la lettre commune n° 71, du 20 octobre 1868.

D'après le tableau joint à cette instruction, certains entrepôts devaient diriger leurs barillages sur des poudreries et les autres avaient à les expédier à des raffineries de salpêtre. Le département de la guerre a décidé que, jusqu'à nouvel ordre, les entreposeurs doivent diriger tous leurs barils vides de 25 et de 50 kilogrammes sur l'une des trois raffineries de Lille, Marseille ou Bordeaux. Un tableau joint à la lettre commune du 26 juin 1874 indique la raffinerie à laquelle chaque département est rattaché.

Aucune modification n'est apportée aux règles fixées par la lettre commune n° 74, du 9 février 1869, en ce qui concerne le renvoi des sacs à poudre de mine et des caisses à poudre de chasse. Ces sortes d'emballages continuent à être dirigées sur les poudreries d'origine. Il est d'ailleurs entendu que les entreposeurs doivent, comme par le passé, renfermer les sacs dans des *barils* vides mis spécialement en réserve pour cet usage. Lett. comm. du 26 juin 1874.

C'est sur le poids effectif des chargements que doivent être calculés les frais de transport des barillages vides. Mais, en général, les poudrières de la Régie ne sont pas pourvues de balances et des poids nécessaires pour déterminer exactement des pesées considérables.

En pareil cas, les entreposeurs doivent prendre pour base d'évaluation les poids moyens ci-après :

Pour un baril de 50 kil.,	11 k. 00 d.
— 25	6 k. 50
Pour une caisse,	8 k. 50
Pour un sac,	0 k. 30

Lett. comm. n° 74 du 9 fév. 1869.

4° Transport des poudres saisies et des poudres ordinaires reconnues hors d'usage.

1555. Il est absolument interdit aux entreposeurs d'expédier d'office aux poudreries et raffineries, soit des poudres de saisie, soit des poudres ordinaires reconnues hors d'usage. Les demandes d'expédition continuent à être adressées à l'Administration, qui se concerte avec le département de la guerre pour la destination à donner aux poudres. Id.

Aussitôt que la décision de l'Administration leur est communiquée, les entreposeurs en avisent l'intendance militaire pour que les formules de mouvement soient remises sans retard à l'agence des transports. L'expédition s'effectue dans les conditions réglées pour les colis vides. Id.

Il est arrivé souvent que de faibles quantités de poudres à feu provenant de saisies ont été renvoyées d'office en manufacture et ont donné lieu au paiement de frais de facture dépassant de beaucoup la valeur des matières premières. L'Administration recommande de se conformer ponctuellement à cet égard aux règles tracées par la circulaire n° 7 du 22 avril 1863. Soit qu'il s'agisse de poudres avariées ou de poudres quelconques devenues invendables, soit qu'il s'agisse de poudres de saisies, de dépôts, etc., aucun renvoi en poudrerie ne peut avoir lieu qu'en vertu d'une autorisation spéciale de l'Administration. Lett. comm. n° 74 du 9 fév. 1869.

Les frais de transports qui résulteraient de renvois de poudres effectués sans son assentiment seraient laissés à la charge des entreposeurs. Id.

5° *Frais de refonçage.*

1556. Aux receveurs principaux de la Régie, qui précédemment étaient comptables de l'Administration des poudres, se trouvent substitués les receveurs particuliers des finances. Les opérations de comptabilité relatives aux frais qu'entraîne le refonçage des barils vides renvoyés en poudrerie doivent, par suite, subir quelques modifications. C. n° 122 du 11 juin 1874.

Comme par le passé, ces frais doivent être avancés par l'entreposeur et à lui remboursés par le receveur principal du lieu de départ. Celui-ci constate le paiement par un article de dépense au compte des avances à régulariser, et, par la voie hiérarchique, il adresse ensuite la quittance au receveur principal du lieu de destination (poudrerie ou raffinerie), après s'être fait couvrir de la dépense par un ordre du sous-directeur ou du directeur. Id.

Conformément à la circulaire 92 de la comptabilité publique, le receveur principal du lieu de destination fait recette, à titre de virement de fonds, de la somme portée en dépense provisoire à la recette principale du lieu de départ ; il adresse aussitôt le récépissé de virement et, conservant le talon pour justifier de la recette, il transmet l'ampliation à son collègue. Il se hâte ensuite de faire mandater le paiement des frais de refonçage par l'ordonnateur secondaire des poudres, et, cette formalité remplie, il verse le mandat, comme valeur, à la caisse du receveur particulier des finances, qui lui en délivre récépissé. Id.

Quant au receveur principal du lieu de départ, il régularise sa comptabilité par un article de dépense à titre de virement de fonds et par un article de recette à titre de remboursement d'avance. Id.

L'indemnité allouée pour frais de refonçage est de **10** ou 15 centimes par baril. L. C. du 19 novembre 1818.

§ III. Achat de poudres reprises des débitants ou provenant de saisies, etc.

(Ligne 144 du bordereau 91.)

1557. Cet article comprend :

1° Le remboursement du prix des poudres reversées par les débitants, en cas de fermeture du débit ;

2° Le prix de rachat des poudres saisies.

Les sommes provenant du rachat des poudres saisies sont attribuées, savoir :

Un tiers aux indicateurs ;

Deux tiers aux saisissants, sauf prélèvement, pour le service des pensions civiles, du quart de la portion revenant à des employés de la Régie. C. n° 25 du 25 juin 1829. V. 1261.

3° La prime allouée pour l'arrestation des colporteurs.

Le prix de rachat des poudres saisies et la quotité des primes à payer pour l'arrestation des contrevenants ont été fixées par ordonnance. (Ordonnances des 17 nov. 1819 et 5 oct. 1842.)

Ces allocations sont acquittées d'urgence, sauf mandatement ultérieur. § 344 de la Nomencl. du Règl. de 1866.

Aux termes de l'ordonnance du 17 novembre 1818, annexée à la circulaire n° 30 du 2 mai 1820, la prime d'arrestation, en matière de poudres à feu, est due aux préposés dénommés dans l'article 223 de la loi du 28 avril 1816, ou à toutes autres personnes qui concourront à faire arrêter des contrevenants dans les cas déterminés par les articles 27 et 29 de la loi du 13 fructidor an V, c'est-à-dire lorsqu'il s'agit de l'arrestation :

1° Des ouvriers employés à la fabrication illicite des poudres ;

2° Des gardes des arsenaux, des militaires, ouvriers et employés dans les poudreries, qui vendent, donnent ou échangent des poudres ;

3° Enfin, des ouvriers des raffineries et ateliers nationaux de salpêtre qui en détournent les produits.

Cette prime est fixée à 15 francs pour chaque individu arrêté. Art. 1er de l'Ord. du 5 oct. 1842.

Elle n'est toutefois acquise, pour le cas de colportage, qu'autant que la quantité de poudre à feu saisie sera au moins de 50 décagrammes. Mais elle peut être accordée pour les quantités inférieures à 50 décagrammes, lorsque le procès-verbal établit qu'il y a eu précédemment, de la part du contrevenant, tentative répétée de plusieurs introductions minimes constatées, dans un court intervalle de temps, par les préposés des douanes qui ont procédé à son arrestation. Ces règles ont déjà été adoptées pour l'allocation des primes revenant aux préposés des douanes qui arrêtent des colporteurs ou des porteurs de tabac (circulaire n° 141 du 21 mars 1837), et il a paru que les deux cas présentaient une complète analogie. Id.

Les primes pour arrestation des colporteurs, ouvriers, etc., sont payées *en totalité* aux agents de toute catégorie qui font procéder à l'arrestation. Ord. du 5 oct. 1842.

Les indicateurs n'ont aucune part dans la prime d'arrestation, à moins qu'ils n'y aient coopéré ; elle est acquise à ceux-là seuls qui ont appréhendé le colporteur, et elle est répartie *par égale portion, sans distinction de grade*. Le produit de la valeur des poudres et l'amende doivent seuls être répartis dans les proportions déterminées par les Règlements. C. n° 29 du 16 mars 1818 et n° 110 du 26 août 1835.

La valeur des poudres saisies a été fixée à 3 fr. par kilog. (Ordonnance du 17 nov. 1819.)

Pièces justificatives.

1° Remboursement du prix des poudres reversées par les débitants au cas de fermeture du débit :

Décompte des poudres reprises, constatant leur prise en charge par l'entrepôt.

Quittance de l'ayant droit, timbrée à 10 c. si la somme excède 10 fr.

2° Rachat des poudres saisies :

Extrait des procès-verbaux d'expertise des poudres, constatant les quantités saisies et leur prise en charge par l'entreposeur, et présentant le décompte des sommes à répartir tant pour les primes d'arrestation que pour le prix des poudres.

De plus, selon l'emploi ou la qualité des saisissants :

Quittances des employés ;

Quittance de l'officier commandant, *pour la part revenant à des militaires ;*

Quittance de tous les membres du Conseil d'Administration, *pour la part revenant à des gendarmes*. V. 1145.

Sect. IV. — Service des manufactures de l'État.

1re SUBDIVISION. — Magasins de feuilles. Manufactures.

§ Ier. Loyers et contributions.

(Lignes 172 et 175 du bordereau 21.)

1558. Les baux des bâtiments n'appartenant pas à l'Etat doivent être autorisés par l'Administration. §§ 375, 380 et 382 de la Nomencl. du Règl. de 1866.

Cet article comprend, outre le prix des loyers, les contributions qui font partie des charges locatives. Id.

Pièces justificatives.

1° Locations. V. 1542 et 1543. Id.
2° Contributions :
Avertissement délivré par le percepteur ;
Quittance à souche. Id.

§ II. Entretien et réparation des ustensiles et menus frais.

(Ligne 173 du bordereau 91.)

1559. L'approbation pour les dépenses de 2,000 fr. et au-dessous est donnée par l'Administration. §§ 376, 380 et 382 de la Nomencl. du Règle de 1866.

Au-dessus de cette somme, la dépense doit être approuvée par le Ministre des finances. Id.

Les mémoires sont arrêtés par le conseil de l'établissement. Id.

Pièces justificatives.

1° Fournitures. V. 1518 à 1520. Id.
2° Travaux. V. 1521 à 1524. Id.

§ III. Gages.

(Lignes 168 et 170 du bordereau 91.)

1560. Les gages payés au mois subissent la retenue pour la caisse de la vieillesse. §§ 377, 380 et 382 de la Nomencl. du Règl. de 1866.

Les états sont dressés par les chefs d'établissement. Id.

Un règlement de la direction générale des manufactures de l'Etat, approuvé par le Ministre des finances, le 6 juillet 1861, porte que les gages et salaires des préposés et ouvriers des manufactures et magasins subiront des retenues qui seront placées à la caisse des retraites de la vieillesse, afin de procurer à ces agents, par l'aliénation du capital, une pension viagère à la fin de leur carrière. C. de l'Adm. des tab. n° 12 du 26 juillet 1861, C. n° 823 du 23 janv. 1862 et CC. n° 68 du 26 déc. 1861.

Ces retenues sont présentées, par les soins du contrôleur de chaque établissement, sur les états mensuels de paiement n° 54, et sur les feuilles d'appel et de paie n° 52, qui sont remis aux receveurs principaux chargés d'acquitter les gages et salaires ; les mandats délivrés par les ordonnateurs secondaires du service des tabacs pour le montant brut de la dépense doivent aussi indiquer la somme à payer et celle à retenir. CC. n° 68 du 26 déc. 1861 et C. n° 823 du 23 janvier 1862.

Les retenues sont effectuées par mois pour les préposés, et par dizaine pour les ouvriers. Elles figurent au compte auxiliaire des consignations n° 89 C. Id. V. 175.

A la fin de chaque trimestre, et aussitôt que les contrôleurs des manufactures et des magasins ont remis aux receveurs principaux une expédition, quittancée par l'ordonnateur, du bordereau nominatif des retenues opérées pendant les trois mois, ces comptables *en versent le montant aux receveurs des finances*, pour le compte de la caisse des retraites de la vieillesse, et ils font dépense de ces versements à la ligne spéciale du bordereau. Id.

Lorsque, par une circonstance quelconque, un agent soumis à la retenue quittera l'Administration des tabacs avant l'entrée en jouissance de sa pension viagère, la somme qui lui aura été retenue pendant le trimestre et qui n'aura pas encore été versée à la recette des finances, lui sera restituée, sur le vu d'un bordereau spécial quittancé par lui et par l'ordonnateur des dépenses de l'établissement duquel il dépendait. Le receveur principal fera dépense de cette somme au même compte que pour celles versées à la caisse des retraites. CC. n° 68 du 26 déc. 1861. V. 1358.

Pièces justificatives.

Etat nominatif arrêté et émargé pour quittance, ledit état portant indication des sommes à retenir pour être versées à la caisse de la vieillesse. Id.

Déclaration de versement du receveur des finances comme agent de la caisse des dépôts et consignations. Id.

§ IV. Salaires.

(Lignes 169 et 171 du bordereau 91.)

1561. Les salaires des ouvriers dans les magasins sont acquittés de dix en dix jours, d'après les résultats des feuilles quotidiennes d'appel établies pour chaque atelier. §§ 378, 380 et 382 de la Nomencl. du Règl. de 1866.

A la fin du mois, il est dressé un état récapitulatif présentant le montant de la dépense du mois. Id.

Les feuilles de paie sont arrêtées par l'entreposeur dans les magasins de feuilles, par les ingénieurs dans les manufactures. Elles sont arrêtées aussi par les ingénieurs dans les poudreries et raffineries et par le garde-magasin, s'il n'y a pas d'agent de ce grade dans l'établissement. Les poudreries et les raffineries viennent, du reste, d'être rattachées au ministère de la guerre.

Pièces justificatives.

Les feuilles de paie de la troisième dizaine sont arrêtées l'avant-dernier jour de chaque mois. Lett. du 11 déc. 1867.

Le montant en est porté en dépense dans le mois auquel elles se rapportent. Lett. de la compt. du 2 mars 1868.

Les feuilles de duplicata de la feuille d'appel et de paie des salaires dûment arrêtée, vérifiée et visée, portant certificat que les sommes qui y sont comprises ont été payées aux ayants droit;

Et, *à l'expiration de la troisième dizaine*, état récapitulatif des paiements effectués pour le mois, dûment visé, arrêté et quittancé par l'entreposeur;

De plus, état portant indication des sommes à retenir pour être versées à la caisse de la vieillesse. V. 1358 et 1560.

Déclaration de versement du receveur des finances, comme agent de la caisse des dépôts. Id.

§ V. Fournitures diverses.

(Lignes 174 et 177 du bordereau 91.)

1562. L'approbation pour les dépenses de 2,000 fr. et au-dessous est donnée par l'Administration. §§ 376, 379, 380 et 382 de la Nomencl. du Règl. de 1866.

Au-dessus de cette somme, la dépense doit être approuvée par le Ministre des finances. Id.

Les mémoires sont arrêtés par le conseil de l'établissement. Id.

La réception des fournitures est constatée par les employés supérieurs, sur un registre, au fur et à mesure des livraisons. Id.

Les objets fournis sont pris en charge par les comptables en matières. Id.

Pièces justificatives.

Les pièces à produire pour ces fournitures sont indiquées aux n°s 1518 1520.

2e SUBDIVISION. — Tabacs.

§ I. Entretien et réparations ordinaires des bâtiments.

(Ligne 178 du bordereau 91.)

1563. Les dépenses de 2,000 francs et au-dessous sont autorisées par l'Administration; au-dessus de cette somme, l'autorisation du Ministre est nécessaire. §§ 381 et 383 de la Nomencl. du Règl. de 1866.

Les mémoires arrêtés par les conseils des établissements doivent être approuvés par l'Administration. Id.

Nous rappelons ici, comme nous l'avons déjà fait à d'autres articles, que es poudreries et raffineries ont été rattachées au ministère de la guerre. V. 1549.

Pièces justificatives.

Les pièces à produire pour ces travaux sont indiquées aux nos 1521 à 1524.

§ II. Constructions nouvelles et grosses réparations.

1564. Mêmes dispositions qu'au § 1er pour les travaux. §§ 381 et 383 de la Nomencl. du Règl. de 1866.

Les acquisitions d'immeubles sont autorisées par le Ministre. Id.

Les pièces à produire pour les acquisitions d'immeubles sont indiquées aux nos 1529 à 1541.

Cinquième partie du Chapitre XLV.

FRAIS DE LOYERS ET INDEMNITÉS.

Achats de tabacs prov. de saisies ou rep. des débitants, 1624.
Avocats et avoués, 1612 et 1613.
Bacs, contribution foncière, 1614 et suiv.
Canaux, id., 1614 et suiv.
Chauffage et éclairage, 1568-1571.
Cheval, 1578.
Colis vides, 1643 et suiv.
Commis auxiliaires, 1567.
Commissaires de police, 1592.
Contrib. foncière, 1614 et suiv.
Dépenses accidentelles, 1580.
Dépenses imprévues, 1656 et suiv.
Déplacement (frais de), 1575.
Entrepôts, frais accessoires, 1637 et suiv.
Frais de bureau (revision des), 1570.
Frais de classement de tabacs, 1647.
Frais de loyer (dir., contrôleurs et rec. des cont. ind.), 1565.
Frais de loyer des magasins des entrep. de poudre, 1582.
Frais de loyer des entrep. de tabacs, 1573.
Frais de loyer des bureaux dans les fabriques, 1571.
Frais de missions, 1662.
Frais de transp. de tabac et frais accessoires dans les entrepôts, 1637 et suiv.
Frais de vérif. de culture, 1656 et suiv.
Frais inhérents au paiement des dép. du service des tabacs, 1650 et suiv.
Frais judiciaires, 1600 et suiv., 1655.
Francs-bords, contrib. foncière, 1614 et suiv.
Honoraires des avocats et avoués, 1612, 1613
Impôt des portes et fenêtres, 1623.
Indemnités de déplacement, 1575.
Indemnités à des ouvriers blessés ou infirmes, 1668 et suiv.
Indemnités de logement (s. g. et sucres), 1577.
Indemnité pour entretien d'un cheval, 1578.
Indemnités pour frais de recensement et d'inventaire, 1575.
Id. pour frais de tournées, 1578.
Id. pour perte de chevaux, 1580.
Id. pour services extraordinaires, 1575 et suiv.
Indicateurs, 1629 et suiv.
Laboratoires, 1574.
Loyers, 1565, 1573.
Menus frais, 1569, 1646.
Missions, 1662.
Ouvriers blessés ou infirmes, 1668 et suiv.
Portes et fenêtres, 1623.
Prime d'encouragement, 1666.
Primes d'apurement, 1583 et suiv.
Prime d'arrestation, 1629 et suiv.
Recensement, 1575 et suiv.
Secours, 1661.
Services extraordinaires, 1575 et suiv.
Tabacs saisis, 1625 et suiv.
Tabacs repris des débitants, 1634.
Tabacs de luxe. Remises aux entreposeurs, 1648
Tournées, 1578.
Vacations, 1592 et suiv.
Veuves et orphelins, 1661.

Sect. I. — Service des contributions indirectes.

I. Loyers et frais de bureau (service général, sucres, distilleries).

1° Généralités.

1565. Des allocations, arrêtées par l'Administration et payables chaque mois comme les appointements, sont accordées, savoir :

Aux directeurs, à titre de frais de loyer, de chauffage, etc. ;

Aux receveurs particuliers et principaux et aux Entreposeurs spéciaux, à titre de frais de loyer, de chauffage, etc., et pour frais de commis auxiliaires ;

Aux employés du service de la garantie, pour frais de chauffage et menus frais. § 355 de la Nomencl. du Règl. de 1866.

Ces diverses allocations sont exemptes de la retenue au profit des pensions civiles. Id.

2° Frais de loyer.

1566. Il a été convenu qu'à l'avenir les frais de loyer des locaux occupés par les bureaux ou magasins de la Régie ne seraient plus portés en dépense par voie d'allocation mensuelle aux directeurs ou comptables, lesquels n'en touchent le montant que pour le reverser aux propriétaires des immeubles; il résulte, en effet, de ce mode de procéder que, les quittances des propriétaires n'étant pas produites à l'appui de la dépense, des abus peuvent être commis sans que l'Administration ait le moyen de les réprimer. C'est d'ailleurs au nom ou sous l'approbation de l'Administration que les baux sont passés, c'est en son nom que les quittances doivent être données. CC. n° 105 du 5 février 1876.

Depuis le mois de janvier 1876, les frais de loyer ne figurent plus aux états mensuels d'appointements; ils doivent être justifiés *uniquement* par les quittances des propriétaires, lesquelles, dûment timbrées au timbre de 10 centimes, sont régularisées par le visa pour paiement, la mention de l'ordonnance ministérielle dans laquelle la dépense est comprise, et enfin le décompte servant à distinguer la part de loyer mise à la charge de l'employé et celle restant à la charge de l'Etat. Id.

Rien n'est changé quant à l'imputation de ces frais dans la comptabilité des receveurs principaux, au mode de remboursement, par les agents, de la portion qui leur incombe, etc. Id.

Un chapitre spécial a été consacré, sous le titre de baux à loyer, à tout ce qui se rapporte à la portion du loyer à mettre à la charge de la Régie, aux projets de baux, à l'état des lieux, à l'enregistrement, au timbre, aux locations au nom de l'Administration, au logement des employés, aux retenues, aux réparations locatives, au changement de local, au changement de titulaire, aux contributions, aux bureaux de garantie, aux entrepôts de tabac, etc. V. 1055 à 1070.

3° Commis auxiliaires.

1567. Les frais de commis auxiliaires sont réglés d'après l'importance du travail que les comptables ne peuvent faire par eux-mêmes, ou par les employés commissionnés attachés à leurs bureaux, et non d'après la dépense effective à laquelle ils pourraient consentir, dans la vue de s'affranchir d'une partie des obligations dont l'Administration a entendu qu'ils s'acquitteraient personnellement. Lorsque ces frais ont été fixés par l'Administration, les chefs doivent, conformément aux dispositions de la lettre commune n° 7, du 29 juillet 1826, s'assurer que la somme allouée pour cet objet est réellement employée. C. n° 33 du 31 déc. 1831.

Les allocations accordées aux receveurs sont calculées de manière à procurer une rétribution suffisante aux auxiliaires qu'ils sont tenus de s'adjoindre, afin que toutes les parties du service soient constamment à jour. Les inspecteurs, dans leurs tournées, ne manqueront pas de s'assurer que les intentions de l'Administration, sous ce rapport, sont exactement remplies. C. n° 427 du 21 août 1849 et n° 454 du 15 juillet 1850.

Le nombre de commis auxiliaires dont les comptables doivent se faire aider est évalué à raison des exigences et de l'importance du travail, et dans l'hypothèse que le titulaire de l'emploi donne tout son temps au service qui lui est confié.

Il y a lieu de prendre en considération, pour la fixation de l'indemnité relative à cette partie des frais de bureaux, la rareté des sujets dans quelques localités et le taux plus ou moins élevé des honoraires qu'ils exigent. C. n° 109 du 17 août 1835.

4° Chauffage et éclairage.

1568. Les évaluations de frais de chauffage sont faites d'après le nombre des pièces affectées aux bureaux dans lesquelles il est nécessaire d'entretenir des feux. Chaque feu est calculé à raison de sept ou huit heures par jour, durée ordinaire des séances, excepté pour les bureaux d'ordre, où les employés ne sont habituellement occupés que pendant une ou deux heures au plus. C. n° 33 du 31 déc. 1831.

Dans l'indemnité de chauffage, fixée d'après le nombre des pièces consacrées aux bureaux, la pièce où se rassemblent les commis, pour les heures de l'ordre et du travail des écritures, n'est comptée que pour un demi-feu; et les bureaux de la garantie ne sont portés, quelquefois aussi, que pour un quart de feu, à raison du nombre de jours et d'heures durant lesquels ces bureaux sont ouverts au public. C. n° 427 du 21 août 1849.

Il est tenu compte, pour le règlement des frais de chauffage, du prix du bois ou du charbon dans chaque localité; on a égard au nombre de stères de bois ou d'hectolitres de charbon nécessaires pour l'entretien d'un feu, soit dans le nord, soit dans le midi de la France, soit enfin dans les pays montagneux, plus ou moins exposés aux influences de la température. C. n° 109 du 17 août 1835.

Une indemnité proportionnée au besoin du service est aussi accordée pour l'éclairage. Ibid.

Les frais d'éclairage étant généralement minimes, puisque ce n'est guère qu'aux époques de fin d'année et de trimestre que les employés sont obligés de travailler à la lumière, il n'y a aucun inconvénient à les réunir, comme par le passé, à ceux de chauffage. C. n° 33 du 31 déc. 1831.

Néanmoins, quand il y a lieu d'évaluer approximativement cette dépense, on doit indiquer la nature et le prix de l'éclairage dans chaque localité. Ibid.

5° Menus frais de bureau.

1569. Il serait sans doute difficile d'évaluer avec précision les menus frais d'achat de papier, plume, encre, etc., parce qu'ils varient assez souvent, même dans les directions où le travail paraît à peu près égal.

Les allocations relatives à cet objet ne doivent, dans tous les cas, représenter que le montant exact des déboursés des directeurs et des comptables, réglés avec la plus stricte économie. C. n° 33 du 31 déc. 1831.

D'après la circulaire n° 33, ces menus frais ne pouvaient jamais dépasser le cinquantième du traitement. Il a été reconnu que cette base ne devait pas être suivie, parce que ces frais n'ont en effet aucun rapport direct avec les appointements des employés, et qu'ils peuvent, au contraire, lors même que les emplois sont également rétribués, varier suivant le nombre de personnes qui travaillent dans chaque bureau et la nature des opérations dont elles ont à s'occuper. C'est, en conséquence, après ces dernières données que les menus frais sont calculés. C. n° 109 du 17 août 1835.

Des réductions ont été opérées en 1849 sur les allocations pour menus frais, tout en tenant compte du balayage, des réparations locatives, de la dépréciation et du renouvellement du mobilier. C. n° 427 du 21 août 1849.

L'indemnité allouée pour dépréciation du mobilier se trouve confondue avec les allocations à titre de menus frais. C. n° 496 du 13 déc. 1851.

6° Revision des frais de bureau.

1570. Si le service éprouvait sur quelques points des changements qui exigeassent des modifications à la fixation des frais de bureau, les réclamations ne pourraient pas porter partiellement sur un ou plusieurs objets pour lesquels l'indemnité accordée ne paraîtrait pas suffisante, mais elles devraient se rattacher à l'ensemble des allocations relatives tant au service général qu'aux tabacs et aux poudres. En effet, quelle que soit l'imputation donnée aux frais de bureau, il faut, pour motiver une demande d'augmentation, prouver que la somme totale est évidemment insuffisante pour couvrir les dépenses réelles, car l'imputation de cette somme n'est qu'un objet d'ordre pour répondre aux divisions du budget. C. nº 109 du 17 août 1835.

L'état de fixation définitive ne fait pas connaître la subdivision de la somme totale revenant à chaque employé. En effet, comme l'a établi la circulaire du 16 août 1835, nº 109, quelle que soit l'imputation donnée aux frais de bureau, elle n'est, dans les états généraux de l'Administration, qu'un objet d'ordre. Si cette allocation est suffisante dans une de ses parties, elle peut, dans une autre, excéder la dépense du titulaire de l'emploi et maintenir ainsi une juste compensation. Les réclamations, s'il y a lieu d'en produire, devront donc démontrer que la fixation totale est inférieure aux besoins réels. C. nº 427 du 21 août 1849.

Toute réclamation donnera lieu aux justifications ci-après:

Les comptables remettront, pour justifier les frais de commis auxiliaires, la déclaration des sommes payées pour une année, ainsi que la quittance des parties prenantes applicable aux appointements du dernier mois. C. nº 109 du 17 août 1835.

Dans les lieux où les comptables sont chargés d'un service spécial pour les tabacs, les poudres à feu ou les octrois, ils devront de plus déclarer quelles sommes leur sont allouées particulièrement pour chacun de ces services. Id.

Ils fourniront en outre, afin que l'on puisse apprécier avec exactitude le travail de leur bureau, les renseignements indiqués dans un tableau dont l'Administration a fourni le modèle. Id. V. *Tabl. synopt.* nº 87.

Les frais de chauffage seront justifiés par une déclaration indiquant exactement le nombre de feux entretenus pour le service ; et s'il s'agit d'un bureau de garantie, le nombre de fois que ce bureau est ouvert chaque mois, ainsi que la durée des séances. Il sera fourni, indépendamment de cette pièce, un certificat délivré par l'autorité locale, constatant le prix du stère de bois, ou, s'il y a lieu, de l'hectolitre ou du quintal métrique de charbon de terre, pendant chacun des quatre trimestres qui auront précédé immédiatement la réclamation. Ibid.

Il sera justifié des sommes employées pour menus frais, par un état exact et détaillé de la dépense effective d'une année. Ibid.

Toutes les pièces justificatives désignées ci-dessus devront être certifiées par le sous-directeur, qui, après avoir attentivement examiné la demande à laquelle elles se rapporteront, les adressera au directeur avec une lettre spéciale, dans laquelle il exprimera son opinion pour l'admission ou le rejet. Ce dernier visera ces différentes pièces et les fera parvenir à l'Administration avec son propre rapport. Ibid.

7º Frais de loyer, de chauffage et d'éclairage des bureaux concédés au service de la Régie dans certaines usines soumises à l'exercice.

1571. Aux termes des règlements en vigueur, certains industriels (les fabricants de sucre, les distillateurs, les fabricants de bougies, de vinaigre, etc.)

peuvent être tenus de fournir aux employés chargés de l'exercice de leurs usines, un bureau garni de tables, chaises, etc.

Un prix annuel de location est fixé, soit d'un commun accord, soit par le préfet. Il peut comprendre, au besoin, les frais de chauffage et d'éclairage.

Périodiquement, les directeurs proposent à l'Administration l'admission en dépense desdits frais.

La dépense est, après ordonnancement, justifiée par les mandats délivrés par l'Administration et par les états de proposition des directeurs, appuyés des quittances des parties prenantes.

Pièces justificatives à produire pour ces diverses dépenses.

1572. S'il s'agit d'**indemnités périodiques, annuelles ou temporaires**, exemptes des retenues pour le service des pensions civiles, il y a à produire :

1° Etat nominatif dûment arrêté, indiquant pour chaque agent :

Le grade et l'emploi ;

Le chiffre de l'indemnité annuelle ;

La date de la décision qui l'a fixée et, en cas de décision nouvelle, copie de cette décision ;

La durée du service ;

La somme à payer ;

2° Quittance de l'ayant droit par émargement ou séparée ;

Et, de plus, en cas d'ordonnancement collectif :

3° Acquit de la personne autorisée à recevoir. Nomencl. des justif. communes (lettre B) du Règl de. 1866.

En cas de **location d'immeubles**, il y a à produire :

PREMIER PAIEMENT.

1° Bail (T) dûment approuvé et enregistré, et, de plus, transcrit lorsque sa durée est de plus de dix-huit ans ;

2° Quittance du propriétaire. Nomencl. des just. communes (lettre L) du Règl. de 1866. V. 1542.

PAIEMENTS SUBSÉQUENTS.

1° Quittance du propriétaire ;

2° Indication du compte et du mandat auxquels le bail a été joint antérieurement, et (*dans le cas où l'immeuble aurait été vendu postérieurement au bail*) :

3° Extrait (T) de l'acte de vente. Id.

§ II. Loyers des magasins des entreposeurs de tabacs.

(Ligne 146 bis du bordereau 91.)

1573. Les frais de loyer des magasins et entrepôts de tabacs sont fixes et annuels et se règlent comme les frais de bureau. § 362 de la Nomenclature du Règlement de 1866.

Dans le choix des maisons qu'ils prennent à bail, les entreposeurs doivent moins consulter leurs convenances que les intérêts de la Régie, la conservation des tabacs exigeant des locaux bien choisis. L. C. du 15 juillet 1824, C. n° 406 du 3 nov. 1848, nos 414 du 6 mars 1849 et 476 du 21 déc. 1850.

Tous les magasins doivent, en général, être établis dans des locaux favorables à la conservation des approvisionnements qu'ils sont susceptibles de recevoir, et assez spacieux pour que les tabacs y soient placés de manière à faciliter les vérifications. C. n° 33 du 31 décembre 1831 et n° 476 du 21 déc. 1850.

Aussi a-t-elle décidé que les entreposeurs ne peuvent transférer l'entrepôt dans un nouveau local avant d'en avoir obtenu l'autorisation. C. n° 476 du 21 déc. 1850.

Cette recommandation doit être exactement observée, aujourd'hui surtout que les baux sont passés au nom de l'Administration. V. **Baux à loyer**, 1055 à 1070.

Pièces justificatives.

Comme au numéro 1572.

§ III. Frais de loyer et d'entretien des laboratoires d'essais.

(Ligne 146 ter du bordereau 91.)

1574. Dans l'article spécial que nous avons inséré plus haut (V. 1483 *bis*), au sujet des honoraires des chimistes de la Régie, nous avons indiqué quels sont les laboratoires que l'Administration a installés pour l'analyse des sucres et d'autres produits imposables.

Les frais de loyer des locaux occupés par ces laboratoires sont à la charge de la Régie; il en est de même des frais d'entretien.

Pour les justifications de dépense, on se reportera aux art. 1572, 1562 et 1563.

§ IV. Indemnités pour frais de recensements et d'inventaires et pour services extraordinaires. (Indemnités de déplacement.)

(Ligne 147 du bordereau 91.)

1575. Cet article comprend:

1° Les indemnités allouées par l'Administration aux employés temporaires, à raison du nombre des jours consacrés à faire, avant et après la récolte, dans les communes sujettes aux droits d'entrée (et non fermées), les recensements chez les propriétaires des vins et cidres nouvellement récoltés.

S'il existe un octroi, la moitié de ces frais seulement est à la charge du Trésor.

2° Les indemnités de déplacement accordées aux brigades ambulantes chargées de la surveillance à la circulation des sucres sortant des fabriques. § 357 de la Nomencl. du Règl. de 1886.

Ces diverses allocations sont déterminées par décisions administratives, sur la demande spéciale et motivée des directeurs. Id.

Elles sont ordonnancées comme les appointements; mais elles ne font point partie des traitements. Lett. comm. n° 5 du 22 janv. 1826.

3° Les indemnités de route allouées aux agents des sucres et des distilleries déplacés pendant la période de chômage. Ces indemnités sont de 20 cent. par kilom. (voie de fer) et de 75 cent. par kilom. (voie de terre). L. C. du 13 avril 1874.

4° L'indemnité de 50 cent. par jour allouée aux mêmes agents déplacés, pendant l'été, pour concourir à d'autres services. Id.

Les indemnités pour frais de route des employés des sucres et des distilleries sont payées seulement après autorisation de l'Administration et vérification des décomptes et mémoires. Quant à l'indemnité spéciale de 50 cent. par jour allouée pour déplacement, elle peut être payée mensuellement avec imputation au compte des avances provisoires. L. C. du 13 avril 1874.

Pièces justificatives.

1576. Quand il s'agit d'**indemnités variables**, calculées d'après des tarifs et autres bases fixes de liquidation et exemptes de retenues pour le service des pensions civiles, il y a à produire :

1° Etat nominatif dûment arrêté, présentant les bases du calcul des droits acquis et la somme à payer à chaque fonctionnaire ou agent ;

2° Tarifs ou autres actes qui ont fixé ces bases ;

Nota. — Si ces pièces ont été produites antérieurement, ou si elles ont été insérées soit dans le *Bulletin des Lois*, soit dans d'autres recueils officiels, il suffira de mentionner cette circonstance en indiquant le numéro du *Bulletin*, ou le compte antérieur et le mandat à l'appui desquels la pièce a été produite.

3° Quittance de l'ayant droit par émargement ou séparée ;

Et, de plus, s'il y a ordonnancement collectif :

4° Acquit de la personne autorisée à recevoir. Nomencl. des justific. communes (lettre C) du Règl. de 1866.

En cas d'**indemnités spéciales** exemptes de retenues pour le service des pensions civiles, il y a à produire ;

1° Décision qui accorde l'indemnité ou la gratification ;

2° Quittance de l'ayant droit par émargement ou séparée ;

Et, de plus, en cas d'ordonnancement collectif ;

3° Etat nominatif, dûment approuvé, indiquant la somme accordée à chacun des fonctionnaires et agents y dénommés ;

4° Acquit de la personne autorisée à recevoir. Nomencl. des just. comm. (lettre D) du Règl. de 1866.

§ V. Indemnités de logement et de résidence.

(Ligne 147 bis du bordereau 91.)

1877. Une indemnité de logement et de résidence est accordée à tous les commis ou préposés mariés et vivant en ménage avec leurs parents *dans les grandes villes*. C. n° 383 du 29 déc. 1883.

Des indemnités spéciales sont payées aussi aux employés placés dans *certaines villes d'eaux et les stations balnéaires*, où la vie et le logement sont à un prix excessif. Id.

Ces indemnités sont fixées, pour chaque localité, par décision administrative. Elles sont exemptes de retenue pour la caisse des pensions et figurent au tableau d'appointements n° 93 A, col. 16.

Une indemnité mensuelle de logement est aussi accordée *aux employés du service des sucres et des distilleries*. Les instructions relatives au mode de paiement de cette indemnité sont résumées ci-après :

Lorsque le décret du 17 novembre 1852 a rapporté les dispositions de l'art. 1er du décret du 1er septembre précédent, relatives au logement des employés dans les fabriques de sucre, l'Administration a décidé que ces agents, logés à leurs frais, recevraient une indemnité de 10 francs par mois (lettre du 8 janvier 1853, n° 146). L. C. n° 2 du 7 janvier 1876.

Depuis, la même allocation a été accordée d'abord à tous les préposés sédentaires ou mobiles du service des sucres (lettre commune du 29 juillet 1853), puis à tous les employés du service spécial des distilleries, y compris les préposés (lettre commune du 27 mai 1875, n° 25). Id.

Conformément aux instructions contenues dans les lettres de l'Administration du 2 juin 1853, n° 2900, et du 21 février 1854, n° 857, l'indemnité de logement a été payée mensuellement avec imputation au compte des avances provisoires, et la dépense en a été régularisée, de trimestre en trimestre, sur la production des états d'émargement et de propositions établis d'après le modèle annexé à la lettre du 2 juin. Id.

A cette manière de procéder, qui compliquait inutilement les écritures des receveurs principaux, a été substituée celle qui est généralement suivie à l'égard des diverses indemnités revenant aux agents de la Régie. Depuis le 1er janvier 1876, l'indemnité dont il s'agit figure, tous les mois, au tableau d'appointements n° 93 A, tant dans les colonnes 16 et 17 qu'à la récapitulation, cumulativement avec les frais de bureau, de loyer, etc., alloués aux directeurs, aux contrôleurs et aux receveurs ; elle est portée en dépense à la ligne 146 du bordereau 91 A, et l'état de frais de régie en présente distinctement le montant par chaque emploi. Id.

On ne perdra pas de vue qu'il s'agit d'une allocation non sujette à retenue en cas de congé ou de maladie, à moins que l'Administration n'en décide autrement dans des circonstances exceptionnelles. Id.

A l'origine, il avait été décidé que 15 jours au moins de service effectif dans le courant d'un mois seraient exigibles pour donner droit à l'indemnité de logement, et que, lorsqu'un emploi aurait été occupé successivement par deux titulaires, l'indemnité serait acquise intégralement à celui des deux qui compterait plus de 15 jours dans le poste ; enfin, qu'à durée de service égale, elle serait partagée exceptionnellement par égale portion, pourvu que l'un des employés ne fût pas compris dans un autre poste pour la même indemnité ; il n'en peut plus être ainsi avec le nouveau mode de paiement qui a été adopté.

Actuellement, chaque agent reçoit le montant de l'indemnité à laquelle il a droit, au prorata du temps pendant lequel il a été en fonctions. Lorsque, dans le courant d'un mois, un employé figure sur plusieurs tableaux d'appointements, il y a lieu de fractionner l'indemnité et de calculer chaque fraction dans les mêmes conditions que le chiffre du traitement brut à inscrire col. 5. Id.

Pièces justificatives.

Toutes ces indemnités se justifient par émargements ou quittances, à l'appui du tableau d'appointements.

§ VI. Indemnités pour frais de tournées et d'entretien d'un cheval ; frais de versement, etc.

(Ligne 148 du bordereau 91.)

1578. Cet article comprend des indemnités fixes annuelles allouées à divers agents pour frais de tournées et entretien d'un cheval, et qui ne sont pas soumises aux retenues pour le service des pensions civiles. (Arrêté M. F. du 8 mai 1848 ; C. nº 393 du 25 juin suivant ; Lett. comm. du 26 nov. 1857.)

Les allocations, à titre de frais de service, concédées aux inspecteurs ambulants ont été fixées à 1,500 fr., et aux inspecteurs sédentaires à 1,000 fr. L. C. nº 8 du 15 avril 1878.

Dans toutes les ambulances à pied, une allocation annuelle de 200 francs est attribuée aux agents pour les indemniser des frais de tournées et de versements. Le receveur touche 100 fr., et le commis principal une somme égale. Une indemnité spéciale est accordée aux agents des recettes à pied chargées en parcours, où il existe plus de 2 tournées dont le trajet dépasse 20 kilomètres. Cette indemnité, dont le taux est fixé par décision spéciale de l'Administration, est payée par moitié à chacun des deux employés. C. nº 259 du 25 janvier 1879, et L. C. nº 2 du 4 avril 1883.

En ce qui concerne les *recettes à un seul cheval*, l'allocation est fixée à 1,000 fr. par an, et répartie comme suit :

Receveur.	Entretien d'une voiture.	150 »	900 »	1000 »
	Entretien d'un cheval.	650 »		
	Frais de tournées et de versements. . . .	100 »		
Commis principal. — Frais de tournées et de versements.			100 »	

Relativement aux ambulances *où deux chevaux* ont été jugés indispensables, l'indemnité, établie d'après les bases ci-dessus, est de 1,650 fr., savoir :

Receveur.	Entretien d'une voiture.	150 »	900 »	1650 »
	Entretien d'un cheval.	650 »		
	Frais de tournées et de versements. . . .	100 »		
Commis principal.	Entretien d'un cheval.	650 »	750 »	
	Frais de tournées et de versements. . . .	100 »		

C. n° 259 du 25 janvier 1879.

Des allocations supplémentaires sont faites encore à certains employés de recettes à cheval pour frais inévitables de découcher et de repas et pour frais surélevés de versements. Il y en a d'autres, enfin, qui sont justifiées pour passages de bacs et de ponts. L. C. n° 2 du 14 avril 1883. Toutes ces indemnités résultent de fixations spéciales. Elles figurent aux tableaux d'appointements, col. 17 à 21.

Chaque employé auquel obligation est faite d'avoir un cheval doit justifier que la monture dont il dispose lui appartient en propre. C. n° 62 du 27 août 1872 ; Lett. comm. du 24 déc. suiv., et C. n° 259 du 25 janv. 1879.

Le même article comprend des frais de tournées alloués aux directeurs et sous-directeurs et qui sont réglés en fin d'année par l'Administration, d'après un tarif spécial. § 358 de la Nomencl. du Règl. de 1866. V. *Tournées des directeurs*, au Ch. LIV, 2192 et suiv. V. aussi la C. n° 282 du 12 déc. 1879.

A la suite des nouvelles mesures adoptées par l'Administration pour les versements et les appels périodiques, les frais de versement des employés des recettes ambulantes ont été modifiés. Une fixation spéciale a été faite pour chaque recette. L. C. n° 7 du 13 mai 1888.

Pièces justificatives.

1579. S'il s'agit d'**indemnités périodiques, annuelles ou temporaires**, exemptes des retenues pour le service des pensions, il y a à produire :

1° Etat nominatif dûment arrêté, indiquant pour chaque fonctionnaire ou agent :

Le grade et l'emploi ;

Le chiffre de l'indemnité annuelle ;

La date de la décision qui l'a fixée et, en cas de décision nouvelle, copie de cette décision ;

La durée du service ;

La somme à payer ;

2° Quittance de l'ayant droit par émargement ou séparée ;

Et, de plus, en cas d'ordonnancement collectif :

3° Acquit de la personne autorisée à recevoir. Nomenclature des justif. communes (lettre B) du Règl. de 1866.

En cas d'**indemnités variables**, calculées d'après des tarifs et autres bases fixes de liquidation et exemptes des retenues pour le service des pensions civiles, il y a à produire :

1° Etat nominatif dûment arrêté, présentant les bases du calcul des droits acquis et la somme à payer à chaque fonctionnaire ou agent ;

2° Tarifs ou autres actes qui ont fixé ces bases ;

Nota. — Si ces pièces ont été produites antérieurement, ou si elles ont été insérées soit dans le *Bulletin des Lois*, soit dans d'autres recueils officiels, il suffira de mentionner cette circonstance en indiquant le n° du *Bulletin*, ou le compte antérieur et le mandat à l'appui desquels la pièce a été produite.

3° Quittance de l'ayant droit, par émargement ou séparée ;

Et, de plus, s'il y a ordonnancement collectif :

4° Acquit de la personne autorisée à recevoir. Nomencl. des justif. communes (Lettre C) du Règl. de 1866.

§ VII. Dépenses accidentelles. (Indemnités pour pertes de chevaux, secours, etc.)

(Ligne 149 du bordereau 91.)

1580. Cet article comprend notamment :

1° Les indemnités allouées dans certains cas aux receveurs et commis principaux pour perte de cheval ;

2° Les secours accordés aux employés et aux veuves d'employés par décision de l'Administration. § 360 de la Nomencl. du Règl. de 1866.

On fait la demande de ces secours par rapport spécial et motivé.

La perte des chevaux ne donne lieu à indemnité que si elle a pour cause le service de la Régie. Il est d'usage de produire un certificat de vétérinaire, qui constate la cause de cette perte, et, si c'est possible, une attestation d'un employé supérieur.

Pièces justificatives.

1581. Il est produit pour les indemnités de perte de chevaux :

1° Décision qui accorde l'indemnité ;

2° Quittance de l'ayant droit. Nomencl. des justif. communes (lettre D) du Règl. de 1866.

Pour les secours, il est produit :

1° Décision qui accorde le secours ;

2° Quittance de l'ayant droit ;

3° Certificat de vie du titulaire, si le paiement est fait à un fondé de pouvoirs. Nomencl. des justif. communes (lettre E) du Règl. de 1866.

Sect. II. — Poudres à feu. Loyers des magasins des entreposeurs de poudre.

(Ligne 150 du bordereau 91.)

1582. Lorsque les magasins où sont déposées les poudres à feu n'appartiennent pas à l'Etat, ils sont pris à location par baux passés par les entreposeurs au nom de l'Administration.

Pièces justificatives.

PREMIER PAIEMENT.

1° Bail (T) dûment approuvé et enregistré ;
2° Quittance du propriétaire. (Nomenclature des justifications communes du Règl. de 1866.)

PAIEMENTS SUBSÉQUENTS.

1° Indication du compte et du mandat auxquels le bail a été joint antérieurement ;
2° Quittance du propriétaire.

Sixième partie du Chapitre XLV.

DÉPENSES DIVERSES.

Sect. I. — Service des contributions indirectes.

§ I. Primes d'apurement de comptes ou frais de non-valeurs.

1583. Tous les produits constatés pendant le cours d'un exercice doivent être recouvrés aux époques déterminées par les instructions. C. n° 66 du 22 août 1821.

Des primes sont accordées aux comptables qui soldent *sans reprise ni débet*, au plus tard dans les trois mois qui suivent l'expiration de l'exercice, la totalité des droits constatés pendant l'année précédente. C. n° 66 du 22 août 1821, n° 80 du 29 août 1822 et n° 61 du 30 mars 1833 ; § 361 de la Nomencl. du Règl. de 1866.

Ces primes remontent à 1807. C. n° 117 du 17 août 1807.

Elles ne sont plus allouées qu'aux comptables directs, chargés du recouvrement immédiat des produits. C. n° 80 du 29 août 1822.

L'intérimaire qui solde net, soit au 31 décembre, soit dans les trois mois qui suivent, a droit à la prime.

1584. Quand il existe des non-valeurs ou débets inférieurs ou supérieurs à la quotité de la prime, le comptable peut, en couvrant ces non-valeurs de ses deniers, conserver ses droits à la prime. C. n° 3 du 17 janv. 1825.

Si les restes à recouvrer au 31 mars dépassent cette quotité, la prime ne peut être payée qu'en vertu d'une autorisation spéciale. Id.

La prime est particulièrement destinée à couvrir le Trésor des non-valeurs provenant de l'insolvabilité des redevables. C. n° 66 du 22 août 1821.

Elle est payée si les non-valeurs portent uniquement sur des produits non passibles de primes.

Lorsqu'elle est insuffisante pour atteindre ce but, les comptables, et même le directeur, sont responsables du non-recouvrement des droits, s'ils ne justifient de poursuites régulières faites en temps utile. Id.

Si les comptables ont soldé de leurs deniers personnels les droits dus par les redevables ou débiteurs, ils demeurent subrogés à tous les droits du Trésor public, conformément aux dispositions du Code civil. Art. 6 de l'Ord. du 8 décembre 1832 et 327 du Décret du 31 mai 1862.

1585. La prime est fixée par l'Administration sur la proposition des directeurs ; le modèle de l'état de proposition a été envoyé par la circulaire n° 97 du 31 décembre 1834. V. ce modèle aux *Tabl. synopt.* n° 106.

L'état de proposition est dressé par le sous-directeur. C. n° 310 du 1er août 1855.

Les totaux des colonnes doivent être les mêmes que ceux des articles correspondants du relevé n° 104. C. n° 97 du 31 déc. 1834.

Il est prescrit de baser les propositions sur les résultats de l'année pour laquelle les primes doivent être accordées, non compris les reprises de l'exercice précédent qui ont dû être reportées à l'exercice courant. Id. V. *Tabl. synopt.* n° 105.

1586. Pour mettre l'Administration en mesure de vérifier le travail, le nombre des contribuables exercés ou abonnés est relevé sur l'état de produit du droit de licence n° 51 A du quatrième trimestre. C. n° 115 du 29 oct. 1835.

La prime est calculée à raison de 30 centimes par contribuable et de 1 franc par mille francs des produits constatés. C. nos 17|6 du 10 déc. 1828.

On porte dans des colonnes distinctes :

1° Les récoltants, entrepositaires ou non, pour un quart de leur nombre. C. nos 17|6 du 10 décembre 1828 et 34|7 du 24 décembre 1829 ;

2° Les débitants de boissons établis dans les villes rédimées, pour un quart de leur nombre. C. 281 du 13 janvier 1843 ;

3° Les entrepreneurs de voitures publiques, pour leur nombre effectif. C. nos 34|7 du 24 déc. 1829 ;

4° Les autres contribuables exercés également pour leur nombre effectif. C. n° 115 du 29 oct. 1835 ;

5° Le montant des droits au comptant, bien qu'il n'entre pas dans le calcul des primes. C. n° 97 du 31 déc. 1834 ;

6° Le montant des droits constatés, sans y comprendre les reprises des exercices antérieurs, non recouvrés au 30 juin et reportés à l'exercice courant. C. n° 97 du 31 déc. 1834.

1587. Le total des produits au comptant et constatés doit être égal aux lignes A et B, colonne 3, de la récapitulation du relevé n° 104. On doit donc ouvrir une ligne spéciale à la recette principale pour y porter les perceptions directes du receveur principal, sauf à les déduire du 2e tableau. C. n° 98 du 28 janv. 1835.

On ajoute aux droits constatés le montant du douzième non exigible des propriétaires récoltants, à l'époque du paiement des primes de l'année précédente. C. n° 97 du 31 déc. 1834.

Enfin, on déduit du total des droits constatés et de ce douzième les produits non passibles de prime. Ces produits sont développés dans un tableau spécial. En voici la nomenclature :

1° Toutes les sommes payées par les brasseurs, soit en obligations cautionnées, soit en numéraire au comptant. C. n° 34 du 24 déc. 1829, n° 97 du 31 déc. 1834, et Lett. comm. n° 1988 du 23 avr. 1872;

NOTA. — Ainsi les sommes recouvrées dans les conditions ordinaires entreront seules dans le décompte de l'indemnité acquise aux comptables qui soldent de net. Lett. comm. n° 1988 du 23 avr. 1872.

Telle est également la règle à suivre en ce qui concerne les droits sur les bougies, les huiles de schiste, etc.

Les constatations admises en décharge pour cause d'exportation ou pour toute autre cause restent aussi, bien entendu, en dehors des calculs relatifs à la prime. Id.

2° Les produits des bacs, pêches et francs-bords. Id. ;

3° Les frais de casernement. Id. ;

4° Les recettes extraordinaires. Id. ;

5° Les produits à la charge des administrations de la guerre et de la marine.

Ces produits sont indiqués par nature à la suite du tableau. Id. ;

6° Les produits des salines de l'Est. Id. ;

7° Les produits des amendes et confiscations (portions du Trésor). Id. ;

8° Les douzièmes dus par les récoltants et non échus à l'époque du paiement des primes. Id. ;

9° Les décharges de droits accordées ou proposées sur les produits passibles de prime. Id. ;

10° Les produits des grandes entreprises de voitures publiques à Paris. C. nos 1716 du 10 déc. 1828 et n° 97 du 31 déc. 1834 ;

11° Enfin les droits sur les sucres indigènes. Lett. comm. du 4 janvier 1839.

1588. Si des cas de déduction non prévus par le modèle se présentaient dans quelques directions, des colonnes intercalaires seraient placées avant celle du total au tableau de développement. C. n° 97 du 31 déc. 1834.

1589. Un état de situation des *restes à recouvrer sur l'année précédente* (V. 734 à 755) est produit au moment du paiement des primes. C. n° 66 du 22 août 1821, n° 61 du 30 mars 1833 et n° 97 du 31 déc. 1834.

A l'appui de cet état, on joint un état de développement des sommes portées dans la colonne des restes à recouvrer. C. n° 61 du 30 mars 1833 et n° 97 du 31 déc. 1834.

1590. A l'expiration des trois mois qui suivent l'exercice, la totalité des produits, qu'ils soient ou non recouvrés, doit être versée par les employés responsables, à moins que l'Administration n'ait autorisé la reprise de ces sommes. C. n° 66 du 22 août 1821. V. **Reprises indéfinies**, 756 à 764.

Pièces justificatives.

1591. Il est produit :

1° Etat de fixation arrêté par l'Administration ;

2° Certificat des directeurs, constatant que les produits ont été soldés dans le délai fixé ;

3° Quittance de l'ayant droit. § 361 de la Nomencl. du Règl. de 1866.

§ II. Vacations des commissaires de police pour le service de la garantie.

(Ligne 153 du bordereau 91.)

1592. Les frais de vacations des commissaires de police ou officiers municipaux, requis d'assister les employés de la garantie dans l'exercice de leurs fonctions chez les fabricants et marchands d'ouvrages d'or et d'argent, seront réglés d'une manière uniforme, à raison de 3 francs pour la première vacation de trois heures et au-dessous, et de 1 franc par heure pour le temps employé au delà de trois heures. D. M. F. du 23 avr. 1823 et § 363 de la Nomencl. du Règl. de 1866.

Cette disposition n'est pas applicable à la ville de Paris. D. M. F. du 23 avr. 1823 et C. n° 1 du 15 mai 1823.

Dans le département de la Seine (Paris excepté), les vacations sont payées sur le pied de 5 francs et de 1 franc 66 centimes, selon leur durée. Ibid.

Un décret du 31 juillet 1850 a institué à Paris six commissaires de police à traitement fixé, à la charge de la Régie.

En accordant, dans les départements, 1 franc par heure en sus de trois heures fixées pour la première vacation, la décision ministérielle du 23 avril 1823 a bien entendu que cet excédent ne serait alloué qu'autant qu'il y aurait une heure de plus de travail. C. n° 12 du 28 mars 1824.

1593. Les visites chez les assujétis en matière de garantie rentrant dans le service ordinaire des employés, on doit suivre, pour la justification des exercices et des dépenses, un mode différent de celui adopté pour les visites chez les non-assujétis. Lors donc que, dans le cours des visites faites chez les orfèvres, bijoutiers, horlogers, etc., il n'aura point été opéré de saisie, les employés dresseront un état qui indiquera :

1° L'heure à laquelle les visites auront commencé ;

2° Les noms et grades des préposés ;

3° Les noms, professions et demeures des assujétis visités ;

4° L'heure précise à laquelle les visites auront été terminées. C. n° 1 du 15 mai 1823.

Cet état sera signé par les employés qui auront effectué les visites, et par l'officier public qui les aura accompagnés. Il sera visé par le contrôleur de la garantie, ou, selon le cas, par le contrôleur ou le sous-directeur qui aura donné l'ordre de service, puis remis au directeur, qui le transmettra à l'Administration et en recevra l'autorisation de faire acquitter le montant desdites vacations. Id.

1594. La durée de la vacation étant de trois heures, et plusieurs assujétis devant être exercés dans cet espace de temps, il serait possible qu'après avoir fait chez quelques-uns des recherches inutiles, on découvrît chez un autre une contravention qui donnât lieu à la rédaction d'un procès-verbal. Dans ce cas, le montant de la vacation, bien qu'elle n'ait pas été entièrement employée chez cet assujéti, devra être compris dans les frais du procès-verbal et sera prélevé soit sur le montant des condamnations, soit sur le produit de la vente des objets saisis. Ainsi ce n'est que dans le cas où, pendant la durée d'une vacation, il n'aura point été fait de saisie, que les frais devront en rester à la charge de la Régie. Id.

1595. Pour mettre les directeurs à même de transmettre leurs propositions avec plus de promptitude et de régularité, l'Administration fournit, comme papier de service, les modèles des deux états dont l'usage est le plus général, savoir : celui qui est prescrit pour constater les visites faites avec l'assistance des commissaires de police (modèle n° 157), et l'état récapitulatif de tous les frais par département (modèle n° 158). C. n° 8 du 21 juill. 1823 et n° 12 du 28 mars 1824.

1596. L'état récapitulatif (n° 158) à fournir pour chaque trimestre devra être le relevé des états partiels (n° 157) que les employés doivent adresser pour cha ue jour de visite. C. n° 8 du 21 juill. 1823. V. 2014 et 2015.

Il est, du reste, bien entendu que le paiement des frais de vacation ne doit avoir lieu qu'après avoir été autorisé par l'Administration, et qu'alors seulement la dépense qui en résulte doit être portée au bordereau 91. Id. Il n'y a pas lieu, dès lors, de porter ces frais au compte des avances provisoires.

1597. L'indemnité allouée aux commissaires de police ou officiers municipaux peut être réglée par abonnement avec les communes. § 363 de la Nomencl. du Règl. de 1866.

Pièces justificatives.

1598. En cas d'**allocation d'après un tarif**, il y a lieu de produire les justifications exigées pour les indemnités variables, savoir :

1° État nominatif dûment arrêté, présentant les bases du calcul des droits acquis et la somme à payer à chaque fonctionnaire ou agent;

2° Quittance de l'ayant droit, par émargement ou séparée. § 363 précité et Nomencl. des justif. communes (lettre C) du Règl. de 1866.

1599. En cas d'**abonnement avec les communes**, il est produit :

1° Extrait de la décision qui a fixé le taux de l'abonnement;

2° Quittance à souche du receveur communal.

§ III. Frais judiciaires.

(Lignes 154 et 155 du bordereau 91.)

1600. Cet article comprend les frais judiciaires à la charge de l'Administration ou admis en reprise indéfinie. § 364 de la Nomencl. du Règl. de 1866.

Les frais des actions exercées au nom de l'Administration, pour assurer la rentrée des droits, ou par suite de contraventions, sont payés à titre d'avance. §§ 364 et 354.

1601. Les procès-verbaux dressés par les gendarmes en exécution de l'article 5 de la loi du 28 février 1872 doivent être timbrés et enregistrés *au comptant*.

Il importe que ces militaires rentrent immédiatement dans les avances qu'ils sont généralement obligés de prélever sur leur solde.

L'Administration a décidé qu'au moment où ils remettront leurs actes au comptable le plus voisin de leur résidence (receveur principal, receveur particulier sédentaire ou receveur ambulant), les frais de timbre et d'enregistrement devront leur être remboursés. C. n° 82 du 15 févr. 1873.

1602. Sur le simple acquit du gendarme qui aura fait le dépôt du procès-verbal, le comptable de la Régie paiera la somme reconnue avoir été déboursée et dressera l'état de frais, dont le montant sera inscrit aux registres n°s 87 et 89 B, ou au sommier 76, ainsi qu'au bordereau 80, selon que le paiement aura été effectué par un receveur principal ou par un receveur subordonné. Id.

Ces dispositions sont étendues à tous les agents (autres que les préposés d'octroi) autorisés à verbaliser en matière de contributions indirectes. Id.

Il est tenu un registre de développement des avances pour frais judiciaires. V. 166 à 194.

1603. Lorsque les affaires sont terminées et que les frais n'ont pas été remboursés par les contribuables ou les contrevenants, ils sont reportés parmi les dépenses publiques sous les dénominations de *frais judiciaires tombés à la charge de l'Administration*, et de *frais judiciaires admis en reprise indéfinie*. §§ 354 et 364 précités.

Sous le premier titre, on comprend les frais faits pour les affaires que l'Administration n'a pas suivies ou dans lesquelles elle a succombé, et dont les parties adverses ont été déchargées. Id.

Sous le second titre, on porte les frais dus par les contribuables ou les contrevenants dont l'insolvabilité ou la disparition ne laisse aucun espoir actuel de recouvrement. Id.

1604. Cependant, comme il est possible que, par la suite, les débiteurs, contre lesquels l'Administration conserve son recours, deviennent solvables, on inscrit les frais ainsi avancés sur un registre spécial, afin d'être en mesure d'exercer de nouvelles poursuites. Id. V. **Reprises indéfinies**, 756 à 764.

1605. Les recouvrements qui peuvent être faits alors, à valoir sur ces frais, sont portés en recette extraordinaire. Id.

1606. L'admission en dépense de tous les frais judiciaires est prononcée par l'Administration, sur la proposition des directeurs, appuyée des pièces justificatives.

Lorsque sa décision est connue, les écritures sont passées sans attendre l'ordonnance de délégation. C. n° 55 du 31 décembre 1832.

1607. Pour cette nature de dépense, c'est toujours la date de la décision administrative qui détermine l'exercice sur lequel elle doit être imputée.

1608. Les frais de poursuites à admettre en reprise indéfinie sont présentés en même temps que le capital de la dette. V. 756 à 764.

A l'appui de la dépense des frais admis en reprise indéfinie, on doit produire en *duplicata* les procès-verbaux de carence, les certificats d'insolvabilité ou de disparition des redevables, ou au moins une note faisant connaître l'ordonnance à laquelle les certificats originaux ont été annexés. CC. n° 62 du 24 mai 1856 et n° 108 du 30 décembre 1880.

Ces copies sont établies sur papier non timbré. Id.

1609. Les dépenses résultant des frais judiciaires *tombés à la charge de l'Administration ou admis en reprise indéfinie* ont cessé d'être classées parmi les dépenses *d'urgence*. CC. n° 94 du 3 juin 1872.

Cette classification n'a pas paru devoir être maintenue, attendu que les dépenses de cette origine, acquittées tout d'abord au compte des avances à régulariser, ne sont définitivement inscrites aux dépenses publiques qu'après que le conseil d'Administration a statué sur les propositions des directeurs. Elles sont maintenant l'objet d'un ordonnancement préalable.

Au surplus, pour obvier aux inconvénients que présentait, au point de vue de l'ordre de la comptabilité, le mode de transmission des pièces, qui étaient remises directement par l'Administration à la direction générale de la comptabilité publique, ces pièces sont aujourd'hui renvoyées dans les départements pour être rattachées à la comptabilité du mois et à celle du receveur qu'elles concernent. CC. n° 94 du 3 juin 1872.

Pièces justificatives.

1610. Il est produit pour les **frais judiciaires tombés à la charge de l'Administration** des justifications distinctes, selon qu'il s'agit des *frais exposés* ou des *frais résultant de condamnations* ; savoir :

Frais exposés.

1° Etat récapitulatif des frais, dressé par l'agent qui en a fait l'avance, visé et arrêté par le directeur, et accompagné des originaux des actes ;

Ou, s'il y a lieu, état des frais (T) dûment taxé ;

2° Décision de l'Administration. §§ 354 et 364 précités.

Frais résultant de condamnations.

1° Expédition (T) ou extrait du jugement, ou acte de signification (T);
2° Etat des frais (T), dûment taxé, ou exécutoire des dépens (T);
3° Quittance des ayants droit. Id.

1611. Pour les **frais judiciaires admis en reprise indéfinie**, le comptable produit les pièces suivantes :

1° Procès-verbaux de carence, ou certificats soit d'insolvabilité, soit de disparition ;

2° Procès-verbaux de vente ou de destruction des objets saisis;

3° Etat des frais (T), visé et arrêté par le directeur, et quittancé par les ayants droit (cet état n'est pas soumis au timbre s'il émane d'un préposé de l'Administration).

4° Décision de l'Administration. Id.

§ IV. Honoraires des avocats, avoués et conseils de l'Administration.

(Ligne 156 du bordereau 91.)

1612. Dans les localités où la Régie juge à propos d'allouer un traitement fixe à son avocat, elle fait ordonnancer d'office ce traitement aux époques auxquelles il doit être payé.

Les directeurs qui jugent à propos d'avoir un avocat à traitement fixe doivent traiter cette question sous le timbre du contentieux.

Pièces justificatives.

1613. Il est produit :

1° Copie de la décision administrative qui autorise l'allocation ;

2° Quittance de l'ayant droit. §§ 354 et 364 de la Nomencl. du Règl. de 1866.

§ V. Contribution foncière des bacs, francs-bords, canaux et fabriques d'allumettes chimiques.

Contribution foncière.

1614. La Régie paie les contributions foncières assises sur les maisons éclusières et magasins dépendant du domaine public. C. n° 203 du 3 mai 1839.

Les maisons éclusières sont imposées comme terres de 1re qualité, et non comme maisons, en raison du terrain qu'elles occupent. Id.

Les canaux et francs-bords sont également imposés comme terres de 1re qualité. Id.

Quant aux maisons et usines (autres que les maisons éclusières et les magasins occupés par l'Etat) dépendant de ces canaux, elles sont imposées comme les autres propriétés de la même nature. Art. 3 de la Loi du 5 flor. an XI et C. précitée.

1615. Il importe de remarquer que, d'après la loi du 5 floréal an XI, les maisons éclusières doivent être imposées non comme maisons, mais comme terre de première qualité, en raison du terrain qu'elles occupent. Il suit de la même disposition que, lorsqu'elles sont comprises dans les francs-bords, elles ne doivent pas être portées particulièrement au rôle, si l'impôt est déjà acquitté sur les francs-bords mêmes. C. n° 203 du 3 mai 1839.

1616. Le paiement de la contribution foncière doit être régularisé par l'ordonnancement. C. n° 55 du 31 déc. 1832.

A cet effet, on adresse, au commencement de chaque année, un état des crédits à ouvrir pour cette dépense. C. n° 203 du 3 mai 1839.

Les propositions de crédits à ouvrir pour acquitter la contribution foncière sont formulées au moyen d'états conformes aux modèles fournis par l'Administration. C. n° 443 du 24 janvier 1857. V. *Tabl. synopt.* n°s 89, 90.

1617. Aussitôt que les sous-directeurs auront vérifié les avertissements remis par les percepteurs de leur arrondissement, ils les classeront par *cours d'eau* et les dépouilleront, dans cet ordre, sur un état semblable au modèle n° 1 (*Tabl. synopt.* n° 89). Id.

Cet état sera transmis, avec les pièces à l'appui, aux directeurs, qui le feront dépouiller dans le même ordre, c'est-à-dire par cours d'eau, sur un relevé conforme au modèle n° 2 (*Tabl. synopt.* n° 90), lequel offrira ainsi distinctement le montant de la contribution foncière assise sur la partie des rivières ou canaux traversant chaque direction. Ce relevé sera adressé à l'Administration, accompagné des avertissements ou extraits de rôle et des tableaux (modèle n° 1) fournis par les sous-directeurs. Id.

Chacun des états (modèles n°s 1 et 2) devra être adressé en double expédition ; aucun d'eux ne pourra concerner les contributions afférentes à plusieurs exercices. Id.

Avant de procéder à la formation de l'état modèle n° 2, les directeurs s'assureront que les avertissements sont établis régulièrement ; que les parcelles de terrain y mentionnées appartiennent bien aux canaux et rivières canalisées, ou en constituent des dépendances ; et surtout qu'aucune des contributions réclamées ne se rapporte à des bacs ou passages d'eau, l'impôt auquel sont assujéties ces sortes d'exploitations devant toujours être acquitté par les fermiers, sauf les cas très rares où les cahiers des charges ne leur en imposeraient pas l'obligation. Id.

1618. Lorsque quelque doute s'élèvera dans l'esprit des directeurs sur l'exigibilité d'une contribution réclamée, ils consulteront la matrice cadastrale déposée à la direction des contributions directes, et ils feront opérer, s'il y a lieu, les redressements nécessaires. Ils auront soin de se pourvoir immédiatement devant le conseil de préfecture, afin d'obtenir le dégrèvement des sommes indûment payées, dans le cas où des parcelles de terrain auraient été mal à propos imposées au nom de l'Administration. C. n°s 203 et 443 précitées.

Mais il est de principe, en matière de contribution directe, que, lors même qu'il y a lieu à réclamation, l'impôt n'en doit pas moins être provisoirement acquitté ; la circulaire n° 203 a autorisé le paiement, sur avance provisoire, des *termes échus*, en attendant la décision de l'Administration sur les propositions de crédits à ouvrir. C. n° 443 précitée.

1619. Afin d'éviter la complication des écritures qu'amène nécessairement la multiplicité des quittances délivrées par les percepteurs à qui des acomptes ont été payés, les directeurs sont autorisés à faire solder, au commencement de chaque année, après la vérification des extraits de rôle, le montant total de la contribution foncière à la charge de l'Administration, même lorsqu'il conviendra de poursuivre un dégrèvement. Cette dépense, inscrite au registre n° 89 B, sera ultérieurement régularisée. Id.

1620. A l'égard des demandes de crédits pour des contributions relatives à des exercices clos, on attendra l'autorisation de l'Administration pour obtenir la dépense provisoire, qui ne peut être rendue définitive que par une loi. Id.

En général, les cahiers des charges imposent aux adjudicataires l'obligation de payer la contribution foncière assise sur les bacs. Dans le cas où la Régie devrait en être chargée, les crédits seraient demandés de la même manière que pour les canaux.

1621. L'Administration acquitte également la contribution foncière applicable aux fabriques d'allumettes qu'elle a achetées par voie d'expropriations aux anciens fabricants, et qui servent actuellement à la Compagnie concessionnaire du monopole. Aux termes de la circul. n° 344 du 5 août 1882, les états de proposition d'admission en dépense de la contribution foncière applicable aux fabriques d'allumettes doivent être adressés à l'Administration, en double expédition, du 5 au 10 octobre. On y joint, outre les quittances, les avertissements délivrés par le percepteur. Il est utile de vérifier les calculs d'après lesquels la taxe a été établie, en multipliant la quotité de cette taxe par le revenu. La contribution des portes est payée par la Compagnie, en sa qualité de locataire.

Pièces justificatives.

1622. Il est produit :

1° Avertissement ou extrait des rôles ;

2° Quittance à souche du percepteur. § 365 de la Nomencl. du Règl. de 1866.

Impôt des portes et fenêtres.

1623. Les fonctionnaires et les employés civils et militaires, logés gratuitement dans des bâtiments appartenant à l'Etat, aux départements, aux arrondissements, aux communes ou aux hospices, seront imposés nominativement pour *les portes et fenêtres* des parties de ces bâtiments servant à leur habitation personnelle. Art. 27 de la Loi du 21 avril 1832.

Les directeurs veilleront à ce que l'impôt *des portes et fenêtres* établi sur les maisons éclusières soit mis à la charge des agents qui les habitent et qui, aux termes de l'article 27 de la loi du 21 avril 1832 (*circulaire n° 203 du 3 mai* 1839), doivent être nominativement imposés au rôle. Ils s'entendront, s'il en est besoin, avec leurs collègues des contributions directes, afin que des avertissements spéciaux soient adressés à ces agents. C. n° 443 du 24 janvier 1857.

Pour ceux de ces bâtiments qui seraient inhabités, l'impôt des portes et fenêtres ne serait pas exigible : ainsi, dans aucun cas, la Régie ne peut avoir à acquitter cette nature de contributions. C. n° 203 du 3 mai 1839.

Sect. II. — Achats de tabacs, primes et transports.

§ Ier. Achat de tabacs repris des débitants ou provenant de saisies, et primes d'arrestation.

(Ligne 158 du bordereau 91.)

1624. Cet article comprend :

1° La dépense de la valeur des tabacs saisis, jugés propres à la fabrication ;

2° La prime accordée aux saisissants lorsque le tabac est impropre à la fabrication ;

3° La prime allouée aux saisissants pour l'arrestation de chaque colporteur ;

4° Le remboursement du prix des tabacs reversés à l'entrepôt par les débitants, en cas de fermeture de débits. § 366 de la Nomencl. du Règl. de 1866.

Tabacs saisis.

1625. La dépense de la valeur des tabacs saisis, jugés propres à la fabrication, est balancée, pour une partie, par une recette correspondante.

En effet, cette valeur se partage comme suit, après prélèvement d'un tiers au profit de l'indicateur :

1/2 aux saisissants ;

1/4 au Trésor ;

1/4 au service des pensions civiles.

Il est accordé par 100 kilogrammes, 200 francs pour les tabacs propres à la fabrication du tabac ordinaire, 150 francs pour les tabacs de cantine propres à être vendus sans préparation nouvelle, et 125 fr. s'ils sont simplement jugés susceptibles d'emploi dans la fabrication du tabac de cantine. Art. 3 de l'Ord. du 31 déc. 1817 ; art. 3 du Décret du 1er octobre 1872 ; C. n° 71 du 4 nov. 1872.

1626. En cas de saisie de tabac de qualité supérieure, et jugé susceptible d'être vendu par la Régie comme tabac de choix, les saisissants reçoivent, en sus du prix le plus élevé, une indemnité qui est réglée par le conseil d'Administration. Art. 4 id.

Cette indemnité est payée sur mandat spécial. C. n° 29 du 16 mars 1818.

1627. Lorsque le tabac est impropre à la fabrication, on accorde aux saisissants une prime qui a été fixée à 50 francs par quintal métrique. C. n° 29 du 16 mars 1818 ; Décret du 1er octobre 1872 ; C. n° 71 du 4 novembre 1872.

1628. Les indicateurs ont droit au tiers de la prime qui tient lieu du prix des tabacs à détruire ; les deux autres tiers appartiennent aux saisissants. Il n'y a pas, sur cette prime, de retenue à faire pour les pensions. Id.

Prime allouée aux saisissants pour l'arrestation de chaque colporteur.

1629. Cette prime ne sera acquittée qu'autant que les contrevenants auront été constitués prisonniers, ou qu'amenés devant le directeur des contributions indirectes, ils auront fourni caution, ou auront été admis à transaction. Art. 1er de l'Ord. du 31 déc. 1817.

Le montant en est fixé à 15 fr. par chaque personne arrêtée. Id.

Elle est due à tout individu, préposé ou non, ayant facilité l'arrestation. Art. 2 de l'Ord. du 20 sept. 1815.

1630. Les indicateurs n'ont aucune part dans la prime d'arrestation, à moins qu'ils n'y aient coopéré ; elle est acquise à ceux-là seuls qui ont appréhendé le colporteur, par égale portion et sans distinction de grade. C. n° 29 du 16 mars 1818.

1631. La prime de 15 francs accordée par l'article 1er de l'ordonnance royale du 31 décembre 1817 est acquise, en règle générale, pour chaque individu arrêté contre lequel il aura été rédigé un procès-verbal régulier, constatant la saisie de 50 décagrammes au moins de tabac de fraude. C. n° 141 du 21 mars 1837, et circul. 280 du 12 janvier 1843.

1632. La prime est également payée lorsque la quantité saisie est inférieure à 50 décagrammes, mais sous la condition expresse que le procès-verbal établira qu'il y a eu précédemment, de la part du contrevenant, tentative répétée de plusieurs introductions minimes constatées dans un court intervalle de temps par les préposés des douanes qui auront procédé à son arrestation. Cette circonstance, prouvant en effet la réalité du colportage, qui s'exerce souvent sur de très faibles quantités, emporte nécessairement le paiement de la prime. Id.

Il sera fait exception aux règles qui précèdent :

1° Lorsqu'une quantité quelconque de tabac, saisie sur plusieurs contrebandiers, ne représentera pas 50 décagrammes par individu ;

2° Lorsqu'une arrestation ayant été faite pour tentative frauduleuse d'importation de marchandises diverses, quelques quantités de tabac seront trouvées mêlées à ces marchandises dans la proportion de moins de 50 décagrammes par personne arrêtée. Id.

Il est évident que, dans ces deux cas, l'arrestation des fraudeurs ne résultera pas de ce qu'ils auront été trouvés nantis de quelques décagrammes de tabac, puisque, en l'absence d'autre motif, la douane se borne, pour les contraventions de l'espèce, à capturer le tabac sans rédiger de procès-verbal et sans appréhender le porteur. Id.

1633. Les primes ne subissent pas la retenue au profit des pensions civiles. Elles sont acquittées d'urgence comme la valeur des tabacs sur la production d'un état n° 71.

Tabac repris des débitants.

1634. Si un débit venait à être fermé et que les quantités restées invendues ne fussent pas prises par le nouveau titulaire, ces quantités seraient reversées à l'entrepôt de tabacs qui les aurait livrées, et le prix en serait remboursé au débitant sortant de fonctions ou à ses ayants cause. Art. 77 de l'Instr. n° 39 du 7 juin 1811 ; C. n° 163 du 14 nov. 1853.

Frais de destruction et d'emballage des tabacs saisis.

1635. Les frais de cette espèce sont payés d'urgence et portés au compte des avances ; le directeur sollicite ensuite l'ordonnancement.

Ses propositions doivent être appuyées d'un état de proposition en double expédition et du mémoire des ouvriers ou fournisseurs.

Pièces justificatives.

1636. Il est produit :

1° Extrait des procès-verbaux d'expertise des tabacs saisis, constatant les quantités saisies et leur prise en charge par l'entreposeur, et présentant le décompte des sommes à répartir ;

2° Certificat de la prise en charge ;

3° Autorisation de l'Administration ;

De plus, selon l'emploi ou la qualité des saisissants :

4° Quittances ou émargements des employés des tabacs ;

5° Quittance à souche du receveur principal des contributions indirectes ou des douanes ;

6° Quittance de l'officier commandant autorisé à recevoir, pour la par revenant à des militaires, ou du conseil d'administration pour la gendarmerie.

En cas d'indemnité au-dessus du prix fixé par le tarif, décision spéciale de l'Administration ;

7° Décompte des tabacs repris ;

8° Certificat de prise en charge ;

9° Quittance de l'ayant droit. § 366 de la Nomencl. du Règl. de 1866.

Sur l'état de répartition (n° 71), on doit apposer autant de timbres mobiles de 10 centimes qu'il y figure d'agents, si la somme revenant à chacun d'eux s'élève à plus de 10 francs. Loi du 23 août 1871.

§ II. **Frais de transport de tabacs et frais accessoires dans les entrepôts.**

1637. Cet article comprend :

1° Les frais de transport des manufactures de tabacs aux entrepôts des contributions indirectes ;

2° Les frais accessoires réglés par l'Administration sur mémoires ou factures. § 367 de la Nomencl. du Règl. de 1866 ;

3° Les menus frais d'entrepôt, et frais de classement des tabacs saisis ;

4° Les remises accordées aux entreposeurs chargés de la vente directe des tabacs de luxe.

Frais de transport.

1638. Un nouveau traité a été passé avec les compagnies de chemins de fer, pour le transport des tabacs. C. n° 442 du 16 janvier 1886.

1639. Les frais de transport des tabacs sont acquittés d'urgence dans les départements, hors le cas où le receveur principal ou l'entreposeur se trouve à la résidence même du directeur. C. n° 341 du 2 juill. 1846 et n° 310 du 1er août 1855.

Les acquits-à-caution sont remis pour comptant au receveur principal, lors du versement de fin de mois. C. n° 310 du 1er août 1855.

Le vu *bon à payer* est rempli par le directeur des contributions indirectes, s'il s'agit de tabacs expédiés aux entrepôts. Id.

S'il s'agit au contraire de tabacs reçus par les magasins et les manufactures, le mandatement doit être fait par l'un des ordonnateurs secondaires de l'Administration des tabacs. C. n° 738 du 28 fév. 1861, et C. de l'Adm. des tab. du 28 fév. 1861.

1640. Lorsque la vérification fait reconnaître une avarie, les tabacs avariés sont renvoyés immédiatement en manufacture pour y être l'objet d'un bénéficiement. Le paiement des frais de transport reste alors suspendu jusqu'au moment où l'entreposeur a reçu avis que la compagnie adjudicataire a remboursé la valeur du dommage. C. n° 917 du 14 juill. 1863.

Deux tableaux imprimés à la suite du nouveau traité des transports indiquent : l'un, les prix à rembourser pour les tabacs avariés ou perdus dont il n'aura pu être fait aucun usage ; l'autre, les prix à payer pour les tabacs soustraits ou perdus dont il aura pu être fait usage. C. n° 442 du 16 janvier 1886. V. 1278.

1641. Après la décharge de l'acquit-à-caution, après le paiement des frais de transports, aucun recours ne peut plus être exercé contre l'agence des transports. La responsabilité existe alors tout entière pour l'entreposeur. C. nº 917 du 14 juill. 1863.

Dans leur propre intérêt, les entreposeurs doivent donc examiner eux-mêmes avec le plus grand soin tous les colis qu'ils reçoivent et provoquer la vérification complète de ceux dont l'état ferait soupçonner une soustraction ou une avarie. C. nº 917 du 14 juill. 1863 et 521 du 11 déc. 1857.

1642. Relativement aux écritures que nécessite le remboursement des pertes et avaries, les comptables font distinctement *dépense* des frais de transport afférents aux quantités reconnues saines à l'arrivée, et *recette* du prix intégral versé par les compagnies pour perte, soustractions ou avaries. CC. nº 64 du 10 déc. 1857.

Quand il s'agit de retenues pour retard de route, défaut de fardage ou de bâchage, etc., elles sont toujours déduites du montant des frais de transport à porter en dépense ; il n'en est passé aucune écriture. Id.

L'Administration doit être informée exactement de tous les incidents qui, aux termes des règlements, pourraient motiver une retenue sur le prix de voiture ou un recours quelconque contre l'agence des transports. C. nº 917 du 14 juill. 1863.

Les coupons d'acquits-à-caution portant décompte des frais de transport sont acquittés par les agents des compagnies. On y appose le timbre de 10 c. quand la somme à payer excède 10 fr. CC. nº 117 du 3 février 1886.

Colis vides.

1643. L'Administration des manufactures de l'Etat reconnait fréquemment que les acquits-à-caution délivrés par les entreposeurs pour le renvoi de colis vides n'indiquent pas avec exactitude le poids des chargements. De là des difficultés pour le règlement des frais de transport.

Des recommandations expresses ont été faites aux entreposeurs à l'effet de constater avec une entière précision le poids des colis, caisses et autres matériaux d'emballage dont ils effectuent le renvoi. Dans ce but, une pesée effective doit toujours être opérée. S'en rapporter aux tares inscrites sur les colis, ce serait, notamment pour les colis ayant contenu du scaferlati et des cigares, se mettre tout à fait en dehors de la vérité. C. nº 64 du 30 août 1872.

1644. Les entrepôts qui sont tenus, dans certaines conditions, de renvoyer *montés* leurs tonneaux et caisses vides ont été désignés par la Régie. Les autres entrepôts ne peuvent pas employer ce mode d'expédition. Lett. comm. nº 22 du 20 mai 1864 et nº 27 du 15 mai 1865.

Dans tous les cas, il n'y a lieu de renvoyer *montés* que les colis en bon état de conservation ou ceux qui exigeraient seulement un léger travail pour être utilisés en manufacture. Les colis qui ne se trouvent pas dans ces conditions, et tous les colis *quelconques* sur lesquels la manufacture a apposé la marque *à démonter*, doivent être démolis à l'entrepôt, les parties en bon état étant seules renvoyées en manufacture, et les autres étant livrées aux Domaines. Id.

Le refonçage des tonneaux doit être l'objet de soins attentifs, et rien ne doit être négligé pour mettre les colis en état de supporter le transport depuis l'entrepôt jusqu'à la manufacture. Id.

Les acquits-à-caution délivrés pour le renvoi de colis vides *montés* devront *toujours* présenter des indications précises sur le conditionnement des colis. Id.

En ce qui concerne les tonneaux, l'entreposeur devra déclarer *qu'ils sont foncés des deux côtés et garnis de leurs cercles, que leurs jables sont intacts, enfin que les douves et les fonds sont en bon état de conservation.* Id.

Quant aux caisses, il y aura lieu d'énoncer *qu'elles sont munies de leurs couvercles et qu'elles n'ont aucune planche brisée.* Id.

Avant de transcrire sur les acquits-à-caution les renseignements qui viennent d'être précisés, les entreposeurs devront *personnellement* examiner avec soin tous les colis. Le bon conditionnement des emballages étant positivement établi au départ de l'entrepôt, la responsabilité des avaries qui pourraient être reconnues à l'arrivée resterait à la charge de la compagnie des transports. Id.

Déjà plusieurs entreposeurs ont eu à supporter pécuniairement les conséquences de l'inobservation de ces règles, de ces recommandations. Id.

Frais accessoires.

1645. Les frais accessoires sont réglés par l'Administration sur mémoires ou factures.

Menus frais d'entrepôt.

1646. Le tarif des menus frais d'entrepôt a été établi ainsi qu'il suit: 1° un centime pour chaque plomb apposé sur les sacs des débitants de tabac; 2° dix centimes par colis démonté, renvoyé en manufacture. C. n° 20 du 5 janvier 1829.

Ces dépenses sont acquittées d'urgence. L. C. n° 5 du 22 janvier 1826.

On les classe dans les frais accessoires des entrepôts. Note comm. du 25 mars 1880.

Les menus frais payés sont portés à la connaissance de l'Administration par l'état des crédits n° 155.

Ce simple renseignement suffit pour qu'elle en fasse ordonnancer la dépense. C. n° 95 du 26 décembre 1834.

Frais de classement de tabacs saisis.

1647. Les entreposeurs reçoivent annuellement, pour classement de tabacs saisis, une indemnité calculée à raison de 25 centimes par classement et

1 centime par kilog. de tabacs saisis et classés. Cette indemnité ne leur est toutefois allouée qu'autant que le décompte s'élève, au minimum, à 25 francs. *Correspondance.*

Un état spécial présentant le décompte de cette indemnité est produit en fin d'année. Après ordonnancement, cet état est revêtu de l'acquit de l'entreposeur.

Remises spéciales pour la vente des tabacs de luxe.

1648. Les entreposeurs chargés de la vente des tabacs et cigares de luxe dits exceptionnels sont rémunérés de cette vente spéciale au moyen de remises proportionnelles calculées d'après le tarif ci-après :

Ventes inférieures à 1 million 1 p. %
Au delà. . . . . 1/2 p. %

Art. 1er du Décret du 27 avril 1877.

Des instructions spéciales pour l'application de ces dispositions sont données aux directeurs dans la circonscription desquels sont installés des entrepôts de l'espèce.

Pièces justificatives.

1649. Les **frais de transport** des manufactures de tabacs aux entrepôts des contributions indirectes se justifient par la production des pièces indiquées aux nos 1525 et 1526.

Il est produit pour les **frais accessoires** réglés par l'Administration :
1° Mémoire ou facture (T) liquidé et arrêté ;
2° Quittance de l'ayant droit. § 367 de la Nomencl. du Règl. de 1866.

Sect. III. — Dépenses diverses. Manufactures de l'Etat.

§ 1er. Frais inhérents au paiement des dépenses du service des tabacs.

(Ligne 188 du bordereau 91.)

1650. Jusqu'en 1873, les indemnités que l'Administration des manufactures de l'Etat alloue aux comptables des contributions indirectes qui sont chargés de payer les dépenses de son service avaient été fixées chaque année de concert entre les deux Administrations.

A ce système d'allocations arbitraires, il a paru à propos de substituer un système d'allocations basées sur le nombre et sur l'importance des paiements.

Voici les règles actuellement appliquées :

Manufactures et magasins de transit.

1651. Les comptables reçoivent 10 centimes par pièce de dépense de toute nature, quelles qu'elles soient, qui figurent sur l'état n° 95 (1). Quant à la remise afférente aux paiements, elle est calculée d'après le tarif suivant :

Jusqu'à 250.000 fr.	0.50	c. le mille
De 250.000 à 500.000.	0.25	—
De 500,000 à 1 million.	0.20	—
De 1 million à 2 millions.	0.15	—
De 2 millions à 4 millions.	0.10	—
Au-dessus.	0.05	—

Un minimum de 300 fr. est assuré au comptable par chaque établissement. Lett. comm. du 4 sept. 1873.

Magasin de feuilles.

1652. Lorsque le paiement des sommes revenant aux planteurs a lieu à la résidence, une indemnité de 10 fr. par jour de livraison est attribuée au receveur principal pour frais de commis auxiliaires. L'allocation est de 15 fr. par jour lorsque les paiements sont effectués hors de la résidence. Dans ce dernier cas, il est d'ailleurs alloué, pour transport de fonds, 10 centimes par mille francs et par kilomètre quand les transports ont lieu par voie de terre, et 2 centimes par mille francs et par kilomètre, lorsque les transports ont lieu par voie de fer. Id.

Indépendamment de ces allocations, le comptable reçoit pour toutes les dépenses, aussi bien pour les dépenses inhérentes aux livraisons que pour les dépenses de matériel et de personnel, une indemnité calculée d'après les bases fixées pour les paiements relatifs aux manufactures et magasins de transit, c'est-à-dire d'après le nombre des pièces de dépense et l'importance des paiements. Id.

Dans ces conditions, aucune indemnité n'est accordée aux comptables subordonnés qui suppléent certains receveurs principaux. Ceux-ci doivent, pour les rémunérer, prélever, sur l'allocation qui leur est personnellement attribuée, une part proportionnelle aux services rendus. Le cas échéant, les frais d'intérim seraient également à leur charge. Id.

Le minimum d'allocation est de 300 fr. lorsque les paiements ont lieu à la résidence, et de 400 fr. lorsqu'ils sont effectués au dehors. Certains comptables n'acquittent que le prix des tabacs livrés par les planteurs et les appointements du personnel, et n'ont point à subvenir aux dépenses courantes du magasin, de sorte qu'une fois la période des livraisons terminée, ils n'opèrent plus que des paiements mensuels. Dans ce cas, le minimum de 300 ou 400 fr. n'est pas applicable, et le comptable ne reçoit que le montant des décomptes établis d'après les bases générales. Id.

---

(1) Les laissez-passer n° 9 ne font pas partie des pièces de dépense.

1653. En ce qui concerne la répartition des indemnités allouées, on procède par règlements trimestriels. Un état, dont l'exactitude doit être certifiée par le directeur, est remis, avant le 10 du mois qui suit le trimestre, au chef local du service des tabacs. Sur les états des 2e, 3e et 4e trimestres, on a soin d'ailleurs de rappeler les sommes payées pendant les trimestres antérieurs. Quant aux minima, ils sont répartis par portions égales et par trimestre, pour toutes les indemnités autres que celles s'appliquant aux paiements du service des livraisons. Au contraire, les indemnités se rapportant aux livraisons sont distribuées selon les exemples donnés ci-après :

INDEMNITÉ TOTALE.	1er TRIMESTRE.	2e TRIMESTRE.	3e TRIMESTRE.	4e TRIMESTRE.
300	150	50	50	50
400	250	50	50	50

Pièces justificatives.

1654. Il est produit :

1° Etat nominatif dûment arrêté, présentant les bases du calcul des droits acquis et la somme à payer à chaque agent (voir le modèle annexé à la lettre commune du 4 sept. 1873) ;

2° Quittance (T) de l'ayant droit.

§ II. Frais judiciaires, en matière de culture autorisée, restés à la charge de l'Administration.

(Ligne 189 du bordereau 91.)

1655. Même mode de comptabilité et mêmes pièces justificatives que pour le service des contributions indirectes. V. 1600 à 1611.

§ III. Salaires des préposés temporaires, frais de vérification de culture, dépenses imprévues.

(Ligne 190 du bordereau 91.)

1656. Cet article comprend :

1° Les salaires des préposés temporaires réglés à la journée, suivant un prix fixé par l'Administration ;

2° Les indemnités des frais de tournées des directeurs des tabacs chargés du service de la culture, des directeurs et inspecteurs de la culture et des magasins ; ces indemnités sont fixées annuellement par l'Administration;

3° Les indemnités allouées exceptionnellement à quelques entreposeurs de tabacs en feuilles et contrôleurs du service de la culture, pour frais de tournées, loyers et fournitures de bureau ;

4° Les frais de tournées ordinaires et de missions spéciales autorisées par le Ministre, alloués aux inspecteurs près la direction générale, à l'ingénieur en chef et aux ingénieurs du service central des constructions, suivant un tarif spécial ;

5° Les frais de voyages et de déplacement accordés dans certains cas aux agents de différents grades, dans la proportion fixée par un règlement ministériel ;

6° Les dépenses imprévues régies suivant leur nature par les règles applicables au service ordinaire. § 387 de la Nomencl. du Règl. de 1866.

Pièces justificatives.

1657. Il est produit pour les **salaires** :

1° Etat nominatif, dûment arrêté, indiquant, pour chacun des agents y dénommés, le prix fixé, le nombre des journées et la somme à payer;

2° Quittance de l'ayant droit par émargement ou séparée. Id.

1658. Pour les **indemnités** de frais de tournées des directeurs et inspecteurs fixées annuellement par l'Administration et les indemnités allouées exceptionnellement aux entreposeurs et contrôleurs, il est produit :

1° Etat nominatif dûment arrêté, indiquant pour chaque agent :

Le grade et l'emploi ;

Le chiffre de l'indemnité annuelle ;

La date de la décision et, en cas de décision nouvelle, copie de cette décision ;

La durée du service ;

La somme à payer ;

2° Quittance de l'ayant droit par émargement ou séparée. Id.

1659. Pour les frais de **tournées ordinaires et de missions spéciales** :

1° Etat nominatif dûment arrêté, présentant les bases du calcul des droits acquis et la somme à payer à chaque agent ;

2° Actes qui ont fixé ces bases ;

Si ces pièces ont été produites antérieurement, il suffit de rappeler le compte antérieur et le mandat à l'appui desquels elles ont été produites.

3° Quittance de l'ayant droit par émargement ou séparée. Id.

1660. Pour les **frais de voyage et de déplacement** :

1° Décision qui accorde l'indemnité ou la gratification ;

2° Quittance de l'ayant droit par émargement ou séparée ;

Et, de plus, en cas d'ordonnancement collectif :

3° Etat nominatif, dûment approuvé, indiquant la somme accordée à chaque agent ;

4° Acquit de la personne autorisée à recevoir. Id.

Pour les **dépenses imprévues** :

Justifications diverses, suivant la nature de la dépense. Id.

§ IV. Secours et indemnités à des employés, à des veuves ou orphelins d'employés.

(Ligne 191 du bordereau 91.)

1661. Des secours et indemnités peuvent être accordés, par décision de l'Administration, à des veuves ou orphelins d'employés.

La dépense est justifiée par mandat spécial, dûment ordonnancé, appuyé de la décision de l'Administration et de la quittance des ayants droit.

§ V. Frais de missions.

(Ligne 192 du bordereau 91.)

1662. Les frais de missions sont fixés par décision spéciale du Ministre. § 388 de la Nomencl. du Règl. de 1866.

Il peut être pourvu à leur paiement au moyen de traites émises par les consuls de France. Id.

1663. Dans ce dernier cas, des états justificatifs de la dépense arrêtés par l'Administration, et appuyés de quittances, sont fournis ultérieurement pour être mis à l'appui des paiements de traites effectués par le caissier payeur central. Id.

Pièces justificatives.

1664. Lorsque les paiements sont effectués au moyen de **traites**, on produit :

1° Traites des consuls tirées pour acceptation et acquittées ;

2° Etats de dépense dûment arrêtés et appuyés des quittances. Id.

1665. Dans tous les **autres cas** :

1° Copie de la décision ;

2° Quittance de l'ayant droit.

§ VI. Indemnités ou primes d'encouragement aux agents de la fabrication, etc.

(Ligne 193 du bordereau 91.)

1666. Ces indemnités ou primes sont accordées par le Ministre sur la proposition de l'Administration. § 389 de la Nomencl. du Règl. de 1866.

Pièces justificatives.

1667. Il est produit :
1° Copie de la décision ;
2° Quittance de l'ayant droit.

Sect. IV. — Indemnités et secours viagers. Manufactures de l'Etat.

Indemnités et secours viagers à des ouvriers blessés ou infirmes.

(Ligne 195 du bordereau 91.)

1668. Des indemnités et secours sont accordés par l'Administration, sur la proposition du Conseil des établissements, à des ouvriers blessés ou devenus infirmes. § 386 de la Nomenclature du Règlement de 1866.

1669. Les secours annuels se paient par trimestre, comme les pensions, et, en cas de décès des titulaires, donnent lieu à décompte au profit des héritiers ou représentants. Id.

Pièces justificatives.

1670. Il est produit pour les **indemnités** :
1° Décision qui accorde l'indemnité ou la gratification ;
2° Quittance de l'ayant droit par émargement ou séparée ;
Et de plus, en cas d'ordonnancement collectif :
3° Etat nominatif dûment approuvé, indiquant la somme accordée à chacun des fonctionnaires et agents y dénommés ;
4° Acquit de la personne autorisée à recevoir. Id.
Pour les **secours**, il est produit :
1° Etats trimestriels dûment approuvés, faisant connaître le taux annuel du secours ;
2 Certificat de vie délivré par un maire ou par un notaire ;
3° Quittance de l'ayant droit.

Septième partie du Chapitre XLV.

AVANCES RECOUVRABLES.

Avances recouvrables, 1671 à 1682.
Experts chargés du classement des tabacs, 1681.
Frais de perception des octrois gérés, 1671 à 1680.
Indemn. et grat. sur les frais d'octroi, 1672, 1677.
Manuf. de l'Etat, experts, 1681.
Octrois gérés par l'Adm., 1671 à 1680.
Traités de gestion des octrois, 1673.

Sect. I. — Service des contributions indirectes. Frais de perception des octrois gérés par l'Administration.

(Ligne 162 du bordereau 91.)

1671. Cet article comprend :

Les frais de perception des octrois dans les communes qui ont traité avec l'Administration des contributions indirectes pour la perception de ce droit.

Les traités qui déterminent un abonnement annuel, fixe ou proportionnel, ou tout à la fois fixe et proportionnel, sont approuvés par le Ministre des finances. § 369 de la Nomencl. du Règl. de 1866.

1672. Les frais de perception des octrois gérés par l'Administration sont :

1° Les traitements des préposés spéciaux d'octroi fixés par l'Administration.

Ces préposés sont nommés par le préfet.

Les états de traitements sont arrêtés par le directeur.

Dans le cas où la Régie est chargée de la gestion des octrois, l'abonnement pour le traitement des employés est exigible par douzième, à la fin de chaque mois (C. nº 445 du 5 fév. 1857).

2° Les indemnités et gratifications distribuées en fin d'année, suivant décision de l'Administration, aux employés des contributions indirectes et aux préposés spéciaux d'octroi. § 369 précité.

1673. Les conventions à faire entre la Régie et les communes portent sur les traitements fixes ou éventuels des préposés. Art. 95 de l'Ord. du 9 déc. 1814.

Elles ne peuvent avoir pour objet le produit de l'impôt. Déc. du cons. d'Adm. nº 23 du 10 juill. 1816.

Des modèles de traités de gestion ont été imprimés sous les nºs 198 et 199 (service général). C. nº 525 du 24 déc. 1857.

On doit se conformer à ces modèles sans en retrancher et sans y ajouter aucune disposition. Id.

Les allocations pour frais de gestion sont fixes, éventuelles, ou à la fois fixes et éventuelles. C. n° 525 du 24 déc. 1857.

Elles sont uniquement éventuelles pour les octrois dont le produit n'atteint pas 3,000 francs. Id.

Dans ce cas, l'abonnement est réglé au moins à 10 p. 0[0 du produit brut, et on établit, en outre, un *minimum fixe* d'allocation. Id.

Lorsque le produit excède 3,000 francs, il convient de stipuler une allocation fixe, dont la proportion varie de 10 à 15 p. 0[0 des recettes brutes, sauf à y ajouter des remises éventuelles, calculées à raison de tant pour cent à partir d'un chiffre déterminé de *recettes brutes*, soit, par exemple :

Produit brut supposé 20,000 francs.

Allocation fixe 10 p. 0[0. . . . . 2.000 f.

Remises éventuelles sur le produit brut :

10 p. 0[0 depuis 15,000 fr. jusqu'à 20,000 fr. 500

5 p. 0[0 au delà de 20,000 fr. . . . .

Idem.

Ces quotités pour cent sont établies sur la moyenne des *cinq* dernières années. Id.

Les allocations fixes sont réglées en chiffres ronds, sans fractions inférieures à 50 francs. Id.

Le montant de l'abonnement étant déterminé en chiffres, d'après les bases indiquées ci-dessus, la somme totale est divisée en deux parts. Idem.

L'une de ces parts forme le traitement des préposés, payable par douzièmes. Id.

Les traitements fixes des préposés spéciaux ne présenteront pas de fractions au-dessous de 50 francs ; ils ne seront pas inférieurs à 600 francs, sauf le cas où ces préposés cumuleraient avec leurs fonctions celles de garde champêtre, appariteur, receveur rétribué d'un abattoir public, concierge de mairie, portier-consigne, etc. Id.

1674. S'il se présentait des circonstances particulières autres que celles du cumul de fonctions non incompatibles, qui fussent de nature à faire modifier le chiffre indiqué ci-dessus, le directeur adresserait à ce sujet une proposition motivée. Id.

1675. Le receveur municipal est tenu de verser la somme convenue par l'acte d'abonnement entre les mains du *principal* comptable de la Régie, qui demeure exclusivement chargé de tout paiement à faire aux employés. C. n° 7 du 17 août 1827.

La seconde part de l'abonnement est réservée pour être répartie en fin d'année, sur proposition spéciale, en indemnités aux employés de la Régie qui auront coopéré au service et en gratifications aux préposés d'octroi. C. n° 525 du 24 déc. 1857.

1676. L'Administration a fait imprimer, sous le n° 197, le modèle à produire en cas : 1° d'organisation ou de réorganisation du service ; 2° de répartition de fonds de gestion disponibles en fin d'année ; 3° de justification de l'emploi total du fonds de gestion pour les octrois où l'emploi de ce fonds est déterminé à l'avance. Id.

1677. Les directeurs adressent à l'Administration, à la fin de chaque exercice, la justification régulière de l'emploi des fonds de gestion alloués pour chaque octroi, ainsi que leurs propositions de répartition des fonds restant disponibles entre les agents de l'octroi qui, aux termes des traités, auront droit à cette rémunération. C. n° 281 du 13 avr. 1855.

Il importe que les sommes proposées soient en rapport non seulement avec le temps d'exercice de chaque agent pendant l'année, mais surtout avec l'utilité de son concours. Id.

Les indemnités des employés de la Régie sont présentées par chaque emploi, et *pour mémoire*, sur les tableaux d'organisation. C. n° 525 du 24 déc. 1857.

Celles des commis aux exercices sont approximativement de 100 francs ; celles des commis de bureaux varient, suivant les grades et l'importance du concours, de 100 à 200 francs ; les indemnités des contrôleurs ne sont pas inférieures et peuvent être supérieures à 200 francs. Id.

L'ensemble des gratifications des préposés spéciaux figure, sur le tableau d'organisation, à la suite du détail des indemnités des employés de la Régie. Idem.

Ces diverses indemnités et gratifications ne sont réglées définitivement qu'en fin d'année. Id.

Elles sont alors dévolues non pas à l'emploi, mais à l'employé suivant son temps d'exercice et en raison de l'utilité de son concours au service de l'octroi. Id.

On peut conséquemment les augmenter dans une certaine proportion, les réduire, ou même les supprimer. Id.

Pièces justificatives.

1678. Le traitement des préposés appartenant à l'Administration des contributions indirectes donne lieu aux justifications indiquées au n° 1483. § 369 de la Nomencl. du Règl. de 1866.

1679. Le traitement des préposés spéciaux fait l'objet d'un état nominatif dûment arrêté, état indiquant pour chaque agent :

1° Le grade et l'emploi ;

2° Le chiffre de l'indemnité annuelle ;

3° La durée du service ;

4° La date de la décision qui a fixé l'indemnité ;

5° La somme à payer.

Il est donné quittance de l'ayant droit par émargement ou séparée. Id.

1680. Les indemnités et gratifications distribuées en fin d'année, suivant décision de l'Administration, aux employés des contributions indirectes et aux préposés spéciaux de l'octroi se justifient par la production des pièces ci-après :

1° Décision qui accorde l'indemnité ou la gratification ;

2° Quittance de l'ayant droit par émargement ou séparée ;

Et de plus, en cas d'ordonnancement collectif :

3° Etat nominatif, dûment approuvé, indiquant la somme accordée à chaque agent y dénommé ;

4° Acquit de la personne autorisée à recevoir. Id.

Sect. II. — Manufactures de l'Etat. Indemnités aux experts chargés du classement des tabacs indigènes, etc.

(Ligne 199 du bordereau 91.)

1681. Ces dépenses sont indiquées par les préfets, et acquittées par les receveurs des contributions indirectes. § 391 de la Nomencl. du Règl. de 1866.

Composées par la recette de un centime par kilogramme de tabac livré par les planteurs, elles ne peuvent en aucun cas dépasser le montant de cette recette, et elles ne figurent que pour ordre dans le budget de l'Etat. Id.

Pièces justificatives.

1682. On produit les pièces ci-après :

1° Décompte arrêté par le préfet ;

2° Quittances des ayants droit. § 391 précité.

Huitième partie du Chapitre XLV,

ACHATS ET TRANSPORTS (MANUFACTURES DE L'ÉTAT).

Achats de cigares, 1693; — d'échantillons de tabacs, 1695.
Achats de tabacs exotiques, 1687 à 1702; — indigènes, 1683 à 1686; — par les consuls, 1697; — provenant de saisies chez les planteurs, 1701.
Achats et transports (man. de l'Et.), 1683 à 1716.
Acquits-à-caution perdus, 1705.
Algérie, dépenses du serv. des tabacs, 1713.
Bénéficiement, 1689.
Cigares achetés, 1693.
Consuls, achats de tabacs, 1697.
Coupons perdus, 1705.
Culture du tabac, 1683.
Droits de douanes, 1699.
Echantillons de tabacs achetés, 1695.
Frais accessoires de transports de tabacs, 1707; — de transport des tabacs, 1703 à 1712; — divers de transport des tabacs, 1699.
Frais (menus), 1699.
Frets, 1699.
Menus frais de réception des tab., 1699.
Planteurs, 1683 et s.
Primes d'assurances, 1699, 1711.
Sauvetage de tabacs, 1691.
Tabacs, achats, frais de transport, etc., 1683 à 1718.
Tabacs de bénéficiement, 1689; — provenant de saisies chez les planteurs, 1701; — provenant de sauvetage en mer, 1691; — reçus par suite d'adjud. ou marchés, 1687.
Transport des tabacs, 1703 à 1712.

SECT. I. — Tabacs.

ART. 1er. ACHATS.

§ 1er. Achats de tabacs indigènes.

(Ligne 200 du bordereau 91.)

1683. La culture du tabac ne peut avoir lieu que dans les départements autorisés. Art. 180 de la Loi du 28 avr. 1816.

Les départements actuellement autorisés sont les suivants : Haut-Rhin, Bouches-du-Rhône, Gironde, Ille-et-Vilaine, Lot, Lot-et-Garonne, Nord, Pas-de-Calais et Var.

Dans la Dordogne, la Haute-Saône, les Landes, la Meurthe-et-Moselle et les Hautes-Pyrénées, la culture n'est autorisée qu'à titre d'essai.

1684. Le monopole des tabacs a été prorogé jusqu'au 1er janvier 1883 par la loi du 21 décembre 1872. Depuis lors, il est prorogé, chaque année, par les lois de finances.

1685. Chaque année, le Ministre des finances répartit le nombre d'hectares à cultiver, ainsi que les quantités de tabacs demandées aux départements où la culture est autorisée. § 392 de la Nomencl. du Règl. de 1866.

Les planteurs auxquels sont délivrées des permissions de culture apportent dans les magasins les produits de leur récolte, qui sont expertisés par une commission nommée par le préfet, classés ensuite selon leur qualité et payés d'après les prix fixés d'avance, chaque année, par le Ministre. Id.

Pièces justificatives.

1686. On produit les pièces justificatives ci-après :

1° Extrait de la décision ministérielle portant fixation du nombre d'hectares à cultiver, des quantités de tabacs demandées à chaque département et du prix des diverses qualités;

2° Décompte détaché d'un registre à souche, pour chaque planteur, signé par les membres de la commission d'expertise, et constatant la prise en charge des tabacs;

3° Quittance des ayants droit. § 392 précité.

§ II. Achats de tabacs exotiques.

1° *Tabacs reçus par suite d'adjudications ou marchés.*

1687. Les adjudications ou marchés passés pour la fourniture des tabacs exotiques sont approuvés par le Ministre des finances. § 393 de la Nomencl. du Règl. de 1866.

La réception en est prononcée à Paris par les agents de l'Administration, sur des échantillons levés dans les ports de livraison. Id.

Les tabacs admis sont immédiatement pris en charge par un comptable en matières justiciable de la cour des comptes. Id.

Pièces justificatives.

1688. Il est produit :

1° Extrait du procès-verbal d'adjudication, appuyé du cahier des charges, ou extrait du marché relatant toutes les conditions de l'exécution du service et du paiement;

2° Certificat de réalisation du cautionnement, s'il y a lieu;

3° Procès-verbal de réception;

4° Récépissé délivré aux vendeurs et détaché d'un registre à souche;

5° Facture (T) fournie par les vendeurs, dûment liquidée et arrêtée;

6° Quittance des ayants droit;

De plus, pour être rattachée au paiement pour solde de chaque marché, copie de la décision ministérielle qui prononce l'apurement du marché. § 393 précité.

En cas de menus achats qui n'ont pas fait l'objet de marchés, 4°, 5° et 6° comme ci-dessus, et, de plus, extrait de la décision ministérielle qui a autorisé ces achats. Id.

2° *Tabacs de bénéficiement.*

1689. Les tabacs de bénéficiement, ou qui sont extraits pour cause d'altération des cargaisons offertes en livraison par les fournisseurs, sont payés au prix de l'estimation qui en est faite. § 393 précité.

Pièces justificatives.

1690. Il est produit :

1° Récépissé délivré aux vendeurs ;

2° Facture (T) fournie par les vendeurs, dûment arrêtée ;

3° Quittance des ayants droit. § 393 précité.

3° *Tabacs provenant de sauvetage en mer.*

1691. Les tabacs provenant de sauvetage en mer et livrés par les agents maritimes dans les ports, sont également payés au prix de l'estimation qui en est faite. § 393 précité.

Pièces justificatives.

1692. Il est produit :

1° Récépissé détaché d'un registre à souche ;

2° Quittance de l'ayant droit. § 393 précité.

§ III. Achats de cigares.

(Ligne 202 du bordereau 91.)

1693 Les achats de cigares sont soumis aux mêmes règles que le achats de tabacs exotiques. (V. 1687.) § 394 de la Nomencl. du Règl. d 1866.

Pièces justificatives.

1694. Mêmes justifications que pour les tabacs exotiques, à l'exceptio du procès-verbal de réception. (V. 1688.) § 394 précité.

§ IV. Achats d'échantillons de tabac.

(Ligne 203 du bordereau 91.)

1695. L'Administration des manufactures de l'Etat achète, à titre d'échan tillons, de petites quantités de tabacs et de cigares. § 395 de la Nomencl. du Règl. de 1866.

Pièces justificatives.

1696. Il est produit :

1° Récépissé de livraison détaché d'un registre à souche ;

2° Facture (T) dûment liquidée et arrêtée ;

3° Quittance des ayants droit. § 395 précité.

§ V. Achats de tabacs par les consuls de France à l'étranger.

1° *Achats.*

1697. Les tabacs en feuilles et les cigares peuvent être achetés à l'étranger par l'intermédiaire des consuls de France, en vertu des ordres de l'Administration. § 396 de la Nomencl. du Régl. de 1866.

Les achats de cette sorte ne forment pas un article de dépense au budget ; ce n'est qu'un mode exceptionnel de réalisation employé par l'Administration. La dépense incombe aux articles qui en sont l'objet, tabacs exotiques ou cigares. Id.

Pour se procurer les fonds nécessaires au paiement des tabacs dont le prix doit être acquitté au moment de l'achat, les consuls sont autorisés à négocier des traites tirées par eux sur l'Administration des tabacs. § 397 id.

Ces traites, lors de leur première présentation, sont visées par le directeur général, en vertu d'une décision du conseil d'Administration, pour être payées au jour de leur échéance. Id.

Elles sont acquittées par le caissier payeur central, en vertu d'ordonnances de paiement délivrées à titre d'avances. Id.

Les pièces justificatives de ces avances, telles qu'elles sont déterminées ci-dessous, sont fournies ultérieurement au comptable pour être produites à l'appui de ses paiements. Id.

Pièces justificatives.

1698. Il est produit :

1° Traites acquittées ;

2° Factures d'achats fournies par les consuls ;

3° Compte d'emploi des traites, dressé par l'Administration, et appuyé, s'il y a lieu, de pièces justificatives ;

4° Extrait des registres constatant la prise en charge des tabacs et cigares. § 396 et 397 précités.

2° *Frets, menus frais de réception, droits de douanes, primes d'assurance.*

1699. Les frets, menus frais de réception, et, s'il y a lieu, les droits de douanes auxquels ces achats peuvent donner lieu, sont acquittés dans les ports d'arrivée par le receveur principal des contributions indirectes, au compte des avances provisoires, à charge de régularisation ultérieure. § 398 id.

Les primes d'assurances sont réglées par décision de l'Administration qui en autorise le paiement. Id.

Pièces justificatives.

1700. Il est produit :

1° Pour les frets, connaissements (T). § 398 précité ;

2° Pour les primes d'assurance et les menus frais, mémoire (T) et quittance de l'ayant droit. Id. ;

3° Pour les droits de douane, quittance à souche du receveur. Id.

§ VI. Achats de tabacs provenant de saisies chez les planteurs.

(Ligne 204 du bordereau 91.)

1701. Les achats de tabacs provenant de saisies chez les planteurs sont soumis aux mêmes règles que les achats de tabacs provenant de saisies (V. 1624 à 1635). § 399 de la Nomencl. du Règl. de 1866.

Pièces justificatives.

1702. Mêmes justifications que pour les dépenses analogues (V. 1636). § 399 précité.

ART. II. FRAIS DE TRANSPORT, FRAIS ACCESSOIRES ET PRIMES D'ASSURANCES.

(Ligne 205 du bordereau 91.)

§ Ier. Frais de transport.

1703. Les transports de tabacs, machines et appareils, plants, graines, colis vides, montés ou démontés, et tous autres objets de matériel, sont exécutés en vertu de traités approuvés par le Ministre des finances. § 400 de la Nomencl. du Règl. de 1866.

Chaque expédition est accompagnée d'un acquit-à-caution détaché d'un registre à souche et qui tient lieu de lettre de voiture. Id.

Les acquits-à-caution servent à justifier la dépense en matières ; les coupons détachés sont produits à l'appui de la dépense en deniers. Id.

Les transports par mer sont effectués en vertu de conventions ou chartes parties. Id.

Pièces justificatives.

1704. Les pièces justificatives à produire sont les mêmes que celles qui sont indiquées pour les autres transports aux nos 1525 à 1528. § 400 précité.

1705. En cas de perte soit de l'acquit-à-caution, soit du coupon, il y a à produire :

1° Demande de paiement portant engagement de rapporter la pièce perdue, ou de restituer la somme payée, s'il y a double emploi :

2° Certificat du receveur principal constatant que le paiement n'a pas eu lieu à l'arrivée ;

3° Extrait du registre des acquits-à-caution dûment certifié (cet extrait n'est pas nécessaire lorsque le coupon seul est perdu) ;

4° Décision spéciale de l'Administration. § 400 id.

1706. Pour les transports par mer, on produit les connaissements (T) et la quittance de l'ayant droit. Id.

§ II. Frais accessoires des transports. Part contributive de l'Etat dans les avaries. Frais divers. Primes d'assurances.

1° *Frais accessoires des transports des tabacs.*

1707. Les frais accessoires des transports des tabacs comprennent la part contributive de l'Etat dans les avaries, laquelle est fixée, soit en justice, soit sur un rapport d'arbitres ou par un concordat à l'amiable approuvé par décision ministérielle. § 401 id.

Pièces justificatives.

1708. Il est produit :

1° Procès-verbal constatant l'avarie ;

2° Extrait du jugement ou du règlement arbitral ou amiable dûment approuvé ;

3° Quittance de l'ayant droit. § 401 id.

2° *Frais divers.*

1709. Les frais accessoires des transports des tabacs comprennent en outre les frais divers, qui sont réglés sur mémoire. § 401 id.

Pièces justificatives.

1710. Il est produit :

1° Mémoire (T) ;

2° Quittance de l'ayant droit. § 401 id.

3° *Primes d'assurances.*

1711. Les primes d'assurances sont réglées par décision de l'Administration qui en autorise le paiement. § 401 id.

Pièces justificatives.

1712. Il est produit.

1° Police (T) ;

2° Quittance de l'ayant droit. § 401 id

ART. III. DÉPENSES DU SERVICE DES TABACS EN ALGÉRIE.

1713. Le service des tabacs en Algérie est organisé sur les mêmes bases que celui de la métropole, et placé sous l'autorité d'un directeur de la culture et des magasins, qui réside à Alger et qui remplit les fonctions d'ordonnateur secondaire. § 406 de la Nomencl. du Règl. de 1886.

Les dépenses du service des tabacs en Algérie sont mandatées directement au nom des créanciers réels, ou régies par économie. Chaque avance à délivrer pour les dépenses régies par économie ne peut dépasser 35,000 francs et doit être justifiée dans un délai de quarante-cinq jours au plus. Idem.

Les dépenses qui peuvent être acquittées de cette façon sont les achats de tabacs livrés par les planteurs et les salaires des ouvriers des magasins. Idem.

1714. Il est produit pour justifier des achats de tabacs livrés par les planteurs :

1° Extrait de la décision ministérielle autorisant les achats à effectuer sur les produits de chaque récolte (fournie une seule fois lors de la première livraison de l'année) ;

2° Décompte détaché d'un registre à souche pour chaque planteur, signé de deux employés, constatant la prise en charge des tabacs et présentant les éléments de la liquidation ;

3° Quittance des vendeurs ;

4° Bordereau récapitulatif, appuyé des décomptes, arrêté par le chef de l'établissement et visé par le contrôleur. Id.

1715. Pour les salaires des ouvriers des magasins, les justifications sont les mêmes que pour les magasins situés dans la métropole (V. 1561). Id.

1716. Les dépenses qui doivent être payées directement aux créanciers réels comprennent :

1° Le traitement en principal et le supplément colonial des agents commissionnés (le supplément seulement est imputé sur le budget de l'Algérie) ;

2° Les indemnités pour frais de tournées et autres accordées aux mêmes agents ;

3° Les loyers de magasins et les contributions ;

4° L'achat, l'entretien et la réparation des ustensiles et du mobilier des bureaux ;

5° Les achats de fournitures :

6° L'entretien et les réparations ordinaires des bâtiments ;

7° Les constructions nouvelles et grosses réparations. § 407 de la Nomencl. du Règl. de 1866 ;

Les justifications pour ces diverses dépenses sont les mêmes que pour les dépenses analogues du service de la métropole. Id.

8° Les gages des préposés des magasins ;

Il est fourni un état nominatif des préposés au mois, avec émargement pour quittances. Id.

9° Les frais de transport d'ustensiles et de fournitures d'un établissement à l'autre; les frais de camionnages des tabacs du magasin de réception au port d'embarquement, et les menus frais, notamment ceux de perception des fonds aux caisses des trésoriers-payeurs.

1717. Pour les frais de transport, on produit les justifications communes indiquées aux nos 1525 à 1528. Id.

1718. Pour les autres frais compris dans le neuvième article, les justifications sont diverses suivant la nature des dépenses. Id.

Neuvième partie du Chapitre XLV.

REMBOURSEMENTS SUR PRODUITS INDIRECTS ET DIVERS.

Exportation, rembours. des droits de fabr. des bières, 1731 à 1733; — des droits de garantie, 1726 à 1730.
Garantie, remb. des droits à l'export., 1726 à 1730.
Manquants aux charges des planteurs, rembours., 1734 à 1738.
Planteurs, manquants, rembours., 1734 à 1738.
Remboursements, 1719 à 1738 ; — de droits de fabrication des bières à l'exportation, 1731 à 1733 ; — des droits de garantie, 1726 à 1730 ; — des manquants aux planteurs, 1734 à 1738.
Restitution de droits indûment perçus, 1719 à 1725.

SECT. I. — Contributions indirectes.

§ Ier. — Restitution de droits indûment perçus.

(Ligne 212 du bordereau 91.)

1719. Des erreurs peuvent être commises au préjudice des contribuables. Tous ceux au préjudice de qui il a été perçu au delà du tarif peuvent en réclamer la restitution. Art. 247 de la Loi du 28 avr. 1816.

1720. Quand il n'y a pas contestation, le redevable forme la demande par voie de pétition sur papier timbré. C. no 29 du 28 juill. 1806 et Lett. comm. du 27 fév. 1829.

Sous aucun prétexte les directeurs ne peuvent retenir les réclamations des redevables. C. no 443 du 1er mars 1850.

Quand les vérificateurs reconnaissent des erreurs commises au préjudice des contribuables, ils doivent en avertir le directeur, et celui-ci, procédant d'office, soumet sans retard des propositions à l'Administration. Id.

A défaut de quittances originales, la réclamation doit être appuyée non seulement des copies certifiées de ces mêmes quittances, mais encore d'un certificat du réclamant attestant l'adirement des titres originaux, et renfermant l'engagement : 1° de les remettre, s'il vient à les retrouver ; 2° de réintégrer, à la première réquisition, le montant de tout remboursement qui pourrait avoir eu lieu, en double emploi, par une caisse quelconque du Trésor, sur la présentation des titres originaux dont il s'agit. Lett. comm. du 9 mai 1826.

S'il s'agit de droits au comptant, on produit les originaux des congés, acquits, etc., et, à défaut, des copies certifiées.

S'il s'agit de droits constatés, on annexe à l'état de propositions :

1° Un extrait de l'état des produits ;

2° Un extrait du compte ouvert ;

3° La quittance délivrée. C. n° 29 du 28 juill. 1806 et Lett. comm. du 9 mai 1826.

En cas de perte de la quittance, on y supplée par une déclaration de la partie et un extrait du registre de recette. Lett. comm. du 9 mai 1826.

1721. L'état de propositions est dressé par le sous-directeur. C. n° 310 du 1er août 1855.

Indépendamment des indications qui en précisent l'objet, les états de propositions doivent présenter des colonnes :

1° Pour l'exposé des faits par le sous-directeur ;

2° Pour les observations et les conclusions du directeur ;

3° Pour la décision de l'Administration. C. n° 310 du 1er août 1855.

1722. Les redevables ne peuvent se faire un titre des condamnations prononcées pour opposer des compensations. C. n° 114 du 26 fév. 1807.

1723. Il y avait franchise du timbre de dimension pour les quittances de restitution, à moins qu'il ne s'agit de remboursements en matière d'amendes et acquits à-caution (C. n° 234 du 2 juill. 1840) ; mais ces quittances, n'étant pas comprises dans les exceptions prévues par le § 4 de l'article 20 de la loi du 23 août 1871, sont actuellement sujettes au droit de timbre de 10 centimes.

1724. Les Administrations financières qui opèrent un remboursement ne doivent pas d'intérêt. A. C. des 11 fév. 1808, 6 nov. 1827 et 12 mai 1862 ; art. 40 du Règl. de 1866.

Elles ne doivent ni des intérêts moratoires (A. C. des 13 mai 1817, 23 fév. 1818 et 31 mars 1819), ni des dommages-intérêts (A. C. du 21 déc. 1831).

Pièces justificatives.

1725. Il est produit :

1° Quittance du droit indûment perçu, ou, en cas de perte, déclaration de la partie et extrait du registre de recette ;

2° Décision de l'Administration ;
3° Quittance de l'ayant droit.

§ II. Remboursement de droits de garantie pour cause d'exportation.

(Lgne 213 du bordereau 91.)

1726. Les ouvrages d'or et d'argent peuvent être exportés sans marque des poinçons français et sans paiement du droit de garantie, pourvu qu'après avoir été soumis à l'essai et reconnus au titre légal ils restent déposés au bureau de la Régie, ou placés sous la surveillance de ses préposés jusqu'au moment où l'exportation sera constatée. Art. 16 de la Loi du 10 août 1839 et Ord. du 30 déc. 1839.

Lorsque les ouvrages neufs d'or et d'argent fabriqués en France, et ayant acquitté les droits, sortiront de France comme vendus ou pour l'être à l'étranger, les droits de garantie seront restitués au fabricant. Art. 25 de la Loi du 19 brum. an VI et art. 9 de l'Ord. du 30 déc. 1839.

La loi précitée du 19 brumaire an VI n'accordait que la restitution des deux tiers des droits. La restitution comporte actuellement la *totalité* des droits. Art. 2 de la Loi du 30 mars 1872; C. n° 46 du 5 avr. suiv. et Lett. comm. n° 1253 du 20 juill. 1872.

1727. La demande de restitution doit être produite sur papier timbré. Elle peut comprendre toutes les soumissions figurant dans un état de propositions. Lett. comm. du 14 oct. 1871.

Après avoir daté et signé, au verso, la mention constatant qu'il réclame la restitution du droit, l'exportateur remet au service des contributions indirectes la soumission d'exportation (modèle n° 194) dûment déchargée par les employés des douanes.

La signature de ces employés doit être légalisée par leur inspecteur ou par leur directeur, qui apposent à côté de leur visa le sceau de l'Administration. Art. 26 de la Loi du 19 brum. an VI.

Le certificat doit être rapporté dans le délai de trois mois. Id.

Le directeur de la Régie vise la soumission et fait des propositions à l'Administration, par un état auquel la soumission est annexée.

Lorsque la demande a été admise, l'Administration envoie au directeur un avis d'ordonnancement, appuyé des pièces justificatives de l'exportation qui lui avaient été adressées.

Sur le mandat du directeur inscrit à l'avis d'ordonnancement, la restitution est alors opérée par le receveur principal. Inst. du 10 fruct. an XII; C. n° 28 du 15 pluv. an XIII, n° 29 du 28 janv. 1806 et n° 236 du 11 juill. 1840.

La restitution est opérée par le receveur principal des contributions indirectes de l'arrondissement où se trouve placé le bureau de garantie qui aura effectué la perception. Art. 26 de la Loi du 19 brum. an VI et art. 9 de l'Ord. du 5 mai 1820.

1728. La restitution du droit de garantie accordée par l'article 25 de la loi du 19 brumaire an VI, lorsque les ouvrages neufs d'or et d'argent fabriqués en France, et ayant acquitté les droits, sont envoyés à l'étranger, a également lieu lorsque ces ouvrages sont exportés à destination des colonies françaises. D. M. F. du 25 janv. 1815 et C. n° 236 du 11 juill. 1840.

1729. La restitution des droits qui est accordée par l'article 25 de la loi du 19 brumaire an VI et était réservée exclusivement aux produits de l'industrie nationale, est aussi accordée maintenant, lors de leur réexportation, aux ouvrages d'or et d'argent provenant des pays avec lesquels ont été conclus des traités de commerce. C. n° 6 du 24 mai 1869.

Ces ouvrages sont marqués d'un poinçon spécial, le *charançon modifié*, qui, tout en entraînant le paiement des droits d'essai et de garantie, conserve aux ouvrages le signe de leur origine étrangère. C. n° 952 du 26 mai 1864.

Pour que les droits de garantie payés au moment de l'importation soient restitués, il faut que la réexportation ait été constatée dans la forme ordinaire. C. n° 6 du 24 mai 1869.

Ce traitement de faveur ne saurait être appliqué aux objets marqués du poinçon E. T. Id.

Pour les différentes formalités relatives à l'apposition des poinçons spéciaux d'exportation, à la tenue de comptes aux fabricants exportateurs, etc., on consultera les C. 266 du 18 mars 1879, et 401 du 22 juillet 1884.

Pièces justificatives.

1730. Il est produit :

1° Soumission des orfèvres et bijoutiers (T), revêtue du procès-verbal de reconnaissance des poinçons et suivie du certificat de sortie ;

2° Décision de l'Administration ;

3° Quittance de l'ayant droit. § 462 de la Nomencl. du Règl. de 1866.

§ III. Remboursement de droits de fabrication des bières, pour cause d'exportation.

(Ligne 213 du bordereau 91.)

1731. Le droit de fabrication est restitué sur les bières expédiées à l'étranger ou pour les colonies françaises. Art. 4 de la Loi du 23 juill. 1820.

Le brasseur qui veut expédier des bières à l'étranger ou aux colonies françaises, et qui est dans l'intention de réclamer la restitution du droit de fabrication, doit se munir d'un acquit.

1732. Après l'exportation et l'accomplissement de toutes les formalités, il fournit :

1° Une demande en restitution, sur papier timbré ;

2° Les acquits-à-caution délivrés pour l'exportation, revêtus du certificat de visite des employés des contributions indirectes à la sortie de la brasserie, du « vu embarquer » ou du « vu sortir par terre », apposé par les employés des douanes, et du certificat de décharge des employés des contributions indirectes ;

3° Un état des quantités exportées dressé par le contrôleur de cette Administration chargé des archives ;

4° Un certificat ou extrait du compte-ouvert constatant que le brasseur a soldé son compte ou qu'il a acquitté les obligations par lui souscrites. (D. M. F. du 5 déc. 1821.) Il ne s'agit, bien entendu, que des obligations dont les bières exportées faisaient partie ;

5° Un extrait du portatif.

Ces pièces sont transmises à l'Administration avec un état de propositions en double expédition.

Avis de l'ordonnancement est ensuite donné par l'Administration, et la restitution s'effectue.

Pièces justificatives.

1733. Il est produit :

1° Certificat de paiement des droits ou de solde des obligations ;

2° Acquit-à-caution revêtu du certificat de sortie ;

3° Décision de l'Administration ;

4° Quittance de l'ayant droit. § 462 de la Nomencl. du Règl de 1866.

Sect. II. — Tabacs. Remboursements des manquants aux planteurs.

(Ligne 214 du bordereau 91.)

1734. Lors de la livraison, le compte du cultivateur de tabac est balancé. En cas de déficit, il est tenu de payer la valeur des quantités manquantes, d'après le mode arrêté par le préfet, au taux du tabac de cantine. Art. 199 de la Loi du 28 avr. 1816.

Les créances de l'Administration résultant des manquants aux charges des cultivateurs de tabac ne sont pas considérées comme des amendes ou comme des droits. D. du cons. d'Adm. du 29 mars 1821.

Elles sont considérées comme dommages-intérêts. Id.

La Régie éprouve, en effet, par le défaut de livraison des tabacs qui lui sont promis, un dommage résultant de la perte du bénéfice qu'elle aurait retiré par la fabrication et la vente de ces tabacs, s'ils lui avaient été livrés. Idem.

Mais comme les dommages-intérêts ne sont pas dus de plein droit; que, d'après le même article, il faut les faire prononcer ou liquider en justice, la loi a voulu obvier aux inconvénients qui pouvaient résulter de la lenteur des formes judiciaires, en faisant elle-même une liquidation de ces dommages-intérêts qu'elle a fixés irrévocablement au prix du tabac de cantine, quelle que soit d'ailleurs la quantité des feuilles soustraites à l'inventaire et dont elle a soumis le recouvrement à une forme plus expéditive et moins dispendieuse. Ainsi, du moment que les créances résultant de l'article 199 de la loi du 28 avril 1816 sont par leur nature de véritables dommages-intérêts, la Régie a le droit de transiger sur l'action qui en dérive, en suivant les formes prescrites par l'art. 2045 du code civil, c'est-à-dire en obtenant l'autorisation du chef de l'Etat. Id.

1735. Les sommes dues par les cultivateurs sont recouvrées dans la forme des impositions directes, sur un état dressé par les agents du service des tabacs, et rendu exécutoire par le préfet. Art. 200 de la Loi du 28 avr. 1816; C. n° 738 du 28 fév. 1861.

Les cultivateurs sont recevables, pendant un mois, à porter devant le conseil de préfecture leurs réclamations contre le résultat de leur décompte. Le conseil de préfecture doit prononcer dans les deux mois. Art. 201 de la Loi du 28 avril 1816.

1736. Il ordonne, s'il y a lieu, le remboursement de tout ou partie des sommes versées. § 463 de la Nomencl. du Règl. de 1866.

1737. Les manquants aux charges des planteurs sont inscrits distinctement en recette au bordereau n° 91 A (ligne 52). V. 1279.

Il a paru tout aussi rationnel de faire figurer à une ligne spéciale les remboursements qui peuvent être opérés. CC. n° 73 du 10 janv. 1865 et Lett. comm. du 22 janv. 1870.

Pièces justificatives.

1738. Il est produit :

1° Arrêté du conseil de préfecture;

2° Quittance de l'ayant droit. § 463 précité.

Dixième partie du Chapitre XLV.

RÉPARTITION ET REMBOURSEMENT DE PRODUITS D'AMENDES, ETC.

Administrations étrangères, 1742, 1774 et suiv.
Allumettes, 1753, 1817.
Amnisties, 1792.
Boissons, 1746 et suiv.
Bougies, 1752.
Brasseries, 1750.
Cartes, 1756.
Chasse (police de la), 1778.
Circulation, 1741, 1746.
Commis principaux, 1785.
Contrôleurs, 1742, 1785.
Démissions, 1789.
Destitutions, 1789
Directeurs, 1742, 1794.
Distilleries, 1750.
Droits fraudés, 1808 et suiv., 1817.
Ecritures, 1800, 1819, 1823.
Entrée (droit d'), 1747.
Etat 99, 1799 et suiv.
Etat 100 A, 1812, 1814 et suiv., 1835.
Etat 100 B, 1826 et suiv.
Exercice, 1820.
Feuilles 122 C, 1814 et suiv.
Fonds de réserve du contentieux, 1784.
Frais, 1813 et suiv.
Fraudes antérieures, 1784.
Garantie, 1754, 1797.
Gardes champêtres, 1801.
Gardes forestiers, 1801.
Gendarmes, 1742, 1790, 1801.
Huiles végétales, 1752.
Huiles minérales, 1752.
Indicateur, 1742, 1793 et suiv.
Inspecteur, 1742, 1785, 1786.
Justification, 1804 à 1807, 1825.
Licence, 1748.
Maire, 1785.
Manuf. de l'Etat, 1773.
Marques de fabrique, 1755.
Mesures disciplinaires, 1788.
Militaires, 1742, 1783, 1790.
Non-rapport d'acquits-à-caution, 1749, 1758, 1760, 1762, 1764, 1826.
Octrois, 1767 à 1772, 1780 et suiv., 1795, 1801.
Pêche, 1779.
Postes, 1777.
Poudres, 1763, 1764.
Préposés des douanes, 1783, 1787, 1801.
Préposés d'octroi, 1742.
Préposés étrangers, 1742, 1801.
Primes d'arrestation (allumettes), 1753.
Rébellion, 1765.
Rectifications, 1826 et suiv.
Refus d'exercice. Opposition aux fonctions, 1766.
Remboursements, 1826 et suiv.
Répartitions, 1739 à 1835.
Restitutions, 1826 et suiv.
Roulage, 1776.
Saisies à domicile, 1741.
Saisies communes, 1742, 1767 et suiv., 1770.
Salpêtres, 1763.
Sels, 1757, 1758.
Service des pensions, 1775, 1798.
Sous-répartitions, 1774 et suiv.
Sucres, 1759.
Tabacs, 1761.
Timbre, 1776 bis.
Vente en gros et en détail, 1748.
Verbalisants n'ayant pas droit au partage, 1742, 1748, 1786.
Versement de parts des préposés étrangers, 1803.
Vinaigres, 1752.
Voitures publiques, 1751.

Sect. I. — Dispositions générales.

1739. Il avait d'abord été érigé en principe que les employés n'auraient aucun droit au partage du produit net des amendes et confiscations ; un tiers de ce produit avait été affecté au service des pensions, les deux autres tiers faisaient partie des recettes ordinaires de la Régie. Art. 240 de la Loi du 28 avr. 1816.

Néanmoins il avait été admis que les employés saisissants auraient droit au partage du produit net des amendes et confiscations prononcées par suite des fraudes et contraventions relatives aux octrois, aux tabacs et aux cartes. Id.

Ces dispositions ont reçu quelque extension.

1740. Les employés sont admis actuellement au partage des amendes et confiscations, lorsqu'il s'agit :

1° De cartes à jouer. Art. 240 de la Loi du 28 avr. 1816 ;

2° De circulation des boissons et de contraventions sur les boissons constatées au domicile des assujétis, *dans des cas déterminés*. Art. 126 de la Loi du 25 mars 1817 ;

3° De garantie des matières d'or et d'argent. Art. 104 de la Loi du 19 brum. an VI ;

4° Des octrois. Art. 241 de la Loi du 28 avril 1816 ;

5° De poudres à feu. Décret du 16 mars 1813, art. 5, et C. n° 110 du 28 août 1835 ;

6° De sels. D. M. F. du 14 juillet 1835 et C. n° 110 du 26 août 1835 ;

7° De sucres. Art. 27 de la Loi du 31 mai 1846 ;

8° De tabacs. Art. 240 de la Loi du 28 avr. 1816 ;

9° De voitures publiques. Art. 126 de la Loi du 25 mars 1817 ;

10° D'allumettes. Art. 30 du Règl. du 20 nov. 1871 ; art. 9 du cahier des charges du 7 juillet 1884 et C. n° 411 du 25 novembre 1884 ;

11° De bougies et produits similaires. Art. 16 de la Loi du 30 déc. 1873 ;

12° D'huiles autres que les huiles minérales. Art. 6 de la Loi du 31 déc. 1873 ;

13° D'huiles de schiste et autres huiles minérales. Art. 19 du Règl. du 22 déc. 1871 ;

14° De vinaigres. Art. 9 de la Loi du 17 juillet 1875 ;

15° De marques de fabrique ou de commerce. Art. 4 de la Loi du 26 novembre 1873.

1741. Nous venons de voir qu'en matière de boissons, les employés étaient admis au partage, en vertu de l'article 126 de la loi du 25 mars 1817, pour les contraventions constatées à la circulation et au domicile des assujétis, mais, pour ces dernières, dans des cas déterminés seulement.

De 1850 à 1872, le droit au partage pour les saisies à domicile, reconnu par une décision du conseil d'Administration, en date du 30 avril 1817, n° 358, et par une circulaire du 18 juillet 1820, n° 49, avait été retiré aux employés. C. n° 436 du 31 déc. 1849.

La décision de 1849 avait été prise à une époque où l'existence de l'impôt sur les boissons était en question. L'Administration, pour mettre fin aux réclamations qui s'élevaient alors contre l'exercice, avait cherché à restreindre l'action du service et renoncé à une partie des garanties protectrices de la perception (réglementation du droit de visite dans le domicile des assujétis, suppression du cachetage des bouteilles, etc.). Dans le même ordre d'idées, elle avait cru devoir retirer aux employés la rémunération qui leur était accordée lorsqu'ils constataient, à la charge des débitants et des marchands en gros, certaines fraudes déterminées. Mais cette dernière mesure n'était, il faut le reconnaître, conforme ni au texte ni à l'esprit de l'article 126 de la loi du 25 mars 1817. C. n° 33 du 28 déc. 1871.

En effet, cet article n'a nullement limité au seul cas de saisie de boissons en cours de transport l'exception faite au principe d'exclusion posé dans l'article 240 de la loi du 28 avril 1816 : il porte *qu'il sera procédé à l'égard du produit des amendes et confiscations relatives aux droits établis ou maintenus par les paragraphes 2 et 4 du titre VII* (c'est-à-dire au droit de circulation sur les vins, cidres, poirés, hydromels, et au droit alors perçu, sous la même dénomination, sur les spiritueux), *comme à l'égard des saisies en matière d'octroi* (un quart au Trésor, un quart aux pensions, moitié aux verbalisants). Il ne fait point dépendre l'admission des employés au partage, de cette circonstance que la saisie doit avoir eu lieu sur la voie publique. Il les admet à la répartition des amendes et confiscations *relatives aux droits* qu'il désigne, ce qui est essentiellement différent. Id.

En résumé, après un nouvel examen de toutes ces dispositions, le conseil d'Administration a décidé qu'il y a lieu de revenir purement et simplement à l'application des règles formulées par la décision n° 358, ainsi que par la circulaire n° 49, et de restituer, par conséquent, aux employés le droit au partage dans les répartitions d'amendes et de confiscations auxquelles donnent lieu les contraventions constatées au domicile des assujétis dans les conditions indiquées plus loin (V. 1748). Id.

Les intérêts confiés à la Régie sont devenus plus considérables encore depuis l'établissement des nouveaux impôts et des surtaxes. Il importe, dès lors, que les agents du service actif redoublent de vigilance et de dévouement. Mais, tout en cherchant à défendre efficacement les droits du Trésor, ils ne doivent jamais se laisser entraîner, par l'espoir d'une rémunération, à rapporter des procès-verbaux pour des faits qui ne présenteraient réellement pas les caractères d'une contravention punissable. Ils se compromettraient donc gravement s'ils venaient à s'écarter de l'esprit d'équité et de modération qui doit les guider dans tous leurs actes.

1742. Dans aucun cas, les exclusions ne se rapportent aux employés étrangers. Art. 4 de l'Arrêté M. F. du 17 oct. 1816. V. 1748.

Dans tous les cas où il y aura lieu d'admettre les préposés de la Régie des contributions indirectes au partage du produit des amendes et confiscations, ce partage s'effectuera de la manière suivante, savoir :

Un quart au Trésor public ;

Un quart au service des pensions ;

La moitié aux employés saisissants.

Dans le partage de cette moitié, les contrôleurs et inspecteurs qui auront concouru aux saisies, jouiront de deux parts d'employé. Art. 1er de l'Arrêté du 17 oct. 1816 et art. 1er de l'Arrêté du 27 mai 1875. (V. C. n° 254 du 3 juin 1875.)

A l'exception des inspecteurs et contrôleurs, tous les employés du cadre supérieur de la Régie n'auront aucune part dans le partage du produit des amendes et confiscations, même dans les saisies auxquelles ils auraient concouru personnellement, à moins qu'ils n'y soient admis par une décision spéciale. Id., art. 2.

Les préposés étrangers à la Régie ayant droit de verbaliser, qui constateront des contraventions aux lois sur les contributions indirectes, en quelque matière que ce soit, jouiront de la part affectée aux employés saisissants, et le partage s'en effectuera entre eux d'après les formes et dans les proportions particulières à l'Administration à laquelle ils appartiennent. Art. 3 de l'Arrêté du 17 oct. 1816.

Lorsque la contravention sera constatée par des préposés étrangers, concurremment avec les employés des contributions indirectes, la moitié revenant aux employés saisissants sera partagée par tête. Dans les matières où les employés des contributions indirectes sont exclus de toute part au partage, la portion qui aurait appartenu à ces employés sera versée comme suit ; savoir : deux tiers au Trésor, un tiers au service des pensions. Art. 4 id.

Dans toutes les saisies faites par les troupes ou par la gendarmerie, seules ou concurremment avec des employés des contributions indirectes, la portion revenant aux troupes sera calculée à raison d'une part de préposé pour chaque militaire, et de deux parts pour chaque officier ou sous-officier. Art. 5 id.

Cette portion sera versée entre les mains de l'officier commandant, lequel en fera ensuite répartition conformément au mode arrêté par le Ministre de la guerre. Id.

En cas de contravention commune à l'octroi et aux contributions indirectes, le produit net de l'amende et de la confiscation devra être partagé dans les proportions déterminées par les règlements entre les deux administrations. Art. 6 id.

Si la saisie est opérée par des employés des contributions indirectes seuls, ceux-ci auront droit au partage de la portion revenant à l'octroi dans la proportion établie par le mode de répartition en usage dans cette Administration : à l'égard de la moitié revenant à la Régie, elle sera partagée comme suit, si les employés de cette Administration n'ont pas droit au partage ; savoir : un tiers au service des pensions, deux tiers au Trésor public. Idem.

Si la saisie est opérée par des employés de l'octroi seuls, ils jouiront, comme préposés étrangers, de la portion revenant aux employés saisissants dans la répartition de la portion revenant à la Régie, indépendamment de leur droit au partage de la portion revenant à l'octroi. Dans les villes où l'abonnement général du droit de détail a été consenti, la caisse municipale devra profiter du quart alloué par l'article 1er au service des pensions. Idem.

Dans les saisies faites concurremment, la portion revenant à chaque Administration sera partagée entre les deux classes de préposés, conformément aux règles ci-dessus établies. Id.

Il sera accordé, en toute saisie, à titre d'indemnité, à celui qui aura dénoncé la fraude ou la contravention, un tiers du produit des amendes et confiscations, après déduction des droits fraudés et des frais, pourvu que le dénonciateur se soit fait connaître à l'Administration ou au directeur avant la saisie. Art. 7 id.

La répartition des amendes et confiscations en matière de garantie continuera à être faite conformément à l'article 104 de la loi du 19 brumaire an VI, et à la décision du 4 février 1806. Le produit ne sera point passible de la retenue pour le service des pensions. Art. 8 id.

1743. A Paris et dans les villes où l'abonnement général autorisé par l'article 73 de la loi de 1816 a été consenti, les communes disposent, relativement aux saisies faites aux entrées par les préposés de l'octroi, du tiers affecté au service des pensions de la Régie. Art. 240 de la Loi du 28 avr. 1816.

1744. Quand les procès-verbaux constatent des contraventions de diverses natures, suivies de transaction et donnant lieu à des répartitions dans lesquelles les employés doivent être admis au partage de certaines amendes et confiscations, et exclus pour certaines autres, il est prescrit de consulter l'Administration sur l'imputation de la somme à répartir. C. n° 450 du 8 juin 1850. Généralement le partage se fait, par nature de contravention, au prorata des condamnations encourues ou prononcées.

1745. Les règles d'après lesquelles doit être opérée la répartition du produit des amendes, saisies et confiscations, et des doubles, quadruples et sextuples droits pour non-rapport d'acquits-à-caution, ont subi plusieurs modifications essentielles, et ces règles sont d'ailleurs éparses dans des lois, ordonnances, arrêtés, décisions et circulaires, dont il est quelquefois difficile de retrouver la trace. L'Administration, pour éviter des recherches aux employés et pour les guider dans les opérations qui se rattachent à cet objet, a envoyé, avec la circulaire n° 110 du 26 août 1835, un tableau de divers modes de répartition, qui n'est plus au courant.

Nous résumons ci-après, pour toutes les contraventions, en mettant à jour les dispositions de cette circulaire, les instructions qui régissent actuellement les répartitions.

Sect. II. — Modes de répartition et de sous-répartition.

§ Ier. Contributions indirectes.

1° Boissons.

1746. *Contraventions relatives au droit de circulation.* Le produit net est réparti : 1/4 au Trésor, 1/4 au service des pensions, 1/2 aux saisissants. Loi du 25 mars 1817, art. 126, et Arrêté ministériel du 17 oct. 1816, art. 1er ; C. n° 17 du 30 oct. 1816 et n° 436 du 31 déc. 1849.

1747. *Contraventions relatives au droit d'entrée sur les boissons.* La répartition du produit net de ces contraventions se fait, dans tous les cas, ainsi qu'il suit : 2/3 au Trésor, 1/3 au service des pensions. Art. 240 de la Loi du 28 avril 1816.

En principe, les employés sont donc exclus du partage des amendes relatives au droit d'entrée ; mais lorsqu'une contravention à ce droit se trouve liée à une infraction aux lois sur la circulation des boissons, l'Administration admet que les saisissants participent à la répartition. Il y a lieu alors d'attribuer 1/4 au Trésor, 1/4 aux pensions, 1/2 aux verbalisants. C. n° 33 du 28 décembre 1871.

On considère, en pareil cas, que l'infraction dominante est celle qui s'applique au droit de circulation.

La même interprétation est admise lorsqu'il y a double contravention, constatée à domicile, si, selon l'esprit de la circulaire n° 33 du 28 décembre 1871, le fait principal peut résulter d'un transport sans expédition. Tel est le cas d'une saisie opérée chez un marchand en gros entrepositaire, pour excédent de magasin. *Correspondance.*

1748. *Ventes en gros et en détail sans déclaration ni licence, ou toute autre contravention ne se rattachant pas au droit de circulation.* Il est des cas où les employés sont admis au partage, et d'autres où, au contraire, ils en sont exclus. Ainsi toute répartition provenant de saisie de boissons à domicile, dans laquelle des employés de la Régie auront été compris, ne sera admise comme régulière par l'Administration que lorsqu'elle aura eu pour base l'une des circonstances indiquées ci-après :

1° Relativement aux *assujétis,* lorsqu'il aura été formellement constaté au procès-verbal que le redevable exercé n'a pu représenter les expéditions nécessaires pour justifier l'introduction légale des boissons saisies ;

2° A l'égard des *non-assujétis,* lorsque le procès-verbal, rapporté au domicile d'un particulier, dans le cas prévu par le premier paragraphe de l'article 237 de la loi du 28 avril 1816, aura eu pour objet de constater une fraude au droit de circulation, et que la preuve de cette fraude résultera de l'aveu fait par le prévenu, et consigné audit procès-verbal, d'avoir introduit, sans expédition de la Régie, les boissons trouvées chez lui, ou seulement de la non-exhibition d'expédition, dans la circonstance prévue par le dernier paragraphe du même article, laquelle doit être assimilée au cas de saisie en cours de transport ;

3° Lorsqu'un jugement définitif rendu soit contre un assujéti, soit contre un non-assujéti, aura constaté une contravention en matière de circulation, lors même que cette espèce de contravention se serait rattachée à un autre acte de fraude, qu'elle n'aurait point été positivement caractérisée par le procès-verbal de saisie, et que la preuve n'en serait résultée que de l'instruction de la procédure. C. n° 33 du 28 déc. 1871.

Quand un procès-verbal est rapporté pour une fraude que le fait seul constaté suffit pour caractériser, telle, par exemple, que la vente en détail sans déclaration, la circonstance accessoire de la non-exhibition d'une expédition, l'aveu même qu'il n'en a pas été pris, n'ajoutant rien à la contravention, ne peuvent donner droit à partage. C'est surabondamment et sans nécessité que l'on consigne ces faits sur lesquels les contrevenants pourraient se refuser à répondre, puisque, n'étant pas encore sujets aux exercices, rien ne les oblige à justifier comment ils ont reçu les boissons (1). La fraude, en ce cas, s'applique donc uniquement au droit de détail, et la disposition qui prive les employés de toute part en pareille matière doit être respectée, quelque inconvénient qu'on puisse y voir dans l'intérêt du Trésor. Id.

Quand, au contraire, la non-exhibition d'une expédition caractérise d'elle-même la contravention, et sans se rattacher à un autre acte de fraude, il y a lieu à admettre les employés au partage, lors même qu'elle ne résulte que de l'aveu du prévenu. Id.

La répartition du produit net des contraventions relatives aux ventes en gros et en détail sans déclaration ni licence, ou de toute autre contravention que celles qui ont directement pour objet le droit de circulation, se fait ;

Si les employés de la Régie ont droit au partage, en allouant 1/4 au Trésor, 1/4 au service des pensions et 1/2 aux saisissants ;

Si ces employés n'ont pas droit au partage, en allouant 2/3 au Trésor et 1/3 au service des pensions.

Mais lorsque des employés étrangers figurent au procès-verbal, ce n'est pas le mode de répartition prescrit par l'art. 4 de l'arrêté ministériel du 17 oct. 1816 que l'on doit suivre, quand même les employés de la Régie n'auraient pas droit au partage, mais bien celui qui est tracé par l'article 1er. On alloue donc, en pareil cas, 1/4 au Trésor, 1/4 au service des pensions, 1/2 aux saisissants ; et si, parmi ces derniers, il se trouve des employés de la Régie exclus, leur part est versée comme suit : 2/3 au Trésor, 1/3 au service des pensions.

Les employés de la Régie sont formellement exclus du partage des amendes et confiscations dans les affaires qui se rapportent à des contraventions constatées au domicile des marchands en gros pour inobservation des dispositions des art. 8, 9 et 10 de la loi du 19 juillet 1880. Art. 2 de la Loi du 19 juillet 1880.

On doit répartir ces amendes comme suit : 2/3 au Trésor, 1/3 à la caisse des retraites. C. n° 304 du 9 déc. 1880.

1749. *Non-rapport d'acquits-à-caution.* La répartition varie selon qu'il s'agit d'alcools ou d'autres liquides :

Si la contravention a pour objet des alcools, le premier droit est versé au Trésor, le second droit au service des pensions ;

Si elle a pour objet des vins, cidres, poirés ou hydromels, le simple droit est versé au Trésor et le quintuple droit au service des pensions. Ord. du 6 sept. 1815, art. 6 ; C. n° 6 du 22 sept. 1815.

---

(1) Quand il y a de graves soupçons de fraude, des justifications peuvent être exigées des simples particuliers. A. C. des 17 oct. 1839 et 16 juin 1870.

Lorsqu'il y a abandon des droits formant l'amende (deuxième ou quintuple droit), le simple droit est attribué en entier au Trésor.

Restitutions. V. 1826 et s.

2° Brasseries et distilleries.

1750. *Quelle que soit la contravention.* Il est alloué 2[3 du produit net au Trésor et 1[3 au service des pensions. Loi du 28 avr. 1816, art. 240 ; Arrêté ministériel du 17 oct. 1816, art. 4.

Quand des employés étrangers figurent au procès-verbal, il n'est alloué que 1[4 au Trésor, et 1[4 au service des pensions, parce que la moitié revient aux saisissants ; mais si, parmi ces derniers, il se trouve des employés de la Régie, leur part est versée comme suit : 2[3 au Trésor, 1[3 au service des pensions.

3° Voitures publiques.

1751. *Toute espèce de contraventions.* Le produit net est attribué : 1[4 au Trésor, 1[4 au service des pensions, et 1[2 aux saisissants. Loi du 25 mars 1817, art 126, et Arrêté ministériel du 17 oct. 1816, art. 1er.

4° Bougies. Huiles de schiste et autres. Huiles végétales ou animales (droit d'entrée). Vinaigres.

1752. *Toute espèce de contraventions.* Le produit net est alloué : 1[4 au Trésor, 1[4 au service des pensions, 1[2 aux saisissants. Art. 16 de la Loi du 30 déc. 1873 (bougies) ; art. 19 du Règlement du 22 déc. 1871 (huiles de schiste) ; art. 6 de la Loi du 31 déc. 1873 (huiles végétales) ; art. 9 de la Loi du 17 juillet 1875 (vinaigres).

5° Allumettes chimiques.

1753. Avant l'établissement du monopole, c'est-à-dire à l'époque où la Régie percevait un droit sur les allumettes importées ou sur celles qui étaient expédiées par les fabricants ou marchands en gros à la consommation intérieure, le produit net des amendes et confiscations était attribué, pour 1[4 au Trésor, pour 1[4 à la caisse des retraites, et pour la moitié, aux saisissants. Art. 8 de la Loi du 4 septembre 1871, et art. 29 du Règlement du 29 nov. 1871.

Depuis que le monopole est concédé à une compagnie, et spécialement par application de l'art. 9 du cahier des charges du 7 juillet 1884, on doit verser à la compagnie la moitié des sommes payées par les délinquants, déduction faite des frais. L'autre moitié est versée dans les caisses de la Régie, qui la répartit suivant les règles qui lui sont propres.

Pour le partage de cette seconde moitié, on observe les règles suivantes :

Si les saisissants ne sont pas assujétis à la retenue pour la caisse des retraites, la somme à répartir leur est intégralement payée sans aucune déduction ;

Si la saisie a été opérée concurremment par des employés soumis à la retenue et par des agents qui en sont affranchis, le partage de la somme à distribuer s'effectue par tête, d'après le nombre réel des verbalisants, quel que soit leur grade ; et c'est seulement sur la part des employés passibles de la retenue que l'on prélève le quart pour le service des pensions.

L'Administration a inséré dans la circul. n° 166 du 18 août 1875 un modèle de répartition dans lequel sont prévus les différents cas qui peuvent se présenter.

Nous rappelons ici que la prime d'arrestation ne donne lieu à aucun prélèvement pour la caisse des retraites, et qu'elle doit être, de même que les frais des affaires abandonnées, remboursée par la Compagnie concessionnaire du monopole (art. 9 du cahier des charges). V. 1375.

La prime d'arrestation est de 10 fr. par personne arrêtée. On la porte en dépense au reg. 89 B, et, à la fin du mois, au vu d'un relevé établi par le receveur principal (modèle n° 2 de la circul. 166 du 18 août 1875), la Compagnie rembourse à l'Administration le montant de son avance. C. n° 166 du 18 août 1875.

6° Garantie des matières d'or et d'argent.

1754. *Contravention entraînant la confiscation (valeur des objets confisqués).* Le produit net de la confiscation est attribué : 9/10 au Trésor, 1/4 du dixième au service des pensions, 3/4 du dixième aux saisissants. Loi du 19 brumaire an VI, art. 104.

Lorsqu'il y a un indicateur, le même article lui accorde 1/10.

Les amendes sont, en totalité, attribuées au Trésor.

7° Garantie des marques de fabrique ou de commerce.

1755. *Toute espèce de contraventions.* Un quart des amendes recouvrées est accordé aux saisissants ; le surplus est attribué au Trésor. Art. 4 de la Loi du 28 nov. 1873 et C. n° 124 du 6 juillet 1874.

Si les verbalisants étaient assujétis à la retenue pour la caisse des retraites, le quart des amendes à eux attribué devrait évidemment être divisé comme suit :

1/4 aux pensions ;

3/4 aux verbalisants.

8° Cartes.

1756. *Toute espèce de contraventions.* Le produit net est alloué : 1/4 au Trésor, 1/4 au service des pensions, 1/2 aux saisissants. Loi du 28 avr. 1816, art. 240, et Arrêté ministériel du 17 oct. 1816, art. 1er.

9° Sels.

1757. *Toute espèce de contraventions.* Le produit net est alloué : 1/4 au Trésor, 1/4 au service des pensions, 1/2 aux saisissants. Décision ministérielle du 14 juill. 1835 ; C. n° 110 du 26 août 1835.

1758. *Non-rapport d'acquits-à-caution.* Le premier droit est attribué au Trésor, le second au service des pensions.

Exception. — Lorsque des employés des douanes constatent un déficit sur un chargement de sel, d'eau salée ou de matières salifères, accompagné d'un acquit-à-caution des contributions indirectes, ils entrent en partage du second droit imposé à titre d'amende suivant les proportions déterminées par l'arrêté ministériel du 17 oct. 1816, c'est-à-dire moitié du produit net. Lett. comm. du 21 juill. 1843.

L'autre moitié seule est alors attribuée au service des pensions.

10° Sucres.

1759. *Toute espèce de contraventions.* Le produit net est alloué : 1/4 au Trésor, 1/4 au service des pensions, 1/2 aux saisissants. Loi du 31 mai 1846, art. 27 ; Inst. gén. du 15 déc. 1853.

1760. *Non-rapport d'acquits-à-caution.* Le premier droit est attribué au Trésor, le second au service des pensions. Id.

11° Tabacs.

1761. *Quelle que soit la contravention.* Le produit net est alloué : 1/4 au Trésor, 1/4 au service des pensions, 1/2 aux saisissants. Loi du 28 avr. 1816, art. 240, et Arrêté ministériel du 17 oct. 1816, art 1er. V. 1773.

En cas de saisies faites à l'importation pour contraventions aux lois des douanes, la valeur des tabacs est remise, sans aucune déduction de frais, avec le montant des primes, au délégué des douanes. Ord. du 31 déc. 1817, art. 5 ; C. n° 20 du 9 fév. 1818.

L'indemnité payée aux saisissants pour tabacs de qualité supérieure (V. 1626), en vertu de l'ordonnance du 31 décembre 1817 et du décret du 1er octobre 1872, est soumise aux prélèvements attribués au Trésor et au service des pensions, sur la valeur des tabacs saisis. C. n° 185 du 7 août 1838.

Primes d'arrestation. V. 1629 et suivants.

1762. *Non-rapport d'acquits-à-caution.* Le premier droit est attribué au Trésor, le second au service des pensions.

12° Poudres et salpêtres.

1763. *Toute espèce de contraventions.* Le produit net est alloué : 1/4 au service des pensions, 3/4 aux saisissants. Décret du 24 août 1812, art. 2 ; Décret du 16 mars 1813, art. 5 (Inst. n° 45 du 30 août 1813), et Décision ministérielle du 26 mars 1829 (C. n° 25 du 25 juin 1829).

D'après cette décision, si les saisissants n'appartiennent pas à une Administration financière, le produit des amendes et confiscations doit leur être payé en totalité; et lorsque la saisie est faite concurremment par des employés soumis à la retenue et par des personnes qui en sont affranchies, le prélèvement ne doit porter que sur la part des employés.

Si la saisie a été opérée par des magistrats de l'ordre administratif ou judiciaire *seuls*, le produit sera attribué : 2/3 au Trésor, 1/3 au fonds de retraites. Enfin, dans le cas de concours d'employés de diverses classes, la part qui serait dévolue aux magistrats est également versée : 2/3 au Trésor, 1/3 aux retraites (Décision ministérielle du 22 oct. 1832 ; C. n° 110 du 26 août 1835).

En cas de saisies à l'importation, on procède comme pour les tabacs C. n° 137 du 13 janv. 1837.

1764. *Non-rapport d'acquits-à-caution.* Le premier droit est attribué au Trésor, le second au service des pensions. Ord. du 6 sept. 1815, art. 6.

13° Rébellion.

1765. Les employés n'ont aucun droit à la répartition des amendes prononcées pour rébellion. Le recouvrement des amendes est d'ailleurs opéré par le percepteur, C. n° 328 du 2 déc. 1845.

14° Refus d'exercice. Opposition aux fonctions, etc.

1766. Les amendes prononcées pour les infractions de l'espèce commises par des débitants ou marchands en gros de boissons rentrent dans la catégorie de celles qui ne donnent lieu à aucune attribution aux verbalisants. On applique alors les dispositions de l'art. 240 de la loi de 1816 : 2/3 au Trésor, 1/3 aux pensions.

15° Saisies communes à l'octroi et à la Régie. Répartition de la portion afférente à la Régie.

1767. Le paragraphe 1er de l'arrêté du 17 octobre 1816 est modifié ainsi qu'il suit :

1° Le Trésor et la commune partageront par moitié, comme par le passé, le produit net de la confiscation ;

2° Le produit net des amendes sera réparti entre les mêmes Administrations au prorata du chiffre de l'amende que la loi attribue respectivement à chacune d'elles ;

3° Dans l'imputation du montant des transactions, les réductions consenties aux contrevenants porteront sur les amendes et sur la confiscation proportionnellement aux sommes qui auraient pu être exigées tant à titre d'amende qu'à titre de confiscation ;

4° Lorsque le taux de la transaction concédée sera supérieur au minimum des condamnations encourues, il y aura lieu d'attribuer, d'abord, à chaque Administration l'intégralité de ce minimum (la valeur de la confiscation se divisant par moitié) ; l'excédent sera ensuite réparti au prorata des chiffres représentant la différence entre le maximum et le minimum de chaque amende. Art 1er de l'Arrêté du Min. des Fin. du 17 oct 1872.

1768. L'objet de cette mesure est d'assurer un parfait équilibre entre des intérêts qui, sans cesser d'être connexes, ne sont plus aujourd'hui sauvegardés dans les mêmes conditions que par le passé. C. n° 83 du 19 fév. 1873.

Autrefois, les amendes de Régie et d'octroi, simultanément encourues, ne différaient pas sensiblement dans leur quotité. La loi du 29 mars 1832 (art. 8) et celle du 24 mai 1834 (art. 9) avaient même étendu à tous les octrois la fixation de la pénalité de 100 à 200 fr. existant au profit du Trésor relativement aux contraventions en matière d'entrée. L'élévation de la plupart des amendes spéciales à la Régie ayant altéré notablement ce rapport, le maintien, quant aux saisies communes, du partage par moitié entre l'Etat et les octrois municipaux, eût constitué une inégalité toute au préjudice du Trésor. De nouvelles règles devaient donc être établies pour éviter que, dans la répartition du produit net, la part des octrois ne s'accrût de sommes que le législateur n'a pas eu en vue de leur attribuer, et n'allât même jusqu'à dépasser la totalité des amendes auxquelles ceux-ci auraient eu droit de leur seul chef. Id.

Le premier paragraphe de l'article 6 de l'arrêté du 17 octobre 1816 a été seul modifié. Sauf en ce qui concerne la détermination de la part revenant à la Régie et de celle revenant à l'octroi, les conditions auxquelles sont soumises la répartition et la sous-répartition, entre les ayants droit, du montant des sommes ainsi déterminées, continuent d'être appliquées. La part totale affectée aux saisissants, bien qu'autrement composée, se trouve en définitive la même. Id.

Dans l'article 1er de l'arrêté, le paragraphe 1er est spécial à la confiscation commune ; la Régie et l'octroi ayant chacun un droit égal à la totalité de la saisie, ce droit, par l'effet du concours des parties prenantes, se trouve forcément réduit pour chacune d'elles à la moitié du produit confiscable. Le principe de la division égale, sur ce point, est donc maintenu et consacré. Id.

Quant au produit des amendes, qui fait l'objet du paragraphe 2 de ce même article, le partage ne doit plus s'en faire par moitié, mais bien proportionnellement au chiffre des amendes respectivement encourues, par cette raison que dans tous les cas où l'intérêt de la Régie, tant pour l'importance des droits que pour celle des peines édictées, est de beaucoup supérieur à l'intérêt de l'octroi, l'équité veut que l'amende la plus élevée soit représentée par une plus forte part dans la répression. Il résulte d'ailleurs de cette proportionnalité même, qu'à chiffre égal de pénalité, le partage est égal, comme antérieurement. Id.

Enfin, comme les réductions consenties par transaction portent plutôt sur le chiffre total des condamnations encourues que sur l'un ou l'autre des éléments de ce total, et afin de ne laisser aucune prise à l'arbitraire, le

Ministre, par le paragraphe 3 de son arrêté, a décidé que les réductions consenties aux contrevenants porteront sur les amendes et sur la confiscation, proportionnellement aux sommes qui auraient pu être exigées tant à titre d'amende qu'à titre de confiscation. Id.

A ce point de vue, on comprend combien il importe d'apprécier le plus exactement possible et de ne jamais omettre d'énoncer dans les procès-verbaux la valeur estimative des objets sujets à confiscation. Id.

Il va sans dire que l'amende et la confiscation étant ainsi placées sur la même ligne, le principe ne varie pas, alors même que le montant de la transaction n'atteindrait pas le chiffre de la confiscation, et qu'il y a lieu, dans tous les cas, de faire porter également la réduction consentie sur l'amende et la confiscation proportionnellement à l'importance relative de chacune d'elles. Id.

Pour l'application de ce nouveau mode de partage, il suffit de donner un exemple.

Soit à répartir une transaction de 600 francs, intervenue sur un total de condamnations s'élevant à 800 francs, d'après le détail suivant :

Confiscation.			100 f.
Amendes.	Régie	500 / 100	600
	Octroi	100	100
		Total.	800

D'après ces données, on peut établir deux règles de proportion, l'une pour le rapport de la confiscation à l'amende :

800 : 100 :: 600 : x = 75 fr. (Confiscation.)
et 800 : 700 :: 600 : x' = 525 fr. (Amende.)

Total. 600

l'autre, pour celui des amendes de la Régie à celle de l'octroi :

700 : 600 :: 525 : x = 450 fr. (Régie.)
et 700 : 100 :: 525 : x' = 75 fr. (Octroi.)

Le partage donnerait alors le résultat qui suit :

				Régie.		Octroi.	
Confiscation		75 fr.	(par moitié)	37 f.	50 c.	37 f.	50 c.
Amendes.	Régie	450		450	00	»	
	Octroi	75		»		75	00
		600		487	50	112	50
Somme égale.				600			

ou, ce qui est plus simple, en établissant tout de suite le droit de chaque Administration dans l'ensemble des condamnations encourues :

	Régie.	Octroi.	Total.
Demi-confiscation	50 f.	50 f.	100 f.
Amendes.	600	100	700
	650	150	800

on obtient par une seule opération :

800 : 600 :: 650 : x = 487 f. 50 c.
et 800 : 600 :: 150 : x' = 112 50

Total. 600 00

Ce qui revient, dans l'espèce, à diviser le montant de la transaction en huit parties et à en attribuer 6,5 à la Régie et 1,5 à l'octroi. C. n° 83 du 19 fév. 1873.

Il est facile de reconnaître, au cas particulier, qu'à la faveur du mode de partage par moitié, l'octroi recevant 300 francs sur les 600 francs, non seulement n'aurait rien supporté de la réduction générale de 25 p. 0[0 consentie par la transaction, mais aurait obtenu plus que la loi ne lui accordait (200 francs, si la contravention n'eût concerné que les taxes municipales ; 150 francs, la saisie étant commune). Par le fait, et relativement à ce chiffre de 150 francs, sur lequel la part de l'octroi s'élève encore à 112 fr. 50 cent., la réduction sur l'ensemble de 25 p. 0[0 se trouve ainsi également supportée par la régie et par l'octroi, dans la proportion de leur intérêt respectif. Id.

Une quatrième et dernière disposition de l'arrêté ministériel du 17 octobre 1872 a prévu le cas où certaines transactions, basées non plus sur le minimum, mais sur le maximum des condamnations, seraient supérieures à ce minimum. Or, le maximun pouvant s'élever, quant à la Régie, à 5,000 francs comme en matière de spiritueux, tandis qu'il n'est que de 200 francs uniformément pour l'octroi, la disproportion résultant de ces chiffres aurait pour résultat, par le seul fait d'une répression plus sévère, c'est-à-dire d'une transaction au delà du minimum, de réduire la part des octrois à un taux fort inférieur à celui qu'aurait produit une transaction plus modérée, repartie d'après les règles précédemment posées. La balance qu'on s'était proposé de rétablir ne devra pas, sous prétexte d'équilibre, être faussée en sens inverse. La limite, du reste, est toute tracée. Id.

Toutes les fois qu'une transaction excède le minimum des condamnations encourues, aucune remise, aucune modération n'est, par le fait, consentie sur ce premier degré des pénalités, et l'atténuation ne porte que sur l'excédent, c'est-à-dire sur la différence entre le minimum et le maximum. Dès lors, la part qui revient à chaque Administration, d'après sa législation propre, doit d'abord lui être accordée jusqu'à concurrence du minimum intégral. L'excédent est ensuite réparti au prorata des chiffres représentant la différence entre le maximum et le minimum de chaque amende. Id.

Ainsi, reprenant l'exemple ci-dessus avec une transaction élevée à 1,000 francs, au lieu de 600 francs, soit 200 francs de plus que le minimum des condamnations encourues, lequel était de 800 francs. Sur les 1,000 francs, 800 seront à répartir, d'après les bases mêmes de condamnation et comme s'il s'agissait de l'exécution pure et simple d'un jugement ; il ne restera en réalité qu'à partager proportionnellement, pour y être ajoutés, les deux cents francs d'excédent, eu égard à la réduction de peine qu'ils représentent, tant pour la Régie que pour l'octroi, sur la différence entre leur minimum et leur maximum respectifs.

De cette façon, l'octroi, en aucun cas, ne sera ni lésé ni avantagé ; il est même à remarquer que la sévérité recommandée à la Régie, en raison des tendances croissantes de la fraude, profitera indirectement aux communes qui, d'ailleurs, toutes conditions égales, se trouveront toujours traitées sur le même pied que le Trésor. Néanmoins, il semble utile de rappeler ici que si, aux termes de l'article 33 de l'ordonnance du 9 décembre 1814, les directeurs de la Régie ont le droit de transiger seuls, dans l'intérêt des deux services, sur les saisies communes, la circulaire n° 18, du 16 janvier 1817, a recommandé à ceux-ci, lorsque les affaires présentaient quelque importance, de prendre l'avis du maire ou celui du fermier, en cas de mise en ferme de l'octroi, sans être pourtant obligés de céder à cet avis, s'ils ont de justes motifs d'agir autrement. C'est là une question de convenance et de bons rapports plutôt qu'une obligation absolue.

1769. L'Administration a fait imprimer au verso de l'état 99 un cadre qui est utilisé au besoin, dans tous les cas de saisie commune donnant lieu à des répartitions. Ce tableau est ainsi disposé :

Ier EXEMPLE.

TRANSACTION INFÉRIEURE AU MINIMUM.

Décompte de la part revenant à l'octroi en cas de saisie commune.

	MONTANT DES CONDAMNATIONS encourues.			RÉPARTITION DU PRODUIT de la transaction.		
	Régie.	Octroi.	Total.	Régie.	Octroi.	Total.
	fr.	fr.	fr.	fr. c.	fr. c.	fr.
Confiscation. . . .	50	50	100	37 50	37 50	75
Amendes (minimum).	600	100	700	450 00	75 00	525
	650	150	800	487 50	112 50	600
Amendes (différence entre le maximum et le minimum). .	»	»	»	»	»	»
	650	150	800	487 50	112 50	600

IIe EXEMPLE.

TRANSACTION SUPÉRIEURE AU MINIMUM.

	MONTANT DES CONDAMNATIONS encourues.			RÉPARTITION DU PRODUIT de la transaction.		
	Régie.	Octroi.	Total.	Régie.	Octroi.	Total.
	fr.	fr.	fr.	fr. c.	fr. c.	fr. c.
Confiscation. . . .	50	50	100	50 00	50 00	100 00
Amendes (minimum).	600	100	700	600 00	100 00	700 00
Amendes (différence entre le maximum et le minimum). .	650	150	800	650 00	150 00	800 00
	4,600	190	4,700	195 74	4 26	200 00
	5,200	250	5,500	846 74	154 26	1,000 00

1770. On ne doit pas considérer comme étant communes à l'octroi et à la Régie les saisies faites au domicile des débitants non entrepositaires. C. n° 176 du 4 juin 1838.

Les principaux cas de saisies communes sont les suivants :

Introduction de boissons dans un lieu sujet sans expédition et sans déclaration ;

Introduction de boissons dans un lieu sujet, avec une expédition énonçant une quantité inférieure à celle reconnue ;

Excédent de magasin chez un entrepositaire ;

Présentation de boissons à la sortie en quantité inférieure à celle déclarée par l'entrepositaire expéditeur ;

Fabrication de boissons dans le lieu sujet, sans déclaration préalable.

On voit, en effet, que, dans ces divers cas, il y a fraude des droits du Trésor et de ceux de l'octroi.

16° Répartition du produit des amendes dans les affaires spéciales à la Régie, lorsque les employés de ce service sont admis au partage.

1771. S'il s'agit de procès-verbaux rapportés par un sous-directeur des contributions indirectes, et seulement des agents de l'octroi, le sous-directeur est exclu du partage. La portion de l'amende revenant aux saisissants est attribuée tout entière aux préposés d'octroi (versement à l'Administration de l'octroi).

S'il s'agit de procès-verbaux rapportés concurremment par un sous-directeur des contributions indirectes, par d'autres employés des contributions indirectes et par des préposés d'octroi, le sous-directeur est exclu du partage. La portion de l'amende revenant aux saisissants est distribuée intégralement entre les autres verbalisants des deux services (double part aux employés supérieurs de l'un et de l'autre service ; versement à l'octroi du montant des parts revenant aux préposés d'octroi). C. nº 381 précitée.

Les cas de saisies ainsi opérées doivent être extrêmement rares.

17° Répartition des amendes dans les affaires spéciales à la Régie, lorsque les employés de ce service sont exclus du partage.

1772. S'il s'agit de procès-verbaux rapportés soit par un sous-directeur des contributions indirectes, et seulement des agents de l'octroi, soit par un sous-directeur des contributions indirectes, par d'autres employés des contributions indirectes et par des préposés d'octroi, la part de chacun des verbalisants est déterminée comme dans le cas où il n'y a pas d'exclusion (double part aux agents supérieurs de l'un et de l'autre service). La part du sous-directeur et celles des autres employés de la Régie sont ensuite attribuées : 2/3 au Trésor, 1/3 au service des pensions (art. 4 de l'arrêté ministériel du 17 octobre 1816) ; la part des agents de l'octroi est versée à l'octroi. C. nº 381 précitée.

§ II. Manufactures de l'Etat.

1773. Le produit des amendes, en ce qui concerne le régime spécial de la culture autorisée des tabacs, est attribué ; savoir : 1/4 au Trésor, 1/4 au service des pensions civiles, 1/2 à ceux des saisissants qui ne sont pas exclus du partage à raison de leur grade. § 511 de la Nomencl. du Règl. de 1866.

Les règles concernant la forme et la nature des justifications sont les mêmes que pour le service des contributions indirectes. Id.

§ III. Sous-répartition des parts d'amendes versées, pour les employés de la Régie, par les administrations étrangères, et spécialement par les octrois.

1774. Les parts d'amendes reçues d'autres administrations, pour être mises en sous-répartition entre les agents de la Régie, figurent aux *contributions et revenus publics* avec le produit des amendes et confiscations *en matière de contributions indirectes*. Il y a double emploi pour le budget des recettes, puisque les sommes figurent aux *recettes publiques* dans la comptabilité de l'Administration poursuivante et dans celle de la Régie.

Nous sommes d'avis que ces sommes devraient avoir un article spécial en recette et en dépense aux *opérations de trésorerie*. Il s'agit, en effet, de sommes reçues pour être payées aux ayants droit, par voie de sous-répartition, conformément aux règlements des contributions indirectes ; et l'obligation de prélever la part attribuée au service des pensions, quand l'Administration poursuivante ne l'a pas fait, ne change pas la nature de l'opération.

Cette question, si nous sommes bien informés, a fixé l'attention de la Direction générale de la comptabilité publique ; et, en prévision d'une prochaine solution, nous avions passé sous silence tout ce qui se rapporte aux sous-répartitions. Nous comblons ici cette lacune.

1775. *Dispositions générales.* Suivant la décision ministérielle du 7 novembre 1827 (circulaire de l'Administration n° 74 du 29 janvier 1834), les parts que les employés des contributions indirectes obtiennent, relativement à des saisies étrangères au service de la Régie, doivent être frappées d'une retenue pour le service des pensions, lorsque les administrations à la requête desquelles les procès-verbaux sont rapportés n'ont pas déjà fait, au profit de ce service, un prélèvement sur le produit de la saisie. C. n° 478 du 22 janvier 1851.

Les états de répartition dressés par les administrations étrangères, et présentant la liquidation des sommes revenant aux agents des contributions indirectes, états dont un double est remis aux receveurs principaux, indiquent, du reste, si le prélèvement au profit du service des pensions a été opéré. Id.

Si la répartition primitive n'a rien alloué, les directeurs, en formant l'état de sous-répartition, prélèvent le quart de la somme, par application des règlements généraux, et distribuent le surplus entre les employés. Id.

1776. *Police de roulage.* Un tiers de l'amende est d'abord attribué par l'Administration de l'enregistrement aux saisissants. Les deux autres tiers sont affectés soit à la commune, soit au département, soit au Trésor. Loi du 30 mai 1851, art. 28.

Un quart des parts versées est alloué au service des pensions, et trois quarts aux saisissants. Id.

1776 *bis. Contraventions aux lois du timbre.* L'Administration de l'enregistrement attribue 1/4 au Trésor, 1/4 aux pensions, 1/2 aux saisissants. C. n° 271 du 21 juin 1842.

L'Administration a demandé qu'il fût fait application de la décision ministérielle du 19 juin 1841 (instruction n° 1638), en vertu de laquelle la part attribuée aux préposés des contributions dans les amendes encourues pour contravention au timbre des lettres de voiture, connaissements, chartes-parties et polices d'assurances des marchandises, est versée par les receveurs de l'enregistrement entre les mains du receveur principal des contributions indirectes, qui en fait la répartition, après avoir prélevé ce qui peut être affecté au service des pensions. C. n° 381 du 21 mai 1856.

Le Ministre des finances a adhéré à cette demande par une décision du 11 décembre 1855.

En conséquence, les portions d'amendes de contravention à la loi du 30 mai 1851 revenant aux préposés des contributions indirectes ne feront plus l'objet de relevés distincts par chaque agent ; elles seront comprises, à l'avenir, dans un seul relevé, présentant le détail des recettes, et il ne sera délivré par bureau qu'un mandat au profit du receveur principal de l'arrondissement, qui en touchera le montant et le revêtira de son acquit, indépendamment de la remise d'une quittance extraite du registre à souche. Id.

Conformément à ce qui a été réglé par l'instruction n° 1706 pour le paiement des portions d'amendes en matière de contravention au timbre des lettres de voitures, connaissements, etc., les receveurs de l'enregistrement rédigeront l'état de recouvrement en double original : un des doubles restera annexé au mandat, et l'autre sera remis, lors du paiement, au receveur principal des contributions indirectes, pour servir de pièce justificative de la répartition du produit des attributions. Id.

Les relevés continueront, au surplus, à être formés à l'expiration de chaque trimestre. Id.

Ainsi, qu'il s'agisse d'amendes en matière de police du roulage, ou qu'il s'agisse d'amendes en matière de timbre de lettres de voiture, etc., les parts revenant à des préposés des contributions indirectes ne leur seront pas payées directement par l'Administration de l'enregistrement. Les receveurs de l'enregistrement compteront le montant des parts d'amendes au receveur principal des contributions indirectes, et, en même temps, ils lui remettront un double de l'état énonciatif des sommes qu'il doit toucher. Id.

Pour faire les encaissements, le receveur principal des contributions indirectes se présente au bureau du receveur de l'enregistrement (décision ministérielle du 3 décembre 1850, circulaire 478) ; il appose son acquit sur le mandat, et délivre, en outre, une quittance à souche qui, sans paiement de droit de timbre (circulaire de la comptabilité générale n° 103 du 24 juin 1875), est extraite du registre n° 74 spécial, ouvert conformément à la circulaire n° 94 du 6 août 1823. Id.

Les receveurs principaux, en inscrivant en recette à leur journal général (n° 87) et au registre des consignations pour amendes (n° 89 A, 1re partie) le montant de l'état collectif remis par le receveur de l'enregistrement, auront soin d'indiquer les sommes partielles applicables à chaque affaire. Les sous-directeurs établiront, pour chaque affaire distincte, un état n° 99 de sous-répartition, d'après lequel ils attribueront un quart au service des pensions civiles, si, de l'état dressé par le receveur de l'enregistrement, il résulte que, dans la distribution première de l'amende payée par les contrevenants, rien n'a été retenu au profit du service des pensions. Id.

Les tableaux fournis par les receveurs de l'enregistrement étant collectifs ne pourront être annexés qu'au dossier de l'une des affaires qui seront énoncées à ces tableaux. Les receveurs principaux joindront aux dossiers des autres affaires, et à l'appui de l'état de sous-répartition, un extrait de l'état collectif. Cet extrait indiquera l'affaire dans le dossier de laquelle se trouvera l'état collectif. Id.

1777. *Postes.* L'Administration des postes procède d'abord à la répartition comme il suit : 1/3 aux saisissants, 2/3 à l'Administration des postes et aux hospices. Arrêté ministériel du 27 prair. an XII, art. 8.

Un quart des parts versées est alloué au service des pensions, et trois quarts aux saisissants. Id.

1778. *Police de la chasse.* Un quart des parts versées est alloué au service des pensions et trois quarts aux saisissants. C. nº 881 du 21 mai 1856.

1779. *Pêche côtière.* L'amende qui est recouvrée par l'Administration des domaines est répartie comme suit : 4/5 à la caisse des invalides de la marine, 1/5 aux saisissants, sans que cette part puisse excéder 25 francs par infraction. C. nº 70 du 18 oct. 1852.

Un quart des parts versées est alloué au service des pensions et trois quarts aux saisissants. Id.

1780. *Octrois. Toute espèce de contravention.* Un quart des parts versées est alloué au service des pensions et trois quarts aux saisissants. C. nº 17 du 30 oct. 1816, dernier §, et C. nº 74 du 29 janvier 1835, dernier §.

1781. *Observations générales relatives aux cas prévus ci-après, en matière d'octroi.* Les répartitions d'octroi dans lesquelles des employés des contributions indirectes sont admis, doivent être faites selon le mode en usage dans l'Administration de chaque octroi (art. 6 de l'arrêté ministériel du 17 octobre 1816 ; art. 84 de l'ordonnance du 9 décembre 1814) ; mais, dans tous les cas, ces employés doivent être traités absolument comme les préposés des octrois, sans plus d'avantage, sans plus de défaveur. Ainsi la somme revenant aux employés des contributions indirectes est déterminée selon la règle qui est suivie lorsque les procès-verbaux ont été rapportés exclusivement par des préposés d'octroi. C. nº 381 du 21 mai 1856.

C'est encore ce qui se pratique dans l'octroi qui décide quelle est la quotité proportionnelle pour laquelle chacun des agents (inférieurs ou supérieurs) des contributions indirectes est admis individuellement dans la répartition faite par l'octroi. Les règlements propres aux contributions indirectes accordent double part aussi bien aux agents supérieurs des octrois qu'aux agents supérieurs des contributions indirectes. Si le mode en usage dans l'octroi attribue double part aux agents supérieurs de l'octroi, les employés supérieurs des contributions indirectes ont droit également à une double part ; s'il n'accorde aux employés supérieurs de l'octroi qu'une simple part, les employés supérieurs des contributions indirectes n'ont également qu'une simple part, nonobstant ce fait que les employés supérieurs de l'octroi reçoivent une double part dans les répartitions spéciales aux contributions indirectes. Il n'est pas indispensable qu'il y ait réciprocité parfaite : ce qui importe, c'est que, dans les répartitions établies pour chaque service, les employés supérieurs et inférieurs de l'un et l'autre service ne soient pas traités différemment. Id.

Dans les répartitions en matière de contributions indirectes, l'avantage de la double part est fait, non pas seulement aux préposés en chef proprement dits des octrois, mais encore aux agents supérieurs d'octroi qui d'après la position qu'ils occupent, d'après les fonctions qu'ils remplissent, obtiennent, en vertu des règlements, une double part dans les répartitions purement d'octroi. Id.

En toute hypothèse, les contrôleurs des contributions indirectes reçoivent une double part dans la sous-répartition des sommes versées par l'octroi (art. 1er de l'arrêté ministériel du 17 oct. 1816). Id.

1782. *Répartition de la portion des amendes d'octroi qui forme la part des employés de la Régie, sans qu'il y ait saisie commune.* S'il s'agit de procès-verbaux rapportés par des employés des contributions indirectes, sans coopération de préposés d'octroi, la somme totale qui, suivant le mode de répartition en usage dans l'Administration de l'octroi, forme la part des divers employés verbalisants, inspecteurs compris, est versée au receveur principal des contributions indirectes, qui la sous-répartit ainsi :

Un quart au service des pensions ;

Trois quarts aux employés verbalisants. C. n° 381 du 21 mai 1856.

S'il s'agit de procès-verbaux rapportés concurremment par des employés des contributions indirectes et par des préposés de l'octroi, la somme revenant aux divers employés verbalisants des deux services, y compris les inspecteurs des contributions indirectes, est déterminée suivant le mode en usage dans l'Administration de chaque octroi. Id.

Les parts des employés des contributions indirectes, y compris celle des inspecteurs, sont versées au receveur principal. Id.

La somme versée par la commune est attribuée, savoir :

Un quart au service des pensions ;

Trois quarts aux saisissants employés des contributions indirectes. Id.

1783. *Douanes. Saisies en matière de douanes, opérées concurremment par les employés de la Régie et les préposés des douanes.*

La totalité des parts versées par la douane est attribuée aux saisissants. C. n° 74 du 29 janvier 1834.

Quand les saisies étaient opérées par *les employés de la Régie seuls*, il était alloué 1/4 au directeur de la Régie et 3/4 aux saisissants. (Décision du Ministre des finances du 16 juin 1817.) V. la décision du 12 février 1817, n° 298 ; mais les directeurs sont actuellement exclus des répartitions.

Le partage se fait par tête lorsqu'il y a concours des préposés des douanes et des contributions indirectes.

La répartition *par tête* s'effectuera également pour les saisies opérées de concert par des préposés d'octroi et des préposés des douanes agissant à la requête des contributions indirectes, ou par les mêmes préposés concurremment avec ceux de cette dernière Administration. Dans ce cas, on réunira les sommes attribuées aux employés de la Régie et aux préposés d'octroi, et on fera la répartition conformément à l'arrêté ministériel du 27 mai 1875, c'est-à-dire en accordant deux parts aux contrôleurs et inspecteurs des contributions indirectes.

Le mode de répartition adopté par les douanes et les contributions indirectes ne pouvant priver les officiers et sous-officiers du bénéfice de la double part qui leur est allouée par l'art. 5 de l'arrêté du 17 octobre 1816, on devra, dans les saisies où il y aura intervention de militaires, établir, pour ordre, le nombre des saisissants ayant droit à simple et à double part, et diviser ensuite la somme nette à répartir entre la masse des co-partageants par le nombre total des parts, afin d'attribuer aux officiers, sous-officiers et militaires la totalité de ce qui leur est dû. La somme restant après ce prélèvement sera ensuite partagée par tête entre les administrations financières. Ainsi, dans une saisie opérée à la requête des contributions indirectes par un officier et deux militaires, un préposé supérieur des douanes ayant droit à deux parts et un simple préposé, un contrôleur de la Régie ayant droit également à la double part et deux commis, il faudrait, pour obtenir la somme à payer aux militaires, diviser par onze la masse à répartir, puisqu'il y aurait en effet onze parts.

Conséquemment, si cette masse était de 110 fr., il reviendrait à l'officier 20 fr., et 10 fr. à chaque militaire. Les 70 fr. formant le surplus se partageraient entre l'Administration des douanes et celle des contributions indirectes, à raison du nombre réel des saisissants appartenant à chacune d'elles, et l'on allouerait dès lors, dans le cas posé, 28 fr. à la première et 42 fr. à la seconde. La répartition de cette dernière somme entre les deux employés de la Régie serait de 21 francs pour le contrôleur et de 10 fr. 50 cent. pour chacun des deux commis.

Lorsqu'il y aura concours de militaires, on ajoutera à l'état nº 99, au-dessous de la ligne indiquant la somme revenant aux *employés saisissants*, une annotation qui fasse ressortir le nombre des saisissants et celui des parts. Cette annotation, pour l'exemple ci-dessus, serait ainsi conçue :

8 saisissants. { 3 pour double part. . . . . 6 / 5 pour simple part. . . . 5 } 11 parts. C. nº 137 du 13 janvier 1837.

A l'occasion des répartitions dont il vient d'être question, on devra se concerter avec le directeur des douanes pour connaître la quotité des parts attribuées par les règlements aux employés supérieurs des douanes. Id.

§ IV. Répartition des amendes applicables à des fraudes antérieures. Fonds de réserve du contentieux.

1784. En ce qui concerne les amendes et confiscations recouvrées à la suite de procès-verbaux qui, au lieu de constater un fait de fraude actuel, contiennent simplement la relation de *faits antérieurs* de nature à prouver directement l'existence de la fraude, le conseil d'Administration est appelé à décider si, indépendamment des signataires de ces actes, d'autres employés ne doivent pas également prendre part à la répartition. A. M. F. du 24 juillet 1877.

Il peut, en outre, autoriser, sur la part revenant aux saisissants, un prélèvement destiné à constituer un fonds de réserve qui sera, en fin d'année, réparti par l'Administration entre les agents qui se seront le plus signalés dans la répression de la fraude. Id.

Lorsque les directeurs et sous-directeurs ont à procéder à la répartition d'amendes se rapportant à des contraventions *pour faits antérieurs*, ils doivent soumettre leurs propositions à l'Administration, qui fixe définitivement le mode de partage.

En cas d'affectation d'une part au fonds de réserve du contentieux, cette part n'en doit pas moins être portée à l'état 100 A *comme part d'employés* (CC. n° 108 du 30 décembre 1880) ; mais comme elle ne donne lieu à aucun émargement, le receveur principal en adresse le montant, par virement de fonds, à son collègue de la Seine, chargé de la centralisation de toutes les recettes du fonds de réserve. Des instructions sont d'ailleurs données, par affaire, sous le timbre du contentieux.

SECT. III. — Dispositions spéciales

§ Ier. Employés ayant droit à deux parts.

1785. Les inspecteurs et contrôleurs de tous les services ont droit à deux parts dans les répartitions et les sous-répartitions. Art. 1er de l'Arrêté M. F. du 17 oct. 1816.

Cette disposition est applicable aux contrôleurs de la garantie. C. n° 2 du 16 avr. 1823.

De ce qu'elle était applicable aux receveurs-contrôleurs, il n'en résulte pas qu'elle puisse être invoquée en faveur des commis principaux de première classe. C. n° 310 du 1er août 1855.

Parts attribuées aux troupes et à la gendarmerie. V. 1790.

A l'occasion d'une saisie de tabacs pratiquée par un maire et un brigadier de gendarmerie, les auteurs des codes des contributions indirectes relatent une décision d'après laquelle la part du maire doit être du double, absolument comme s'il s'agissait d'un préposé supérieur.

Cette allocation, que justifiait d'ailleurs la qualité de ce fonctionnaire, a paru d'autant plus rationnelle dans l'espèce, que le maire étant appelé à participer au partage avec le brigadier de gendarmerie, il eût été étrange que ce dernier, qui a droit, en vertu de l'article 5 de l'arrêté ministériel du 17 octobre 1816, à une double part, fût plus rétribué que le maire sous l'autorité duquel il se trouve en partie placé.

L'arrêt de la cour de cassation en date du 25 brumaire an VII ayant décidé que l'intérimaire est investi de tous les pouvoirs confiés au titulaire, l'employé d'un grade inférieur à celui de contrôleur, exerçant par intérim ces dernières fonctions, a droit à deux parts.

§ II. Employés exclus du partage. Partage par tête avec les employés des douanes.

1786. L'article 2 de l'arrêté ministériel du 17 octobre 1816 exclut les employés du grade supérieur à celui de contrôleur de toute part dans les saisies, même dans celles auxquelles ils auraient coopéré comme saisissants. On a voulu que les préposés supérieurs de l'Administration, appelés à prononcer en premier ressort sur les contraventions et à terminer le plus grand nombre des procès par transaction, fussent entièrement désintéressés dans les décisions qu'ils sont appelés à rendre ou à provoquer. C. nº 17 du 30 oct. 1816.

Cette exclusion est maintenue. C. nº 310 du 1er août 1855 et nº 33 du 28 déc. 1871. Toutefois elle ne s'applique plus aux inspecteurs. C. nº 154 du 3 juin 1875.

Pour les autres employés supérieurs, l'exclusion est générale ; elle concerne non seulement les amendes prononcées en vertu de la législation spéciale des contributions indirectes, mais encore les amendes à l'application desquelles donnent lieu les procès-verbaux rapportés en matière quelconque, à la requête et dans l'intérêt d'autres services. C. nº 381 du 21 mai 1856.

Lorsque, d'après les règlements, aucun des préposés verbalisants n'a droit au partage, le produit net est attribué tout entier au Trésor public et au fonds des retraites. C. nº 478 du 22 janv. 1851.

Ce cas est maintenant fort rare.

Quand une part est accordée aux employés saisissants, au nombre desquels se trouve un sous-directeur, le Trésor et le service des retraites ne doivent recevoir que la part ordinaire que les règlements leur allouent, et il ne leur revient rien sur le surplus, bien que le sous-directeur soit écarté de la répartition : la somme totale dévolue aux saisissants est alors attribuée entre les autres verbalisants, selon les proportions déterminées par l'article 1er de l'arrêté précité du 17 octobre 1816. Si, le sous-directeur étant mis en dehors, il ne reste qu'un seul ayant droit, celui-ci touche la somme intégrale. Id.

1787. Les règles établies par la circul. nº 137 du 13 janvier 1837 et par l'article 4 de l'arrêté du 17 octobre 1816, pour les saisies faites en commun, et, en toutes matières, par des agents des contributions indirectes et *des douanes*, continueront à être suivies : le partage de la somme revenant aux saisissants s'effectuera par tête, quel que soit leur grade, et d'après le nombre réel des employés verbalisants. Un sous-directeur qui aura concouru à la saisie fera nombre dans la répartition par tête. Si, en raison de la nature des fraudes et des contraventions, les employés des contributions indirectes n'ont pas droit au partage de l'amende, la somme qui leur est attribuée en bloc sera versée : deux tiers au Trésor, un tiers au service des pensions ; s'ils doivent y être admis, il y aura lieu, conformément à ce qui précède, d'exclure le sous-directeur et de diviser la somme totale entre les autres saisissants. Id.

Dans le cas où un sous-directeur verbaliserait concurremment avec des préposés des douanes et des militaires parmi lesquels il y aurait des officiers et des sous-officiers, le partage devrait, conformément à la règle posée par la circulaire nº 137 du 13 janvier 1837, être établi de manière à conserver aux officiers et aux sous-officiers l'allocation de la double part que l'article 5 de l'arrêté du 17 octobre 1816 leur concède : c'est-à-dire qu'un premier décompte, dans lequel les officiers et les sous-officiers, les préposés supérieurs des douanes et le sous-directeur de la Régie seraient comptés pour deux têtes, serait dressé ; que de ce décompte serait dégagée la somme totale revenant aux militaires de tous grades, et que le surplus restant après ce prélèvement serait ensuite partagé par tête entre les administrations financières. La somme attribuée à la Régie serait sous-répartie ainsi que cela est ci-dessus expliqué. Id.

Si, dans les contraventions constatées au domicile des assujétis, les employés des contributions indirectes sont exclus du partage des amendes, ces exclusions ne se rapportent pas aux employés étrangers : ceux-ci sont admis au partage des amendes et des confiscations en quelque matière que ce soit. S'il figure des employés de la Régie dans le procès-verbal, leur part est attribuée : 2[3 au Trésor et 1[3 au service des pensions. Art. 4 de l'Arrêté M. F. du 17 oct. 1816. V. 1741.

1788. Les parts de saisies des employés qui en auraient été privés par mesure disciplinaire font retour au Trésor et sont reprises aux recettes accidentelles. CC. du 29 juill. 1858, n°s 638[74, relative aux douanes.

§ III. Employés destitués ou démissionnaires.

1789. L'employé destitué ou démissionnaire conserve les droits qu'il avait au partage des amendes et confiscations résultant des contraventions qu'il a concouru à constater, bien que la répartition ne s'effectue qu'après la cessation de ses fonctions, parce que ces droits lui sont acquis dès l'instant de la rédaction du procès-verbal. C. n° 17 du 30 oct. 1816.

IV. Troupes. Gendarmerie. Versements. Formalités. Frais d'escorte. Parts d'indicateurs.

1790. Dans toutes les saisies faites par les troupes ou par la gendarmerie, seules ou concurremment avec des employés des contributions indirectes, la portion revenant aux troupes sera calculée à raison d'une part de préposé pour chaque militaire, et de deux parts pour chaque officier ou sous-officier. Art. 4 de l'Arrêté M. F. du 17 oct. 1816.

Cette portion sera versée entre les mains de l'officier commandant, lequel en fera ensuite la répartition conformément au mode qui sera arrêté par le Ministre de la guerre. Id.

1791. Lorsque les receveurs principaux ont à payer aux militaires de la gendarmerie soit des parts d'amendes, soit des primes pour tabacs ou poudres saisis et arrestation de colporteurs, ils se bornent souvent à remettre ces sommes aux officiers trésoriers du corps, et à en retirer quittance. CC. n° 102 du 20 mars 1875.

Or, aux termes des articles 344 et 405 du décret du 18 février 1863 sur l'administration de la gendarmerie, les comptables publics qui ont des sommes à payer à des militaires de cette arme, doivent exiger une quittance collective des membres du conseil d'Administration et inscrire eux-mêmes les sommes payées sur le livret de solde, dont sont pourvus, en vertu de l'article 405 précité, les corps, compagnies et détachements de gendarmerie. Id.

L'oubli de cette double obligation pouvant engager sérieusement la responsabilité des comptables, il est de leur intérêt de ne pas omettre l'accomplissement des formalités prescrites par le décret de 1863. Les directeurs ont été invités, en conséquence, à rejeter toute quittance qui, dans l'espèce, ne serait signée que des trésoriers de gendarmerie. Id.

Lorsque les troupes ou la gendarmerie auront seulement été requises pour l'escorte ou pour la garde des objets saisis, elles auront droit à une gratification, qui sera réglée par l'utilité de leurs services et prélevée sur le produit net de l'amende et de la confiscation. Arrêté M. F. du 22 juill. 1806.

Les gendarmes ne sont pas autorisés par la loi à constater toutes les contraventions ; mais, lorsque, par des motifs particuliers à la nature de leur propre service, ils mettent les employés de la Régie à même de constater une fraude ou une contravention quelconque, on doit leur accorder, sur le produit des amendes et confiscations, la part allouée aux indicateurs. D. du cons. d'Adm. nº 238 du 27 nov. 1816.

§ V. Amnistie.

1792. Les employés ne peuvent rien réclamer sur les amendes dont il a été fait remise. Arrêt du Cons. d'Et. du 7 avril 1835.

§ VI. Indicateurs.

1793. Il sera accordé, en toute saisie, à titre d'indemnité, à celui qui aura dénoncé la fraude ou la contravention, un tiers du produit des amendes et confiscations, après déduction des droits fraudés et des frais, pourvu que le dénonciateur se soit fait connaître à l'Administration ou au directeur avant la saisie. Art. 7 de l'Arrêté M. F. du 17 oct. 1816.

Le chef chargé de la formation des états de répartition nᵒˢ 71 A et B (tabacs et poudres) et 99 (amendes et confiscations) ne fait pas figurer d'office sur ces états l'indemnité qu'il peut y avoir lieu d'allouer à l'indicateur de la fraude. Le sous-directeur apprécie les renseignements donnés par les indicateurs, et propose d'allouer ou de refuser l'indemnité ; le directeur statue. Les propositions sont formulées, selon le cas, sur des feuilles 122 C spéciales ou sur les feuilles 122 C par lesquelles il est rendu compte des transactions ou jugements. Ce n'est qu'après que le directeur a autorisé ou refusé l'allocation que les états de répartitions sont dressés. Il convient sans doute d'accorder aux indicateurs ce qui leur est dû ; mais toute allocation qui n'aurait pas pour cause des indications réelles, sérieuses et utiles, doit être refusée. C. n° 310 du 1er août 1855.

1794. C'est le directeur ou sous-directeur qui établit les états de répartition. L'inspecteur n'a plus à apprécier s'il y a lieu d'allouer à l'indicateur l'indemnité. Cette mission appartient maintenant au sous-directeur. C. n° 17 du 16 mars 1870.

Le directeur n'est pas consulté à cet égard lorsque la fraude a été constatée par des préposés étrangers. La part d'indicateur est portée aux états nos 71 et 99, sur la production d'une attestation du chef immédiat des préposés verbalisants. Id.

Dans le cas où une part d'indicateur est allouée, la quittance constatant le paiement doit être soumise au visa du sous-directeur ; elle reste entre les mains du receveur principal, qui est tenu de la représenter aux vérificateurs, sur leur demande. C'est le sous-directeur qui signe, sur les états nos 71 et 99, le certificat constatant le paiement. Id.

1795. La règle veut que les parts d'indicateurs ne soient allouées que sur la proposition des sous-directeurs et sur l'autorisation des directeurs ; mais il a paru convenable d'admettre une exception pour le cas où la fraude a été constatée par des préposés étrangers : la circulaire n° 310, du 1er août 1855, énonce que dans ce cas les receveurs principaux des contributions indirectes peuvent allouer d'office la part d'indicateur, sous la réserve toutefois qu'ils exigeront la production d'une attestation du chef immédiat des préposés verbalisants. C. n° 381 du 21 mai 1856.

Le service des octrois et le service des contributions indirectes ne sont pas étrangers l'un à l'autre ; au contraire, ils ont entre eux une connexité manifeste, puisque le service des octrois est sous la surveillance générale du service des contributions indirectes (article 88 de l'ordonnance du 9 décembre 1814) ; les deux services sont d'ailleurs chargés de défendre réciproquement leurs intérêts, qu'ils soient séparés ou communs ; souvent leurs préposés agissent conjointement. Id.

La disposition exceptionnelle précitée de la circulaire n° 310 ne s'applique pas aux cas de saisies opérées par des préposés d'octroi, soit dans l'intérêt exclusif des contributions indirectes et de l'octroi, soit dans l'intérêt commun des contributions indirectes. La règle générale doit alors être suivie. Les préposés en chef qui reçoivent des indications et qui réclament l'allocation de la part d'indicateur doivent donc se mettre en rapport avec le chef divisionnaire à qui il appartient d'apprécier les renseignements donnés par l'indicateur, et qui soumet toujours au directeur la demande des préposés en chef et ses propositions personnelles relativement à l'allocation ou au refus de l'indemnité réclamée pour l'indicateur. Id.

L'indication de la fraude étant prévue dans la loi, il ne faut pas repousser la révélation qui se produit, mais il faut éviter tout ce qui, de la part des employés, pourrait ressembler à la *provocation*. C. n° 410 du 21 déc. 1848.

1796. La conséquence de ce qui précède, c'est que les employés verbalisants ne doivent jamais, dans leurs procès-verbaux, faire mention des indicateurs. Id.

Il n'est pas toujours possible que les indicateurs se fassent connaître au sous-directeur avant ni même après la saisie, et souvent ils refusent de se déplacer et de se montrer dans les bureaux ; mais alors, avant d'autoriser l'introduction de ces indicateurs dans une répartition, on exigera de l'employé à qui ils se seront adressés un certificat en termes explicites, constatant les motifs qui n'ont pas permis de suivre la marche régulière, et indiquant les noms et la demeure des indicateurs.

1797. En matière de garantie, la part revenant à l'indicateur sur la valeur des objets saisis est de 1/10. Art. 104 de la Loi du 19 brum. an VI.

Mais il faut qu'il y ait réellement un indicateur pour que le dixième qui est accordé par la loi lui soit payé. Cet indicateur doit nécessairement être connu du directeur ou du sous-directeur. Toutefois il suffit qu'il se fasse connaître au contrôleur de la garantie et que celui-ci l'atteste d'une manière formelle. Le Ministre des finances l'a décidé ainsi parce que la plupart des indicateurs ne veulent se faire connaître que du contrôleur. C. n° 2 du 16 avr. 1823.

Ont été abrogées, par la décision n° 501 du 18 février 1818, les dispositions de la circulaire n° 17 du 30 octobre 1816 qui, en matière de garantie, accordaient la part de l'indicateur aux employés saisissants, lorsque cet indicateur n'existait pas. Id.

1798. La part attribuée aux indicateurs n'est pas passible de la retenue au profit des pensions. Id.

Sect. IV. — Ecritures autres que celles qui se rapportent aux remboursements.

§ I. Etats 99.

1799. La répartition du produit des amendes et confiscations ne peut être faite qu'après que les transactions ont été approuvées par qui de droit, ou après que les jugements sur lesquels il n'intervient pas de transaction ont reçu l'exécution qu'ils comportent. C. n° 310 du 1er août 1855. V. 1824 et suiv.

Les états de répartition (n° 99) sont formés par les directeurs ou sous-directeurs.

Ceux que dresse le sous-directeur sont ordonnancés par lui ; il n'est plus nécessaire de les soumettre au visa du directeur avant d'en passer écriture. C. n° 17 du 16 mars 1870.

1800. Certaines répartitions d'amendes et confiscations n'entraînent que des virements d'écritures et d'imputations, sans donner lieu à aucun paiement effectif. Lorsque ces répartitions sont nombreuses, le sous-directeur eut être dispensé de les établir sur des feuilles n° 99 ; un état, qui récapitule toutes les répartitions de l'espèce, est alors dressé suivant le modèle annexé à la circulaire n° 478, du 22 janvier 1851. Dans le but de réduire le nombre des communications entre la direction et les recettes principales, dans le but de diminuer les écritures, l'Administration autorise les sous-directeurs à ne former cet état collectif que dans le troisième mois de chaque trimestre, pour l'ensemble du trimestre, mais sous la réserve que les répartitions dont il s'agit seront comprises dans les écritures du troisième mois, qu'elles seront portées à l'état récapitulatif n° 100 A de ce troisième mois, et que les affaires qu'elles concernent pourront ainsi figurer comme apurées à l'état n° 125 du même trimestre. C. n° 310 du 1er août 1855.

Dans la pratique, on a généralement renoncé à ce système, qui présente peu d'avantages. Les états 99 sont établis au fur et à mesure de la conclusion définitive des affaires, et on porte, chaque mois, à l'état 100 A, toutes les affaires qui sont en état d'être apurées, même celles qui n'ont donné lieu qu'au remboursement des frais et des droits fraudés.

Dans les affaires communes à l'octroi et à la Régie, il est recommandé de faire figurer dans le même mois la répartition et la sous-répartition. C. n° 2 du 25 janvier 1827.

§ II. Préposés étrangers.

1801. Les préposés étrangers qui peuvent verbaliser en matière de contributions indirectes sont :

1° Pour le droit de circulation sur les boissons, les employés des douanes et des octrois (art. 17 de la loi du 28 avr. 1816) et tous les employés de l'Administration des finances, la gendarmerie, tous les agents du service des ponts et chaussées, de la navigation et des chemins vicinaux, autorisés par la loi à dresser des procès-verbaux. Art. 5 de la Loi du 28 fév. 1872 ;

2° Pour le droit d'entrée sur les boissons, les préposés des octrois. Art. 92 de l'Ord. du 9 déc. 1814 ;

3° Pour les tabacs, les poudres à feu, les allumettes chimiques et les cartes à jouer, les préposés des douanes et des octrois, les gardes forestiers, les gardes champêtres, les officiers de police, et généralement tout employé assermenté. Art. 169 et 223 de la Loi du 28 avr. 1816 et art. 25 de celle du 25 juin 1841 ;

4° Pour les droits sur les voitures publiques, les employés des octrois. Art. 92 de l'Ord. du 9 déc. 1814 ;

5° Pour le droit sur les sucres, les employés des douanes et des octrois. Art. 18 de la Loi du 31 mai 1846.

Il y a lieu de rappeler ici que les préposés étrangers ayant droit de verbaliser, qui constatent des contraventions aux lois sur les contributions indirectes, jouissent de la part affectée aux saisissants. Art. 3 de l'Arrêté M. F. du 17 oct. 1816.

Le partage s'en effectue entre eux d'après les formes et dans les proportions déterminées par les règlements de leur Administration. Id.

1802. Quand des préposés étrangers, quels qu'ils soient, n'ayant pas qualité pour verbaliser, font opérer une saisie, il y a lieu de leur allouer la part d'indicateur déterminée par l'article 7 de l'arrêté ministériel du 17 octobre 1816. Déc. du cons. d'Adm. nº 238 du 27 nov. 1816 et art. 7 de l'Arrêté M. F. du 17 oct. 1816.

1803. Les parts revenant aux agents d'un autre service public sont versées dans la caisse des comptables de cette Administration. C. nº 381 du 21 mai 1856.

Pour les douanes, dans la caisse du receveur principal. C. nº 17 du 30 oct. 1816.

Pour les octrois, dans celle du receveur du bureau central. D. du cons. d'Adm. nº 557 du 26 août 1818 et C. nº 7 du 17 août 1827.

Pour les gendarmes et les troupes, dans la caisse de l'officier comptable. C. nº 17 précitée.

1804. Une copie de l'état de répartition 99 est remise aux comptables qui reçoivent les sommes. Id.

1805. Les gardes forestiers, les gardes champêtres et les agents civils sont payés directement sur émargement. Id.

1806. Les receveurs principaux doivent justifier des paiements et s'assurer de l'identité des signatures. Id.

1807. Dans les saisies opérées par des préposés étrangers, concurremment avec des employés de la Régie, on doit, en procédant à la répartition des amendes et des confiscations, commencer par prélever les droits fraudés, l'indemnité acquise à l'indicateur et les frais. C. nº 17 du 30 oct. 1816.

On procède ainsi d'ailleurs pour toutes les saisies.

§ III. Droits fraudés.

1808. On doit continuer à assurer, par prélèvement, les droits quelconques qui, d'après la nature et les circonstances des faits constatés par les procès-verbaux, auraient échappé, si la contravention n'avait pas été découverte, et dont la perception ultérieure ne serait pas positivement garantie par une prise en charge valable et à fins utiles au compte d'un contribuable ; le prélèvement complet des droits fraudés doit dominer tous les autres intérêts, des saisissants, du service des retraites, de la part du Trésor, etc. C. nº 21 du 27 mars 1817.

1809. C'est seulement lorsqu'il y a contravention à l'article 68 de la loi du 28 avril 1816 et dans certains cas d'infraction aux nouvelles lois d'impôt : (bougies, art. 16 de la loi du 30 déc. 1873 ; vinaigres, art. 9 de la loi du 5 juillet 1875, etc., que les jugements des tribunaux peuvent, par induction, spécifier des droits fraudés ; dans toute autre hypothèse, les jugements se bornent à prononcer la confiscation et l'amende, et c'est alors sur le montant des condamnations que les droits fraudés, ou présumés tels, doivent être prélevés, avant que la répartition ait été faite. Il faut opérer de même dans le simple cas de contravention, parce que la somme que la Régie obtient de cette manière, tient lieu de celle qu'elle obtiendrait par suite d'un jugement. Mais, en thèse générale, il n'y a lieu à comprendre dans les transactions pour droits fraudés que les droits dont le Trésor a réellement été frustré. Par exemple, si une pièce de vin est introduite en fraude du droit d'entrée, c'est ce droit qui doit être prélevé ; si un débitant a vendu en détail une quantité quelconque de boissons et qu'il ait tiré cette quantité d'un vaisseau qui n'était pas pris en charge, le restant de la pièce doit être saisi ; mais, sur le produit de la condamnation ou de la transaction, il ne faut prélever le droit de détail que sur ce qui a été débité illégalement. Il n'y a pas lieu à prélèvement lorsque l'acquittement des droits est garanti ultérieurement par la prise en charge, ou que les boissons sont mises sous la main de la Régie d'une manière quelconque, attendu que, dans cette double supposition, il ne peut y avoir de droits fraudés. Il en est de même lorsque les employés rencontrent un chargement sans expédition ou avec une expédition inapplicable, parce qu'alors le dépôt des boissons s'effectue ou le chargement part avec un nouvel acquit-à-caution, et que, dans l'une ou l'autre hypothèse, les droits sont garantis. Ce n'est point par cela seul qu'il y a eu des boissons saisies qu'on doit décider qu'il y a eu des droits fraudés ; les circonstances relatées dans le procès-verbal peuvent seules faire juger quels droits sont sujets à prélèvement. C'est ainsi que, dans le cas de contravention de la part d'un marchand en gros surpris vendant en détail les boissons de ses charges, il n'y a pas lieu à prélever de droits fraudés sur le montant de la transaction, parce que l'objet de la fraude, les boissons vendues en détail, se trouvant manquer aux charges et soumises par suite au droit de 12,50 pour 100, le prélèvement formerait double emploi. Si l'on préférait faire acquitter les droits, dans la crainte que le manquant fût couvert par un *boni* sur les déchets légaux, ou même par quelque introduction clandestine, il faudrait avoir soin d'opérer une décharge équivalente au compte du contrevenant, afin qu'il n'y eût point de double emploi. *Correspondance.* 1810. Quand il y a transaction, la prise en charge pour assurer le paiement des droits fraudés doit être constatée à la suite de cet acte. C. n° 14 du 17 sept. 1816.

Il doit en être justifié par des certificats particuliers, lorsque les procès-verbaux ont été terminés par jugement sans transaction et ont été suivis de la vente des objets saisis. Id.

Le décompte détaillé des droits fraudés sera toujours établi sur le cadre à ce destiné et placé au verso des transactions.

Pour les droits garantis par la délivrance de nouvelles expéditions, on rappelle dans un cadre spécial le numéro et la date des expéditions, et on joint au dossier le bulletin de ces expéditions.

Le paiement des droits fraudés d'octroi, prélevés sur transaction, et portés à l'état 100 A dans une colonne spéciale, est justifié par une quittance du registre A.

En cas d'exécution de jugement sans transaction, les sous-directeurs doivent séparément dresser et annexer au dossier : 1° le décompte des droits fraudés ; 2° des certificats spéciaux de prise en charge, lorsqu'il y a lieu. C. nº 14 du 17 sept. 1816.

Les droits fraudés afférents au Trésor sont admis en déduction sur l'état 99, sans production d'aucune quittance ou pièce quelconque. C. de la compt. nº 24 du 16 déc. 1836.

1811. Les droits fraudés revenant aux octrois leur sont comptés, et cette dépense est justifiée par une quittance spéciale du reg. A, de la même manière qu'il est justifié audit receveur de la moitié revenant aux octrois dans le produit des saisies communes. CC. nº 25 du 7 janvier 1837.

La somme qui est comptée par le receveur principal de la Régie au receveur du bureau central de l'octroi, est, par celui-ci, inscrite en recette sur les registres élémentaires de perception des droits. Circulaire nº 7-3 du 17 août 1827, Secrét. ; Décision nº 316 du 19 mars 1817.

1812. Sur l'état nº 100 A, récapitulant les états 99, les droits fraudés attribués au Trésor doivent figurer colonne 5, et les droits fraudés comptés aux octrois sont inscrits dans une colonne à part. CC. nº 25 du 7 janv. 1837.

§ IV. Frais.

1813. Les frais à prélever sur la somme à répartir doivent être justifiés par les pièces elles-mêmes et par les quittances des parties prenantes, qui doivent être revêtues du timbre si la somme est au-dessus de dix francs. Ces quittances doivent être visées par le directeur ou le sous-directeur. C. nº 21 du 27 mars 1817.

En cas de transaction, ils sont détaillés et récapitulés sur le cadre préparé à cet effet au verso de la transaction ; en cas d'exécution de jugement, les receveurs principaux doivent joindre au dossier une note ou un état indicatif et récapitulatif de ces frais. C. nº 14 du 17 sept. 1816.

Les sommes reçues par les receveurs principaux, par suite de transactions pour frais seulement, figureront également à l'état nº 100, comme au registre nº 89. CC. nº 27 du 21 déc. 1838.

§ V. État 100 A. Feuilles 122 C.

1814. Les dépenses relatives aux répartitions sont détaillées sur l'état 100 A qui est adressé à l'Administration avec les dossiers relatifs à chaque affaire. Ces dossiers se composent des feuilles 122 C, des transactions, des procès-verbaux, des états 99, des états de frais, des rapports sommaires, etc.

Le sous-directeur établit les états nº 100 A. C. nº 17 du 16 mars 1870.

Les questions relatives au partage des amendes et confiscations sont soumises à l'Administration au moyen des feuilles n° 122 C. C. n° 7 du 7 juin 1869.

Après les avoir vérifiées, l'Administration fait parvenir toutes les pièces à la comptabilité qui, de son côté, exerce un contrôle dans le double intérêt du Trésor et des pensions civiles. La Comptabilité publique les fait parvenir dans la forme ordinaire à la Cour des comptes.

1815. Les états de répartition et sous-répartition 99, les transactions, procès-verbaux et autres pièces justificatives auxquelles sont annexées les feuilles 122 C et les états 100 A des consignations réparties sont adressés mensuellement par le sous-directeur au directeur avec le bordereau 91 A. C. n° 76 du 22 nov. 1852.

Le directeur en fait l'envoi à l'Administration du 15 au 20. C. n° 344 du 5 août 1882.

1816. A l'appui de l'état 100 A on doit joindre toutes les pièces ; mais on n'inscrit cependant dans les colonnes 15, 17 et 18 de cet état que les pièces justificatives des dépenses portées aux diverses colonnes (3 à 13), ces pièces étant les seules que l'Administration ait à produire à la Cour des comptes. Invariablement, et comme l'indique d'ailleurs son intitulé, la colonne 16 ne doit jamais présenter qu'une seule pièce qui est l'état 99 ou la transaction pour droits et frais ou pour frais seulement. Pour les sous-répartitions de saisies communes, l'état 99 doit figurer colonne 16, et l'état modèle P (octroi) colonne 17. Dans cette dernière colonne doivent être inscrites les pièces suivantes : les procurations ou quittances fournies à défaut d'émargement des parties prenantes, les quittances du registre K *bis* pour les sommes versées aux communes, les extraits de recette en ce qui concerne les taxes de lettres, le procès-verbal, la transaction, les procès-verbaux de vente, les copies ou les extraits des jugements et toutes les pièces justificatives des frais détaillés au deuxième cadre de la transaction. Lett. comm. du 20 mai 1846.

1817. Quant aux droits fraudés, s'ils sont payés en dehors de la transaction, on doit adresser les quittances ou les extraits des registres de perception et remplir en outre très exactement le premier cadre du verso de la transaction, en ayant soin de mentionner, dans la dernière colonne de ce cadre, les dates et n^os des quittances et les n^os des registres de perception ; mais ces pièces ne doivent être mentionnées dans aucune des colonnes de l'état 100 A. Id.

Lorsque les droits fraudés sont prélevés sur l'amende, la quittance de la taxe d'octroi, s'il y a lieu de la percevoir, doit être portée colonne 17, puisqu'elle justifie d'une dépense inscrite colonne 5 *bis*, laquelle dans ce cas est subdivisée. Id.

Les parts d'amendes attribuées à la compagnie générale des allumettes sont portées à l'état 100 A, dans une col. ouverte à cet effet. CC. n° 117 du 3 février 1886.

1818. Toutes les autres pièces fournies à l'appui des transactions uniquement à titre de renseignements, telles que feuilles 122 C, rapports sommaires, réclamations, lettres, certificats, acquits, congés, etc., ne doivent pas être énumérées à l'état 100. Elles doivent former un dossier spécial auquel la feuille 122 C sert de chemise. Les pièces justificatives de dépenses sont attachées, suivant le cas, à l'état 99 ou à la feuille 124. Id.

1819. Relativement aux transactions soumises à l'approbation de l'Administration, il convient, afin d'éviter le plus possible des rectifications, d'inscrire dans la colonne 17 celles des pièces qui, d'après les explications qui précèdent, doivent y figurer, bien que ces pièces aient été envoyées avant la formation de l'état 100. Id.

A cet effet, il est nécessaire que, dans les bureaux de la direction, on ait soin de conserver note exacte de toutes les pièces transmises à l'Administration en demandant l'approbation des transactions. Id.

On ne doit pas passer en bloc écriture de l'état 100 A. V. 138.

§ VI. Exercice.

1820. Aux termes de l'article 13 du règlement général de comptabilité, arrêté le 26 décembre 1866, les répartitions des produits d'amendes doivent être rattachées au budget de l'année courante, au moment où la dépense est constatée. Par suite de cette disposition, la mise en répartition de ces produits ne doit avoir lieu pendant le mois de décembre qu'autant qu'il y a possibilité de délivrer les mandats avant l'expiration de l'année. CC. nº 72 du 15 juin 1867.

1821. Par application de ce principe, la circulaire nº 78 a prescrit de réclamer par avance les crédits dont le besoin se manifesterait dans le mois de décembre, pour cette nature de dépense. L'exécution rigoureuse de cette mesure a rencontré quelques difficultés, surtout dans les recettes principales importantes, attendu qu'il est assez difficile d'apprécier, même approximativement, quel sera pour ce mois le montant des états de répartition à porter en dépense.

Ainsi que l'explique la circulaire ministérielle du 29 décembre 1866, timbrée *Secrétariat général*, le règlement de 1866 prend, à cet égard, pour règle de l'imputation par exercice, la date de *l'autorisation* de la dépense ; il s'en est suivi que, dans certains services, une infinité de sommes souvent minimes, et qui, par suite, n'étaient pas réclamées, étaient rejetées dans les restes à payer à la clôture de l'exercice, et surchargeaient sans nécessité la comptabilité des exercices clos.

C'est à cet inconvénient qu'on s'est proposé d'obvier en limitant le chiffre de la dépense définitive au montant des opérations annuelles. CC. nº 96 du 30 déc. 1872.

1822. En ce qui touche le service des contributions indirectes, ce résultat est et a toujours été obtenu, puisque les dépenses dont il s'agit sont classées parmi celles dites d'urgence, et qu'en cas de non-paiement les sommes restées sans emploi sont mises en consignation.

Il n'y a donc aucun inconvénient à ce qu'on procède, pour le mois de décembre, comme pendant tout le cours de l'année, en inscrivant en dépense les sommes réparties et en demandant la régularisation dans la forme ordinaire. Id.

§ VII. Sommes dont il doit être passé écritures. Justifications.

1823. La part attribuée au Trésor à titre de recette ordinaire ne figure pas en dépense à l'article des répartitions. § 507 et 512 de la Nomencl. du Règl. de 1866.

Il n'en est pas de même des sommes attribuées au service des pensions civiles. Id.

1824. Chaque affaire donne lieu à une répartition distincte de l'excédent de recette. § 508 id.

L'excédent des recettes effectuées par suite de recouvrement d'amendes, de vente d'objets saisis ou de transaction est l'excédent sur le montant des droits fraudés, des frais avancés pour la saisie ou la vente. Il représente le produit net à répartir. §§ 493 et 508 id.

Dans l'Administration des contributions indirectes, les répartitions sont arrêtées par les directeurs, et dans celle des manufactures de l'État, par les chefs de service.

Elles comprennent, dans les contributions indirectes :

1° Les droits fraudés en matière d'octroi ;

2° Les frais avancés par l'Administration ;

3° La taxe des lettres à payer (frais de poste) ;

4° La part des indicateurs ;

5° La part de la compagnie générale des allumettes chimiques ;

6° La part de l'octroi, en cas de saisie commune ;

7° La part des employés saisissants ;

8° La part attribuée au service des pensions civiles. § 508 et 513 id.

Les droits fraudés au préjudice du Trésor, prélevés avant toute répartition, sont portés directement dans les recettes publiques, et ne figurent pas en dépense. § 509 id.

Le paiement et le recouvrement des frais mis à la charge des délinquants sont portés, au contraire, en dépense à l'article des répartitions, et donnent lieu à une recette correspondante, pour l'apurement du compte des avances provisoires.

Pièces justificatives.

1825. Qu'il s'agisse de contributions indirectes ou de manufactures de l'Etat, il est produit :

S'il y a répartitions :

1° Etat dûment arrêté et indiquant :

Le produit brut des recouvrements effectués à titre de prix de vente, d'amendes ou transaction ;

Le montant des frais à prélever sur ce produit ;

Le restant net sur lequel est calculée la part de l'indicateur ;

La portion attribuée au service des pensions civiles ;

La somme à répartir entre les employés saisissants ;

2° Pièces établissant la contravention et le décompte de son produit, savoir :

(*Selon les divers cas.*)

Expédition (T) ou extrait du jugement, ou transaction dûment approuvée ;

Procès-verbal de vente (T) des objets saisis réellement et acquis à l'Administration. (Nous rappelons ici qu'aux termes de la L. C. n° 24 du 21 nov. 1877, les transactions portant abandon d'objets saisis destinés à être vendus publiquement doivent être enregistrées. Il est d'ailleurs prescrit de faire payer aux acheteurs les frais des procès-verbaux d'adjudications. Même instruction.)

Extrait de l'état de répartition, dressé par d'autres administrations, *pour la part allouée aux employés des contributions indirectes.*

De plus, pour chaque nature de dépense, savoir :

Droits fraudés en matière d'octroi.		Quittance à souche délivrée par le receveur du bureau central de l'octroi (reg. A).
Pour la taxe des lettres		Extrait en recette du reg. 89 C. C. n° 376 du 5 mars 1856.
Frais avancés par l'Administration.		Mémoire (T) taxé, visé et arrêté par le directeur ; État émanant des employés, visé et arrêté par le directeur ; Procès-verbaux et pièces de la procédure, s'il y a lieu.
Part des indicateurs.		Certificat du directeur constatant le paiement fait à l'indicateur. Ce certificat est donné en marge de l'état 99.
Part de l'octroi en cas de saisie commune.		Quittance à souche délivrée par le receveur du bureau central de l'octroi.
Part des saisissants	Contrib. indirectes.	Emargement ou quittance individuelle.
	Douanes.	Quittance à souche délivrée par le receveur principal des douanes.
	Octrois.	Quittance à souche délivrée par le receveur du bureau central de l'octroi.
	Gendarmes ou militaires.	Acquit du conseil d'Administration de la compagnie, pour les gendarmes, et quittance de l'officier ou du sous-officier commandant, pour les militaires.
	Divers agents publics.	Emargement ou quittance individuelle.

3° Mention de la date et du numéro d'enregistrement en recette au compte des retenues pour les pensions civiles.

Si les frais égalent les produits :

Dossier de la saisie comprenant toutes les pièces ci-dessus, à l'exception de celles qui concernent la part des saisissants.

Si les frais excèdent les produits :

1° Dossier de la saisie comme ci-dessus ;

2° Certificat de renvoi à fin de liquidation de l'excédent des frais à la charge du Trésor.

Sect. V. — Remboursements, restitutions. Modifications aux états 100 A et 100 B.

1826. Les amendes et confiscations, ainsi que les droits perçus pour non-rapport d'acquit-à-caution, peuvent donner lieu à des restitutions, soit par suite de jugement ou d'abandon, soit pour irrégularité dans la perception. Ces restitutions sont autorisées, pour les contributions indirectes comme pour les manufactures de l'Etat, par le directeur ou par l'Administration. § 510 et 514 de la Nomencl. du Règl. de 1866.

1827. *Etat* 100 *B*. La restitution des sommes encaissées à titre soit de simple, soit de double ou de sextuple droit, ne peut être ordonnée que par l'Administration. Les directeurs doivent lui transmettre leurs propositions successivement et aussitôt que les faits motivant la restitution ont été reconnus. § 90 de l'Instr. du 15 fév. 1827.

1828. Si la somme à rembourser n'a pas été répartie et se trouve encore tout entière en consignation, la restitution sera facilement imputée à ce compte. Elle y sera encore portée, lors même que la somme à rembourser aurait déjà été répartie entre le Trésor et le service des pensions. Lett. comm. n° 28 du 31 mai 1851.

1829. Dans ce cas, des virements d'écritures, opérés sur les résultats des mois antérieurs de l'année, devront retirer au service des pensions les sommes qui lui auront été attribuées, et rétablir ces mêmes sommes à l'article des restitutions. Ces virements seront appliqués sur le cadre à ce destiné de l'état n° 100 B, auquel les quittances des parties prenantes seront annexées. Id.

1830. Les règles qui viennent d'être tracées sont suivies pour tous les acquits-à-caution délivrés en matière de boissons, de sucres, de sels, etc., etc., ainsi que pour l'exportation des tabacs et des poudres à feu. C. n° 480 du 29 janvier 1851.

1831. A l'égard des sommes converties en recette définitive, un mandat spécial, émané de l'Administration, n'est pas nécessaire pour que les directeurs puissent effectuer le paiement des sommes dont le remboursement a été autorisé. Lett. comm. n° 28 du 31 mai 1851.

Les dispositions du § 87 de l'instruction du 15 février 1827, se rattachant à la délivrance de ces mandats, ont été rapportées. Lett. comm. précitée.

1832. Les droits consignés pour non-rapport d'acquits-à-caution sont dévolus, partie au Trésor, partie au service des pensions. Les répartition de cette nature sont l'objet d'états récapitulatifs dressés par les directeurs qui en arrêtent le montant. Il est dressé un état de répartition nº 100 B, avec mention de la date et du numéro d'enregistrement en recette.

La comptabilité générale n'a demandé que l'état nº 100 A sur lequel on porte les dépenses des consignations de toute nature.

Modèle d'autorisation de remboursement d'une consignation pour doubles ou sextuples droits convertis en perception définitive et répartis.

Contributions indirectes.

DÉPARTEMENT
d

ARRONDISSEMENT
d

Exercice

ACQUITS-A-CAUTION

M. le receveur principal de l'arrondissement de est autorisé à rembourser au sieur sur son acquit au bas de la présente, la somme de que ledit sieur a consignée pour double droit, à défaut de caution (ou de certificat de décharge) comme soumissionnaire de l'acquit-à-caution délivré à au bureau de le sous le nº pour la quantité de et qui a été répartie.

Ce remboursement est effectué sur une autorisation de l'Administration, en date du timbrée Don Bureau, nº et en vertu de la décision prise par le conseil, le

La restitution sera portée en dépense comme suit :

Dans les écritures *du mois* courant à titre de restitution, ligne du bordereau Moitié

Sur les antérieurs il sera pris dans la part attribuée au service des retraites, ligne du bordereau, une somme égale qu'on imputera aux restitutions Moitié

Total égal à la somme restituée

Fait à le 188

Le Directeur,

Pour acquit de la somme de A, le

Nota. Le receveur principal certifie la signature de la partie prenante.

1833. *Opérations à faire à l'état n° 100 B, sur lequel figure la restitution, après répartition :*

3e Cadre, récapitulation, ligne des antérieurs.

1° Augmenter la colonne *restitutions* de la moitié de la somme remboursée ;

2° Diminuer la colonne des *droits fraudés* de la moitié de la somme remboursée ;

3° Diminuer la colonne *Part du service des pensions* de la moitié de la somme remboursée ;

4° Rectifier en conséquence le *total* et le *total général* de cette ligne.

2e Cadre.

Inscrire l'acquit en litige, comme à l'ordinaire, mais ne faire figurer dans la colonne des restitutions que la moitié de la somme remboursée, qui viendra compléter celle dont les antérieurs ont été augmentés.

1er Cadre.

Indiquer les changements opérés sur les lignes de l'état précédent. Lett. comm. n° 29 du 12 janv. 1829 ; CC. n° 11 du 28 janv. 1829 ; C. n° 480 du 29 janv. 1851 ; Lett. comm. n° 28 du 31 mai 1851.

Quant aux virements d'écritures à opérer, en pareil cas, à la recette principale, ils sont indiqués ci-après :

1° Registre n° 89. — Retirer les sommes attribuées au Trésor et au service des pensions, et les reporter à la colonne des restitutions.

2° Journal n° 87. — Soustraire des recettes la somme attribuée au service des pensions, et porter en dépense la somme qui avait été retenue pour le Trésor public.

3° Sommier n° 88. — Aux recettes, soustraire la somme antérieurement donnée au service des pensions ; aux dépenses, retirer cette même somme du compte du service des pensions et la reclasser à l'article *restitutions* ; inscrire à ce dernier article la somme portée en dépense au journal n° 87.

Les mêmes opérations sont faites au bordereau n° 91. Lett. comm. n° 28 du 31 mai 1851.

Pièces justificatives pour les restitutions et remboursements.

1834. Il est produit :

1° Quittance de la somme versée ;

2° A défaut de cette quittance, déclaration de perte et extrait du registre de recette ;

3° Décompte indiquant les motifs de la restitution et la somme à restituer ;

4° Quittance des ayants droit.

De plus, en cas de restitution, après répartition de droits perçus pour non-rapport d'acquits-à-caution :

5° Etat de proposition du directeur ;

6° Décision de l'Administration. § 510 et 514 du Règl. de 1866.

1835. *État* 100 *A*. Il peut arriver qu'en vertu d'une décision de l'autorité supérieure, tout ou partie d'une consignation d'amende doive être remboursé à un contrevenant. Dans ce cas, la somme restituée est inscrite à l'état 100 A, dans la colonne spéciale des remboursements ; le paiement est justifié par une quittance, et le surplus de la consignation est, le cas échéant, réparti en la forme ordinaire.

Lorsque l'on doit opérer un *remboursement après répartition*, ou lorsqu'il y a lieu, par *suite d'erreur*, de rectifier une répartition passée en écriture, on doit faire mention des changements d'imputation dans le premier cadre de l'état 100 A. Les opérations à faire pour la régularisation sont quelquefois très compliquées, surtout dans les affaires communes à l'octroi et à la Régie, lorsqu'il faut modifier les répartitions et sous-répartitions, et faire rembourser des parts d'amendes attribuées aux saisissants, etc. Pour rendre claire la situation, il convient de bien noter l'effet que chaque opération en recette et en dépense produit sur la caisse, de totaliser, d'une part toutes les sommes qui redeviennent disponibles par suite de réduction de dépense, et, d'autre part, toutes celles qui sont à nouveau dépensées. La marche suivie est régulière quand il y a égalité entre ces deux totaux.

Les rectifications dont les répartitions sont jugées susceptibles devront être opérées sur les états 100 A, *lors même qu'elles concerneraient les répartitions de l'année précédente*. On procède à ces régularisations, soit d'office, soit sur l'ordre de l'Administration, et sans attendre une injonction de la comptabilité publique, à laquelle on doit transmettre seulement une copie des pièces justificatives des changements opérés. Les pièces originales sont jointes à l'état 100 A. CC. n°s 8 du 10 décembre 1827 et 11 du 28 janvier 1829.

CHAPITRE XLVI.

Dépenses de trésorerie.

Suivant le mode adopté pour les dépenses publiques, nous divisons ce chapitre en plusieurs parties ayant chacune son index :

1re Partie. CORRESPONDANTS DU TRÉSOR.

Consignations. { Droits sur manquants restitués ou remboursés.
Droits sur manquants convertis en perception définitive.
Consignations faites aux buralistes.

Nous nous référons aux explications données au n° 1314 sur les divers sens du mot consignations.

Versements sur recouvrements pour des tiers. { Octroi.
Taxe des lettres et paquets dans les affaires criminelles.

Fonds à rembourser à divers et recettes à classer. { Transport aux contributions et revenus publics des versements des receveurs particuliers.
Droits perçus après les arrêtés des recettes buralistes et d'entrée.
Trop perçu, avances des redevables appliquées aux droits ou remboursées.
Remise du prix des abonnements aux circulaires imprimées.
Appointements, parts d'amendes, etc., non émargés et autres dépenses.
Caisse de retraite pour la vieillesse. Versements des majorations et retenues.
Répartition de la remise payée par les redevables. (Obligations souscrites.)

2e Partie. REMBOURSEMENTS DE FONDS PARTICULIERS DU COMPTABLE.

3e Partie. AVANCES POUR DIVERS SERVICES.

Frais judiciaires.
Frais de poursuites pour le recouvrement des droits.

Avances. { Pour le service des contributions indirectes.
Id. des tabacs.
Pour achats de timbres de l'enregistrement et pour divers services.

4e Partie. DÉBETS POUR DÉFICIT DE CAISSE A LA CHARGE DES COMPTABLES.

5e Partie. MOUVEMENTS DE FONDS.

Versements { à la caisse du Trésor public { En numéraire.
En obligations.
aux receveurs des finances.

Virements de fonds, { entre les comptables de la Régie.
entre les recev. des contribut. indir. et ceux des douanes { France.
Algérie.
entre les comptables des contributions indirectes et ceux des contributions diverses (Algérie).

Fonds de subvention, { fournis aux receveurs des douanes.
fournis aux receveurs des postes.

Ces subdivisions sont à peu près les mêmes que celles que nous avons indiquées pour les recettes de trésorerie sous le n° 1314.

Première partie du Chapitre XLVI.

CORRESPONDANTS DU TRÉSOR.

Abonn. aux circul., 1852.
Appointements, 1853.
Autres dépenses, 1856.
Avances des redev. appliquées aux droits ou remboursées, 1851
Caisse de la vieillesse, 1858.
Certificats d'origine, 1857.
Consignations, 1836 à 1847.
Consignations sur acq.-à-caution, congés de colp., etc. (droits généraux), 1839 à 1842 et 1846.
Consignations sur passe-debout (droits locaux), 1843 à 1846.
Dettes, 1856.
Droits perçus après les arrêtés, 1850.
Fonds à rembourser à divers et recettes à classer, 1849 à 1856.
Justifications, 1847.
Loyers, retenues, 1856.
Manquants des march. en gros, 1836 à 1838.
Objets sujets à dépérissement, 1856.
Parts d'amendes, 1854.
Perception définitive des droits sur manquants, 1838.
Prix des colis renferm. des poudres, 1856.
Recettes à classer, 1849 à 1856.
Recettes extraordinaires, 1853.
Redevances, 1855.
Rembours. de droits sur manquants, 1836.
Remises réparties, 1859.
Répartition des remises, 1859.
Restitution de droits sur manquants, 1836.
Trop perçu, remboursé, 1851.
Vers. à la caisse des dép. et consign., 1837, 1844, 1858.
Vers. des recev. part., 1849.
Vers. sur recouvrements pour des tiers, 1848.

Sect. I. — Consignations.

§ I. Droits sur manquants restitués ou remboursés.

1836. Il s'agit de droits consignés sur les manquants des marchands en gros et portés provisoirement en recette aux consignations dans la forme tracée aux nos 1315 et 1318. Les sommes restent ainsi en dépôt aux opérations de trésorerie jusqu'au règlement définitif des comptes des marchands en gros. S'il n'y a pas lieu de convertir la recette en recouvrement définitif, la somme est portée en dépense sous le titre de droits sur manquants restitués ou remboursés.

1837. La tenue du registre auxiliaire des consignations a fait l'objet des nos 175 et 177.

Versement à la caisse des dépôts et consignations. V. 1844, 1846.

§ II. Droits sur manquants convertis en perception définitive.

1838. Il s'agit, comme au premier paragraphe, des droits consignés sur les manquants des marchands en gros.

Ainsi que nous l'avons expliqué au no 1316, la consignation est convertie, s'il y a lieu, après le règlement définitif des comptes des marchands en gros en perception définitive. Le receveur principal, en même temps qu'il fait dépense de la somme aux consignations et au registre no 89 C, s'en charge en recette à titre de *droits constatés*; et cette somme, après avoir été enregistrée au journal n° 74, est tout d'abord inscrite au sommier n° 88, parmi les recettes à classer.

L'opération à faire dans les bureaux subordonnés est indiquée au n° 1318.

§ III. Consignations faites aux buralistes, sur acquits-à-caution, congés de colportage, laissez-passer, etc. (Droits généraux).

1839. Nous nous sommes étendus, au sujet des recettes, sur les consignations faites aux buralistes par les expéditeurs, colporteurs, etc. On trouvera ces développements du n° 1319 au n° 1328, auxquels nous nous référons.

1840. A la dépense, le mécanisme des opérations peut se résumer ainsi :

Dans le cas où, avant la péremption du délai fixé pour la libération du soumissionnaire, les acquits, les congés, les laissez-passer, etc., sont rentrés déchargés, le receveur principal porte la somme en dépense à titre de *restitution* et l'impute à la ligne correspondante des opérations de trésorerie (dépenses) intitulée : *Consignations faites aux buralistes*.

Quand, après le délai réglementaire, les expéditions ne sont pas rentrées dûment déchargées, le comptable supérieur convertit la consignation en *perception définitive*. Il la porte en dépense aux opérations de trésorerie, aux *consignations faites aux buralistes*.

Mais la somme est reprise en recette dans les termes d'une consignation pour simple, double ou sextuple droit, selon qu'il y a lieu, et figure définitivement aux contributions et revenus publics, aux *Droits sur acquits non rentrés*.

Les consignations dont il s'agit sont alors, mais alors seulement, portées au registre n° 89 A (2me partie).

1841. Tenue du registre n° 89 A (2me partie). V. 161 à 164.

1842. Les opérations de recette et de dépense relatives à des consignations reçues, remboursées ou converties en perception définitive par un receveur subordonné ont lieu à l'époque de son versement. Il les consigne au verso de son bordereau n° 80 (cadre spécial).

Les bordereaux 80 *ter* et 80 *quater* justifient les dépenses et sont rapportés à l'appui du bordereau n° 91.

§ IV. Consignations sur passe-debout (Droits locaux).

1843. Sauf le cas où une déclaration de transit prolonge l'effet et les délais du passe-debout (art. 14 et 30 de la loi du 28 avril 1816), et selon le texte du registre n° 11, sur lequel sont reçues les déclarations de passe-debout, les soumissionnaires contractent l'obligation de justifier, en *trois jours*, de la *sortie des boissons* dans les vingt-quatre heures qui suivent l'introduction. C. n° 504 du 29 déc. 1851.

Si le délai de trois jours expire sans que les justifications soient revenues au bureau où le passe-debout a été délivré, la règle stricte est qu'il y aurait immédiatement lieu, ou de convertir la somme consignée en *percep-*

tion définitive, ou de mettre la caution *en demeure de payer les droits*. Id.

Cette règle, trop littéralement suivie, aurait pour conséquence que la consignation serait convertie en *perception définitive*, ou que, même par voie de poursuite, des paiements seraient exigés des cautions et pourraient être réalisés dans des cas où cependant des justifications positives existeraient et où les droits ne seraient certainement pas acquis au Trésor. D'ailleurs, à défaut des justifications ordinaires, il se rencontre des circonstances qui permettent de prendre en considération les explications que les soumissionnaires ont à faire valoir. Id.

Il suit de ce qui précède que les receveurs ne doivent porter les consignations en recette définitive, et que des poursuites ne doivent être engagées contre les soumissionnaires, qu'après que le chef de service en a donné l'ordre ; c'est encore ainsi que l'on procède dans le cas où les soumissionnaires ne produisent aucune justification, et où il n'y a pas lieu de faire d'office des propositions dans leur intérêt. Id.

Il peut arriver que des passe-debout soient pleinement régularisés par des justifications ou qu'ils soient apurés par décision de l'Administration, et que pourtant les intéressés ne se présentent pas pour recevoir les sommes consignées. Dans ce cas, et conformément à la circulaire de la comptabilité n° 10, du 15 décembre 1828, ces sommes doivent être retirées des mains du receveur à qui elles ont été comptées, et elles sont *transportées en consignation dans la comptabilité du receveur principal*. Avant que ce transport soit opéré, il est indispensable que les consignataires soient avertis, même à plusieurs reprises, de venir retirer ce dépôt. S'ils ne répondent pas à ces avertissements, et aussi dans le cas où ils ne sont pas découverts, etc., on réalise le transport dans la comptabilité du receveur principal qui, le cas échéant, fait ultérieurement le *remboursement* à qui de droit ; au surplus, après six mois d'attente, à compter de la date de l'enregistrement à la recette principale, les sommes non retirées ne sont point attribuées au Trésor ; elles doivent être versées à la *Caisse des dépôts et consignations*, où elles restent à la disposition des ayants-droit. Ce ne sont plus, en effet, que de simples dépôts sur lesquels les consignataires conservent leur droit de propriété, qui ne peut être éteint par la prescription. (Arrêté du Ministre des finances du 22 juillet 1816 et art. 2236 du code civil.) C. n° 504 du 29 déc. 1851 et CC. n° 78 du 15 juin 1867.

1844. D'après la circulaire n° 504 du 29 décembre 1851, ce n'était qu'après deux ans d'attente, à compter de la date de cette opération, que les sommes non réclamées étaient versées à la Caisse des dépôts et consignations, pour êtres tenues à la disposition des ayants droit.

Il a été reconnu nécessaire de réduire ce délai. Le versement à la Caisse des dépôts et consignations a lieu actuellement chaque année, dans les quinze derniers jours de décembre. Il comprend toutes les consignations délaissées depuis plus de six mois, soit chez les receveurs principaux ou particuliers, soit chez les simples receveurs buralistes. Ce délai est compté à partir de l'expiration du mois pendant lequel les formalités voulues ayant été remplies, les consignations pouvaient être restituées. CC. n° 78 du 15 juin 1867.

1845. Déjà la circulaire du 27 juin 1838, n° 180, avait décidé que le montant des consignations opérées pour droits de navigation devait être converti *en perception définitive* dans le délai d'un an, après la date de la consignation à la recette principale, pour les droits déposés à *défaut de caution*, et de six mois, pour les droits payés par suite de la non-rentrée, en temps utile, des expéditions délivrées. Cette conversion, à laquelle s'appliquent entièrement les règles tracées par les circulaires de comptabilité des 16 décembre 1836 et 7 janvier 1837, en ce qui concerne le premier droit sur les acquits-à-caution pour le transport des boissons, ne doit donner lieu à aucun enregistrement sur les registres élémentaires de perception, ni sur le livre de caisse n° 87 ; elle sera seulement constatée sur le registre auxiliaire des *consignations* n° 89 A. CC. n° 27 du 21 déc. 1838.

§ V. Règles communes aux paragraphes III et IV.

1846. Les règles tracées par la circulaire n° 504 du 29 décembre 1851 (V. 1843) relativement : 1° aux démarches à faire avant l'inscription en *recette définitive* des consignations ; 2° au retrait des consignations des mains des receveurs dépositaires après les délais fixés pour les justifications ; 3° aux *versements, à la caisse générale des consignations,* des sommes non retirées par les ayants droit, sont applicables aux consignations faites en matière d'acquits-à-caution de toute nature, de congés de colportage n° 5 (*Vins*) et de droits sur les manquants chez les marchands en gros (V. 1837). C. n° 504 précité.

§ VI. Justifications.

1847. Les dépenses relatives aux consignations proprement dites ont été distraites de l'état n° 100 A, qui reste affecté spécialement aux dépenses pour répartitions des produits d'amendes, des simples, doubles et sextuples droits. Les pièces relatives aux opérations de trésorerie cessent, par suite, d'y être énumérées ; elles sont transmises à la comptabilité comme toutes les autres pièces justificatives, renfermées dans les chemises spéciales destinées à présenter les opérations reprises à chaque ligne du bordereau. Celles qui concernent les dépenses sur consignations par les marchands en gros, etc., continuent seules à être adressées à l'Administration. Elles sont détaillées sur une formule spéciale portant le n° 163, dont l'envoi est effectué sur la demande des directions dans la circonscription desquelles des dépenses ont eu lieu. Une expédition de cette formule est transmise à la Comptabilité pour être rattachée aux pièces que l'Administration centrale lui fait remettre après les avoir vérifiées. CC. n° 79 du 21 nov. 1867.

Les quittances des parties prenantes sont produites comme justification des restitutions de consignations. CC. n° 7 du 30 déc. 1826.

Quand il s'agit de restitution de consignations pour non-rapport d'acquit-à-caution et pour droits sur les manquants, le récépissé délivré au moment du dépôt est joint à la quittance. Id.

Situation annuelle. V. 1334.

Sect. II. — Versements sur recouvrements pour des tiers.

1848. Les recouvrements faits pour le compte d'autres Administrations des services publics ont été expliqués au chapitre des recettes de trésorerie, du n° 1329 au n° 1334.

Ils consistent en taxes communales, pour les octrois (1331), et en taxe des lettres et paquets dans les affaires criminelles, pour l'Administration des postes (179 à 194 et 1332).

On portait aussi aux recouvrements pour des tiers, d'après une décision de la Comptabilité publique, en date du 2 juin 1866, le prix des objets mobiliers hors d'usage, cédés à des fournisseurs et dont la valeur doit être versée dans la caisse des receveurs de l'enregistrement et des domaines. — Les opérations de cette nature nous paraîtraient aujourd'hui mieux classées dans les fonds à rembourser à divers, lignes 94 et 244 du bordereau 91.

Les versements portés en dépense se justifient par des reçus.

Situation annuelle. V. 1334.

Sect. III. — Fonds à rembourser à divers et recettes à classer (1).

§ I. Transport aux contributions et revenus publics des versements des receveurs particuliers.

1849. Les versements effectués à la recette principale, dans le courant du mois, par les receveurs particuliers, et les recettes faites par le receveur principal en sa qualité de receveur particulier, figurent aux opérations de trésorerie (V. 1335).

Le receveur principal n'a plus à procéder, comme autrefois, par une annulation de recette. Avant la clôture de ses opérations mensuelles et au moment où il doit faire *application aux droits et produits* des sommes inscrites en recette sous le titre de *versements des receveurs particuliers*, il en fait également dépense sous le titre de *transport aux contributions et revenus publics des versements des receveurs particuliers*. CC. n° 80 du 18 mars 1868.

---

(1) Les parts attribuées aux employés de la Régie dans les saisies faites à la requête des autres administrations figurent aux amendes et confiscations portées aux recettes publiques (V. 92, 134, 159 et 463).

Cette marche est en tout conforme aux règles de la comptabilité, qui veulent que les écritures retracent la généralité des opérations d'un comptable, et facilitent l'exercice du contrôle de la Comptabilité et de la Cour des comptes. Id.

Il résulte de ce qui précède que le total général du transport aux contributions et revenus publics des versements des receveurs particuliers doit correspondre exactement à celui de la colonne 23 du registre n° 90, et que la situation du compte des versements des receveurs particuliers, établie au bordereau n° 91 A, ne peut présenter comme solde créditeur que les versements qui, par exception, seraient effectués après les arrêtés mensuels. Id. V. 1335.

L'application des versements aux droits et produits ne donne lieu à aucune justification particulière. Les dépenses comme les recettes figurant actuellement aux comptes annuels, il n'y a plus lieu d'opérer, à la fin du mois de décembre, la déduction qu'avait prescrite la circulaire de la Comptabilité n° 18, du 21 décembre 1832. CC. n° 79 du 21 nov. 1867.

§ II. Droits perçus après les arrêtés des recettes buralistes et d'entrée.

1850. Nous avons expliqué plus haut, sous le n° 1335 *bis*, les opérations de recette et de dépense auxquelles donne lieu l'inscription, à part, dans la comptabilité, des sommes versées par les buralistes, après l'arrêté de leurs bureaux.

Les instructions données à ce sujet par la Comptabilité publique et par l'Administration sont très précises et doivent être observées.

§ III. Trop perçu, avances des redevables appliquées aux droits ou remboursées.

1851. Nous avons vu, au n° 1336, qu'en fin d'année, au moment de la formation des états n° 85, les receveurs inscrivent en recette sous le titre de *trop perçu, avances des redevables en fin d'année*, les sommes que la vérification des écritures fait ressortir comme ayant été perçues en trop.

Plus tard ces sommes sont portées en recette aux droits et produits suivant le mode indiqué du n° 195 au n° 197 ou remboursées en vertu d'autorisations de l'Administration dont les copies sont produites à l'appui des comptes avec les quittances des ayants droit.

Trop perçus qui apparaissent dans le cours de l'année. V. 1337.

Restitution des avances des contribuables qui cessent leur commerce. V. 197.

§ IV. Remise du prix des abonnements aux circulaires imprimées.

1852. Le prix des abonnements aux circulaires imprimées est transféré par virement de fonds dans la caisse du receveur principal de Paris. On se conforme aux instructions insérées sous les nos 1338, 198 et 199.

§ V. Appointements, parts d'amendes, etc., non émargés et autres dépenses.

1° Appointements non émargés.

1853. A la fin du mois, mais au dernier jour seulement, le receveur principal porte en dépense aux traitements d'activité les appointements non émargés, et en reprend le montant au compte des fonds à rembourser à divers (V. 1339, 1340, 1458 et 1459). Le paiement en est autorisé par le directeur, sur la production de la quittance des employés ou des héritiers, lorsque ceux-ci ont justifié de leur titre (V. 175, 178).

Situation annuelle. V. 176.

Les appointements portés en consignation sont inscrits d'office en recette extraordinaire au bout de deux ans. CC. n° 18 du 21 déc. 1832.

2° Parts d'amendes non émargées, en matière de contributions indirectes, d'acquits non rentrés et de culture de tabac autorisée.

1854. Si, au moment de l'arrêté de mois, quelques parts d'amende n'ont pu être payées, le receveur principal peut en faire l'objet, aux répartitions, d'un article unique de dépense, dont il reprend le montant au compte des fonds à rembourser à divers, comme pour les appointements (V. 1339, 1340). Le paiement en est autorisé par le directeur sur la production de la quittance des employés ou des héritiers, lorsque ceux-ci ont justifié de leur titre (V. 175, 178).

Situation annuelle. V. 176.

3° Redevances payées par les gérants des débits de tabacs.

1855. Il a été expliqué, au chapitre des recettes de trésorerie, que les redevances versées par les gérants des débits de tabacs, dont les débitants titulaires sont décédés, s'inscrivent au bordereau n° 91 A, à la même ligne que les appointements, parts d'amendes, etc., non émargés. V. 1344 à 1347.

Nous rappelons qu'aux termes de la circulaire de l'Administration n° 12 du 31 août 1869, la redevance est attribuée en totalité, au moyen d'un article de dépense, au nouveau titulaire, s'il est nommé *à titre de survivance* soit au bureau vacant, soit à un bureau de moindre importance, et que les sommes reçues sont définitivement acquises au Trésor, avec imputation aux *recettes accidentelles* (V. 1276), si le débit vacant est donné à une autre personne. V. 1346.

4° Autres dépenses.

1856. Les autres dépenses sur fonds à rembourser à divers ou sur les recettes à classer comprennent les opérations relatives aux objets sujets à dépérissement (V. 1348), le prix des colis renfermant des poudres (V. 1349 à 1355), les retenues pour dettes (V. 1356), les retenues pour loyers, auxquelles sont soumis les directeurs, sous-directeurs et receveurs principaux (V. 1357) et les autres cas imprévus.

5° Remboursement de sommes consignées faute de paiement. Certificats d'origine.

1857. Les receveurs principaux des contributions indirectes sont autorisés à porter en dépenses pour leur montant total les états collectifs d'émargement des sommes revenant à divers titres aux employés de l'Administration, sauf à reprendre en recette au compte de trésorerie des fonds à rembourser à divers celles de ces sommes qui, à défaut d'émargement, n'auraient pu être payées aux ayants droit au moment de l'inscription de l'état en dépense. Or, les quittances produites par les comptables lors du paiement ultérieur de ces sommes sont plus ou moins exactement motivées, et ne permettent pas toujours de s'assurer, en se référant aux pièces mises à l'appui de la dépense budgétaire, que le paiement a été fait dans des conditions régulières et aux véritables ayants droit. CC. n° 114 du 24 déc. 1884.

Pour faciliter le contrôle sur ce point, les receveurs principaux auront soin d'indiquer avec précision, soit sur les quittances elles-mêmes, soit au moyen de fiches, le mandat dans lequel se trouve comprise la somme payée, l'imputation de la dépense et sa date: ces indications devront être données par *certificats* émanant *du directeur ou sous-directeur*, lorsque *le paiement ne sera pas effectué dans la même gestion que la dépense*. Id.

Les autres dépenses du compte des fonds de divers, c'est-à-dire celles qui ne proviennent pas de consignations à défaut d'émargement, ne doivent être faites, à l'exception des dépenses d'ordre, *que sur autorisation du chef de service*, et cette autorisation, formulée par écrit et fournissant toutes les indications concernant l'origine, la nature et l'importance de la somme à payer, le nom et la qualité du créancier, devra être produite par le comptable avec les autres pièces justificatives du paiement. Id.

§ VI. Caisse de retraite pour la vieillesse. Versement des majorations et retenues.

1858. Le mécanisme des opérations de recettes et de dépense, pour les retenues effectuées au profit de la caisse des retraites pour la vieillesse, a été expliqué sous le n° 1358.

Nous rappelons ici que la dépense doit être appuyée de la quittance de l'agent intermédiaire, accompagnée de déclarations constatant le versement par cet agent, soit à la caisse de la vieillesse, soit à la caisse des dépôts, des fonds qui lui auront été versés par le receveur principal.

§ VII. Répartition de la remise payée par les redevables (obligations souscrites).

1859. Nous nous référons aux instructions insérées au chapitre des recettes des opérations de trésorerie sous les n°s 1359 à 1363 et au chapitre spécial des remises sous les n°s 669 à 680.

Il convient toutefois d'ajouter qu'aux termes de la loi du 15 février 1875 et de la circulaire du 20 du même mois, la concession de la remise a été étendue aux obligations qui se rapportent aux droits sur les bières, les sels, les cartes à jouer, et au prix du papier filigrané et de moulage des cartes à jouer, etc. V. 669.

Seconde partie du Chapitre XLVI.

REMBOURSEMENTS DE FONDS PARTICULIERS DU COMPTABLE.

Fonds particuliers des comptables, 1860.
Remboursement des fonds particuliers des comptables, 1860.

1860. Toute dépense pour remboursement de fonds particuliers du comptable est compensée par une recette antérieure, ce qui rend toute justification superflue lorsque la double opération est présentée dans la même année. C. nº 72 du 4 août 1864. V. 1364.

Ainsi que nous l'avons fait connaître sous le nº 1366, les comptables fournissent à l'appui du bordereau nº 91 une déclaration indiquant la date et le numéro d'inscription de la recette au livre-journal, quand l'avance figure sur un compte annuel produit antérieurement. Id.

Troisième partie du Chapitre XLVI.

AVANCES POUR DIVERS SERVICES.

Appointements des employés changés, 1881.
Arrérages de pension payés par provision, 1881 à 1884.
Autres avances, 1861.
Avances non prévues, 1893.
Avances pour divers services, 1861 à 1893.
Colis, démolitions, refonçage, 1887.
Corps de garde, 1880.
Dépenses faites en décembre pour le compte des collègues, 1892.
Etat trimestriel des frais de garde de chargements de poudre, 1889.
Frais d'appel des jug. prononcés dans une autre division, 1875.
Frais de chauffage, éclairage et loyer du matériel des corps de garde, 1880.
Frais de démolition et refonçage des colis, 1887.
Frais de garde des chargements de poudre, 1888.
Frais de loyer acquittés d'avance, 1876 à 1879.
Frais de poursuites pour le recouvrement des droits, 1863 à 1871.
Frais de transport acquittés par exception et d'urgence, 1885.
Frais judiciaires, 1862.
Frais tombés à la charge de l'Adm., 1862, 1871.
Frets et autres frais non prévus pour tabacs 1886.
Huissiers, 1863, 1866.

Insolvabilité, 1862, 1871.
Loyers, 1871 à 1879.
Manufactures de l'Etat (Paiements pour le compte des), 1886.
Poudre à feu, garde des chargements, 1888.
Provisions, 1881 à 1884.
Registre n° 75, 1864.
Registre n° 89 B, 1870 et s.
Registre spécial des poursuites, 1864.
Relevé n° 76 F, 1865, 1866.
Relevé n° 76 G, 1865.
Reprises indéfinies, 1862, 1871.
Timbres de l'enregistrement, 1872 à 1874.
Titres manuscrits au cadre des avances, 1893.
Virements de fonds, 1882, 1884, 1887.

Sect. I. — Distinction à établir entre les avances pour dépenses publiques et pour opérations de trésorerie. Subdivision de ces dernières.

1861. Il a été expliqué, sous le n° 1367, qu'il importait de distinguer les *avances recouvrables* portées aux DÉPENSES PUBLIQUES et les *avances pour divers services* ou *avances provisoires* inscrites aux OPÉRATIONS DE TRÉSORERIE.

On met aux dépenses publiques les avances ci-après :

Abonnement avec les communes pour traitements d'employés ;

Impressions à payer par les communes ;

Prix du papier filigrané et des moulages de cartes ;

Prix d'instruments et autres objets consignés.

Les avances pour divers services publics qui se classent aux opérations de trésorerie, dont nous nous occupons dans ce chapitre, se subdivisent ainsi qu'il suit :

Frais judiciaires ;

Frais de poursuites pour le recouvrement des droits ;

Avances pour le service des contributions indirectes ;

Avances pour le service des tabacs ;

Avances pour achat de timbres de l'enregistrement et pour divers services. CC. n° 102 du 20 mars 1875.

Sect. II. — Frais judiciaires.

1862. Nous avons expliqué, sous le n° 1369, qu'en thèse générale les frais judiciaires sont portés d'office en dépense, au livre-journal n° 87 A et au registre auxiliaire n° 89 B, sous le titre d'avances provisoires.

Les instructions relatives à la tenue du registre 89 B ont fait l'objet des nos 166 à 174.

Nous avons résumé tout ce qui se rapporte au recouvrement des frais judiciaires (V. 1369 à 1373), aux frais tombés à la charge de l'Administration des contributions indirectes, de celle des manufactures de l'Etat ou de la Compagnie des allumettes (V. 1374 et 1375), et aux frais admis en reprise indéfinie (V. 1376), ou mis à la charge des communes (V. 1377).

Sect. III. — Frais de poursuites pour le recouvrement des droits.

1863. Les huissiers ne doivent pas se faire payer directement par les contribuables les frais de contrainte et de poursuites. C. n° 445 du 5 fév. 1857.

Les instructions qui autorisaient des conventions avec les huissiers, pour des réductions de tarif, sont rapportées. Id.

Est également rapportée la disposition de la circulaire n° 74 du 29 janv. 1834, d'après laquelle l'allocation à titre de copie de pièces ne devait pas être payée aux huissiers en ce qui concerne les contraintes libellées par les receveurs. Id.

En disant que les frais selon le tarif doivent être payés intégralement aux huissiers, l'Administration entend bien que ces frais leur restent entièrement, et que, dès lors, sous aucun prétexte, sous aucune forme, les huissiers n'attribuent à qui que ce soit, ni directement ni indirectement, une part quelconque prélevée sur ces frais. Un tel partage, direct ou indirect, patent ou déguisé, serait une sorte de prévarication. S'il n'est pas besoin d'ajouter que les receveurs doivent s'abstenir de semblables arrangements, il peut n'être pas inutile de les avertir que c'est pour eux un devoir de surveiller, à cet égard, leurs commis auxiliaires. Id.

Un moyen efficace de restreindre le chiffre des frais de poursuites consiste à employer l'huissier le plus rapproché du domicile du contribuable ; alors les frais dits de transport sont ou totalement évités ou limités à un chiffre peu élevé. Il est enjoint aux receveurs d'assurer ce résultat. Id.

1864. Les receveurs doivent annoter sur le registre n° 75, au compte de chaque redevable, la date des avertissements successivement délivrés, la date des contraintes signifiées, la date des poursuites ultérieures auxquelles on a été forcé d'avoir recours (instruction n° 34, du 1er décembre 1806). Ces annotations sont faites aussitôt après que les avertissements ont été délivrés, les contraintes décernées, les autres poursuites accomplies ; celles qui concernent les contraintes et les autres actes de poursuites doivent être inscrites sans que les receveurs aient à se préoccuper de savoir si les frais pourront ou ne pourront pas être payés par le contribuable ; il importe qu'à la simple inspection du registre des comptes ouverts, les receveurs puissent se rendre instantanément compte à eux-mêmes de la situation de chaque affaire, et en rendre immédiatement compte à tout vérificateur. C. n° 445 du 5 fév. 1857.

Les receveurs sédentaires et ambulants tiennent en outre un registre spécial dont le modèle est annexé à la circulaire n° 445 du 5 février 1857, et sur lequel ils inscrivent pour chaque créance donnant lieu à des poursuites : 1° les contraintes ; 2° au-dessous, dans un espace réservé à cet effet, les autres actes de poursuites qui pourront intervenir ; 3° dans une colonne particulière, les motifs qui successivement détermineront l'ajournement ou la reprise des poursuites ; 4° enfin, dans une autre colonne, le paiement des frais et le paiement des droits, s'il y a lieu. Au vu de ce registre, les vérificateurs peuvent connaître facilement et promptement le nombre des redevables à l'égard desquels des poursuites ont été ou sont exercées, ainsi que la nature et l'importance de ces poursuites ; d'un autre côté, ils peuvent apprécier les considérations d'après lesquelles les receveurs suspendent les poursuites ou les reprennent. Id.

1865. Les inscriptions faites au registre dont il vient d'être question ne dispensent pas les receveurs particuliers de l'obligation de former : 1° le relevé n° 76 F, destiné à présenter les frais de poursuites successivement remboursés aux huissiers et aux employés ; 2° le relevé n° 76 G, destiné à présenter, sur une seule ligne par chaque contribuable, l'indication de la totalité des frais faits à diverses dates (frais déjà payés ou non encore payés aux huissiers, et recouvrés ou non recouvrés sur les contribuables). Les inscriptions qui doivent être faites au premier de ces registres (76 F) continueront à être opérées à mesure que des frais de poursuites auront été remboursés par les receveurs ; les transcriptions à faire du registre des comptes ouverts au relevé n° 76 G continueront à avoir lieu exactement à l'expiration de chaque trimestre. (Circulaire n° 12|4, du 31 décembre 1827). C. n° 445 du 5 fév. 1857.

Le receveur qui négligerait, qui s'abstiendrait de porter au relevé 76 G toute contrainte quelconque, tout acte quelconque de poursuite, commettrait une faute sérieuse. C'est en partie afin de prévenir de semblables lacunes que la Régie a provoqué la décision ministérielle en date du 21 avril 1840, décision qui a été notifiée aux employés supérieurs de l'enregistrement par une instruction de cette Administration en date du 28 avril 1840, n° 1612, et qui est ainsi conçue :

« Le directeur des contributions indirectes demandera au directeur de « l'enregistrement le relevé des enregistrements des actes de poursuites faites « dans tel canton ou dans telle localité, en matière de contributions indi- « rectes. Le directeur de l'enregistrement se fera fournir ce relevé par le « receveur du canton ou de la localité désignée, et le transmettra au direc- « teur des contributions indirectes. Ces communications étant faites dans « l'intérêt du Trésor public, il ne sera alloué au receveur aucune rétribu- « tion pour la formation du relevé des enregistrements. » Id.

Par la circulaire n° 234, du 2 juillet 1840, l'Administration a recommandé de tenir la main à ce que ces dispositions soient exactement suivies. L'Administration n'exige pas que les directeurs réclament annuellement à la Régie de l'enregistrement des relevés présentant, par bureau d'enregistrement, tous les actes de poursuites intervenus quant au service des contributions indirectes ; les inspecteurs, les directeurs, apprécient, en ce qui concerne spécialement chaque recette particulière, sédentaire ou ambulante, l'utilité qu'il peut y avoir à user de la faculté donnée par la décision ministérielle précitée. Les inspecteurs soumettent leurs observations au directeur ; le directeur, soit qu'il juge devoir donner suite aux rapports des inspecteurs, soit qu'il agisse de son initiative, correspond seul avec son collègue de la Régie de l'enregistrement. Id.

1866. Les frais de poursuites doivent être exactement reportés des écritures du comptable secondaire dans les écritures du receveur principal. C. n° 445 du 5 fév. 1857.

En toute hypothèse, le receveur secondaire paie lui-même aux employés et aux huissiers les frais qui leur sont dus : puis, sans attendre que le contribuable ait remboursé ces frais, il justifie de la dépense soit par les pièces originales revêtues de l'acquit de la partie prenante, soit par des mémoires ordonnancés et quittancés, s'il n'est pas possible de produire les pièces originales. CC. n° 8 du 10 déc. 1827.

Le montant des frais ainsi justifiés est inscrit par les receveurs secondaires au relevé 76 F, et reçu pour comptant par les receveurs principaux, lors des versements que leur font les receveurs secondaires. C. n° 445 du 5 fév. 1857.

1867. Après comme avant cette admission en dépense, les receveurs subordonnés font eux-mêmes sur les contribuables le recouvrement des frais, et ils en délivrent une quittance extraite du registre n° 74. Ils effectuent cette recette sans ajournement, même lorsqu'ils n'ont pas encore payé les frais aux employés ou aux huissiers qui en ont fait l'avance. Dans ce dernier cas, ils prennent des dispositions pour que la dépense et la recette figurent, autant que possible, le même mois dans les écritures. (Circulaire n° 17 du 20 décembre 1831, comptabilité générale.) Id.

1868. Les paiements effectués par les contribuables sont tout d'abord imputés aux frais. Id.

Les frais sont recouvrés pour le compte du receveur principal et classés à ce titre au sommier n° 76 et au bordereau mensuel n° 80 du receveur secondaire. Le restant de la somme payée (déduction faite des frais) est entièrement imputé en acquittement des droits au sujet desquels les poursuites ont été exercées. Id.

Après que tous les frais ont été recouvrés sur le contribuable, le receveur secondaire remet à la recette principale, pour y être classés, les divers actes de poursuites qui sont restés à sa disposition.

1869. Chaque mois, lors du versement du receveur secondaire, le receveur principal, sur la production des justifications prescrites, fait dépense du montant des frais payés en son lieu et place par les receveurs secondaires. Id.

La dépense est inscrite d'abord au livre-journal n° 87 A, puis au registre auxiliaire n° 89 B.

Il fait recette des frais recouvrés pour son compte par les mêmes receveurs (registres n°s 87 et 89). L'apurement du compte des frais de poursuites a lieu ultérieurement selon ce que les instructions prescrivent à ce sujet. (Circulaire n° 37 du 22 juillet 1806 ; circulaire de la comptabilité n° 8 du 10 décembre 1827 ; circulaire n° 12 du 31 décembre 1827 ; circulaire de la comptabilité n° 12 du 30 novembre 1829 et n° 13 du 15 décembre 1830 ; circulaire n° 74 du 29 janvier 1834, n° 233 du 27 mai 1840 et n° 450 du 8 juin 1850.) Id.

Il importe que les frais de poursuites soient inscrits sans omission. C. n° 450 du 8 juin 1850.

1870. Nous nous référons, pour la tenue du registre de développement des avances n° 89 B, en usage dans les recettes principales, aux instructions qui ont fait l'objet des n°s 166 à 174.

1871. Si, par suite de l'insolvabilité momentanée des contribuables, les frais de poursuites tombent en non-valeur, on en propose l'admission en reprise indéfinie selon le mode adopté pour les droits constatés. Plus tard, quand l'Administration a statué, la *dépense primitive* est balancée par un article de *recette* inscrit *pour ordre*. V. 1380.

SECT. IV. — Avances pour le service des contributions indirectes, des tabacs, pour achats de timbres de l'enregistrement et divers services.

§ Ier. Timbres de l'enregistrement.

1872. Les contraintes, les transactions, les récépissés à délivrer aux planteurs de tabac doivent être frappés du timbre de l'enregistrement. C. n° 189 du 31 mai 1811.

1873. Les receveurs principaux font l'avance des droits de timbre, qu'ils portent en dépense, comme les autres avances, au livre de caisse n° 87, ainsi qu'au sommier n° 88 et au registre auxiliaire n° 89 B. C. n° 16 du 22 juin 1816.

1874. Le mode d'apurement est indiqué au n° 1371. V. aussi le n° 1047.

Les articles de recette destinés à balancer la dépense peuvent être libellés ainsi qu'il suit :

1° Pour les recouvrements opérés lors du paiement du prix des tabacs aux planteurs :

Retenu par le comptable sur la somme portée en dépense au présent journal sous le n° celle de imputable comme suit :

Timbre de l'enregistrement, ci

2° Pour les contraintes :

Reçu du sieur la somme de imputable comme suit :

Timbre de l'enregistrement, ci

§ II. Frais d'appel des jugements prononcés dans une autre division.

1875. En cas d'appel d'un jugement prononcé dans une autre division administrative, les frais qui en résultent sont acquittés par le receveur principal du lieu où l'appel doit être vidé. Ils figurent au compte des avances à régulariser. Une fois l'instance en appel terminée, ces frais rentrent dans la comptabilité de la recette principale du lieu d'origine.

Le receveur principal du lieu d'appel porte de nouveau en dépense, aux *mouvements de fonds*, le montant total des frais qu'il a payés, et il dresse un récépissé de virement de fonds qu'il transmet à son collègue avec les pièces justificatives. Simultanément, il fait aux registres nos 87 A et 89 B un article de recette imputable à la ligne des avances pour le service des contributions indirectes, qui est indispensable pour balancer la dépense primitivement passée aux *avances provisoires.*

Le receveur principal du lieu d'origine fait un article de recette en sens contraire aux *mouvements de fonds*, et, en même temps, un article de dépense tant au livre-journal qu'au registre n° 89 B, pour *frais judiciaires*, et l'on suit pour l'apurement de ce compte le mode déjà rappelé pour tous les frais de l'espèce. C. n° 310 du 1er août 1855.

§ III. Frais de loyer acquittés d'avance.

1876. Dans quelques localités, l'Administration a dû passer des baux pour le loyer des maisons occupées par les directeurs ; mais elle fait, dans ce cas, contribuer ces chefs au paiement du loyer, au moyen d'une retenue affectée au prix de leur logement personnel.

Aux époques convenues, le receveur principal paie directement aux propriétaires le prix *total* du bail et en retire quittance.

Cette somme est portée en dépense, savoir :

1° Pour la somme à la charge de la Régie, avec imputation aux frais de bureau ;

2° Pour la somme à la charge du directeur, avec imputation aux avances provisoires.

Cette dernière somme est inscrite au registre auxiliaire n° 89 B (V. 174).

Chaque mois, le receveur principal retient sur les appointements du directeur le douzième de la somme laissée à la charge de celui-ci dans le prix du loyer. Cette retenue s'applique aussi bien aux intérimaires qu'aux titulaires. La somme prélevée est inscrite en recette au compte des avances provisoires et balance ainsi cette partie de la dépense. C. n° 413 du 3 mars 1849.

1877. On procède par analogie quand un bail à loyer est passé par l'Administration pour une maison occupée par un receveur.

1878. La quittance délivrée par le propriétaire est revêtue d'un décompte établissant que, déduction faite de la somme à la charge du directeur, cette pièce de dépense n'est admissible que pour la somme à la charge de l'Administration. C. n° 413 précitée.

1879. Le compte des avances ne pouvant jamais présenter un excédent de recette, les retenues que subissent les directeurs et les receveurs sont reprises aux *fonds particuliers de divers,* quand elles sont opérées avant le paiement effectif des loyers aux propriétaires. Décision de la compt. du 16 mars 1866.

C'est ce qui se produit quand le paiement du loyer n'a lieu qu'à terme échu.

Les retenues sont, dans ce cas, inscrites au registre auxiliaire n° 89 C, et au moment du paiement une dépense *pour ordre* régularise la situation.

Paiement des loyers aux propriétaires. Justifications. CC. n° 105 du 5 février 1876. V. 1070.

§ IV. Frais de chauffage, éclairage et loyer du matériel des corps de garde.

1880. Les dépenses pour frais de chauffage, éclairage et loyer des corps de garde sont fixées par le service de la guerre et ne sont pas susceptibles d'être discutées par le service des contributions indirectes. Les comptables les portent aux avances provisoires et envoient les pièces justificatives à l'Administration, qui, après approbation, ordonnance le paiement définitif.

Les pièces justificatives à envoyer à l'Administration se composent d'un état de proposition en double expédition et des mémoires des fournisseurs.

Depuis que les poudreries sont rattachées au ministère de la guerre, la Régie ne doit plus avoir à acquitter de frais de l'espèce.

§ V. Arrérages de pension payés par provision.

1881. Les employés dont le traitement ne dépasse pas 2,500 francs, admis à la retraite, ont la faculté de toucher des provisions mensuelles en attendant la liquidation définitive de leur pension. C. n° 1043 du 29 septembre 1866 ; CC. n° 77 du 12 janv. 1867 et C. n° 1084 du 24 janv. 1868.

Les veuves et les orphelins des agents morts en activité peuvent obtenir également des provisions. CC. n° 80 du 18 mars 1868.

Ces provisions ne peuvent être supérieures aux quatre cinquièmes de la somme présumée due. Elles sont acquittées mensuellement à terme échu par les receveurs principaux. CC. n° 77 précitée.

Les fractions de franc sont négligées. Id.

Les sommes payées sont portées au registre 89 B. V. 166 et 1382.

1882. Au début de cette mesure, on avait pensé qu'il convenait d'en limiter l'application aux employés qui ne changeaient pas de résidence, tant que leur pension n'avait pas été liquidée. Il lui a été donné plus d'extension.

Les provisions peuvent être payées par virements de fonds pour le compte du receveur principal soit des douanes, soit des contributions indirectes, exerçant ses fonctions dans le ressort de l'arrondissement où l'ayant droit à pension a fait élection de domicile ; mais toute demande ultérieure de changement de résidence ne peut être accueillie avant la liquidation définitive de la pension et la remise du brevet. CC. n° 80 du 18 mars 1868.

1883. Les receveurs chargés d'effectuer des paiements de l'espèce les inscrivent aux avances provisoires, sous le titre d'*arrérages de pension payés par provision*, et en provoquent la régularisation conformément aux dispositions de la circulaire de la comptabilité n° 77 du 12 janvier 1867. Id.

1884. Pour assurer ces facilités, sans s'exposer à de doubles emplois, il a été fait des prescriptions auxquelles les comptables ne doivent déroger sous aucun prétexte. Nous les résumons ci-après :

Toute demande de provision faite par un agent ou par une veuve est adressée à l'Administration, par l'intermédiaire du directeur, qui a soin d'indiquer le lieu où le pétitionnaire a fait élection de domicile pour le paiement de sa pension. CC. n° 80 précitée.

L'Administration désigne le receveur principal sur la caisse duquel le paiement des avances, à titre de provisions, doit être imputé, et il demeure bien entendu qu'une fois cette désignation notifiée, elle ne peut être changée tant que la pension n'a pas été liquidée et que les avances faites par le comptable n'ont pas été régularisées. Id.

Si l'ayant droit aux provisions vient à changer, même temporairement, de résidence, les sommes auxquelles il a droit peuvent lui être payées cependant par virement de fonds, sur l'ordre de l'Administration, par le receveur des contributions indirectes ou des douanes dans la circonscription duquel il s'est plus récemment fixé. Ce paiement est effectué pour le compte du receveur qui a été désigné pour faire les avances et qui a seul qualité pour les faire régulariser. Id.

La faculté de recevoir des provisions ne peut pas être invoquée par les pensionnaires qui se trouvent sous le coup de retenues ou de saisies-arrêts, dans les cas prévus par l'article 26 de la loi du 9 juin 1853, c'est-à-dire pour débet envers l'Etat, pour créances privilégiées, aux termes de l'article 2101 du code civil, ou dans les circonstances énumérées aux articles 203, 205, 206, 207 et 214 du même code.

§ VI. Frais de transport acquittés par exception et d'urgence.

1885. Les frais de transport effectués par le roulage ordinaire pour les registres, impressions, matières de cartes et autres objets appartenant au service des contributions indirectes, octrois et tabacs, expédiés de Paris, ainsi que pour les matières de cartes envoyées de la manufacture de papier filigrané d'Arches (Vosges), dans les recettes principales, ont cessé, depuis le 1er juillet 1853, d'être payés à destination et sont acquittés à Paris. On a ainsi supprimé les comptes relatifs aux avances pour frais de transport de registres et d'impressions. CC. n° 55 du 5 déc. 1853.

Ces dépenses sont actuellement imputables sur le budget de l'Administration centrale des finances.

Si des frais de transport étaient acquittés par exception et d'urgence sur les crédits alloués à l'Administration, ils seraient inscrits aux avances provisoires, en attendant la régularisation de la dépense. Inst. gén. sur le serv. de la compt.

§ VII. Frets et autres frais non prévus pour tabacs. Paiements pour le compte de l'Administration des manufactures de l'Etat.

1886. Pour assurer la marche du service et ne pas retarder les paiements qui doivent être effectués d'urgence, tels, entre autres, que ceux de *frets et frais accessoires* aux réceptions de tabacs en feuilles et de cigares dans les ports et *autres frais non prévus*, les dépenses de l'espèce sont acquittées au compte des *avances provisoires* et régularisées ensuite par l'ouverture de crédits spéciaux. C. de l'Adm. des tab. n° 8 du 28 fév. 1861 et CC. n° 67 du 29 déc. 1860.

Il est recommandé aux sous-ordonnateurs de faire connaître aux directeurs des contributions indirectes l'importance et la nature de ces dépenses. Id.

Elles sont inscrites au registre 89 B. V. 166.

Les directeurs doivent exercer un contrôle soutenu sur ces avances. V. 1381.

§ VIII. Frais de démolition et de refonçage des colis.

1887. Autrefois les entreposeurs qui avaient payé des frais de refonçage pour les barils vides renvoyés aux poudreries ne passaient point écriture de ces paiements ; ils établissaient sur l'acquit-à-caution un décompte sommaire indiquant le nombre de barils refoncés et le prix de la main-d'œuvre : le voiturier leur remettait le montant du décompte, et cette avance lui était remboursée au lieu de destination en même temps qu'il recevait le montant des frais de transport. C. n° 254 du 25 juin 1841.

Il a été décidé ensuite que les dépenses pour refonçage de barils seraient transportées des écritures du receveur principal des contributions indirectes du lieu d'origine (entrepôt expéditeur) dans les écritures du receveur principal des contributions indirectes du lieu de destination (poudrerie ou raffinerie). C. n° 1021 du 25 janv. 1866.

C'était d'abord le receveur principal du lieu d'origine qui effectuait cette opération de trésorerie par un récépissé de virement appuyé du compte des frais de refonçage et de la quittance de la partie prenante. Le receveur principal du lieu de destination transmettait successivement ces dernières pièces à l'ordonnateur secondaire. Celui-ci les mandatait et les renvoyait au comptable, afin qu'il en passât écriture à titre définitif. Id.

Plus tard, le mode d'émission des bordereaux de virement a été modifié. CC. n° 92 du 30 déc. 1871.

Le receveur chargé du paiement n'a plus été appelé à émettre lui-même le bordereau de virement ; au lieu de le recevoir de son collègue et, soit que l'opération de virement commençât par une recette, soit que le paiement l'eût précédée, on se servait exclusivement de la formule n° 92. Idem.

Actuellement enfin les receveurs particuliers des finances se trouvent substitués, pour le paiement des frais de refonçage des barils de poudres, aux receveurs principaux de la Régie, qui précédemment étaient comptables de l'Administration des poudres. Les opérations de comptabilité relatives aux frais qu'entraîne le refonçage des barils vides renvoyés en poudrerie ont subi, par suite, quelques modifications. C. n° 122 du 11 juin 1874.

Comme par le passé, ces frais doivent être avancés par l'entreposeur et à lui remboursés par le receveur principal du lieu de départ. Celui-ci constate le paiement par un article de dépense au compte des *avances à régulariser*, et, par la voie hiérarchique, adresse ensuite la quittance au receveur principal du lieu de destination (poudrerie ou raffinerie), après s'être fait couvrir de la dépense par un ordre du sous-directeur ou du directeur. Id.

Conformément à la circulaire n° 92 de la comptabilité publique, *le receveur principal du lieu de destination* fait recette, à titre de *virement de fonds*, de la somme portée en dépense provisoire à la recette principale du lieu de départ; il dresse aussitôt le récépissé de virement et, conservant le talon pour justifier de la recette, il transmet l'ampliation à son collègue. Il se hâte ensuite de faire mandater le paiement des frais de refonçage par l'ordonnateur secondaire des poudres, et, cette formalité remplie, il verse le mandat, comme valeur, *à la caisse du receveur particulier des finances*, qui lui en délivre récépissé. Id.

§ IX. Frais de garde des chargements de poudre à feu.

1888. Il est de règle que la garde des chargements de poudres de commerce qui stationnent dans les localités où se trouve un détachement de troupe de ligne soit confiée à un poste fourni par l'autorité militaire. Art. 473 du Décret du 1er mars 1854.

Les soldats appelés à faire ce service reçoivent une rétribution. C. n° 1037 du 10 août 1866.

Les gendarmes ont droit à la même indemnité. Id.

Cette indemnité était autrefois calculée à raison de 50 centimes par homme et par jour.

Après entente avec l'Administration de la guerre, M. le Ministre des finances a décidé qu'il serait alloué désormais aux militaires chargés de la surveillance des convois de poudre, de dynamite, ou autres explosifs en station dans les gares d'arrivée, une indemnité de 1 fr. 25 c. par jour ou fraction de jour, pour les caporaux ou brigadiers, et de 1 fr. pour les soldats. C. n° 523 du 24 juillet 1888.

D'ailleurs, pour l'escorte des convois de poudre, munitions de guerre, dynamite et autres explosifs, il y a à allouer aux soldats de l'escorte 1 fr. 25 par homme, quel que soit le grade, pour chaque journée passée hors de la garnison, plus 17 centimes par kilomètre parcouru, si, pour le retour, ces militaires ont à voyager par les voies ferrées. C. nº 355 du 9 décembre 1882 et C. nº 523 du 24 juillet 1888.

L'Administration de la guerre fait établir, pour chaque chargement de poudres qui a été gardé par des soldats, un décompte présentant le nombre d'hommes mis en réquisition, la durée de la garde et le montant total des indemnités à allouer. Ce décompte, dûment signé par l'autorité militaire, est adressé au directeur des contributions indirectes du département dans lequel les poudres ont stationné. Id.

Après vérification des décomptes, le montant des indemnités est payé immédiatement aux ayants droit, avec imputation de la dépense aux avances provisoires. Lett. comm. nº 55 du 20 fév. 1867.

La dépense est inscrite au registre 89 B. V. 166.

1889. A l'expiration de chaque trimestre, les directeurs transmettent à l'Administration, en double expédition, un état de proposition ayant pour objet la régularisation de la dépense. Id.

Cet état doit être dressé conformément au modèle ci-après:

e DIVISION

e BUREAU.

DÉPARTEMENT D

RECETTE PRINCIPALE D

ÉTAT de proposition d'admission en dépenses de sommes payées, pendant le trimestre 188 , à des militaires qui ont gardé des convois de poudres de commerce.

COMPOSITION des chargements de poudres (quantités et espèces).	DATE de l'expédition de chaque chargement.	POINT de départ des chargements.	POINT de destination des chargements.	LIEU de stationnement.	CAUSES du stationnement.	DURÉE du stationnement. (de tel jour à tel jour et de telle heure à telle heure).	NOMBRE de militaires mis en réquisition.	INDICATION du corps auquel appartiennent les militaires.	NOMBRE de jours de garde.	INDEMNITÉ par homme et par jour.	TOTAL des indemnités payées aux militaires pour la garde de chaque chargement.	DATE du décompte établi par l'autorité militaire.	OBSERVATIONS du Sous-Directeur.	OBSERVATIONS du Directeur.
									Total général.					

Le présent état montant à la somme de
est certifié par le Directeur soussigné.

A le 188

1890. Les comptables doivent se préoccuper de savoir si les transports ont lieu pour le compte de la Régie ou pour le compte du ministère de la guerre. Ils s'exposeraient à voir rejeter toutes les dépenses qui ne s'appliqueraient pas à des convois de poudre expédiés pour le compte de l'Administration. Note du 24 mars 1869.

Sect. V. — Appointements des employés changés.

1891. Les employés appelés à d'autres fonctions et quittant leur résidence dans le cours du mois peuvent recevoir, avant leur départ, leurs appointements. Le receveur principal porte le montant net des sommes ainsi payées exceptionnellement au compte des *avances provisoires* et au registre 89 B (V. 166). Le mois suivant, ce compte est balancé par le receveur principal, en faisant dépense du montant brut des appointements et recette :

1° Du montant des retenues;

2° De la somme nette à inscrire aux régularisations des avances provisoires. C. n° 413 du 3 mars 1849.

Il est désirable que les employés qui partent puissent émarger l'état des appointements, et que l'on n'ait pas à produire des quittances individuelles (circulaires n° 195 du 18 septembre 1811 et n° 16 du 22 juin 1816). Id.

Sect. VI. — Dépenses faites en décembre par les receveurs pour le compte de leurs collègues.

1892. Une circulaire du 16 mars 1853 interdit toute opération de virement de fonds entre les comptables pendant le mois de décembre.

Cette interdiction, qui n'est pas absolue cependant (V. 1396), ne doit pas retarder les paiements qui seraient à faire d'urgence.

Dans ce cas, les receveurs principaux portent les dépenses dont il s'agit aux *avances provisoires* et au registre 89 B (V. 166). Ils régularisent l'opération en janvier. CC. n° 59 du 26 déc. 1874.

Sect. VII. — Avances diverses.

1893. Lorsqu'il y a incertitude sur l'imputation à donner à une dépense ou lorsqu'elle ne peut être régularisée au moment du paiement, le directeur peut autoriser le receveur principal à la porter aux *avances provisoires*.

Elle est ainsi inscrite au registre 89 B. V. 166.

Le compte est balancé ensuite par une recette d'ordre lorsque la dépense provisoire devient définitive.

L'autorisation préalable de la comptabilité est nécessaire pour ouvrir un titre manuscrit au cadre des avances, à moins qu'une circulaire dont la date et le numéro sont alors indiqués, n'ait permis de faire figurer la dépense aux avances. CC. (Douanes) n° 90 du 15 juin 1867.

Quatrième partie du Chapitre XLVI.

DÉBETS POUR DÉFICIT DE CAISSE A LA CHARGE DES COMPTABLES.

(Ligne 253 du bordereau 91.)

Débets pour déficit de caisse à la charge des comptables, 1894 à 1899.
Déficits de caisse à la charge des Recev. part., 1896.
Recouvrements, 1898, 1899.
Traites dont le prédécesseur est rendu responsable, 1895, 1897.

1894. Il s'agit ici de dépenses générales pour débets et de dépenses en accroissement de débets résultant, soit de traites et obligations de crédit en souffrance mises à la charge d'anciens comptables, soit de déficits de caisse constatés à la charge des receveurs particuliers.

1895. Suivant la marche tracée par l'*Instruction générale sur le service de la comptabilité*, les traites et obligations de crédit qui proviennent de la gestion d'un comptable hors de fonctions et qui figuraient dans l'actif de son successeur, cessent d'y être comprises comme valeur, dès que le receveur qui les a admises en paiement en a été rendu responsable. Le receveur principal, dans ce cas, en fait dépense pour faire constituer en débet de leur montant le comptable déclaré responsable.

1896. A l'égard des débets pour déficits de caisse constatés à la charge des receveurs particuliers, le receveur principal, d'après la même *Instruction*, se charge en recette des perceptions dont le montant aurait été détourné par ces receveurs et fait dépense du déficit.

1897. Ces dispositions ne portent pas atteinte à la règle d'après laquelle le débet d'un receveur ne peut pas être repris en charge par son successeur comme valeur réalisable et restant à recouvrer. Celui-ci ne doit se charger en recette, en effet, que des valeurs réelles laissées ou remises par son prédécesseur, conformément au procès-verbal qui en a été dressé. Ainsi, le débet constaté avant la reddition du compte d'un comptable hors de fonctions ne doit figurer dans la comptabilité d'aucun receveur principal en exercice ; mais il peut arriver que des traites et obligations de crédits provenant de la gestion du prédécesseur tombent en souffrance et soient mises à sa charge.

1898. Nous ajouterons que lorsque les receveurs principaux sont appelés à suivre la rentrée des traites en souffrance mises à la charge des comptables hors de fonctions, ils peuvent admettre à leur caisse les sommes réalisées par les souscripteurs ou les cautions ; mais ils en font recette aux opérations de trésorerie, à une section spéciale de l'article des fonds reçus à titre de dépôt, et ils en versent distinctement le montant, à la charge des débiteurs, dans les caisses des trésoriers-payeurs généraux ou des receveurs particuliers des finances. La comptabilité générale l'a décidé ainsi pour les receveurs principaux des douanes, par une circulaire du 31 mai 1833.

1899. C'est encore là une exception, attendu que les versements sur les débets et les créances litigieuses doivent être opérés soit à la caisse centrale du Trésor, soit aux caisses des trésoriers-payeurs généraux ou des receveurs particuliers des finances dans les départements, conformément à l'arrêté ministériel du 9 octobre 1832, et que les receveurs principaux n'ont pas à recevoir les sommes qui leur sont offertes en paiement ou en atténuation de débets dont la poursuite est attribuée à l'agent judiciaire du Trésor par l'ordonnance du 4 novembre 1824.

Nous nous référons, pour de plus amples développements sur les débets, au chapitre spécial que nous y avons consacré sous les n°s 282 à 313.

Cinquième partie du Chapitre XLVI.

MOUVEMENTS DE FONDS.

Billets de banque, 1922.
Carnet des valeurs 87 C, 1925.
Carnet des valeurs versées 87 D, 1926.
Contrôle des versements aux finances, 1926.
Contrôle des fonds de subvention remis aux receveurs des postes, 1947.
Crédits, 1912 à 1918.
Echange de numéraire contre des pièces de dépense avec les percepteurs, 1948.
Escompte supprimé, 1912 à 1918.
Fonds de subvention aux Recev. des douanes, 1937 à 1939.
Fonds de subvention aux Recev. des postes, 1940 à 1948.
Intérêts de retard, 1912 à 1917.
Mouvements de fonds, 1900 à 1948.
Récépissés des Recev. des fin., 1920.
Remises, 1912 à 1918.
Traites et obligations, versements, 1903 à 1918.
Versements à la caisse du Trésor public, 1902 à 1918.
Versements aux Recev. des fin., 1919 à 1926.
Virements de fonds, 1927 à 1936.

SECT. I. — Subdivisions des mouvements de fonds

§ I. Recette.

1900. A la recette, les mouvements de fonds se subdivisent ainsi qu'il suit :

- Fonds reçus
  - sur les lettres de crédit du Trésor public (V. 1384 à 1386) ;
  - du caissier central du Trésor (V. 1387) ;
  - des receveurs des finances. Obligations protestées (V. 1388) ;
- Virements de fonds
  - entre les comptables de la Régie. (V. 1389 à 1409) ;
  - entre les receveurs des contributions indirectes et ceux des douanes.
    - France (V. 1410 à 1416) ;
    - Algérie (V. 1410 à 1416) ;
  - entre les comptables de la Régie et ceux des contributions diverses (Algérie).

Fonds de subvention reçus des receveurs des douanes (V. 1417 à 1419).

Tout ce qui se rapporte à la recette a déjà été développé sous les numéros rappelés à la suite de ces subdivisions.

§ II. Dépense.

1901. A la dépense, les mouvements de fonds présentent les subdivisions ci-après :

Versements à la caisse du Trésor public { en numéraire ; en obligations ;

Versements aux receveurs des finances ;

Virements de fonds { entre les comptables de la Régie ; entre les receveurs des contributions indirectes et ceux des douanes. { France ; Algérie ; entre les comptables des contributions indirectes et ceux des contributions diverses (Algérie) ;

Fonds de subvention { fournis aux receveurs des douanes ; fournis aux receveurs des postes.

Ces dépenses font l'objet des sections qui suivent.

Sect. II. — Versements à la caisse du Trésor public.

§ I. Versements en numéraire.

1902. Les versements en numéraire à la caisse du Trésor public ne s'appliquent qu'au département de la Seine.

§ II. Versements en traites ou obligations.

1903. Les obligations cautionnées sont extraites d'un registre à souche qui porte le n° 147 A.

Il existe un modèle particulier pour les sucres. Il porte le n° 31 de la série des impressions de ce service spécial.

1904. Les centimes formant l'appoint doivent être payés en numéraire, afin que les obligations ne présentent que des francs. C. n° 202 du 11 mars 1839.

1905. A l'époque de chaque versement, les receveurs particuliers de la Régie remettent au receveur principal, comme valeurs actives, les obligations qu'ils ont acceptées, accompagnées d'un bordereau indiquant le montant et l'échéance de chacune d'elles, ainsi que les noms et qualités des souscripteurs. C. n° 218 du 4 fév. 1814.

1906. La circulaire n° 245 du 24 fév. 1841 a donné la formule suivante pour l'endossement à mettre par le receveur principal sur les obligations :

« Payez à l'ordre de M. le Caissier central du Trésor public, valeur en versement des contributions indirectes.

« A , le 18

« Le Receveur principal des contributions indirectes. »

1907. Le receveur principal forme en double expédition un bordereau (n° 50) des obligations qu'il comprend dans son versement ; une expédition de ce bordereau est jointe à l'envoi que ce receveur fait directement au caissier central du Trésor avec une lettre (n° 51). CC. n° 29 du 24 déc. 1840.

Cet envoi doit être fait tous les dix jours, sous enveloppe cachetée de deux cachets au moins avec empreinte en cire et chargé en franchise. Id. et C. n° 479 du 16 juin 1887.

Les obligations sont classées par ordre de numéro et attachées au bordereau n° 50 par une épingle ou avec un fil ; on indique à la marge intérieure de la lettre et au-dessous de son numéro de série le montant en chiffre des obligations transmises. C. n° 245 du 24 fév. 1841.

La deuxième expédition du bordereau n° 50 reste entre les mains du comptable pour lui servir de justification jusqu'à ce que le récépissé du Trésor lui soit parvenu ; il est passé article distinct de ces envois au Journal général n° 87, et le montant en est reporté au sommier n° 88 et au bordereau n° 91, à la ligne intitulée *Versement à la caisse du Trésor public*. CC. n° 29 du 24 déc. 1840.

1908. Le caissier central du Trésor envoie au receveur principal un récépissé à talon du montant des obligations qui lui ont été expédiées. Ce récépissé doit être visé dans les 24 heures de sa délivrance, à la diligence du caissier central. CC. n° 19 du 31 mars 1833.

1909. Au moment où ils font l'envoi des obligations au *caissier du Trésor*, les receveurs principaux en donnent avis au *Directeur du mouvement général des fonds* par une formule n° 52, également chargée en franchise. CC. n° 29 du 24 déc. 1840 ; C. n° 245 du 24 fév. 1841 et note du 16 nov. 1869.

Modèle de suscription de la lettre n° 51.

A CHARGER. CAISSE CENTRALE DU TRÉSOR PUBLIC.

A MONSIEUR LE MINISTRE DES FINANCES,

A PARIS.

Modèle de suscription de la lettre n° 52.

A CHARGER. DIRECTION GÉNÉRALE DU MOUVEMENT DES FONDS.

SERVICE DU CONTRÔLE CENTRAL.

A MONSIEUR LE MINISTRE DES FINANCES,

A PARIS.

1910. Le caissier central transmet les obligations, quinze jours avant l'échéance, aux trésoriers généraux chargés de les encaisser. CC. n° 86 du 9 sept. 1871.

Le caissier central du Trésor et le trésorier général sont responsables du montant des obligations non acquittées à leur échéance, s'ils ont négligé de remplir les formalités voulues par le code de commerce pour assurer le recours du Trésor. Art. 8 de l'Arrêté M. F. du 12 déc. 1840.

1911. Deux chapitres relatifs, l'un aux obligations cautionnées pour les droits sur les bières, les cartes, les tabacs exportés, les sels, l'huile de schiste, les sucres, etc. (V. 539 à 595), l'autre aux soumissions et obligations cautionnées pour les sucres et les glucoses, aux admissions temporaires de sucre pour le raffinage, enfin aux sucres destinés à la fabrication du chocolat et placés par acquit-à-caution sous le régime de l'admission temporaire (V. 596 à 668), contiennent toutes les dispositions qui s'y rapportent. Nous ne reproduisons ici que les instructions qui ont trait à l'endossement et à l'envoi de ces valeurs. Il nous suffira de rappeler sommairement, pour faciliter les recherches, l'objet des autres instructions.

1° Obligations cautionnées en général.

Droits et achats qui peuvent être acquittés en obligations cautionnées. V. 539 à 558 ;
Cautions, 559 à 569 ;
Registre des obligations n° 147 A, 570, 571 ;
Timbre, 572 ;
Paiement des obligations, 581, 582 ;
Protêt des obligations, 583 à 595.

2° Soumissions cautionnées pour les sucres bruts.

Droit dû à la sortie des fabriques de sucre. V. 596 ;
Avis des enlèvements, 597 ;
Crédits d'enlèvement. Souscription des soumissions cautionnées, 598 à 605 ;
Constatation du droit, 606, 607.

3° Obligations cautionnées pour les sucres bruts.

Minimum des crédits. V. 608 ;
Concession des crédits. — Attributions des receveurs principaux, 610 à 614 ;
Conditions de domicile, 615 ;
Conditions de solvabilité, 616 ;
Responsabilité, 617, 618 ;
Acceptation des obligations, 619 à 621 ;

Transcription des obligations, 622 ;
Protêt des obligations, 623, 624.

4° Sucres destinés au raffinage, placés sous le régime de l'admission temporaire.

Admission temporaire des sucres. Obligations cautionnées. Délai. V. 625 à 627 ;
Souscription des obligations, 629 ;
Compte-ouvert, 630 ;
Apurement des obligations, 631 à 637 ;
Entrepôts. Application des droits. Virements de fonds, 638 à 648 ;
Responsabilité, 649 à 651.

5° Sucres employés à la fabrication du chocolat, placés par acquit-à-caution sous le régime de l'admission temporaire.

Admission temporaire. V. 652 ;
Soumissions cautionnées. Acquits-à-caution, 653 à 668.

Tout ce qui a trait aux remises accordées aux receveurs est expliqué sous les n°s 669 à 680.

1912. Jusqu'à ce jour les crédits accordés aux redevables par les comptables des contributions indirectes étaient la contre-partie de l'escompte dont jouissaient ceux qui payaient comptant les taxes donnant droit à escompte.

Ces crédits, souvent utiles aux négociants qui ont à verser au Trésor des sommes considérables, avaient été vivement attaqués à l'Assemblée nationale, sous prétexte qu'ils constituaient un avantage gratuit fait par l'Etat.

1913. Une loi du 15 février 1875 a supprimé l'escompte pour les paiements au comptant et a soumis à un intérêt dont le Ministre des finances est appelé à fixer le taux, les sommes pour lesquelles il est usé de la faculté de crédit.

Autrefois, l'abandon de l'escompte était en quelque sorte le prix des crédits. Actuellement il est dû un intérêt équivalent, et la faculté de se libérer en obligations cautionnées sera inattaquable.

Cette mesure, loin de porter atteinte à la faculté de crédit, l'a ainsi consolidée, et la remise destinée à indemniser les comptables de leur responsabilité a été maintenue.

Aux termes de la loi précitée, tous les droits recouvrés par l'Administration des contributions indirectes doivent être payés au comptant sans escompte. Art. 1er de la Loi du 15 fév. 1875.

1914. Néanmoins, pour ceux de ces droits auxquels avait été accordée la faculté d'acquittement en obligations, ou l'allocation d'un escompte en cas de paiement au comptant, c'est-à-dire les taxes de fabrication et de consommation sur les sels, les sucres, les bières, les huiles de toute espèce, la bougie, le droit sur les cartes à jouer, le montant du prix de papier filigrané et de moulage des cartes à jouer, etc., le redevable peut être admis à présenter des obligations dûment cautionnées, à quatre mois d'échéance, lorsque la somme à payer, d'après chaque décompte, s'élève à 300 francs au moins. Art. 2 id.

Ces obligations donnent lieu à un intérêt de retard et à une remise spéciale dont le taux et le montant sont fixés pas des arrêtés du Ministre des finances. Art. 3 id.

La remise spéciale ne peut pas dépasser 1/3 de franc p. 0/0. Id.

Le taux de l'intérêt de retard pour les crédits concédés est fixé à 3 p. 0/0 par an. Art. 1er de l'Arrêté M. F. du 17 fév. 1875. V. 545.

Le taux de la remise spéciale est maintenu à un tiers de franc p. 0/0. Art. 2 id. V. 545.

1915. Chaque traite doit être du montant du droit dû au Trésor et de l'intérêt afférent à ce droit pour quatre mois (non compris les centimes, qui doivent toujours être payés en numéraire). La remise spéciale continue à être acquittée au moment du dépôt de la traite. C. n° 141 du 20 fév. 1875.

1916. L'intérêt est porté en recette, sous le titre : *Intérêts de retard pour crédits de droits*. Id. V. 545.

1917. Cet intérêt n'est pas seulement dû pour les droits qui font l'objet de traites à quatre mois. En ce qui concerne la taxe des sucres, il doit aussi être exigé pour les sommes applicables aux produits placés sous le régime de l'admission temporaire et qui, à défaut de justification d'exportation ou de mise en entrepôt, dans le délai réglementaire, sont libérés par le paiement effectif des droits. En pareil cas, l'intérêt est calculé pour le temps écoulé depuis la date de la soumission jusqu'au jour du paiement. Id.

Les comptables remarqueront que le délai du crédit est aujourd'hui uniformément fixé à quatre mois, et que le minimum des sommes pour lesquelles des obligations peuvent être souscrites est indistinctement de 300 francs, quelle que soit la nature des droits dus. Id.

Enfin, il ne leur échappera pas non plus, en ce qui concerne l'obligation imposée aux redevables de payer la remise du 1/3 p. 0/0, que cette obligation, qui ne s'appliquait autrefois qu'à la taxe des sucres et aux nouveaux impôts, est étendue aux droits sur les bières, les sels, les cartes à jouer, ainsi qu'au prix du papier filigrané et de moulage des cartes à jouer, etc.

1918. Partage de la remise entre le Trésor et les comptables. V. 669 et suiv.

Sect. III. — Versements aux receveurs des finances.

1919. Il est de règle que les versements aient lieu dans la caisse des receveurs des finances. Art. 260 de l'Ord. du 31 mai 1838.

1920. Les récépissés des receveurs des finances doivent être visés par le préfet ou le sous-préfet, dans les 24 heures, à la diligence du comptable qui a versé les fonds. Ord. du 8 déc. 1832.

Ces récépissés doivent être employés en dépense dans l'année dont ils portent la date. Décision de la Comptabilité du 21 avril 1858.

Aux termes des instructions, et particulièrement de la circulaire de la Comptabilité du 1er décembre 1847, n° 38, il doit être fait emploi de tous les récépissés de mouvement de fonds, *sans exception*, dans l'année même de leur délivrance. (CC. n° 106 du 28 déc. 1877.)

Le montant des récépissés transmis aux receveurs principaux par les receveurs subordonnés dans les conditions prévues par la circul. n° 38 précitée, devra être balancé, dans les écritures du comptable supérieur, par l'inscription en recette, d'une somme égale, non plus à l'article *fonds particuliers*, mais au compte des versements des receveurs particuliers, après arrêtés (ligne 91 *bis* du bordereau 91). Id. V. 148.

1921. On ne doit pas comprendre les fractions de franc dans les versements effectués aux receveurs des finances. CC. n° 6 du 14 déc. 1826 et n° 55 du 7 déc. 1853.

On ne doit même pas le faire en fin d'année. Id.

Il ne s'agit ici que des versements aux receveurs des finances.

Les comptables comprennent dans leurs versements les pièces justificatives des dépenses qu'ils ont payées pour le compte des trésoriers généraux. CC. n° 78 du 15 juin 1867.

1922. Il est interdit de verser par la poste en billets de banque. Le Ministre, appelé à statuer sur un cas de soustraction d'un paquet chargé renfermant une somme considérable en billets de banque, dont l'envoi était fait, à titre de versement, à un trésorier général par un receveur principal des douanes, a décidé, le 23 juillet 1851, nonobstant diverses considérations qui militaient en faveur du comptable, que celui-ci ne pouvait être déchargé de sa responsabilité et qu'il devait réintégrer dans sa caisse la somme soustraite.

1923. Tous les dix jours et de plus, chaque fois que l'encaisse atteint 5,000 francs, les *receveurs principaux* doivent verser. C. n° 16 du 22 juin 1816, n° 84 du 20 déc. 1822 et n° 43 du 6 sept. 1830.

Les recettes buralistes et les recettes particulières annexées aux recettes principales peuvent être arrêtées trois jours avant l'expiration du mois. C. n° 34 du 28 déc. 1871. V. 254.

Les opérations des entrepôts réunis aux recettes principales ne sont arrêtées que l'avant-dernier jour au soir. Id. V. 254.

Quant aux recettes principales elles-mêmes, la clôture des écritures ne doit avoir lieu que le dernier jour à midi, et le comptable doit y comprendre toutes les perceptions opérées comme buraliste, receveur particulier et entreposeur, postérieurement aux arrêtés. Id. V. 254.

Versements après arrêtés. V. 258.

1924. Nous nous bornons à indiquer ici la règle à suivre par les receveurs principaux. Un chapitre spécial, auquel nous nous référons, a été déjà consacré aux VERSEMENTS. Les indications suivantes permettront de trouver immédiatement les instructions à consulter suivant le cas :

Réserves de fonds. V. 229 à 233 ;

Dispositions générales qui régissent les versements, 234 à 245 ;

Bordereau de versements, 249 ;

Arrêtés et versements mensuels, 252 à 255 ;

Receveurs buralistes, 259 ;

Receveurs d'octroi. Perceptions pour le compte du Trésor. Perceptions propres à l'octroi. Octrois en régie simple. Octrois administrés par la Régie des contributions indirectes. Octrois en régie intéressée ou affermés, 259 à 262 ;

Receveurs ambulants à pied ou à cheval, 263 ;

Receveurs particuliers sédentaires, receveurs spéciaux de la garantie, receveurs des salines, 264 à 266 ;

Receveurs particuliers entreposeurs, 266 ;

Entreposeurs spéciaux, 267 à 271 ;

Dispositions communes aux comptables subordonnés, 272 ;

Receveurs principaux, 273 ;

Arrêtés trimestriels, 274, 276.

Escorte de fonds, 277 à 281.

1925. Le carnet spécial des valeurs 87 C, créé par la circulaire de la comptabilité n° 91 du 31 mars 1873 (V. 248), et dont la tenue était obligatoire pour les comptables, a été supprimé. CC. n° 100 du 14 mars 1874 et C. n° 119 du 29 avr. 1874.

Le carnet des valeurs versées 87 D, créé par la même circulaire (V. 250), a été maintenu. C. n° 119 du 29 avr. 1874.

1926. *Contrôle des versements aux finances.* Le contrôle des mouvements de fonds entre les divers agents du Trésor ne pouvant avoir lieu à la comptabilité générale des finances plus d'une fois par trimestre, en raison du travail considérable qu'il exige, on a reconnu l'utilité d'établir un contrôle mensuel au chef-lieu de chaque département. En conséquence, il a été décidé, de concert avec les administrations financières, que les directeurs des régies remettraient, *chaque mois*, aux trésoriers-payeurs généraux, un état détaillé des mouvements de fonds concernant leur administration respective, soit comme versements aux receveurs des finances, soit comme recette de fonds de subvention. Le trésorier-payeur général comparera ces états à ses écritures, et s'entendra avec le directeur du département, pour la recherche, l'explication et la rectification des différences ; il adressera ensuite à la comptabilité publique un résumé constatant le rapprochement des déclarations des comptables et donnant les renseignements nécessaires pour faire apprécier le résultat du contrôle. CC. n° 46 du 30 novembre 1849.

Sect. IV. — Virements de fonds.

§ I. Virements de fonds entre les comptables de la Régie, commençant par une dépense.

1927. Le receveur qui a reçu de son directeur un ordre de paiement (modèle n° 92 A) pour le compte d'un de ses collègues effectue ce paiement avec imputation au compte des *virements de fonds entre les comptables de la Régie.*

Il adresse le jour même et directement à son correspondant la quittance de la partie prenante, après y avoir inscrit le numéro de son livre de caisse. CC. n° 92 du 30 déc. 1871.

A la réception de cette quittance, ce dernier comptable souscrit, au nom de son collègue, un récépissé. Il en remplit les deux parties, y compris la mention de dépense, dont il trouve les éléments (numéro et date) sur la quittance ; il conserve le talon du récépissé pour justifier sa recette et adresse la partie supérieure à son collègue pour être produite à l'appui de la dépense. Id.

1928. Nous nous référons, pour les instructions qui se rapportent aux virements de fonds en général, au chapitre des recettes de trésorerie.

Les indications ci-après permettront d'y recourir facilement suivant le cas :

Autorisation nécessaire. V. 1390 ;

Cas dans lesquels les virements peuvent avoir lieu d'office, 1390 ;

Interdiction d'y recourir pour affaires personnelles, 1390 ;

Inscription au livre-journal et au sommier, 1391 ;

Réunion en un seul bordereau de toutes les dépenses du mois, 1391 ;

Réunion en un seul bordereau de toutes les recettes du mois, 1392 ;

Numéro, date du bordereau et date des pièces justificatives à indiquer au livre-journal, au sommier et sur les autorisations délivrées par les directeurs, lorsqu'il s'agit de dépenses, 1393 ;

Balance annuelle des opérations, 1395 ;

Latitude laissée pour le mois de décembre, quand le bordereau doit être compris dans les écritures du même mois par le receveur principal chargé de le régulariser, 1396 ;

Sommes à porter aux avances, 1396 ;

Formule n° 92 adoptée pour la recette comme pour la dépense, 1397 à 1399 ;

Visa des deux parties de la formule par les directeurs ou sous-directeurs, 1399 ;

Mode d'envoi des récépissés de virements de fonds, 1400 ;

Frais d'appel d'un jugement acquitté par le receveur principal du lieu d'appel, 1408 ;

Paiements à effectuer hors de la résidence du receveur principal, pour le compte d'un de ses collègues, 1409 ;

Virements de fonds entre les comptables de la Régie commençant par une recette, 1402 à 1405.

§ II. Virements de fonds entre les receveurs principaux des contributions indirectes et ceux des douanes.

1929. Des conditions différentes de service se sont opposées à ce que la formule unique en usage entre les comptables de la Régie pour les bordereaux de virements de fonds fût adoptée lorsque le virement a lieu entre les comptables des douanes et des contributions indirectes. CC. n° 96 du 30 déc. 1872.

1930. Une formule sur papier rose, n° 36, est employée par les receveurs principaux des contributions indirectes pour présenter en dépense les paiements faits par eux pour le compte de leurs collègues des douanes. CC. n° 61 du 20 déc. 1855.

1931. Nous nous référons, pour les virements de fonds qui commencent par une recette, aux n°s 1410 et 1415. On verra à ce dernier numéro l'inscription à faire en dépense, aux virements de fonds, par le receveur principal que le recouvrement concerne.

1932. Le receveur qui a effectué un paiement pour le compte d'un de ses collègues de l'autre service en fait immédiatement dépense aux opérations de trésorerie, article des virements de fonds. Il dresse ensuite le bordereau de virement n° 36 et transmet le talon par l'intermédiaire du directeur dont il dépend au receveur pour le compte duquel le paiement a été effectué. CC. n° 54 du 16 mars 1853 et n° 96 du 30 déc. 1872.

1933. Autrefois tout le bordereau était envoyé au directeur. Actuellement le receveur qui a reçu de son directeur un ordre de paiement pour le compte d'un de ses collègues des douanes, établit, comme par le passé, un bordereau série C, n° 36, dont il remplit les deux parties, à l'exception de la déclaration finale. Seulement, au lieu d'adresser, par l'intermédiaire de son directeur, la formule dans son entier au comptable correspondant, il détache la partie supérieure, c'est-à-dire le bordereau, pour l'annexer à la chemise n° 250, et il n'envoie à ce dernier, avec les pièces justificatives du paiement, que la deuxième partie de la formule, c'est-à-dire le talon, titre justificatif de la recette. CC. n° 96 du 30 déc. 1872.

1934. Les deux parties de la formule seront ainsi toujours produites à l'appui des opérations qu'elles ont pour objet de justifier, et transmises en même temps que les autres pièces de comptabilité mensuelle. Id.

Avec ce système, il est vrai, le receveur qui engage l'opération n'a pas la certitude qu'elle sera complétée ; mais, les virements de l'espèce étant relativement peu nombreux, le contrôle opéré dans les bureaux de la comptabilité publique ferait promptement reconnaître les irrégularités, s'il s'en produisait. CC. n° 96 du 30 déc. 1872.

1935. Les directeurs peuvent permettre que des opérations de virements de fonds concernant l'un ou l'autre service soient commencées en décembre, si l'opération doit être complétée dans ce mois. CC. nº 72 du 4 août 1864.

§ III. Virements de fonds entre les comptables des contributions indirectes et ceux des contributions diverses.

1936. Il n'y a des comptables des *contributions diverses* qu'en Algérie. On se conforme, pour les virements de fonds à faire avec eux, aux instructions qui règlent ces opérations entre les receveurs principaux des contributions indirectes et ceux des douanes.

Sect. V. — Fonds de subvention.

§ I. Fonds de subvention fournis aux receveurs des douanes.

1937. Aux termes d'un arrêté ministériel du 29 octobre 1852, les receveurs des douanes et des contributions indirectes résidant dans la même ville ou dans les localités assez rapprochées pour que les transports de fonds puissent s'effectuer sans frais ou sans augmentation de frais, doivent, avant de recourir à la recette des finances, demander à leurs collègues les sommes nécessaires à l'acquittement des dépenses de leur service. CC. nº 73 du 10 janv. 1865.

Les fonds ne peuvent toutefois être délivrés que sur l'ordre des directeurs. C. nº 154 du 18 oct. 1853 et CC. nº 73 du 10 janv. 1865.

1938. Lorsqu'un receveur des douanes a besoin de fonds de subvention, il en fait la demande à son directeur. CC. nº 73 précitée.

Ce chef de service, après s'être assuré de l'opportunité, adresse, par une lettre manuscrite indiquant la somme à fournir, une formule série C, nº 32 (papier bleu clair), à son collègue des contributions indirectes, en le priant de remplir l'ordre de subvention et de transmettre cette formule au receveur chargé de livrer les fonds. Id.

Le receveur des contributions indirectes fait souscrire par celui des douanes le récépissé qui se trouve à la suite de l'ordre de subvention et détache le talon, qu'il remet au même comptable. Id.

La partie supérieure de la formule est produite à l'appui de la dépense. Idem.

Il n'est pas nécessaire que le bordereau de subvention soit visé par le sous-directeur. Id.

1939. Pour l'opération inverse, c'est-à-dire pour les fonds de subvention reçus des receveurs des douanes, on procède par analogie. V. 1447 à 1449.

§ II. Fonds de subvention fournis aux receveurs des postes.

1940. Une décision ministérielle du 13 juillet 1846 autorise l'Administration des contributions indirectes à fournir des fonds de subvention à celle des postes. CC. n° 36 du 23 déc. 1846 et C. n° 357 du 10 fév. 1847.

Les receveurs des postes n'avaient d'abord été autorisés à puiser dans les caisses des receveurs des contributions indirectes que les fonds de subvention dont ils pouvaient avoir besoin pour payer les mandats d'articles d'argent qui leur étaient présentés. Une décision ministérielle du 28 juillet 1865 leur a permis de demander également les sommes nécessaires à l'acquittement des dépenses administratives du service des postes. CC. n° 78 du 15 juin 1867.

1941. Dans ce dernier cas, le receveur des postes envoie sa demande de fonds de subvention à l'agent chargé de lui fournir ces fonds, en l'accompagnant d'un bordereau détaillé qui est revêtu du *visa* du directeur départemental. Id.

Ce visa est toujours obligatoire quand les fonds sont destinés à acquitter les dépenses de l'Administration des postes. Id.

1942. Le visa n'est pas nécessaire s'il s'agit de mandats d'articles d'argent, pour lesquels ils remettent un bordereau indicatif du nom des bureaux de poste d'où ces mandats émanent, de leur date et des sommes à payer, et une formule contenant : 1° la demande de fonds de subvention, sans fraction de franc ; 2° le récépissé de la somme qui leur est nécessaire ; 3° le talon du même récépissé. CC. n° 36 du 23 déc. 1846 et n° 78 du 15 juin 1867.

1943. Les receveurs des contributions indirectes et le directeur des postes du département peuvent correspondre en franchise, sous bandes. CC. n° 37 du 6 fév. 1847.

1944. Après avoir rempli la déclaration de la somme fournie faisant suite au bordereau justificatif, le receveur des contributions indirectes n'a pas à rendre le bordereau au receveur des postes. Il le transmet le jour même, sous bandes, avec le talon du récépissé, au directeur chef du service des postes du département. CC. n° 71 du 23 sept. 1862.

1945. Les receveurs particuliers, étant autorisés à servir d'intermédiaires entre le receveur principal et les receveurs des postes des communes rurales, peuvent signer, au lieu et place du comptable supérieur, la déclaration de la somme fournie, transmettre au directeur des postes le talon du récépissé, et comprendre dans les bordereaux de versement, comme pièce représentative de numéraire, la demande et le récépissé formant les deux premières parties de la formule. CC. n° 37 du 6 fév. 1847.

Les receveurs buralistes et les receveurs d'octroi ne sont jamais appelés à fournir des fonds de subvention à l'Administration des postes. C. n° 488 du 19 juill. 1851.

1946. Il est recommandé aux receveurs des contributions indirectes de se prêter autant que possible à la remise des fonds de subvention aux receveurs des postes ; mais ils sont avant tout dans l'obligation d'assurer le paiement des dépenses administratives qu'ils ont à présenter en compte, et de fournir ensuite au service des douanes le numéraire dont les comptables de ce service pourraient avoir besoin. CC. nº 78 du 15 juin 1867.

Quand ils sont dans l'impossibilité de satisfaire aux demandes, les receveurs doivent l'attester par écrit. C. nº 47 du 10 juill. 1852.

1947. Dans le but d'assurer un contrôle fréquent et régulier des mouvements de fonds entre les receveurs des administrations financières et les trésoriers généraux, les directeurs des divers services dans chaque département sont tenus de faire établir tous les mois, et de communiquer au trésorier général un relevé détaillé des opérations de l'espèce passées dans les écritures des comptables de leur direction pendant le mois précédent (dispositions notifiées aux directeurs des contributions indirectes par la circulaire nº 46, en date du 30 novembre 1849). CC. nº 112 du 26 décembre 1883. V. 1926.

M. le Ministre des postes et des télégraphes a récemment décidé, après entente avec le département des finances, que cette mesure serait étendue au contrôle des subventions fournies aux receveurs de son service par ceux des administrations financières. Id.

Il a été, en conséquence, réglé que le directeur des postes adressera du 1er au 3 de chaque mois, à son collègue des contributions indirectes, un bordereau, en double expédition, des subventions que les receveurs sous ses ordres auront reçues, pendant le mois précédent, des receveurs des contributions indirectes. Une expédition de ce bordereau lui sera renvoyée, dûment visée, dès que l'accord entre les écritures des deux administrations aura été constaté. En cas de discordance, les différences devront être recherchées et expliquées avec la plus grande précision. Id.

Afin que le contrôle de ce bordereau ne subisse aucun retard, les receveurs particuliers dont le versement a lieu dans le courant du mois devront envoyer à la direction, le 1er du mois suivant, un relevé des subventions qu'ils auront remises aux receveurs des postes depuis ce versement. Id.

Echange de numéraire contre des pièces de dépenses, avec les percepteurs.

1948. Aux termes de la circulaire de la Comptabilité publique nº 97 du 31 mars 1873, les receveurs des Régies financières avaient la faculté d'échanger chez les percepteurs, contre des pièces de dépenses, ou des billets de banque, le numéraire excédant leurs besoins.

Cette faculté a été retirée ; mais il n'a rien été changé aux dispositions de la circulaire du 21 mars 1867, § 2, qui autorise les percepteurs, en cas d'insuffisance de fonds, à échanger les pièces de dépense acquittées par eux, contre les fonds en numéraire dont les receveurs des Régies financières peuvent disposer. CC. nº 100 du 14 mars 1874.

Nous avons d'ailleurs inséré, sous les n° 1012 à 1018, toutes les instructions relatives aux opérations de dépense faites par les receveurs de la Régie pour le compte soit de la trésorerie générale, soit des percepteurs. Nous nous bornons à rappeler qu'en cas d'échange de numéraire contre des pièces de dépense remises par les percepteurs, les comptables de la Régie n'ont pas à passer écriture de ces opérations ; ils présentent les pièces de dépense comme numéraire, et les percepteurs demeurent responsables de la régularité des paiements faits par eux. Les comptables de la Régie sont couverts par la présentation de ces pièces et d'un bordereau énumératif, totalisé et signé par le percepteur.

CHAPITRE XLVII.

Documents mensuels.

Acquits-à-caution de tabacs et poudres, 1992, 1993,
Admissions temporaires, 1955 à 1958.
Avis des recettes, 1959, 1960.
Avis sommaire de recettes et de dépenses (receveurs principaux), 2005 bis.
Bordereau 94 B, 1989.
Bordereau 80 A, 1961 à 1964 ;
Bordereau 91 A, 1979 à 1988.
Caisse des dép. et cons., 1967.
Congés, 2001.
Consignations reçues, versées, 1965 à 1968.
Consignations restituées ou réparties, 1997, 1999.
Coupons d'acquits-à-caution, 1992, 1993.
Crédits, 2006, 2007.
Dépenses d'urgence, 1996.
Dépouillement des bordereaux, 1978.
Droit de consomm. payé à l'arrivée, 1969, 1977.
Droits perçus au comptant, 2002 à 2004.
Envoi des pièces de dépense, 1990, 1991.
Etats mensuels n° 34, 1949 à 1953 ;
— n°s 50, 51, 52, 1954 ;
— n° 74 bis, 1955 à 1958 ;
— n° 76 K, 1959 ;
— n° 76 I, 1960 ;
— n° 80 A, 1961 à 1964 ;
— n° 80 ter, 1965 ;
— n° 80 quater 1966 à 1968 ;
— n° 82 B, 1969 à 1977 ;
État n° 91 A, 1979 à 1988 ;
— n° 91 B, 1989 ;
— n° 95 A, 1990 ;
— n° 95 B, 1991 ;
— n° 96, 1992 ;
— n° 96 bis, 1993 ;
— n° 97, 1994 ;
— n° 100 A, 1997 ;
— n° 100 B, 1998 ;
— n° 107, 2000 ;
— n° 138, 2001 ;
— n° 154 B, 2002 ;
— n° 154 C, 2003 ;
— n° 154 E, 2004 ;
— n°s 155 et 155 bis, 2006, 2007.
Mandats de régularisation, n° 98, 1995, 1996.
Obligations cautionnées, 1954.
Rectifications, 1988, 1999.
Reg. n° 90, 1978.
Remises aux buralistes, 1949 à 1953, 2000.
Remises aux prép. d'octroi, 1951.
Remises sur obligations cautionnées. État mensuel de partage entre le Trésor et les comptables, 2005.
Situation des crédits, 2006, 2007.
Situation des recouvrements, 2005.
Tabacs livrés par les planteurs, 1994.
Versement à la caisse des dép. et cons., 1967.
Virements de fonds, 1957.

Sect. I. — Etat des remises des buralistes, n° 34. Quittance.

1949. Chaque receveur inscrit sur l'état n° 34 des remises des buralistes tous les bureaux de sa circonscription. Il le fait émarger par les parties prenantes, en assurant l'application du timbre mobile de 10 centimes pour les émargements de plus de 10 francs, conformément à la loi du 23 août 1871.

Cet état est ensuite certifié par le receveur, qui le remet *mensuellement* pour comptant au receveur principal, dans son versement. C. n° 1214 du 31 déc. 1827.

1950. Il est essentiel que l'état n° 34 présente exactement le nombre d timbres, expéditions et bulletins délivrés. CC. n° 18 du 21 déc. 1832.

Les factures délivrées par les buralistes, dont le timbre n'est pas perçu, entrent dans le décompte des remises. C. n° 993 du 12 mai 1865 et n° 1076 du 15 nov. 1867.

1951. Les remises allouées aux préposés d'octroi chargés de la perception du droit d'entrée sont *en fin d'année* portées à l'état n° 34 par bureau. Un cadre a été réservé à cet effet. On y indique la population des communes. CC. n° 18 du 21 déc. 1832.

Dans les recettes où il existe plusieurs communes sujettes à l'entrée, on totalise, par accolade, dans la dernière colonne, la somme revenant aux divers bureaux de chaque commune. Le montant des remises est versé au receveur central de l'octroi, avec une copie de l'état n° 34 ; le paiement est justifié par une quittance du registre K *bis*. CC. n° 22 du 18 déc. 1834.

Cette quittance doit être timbrée à 10 c. V. 1039.

Dans les communes où l'octroi est affermé, le montant de l'indemnité doit être remis au fermier sur sa quittance ou son émargement. CC. n° 23 du 17 déc. 1835.

1952. Il n'est point dû de remise pour les timbres des registres A, B, C, D, DD et K *bis*. CC. n° 26 du 18 déc. 1837.

1953. La date et le numéro de l'ordonnance ministérielle qui régularise cette dépense sont remplis dans les bureaux du ministère. CC. n° 23 du 17 déc. 1835.

V. **Remises aux buralistes**, 1497 à 1504.

SECT. II. — Envoi des obligations cautionnées. Bordereau n° 50. Lettre d'envoi n° 51 et Lettre d'avis n° 52.

1954. Tous les dix jours, les receveurs principaux adressent :

1° A la caisse centrale du Trésor public, le bordereau mensuel des obligations cautionnées n° 50 et la lettre d'envoi n° 51 ;

2° A la direction du mouvement général des fonds, la lettre d'avis de l'envoi à la Caisse centrale du bordoreau mensuel des obligations cautionnées.

Les instructions qui se rapportent à ces documents ont été résumées sous les nos 574 à 579.

SECT. III. — Etat de situation d'admissions temporaires série C, n° 74 bis, à fournir mensuellement avec le bordereau 91 B.

1955. Destiné à faciliter le contrôle de l'apurement des soumissions d'admission temporaire, l'état de situation série C (douanes), n° 74 *bis*, est commun au service des contributions indirectes et à celui des douanes. CC. du 31 mai 1865.

Les receveurs principaux des deux services indiquent distinctement, dans les cadres ouverts à cet effet, les opérations relatives à chaque exercice.

1956. L'état se compose de deux tableaux :

Le premier est rempli par le receveur principal dans la division duquel des soumissions d'admission temporaire ont été souscrites. Il y porte l'ensemble des opérations se rattachant à ces soumissions, savoir :

1° Le montant des droits exigibles d'après le décompte consigné sur les obligations ;

2° Les sommes acquittées en numéraire, à l'échéance des obligations, sur les sucres livrés à la consommation ;

3° Les taxes perçues, en cas d'acquittement, sur les quantités qui sont réexportées ou placées en entrepôt, après raffinage. Id.

Enfin, il convient de faire ressortir, dans la colonne n° 5, le reste à apurer à la fin du mois pour lequel l'état est fourni. Id.

1957. Soit que le comptable appelé à remplir ce tableau ait perçu les taxes pour son propre compte, soit qu'il doive transférer tout ou partie de ces mêmes taxes dans les caisses de ses collègues, il indique toujours exactement le montant de ses perceptions en numéraire, dans la première colonne du second tableau destiné à présenter le détail, l'origine et la destination des recouvrements effectués avec ou sans mouvement de valeurs. Idem.

Les droits transférés, dans les écritures d'un receveur principal, au moyen de bordereaux de virement de fonds, sont portés dans la colonne n° 2 ; puis, ce receveur déduit du total (col. n° 3) les sommes dont il doit faire *recette à l'article des virements de fonds*, de manière à présenter toujours, dans la colonne n° 5, la somme dont il a à faire recette définitive, aux *contributions et revenus publics*. Id.

Il est d'ailleurs bien entendu que l'agent chargé de constater uniquement l'inscription des perceptions au chapitre des *droits et produits*, n'a jamais à remplir le tableau n° 1, s'il est resté étranger, ainsi que ses subordonnés, à la souscription des obligations. Il se borne, par suite, à indiquer, au tableau n° 2 (colonnes 2, 3 et 5), le montant des droits qui figurent à titre définitif dans ses écritures. Id.

1958. Les directeurs, après avoir fait vérifier l'état dans leurs bureaux, le transmettent en même temps que le bordereau n° 91 B, mais par lettre spéciale. Id.

Sect. IV. — Avis des recettes.

§ I. Avis n° 76 L adressé par les directeurs à la comptabilité.

1959. Les avis des recettes étaient fournis deux fois par mois. CC. n° 96 du 30 déc. 1872.

Ils devaient parvenir au ministère dans les cinq jours qui suivent l'arrêté des écritures, savoir :

Pour l'avis de quinzaine, le 20 au plus tard ;

Pour l'avis de mois, le 5 du mois suivant, délais de rigueur.

Il n'est plus fourni maintenant qu'un avis de recettes par mois. CC. n° 111 du 24 déc. 1883.

État n° 154 C, fourni par es directeurs, en fin de mois, à l'Administration. V. 2003.

La formule 76 J à laquelle se rapporte une circulaire de la comptabilité, en date du 1er février 1866, a été supprimée et remplacée par la formule 76 K. CC. n° 85 du 26 août 1871. Cette formule 76 K est elle-même remplacée, en ce qui concerne les directeurs, par un avis de recettes n° 76 L. CC. n° 118 du 11 juillet 1887.

Les fractions de franc ne doivent pas y figurer. On les néglige au-dessous de 50 centimes, et au-dessus on force.

Il est rempli par le directeur au moyen des avis n° 76 K, qui lui sont envoyés par les receveurs principaux et les receveurs particuliers du département. CC. n° 77 du 12 janv. 1867 et CC. n° 118 du 11 juillet 1887.

Les recouvrements de la seconde année de *l'exercice* ne doivent jamais être cumulés avec les produits de l'exercice courant. CC. n° 78 du 15 juin 1867.

L'état mensuel des surtaxes qui était fourni à l'Administration n'est plus produit. Il a été remplacé par le tableau trimestriel n° 154 D. Lett. comm. du 8 janvier 1875.

La formule 76 L se plie sous forme de lettre. La suscription que comportent les envois destinés à la *Comptabilité publique* est imprimée. CC. n° 79 du 21 nov. 1867.

Cet avis de recettes ne comporte ni comparaison, ni discussion de produits. CC. n° 118 du 11 juillet 1887.

Il doit parvenir à la comptabilité publique le 5 de chaque mois au plus tard. Id.

§ II. Avis 76 K fourni par les receveurs ambulants, sédentaires et principaux.

1960. Le relevé 76 I, que devaient fournir les receveurs de tout ordre pour les recettes de la 1re quinzaine du mois, est devenu sans objet depuis que la comptabilité publique n'exige plus que des avis de recettes mensuels. CC. n° 111 du 24 déc. 1883.

Mais, tout récemment, il a été créé une nouvelle formule 76 K portant avis mensuel des recettes. Cette formule est à l'usage des receveurs particuliers et des receveurs principaux. L'avis des recettes 76 K doit être adressé aux directeurs et sous-directeurs le 1er jour du mois. CC. n° 118 du 11 juillet 1887. Il sert à la formation de l'état 76 L dont il a été question plus haut. V. 1959.

SECT. V. — **Bordereau n° 80 A, fourni par les receveurs particuliers, etc.**

1961. Le bordereau n° 80 est la copie exacte de la 3e partie du sommier n° 76, excepté en ce qui concerne les droits au comptant perçus par les buralistes, qui se prennent sur la première partie du sommier. C. n° 24 du 8 février 1819.

Ce bordereau présente la distinction des recouvrements par exercices et la situation de la caisse du comptable, lorsqu'il réunit à ses fonctions celles de receveur central de l'octroi. C. n° 12 du 31 déc. 1827.

Enfin un cadre de rectifications est destiné à présenter celles que des erreurs pourraient nécessiter. CC. n° 26 du 18 déc. 1837.

1962. A la fin de chaque mois (le jour du versement), le receveur présente son bordereau au directeur ou sous-directeur, qui le vérifie, le vise et le rend au comptable pour être remis au receveur principal, qui le réintègre ensuite à la direction.

1963. Les comptables qui font usage du bordereau n° 80 sont :

1° Les receveurs particuliers sédentaires ou ambulants, y compris les receveurs principaux qui cumulent ces fonctions avec celles qui leur sont propres. CC. n° 8 du 10 déc. 1827 ;

2° Les receveurs particuliers entreposeurs. CC. n° 14 du 30 avr. 1831 ;

3° Les entreposeurs spéciaux. CC. n° 17 du 20 déc. 1831 ;

4° Les receveurs principaux entreposeurs, uniquement pour présenter les recouvrements qu'ils font soit comme receveurs buralistes, soit comme receveurs particuliers, soit comme entreposeurs. CC. n° 14 du 30 avr. 1831.

Le bordereau 80 A a été augmenté de deux cadres nouveaux destinés au développement des opérations de recette et de dépense effectuées par les receveurs subordonnés pour le compte du receveur principal ; des indications précises portées en note sur cet état font connaître de quelle manière les opérations dont il s'agit doivent être détaillées et de quelles pièces elles doivent être appuyées. CC. n° 112 du 23 nov. 1883.

1964. Le bordereau n° 80 B n'est plus fourni.

SECT. VI. — **Relevé des consignations par recette buraliste n° 80 ter dressé par les receveurs particuliers.**

1965. Le bordereau n° 80 *ter* est destiné à présenter, par recette buraliste, le montant des consignations reçues, des consignations remboursées, de celles converties en perception définitive, de celles à remettre au receveur principal et de celles restées entre les mains des buralistes. Il est extrait du registre 33 A par le receveur particulier, qui se charge en recette tant au 74 B ou D qu'au 76 D du montant brut des recettes comprises au bordereau 80 A. Le bordereau n° 80 *ter* est remis chaque mois au receveur principal, qui le conserve pendant l'année pour justifier du solde à régulariser et le produit à l'appui du compte n° 108. CC. n° 10 du 15 déc. 1828.

Sect. VII. — Relevé des consignations versées en numéraire, n° 80 quater.

1966. Les consignations qui n'ont pas été réclamées, bien qu'elles soient exigibles et que le délai fixé pour le remboursement soit expiré, doivent être versées en numéraire au receveur principal. Ces consignations sont détaillées, par recette buraliste et par article, sur le bordereau n° 80 *quater*, qui est remis par le receveur particulier au comptable supérieur à la fin de chaque mois, avec le relevé n° 80 *ter*. CC. n° 10 du 15 déc. 1828.

Autrefois, cette opération n'était pas constatée d'une manière uniforme par les receveurs principaux. Les uns se bornaient à modifier le détail de leur solde, en augmentant le numéraire de la somme qui leur était remise ; d'autres apuraient l'article des consignations proprement dites et reprenaient en recette, à une autre ligne du bordereau, ce qu'ils retranchaient des consignations.

Ce dernier mode avait l'inconvénient de compliquer sans utilité les écritures. Le premier mode seul doit donc être adopté. CC. n° 78 du 15 juin 1867.

1967. Le délai de *deux ans* fixé par les instructions pour le versement à la caisse des dépôts et consignations des sommes à restituer aux intéressés a été réduit à *six mois*. Id.

Ce versement a lieu chaque année, dans les quinze derniers jours de décembre. Il comprend toutes les consignations *délaissées depuis plus de six mois*, soit chez les receveurs principaux et particuliers, remplissant les fonctions de buralistes, soit chez les simples receveurs buralistes. Id.

Le délai de *six mois* est compté à partir de l'expiration du mois pendant lequel les formalités voulues ayant été remplies, les consignations pouvaient être restituées. Id.

1968. Consignations portées en dépense. V. 1836 à 1847.

Sect. VIII. — Relevé n° 82 B dressé pour le contrôle du droit de consommation, payé à l'arrivée.

1969. La circulaire n° 56 du 12 janvier 1833 impose aux chefs locaux de service l'obligation de dresser, chaque mois, un relevé ayant pour objet le contrôle de la perception du droit de consommation payé à l'arrivée sur les eaux-de-vie, esprits, liqueurs et autres spiritueux expédiés par acquits-à-caution aux simples consommateurs (art. 88 de la loi du 28 avril 1816) et aux débitants rédimés (art. 41 de la loi du 21 avril 1832).

Les acquits-à-caution dont la décharge est basée sur le paiement du droit de consommation à l'arrivée ne doivent être apurés ou renvoyés au lieu d'origine qu'après que le directeur ou le sous-directeur s'est assuré de l'exactitude des mentions qui, relativement à la perception de l'impôt, sont inscrites au verso de ces acquits. Afin de prévenir toute négligence toute omission à cet égard, et pour garantir d'ailleurs l'uniformité qui est essentielle dans un travail de cette importance, l'Administration a jugé à propos de modifier la contexture du relevé dont la formation est prescrite par la circulaire n° 56 précitée.

Les chefs locaux de service qui dressent ce relevé n'y inscrivent que l'analyse des articles de perception; les directeurs ou sous-directeurs transcrivent sur le relevé les indications concernant la décharge des acquits-à-caution. C. n° 410 du 23 sept. 1856.

1970. Les relevés dont il s'agit sont établis sur des imprimés que la Régie fournit comme papier de service, et qui sont classés sous le n° 82 B dans la série générale des modèles. Id.

Chaque mois, lors de l'arrêté des recettes buralistes, les chefs locaux de service (contrôleurs, receveurs ambulants, commis principaux, commis,) dépouillent, sur un exemplaire du modèle n° 82 B, les divers articles de recette portés au registre n° 9 depuis le précédent arrêté mensuel ; ils font, pour chaque bureau, le total des quantités imposées, et ils ont soin de vérifier si ce total est conforme à celui des registres de perception ; ils récapitulent ensuite les quantités afférentes aux divers bureaux, et ils y ajoutent les quantités imposées pendant les mois antérieurs du même trimestre : le total général du relevé du troisième mois doit être conforme aux quantités que présente le relevé trimestriel (n° 82) des droits perçus au comptant. Id.

Dans les villes *à taxe unique*, les chefs locaux de service (contrôleurs, receveurs ambulants, commis principaux, commis) font le même dépouillement quant aux droits de consommation perçus (registre n° 10) sur les quantités venant de l'extérieur du lieu sujet à destination de non-entrepositaires (art. 41 de la loi du 21 avril 1832 ; art. 18 de la loi du 25 juin 1841 ; circulaire n° 259 du 5 novembre 1841). Ce dépouillement est fait sur un exemplaire spécial du modèle n° 82 B. Id.

D'après l'instruction du registre de décharge des acquits n° 49 C, ce dépouillement au reg. 82 B, paraît maintenant facultatif.

1971. Les relevés n° 82 B doivent être formés pour l'ensemble de la recette particulière, sédentaire ou ambulante. Toutefois, dans les villes où la même circonscription de recette particulière comprend plusieurs circonscriptions d'exercice qui constituent des divisions distinctes de service, chacun des chefs locaux (contrôleurs ou chefs de poste) établit un relevé n° 82 B distinct pour les bureaux spécialement soumis à sa vérification. Le chef de service chargé de la formation de l'état trimestriel n° 82 récapitule les totaux des divers relevés n° 82 B, et s'assure de la conformité du total général avec les quantités qui figurent à l'état n° 82. Id.

1972. Les relevés n° 82 B doivent être certifiés, savoir :

Dans les recettes sédentaires où le service d'action est dirigé par des contrôleurs ou par des commis principaux chefs de poste	Par les contrôleurs ; Par les commis principaux chefs de poste.

Dans les recettes sédentaires où le service est dirigé par un commis principal ou un commis chef de poste :	Par le commis principal et par le commis qui lui est adjoint ; Par le commis chef de poste et par le commis qui lui est adjoint.
Dans les recettes ambulantes avec ou sans poste auxiliaire :	Par le receveur ambulant et par le commis principal qui lui est adjoint. Id.

1973. Le cas peut se rencontrer où des acquits soient déchargés et remis à la direction un mois plus tard que le relevé énonçant la perception en vertu de laquelle la décharge des acquits a été opérée. Dans ces circonstances, tout exceptionnelles, les directeurs ou sous-directeurs diffèrent l'apurement ou le renvoi des acquits-à-caution jusqu'à ce que le relevé n° 82 B, sur lequel figurent les perceptions afférentes aux acquits-à-caution, ait été dûment annoté. C. n° 410 du 23 sept. 1856.

Il faut cependant que l'acquit parvienne au lieu d'origine avant l'expiration du délai fixé par l'art. 8 de la loi du 21 juin 1873.

1974. Lorsque les annotations sur les relevés n° 82 B sont complètes, c'est-à-dire lorsqu'en regard de chacun des articles de perception (registres n° 9 ou 10), la décharge de l'acquit-à-caution que cet article de perception concerne se trouve annotée, les quantités comprises dans les divers certificats de décharge sont additionnées ; le total, certifié par le directeur ou le sous-directeur, doit être égal à celui qui, sur le même relevé, exprime les quantités soumises au droit de consommation (registres n° 9 ou 10). C. n° 410 précité.

1975. Après régularisation, les relevés n° 82 B demeurent annexés aux états trimestriels n° 82. Id.

1976. Tout acquit-à-caution dont la décharge reposerait sur une perception qui ne figurerait pas au relevé n° 82 B, tout acquit-à-caution à l'égard duquel la vérification effectuée par le directeur ou le sous-directeur ferait apercevoir des erreurs, des irrégularités quant à la perception du droit, ferait immédiatement l'objet d'une enquête. Id.

1977. En fin d'année, les directeurs ou sous-directeurs rapprochent les relevés n° 82 B des portatifs n° 176, qui doivent alors être déposés à la direction. Il ne s'agit pas seulement des relevés et des portatifs remis par les employés qui sont dispensés de se rendre en versement à la direction ou à la sous-direction ; il s'agit également des relevés et des portatifs qui ont été mensuellement l'objet d'appels de la part du directeur ou du sous-directeur. Ces vérifications sont ordonnées comme un contrôle essentiel des appels de fin de mois. Elles sont constatées par des parafes spéciaux. Les causes de toute différence, de toute omission, devraient être recherchées. Idem.

Lorsqu'ils se rendent en tournée, les inspecteurs doivent se munir momentanément des relevés 82 B, appeler ces relevés avec les registres de perception et avec les portatifs 176, et s'assurer ainsi, sur place, que les écritures sont fidèlement établies. C. n° 410 du 23 septembre 1856.

Sect. IX. — Registre n° 90 servant au dépouillement des bordereaux n° 80.

1978. A la fin de chaque mois, les sous-directeurs et directeurs dépouillent sur le registre n° 90 les bordereaux n° 80 des receveurs particuliers entreposeurs, des receveurs sédentaires ou ambulants, des entreposeurs spéciaux et des receveurs de la garantie. Le registre n° 90 est ensuite communiqué au receveur principal, pour inscrire les perceptions et dresser son bordereau n° 91 A. CC. n° 8 du 10 déc. 1827 et n° 10 du 15 déc. 1828, et C. n° 17 du 17 mars 1870.

C'est d'après le travail de récapitulation fait au reg. 90 que le receveur principal passe les articles de recette ou de dépense à son livre de caisse, pour « *Transports aux contributions et revenus publics* ». Cette opération a pour effet de classer les recettes effectives précédemment enregistrées sous le titre de « *Versements des receveurs particuliers* ».

Sect. X. — Bordereau des recettes et des dépenses, n° 91 A, fourni par les receveurs principaux.

§ I. Dispositions générales.

1979. Le bordereau n° 91 A est fourni mensuellement par les receveurs principaux.

Les recettes et les dépenses y sont classées par chapitre et par exercice.

Les résultats en sont conformes à ceux du livre-journal n° 87 A.

A partir du 30 juin de la seconde année de l'exercice, les sommes portées en recette sur l'année précédente ne doivent plus varier.

Lorsque plusieurs comptables se sont succédé dans l'année, on dresse, à l'expiration de l'année ou de l'exercice, un bordereau dans lequel on présente la gestion de chacun de ces comptables. CC. n° 14 du 30 avr. 1831, n° 52 du 20 oct. 1852, n° 67 du 29 déc. 1860 et n° 77 du 23 janv. 1867.

§ II. Recettes.

1° Contributions et revenus publics.

1980. La série des articles suit celle des registres à l'usage des buralistes et des bordereaux des receveurs particuliers. C. n° 24 du 8 fév. 1819.

Ces articles, à l'exception des consignations et des avances, sont relevés sur le sommier n° 88, dont chaque compte fournit une ligne au bordereau. CC. n° 8 du 10 déc. 1827.

Les chiffres relatifs aux consignations et aux avances sont puisés aux registres n°s 89 A et 89 B. Id.

Les recettes applicables à l'exercice expiré sont présentées dans des colonnes spéciales et distinctes de celles afférentes à l'année courante. Id.

Les recouvrements opérés sur chaque nature de droits ou de produits, soit par les buralistes, soit par les receveurs principaux ou les entreposeurs, soit par le comptable lui-même, sont portés cumulativement au bordereau n° 91, sans distinction des comptables qui ont effectué ces recouvrements. CC. n° 17 du 20 déc. 1831.

Mais on n'y inscrit plus, ni les fonds particuliers que le comptable verse dans sa caisse en cas de besoin, ni les recettes effectuées pour le compte de l'octroi. Ces recettes ont été transportées aux opérations de trésorerie. CC n° 8 du 10 déc. 1827 et n° 72 du 4 août 1864.

Les comptables n'étant plus appelés à recouvrer le montant des débets constatés, le bordereau ne présente plus de ligne pour y classer ces recouvrements. CC. n° 21 du 12 déc. 1833.

Voir cependant, pour les obligations protestées, n°s 1894 et suivants (dépense).

2° Opérations de trésorerie.

1981. Les articles de recette ou de dépense se trouvent groupés sur le nouveau modèle, et chacune de ces divisions est classée sous le titre de : *Correspondants du Trésor ; Fonds particuliers du comptable ; Avances pour divers services ; Mouvements de fonds.*

Les recettes opérées par le comptable pour le compte de l'octroi, qui figuraient précédemment parmi les recettes effectives (CC. n° 8 du 10 déc. 1827), sont aujourd'hui comprises dans les opérations de trésorerie. CC. n° 72 du 4 août 1864.

Les sommes perçues par avance des contribuables ont figuré jusqu'en 1865 aux *Contributions et revenus publics* sous le titre de *Recouvrements effectués par anticipation sur l'exercice prochain.* Une ligne nouvelle a été ouverte aux *opérations de trésorerie,* pour la recette : *Trop perçu* et *Avances des redevables* à la fin de l'année. CC. n° 75 du 23 nov. 1865 et n° 79 du 21 nov. 1867.

§ III. Dépenses.

1° Dépenses publiques.

1982. Les détails sont principalement extraits du sommier n° 88. CC. n° du 10 déc. 1827.

Les indications relatives aux consignations, aux avances pour frais judiciaires, etc., sont puisées aux registres nos 89 A et 89 B. Id.

Les dépenses sur l'exercice expiré sont classées dans des colonnes spéciales et distinctes de celles affectées à l'exercice courant. Id.

2° Opérations de trésorerie.

1983. Les articles de dépense, comme les articles de recette ayant une certaine analogie, ont été groupés au bordereau. CC. n° 72 du 4 août 1864.

Les versements faits à la caisse communale pour le compte de l'octroi doivent figurer au bordereau n° 91. CC. n° 8 du 10 déc. 1827.

Quand le comptable rentre dans les fonds qu'il avait versés à sa caisse, il porte la somme en dépense au livre-journal n° 87, ainsi qu'au sommier n° 88, et le remboursement est par ce moyen introduit au bordereau. Idem.

§ IV. Solde en caisse à la fin du mois.

1984. La situation du comptable à la fin du mois est une simple situation de caisse. CC. n° 4 du 26 déc. 1825.

§ V. Cadres de développement.

1° Cadres qui présentent le solde, et Cadre des débets.

1985. Dans les cadres intitulés *Amendes et confiscations*, etc., *Correspondants du Trésor*, *Fonds particuliers du comptable*, *Avances pour frais judiciaires et autres*, la première ligne doit présenter le même chiffre que la dernière ligne des cadres correspondants du mois de décembre de l'année précédente. Les recettes et les dépenses de l'année courante sont extraites du bordereau. On les prend à la colonne présentant le total. Le solde à régulariser est le résultat de la comparaison des recettes et des dépenses. CC. n° 24 du 16 déc. 1836.

Au cadre de *développement des débets du mois*, on ne fait figurer que les débets que comporte ce titre.

Le cadre du produit des canaux et des ponts soumissionnés a disparu du bordereau, par suite du rachat des actions de jouissance des canaux soumissionnés. CC. n° 73 du 10 janv. 1865.

2° Relevé des obligations de crédit en souffrance et des soumissions d'admission temporaire non acquittées dans les délais et restant à régulariser à la fin du mois.

1986. Ce cadre a été supprimé au bordereau annuel.

3° Etat de développement des opérations de virements de fonds faites pendant le mois.

1987. L'état de développement des opérations de virements de fonds se subdivise ainsi qu'il suit :

1° Virements entre les comptables de la Régie ;

2° Virements entre les comptables des contributions indirectes et ceux des douanes de France ;

3° Virements avec les receveurs des douanes de l'Algérie ;

4° Virements avec les receveurs des contributions diverses de l'Algérie.

On doit retracer dans ces quatre cadres le détail des sommes portées en recette et en dépense en masse au bordereau dans les colonnes du mois courant.

Les fonds reçus d'un même comptable sont inscrits à la suite les uns des autres par ordre de dates et réunis par une accolade dans la colonne du total.

Le total général doit être d'une somme égale à celle qui figure au même titre au sommier n° 88.

4° Etat des rectifications à faire au total des recettes ou des dépenses du mois précédent.

1988. Les receveurs principaux ne doivent jamais porter, à la colonne des antérieurs de leurs bordereaux, des sommes différentes de celles présentées sur les bordereaux précédents, à la colonne du total, sans en indiquer la cause.

Les erreurs reconnues dans un bordereau, après son envoi, ne peuvent être rectifiées que sur celui du mois pendant lequel on les reconnaît ; la rectification s'en fait aux colonnes et lignes des mois antérieurs, et les causes s'en expliquent au moyen d'une note que l'on porte dans la colonne du tableau destinée à indiquer les motifs des rectifications.

Il ne suffit pas d'indiquer purement et simplement les motifs de la rectification. Il est indispensable de faire connaître exactement à quelle pièce elle s'applique, s'il s'agit d'une dépense, afin que le renvoi puisse en être effectué au besoin. CC. n° 79 du 21 nov. 1867 et n° 96 du 30 déc. 1872.

Le directeur peut ordonner le redressement immédiat, sur le mois qui vient de finir, des erreurs que lui font reconnaître ses vérifications ; mais, après le départ du bordereau 91 B, il doit se borner à signaler les incorrections, afin que les rectifications soient faites sur le bordereau du mois suivant.

Le bordereau du directeur doit être parfaitement identique avec les bordereaux des receveurs principaux, et les erreurs de l'un ne peuvent être relevées qu'après l'avoir été préalablement sur les autres. C. n° 15 du 20 avr. 1816.

Sect. XI. — Bordereau récapitulatif des recettes et des dépenses, n° 91 B, fourni par les directeurs.

1989. Le bordereau 91 B a été créé par la circulaire de la comptabilité générale des finances du 26 décembre 1828, n° 4. Il a pour objet la récapitulation des bordereaux n° 91 A produits par les receveurs principaux du département. Il en reproduit toutes les indications.

Ce document doit être envoyé par le directeur au ministère du 5 au 10 du mois qui suit celui pour lequel il est fourni. Il n'y a que le bordereau de décembre dont l'envoi puisse être retardé ; mais encore faut-il qu'il parvienne le 18 janvier au plus tard. CC. n° 77 du 12 janv. 1867, n°s 96 du 30 déc. 1872 et 107 du 20 décembre 1878.

Pour les onze premiers mois de l'année, il n'est pas indispensable que le bordereau n° 91 B soit accompagné des pièces justificatives : celles-ci peuvent n'être envoyées que du 15 au 18. CC. n° 75 du 23 nov. 1865.

En ce qui concerne les bordereaux 91 A et 91 B de décembre, et afin d'éviter des redressements d'écritures toujours trop nombreux, la direction générale de la comptabilité publique insiste pour que les opérations qui y sont décrites soient contrôlées avec soin, aussi bien par les comptables que dans les directions. L'examen doit porter notamment sur les lignes de recettes et de dépenses qui, ayant entre elles une corrélation, doivent présenter des résultats identiques (CC. n° 96 du 30 décembre 1872). Afin de fixer sur ce point l'attention des employés des bureaux de direction, il est prescrit d'indiquer, sur la lettre d'avis d'envoi du bordereau 91 B de décembre, que tous les rapprochements prescrits par la circulaire précitée ont été opérés. CC. n° 107 du 20 décembre 1878.

Sect. XII. — Envoi des pièces de dépense.

§ I. Etat n° 95 A.

1990. Toutes les pièces justificatives des dépenses opérées dans le courant du mois doivent être mises sous bandes particulières et récapitulées sur l'état n° 95 A. Sur ces bandes sont indiqués l'exercice, la nature et le montant des dépenses. C. n° 19 du 12 décembre 1816.

Dans le cas où diverses dépenses d'une même espèce doivent être rapportées en un seul article à l'état 95 A, un bulletin à la main doit récapituler le montant de chacune des pièces composant ce même article. C. n° 86 du 31 janv. 1823.

La première partie de l'état est remplie par le receveur principal. C. n° 24 du 8 fév. 1819 et C. n° 17 du 16 mars 1870.

La seconde partie est remplie dans les bureaux du directeur. Après avoir vérifié les dépenses comprises dans le versement du mois, et avoir apposé au pied de cette seconde partie son accusé de réception, le directeur en renvoie une expédition au sous-directeur pour être remise par lui au receveur principal, qui doit en rester dépositaire, ainsi que de toutes les autres pièces de dépenses qui ont rapport à sa gestion et dont il ne doit se dessaisir que sur reçu motivé, lorsqu'elles lui sont demandées en communication. CC. nº 4 du 26 déc. 1825 et nº 10 du 15 déc. 1828 ; C. nº 17 du 15 mars 1870. V. 2125 et suiv.

§ II. Etat nº 95 B.

1991. La première partie des états 95 A restée entre les mains des directeurs sert d'élément à l'état 95 B, qu'ils doivent adresser au Ministre avec les pièces de dépenses classées par recette principale ; ils ne doivent remplir que la première partie, et la seconde leur est renvoyée, après la vérification des pièces, pour leur tenir lieu d'accusé de réception et de crédit. Ils en expédient un extrait aux sous-directeurs avec les observations auxquelles la vérification dans les bureaux du ministère a donné lieu.

Cet état est fourni en *double expédition*. CC. nº 79 du 21 nov. 1867.

L'envoi des pièces ne coïncidant plus avec celui du bordereau nº 91 B, il peut arriver que, par suite de l'examen des pièces, les directeurs se trouvent dans l'obligation d'apporter à l'état nº 95 B des modifications qu'ils n'indiqueraient qu'au bordereau du mois suivant. Id.

Il importe, en pareil cas, de conserver trace, sur les accusés de crédit eux-mêmes, des rectifications ainsi faites par anticipation. Id.

Un déclassement, une rectification de dépense, etc., peuvent également être reconnus nécessaires postérieurement à l'envoi du bordereau et des pièces. Ils ont lieu par voie de modification aux antérieurs. Il ne suffit pas alors d'en indiquer purement et simplement les motifs dans le cadre à ce réservé : il est indispenssble de faire connaître exactement à quelle pièce la rectification s'appplique, pour que le renvoi puisse en être effectué, s'il y a lieu. Id.

Délai de transmisssion de l'état 95 B et des pièces de dépense à la comptabilité publique. V. 1989.

Transmission par paquet chargé. V. 28.

Chemises récapitulatives. V. 2117 et suiv.

Sect. XIII. — Etat mensuel des coupons d'acquits-à-caution.

§ I. Etat nº 96.

1992. L'état nº 96 sert à récapituler la dépense faite pour le transport des tabacs et des poudres ; il est dressé par le receveur principal et visé par le directeur. C. nº 24 du 8 fév. 1819.

La production de l'état 96 dispense de former à la main un bulletin récapitulatif de cette nature de dépense.

Indépendamment de l'expédition qui est destinée au ministère, une autre expédition de l'état 96 est jointe aux acquits-à-caution qui sont adressés à l'Administration. Les coupons seulement accompagnent les pièces de comptabilité. C. nº 420 du 16 avr. 1846.

II. Etat nº 96 bis.

1993. Par suite de l'ouverture de nouvelles sections de voies ferrées et par application des dispositions de l'article 15 du traité du 27 janvier 1867, conclu avec les compagnies de chemin de fer, il y a lieu assez fréquemment de rectifier les décomptes de frais de transport établis, en tenant compte des modifications apportées dans le parcours. Les rectifications peuvent être applicables à la fois à des dépenses imputables sur l'exercice courant et sur l'exercice précédent. CC. nº 80 du 18 mars 1868.

Nous indiquons ci-après comment il convient de procéder dans les deux hypothèses.

En ce qui touche les transports de l'année courante, les rectifications sont faites par voie de modifications aux antérieurs du bordereau nº 91 ; seulement, les comptables ont à dresser un état nº 96 *bis*, qui présente, tant pour les décomptes primitifs que pour les décomptes rectifiés, tous les éléments de contrôle indispensables. Cet état est fourni par *mois et par recette principale*, afin qu'il puisse être rattaché aux états nº 96 qu'il s'agit de modifier et auxquels se rapportent les rectifications. Le résultat final que fait ressortir l'état nº 96 *bis*, soit en plus, soit en moins, doit toujours correspondre exactement aux indications consignées au cadre du bordereau nº 91 B. CC. nº 80 du 18 mars 1868.

Quant aux décomptes relatifs à l'exercice précédent, qui ont été irrégulièrement établis, comme les dépenses antérieures au 31 décembre ne sont plus susceptibles d'être modifiées, les régularisations sont opérées sur l'année courante. En conséquence, les comptables doivent faire recette, au titre de l'exercice courant, des sommes provenant de la restitution des frais de transport payés en trop. S'il s'agit, au contraire, d'un supplément de frais dont il y ait lieu de tenir compte aux compagnies, ils portent en *dépense*, avec imputation sur l'exercice précédent et *à la ligne où l'opération primitive a été inscrite*, les sommes dont ils ont effectué le paiement dans l'année suivante. Id.

Dans ces deux cas, l'état nº 96 *bis* n'est pas établi *par mois*. Il n'en est formé qu'un seul qui est transmis à la Cour des comptes, à l'appui des comptes nº 108 (deuxième partie) de *l'année précédente*, et qui récapitule toutes les régularisations afférentes à l'*exercice expiré*. Id.

Il est nécessaire également de produire des justifications particulières en ce qui concerne les opérations effectuées dans *l'année courante*, au fur et à mesure qu'elles figurent sur le bordereau ; et, à cet effet, les receveurs principaux établissent deux extraits distincts de l'état récapitulatif :

1° L'un, relatant le complément de dépense imputable sur l'exercice précédent (compte de la première partie);

2° L'autre, produit à l'appui de la recette, avec les comptes de la seconde partie, et présentant les sommes restituées par les compagnies. Id.

Pour quelque motif que ce soit, il n'y a pas lieu de réclamer à la comptabilité, pour être régularisés, des coupons d'acquits dont les décomptes seraient à modifier. Id.

Sect. XIV. — Etat de la dépense pour achat de tabacs livrés par les planteurs, n° 97.

1994. Cet état spécial aux départements à culture est rempli par le receveur principal au moyen des récépissés délivrés aux planteurs, qui leur sont remis lors du paiement. L'état doit être visé par le directeur. C. n° 24 du 8 fév. 1819.

Sect. XV. — Mandats de régularisation n° 98.

1995. Il est dressé un mandat de régularisation chaque mois : il comprend toutes les dépenses effectuées d'urgence. Les mandats reçoivent des numéros suivis, dont la série doit être renouvelée au commencement de chaque exercice. Ceux qui se rapportent à la deuxième année d'un exercice ne reproduisent, bien entendu, que les opérations reprises dans la première partie des comptes. CC. n° 72 du 4 août 1864.

La circulaire n° 66 du 24 décembre 1857 prescrit d'expliquer dans la colonne d'observations le motif de la différence entre les mandats de régularisation et l'ensemble des dépenses portées aux bordereaux mensuels, des dépenses urgentes et des dépenses ordonnancées à l'avance figurant quelquefois sur la même ligne des comptes et des bordereaux. Mais la comptabilité publique a souvent eu lieu de constater que les mandats n'étaient pas délivrés avec le soin voulu. Ainsi, l'on comprenait à tort, sur ces mandats, des dépenses pour lesquelles des crédits avaient été délégués avant le paiement. Dans ce cas, l'ordonnance ministérielle de délégation relatée sur les mandats ne pouvait évidemment se rapporter à ces dépenses. D'autre part, les mandats délivrés pour régulariser les dépenses portées aux comptes de la première partie de la gestion des comptables, au titre de l'exercice précédent, rappelaient fréquemment, dans la colonne intitulée : *Mandats des mois antérieurs*, le montant de ceux qui s'appliquaient au compte précédent, c'est-à-dire les mandats délivrés depuis le *commencement de l'exercice*. Il en résultait que ces mandats n'étaient plus en harmonie avec les comptes à l'appui desquels ils étaient produits.

Pour éviter ces irrégularités, il a paru utile d'appliquer aux mandats dont il s'agit, le système des chemises récapitulatives annuelles dont la production a été prescrite par la circulaire du 8 janvier 1869, n° 81, et il est fourni actuellement comme papier de service, un relevé des mandats de régularisation délivrés pendant l'année par les ordonnateurs secondaires des différents services. Les totaux de chacun des articles de ce relevé doivent concorder exactement avec les résultats des comptes (1re ou 2e partie). Mais, pour arriver à cette concordance, il est nécessaire d'ajouter pour mémoire les dépenses pour lesquelles l'ordonnancement a précédé le paiement.

Ces dépenses sont inscrites en masse sur une seule ligne. CC. n° 101 du 8 avr. 1874.

L'emploi du relevé dont il s'agit a entraîné la suppression des colonnes 4 et 5 de la formule n° 98. Id.

Les mandats de régularisation doivent être compris dans l'envoi des pièces du mois qui suit celui auquel ils se rapportent et épinglés à l'état n° 95 B. C'est ainsi qu'avec le bordereau de février doit être transmis, sous le n° 1, le mandat des dépenses effectuées d'urgence en janvier ; avec le bordereau de mars le mandat des dépenses de février, etc. CC. n° 75 du 23 nov. 1865.

Le mandat n° 1 des dépenses de janvier ne doit comprendre que les dépenses inscrites au bordereau du même mois. La colonne des dépenses régularisées ne peut jamais être supérieure à celle des dépenses effectuées. Idem.

Quant au mandat se rapportant au dernier mois de l'année, il est expédié en même temps que l'état n° 91 C (écritures complémentaires de décembre). Idem.

Les mandats de régularisation comprenaient, dans le principe, toutes les dépenses urgentes du même département, bien que ces dépenses fussent acquittées par plusieurs receveurs principaux chargés de les présenter en compte.

Un mandat spécial est aujourd'hui délivré mensuellement par les ordonnateurs secondaires des contributions indirectes et des manufactures de l'Etat pour les dépenses effectuées dans chaque recette principale. La formule n° 98 a été modifiée en conséquence. CC. n° 78 du 15 juin 1867.

Un mandat particulier portant le mois de décembre doit être établi et comprendre le complément des dépenses effectuées sous le titre de *Répartitions des produits d'amendes et confiscations*, qui n'auraient pas été précédemment mandatées dans le cours de l'année. Id.

1996. Plusieurs des dépenses d'urgence désignées par la circulaire n° 341 étant actuellement supprimées, d'autres ayant été omises ou étant de récente création, nous donnons ci-après une nouvelle nomenclature de toutes ces dépenses :

Remises des buralites.

Remises des receveurs d'octroi.

Remboursement du prix des instruments.

Frais d'intérim portés en dépense à une ligne spéciale.

Frais d'emballage, de transport et de correspondance extraordinaire.

Remises pour la vente des poudres en Corse et dans le pays de Gex.

Frais de transport de poudres.

Achats de poudres reprises des débitants ou provenant de saisies, et primes pour arrestations des colporteurs.

Menus frais d'entrepôt portés aux dépenses imprévues, tabacs.

Indemnités aux experts et autres frais à la charge des planteurs de tabacs.

Achats de tabacs repris des débitants ou provenant de saisies, et primes pour arrestations de colporteurs.

Frais de transport de tabacs.

Répartitions du produit des amendes, confiscations et doubles droits. CC. n° 66 du 24 déc. 1859.

Sect. XVI. — Etats des consignations restituées ou réparties.

§ I. Etat n° 100 A fourni à l'Administration par les directeurs et les sous directeurs.

1997. L'état n° 100 A présentait autrefois le détail des répartitions d'amendes et consignations, les droits consignés sur manquants reconnus chez les marchands en gros et entrepositaires, et, en général, toutes les dépenses dont la vérification appartenait aux divisions territoriales. C. n° 12 du 31 déc. 1827.

Aujourd'hui, ce document est spécialement affecté aux opérations de répartitions d'amendes et confiscations. CC. n° 79 du 21 nov. 1867.

Pour les répartitions de simples, doubles ou sextuples droits sur acquits-à-caution, on fait usage de l'état 100 B. V. 1998.

Un état 100 A spécial doit être établi pour les répartitions d'amendes en matière de culture de tabac autorisée. CC. n° 105 du 5 fév. 1876.

Les dépenses relatives aux répartitions sont détaillées sur l'état 100 A, qui est adressé à l'Administration avec les dossiers relatifs à chaque affaire. Ces dossiers se composent des feuilles 122 C, des transactions, des procès-verbaux, des états 99, des états de frais, des rapports sommaires, etc.

Après les avoir vérifiées, l'Administration fait parvenir, en fin d'année, toutes ces pièces à la comptabilité publique, qui, de son côté, exerce un nouveau contrôle dans le double intérêt du Trésor et des pensions civiles. La comptabilité publique les adresse ensuite à la Cour des comptes.

Le passage des états 100 A à l'Administration ayant pour effet de retarder la vérification de la comptabilité publique jusqu'en fin d'année, en ce qui touche les répartitions d'amendes, il a été prescrit de joindre aux pièces de comptabilité mensuelles des receveurs principaux un état 100 A spécial dont on remplit seulement le cadre de la récapitulation, tant pour les répartitions d'amendes que pour les répartitions de droits sur acquits. Avec cet état, la direction générale de la comptabilité publique est renseignée mensuellement sur l'affectation des amendes et droits répartis d'après les états 100 A et 100 B.

Le sous-directeur établit l'état 100 A, qu'il adresse au directeur avant le 10 de chaque mois, et que le directeur transmet du 15 au 20 à l'Administration. C. nos 17 de 16 mars 1870 et 344 du 5 août 1882.

A l'appui de l'état 100 A, on doit joindre toutes les pièces des dossiers; mais on n'inscrit dans les col. 15, 17 et 18 de cet état que les pièces justificatives des dépenses portées aux diverses colonnes (3 à 13), ces pièces étant les seules que l'Administration ait à produire à la Cour des comptes. Invariablement, et comme l'indique d'ailleurs son intitulé, la colonne 16 ne doit jamais présenter qu'une seule pièce, qui est l'état 99, ou la transaction pour droits et frais, ou pour frais seulement. Pour les sous-répartitions des saisies communes, l'état 99 doit figurer col. 16, et l'état modèle P (octroi), colonne 17. Dans cette dernière colonne doivent être inscrites les pièces suivantes : les procurations ou quittances fournies à défaut d'émargement des parties prenantes, les quittances du reg. K *bis* pour les sommes versées aux communes, les extraits de recette, en ce qui concerne les taxes de lettres, le procès-verbal, la transaction, les procès-verbaux de vente, les copies ou extraits des jugements, et toutes les pièces justificatives des frais détaillés au deuxième cadre de la transaction. Lett. comm. du 20 mai 1846 et du 5 mars 1873.

Aujourd'hui, que les transactions sont, au fur et à mesure de leur approbation, renvoyées aux directeurs et sous-directeurs, et que ceux-ci ont le moyen de connaître, au moment de la formation de l'état 100 A, le nombre exact des pièces à joindre, rien ne s'oppose à ce que les col. 15 à 17 soient additionnées. C'est ce qui doit être fait en reportant les antérieurs, de mois en mois, de manière qu'à la fin de l'année l'Administration ait sous les yeux les totaux généraux qui constituent les éléments de l'état récapitulatif à fournir à la direction générale de la comptabilité publique. L. C. du 5 mars 1873.

Une ligne a été ajoutée au cadre de la récapitulation de l'état 100 A, afin de faire ressortir, par le report des antérieurs, le total des sommes dépensées à titre de répartition de produits d'amendes, etc. Cette disposition a pour avantage, en permettant un rapprochement facile sur l'ensemble des opérations de l'année, de prévenir les erreurs ; elle rend, de plus, inutile l'établissement de la chemise récapitulative annuelle n° 244. CC. n° 105 du 5 février 1876.

Dans le cadre des répartitions, une nouvelle colonne a été ouverte également pour la part revenant, dans les saisies en matière d'allumettes chimiques, à la compagnie concessionnaire du monopole. CC. n° 117 du 3 février 1886.

Pour les autres dispositions, V. 1814 et suiv.

§ II. **État n° 100 B, fourni à l'Administration par les directeurs et les sous-directeurs.**

1998. On y inscrit les répartitions :

1° Des doubles droits consignés pour non-rapport d'acquits-à-caution. (Boissons.)

2° Des droits sur les sucres consignés dans les mêmes cas, etc. Ces répartitions ne sont pas détaillées à l'état 100 A. C. n° 12 du 31 déc. 1827. Mais elles sont récapitulées sur un état 100 A spécial qui est adressé, chaque mois, avec les pièces de dépense, à la comptabilité publique. V. 1997.

Modèle d'autorisation de remboursement de tout ou partie d'une consignation. V. 1832.

Opérations à faire à l'état n° 100 B. V. 1833.

L'état 100 B est produit à l'Administration du 15 au 20 de chaque mois. C. n° 344 du 5 août 1882.

§ III. **Rectifications.**

1999. Toutes les rectifications qui sont signalées dans le courant de l'année sont effectuées par changement d'imputation sur le report des mois antérieurs, en le motivant au cadre des rectifications, tant aux états n° 100 qu'aux bordereaux n°s 91 A et 91 B.

Les directeurs font procéder aux rectifications sur l'ordre de l'Administration et sans qu'ils aient besoin d'une injonction de la comptabilité publique, à laquelle il doit seulement être adressé copie des pièces justificatives des changements opérés. CC. n° 8 du 10 déc. 1827.

Voir, au sujet de ces rectifications, les instructions rappelées sous le n° 1835.

Sect. XVII — **Relevé mensuel des remises payées aux buralistes, n° 107, transmis avec le bordereau n° 95 B.**

2000. Le relevé n° 107 des remises payées aux buralistes présente la récapitulation des états n° 34 (V. 1949). Il est dressé par le receveur principal et visé par le directeur. C. n° 24 du 8 fév. 1819.

De même que l'état n° 34, le relevé n° 107 n'était dressé, antérieurement à 1846, qu'en fin d'année. Depuis cette époque, l'un et l'autre sont envoyés chaque mois avec le bordereau n° 95 B. CC. n° 34 du 4 nov. 1845.

Sect. XVIII. — **État des congés, vacances et frais d'intérim, n° 138, fourni par le directeur à l'Administration.**

2001. L'état n° 138 des congés, vacances et frais d'intérim est dressé à la direction. C'est un tableau récapitulatif présentant, en ce qui concerne la retenue à exercer par suite de congé- et l'application des règles à suivre pour les intérims, tous les éléments d'un contrôle analogue à celui que prescrivait la circulaire n° 132 du 13 mai 1808. C. n° 205 du 11 mai 1854.

Le montant des retenues opérées sur les suppléments de traitements figure seulement aux colonnes 20 et 24 de l'état de contrôle n° 138. C. n° 17 du 16 mars 1870.

Tous les employés qui, pour un motif quelconque, ont interrompu leur service, doivent figurer sur cet état, quand même leur interruption n'aurait pas donné lieu à un intérim ou à une retenue d'appointements. Lett. comm. du 3 avr. 1872.

Les divers intérims résultant d'une même vacance doivent former un seul article. Id.

Le directeur adresse l'état à *l'Administration* en même temps qu'il transmet à la comptabilité les tableaux d'appointements qui ont servi à l'établir, en mars pour janvier, en avril pour février, etc., et en janvier pour novembre et décembre. C. n° 205 du 11 mai 1854.

L'état 138 doit être produit dans les dix premiers jours du mois qui suit celui pour lequel il est fourni. C. n° 344 du 5 août 1882 et L. C n° 2 du 14 janvier 1879.

Il doit être divisé en trois parties, qui sont totalisées séparément :

1° Service général et garantie ;

2° Service des sucres et des distilleries ;

3° Receveurs principaux, entreposeurs, etc.

L. C. n° 2 du 14 janvier 1879.

SECT. XIX. — Etat des droits perçus au comptant et évaluation des droits constatés, n° 154 B.

2002. L'état n° 154 B avait d'abord pour but de faire connaître promptement à l'Administration le chiffre des recouvrements pour chaque mois de l'année et était extrait du bordereau 94 B. Depuis 1848, les directeurs ont eu à indiquer à l'Administration par cet état l'importance des produits plutôt que celle des rentrées. Le nouveau cadre indique :

1° *En réalité*, les droits perçus au comptant ;

2° *Par approximation*, les produits qui auraient été constatés pendant le mois, si les arrêtés de compte de certains contribuables pouvaient toujours coïncider avec les arrêtés mensuels des registres tenus par les comptables. Lett. comm. du 23 déc. 1848.

Cet état a été supprimé et remplacé par un état trimestriel n° 154 D dont il sera question plus loin. V. 2013. Mais les éléments de l'ancien état 154 B restent consignés dans des cadres spéciaux du registre d'ordres journaliers, pour servir à l'établissement des rapports 86 A des inspecteurs. L. C. du 2 janvier 1875.

SECT. XX. — Situation des recouvrements, n° 154 C.

2003. La situation des recouvrements n° 154 C, présente, suivant certaines divisions, telles que : boissons, droits divers, tabacs, poudres, etc., les recouvrements effectués chaque mois. Dans les observations qui suivent, on doit indiquer les causes des augmentations et des diminutions.

Cet état présente des indications analogues à celles de l'avis des recettes n° 76 L, adressé à la comptabilité publique. CC. n° 96 du 30 déc. 1872.

Il a été décidé que l'état n° 154 C, spécial aux réalisations de produits, présenterait les recouvrements effectués sur les exercices expirés. Lett. comm. du 8 janv. 1875.

Il est formé, comme l'était autrefois l'état 154 B, avec les éléments réunis à l'arrondissement du chef-lieu et à l'aide des tableaux que les sous-directeurs doivent faire parvenir à la direction. Lett. comm. du 28 fév. 1873.

L'envoi doit se faire mensuellement à l'Administration par le directeur, le 5 de chaque mois au plus tard. Lett. comm. du 19 mars 1874 et C. n° 344 du 5 août 1882.

Quand il se glisse des erreurs dans ce relevé, les différences qu'il présente avec les états reçus par la comptabilité nécessitent des recherches qui retardent la production des documents demandés par le Ministre. Il est expressément recommandé aux directeurs et aux sous-directeurs de rapprocher entre eux les états 76 K et 154 C. Id.

SECT. XXI. — Etat mensuel n° 154 E du produit de l'impôt des boissons.

2004. Pour que l'Administration fût à même d'apprécier l'effet des dégrèvements prononcés par la loi du 19 juillet 1880, la lettre commune n° 5 du 14 février 1881 avait prescrit la formation d'un état présentant le produit mensuel de l'impôt sur les vins et sur les cidres. La loi précitée ayant été mise en vigueur à dater du 1er janvier 1881, les tarifs des périodes comparatives sont aujourd'hui les mêmes. Au point de vue des conséquences des dégrèvements, il n'y a donc plus d'enseignements directs à tirer du relevé dont il s'agit. Mais il ne demeure pas moins intéressant de connaître, tous les mois, le montant, par nature de taxe, non seulement de l'impôt sur les vins et sur les cidres, mais encore des différents droits sur les autres espèces de boissons. Comme ces renseignements ne sont donnés ni par le relevé n° 154 C, ni par aucun autre document statistique, l'Administration a substitué au relevé spécial créé à l'occasion des dégrèvements, un état relatant, outre les indications figurant à ce relevé, le produit des diverses taxes sur l'alcool, du droit de fabrication des bières, etc. L. C. n° 1 du 17 janvier 1882.

Cet état est fourni comme papier de service et figure sous le n° 154 E de la série des impressions du service général. Il doit parvenir à l'Administration du 1 au 5 de chaque mois.

Les contrôleurs, receveurs et chefs de poste, qui l'établissent pour leur circonscription d'exercice, en conservent minute dans un cadre spécial qui a été imprimé au registre *des ordres journaliers.*

SECT. XXII. — **Tableau du montant des droits dont il a été fait crédit, du montant de la remise payée par les redevables et du partage de cette remise entre le Trésor et les comptables.**

2005. Par une lettre manuscrite du 31 octobre 1871, l'Administration avait prescrit la production, à l'expiration de chaque trimestre, d'un tableau indiquant le montant des droits dont il a été fait crédit, en matière de sucres, le montant de la remise payée par les redevables et le partage de cette remise entre le Trésor et les comptables.

Depuis que la loi a étendu à d'autres fabricants ou commerçants (V. 539) la faculté de se libérer en obligations, à condition de payer la remise d'un tiers p. 0[0, il a été décidé que les renseignements dont il s'agit seraient fournis dans la forme du modèle joint à la lettre commune du 11 mars 1874, qui présente, par nature de droits, tous les crédits concédés. Les chiffres qui y sont inscrits doivent être en parfaite concordance avec es résultats fournis par le bordereau 91.

L'Administration désire que ce document lui parvienne très régulièrement, même lorsqu'il est négatif. L. C. du 11 mars 1874.

Rangé primitivement dans la catégorie des productions trimestrielles, il doit être maintenant produit chaque mois. L. C. n° 10 du 13 mai 1886.

SECT. XXIII. — **Etat sommaire des recettes et des dépenses, à fournir chaque mois au directeur du mouvement général des fonds, par les receveurs principaux.**

2005 *bis*. Par une circulaire du 10 janvier 1887, n° 239, le directeur du mouvement général des fonds a prescrit aux receveurs principaux des contributions indirectes de lui adresser un avis sommaire des recettes et des dépenses par eux effectuées du 1er janvier à la fin de chaque mois.

Cet avis doit être adressé directement par les comptables ; il doit parvenir le 15 du mois courant au plus tard.

Le modèle de ce document est donné par la circulaire précitée. L'Administration n'en fournit pas comme papier de service. Les receveurs principaux ont à s'en procurer à leurs frais.

Suivant un nouvel avis, l'état dont il s'agit est provisoirement supprimé. Les comptables devront attendre des ordres pour le produire de nouveau. C. du mouv. gén. des fonds n° 259 du 30 novembre 1887.

SECT. XXIV. — **Situation des crédits, n° 155, et feuille annexe n° 155 bis.**

2006. On trouvera sous les n°s 891 et 937 à 941 les instructions qui se rapportent à la situation mensuelle (modèle n° 253, série C B) à adresser au bureau de l'ordonnancement des finances par les ordonnateurs secondaires. Cette situation présente les crédits délégués, les droits constatés au profit des créanciers, les mandats délivrés et les paiements effectués.

La situation n° 155, fournie par les directeurs à l'Administration, est en grande partie la reproduction de celle qui est envoyée au bureau de l'ordonnancement.

Elle présente la transcription fidèle des extraits d'ordonnance de délégation parvenus dans le cours du mois et dans les mois antérieurs.

L'imputation des crédits assignés par ces mêmes extraits étant la base de la répartition des dépenses par chapitre, article et paragraphe, il n'y peut être fait aucun changement. L'Administration seule connaît, par les résultats d'ensemble, l'épuisement des crédits du budget et les affectations générales ou exceptionnelles à donner aux dépenses. Lett. lith. du 28 oct. 1852.

En cas de désaccord quant aux quotités, entre la délégation et les droits constatés, les différences pour cause de vacances d'emploi et crédits approximatifs exceptées, il y a lieu d'en référer à l'Administration. Id.

La colonne intitulée *crédits demandés pour le mois courant* a surtout pour objet d'établir une concordance aussi parfaite que possible entre les dépenses et les crédits délégués. Les indications qu'elle doit donner ne sont pas de nature à soulever des difficultés réelles d'appréciation ; elles méritent toutefois de fixer l'attention. Id.

2007. Les dépenses du service des contributions indirectes se divisent en quatre catégories. C. n° 1 du 2 janv. 1825.

Elles sont fixes, variables, approximatives ou d'urgence. Id.

La première catégorie se compose des traitements, indemnités et frais de loyer, de bureau, etc., alloués aux employés et agents de chaque direction. La demande mensuelle sera donc le douzième brut de la dépense annuelle, sauf déduction du produit des vacances d'emploi formant le reste disponible sur les ordonnances antérieures (art. 63 et 115 du Règl. du 26 déc. 1866). Lett. lith. du 28 oct. 1852.

La prévision est, pour les dépenses variables et approximatives, le simple enregistrement des propositions spéciales faites aux divisions administratives compétentes, sans rien changer aux formes suivies pour leur approbation et la transmission des avis d'autorisation. Id.

Quant aux dépenses d'urgence, dont les ordonnateurs secondaires sont autorisés à faire effectuer le paiement immédiat, on a pour base les droits liquidés et non ordonnancés à l'époque de l'envoi de l'état de situation. Id.

La situation n° 155 doit parvenir le 10 au plus tard à l'Administration.

On y joint une feuille n° 155 *bis*, présentant la situation des cadres du personnel dans le département, à la fin du mois. L. C. n° 2 du 14 janvier 1879.

CHAPITRE XLVIII.

Documents trimestriels.

Acquits-à-caution en retard, 2016.
Amendes et conf., 2012.
Crédits, 2018.
Droits au comptant, 2009.
État des frais de garde, 2017.
— n° 81, 2008.
— n° 82, 2009.
— n° 85, 2010.
— n° 122 B, 2012.
— n° 154 D, 2013.
État n° 157, 2014.
— n° 158, 2015.
— n° 196, 2016.
Garantie, frais, 2015 ; — visites chez les assujétis, 2014.
Perceptions, bases, 2013.
Poudres à feu, frais de garde, 2017, 2018.
Produits constatés, 2008.
Relevé général des produits, 2011.
Restes à recouvrer, 2010.

Sect. I. — Etat des produits constatés, n° 81, dressé par recette.

2008. L'état des produits constatés est formé par les receveurs particuliers, à l'expiration de chaque trimestre. Il a pour éléments les divers documents qui s'y rapportent. On y reporte en une seule ligne le montant des droits au comptant, d'après la récapitulation du relevé n° 82, afin que les totaux s'accordent avec le bordereau. C. n° 24 du 8 fév. 1819.

L'état n° 81 fait connaître aussi les recouvrements d'avances pour le service des octrois.

Il doit être en concordance avec le bordereau quant à la classification des droits. La comparaison des produits du trimestre y est établie. Les frais de poursuite, exposés et recouvrés, figurent dans un cadre réservé à cet effet. C. n° 12 du 31 déc. 1827.

Des colonnes y sont ménagées pour les restes à recouvrer et le trop perçu de l'année expirée et de l'année courante.

La minute de l'état 81 se trouve au relevé 76 H. V. 2019.

Sect. II. — Relevé des droits au comptant, n° 82, dressé par recette.

2009. Le relevé n° 82 présente les quantités de matières imposées et en masse le produit de chaque nature de droit. Il n'embrasse que les droits au comptant.

Les colonnes correspondent à celles des divers registres des buralistes. Celles-ci une fois additionnées et vérifiées, le receveur n'a plus qu'à transcrire les totaux sur le relevé, dans le cadre qui y correspond. Une minute est inutile. C. n° 24 du 8 fév. 1819.

La classification des droits est la même qu'au bordereau n° 80 A ; les timbres sont rangés dans le même ordre qu'aux registres 33 B et 83 A.

L'état trimestriel n° 82, qui est, en définitive, un état de produits constatant les droits au comptant perçus par les buralistes de la recette et par le receveur lui-même, doit être dressé par le receveur et appelé avec les registres élémentaires par ce comptable et par le commis principal adjoint ; il est signé par ces deux employés. C. n° 488 du 19 juill. 1851.

Dans les recettes sédentaires, les recettes buralistes, à l'exception de celle qui est gérée par le receveur sédentaire lui-même, sont vérifiées et arrêtées par le contrôleur ou par le commis chef de service : ces employés dressent et signent l'état n° 82 en commun avec le receveur sédentaire. Id.

Agents chargés de faire les arrêtés. V. 256.

Sect. III. — Etat des restes à recouvrer, n° 85.

2010. Les receveurs ambulants et les receveurs sédentaires, *y compris ceux qui sont en même temps receveurs principaux*, doivent dresser à la fin de chaque trimestre un état n° 85 présentant, par contribuable, le détail des sommes restant à recouvrer. C. n° 488 du 19 juill. 1851 et n° 445 du 5 fév. 1857. V. 734 à 736.

Cet état est dressé, dans les recettes ambulantes, par le receveur. Quand l'appel en a été fait avec le registre des comptes ouverts individuels par le receveur et par le commis principal adjoint, il est certifié par les deux employés. Les receveurs sédentaires dressent également l'état n° 85, et, lorsque le titulaire de la recette n'est pas receveur principal, le contrôleur, s'il y en a un dans la localité, procède à l'appel de l'état avec le registre des comptes ouverts, et le certifie conjointement avec le receveur. La colonne des observations indique les motifs des retards ou des anticipations de paiement, etc. C. n° 488 du 19 juill. 1851.

Il est *expressément* recommandé d'exiger, en fin de trimestre, et au moment même du versement de fin de trimestre, la production des états n° 85, et de les appeler avec les registres des comptes ouverts. C. n° 310 du 1er août 1855, et n° 445 du 5 fév. 1857.

Les sous-directeurs sont chargés de veiller à ce que tous les receveurs particuliers, y compris les receveurs particuliers en même temps receveurs principaux, forment ces tableaux n° 85. Toute omission à cet égard engagerait *sérieusement* la responsabilité des receveurs particuliers, des receveurs principaux et des sous-directeurs. C. n° 445 du 5 fév. 1857.

2011. Lorsqu'ils vont en vérification dans les recettes sédentaires ou ambulantes, les inspecteurs prennent à la direction les états n° 85, afin de vérifier sur place, chez les contribuables, la réalité des restes à recouvrer et les causes du retard dans le recouvrement. Leurs investigations ne tendent pas seulement à contrôler le travail des receveurs ; suivant les dispositions de la circulaire n° 310 du 1er août 1855, ils interviennent auprès des débitants pour appuyer l'action des comptables. Sous ce rapport, d'ailleurs, ils n'agissent pas uniquement en vue d'assurer le recouvrement des sommes dont la constatation remonte aux trimestres écoulés ; ils prennent aussi le soin de hâter la rentrée des droits nouvellement constatés. Elle ne doit être volontairement retardée par aucune considération. Id.

L'état n° 85 n'est plus rapporté à l'appui des comptes de fin d'année. CC. n° 8 du 10 déc. 1827 et C. n° 12 du 31 du même mois.

Sect. IV. — **Etat de produit des amendes et confiscations, n° 122 B.**

2012. A l'expiration de chaque trimestre, les directeurs et sous-directeurs forment, sur la formule n° **122 B**, un état des produits des amendes et confiscations. On trouvera, aux nos 467 à 475, les instructions qui s'y rapportent.

Cet état est adressé à l'Administration en même temps que les états 125.

Sect. V. — **Etat no 154 D fournissant, par nature de droits, les indications relatives aux quantités, nombres, valeurs, etc., ayant servi de base à la perception.**

2013. Après 1871, l'Administration, pour être en mesure d'apprécier la situation des produits comparativement aux résultats antérieurs, avait établi, à la suite de l'état mensuel n° 154 B, un cadre spécial présentant le montant des surtaxes afférentes à chaque branche de perception. Ce travail a été utilement remplacé par un relevé trimestriel, créé sous le n° 154 D, fournissant, par nature de droits, les indications relatives aux quantités, nombres, valeurs, etc., ayant servi de base à la perception. Lett. comm. du 8 janv. 1875.

Il est essentiel, en effet, que l'Administration connaisse exactement, d'une manière périodique, non seulement les recouvrements effectués et les constatations opérées, mais aussi l'importance comparative de l'assiette même de ces constatations et de ces perceptions. Id.

Les receveurs particuliers se bornent à faire figurer à l'état n° 154 D, qui leur est fourni comme papier de service, les éléments propres à chaque trimestre (1er, 2e, 3e ou 4e). Pour eux, le travail ne consiste donc que dans une simple transcription des chiffres portés au relevé n° 76 H. Id.

Les receveurs principaux et les entreposeurs procèdent de la même manière en ce qui concerne les constatations dont ils ont à justifier en qualité de comptables supérieurs. Id.

Quant aux sous-directeurs et aux directeurs, ils doivent faire figurer au relevé n° 154 D les résultats afférents à tous les trimestres écoulés de l'exercice (premier trimestre, premier semestre, trois premiers trimestres, année). Id.

Le produit de l'application des taxes aux quantités figurant à l'état n° 154 D a fait ressortir, dans plusieurs départements, de notables différences avec les sommes inscrites par chapitre à l'état n° 154 B. Afin de prévenir le retour de ces irrégularités, l'Administration a revisé le modèle n° 154 D. Lett. comm. n° 55 du 27 déc. 1875.

D'après le cadre du nouveau 154 D, les quantités devront être multipliées par le montant des taxes, et le produit par chapitre représentera ainsi exactement les chiffres qui devaient être portés à l'ancien 154 B, lequel a été supprimé depuis, mais dont il est conservé note au registre des ordres journaliers. Id. V. 2002.

Les résultats comparatifs à inscrire au 154 D se trouvent consignés aux registres n° 102 de l'année précédente. Id.

L'état 154 D doit être adressé à l'Administration avant le 15 du mois qui suit le trimestre. C. n° 344 du 5 août 1882.

Sect. VI. — Etat des visites chez les assujétis à la garantie, n° 157.

2014. L'état des visites chez les assujétis à la garantie doit être fourni par les chefs locaux avant le 10 du mois qui suit le trimestre. C. n° 17 du 16 mars 1870. Il est adressé à l'Administration du 10 au 20. C. n° 344 du 5 août 1882.

Il constate les visites faites avec l'assistance des commissaires de police, magistrats ou officiers municipaux, et doit être joint à l'état n° 158.

Il est dressé par les employés qui ont effectué les visites. L'officier public qui les a accompagnés le signe avec eux. C. n° 1 du 15 mai 1823.

L'état n° 157 doit indiquer :

1° L'heure à laquelle les visites ont commencé ;

2° Les noms et grades des préposés ;

3° Les noms, professions et demeures des assujétis visités ;

4° L'heure précise à laquelle les visites ont été terminées. Id.

Les frais de vacation alloués à l'officier public sont réglés à raison de trois francs pour la première vacation de trois heures ou au-dessous, et d'un franc par heure pour le temps employé au delà de trois heures. D. M. F. du 23 avr. 1823.

Mais il faut, pour accorder le supplément de un franc par heure, que ce temps représente au moins une heure de plus de travail. C. n° 12 du 28 mars 1824.

Ces dispositions ne sont pas applicables au département de la Seine. Même décision et C. n° 1 du 15 mai 1823.

Un décret du 31 juillet 1850 a institué à Paris six commissaires de police à traitement fixe, à la charge de la Régie.

Dans le département de la Seine (Paris excepté), les vacations sont payées sur le pied de 5 francs et de 1 fr. 66 cent. selon leur durée. Id.

La durée de la vacation étant de trois heures, et plusieurs assujétis devant être exercés dans cet espace de temps, il serait possible qu'après avoir fait chez quelques-uns des recherches inutiles, on découvrit chez un autre une contravention qui donnât lieu à la rédaction d'un procès-verbal. Dans ce cas, le montant de la vacation, bien qu'elle n'ait pas été entièrement employée chez cet assujéti, doit être compris dans les frais du procès-verbal. Ainsi, ce n'est que dans le cas où, pendant la durée d'une vacation, il n'a point été fait de saisie, que les frais doivent en rester à la charge de la Régie. C. n° 1 du 15 mai 1823.

Les chefs locaux ont à fournir, en même temps que l'état 157, un carnet trimestriel de garantie dont le modèle a été donné par la circul. n° 13 du 24 juin 1824.

Sect. VII. — Etat récapitulatif des frais de garantie, n° 158.

2015. Par frais de garantie, on entend :

1° Les frais de tournée ;

2° Les frais divers et accidentels ;

3° Les dépenses d'achat ou de réparation. C. n° 8 du 21 juill. 1823.

Ces frais sont récapitulés par direction sur un état n° 158, en double expédition. Id.

Les frais de tournée, les dépenses d'achat, etc., sont portés sur des états dont les modèles ont été envoyés par la circulaire précitée. V. Tabl. synopt.

Quant aux frais de vacations, l'état n° 158 devra être le relevé des états partiels n° 157. C. n° 8 du 21 juill. 1823.

Les états de frais de tournées sont appuyés de certificats des autorités locales. C. n° 2 du 16 avr. 1823.

On doit faire parvenir à l'Administration du 10 au 20 du mois suivant, avec les états des dépenses à autoriser pour chaque trimestre, l'état récapitulatif n° 158. C. n° 344 du 5 août 1882.

Sect. VIII. — Etat de produit des acquits-à-caution en retard, n° 196.

2016. L'état n° 196 sert à récapituler, chaque trimestre, le produit des droits constatés à défaut de rapport de certificats de décharge des acquits-à-caution. Il est dressé à la direction ou à la sous-direction.

Outre les simples, doubles ou sextuples droits acquittés, lorsque les délais fixés pour le rapport des certificats de décharge sont expirés, on y fait figurer les doubles ou sextuples droits déposés au moment de l'enlèvement, si la consignation, n'ayant pas été réclamée dans le délai fixé pour le remboursement, a dû être versée au receveur principal et portée en consignation d'après un bordereau n° 80 *quater*.

On doit encore y inscrire les doubles et sextuples droits dus par les soumissionnaires d'acquits-à-caution en retard, auxquels des contraintes ont été décernées sans qu'ils y aient fait opposition dans les délais. C. n° 92 du 9 déc. 1834 et n° 298 du 19 juin 1844 ; Inst. du 15 déc. 1853 ; C. n° 258 du 25 sept. 1871.

L'état n° 196 doit parvenir à l'Administration du 15 au 20 du premier mois qui suit le trimestre. Les sous-directeurs sont tenus de l'envoyer à la direction avant le 10. C. n°s 17 du 16 mars 1870 et 344 du 5 août 1882.

Sect. IX. — Etat des frais de garde des chargements de poudre à feu.

2017. Ainsi que nous l'avons expliqué sous le n° 1888, il est de règle que la garde des chargements de poudres de commerce qui stationnent dans les localités où se trouve un détachement de troupe de ligne soit confiée à un poste fourni par l'autorité militaire, et qu'il soit accordé une rétribution par homme et par jour aux soldats. Art. 473 du Décret du 1er mars 1854 et C. n° 1037 du 10 août 1866.

A défaut de troupe de ligne, le service a recours aux gendarmes, et ils reçoivent la même indemnité. Id.

Nous nous référons au numéro précité pour l'établissement du décompte au vu duquel le montant des indemnités est payé.

A l'expiration de chaque trimestre, les directeurs transmettent à l'Administration, en double expédition, un état de proposition ayant pour objet la régularisation de la dépense. Lett. comm. n° 55 du 20 fév. 1867.

Cet état est dressé conformément au modèle inséré sous le n° 1889.

2018. Par note du 24 mars 1869, les comptables ont été invités à se préoccuper de savoir si les transports ont lieu pour le compte de la Régie ou pour le compte du ministère de la guerre. Ils s'exposeraient à voir rejeter toutes les dépenses qui ne s'appliqueraient pas à des convois de poudre expédiés pour le compte de l'Administration.

Tarif des frais de garde et d'escorte. V. 1888.

CHAPITRE XLIX.

Documents annuels.

Avances, 2060, 2076,
Avis des constatations rattachées à l'exercice expiré, 2042 bis.
Bordereau récap. 108 B, 2092.
— 108 B bis.
Cartes-matières, 2095 et suiv., 2097.
Compte de gestion, 2049 et suiv.
Compte des matières, 2095 et suiv.
Comptereau des consignations et avances, 2094.
Consignations, 2094.
Contrib. et revenus publics, 2062.
Décharges et modérations, 2033, 2058, 2089.
Décompte des intérêts des obligations cautionnées, 2116 bis.
Dépenses publiques, 2081.
Etat de développ. par classe d'emploi, 2111.
Etat des dépenses des exercices périmés, 2113.
Etat des dépenses de l'exercice expiré, non liquidées, 2114.
Etat des mandats d'exercice clos non acquittés, 2115.
Etats annuels n° 76 H, 2619.
— n° 79 B, 2020 à 2029.
— n° 85 A, 2030.
— n° 85 B, 2031.
— n° 85 C, 2032 à 2034.
— n° 91 C, 2035.
— n° 101, 2036 à 2042.
— n° 101 A, 2043.
— n° 101 bis, 2042.
— n° 102 A, 2044, 2045.
— n° 103, 2047.
— n° 104 A, 2047 bis.
— n° 104 B, 2048.
— n° 108 A, 2049 et suiv.
— n° 108 B, 2092.
— n° 108 A bis, 2095 et suiv.
Etats annuels n° 108 B bis, 2095 et suiv.
— n°s 108 C, 2093.
— n°s 108 E et 108 D, 2094.
— n° 151 A, 2100.
— n° 151 A bis, 2100.
— n° 151 AA, 2102.
— n° 151 C, 2101.
— n° 151 C bis, 2101.
— n° 151 CC, 2103.
— n° 152 B, 2104.
— n° 169, 2106 à 2109.
Exercices clos, 2090.
Exercices périmés, 2090.
Expéd. timbrées et estampilles, 2095.
Fonds particuliers des comptables, 2083.
Frais de régie, 2110.
Impressions d'octroi, 2020 à 2029.
Instruments, 2099, 2109 et suiv.
Inventaire des timbres et instruments, 2104.
Matières-comptes, 2095.
Mouvements de fonds, 2078.
Opérations de trésorerie, 2067.
Procès-verbaux de caisse, 2093.
Produits perçus et constatés, 2019.
Propriétés de l'Etat, 2116.
Rectifications à opérer en décembre, 2035.
Registre 103, 2046.
Reg. de dépouillement des produits, 2044, 2045.
Relevé général des produits, 2036 à 2042.
Reprises au 30 juin, 2030.
Reprises indéfinies, 2034, 2089.
Retenues, 2088.
Situation finale, 2112.
Tableau des propriétés de l'Etat, 2116.
Timbres, 2095 et suiv.
Vignettes, 2098.
Virements de fonds, 2106 et suiv.

SECT. I. — Relevé général des produits perçus et constatés, n° 76 H.

2019. Le relevé des produits 76 H est divisé en deux parties. La première sert de minute au relevé n° 81 ; elle ne présente que des sommes. La seconde est extraite des états n° 82 (droits au comptant) et des états de produits (droits constatés). Elle offre les quantités, nombres, valeurs ou prix des objets imposés. A la fin de l'année, on totalise cette dernière partie et l'on fait l'application des taxes ; le total des sommes perçues ne doit différer de la première partie que dans la proportion des forcements de centimes. Le comptable certifie le résumé de ces opérations et la situation de la caisse. Le résumé est ensuite visé par le directeur, qui vérifie l'ensemble des opérations du comptable et lui remet un certificat de décharge provisoire qu'il détache de la souche de la dernière page du relevé. C. n° 12 du 31 déc. 1827.

Dans ces derniers temps, le modèle n° 76 H a été augmenté d'un tableau présentant la nomenclature des registres épuisés déposés par les receveurs, soit dans le cours des trimestres, soit en fin d'année, dans les archives de la direction ou de la sous-direction.

Sect. II. — Etat des impressions fournies aux communes pour le service des octrois, n° 79 B.

2020. L'Administration des contributions indirectes est chargée de la fourniture de toutes les impressions nécessaires au service des octrois. Art. 68 de l'Ord. du 9 déc. 1814.

Il a été adopté, pour la justification du remboursement de la valeur des impressions fournies aux communes, un modèle uniforme, qui est fourni comme papier de service, et présente le détail des quantités livrées à chaque octroi, ainsi qu'une récapitulation pour la division administrative.

Ce modèle est classé dans la série du service général et porte le n° 79 B. C. n° 49 du 22 août 1832.

2021. L'état n° 79 B présente chaque année les modifications apportées au tarif des impressions d'octroi. C. lith. du 10 nov. 1853.

Il est divisé en quatre cadres, dont la destination est indiquée ci-après :

Le premier présente la récapitulation pour la division administrative, avec la distinction en bloc des sommes afférentes à chaque commune.

Le montant total de l'état est inscrit au second, avec indication du trimestre, dans les relevés généraux duquel la constatation a eu lieu.

Le troisième concerne les impressions spéciales au service des octrois.

On porte au quatrième les impressions communes aux deux services.

2022. Les prix, établis précédemment par rame, sont indiqués maintenant par mille exemplaires ou par cahier.

Il suffit, pour les modèles dont le prix n'est pas fixé par cahier, de multiplier le nombre de feuilles ou d'exemplaires par le prix du tarif et de supprimer les trois derniers chiffres à droite du produit, pour connaître la somme dont le remboursement devra être demandé. La fraction de centime sera forcée au profit du Trésor. C. n° 49 du 22 août 1832.

2023. Les impressions sont fournies aux octrois pendant le courant de l'année, d'après les besoins présumés du service. La livraison est complétée, si c'est possible, dans le mois d'octobre de chaque année. Si quelques livraisons supplémentaires devaient avoir lieu dans les deux derniers mois, elles seraient ajoutées aux impressions de l'année suivante, à moins que le changement des régisseurs ou fermiers ne rendît nécessaire de régler le compte au 31 décembre. Id.

Dans ce cas, il serait formé un état supplémentaire, qu'on adresserait immédiatement à l'Administration. Id.

Quant aux livraisons qui ont lieu jusqu'au mois d'octobre, elles sont inscrites sur l'état n° 79 B, que les receveurs principaux dressent pour tous les octrois de leur circonscription et envoient, en double expédition, le 5 octobre au plus tard. Id.

2024. Après les avoir vérifiées et certifiées, le directeur transmet à l'Administration les deux expéditions du 10 au 15 du même mois. Id. et circul. n° 344 du 5 août 1882.

L'une d'elles est renvoyée au directeur, qui en accuse réception et fait connaître dans quel trimestre le montant s'en trouve constaté. Id. V. 450 et 1267.

C'est l'objet du second cadre de l'état ; mais les détails qui y sont contenus ne sont envoyés à l'Administration que lorsque la constatation n'a pu être opérée dans le quatrième trimestre. Id.

2025. Pour évaluer la consommation des portatifs n°s 50 A, 50 B, 53 A et 58, il ne faut pas perdre de vue que quatre feuillets ne forment qu'une feuille. S'il a été employé pour un octroi 560 feuillets du portatif n° 50 A, par exemple, il n'y a à inscrire que 140 feuilles au quatrième cadre de l'état. C. n° 49 du 22 août 1832 et n° 51 du 23 nov. suivant.

On n'indique que la consommation du registre n° 50 B (première partie) ; mais dans le prix de remboursement se trouve comprise la valeur des ampliations de déclarations n° 50 C (deuxième partie). Id.

2026. Si le nombre des octrois relevant d'une même circonscription administrative excède neuf, il est placé dans le troisième cadre une feuille intercalaire, que l'on trace à la main, et l'on reporte de page en page, pour chaque modèle, le total de la feuille précédente, tant pour les *quantités* que pour la *valeur* des impressions. Id.

2027. Sur tous les points où les registres n°s 1, 2 A, 2 B, 4 A et 4 B sont utilisés, et pour la perception des taxes d'octroi et pour la perception des droits revenant au Trésor, le prix des impressions ainsi employées dans le double intérêt du Trésor et des communes doit être remboursé en partie par les communes. Ce remboursement n'a lieu, bien entendu, qu'à l'égard des cases ou articles qui constatent une perception de droits d'octroi, chaque article étant compté aux registres n°s 2 A et 2 B pour un *quart* de feuille et aux registres n°s 1, 4 A et 4 B pour un *sixième* de feuille. Id.

2028. La somme à payer par les communes est de moitié du prix total des imprimés modèles n°s 1, 2 A, 2 B, 4 A et 4 B, prix total qui est fixé uniformément à 40 francs les 1,000 feuilles. C. n° 459 du 2 avr. 1857.

2029. Lorsque des impressions communes aux deux services ont été employées dans l'intérêt spécial de l'octroi, on les inscrit au troisième cadre, en portant dans la quatrième colonne le double du prix indiqué dans la treizième colonne du quatrième cadre. C. n° 51 du 23 nov. 1832.

SECT. III. — Etat des restes à recouvrer au 30 juin sur l'exercice expiré.

§ I. Etat des reprises au 30 juin, n° 85 A.

2030. L'état n° 85 A doit être dressé par chaque receveur particulier dont le compte de l'année précédente n'est pas apuré au 30 juin de la seconde année de l'exercice. C. n° 467 du 23 oct. 1850. V. 734 à 755.

Il doit être formé en triple expédition : la minute pour le comptable, une expédition pour le directeur et l'autre pour l'Administration. CC. n° 20 du 24 août 1833.

On doit indiquer sur l'état n° 85 A le montant des frais de poursuites, le millésime de la constatation et la distinction des sommes afférentes à chaque exercice, lorsque le même contribuable est redevable sur plusieurs. C. n° 97 du 31 déc. 1834.

L'état n° 85 A doit être appuyé, quant aux articles irrécouvrables sur lesquels il n'a pas été statué, des certificats d'insolvabilité ou de disparition délivrés par les autorités, et des autres pièces déterminées par les instructions pour constater l'insolvabilité des débiteurs. Art. 328 du Décret du 31 mai 1862. V. 756 à 764.

Quant aux articles susceptibles d'être ultérieurement recouvrés, ils sont appuyés de pièces et d'observations propres à démontrer que, jusqu'alors, le comptable n'a pas été en mesure d'en opérer le recouvrement. CC. n° 20 du 24 août 1833.

Au versement de juin, l'état n° 85 A est remis au directeur, qui l'arrête et y indique distinctement :

1° Les sommes à mettre à la charge du receveur ;

2° Celles dont la décharge a été accordée et dont le comptable n'a pas eu connaissance ;

3° Celles qui sont susceptibles d'être ultérieurement recouvrées. CC. n° 20 du 24 août 1833 et art. 327 du Décret du 31 mai 1862.

Les comptables en exercice versent immédiatement dans leur caisse le montant des droits dont ils ont été déclarés responsables ; s'ils ne sont plus en fonctions, le recouvrement en est poursuivi contre eux, à la diligence de l'agent du Trésor public. Art. 326 du Décret du 31 mai 1862.

Le sous-directeur adresse les états 85 A au directeur, avec l'état 85 B, avant le 30 juillet. C. n° 344 du 5 août 1882.

§ II. Etat récapitulatif par circonscription de recette principale, n° 85 B.

2031. L'état n° 85 B récapitule, par circonscription de recette principale, les états n° 85 A. Il est dressé en triple expédition. CC. n° 20 du 24 aoû 1833 et C. n° 66 du 2 sept. suiv.

Une de ces expéditions reste entre les mains du sous-directeur qui l'établit (V. C. n° 344 de 1882) ; une autre est déposée à la direction, et la troisième est adressée, avec les états n° 85 A et les pièces à l'appui, à l'Administration. Id.

L'état doit être certifié par le sous-directeur et par le directeur. Id. V. 734 à 755.

Les produits des amendes et confiscations sont classés à l'état n° 85 B, chacun dans une colonne dont le titre, resté en blanc, est rempli selon qu'il y a lieu; ces produits sont développés, article par article, sur un état 125 pour les amendes, et sur un état dans la forme du registre 166 dont toutes les indications sont remplies, pour les acquits-à-caution.

On présente dans des colonnes distinctes le compte rendu de chaque affaire : 1° par le comptable; 2° par le sous-directeur et par le directeur. Enfin on joint à l'envoi une note succincte, énonçant à part : 1° pour les amendes; 2° pour les acquits, les recouvrements effectués jusqu'au 30 juin, les décharges déjà prononcées, les propositions sur lesquelles l'Administration n'a pas encore statué. *Correspondance.*

La feuille de développement jointe autrefois à l'état 85 A, conformément à la circulaire n° 66 du 2 septembre 1833, est devenue sans objet depuis que de nouvelles colonnes ont été introduites à ce modèle. C. n° 422 du 22 mai 1849.

L'état 85 B est adressé par le sous-directeur au directeur avant le 30 juillet. C. n° 344 du 5 août 1882.

§ III. Bordereau par département, n° 85 C.

2032. Le directeur vérifie les états 85 A et 85 B et les pièces à l'appui, et dresse, pour l'ensemble du département, un bordereau présentant :

1° Les sommes à mettre à la charge des comptables;

2° Celles dont il restera à prononcer la décharge. V. 765 à 772.

Ce bordereau est dressé en triple expédition, une pour minute, deux pour l'Administration, à laquelle elles doivent être adressées avec les états n°s 85 A et 85 B avant le 10 août. CC. n° 20 du 24 août 1833 et n° 49 du 18 juill. 1851; C. n° 66 du 2 sept. 1833, n° 467 du 23 oct. 1850 et n° 344 du 5 août 1882.

2033. A partir de 1872, le modèle de l'état de liquidation des droits restant à recouvrer à la clôture de l'exercice, n° 85 C, a subi des modifications ayant pour objet d'en rattacher directement les résultats à ceux du compte de l'année qui donne son nom à l'exercice. En effet, partant des restes à recouvrer arrêtés au 31 décembre de cette année, cet état rappelle les recouvrements opérés, ainsi que les décharges allouées pendant la seconde partie de l'exercice, pour arriver à la situation des produits au 30 juin, situation sur le règlement de laquelle l'Administration est appelée à statuer. Le rappel, sur cet état et par nature de droit, des décharges à employer dans le compte de la première partie de la gestion, et le développement, au compte, des ordonnances relatives à ces décharges, ont rendu sans objet le relevé n° 103, autrefois exigé : ce relevé a donc cessé de faire partie des imprimés de service. CC. n° 102 du 20 mars 1875. V. n° 2047.

2034. Les comptes de la 1re partie ne peuvent être définitivement arrêtés qu'après que l'Administration a statué sur les propositions de décharges, reprises indéfinies, etc., soumises à son approbation, et qu'elle a signifié ses décisions par le renvoi de l'état d'apurement n° 85 C.

Ce renvoi peut se trouver retardé par diverses circonstances ; mais, quel que soit le retard subi par la notification des décisions administratives, ces décisions seules doivent servir de base au règlement de l'exercice, et les comptables sont tenus d'attendre, pour clore leurs comptes d'exercice, qu'elles leur aient été signifiées. CC. n° 46 du 30 nov. 1849, n° 81 du 8 janv. 1869 et n° 96 du 30 déc. 1872. V. 2050.

Quand des retards de ce genre se produisent, les directeurs doivent en donner avis au directeur général de la comptabilité publique. CC. n° 96 du 30 déc. 1872.

Sect. IV. — État des rectifications à opérer dans les écritures du mois de décembre, n° 91 C.

2035. Lorsque des modifications sont apportées aux écritures du mois de *décembre*, il y a lieu d'adresser à la comptabilité un état rectificatif n° 91 C. CC. n° 75 du 23 nov. 1865.

Cet état n'est plus joint à la première expédition des comptes ; il doit être transmis dès que les comptables ont clos d'une manière définitive leurs écritures de l'année expirée. CC. n° 77 du 12 déc. 1867.

Alors même qu'il est négatif, l'état n° 91 C doit être adressé par lettre spéciale, dès que les opérations de l'année expirée sont définitivement arrêtées et, au plus tard, du 10 au 15 février. CC. n° 81 du 8 janv. 1869 ; C. n° 344 du 5 août 1882.

Si des circonstances exceptionnelles nécessitaient l'envoi d'un nouve état n° 91 C, on se bornerait à indiquer les nouveaux changements, sans rappeler les modifications antérieures. CC. n° 77 du 22 déc. 1867.

La comptabilité publique recommande d'user de tous les moyens de contrôle, afin d'éviter l'envoi ultérieur d'un second état de l'espèce. CC. n° 81 du 8 janv. 1869.

Après le départ de la première expédition du compte n° 108, on ne peut plus faire de changement sans une autorisation de la direction générale de la comptabilité publique. Les erreurs, s'il en est reconnu, sont rectifiées l'année suivante, savoir : les omissions dans les produits ou les excédents de dépenses par une recette extraordinaire sous le titre de *complément de produits, ou radiation de dépenses* ; les erreurs au préjudice des comptables, par un remboursement qui est autorisé sur leur demande. CC. n° 6 du 14 déc. 1826.

L'état 91 C a pour objet de faire rectifier dans les écritures du Trésor, au moyen d'opérations régulièrement décrites, les résultats qui ont été centralisés chaque mois, et d'obtenir ainsi, en fin de gestion, l'accord absolu qui doit exister entre ces écritures et les comptes individuels.

Il résulte de cette explication :

1° Que ce sont les résultats des bordereaux 91 B de décembre qu'il convient de reprendre pour en former le point de départ des rectifications à opérer, et non, ainsi qu'on le fait trop souvent, ceux des bordereaux 91 A des receveurs principaux ;

2° Qu'il est indispensable de faire figurer audit état toutes les modifications, soit qu'elles proviennent d'erreurs matérielles, de fausses imputations relevées dans les directions, soit qu'elles aient été prescrites ou effectuées d'office dans les bureau de la direction générale de la comptabilité publique. CC. n° 104 du 10 novembre 1875.

Cette formule doit toujours être adressée *par lettre spéciale* et dans le plus court délai possible, pas avant, toutefois, que les écritures des comptables ne soient arrêtées définitivement. Pour éviter toute omission, l'état 91 C doit être produit, *lors même qu'il serait négatif*. Id.

L'envoi d'un état unique doit donc être la règle ; mais si, exceptionnellement, la production d'un second 91 C est devenue nécessaire, on ne doit y faire figurer que les opérations qui le motivent, et ne rappeler dans aucun cas, sur cet état, les modifications déjà notifiées et dont, par conséquent il a été fait emploi. De là résulte l'obligation de conserver avec soin dans les bureaux de la direction les minutes des états rectificatifs. Id.

Il convient d'indiquer d'une manière précise, en ce qui concerne la dépense, les pièces sur lesquelles portent les modifications signalées, afin que les chemises mensuelles puissent être régularisées et les pièces renvoyées, si cela est nécessaire. Id.

Sect. V. — Relevé général des produits, n° 101.

§ 1. Relevé n° 101 formé dans les sous-directions.

2036. Le relevé général n° 101 est dressé par les directeurs et les sous-directeurs. C. n° 17 du 16 mars 1870.

Il présente l'indication des quantités ou objets soumis aux droits, dans l'étendue de la division administrative, la quotité des taxes, et enfin le montant des droits résultant de leur application aux quantités ou objets taxés. Les renseignements à y porter sont extraits du registre n° 102. CC. n° 8 du 10 déc. 1827.

Pour former le relevé n° 101, on transporte du registre n° 102 sur ce relevé le total général, pour chaque nature de produits, tant des quantités du nombre d'objets soumis aux droits pendant l'année, que des sommes perçues en principal et décime ; cette opération terminée, on multiplie les quantités par la taxe pour obtenir le montant des droits que doit présenter le relevé.

Les recettes extraordinaires des receveurs particuliers doivent y être détaillées au moyen de renseignements fournis par ces receveurs sur l'état n° 81 du 4e trimestre. Les avances des contribuables à l'expiration de l'année précédente et non remboursées doivent être comprises dans les produits de l'année courante.

2037. Des cadres de développement ont été ajoutés au relevé n° 101 :

1° Pour les droits d'entrée et de taxe unique perçus et constatés pendant l'année;

2° Pour les produits de bacs, passages d'eau, etc. ;

3° Pour le droit de dénaturation sur l'alcool ;

4° Pour le détail des timbres employés ou manquants;

5° Pour les frais de casernement :

6° Pour l'indemnité d'exercice ;

7° Pour les tabacs et poudres à feu ;

8° Pour les recettes accidentelles ;

9° Pour l'impôt sur les chemins de fer.

2038. Jusqu'en 1874, les éléments du calcul de l'impôt sur les chemins de fer n'étaient pas présentés au relevé général n° 101 de manière à permettre un contrôle utile de ce calcul ; il a paru nécessaire de donner un développement plus complet à ces indications, et d'en faire, dans ce but, l'objet d'un cadre spécial. Ce cadre, qui a été imprimé à la fin du modèle n° 101, donne la double base d'après laquelle l'impôt doit être déduit du produit des chemins de fer, selon que les compagnies ont ou n'ont pas inscrit séparément, dans leur comptabilité, les prix ou fractions de prix non passibles de la taxe additionnelle. La première partie de ce cadre est affectée au produit des places de voyageurs ; une seconde sera ouverte pour le produit des marchandises transportées en grande vitesse, soit comme excédent de bagages, soit comme messageries. Chacune de ces parties, ainsi que les deux articles composant la seconde, sera totalisée indistinctement. CC. n° 102 du 20 mars 1875.

Sur le relevé général des produits n° 101, le décompte des droits afférents aux voitures publiques est établi d'après les bases du produit net (voyageurs et marchandises) et des taxes fixées par les lois, et notamment par la loi du 16 septembre 1871. A ces éléments de décomptes est fréquemment substitué le produit brut du prix des places et du transport des marchandises, auquel on applique certains facteurs que, dans le but de faciliter le calcul de l'impôt, la direction générale des contributions indirectes a indiqués au service comme équivalents des taxes légales. CC. n° 112 du 26 décembre 1883.

Il importe qu'on s'en tienne exactement, dans la confection du relevé général, aux données de ce relevé : une note consignée au bas de la sixième page fait connaître les moyens, très simples d'ailleurs, de rétablir le produit net d'après le produit brut qui figure au registre 102. Ibid.

En ce qui concerne les chemins de fer, un décret en date du 21 mai 1881 a rendu légal, pour le calcul de l'impôt, l'emploi de la fraction 29/154 appliquée, sous déduction de 2 centimes par article de perception, aux recettes totales des compagnies, telles qu'elles résultent de leurs livres. Il a paru nécessaire, tout en présentant dans un cadre spécial le décompte de l'impôt établi conformément à ce décret, de maintenir à la page 6 du relevé 101 la distinction des recettes propres aux compagnies en prix inférieurs et en prix supérieurs à 50 centimes. Le procédé au moyen duquel cette distinction pourra être faite est pareillement déterminé par note au relevé. Ibid.

Les directeurs doivent veiller à ce que, sur ce document, les décomptes concernant les voitures publiques soient toujours présentés d'après les indications du modèle. Ibid.

Le cadre, qui depuis 1873 a été ajouté au relevé général n° 101, à l'effet de présenter le développement des produits constatés pour avaries, pertes ou soustractions de tabac et de poudre à feu en cours de transport, ne dispense pas les comptables de transmettre, à l'appui du relevé, les procès-verbaux qui déterminent le montant de ces produits. Ces documents devront être adressés avec le relevé n° 101, auquel ils servent, sur ce point, de justification. Il est entendu que le cadre dont il s'agit, spécialement affecté à l'article de recette inscrit dans les écritures sous le titre : *Retenues faites aux voituriers pour avaries*, etc., ne doit pas comprendre les produits de même origine qu'il y a lieu de classer parmi les recettes diverses et accidentelles. On sait que le montant de ces retenues est attribué aux recettes accidentelles lorsque la constatation n'en est pas faite dans l'année même où l'avarie figure au compte des matières. Cette constatation, d'ailleurs, a lieu dès la réception des procès-verbaux de bénéficiement, et les comptables n'ont pas à attendre que le montant leur en soit versé pour le constater dans leurs écritures. CC. n° 102 du 20 mars 1875.

2039. Lorsque, par suite de changements survenus dans l'exploitation des bacs, le cadre de développement de ce produit présente des sommes inférieures à celles résultant du prix annuel de la ferme, on en fait connaître la cause par une annotation sur ce cadre de développement. CC. n° 21 du 12 déc. 1833.

Aux termes de la circulaire du 19 juillet 1881, n° 109, la formalité de l'enregistrement est obligatoire pour tous les actes portant concession d'occupation ou de jouissance d'une partie du domaine public fluvial ou terrestre, à l'exception des autorisations de prises d'eau et des permissions d'usines, qui avaient paru, par leur nature, rentrer dans la catégorie des actes que la loi du 22 frimaire an VII exempte de ladite formalité. CC. n° 114 du 24 décembre 1884.

Les motifs de cette exception ont été récemment, sur la demande de la Cour des comptes, soumis à un nouvel examen, à la suite duquel il a été reconnu que la dispense accordée aux actes dont il s'agit n'était pas suffisamment justifiée, et que, pour les prises d'eau ou permissions d'usines, aussi bien que pour toutes les autres concessions du domaine public, les concessionnaires étaient obligatoirement tenus de faire enregistrer leurs soumissions. Id.

En notifiant cette nouvelle décision aux directeurs, la direction générale de la comptabilité publique leur a recommandé de veiller avec soin à ce que la mention de l'enregistrement, trop fréquemment omise, soit toujours faite sur les actes de concession produits par les comptables, comme titres de perception, au soutien du relevé général n° 101. Id. Voir du reste, pour les justifications de l'espèce, les n°s 1253 et suivants.

2040. Le cadre de développement des frais de casernement a été complété de façon à rendre inutile la production de l'état exigé par la circulaire n° 64 du 10 décembre 1857, à la condition toutefois d'inscrire distinctement (colonne 1), par trimestre, les décomptes arrêtés par l'intendance, et de rappeler la date des décrets d'abonnements. CC. n° 85 du 26 août 1871.

Jusqu'en 1871, les frais de casernement n'étaient liquidés et ne se justifiaient à la Cour que dans les comptes de l'année qui suivait celle à laquelle ces frais s'appliquaient. Les décomptes justificatifs étaient alors transmis à la direction générale de la comptabilité publique, dès que celui du quatrième trimestre était parvenu dans les directions ; ils devaient être accompagnés d'un décompte général présentant la situation de cet article de perception, et de l'état des communes qui, percevant des droits d'octroi, sont, en cas de garnison, assujéties au paiement des frais de casernement. CC. n° 108 du 30 décembre 1880.

Aujourd'hui que ces frais sont liquidés et justifiés par gestion, et que la situation en est présentée à un cadre spécial du relevé 101, *lequel tient lieu de décompte général*, il est sans intérêt que l'état des communes assujéties soit transmis par envoi spécial. On doit le joindre aux décomptes des frais de casernement et l'adresser avec le relevé général n° 101. Ibid.

En supprimant l'escompte dont jouissaient certains contribuables, lorsqu'ils acquittaient les droits au comptant, la loi du 15 février 1875 a imposé, à ceux qui demandent à jouir du crédit, un intérêt, indépendant de la remise allouée aux comptables. CC. n° 102 du 20 mars 1875.

Pour justifier, dans leurs comptes annuels, la constatation des intérêts de crédit, les receveurs principaux ont à établir un décompte des intérêts dus sur les crédits accordés aux redevables, conforme au modèle annexé sous le n° 2 à la circulaire de la Comptabilité n° 102 de 1875. Ils présentent en masse et sur une seule ligne la totalité des obligations à quatre mois, et, en détail, chaque paiement relatif à des produits placés sous le régime de l'admission temporaire. Cet état est annexé au relevé n° 101, auquel il sert, sur ce point, de développement. Id. V. 545.

Pour la justification des recettes accidentelles, V. 1308 et suiv.

Le relevé n° 101 de chaque sous-directeur doit parvenir à la direction avant le 15 février. C. n° 344 du 5 août 1882.

§ II. Relevé n° 101 formé à la direction.

2041. Le relevé dressé par le directeur est identiquement le même que le précédent ; mais il est extrait du registre n° 102 du département sur lequel est opéré le dépouillement des relevés généraux n° 104. CC. n° 10 du 15 déc. 1828.

Une colonne a été ajoutée à divers cadres du relevé 101, à l'effet d'indiquer le nombre des pièces jointes à ce relevé. Cette indication permet de s'assurer que les justifications exigées sont exactement produites. Il est rappelé à cette occasion que le relevé 101, destiné à donner l'ensemble des produits du département, étant le seul qui reste dans les archives du ministère après l'envoi des comptes à la Cour, doit reproduire, dans les cadres de développement du produit des bacs, passages d'eau, etc., des frais de casernement, des remboursements par les octrois, des recettes accidentelles et autres, non seulement les totaux que présentent les états 101 des sous-directions, mais le détail complet tel qu'il se trouve à ces états. Pour le même motif, dans les directions qui ne comprennent qu'une sous-direction, le relevé sera toujours transmis *en double expédition*. CC. n° 102 du 20 mars 1875.

Tous les cadres sans exception doivent être exactement remplis.

Le relevé 101 du département doit parvenir à la comptabilité publique du 15 au 20 février. C. n° 344 du 5 août 1882.

§ III. Relevé complémentaire n° 101 bis.

2042. Nous avons expliqué, chap. XLIII, au titre : *Imputation d'exercice* (V. 1310 et suivants), qu'une distinction doit être faite, dans les constatations, entre les droits constatés du 1er janvier au 31 décembre et ceux qui, constatés après la période annuelle, mais se rapportant à l'année précédente, doivent être rattachés à cet exercice.

Il s'agit des droits sur les chemins de fer, des frais de casernement, des droits sur les sucres admis temporairement en franchise, des retenues pour la caisse des pensions et de la part du Trésor dans le prix des tabacs saisis.

Par application de la décision ministérielle du 3 février 1876, la direction générale de la comptabilité publique a créé un relevé n° 101 supplémentaire, classé dans la série des impressions sous le n° 101 *bis*, et qui comprend, avec tous les développements nécessaires, les droits et produits constatés après le 31 décembre, mais rattachés à l'exercice précédent. CC. n° 105 du 5 février 1876.

L'état n° 101 *bis*, accompagné des pièces justificatives, doit être joint au compte 108 A (1re partie). Dans une colonne ouverte à ce compte, sont portés les résultats dudit état, lesquels, ajoutés aux restes à recouvrer arrêtés au 31 décembre, seront plus tard compris dans la liquidation générale du 30 juin. Des modifications analogues ont été faites au bordereau 108 B (1re partie). Ibid.

2042 *bis*. *Avis sommaire des constatations rattachées à l'exercice expiré.* — Les droits et produits constatés au commencement de l'année, pour être rattachés à l'exercice précédent (droits sur les chemins de fer, frais de casernement, droits sur les sucres admis temporairement en franchise, etc.), ne doivent pas être compris aux avis des recettes de l'année pendant laquelle ils sont encaissés. Mais, afin de fixer approximativement le montant des ressources revenant audit exercice, *un avis sommaire* doit être donné à la comptabilité publique des constatations faites, depuis le 31 décembre, au compte de l'année expirée. Cet avis doit être fourni dès que lesdites constatations sont complètement connues, et, au plus tard, à la fin de mars. CC. n° 105 du 5 février 1876.

§ IV. Feuille annexe 101 A.

2043. Cette feuille est fournie par les directeurs seuls. Elle a été créée pour suppléer aux développements destinés à établir la situation d'exercice et distraits du relevé 101. CC. n° 85 du 26 août 1871.

C'est, en réalité, une feuille de récapitulation.

Sect. VI. — Registres de dépouillement des produits n° 102.

§ I. Registre de dépouillement n° 102, tenu à la sous-direction.

2044. Le registre de dépouillement n° 102 est la minute de l'état trimestriel n° 104 A. Il est destiné à servir à la formation du relevé annuel n° 101. Le sous-directeur le tient à l'aide des états de produits, du relevé n° 82, des états n° 67 A et 67 B, de l'état n° 196, de dépouillements faits sur le registre n° 167, etc. C. n° 24 du 8 fév. 1819 et C. n° 282 du 12 décembre 1879.

Des cadres sont destinés à présenter les produits des bacs et bateaux, ainsi que les recettes accessoires des canaux, etc. C. n° 12 du 31 déc. 1827.

Au bas de chaque cadre, il a été ménagé des lignes pour récapituler les produits par six mois, neuf mois et année, et former le relevé 101 de la circonscription administrative. L'instruction placée à la fin fait connaître à la fois le but et la manière de remplir ce registre. C. n° 24 du 8 fév. 1819.

Relativement aux perceptions, les sucres admis temporairement sont placés sous le régime de l'exercice financier. CC. n° 72 du 1er août 1864.

Par différentes instructions, l'Administration avait recommandé aux directeurs et sous-directeurs de modifier certains cadres du reg. 102 et du relevé n° 104, lorsqu'il y aurait lieu de constater, après le 31 décembre, des droits qui devraient être rattachés à l'exercice précédent. On a vu, aux nos 1310 et suivants, comment il faut procéder à l'égard de ces constatations (droits sur les sucres, frais de casernemeut, etc.). Pour rendre plus claire la situation, l'Administration a fait imprimer, à la fin du reg. 102, un cahier contenant différents cadres pour les droits de l'espèce. Ce cahier porte le n° 102 *bis*. Les renseignements qui y figurent servent à remplir l'état annuel n° 101 *bis*, dont il a été question plus haut. V. 2042.

§ II. Registre de dépouillement n° 102 tenu à la direction.

2045. Le registre n° 102 du département est établi au moyen des relevés n° 104. Les explications relatives au registre n° 102 des sous-directions y sont applicables. Il sert de minute au relevé n° 101 formé dans les bureaux de la direction.

§ III. Registre n° 103 (nouveau modèle).

2046. Le registre n° 103 présente les renseignements statistiques qui figuraient autrefois sur le reg. n° 102 et sur les états trimestriels n° 104. On le remplit en fin d'année seulement, d'après les renseignements consignés sur les reg. 76 H. C. n° 282 du 12 décembre 1879.

§ IV. Etat des décharges et modérations de droits, n° 103 (ancien modèle).

2047. Cet état, dont il a été question au n° 773, n'est plus fourni, CC. n° 102 du 20 mars 1875.

L'état n° 85 C en tient lieu depuis qu'il a été modifié. V. 2033.

Sect. VI *bis*. — Relevé annuel des produits, n° 104 A.

2047 *bis*. Le relevé général des produits n° 104 A est formé par les sous-directeurs et directeurs. Il est extrait des registres de dépouillement n° 102.

Lorsqu'on opère des changements sur les registres 102 après l'envoi des états 104 A, on doit les signaler à l'Administration, en indiquant les motifs des corrections. C. n° 144 du 3 juin 1837.

L'Administration, en recevant cet avis, fait corriger elle-même les états. Idem.

Les éléments de perception portés à l'état 104 A sont souvent en désaccord avec ceux qui figurent au relevé n° 101 adressé à la comptabilité publique. La concordance la plus absolue doit toujours exister entre ces deux documents. Lett. comm. n° 55 du 27 décembre 1875.

Le relevé n° 104 A ne présente plus, comme autrefois le relevé 104, les renseignements statistiques ; ces derniers renseignements sont fournis d'après le registre 103, sur un relevé spécial, qui porte le n° 104 B. L. C. n° 1er du 17 janvier 1882 et C. n° 282 du 12 décembre 1879.

Le relevé n° 104 A ne se produit plus d'ailleurs qu'*en fin d'année*. A la date du 1er février, les directeurs envoient à l'Administration les relevés 104 A fournis pour chaque circonscription divisionnaire relativement à l'année expirée ; ils y joignent l'état récapitulatif qui doit être dressé pour tout le département. C. n° 282 du 12 décembre 1879.

§ I. État annuel de renseignements statistiques, n° 104 B.

2048. Les renseignements statistiques consignés au reg. n° 103 (nouveau modèle), V. 2046, sont adressés en fin d'année à l'Administration par l'état 104 B. L. C. n° 1 du 17 janvier 1882 et C. n° 282 du 12 déc. 1879.

SECT. VII. — Compte de gestion, n° 108 A.

§ I. Observations générales.

2049. On ne saurait trop recommander d'apporter le plus grand soin dans la confection des documents de comptabilité.

Il a été remarqué que les bordereaux récapitulatifs n° 108 B ne reproduisent pas toujours exactement les comptes n° 108 A.

On relève souvent des différences, en ce qui concerne les recouvrements entre la feuille annexe du relevé général des produits n° 101 A et ce même bordereau 108 B, parce qu'on néglige d'en rapprocher les résultats. CC. n° 94 du 3 juin 1872.

Des omissions regrettables sont également relevées sur d'autres documents. La Comptabilité publique a rappelé, à ce sujet, qu'afin d'assurer le contrôle, il ne suffit pas, ainsi qu'on paraît le faire généralement, de procéder à l'appel des sommes inscrites, qu'il faut surtout en vérifier les additions horizontalement et verticalement. On évite ainsi des irrégularités qui ont pour effet, par les recherches qu'elles occasionnent, d'entraver la marche du service et de multiplier la correspondance. Id.

La Comptabilité publique n'hésiterait pas, du reste, à réclamer de nouvelles expéditions de tout document qui ne serait pas rigoureusement exact. Id.

Les impressions du service de la comptabilité sont revisées chaque année avec le plus grand soin ; elles ne doivent être modifiées sous aucun prétexte, qu'en vertu d'instructions formelles.

Cette observation est générale. Elle s'applique à toutes les formules sans exception. Id.

Le receveur principal, seul comptable en deniers soumis à la juridiction de la Cour des comptes, est le seul aussi qui soit tenu de fournir un compte de gestion. CC. n° 8 du 10 déc. 1827.

Depuis 1849, les comptes de gestion son divisés en deux parties qui conservent néanmoins leur principe d'unité CC. n° 46 du 30 nov 1849.

2050. Le compte n° 108 A (1re partie) doit être adressé au ministère dans le courant du mois de septembre, avec l'état n° 85. CC. n° 58 du 17 août 1854.

Mais, tant que l'Administration n'a pas renvoyé l'état n° 85, il n'y a pas lieu de clore le compte. CC. n° 96 du 30 déc. 1872. V. 2034.

2051. Une première expédition des comptes 108 A et B doit être adressée à la comptabilité publique, pour la 1re partie, du 10 au 15 octobre, et pour la 2e partie, du 10 au 15 février. Les mots : « *minute, première expédition* », sont inscrits au crayon rouge ou bleu, et en caractères apparents, sur la première page. Les minutes, rectifiées s'il y a lieu, sont ensuite renvoyées avec une lettre d'avis de vérification, et c'est alors seulement qu'on peut établir la 2e expédition. CC. n° 250 du 1er février 1880.

Il est recommandé de veiller à ce que cette dernière expédition, destinée à la Cour, et sur laquelle est établi le résumé général, soit copiée avec un soin tout spécial. Les additions doivent être minutieusement vérifiées. Id.

Les documents dont il s'agit doivent alors être transmis à la comptabilité publique dans le plus court délai, et les directeurs ont à certifier, sur la lettre d'avis d'envoi, qu'ils sont en concordance absolue avec la minute conservée dans leurs bureaux. Id.

On joint aux comptes individuels un inventaire des pièces justificatives produites à l'appui, tant de la recette que de la dépense. CC. n° 55 du 7 déc. 1853.

2052. En cas de mutation de comptable dans le courant d'une année, un bordereau n° 91, rempli par le receveur principal et présentant les recettes et les dépenses successivement opérées par chaque comptable, est produit en fin d'année ou d'exercice à l'appui du compte. C. n° 69 du 30 nov. 1821 et n° 14 du 30 avr. 1838 ; CC. n° 67 du 29 déc. 1860 et n° 77 du 12 janv. 1867.

Il n'est point fourni de bordereau semblable à chaque mutation survenue dans le courant d'un mois, comme l'avait prescrit la circulaire de la comptabilité générale n° 4, du 26 décembre 1825. CC. n° 14 du 30 avr. 1831.

Le bordereau 91, destiné à l'usage dont il s'agit, subira les changements ci-après :

Les noms de tous les comptables seront désignés sur la page de titre.

Le titre sera remplacé par celui de *développement par comptable des recettes et dépenses portées cumulativement au compte de fin d'année*.

Le titre des colonnes, tant à la recette qu'à la dépense, sera remplacé par celui-ci :

« M... titulaire ou intérimaire depuis le... jusqu'au... etc.... » C. n° 69 du 30 nov. 1821.

2053. La comptabilité générale des finances a rappelé, notamment par ses circulaires des 6 déc. 1825, n° 3, et 30 avril 1831, n° 14, que les comptes doivent être établis d'après les dispositions des circulaires de l'Administration n° 69, du 30 novembre 1821, et n° 96, du 16 décembre 1823 ; mais les modifications apportées aux comptes, depuis 1827 surtout, rendent ces circulaires presque inintelligibles ; on verra, par les observations qui suivent, qu'il est facile de s'en passer, et que les circulaires des finances renferment tout ce qui est nécessaire pour la rédaction régulière des comptes.

2054. Les comptes nos 108 A (1re et 2e partie) sont rendus, pour toute la durée de la gestion, par le comptable en fonctions à l'époque où ils doivent être dressés, lors même que ce comptable n'aurait géré que pendant la plus faible portion de l'année ou de l'exercice. Dans ce cas, le texte de la présentation indique le nom du précédent titulaire, celui de l'intérimaire, s'il y en a eu, et le temps d'exercice de chacun. C. n° 69 du 30 nov. 1821.

Chemises récapitulatives à joindre aux comptes 108. V. 2121 et suiv.

§ II. Compte n° 108 A (1re partie).

1° Authenticité.

2055. La première partie du compte n° 108 A comprend les recettes et les dépenses faites pendant l'année *sur l'exercice précédent.* Il offre le même caractère d'authenticité et les mêmes garanties que la seconde partie formant le compte de gestion, et il s'y rattache à titre de développement. CC. n° 46 du 30 nov. 1849.

Voir, pour les délais de transmission, le n° 2051.

2° Recettes.

2056. Sous le titre de droits et produits, le compte n° 108 A (1re partie) présente le détail des constatations faites pendant les années antérieures, y compris les amendes et doubles et sextuples droits qui restaient à recouvrer lors de la clôture du compte précédent. CC. n° 6 du 14 déc. 1836 et n° 24 du 16 déc. 1836.

Les restes à recouvrer sont nécessairement extraits de ce compte. CC. n° 8 du 10 déc. 1827.

Les déductions pour cause de décharges ou de reprises indéfinies sont formées sur les autorisations de l'Administration, et les modérations d'amendes sur un certificat du directeur. Id.

Comme celles susceptibles d'être ultérieurement recouvrées, les sommes mises à la charge du receveur principal sont prises sur l'état n° 85 C. CC. n° 20 du 24 août 1833.

Enfin, les recouvrements effectués, formant la différence entre les restes à recouvrer et les déductions, doivent être conformes aux sommes portées au bordereau du mois de juin, colonnes de l'exercice expiré.

Les justifications à produire sont indiquées par une note transcrite en tête.

Le libellé du compte 108 A (1re partie) est très clair et permet de saisir facilement la méthode adoptée pour l'exposé à faire à la Cour, des opérations de recette et de dépense se rattachant à l'exercice précédent.

Au chapitre de la recette, les différents articles doivent trouver place, par ligne du budget, dans des colonnes groupées comme suit (nous prenons pour exemple un compte 108 A, 1re partie, à produire au mois de septembre 1887) :

Col. 4. Reste à recouvrer au 31 décembre 1886.

Col. 5. A ajouter: Constatations complémentaires de l'exercice 1886.

Col. 6. Total des col. 4 et 5.

Col. 7. } Déductions. { Décharges et modérations.
Col. 8. } Déductions. { Reprises indéfinies.
Col. 9. } Déductions. { Total des déductions.

Col. 10. Montant des droits et produits à réaliser en 1887 (Différence entre les col. 6 et 9).

Col. 11. Recouvrements effectués en 1887 sur les droits et produits de l'exercice 1886.

Col. 12. Reste à recouvrer au 30 juin 1887 (différence entre les col. 10 et 11).

3° Dépenses.

2057. En tête du compte sont détaillées les dépenses effectuées dans la deuxième année et applicables à des exercices périmés non frappés de déchéance. CC. n° 24 du 16 déc. 1836 et n° 27 du 21 déc. 1838.

La liquidation de ces dépenses est établie distinctement par exercice. Art. 167 du Règl. — Ces dépenses sont d'ailleurs développées à part, dans un cadre spécial du compte 108 A (1re partie), page 15.

On suit, pour l'inscription de ces dépenses, l'ordre adopté pour la rédaction des états nominatifs transmis par le ministère. Art. 140 du Décret du 31 mai 1862 et art. 166 du Règl.

A la suite viennent les dépenses ordinaires opérées depuis le premier janvier jusqu'au 31 août et se rapportant à l'année précédente.

4° Tableau de développement des décharges et modérations.

2058. Le compte se termine par un tableau présentant le développement des décharges des droits, des modérations d'amendes et des reprises indéfinies sur les restes à recouvrer de l'année précédente. CC. n° 22 du 18 déc. 1824.

On inscrit ces différentes déductions dans l'ordre ci-après :

1° Les décharges et modérations ;

2° Les reprises indéfinies.

Dans le cas où une ordonnance s'appliquerait à plusieurs redevables, on les désignerait simplement sous le titre *Divers*.

Il est recommandé de suivre, pour l'indication des droits, quand on remplit les titres des colonnes, l'ordre de la nomenclature.

Si le nombre des colonnes ne suffisait pas, on diviserait celles qui devraient présenter les sommes les plus faibles.

Le total du cadre de développement dont il s'agit doit correspondre au total des col. 7, 8 et 9, du cadre des recettes.

§ III. Compte n° 108 A (2e partie).

1° Déclaration du comptable.

2059. La déclaration du comptable en marge de la présentation du compte comporte quelques explications.

La nomination et l'installation doivent s'entendre de la nomination à la résidence actuelle. Ainsi, les comptables qui ont à produire, à l'appui de leur compte, les comptes de clerc à maître de leurs prédécesseurs ne feront remonter leur installation qu'au jour où leur responsabilité a commencé.

La date de la prestation de serment doit être postérieure à la date de l'installation, lorsque le comptable n'exerçait pas précédemment les mêmes fonctions. Ceux qui les exerçaient dans une autre résidence, portent sur la date de leur serment une note ainsi conçue : Dispensé d'en prêter un nouveau. C. n° 96 du 16 déc. 1823.

Doivent un nouveau serment :

1° Les entreposeurs qui passent receveurs principaux entreposeurs ;

2° Les receveurs particuliers entreposeurs qui deviennent receveurs principaux entreposeurs ;

3° Les inspecteurs et contrôleurs qui obtiennent un emploi de receveur principal, avec ou sans entrepôt.

Le montant du cautionnement doit être inscrit en toutes lettres. Les dates de versement sont celles qui figurent aux certificats d'inscription. Les directeurs visent la déclaration. C. n° 96 du 16 déc. 1823.

2° Résultat du compte-rendu pour l'année précédente.

2060. Le résultat du compte-rendu pour l'année précédente ne présente plus, comme le voulait la circulaire n° 69, ni les recouvrements à opérer sur les débets (CC. n° 19 du 31 mai 1833 et n° 21 du 12 déc. suiv.), ni le solde des avances sur frais judiciaires et autres (C. n° 102 du 20 nov. 1824), ni les avances du comptable (CC. n° 8 du 10 déc. 1827). Les comptables, en effet, ne sont plus chargés du recouvrement des débets et portent actuellement en recette et en dépense dans leur compte les frais judiciaires et les autres avances.

Le résultat du compte précédent se compose uniquement des valeurs qui restaient en caisse et en portefeuille au 31 décembre de l'année précédente. Les sommes à porter à cet article doivent être identiquement les mêmes que celles qui figurent au même titre, au résultat général de ce compte.

3° Recettes.

2061. Les recettes qui appartiennent à l'Etat sont classées sous la dénomination générale de *produits compris au budget.*

Toutes les autres recettes figurent sous le titre d'opérations de trésorerie. CC. n° 3 du 6 déc. 1825.

Elles sont classées par nature. Le total relate, en toutes lettres et en masse, la somme totale, et, en chiffres, la portion afférente à chaque exercice.

4° Contributions et revenus publics.

2062. Outre le détail des recouvrements sur les droits et produits de l'année, on indique aux contributions et revenus publics le montant brut des produits constatés et la portion de ces droits qui reste encore à réaliser à l'époque de la clôture du compte. CC. n° 6 du 14 déc. 1826.

On y fait figurer les avances pour le service de l'octroi, qui doivent être justifiées dans le compte de l'année, au lieu de l'être dans celui de l'année suivante, sauf à inscrire parmi les restes à recouvrer le solde des extraits (modèle S), que le préposé chargé du contrôle administratif doit fournir au receveur dans les premiers jours de janvier. CC. n° 10 du 15 déc. 1828.

Enfin, on y inscrit la recette brute sur amendes et confiscations, les sextuples, doubles et simples droits sur acquits (boissons, sucres, etc.), ainsi que la portion du Trésor dans le prix des tabacs et poudres saisis. CC. n° 24 du 16 déc. 1836.

2063. Indépendamment des droits et produits constatés pendant l'exercice, le cadre dont il s'agit présente :

1° Les droits reportés de l'exercice précédent ; ils sont extraits du compte n° 108 A (1re partie) ;

2° Les décharges, modérations et reprises indéfinies accordées et employées dans l'année du compte. CC. n° 21 du 18 déc. 1834 et n° 24 du 16 déc. 1836.

3° Les sommes dues par les contribuables ;

4° Les recouvrements opérés sur l'exercice dont on rend compte.

On comprendra mieux l'exposé qui doit être fait au chapitre des recettes du compte 108 A (2e partie) en lisant attentivement l'intitulé de chacune des colonnes, en ce qui concerne les contributions et revenus publics. Ces colonnes sont les suivantes (nous prenons pour exemple un compte de 1887) :

Col. 4. Montant des droits et produits constatés pendant l'année 1886.

Col. 5. A ajouter : Produits de l'exercice précédent restant à recouvrer au 30 juin 1887. (Col. 12 du compte de 1887, 1re partie).

Col. 6. Total des ressources de l'exercice 1887 (col. 4 et 5).

Col. 7. } Déductions. { Décharges et modérations.
Col. 8. } Déductions. { Reprises indéfinies.
Col. 9. } Déductions. { Total des déductions.

Col. 10. Montant net des droits et produits à réaliser en 1887 (différence entre les col. 6 et 9).

Col. 11. Recouvrements effectués pendant l'année sur l'exercice 1887.

Col. 12. Reste à recouvrer au 31 décembre 1887 (différence entre les col. 10 et 11).

Le relevé général n° 101 (annexe) offre, du reste, au comptable le moyen de remplir les indications que doit présenter ce cadre. CC. n° 8 du 10 déc. 1827.

2064. Une note imprimée en tête de la troisième colonne indique les justifications à produire à l'appui de chacune des recettes qui y sont désignées. Une indication analogue figure également en regard de chaque article ; les receveurs doivent se conformer ponctuellement à ces indications et remettre immédiatement toutes les justifications qui, n'ayant pas été adressées au ministère dans le courant de l'année, resteraient encore à produire lors de la clôture du compte. CC. n° 18 du 21 déc. 1832.

2065. Le tableau de développement qui figurait à l'article 5 de la recette (tabacs), et donnait, en ce qui concerne les ventes pour l'exportation, à la marine, etc., l'indication de l'entrepôt, du magasin ou de la manufacture d'où les tabacs avaient été tirés, a été supprimé.

Pour les tabacs perdus ou avariés, le même compte n'indique plus l'établissement dont ils pouvaient provenir.

Ces renseignements étant utiles à la Cour des comptes, il est nécessaire de les faire présenter, quand il y a lieu, sur un tableau dressé à la main, et annexé aux comptes individuels. CC. n° 75 du 23 nov. 1865.

Le modèle de ce tableau est donné par la circulaire précitée.

2066. La recette relative aux indemnités payées pour frais de surveillance des fabriques de soude, etc., est justifiée au moyen d'un décompte annexé aux comptes n° 108 A. CC. n° 72 du 4 août 1864.

Le modèle de ce décompte se trouve à la suite de la circulaire précitée, sous le n° 2.

5° Opérations de trésorerie.

2067. Les opérations de trésorerie sont divisées en quatre chapitres, dont le total est relaté en toutes lettres et le détail en chiffres.

La circulaire de la comptabilité n° 27 du 21 décembre 1838 avait prescrit d'y inscrire les prélèvements effectués au profit du service des pensions. Ces sommes ont été retirées des opérations de trésorerie et comprises parmi les revenus publics. CC. n° 55 du 7 déc. 1853.

Les divisions actuelles ont été établies à partir de l'année 1864.

Elles laissent subsister, dans leur ensemble, les instructions précédemment transmises soit par l'Administration, soit par la comptabilité, pour la régularisation des écritures relatives aux consignations. CC. n° 72 du 4 août 1864.

Correspondants du Trésor.

2068. En premier lieu figurent, sous le titre de correspondants du Trésor :

1° Les droits consignés sur les manquants chez les marchands en gros, entrepositaires, etc. CC. n° 24 du 16 déc. 1836 ;

2° Les consignations faites aux buralistes, CC. n° 10 du 15 déc. 1828.

Cette dernière recette, dont les éléments sont puisés au sommier n° 88, est justifiée par un bordereau n° 80 *ter*.

La situation annuelle des recettes et des dépenses qui figurent dans les écritures, sous le titre de *Correspondants du Trésor*, est justifiée par la production du comptereau n° 108 D. CC. n° 79 du 21 novembre 1867.

2069. Le chapitre des correspondants du Trésor comprend aussi les recouvrements pour des tiers, les fonds à rembourser à divers et les recettes à classer.

Les *recouvrements pour les tiers* se composent :

1° Des perceptions effectuées pour le compte de l'octroi. CC. n° 8 du 10 déc. 1827 et n° 10 du 15 déc. 1828.

Ces perceptions sont justifiées par certificat du directeur. CC. n° 10 du 15 déc. 1828.

2° Du montant de la taxe des lettres et paquets dans les instances judiciaires. CC. n° 62 du 24 mai 1856.

2070. Les *fonds à rembourser à divers et recettes à classer* présentent :

1° Les versements des receveurs particuliers, qu'il convient de présenter séparément des droits perçus après les arrêtés mensuels ;

2° Les trop perçus sur contributions et revenus publics.

Les sommes reçues par avance des contribuables étaient portées autrefois aux contributions et revenus publics, sous la dénomination de *recouvrements effectués par anticipation*. Les mesures de comptabilité que le nouveau classement nécessite sont indiquées au n° 1336.

2071. On fait encore figurer aux fonds à rembourser à divers :

1° Les abonnements aux circulaires imprimées.

2° Les appointements, parts d'amendes, etc., que les receveurs principaux portent en recette, faute d'émargement. L'article correspondant de la dépense a subi des modifications analogues. CC. n° 24 du 16 déc. 1836.

3° Les retenues ou majorations pour la caisse de retraite de la vieillesse, V. 1358.

4° La remise d'un tiers p. % payée par les fabricants de sucre, les raffineurs, les fabricants de bougies, etc.

2072. La concession des crédits donne lieu au paiement par les redevables d'une remise que l'ordonnance du 30 décembre 1829 a fixée, et que l'arrêté ministériel du 17 février 1875 a maintenue au taux d'un tiers p. % du montant des obligations cautionnées. CC. n° 53 du 16 déc. 1852 et n° 72 du 4 août 1864. V. 669 à 680 et 1359.

Cette remise est également accordée aux receveurs sur les droits afférents aux sucres admis temporairement en franchise. CC. n° 72 du 4 août 1864.

2073. Le montant de la remise est présenté cumulativement, en recette et dépense; mais des états distincts doivent être dressés pour les sucres et les autres produits. Id.

Elle figure, dans tous les cas, en recette aux opérations de trésorerie. CC. n° 72 du 4 août 1864.

Les receveurs particuliers s'en chargent distinctement, au registre de perception n° 74 ; ils détachent la quittance de manière à laisser le timbre à la souche. La recette est classée sur le registre des comptes ouverts n° 75, ainsi que dans le bordereau mensuel n° 80 A, parmi les perceptions faites pour le compte du receveur principal. CC. n° 53 du 16 déc. 1852.

Lorsque le compte n° 108 A produit par ce dernier présentait en recette une somme supérieure à 16,666 fr. 66, il y avait lieu de fournir un relevé conforme au modèle n° 3 de la circulaire n° 72 du 4 août 1864. — La production de cet état paraît inutile aujourd'hui, attendu que la liquidation et le partage des remises se font mensuellement. V. 669 et suiv.

2074. On inscrit le produit des objets sujets à dépérissement, le prix des colis renfermant des poudres, etc.

Appointements, parts d'amendes, etc. non émargés.

Fonds particuliers des comptables.

2075. A l'article des fonds particuliers du comptable, les receveurs principaux se chargent en recette des excédents de dépenses formant avance à leur produit. CC. n° 8 du 10 déc. 1827. V. 1365.

Les fonds que ces comptables sont dans le cas de verser dans leur caisse, pour servir à l'acquittement de certaines dépenses, sont inscrits également dans leur compte, après avoir été portés en recette au livre-journal de caisse et repris au sommier à un article spécial. CC. n° 72 du 4 août 1864.

Avances pour divers services.

2076. Lorsque les consignations en matière d'amendes et confiscations sont réparties, le receveur principal comprend dans la dépense, tant au journal n° 87 qu'au registre n° 89 A, le montant intégral des frais, y compris les droits de poste. Il reprend en recette les frais judiciaires avec imputation au solde des avances provisoires. Quant aux frais de poste, il les reprend en recette, mais au titre général de consignations ou dépôts divers. C. n° 376 du 5 mai 1856 et CC. n° 62 du 24 du même mois. V. **Frais de poste**, 179 à 194.

2077. Les justifications à produire à l'appui des recouvrements sur frais de contrainte et autres, admis en dépense à la charge des contributions indirectes ou des tabacs, pour la perception des droits, des frais et des recouvrements de frais admis en reprise indéfinie, sont indiquées par des annotations imprimées en marge de chaque nature de recette.

Les recettes et les dépenses sur avances provisoires doivent être intégralement employées dans le compte n° 108. C. n° 102 du 22 nov. 1824.

Les sommes qui les composent sont extraites du registre n° 89 B.

La partie des frais tombée en non-valeur y figure, ainsi que les frais admis à la charge de l'Etat. CC. n° 6 du 14 déc. 1826.

Mouvements de fonds.

2078. Le chapitre ouvert sous le titre de *mouvements de fonds* comprend :

1° Les fonds de subvention dont la recette est justifiée par un état certifié par le trésorier général ou le receveur particulier des finances qui a fourni les fonds. C. n° 69 du 30 nov. 1821.

Tous les récépissés délivrés au comptable sont détaillés sur cet état, par ordre de date. Id.

Quant aux fonds de subvention reçus des receveurs des douanes, ils sont justifiés à la Cour par les talons des récépissés.

2° Les fonds reçus des receveurs des finances (obligations protestées).

3° Les virements de fonds.

Cette recette trouve sa justification, d'abord dans les talons des récépissés qui sont adressés mensuellement à la comptabilité (CC. n° 17 du 20 déc. 1831), ensuite dans la dépense correspondante qui figure aux comptes des receveurs ayant fourni les fonds (C. n° 69 du 30 nov. 1821 et n° 96 du 16 déc. 1823). V. 1384 et s.

6° Récapitulation.

2079. Il n'y a rien à dire sur les différentes récapitulations de la recette, sinon qu'elles sont extraites des différents chapitres et articles du compte.

7° Dépenses.

2080. Les dépenses portées au compte sont divisées en deux parties.

Celles qui sont acquittées sur les budgets ou qui sont prélevées sur les produits bruts sont classées sous le titre de *dépenses publiques*.

Toutes les autres dépenses y figurent sous le titre d'*opérations de trésorerie*. CC. n° 3 du 6 déc. 1825.

Dépenses publiques.

2081. On porte en masse et en toutes lettres aux dépenses publiques (V. 1420 à 1835) les dépenses de cette nature, applicables :

1° Au budget de l'exercice précédent, d'après le compte n° 108 A (1re partie) produit à la Cour ;

2° Au budget de l'exercice courant, qui comprend les dépenses sur exercices clos et périmés.

Les dépenses sur exercices clos et périmés sont inscrites dans l'ordre de la nomenclature.

Elles sont justifiées à la cour des comptes par les ordres de paiement, les quittances particulières et les tableaux ou états émargés pour quittance. V. 1446.

Quant aux paiements faits sur l'exercice dont on rend compte, ils n'exigent qu'une simple transcription du sommier n° 88. CC. n° 8 du 10 déc. 1827.

Nous ferons observer qu'en ce qui concerne les amendes et confiscations, les simples, doubles ou sextuples droits sur acquits, etc., le nombre des pièces rapportées à l'appui du compte est indiqué dans les bureaux du ministère, et qu'on doit dès lors laisser en blanc les colonnes destinées à cet usage.

Opérations de trésorerie.

2082. On porte aux dépenses de trésorerie (V. 1836 et s.) les dépenses faites pour les correspondants du Trésor. Elles comprennent :

Les restitutions et remboursements sur consignations des marchands en gros à raison des manquants constatés à leurs charges et les droits convertis en perception définitive ;

Les dépenses sur consignations faites aux buralistes ;

Les versements dans les caisses de l'octroi ;

Les remboursements à l'Administration des postes de la taxe des lettres ;

Les avances des redevables appliquées aux droits ou restituées ;

La remise du receveur principal de Paris du prix des abonnements aux circulaires ;

Les restitutions et remboursements d'appointements, etc. ;

Enfin la répartition de la remise payée par les fabricants de sucre, etc.

2083. Les *remboursements des fonds particuliers du comptable* sont classés aux dépenses de trésorerie sur une ligne spéciale.

Ces remboursements sont constatés au journal, au sommier, au bordereau du mois, et enfin sur le compte de gestion.

Si l'opération en recette et l'opération en dépense sont présentées dans la même année, tout autre complément de justification est inutile.

Mais quand l'avance figure sur un compte produit antérieurement à celui qui présente la dépense en restitution, il y a lieu de fournir une déclaration indiquant la date et le numéro d'inscription de la recette au journal. CC. n° 72 du 4 août 1864.

2084. On fait aussi figurer distinctement aux dépenses de trésorerie les *avances pour divers services*.

Les sommes reprises sous ce titre sont extraites du registre n° 89 B.

2085. Enfin, sous la dénomination de *mouvements de fonds entre les comptables*, on comprend les versements dans les caisses du Trésor ou du receveur des finances et les virements de fonds entre les comptables des divers services administratifs. CC. n° 8 du 10 déc. 1827.

8° Récapitulation de la dépense.

2086. Les éléments de la récapitulation de la dépense sont puisés dans le comote même.

9° Résultat général.

2087. La première ligne se compose du solde en caisse à la fin de l'année précédente, tel qu'il est établi à la troisième page du compte ; la seconde indique la récapitulation générale de la recette. Le total de ces deux lignes forme la troisième et représente la somme dont le comptable doit justifier l'emploi.

La récapitulation générale de la dépense figure à la ligne suivante.

La comparaison des recettes et des dépenses fait ressortir l'excédent des premières sur les dernières. Il se compose :

1° Des valeurs en caisse et en portefeuille justifiées par le procès-verbal n° 108 C ;

2° Des débets constatés pendant l'année.

Il paraît utile de faire observer que, si le montant des débets doit être porté en dépense dans les bordereaux du mois, afin de balancer la recette que les comptables ont à constater à la décharge des redevables, cette dépense est purement d'ordre, et n'a pas besoin d'être reproduite au nombre des opérations effectives décrites dans le compte n° 108. Il suffit d'en ajouter le montant au résultat final du compte.

On produit à l'appui de la mention faite des débets, dans la formule qui termine le compte, les comptes de clerc à maître et les procès-verbaux de débets. Dans le compte de l'année suivante, le comptable ne se charge que des valeurs en caisse et en portefeuille, sans avoir égard aux débets provenant de la gestion de l'année terminée. CC. n° 6 du 14 déc. 1826.

10° Développement des retenues exercées au profit des pensions civiles.

2088. Le tableau de développement des retenues au profit des pensions est destiné à présenter les divers produits dont se composent ces recettes et l'indication des dépenses d'où elles résultent. Les pièces où il faut puiser pour le remplir sont indiquées au tableau même. CC. n° 27 du 21 déc. 1838.

Le montant total doit être conforme à celui de la col. 4, page 9 du compte (ligne des pensions civiles).

11° Développement des décharges de droits et des reprises indéfinies.

2089. Les tableaux qui portent ce titre font seulement mention des ordonnances de décharges et de reprise indéfinie employées sur l'exercice courant. CC. n° 22 du 18 décembre 1824.

On y présente successivement et distinctement les décharges et modérations, ensuite les reprises indéfinies. Si les ordonnances comprennent plusieurs redevables, il suffit de les désigner sous le titre : *divers*. CC. nº 73 du 10 janvier 1865.

Ces deux sortes d'opérations sont totalisées. Id.

Elles sont reportées dans le même ordre à la suite de l'état sommaire du bordereau récapitulatif nº 108 B. Id.

Le relevé général nº 101 présente, toutefois, dans une colonne unique, les décharges, modérations et reprises indéfinies. Id.

12° Développement des dépenses sur exercices périmés et exercices clos.

2090. Ce tableau est facile à remplir. On rappelle la nature des dépenses, le chapitre du budget et le millésime de l'exercice.

13° Situation du compte des amendes, du compte des correspondants de Trésor, du compte des fonds particuliers des receveurs, et du compte des avances provisoires.

2091. Quatre cadres sont établis à la fin de l'état 108 (2e partie), pour présenter la situation de ces divers comptes.

Chacun d'eux présente :

Le solde de l'année précédente,

Les recettes ou les dépenses de l'année,

Et le solde à régulariser.

§ IV. Bordereaux récapitulatifs, nº 108 B.

2092. Les comptes nº 108 A, première et seconde parties, son adressés au directeur, accompagnés de toutes les pièces justificatives prescrites. CC. nº 4 du 26 décembre 1825.

A mesure que les envois leur parviennent, les directeurs procèdent à leur vérification ; ils font, au besoin, les corrections nécessaires et consignent, sur une feuille qu'ils y annexent, les observations auxquelles leur examen a donné lieu. Ils remplissent ensuite successivement les colonnes du bordereau 108 B.

Ce bordereau est le relevé par chapitre, par article et par comptable, des recettes et des dépenses déclarées dans les comptes 108 A. C. nº 96 du 16 décembre 1823.

La première partie du compte nº 108 B est destinée à centraliser, d'une part, tous les recouvrements effectués pendant l'année sur l'exercice précédent; d'autre part, les dépenses applicables à l'exercice expiré opérées pendant l'année. Il présente dans un tableau final le développement des décharges de droits, etc.

La deuxième partie présente, en tableaux distincts :

1° Le résultat des comptes de l'année précédente ;

2° Les recouvrements effectués pendant l'année pour laquelle le compte est fourni ;

3° Les dépenses effectuées sur l'exercice courant ;

4° Le résultat des comptes n° 108 A.

Un cadre nouveau a été introduit à l'effet de donner la situation des opérations faites au compte de la caisse du centime ; ces opérations n'étant pas limitées à l'arrondissement ou à la direction, les comptes 108 A n'en sauraient fournir la situation ; c'est aux directeurs qu'il appartient d'en rassembler les éléments et d'en présenter la balance. CC. n° 102 du 20 mars 1875.

Un tableau présente la récapitulation sommaire des produits constatés pour tout le département. CC. n° 6 du 14 décembre 1826.

Il est terminé par les situations des comptes des consignations, des avances, des fonds particuliers des receveurs et des fonds appartenant aux octrois.

Sect. VIII. — Procès-verbal de situation de caisse, n° 108 C.

2093. Le procès-verbal de situation de caisse n° 108 C doit être d'accord avec le résultat du compte. La situation de caisse étant établie à la fin de l'année sur les registres, il est indispensable qu'elle soit justifiée par un procès-verbal, soit qu'il y ait excédent des recettes sur les dépenses, soit qu'il y ait balance exacte. CC. n° 3 du 6 déc. 1825.

Le procès-verbal destiné à constater la situation de la caisse d'un comptable doit être l'expression exacte des valeurs existant effectivement dans cette caisse, au moment de la vérification. On ne saurait donc admettre qu'à moins d'erreur matérielle dûment établie, cette situation puisse être ultérieurement modifiée. CC. n° 108 du 30 décembre 1880.

Si donc, à l'avenir, après l'arrêté de caisse des receveurs principaux au 31 décembre, le contrôle de la comptabilité de ces receveurs fait reconnaître la nécessité de régulariser sur certains points les écritures, les opérations de régularisation devront toujours être effectuées de telle sorte que l'excédent des recettes sur les dépenses, qui doit être représenté par le solde en caisse, si le comptable n'est pas en débet, n'éprouve aucun changement. Id.

Ce résultat sera obtenu au moyen d'opérations d'ordre, variables suivant les circonstances et qui, par suite, ne peuvent être indiquées par voie d'instruction générale. Les directeurs ne doivent pas hésiter à consulter la direction générale de la comptabilité publique lorsqu'ils auront quelque doute sur les mesures à prendre à l'occasion de modifications postérieures au 31 décembre. Id.

Sect. IX. — Comptereaux des consignations et des avances, n°s 108 E et 108 D.

2094. Les registres n° 89 A (1re et 2e parties), 89 B et 89 C servent de minute aux comptereaux des consignations et des avances ; les receveurs principaux doivent se conformer exactement aux cadres imprimés. CC. n° 18 du 21 décembre 1832.

Le résultat des comptereaux présente le solde à régulariser dont le détail est donné par contrevenant ou autres, dans le cadre disposé à cet effet. C. n°s 44 du 18 décembre 1819 et 69 du 30 novembre 1821.

Les recettes et les dépenses qui figurent dans les écritures, sous le titre de *correspondants du Trésor*, sont justifiées par la production du comptereau n° 108 D (2e partie), lequel comprend toutes les opérations de l'espèce ayant pris naissance et devant être régularisées dans la même circonscription. CC. n° 79 du 21 novembre 1867.

Le second cadre de ce comptereau est destiné à présenter le détail de l'excédent, à la fin de l'année, en ce qui concerne les droits consignés sur les manquants, les avances des contribuables, les appointements, parts d'amendes, etc., non émargés ; mais il suffit d'indiquer pour mémoire, à la fin de ce tableau, les soldes de chacun de ces articles, énumérés dans la formule, et qui, par le fait, ne comportent aucun développement en raison de leur affectation spéciale. Id.

Une expédition de ces comptereaux, qui sont formés en triple expédition, doit être adressée à l'Administration, en même temps que les deux autres sont fournies à la direction générale de la comptabilité publique. C. n° 48 du 22 août 1832. Les comptereaux doivent parvenir à l'Administration et à la comptabilité publique du 15 au 20 février. C. n° 344 du 5 août 1882.

Sect. X. — Compte des matières, n°s 108 A *bis* et 108 B *bis*.

§ Ier. Expéditions timbrées et estampilles.

2095. Les receveurs principaux se chargent en recette du total des reprises de toute la sous-direction, d'après le compte précédent. Ils justifient des quantités annulées pendant l'année et de celles qui restent lors de sa clôture par un état récapitulatif n° 152 B.

Les timbres et les estampilles figurent en masse aux comptes, et le détail des quantités employées se retrouve au dernier tableau du relevé général n° 101. CC. n° 8 du 10 décembre 1827.

Une importante modification a été apportée dans la contexture des modèles 108 A et 108 B (2e partie). Cette modification consiste dans la division du compte de gestion en deux comptes séparés, l'un pour les deniers, l'autre pour les matières (timbres, estampilles, etc.). Il s'agit d'ailleurs d'une division toute matérielle et qui n'empêche pas que les deux sections ne forment qu'un seul et même compte sur lequel la Cour aura à se prononcer, comme elle l'a fait antérieurement, par un arrêt unique. Cette division permet d'arrêter la comptabilité des deniers sans attendre que celle des matières, préalablement soumise à l'examen du secrétariat général et de la direction générale des contributions indirectes, soit apurée. Les comptes 108 A (deniers) et 108 A *bis* (matières), ainsi que les bordereaux 108 B et 108 B *bis*, devront faire l'objet d'envois distincts. CC. n° 105 du 5 février 1876.

Les directeurs doivent réserver l'envoi des comptes 108 A *bis* jusqu'à ce que, par la communication qui leur sera faite des états de situation 151 C, C *bis* et CC, dûment arrêtés, ils aient pu faire régulariser ces comptes. Ils se contentent d'adresser une expédition du bordereau récapitulatif n° 108 B *bis* nécessaire au contrôle préalable dans les bureaux de la direction générale de la comptabilité publique, et attendent, pour faire établir la seconde expédition, qu'ils aient été mis en mesure de rectifier les comptes 108 A *bis*. CC. n° 106 du 28 décembre 1877.

Il convient de ne commencer la 2e expédition du compte 108 A *bis* et du bordereau récapitulatif 108 B *bis* que lorsque les directeurs ont reçu les états de situation 151 C, CC et C *bis*. CC. n° 250 du 1er février 1880.

La partie des comptes relative aux deniers étant traitée, il nous reste à parler ici des comptes 108 A *bis* et 108 B *bis* présentant la situation des timbres, estampilles, vignettes et instruments.

Ces comptes sont présentés d'une façon très sommaire. La 1re partie du compte 108 A *bis* comprend les divisions suivantes :

Expéditions timbrées.

Timbres à 10 centimes.
Timbres à 75 centimes.
Timbres à 5 centimes. V. 1256.

Matières de cartes.

Papier de points à 22 fr. les mille feuilles.
As de trèfle à 30 fr. les mille feuilles.
Moulages de figures à 30 fr. les mille feuilles.
Bandes de contrôle (portrait français) à 62 c. 1/2.
Bandes de contrôle (portrait étranger) à 87 c. 1/2.

Les résultats des opérations de l'année sont présentés en bloc, sur une seule ligne, et pour chacun de ces chapitres, dans des colonnes divisées comme suit :

Recette.	Col. 1. — Reprises du compte précédent.		
	Col. 2.	Quantités reçues	du garde-magasin central et excédents constatés.
	Col. 3.		d'autres comptables (à justifier par état spécial).
	Col. 4. Timbres locaux établis dans le département.		
	Col. 5. Total de la recette.		

Dépense. Col. 6. Quantités employées, livrées aux cartiers et tirées en produit.
Col. 7. Quantités expédiées à d'autres comptables.
Col. 8. Quantités renvoyées au garde-magasin central.
Col. 9. Quantités annulées, revêtues de visa ou appartenant aux communes.
Col. 10. Décharges autorisées.

Col. 11. Reprise ou reste en magasin à la fin de l'année (justifier par le procès-verbal d'inventaire **152 B**)
Col. 12. Total de la dépense et de la reprise.
Col. 13. Manquants.

On voit, d'après cela, que le libellé des colonnes de ce chapitre et les notes imprimées sur le modèle suffisent pour le faire remplir régulièrement. Les quantités qui y figurent se trouvent aux totaux du compte final n° 106 A.

2096. Le produit du timbre des obligations d'admission temporaire et des passavants relatifs aux sucres, qui figure distinctement au relevé n° 101, est cumulé avec celui des timbres à 10 centimes, dans les bordereaux mensuels, les bordereaux récapitulatifs et les comptes de gestion. Mais il a été ouvert des lignes distinctes au chapitre 1er du compte des matières pour l'inscription des expéditions timbrées à 75 centimes, des timbres à 10 centimes, et enfin des passavants à 5 centimes. Cette division facilite le contrôle des perceptions inscrites à la première partie de la recette. CC. n° 72 du 4 août 1864.

On a, de même, afin de satisfaire à la demande de la Cour des comptes, ajouté une colonne au chapitre 1er, à l'effet d'y faire figurer en recette les timbres locaux. CC. n° 61 du 20 décembre 1855.

Soumis au droit de 10 centimes, ces timbres se confondaient précédemment, dans la comptabilité en matière des receveurs principaux, avec les timbres reçus du garde-magasin central. Id.

A présent, ils sont inscrits d'une manière distincte, tant *en recette* dans la comptabilité des receveurs, qu'en *recette* et *en dépense* dans le compte du garde-magasin, pour offrir le moyen de contrôler le mouvement des matières. Idem.

Des lignes ont été ouvertes, dans ce but, au bordereau récapitulatif n° 108 B, au relevé général n° 101, à l'état de situation 151 C, et au procès-verbal d'inventaire 152 B. Id. — V. 1051 *bis* et suivants.

2097. *Matières de cartes.* Il n'y a qu'une seule observation à faire sur cet article. Elle est relative à la colonne intitulée : *Quantités livrées aux cartiers et tirées en produit.* Il est essentiel de porter dans cette colonne, non pas la quantité de bandes de contrôle remises aux employés, mais bien le nombre de bandes apposées par eux sur les jeux de cartes fabriqués. CC. n° 21 du 12 déc. 1833.

Les quantités à porter au chapitre 2 sont extraites des comptes ouverts sur le registre n° 106 A aux différentes espèces de matières employées à la fabrication et au contrôle des jeux de cartes.

Le décompte des droits sur les manquants ne doit être établi que sur les quantités figurant dans la dernière colonne, c'est-à-dire sur les manquants aux charges du receveur principal.

§ II. Vignettes.

2098. La 2e partie du compte 108 A *bis* présente la situation des vignettes pour les allumettes chimiques et la bougie. Elle est divisée comme suit :

Allumettes étrangères.

Timbres et vignettes	à 4	centimes.
Id.	à 5	centimes.
Id.	à 20	centimes.
Id.	à 50	centimes.

Bougies.

Timbres et vignettes	à 3	centimes.
Id.	à 6	id.
Id.	à 15	id.
Id.	à 30	id.

Le résultat des opérations de l'année est présenté en bloc, sur une seule ligne, et pour chacune de ces divisions de matières, dans des colonnes dont nous donnons ci-après l'intitulé :

Charges.	Col. 1.	Reprise, d'après le compte précédent	quantités non libérées d'impôt.
	Col. 2.		quantités libérées d'impôt.
	Col. 3.	Quantités reçues	du garde-magasin central.
	Col. 4.		d'autres recettes principales.
	Col. 5.	Quantités reconnues sur les boîtes et paquets introduits dans les fabriques et entrepôts.	non libérées d'impôt.
	Col. 6.		libérées d'impôt.
	Col. 7.	Total des charges.	
Sorties.	Col. 8.	Quantités employées	avec perception de l'impôt.
	Col. 9.		avec transfert de l'impôt.
	Col. 10.		libérées d'impôt.
	Col. 11.		en franchise d'impôt.
	Col. 12.	Quantités expédiées à d'autres recettes principales.	
	Col. 13.	Renvois au garde-magasin central.	
	Col. 14.	Décharges pour destruction ou exportation.	
	Col. 15.	Quantités restantes	non libérées d'impôt.
	16.		libérées d'impôt.

Col. 17. Total des sorties et des restes.

Col. 18. } Manquants: { quantités non libérées d'impôt.
Col. 19. } { quantités libérées d'impôt.

A une époque, l'Administration avait décidé qu'il serait fait usage, pour la bougie, des vignettes imprimées pour assurer l'impôt de la chicorée (impôt qui n'existe plus aujourd'hui). Elle avait autorisé les comptables à transformer, par des visas, les prix des vignettes. Pour justifier ces opérations dans les écritures, il était prescrit de produire, à l'appui du compte de fin d'année, un état dûment certifié et présentant ces transformations. Bien que ces instructions ne soient plus applicables maintenant, nous croyons devoir donner ci-après le modèle de l'état dont il s'agit, afin de renseigner les comptables et les employés sur la marche à suivre dans des cas semblables :

DÉPARTEMENT D

RECETTE PRINCIPALE D

Gestion 188 (IIe PARTIE).

Décompte des produits constatés à titre de droit de fabrication sur les bougies et des vignettes employées à cet usage.

DÉSIGNATION des vignettes employées.			PRIX auxquels ces vignettes ont été employées.	NOMBRE de vignettes employées à chacun de ces prix.	MONTANT des droits perçus à titre d'impôt sur la bougie.	OBSERVATIONS.
NUMÉROS.	VALEUR.	NOMBRE.				
1	7 cent. 1/2	15.400	6 cent.	4.800	288 f. » c.	
			8 id.	7.100	568 »	
			9 id.	3.500	315 »	
2	15 cent.	7.840	14 id.	1.640	229 60	
			15 id.	5.550	832 50	
			18 id.	650	117 »	
4 bis	3 cent.	»	id.	»	»	
3	30 cent.	»	id.	»	»	
			TOTAL.			

§ III. Instruments.

2099. Sont seuls portés à ce chapitre les instruments et objets sujets à consignation. C. n° 58 du 6 décembre 1820.

La nomenclature de ces instruments est imprimée : il ne peut y avoir aucun doute à cet égard. Quant aux instruments non sujets à consignation, vendus ou manquants, leur valeur en est portée à l'article : *Droits divers*. Cette recette est justifiée par un extrait du journal.

La dernière colonne du tableau ne doit présenter que le montant du prix des instruments vendus, livrés ou manquants, et ce résultat s'obtient en multipliant les quantités qui figurent à ces derniers titres dans les colonnes de la dépense, par les prix indiqués dans la colonne qui précède celle dont il s'agit. CC. n° 22 du 18 décembre 1834.

Nous donnons d'ailleurs ci-après, pour plus de renseignements, la nomenclature des instruments sujets à consignation, telle qu'elle figure au compte 108 A *bis* de 1887 :

Alcoomètres	de 0 à 35 degrés.	4f 75
	de 30 à 95 degrés.	3 75
Aréomètres de Baumé. . . .		2 50
Barêmes ou tables n° 163.		1 25
Boîtes en noyer (petit modèle).		2 50
Cachets.		1 00
Densimètres pour les sucres et les distilleries. . . .		3 00
Dictionnaires des communes.		5 00
Étuis à deux compartiments.		0 75
Flacons de types (petit modèle).		0 35
Flacons vides (petit modèle).		0 20
Jauges	à crochets. . . .	35 00
	à ruban verni. .	3 50
	brisées.	5 75
	fixes.	6 00
Modèles de portatifs.		1 50
Anciens nécessaires alcoométriques.	Alcoomètres de 0 à 35 degrés. .	2 75
	Alcoomètres de 35 à 70 degrés.	2 75
	Alcoomètres de 70 à 100 degrés.	2 75
	Boîtes en fer-blanc.	0 50
	Éprouvettes en verre.	1 00
	Thermomètres gravés sur verre.	2 75

Pèse-sel.		3f 00
Pèse-vinaigre.		3 00
Rapporteurs centésimaux. .		0 50
Rouannes.		2 25
Sondes pliantes.		0 85
Thermomètres à l'esprit-de-vin montés sur bois. . . .		2 75
Thermomètres au mercure, id.		3 25
Tubes gradués pour l'alcool dénaturé.		2 50
		3 50
Nouveaux nécessaires alcoométriques.	Alcoomètres de 0 à 20 degrés. .	4 00
	Alcoomètres de 20 à 40 degrés.	4 00
	Alcoomètres de 40 à 60 degrés.	4 00
	Alcoomètres de 60 à 80 degrés.	4 00
	Alcoomètres de 80 à 100 degrés.	4 00
	Thermomètre au mercure gravé sur verre. . . .	3 50
	Éprouvettes en verre.	1 25
	Boîte en fer-blanc à 5 ou 3 alcoomètres. . . .	0 75

A la fin de l'état 108 A *bis*, on doit établir le décompte des produits constatés sur les quantités de timbres, vignettes et estampilles employés ou manquants. La formation de ce décompte ne présente aucune difficulté.

Sect. XI. — Etats spéciaux de situation des timbres, instruments et ustensiles.

§ I. Timbres, etc.

1° Etat 151 A et état 151 A bis.

2100. L'état 151 A présente la comptabilité des timbres et des matières de cartes. Il est adressé au ministère des finances (division du matériel) en même temps que l'état 151 C, c'est-à-dire du 25 au 30 janvier. C. n° 344 du 5 août 1882.

Toute différence entre le cadre des recettes et les cadres n°s 1 et 2 doit être expliquée dans la colonne d'observations de l'un de ces cadres.

Dans le cas où il y aurait des sommes en trop sur quelques articles, on l'indiquerait dans la colonne d'observations du cadre des recettes. Inst. consignées sur l'état n° 151 A.

Un modèle spécial 151 A *bis* a été créé pour la comptabilité des timbres et vignettes en matière de bougies.

Les états 151 doivent être dressés en triple expédition. Note du 15 fév. 1873, V. 1054 *bis*.

2° Etat n° 151 C et état 151 C bis.

2101. L'état n° 151 C n'est qu'un extrait de l'état 151 A : les expéditions timbrées n'y figurent qu'en masse ; mais il offre le détail des matières de cartes.

Bien que destiné à venir à l'appui du compte n° 108 A *bis* (2° partie), il est adressé, comme nous venons de le dire, au matériel des finances qui est chargé de le vérifier et de le remettre ensuite à la cour des comptes. C. n° 19 du 25 déc. 1828.

L'envoi doit être fait du 25 au 30 janvier. C. n° 344 du 5 août 1882.

Un état spécial 151 C *bis* présentant la situation, pour la cour des comptes, des vignettes de bougies, doit aussi être établi. Ibid.

§ II. Instruments et ustensiles.

1° Etat n° 151 AA.

2102. L'état n° 151 AA est adressé à l'Administration du 25 au 30 janv. et doit être accompagné de l'état n° 151 CC.

Pour les différences qui seraient remarquées, V. 2098.

2° État n° 151 CC.

2103. L'état n° 151 CC présente le détail des instruments et ustensiles. Il est fourni comme l'état n° 151 AA.

Sect. XII. — **Inventaire des timbres et instruments, n° 152 B.**

2104. L'inventaire des timbres et instruments est destiné à justifier, à la fois, les quantités restant aux charges des comptables, en matière de timbres, estampilles, matière de cartes et instruments sujets à consignation, ainsi que les quantités de timbres annulés restant attachés aux registres. C. n° 3 du 13 déc. 1827.

Il doit être mis à l'appui du compte n° 108 A *bis*. CC. n° 3 du 6 déc. 1825, V. 1053 *bis* et *ter*.

2105. Le procès-verbal des matières restant au 31 décembre à la charge du receveur principal ne doit pas être une simple reproduction des résultats donnés par les écritures du comptable, mais l'expression exacte de la situation de son magasin, situation établie : 1° par le recensement des quantités existant réellement à la recette principale, et 2° au moyen des registres n° 83 des receveurs particuliers. Ce document ne doit donc, sous aucun prétexte, être modifié. CC. n° 107 du 20 décembre 1878.

Dans le cas, cependant, où des erreurs matérielles seraient ultérieurement reconnues, ou si des modifications étaient prescrites soit par la direction générale des contributions indirectes, soit par le service du matériel des finances, elles devraient faire l'objet d'un certificat modificatif dressé à la main d'après le modèle donné par la circul. de la comptabilité n° 107 du 20 décembre 1878. Les motifs des changements apportés aux premiers résultats seraient consignés dans la dernière colonne, et des copies ou extraits des ordres relatifs à ces changements seraient produits à l'appui de chaque certificat. Id.

Sect. XIII. — **Relevé n° 169.**

2106. Afin de faciliter le travail de rapprochement que nécessite, en fin d'année, le contrôle des opérations de virement, les directeurs fournissent, dès qu'ils ont reçu des comptables les pièces du mois de décembre, le relevé, par département, de tous les virements de fonds émis ou régularisés dans la direction.

Ce relevé est fourni comme imprimé de service. Il porte le n° 169. CC. n° 92 du 30 décembre 1871.

2107. La minute du relevé dont il s'agit peut être établie sur un carnet tenu dans chaque direction, et sur lequel on relève mensuellement, *à un* *mpte ouvert à chaque département*, tous les virements émis ou régularisés·

Cette inscription doit se faire au vu des pièces elles-mêmes, et non d'après les indications des bordereaux n° 91 A, qui pourraient être erronées. Id.

Il n'est plus fourni d'état n° 91 D depuis que les opérations de virements de fonds sont retracées chaque mois sur des chemises spéciales jointes au bordereau n° 91 B. CC. n° 81 du 8 juill. 1869.

Le contrôle des opérations de l'espèce a lieu, en fin d'année, à la direction générale de la comptabilité publique, au moyen de l'état n° 169 classé parmi les impressions de service. CC. n° 96 du 30 déc. 1872.

Il doit être fait emploi de tous les récépissés de mouvement de fonds *sans exception*, dans l'année même de leur délivrance.

2108. En ce qui concerne les opérations de virement de fonds entre comptables, les directeurs continuent à adresser à la comptabilité publique les relevés n° 169 dans le délai fixé par la circul. n° 92 du 30 décembre 1871, c'est-à-dire aussitôt qu'ils ont reçu des receveurs principaux les pièces de la comptabilité de décembre. Ainsi qu'il est dit dans cette instruction, les directeurs doivent s'assurer que les totaux de ces relevés sont bien conformes à l'ensemble des opérations accusées par le bordereau du mois de décembre, et qu'il y a concordance entre la recette et la dépense pour les virements entre les comptables de la direction ; mais ils n'ont pas à se mettre en rapport avec leurs collègues à l'effet de fixer à l'avance l'accord pour les autres opérations de virement. Ce travail, qui ne ferait que retarder l'envoi des relevés n° 169, est l'objet de la balance établie dans les bureaux de la direction générale de la comptabilité publique. CC. n° 106 du 28 décembre 1877.

2109. L'enregistrement au carnet-minute des opérations de l'espèce ayant lieu nécessairement chaque mois, les directeurs doivent être en mesure de transmettre les relevés dont il s'agit aussitôt après que les opérations de décembre ont été reportées audit carnet. Rien ne s'oppose donc à ce que ces états soient adressés avec le bordereau 91 B de décembre dont l'envoi peut être, par exception, différé jusqu'au 18 du mois de janvier. CC. n° 107 du 20 décembre 1878.

Sect. XIV. — Autres documents annuels.

2110. Frais de régie. Etat à fournir à la fin de novembre. V. 858 et suivants.

2111. Etat de développement, par classes d'emploi, des dépenses du personnel. V. 950 à 952.

2112. Situation finale. V. 939 à 941.

2113. Etat des dépenses des exercices périmés. V. 967.

2114. Etat des dépenses se rapportant à l'exercice expiré, qui n'ont pu être liquidées. V. 974.

2115. Etat des mandats d'exercices clos non acquittés. V. 966, 980.

2116. Tableau des propriétés immobilières de l'Etat, qui sont affectées à un service public.

Ce tableau est fourni annuellement dans le mois de janvier, en exécution de l'article 22 de la loi du 29 décembre 1873. Il est disposé *sur feuilles ouvertes* de la dimension du papier tellière et dressé en double expédition, suivant le modèle annexé à la lettre commune du 23 février 1874. Les changements survenus pendant l'année précédente y sont indiqués. Il ne doit pas être fait mention des bâtiments et ouvrages de fortifications qui, à différentes époques, ont été cédés temporairement à la Régie par le département de la guerre, par les ponts et chaussées ou par les communes, pour l'installation des entrepôts de poudres à feu et des bureaux de navigation. Lett. comm. du 23 fév. 1874.

2116 *bis*. Décompte annuel des intérêts dus sur les crédits accordés aux redevables des contributions indirectes (loi du 15 février 1875; arrêté ministériel du 17 février suivant). V. 545.

CHAPITRE L.

Envoi des pièces de comptabilité. — Chemises.

Bordereau 91 B, 2126.
Chemises récapitulatives, 2117 à 2124.
Circulaires, 2138, 2139.
Documents annuels, 2131.
Envoi des pièces de comptabilité, 2125 à 2139.
Etiquette, 2134.
Lettre d'avis, 2137.
Paquets chargés, 2134 à 2137.
Pièces de compt., 2125 et s.

SECT. I. — Chemises récapitulatives.

§ Ier. Chemises récapitulatives mensuelles.

2117. Lorsque des dépenses de même nature sont payées à plusieurs créanciers et doivent être présentées à l'état n° 95 dans un seul article, il est de règle de récapituler dans un bulletin servant de chemise le montant de chacune des pièces relatives à cet article. C. n° 86 du 31 janv. 1837 et CC. n° 75 du 23 nov. 1865.

Par application de la même règle, la chemise renfermant les procès-verbaux de classement des poudres ou des tabacs saisis doit présenter, dans une colonne spéciale le montant de chaque procès-verbal. Id.

2118. La circulaire du 23 novembre 1865 avait établi deux modèles de chemise. Un de ces deux était spécial aux dépenses de toute nature des manufactures de l'Etat.

Les chemises récapitulatives mensuelles font partie actuellement des impressions de service. CC. n° 81 du 8 janv. 1869.

Au lieu de deux formules créées dans le principe, une seule est employée pour les opérations des manufactures de l'Etat ; et pour celles des contributions indirectes, elle porte le n° 249. Id.

Destinées à présenter le détail des dépenses de même nature inscrites cumulativement à chacune des lignes du bordereau n° 91 A, ces chemises ne doivent pas être fournies quand il n'est produit, comme justifications, qu'un dossier ou un état collectif unique. Id.

2119. Une chemise spéciale est affectée aux opérations de virement de fonds. Le total qu'elle présente doit toujours concorder avec chacune des sommes inscrites soit en recette, soit en dépense, aux lignes correspondantes du bordereau. Id. — Cette chemise porte le n° 250.

2120. Il est aussi fait usage de chemises récapitulatives pour les recettes qui se justifient en fin de mois.

§ II. Chemises récapitulatives à joindre aux comptes n° 108 A (1re et 2e parties).

2121. Outre les chemises mensuelles, les receveurs principaux établissent, en fin d'année, ainsi qu'à l'expiration de chaque exercice, des chemises récapitulatives présentant, mois par mois, et dans un ordre méthodique, le montant des dépenses de toute sorte qu'ils ont acquittées, avec l'indication des pièces justificatives transmises mensuellement à la comptabilité pour être vérifiées et soumises ensuite à la Cour des comptes. CC. n° 81 du 8 janv. 1869.

Il est fait usage de ces chemises pour la reddition des comptes de l'exercice en cours et l'inscription des dépenses effectuées, pendant les huit premiers mois de l'année courante, sur l'exercice précédent. Id.

2122. Deux exemplaires de chaque modèle (minute et copie) sont employés aux opérations effectives de chacun des deux exercices. A l'expiration de chaque mois, les receveurs principaux transcrivent sur les minutes, au vu des pièces justificatives et avant l'envoi de celles-ci à la direction, les dépenses afférentes à ces exercices, en ayant soin de rapprocher ensuite les sommes portées sur les minutes, de celles qu'ils ont reprises à leur bordereau n° 91 (main courante), de manière à assurer la plus parfaite concordance entre ces trois documents. Id.

2123. Ultérieurement, s'il y a lieu, ils ont soin d'opérer, sur les mêmes minutes, les modifications prescrites par les directeurs, à la suite de leurs vérifications, ou signalées par la comptabilité. Id.

2124. En agissant de la sorte jusqu'à la fin soit de l'exercice (2e année), soit du dernier mois de la première année, il suffit d'une simple addition pour arrêter les chemises récapitulatives et s'assurer de leur entière conformité avec les opérations à présenter dans les comptes n° 108 A (1re ou 2e partie). Id.

C'est alors seulement que sont remplies les expéditions destinées à la comptabilité. Id.

Ces expéditions doivent être rapprochées, dans les bureaux de la direction, du bordereau n° 91 B de décembre, de l'état n° 91 C et enfin des bordereaux récapitulatifs n° 108 B. Id.

Dès que les opérations de l'année peuvent être régulièrement arrêtées, les directeurs donnent aux receveurs principaux l'ordre d'établir et de leur transmettre les comptes individuels n° 108 A (2e partie), ainsi que les chemises récapitulatives se rapportant à ces comptes. Id.

Quant aux comptes de la première partie, ils ne peuvent être définitivement arrêtés et adressés à la direction, avec les chemises récapitulatives qui doivent les accompagner, qu'après le renvoi des états n° 85 C, au vu desquels l'Administration a statué sur les propositions de décharge soumises à son appréciation. Id.

Un modèle portant le n° d'ordre **248** a été créé sous le titre de « *Bordereau énumératif des pièces de dépenses* », à l'effet de permettre aux comptables de récapituler les acquits compris dans un même paiement et faisant l'objet d'un mandat collectif. Il n'y a pas lieu de produire cet bordereau lorsque la dépense est justifiée par un état d'émargement dûment totalisé ; on l'emploie seulement lorsqu'il est produit des quittances distinctes de chaque partie prenante. L'état dont il s'agit ne remplace pas les états récapitulatifs spéciaux qui doivent être mis à l'appui de certaines dépenses (relevés 107, états 96, etc.). CC. n° 114 du 24 décembre 1881.

Suppression de la chemise récapitulative n° **244**, pour les amendes et confiscations. V. 1997.

Sect. II. — Envoi des pièces de comptabilité.

§ I. Bordereau n° 91 B et pièces justificatives.

2125. Nous nous référons au n° 1979 pour l'envoi à la direction du bordereau n° 91 A fourni par les receveurs principaux, et aux n°s 1990 et 1991 pour le mode d'envoi des pièces de dépense.

2126. Il est essentiel de faire parvenir à la direction générale de la comptabilité publique le bordereau n° 91 B, récapitulant les bordereaux n° 91 A des receveurs principaux, le 10 du mois suivant au plus tard. L'envoi des pièces justificatives peut n'être effectué que du 15 au 18. CC. n° 77 du 12 janv. 1867.

Le bordereau n° 91 B du mois de déc. peut être retardé jusqu'au 15. Id.

2127. Dans quelques directions, l'envoi des pièces de la comptabilité mensuelle était souvent suivi d'un ou plusieurs envois complémentaires comprenant soit l'état n° 95 B, soit d'autres pièces restées dans les bureaux. Ces expéditions multipliées étant des causes de confusion, il a été recommandé de les éviter. CC. n° 102 du 25 mars 1875.

2128. Les envois périodiques de la comptabilité doivent être complets autant que possible. Dans le cas où une ou plusieurs pièces devraient être réservées, il y aurait lieu de différer ces envois de quelques jours, en ayant soin d'en prévenir. CC. n° 101 du 8 avr. 1874.

2129. Toute pièce à rattacher à la comptabilité d'un mois précédent doit être transmise par lettre spéciale. La circulaire du 23 novembre 1865 autorisait à mettre ces pièces dans le paquet avec une simple bande particulière rappelant son objet en gros caractères. Il a été reconnu que ce mode de procéder présentait des inconvénients. CC. du 8 avr. 1874, n° 101.

2130. Instructions relatives aux documents mensuels. V. 1949 et s.

2131. Il est prescrit de faire, dans les premiers jours de février, un envoi *unique* au ministère, se composant :

1° Des comptes individuels (2e partie) et des chemises récapitulatives ;

2° Du bordereau récapitulatif n° 108 B ;

3° Des relevés n° 101 des produits perçus et constatés dans chaque sous-direction et dans chaque direction ;

4° Des ordonnances de décharge ou de reprises indéfinies employées pendant l'année, ainsi que des dossiers qui doivent les accompagner. CC. n° 81 du 8 janv. 1869.

2132. Les directeurs doivent aussi transmettre, *en un seul envoi*, avant le 15 octobre :

1° Les comptes individuels (1re partie) et les chemises récapitulatives ;

2° Leur bordereau récapitulatif ;

4° Le relevé supplémentaire des droits perçus et constatés, après le 31 décembre, sur les sucres admis temporairement en franchise pendant l'année expirée ;

4° Les ordonnances de décharge comprises dans la 1re partie des comptes et les états n° 85.

2133. Instructions relatives aux documents annuels. V. 2019 et s.

§ II. Formation des paquets.

2134. Nous avons déjà expliqué que les paquets destinés au directeur général de la comptabilité devaient être adressés au Ministre des finances et revêtus d'une étiquette jaune, dont les directeurs sont pourvus par le matériel. CC. n° 1 du 15 déc. 1824 et n° 75 du 23 nov. 1865. V. 28.

Cette étiquette désigne la comptabilité publique et l'agent qui fait l'envoi. Id.

On inscrit sur les *enveloppes des lettres* toutes les indications que mentionne l'étiquette en usage pour les paquets. C. n° 77 du 12 janv. 1867.

Il est fait une obligation d'indiquer sommairement sur l'étiquette, à la place réservée à cet effet, la nature des pièces qu'elle recouvre. CC. n° 101 du 8 avr. 1875.

2135. Nous nous référons au n° 28 pour les indications que les lettres doivent présenter en marge et pour le numéro d'ordre du département dont il est prescrit de timbrer chaque lettre, quel qu'en soit l'objet, chaque état, bordereau ou compte, et en général toutes les pièces susceptibles d'un classement par ordre de département. CC. n° 75 du 23 nov. 1865.

2136. Les pièces justificatives doivent faire l'objet d'un envoi spécial par paquets chargés. Il est recommandé de les renfermer dans une enveloppe de papier fort, de revêtir chaque paquet d'une étiquette et de mettre le numéro du département sur l'étiquette. Id.

2137. Les directeurs sont tenus d'aviser le directeur général de la comptabilité publique des envois chargés qu'ils effectuent par la poste.

Ils doivent le faire par lettre séparée, qu'il est défendu de mettre dans le paquet des pièces et qui doit indiquer très sommairement les pièces renfermées dans les paquets. CC. n° 72 du 4 août 1864.

La lettre d'avis doit faire connaître le numéro du récépissé délivré par le receveur des postes. CC. n° 75 du 23 nov. 1865.

La direction générale de la comptabilité publique a insisté sur ces prescriptions en expliquant qu'il devait être donné avis par lettre spéciale de tout envoi, chargé ou non, afin qu'il puisse être prescrit en temps utile des recherches, dans le cas où le paquet aurait reçu une fausse destination. CC. n° 101 du 8 avr. 1874.

Poids maximum des paquets de service. V. 29.

Confection des paquets de service confiés à la poste. V. 29 *bis*.

§ III. **Circulaires et instructions.**

2138. Les directeurs des manufactures de l'Etat n'ont pas reçu toutes les circulaires de la comptabilité. Il en résulte qu'ils n'ont pas connaissance des dispositions anciennes, qu'ils ont cependant à appliquer.

Lorsque, par suite d'une injonction de la Cour ou de la Comptabilité, ces dispositions sont rappelées, les directeurs des contributions indirectes doivent envoyer extrait des circulaires à leur collègue des manufactures. CC. n° 77 du 12 janv. 1867.

2139. Les bureaux des directeurs des manufactures de l'Etat ne sont pas les seuls dépourvus de la collection des circulaires. Elle est incomplète dans la plupart des bureaux, et cette remarque nous a déterminés à la publier. Nous avons publié aussi le règlement général de comptabilité.

CHAPITRE LI.

Comptes de gestion et comptes de clerc à maître.

Certificat de bonne gestion, 2146.
Compte des timbres, 2149.
Compte de clerc à maître, 2145.
Comptes de gestion, 2140 à 2149.
Recev. princ., 2140 à 2146.
Recev. sub., 2147 à 2149.

Sect. I. — Receveurs principaux.

2140. Les services financiers s'exécutent dans des périodes de temps dites de *gestion* et d'*exercice*. Art. 1er du Règl. gén. de compt.

La gestion embrasse l'ensemble des actes d'un comptable, soit pendant l'année, soit pendant la durée de ses fonctions. Id.

L'exercice est la période d'exécution des services d'un budget; il prend la dénomination de l'année à laquelle il se rapporte. Id.

C'est en vertu de ces principes que les receveurs principaux qui cessent leurs fonctions avant l'époque de la clôture de l'exercice rendent deux comptes de leur gestion : l'un sur la formule n° 108 A, 1re *partie*, pour les recettes et les dépenses publiques applicables à l'exercice expiré ; l'autre sur le modèle n° 108 A, 2e *partie*, pour toutes les opérations de l'année. CC. n° 67 du 29 déc. 1860. V. 2087 à 2094.

Ce dernier est appuyé d'un procès-verbal de situation de caisse. CC. n° 1 du 15 déc. 1824, n° 3 du 6 déc. 1825 et n° 4 du 26 déc. de la même année.

2141. Les comptes de clerc à maître sont adressés en triple expédition au directeur, qui les vérifie au vu des pièces, en conserve une expédition et transmet les deux autres au ministère. CC. n° 4 du 26 déc. 1825.

2142. Le comptable qui rend le compte à la clôture de l'exercice, c'est-à-dire au 31 août, y joint un bordereau n° 91, récapitulant la gestion de son prédécesseur et la sienne, ainsi que cela se pratique déjà à la fin de l'année, lorsque deux ou plusieurs receveurs ont géré le même emploi. CC. n° 67 du 29 déc. 1860.

Mais ce bordereau n'est plus fourni à chaque mutation, ainsi que le prescrivait la circulaire n° 4 du 26 décembre 1825. CC. n° 14 du 30 avr. 1831, n° 52 du 2 oct. 1852 et n° 77 du 12 janv. 1867.

2143. Il arrive quelquefois qu'un receveur principal cesse ses fonctions à la fin de l'année, soit pour cause d'admission à la retraite, soit pour passer à un autre emploi ; dans ce cas, le compte qu'il rend le 31 décembre peut servir de compte de gestion et de compte de clerc à maître ; mais, pour qu'il puisse être admis à ce dernier titre, il est nécessaire qu'il soit accepté par le successeur. CC. n° 64 du 10 déc. 1857.

Sans cette formalité, la Cour des comptes, qui n'a pas connaissance de la mutation, impose au comptable sortant l'obligation de rapporter au prochain compte les charges existant au 31 décembre, et surseoit ainsi à sa libération, qui ne peut plus être prononcée que par l'arrêt sur le compte de l'année suivante. Id.

Afin d'obvier à cet inconvénient lorsque la circonstance se présentera, le successeur, titulaire ou intérimaire, devra faire la déclaration ci-après, tant pour les deniers que pour les matières, sur le compte n° 108 A, après la signature du receveur principal sortant :

« Le soussigné......, nommé le......, receveur principal à.... installé le « 1er janvier 188 ...., ayant prêté serment le......, et versé le..... son cau- « tionnement, s'élevant à......., après avoir reconnu dans toutes ses parties « l'exactitude du présent compte, déclare l'accepter et se charger, sous sa « responsabilité personnelle, des reprises, de l'encaisse et des soldes exis- « tant au 31 décembre dernier.

« A le 188 »

Si le successeur immédiat est un *intérimaire*, cette déclaration sera modifiée et réduite à l'acceptation du compte. Id.

2144. Les noms des gérants n'y doivent point être mentionnés. C. n° 69 du 30 nov. 1821.

2145. Le compte de clerc à maître est formé à l'aide du sommier n° 88. Il doit présenter, tant en recette qu'en dépense et aux articles correspondants, toutes les sommes inscrites au sommier, qui est arrêté à cet effet, ainsi que le journal et les autres registres de la recette principale, suivant ce qui se pratique chaque mois, lors de la formation du bordereau. Id.

Il ne diffère du compte général de fin d'année qu'en ce que les recettes et les dépenses ne sont appuyées d'aucune pièce. Id.

2146. Lorsqu'un receveur principal cesse d'appartenir au cadre d'activité, il y a lieu de produire un certificat de bonne gestion délivré par le sous-directeur et visé par le directeur.

Ce certificat doit porter, en termes formels, que toutes les obligations acceptées et les crédits concédés ont été acquittés à leur échéance et complètement apurés ; que le compte des timbres et objets sujets à consignations n'a fait ressortir aucun débet à la charge du comptable, et que toutes les parties de sa gestion ont été reconnues régulières. Lett. com. n° 1 du 21 juin 1864.

Sect. II. — Receveurs subordonnés.

2147. En cas de mutation, le receveur particulier (sédentaire ou ambulant) qui quitte ses fonctions est tenu d'effectuer un versement de solde.

Il soumet ses écritures à la vérification du chef de la division administrative.

Un bordereau de recettes et de dépenses est dressé en double expédition entre le receveur sortant et le receveur entrant, qui en gardent chacun une. CC. n° 8 du 10 déc. 1827.

On doit aussi dresser un compte des timbres dont le comptable s'était chargé.

CHAPITRE LII.

Comptes en matières de tabacs et poudres (compte 73).

§ Ier. Comptes de fin d'année.

2148. Chaque entreposeur de tabacs ou de poudres, en exercice à la fin de l'année, est tenu de fournir à la Cour un compte comprenant l'ensemble des opérations de l'année. Instruction n° 39 du 7 juin 1811.

Les comptes-matières sont soumis au contrôle de la Cour des comptes.

Une ordonnance royale rendue dans la forme des règlements d'administration publique détermine la nature et le mode de ce contrôle et règle les formes de comptabilité des matières appartenant à l'Etat dans toutes les parties du service public. Art. 14 de la Loi du 6 juin 1843.

Une harmonie parfaite doit exister entre les comptes de l'établissement expéditeur et de l'établissement destinataire. L. C. du 3 décembre 1872.

Les comptes en deniers (comptes 108) sont adressés directement à la comptabilité publique. Il n'en est pas de même des comptes-matières qui sont envoyés à l'Administration. C. n° 102 du 22 novembre 1824.

Ces comptes sont établis en triple expédition : deux expéditions sont destinées à l'Administration, et la troisième reste déposée dans les archives de la direction. *Note* consignée sur le modèle n° 73.

Les deux expéditions transmises à l'Administration sont appuyées des pièces justificatives dont la production est prescrite par la notice du 18 décembre 1850.

Lorsque l'entrepôt a été géré, dans le courant de l'année, par plusieurs comptables, il est mis, à l'appui du compte de fin d'année, un bordereau présentant les opérations de chaque comptable.

On produit d'ailleurs deux expéditions des inventaires n° 72 présentant la situation des restes, l'une avec le compte de gestion, l'autre séparément, et qui doit parvenir à l'Administration le 5 janvier. C. n° 344 du 5 août 1882.

Les comptes-matières des entrepôts de tabacs et de poudres doivent être transmis à l'Administration du 15 au 25 janvier. C. n° 344 du 5 août 1882.

La direction générale des manufactures de l'Etat reçoit également, du 20 au 30 du même mois, les comptes des magasins et manufactures. Après avoir été vérifiés dans les bureaux et visés par l'administrateur et le directeur général compétents, tous ces comptes sont transmis à la Cour. C. n° 474 du 18 décembre 1850.

Conformément aux dispositions des ordonnances du 8 novembre 1820 et de l'arrêté ministériel du 9 novembre de la même année, les comptes 73 sont récapitulés à la direction, sur des bordereaux n° 77.

§ II. Comptes de clerc à maître.

2149. Lorsque, dans le courant de l'année, un entreposeur est remplacé, il est établi un compte n° 73, absolument comme en fin d'année. Instruction n° 39 du 7 juin 1811.

Ce compte est établi chaque fois que l'entreposeur cesse d'être responsable des matières. Ainsi, en cas de maladie grave, s'il est constitué un intérimaire chargé aussi bien des fonctions administratives que des fonctions comptables, il y a lieu d'établir un compte de clerc à maître. Mais, en cas de congé, l'entreposeur pouvant se faire remplacer comme comptable par un fondé de pouvoirs spécial dont il demeure responsable, le compte de clerc à maître ne doit pas être établi. Sens de la circul. n° 205 du 11 mai 1854.

Les comptes de clerc à maître doivent être appuyés des mêmes pièces justificatives que les comptes de fin d'année. Lett. comm. du 24 nov. 1850.

Indépendamment de ces pièces, on produit également des états 65, si le changement de gestion s'est opéré dans le courant d'un mois ; mais si la mutation des comptables a eu lieu au moment des arrêtés de fin de mois, les états 65 dressés par cette période dispensent de fournir des états spéciaux. Note consignée à l'état 65 A.

Les comptes de clerc à maître ne doivent présenter que les faits de gestion personnels au rendant compte ; d'où il suit que, dans le cas où plusieurs comptes de cette nature sont rendus dans le cours d'une année, dans un même entrepôt, les reprises à partir du 2e compte ne doivent plus se composer que des quantités formant l'excédent de la recette sur la dépense, au compte du comptable prédécesseur immédiat. Notice du 18 décembre 1850.

Il arrive quelquefois qu'un entreposeur cesse ses fonctions à la fin de l'année, soit pour cause d'admission à la retraite, soit pour passer à un autre emploi ; dans ce cas, le compte qu'il rend le 31 décembre peut servir de compte de gestion et de clerc à maître ; mais, pour qu'il puisse être admis à ce dernier titre, il est nécessaire qu'il soit accepté par le successeur. Sans cette formalité, la Cour des comptes, qui n'a pas connaissance de la mutation, impose au comptable sortant l'obligation de rapporter au prochain compte les charges existant au 31 décembre, et surseoit ainsi à sa libération, qui ne peut plus être prononcée que par l'arrêt sur le compte de l'année suivante. Afin d'obvier à cet inconvénient, lorsque la circonstance se présentera, le successeur, titulaire ou intérimaire, devra faire la déclaration d'acceptation. Sens de la C. de la comptabilité de 10 déc. 1857.

§ III. Forme des comptes. Pièces justificatives.

2150. Les comptes 73 sont libellés très clairement et d'une manière fort simple. La recette se compose de la reprise, c'est-à-dire des restes à la fin de l'année précédente, des réceptions des manufactures ou d'autres entrepôts, des entrées extraordinaires, des excédents, etc.

La dépense comprend les expéditions aux autres entrepôts ou aux manufactures, les ventes et manquants, les sorties extraordinaires, les livraisons pour l'exportation, etc. La différence doit cadrer avec les restes effectifs, constatés par le procès-verbal d'inventaire nº 72.

Nous avons dit plus haut que les comptes 73 devraient être appuyés de pièces justificatives, c'est-à-dire d'extraits des registres présentant, pour chaque article de la recette ou de la dépense, le développement des entrées et des sorties.

Afin de renseigner les comptables et les employés sur la forme et la nature de ces pièces, nous imprimons ci-après la notice qui en contient la description. Cette notice date de 1850, et a été réimprimée par ordre de l'Administration en octobre 1874, avec les modifications que comportent les nouveaux modèles. Un exemplaire de cette notice doit d'ailleurs se trouver entre les mains de chaque entreposeur.

NOTICE

sur la forme et la nature des Pièces justificatives qui doivent être produites, par les Entreposeurs, à l'appui des comptes en matières nº 73

(Tabacs et Poudres à feu).

Les obligations imposées aux entreposeurs, en ce qui concerne les comptes en matières nº 73 (tabacs et poudres à feu), ayant fait sentir la nécessité d'apporter quelques modifications aux pièces signalées par les notes des 10 décembre 1821 et 18 décembre 1828, et par la notice du 30 septembre 1830, l'Administration a fait établir les modèles ci-après, qui mettront les entreposeurs à même de présenter d'une manière uniforme les développements et les justifications qu'ils doivent produire à l'appui de leurs comptes en matières.

Il est expressément recommandé à MM. les directeurs de s'assurer de la régularité des comptes-matières et de les vérifier dans toutes leurs parties avant de les transmettre à l'Administration, particulièrement en ce qui concerne la correspondance des matières avec les deniers. Ils devront s'assurer également que ces comptes sont appuyés de toutes les pièces justificatives indiquées par la présente notice.

TABACS.

REPRISES.

L'article 1er du compte se justifiant par le résultat du compte précédent, les entreposeurs ne produiront pas d'extrait à l'appui de cet article. Les quantités de matières qui formaient l'excédent de la recette sur la dépense audit compte y seront rapportées avec les mêmes indications, c'est-à-dire en quantités inventoriées et en quantités restées en cours de transport ou restant à justifier à quelque titre que ce soit.

REPRISES.
ANNÉE 188 .

EXTRAIT du registre des comptes récapitulatifs, en ce qui concerne les reprises en matières (TABACS), au 31 décembre 188

DÉPARTEMENT d

Entrepôts.	Tabacs supérieurs.												Tabacs ordinaires.	Poudre, scaferlati, rôles et carottes à fumer.	Tabacs à prix réduits.				Tabacs de troupe.		Tabacs en feuilles.	Côtes et résidus.	Tabacs de saisies.	Total.	Observations.
	Cigares fabriqués								Cigarettes			Poudre, scaferlati et rôles manufilés.			Scaferlati et rôles.				Rôles.	Scaferlati.					
	à la Havane.			à Manille.		en France.			Étrangères.	de France.															
									22f.	44f.	22f.	15f.		11f50	7f20	5f30	4f40	2f60	1f80	1f30					
QUANTITÉS INVENTORIÉES AU 31 DÉCEMBRE 188																									
Total.																									
QUANTITÉS DONT L'EMPLOI N'ÉTAIT PAS ENCORE JUSTIFIÉ A LADITE ÉPOQUE.																									
Total.																									
Totaux génér.																									

CERTIFIÉ conforme aux écritures tenues à l'Entrepôt. *Le Directeur,*

L'Entreposeur soussigné certifie l'exactitude du présent extrait.
A le 188 .

RECETTE.

ANNÉE 188 .

DÉPARTEMENT d

Entrepôt d

RECETTE. — CHAP. Ier.

EXTRAIT du registre des comptes récapitulatifs, en ce qui concerne les TABACS reçus, pendant l'année 188 d'autres établissements de la Régie.

Établissements expéditeurs.	Numéros et dates des acquits-à-caution.	Tabacs supérieurs. Cigares fabriqués à la Havane.			à Manille.		en France.			Cigarettes Étrangères. 22f.	de France. 44f	22f	Poudre, scaferlati et rôles menu-filés. 15f.	Tabacs ordinaires. Poudre, scaferlati, rôles et carottes à fumer. 11f 50	Tabacs à prix réduits. Scaferlati et rôles. 7f 20	5f 30	3f 40	2f 80	Tabacs de troupe. Rôles. 1f 80	Scaferlati. 1f 30	Tabacs en feuilles.	Côtes et résidus.	Tabacs de saisies.	Poids net des quantités portées sur les acquits-à-caution.	Observations.
Manufre de																										
	Totaux.																									
Manufre de																										
	Totaux.																									
Entrepôt de																										
	Totaux.																									
néraux.																										

CERTIFIÉ conforme aux écritures en matières tenues à l'entrepôt.

Le Directeur,

L'Entreposeur soussigné certifie l'exactitude du présent extrait, duquel il résulte que, pendant l'année 188 les tabacs reçus d'autres établissements de la Régie se sont élevés à la quantité totale de kilogrammes, dans les espèces et qualités ci-dessus détaillées.

A le 188

ANNÉE 188

DÉPARTEMENT d

Entrepôt d

EXTRAIT *du registre des comptes récapitulatifs, en ce qui concerne les* **TABACS** *provenant de saisies, reçus et classés pendant l'année* 188 .

Nombre de récépissés délivrés.	Désignation des entrepôts.	Espèce de fabrication pour laquelle les tabacs ont été classés au registre n° 69.	Quantités reçues et portées en recette.	A déduire pour réfactions et livraisons gratuites.	Reste en quantité donnant lieu à payement	Valeur nette des quantités ci-contre.	Sommes payées.	Sommes restant à payer.	Mémoire. — Tabacs rejetés du classement et détruits.	Quantités applicables à la valeur restant à payer.	Observations.
		Ordinaire. (2 fr. le kil.). . .									A l'appui de cet extrait, on joindra un certificat constatant que les tabacs rejetés du classement ont été immédiatement détruits. On y indiquera l'emploi ou l'abandon qui aura été fait des cendres et fumiers.
		Decantine. (1 fr. 50 c. le kil.).									
		Decantine. (1 fr. 25 c. le kil.).									
		Totaux.									

CERTIFIÉ conforme aux écritures en matières tenues à l'entrepôt.

Le Directeur,

L'Entreposeur soussigné certifie l'exactitude du présent extrait, duquel il résulte que les tabacs saisis jugés propres à la fabrication, et comme tels reçus et classés pendant l'année 188 , se sont élevés à la quantité de kilogrammes, sur lesquels kilogrammes seulement, dont la valeur est de , ont donné lieu à payement, le surplus provenant de réfactions et livraisons gratuites.

A le 188 .

ANNÉE 188 .

(RECETTE). — CHAP. II, ART. 12.

DÉPARTEMENT d

Entrepôt d

EXTRAIT du registre des comptes récapitulatifs, en ce qui concerne les TABACS retirés des mains des débitants et reçus pendant l'année 188 .

Désignation des entrepôts.	Noms des débitants.	TABACS supérieurs				Tabacs ordinaires : poudre, scaferlati, rôles et carottes à 11f 50c.	TABACS à prix réduits.				Total des quantités	Prix par kil.	Valeur aux prix ci-contre à rembourser	Sommes		Observations.
		à	à	à	à		à	à	à	à				rem-boursées.	restant à rem-bourser.	
	Totaux. . .															

CERTIFIÉ conforme aux écritures en matières et en deniers tenues à l'entrepôt.

Le Directeur,

L'Entreposeur soussigné certifie l'oxactitude du présent extrait, duquel il résulte que les tabacs retirés des mains des débitants, et reçus pendant l'année 188 , s'élèvent à kilogrammes, dont la valeur est de

A le 188 .

ANNÉE 188 .

DÉPARTEMENT d

Entrepôt d

EXTRAIT du registre des comptes récapitulatifs, en ce qui concerne les excédents constatés à l'arrivée des TABACS reçus des autres établissements en 188 .

Établissements expéditeurs.	Numéros et dates des acquits-à-caution.	Numéros des colis.	TABACS supérieurs				Tabacs ordinaires : poudre, scaferlati, rôles et carottes à fumer, à 11f 50c.	TABACS à prix réduits				Total.	TOTAL		Observations.
			à	à	à	à		à	à	à	à		par acquit-à-caution (4)	par établissement expéditeur. (5)	
	Totaux.														

CERTIFIÉ conforme aux écritures en matières tenues à l'entrepôt.

Le Directeur,

L'Entreposeur soussigné certifie l'exactitude du présent extrait, duquel il résulte que kilogrammes ont été constatés comme excédents sur le poids des quantités énoncées dans les acquits-à-caution qui ont accompagné les tabacs reçus, en 188 , des autres établissements.

A le 188 .

ANNÉE 188

DÉPARTEMENT d

Entrepôt d

(RECETTE.) — CHAP. III, ART. 3, §§ 1er et 2.

EXTRAIT du registre des comptes récapitulatifs, en ce qui concerne les excédents de magasin constatés en 188
(sur les colis sous cordes et plombs *ou* sur les colis ouverts).

(Un extrait pour chaque §.)

Date de la constatation.	Tabacs supérieurs				Tabacs ordinaires : poudre, scaferlati, rôles et carottes à 11f 50c.	Tabacs à prix réduits				Tabacs de saisies.	Total.	Observations.
	à	à	à	à		à	à	à	à			
Totaux.												

CERTIFIÉ conforme aux écritures en matières tenues à l'entrepôt.

Le Directeur,

L'Entreposeur soussigné certifie l'exactitude du présent extrait, duquel il résulte que les excédents de magasin constatés en 188 (*sur les colis sous cordes et plombs* ou *sur les colis ouverts*) se sont élevés à la quantité totale de kilogrammes dans les espèces et qualités ci-dessus détaillées.

A , le 188 .

ANNÉE 188 .

DÉPARTEMENT d

Entrepôt d

(RECETTE.) — CHAP. III, ART. 4.

EXTRAIT du registre des comptes récapitulatifs, en ce qui concerne les TABACS dont il a été fait recette à titre d'entrées extraordinaires en 188 .

Dates des entrées extraordinaires.	Motifs.	Tabacs supérieurs				Tabacs ordinaires : poudre, scaferlati, rôles et carottes à fumer, à 11f 50c.	Tabacs à prix réduits				Tabacs de saisies.	Total.	Observations.
		à	à	à	à		à	à	à	à			
Totaux.													

CERTIFIÉ conforme aux écritures en matières tenues à l'entrepôt.

Le Directeur,

L'Entreposeur soussigné certifie l'exactitude du présent extrait, duquel il résulte que les tabacs dont il a été fait recette, à titre d'entrées extraordinaires, en 188 , se sont élevés à la quantité totale de dans les espèces et qualités ci-dessus détaillées.

A , le 188 .

ANNÉE 188 .

DÉPARTEMENT d

Entrepôt d

DÉPENSE.

(DÉPENSE.) — CHAP. Ier, ART. 1, 2 et 3.

Extrait du registre des comptes récapitulatifs, en ce qui concerne les TABACS expédiés (aux manufactures ou aux magasins ou à d'autres entrepôts) *pendant l'année* 188 .

(Un extrait pour chaque article.)

Établissements destinataires.	Numéros et dates des acquits-à-caution.	Tabacs supérieurs				Tabacs ordinaires : poudre, scaferlati, rôles et carottes à fumer, à 11f 50c.	Tabacs à prix réduits				Tabacs de saisies.	Poids net des quantités portées aux acquits-à-caution.	Observations.
		à	à	à	à		à	à	à	à			
	Totaux.												
	Totaux.												
Totaux généraux.													

CERTIFIÉ conforme aux écritures en matières tenues à l'entrepôt,

Le Directeur,

L'Entreposeur soussigné certifie l'exactitude du présent extrait, duquel il résulte que les tabacs expédiés (*aux manufactures* ou *aux magasins* ou *à d'autres entrepôts*), en 188 , se sont élevés à kilogrammes, dans les espèces et qualités ci-dessus détaillées.

A , le 188 .

DÉPARTEMENT d

Entrepôt d

EXTRAIT du registre des comptes récapitulatifs, en ce qui concerne les TABACS (vendus aux débitants ou aux consommateurs, ou manquants constatés à la charge du comptable, ou vendus à la marine) *pendant l'année* 188 .

(Un extrait pour chaque article.)

Désignation des tabacs.	Prix de vente.	Quantités.	Valeur aux prix ci-contre.	Observations.
Les prix et espèces de tabacs seront portés dans cette colonne, de haut en bas, dans l'ordre indiqué par l'en-tête du premier extrait de la présente notice.				
Totaux.				NOTA. Les quantités et espèces auxquelles sont applicables les sommes restant à recouvrer seront indiquées dans la colonne d'observations.
Sommes. . . { recouvrées. . / à recouvrer. .				

CERTIFIÉ conforme aux écritures en matières tenues à l'entrepôt.

Le Directeur,

L'Entreposeur soussigné certifie l'exactitude du présent extrait, duquel il résulte que les tabacs (*vendus aux débitants* ou *aux consommateurs*, ou *manquants constatés à la charge du comptable*, ou *vendus à la marine*), pendant l'année 188 , se sont élevés à kilogrammes, dont la valeur, aux divers prix ci-dessus indiqués, est de dont il a été fait recette.

A , le 188 .

ANNÉE 188 .

DÉPARTEMENT d

Entrepôt d

(DÉPENSE.) — CHAP. II, ART. 5.

EXTRAIT du registre des comptes récapitulatifs, en ce qui concerne les TABACS qui ont été vendus pour être exportés à l'étranger, pendant l'année 188 .

(Cet extrait sera appuyé de l'état nominatif des négociants et de divers auxquels les tabacs ont été livrés. Voir le modèle ci-après.)

Désignation des tabacs.	Prix de vente aux débitants.	Quantités.	Valeur aux prix ci-contre.	Prime à déduire.	Valeur nette à recouvrer.	Observations.
		1	2	3	4	
Les prix et espèces de tabacs seront portés dans cette colonne, de haut en bas, dans l'ordre indiqué par l'en-tête du premier extrait de la présente notice.						NOTA. Les quantités et espèces auxquelles sont applicables les sommes restant à recouvrer seront indiquées dans la colonne d'observations.
Totaux.						
Sommes { recouvrées. / à recouvrer.						

CERTIFIÉ conforme aux écritures en matières tenues à l'entrepôt.

Le Directeur,

L'Entreposeur soussigné certifie l'exactitude du présent extrait, duquel il résulte que les tabacs vendus pour l'exportation, pendant l'année 188 , se sont élevés à kilogrammes, dont la valeur, aux divers prix ci-dessus indiqués, est de , dont il a été fait recette.

ANNÉE 188 .

DÉPARTEMENT d

ÉTAT NOMINATIF *des négociants et de divers auxquels ont été livrés les* TABACS *vendus, pendant l'année* 188 , *pour être exportés à l'étranger.*

Entrepôt d

(On joindra cet état à l'extrait présentant les ventes pour l'exportation.)

Désignation des entrepôts d'où sont sortis les tabacs.	Numéros et dates des acquits-à-caution.	Noms des exportateurs.	Espèces de tabacs.	Poids net des quantités livrées.	Prix par kilogramme.	Valeur aux prix ci-contre	Montant de la prime.	Valeur nette à recouvrer.	Sommes		Observations.
									recouvrées.	restant à recouvrer.	
			Totaux.								

CERTIFIÉ conforme aux écritures en matières tenues à l'entrepôt.

L'Entreposeur soussigné certifie l'exactitude du présent extrait conforme à ses écritures et aux acquits-à-caution délivrés pendant l'année 188 .

Le Directeur,

A , le 188

(Dépense.) — Chap. II, art. 6.

Vente aux droguistes et à divers.

L'Extrait des comptes récapitulatifs sera établi dans le sens du modèle donné pour les articles 1, 2, 3 et 4 du même chapitre.

Année 188 .

Département d

Entrepôt d

(Dépense.) — Chap. II, art. 7.

EXTRAIT du registre des comptes récapitulatifs, en ce qui concerne les pertes et soustractions constatées sur les TABACS reçus pendant l'année 188 .

Établissements expéditeurs.	Numéros et dates des acquits-à-caution.	Espèces de tabacs.	Quantités.	Prix par kilogramme.	Valeur aux prix ci-contre.	Sommes recouvrées.	Sommes restant à recouvrer.	Observations.
	Totaux.							
	Totaux.							
Totaux généraux.								

Certifié conforme aux écritures en matières tenues à l'entrepôt.

L'Entreposeur soussigné certifie l'exactitude du présent extrait, duquel il résulte que les pertes et soustractions reconnues sur les tabacs reçus en 188 ont été de kilogrammes, dont la valeur totale s'est élevée à la somme de

(Dépense.) — Chap. III, art. 1er.

L'Extrait, pour le cas fort rare de destructions de tabacs de la Régie, sera dressé dans la forme de ceux qui précèdent ; il présentera les principaux renseignements fournis par le procès-verbal de destruction, et sera, en outre, appuyé d'une copie certifiée de l'autorisation de l'Administration en vertu de laquelle la destruction aura été opérée.

(Dépense.) — Chap. III, art. 2 et 3, § 1er et 2, art. 4.

Suivre les modèles donnés pour les articles correspondants de la Recette, sauf les mots : *Excédents* et *Entrées extraordinaires*, qui seront remplacés par ceux-ci : *Déchets* et *Sorties extraordinaires*.

L'Extrait des déchets de magasin constatés sur colis sous cordes et plombs portera en outre : *et sur les tabacs de saisies*.

Celui des déchets constatés sur colis ouverts sera appuyé d'une copie certifiée de la décision approbative de l'Administration.

Celui des sorties extraordinaires sera appuyé des délibérations des manufactures pour les articles de fausses tares, et, quand y aura lieu, des copies certifiées des décisions ou lettres approbatives de l'Administration.

RÉSULTAT FINAL.

Cet article du compte sera appuyé du procès-verbal 72 A.

Pour justifier les quantités en cours de transport, le résultat final sera appuyé *d'un relevé des acquits-à-caution*, et, pour les restants à justifier à tout autre titre, *d'un extrait motivé.*

Quand il y aura eu mutation, pendant le cours de l'année, dans une recette principale ou dans un entrepôt, le compte de fin d'année sera appuyé du bordereau de gestion ci-après, présentant, chapitre par chapitre et article par article, les résultats applicables à chaque gestion particulière d'entreposeur.

ANNÉE 188 .

DÉPARTEMENT d

Entrepôt d

BORDEREAU RÉCAPITULATIF, *présentant les opérations de la gestion de chacun des comptables qui ont géré* (l'entrepôt d) *pendant l'année* 188 .

Noms des comptables.	Durée de la gestion.	Classification des tabacs comme au premier extrait de la présente notice.	Total.	Total par article.
		REPRISE DE L'ANNÉE PRÉCÉDENTE.		
Blondeau.				
		RECETTE. — CHAPITRE Ier.		
Blondeau.	Du 1er janvier au 15 février.			
Martineau.	Du 15 février au 1er août.			
Christophe.	Du 1er août au 31 décembre.			
	Total du Chapitre 1er.			

Noms des comptables.	Durée de la gestion.	Classification des tabacs comme au premier extrait de la présente notice.	Total.	Total par article.
		CHAPITRE 2. — ARTICLE 1er.		
Blondeau.	Du 1er janvier au 15 février. .			
Martineau.	Du 15 février au 1er août. .			
Christophe.	Du 1er août au 31 décembre. .			
		ARTICLE 2.		
Blondeau.	Du 1er janvier au 15 février. .			
Martineau.	Du 15 février au 1er août. .			
Christophe.	Du 1er août au 31 décembre. .			
		ARTICLE 3.		
Blondeau.	Du 1er janvier au 15 février. .			
Martineau.	Du 15 février au 1er août. .			
Christophe.	Du 1er août au 31 décembre. .			
	Total du Chapitre 2. . .			

En continuant ainsi jusqu'à la fin du compte.

POUDRES A FEU.

REPRISES.

Suivre, pour les reprises en *Poudres à feu*, les indications données pour celles des Tabacs.

RECETTE.

ANNÉE 188 .

DÉPARTEMENT d

Entrepôt d

(RECETTE). — CHAP. Ier.

EXTRAIT du registre des comptes récapitulatifs, en ce qui concerne les quantités de POUDRES à feu reçues, pendant l'année 188 *, d'autres établissements de la Régie.*

Établissements expéditeurs.	Numéros et dates des acquits-à-caution.	Espèces de poudres : de mine							Poudres de saisies.	Poids net des quantités portées aux acquits-à-caution.	Observations.
			ordinaire.	de guerre.	de commerce.	de chasse : fine.	superfine	extrafine.			
Art. 1er. Poudreries.											
	Totaux. . .										
Art. 2. Entrepôts.											
	Totaux. . .										
	Totaux généraux. . .										

CERTIFIÉ conforme aux écritures en matières tenues à l'entrepôt.

Le Directeur,

L'Entreposeur soussigné certifie l'exactitude du présent extrait, duquel il résulte que les poudres à feu reçues d'autres établissements (poudreries, entrepôts), pendant l'année 188 , se sont élevées à la quantité totale de kilogrammes, dans les espèces ci-dessus désignées.

A , le 188 .

ANNÉE 188

DÉPARTEMENT d

Entrepôt d

(RECETTE). — CHAP. II, ART. 1er.

EXTRAIT du registre des comptes récapitulatifs, en ce qui concerne les POUDRES A FEU provenant de saisies, reçues et portées en recette pendant l'année 188 .

Nombre de récépissés délivrés.	ENTREPOTS.	Quantités reçues et portées en recette.	A déduire les réfactions et livraisons gratuites.	Reste en quantités donnant lieu à payement.	Valeur au prix de 3 fr. par kilog. des quantités ci-contre	SOMMES payées.	SOMMES restant à payer.	OBSERVATIONS.
								NOTA. Les poudres provenant de saisies seront toujours classées sans indication d'espèce, et elles seront expédiées dans un bref délai aux poudreries. Aucune quantité de ces poudres ne devra être livrée à la vente.

CERTIFIÉ conforme aux écritures en matières tenues à l'entrepôt.

Le Directeur,

L'Entreposeur soussigné certifie l'exactitude du présent extrait, duquel il résulte que les poudres provenant de saisies et reçues, pendant l'année 188 , se sont élevées à kilogrammes, dont la valeur est de

A , le 188 .

(RECETTE.) — CHAP. II, ART. 2.

QUANTITÉS retirées des mains des débitants.

Établir l'extrait dans le sens du modèle donné pour les tabacs.

ANNÉE 188

DÉPARTEMENT d

Entrepôt d

(RECETTE.) — CHAP. III, ART. 2.

EXTRAIT du registre des comptes récapitulatifs, en ce qui concerne les quantités de POUDRES A FEU constatées à titre d'excédent de magasin, pendant l'année 188 .

Date de la constatation.	Motifs des excédents.	ESPÈCES DE POUDRES : de mine				de chasse.					OBSERVATIONS.
			ordinaire.	de guerre.	de commerce.	fine.	superfine.	extrafine.	provenant de saisies.	Total.	
	Totaux.										

CERTIFIÉ conforme aux écritures en matières tenues à l'entrepôt.

Le Directeur,

L'Entreposeur soussigné certifie l'exactitude du présent extrait, duquel il résulte que les excédents de magasin se sont élevés, pour les poudres à feu, à la quantité de kilogrammes, dans les espèces ci-dessus détaillées.

A , le 188 .

(RECETTE.) — CHAP. III, ART. 3.

ENTRÉES extraordinaires.

Établir l'extrait dans le sens du modèle donné pour les tabacs.

DÉPENSE.

(DÉPENSE.) — CHAP. Ier.

EXTRAIT *du registre des comptes récapitulatifs, en ce qui concerne les quantités de* **POUDRES A FEU** *expédiées à d'autres entrepôts en 188 .*

Cet extrait sera dressé dans la forme de celui qui doit être annexé au chap. Ier de la Recette, sauf le titre de la Ire colonne, qui sera remplacé par celui-ci : *Entrepôts destinataires.* On portera sur une seule ligne, par entrepôt expéditeur, les poudres expédiées à un même entrepôt.

L'arrêté de l'entreposeur portera : *Expédiées à d'autres entrepôts*, au lieu de : *Reçues d'autres entrepôts.* Celui du directeur sera le même.

(DÉPENSE.) — CHAP. II, ART. 1, 2 ET 3.

VENTES *aux débitants* ou *aux consommateurs*, ou *manquants.*

Ces trois extraits seront dressés dans le sens du modèle donné pour les tabacs.

Il en sera de même pour les arrêtés.

(DÉPENSE). — CHAP. II, ART. 4.

EXTRAIT *du registre des comptes récapitulatifs, en ce qui concerne les* **POUDRES A FEU** *vendues, pendant l'année 188 , pour l'exportation et l'armement.* (Ordonnance du 19 juillet 1829.)

Cet extrait sera dressé, comme ceux ci-dessus, dans le sens du modèle donné pour la vente des tabacs à l'intérieur. On ajoutera seulement, à la suite de la désignation des poudres, le nombre des acquits-à-caution délivrés. Quant aux arrêtés, ils seront également dans le même sens.

Cet extrait sera appuyé de l'état nominatif ci-après des négociants et armateurs auxquels les poudres auront été livrées.

ANNÉE 188 .

DÉPARTEMENT d

Entrepôt d

ÉTAT NOMINATIF des négociants et armateurs auxquels ont été livrées, pendant l'année 188 , les POUDRES A FEU vendues pour l'exportation et l'armement.

Désignation des entrepôts.	Numéros et dates des acquits-à-caution.	Noms des négociants et armateurs.	Espèces de poudres : de mine.		de guerre	de commerce.	de chasse,			Total.	Valeur aux prix ci-contre.	Sommes		Lieux de destination.	Observations.
				ordinaire.			fine.	superfine.	extra-fine.			recouvrées.	restant à recouvrer.		
	Totaux.														

CERTIFIÉ conforme aux écritures en matières tenues à l'entrepôt.

Le Directeur,

L'Entreposeur soussigné certifie que le présent état est véritable dans toutes ses parties.

A , le 188 .

(DÉPENSE.) — CHAP. II, ART. 5.

***EXTRAIT** du registre des comptes récapitulatifs, en ce qui concerne les avaries, pertes et soustractions constatées sur les **POUDRES A FEU** reçues pendant l'année 188 .*

Cet extrait sera dressé dans le sens du modèle donné pour les tabacs.

EXTRAIT du registre des comptes récapitulatifs, en ce qui concerne les POUDRES A FEU renvoyées aux poudreries pendant l'année.

Cet extrait sera dressé dans le sens du modèle donné pour les tabacs expédiés aux manufactures par les entrepôts ; on portera dans la colonne d'observations la date des récépissés de MM. les Commissaires des poudreries et raffineries, lesquels récépissés seront annexés à cet extrait.

(DÉPENSE.) — CHAP. IV, ART. 1er.

ANNÉE 188 .

DÉPARTEMENT d

Entrepôt d

EXTRAIT du registre des comptes récapitulatifs, en ce qui concerne les déchets de 1/4 p. 0/0 résultant de la perte éprouvée à raison du trait de balance sur les quantités de POUDRE DE MINE et DE GUERRE vendues en détail et par petites pesées pendant l'année 188 .

Désignation des entrepôts.	Indication de l'espèce de poudre.	Quantités vendues par barils entiers.	Quantités vendues par petites pesées.	1/4 p. 0/0 sur les quantités vendues par petites pesées.	Observations.
	de mine.				
	de guerre.				
	de mine.				
	de guerre.				
	Totaux.				

CERTIFIÉ conforme aux écritures en matières tenues à l'entrepôt.

Le Directeur,

L'Entreposeur soussigné certifie l'exactitude du présent extrait, duquel il résulte que la quantité de kilogrammes de poudre a été passée en dépense à titre de déchets de 1/4 p. 0/0 sur les poudres de mine et de guerre qui ont été vendues en détail et par petites pesées pendant l'année 188 .

A , le 188 .

(DÉPENSE.) — CHAP. IV, ART 2 ET 3.

Déchets de routs et pertes par force majeure.

On ne donne point de modèles d'extraits pour ces articles, auxquels sont rarement portées des quantités. En cas de besoin, ils seraient dressés dans la forme de ceux qui précèdent, et appuyés de copies certifiées des décisions approbatives.

(DÉPENSE.) — CHAP. IV, ART. 4.

Sorties extraordinaires.

L'extrait sera dressé dans le sens du modèle donné pour les tabacs.

RÉSULTAT FINAL.

Suivre les indications données pour le résultat final des tabacs ; celui des poudres à feu sera appuyé des pièces analogues.

Même observation en ce qui concerne la production d'un bordereau récapitulatif.

POUDRES A FEU DÉPOSÉES PAR DIVERS.

On produira, à l'appui de cette partie du compte-matières n° 73, une expédition du compte des *reprises, entrées, sorties* et *restes*, dont le modèle est donné par la circulaire du 10 janvier 1834, n° 72.

Plus, un *inventaire particulier*, indiquant les *noms des déposants*, le *nombre des colis* et le *poids brut du dépôt*. Les dépôts seront en outre mentionnés en masse au procès-verbal d'inventaire n° 72 B.

OBSERVATIONS GÉNÉRALES.

COMPTES DE CLERC A MAÎTRE

à rendre lorsqu'il y a mutation de titulaire.

Dressés sur le modèle du compte de fin d'année et appuyés des mêmes justifications, ils sont, en outre, accompagnés des états nos 65 A et B, si le changement de gestion s'est opéré dans le courant d'un mois.

(Les comptes de clerc à maître ne doivent présenter que les faits de gestion personnels au rendant compte ; d'où il suit que, dans le cas où plusieurs comptes de cette nature sont rendus dans le cours d'une année, les reprises, à partir du deuxième compte, ne doivent plus se composer que des quantités formant l'excédent de la recette sur la dépense au compte du comptable prédécesseur immédiat.)

Le sous-directeur et le directeur certifient à la fin du compte-matières no 73 (tabacs et poudres) fourni par l'entreposeur, ainsi qu'au bas de chacune des pièces qui y doivent être annexées, qu'ils en ont vérifié la concordance avec les écritures en matières et en deniers tenues par ce comptable.

Les comptes des entreposeurs sont transmis à l'Administration en double expédition. Chaque expédition est appuyée des pièces justificatives indiquées par la présente notice.

Pour faciliter le classement des pièces indiquées par la présente notice, il est convenable de les établir sur du papier de 35 à 36 centimètres de hauteur sur 46 centimètres de largeur, la feuille étant ouverte et posée à plat (format dit *couronne*).

Une demi-feuille, en général, doit suffire pour l'extrait, qui n'exige pas la dénomination de toutes les espèces de tabacs, et suffit pour tout extrait du service des poudres à feu.

Ces pièces ne sont point adressées à l'Administration par liasses séparées ; elles sont classées, dans chaque expédition de compte-matières, suivant l'ordre des chapitres et articles ; savoir : pour les tabacs, sont attachées, sur la page no 3, les pièces de la recette ; sur la page no 5, celles de la dépense, et sur la page no 6, celles du résultat final. Pour les poudres à feu, sur la page no 7, celles de la recette ; sur la page no 9, celles de la dépense, du résultat final et des poudres de dépôt.

CHAPITRE LIII.

Suppression d'emplois de comptables.

Certificat de décharge provisoire, 2152.
Changement de circonscription, 2152.
Recette part. incorporée dans une autre recette principale 2152.
Recev. princ., 2151,
Recev. sub., 2151, 2152.
Suppressions d'emploi, 2151, 2152.

Sect. I. — Receveurs principaux.

2151. Le titulaire d'une recette principale dont la suppression est prononcée, demeure justiciable de la Cour des comptes pour le temps pendant lequel il a été en exercice. Il doit, en conséquence, rendre, sur le modèle ordinaire n° 108 A, un compte de clerc à maître au receveur principal à la division duquel la circonscription supprimée se trouve annexée. GC. n° 41 du 7 juill. 1848.

Celui-ci rattache à sa gestion personnelle, sans que sa responsabilité s'en trouve engagée, les recettes et les dépenses constatées par le compte individuel en question. Il en passe sommairement écritures et les fait figurer, d'après leur nature et leur imputation, sur les lignes respectives du bordereau n° 91 A, colonne des mois antérieurs. Ainsi ce bordereau comprend désormais l'ensemble des opérations faites dans les deux recettes principales. Id.

Comme les registres auxiliaires n° 89 présentent des numéros de correspondance entre la recette et la dépense, le report sommaire ne suffit point ; il faut, de plus, détailler, dans la colonne des libellés, le solde des consignations restant à répartir et le solde des avances restant à recouvrer à la date du 30 juin, puis donner un numéro à chaque article. Id.

Sect. II. — Receveurs subordonnés.

2152. S'il s'agit d'une recette particulière supprimée, le titulaire effectue son versement de solde et remet au sous-directeur, avec les états de produit, le bordereau du mois et l'état des restes à recouvrer, tous les portatifs et registres de sa recette, pour être déposés dans les archives de la sous-direction. Il arrête le registre n° 76 H, comme s'il s'agissait d'un exercice terminé, et le soumet à la vérification du receveur principal, qui délivre le certificat de décharge provisoire. C. n° 15 du 13 juin 1831.

Le receveur particulier remet, en outre, à l'appui du registre n° 83, les expéditions timbrées qu'il a en sa possession lors du dernier versement, ainsi que les différentes impressions non timbrées restant entre ses mains à la même époque. Id.

Le registre n° 83 est clos comme en fin d'année, et les quantités de timbres inscrites dans la colonne n° 19 du compte 7 sont immédiatement réparties, proportionnellement aux besoins du service, entre les receveurs, dans les attributions desquels passe tout ou partie de la recette supprimée. Cette répartition est justifiée, soit dans les colonnes restées en blanc au compte dont il s'agit, soit dans d'autres que l'on trace sur une feuille de papier qui reste annexée à ce compte et en forme le complément. Id.

Les receveurs auxquels ces objets sont remis s'en chargent au compte 1er, de la même manière que pour les livraisons qui leur sont faites directement. Id.

Le receveur principal établit sur son registre de recettes et dépenses des impressions timbrées n° 106 A, les changements d'imputation relatifs à ces diverses opérations. Il reçoit des employés supprimés le portefeuille de la garantie, les ustensiles et instruments, et leur rembourse le prix des consignations. Id.

Le receveur principal demeure seul chargé du recouvrement des sommes restant dues sur les droits constatés dans les recettes supprimées. Toutefois le recouvrement en est opéré, pour son compte, par les receveurs particuliers, sédentaires ou ambulants, entre lesquels le territoire de ces recettes a été réparti, et d'après l'extrait de l'état des restes à recouvrer qui leur a été remis par le directeur ; ils ouvrent à cet effet un compte spécial au sommier n° 76 D. Id.

Le montant de ces perceptions figure au bordereau n° 80 A, sur une ligne intitulée : *recouvrements sur droits constatés dans les recettes supprimées.* CC. n° 16 du 25 juin 1831.

A l'appui de ces articles, le receveur particulier dresse à la main un état présentant, par nature de droit, le détail des recouvrements effectués, et il le remet au receveur principal, qui s'en sert pour former, jusqu'à parfaite rentrée des restes à recouvrer de la recette supprimée, un bordereau n° 80, dont il fait le dépouillement sur le registre n° 90, pour en passer écritures selon la forme ordinaire, tant au livre-journal de caisse n° 87 qu'au sommier général n° 88. Id.

En cas de changement de circonscription, le receveur particulier opère personnellement le recouvrement des droits inscrits aux états récapitulatifs de produits n° 81 de sa recette, et constatés chez les redevables devenus étrangers à sa division. Il s'entend à cet effet avec les receveurs dans les attributions desquels sont passées les communes distraites de sa recette. C. n° 15 du 13 juin 1831.

Nous pensons que ceux-ci pourraient opérer eux-mêmes ces perceptions dont ils feraient figurer le montant parmi les *recouvrements effectués pour le compte du receveur principal.*

Ces perceptions entreraient ensuite dans la comptabilité des receveurs auxquels incombe la responsabilité des recouvrements et qui, au moyen de quittances remplies *pour ordre, mais non détachées*, apureraient les comptes individuels des redevables.

S'il s'agit d'une recette particulière détachée simplement d'une recette principale pour être incorporée dans une autre, le receveur principal dans la circonscription duquel la constatation des droits a eu lieu, est chargé de présenter l'apurement de ces mêmes droits. Les recouvrements qui s'y rapportent sont transférés dans sa caisse au moyen de bordereaux de virement de fonds, et il est appelé à fournir, au soutien de ses comptes, les ordonnances qui autorisent la remise, la décharge ou la reprise indéfinie des créances. Déc. de la Compt. publ. du 21 nov. 1867.

CHAPITRE LIV.

Arrêts de la Cour des comptes.

Arrêts de la Cour des comptes, 2153 à 2166.
Concussion, 2161.
Contrainte, 2159.
Cour des comptes, 2153 à 2166.
Débet à solder, 2159.
Délai pour le pourvoi en cons. d'Ét., 2164 à 2166.
Délai pour répondre aux injonctions, 2157.
Exécution des arrêts, 2159.
Extrait des arrêts, 2156.
Faux, 2161.
Hypothèques, 2160.
Ordonnateurs, 2162.
Pourvoi en cons. d'Ét., 2164 à 2166.
Revision des arrêts, 2163.
Saisie mobilière, 2159.

2153. La Cour des comptes a remplacé les anciennes chambres des comptes, qui remontaient aux premiers temps de notre histoire. Depuis le treizième siècle, époque où l'on trouve les premières traces d'une comptabilité publique, jusqu'à nos jours, on voit les attributions de cette institution s'étendre et se régulariser.

L'organisation actuelle de la Cour a été réglée par la loi du 26 septembre 1807 et le décret du 28 du même mois.

2154. Les comptables des deniers publics sont tenus de fournir et déposer leurs comptes au greffe de la Cour dans les délais prescrits par les lois et règlements. Art. 12 de la Loi du 26 sept. 1807.

2155. La Cour règle et apure les comptes qui lui sont présentés ; elle établit, par ses arrêts définitifs, si les comptables sont quittes, en avance ou en débet. Art. 419 du Décret du 31 mai 1862.

2156. Des extraits de ces arrêts sont dressés par le greffier en chef et remis à la direction générale de la comptabilité publique, qui les adresse aux directeurs dans les départements. Ceux-ci les notifient aux comptables et en retirent un récépissé.

Dans quelques directions, il n'était pas conservé copie des extraits des arrêts rendus par la Cour des comptes sur la gestion des receveurs des contributions indirectes, non plus que des réponses faites aux injonctions contenues dans ses arrêts. Il a été reconnu nécessaire de conserver minute et des dispositions des arrêts et des bordereaux d'exécution de ces arrêts. Trois formules de réponses (modèle n° 31) sont aujourd'hui transmises dans ce but par la comptabilité publique avec les extraits ou expéditions d'arrêts.

Deux de ces formules doivent être renvoyées dûment remplies et accompagnées, s'il y a lieu, des pièces réclamées ; la troisième est classée dans les archives de la direction. CC. n° 94 du 3 juin 1872.

2157. Il est accordé un délai de deux mois aux comptables, à partir de la notification de l'arrêt, pour répondre aux charges et injonctions qu'il contient. Les directeurs doivent adresser les justifications ou réponses des comptables 15 jours après l'expiration de ce délai. C. du 3 juill. 1825.

2158. Le directeur général de la comptabilité publique transmet ces justifications à la Cour, qui, s'il y a lieu, lève les injonctions. Lett. du 15 mai 1857.

Si les charges et injonctions sont levées, la Cour prononce en même temps la décharge définitive des comptables, et, si ceux-ci ont cessé leurs fonctions, ordonne mainlevée et radiation des oppositions et inscriptions hypothécaires mises ou prises sur leurs biens, à raison de la gestion dont le compte est jugé. Art. 419 du Décret du 31 mai 1862.

2159. Dans le cas contraire, la Cour condamne les comptables à solder leur débet dans le délai prescrit par la loi. Id.

Il est expliqué dans le Traité général de droit administratif qu'une expédition de l'arrêt est adressée au Ministre pour en faire suivre l'exécution.

Cette exécution se fait par voie de contrainte, de séquestre, de saisie mobilière et de saisie réelle, lorsque, dans les deux mois à partir de la notification de l'arrêt définitif, le comptable n'a pas versé le montant des sommes dont il est redevable en capital et intérêts.

Mais l'exécution de ces rigueurs ne peut jamais avoir lieu, en cas de contestation, que sur la décision des tribunaux ordinaires. Il résulte, en effet, de l'article 4 de la loi du 29 frimaire an IX que le Trésor public doit poursuivre devant les tribunaux le paiement de la dette constatée par la Cour des comptes.

L'article 1er de la loi du 22 juillet 1867 a abrogé les articles 8 à 11 de la loi du 28 avril 1832, qui autorisait l'exercice de la contrainte par corps à l'égard des comptables et détenteurs de deniers publics ou d'effets mobiliers appartenant à l'État. C. n° 1073 du 14 oct. 1867.

Mais la contrainte par corps est maintenue en matière criminelle et en matière correctionnelle. Art. 2 de la Loi du 22 juillet 1867.

2160. La Cour prononce sur les demandes en réduction et translation d'hypothèques, formées par des comptables encore en exercice, ou par ceux hors d'exercice, dont les comptes ne sont pas définitivement apurés, en exigeant les sûretés suffisantes pour la conservation des droits du Trésor. Art. 421 du Décret du 31 mai 1862.

2161. Si, dans l'examen des comptes, la Cour trouve des faux ou des concussions, il en est rendu compte au Ministre des finances et référé au Ministre de la justice, qui fait poursuivre les auteurs devant les tribunaux ordinaires. Art. 422 id.

2162. La Cour ne peut, en aucun cas, s'attribuer de juridiction sur les ordonnateurs, ni refuser aux payeurs l'allocation des paiements par eux faits, sur des ordonnances revêtues des formalités prescrites et accompagnées des pièces déterminées par les lois et règlements. Art. 426 id.

2163. Nonobstant l'arrêt qui aurait jugé définitivement un compte, la Cour peut procéder à sa revision, soit sur la demande du comptable, appuyée de pièces justificatives recouvrées depuis l'arrêt, soit d'office, soit à la réquisition du procureur général, pour erreurs, omissions, doubles ou faux emplois reconnus par la vérification d'autres comptes. Art. 420 du Décret du 31 mai 1862.

Les demandes en revision sont soumises aux mêmes règles que les pourvois, en ce qui concerne la notification de la demande à la partie adverse et la reddition de deux arrêts ou arrêtés, statuant l'un sur l'admission de cette demande, l'autre sur le fond. Id.

Les comptables forment leurs demandes par une simple pétition. *Dufour.*

2164. Les arrêts de la Cour contre les comptables sont exécutoires, et dans le cas où un comptable se croit fondé à attaquer un arrêt pour violation des formes ou de la loi, il se pourvoit dans les trois mois, pour tout délai à compter de la notification de l'arrêt, au conseil d'Etat. Art. 423 du Décret du 31 mai 1862.

2165. Le Ministre des finances peut, dans le même délai, faire son rapport et proposer le renvoi, au conseil d'Etat, de sa demande en cassation des arrêts qu'il croira devoir être cassés pour violation des formes ou de la loi. Id.

2166. Lorsqu'après cassation d'un arrêt de la Cour des comptes, dans l'un des cas prévus par l'article précédent, le jugement du fond a été renvoyé à ladite Cour, l'affaire est portée devant l'une des chambres qui n'en ont pas connu. Art. 424 id.

Dans le cas où un ou plusieurs membres de la chambre qui a rendu le premier arrêt sont passés à la chambre nouvellement saisie de l'affaire, ils s'abstiennent d'en connaître, et ils sont, si besoin est, remplacés par d'autres conseillers maîtres, en suivant l'ordre de leur nomination. Art. 425 id.

Débets. V. 282 et suiv.

CHAPITRE LV.

Attributions des chefs.

Abonnements résiliés, 2223.
Acquits-à-caution, 2176, 2188, 2217.
Appels mensuels et trimestriels, 2220, 2222.
Arrêté des reg., 2239.
Attributions des chefs, 2167 à 2254.
Avis des recettes, 2180.
Baux, 2219.
Bordereau des caisses, feuille 86 D, 2187.
Bulletin 86 D, 2229.
Cahiers des charges, 2219.
Certificats de quitus, 2214.
Circulaires, 2241.
Commis princ. de 1re cl., 2247 à 2254.
Compte 108 A, 2177.
Compte général 108 B, 2184.
Comptes de clerc à maître, 2179.
Conduite privée, 2228, 2253.
Contentieux, 2216.
Contraintes, opposition, 2188.
Contrôleurs, 2247 à 2254.
Coupons détachés des acq.-à-caut., 2176.
Décharges, 2223.
Décision de l'Administration, 2167.
Directeur général, 2167.
Directeurs, 2168 à 2199.
Directeurs des manuf., 2197 à 2199.
Etat des frais de régie. 2181.
Etat de situation, 2185.
Etat des créances restant à liquider, 2185.
Etat des mouvements de fonds, 2182.
Etat 33, 2221.
Etat 80 A, 2211.
Etat 91 A, 2212.
Etat 91 B, 2172, 2175.
Etat 95 A, 2172, 2212.
Etat 98, 2174.
Etats 100 A et 100 B, 2206
Etat 104, 2213, 2177, 2178.
Etat 104, 2213.
Etat 122 B, 2213.
Etat 169, 2213.
Etat 196, 2213.
Exonération des droits d'entrée ou de taxe unique, 2188.
Expertise des tabacs saisis, 2218.
Feuilles 86 D, 2187.
Frais de saisies et de poursuites, 2208.
Frais de transport de tabacs et de poudres, 2209.
Indemnités de tournée des direct., 2192 à 2199.
Indemnités diverses, 2223.
Inspect. départementaux, 2225 à 2244.
Inspect. séd., 2245 et 2246.
Instruments, 2241.
Intérim de direct., 2190.
Intérim de sous-direct., 2224.
Ordonnances de délégation, 2169, 2204.
Ordonnateur secondaire, 2169, 2170, 2185, 2204.
Passe-debout, apurement, 2223.
Perceptions insuffisantes ou exagérées, 2237.
Pièces de dépense, 2171, 2175, 2176.
Portatifs, 2220, 2236, 2240.
Provisions de pension, 2223.
Quittances à demander aux contribuables, 2242, 2243, 2254.
Rapport 86 A, 2187.
Récépissés 87 B, 2230.
Reg. 9, 2254.
Reg. 74, 2234, 2235, 2243, 2254.
Reg. 75, 2234.
Reg. 76, 2234, 2235.
Reg. 90, 2211.
Reg. 100 B, 2183.
Reg. 103, 2213.
Reg. des comptes-ouverts, 2232, 2233.
Reg. des crédits délégués, 2185.
Reg. des droits constatés, 2185.
Reg. des mandats délivrés, 2185.
Reg. épuisés, 2221.
Remise des droits exigibles à titre d'amende, 2188.
Répartitions, 2176.
Restitutions de droits, 2223.
Saisie mobilière, 2188.
Sorties non justifiées, 2223.
Sous-directeurs, 2200 à 2224.
Suspension des comptables, 2238.
Tabacs saisis, 2218.
Tableaux d'appointements, 2205.
Transactions, 2188.
Tournées des direct., 2189.
Tournées des inspect., 2225 et s., 2244.
Ustensiles, 2241.
Vérifications de fin du mois, 2186.
Versements, 2203
Virements de fonds, 2210.

Sect. I. — Directeur général.

2167. Le directeur général est ordonnateur secondaire des dépenses.

Dans tous les cas où, d'après la nomenclature des justifications, une liquidation doit être approuvée par décision de l'Administration, il peut être suppléé à la production de cette décision par la mention de sa date, certifiée par le directeur général ou un ordonnateur secondaire. Art. 312 de la Nomencl. du Règl.

On entend par décision de l'Administration les décisions prises par le Conseil d'Administration, composé du directeur général et des administrateurs.

Sect. II. — Directeurs.

§ I. Fonctions.

2168. Le directeur exerce une action supérieure de contrôle et d'impulsion sur l'ensemble du service.

2169. Il reçoit tous les mois du ministère les ordonnances délivrées pour les dépenses de son département. CC. n° 4 du 26 déc. 1825.

En ce qui concerne les crédits pour appointements, frais de bureau, frais d'entretien d'un cheval, frais d'intérim, etc., il adresse mensuellement aux sous-directeurs un extrait de ces ordonnances. CC. n° 4 du 26 déc. 1825 ; C. n° 310 du 1er août 1855 et n° 17 du 16 mars 1870.

2170. Il est ordonnateur secondaire de toutes les dépenses applicables au département. C. n° 17 du 16 mars 1870.

Il a le droit de sous-déléguer, et, de fait, il transporte aux sous-directeurs la faculté de mandater les dépenses spéciales à leur circonscription. Id.

2171. Le directeur, par l'entremise des chefs de service, recueille toutes les pièces qui se rattachent à la comptabilité de son département, et correspond avec la direction générale de la comptabilité publique pour ce qui concerne l'acquittement et la justification des dépenses. CC. n° 52 du 2 oct. 1852.

A cet effet, les sous-directeurs lui transmettent, *le premier jour de chaque mois*, les pièces de dépenses acquittées dans leur circonscription. Id.

Ces pièces sont immédiatement visées et contrôlées par le directeur. Id.

L'exercice de ce contrôle ne dispense pas les sous-directeurs de vérifier les pièces justificatives avant de les adresser. CC. n° 58 du 17 août 1854.

Mais la vérification de ces chefs de service ne dégage aucunement le directeur de la responsabilité qui pèse sur lui par suite des décharges provisoires qu'il est appelé à donner aux comptables. Id.

Dans les pays de culture de tabacs, dans les lieux où il existe soit un magasin de feuilles, soit une manufacture, et pendant les mois où les dépenses sont le plus considérables, le directeur a la faculté de se faire transmettre, tous les dix jours, les pièces de dépenses pour les examiner successivement et diminuer ainsi les travaux de contrôle du commencement du mois. CC. n° 52 du 2 oct. 1852.

2172. Les directeurs récapitulent, en fin de mois, toutes les opérations des comptables de la direction sur un bordereau n° 91 B, et dressent un état des pièces de dépenses (n° 95 A), qu'ils transmettent au ministère. CC. n° 8 du 10 déc. 1827 et C. n° 12 du 31 déc. suiv.

2173. Ils établissent en fin d'année l'état 169 présentant les opérations de virement de fonds qui ne figurent plus sur un tableau de développement au bordereau n° 91 B. CC. n° 72 du 10 août 1864.

2174. Ils forment mensuellement l'état n° 98 des dépenses à régulariser. Idem.

2175. Du 5 au 10 de chaque mois, ils adressent au ministère des finances le bordereau récapitulatif n° 91 B. L'envoi du bordereau de décembre peut être retardé jusqu'au 18 janvier suivant. CC. n° 77 du 12 janv. 1867, n° 96 du 30 déc. 1872, et n° 107 du 20 déc. 1878.

Quant aux pièces de comptabilité, elles doivent parvenir au Ministère du 15 au 18. CC. n° 75 du 23 nov. 1865.

2176. Les pièces justificatives des répartitions d'amendes et confiscations et des doubles droits consignés à défaut de caution sont adressées tous les mois par le directeur, non à la comptabilité publique, mais à la direction générale des contributions indirectes.

Il en est de même pour les acquits-à-caution relatifs au transport des tabacs et des poudres à feu. Le coupon détaché de l'acquit-à-caution, servant de lettre de voiture, doit seul rester à l'appui de la dépense en deniers CC. n° 44 du 14 déc. 1848 et n° 52 du 2 oct. 1852.

Ces pièces sont transmises à la comptabilité par l'Administration. Id.

2177. Dans le courant du mois de septembre de chaque année, les sous-directeurs remettent au directeur, après l'avoir vérifiée et visée, la première partie des comptes individuels n° 108 A concernant l'exercice clos le 31 août précédent. Le directeur la contrôle immédiatement et s'empresse de la transmettre au ministère. CC. n° 52 du 2 oct. 1852.

On opère de même, dans le courant du mois de janvier suivant, pour la 2e partie des comptes de gestion ; mais, indépendamment du relevé général des produits perçus et constatés n° 101, qui doit être fourni à l'appui du compte de chaque receveur principal, le directeur dresse un relevé semblable qui présente l'ensemble des produits du département. Id.

2178. Il est nécessaire de joindre à l'envoi, qui doit être fait du 15 au 20 février au plus tard, de l'une des expéditions du bordereau récapitulatif n° 108 B, l'état général des produits perçus et constatés dans le département, n° 101. CC. n° 10 du 15 déc. 1828 et n° 52 du 2 oct. 1852.

2179. C'est encore au directeur qu'incombe le soin de contrôler et de transmettre au ministère les comptes de *clerc à maître* rendus par les receveurs principaux. CC. n° 52 du 2 oct. 1852.

2180. Il est aussi chargé de la formation et de l'envoi des avis de recettes. CC. n° 52 du 2 oct. 1852, n° 77 du 12 janv. 1867, n° 78 du 15 juin 1868 et n° 79 du 21 nov. 1867.

2181. Dans les derniers jours de novembre, il fait, chaque année, préparer les états de frais de régie de sa direction, d'après ceux qui ont été arrêtés l'année précédente et les changements survenus dans l'intervalle, de manière qu'ils présentent exactement la dépense réelle en personnel et matériel. C. lith. du 1er déc. 1853.

2182. Le directeur doit aussi remettre, chaque mois, au trésorier-payeur général du département, un état détaillé des mouvements de fonds concernant son administration, soit comme versement aux receveurs des finances, soit comme recette de fonds de subvention. CC. nº 46 du 30 nov. 1849.

Le trésorier-payeur compare cet état à ses écritures, et s'entend avec le directeur pour la recherche, l'explication et la rectification des différences. Id.

L'état dont il s'agit n'est qu'un double du relevé détaillé qui accompagne les pièces justificatives et qui relate le numéro, la date, le montant de chaque récépissé et l'arrondissement dans lequel il a été délivré. Id.

2183. Le directeur tient un registre nº 102 qu'il remplit au moyen des relevés nº 104 fournis par les receveurs principaux. Dans ce registre sont puisées, en fin d'année, les indications du relevé général nº 101. CC. nº 8 du 10 déc. 1827 et C. nº 12 du 31 du même mois.

2184. Enfin il établit un compte général nº 108 B (1re et 2e partie), dont les éléments sont extraits des comptes de gestion produits par les receveurs principaux. Id.

2185. Comme ordonnateur secondaire des dépenses, le directeur tient une comptabilité des droits constatés en faveur des créanciers de l'Etat, des crédits délégués, des mandats délivrés et des paiements effectués.

A la fin de chaque mois, ses opérations sont résumées sur des états de situation qu'il adresse au ministère et à l'Administration, et lors de la clôture de l'exercice, il fait parvenir un relevé des créances restant à liquider, ordonnancer et payer. C. du M. des fin. des 10 déc. 1827, 25 oct. 1834 et 18 déc. suiv.

2186. En thèse générale, le directeur effectue personnellement chez les comptables supérieurs de sa résidence (receveurs principaux, entreposeurs spéciaux) les vérifications de fin de mois; mais lorsqu'il le juge utile, il peut se faire suppléer par un inspecteur. C. nº 17 du 16 mars 1870.

2187. Il rapproche des rapports 86 A les feuilles 86 D (bordereaux de caisse), qui lui ont été successivement transmises par les inspecteurs, et il les met à l'appui de ces rapports, après y avoir, le cas échéant, consigné les observations auxquelles le rapprochement a donné lieu. C. nº 61 du 23 août 1872.

2188. Il conclut à titre définitif ou il sanctionne les transactions sur les procès-verbaux, lorsque le montant des amendes et confiscations encourues n'est pas de plus de 500 francs. C. nº 17 du 16 mars 1870.

En matière d'acquits-à-caution, il a la faculté de faire remise des droits exigibles *à titre d'amende*, lorsque le montant de ces droits n'excède pas 500 francs. Id.

Lorsque les droits d'entrée ou de taxe unique exigibles, à défaut de certificat de sortie, sur des boissons ayant fait l'objet d'un passe-debout ou déclarées pour le dehors du lieu sujet par un entrepositaire, ne dépasseront pas 250 francs, le directeur pourra également statuer sur les demandes en exonération ; mais les motifs de ces décisions devront, à l'expiration de chaque trimestre, être soumis à l'appréciation de l'Administration par des tableaux collectifs conformes aux modèles nos 1 et 2 joints à la circulaire n° 504 du 29 décembre 1851. Ces tableaux seront fournis en simple expédition. C. n° 17 précitée, C. n° 23 du 4 sept. 1871, et C. n° 480 du 17 juin 1887.

Quand les fixations déterminées ci-dessus sont dépassées, et dans tous les cas où les droits ont donné lieu soit à une constatation, soit à une perception définitive, la décision appartient à l'Administration. C. n° 17 précitée.

Sauf le cas d'urgence, le directeur est appelé à statuer sur les propositions ayant pour objet de continuer, après saisie mobilière, les poursuites intentées pour le recouvrement des droits. Id.

Il consulte nécessairement l'Administration quand les redevables forment opposition à des contraintes, quand ils contestent l'exigibilité des droits ou l'exercice du privilège de la Régie. Id.

2189. Le directeur a mission de faire des tournées pour s'assurer sur place que le service est dirigé et exécuté dans les conditions voulues. Il rend compte du résultat de ces tournées à mesure qu'il les exécute dans chaque arrondissement. Relativement aux services spéciaux (sucres, octrois, etc.), et à la gestion des entrepôts de tabac ou de poudres, un extrait de son rapport doit d'ailleurs être fourni sous le timbre des bureaux compétents. Id.

2190. En cas de vacance d'emploi, de congé ou de maladie, l'intérim de la direction est confié à celui des inspecteurs du département qui, par son ancienneté dans la classe la plus élevée du grade, occupe le premier rang. Id.

2191. Le directeur n'agit pas seulement comme chef supérieur du service du département; pour la circonscription administrative du chef-lieu, il a la même mission, les mêmes obligations que celles qui vont être indiquées avec développements en ce qui concerne les sous-directeurs. Id

§ II. Tournées des directeurs.

1° Directeurs des contributions indirectes.

2192. Les directeurs doivent faire des tournées d'inspection. C. n° 1 (du 22 janv. 1823, n° 11 du 17 mars 1825, n° 410 du 21 déc. 1848, n° 429 du 24 oct. 1849, n° 482 du 5 mars 1851 et n° 76 du 22 nov. 1852.

2193. Il leur est alloué une indemnité de 20 fr. par jour de route et d'absence pour frais de tournées. C. n° 429 du 24 oct. 1849, et n° 282 du 12 déc. 1879.

Le maximum du nombre de jours à consacrer aux tournées par les directeurs a été fixé par la circulaire n° 282 précitée.

L'indemnité à allouer ne pourra jamais dépasser le nombre de jours réellement consacrés aux tournées. Id.

Un relevé des tournées faites pendant l'année doit être adressé à l'Administration en double expédition. Id.

Ce relevé est établi sur papier tellière et adressé à l'Administration dans la première quinzaine de janvier. Id.

Modèle de ce relevé :

• DIVISION.

CONTRIBUTIONS INDIRECTES.

ANNÉE 18 .

Exécution de la circulaire n° 429, du 24 octobre 1849.

RELEVÉ des tournées du Directeur d pendant l'année 18 , servant à établir le décompte du remboursement des frais de tournées.

INDICATION		DATES		NOMBRE de kilomètres parcourus d'une résidence à l'autre.	NOMBRE DE JOURS passés en tournée.	OBSERVATIONS.
des ARRONDISSEMENTS.	des RÉSIDENCES visitées par le directeur en tournée.	DU DÉPART du directeur du chef-lieu du département.	DU RETOUR du directeur au chef-lieu du département.			

Le présent état, dont tous les détails sont certifiés exacts par le directeur soussigné, est arrêté à jours passés en tournée pendant l'année 18

A le 18 .

DÉCOMPTE ÉTABLI A L'ADMINISTRATION CENTRALE.

Colonne 6 de l'Etat. . . . . jours.

Par chaque journée, indemnité de. . . . . 20 francs.

A déduire journées excédant le maximum de 5 journées par arrondissement. . . . .

A allouer au directeur pour

ARRÊTÉ le présent décompte à la somme de. . . . . . .

Le Chef du bureau,

VU ET APPROUVÉ :

L'Administrateur,

2194. Le directeur qui succède à un collègue ayant déjà fait des tournées, peut consacrer à de nouvelles tournées le maximum des jours déterminés par les instructions. Id.

Il reçoit, bien entendu, dans ce cas l'indemnité de 20 fr. par jour. Id.

2195. Les tournées des directeurs doivent être effectuées dans le cours du 2e et du 3e trimestre. C. n° 443 du 1er mars 1850.

Elles ne peuvent pas être accomplies toutes dans un trimestre. Id.

Les tournées ne doivent pas se prolonger au delà de quelques jours. Id.

Chaque arrondissement est inspecté au moins une fois dans l'année. Id.

2196. Les directeurs établissent des rapports de tournées et les adressent à l'Administration. Id.

2° Directeurs des manufactures de l'État.

2197. Aux termes des circulaires du 22 janvier 1861 et du 30 mai 1863, les directeurs des tabacs dans les départements à culture, sans être astreints à faire des tournées régulières, doivent ne pas perdre de vue qu'ils sont chargés d'assurer, sous leur responsabilité, la bonne exécution des ordres de l'Administration, et qu'à cet effet ils doivent vérifier par eux-mêmes, chaque fois qu'ils le jugent nécessaire, les diverses parties du service. C. de l'Adm. des tab. n° 26 du 1er juin 1865.

2198. En ce qui concerne le nombre des tournées à faire par les directeurs et le mode d'indemnité, la première des circulaires rappelées ci-dessus, à laquelle la seconde renvoie, dispose que ces chefs de service pourront affecter, chaque année, à leurs tournées, cinq jours en moyenne dans chacun des arrondissements relevant de leur direction où la culture du tabac est autorisée, et qu'ils auront droit à des indemnités réglées, en fin d'exercice, à raison de 20 fr. par jour. Id.

Ces dispositions ont paru d'abord les plus convenables tant sous le rapport du nombre des tournées que sous celui de la rémunération ; elles ne s'appliquaient toutefois qu'aux tournées réglementaires, en dehors des déplacements spéciaux que les besoins du service pouvaient nécessiter, soit sur l'ordre de l'Administration, soit sur l'initiative des directeurs. Dans ce cas, les frais de voyage dont il devait être justifié étaient remboursés aux ayants droit. Id.

Il y avait ainsi deux sortes de tournées ou de déplacements et deux modes distincts d'indemnités. Cela produisait de la complication, et quelquefois de la confusion, de la part des chefs de service. Id.

Pour éviter ces inconvénients et dans un but de simplification, il a paru à propos de supprimer toute distinction entre les tournées, de n'en plus fixer le nombre éventuel, et de renoncer à tout système d'indemnité impliquant des justifications préalables. Id.

En conséquence, il a été décidé, d'une part, que désormais les directeurs des tabacs n'auraient plus à justifier, au point de vue de la dépense, ni du nombre, ni de l'objet de leurs tournées, qu'ils demeureraient absolument libres de régler comme ils le jugeraient le plus utile et de porter sur un point ou sur l'autre, suivant les besoins du service ; et, d'autre part, qu'il leur serait accordé, *pour tous frais*, une somme fixe dont le chiffre sera déterminé tous les ans en conseil d'Administration. Id.

Il est entendu toutefois, qu'en laissant cette latitude aux directeurs, l'Administration compte qu'ils proportionneront à la somme qui leur sera allouée le nombre de jours à affecter aux tournées. Id.

Les directeurs jouiront d'ailleurs du parcours gratuit, en vertu des bulletins administratifs acceptés par les compagnies de chemins de fer, sur les lignes qui existent dans l'étendue de leur circonscription. Id.

2199. Les dispositions qui précèdent sont applicables aux directeurs de la culture et des magasins dans les départements qui relèvent de leur autorité et où réside un inspecteur. Id.

Sect. III. — Sous-directeurs.

2200. Le sous-directeur administre sous l'autorité du directeur. C. n° 16 du 16 mars 1870.

Tous les employés de sa circonscription lui sont subordonnés. Id.

2201. Le sous-directeur vérifie lui-même sur place les diverses opérations dont le receveur principal est chargé en qualité de receveur particulier et buraliste, d'entreposeur et de comptable centralisateur. Id.

C'est aussi à lui personnellement qu'il incombe de constater l'encaisse, de contrôler les écritures, de faire le recensement des matières chez les entreposeurs spéciaux. Id.

2202. A moins d'incident offrant de la gravité, le sous-directeur ne se rend pas dans les circonscriptions d'exercice pour y vérifier le travail des employés, leurs écritures, etc. Id.

Le cas échéant, il provoque auprès du directeur l'intervention de l'inspecteur. Id.

2203. Pour tous les autres comptables, le sous-directeur fixe de mois en mois le jour où ils devront faire le versement de leurs fonds à la recette des finances. Il apprécie d'ailleurs si ces comptables doivent être astreints à effectuer des versements intermédiaires, et il fait à ce sujet les prescriptions nécessaires. Id.

2204. Par délégation du directeur, le sous-directeur est appelé à ordonnancer toutes les dépenses applicables au service des contributions indirectes de sa circonscription. A cet effet, des extraits des ordonnances ministérielles concédant les crédits lui sont envoyés. Id.

2205. Le sous-directeur dresse les tableaux d'appointements. Id.

2206. Il établit les états n°s 100 A et 100 B, présentant les consignations restituées ou réparties. Id.

2207. Il met en paiement tous les mandats qui lui sont adressés par le directeur. Id.

2208. Il autorise, avec imputation au compte des avances provisoires, le paiement des frais de saisie, des frais de poursuites, etc. Id.

2209. Relativement aux entrepôts de tabacs et de poudres placés à sa résidence, il arrête le décompte des frais de transport et en autorise le paiement. Id.

A l'égard des autres entrepôts, le paiement des frais de transport est effectué d'office par le receveur entreposeur agissant pour le compte du receveur principal, et c'est seulement à la fin du mois que le sous-directeur vérifie et vise les pièces de dépense. Id.

2210. Les récépissés de virement de fonds sont envoyés directement de la circonscription administrative où ils ont été délivrés à la circonscription administrative qui doit les recevoir. Cet envoi a lieu par l'intermédiaire des sous-directeurs, lesquels s'assurent que les récépissés n'ont pas été délivrés pour des affaires personnelles aux employés. Id.

2211. Le sous-directeur est chargé de tenir le registre n° 90, sur lequel a lieu le dépouillement des bordereaux de recettes n° 80 A. C'est donc à lui qu'en fin de mois les divers comptables, y compris le receveur principal agissant comme receveur particulier, auront à remettre ou à envoyer par la poste les bordereaux dont il s'agit et les pièces à l'appui. Après vérification et dépouillement, travail qui exige la plus grande célérité, le sous-directeur fera parvenir ces documents au receveur principal et lui communiquera le registre n° 90, pour qu'il soit procédé à la formation du bordereau n° 91 A. Id.

2212. Le sous-directeur vérifie et vise le bordereau n° 91 A ; il vise également toutes les pièces qui sont mises à l'appui ; enfin, il dresse l'état récapitulatif des pièces de dépenses n° 95 A, et il transmet le tout au directeur. Après vérification, l'état n° 95 A lui est renvoyé par le directeur pour être remis au receveur principal (1). Id.

2213. C'est le sous-directeur qui centralise toutes les opérations relatives à la constatation des produits. Il tient donc le registre n° 102 et dresse les relevés n°s 101 et 104, les états n°s 122 B, 196, etc. Id.

2214. Il vise les certificats de quitus que le receveur principal remet aux comptables qui demandent le remboursement de leur cautionnement. Id.

2215. Le sous-directeur exerce le contrôle spécial prescrit par les instructions relativement à la perception du droit de consommation payé à l'arrivée sur les spiritueux expédiés en vertu d'acquits-à-caution. A cet égard, il se conforme ponctuellement aux prescriptions de la circulaire n° 410, du 23 septembre 1856. Id.

2216. Il est chargé, pour sa circonscription, de la suite des affaires contentieuses. Id.

2217. Les anciens directeurs d'arrondissement n'étaient chargés que de l'apurement des acquits-à-caution énonçant comme lieu de destination un

---

(1) Nous croyons savoir que la comptabilité publique est d'avis que l'état 95 A doit être dressé par le Receveur Principal. Le libellé de l'imprimé l'indique, du reste, suffisamment.

point situé dans le ressort de leur circonscription territoriale. Le directeur de département était chargé de l'apurement de tous les autres acquits. A cet effet, les relevés n° 7 lui étaient transmis. Id.

Dans l'organisation actuelle, les sous-directeurs ont mission de suivre l'apurement de tous les acquits délivrés dans leur division (registres n°s 166, 167, états n° 112, etc.). Conséquemment, les acquits déchargés devront tous rentrer dans la sous-direction de laquelle ils émanent. Le renvoi sera effectué directement de l'une à l'autre circonscription administrative. Id.

2218. Le sous-directeur préside les conseils appelés à expertiser les tabacs saisis ; il dresse et mandate les états de répartition n° 71. Id.

2219. En ce qui concerne les bacs et les produits des canaux, fleuves et rivières (pêche, francs-bords, prises d'eau, etc.), le sous-directeur veille à ce que les baux soient renouvelés en temps opportun ; il examine les projets de cahiers des charges ; il admet les cautions et recherche des soumissionnaires pour les bacs, pour les cantonnements ou lots qui n'auraient pas trouvé d'amodiataires lors des enchères publiques. Il ne doit pas d'ailleurs attendre l'expiration des baux pour avertir le directeur et mettre celui-ci à même de se concerter avec le préfet et le service des ponts et chaussées relativement aux réadjudications. Id.

2220. En ce qui concerne les portatifs n°s 50 A, 53 A, etc., les appels mensuels et trimestriels ont principalement pour objet de faire reconnaître si les charges sont bien établies, les restes exactement reportés et le montant des décomptes régulièrement inscrit aux états de produits. Quand ces registres sont remis dans les bureaux de la sous-direction pour y être conservés, ils doivent donner immédiatement lieu à une vérification nouvelle, qui, alors, s'étend à toutes les écritures. Id.

2221. A la fin de chaque année, les registres épuisés provenant des recettes buralistes doivent être remis au sous-directeur. Celui-ci a le devoir de les vérifier, de les rapprocher des portatifs, au moins par épreuve, et de présenter, pour chaque bureau, sur un tableau qui porte le n° 33 dans la série du service général, la comparaison entre les résultats partiels que mentionnent les registres épuisés et les résultats généraux inscrits au relevé récapitulatif n° 33 B. Id.

Les tableaux n° 33 sont ensuite adressés au directeur, lequel les fait parvenir à l'inspecteur chargé de vérifier sur place les registres restés entre les mains des buralistes. Id.

2222. Il est recommandé aux sous-directeurs de procéder eux-mêmes aux appels périodiques, aux rapprochements qui entrent dans leurs attributions. Ceux de ces agents supérieurs qui, par incurie ou par défaut de surveillance sur les commis placés dans leurs bureaux, laisseraient péricliter les intérêts du Trésor, pourraient être rendus directement responsables des droits qui auraient été perdus par suite de négligences ou de malversations, et s'exposeraient en outre à être atteints dans leur position administrative. C. n° 61 du 23 août 1872.

2223. Indépendamment des productions dont il a été ci-dessus question, et des autres productions indiquées au tableau joint à la circulaire, le sous-directeur dresse et soumet au directeur les propositions concernant :

Les décharges ou les restitutions de droits ;

Les résiliations d'abonnement ;

L'apurement des passe-debout ;

Les sorties non justifiées qui s'appliquent à des boissons expédiées par des entrepositaires ;

La décharge des quantités de boissons dont la perte est dûment constatée dans les magasins des marchands en gros, transitaires, etc. ;

Les indemnités à accorder aux préposés temporaires, aux employés déplacés pour concourir à l'exécution de divers services, etc. ;

Les indemnités à allouer aux receveurs sédentaires de la Régie pour leur participation au service des octrois en régie simple (*modèle n° 200*) ;

Les provisions à accorder aux agents dont l'admission à la retraite a été prononcée, mais dont la pension n'est pas liquidée. Id.

2224. Dans le cas de vacance d'emploi, dans le cas de congé, de maladie, etc., les fonctions de sous-directeur sont confiées à un inspecteur désigné par le directeur. Id.

Comme les directeurs, les sous-directeurs ont mission de faire des tournées. Ils reçoivent 15 fr. par jour. C. n° 282 du 12 décembre 1879. — La liquidation de ces frais s'effectue dans les mêmes conditions que pour les directeurs. V. 2192 et suiv.

Sect. IV. — Inspecteurs départementaux.

2225. Les inspecteurs départementaux exercent leur action dans toute l'étendue du département, à l'exclusion des villes où il existe un inspecteur sédentaire. C. n° 17 du 16 mars 1870.

Ils reçoivent une indemnité annuelle de 1,500 fr. à titre de frais de service. L. C. n° 8 du 15 avril 1878.

2226. Ils ne peuvent opérer des vérifications dans les bureaux des sous-directeurs qu'en vertu d'une délégation spéciale du directeur ; mais, sauf dans les villes dont il vient d'être question, ils ont pleine et entière autorité sur tous les agents d'exécution et sur tous les comptables, y compris les receveurs principaux. C. n° 17 du 16 mars 1870.

2227. Vers la fin de chaque mois, le directeur, tenant compte de ce fait que les opérations des receveurs-entreposeurs ne sont pas soumises à des appels périodiques, et que pour certains autres comptables les appels dans les bureaux de la circonscription administrative ont lieu seulement tous les trois mois, désigne les postes, les recettes particulières, les entrepôts, les recettes principales que les inspecteurs auront à vérifier dans le mois suivant. Id.

Lorsqu'il y a plusieurs inspecteurs, cette désignation est faite de telle sorte que les postes soient visités successivement par chacun d'eux. Id.

Le directeur leur fait connaître en même temps la date à laquelle les employés dont ils ont à vérifier la gestion doivent effectuer leur versement. Idem.

2228. La circulaire n° 488, du 19 juillet 1851, a précisé les obligations de l'inspecteur en ce qui concerne la vérification des caisses et le contrôle de la gestion des comptables de tout ordre. Id.

Cette instruction spéciale est résumée au chapitre des **Vérifications**. V. 2255 et suiv.

Nous ferons seulement observer ici que les inspecteurs doivent, non seulement examiner les opérations accomplies depuis la précédente vérification, mais encore revenir sur le passé, afin de s'assurer de l'exactitude des chiffres constituant les reports. Conformément aux dispositions de la circulaire n° 410 du 21 décembre 1848, dispositions remises en vigueur, ces employés supérieurs auront à envoyer chaque jour au directeur les bordereaux de situation de caisse dressés par eux chez les buralistes (bordereau 86 D).

Les vérifications des caisses et le contrôle de la gestion des comptables sont au nombre des principales obligations des inspecteurs. Ces agents supérieurs ne doivent pas se borner à s'assurer, par l'examen des registres de perception et des écritures de comptabilité, si toutes les opérations accomplies sont régulières. Ils ont, en outre, le devoir de s'enquérir de la conduite privée des receveurs et de rechercher si leur manière de vivre est celle que comportent leurs ressources. Lorsqu'ils constatent qu'un comptable est dans une position obérée ou se livre à des dépenses au-dessus de ses moyens, les inspecteurs doivent le signaler à l'attention spéciale du directeur et approfondir d'autant plus leurs vérifications que les intérêts du Trésor peuvent être compromis. De leur côté, les chefs locaux de service ont à prendre les mêmes informations à l'égard des buralistes et à signaler les situations qui leur paraîtraient de nature à éveiller des craintes sur le sort des perceptions. Extrait d'une réponse de l'Adm. aux rapports du 1er semestre de 1874.

2229. Le résultat des vérifications des inspecteurs chez les receveurs buralistes est consigné sur un bulletin n° 86 D (*modèle nouveau*) qui est fourni comme papier de service. Ce bulletin, que les inspecteurs doivent remplir de leur main, est, tout aussitôt après sa formation, mis à la poste dans la localité même où réside le comptable auquel il s'applique. C. n° 61 du 23 août 1872.

2230. Quand ils procèdent à des vérifications de caisse chez les receveurs particuliers sédentaires ou ambulants, les inspecteurs analysent en marge des bordereaux, qui sont actuellement en usage et qui continueront à être joints aux rapports 86 A, les récépissés 87 B (numéros, dates et sommes) mentionnant les versements antérieurement faits à la recette principale. Id.

2231. Ils ne négligent aucun moyen de reconnaître si les recouvrements de toute nature sont enregistrés à la date précise où ils ont eu lieu. Par exemple, l'inspecteur qui, remarquant que d'habitude des sommes relativement considérables figurent en recette bientôt après la date des versements, ne se préoccuperait pas de cet état de choses et n'en rechercherait pas l'explication, manquerait à son devoir. C. n° 310 du 1er août 1855.

2232. Ils s'efforcent d'accélérer la rentrée des droits constatés. Les receveurs ambulants doivent, dans leurs exercices, être munis non seulement du registre de perception, mais aussi du registre des comptes ouverts (instruction n° 34, du 1er décembre 1806); d'un autre côté, les employés sont nécessairement munis de leurs portatifs. Au moment même où ils se trouvent chez les contribuables des recettes ambulantes, les inspecteurs peuvent donc savoir ce qui est dû par ces contribuables pour les trimestres expirés et pour le trimestre courant. Id.

2233. Quant aux recettes sédentaires, les inspecteurs examinent le registre des comptes ouverts avant de procéder aux exercices ; ils examinent également les portatifs, et connaissent ainsi la situation des redevables chez lesquels ils doivent agir, au point de vue des recouvrements. Id.

2234. Les inspecteurs, dont l'action s'exerce sur tous les comptables, ont les moyens de vérifier s'il y a concordance entre la comptabilité des receveurs subordonnés et la comptabilité des receveurs supérieurs. Ils doivent toujours s'assurer que cette concordance existe. Id.

Ainsi, dans les recettes buralistes, ils ne se bornent pas à vérifier les registres de perception et à examiner si les droits perçus sont exactement reportés aux registres récapitulatifs ; ils prennent note des récapitulations, afin de les rapprocher des registres de comptabilité des receveurs particuliers (nos 74, 75 et 76). De même, dans les recettes particulières, les inspecteurs ne se bornent pas à vérifier si les registres de perception et de caisse (n° 74), les registres des comptes ouverts (n° 75) et le sommier récapitulatif (n° 76) concordent entre eux ; ils prennent note aussi des récapitulations, des récépissés de versement, afin d'opérer des rapprochements avec les registres de la recette principale. Id.

La même recommandation s'applique aux vérifications faites chez les entreposeurs. Id.

En termes généraux, les inspecteurs doivent examiner sur-le-champ ou se mettre en mesure d'examiner ultérieurement si les versements figurent dans les écritures du comptable supérieur, à la date même où les versements ont eu lieu, et pour les sommes totales inscrites aux quittances et récépissés délivrés aux comptables subordonnés. Id.

2235. Chez les receveurs principaux, les inspecteurs ne doivent pas vérifier seulement les écritures de la recette principale proprement dite ; en ce qui concerne la recette particulière annexée à la recette principale, ils doivent faire les vérifications que les directeurs et sous-directeurs opèrent quant aux receveurs subordonnés (*appels, rapprochements des portatifs et des états de produits ; rapprochement des états de produits et des registres des comptes ouverts ;* appel *du registre de perception n° 74 avec le registre des comptes ouverts et le sommier n°* 76) ; ils font aussi, relativement à la gestion de l'entrepôt, toutes les vérifications prescrites par les instructions. C. n° 310 du 1er août 1855 et n° 17 du 16 mars 1870.

Lorsque l'inspecteur se présente à la recette principale pour exercer son contrôle sur les opérations comptables et administratives du receveur principal, celui-ci doit mettre passagèrement à la disposition de l'inspecteur une place digne et convenable. Id.

2236. Les inspecteurs s'assurent que les droits constatés sont exactement reportés des portatifs aux états de produits, et que les états de produits sont fidèlement dépouillés au registre des comptes ouverts. C. n° 51 du 23 août 1852, n° 76 du 22 nov. 1852, n° 310 du 1er août 1855, n° 17 du 16 mars 1870 et n° 61 du 23 août 1872.

2237. Si la vérification a fait reconnaitre des constatations, des perceptions insuffisantes ou exagérées, l'inspecteur en rend compte au directeur qui, selon le cas, donne des ordres ou consulte l'Administration. C. n° 310 du 1er août 1855.

2238. Quand les faits sont de nature à motiver la suspension d'un comptable ou d'un autre employé, l'inspecteur peut la prononcer. Il devrait, dans ce cas, avertir immédiatement, d'une part, le sous-directeur, de l'autre, le directeur, qui approuve, s'il y a lieu, la suspension. Id.

L'application de cette mesure est exclusivement du ressort des agents administratifs chargés de la surveillance du service. Art. 323 du Décret du 30 mai 1862.

2239. Après chaque vérification, les inspecteurs doivent établir un arrêté sur tous les registres de perception. C n° 17 du 16 mars 1870.

2240. L'Administration fait observer spécialement qu'il y a pour l'inspecteur obligation de s'assurer par épreuve, et, au besoin, par des appels généraux, que les déclarations faites aux registres buralistes ont été exactement transcrites aux portatifs. C. n° 61 du 16 mars 1872.

2241. Durant ses vérifications, l'inspecteur reconnaît si tous les instruments et ustensiles sont en bon état, si les circulaires sont au complet et reliées. Id.

2242. La circulaire n° 310, de 1855, a rappelé que les inspecteurs doivent, tout en agissant avec prudence et circonspection, se faire représenter par les contribuables les quittances que ceux-ci ont entre les mains et rapprocher ces quittances de la souche des registres de perception ou en prendre note pour effectuer plus tard des rapprochements. Id.

L'Administration insiste expressément, dans sa circulaire n° 61 du 23 août 1872, pour que les inspecteurs opèrent le plus souvent possible ce contrôle essentiel.

2243. En ce qui concerne spécialement les quittances délivrées aux assujétis qui ont la faculté de souscrire des obligations cautionnées, les inspecteurs doivent s'assurer que, suivant les prescriptions de la circulaire n° 385 du 9 mai 1848, les souches et les ampliations du registre 74 relatent distinctement les sommes payées en obligations et en numéraire. C. n° 61 du 16 mars 1870.

2244. Pendant le temps que les inspecteurs doivent consacrer à une circonscription extérieure d'exercice, il leur est absolument interdit de quitter le siège de cette circonscription pour rentrer le soir à leur domicile.

Sect. V. — Inspecteurs sédentaires.

2245. La mission des inspecteurs sédentaires, au point de vue de la comptabilité, est de suivre de très près les travaux des diverses recettes de la localité, telles que recettes particulières, recettes buralistes et entrepôt. C. n° 76 du 22 nov. 1852.

Leurs vérifications doivent embrasser tous les détails qui, avant l'institution de ces chefs, étaient soumis aux investigations des contrôleurs ambulants. Id.

Elles embrassent tous les travaux de la recette principale. C. n° 17 du 16 mars 1870.

2246. Les inspecteurs sédentaires, dont l'action ne s'étend pas au dehors de la ville où ils sont en résidence, touchent, à titre de frais de service, une allocation annuelle de 1,000 francs. C. n° 13 du 27 nov. 1869.

Sect. VI. — Contrôleurs et commis principaux chefs de poste.

2247. Les contrôleurs ont le droit de vérification chez tous les comptables sédentaires autres que les receveurs principaux, les receveurs-entreposeurs et les entreposeurs spéciaux. C. n° 17 du 16 mars 1870.

2248. Les commis principaux chefs de poste contrôlent seulement la gestion des comptables subordonnés dont le traitement n'est pas supérieur au leur. Id.

2249. Néanmoins, les divers chefs locaux de service interviennent même chez les comptables supérieurs pour compulser, dépouiller, vérifier les registres de la recette buraliste, et pour reconnaître le poids des tabacs soit à l'arrivée, soit au moment des mises en vente. Id.

2250. Les contrôleurs et les autres chefs locaux de service n'exercent aucun contrôle direct quant à la gestion des recettes particulières réunies aux recettes principales. C. n° 310 du 1er août 1855.

2251. Si, agissant dans ces limites, ils font des remarques qui leur semblent devoir motiver des représentations au receveur principal lui-même, ils communiquent ces remarques au chef de la division administrative, qui alors examine les faits et prescrit ce qu'il juge nécessaire. De même, la gestion des receveurs particuliers entreposeurs est placée en dehors de leur action directe. Id.

2252. Sauf de rares exceptions (*vérification à l'arrivée, inventaire en fin d'année des impressions, du matériel, etc.*), ils n'interviennent chez les receveurs principaux que lorsque ces comptables sont en même temps entreposeurs ou buralistes. Id.

A cet égard, leur action journalière consiste d'ailleurs uniquement à dépouiller, compulser, vérifier les registres de la recette buraliste et à reconnaître le poids des tabacs, soit à l'arrivée des manufactures, soit au moment des mises en vente. Id.

2253. Nous nous référons aux nos 2255 et suiv. pour le contrôle de la gestion des receveurs et des buralistes. Voir aussi 2275 et s.

2254. Les contrôleurs doivent, comme les inspecteurs, en procédant avec prudence et circonspection, demander aux contribuables la représentation des quittances qu'ils ont entre les mains, et rapprocher ces quittances de la souche des registres de perception nos 74 (droits constatés) et 9 (droits de consommation au comptant), ou en prendre note pour opérer plus tard des rapprochements. C. no 488 du 19 juill. 1851 et no 310 du 1er août 1855.

Ce contrôle essentiel, qui engage leur responsabilité, est exercé ou complété par les inspecteurs à l'égard des recettes particulières annexées aux recettes principales. Dans ce cas, les contrôleurs se bornent à prendre note de ces quittances et à les analyser dans leurs rapports trimestriels. Les inspecteurs font les rapprochements. Id.

CHAPITRE LVI.

Vérifications.

Avances provisoires, 2322.
Caisse, 2259 à 2270.
Commis chefs de service, 2256.
Comptabilité en matières, 2297 à 2307.
Conduite privée, 2262.
Consignations, 2320, 2321.
Débets et déficits, 2265, 2323 à 2332.
Débitants de tabac et de poudre, 2263.
Directeurs, 2256, 2258.
Ecritures, 2271 et s.
Entreposeurs, 2258, 2263, 2292 à 2307.
Entrepôts, 2292 à 2307.
Hommes de peine, 2263.
Inspecteurs, 2256, 2258, 2259.
Inspecteurs des finances, 2255.
Receveurs ambulants, 2258.
Receveurs buralistes, 2256, 2257, 2275 à 2278.
Receveurs d'octroi, 2256, 2279.
Receveurs des salines, 2258.
Receveurs particuliers sédentaires, 2258, 2280 à 2287.
Receveurs principaux, 2257, 2308 à 2322.
Receveurs spéciaux de garantie, 2258, 2291.
Registres, 2271 et s.
Restes à recouvrer, 2285.
Sous-directeurs, 2256, 2258.
Vérifications, 2255 à 2322.
Versements, 2334.
Vol de fonds, 2265.

SECT. I. — Vérificateurs des gestions.

2255. L'inspection générale des finances a un droit complet de vérification sur tous les comptables. C. nº 47 du 12 avr. 1820.

2256. Les receveurs buralistes ordinaires et les receveurs d'octroi faisant ou non la perception du droit d'entrée sont vérifiés par les commis chefs de service, les receveurs ambulants, les receveurs sédentaires, les contrôleurs, les inspecteurs, les sous-directeurs et les directeurs. Inst. nº 16 du 23 fruct. an XIII et nº 19 du 30 du même mois ; C. nº 52 du 26 frim. an XIV, nº 67 du 7 juin 1806 et nº 207 du 30 nov. 1812 ; art. 88 de l'Ord. du 9 déc. 1814 ; C. nº 16 du 22 juin 1816, nº 66 du 22 août 1821, nº 113 du 22 oct. 1835, nº 393 du 25 juin 1848, nº 410 du 21 déc. 1848, nº 443 du 1er mars 1850, nº 450 du 8 juin 1850, nº 310 du 1er août 1855, etc.

2257. Les recettes particulières réunies aux recettes principales ne sont pas soumises au contrôle direct des contrôleurs et autres chefs locaux de service. C. nº 310 du 1er août 1855. V. 2247 et suiv.

Sauf de rares exceptions, telles que des vérifications à l'arrivée et l'inventaire en fin d'année des impressions et du matériel, ces agents n'interviennent chez les receveurs principaux que lorsque ces comptables sont en même temps entreposeurs ou buralistes. Id.

Dans ce cas, leur action journalière consiste d'ailleurs uniquement à dépouiller, compulser, vérifier les registres de la recette buraliste, et à reconnaître le poids des tabacs, soit à l'arrivée des manufactures, soit au moment des mises en vente. Si, agissant dans ces limites, ils font des remarques qui leur semblent devoir motiver des représentations au receveur principal lui-même, ils communiquent ces remarques au sous-directeur, qui alors examine les faits et prescrit ce qu'il juge nécessaire. De même, la gestion des receveurs particuliers entreposeurs est placée sous le contrôle exclusif des sous-directeurs et des inspecteurs. Id.

2258. La gestion des receveurs ambulants à pied ou à cheval, des receveurs particuliers sédentaires, des receveurs spéciaux de garantie, des receveurs des salines, des entreposeurs spéciaux et des receveurs principaux, est vérifiée par les inspecteurs, les sous-directeurs et les directeurs. Id.

2259. La vérification des caisses et de la gestion des comptables de tous grades est une des principales obligations imposées aux inspecteurs. Id.

Sect. II. — Vérifications de caisse.

§ I. Dispositions générales.

2260. Nous avons déjà consacré un chapitre à la caisse. Voir 208 à 228.

Chaque comptable ne doit avoir qu'une seule caisse, dans laquelle sont réunis tous les fonds appartenant à ses divers services. Art. 21 du Décret du 31 mai 1823.

2261. Chaque vérification doit porter sur l'ensemble des divers services dont il est chargé. C. n° 207 du 30 nov. 1812, n° 66 du 22 août 1821 et n° 92 du 22 juill. 1823.

Sans cela un débet sur un service pourrait être couvert par un emprunt sur un autre. Id.

2262. Les vérificateurs doivent étudier la conduite privée des comptables et des commis particuliers qu'ils emploient, leur genre de vie, leurs habitudes, leurs dépenses, et en faire rapport, tant au directeur qu'à l'Administration. C. n° 207 du 30 nov. 1812 et n° 113 du 22 oct. 1835.

2263. Il est interdit aux entreposeurs d'employer pour commis ou homme de peine, un débitant de tabac ou de poudre. C. n° 26 du 14 sept. 1825.

§ II. Sûreté de la caisse.

2264. Le premier devoir d'un comptable est de donner tous ses soins à la sûreté des deniers dont il est dépositaire. C. n° 52 du 26 frim. an XIV.

2265. Il lui est prescrit de coucher ou de faire coucher un homme sûr dans le lieu où il tient les fonds ; et ce lieu, s'il est au rez-de-chaussée, doit être tenu solidement grillé. Arrêté du 8 pluv. an X ; C. n° 52 du 26 frim. an XIV, n° 16 du 22 juin 1816 et n° 66 du 22 août 1821 ; art. 329 de l'Ord. du 31 mai 1838.

Il est responsable des deniers publics qui sont dans sa caisse. Art. 21 du Décret du 31 mai 1862.

En cas de vol ou de perte de fonds, il est statué sur sa demande en décharge par une décision ministérielle, sauf recours au conseil d'Etat. Idem.

Mais il ne peut obtenir décharge du vol de sa caisse, alors même que les auteurs du vol seraient connus, s'il n'a pris les précautions prescrites. Avis du cons. d'Etat, du 20 pluv. an XIV. V. 314 à 337.

Et s'il n'est justifié que le vol est l'effet d'une force majeure. Arrêté du 7 pluv. an X ; art. 21 du Décret du 31 mai 1862.

Débets et déficits de caisse. Mesures à prendre d'urgence. V. 282 à 313.

§ III. Situation de la caisse.

2266. Le premier soin d'un employé supérieur qui vérifie est de se faire représenter les valeurs en caisse et en portefeuille. C. n° 66 du 22 août 1821, n° 410 du 21 déc. 1848 et n° 443 du 1er mars 1850.

Il appose, dès son arrivée, un visa sur le livre de caisse 74 A, 74 B, 74 C, 74 D ou 87 A. Inst. n° 34 du 1er déc. 1806.

Si l'encaisse est trop considérable, il doit faire effectuer un versemen immédiat à la caisse supérieure. C. n° 66 du 22 août 1821.

2267. *Le comptable doit représenter :*

1° Le numéraire. Inst. n° 16 du 23 fruct. an XII ; C. n° 52 du 26 frim. an XIV, n° 66 du 22 août 1821 et n° 113 du 22 oct. 1835.

2° Les mandats tirés par le trésorier général ou, avec son autorisation, par le receveur particulier des finances. Art. 4 de l'Ord. du 8 oct. 1832 ; CC. n° 19 du 31 mai 1833 ; art. 977 à 981 de l'Inst. du 17 juin 1840 sur le service des receveurs des finances.

Ces mandats, dûment acquittés, sont compris par le comptable qui les a payés dans le plus prochain versement qu'il fait à la recette des finances. Art. 4 de l'Ord. du 8 oct. 1832 et CC. n° 19 du 31 mai 1833.

Nota. — Ni les simples buralistes, ni les receveurs d'octroi faisant la perception du droit d'entrée ne peuvent être appelés à payer les mandats des receveurs des finances.

3° Les quittances justificatives des dépenses acquittées pour le compte du trésorier-payeur général du département. Art. 308 à 311 de l'Ord. du 31 mai 1838 ; art. 561 de l'Inst. précitée du 17 juin 1840 ; C. n° 253 du 24 juin 1844 ; Lett. lith. du 29 août 1857 et CC. n° 65 du 16 déc. 1858.

Le comptable qui fait ces paiements en comprend le montant dans le plus prochain versement qu'il fait lui-même à la recette des finances. Art.

311 de l'Ord. du 31 mai 1838 ; C. n° 253 du 24 juin 1841 et n° 65 du 16 déc. 1851.

Nota. — Ni les simples buralistes, ni les receveurs d'octroi faisant la perception des droits d'entrée ne peuvent être appelés à payer ces dépenses.

4° Les obligations des contribuables relatives aux sels, aux sucres ou aux bières. C. n° 52 du 26 frim. an XIV et n° 66 du 22 août 1821.

Le receveur principal verse les obligations directement au caissier central du Trésor public, au ministère des finances, à Paris. Arrêté M. F. du 24 janv. 1841, inséré dans la C. n° 245 du 24 fév. suivant ; CC. n° 29 du 24 déc. 1840 et n° 30 du 20 déc. 1841.

5° Les récépissés des versements aux receveurs des finances non encore versés au receveur principal, C. n° 393 du 25 juin 1848.

Pour être libératoires, les récépissés à talon, délivrés par les receveurs des finances, doivent, à la diligence du comptable qui fait le versement, être visés par les préfets et sous-préfets. Art. 1er de l'Ord. du 8 déc. 1832 : CC. n° 19 du 31 mai 1833 et art. 265 à 267 de l'Ord. du 31 mai 1838.

Les receveurs principaux et les directeurs doivent s'assurer de la validité de ces récépissés. C. n° 84 du 20 déc. 1822.

Ils ne doivent plus être versés ni par l'inspecteur ni par le directeur. CC. n° 73 du 10 janv. 1865.

6° Les récépissés concernant des versements faits, par ordre exprès et spécial du directeur, aux receveurs particuliers entreposeurs et qui n'ont pas encore été versés au receveur principal. C. n° 413 du 3 mars 1849.

7° Les quittances des droits de poste versés aux receveurs des postes. C. n° 349 du 13 fév. 1856 et n° 376 du 5 mai suivant ; CC. n° 62 du 24 mai 1856.

Les sommes perçues par les receveurs principaux doivent être encaissées par les receveurs de postes dans les quinze premiers jours du mois qui suit le trimestre écoulé. Id.

8° Les pièces justificatives des dépenses payées d'office par le comptable, savoir :

a. Les remises des buralistes et receveurs d'octroi ;

b. Les frais judiciaires. C. n° 66 du 22 août 1821, n° 258 du 25 sept. 1841 et n° 341 du 2 juill. 1846.

Nota. — Dans les recettes entrepôts établies ailleurs qu'au chef-lieu de la sous-direction, le receveur peut payer d'office :

1° Les frais de transport des tabacs et des poudres et les frais accessoires à ces transports ;

2° Les menus frais des entrepôts ;

3° Les achats de tabacs et des poudres saisis ;

4° Les primes d'arrestation des colporteurs ;

5° Ailleurs, ces dépenses doivent être liquidées et autorisées par les sous-directeurs et par les directeurs. C. n° 341 du 2 juill. 1846.

c. Les quittances d'appointements des employés. C. n° 413 du 3 mars 1849 et n° 458 du 19 août 1850.

d. Les obligations protestées et remboursées au receveur des finances. C. n° 392 du 22 juin 1848 et n° 413 du 3 mars 1849.

e. Les récépissés de fonds de subvention fournis aux receveurs des douanes. C. n° 154 du 18 oct. 1853 ; CC. n° 55 du 7 déc. 1853, n° 59 du 26 déc. 1854 et n° 62 du 12 déc. 1856.

f. Les récépissés des fonds de subvention fournis aux receveurs des postes par des comptables autres que les buralistes et les receveurs d'octroi percevant les droits d'entrée. C. n° 357 du 10 fév. 1847 et n° 47 du 10 juill. 1852 ; CC. n° 36 du 23 déc. 1846, n° 37 du 6 fév. 1847 et n° 38 du 1er déc. 1847.

g. Les pièces justificatives de toutes autres dépenses arrêtées et mandatées par le directeur. C. n° 66 du 22 août 1821 et n° 393 du 25 juin 1848.

Toutes les pièces justificatives des dépenses dont il s'agit CI-DESSUS, *à partir du* § 4, *sont versées au receveur principal*. C. n° 84 du 20 déc. 1882 ; Arrêté M. F. du 12 déc. 1840 ; C. n° 244 du 31 déc. 1840, n° 393 du 25 juin 1848, n° 410 du 21 déc. 1848, n° 413 du 3 mars 1849 et n° 458 du 19 août 1850 ; CC. n° 23 du 17 déc. 1835, n° 29 du 24 déc. 1840 et n° 36 du 22 déc. 1846.

h. Les récépissés des versements effectués aux comptables supérieurs récépissés dont la représentation effective doit être absolument exigée. C. n° 66 du 22 août 1821 ; art. 8 de l'Ord. du 8 déc. 1832 ; art. 268 de l'Ord. du 31 mai 1838.

Les récépissés délivrés aux buralistes et aux receveurs d'octroi doivent être extraits des registres à souche n° 74 A ou B. Art. 8 de l'Ord. du 8 déc. 1832 ; CC. n° 19 du 31 mai 1833 et n° 33 du 18 déc. 1844.

Les récépissés délivrés par le receveur principal doivent être extraits du registre à souche n° 87 B. Id.

NOTA. — Les récépissés afférents aux derniers versements et que les comptables n'auraient pas encore pu recevoir, sont provisoirement remplacés par l'arrêté du vérificateur ordinaire à qui les pièces ont été remises. C. n° 66 du 22 août 1821, n° 393 du 25 juin 1848 et n° 458 du 19 août 1850.

Les récépissés quelconques représentés par les comptables doivent être réguliers et dressés en la forme déterminée. C. n° 207 du 30 nov. 1812, n° 54 du 19 sept. 1820 et n° 58 du 6 déc. 1820.

Tout récépissé qui ne serait pas dans ces conditions serait rejeté. Id.

Celui qui l'aurait accepté serait constitué en déficit. Id.

Le fait serait constaté contre le comptable qui aurait accepté. Id.

Et contre celui qui aurait donné un récépissé irrégulier. Id.

2268. *Le receveur principal doit représenter pour sa libération :*

1° En ce qui concerne les obligations, les récépissés du caissier central du Trésor. CC. n° 29 du 24 déc. 1840 ;

2° A l'égard des dépenses de toute nature autres que celles du mois courant, les accusés de réception de la comptabilité générale des finances. Art. 6 de l'Arrêté M. F. du 9 nov. 1820 et CC. n° 4 du 27 déc. 1825.

NOTA. — Jusqu'à l'arrivée de ces récépissés et de ces accusés de réception, la justification s'opère :

1° Par l'état des obligations envoyées au caissier central, et qui est visé et arrêté par le directeur. CC. n° 29 du 24 déc. 1840 ;

2° Par l'accusé de réception provisoirement donné par le directeur. CC. n° 4 du 27 déc. 1825.

2269. Un bordereau détaillé de toutes les pièces et valeurs doit être dressé et arrêté par le vérificateur et par le comptable. C. n° 52 du 26 frim. an XIV, n° 66 du 22 août 1821, n° 410 du 21 déc. 1848 et n° 443 du 1er mars 1850. V. **Attributions**, 2167 à 2254.

2270. Si, dans le cours ou à la fin de la vérification, le comptable était amené à produire d'autres valeurs et d'autres sommes que celles comprises dans ce bordereau, ce fait serait constaté et le comptable serait considéré, au point de vue disciplinaire, comme étant réellement en déficit. Lett. M. F. du 26 sept. 1821 et C. n° 68 du 20 oct. 1821. V. **Débets**, 282 à 313, et **Vols de fonds**, 314 à 337.

SECT. III. — Vérification des écritures et des registres de perception.

2271. Chaque vérification est constatée par un arrêté établi sur tous les registres de perception. C. n° 17 du 16 mars 1870.

2272. *Le vérificateur doit examiner :*

1° Si tous les registres, tant de perception que journaux et sommiers, sont dûment cotés et paraphés, et s'il n'a été fait aucune suppression ou intercalation de feuillets. C. n° 52 du 26 frim. an XIV et n° 66 du 22 août 1821.

Les registres de perception ou de déclaration doivent être cotés et paraphés, dans chaque arrondissement de sous-préfecture, par un des fonctionnaires publics que le sous-préfet désigne à cet effet. Art. 241 de la Loi du 28 avr. 1816. V. 1053 *bis*.

Cette formalité doit être remplie avant le dépôt des registres dans les recettes buralistes. Les simples buralistes n'ont pas à s'en occuper. C. n° 1 du 14 déc. 1814.

2° S'ils sont régulièrement tenus, sans surcharges, ratures ni interlignes ; fidèlement et d'une manière lisible et correcte ; si les numéros d'enregistrement et les dates se suivent régulièrement. Inst. n° 16 du 23 fruct. an XII et n° 19 du 30 du même mois ; C. n° 52 du 26 frim. an XIV, n° 66 du 22 août 1821 et n° 24 du 26 déc. 1818.

Les articles des registres de perception et de déclaration doivent être numérotés à l'avance. C. n° 107 du 1er déc. 1806 et § 3 de l'Inst. du 15 février 1827.

Les indications relatives au département, à l'arrondissement et au bureau, doivent également être remplies à l'avance.

Ces opérations rentrent dans les obligations des buralistes.

Chaque paiement fait à un receveur doit donner lieu à un enregistrement immédiat et spécial, et à la délivrance d'une quittance détachée de la souche. Aucune quittance ne doit être délivrée sur papier libre, ni au dos d'une quittance précédente, ou par addition à une quittance antérieure. Inst. n° 16 du 23 fruct. an XII et n° 34 du 1er déc. 1806 ; C. n° 207 du 30 nov. 1812 ; art. 8 de l'Ord. du 8 déc. 1832.

3° Si les quittances des droits payés par les contribuables leur sont exactement délivrées. Inst. n° 16 du 23 fruct. an XII, n° 34 du 1er déc. 1806, et Instructions pratiques annexées aux registres de perception.

Les receveurs doivent indiquer sur la souche du reg. 74 et sur les quittances à délivrer aux redevables que les paiements ont été faits pour telle somme en obligations à telle échéance, et, s'il y a lieu, pour telle autre somme en numéraire. CC. n° 65 du 16 déc. 1858.

En tournée, les receveurs ambulants doivent toujours être porteurs de leur journal de recette et du registre des comptes ouverts individuels des contribuables. Inst. n° 34 du 1er déc. 1806.

Nota. — Dans le cours de leurs tournées et de leurs exercices chez les assujétis, les inspecteurs et les contrôleurs doivent, ou rapprocher immédiatement de leur souche les quittances qu'ils trouvent aux mains des contribuables, et qui leur sont représentées, sur leur demande faite avec la prudence nécessaire, ou prendre note de ces quittances, et faire ensuite ce rapprochement. Inst. n° 34 du 1er déc. 1806 ; C. n° 207 du 30 nov. 1812 et n° 16 du 22 juin 1816.

Dans le cas de soupçon sur la gestion d'un comptable, les vérificateurs, agissant toujours avec la réserve convenable, se transporteraient chez les contribuables, spécialement pour rapprocher les quittances et retirer celles qui ne seraient pas régulières : une reconnaissance détaillée des quittances par eux remises serait laissée aux contribuables. Inst. n° 16 du 23 fruct. an XII ; C. n° 52 du 26 frim. an XIV et n° 66 du 22 août 1821.

4° Si les droits sont bien établis d'après les tarifs appliqués aux quantités, valeurs, etc.

Si les sommes et les quantités portées aux émargements sont bien celles énoncées dans le libellé des enregistrements.

Si aucun article n'est omis dans les émargements. C. n° 52 du 26 frim. an XIV, n° 67 du 7 juin 1806 et n° 66 du 22 août 1821.

5° Si les additions au bas des pages sont justes et régulièrement reportées aux pages suivantes.

Si le montant total de la recette depuis le commencement de l'année est exactement balancé par les deniers et valeurs représentés dès le début de la vérification et par les récépissés du comptable supérieur. Inst. n° 16 du 23 fruct. an XII et n° 34 du 1er déc. 1806 ; C. n° 52 du 26 frim. an XIV et n° 66 du 22 août 1821.

6° Si les registres ont été régulièrement arrêtés à la fin de chaque mois aux époques prescrites. Si le montant particulier des additions de chaque registre a bien été reporté dans la comptabilité récapitulative de la recette. C. nº 52 du 26 frim. an XIV, nº 207 du 30 nov. 1812, nº 16 du 22 juin 1816 et nº 66 du 22 août 1821.

Les registres récapitulatifs sont :

Pour les buralistes, le registre 33 B ;

Pour les receveurs particuliers et les entreposeurs, les registres 74 et 76.

Pour les receveurs principaux, les registres 87 et 88. CC. nº 8 du 10 déc. 1827 et C. nº 12 du 31 déc. 1827.

Le registre 33 B des buralistes doit être rempli exclusivement par le receveur ambulant ou tout autre vérificateur chargé de l'arrêté mensuel de ce registre. C. nº 24 du 26 déc. 1818, nº 92 du 22 juill. 1823, et Instruction pratique du reg. 33.

7º Si les versements au comptable supérieur sont faits exactement et complètement aux époques prescrites.

8º Si les récépissés de ces versements sont bien conformes aux articles correspondants de dépenses inscrits sur les registres.

Si faibles que soient les recettes d'un comptable, il doit toujours faire au moins un versement par mois. Inst. nº 16 du 23 fruct. an XII ; C. nº 10 du 6 janv. 1816 et art. 269 de l'Ord. du 31 mai 1838.

Ces versements doivent être faits immédiatement après l'arrêté des écritures, et non pas plus ou moins longtemps après cet arrêté.

Jamais l'époque d'un versement ne doit être reculée ; si le jour fixé est un jour férié, le versement doit être fait la veille.

Chaque versement doit épuiser la caisse, sans réserve ni encaisse. Inst. nº 16 du 23 fruct. an XII ; C. nº 10 du 6 janv. 1816, nº 73 du 13 mars 1822 et nº 84 du 20 déc. 1822.

Sauf toutefois :

Les consignations restées aux mains des buralistes de la Régie et des receveurs d'octroi faisant la perception du droit d'entrée. Inst. annexée au reg. 33 et C. de la compt. nº 10 du 15 déc. 1828.

Et les réserves expressément autorisées par le directeur pour l'acquittement des dépenses : le directeur fixe le montant de ces réserves. C. nº 207 du 30 nov. 1812, nº 10 du 6 janv. 1816, nº 16 du 22 juin 1816, nº 27 du 12 nov. 1817, nº 33 du 19 nov. 1818, nº 58 du 6 déc. 1820, nº 73 du 13 mars 1822 et nº 413 du 3 mars 1849.

Si, pour la recette principale, les écritures des diverses parties de la gestion ne peuvent être arrêtées simultanément, les sommes encaissées après les arrêtés partiels ne doivent pas moins être comprises dans le dernier versement à la recette des finances ; ces sommes figurent sur le bordereau du mois à une ligne spéciale : au mois de décembre, toutes les écritures doivent être simultanément arrêtées. CC. nº 10 du 15 déc. 1828, nº 13 du 20 déc. 1830 et nº 18 du 21 déc. 1832.

Toute réserve en fin d'année doit avoir été spécialement et préalablement autorisée par l'Administration. Elle doit être sur-le-champ portée en recette sur les registre de l'année suivante. C. n° 27 du 12 nov. 1817, n° 33 du 19 nov. 1818, n° 58 du 6 déc. 1020 et n° 69 du 30 nov. 1821.

Indépendamment des versements ordinaires, les directeurs, sous-directeurs, inspecteurs et contrôleurs peuvent intimer aux comptables qui leur sont subordonnés, l'ordre de faire des versements extraordinaires, et les comptables doivent obtempérer sur-le-champ à cet ordre. C. n° 52 du 26 frim. an XIV, n° 10 du 6 janv. 1816, n° 53 du 6 déc. 1820, n° 66 du 22 août 1821, n° 73 du 13 mars 1822, n° 43 du 6 sept. 1830.

8° Si le comptable, comme comptable supérieur, s'est immédiatement et intégralement chargé en recette des versements des receveurs secondaires. C. n° 207 du 30 nov. 1812, n° 54 du 19 sept. 1820 et n° 113 du 22 oct. 1835.

Nota. — Les vérificateurs doivent prendre note des sommes versées par les buralistes aux comptables supérieurs, afin de s'assurer si ceux-ci les ont exactement portées à leurs registres. C. n° 68 du 18 juin 1806.

9° S'il existe un parfait accord entre les registres et les bordereaux de mois. C. n° 52 du 26 frim. an XIV, n° 207 du 30 nov. 1812 et n° 16 du 22 juin 1816.

10° Si les registres récapitulatifs de caisse font bien ressortir, chaque jour, les recettes, les dépenses et l'encaisse. Art. 4 de l'Arrêté M. F. du 9 nov. 1820 et 262 de l'Ord. du 31 mai 1838 ; C. n° 68 du 20 oct. 1821, n° 69 du 30 nov. 1821, n° 92 du 22 juill. 1823 et CC. n° 8 du 10 déc. 1827.

Chaque soir, les comptables doivent faire leur caisse et s'assurer que les valeurs qu'elle renferme concordent avec la balance du registre récapitulatif de caisse. C. n° 68 du 20 oct. 1821, n° 92 du 22 juill. 1823 et CC. n° 8 du 10 déc. 1827.

Les simples buralistes qui ne font de perceptions que pour la Régie n'ont pas à tenir de registre journalier de caisse ; le registre récapitulatif mensuel n° 33 B suffit ; mais, s'ils font en même temps des perceptions pour l'octroi, ils doivent tenir un registre récapitulatif de caisse. C. n° 92 du 22 juill. 1823 et CC. n° 10 du 15 déc. 1828.

11° Après ces diverses opérations, le vérificateur arrête tous les registres, et constate, en toutes lettres, le montant des recettes et des dépenses.

Si tout a été trouvé pleinement régulier, et si les recettes totales sont exactement balancées par les valeurs dont le bordereau a été dressé au début de la vérification, celle-ci est ainsi terminée. C. n° 52 du 26 frim. an XIV.

12° Lorsqu'ils se rendent en tournée, les inspecteurs doivent se munir momentanément des relevés n° 82 B, appeler ces relevés avec le registre de perception et avec les portatifs n° 176, et s'assurer ainsi, sur place, que les écritures sont fidèlement établies. C. n° 410 du 23 sept. 1856.

Lorsqu'ils procèdent aux appels de fin de mois, les sous-directeurs, les contrôleurs et receveurs particuliers-entreposeurs, etc., s'assurent :

Que les articles de perception mentionnés au verso des acquits-à-caution, pour justifier la décharge de ces acquits-à-caution, sont *tous* portés sur les relevés n° 82 B ;

Qu'un même article de perception n'a été annoté que sur un seul acquit-à-caution ;

Que les énonciations du registre n° 9 ou 10 s'appliquent bien aux acquits-à-caution déchargés ;

Que les quantités énoncées aux acquits-à-caution et aux certificats de décharge sont bien égales à celles qui figurent à l'article correspondant de perception ;

Que, dans le cas de prise en charge aux portatifs (n° 176), cette prise en charge est régulièrement opérée ;

Que les quantités inscrites aux relevés se retrouvent sur les portatifs et qu'aucune autre quantité ne figure à ces registres ;

Que le montant partiel de chacun des articles de perception inscrits aux relevés et le montant total de ces articles de perception représentent exactement les droits afférents aux quantités que ces mêmes relevés énoncent ;

Que les totaux des relevés sont exactement reportés, comme antérieurs, aux relevés suivants. Id.

13° Les valeurs que le vérificateur aurait jugé à propos de mettre sous clef, après les avoir reconnues, sont remises au comptable. C. n° 52, du 26 frim. an XIV.

14° Outre les vérifications qui sont indiquées ci-dessus, le vérificateur doit scruter d'une manière approfondie toutes les parties de la comptabilité et opérer les recherches, faire les rapprochements divers qui peuvent servir à mettre à découvert les inexactitudes, les omissions, les combinaisons frauduleuses à l'aide desquelles un comptable ou ses commis particuliers atténueraient les recettes ou exagéreraient les dépenses, afin de dissimuler un débet. C. n° 443 du 1er mars 1850.

2273. Débets des comptables. V. 282 à 313.

2274. Détournement de fonds. V. 314 à 337.

Sect. IV. — Vérification d'une recette buraliste.

§ I. Règle générale.

2275. Vérification de la caisse. Voir 2260 et s.

Appeler les registres n°s 1, 2, 3 A, 4 et 4 B (expéditions pour le transport des boissons) :

1° Avec les registres tenus dans le même bureau, savoir :

Les registres n°s 9 et 10 (droit de consommation, droit d'entrée) ;

Le registre n° 13 (bulletin d'entrepôt) ;

NOTA. — Les receveurs principaux doivent vérifier la perception du droit de consommation à l'arrivée (registre n° 9) à l'aide de relevés mensuels que les chefs de service ont à fournir relativement aux acquits-à-caution déchargés par suite de ce paiement.

Les inspecteurs doivent spécialement vérifier la perception des droits sur les quantités reçues par les débitants rédimés.

Inst. n° 34 du 1er déc. 1806 ; Inst. prat. annexées aux divers registres ; C. nos 56 du 12 janv. 1833 et 410 du 23 sept. 1856 ;

2° Avec les feuilles F extraites du registre n° 10 des bureaux d'entrée. § 65 de l'Inst. du 15 fév. 1827 ;

3° Avec les bulletins de circulation venus du dehors ou avec les bulletins revenus avec annotation des employés du lieu de destination. §§ 40 et 41 de l'Inst. du 29 mai 1806 ; C. n° 28 du 26 juill. 1806 ; § 89 de l'Inst. n° 36 du 16 janv. 1809 ; C. n° 29 du 15 avr. 1817 et n° 24 du 26 déc. 1818 ;

4° Avec les bulletins extraits des expéditions visées en cours de transport.

Appeler avec la souche des registres les bulletins dressés par le receveur buraliste pour être envoyés au dehors : ces bulletins doivent être retirés et adressés au chef deservice d'arrondissement par le vérificateur habituel. C. n° 24 du 26 déc. 1818.

NOTA. — Les receveurs ne dressent des bulletins que pour les boissons expédiées, par congés et par passavants, en dehors des limites de la recette ou à destination des lieux sujets au droit d'entrée. C. n° 410 du 21 déc. 1848.

Appeler avec les souches les indications relevées sur les quittances produites par les assujétis aux exercices. Inst. n° 34 du 1er déc. 1806 ; § 34 de l'Inst. n° 36 du 16 janv. 1809 et C. n° 310 du 1er août 1855.

Appeler les divers portatifs avec les registres de la recette buraliste. Formul. et textes de div. reg. ; Inst. prat. du regist. n° 20 et n° 34 du 1er déc. 1806 ; C. n° 27 du 25 juill. 1806, n° 23 du 19 déc. 1812, n° 56 du 12 janv. 1833, n° 124 du 1er mars 1836, n° 150 du 21 juill. 1837 et n° 170 du 5 avr. 1838.

Ces appels sont faits à la diligence et sous la responsabilité du chef du service actif dans chaque localité. Instr. n° 34 du 1er déc. 1806.

2276. *Les vérificateurs supérieurs doivent de plus :*

1° Reviser tous les arrêtés des mois précédents ;

2° Récapituler, comme moyen de contrôle, les arrêtés mensuels et trimestriels de chaque registre et comparer les totaux de cette récapitulation avec les totaux du registre récapitulatif n° 33, qui est toujours rempli par le vérificateur ordinaire, et des comptes ouverts n° 75 ;

3° Récapituler tous les comptes ouverts (n° 75) et comparer les totaux avec ceux des chapitres correspondants du sommier n° 76. C. n° 47 du 25 janv. 1807.

2277. A la fin de l'année, les sous-directeurs sont tenus de faire ces rapprochements et de certifier l'exactitude de la feuille récapitulative qui termine le registre n° 33 B. C. n° 12 du 31 déc. 1827 ; Lett. comm. n° 28 du 25 déc. 1828 et C. n° 310 du 1er août 1855.

§ II. Consignations reçues par les buralistes.

2278. Les divers registres auxquels se rattachent les consignations seront examinés avec attention par le vérificateur ordinaire, qui doit reporter au registre n° 33 A les sommes consignées à défaut de caution (acquits-à-caution, passe-debout, etc.) : il s'assurera que, pour les enregistrements qui n'auront pas donné lieu à consignation, les droits sont garantis par le déclarant et par une caution solvable, ayant signé l'un et l'autre à la souche du registre.

Les autres vérificateurs procéderont aux mêmes investigations, et rapprocheront ensemble les registres nos 33 A et 33 B, le sommier no 76 D et le livre minute des bordereaux n° 76 E.

En vérifiant la caisse, on exigera toujours la représentation des fonds provenant de consignation. Inst. prat. du reg. n° 33 A.

§ III. Receveurs d'octroi faisant la perception du droit d'entrée.

2279. Vérification de la caisse. Voir 2260 et s.

Appeler les feuilles F avec les registres n° 10 ;

Les bulletins no 6 venus du dehors avec les feuilles F ou les registres n° 10 eux-mêmes. C. n° 56 du 12 janv. 1833, §§ 40 et 41 de l'Inst. n° 32 du 29 mai 1806 ; § 89 de l'Inst. n° 36 du 16 janv. 1809 : C. n° 28 du 28 juill. 1806 et no 29 du 15 oct. 1817 ;

Les registres n° 10 ou les feuilles F avec les portatifs. (Voir, relativement à ces divers appels, la section spéciale aux buralistes.) § 65 de l'Inst. du 15 fév. 1827 ;

Les bulletins de passe-debout revenus au bureau de délivrance :

Soit avec les registres no 13 (conversion des bulletins de passe-debout en bulletins d'entrepôt) ;

Soit avec les registres n° 15 du bureau de sortie.

Rapprocher du registre no 10 les indications puisées sur les quittances produites par les assujétis.

Vérifier l'exactitude des certificats de sortie et suivre aussi de près l'apurement des bulletins de passe-debout.

Pour ce qui concerne la tenue du registre récapitulatif n° 33 B, le contrôle de ce registre et la vérification du compte des consignations, voir 2275 et s. V. aussi les nos 79 et suiv.

Sect. V. — Vérification des recettes particulières.

§ I. Règles générales.

2280. Vérification de la caisse de la recette buraliste, de l'entrepôt, s'il y a lieu, et de la concentration journalière des recettes aux registres récapitulatifs de caisse. Voir **2260** et s.

2281. Appeler le journal des recettes, n° **74** :

1° Avec les comptes ouverts individuels des buralistes et des contribuables débiteurs de droits constatés, registre n° 75 ;

2° Avec les registres d'acquits-à-caution en retard, n° 167 et autres ;

3° Avec le sommier n° 76, servant à classer les recettes par nature de droit et par année, et comprenant le relevé n° 76 G des frais de poursuites.

2282. Vérifier dans tous ses développements le sommier n° 76 et s'assurer que les totaux sont conformes à ceux du registre récapitulatif des recettes. Inst. n° 16 de fruct. an XII ; C. n° **24** du 8 fév. 1819, n° **12** du 31 déc. 1827, n° **74** du 29 janv. 1834 et n° 234 du 2 juill. 1840.

2283. Les appels sont faits, en fin de mois, par les vérificateurs ordinaires.

Et accidentellement par les vérificateurs intervenants. Inst. n° 16 de fruct. an XII et n° 34 du 1er déc. 1806 ; C. n° 207 du 30 nov. 1812, n° 393 du 25 juin 1848, n° 443 du 1er mars 1850, n° 450 du 8 juin 1850 et n° 310 du 1er août 1855.

2284. Lors du versement de chaque mois, le vérificateur ordinaire doit examiner le compte ouvert, discuter la situation des recouvrements sur les trimestres antérieurs et sur le trimestre courant, et s'enquérir des restes à recouvrer.

En fin de trimestre, il appelle les états de produits : 1° avec les comptes ouverts individuels sur lesquels ces états ont dû être dépouillés par le receveur ; 2° avec les portatifs. C. n° 67 du 7 juin 1806 ; Inst. n° 34 du 1er déc. 1806 ; C. n° 24 du 8 fév. 1819 ; Inst. du 15 fév. 1827 ; C. n° 393 du 25 juin 1848, n° 443 du 1er mars 1850, n° 450 du 8 juin 1850 et n° 310 du 1er août 1855.

2285. État des restes à recouvrer. Voir 2010. V. aussi 734 et suiv.

Les vérificateurs de tout ordre doivent s'assurer :

Si les receveurs inscrivent sans retard : 1° aux comptes ouverts individuels des buralistes et des contribuables ; 2° au sommier n° 76, les paiements qui leur ont été faits.

Il est rigoureusement interdit aux receveurs d'appliquer des droits perçus pour une année à une autre année. Inst. n° 16 de fruct. an XII ; C. n° 19 du 12 déc. 1816 et n° **24** du 8 fév. 1819 ; art. **263** de l'Ord. du 31 mai 1838.

Si les comptes ouverts individuels présentent dans les colonnes pour ce disposées, l'annotation :

1° Des avertissements n° 54 délivrés successivement, dans le cours du trimestre, aux débitants exercés ;

2° Des décomptes successifs, mensuels ou accidentels, des brasseurs, des fabricants de sucre, des fabricants de cartes, des marchands en gros, des entrepreneurs de voitures publiques, des débitants abonnés, etc. ;

3° De tous les frais de poursuites faites pour parvenir au recouvrement des droits. On doit tenir la main à ce que ces frais soient toujours compris dans la comptabilité des receveurs et portés aux relevés n°s 76, 81, et au répertoire dont le modèle est annexé à la circulaire n° 445 du 5 février 1857.

A cet effet, les directeurs des contributions indirectes doivent demander des renseignements à leurs collègues de l'enregistrement au sujet des actes de poursuites enregistrés à la requête de la Régie dans les diverses recettes. C. n° 67 du 7 juin 1806 ; Inst. n° 34 du 1er déc. 1806 ; C. n° 6 du 16 févr. 1815 et n° 24 du 8 fév. 1819, n° 54 du 28 janv. 1822, n° 12 du 31 déc. 1827, n° 74 du 29 janv. 1834, n° 124 du 1er mars 1836, n° 229 du 23 mars 1840 et n° 234 du 2 juill. suiv.

Si les enregistrements au registre n° 74, les quittances délivrées aux contribuables et les annotations aux comptes ouverts mentionnent, lorsque les paiements n'ont pas été effectués en numéraire, s'ils ont été faits en obligations (sels, sucres, etc.) ; dans ce dernier cas, l'époque de l'échéance des obligations doit également être indiquée. Inst. n° 16 de fruct. an XII ; C. n° 207 du 30 nov. 1812, n° 293 du 16 déc. 1843 et n° 339 du 5 juin 1846.

2286. Les vérificateurs, agissant avec circonspection, doivent s'assurer que les obligations ont été, réellement et légalement, souscrites par les contribuables en paiement du droit dont ils étaient débiteurs, et qu'elles ne masquent pas, au profit du receveur, un retard de versement ou un détournement de deniers. Inst. n° 16 de fruct. an XII ; C. n° 52 du 26 frim. an XIV et n° 66 du 22 août 1821.

Les délais accordés par la législation pour l'échéance des obligations peuvent, au gré des contribuables, être abrégés, mais non étendus.

Après que les délais accordés par la législation sont expirés, on ne peut plus accepter d'obligation. V. 609.

L'échéance des obligations doit être établie pour ce qui reste à courir du délai accordé par la législation ; et ce délai court, non du jour de la souscription des obligations, mais du jour où les droits étaient légalement exigibles. Inst. n° 16 de fruct. an XII ; C. n° 36 du 5 therm. an XIII, n° 202 du 11 mars 1839 et n° 258 du 25 sept. 1841.

2287. Les vérificateurs portent spécialement leur attention sur les recouvrements ; ils doivent, au besoin, dresser des états nominatifs :

1° Des restes à recouvrer et en discuter les articles ;

2° Des acomptes payés sur le trimestre courant ;

Établir ensuite une situation générale :

Constatation des trimestres antérieurs. . . . .
Acompte sur le trimestre courant. . . . .

TOTAL. . . . .

Recouvrements. . . . .
Ordonnances de décharge. . . . . .

DIFFÉRENCE. . . . .

La différence doit être égale aux restes à recouvrer, sinon il y a erreur dans la comptabilité. Inst. n° 34 du 1er déc. 1806.

Une semblable obligation est imposée aux vérificateurs relativement aux recouvrements sur acquits-à-caution. Inst. du 15 déc. 1827.

Comme moyen général de vérification :

Additionner, d'une part, toutes les charges des comptes ouverts ;

D'autre part, les paiements annotés.

Les totaux doivent être égaux aux totaux : 1° des constatations ; 2° des recouvrements. Id.

Notice relative aux vérifications mensuelles ou trimestrielles des recettes ambulantes.

(Annexe à la lettre commune n° 2 du 14 avril 1883.)

VÉRIFICATIONS MENSUELLES.

Appel des registres de comptabilité 74 B, 75, 76.

2288. Le vérificateur tient le registre 74 B et le registre 76. Il annonce pour chaque quittance du 74 B, qu'il pointe à ce registre en même temps qu'au registre 76 (1re ou 2e partie), le folio du registre 75, lequel est tenu par le receveur. Celui-ci fait connaître le nom du buraliste ou du redevable, le numéro de la quittance et la somme inscrite. Lorsque cet appel est terminé, le vérificateur contrôle les additions et les reports du registre n° 74 B, et s'assure de la régularité de l'arrêté effectué à ce registre. Il contrôle également les additions à la première et à la deuxième partie du registre n° 76 et en rapproche les totaux du bordereau 80 A et du relevé n° 76 E.

Registre n° 75 C. — S'assurer que l'on a indiqué, pour mémoire, en marge de chaque compte, les constatations de l'année précédente.

Appel des acquits-à-caution avec les portatifs et le registre 49.

Le vérificateur tient le portatif, dans lequel sont classés les acquits à leur folio de prise en charge. Il annonce pour chaque acquit-à-caution, qu'il pointe au portatif, le n° du 49, lequel est aux mains du commis principal. Celui-ci fait connaître le numéro de l'acquit-à-caution, le bureau d'origine, le nom de l'assujéti et la quantité pour laquelle l'acquit est déchargé. Il énonce, en outre, pour les acquits pris en charge au portatif 53 A, le numéro de chaque fût et la quantité correspondante, la lettre de chaque case, le nombre de bouteilles avec la contenance et le degré, s'il s'agit de spiritueux, et avec le prix de vente, s'il s'agit de vins ou de cidres. Le vérificateur doit voir si ces diverses indications sont en harmonie avec le libellé de l'acquit-à-caution, avec le cadre de décharge rempli au verso, et avec la prise en charge au portatif. Relativement aux acquits pris en charge au portatif 50 A, il s'assure s'ils ont été compris dans la dizaine correspondant à la date de l'inscription aux registres nᵒˢ 8 ou 13. Enfin, au cours des appels avec le registre n° 176, il pointe à la feuille 82 B les acquits déchargés, et, en ce qui concerne les acquits inscrits à ladite feuille qui ne seraient pas encore pris en charge et déchargés, il recherche les causes du retard.

Lorsque l'appel est terminé, on doit compter les acquits remis et s'assurer que leur nombre est conforme à celui des articles du registre n° 49.

Carnet n° 6. — S'assurer que les indications de ce carnet concordent avec celles du registre tenu à la direction ou à la sous-direction, suivant le modèle donné par la circulaire n° 17 du 16 mars 1870.

Carnet n° 6 B et bulletins 6 C. — Examiner si les visas sont en nombre suffisant eu égard à l'importance du mouvement des boissons ; — si les indications du lieu, de la date et de l'heure du visa ne sont pas en contradiction avec les énonciations du registre d'ordres et avec les bulletins de présence ; — si les visas se rapportant à des acquits rentrés à la direction ou à la sous-direction sont bien apposés sur ces acquits ; — si des bulletins 6 C sont remis pour toutes les expéditions visées devant donner lieu à la production de formules de l'espèce.

Registres 52 C et 52 D. — S'assurer si des actes de cautionnement au registre 52 C ont été souscrits pour tous les marchands en gros, les distillateurs et autres assujétis astreints à la formalité du cautionnement, et particulièrement pour ceux qui auraient pris licence dans le courant du mois ; — si les actes de cautionnement tant au registre 52 C qu'au registre 52 D sont régulièrement établis et signés de l'assujéti et de la caution.

Registre 70 A et bulletins 86 C. — Examiner si le nombre des exercices dans chaque tournée est conforme aux fixations réglementaires ; — si les heures de départ ne sont pas trop uniformes ; — s'il n'y a pas trop de périodicité dans l'exercice des mêmes tournées ; — si certaines tournées limitrophes ne sont pas habituellement vues l'une après l'autre ; — si les fêtes, foires et marchés sont exactement suivis ; — si les rondes de nuit sont en nombre suffisant ; — si elles sont variées quant aux heures et aux lieux parcourus ; — si les cadres du cahier 70 B sont régulièrement servis ; — si les bulletins de présence sont en concordance avec les indications des ordres journaliers, et spécialement s'ils ne présentent pas d'anomalie eu égard aux heures de départ en tournée, à l'itinéraire indiqué et aux distances d'une commune à l'autre.

Carnet 75 *C et factures de tabacs et de poudres.* — Appeler le carnet avec les factures ; examiner si le retrait des factures n'a pas été tardif et en rechercher les causes.

Carnet 75 *D de distribution et de retrait des bons de tabac de troupe.* — S'assurer de la concordance entre les indications de ce carnet et celles du registre tenu à la direction ou à la sous-direction, suivant le modèle donné par la circulaire nº 17 du 16 mars 1870.

Registre 167. — Examiner si le recouvrement des droits est opéré ou garanti en temps utile.

VÉRIFICATIONS TRIMESTRIELLES.

2289. Appeler tous les états de produits avec les décomptes établis aux divers portatifs.

Rapprocher ces états et les relevés nºs 81 et 82 du registre 76 H.

Rapprocher l'état des soldes de comptes nº 85 du registre 75 ; — examiner si les restes à recouvrer ne sont pas relativement élevés eu égard au chiffre des constatations ; — comparer avec l'état nº 85 du trimestre précédent pour voir si les retardataires ne sont pas toujours les mêmes. Dans ce cas, charger les inspecteurs, au cours de leurs vérifications, de rechercher quelle est la situation pécuniaire des redevables et si toutes les démarches utiles sont faites à leur égard par le comptable en vue d'activer les recouvrements.

Examiner si les relevés 76 F, 76 G et le répertoire dont la tenue est prescrite par la circulaire nº 445 du 5 février 1857 sont régulièrement servis.

Appeler les reprises ou reports aux nouveaux portatifs avec les portatifs du trimestre expiré. (En ce qui concerne spécialement les portatifs 53 A, ne pas omettre pour les vins ou les cidres de faire appeler les prix de vente.)

S'assurer par les rapprochements des portatifs 50 A avec le 50 D que tous les manquants passibles afférents au trimestre ont fait l'objet de décomptes.

§ II. Recette de garantie.

2290. Vérification de la caisse. Voir 2260 et s.

2291. Contrôler les trois enregistrements les uns par les autres (registres du contrôleur, du receveur et de l'essayeur), et rapprocher de ces registres le registre spécial nº 74 de quittances. C. nº 488 du 19 juill. 1851.

Sect. VI. — Vérification d'un entrepôt.

§ I. Tabacs et poudres à feu. Comptabilité en deniers

2292. Vérification de la caisse. V. 2260 et s.

2293. Contrôler le report qui doit être fait, chaque jour, sur les livres de la comptabilité en deniers, du produit des ventes constatées par les registres de factures, en établissant le décompte, d'après les prix de vente, du produit des quantités vendues et des quantités manquantes à la charge des entreposeurs, et en y comprenant le prix des colis vendus aux débitants et aux consommateurs.

2294. Les registres de la comptabilité en deniers sont :

Pour les entreposeurs qui n'ont pas d'autres fonctions, le registre spécial n° 74 C ;

(Leur comptabilité est réglée comme celle des receveurs particuliers sédentaires.)

Pour les receveurs particuliers entreposeurs, le registre n° 74 D ;

Pour les receveurs principaux entreposeurs, le registre n° 87.

2295. Examiner l'ensemble des reports aux registres de la comptabilité en deniers ; à cet effet, former un décompte général de toutes les quantités vendues ou manquantes depuis le commencement de l'exercice. C. n° 194 du 2 sept. 1811, n° 16 du 22 juin 1816, n° 58 du 6 déc. 1820, n° 66 du 22 août 1821, n° 84 du 20 déc. 1822 et n° 26 du 14 sept. 1825 ; CC. n° 8 du 10 déc. 1827 ; Inst. prat. des registres n°s 74 C et D et du registre n° 87.

Nota. — Les quantités manquantes doivent être payées par les entreposeurs, savoir :

Pour les tabacs, aux prix fixés pour les ventes aux débitants ;

Pour les poudres à feu, aux prix fixés pour les ventes aux consommateurs.

En ce qui concerne les tabacs et les poudres à feu saisis, le prix des manquants doit être payé conformément aux fixations arrêtées par les circulaires n° 31 du 26 sept. 1820 et n° 423 du 5 juin 1849.

Quand le service constate dans un débit des manquants sur les tabacs de cantine destinés aux troupes ou aux établissements hospitaliers, les débitants ont à tenir compte à la Régie de la différence entre le prix payé à l'entrepôt et le prix du tabac ordinaire. C. n° 179 du 21 janv. 1854 et n° 833 du 31 mars 1862.

Ces dispositions ne paraissent pas applicables aux manquants constatés dans les entrepôts.

2296. Les entreposeurs spéciaux n'acquittent aucune dépense quelconque ; en conséquence, on doit s'assurer que le produit des ventes a toujours été intégralement versé par eux et en numéraire. C. n° 192 du 19 juill. 1811, n° 10 du 6 janv. 1816 et n° 84 du 20 déc. 1822.

§ II. Comptabilité en matières. — Tabacs et poudres.

2297. Vérifier les enregistrements, les émargements, les additions, les reports :

Au registre n° 62, qui présente, en bloc, le mouvement des entrées, des ventes et des sorties ;

Aux registres n°s 35 et 63, offrant le détail, par articles divers, des entrées et des sorties.

Rapprocher et appeler les registres n°s 35 et 63, afin de s'assurer de leur concordance, soit ensemble, soit avec le journal général n° 62. Décret du 12 janv. 1811 ; Inst. n° 39 du 7 juin 1811 ; C. n° 66 du 22 août 1821, n° 26 du 14 sept. 1825 et n° 443 du 1er mars 1850.

2298. Examiner si les registres des factures, sur lesquels les ventes sont constatées, sont exactement et régulièrement additionnés chaque soir, et si les totaux en sont reportés immédiatement après aux registres n°s 62, 35, 63 B, 64 A et 64 C.

2299. Vérifier l'exactitude du report, sous les ventes de chaque jour (registre des factures), des ventes antérieures : les totaux généraux doivent concorder avec les articles correspondants des registres n°s 35 et 63.

2300. Les états mensuels de situation et les comptes annuels sont dressés d'après les registres n°s 62, 35 et 63 ; il doit y avoir identité dans les résultats.

De même, les états trimestriels et annuels n° 67, qui sont formés à l'aide d'un registre de comptes-ouverts que l'entreposeur doit tenir pour y classer les achats de chaque débitant, doivent être en parfaite concordance, pour les totaux généraux, avec les registres n°s 35, 63 et 64. C. n° 66 du 22 août 1821, n° 84 du 20 déc. 1822 et n° 26 du 14 sept. 1825 ; Inst. pratiq. annexées aux divers registres.

2301. Les inspecteurs doivent rapprocher des registres, d'où elles ont été détachées, les factures retirées des mains des débitants ; l'appel doit être fait non pas seulement pour les totaux, mais en détail, par espèce, qualité et prix. C. n° 26 du 14 sept. 1825 ; Lett. comm. n° 34 du 30 avril 1829 ; C. n° 443 du 1er mars 1850 et n° 468 du 5 nov. 1850.

En cas d'irrégularité, il y a lieu de consulter les bulletins des demandes des débitants. C. n° 468 du 5 nov. 1850.

L'inspecteur ne peut se décharger de ces rapprochements sur un autre vérificateur. C. n° 310 du 1er août 1855.

2302. Toute livraison doit avoir été enregistrée sur-le-champ ; il est rigoureusement interdit aux entreposeurs de faire aucune vente sans facture, même en acompte sur une future et prochaine livraison. C. n° 54 du 19 sept. 1820 et n° 26 du 14 sept. 1825.

§ III. Charges et sorties.

2303. A l'égard des charges, contrôler, savoir :

1° Les reprises provenant de l'année précédente,

Par les registres de l'année précédente ; par le procès-verbal d'inventaire la fin de la même année, et par le compte de cette année ;

2° Les quantités reçues depuis le commencement de l'année,

Par le registre de décharge des acquits-à-caution n° 26 ;

Nota. — Les quantités énoncées aux acquits-à-caution doivent être intégralement prises en charge et en recette. Les excédents de route sont pris en charge distinctement, et il est fait sortie et dépense des déchets de route.

Décret du 12 janvier 1811 ; Inst. n° 39 du 7 juin 1811 ; C. n° 26 du 14 sept. 1825.

Par les lettres d'avis des établissements expéditeurs;

Par les minutes des états d'accusé de réception ;

En fin d'année, par l'expédition du dernier état de réception, revêtu du visa, pour conformité, du chef de l'établissement expéditeur ;

3° Les excédents de route,

Par le registre de décharge des acquits-à-caution n° 26 ;

4° Les excédents de magasin sur colis sous cordes et plombs,

Par le registre n° 63 A ;

5° Les excédents sur colis ouverts,

Par les arrêtés de situation des divers vérificateurs;

6° Les tabacs saisis, les poudres saisies,

Par les registres de classement.

2304. En ce qui concerne les sorties, contrôler :

1° Les ventes,

Par les registres des factures ;

2° Les manquants,

Par les situations que les vérificateurs ont établies ;

3° Les déchets de route,

Par le registre de décharge des acquits-à-caution n° 26 ;

4° Les déchets de magasin sur colis sous cordes et plombs,

Par le registre n° 63 A ;

5° Les manquants sur colis ouverts,

Par les situations que les divers vérificateurs ont établies ;

6° Les envois à d'autres établissements,

Par les registres des acquits-à-caution et par les états d'accusé de réception.

2305. Etablir sur le journal général n° 62 la balance des entrées, des sorties, du doit rester ; comparer les restes effectifs, d'après l'inventaire opéré par le vérificateur, et constater le résultat de la balance entre le doit rester et les restes effectifs.

2306. Les vérificateurs doivent, de plus et toujours, constater spécialement la situation des tabacs en garenne mis en vente et des colis ouverts. C. n° 20 du 9 fév. 1818, n° 31 du 26 sept. 1820, n° 29 du 14 sept. 1825, n° 34 du 15 janv. 1826 ; Lett. comm. n° 34 du 30 avr. 1829 ; C. n° 43 du 6 sept. 1830, n° 72 du 12 mars 1834, n° 443 du 1er mars 1850, et n° 464 du 7 oct. 1850.

2307. Ils s'assurent :

Si les employés du service actif assistent à l'arrivée des tabacs et à leur pesée immédiate, à la mise en vente des tabacs en garenne ; s'ils constatent le poids des colis lors de la mise en vente, et s'ils tiennent le registre n° 82, dit magasinier, pour suivre les mouvements d'arrivée et de mise en vente. Ce registre doit d'ailleurs être utilisé par les vérificateurs des entrepôts, et rapproché des écritures de l'entrepôt, avec lesquelles il doit correspondre. Inst. du 7 juin 1811 ; C. n° 96 du 19 août 1811, n° 31 du 26 sept. 1820 et n° 26 du 14 sept. 1825 ; Lett. comm. n° 34 du 30 avr. 1829 ; C. n° 468 du 5 nov. 1850 et n° 474 du 18 déc. 1850.

Les employés du service actif qui font des remarques de nature à motiver des représentations au comptable lui-même, doivent les communiquer au sous-directeur, qui examine les faits et prescrit ce qu'il juge nécessaire. C. n° 310 du 1er août 1855.

Sect. VII. — Vérification d'une recette principale.

§ I. Ecritures en recette et en dépense.

2308. Le directeur, le sous-directeur ou l'inspecteur, en vérification dans une recette principale, s'assureront, quant aux recettes :

1° Du report exact et journalier au livre-journal de caisse n° 87 A ;

Des droits au comptant perçus par le receveur principal, s'il est buraliste (registres élémentaires et comptes ouverts n° 75 A) ;

Des droits constatés, registre n° 74 A, recette particulière ;

Des droits de timbre de la recette particulière ;

Des produits de l'entrepôt, si le receveur principal en a directement la gestion : registre n° 64 A, pour les ventes de tabacs; registres n° 64 C, pour les ventes de poudres ;

Des recouvrements faits par le receveur principal pour le compte des communes (registres élémentaires) ;

Des droits de timbre délivrés comme receveur principal ;

Des recettes diverses pour consignations, amendes, doubles droits, frais, etc., inscrites au registre n° 74 spécial, tenu conformément aux dispositions de la circulaire n° 94, du 6 août 1823 ;

2° Du report exact et au jour même où ils sont effectués,

Des versements faits par des receveurs buralistes, par des receveurs d'octroi ; comptes ouverts n° 75 A ;

Des sommes versées par les entreposeurs spéciaux, par les receveurs particuliers sédentaires ou ambulants ; registres nos 87 B et 90, bordereau n° 80. C. n° 66 du 23 août 1821 et n° 50 du 8 juin 1850 ; Inst. annexée au registre n° 87 A.

2309. Les enregistrements en dépense seront vérifiés, et l'on s'assurera de leur report aux divers comptes du sommier n° 88.

En totalisant les chapitres dudit sommier, on examinera si l'ensemble des dépenses qui y sont portées correspond exactement au total des dépenses au livre-journal n° 87 A.

Toute pièce de dépense qui ne serait pas revêtue du visa et de l'ordonnancement du directeur ne serait pas admise.

Les dépenses pour frais judiciaires et autres, les dépenses sur consignations doivent être contrôlées par le rapprochement des registres nos 88 et 89.

2310. Comme moyen de vérification d'ensemble :

Totaliser depuis le commencement de l'année et récapituler :

Les droits au comptant de la recette buraliste (registres élémentaires et registre n° 75 A) ;

Les droits constatés de la recette particulière (registre n° 74 et sommier n° 76) ;

Les produits de l'entrepôt (registres n° 64, tabacs et poudres) ;

Le produit des timbres de la recette buraliste et de la recette particulière ;

Les versements des buralistes secondaires et des receveurs d'octroi (registre n° 75 A) ;

Les versements des entreposeurs spéciaux et des receveurs particuliers, sédentaires ou ambulants, registre n° 87 B et 90, et bordereaux n° 80.

Le total général devra concorder avec le compte général des versements des receveurs particuliers au sommier n° 88, augmenté, s'il y a lieu, des recettes du mois courant qui n'y auraient pas encore été portées.

Les écritures en dépenses et en recettes qui ne constituent que de simples virements doivent se contrôler les unes par les autres (registres n°s 88 et 89, consignations, avances pour frais, etc.) ; rapprocher ces divers registres.

2311. Indépendamment de l'examen qui sera fait, quant au report des recettes au livre-journal n° 87 A, les vérificateurs devront procéder aux investigations de détail ci-après indiquées.

2312. Les mêmes vérifications que celles détaillées aux tableaux spéciaux des recettes buralistes et particulières seront faites en ce qui concerne :

Les droits au comptant (recette buraliste) ;

Les droits constatés et les timbres de la recette particulière.

2313. A l'égard des recouvrements et perceptions quelconques effectués pour le compte de la commune, les registres élémentaires seront examinés.

2314. Il sera procédé, quant aux produits de l'entrepôt, comme dans les entrepôts spéciaux.

2315. Pour la vérification du produit des timbres du receveur principal, on fera l'inventaire et l'on établira la situation de ces timbres (registres n° 106 A, comptes n°s 5 et 6). V. 1053 *bis* et suiv.

2316. Les vérificateurs s'assureront du report aux registres auxiliaires n° 89 des recettes diverses faites par le receveur principal pour consignations, amendes, doubles droits, etc. (registre n° 74 spécial ; bordereaux n° 80 des receveurs particuliers) ;

2317. Les comptes ouverts n° 75 et le sommier n° 76 seront examinés en ce qui touche les versements des buralistes et des receveurs d'octroi.

2318. Pour les versements des entreposeurs spéciaux et des receveurs particuliers, on vérifiera et l'on rapprochera les bordereaux n° 80 avec les registres n°s 90, 87 B et 89.

2319. Les vérificateurs s'assureront en outre que les recettes de toute nature sont reportées au sommier général n° 88, et que les divers chapitres dudit sommier, totalisés ensemble, forment le chiffre général des recettes inscrites au livre-journal n° 87. Inst. pratique des registres n°s 87 B et 90 et Inst. annexées au journal n° 87 et au sommier n° 88.

L'Administration a appelé d'une manière spéciale l'attention des employés supérieurs sur le contrôle de versements faits après arrêtés. Nous nous référons à cet égard à ce qui a été inséré sous le n° 1335 *bis*.

§ II. Vérification spéciale du compte général des consignations.

1° Recette.

2320. On s'assurera du report du reste à liquider, d'après le compte de l'année précédente :

Aux registres n° 89 A (1re et 2e parties),

Au registre n° 89 C.

Les nouvelles recettes seront vérifiées d'après :

1° Le registre n° 74 spécial de la recette principale ;

2° Les recouvrements faits, pour le compte du receveur principal, par les receveurs sédentaires ou ambulants, et qui seront relevés sur le regisre n° 90 et sur les bordereaux n° 80 ;

3° Le registre n° 87, en ce qui concerne les consignations pour non-émargement des tableaux d'appointements, etc. (registre n° 89 C) ;

4° Le sommier n° 88, qui doit présenter toutes les consignations cumulativement. C. n° 66 du 22 août 1821.

2° Dépense.

2321. Les dépenses seront contrôlées au moyen des minutes des états n° 100 (1), comparés avec les registres n° 89 A, et d'après les états n° 99 et les pièces justificatives de restitution, encore aux mains du comptable.

Le vérificateur fera ressortir la balance du compte entre les recettes et les dépenses; dressera un état détaillé des consignations restant à liquider, et examinera ensuite la situation de chaque affaire. Inst. n° 16 de fruct. an XII; C. n° 52 du 26 frim. an XIX; art. 14 du Règl. du 9 nov. 1820; C. n°s 34 du 10 janv. 1821 et 66 du 22 août 1821.

§ III. Registre n° 89 B. Vérification du compte des avances provisoires.

2322. On s'assurera du report exact du reste à liquider, d'après le compte de l'année précédente.

Les nouvelles avances seront vérifiées :

---

(1) Les opérations de trésorerie ont cessé d'être énumérées à l'état n° 100 A. CC. n° 79 du 21 nov. 1867.

D'après le journal général n° 87 ;

D'après les bordereaux n° 80 (dépenses pour le compte du receveur principal) ;

D'après le sommier général n° 88, qui doit en présenter l'ensemble à un chapitre spécial.

Les recettes sur avances seront contrôlées : 1° d'après le registre n° 74 spécial, le registre n° 74 de la recette particulière, le sommier n° 76 ; 2° d'après les bordereaux n° 80 et le registre n° 90, et enfin d'après le sommier n° 88 (chapitre spécial des recouvrements sur avances).

Après avoir établi la balance entre la dépense et la recette, on dressera l'état des avances à liquider.

La représentation des pièces justificatives qui seront encore entre les mains du comptable sera exigée ; on s'assurera de leur régularité (visa et ordonnancement du directeur).

Chaque article restant à liquider sera discuté et examiné au point de vue des motifs qui en auront empêché l'apurement.

SECT. VIII. — Débets. Vols de deniers.

2323. Le premier devoir d'un vérificateur qui constate un débet ou une infidélité, ou qui reconnaît dans les écritures un désordre tel que l'on ne peut, sans danger pour les intérêts du Trésor, laisser le comptable à ses fonctions, est de lui fermer les mains. Inst. n° 16 de fruct. an XII ; C. n° 52 du 26 frim. an XIV, n° 34 du 10 janv. 1821, n° 66 du 22 août suiv. et n° 310 du 1er août 1855.

Il doit rendre compte au directeur, pour le mettre à même d'approuver la suspension ; il doit, en outre, attendre cette décision chez le comptable, et faire directement la recette des sommes qui seraient versées à celui-ci, à quelque titre que ce fût. Id.

Le vérificateur fournit au comptable la reconnaissance des valeurs que ce dernier lui a remises, conformément au bordereau dressé au début de la vérification ; il se fait remettre, aussi sur sa reconnaissance, tous les registres servant à la perception. Id.

La suspension étant prononcée, le directeur pourvoit aux intérim et à la gestion de l'emploi jusqu'à la décision de l'Administration. Id.

Le directeur, le sous-directeur et l'inspecteur ont le pouvoir de suspension à l'égard des comptables de tous grades. Id.

2324. Constatation des débets. Ecritures de comptabilité. V. 288 à 293.

2325. Frais de poursuites faits à l'occasion de débets. V. 294.

2326. Intérêts des débets. V. 297, 298.

2327. Mesures à prendre, poursuites à exercer en cas de débets, selon que les comptables sont présents à leur poste, destitués, démissionnaires, absents, en fuite ou décédés. V. 299 à 311.

2328. Communications au ministère public. V. 304.

2329. Débets constatés à la charge des préposés d'octroi. V. 312.
2330. Vols de deniers en caisse. V. 314 à 324.
2331. Vols de deniers publics pendant le transport. V. 325 à 328.
2332. Concussion. V. 338 à 342.

Sect. IX. — Versements.

2333. Réserves autorisées. V. 229 à 233.
2334. Versements à faire par les comptables. V. 234 à 277.

CHAPITRE LVII.

Forcement en recette.

Erreur matérielle, 2336.
Exercice, 2337, 2338.
Fausse application des principes, 2336.
Forcement en recette, 2335 à 2339.
Recours, 2339.
Responsabilité des comptables, 2335.

2335. Les comptables en exercice sont tenus de verser immédiatement dans leur caisse le montant des droits dont ils ont été déclarés responsables. Art. 5 de l'Ord. du 8 déc. 1832.

S'ils sont hors de fonctions, le recouvrement en est poursuivi contre eux, à la diligence de l'agent judiciaire du Trésor public. Id.

Cette subrogation est conforme aux dispositions de l'article 1251 du code civil.

2336. Les forcements en recette ne doivent être opérés immédiatement que lorsqu'ils sont le résultat d'une rectification matérielle de calcul. C. n° 410 du 21 déc. 1848.

Quand l'erreur repose sur une fausse application des principes, sur une interprétation erronée des instructions ou sur l'omission de certaines pièces, le vérificateur doit en référer au directeur. Id.

Le directeur lui-même doit soumettre des propositions à l'Administration, qui statue. C. n° 443 du 1er mars 1850 et n° 51 du 23 août 1852.

2337. Lorsque l'avis d'un forcement en recette sur des droits constatés par des receveurs particuliers parvient dans le cours de l'exercice que le forcement concerne, on en fait faire écriture par les receveurs particuliers sur le registre du droit et sur celui des comptes ouverts aux redevables. Cette opération n'exige aucune justification particulière : il suffit que les chefs s'assurent que le contribuable en est débité, et que le recouvrement en est suivi. C. n° 31 du 28 mars 1818.

Si le forcement concerne un receveur buraliste, et qu'il ait pour objet le redressement d'une erreur dans l'application du droit aux quantités, le registre de perception est rectifié par une annotation en marge de l'article inexact. Le receveur particulier énonce dans cette annotation que le montant du forcement a été versé par le receveur buraliste en même temps que ses perceptions du mois courant ; et l'arrêté du mois courant, libellé dans les formes ordinaires, mentionne qu'en sus de la somme formant les perceptions du mois, celle de. . . . . . [a été versée par le comptable conformément à l'annotation mise en marge de tel article. Id.

Si le forcement avait pour objet une perception non enregistrée, l'inscription devrait en être faite au registre du droit, par un article nouveau qui ferait partie des recettes du mois courant : dans ce cas, une note serait placée à la marge de l'arrêté du mois où la perception aurait dû figurer, pour annoncer que l'article omis a été enregistré à telle date et sous tel numéro. Enfin, si un article de recette avait été porté indûment dans une colonne ou sur un registre autre que ceux convenables, il en serait fait déduction sur les totaux de cette colonne ou de ce registre, et un article nouveau serait inscrit comme perception du mois courant : le nouvel enregistrement devrait être libellé de manière à indiquer les motifs de la rectification. Id.

2338. Quand un forcement en recette s'appliquant à l'exercice expiré a eu lieu, le montant en est porté en recette extraordinaire *sur l'exercice courant*; on joint, à l'appui du bordereau, un extrait du livre-journal (74 ou 87). CC. n° 6 du 14 déc. 1826.

Si l'exercice sur lequel porte le forcement en recette est terminé lorsque l'avis en parvient, on opère de la manière suivante :

S'il concerne un receveur particulier, on fait d'abord une annotation au registre du droit, pour y rectifier l'article auquel s'applique le forcement. Une pareille note est placée au compte ouvert au redevable débiteur, et l'on augmente l'état des restes à recouvrer, portés en reprises sur l'exercice suivant et augmenté. C. n° 31 du 28 mars 1818.

Le receveur particulier reçoit l'ordre d'augmenter le compte général des reprises de l'exercice courant et de suivre le recouvrement de cette augmentation dans la forme ordinaire, mais à ses risques et périls. Id.

Si le forcement applicable à un exercice terminé concerne un receveur buraliste, il est prescrit au receveur particulier de porter le receveur buraliste sur l'état des restes à recouvrer de l'exercice précédent, comme débiteur du montant du forcement. Le receveur particulier devra en exiger le versement du buraliste, dans le mois même où il en aura reçu l'ordre. Id.

On place ensuite à la marge de l'article inexact du registre et à celle de l'arrêté de fin d'année, une annotation énonçant que le montant de l'erreur a été versé par le buraliste au receveur particulier, qui en a fait recette à son journal de tel exercice, sous telle date et tel numéro. Id.

2339. Un buraliste, forcé en recette pour n'avoir perçu que le droit de 40 centimes, au lieu du droit de circulation, a son recours contre celui qui a pris l'expédition. D. du cons. d'Adm. n° 506 du 4 mars 1818.

Ce recours peut être exercé tant que la prescription n'est pas acquise. A. C. du 17 mess. an XI.

Le redevable ne peut échapper au recours qu'en faisant juger que le forcement en recettes n'est pas fondé. A. C. du 16 mai 1821.

Lorsque les comptables ont soldé de leurs deniers personnels les droits dus par les redevables, ils demeurent subrogés dans tous les droits du Trésor public. Ord. du 8 déc. 1832.

La Régie ne peut être déclarée non recevable dans ses poursuites pour le recouvrement d'un droit sous le prétexte qu'elle a été désintéressée par un forcement en recette qu'elle a exercé contre son receveur. En supposant que le forcement en recette soit réalisé, le redevable n'est plus libéré, le receveur ayant toujours le droit d'exercer contre lui son recours. A. C. du 16 mai 1821.

CHAPITRE LVIII.

Cautionnement des employés.

Bailleurs de fonds, 2345, 2357 à 2367.
Cautionnement des employés, 2340 à 2395.
Certificats d'inscription, 2340 à 2349.
Commis principaux, 2352.
Contributions indirectes, 2351 à 2353.
Débets, 2364.
Dettes, 2394.
Garantie, 2354, 2355.
Intérêts, 2368 à 2379.
Manufactures de l'Etat, 2356.
Privilège, 2344, 2357 et s.
Récépissés de versement, 2347 à 2349.
Remboursement, 2360, 2361, 2380 à 2393.
Résidence (Changement de), 2341 à 2343.

SECT. I. — Dispositions générales.

2340. Les cautionnements en numéraire applicables à la garantie des fonctions publiques doivent être versés dans les caisses du Trésor.

Ils sont l'objet de certificats d'inscription délivrés au vu des récépissés de versement. Art. 287 et 288 du Décret du 31 mai 1862 et art. 37 du Règl. de 1866.

2341. Comme ceux des préposés des contributions indirectes, les cautionnements des préposés des manufactures de l'État sont inscrits sans distinction de résidence. Art. 1er de l'Ord. du 25 sept. 1816; C. n° 18 du 15 oct. 1816 et n° 19 du 12 déc. suiv.

2342. Nul comptable ne peut entrer en fonctions sans avoir justifié du versement de son cautionnement. En ce qui concerne les comptables justiciables de la Cour des comptes, la date de ce versement doit être annotée sur l'avis d'installation. Lett. comm. du 17 sept. 1828 ; art. 19 de la Loi du 24 avril 1806.

2343. Les cautionnements ne devenant disponibles pour une seconde gestion qu'autant que la première est reconnue régulière, aucun préposé ne devra être installé dans de nouvelles fonctions qu'après qu'il aura rendu un compte de clerc à maître de son ancienne gestion, et que ce compte aura été admis par l'Administration des contributions indirectes, qui en déclarera la régularité. Art. 4 de l'Ord. du 25 sept. 1816.

2344. Par premier privilège, ces cautionnements sont affectés à la garantie de la gestion. Art. 1er de la Loi du 25 niv. an XII, et art. 1er de la Loi du 6 vent. an XIII.

2345. Ils sont affectés, par second privilège, au remboursement des sommes fournies par les bailleurs de fonds. Art. 1er de la Loi du 25 niv. an XIII.

Et subsidiairement au paiement, dans l'ordre ordinaire, des créances particulières qui seraient exigibles sur les employés cautionnés. Id.

2346. Les directeurs seraient responsables de la gestion des agents qu'ils auraient installés sans exiger la justification du versement de leur cautionnement. C. n° 207 du 30 nov. 1812, n° 12 du 7 mai 1815, n° 1 du 2 janv. 1825 et n° 123 du 10 fév. 1836.

2347. Les versements sont faits soit à la caisse du Trésor à Paris, soit chez les receveurs des finances. Id.

Les récépissés des versements sont transmis immédiatement à l'Administration. C. n° 18 du 27 avr. 1825 et n° 510 du 9 nov. 1857.

Cette transmission a lieu sous le timbre du Personnel. C. n° 186 du 28 mars 1876.

Mais, avant de les adresser, les directeurs s'assurent de la régularité des noms et prénoms. C. n° 19 du 12 déc. 1816.

Il importe en effet que les versements de cautionnements soient effectués sous les noms et prénoms portés sur les actes de naissance. Les récépissés ne présentent pas toujours les prénoms des titulaires ; souvent ces prénoms sont intervertis ; quelquefois on y ajoute des surnoms, et ces irrégularités donnent lieu, pour la rectification des inscriptions au Trésor, à des difficultés et des retards qu'il est à propos de prévenir. C. n° 232 du 8 mai 1840.

2348. C'est sur la demande de l'Administration centrale que les récépissés sont échangés contre des certificats d'inscription. C. n° 510 du 9 nov. 1857.

2349. En cas de perte d'un certificat d'inscription ou du certificat de privilège de 2e ordre, le titulaire du cautionnement ou le bailleur de fonds adresse au ministère des finances (direction de la dette inscrite) une déclaration sur papier timbré, légalisée par le maire, dont la signature est elle-même légalisée par le préfet ou le sous-préfet. Sur cette déclaration il est délivré un duplicata du titre adiré. § 29, page 136 du Règl. de la compt. publ. du 26 déc. 1866.

2350. Le titulaire peut céder et transporter les fonds de son cautionnement à un tiers. Dans ce cas, et si la cession n'a pas eu lieu en forme de déclaration, ainsi que les décrets de 1808 et 1812 l'autorisent pour le transfert et le privilège de second ordre, la cession doit être faite par acte notarié et signifiée au bureau des oppositions, au Trésor. Cette signification est nécessaire pour saisir le cessionnaire et lui donner un droit de préférence sur les créanciers postérieurs.

Cette doctrine résulte de la notice et des observations dont les auteurs du *Mémorial contentieux* ont accompagné un arrêt du 30 mai 1838. T. XV, p. 212 à 214.

SECT. II. — Fixation des cautionnements.

2351. Les cautionnements des agents comptables et non comptables ressortissant au ministère des finances, ci-après désignés, seront, à l'avenir, réalisés en numéraire et déterminés à chaque mutation, d'après les bases suivantes :

1° Contributions indirectes.

DÉSIGNATION DES AGENTS.		CLASSES.	TRAITEMENTS.	MONTANT des cautionnements.
Agents comptables.				
Receveurs principaux sans entrepôts et receveurs principaux entreposeurs.	Pour le département de la Seine.	»	»	24,000 fr.
	Dans les autres départements.	1re	6,000fr.	de 14,000 à 18,000
		2e	5,000	de 8,000 à 14,000
		3e	4,000	
		4e	3,500	de 5,000 à 8,000
		5e	3,000	
Entreposeurs spéciaux des tabacs.	Pour le département de la Seine.	»	»	50,000
	Dans les autres départements.	1re	6,000	39,000
		2e	5,000	30,000
Entreposeurs chargés de la vente directe des tabacs.	Pour le département de la Seine.	»	»	12,500
	Dans les autres départements.	»	»	9,000
Receveurs particuliers entreposeurs, et receveurs particuliers sédentaires des divers services.		1re	5,000	de 8,000 à 14,000
		2e	4,500	
		3e	4,000	de 5,000 à 8,000
		4e	3,500	
		5e	3,000	
		6e	2,700	de 4,000 à 5,000
		7e	2,400	3,000
Receveurs ambulants.		1re	3,300	3,000
		2e	3,000	
		3e	2,700	
		4e	2,400	
Agents non comptables.				
Directeurs.		1re	12,000	10,000
		2e	10,000	
		3e	8,000	
Sous-directeurs et inspecteurs.		1re	6,000	5,000
		2e	5,000	
		3e	4,000	
Contrôleurs de tous les services.		»	de 1,900 à 3,500	3,000
Commis principaux de tous les services.		»	de 1,900 à 3,000	1,500

Ces bases ont été fixées, pour les contributions indirectes, par le décret du 24 janvier 1879.

2352. L'art. 9 de la loi du 10 août 1839 a supprimé le cautionnement auquel les débitants de tabacs étaient astreints.

2353. Avant d'être promus au grade de commis principaux ambulants, les simples commis doivent justifier du versement d'un cautionnement. C. n° 144 du 20 janv. 1808.

2° Garantie.

2354. Les cautionnements des agents comptables et non comptables du service de la garantie sont fixés, comme ceux des agents de tous le autres services des contributions indirectes, par le décret du 24 janvier 1879 qui a abrogé l'art. 1 du décret du 15 oct. 1862. V. 2351.

Les receveurs de la garantie sont assimilés aux receveurs des contributions indirectes quant à l'assujétissement et à la fixation du cautionnement. Art. 4 de l'Ord. du 5 mai 1820 ; C. n° 863 du 10 nov. 1862.

Le directeur de la garantie de Paris étant assimilé aux autres directeurs, les dispositions du décret du 24 janvier 1879 lui sont applicables. C. n° 863 du 10 nov. 1862.

2355. Dans les villes où il n'existe pas d'agent spécial de la garantie, les fonctions de contrôleur ne peuvent être conférées qu'au contrôleur du service général. Id.

Quant aux localités, en très petit nombre, où il n'y a pas de contrôleur ou d'autre employé cautionné qu'on puisse charger du bureau de la garantie, l'état actuel des choses sera maintenu jusqu'à ce que de nouvelles dispositions puissent être prises. Id.

3° Service des Manufactures de l'État.

2356. Directeurs de manufactures.		12,000 fr.
Contrôleurs de fabrication et de comptabilité.		4,000
Sous-contrôleurs.		3,000
Gardes-magasins de manufactures.	1re classe.	4,000
	2e classe.	3,000
Gardes-magasins des tabacs en feuilles.	1re classe.	5,000
	2e classe.	4,000
Contrôleurs des magasins de tabacs en feuilles.	1re classe.	4,000
	2e classe.	3,000
Art. 1er du Décret du 31 oct. 1850.		
Ingénieurs des manufactures.		4,000
Sous-ingénieurs.		3,000
Décret du 15 oct. 1862.		
Directeurs de la culture et des magasins.		8,000
Inspecteurs		4,000
Entreposeurs.	de 1re classe.	5,000
	de 2e classe.	4,000
Contrôleurs de magasins.	de 1re classe.	4,000
	de 2e classe.	3,000
Id.		

Sect. III. — Bailleurs de fonds.

2357. Lorsque les fonds des cautionnements n'appartiennent pas aux titulaires d'emplois, il est délivré aux bailleurs de fonds un certificat de privilège de deuxième ordre. Art. 2 de la Loi du 6 vent. an XIII et § 27 du Règl. du 26 déc. 1866.

Le privilège de deuxième ordre ne peut être concédé par le titulaire qu'au bailleur de fonds réel, c'est-à-dire à celui qui a fourni les fonds mêmes du cautionnement et pour toute la durée de la gestion. § 27 du Règl. du 26 déc. 1866.

2358. Pour opérer cette concession, le titulaire doit fournir une déclaration notariée et légalisée, par laquelle il reconnaît pour bailleur de fonds en capital et intérêts, avec privilège de second ordre, la personne qu'il désigne. Décrets des 28 août 1808 et 22 déc. 1812.

Le droit d'enregistrement de ces déclarations est fixé, en principal et décimes, à 3 fr. 75. Art. 4 de la loi du 28 février 1872.

La déclaration est ainsi rédigée : « Par-devant fut présent M lequel a, par ces présentes, déclaré que la somme de par (totalité ou partie) du cautionnement auquel il est assujéti en sadite qualité, appartient en capital et intérêts à M. X.... Pour quoi il requiert et consent que la présente déclaration soit inscrite sur les registres du bureau des oppositions au ministère des finances, afin que ledit X... ait et acquière le privilège de second ordre sur ledit cautionnement, conformément aux dispositions de la loi du 25 nivôse an XIII et du décret du 28 août 1808, dont acte, etc. » Décret du 22 déc. 1812.

2359. Il n'est point dérogé au décret du 28 août 1808, portant que les « prêteurs de fonds ne pourront exercer le privilège de second ordre qu'en « représentant le certificat mentionné à l'article 2 de ce décret », à moins cependant que leur opposition ou la déclaration faite à leur profit ne soit consignée aux registres des oppositions et déclarations de la caisse d'amortissement ; faute de quoi, ils ne pourront exercer de recours contre la caisse d'amortissement que comme les créanciers ordinaires et en vertu des oppositions qu'ils auraient formées aux greffes des tribunaux indiqués par la loi. Art. 4 du Décret du 22 déc. 1812.

2360. Le cautionnement étant la garantie de la gestion des comptables, cette garantie subsiste et doit subsister tant que le comptable n'a pas rendu son compte et obtenu son quitus de l'Administration à laquelle il appartient. Jusque-là ce gage ne peut être ni restitué, ni affaibli, ni dénaturé. Lett. des 5 avril 1816 et 14 fév. 1817.

La législation est formelle à cet égard.

Le décret du 22 décembre 1812 a réglé le modèle des déclarations à faire par les titulaires de cautionnements, en faveur des bailleurs de fonds, pour leur faire acquérir le second privilège. En se reportant à ce modèle, on voit qu'il ne renferme aucune disposition qui puisse servir d'appui à une demande de remboursement de la part des cautions avant l'apurement de la gestion du cautionné. Id.

D'autres considérations viennent encore à l'appui des motifs puisés dans l'état de la législation, pour écarter de semblables demandes. Id.

Il est de notoriété publique que les neuf dixièmes des bailleurs de fonds ne se bornent pas à retirer l'intérêt accordé par la loi, mais que par des conventions particulières ils s'assurent jusqu'à 8 et 9 pour 0[0. Si on leur accordait la faculté de retirer leurs fonds à l'époque qui leur conviendrait, ils pourraient abuser de la position de leur débiteur, pour lui imposer des conditions encore plus onéreuses, pour s'approprier peut-être la majeure partie du traitement de ce débiteur, parce que, placé entre la certitude de la destitution et le sacrifice qui lui serait demandé, il préférerait encore conserver sa place. Id.

L'Administration d'ailleurs ne peut subordonner le sort de ses agents, ni l'intérêt du service, qui s'y trouve nécessairement lié, à des convenances privées. Elle a le droit d'exiger une garantie ; elle l'obtient ; elle ne doit s'en dessaisir qu'après que les faits qui ont rendu cette garantie nécessaire sont jugés, qu'après que le comptable qui l'a fournie a obtenu sa libération : l'Administration les conserve ; ils ne peuvent élever raisonnablement d'autres prétentions. Lorsqu'ils se déterminent à cautionner un comptable, c'est de leur part un acte de générosité ou une spéculation d'intérêt. Dans l'un comme dans l'autre cas, ils ont dû calculer les chances de cet arrangement ; ils n'ont pu ignorer sa durée, et l'Administration qui l'a accepté ne peut permettre qu'il soit modifié. Id.

Ainsi, les effets du cautionnement sont indéfinis et illimités, et les bailleurs de fonds n'ont pas la faculté de rentrer dans leur cautionnement quand ils n'entendent plus être responsables de la gestion des employés qu'ils ont cautionnés. Lett. M. F. du 14 fév. 1817.

2361. Toutefois, relativement aux simples commis et autres agents qui se cautionnent en expectative d'avancement, l'Administration ne saurait refuser son consentement au remboursement tant qu'ils n'auront pas été appelés à remplir des fonctions comptables. C. n° 190 du 6 sept. 1838.

2362. La caution d'un comptable n'est tenue que des faits qu'elle a cautionnés et jusqu'à concurrence des sommes pour lesquelles elle s'est engagée, conformément à l'article 2015 du code civil. Lett. M. F. du 17 mai 1824.

2363. En cas de décès du bailleur de fonds, le privilège de second ordre peut être immatriculé au nom des héritiers, sur la production au Trésor, bureau des oppositions, du certificat de privilège et d'un certificat de propriété. En cas de subrogation dans l'effet en privilège de second ordre, le concessionnaire doit produire le certificat de privilège délivré au cédant et un certificat de propriété. *Correspondance.*

2364. Le privilège de second ordre accordé aux bailleurs de fonds des cautionnements ne leur confère pas la propriété du cautionnement, qui continue d'être le gage des créanciers, sauf règlement entre ceux qui se disent privilégiés. L'attribution d'un privilège étant exclusive d'un droit de propriété, on ne peut faire l'application des articles 2077 et 2079 du code civil. Ils ne peuvent être invoqués dans une matière régie par des lois spéciales. A. C. du 7 juill. 1849.

2365. Lorsqu'un titulaire d'emploi aura remboursé à son bailleur de fonds la somme avancée pour former son cautionnement, le certificat de privilège sera annulé et ne pourra plus être rétabli. C. n° 190 du 6 sept. 1838.

Cette disposition est conforme à la jurisprudence des cours de Paris et de Bordeaux, établie par arrêts des 4 mars et 14 août 1834, et confirmée par un arrêt de la cour de cassation du 30 mai 1838. Elle fait cesser la transmission, par l'effet d'une simple déclaration, des privilèges de second ordre, qui, en donnant aux titulaires les moyens de faire des emprunts nouveaux sur cautionnements pendant le cours de leur gestion, frustrait le Trésor des droits proportionnels auxquels sont assujéties les transactions de l'espèce. Id.

2366. On n'a point entendu, néanmoins, interdire aux employés devenus propriétaires de leur cautionnement la faculté qu'ils ont d'en affecter ou d'en transporter la propriété, sous la réserve du privilège du Trésor ; mais, dans ce cas, ils devront se conformer aux règles du droit commun. Les actes de transport et de cession seront alors signifiés au Trésor public, *bureau des oppositions,* sans que cette signification entraîne la délivrance d'un nouveau certificat de privilège. Id.

2367. Lorsqu'un employé voudra se libérer envers son bailleur de fonds, il le remboursera au lieu de verser un nouveau cautionnement. Pour faire annuler le privilège de second ordre, on renverra au Ministre des finances, sous le timbre *Direction de la dette inscrite* (*cautionnements*), le certificat de privilège accompagné de la mainlevée qui constatera que l'employé est devenu propriétaire de son cautionnement. Id.

Sect. IV. — Intérêts.

2368. Les intérêts de cautionnement à la charge du budget sont fixés par la loi. Art. 37 du Règl. du 26 déc. 1866.

Leur quotité est de 3 p. 0/0. Art. 7 de la Loi du 4 août 1844.

2369. Un état nominatif des employés ayant des intérêts de cautionnements à toucher est établi tous les ans. C. n° 232 du 8 mai 1840 ; Lett. comm. du 25 sept. 1849 et C. n° 510 du 9 nov. 1857.

Cet état est adressé au ministère des finances, avant le 1er juillet de chaque année. Id.

Modèle de l'état. *Tabl. synopt.* n° 73.

Il n'y a plus à s'occuper, dans la formation de ces états, des privilèges de second ordre, puisque les certificats de privilège ne sont plus délivrés par la direction de la dette inscrite, mais par la division du contentieux des finances, *bureau des oppositions*, et qu'ils ne sont plus mentionnés sur les certificats d'inscription de cautionnements. C. n° 510 du 9 nov. 1857.

On ne comprendra sur l'état que les employés en activité au moment de la formation. Les nouveaux agents qui verseront un cautionnement intégral ou un complément de cautionnement après la formation desdits états, seront inscrits sur un état particulier, fourni le 1er janvier. Ils seront compris dans une ordonnance supplémentaire de paiement. C. n° 232 du 8 mai 1840 et n° 510 du 9 nov. 1857.

2370. Les intérêts des capitaux de cautionnement sont ordonnancés par le Ministre sur le crédit du budget, soit collectivement, à la fin de chaque année, soit nominativement, pour ceux qu'il y a lieu de payer en dehors de l'état annuel. Art. 122 du Règl. du 26 déc. 1866.

Les ordonnances sont exclusivement délivrées sur la caisse du trésorier-payeur général du département dans lequel les titulaires exercent leurs fonctions. Art. 1er de l'Ord. du 24 août 1841 ; C. n° 261 du 20 déc. 1841 et art. 133 du Règl. précité.

2371. Ceux des employés qui, par suite de changement de résidence, ne devront plus se trouver dans le département au moment de la réception des ordonnances de paiement des intérêts de cautionnement, auront soin, avant de le quitter, et afin d'éviter les retards d'un nouvel ordonnancement, de laisser au receveur principal une procuration à l'effet de recevoir pour eux la somme ordonnancée, ou bien ils demanderont au trésorier général une formule de quittance, qu'ils renverront, signée par eux, au directeur, le 1er janvier de l'année suivante, époque où les intérêts leur seront acquis. Les fonds ainsi encaissés par le receveur principal seront transmis, sans aucuns frais, aux ayants droit, *par virements entre les receveurs principaux*. C. n° 190 du 6 sept. 1838.

2372. Les intérêts de cautionnement courent à partir des dates de versement. § 72 du Règl. de la Compt. publ. du 26 janv. 1846.

2373. Le paiement des intérêts, ouvert à partir du 1er janvier, est continué jusqu'au 31 août suivant. Les ayants droit qui ne se présenteraient pas avant l'expiration de ce délai de huit mois, c'est-à-dire avant la clôture de l'exercice, s'exposeraient aux retards qu'entraînerait un réordonnancement. Décret du 11 août 1850.

2374. Les intérêts qui, aux termes de l'article 2277 du code civil, se prescrivent par cinq ans, sont payés aux titulaires sur la présentation de leur certificat d'inscription, conformément à l'arrêté du 24 germinal an VIII, ou aux bailleurs de fonds sur la présentation de leur certificat de privilège. § 32 du Règl. du 26 déc. 1866.

2375. L'opposition pratiquée au Trésor sur les intérêts et l'instance en mainlevée qui en est la suite n'ont pas pour effet d'interrompre la prescription quinquennale. Arrêt du Cons. d'Et. du 28 nov. 1839.

2376. Pour tenir lieu du certificat d'inscription en cas de changement de résidence d'un employé cautionné, il sera produit, au lieu du certificat d'inscription, une attestation du directeur constatant que le cautionnement pour lequel les intérêts ont été ordonnancés appartient réellement à cet employé. Une attestation semblable serait représentée au payeur dans le cas où, au moment du paiement, le certificat d'inscription aurait été envoyé au ministère des finances pour en obtenir un nouveau, soit à cause du versement d'un supplément de cautionnement, soit à cause d'une demande en remboursement d'un excédent. C. n° 190 du 6 sept. 1838.

2377. Le timbre de l'année payée est, au moment du paiement, apposé sur les certificats d'inscription et de privilège. § 36 du Règl. précité.

2378. Les intérêts dus sur capitaux de cautionnements à des titulaires qui ont cessé leurs fonctions courent jusques et y compris la date de l'ordre de remboursement du capital. Ils ne sont payés, aux termes de l'article 2102 du code civil, qu'avec le capital. Conséquemment les trésoriers-payeurs généraux peuvent refuser le paiement à tous ceux que la notoriété publique fait connaître comme démissionnaires ou remplacés. § 35 du Règl. précité.

Cependant les trésoriers-payeurs généraux peuvent payer les intérêts portés aux états de distribution annuelle aux titulaires, bailleurs de fonds ou ayants droit, lorsqu'ils sont porteurs des lettres d'avis d'expédition d'ordres de paiement, qui les autorisent à toucher le remboursement des capitaux de cautionnement sur lesquels sont calculés les intérêts compris dans les états généraux et collectifs de distribution annuelle. § 38 du Règl. précité.

2379. Dans tous les cas, pour le paiement de ces intérêts, il est produit les mêmes justifications que pour le remboursement des capitaux.

Sect. V. — Remboursement, compensations.

§ I. Demandes.

2380. Tous les demandes de remboursement de cautionnements doivent être faites par l'intermédiaire de l'Administration, et dans le plus court délai possible. C. n° 510 du 9 nov. 1857.

Elles doivent être rédigées sur papier timbré. Id.

2381. Le remboursement des capitaux de cautionnement en numéraire est effectué par les trésoriers-payeurs généraux, en vertu des ordres de paiement du ministère des finances, et imputé sur le fonds flottant des cautionnements. Art. 122 du Règl. du 26 déc. 1866.

Les ordres de paiement sont préparés par la direction de la dette inscrite (bureau des cautionnements), sur la production de toutes les pièces prescrites par les règlements et instructions pour l'apurement complet de la gestion des titulaires.

Des extraits de ces ordres de paiements sont adressés par la direction du mouvement général des fonds aux trésoriers-payeurs généraux, après visa par le bureau des oppositions, et les lettres d'avis, également préparées par le bureau des cautionnements, sont remises au secrétariat général des finances, pour être envoyées aux titulaires, avec celles qui concernent le paiement des intérêts ordonnancés nominativement. Id.

2382. Les remboursements ne peuvent être autorisés que dans le département où les titulaires ont exercé en dernier lieu. Art. 133 id.

2383. Ils peuvent être effectués par le caissier payeur central du Trésor à Paris, en ce qui concerne les comptables de l'Algérie qui en font la demande. Id.

2384. Quant aux cautionnements des comptables des colonies, ils ne sont remboursés que par le caissier payeur central, à Paris. Id.

§ II. Pièces à produire pour les remboursements d'après le règlement du 26 déc. 1866.

1° Contributions indirectes.

2385. A. — Certificat d'inscription au nom du titulaire, ou une déclaration de perte ou d'impossibilité de produire le titre, faite sur papier timbré, et dûment légalisée par le maire, le préfet ou sous-préfet.

S'il n'y a pas eu de certificat d'inscription, les récépissés de versements ou certificats des comptables du Trésor public.

Les bailleurs de fonds doivent produire, outre le certificat d'inscription, les certificats de privilège de second ordre qui leur ont été délivrés, ou une déclaration de perte, dans la forme sus-indiquée, ou, à défaut de ces pièces, un certificat du directeur de la dette inscrite constatant l'existence du cautionnement.

B. — Certificat de non-opposition, délivré par le greffier, enregistré, visé par le président du tribunal de première instance de l'arrondissement de la résidence du titulaire, conformément à la loi du 6 ventôse an XIII, qui ne prescrit pas la formalité de l'affiche de la cessation des fonctions ; ledit certificat délivré postérieurement au jour de la cessation des fonctions.

C. — Consentement de l'Administration au remboursement du cautionnement fourni en numéraire, donné conformément aux articles 1 et 2 de l'ordonnance du 22 mai 1825.

D. — Consentement délivré par le directeur général portant que le titulaire n'a jamais exercé de fonctions comptables, soit en deniers, soit en matières.

E. — Certificat délivré par le directeur de la comptabilité publique et constatant que la comptabilité ne fait ressortir aucun débet à la charge du titulaire.

F. — Certificat de libération définitive délivré par le directeur de la comptabilité publique et relatant la date de l'arrêt de quitus de la cour des comptes.

G. — Certificat de quitus délivré par le receveur principal et visé par le sous-directeur (C. n° 17 du 16 mars 1870), par le directeur et par le directeur de la comptabilité publique.

H. — Consentement de l'Administration au remboursement du cautionnement, donné d'après la vérification des comptes-matières, dont les résultats ont été reconnus conformes aux écritures et aux pièces justificatives, et qui ne font ressortir aucun débet.

J. — Certificat de libération définitive de l'Administration, portant que le comptable est complètement libéré de sa gestion en matières par l'arrêt de quitus de la cour des comptes, dont expédition a été notifiée à l'Administration.

K. — Certificat de bonne gestion délivré par le sous-directeur et visé par le directeur. Ce certificat doit porter, en termes formels, que toutes les obligations acceptées et les crédits concédés ont été acquittés à leur échéance et complètement apurés ; que le compte de timbres et objets sujets à consignation n'a fait ressortir aucun débet à la charge du comptable, et que toutes les parties de sa gestion ont été reconnues régulières. Lett. com. du 21 juin 1864.

L. — Certificat délivré par le directeur, constatant que l'employé n'a pas rempli par intérim des fonctions comptables dans la direction et qu'il n'y a lieu d'exercer contre lui aucune répétition en raison de ses fonctions.

2386. Nous indiquons ci-après les pièces qui doivent être produites suivant le grade de l'employé.

Les receveurs principaux produisent : pour les deux premiers tiers, les pièces A, C, E, K, et pour le dernier tiers, la pièce F. V. 2385.

Les receveurs principaux entreposeurs produisent : pour les deux premiers tiers, les pièces A, C, E, H, K, et pour le dernier tiers, les pièces F, J. V. 2385.

Les entreposeurs des tabacs et des poudres produisent : pour les deux premiers tiers, les pièces A, C, H, et pour le dernier tiers, la pièce J. V. 2385.

Les receveurs particuliers entreposeurs produisent : pour les deux premiers tiers, les pièces A, C, G, H, et pour le dernier tiers, la pièce J. V. 2385.

Les receveurs particuliers sédentaires, les receveurs ambulants, les receveurs de la garantie et les débitants de sel dans le pays de Gex produisent les pièces A, G. V. 2385.

Les receveurs des droits d'entrée et d'octroi produisent les pièces A, B, C. V. 2385.

Les préposés non comptables, directeurs, inspecteurs, sous-inspecteurs, contrôleurs, commis principaux, commis, etc., produisent les pièces A, D, L. V. 2385.

2° Manufactures de l'Etat.

2387. Les directeurs des manufactures et de la culture, les ingénieurs et contrôleurs des manufactures, les sous-ingénieurs, les inspecteurs de culture et les contrôleurs des magasins produisent les pièces A, D. V. 2385.

Les gardes-magasins des manufactures et entreposeurs des tabacs en feuilles produisent : pour les deux premiers tiers, les pièces A, H, et pour le dernier tiers, la pièce J. V. 2385.

2388. Les mêmes pièces sont fournies, suivant les grades, par les agents des poudres.

3° Bailleurs de fonds.

2389. Remboursement par le Trésor au bailleur de fonds. V. 2361, 2385.

Remboursement par l'employé au bailleur de fonds. V. 2365, 2367.

§ III. Dispositions diverses.

2390. Lorsque le remboursement est demandé par les héritiers, légataires ou ayants cause, à quelque titre que ce soit, d'un employé décédé, les réclamants doivent établir leurs droits par la production d'un certificat de propriété ; les créanciers ou ayants droit doivent produire les jugements ou autres actes établissant leur propriété. C. n° 18 du 27 avr. 1825.

Modèle du certificat de propriété. Décret du 18 sept. 1806.

2391. Les remboursements des capitaux de cautionnements ne pourront être autorisés que dans le département où les titulaires auront exercé en dernier lieu. Art. 1er de l'Ord. du 24 août 1841 et C. n° 261 du 20 déc. 1841.

2392. Les directeurs doivent veiller à ce que les employés qui seraient crédités d'un cautionnement plus fort que celui auquel ils sont assujétis, demandent le remboursement de l'excédent, pour lequel il ne leur est pas dû légalement d'intérêts. C. n° 190 du 6 sept. 1838.

2393. Ils doivent également s'empresser d'adresser à l'Administration les justifications nécessaires pour faire rembourser dans le plus court délai possible les cautionnements des agents qui sortent des cadres. Id.

Sect. VI. — Débets. Dettes.

2394. Lorsqu'il y aura lieu d'appliquer les cautionnements des comptables au paiement des débets qu'ils auront contractés, cette application aura lieu en vertu des décisions spéciales du Ministre des finances. Art. 6 de l'Ord. du 22 mai 1825.

Pour les débets relatifs aux receveurs des droits d'entrée et d'octroi, V. 2414, 2415.

2395. Les dispositions qui précèdent ne préjudicient en rien aux droits des tiers sur les cautionnements des comptables. Ces droits seront établis conformément aux lois antérieures. Art. 7 de l'Ord. du 22 mai 1825.

CHAPITRE LIX.

Cautionnements relatifs aux octrois.

Cautionnements relatifs aux octrois, 2396 à 2415.
Ferme, 2401 à 2411.
Recev. des droits d'entrée et d'octroi, 2412 à 2415.
Régie intéressée, 2401 à 2411.
Régie simple, 2396 à 2400.

SECT. I. — Régie simple.

2396. Tous les préposés comptables des octrois sont tenus de fournir un cautionnement en numéraire. Art. 159 de la Loi du 28 avr. 1816.

Il est fixé par le Ministre des finances, à raison du vingt-cinquième brut de la recette présumée. Id.

Le minimum est de 200 francs. Id.

Pour les octrois des grandes villes, il sera présenté des fixations particulières. Id.

Lorsque le produit annuel d'un octroi ne s'élève pas à 5,000 fr., les préposés comptables sont affranchis du cautionnement. C. n° 24 du 9 juillet 1877 et CC. n° 196 du 10 oct. 1868.

2397. Ces cautionnements seront versés au Trésor, qui en paiera l'intérêt au taux fixé pour ceux des employés des contributions indirectes, c'est-à-dire à raison de 3 p. 0[0 par an. Art. 159 de la Loi du 28 avril 1816 et Loi du 4 août 1844.

2398. Le cautionnement sert de garantie pour tous les faits résultant des diverses gestions dont les préposés auront été chargés par la même Administration, quel que soit le lieu où ils exerceront ou auront exercé leurs fonctions. Art. 1er de l'Ord. du 25 juin 1835.

2399. Les receveurs d'octroi, étant placés sous la surveillance de l'Administration des contributions indirectes, ressortissent sous ce rapport au ministère des finances, qui est appelé à fixer le montant de leurs cautionnements, et ils sont expressément tenus, sous peine de destitution, aux termes de l'article 154 de la loi du 28 avril 1816, d'opérer, lorsque la Régie le juge convenable, la perception des droits établis aux entrées des villes au profit du Trésor, en même temps que celles des taxes communales. Cette obligation est pour eux un fait de charge, et le cautionnement qu'ils ont fourni en conformité de l'article 159 de la même loi s'applique en totalité à la garantie de leur double gestion. Le Trésor et la commune ont donc sur ce cautionnement un privilège qui ne peut être primé ni par des tiers, ni même par les bailleurs de fonds. Les uns et les autres ne peuvent exercer leur recours que lorsque la Régie et l'octroi ont été complètement désintéressés. En conséquence, en cas de malversations ou de débets communs aux deux services, le partage du cautionnement devra, en vertu de l'article 1er de la nouvelle ordonnance, s'effectuer simultanément entre le Trésor et l'octroi, au prorata et jusqu'à due concurrence du déficit applicable à chaque service. C. nº 117 du 3 déc. 1835.

2400. Les préposés de l'octroi qui, aux termes de l'art. 159 de la loi du 28 avril 1816, doivent fournir un cautionnement fixé seulement, par décision ministérielle du 10 décembre 1827, au vingt-cinquième brut des recettes de l'octroi, ne présentent pas, dans les villes rédimées des exercices, où l'élévation de la taxe unique occasionne des perceptions considérables, des garanties suffisantes pour le Trésor. Il y a lieu, en conséquence, à astreindre, dans ces communes, les receveurs de l'octroi à des versements très fréquents, et qui pourront même être effectués tous les jours, si l'importance des recettes l'exige. Les directeurs doivent tenir la main à l'exécution de cette mesure, dont ils sont personnellement responsables. C. nº 48 du 22 avr. 1832.

SECT. II. — Ferme et régie intéressée.

2401. Les cautionnements des fermiers et régisseurs intéressés sont les mêmes. Art. 121 du Décret du 17 mai 1809 et art. 121 de l'Inst. M. F. du 25 sept. suivant.

La quotité et l'espèce en sont déterminées par le cahier des charges. Ce titre fixe aussi le délai dans lequel les cautionnements doivent être fournis, et le terme doit toujours précéder l'époque de la mise en jouissance, qui, dans aucun cas ne peut avoir lieu avant la réalisation du cautionnement. Id.

C'est aux préfets à diriger l'Administration municipale sur le mode de ce cautionnement, en lui présentant les avantages ou les inconvénients qui résulteraient de l'obligation de le fournir en immeuble ou en numéraire. Art. 121 de l'Inst. M. F. du 25 sept. 1809.

2402. Le cautionnement auquel le fermier est assujéti s'appliquait autrefois à la garantie des perceptions qu'il était chargé d'effectuer pour le compte du Trésor ; il a paru plus convenable de n'exiger ce cautionnement que dans les communes sujettes au droit d'entrée ou de taxe unique. Le chiffre en sera proportionné, non au prix annuel de l'adjudication, mais bien au produit effectif de ces droits. Les directeurs règleront, d'après cette base, le montant du cautionnement ; s'il y a lieu d'en proposer la réduction, ils en référeront à l'Administration. C. nº 73 du 5 nov. 1852.

2403. Les conseils de préfecture ne sont pas compétents pour accorder aux communes l'autorisation de donner mainlevée des inscriptions hypothécaires, et spécialement de celles qui grèvent les immeubles affectés à la garantie de la gestion d'un fermier d'octroi ; au préfet seul appartient ce pouvoir. Arrêt du Cons. d'Etat du 6 nov. 1837.

2404. Le fermier d'un octroi, qui a souscrit des obligations relatives à son cautionnement, ne peut pas se soustraire à la juridiction du tribunal de commerce, attendu qu'il ne saurait être question dans l'instance des intérêts du gouvernement, ni de l'interprétation d'un acte souscrit en son nom, mais de l'exécution d'obligations privées. A. C. du 12 mai 1814.

2405. Indépendamment du cautionnement qu'il doit fournir à la commune pour garantie du prix du bail, l'adjudicataire est encore tenu de verser au Trésor la totalité des cautionnements exigés des receveurs d'octroi par l'article 159 de la loi du 28 avril 1816. Ce dernier cautionnement ne garantissant dès lors à la commune le recouvrement direct d'aucune perception, devient particulièrement applicable aux droits que les agents du fermier reçoivent pour le compte du Trésor. L'obligation de remplacer par un cautionnement unique en numéraire le montant des cautionnements partiels auxquels sont astreints les receveurs d'octroi sous le mode de régie simple, est d'ailleurs formellement imposée à l'adjudicataire par une instruction ministérielle du 6 novembre 1816, explicitement rappelée dans la circulaire n° 24 du 9 juillet 1817, timbrée *comptabilité générale*. C. n° 117 du 3 déc. 1835.

Le fermier est, dans ce cas, le seul préposé comptable reconnu officiellement, et par conséquent il demeure soumis aux mêmes règles que tout autre receveur d'octroi, sauf à lui à faire avec les employés qu'il charge de ces fonctions tel arrangement qui lui convient. C. n° 7 du 17 août 1827.

2406. Le cautionnement exigé par la commune doit être égal au quart du prix annuel de l'adjudication. Art. 28 du cah. des ch.

Il est garanti par un acte notarié et fourni en immeubles situés dans l'étendue du département, ou des départements limitrophes. Art. 28 du cah. des ch.

Ces immeubles seront libres de tous priviléges, charges et hypothèques, et il en sera justifié par un certificat du conservateur des hypothèques. Id.

La valeur des immeubles sera constatée par un extrait de la matrice du rôle de la contribution foncière, indiquant leur revenu net, et déterminée sur le pied de vingt fois ce revenu. Art. 28 précité.

2407. L'adjudicataire sera tenu de prendre, à ses frais, une inscription hypothécaire à la requête du maire, pour sûreté dudit cautionnement, sur les immeubles y affectés. Id.

2408. Le cautionnement en immeubles pourra être remplacé, au choix de l'adjudicataire, par un cautionnement en numéraire ou en rentes sur l'Etat. Id.

Le montant en sera réglé, le cas échéant, par l'autorité locale, qui pourra e réduire au-dessous du quart de la mise à prix.

2409. Les inscriptions en rentes sur l'Etat seront admises, savoir :

les rentes 3 p. 0[0, au cours de 75 francs, et les rentes 4 et 4 1[2, au pair.

2410. Le cautionnement à verser au Trésor, si la commune est sujette au droit d'entrée ou de taxe unique, sera fourni en numéraire et représentera le vingt-cinquième du montant des recettes effectuées au profit du Trésor, d'après la moyenne des quantités des trois années précédentes, auxquelles on appliquera le taux actuel du droit d'entrée ou de taxe unique. Art. 28 du cah. des ch.

2411. La restitution des sommes versées et la décharge du cautionnement en immeubles, comme la radiation de l'inscription hypothécaire, ne seront consenties qu'après la reddition des comptes de l'adjudicataire et la remise des registres, pièces de comptabilité et autres objets indiqués articles 25 et 26 du cah. des ch.

SECT. III. — Mode de remboursement des cautionnements fournis par les receveurs des droits d'entrée et d'octroi.

2412. Aux termes de l'ordonnance du 22 mai 1825, et de l'arrêté pris, le 7 juin suivant, par le Ministre des finances pour en régler l'exécution, *les receveurs des droits d'entrée et d'octroi* qui sont dans le cas d'obtenir le remboursement de leurs cautionnements, ou la compensation du cautionnement d'une gestion terminée avec celui d'une nouvelle gestion, doivent produire *un certificat de quitus définitif*, à eux délivré par le receveur principal des contributions indirectes, et visé par le directeur ainsi que par le directeur général de la comptabilité publique. C. n° 13 du 18 janv. 1828.

2413. Le certificat de quitus (modèle D) est délivré par le receveur principal. Indépendamment des visa dont il est parlé à l'article précédent, les maires y apposent aussi un visa dans la forme ci-après :

« Vu par le maire de la commune de qui, après avoir
« comparé les recettes déclarées sur les registres du contrôle administra-
« tif aux versements constatés dans les écritures du receveur municipal,
« reconnaît le sieur receveur du bureau de
« quitte et libéré de sa gestion envers la commune. » Ibid.

Le certificat, revêtu de ces formalités, est adressé au directeur général de la comptabilité publique, pour être visé par lui et transmis au directeur de la dette inscrite. Ibid.

Pour les communes où les receveurs des droits d'octroi ne sont pas chargés de la perception des droits d'entrée, le certificat de quitus délivré dans la forme du modèle précité sera signé par le receveur municipal seulement, visé par le maire, et envoyé directement au directeur de la dette inscrite. Ibid.

2414. Aux termes de l'article 6 de l'ordonnance du 22 mai 1835 et de l'article 6 de l'arrêté ministériel du 7 juin suivant, il doit être fait application des cautionnements aux débets des comptables. Ces dispositions ne s'exécutent pas toujours d'une manière régulière. Les directeurs adressent bien au directeur général de la comptabilité publique leur demande tendant à faire appliquer les cautionnements des buralistes au paiement des débets constatés à leur charge ; mais ces demandes n'ont ordinairement pour objet que le paiement de la partie du débet qui porte sur *les droits d'entrée*, et ne sont point appuyées de toutes les justifications propres à établir soit la libération du comptable comme receveur des droits d'octroi, soit le débet qui existerait sur ce service. Il s'ensuit que le paiement de ce dernier débet éprouve des retards dont plusieurs maires se sont plaints avec raison ; mais de plus le cautionnement fourni par le comptable pour garantie spéciale de sa gestion comme receveur de l'octroi pouvant, dans cet état de choses, se trouver appliqué en totalité à l'extinction de son débet envers le Trésor, la commune est exposée à perdre le gage que la loi a voulu lui assurer.

Pour faire cesser ces inconvénients, le Ministre a décidé que « les demandes des directeurs, dans les circonstances qui viennent d'être indiquées, doivent être accompagnées du procès-verbal constatant le débet ; lequel procès-verbal sera revêtu d'un *visa* du maire, ainsi conçu, selon les résultats de la vérification :

« Vu par le maire de la commune d , qui, après avoir rapproché les résultats ci-dessus de ceux que présentent les registres du contrôle administratif et les écritures du receveur municipal,

« Reconnaît le sieur en débet, sur les recettes de l'octroi, d'une somme de , au paiement de laquelle il y a lieu d'appliquer le cautionnement de ce comptable. *Ou* : Reconnaît le sieur provisoirement quitte et déchargé de sa gestion comme receveur des droits d'octroi ; et consent à ce que le cautionnement soit appliqué au paiement du débet reconnu sur les recettes provenant du droit d'entrée. » C. n° 13 du 18 janv. 1828.

2415. En cas de malversation ou de débets communs aux deux services, le partage du cautionnement doit, en vertu de l'article 1er de l'ordonnance du 25 juin 1835, s'effectuer simultanément entre le Trésor et l'octroi, au prorata et jusqu'à due concurrence du déficit applicable à la commune et au Trésor. C. n° 117 du 3 déc. 1835.

CHAPITRE LX.

Cautionnement des redevables.

Acquits-à-caution, 2430 à 2438.
Cautionnements des redevables, 2416 à 2441.
Entrepositaires, 2416 à 2427.
Faillites des redevables, 2429.
Obligations cautionnées, 2428.
Passe-debout, 2439 à 2441.

SECT. I. — Entrepositaires, marchands en gros, bouilleurs, distillateurs, etc.

2416. Dans les villes assujéties à la taxe unique ou au droit d'entrée, la faculté d'entrepôt est accordée aux distillateurs et aux marchands en gros, aux conditions prescrites par les art. 32, 35, 36 et 37 de la loi du 28 avril 1816; ils doivent, en outre, présenter une caution solvable, qui s'engage solidairement avec eux au paiement des droits sur les boissons qu'ils ne justifient pas avoir fait sortir du lieu. Art. 38 de la loi du 28 avr. 1816.

2417. La disposition de la loi du 21 avril 1832 qui oblige les distillateurs et les marchands en gros établis dans les villes à présenter une caution solvable qui s'engage solidairement avec eux à payer les droits constatés à leur charge, est rendue applicable, pour les taxes générales et locales, à tous les bouilleurs de profession et à tous les marchands en gros indistinctement. Art. 6 de la Loi du 2 août 1872.

2418. La même obligation pourra être imposée par la Régie aux personnes qui, faisant le commerce en détail des eaux-de-vie, esprits et liqueurs, auront en leur possession plus de 10 hectolitres d'alcool. Id.

2419. Il serait superflu de s'appesantir sur l'utilité de ces dispositions. Les chefs de service et les comptables qui ne se concerteraient pas pour en assurer la stricte exécution engageraient sérieusement leur responsabilité. C. n° 67 du 19 sept. 1872.

2420. Il est à remarquer que l'obligation de fournir une caution est imposée à tous les distillateurs de profession, mais non aux bouilleurs de crû. Id.

Les cautionnements exigés des marchands en gros et des distillateurs, par l'art. 38 de la loi, sont inscrits sur un registre à souche, n° 52 C,

Service général, spécialement destiné à cet usage. Les directeurs s'assurent, lors des versements, qu'il est régulièrement tenu ; ils comparent le répertoire avec les portatifs, pour acquérir la certitude que tous les entrepositaires sont cautionnés. C. n° 44 du 22 mai 1832.

2421. Le cautionnement général que les entrepositaires et marchands en gros sont tenus de fournir les dispense de consigner ou de cautionner les droits sur les manquants provisoires. C. n° 229 du 23 mars 1840.

Les droits cautionnés sont :

1° La taxe unique, lorsqu'elle remplacera tous les droits ;

2° La taxe unique et le droit de circulation, lorsque ce dernier n'aura pas été compris dans les droits à remplacer, et qu'il s'agira de vins, cidres, poirés et hydromels ;

3° Enfin les droits d'entrée et de détail sur les vins, cidres, poirés et hydromels, et les droits d'entrée et de consommation sur les eaux-de-vie, esprits et liqueurs, lorsque l'entrepositaire résidera dans un lieu sujet à l'entrée où les exercices chez les débitants auront été conservés. C. n° 44 du 22 mai 1832.

2422. Bien que les receveurs responsables des recouvrements soient juges de la solvabilité des redevables, les directeurs et sous-directeurs ne restent pas étrangers à la discussion des cautions. Ils doivent prémunir les receveurs contre des exigences mal fondées qui ne feraient qu'entraver la marche du service, et par là éviter l'inconvénient d'une trop grande facilité ou d'une trop grande réserve dans l'admission des cautions. Id. V. 2432.

2423. La Régie est juge de la solvabilité des cautions, à l'exclusion de l'autorité judiciaire. A. C. du 19 mai 1806.

2424. Les cautions sont renouvelées à l'expiration de chaque année, époque à laquelle les droits sur les manquants sont définitivement arrêtés. C. n° 44 du 22 mai 1832.

2425. Les débitants à qui la faculté de l'entrepôt aura été accordée *par exception dans les lieux sujets à l'entrée*, et qui voudront continuer à en jouir, devront également être soumis à cette obligation. Id.

2426. Lorsque les cautionnements annuels des entrepositaires ne sont pas renouvelés à l'époque prescrite, il y a lieu de ne plus délivrer de bulletins d'entrepôt pour les boissons de nouvelle venue, et de mettre les assujétis en demeure d'expédier en dehors du lieu sujet les quantités restantes en magasin, soit avec paiement, soit avec garantie des droits, ou de céder ces mêmes quantités à d'autres entrepositaires. A cet égard, s'il n'y a point péril quant au recouvrement des droits, il faut accorder un délai raisonnable ; s'il y a péril au contraire, on peut exiger du contribuable l'acquittement des droits dont la déclaration d'entrepôt avait seule ajourné le paiement. Du reste, ce serait le cas, au besoin, de décerner contrainte et d'y donner suite. Et si, pour atteindre ce but, on allait jusqu'à saisir les quantités restantes, et même jusqu'à vendre ces quantités, le prix servirait d'abord à couvrir les frais, ensuite à solder les droits locaux ayant trait à des quantités autres qui auraient été vendues (droits qui sont exigibles en tout état de cause) ; le surplus demeurerait au saisi. Toutefois, à quelque degré que fussent arrivées les poursuites, si ce dernier, offrant et réalisant le paiement des frais et des droits autres que ceux concernant les quantités à vendre, proposait de réexpédier ces quantités au dehors et de les livrer à un entrepositaire, ou enfin de les vendre avec paiement ou garantie des droits, il faudrait acquiescer à cette proposition. Lett. de l'Adm. au directeur de Tarbes du 4 juin 1860.

2427. La question s'était élevée de savoir si les agents comptables des vivres de la guerre devaient, comme entrepositaires, fournir la caution exigée par l'article 38 de la loi du 21 avril 1832 ; et plusieurs de ces agents s'y étaient refusés, en se fondant sur ce qu'ils avaient déjà fourni un cautionnement qui répond de tous les actes de leur gestion. M. le Ministre de la guerre, consulté sur cette difficulté, a fait connaître que le service des liquides étant, comme celui des vivres-pain, géré par économie, au nom et pour le compte du ministère, les agents comptables, simples gardiens des denrées, ne peuvent être astreints à fournir la caution exigée des entrepositaires de boissons, et qu'ils en sont en effet affranchis en matière de douane, quoique la loi y assujétisse également les entrepositaires. Le Ministre a d'ailleurs ajouté que la mesure du cautionnement s'appliquerait par le fait à l'Administration de la guerre, qui n'a nullement besoin de se faire cautionner par un tiers ; mais il a reconnu en même temps que les droits étant directement dus par elle, il n'y avait pas de doute qu'elle ne fût tenue d'acquitter ceux qui n'auraient pas été payés par ses agents. C. n° 56 du 12 janv. 1833.

Il en est de même pour les agents comptables de la marine, qui, n'étant également que dépositaires des boissons, doivent, sous le rapport des droits, être dégagés d'une responsabilité qui pèse exclusivement sur l'Administration de la marine, ainsi que le reconnaît M. le Ministre de ce département. Id.

On trouvera dans la circulaire n° 352 du 20 octobre 1882 de longs commentaires sur la valeur des engagements souscrits au reg. 52 C. Cette instruction a prescrit d'établir un état spécial des engagements souscrits au reg. 52 C, et sur lequel l'inspecteur, le sous-directeur et le directeur sont appelés à consigner leurs observations relatives aux engagements et à la solvabilité des cautions.

SECT. II. — Redevables admis à se libérer au moyen d'obligations cautionnées.

2428. Obligations cautionnées. V. 539 à 668.

2429. Faillites des redevables. V. 774 à 786.

Sect. III. — Cautionnement exigé pour la délivrance des acquits-à-caution.

2430. Dans tous les cas où, en vertu des lois et règlements en vigueur, la Régie des contributions indirectes délivre un acquit-à-caution, l'expéditeur des marchandises que cet acquit-à-caution doit accompagner s'engage à rapporter, dans un délai déterminé, un certificat de l'arrivée desdites marchandises à la destination déclarée, ou de leur sortie du territoire français, et se soumet à payer, à défaut de cette justification, le double des droits que l'acquit-à-caution a eu pour effet de garantir, s'il s'agit d'eau-de-vie, esprits et liqueurs, et le sextuple des droits de circulation, s'il s'agit de vins, cidres, poirés et hydromels.

2431. L'expéditeur donne, en outre, caution solvable, qui s'oblige solidairement avec lui à rapporter le certificat de décharge, si mieux il n'aime consigner le montant des doubles ou sextuples droits.

2432. Il est expressément recommandé cependant aux receveurs buralistes de n'accepter pour caution que des individus d'une solvabilité notoire et bien établie. Dans quelques circonstances, l'Administration a fait connaître qu'elle n'hésiterait pas à mettre à leur charge les droits dont ils auraient compromis la rentrée en ne se conformant pas exactement à cette règle. Lett. du 31 oct. 1872 au direct. de la Gironde. V. 2435.

Les cas où les acquits ne pourraient pas être cautionnés, ou ne le seraient pas valablement, doivent être rares.

2433. Les mêmes règles sont appliquées en cas d'échange d'acquits ; la nouvelle soumission doit être cautionnée. C. n° 52 du 3 mai 1807 ; Inst. n° 44 du 4 mai 1813 ; art. 1er de l'Ord. du 11 juin 1816 et art. 22 du Décret du 17 mars 1852.

Soit qu'il s'agisse de renvoyer au lieu du départ des chargements refusés par les destinataires, soit que les circonstances imprévues nécessitent la subdivision des chargements ou leur envoi à une nouvelle destination, les transports de boissons effectués par les *chemins de fer* donnent lieu fréquemment à l'échange d'acquits-à-caution.

Si les Compagnies de chemins de fer, dont l'engagement en pareil cas a toujours suffi à la Régie, consentent à remplir les formalités nécessaires, ces incidents ne sauraient entraîner aucun embarras relativement à l'impôt; dans le cas contraire, et à défaut d'autres cautions prises sur les lieux et reconnues solvables par les buralistes, l'échange peut avoir lieu sur la présentation d'une ou plusieurs soumissions émanant de l'expéditeur et de sa caution, reproduisant les énonciations de l'acquit-à-caution à échanger, ainsi que les indications nécessaires pour la délivrance des nouvelles expéditions, et portant le visa du service local, destiné à en établir l'authenticité. Ce visa, donné par le chef de la circonscription d'exercice dont la signature est certifiée par le directeur ou le sous-directeur, doit être libellé dans les termes suivants :

« La présente soumission, qui a pour objet d'obtenir l'échange de « l'acquit nº du bureau de en date du « émane de MM. expéditeur et caution désignés audit « acquit-à-caution.

« A le 18 »

Avant de contresigner ainsi les soumissions proposées, le service s'enquerra des faits qui nécessitent les échanges et demandera communication des lettres d'avis ou d'autres documents d'après lesquels les négociants agissent généralement en pareil cas. C. nº 123 du 27 juin 1874.

Les dispositions qui précèdent sont exclusivement applicables aux transports par chemin de fer et par eau ; elles ne peuvent pas être étendues aux envois à petite distance qui sont confiés à des voituriers ou à des messagers. Idem.

2434. Si le déclarant n'a pas de caution ou si celle qu'il présente ne peut être admise, les buralistes exigeront la consignation en numéraire du double droit de consommation ou du sextuple droit de circulation, selon le cas.

La somme consignée sera inscrite en toutes lettres, tant à la souche du registre que sur l'acquit-à-caution : elle sera reçue par le buraliste et versée par lui au receveur particulier. § 8 de l'Inst. du 15 fév. 1827 et art. 22 du Décret du 17 mars 1852.

2435. Avant de détacher l'acquit-à-caution de la souche, on doit faire signer le registre par le déclarant et par la caution.

Le buraliste qui omettrait cette formalité essentielle ou qui ne ferait pas consigner les doubles ou sextuples droits, deviendrait responsable de leur paiement, si l'acquit n'était pas déchargé. § 7 de l'Inst. du 15 fév. 1827. V. 2422.

2436. Comme on vient de le voir, le cautionnement auquel donne lieu la délivrance d'un acquit-à-caution diffère essentiellement de celui qui est applicable aux manquants constatés chez les entrepositaires.

Celui-ci, en effet, aux termes de l'article 38 de la loi du 21 avril 1832, embrasse toujours la période annuelle du compte, tandis que le cautionnement relatif à l'acquit-à-caution n'existe, ne prend naissance qu'au moment même de la délivrance de l'expédition.

2437. Il faut s'attacher à obtenir une garantie sérieuse pour les intérêts du Trésor : or, cette garantie peut être compromise lorsque les marchands en gros souscrivent, pour les acquits-à-caution, un engagement général, indéterminée et d'une portée inconnue.

D'un autre côté, la caution, dans ce cas, peut se trouver engagée bien au delà de ses prévisions, et ainsi le comptable demeure à découvert.

En résumé, le droit légal de l'Administration, c'est le cautionnement particulier, spécial, exigible pour chaque acquit-à-caution ; et il ne pourrait être que très dangereux de s'écarter de cette règle. Lett. au direct. de la Gironde du 3 déc. 1866.

2438. Mais, comme il serait très gênant pour les marchands en gros et pour les cautions de se déplacer à tout instant pour venir à la recette buraliste signer la souche des acquits-à-caution qu'ils ont successivement à demander dans le cours de chaque journée, l'Administration a admis, dans la pratique, que des expéditions de l'espèce fussent délivrées au vu des bulletins de demande non timbrés et signés par les principaux obligés et leurs cautions. Id.

Ces bulletins doivent être rédigés de telle sorte qu'ils expriment les mêmes stipulations, les mêmes engagements que la soumission inscrite au registre des soumissions, dont la nature et l'étendue sont énoncées à l'article 2 de l'instruction pratique des registres n°s 2 A et 2 B. Si les bulletins ainsi formés sont bien exactement signés par le soumissionnaire et sa caution, s'ils sont soigneusement conservés, les intérêts du Trésor obtiennent une garantie complète. Id. — Un modèle de ces déclarations est annexé à la circul. n° 352 du 20 octobre 1882.

L'Administration n'exige pas d'ailleurs que les bulletins dont il s'agit *soient signés dans les bureaux* des receveurs buralistes chargés de délivrer les expéditions et au fur et à mesure que des acquits-à-caution sont demandés ; elle admet, au contraire, que chaque entrepositaire ait chez lui, *en dépôt et en aussi grand nombre* qu'il le juge nécessaire, des bulletins qu'il remplit chaque fois qu'il a besoin d'un acquit-à-caution. Id.

Pour donner plus de facilité au commerce, l'Administration a créé, sous le n° 52 D, un registre spécial timbré, sur lequel les marchands en gros, distillateurs, etc., peuvent prendre, avec une caution, un engagement général pour tous les acquits dont ils réclament la délivrance, dans le cours de l'année. La circul. n° 352 du 20 octobre 1882 indique le mode d'emploi de ce registre, devenu aujourd'hui d'un usage à peu près général. V. 83.

Sect. IV. — Cautionnements relatifs aux passe-debout dans les villes sujettes.

2439. Le conducteur d'objets soumis à l'octroi, qui veut traverser seulement un lieu sujet, ou y séjourner moins de vingt-quatre heures, est tenu d'en faire la déclaration au bureau d'entrée. Art. 37 de l'Ord. du 9 déc. 1814.

Il est délivré un permis de passe-debout sur le cautionnement ou la consignation des droits. Art. 37 de l'Ord. du 9 déc. 1814.

2440. Lorsqu'il sera possible de faire escorter les chargements, le conducteur sera dispensé de consigner ou de faire cautionner les droits. Ibid.

L'escorte est l'exception, et le passe-debout la règle.

Quand il est impossible au service de l'octroi d'accorder une escorte, par exemple lorsqu'un employé se trouve seul au bureau, celui qui veut traverser le lieu sujet doit consigner les droits ou fournir caution. A. C. du 25 juillet 1845.

2441. La restitution des sommes consignées, ainsi que la libération de la caution s'opèrent au bureau de la sortie. Art. 37 de l'Ord. du 9 déc. 1814.

CHAPITRE LXI.

Cautionnement des adjudicataires de bacs et passages d'eau.

Cautionnement des adjud. de bacs et passages d'eau, 2442 à 2447.
Hypothèques, 2446.
Immeubles, 2443 à 2446.
Numéraire, 2443.
Rentes sur l'Etat, 2443.

2442. L'adjudicataire est tenu de fournir, dans les 24 heures de l'adjudication, un cautionnement ayant pour objet de garantir non seulement le paiement du prix de fermage, mais encore le recouvrement de la moins-value qui pourrait être due en exécution de l'article 12 du cahier des charges, ainsi que l'accomplissement de toutes les obligations par lui contractées. V. le cahier des charges imprimé au *Nouveau Recueil chronologique* à la suite de la C. du M. de l'agr. du 17 déc. 1868.

2443. Il sera constitué, au choix de l'adjudicataire, soit en numéraire, soit en rentes sur l'Etat, soit en immeubles libres de toute hypothèque, au moins jusqu'à concurrence de la somme stipulée.

Ces immeubles devront être situés dans le département ou dans les départements limitrophes.

2444. Les inscriptions en rentes sur l'Etat seront admises, savoir : les rentes 3 p. 0[0 au cours de 75 fr., et les rentes 4 et 4 1[2 p. 0[0 au pair. Art. 2 du cahier des charges.

2445. Les formalités à remplir ne présenteront aucune difficulté s'il s'agit de cautionnements en numéraire ou en rentes sur l'Etat ; mais, à l'égard de ceux en immeubles, on ne se contentera pas, comme cela a eu lieu souvent, de la déclaration orale des enchérisseurs que les biens affectés par eux ou par leurs cautions sont libres de toute hypothèque jusqu'à concurrence de la somme stipulée pour cautionnement dans l'article 2. Cette déclaration serait évidemment insuffisante, et s'il paraît difficile d'obliger les enchérisseurs à justifier, avant l'adjudication, de leur solvabilité, on doit du moins se conformer à la prescription de l'article 3, qui dispose que le cautionnement sera préalablement débattu par le préfet, par l'ingénieur des ponts et chaussées et par le directeur des contributions indirectes. C. n° 68 du 13 oct. 1852.

2446. Après s'être assuré que le cautionnement présente les sûretés désirables, le préfet ou le directeur auront à remplir une formalité essentielle. L'acte en vertu duquel l'adjudication est prononcée donne à l'Etat le droit de prendre inscription sur les biens affectés à la garantie de la gestion. L'article 8 du cahier des charges, en disposant que les frais d'inscription hypothécaire seront à la charge du fermier, reconnaît ce droit. Mais il ne faut pas perdre de vue que cette inscription n'a de force contre les tiers que du jour de sa date. Aussi une décision ministérielle du 28 août 1810, citée dans la circulaire n° 51 du 20 septembre de la même année, et rappelée par celles des 23 décembre 1845, n° 330, et 2 novembre 1849, n° 430, a-t-elle recommandé expressément aux préfets et aux directeurs de prendre immédiatement les inscriptions. L'Administration rappelle à ces derniers que, en vertu de la même décision, ils ont qualité pour suppléer les préfets dans ces actes conservatoires, lesquels doivent être faits aussitôt après l'adjudication ou tout au moins avant l'entrée en jouissance, quand bien même le Ministre des finances n'aurait pas encore statué sur l'amodiation. C. n° 68 précitée et n° 264 du 25 janv. 1855.

Toute négligence à cet égard engagerait fortement la responsabilité personnelle des directeurs. Id.

2447. Les adjudicataires de bacs et passages d'eau, au lieu d'être astreints à joindre à l'acte du cautionnement un exemplaire du cahier des charges, ne seront tenus de fournir aux trésoriers généraux qu'un acte sur papier timbré, indiquant sommairement les conditions du bail et la quotité du cautionnement. C. n° 221 du 22 janv. 1840.

CHAPITRE LXII.

Matériel des bureaux. Objets livrés aux domaines.

Bâtiments appartenant à l'Etat, 2456.
Domaines, 2458.
Feuilles immobilières, 2456.
Inventaires, 2455.
Matériel des bureaux, 2448 à 2458.
Matériel des bureaux d'ordre, 2452.
Objets livrés aux domaines, 2458.

2448. Le mobilier des bureaux appartient aux comptables ou aux directeurs et sous-directeurs ; il est actuellement cédé de gré à gré, en cas de mutation. C. n° 496 du 13 déc. 1851.

Les dispositions de la circulaire n° 433 du 6 déc. 1849 sont rapportées à cet égard, et la Régie demeure entièrement étrangère à cet arrangement. Id.

2449. Le matériel indispensable des bureaux de direction ou de recette se compose des objets suivants :

Tables ou bureaux ;

Sièges ;

Armoires ou placards ;

Rayons, tablettes, étagères et casiers ;

Cartons ;

Poêles et ustensiles de chauffage ;

Chandeliers et lampes de travail. C. n° 433 du 6 déc. 1849.

2450. La situation du matériel des bureaux de garantie est envoyée annuellement. C. n° 38 du 10 mars 1832.

2451. Le matériel des entrepôts de poudres à feu est connu par les états que l'on fournit à l'appui des comptes des poudres. C. n° 55 du 31 déc. 1832.

2452. L'Administration ayant pris à sa charge le mobilier des bureaux d'ordre, conformément aux dispositions de la lettre commune du 6 décembre 1879, un compte spécial concernant l'ameublement des bureaux d'ordre est ouvert au reg. 106 B de la recette principale. — Ce compte mentionne les dépenses successives d'entretien. Les mêmes indications doivent se trouver reproduites dans un tableau dressé sur la couverture du reg. 83

de la recette particulière, et du reg. 71 A du contrôle ou du poste à pied. Les inspecteurs sont ainsi en mesure, pendant leurs vérifications, de signaler les dégradations qu'ils remarquent et les causes qui les ont produites. L. C. du 21 août 1882.

Le 5 janvier de chaque année, les directeurs doivent transmettre à l'Administration un tableau sur lequel figurent, après récolement, tous les objets mobiliers appartenant à la Régie. Id.

2453. L'énumération et l'évaluation du matériel des bacs et passages d'eau se trouvent au reg. 102, C. n° 12 du 31 déc. 1827.

2454. Enfin la situation des instruments et objets de service sujets ou non sujets à consignation est établie sur les états n° 151 AA, C. n° 19 du 25 déc. 1828. V. 2461 et 2462.

2455. Afin que l'Administration puisse suivre l'emploi de tout le matériel, il a été dressé en 1840 un inventaire des autres meubles, ustensiles et instruments appartenant à la Régie. C. n° 237 du 24 juill. 1840.

2456. Il doit être procédé à une revision périodique des immeubles appartenant à l'Etat et affectés à un service public. Loi du 29 décembre 1873.

En conséquence de ces dispositions législatives, il est prescrit de fournir annuellement en janvier un tableau des propriétés immobilières appartenant à l'Etat et affectées à un service public. L. C. du 23 février 1874.

2457. Si un objet matériel est livré en compensation d'une dépense, le prix en est déduit des liquidations, et doit être appliqué simultanément au budget, en recette et en dépense. C. n° 164 du 30 déc. 1837.

Nous nous référons au n° 1076 pour les réemplois d'effets mobiliers et de matériaux.

2458. Lorsque des objets mobiliers ou immobiliers ne peuvent être employés et sont susceptibles d'être vendus, la vente doit en être faite avec le concours des préposés des domaines, et dans les formes prescrites. Art. 43 du Décret du 31 mai 1862 et art. 23 du Règl.

Lorsque des objets faisant partie du matériel auront été reconnus hors d'usage, soit à la résidence, soit en dehors de la résidence des receveurs des domaines, et non susceptibles d'être remployés, le chef de service dans le département en adressera un état descriptif et estimatif au directeur des domaines du même département.

Dans les quinze jours qui suivront la réception de cet état, le directeur des domaines donnera des instructions pour la vente aux enchères par un préposé des domaines ; ou si, à raison de la faible valeur et de la position des objets, il reconnaît qu'une vente par adjudication est impraticable, il en informera officiellement, *dans le même délai,* le chef de service en lui renvoyant l'état estimatif des objets.

Dans ce dernier cas, les objets pourront être vendus au profit du Trésor, directement et sans concurrence ni publicité, par les agents des contributions indirectes.

Le produit des cessions ainsi faites, centralisé entre les mains du receveur principal de la Régie de la circonscription dans laquelle elles auront été effectuées, sera versé, à la fin de chaque année, dans les vingt premiers jours de décembre au plus tard, à la caisse du bureau des domaines dans le ressort duquel est placée la recette principale.

A l'appui de chaque versement, le receveur principal remettra au receveur des domaines des déclarations délivrées par l'employé qui aura procédé à la cession, certifiées par le sous-directeur, en indiquant, pour chaque vente, le lieu et la date auxquels elle aura été effectuée, la désignation et l'origine des objets cédés, le nom de l'acheteur et le prix. Ces déclarations resteront déposées au bureau des domaines comme pièces justificatives de la recette. Décision du Minist. des fin. du 26 janv. 1846, relative aux douanes.

CHAPITRE LXIII.

Instruments.

Consignation, 2461 à 2468.
Demandes d'instruments, 2459, 2460.
Instruments, 2459 à 2471.
Instruments hors de service, 2469 à 2471

Sect. I. — Demandes.

2459. La délivrance des instruments et ustensiles de vérification reste dans les attributions de l'Administration, à laquelle ils sont demandés par lettre spéciale. Instr. du secrét. gén. du 15 mai 1852.

Ils sont expédiés de Paris par ses soins. C. lith. du 8 juin 1852.

2460. Les demandes d'instruments sont formulées par le receveur principal et remises au directeur ou sous-directeur. C. n° 17 du 16 mars 1870.

Sect. II. — Instruments et ustensiles sujets à consignation.

2461. La nomenclature et le prix des objets sujets à consignation se trouvent sur l'état 151 AA.

Ces prix ont été successivement fixés par diverses instructions. C. n° 72 du 1er juill. 1806, n° 24 du 1er août 1825, n° 11 du 7 déc. 1827, n° 21 du 6 oct. 1831, n° 150 du 21 juill. 1837, n° 288 du 17 août 1843 et n° 298 du 19 juin 1844.

Quelquefois ils ont été modifiés par de simples notes. Nous en avons donné la nomenclature au n° 2099.

Sect. III. — Instruments et ustensiles non sujets à consignation.

2462. La nomenclature et le prix de ces objets se trouvent sur l'état 151 AA.

Manquants. V. 1276.

Sect. IV. — Consignation.

2463. Les instruments sont la propriété de la Régie. C. n° 72 du 1er juill. 1806.

Il y en a qui sont sujets à consignation. Id.

Les employés laissent les instruments à leurs sucesseurs, qui leur remboursent la somme déposée. C. n° 72 du 1er juill. 1806 et n° 140 du 22 oct. 1807.

2464. Les instruments hors d'état de servir sont échangés sans rétribution. C. n° 140 du 22 oct. 1807.

2465. Les bons relatifs à l'échange, au remplacement des instruments et ustensiles hors d'usage sont délivrés par le directeur ou sous-directeur. C. n° 17 du 16 mars 1870.

Il est défendu de se livrer, avec les instruments, à des jeux qui les exposent à être brisés. C. n° 140 du 22 oct. 1807.

2466. Pour les alcoomètres et les thermomètres, leur remplacement n'est gratuit que dans le cas où il est reconnu que leur détérioration ne peut être attribuée à l'employé. C. n° 14 du 25 mars 1825.

2467. En cas de perte, l'employé est tenu de renouveler sa consignation. C. n° 140 du 22 oct. 1807.

2468. Le remboursement des consignations du prix des instruments peut avoir lieu quand ils deviennent inutiles. C. n° 12 du 7 mai 1815.

Ce remboursement est opéré par les receveurs principaux, sur les états détaillés et quittancés par les parties prenantes, et visés par le Sous-Directeur. Id.

SECT. V. — Instruments hors de service.

2469. Les instruments dont l'échange ou la décharge seront réclamés ne seront plus renvoyés à l'Administration que sur sa demande ou lorsqu'ils devront être réparés à Paris. C. lith. du 8 juin 1852.

Il s'agit, pour les réparations, des rouannes, cachets, échelles, poinçons, instruments de plombage, etc. Id.

Les directeurs peuvent autoriser d'urgence la réparation des autres, lorsqu'il y a avantage à la faire sur les lieux. Id.

Il est fait des propositions collectives d'admission en dépense de ces frais par trimestre. Id.

2470. Les instruments complètement hors d'usage sont réunis à la direction, où des procès-verbaux d'annulation sont dressés pour la décharge des comptables. Id.

2471. Un état semestriel est fourni à l'Administration, qui fait connaître la destination à donner à ces objets. Id.

CHAPITRE LXIV.

Circulaires.

Abonnements, 2474.
Circulaires, 2472 à 2475.
Reliure, 2473.

2472. Les circulaires adressées à titre officiel sont la propriété des places et non des personnes. C. n° 544 du 28 juill. 1858.

Il y a obligation de transmettre la collection en bon état au successeur. C. n° 448 du 20 fév. 1857. — Il en est de même du recueil de jurisprudence. C. n° 230 du 28 février 1878.

2473. Les inspecteurs doivent s'assurer, dans leurs tournées, que les collections sont complètes et reliées. C. n° 61 du 16 mars 1872.

2474. Les circulaires de l'*Administration* sont envoyées aux agents qui désirent les recevoir par souscription. C. n° 300 du 7 juill. 1855.

Le prix en est centralisé par le receveur principal du chef-lieu, qui le transfère ensuite en une seule fois dans la caisse de son collègue de Paris. C. lith. du 28 janv. 1852. V. 198 et 199.

2475. Circulaires de la comptabilité publique qui doivent être communiquées par les directeurs des contributions indirectes aux directeurs des manufactures de l'État. V. 2138 et 2139.

CHAPITRE LXV.

Impressions.

Acquits-à-caution, 2482, 2483.
Anciens imprimés utilisés, 2488.
Avaries, 2481.
Demandes, 2476, 2478, 2484.
Différences, 2480.
Distribution, 2477.
Frais de transport, 2487.
Impressions, 2476 à 2488.
Renvois à faire, 2479.
Secrétariat général, 2484.
Soustractions, 2481.

2476. Les demandes d'impressions, d'instruments, etc., à l'usage des sections d'exercice, des recettes buralistes ou particulières, des entrepôts et de la recette principale, sont formulées par le receveur principal et remises au sous-directeur, qui les examine, les vise, et les transmet au directeur, après les avoir complétées quant aux impressions à l'usage de ses bureaux. C. n° 17 du 16 mars 1870.

En toute hypothèse, les impressions, les instruments, etc., sont envoyés au receveur principal chargé d'en passer écriture. Id.

2477. Les impressions timbrées ou non timbrées, les portatifs, les carnets, etc., ne sont remis par le receveur principal aux chefs locaux de service, aux comptables, que sur des demandes visées par le sous-directeur. Id.

2478. Lorsque des demandes supplémentaires sont formées, il convient d'y comprendre non seulement les modèles urgents, mais encore ceux dont on pourra prévoir qu'il sera prochainement nécessaire de renouveler l'approvisionnement. Id.

2479. Toutes les fois que, à l'arrivée des impressions, il sera reconnu que les modèles dont il n'est pas fait usage dans les localités auront été compris dans les paquets, le renvoi en sera fait tout de suite par la poste, à l'adresse de *M. le Ministre des finances* (secrétariat général, *bureau du matériel*). Le renvoi sera toujours accompagné d'un inventaire et d'une lettre d'avis énonçant les motifs de la réexpédition. Id.

2480. Il est expressément recommandé de renvoyer au secrétariat général les bulletins d'envois émanés du matériel. Dans aucun cas, les chiffres inscrits sur les bulletins ne doivent être changés. Id.

Les différences reconnues entre les quantités annoncées et celles qui sont reçues sont signalées dans la colonne d'observations. Id.

Vérification à l'arrivée. V. 1052 *bis*.

2481. En cas d'avaries, de pertes ou de soustractions, un procès-verbal présentant le détail et la cause de ces avaries, pertes ou soustractions, et signé par le voiturier, est joint à l'acquit-à-caution. Lett. lith. du 27 juin 1853.

2482. Aussitôt après l'arrivée à destination des colis qu'ils accompagnent, les acquits-à-caution, tant pour le roulage ordinaire que pour le roulage accéléré, sont renvoyés avec les bulletins d'envoi à l'Administration, qu les fait remettre au bureau du matériel des finances pour servir à la vérification des mémoires. Id.

2483. Les acquits-à-caution mentionnent très exactement la date de l'arrivée des ballots à destination ; les retards de route, s'il y en a, sont également indiqués avec soin ; et, à cet égard, toutes les explications nécessaires sont données afin que le service du matériel puisse appliquer, en connaissance de cause, les dispositions du cahier des charges. Id.

Enfin, les destinataires remplissent au dos des acquits-à-caution toutes les indications qui y sont mentionnées, comme si le prix de transport était encore acquitté à l'arrivée. Id.

2484. La comptabilité générale des finances n'est plus chargée de faire transmettre au garde-magasin les ordres d'envois des imprimés nécessaires aux écritures de comptabilité. C'est sous le timbre du secrétariat général des finances, bureau du matériel, que les demandes générales et supplémentaires d'imprimés sont maintenant adressées. CC. n° 61 du 20 déc. 1855.

Ainsi toutes les impressions *indistinctement* sont fournies par le bureau central du matériel. Lett. lith. des 4 mai 1852 et 7 mars 1856.

2485. Les demandes annuelles ou supplémentaires doivent lui parvenir par l'intermédiaire de l'Administration. Id.

Elles sont formées et transmises de la manière suivante :

Demandes générales.

1° Une expédition sur le n° 151 B (service général) ;

2° Une expédition sur le n° 151 B *bis* (service général) ;

3° Une expédition *spéciale aux sucres*, sur le n° 151 B *ter* (service général).

Demandes accidentelles.

Deux expéditions sur le n° 150 (service général). Note circul. du secrétariat général du 29 mars 1867.

S'il s'agit de modèles timbrés, on doit faire ressortir les timbres dans les colonnes à ce destinées. Id.

Il n'y a pas lieu de mentionner sur les demandes accidentelles les titres des modèles ; on se borne à inscrire les numéros par lesquels ils sont désignés dans la nomenclature, avec l'indication *d'exemplaires*, *de titres* ou *d'intercalaires*, suivant le cas, ou des différents calibres des *registres* dont il y aura besoin. Id.

2486. Pour que le voiturier puisse être payé par l'adjudicataire, les destinataires lui délivrent, sur papier libre, et à la réception des ballots, un reçu énonçant la date d'arrivée avec mention : 1° du nombre de jours de retard ; 2° du numéro et de la date de l'acquit-à-caution (roulage ordinaire ou accéléré) ; 3° du nombre et du poids des colis ; 4° et enfin l'état dans lequel ils sont trouvés à l'arrivée. Id.

2487. Les frais de transport et d'emballage des impressions envoyées directement de Paris dans les départements ne sont plus payés par les Administrations. Inst. du secrét. gén. du 15 mai 1852.

Ils concernent le bureau central du matériel, qui les fait payer à Paris. Id.

2488. Certains imprimés ne peuvent être utilisés que pendant l'année ou l'exercice dont ils portent l'indication. Tels sont les bordereaux n°s 80, 91 A, 91 B, les comptes 108 A, les bordereaux récapitulatifs n° 108 B, etc.

Quand une circonstance fortuite oblige à recourir à d'anciens imprimés, il est indispensable d'introduire dans leur libellé toutes les modifications que l'Administration et la comptabilité ont jugé nécessaire d'apporter aux formules les plus récentes. CC. n° 81 du 8 janv. 1869.

CHAPITRE LXVI.

Papiers de service hors d'usage, à livrer aux domaines.

Couvertures des portatifs, 2491.
Domaines, 2489 à 2497.
Frais, 2496.
Papiers de service hors d'usage, 2489 à 2497.
Procès-verbaux de vente, 2494.
Reg. et impr. à conserver, 2489.
Vieilles impressions, 2489 et s.

2489. *Nomenclature des registres et modèles qui doivent être conservés dans les archives des directions et des recettes principales, quel que soit l'exercice auquel ils se rapportent*, conformément aux dispositions de la circulaire nº 66 du 2 septembre 1833 et de diverses instructions.

Service général.

47 Etat de produit par trimestre du droit à la vente des sels.
51 *A.* Etat de produits. (*Licences.*)
51 *B.* *Idem.* . . . . (*Circulation.*)
51 *C.* *Idem.* . . . sur les manquants. (*Détail et consommation.*)
52 *A.* Etat de produits sur les manquants. (*Entrée.*)
55 *A.* Etat de produit des droits de détail.
55 *B.* Feuille de développement. (*Détail.*)
56 Etat récapitulatif par recette. (*Détail.*)
57 Procès-verbaux d'épalement. (*Brasseries et distilleries.*)
61 Etat de produits des voitures publiques.
63 Etat de produit des droits sur les cartes.
66 *A.* Etat trimestriel du salpêtre brut fabriqué tant par l'Administration des poudres et salpêtres que par les salpêtriers.
66 *B.* Etat trimestriel du salpêtre brut fabriqué tant par les salpêtriers libres que par les salpêtriers pourvus de licences, ainsi que du sel marin en résultant.
79 *B.* Etat de remboursement des impressions d'octrois.
81 Etat des produits constatés (*par recette*).
82 Relevé des droits au comptant (*par recette*).
102 *A.* Registre de dépouillement des produits (*Sous-Direction*).

102 *B.* Registre de dépouillement des produits (*Direction*).
105 Rapport des directeurs (*par trimestre*).
115 *B.* Etat de produit des abonnements.
122 Registre mémorial des affaires contentieuses.
149 *A.* Tableau des prix moyens (*par direction*).
165 Tableau annuel des ventes et bénéfices (*Débitants de tabac*).

Tabacs et Poudres.

73 Minutes des comptes annuels des entreposeurs. (*Tabacs et Poudres.*)
77 *B.* Minutes des bordereaux annuels des entreposeurs. (*Tabacs.*)
77 *C.* *Idem*. . . . . (*Poudres.*)

Sucres.

n° 7. Portatif pour l'exercice des fabriques.
n° 21. Portatif pour l'exercice des fabriques barytiques
n° 22. Etat de produit.
n° 24. Registre des soumissions cautionnées.
n° 25. Tableau trim. des redevables proposés pour le crédit.
n° 30. Reg. pour l'inscription des oblig. cautionnées.
n° 36. Comptes ouverts aux déposants dans les entrepôts.
n° 37. Situation mensuelle de ces comptes.
n° 42 *A*, *B*, *C*. Relevés mensuels des comptes des fabricants.
n° 43. Extrait et lettre d'envoi de ces relevés.
n° 14. Registres de dépouillement des acquits en retard.
Lett. de l'Adm. du 9 septembre 1853.

Comptabilité.

87 *A.* Livre-journal de caisse des receveurs principaux.
88 Sommier général des receveurs principaux.
89 *A.* (1re *et* 2e *parties*). Registre des consignations.
89 *B.* (*Id.*) Registre des frais judiciaires.

Les procès-verbaux d'adjudication des bacs et passages d'eau, et les arrêtés des préfets qui y sont relatifs, etc.

Les dossiers du contentieux pour les affaires non terminées.

Le registre sommier qui, aux termes de l'instruction n° 28, doit présenter les sommes pour lesquelles il a été accordé des ordonnances de reprises indéfinies.

2490. Les autres registres peuvent être vendus après un délai de trois ans. Art. 50 du Décret du 1er germ. an XIII ; C. n° 162 du 7 déc. 1837 et C. lith. du 20 août 1854.

Ce terme se calcule à partir de la date du dernier arrêt de la cour des comptes sur chaque exercice. C. lith. du 20 août 1854.

Il est recommandé d'éviter toute vente prématurée. Lett. comm. du 12 mai 1846. — L'Administration donne d'ailleurs des instructions aux directeurs, chaque fois qu'il y a lieu de procéder à la vente des papiers, registres et instruments hors d'usage.

2491. Les couvertures de portatif ne doivent plus être renvoyées à l'Administration. Elles sont comprises dans la vente des vieux papiers. C. n° 3 du 24 mars 1823.

2492. Les vieux papiers et les vieux registres dont la vente doit être opérée sont inventoriés sans aucune estimation, par les employés des contributions indirectes, en présence des délégués des domaines, auxquels il est délivré copie certifiée de l'inventaire. C. n° 66 du 2 sept. 1833.

Ces objets sont immédiatement mis à la disposition de ces délégués, qui en donnent récépissé au pied du double de l'inventaire. Id.

2493. Les employés de la Régie n'ont ni à concourir aux ventes, ni à y assister. Elles sont faites exclusivement par les préposés de l'Administration de l'enregistrement et des domaines. Id.

2494. Des copies certifiées des procès-verbaux de vente, indicatifs du montant des frais et du produit net, sont remises aux préposés des contributions indirectes. Id. V. 2497.

2495. Ces règles positives ont fait cesser les difficultés que l'exécution de l'ordonnance du 14 septembre 1822 et de l'arrêté ministériel du 25 décembre suivant avait rencontrées dans quelques départements : elles complètent les instructions contenues à cet égard dans la circulaire du 20 octobre 1823, n° 95. Id.

2496. Les frais auxquels peut donner lieu l'inventaire et la remise des objets doivent être prélevés sur le produit de la vente et remboursés par le receveur des domaines. C. n° 66 du 2 sept. 1833 et n° 162 du 7 déc. 1837.

2497. Il n'est plus nécessaire d'envoyer à l'Administration copie des procès-verbaux de vente. C. lith. du 20 août 1854.

Il suffit de faire connaître la date, ainsi que le montant du produit de la vente. Id.

FIN.

APPENDICE

AU

COURS DE COMPTABILITÉ.

Nous insérons ci-après quelques instructions publiées pendant l'impression de l'ouvrage, ou retrouvées depuis, dans notre collection.

La série générale des numéros a été continuée dans l'appendice. Le second numéro indique le passage correspondant du Cours.

Pour lui établir la corrélation, on doit reporter à la main, en regard du second numéro, le 1er de l'appendice, en mettant, par exemple, en marge : 955. App. 2498.

2498-955. *Loi relative à l'exercice financier.* — Les droits acquis et les services faits du 1er janvier au 31 décembre de l'année qui donne son nom au budget sont seuls considérés comme appartenant à l'exercice de ce budget. Art. 1er de la Loi du 25 janvier 1889.

Toutefois, l'Administration peut, dans la limite des crédits ouverts au budget d'une année, jusqu'au 31 janvier de l'année suivante, achever les services du matériel dont l'exécution commencée n'a pu être terminée avant le 31 décembre pour des causes de force majeure ou d'intérêt public qui doivent être énoncées dans une déclaration de l'ordonnateur. Art. 2. *Ibid.*

La période d'exécution des services d'un budget embrasse, outre l'année même à laquelle il s'applique, des délais complémentaires accordés, sur l'année suivante, pour achever les opérations relatives au recouvrement des produits, à la constatation des droits acquis, à la liquidation, à l'ordonnancement et au paiement des dépenses.

A l'expiration de ces délais, l'exercice est clos. Art. 3. *Ibid.*

En ce qui concerne le budget de l'Etat, ces délais s'étendent, pendant la seconde année :

1° Jusqu'au 31 mars, pour la liquidation et l'ordonnancement des sommes dues aux créanciers ;

2° Jusqu'au 30 avril, pour le paiement des dépenses, la liquidation et le recouvrement des droits acquis à l'Etat pendant l'année du budget ;

3° Jusqu'au 30 juin, pour l'autorisation et la régularisation, par des crédits supplémentaires, de dépenses afférentes aux charges publiques rendues obligatoires par la loi de finances, et dont le montant ne peut être définitivement connu qu'après l'exécution des services ;

4° Jusqu'au 31 juillet, pour les opérations de régularisation nécessitées par les erreurs d'imputation, par le remboursement des avances ou cessions que les ministères se font réciproquement, par les reversements de fonds à rétablir aux crédits des ministres ordonnateurs, par la régularisation des traites de la marine et des colonies et par le versement à la caisse des gens de mer ou à la caisse d'épargne postale du parfait paiement des allocations des états-majors et équipages embarqués hors des mers d'Europe. Art. 4. *Ibid.*

Il n'est pas dérogé aux dispositions de la loi du 23 mai 1864 sur la comptabilité des exercices clos, et des lois des 29 janvier 1831, 10 mai 1838, et 3 mai 1842, sur la comptabilité des exercices périmés.

Les sommes réalisées sur les restes à recouvrer des exercices clos et sur les créances restant à liquider sont portées en recette au compte de l'exercice courant. Art. 5. *Ibid.*

Les dispositions de la présente loi sont applicables à partir du budget de l'exercice 1888.

Toutefois, à titre transitoire, pour les exercices 1888, 1889 et 1890, les délais prévus aux art. 4 et 7 sont prolongés de 2 mois. Art. 9. *Ibid.*

2499-2416 et suiv. *Cautionnements des marchands en gros, au reg. 52 C.* En vue de faciliter aux marchands en gros et aux débitants entrepositaires l'accomplissement des formalités relatives à la circulation des petites quantités de boissons enlevées de leurs magasins, l'Administration a, par sa circulaire n° 525 du 11 août 1888, décidé que des registres 64 A et 64 B pourraient être mis à la disposition de ces négociants pour leur permettre de se délivrer à eux-mêmes les titres de mouvement nécessaires pour les transports de l'espèce. C. n° 540 du 5 janvier 1889.

La liquidation des droits afférents aux quantités enlevées en vertu de laissez-passer 64 A et 64 B, n'ayant lieu que tous les dix jours, il importe de prémunir le Trésor contre les risques éventuels que peut engendrer la concession de crédits ainsi accordés. Les comptables devront donc, à l'avenir, exiger que le cautionnement des entrepositaires admis à faire usage de laissez-passer 64 A et 64 B soit étendu aux droits exigibles sur les quantités expédiées avec ces titres de mouvement. *Ibid.*

A cet effet, le libellé des actes de cautionnement du reg. 52 C devra être complété comme suit : « Tant sur les......... actuellement en la possession du déclarant que sur........ qu'il introduira d'ici au 1er janvier 18... *déduction faite des quantités qui auront été régulièrement enlevées de ses magasins en vertu d'acquits-à-caution et de celles sur lesquelles il justifiera avoir acquitté les droits exigibles.* » Ibid.

2500-1238-1274. *Perception d'une redevance de 1 franc par 100 kilogrammes de sucre employé au sucrage des vendanges.* — Pour couvrir le Trésor du surcroît de dépenses que peut nécessiter l'application du régime institué par l'article 2 de la loi du 29 juillet 1884, chaque dénaturateur de sucre sera tenu de verser une redevance dont le montant est fixé à un franc par 100 kilog. de sucre mis en œuvre. Cette redevance sera payée au moment même de la dénaturation et avant la décharge de l'acquit-à-caution. Art. 3 de la loi de finances du 29 décembre 1888.

Promulguée au *Journal officiel* du 31 décembre 1888, cette loi est devenue exécutoire le 1er janvier 1889. La redevance de 1 fr. par 100 kilogrammes est dès lors exigible sur les sucres qui, à partir de cette date, ont été ou seront employés au sucrage des vins, cidres et poirés, sous le régime de la taxe réduite de 24 francs. Comme pour cette dernière taxe, le calcul de la redevance doit être établi, non sur le poids brut des sucres mis en œuvre, mais sur la quantité qu'ils représentent en raffiné. C. n° 546 du 9 février 1889.

Le produit de la redevance sera récapitulé, à la fin de chaque trimestre, sur des états spéciaux auxquels on affectera la formule n° 22 du service des sucres ; il sera encaissé sous la dénomination de « *redevance de 1 franc par 100 kilogrammes de sucre employé au sucrage* », et inscrit à une nouvelle ligne qui portera le n° 51 *bis* du bordereau 91. *Ibid.*

Le paiement de la redevance doit toujours précéder l'apurement de l'acquit-à-caution qui aura accompagné les sucres, et être opéré au lieu même de la dénaturation.

On trouvera dans la circul. n° 546 du 9 février 1889 toutes les instructions relatives à l'exigibilité, à la perception de cette redevance, soit en cas de dénaturation à domicile, soit en cas de dénaturation dans les dépôts autorisés.

2501-1513 *bis*. *Indemnités aux agents chargés des opérations de sucrage.* — D'accord avec le service de Comptabilité publique, il a été réglé que la dépense résultant du paiement des indemnités allouées aux agents déplacés et aux préposés temporaires occupés à la surveillance des opérations de sucrage, sera classée sous le titre de : « *Indemnités aux agents chargés des opérations de sucrage* », et qu'elle figurera à une ligne 134 *quater* que l'on ouvrira au bordereau 91. *Ibid.*

Les allocations attribuées aux agents déplacés ainsi qu'aux préposés temporaires, seront payées mensuellement au moyen d'états d'émargements n° 93 A spéciaux, dont le montant sera porté en dépense à la fin de chaque mois. *Ibid.*

2502-233. ***Réserve de fonds chez les comptables pour paiement des appointements, etc.*** Nonobstant les recommandations expresses que contient à cet égard la lettre commune du 8 juillet 1872, n° 3471, beaucoup de comptables sont mal à propos autorisés à retenir, lors de leurs versements, des fonds destinés au paiement des traitements et autres émoluments. L'Administration entend qu'en thèse générale, toute réserve quelconque soit interdite. Si néanmoins et tout à fait exceptionnellement le directeur reconnaissait qu'un comptable ne serait pas habituellement en mesure d'acquitter, le

1er de chaque mois, les appointements et frais de service qu'il a mission de solder, il aurait à déterminer la somme que ce comptable aurait la faculté de conserver. Extrait de la réponse aux rapports 105 du 3e trimestre 1873.

Afin que l'Administration juge si les exceptions admises sont justifiées, le directeur doit lui adresser, tous les ans, le 15 janvier au plus tard, un tableau présentant :

1° La désignation des recettes où des réserves auront été autorisées ;

2° Le montant de ces réserves ;

3° L'indication du chiffre des rentrées ordinairement opérées dans les derniers jours du mois ;

4° Le montant des dépenses auxquelles il y a lieu de pourvoir.

L'Administration attache un grand prix à ce que de telles autorisations ne soient données que dans le cas d'absolue nécessité. *Ibid.*

2503-131-1054 *ter. Comptabilité des timbres des reg. 5 D, 64 A et B remis aux négociants pour le transport de petites quantités de boissons.*

Reg. 5 D. Dans le but de faciliter le commerce de certains détaillants, qui portent au domicile de leurs clients de petites quantités de boissons, l'Administration a créé un reg. n° 5 D, destiné à être confié, contre paiement du prix des timbres, aux débitants de tout ordre connus comme faisant habituellement des ventes à emporter ou des livraisons à domicile. Ceux-ci se délivrent eux-mêmes des laissez-passer, soit pour des livraisons isolées qui seraient supérieures à la tolérance locale, soit pour celles qui, bien qu'inférieures, viendraient à la dépasser par suite de leur groupage en un même chargement. C. n° 525 du 11 août 1888.

Chez les débitants exercés des campagnes ou des villes non sujettes à la taxe unique, et chez les débitants entrepositaires des villes rédimées, les quantités de vin et de spiritueux ainsi expédiées ressortiront tout simplement en manquants aux comptes. — Chez les débitants abonnés et rédimés, ils ressortiront de même en manquants au compte d'ordre, mais sans donner lieu à une répétition de droits, de sorte qu'en définitive, aucun décompte de droits ne sera à établir sur les reg. 5 D, qui motiveront seulement une perception pour timbres. *Ibid.*

Reg. 64 A et 64 B. Des facilités de même nature ont été accordées aux marchands en gros pour la vente des vins et des spiritueux en petites quantités. — Un reg. 64 A a été créé pour les envois de vins jusqu'à concurrence de 24 litres, et un reg. 64 B a été établi pour les envois de spiritueux dans la limite de 12 litres, en volume. *Ibid.*

La liquidation des droits afférents aux quantités enlevées de la sorte est opérée tous les 10 jours, et la perception est inscrite aux registres élémentaires de la recette buraliste dont dépend le marchand en gros. On peut admettre les débitants entrepositaires au régime des reg. 64 A et 64 B. *Ibid.*

Le compte des timbres 5 D et 64 A et B doit être suivi conformément aux instructions suivantes :

suivre la recette et la dépense au compte 6 du reg. 83 comme s'ils étaient employés directement par le comptable (utiliser, à cet effet, les colonnes restées disponibles), et annexer à l'appui dudit compte une feuille de renseignements dressée suivant le modèle ci-après :

DATE de la remise des registres.	NOMS des redevables à qui ils ont été délivrés.	Leur demeure.	Leur profession.	Nombre de timbres livrés.			SOMME payée par les redevables
				5 D	64 A	64 B	
1	2	3	4	5	6	7	8
	Total du mois de.						
	Total de l'année.						

A la fin de chaque mois, faire recette au reg. 74, cumulativement avec les autres timbres du comptable, et inscrire à l'article 2 du compte 6 (timbres employés), les totaux de la feuille de développement. *Ibid.*

2504-131-1054 *ter. Bons de transport institués sous la forme de vignettes timbrées*, n°s 171-172-173. Afin de légitimer la circulation des petites quantités de spiritueux que de simples particuliers peuvent avoir à transporter, l'Administration a créé, sous les n°s 171, 172 et 173, des vignettes timbrées qui sont vendues par tous les débitants de tabac et dont l'apposition, sur les bouteilles de spiritueux, équivaut à un bon de transport. La valeur de ces vignettes a été fixée comme suit :

N° 171 80 c., soit 70 c. de droit de consommation et 10 c. pour timbre.
N° 172 50 c., soit 40 c. — — et 10 c. —
N° 173 1 fr. 20, soit 1 fr. 10 — — et 10 c. —

Ces vignettes sont délivrées à crédit aux débitants de tabac. Le compte en est suivi au reg. 106 des recettes principales, au 83 des recettes particulières et au livret 75 A des débitants de tabac. Les gérants ou débitants versent mensuellement, ou plus souvent, s'il est nécessaire, la valeur des vignettes qu'ils ont vendues. Le montant en est encaissé de la même manière que les versements des buralistes et imputation de la somme est faite à raison de 70 c., 40 c. ou 1 fr. 10, au titre de droit de consommation, et de 10 c. au titre de droit de timbre. C. n° 325 du 5 août 1888.

Il est alloué aux débitants de tabac une remise de 2 centimes par vignette vendue ; cette remise leur est payée mensuellement avec imputation à la ligne « *remises aux buralistes* », et sur émargement d'un état qui est provisoirement dressé à la main d'après le modèle n° 34, dont il est une annexe. *Ibid.*

Pour la comptabilité de ces vignettes, il est recommandé de se conformer aux prescriptions suivantes :

Suivre la comptabilité des vignettes 171, 172, 173 au registre n° 83, comme s'il s'agissait de timbres des receveurs buralistes. En d'autres termes, inscrire au compte 3 du registre 83 (col. 39, 40 et 41), au fur et à mesure des livraisons, les espèces et quantités remises à chaque débitant de tabac, et avoir soin de faire apposer, dans la colonne *ad hoc,* la signature pour décharge, de la partie prenante. Enfin, à la clôture de l'exercice, reporter aux comptes 3 et 5, par débitant de tabac, et d'après la balance établie au livret 75, d'une part, les quantités vendues pendant l'année ; de l'autre, celles formant les restes. Note comm. n° 29 du 26 octobre 1888.

Les receveurs des douanes des bureaux frontières sont aussi pourvus de ces vignettes. Ils agissent, pour la perception, comme buralistes des contributions indirectes et ont droit à la remise de 2 centimes par vignette. — Les perceptions sont mensuellement transférées par virement de fonds *dans les caisses* de la Régie. L. C. n° 30 du 6 nov. 1888.

2505-1054 *bis. Vignettes à 15 centimes pour bougies importées.* A la suite de plaintes exprimées par l'industrie française au sujet de la concurrence qui lui est faite par les importateurs de bougies étrangères, le ministre des finances a décidé la création de vignettes spéciales en papier rouge, portant dans leur intitulé le mot « *Importation* ». Ces vignettes ont une valeur de 15 centimes. Lett. comm. n° 25 du 12 sept. 1888.

2506-2098-2100. Jusqu'à ce que les modèles soient revisés, il y aura lieu d'ouvrir à la main, sur les états 151 A *bis* et 151 C *bis,* une colonne spéciale destinée à présenter la situation des vignettes du nouveau type. *Ibid.*

TABLE ALPHABÉTIQUE

DES MATIÈRES CONTENUES DANS LE COURS DE COMPTABILITÉ.

Abandon d'affaires contentieuses. Frais à la charge du Trésor, de la Compagnie générale des allumettes, des communes. Apurement du registre nº 89 B. 1374 et suiv. — Dépenses pour frais judiciaires, 1600 et suiv. — Etat 98. 535.

Abonnements. Abonnements *aux circulaires* : Inscription du prix d'abonnement au 89 C. 198. — Apurement de cette consignation par l'envoi d'un virement de fonds au receveur principal de Paris. 1338-1852. — Abonnements *collectifs*. Constatation, exigibilité des droits. 418. — Abonnements *individuels* des débitants de boissons. Constatation. Exigibilité. 414. — Abonnements *généraux*. Constatation. Exigibilité. 416. Répartitions d'amendes dans les villes soumises à l'abonnement général. Part d'amende de la caisse municipale. 1742. — Abonnements *pour traitements d'employés d'octroi*. 448, 1266.

Abréviations. *Abréviations* dans les art. du registre 87 A et des registres auxiliaires des receveurs principaux. 138. — Les *abréviations* sont interdites sur les registres, dans les procès-verbaux et autres actes. 880. — Dans l'arrêté d'un mandat de paiement, l'ordonnateur secondaire doit énoncer le total en toutes lettres. 990. — Insuffisance des renseignements sur mandats de paiement. Certificat administratif complémentaire à réclamer par le comptable. 991.

Absence. Achats d'immeubles appartenant à des *absents*. Justification des dépenses. 1530-1537. — *Absence* des redevables. Justifications à produire à l'appui des propositions de reprise indéfinie. 760 — ou à l'appui des dépenses de frais judiciaires. 1600 et suiv. — Débets. Comptables *absents* ou en fuite. Instructions pour ce cas particulier. 300 et suiv. — V. **Congés**.

Abus de confiance. Chapitre 12, nºs 338 et suiv. — Concussion. 338. — Exaction. 338. — Péculat. 338. — Probité. 338. — Abus de blanc-seing. 342.

Acceptation des obligations. Attributions des receveurs. 558 et suiv. — Concession des crédits de droits. 609.

Achats. Instructions générales sur les *adjudications et marchés* : achats, travaux et transports effectués sur simple facture. 1099. — Adjudications publiques. 1081. — Marchés de gré à gré. 1085. — Achats de *timbres de l'enregistrement*. Avances provisoires. Apurement du 89 B. 1047, 1381. — Fonds reçus sur lettres de crédit du Trésor public, pour faire face aux achats de tabacs en feuilles. 1384. — Achats de tabacs aux planteurs. Etat nº 97. 1994. — Achats de tabacs, frais de transport et primes d'assurances (manufactures de l'Etat). Justification des dépenses. 1683 et suiv. — Achats de tabacs repris des débitants, ou provenant de saisies et primes d'arrestation. Justification des dépenses. 1624 et suiv. — Achats de poudres, dans les même conditions. Justifications. 1557 et suiv. — Acquisitions d'immeubles. Justifications communes. 1529 et suiv. — Achats d'instruments et ustensiles de la garantie. Justifications. 1544. Achats d'instruments du service général. Remboursement de leur valeur consignée. Justifications. 1545, 2463.

Acide acétique. Constatation du droit. Exigibilité. 447. Tarif. 1244. — Licence, tarif. 1247. — Répartitions d'amendes. 1752. Compétence des directeurs pour l'apurement des acquits. 490. —Redevance ou indemnité d'exercice due par les industriels qui emploient du vinaigre en franchise. 451, 1274.

Acide stéarique. Constatation du droit. Exigibilité. 446. — Tarif. 1246. Licence, tarif. 1247. — Répartitions d'amendes. 1752. —Compétence des directeurs pour l'apurement des acquits. 490. — Obligations cautionnées. 539, 553. — Remise de 1/3 p. 0/0. 669. — Intérêts de crédit et de retard. 547.

Acompte. Paiement des dépenses publiques par acomptes. 873, 1427. — Paiement pour solde. 1429. — Justifications communes à toutes les dépenses en paiements fractionnés. 1518 et suiv. — Les premiers paiements des contribuables sont tout d'abord imputés aux frais. 1868. — Perception des droits par voie d'acomptes chez les contribuables Avertissements n°s 54 et 77, 681 et suiv.

Acquits-à-caution. Constatation des droits sur acquits-à-caution. 465. — Etat de produit n° 196. 476, 2016. — Compétence des directeurs en matière d'apurement d'acquits-à-caution. 482 et suiv. — Cautionnement pour la garantie des droits sur acquits, et en cas d'échange d'acquits. Actes du 52 D portant engagement. 2430 et suiv. —Acquits-à-caution délivrés pour changement de domicile. 493. — Prescription contre la Régie en matière d'apurement d'acquits-à-caution. Délai, 4 mois. 1216. — Acquit-à-caution joint à un procès-verbal. Prescription. 1216. Consignations sur acquits. Apurement par l'inscription en dépense de trésorerie. 1839. — Formation de l'état 100 B. 1999. — Prescription pour les consignations de droits sur acquits. 1206. — Versement à la caisse des dépôts et consignations des sommes disponibles non réclamées. 1206. — Restitution et demandes de restitution de droits sur acquits. 491-492. — Etat mensuel n° 96 des coupons d'acquits-à-caution de tabacs et poudres. 1992. — Timbre à 10 c. pour quittance de frais de transport sur ces acquits. 1040. — Etat n° 96 bis des rectifications aux décomptes de frais de transports (tabacs et poudres). 1993. — Aquits-à-caution délivrés pour l'exportation des poudres à feu. Droits qu'ils garantissent. 1282. — Acquits-à-caution de douane, série M, n° 46D, pour l'expédition des chocolats fabriqués avec du sucre ou du cacao importés sous le régime de l'admission temporaire, 658 et suiv. — Acquits-à-caution délivrés par le matériel des finances pour le transport des impressions. 2481 et suiv. — Echange d'acquits-à-caution dans les gares de chemins de fer. Nouvelle soumission. 2433.

Acquittement des mandats. Pour ordre et par duplicata. 934.

Acquisitions d'immeubles. Adjudications et marchés. 1080 et suiv. — Justification des dépenses publiques y relatives : 1° *Acquisitions d'après le droit commun* : immeubles appartenant à des personnes capables. 1529. — Immeubles appartenant à des mineurs, interdits, absents ou incapables. 1530. — Immeubles appartenant à des femmes mariées. 1531. — Immeubles appartenant à des départements, à des communes et à des établissements publics. 1532. — 2° *Acquisitions par expropriation* : immeubles appartenant à des personnes capables. 1533. — Immeubles appartenant à des mineurs, interdits, absents, etc. 1537. — Immeubles appartenant à des femmes mariées. 1538. — Immeubles appartenant à des départements, communes, établissements publics. 1539. — Indemnités mobilières, locatives ou industrielles. 1540. — Location d'immeubles. 1542.

Actes. Les actes judiciaires doivent être établis sur papier timbré. 1030. — Actes de décès. 1185-1193. — Actes de dépôt au greffe. 1026. — Acte de notoriété délivré par notaire ou juge de paix. 1080 et suiv. — Actes primitifs de poursuites. 701 et suiv.

Action des comptables. — Avertissement avant contrainte. Chapitre 18, n°s 681 et suiv. : Avertissement n° 54. 685 à 691. —Avertissement n° 77. 692 à 698. — Avertissement verbal. 684. — Commis. 683, 694. — Commis principaux chefs de poste. 690, 695. — Contrôleurs. 690, 695. — Débitants de boissons. 684. — Décompte. 693. — Démarches à domicile. 698. — Etat n° 81. 682. — Journal de recette. 683. — Portatifs. 683, 689. — Position pécuniaire des contribuables. 681-683. — Receveurs ambulants. 683. Receveurs sédentaires. 684, 689, 694. — Registre des comptes ouverts. 683. — Registre n° 75. 691. — Responsabilité. 681.

Adjudications. Adjudications et marchés. Chapitre 38, n°s 1080 et suiv. — Adjudications publiques. 1081. — Cautionnements. 1083. — Rabais. 1084. — Marchés de gré à gré. 1085 et suiv. — Le règlement de comptabilité de 1866 est maintenu pour le service des contributions indirectes. L'Administration approuve les marchés pour achats d'instruments et ceux relatifs à la construction ou à la réparation des magasins de poudre, jusqu'à 2000 fr. 1088. — Timbre et enregistrement des actes d'adjudication et marché.

1100 et suiv. — Autorisation de l'Administration préalable aux adjudications et marchés. 1105 et suiv. — Paiement des dépenses par acomptes et pour solde des fournitures et travaux. Justifications. 1427 et suiv. — Justifications communes à tous les services du matériel. 1518 et suiv. — Acquisitions d'immeubles et échange de propriétés immobilières. Justification des dépenses publiques y relatives. 1529 et suiv.

Administration des contributions indirectes. 285-289. — Administrations étrangères. Répartitions d'amendes. 1774. —Administration publique. Quittance sans timbre délivrée de comptable à comptable. 1027-1028. — Administration de la gendarmerie. Quittances. 1145, 1790-1791.

Admission temporaire. Obligations cautionnées pour les droits sur les sucres, 596 et suiv. — et pour la fabrication du chocolat. 652. — Remise d'un tiers p. 0|0 sur obligations. 669 et suiv. — Une fois la contrainte décernée, les obligations d'admission temporaire ne peuvent plus être apurées que par le paiement des droits et de l'intérêt de retard. 637. — Virements de fonds avec la douane, pour obligations d'admission temporaire de sucres importés; 627. — Imputation d'exercice de ces droits. 644. — Etat de situation d'admission temporaire, série C, n° 74 bis, à joindre mensuellement au 91 B. 1955.

Affiches. Ne sont pas soumises au timbre, les affiches de la Régie annonçant la vente d'objets saisis ou concernant un service fait ou à faire pour le compte de l'Etat. 1026. — Les affiches 148 délivrées aux débitants de boissons sont timbrées à 10 c. (Ord. du 19 juin 1816). 1048.

Agence judiciaire du Trésor. Correspondance à l'occasion de débets. 289 et suiv. — Refus de reversement après erreur de paiement. Débet qui en résulte. Poursuites. 999.

Agents de perception et comptables. Attributions. Chapitre 3, n°s 30 à 63. — Receveurs buralistes. 30 à 37. — Receveurs particuliers ambulants. 47 à 51. — Receveurs de la garantie. 38. — Receveurs particuliers sédentaires. 39 à 46. — Receveurs des droits d'entrée et d'octroi. 35 et 36. — Entreposeurs spéciaux. 52. — Receveurs principaux entreposeurs et receveurs particuliers entreposeurs. 53 à 55. — Receveurs principaux. 56 à 63. — Vérification des caisses. 2260 et suiv.

Aides. 1222.

Alcool. Droit de consommation. Exigibilité. Constatation. 420. — Tarif. 1233. Calcul du droit sur les produits alcooliques. 347 et suiv. — et sur les vins alcoolisés (double droit pour surforce). 354. — Relevé 82 B pour le contrôle de la perception du droit de consommation à l'arrivée. 1969. — Transport de petites quantités par les simples particuliers. Vignettes. 171, 172, 173, 2504. — Idem, par les débitants. Registre de laissez-passer n° 5 D. 2503. — Idem, par les marchands en gros. Registre de laissez-passer n° 64 B. 2503. — Compétence pour l'apurement des acquits-à-caution. 490. — Produits à base d'alcool importés. 363. — Préparations médicamenteuses. Taxes locales. 365. — Vins alcoolisés importés. 357.

Alcool dénaturé. Droit de dénaturation. Exigibilité. Constatation. 447 bis. — Tarif. 1255. — Compétence pour l'apurement des acquits-à-caution. 490. — Produits à base d'alcool importés. Distinction entre ceux qui doivent être soumis au droit de consommation et ceux qui doivent être frappés de la taxe de dénaturation. 363.

Algérie. Dépenses du service des tabacs en Algérie. Justifications. 1713. — Virements de fonds avec les comptables des contributions diverses d'Algérie. 1936.

Aliénation mentale. Paiement de traitements ou autres émoluments revenant à des employés atteints d'aliénation mentale. 1190. — Comptables qui ont perdu la liberté d'esprit. Intérim. 75. — Acquisitions d'immeubles appartenant à des interdits, incapables, etc. Justification des dépenses. 1530, 1537.

Allumettes chimiques. Constatation de la redevance due par la Compagnie concessionnaire du monopole. 443. — Taux de la redevance. Tableau du prix de vente des allumettes. 1239. — Frais judiciaires à la charge de la Cie des allumettes. Apurement des avances provisoires. 1375. — Contribution foncière des fabriques d'allumettes. Etat de proposition. Justification des dépenses. 1614 et suiv. — Répartitions d'amendes. 1753. — Prime de 10 fr. pour arrestation de colporteur. 1375, 1753.

Altérations. Le chap. 32, n°s 862 et suiv., est consacré aux *altérations, ratures, surcharges, abréviations*. On ne doit pas admettre les mémoires et factures dans lesquels la date de l'exécution des travaux a été altérée. 863. — Les ratures sur ordonnances ou mandats doivent être approuvées. 989.

Amendes. Décimes non applicables, en matière de contributions indirectes, 1262. — Consignations d'amendes. Emploi du reg. 89 A, 1re partie. 154 et suiv. — Recette d'amendes consignées pour le compte d'un receveur principal étranger, 159. — Constatation des droits en matière de contraventions. 463. — État 122 B. Contributions indirectes. 467, 2012. — Culture de tabac. 470. — Modérations, décharges, reprises indéfinies. Apurement des constatations. 503 et suiv. — Restitutions d'amendes. Autorisation préalable nécessaire. 1005 et 1006. — Répartition des amendes. Sous-répartition. Instructions générales et particulières. Mode de partage, etc. 1739 et suiv. — Double part. 1742, 1785. — Indicateurs. 1793. — Ecritures des répartitions. Etats 99, 100 A. Rectifications aux états 100 A et 100 B. 1799 et suiv., 1997. — Droits fraudés. 1808. — Principaux cas de saisies communes à l'octroi et à la Régie. 1770. — Amnistie. 1792. — Formation de l'état 100 A. 1997. — Versements des parts d'amendes revenant aux préposés étrangers. Pièces à joindre, etc. 1801 et suiv. — Quittances à l'appui des répartitions d'amendes. Timbre. Généralités. 1141 et suiv. — Quittances de la gendarmerie. 1145, 1791. — Retenues sur amendes pour la caisse des retraites. 1288, 1307. — Retenues pour dettes, en vertu de saisies-arrêts. 800 et suiv.

Amnisties. Répartitions d'amendes. 1792.

Anciens imprimés utilisés. 2488.

Anciens tarifs. Les droits perçus d'après les anciens tarifs sont portés aux recettes accidentelles. 1276. — Justifications à fournir à l'appui du relevé n° 101. 1308-1309.

Année. L'exercice budgétaire prend la dénomination de l'année à laquelle il se rapporte. 934.

Annulation. Annulation sur le livre d'enregistrement des droits des créanciers. 917. — Annulations de crédits. 904. 978. — Annulations sur les situations de crédits. 944. — Erreurs dans l'ouverture des crédits. 905. — Ordonnances et mandats non acquittés avant le 31 août de la 2e année de l'exercice. 957. — Annulation, au 31 décembre, des crédits d'exercices *clos* non employés dans l'année. 968, 979. — Timbres annulés. Calcul des remises aux buralistes sur les quittances d'expéditions détachées sans timbre. 1501. Instruments hors de service. Procès-verbaux d'annulation. 2470.

Appels périodiques. 238 et suiv. — Notice relative aux appels et vérif. des recettes ambulantes dans les bureaux de direction et de sous-direction. 2288. — Les receveurs entreposeurs ne se déplacent pas. 345.

Appel en matière contentieuse. — Frais d'appel de jugements prononcés dans une autre division. Instructions. 1875.

Appoint. L'appoint est versé de la main à la main au receveur principal. 1303. — On ne verse pas les fractions de franc aux receveurs des finances, même en fin d'année. 237, 1921.

Appointements. V. **Traitements**.

Apposition de scellés. En cas de débet ou déficit de caisse. Instructions. 299.

Apurement. *Apurement des amendes* : Constatation des amendes. 463 et suiv. — Apurement des constatations pour amendes ou droits sur acquits. Recouvrements. Remises, modérations, admission en reprise indéfinie, etc. 503 et suiv. — Transactions. 516 et suiv. — Remboursements, restitutions d'amendes et de droits sur acquits. 1826 et suiv. — *Primes d'apurement de comptes*. Mode d'établissement des états de primes. Justif. des dépenses, 1583 et suiv. — *Apurement du trop perçu*. 1851. — Apurement de la recette pour prix d'*abonnement aux circulaires*. 1852. — Apurement des consignations de toute espèce. 1836 et suiv. — Compétence pour l'apurement des acquits-à-caution. 490.

Arbres (ventes). Produits classés comme recettes accessoires à la navigation, francs-bords, etc. 497.

Architecte. Certificat d'architecte pour les travaux de construction. 1155. — Modèle de devis. 1164, 1167, 1168. — Modèle de soumission cachetée. 1166. — Modèle de cahier des charges. 1165. — Procès-verbal de réception de travaux. 1175. — Décompte général et détaillé de l'entreprise, fourni par un architecte pour la liquidation du solde des travaux. 1430.

Argenterie de ménage. Consignation des droits, à l'entrée en France, lorsqu'il y a déclaration de réexportation ultérieure. 441.

Arrérages de pensions payés par provision. Instructions relatives aux avances faites à titre d'arrérages de pensions payés par provision. Régularisation de ces avances, etc. 1382. — Inscription en dépense provisoire de ces avances au 89 B. 1881.

Arrestation de colporteurs. En matière de poudres à feu. Répartition. Prime. 1261, 1557. — En matière de tabacs. Dépense. Justifications. 1624 et suiv. — Part des indicateurs dans la prime d'arrestation, lorsqu'ils ont coopéré à la capture. 1259, 1630. — Prime de 10 fr. pour arrestation en matière d'allumettes. 1733.

Arrêts de la Cour des comptes. Concussion. 2161. — Contrainte. 2159. — Débet à solder 2159. — Délai pour le pourvoi en Conseil d'Etat. 2164 à 2166. — Délai pour répondre aux injonctions. 2157. — Exécution des arrêts. 2159. — Extrait des arrêts. 2156. — Faux. 2161. — Hypothèques. 2160. — Ordonnateurs. 2162. — Pourvoi en Conseil d'Etat. 2164 à 2166. — Revision des arrêts. 2163. — Saisie mobilière. 2159.

Arrêtés. Arrêté de liquidation de mémoires et factures. 1163. — Arrêté des registres pour vérification d'inspecteur. 2239. — *Arrêtés mensuels des opérations des comptables* : Instructions générales. 252. — Dates des arrêtés. 254. — Ordre des arrêtés dans les recettes ambulantes. 256. — Agents chargés de faire les arrêtés. 256. — Emploi du reg. 33 B pour l'arrêté des recettes buralistes, 79 à 84. — Versements des buralistes après arrêtés. 258. — *Arrêtés trimestriels*. 274. — Formation des états de produits. 684. — Communication des états de produits aux comptables sédentaires. 368, 692. — Exercices à compte nouveau interdits en principe. 276.

Assemblée de créanciers. En cas de faillite, l'Administration doit rester étrangère à toute réunion ou assemblée quelconque de créanciers. 780.

Attributions — de la caisse des dépôts et consignations. 839 et suiv. ; — de la Direction générale de la comptabilité publique. 23 et suiv.; — de la Cour des comptes. 2153 et suiv.; — des agents de perceptions et comptables, savoir : receveurs buralistes. 30 à 37. — Receveurs de la garantie. 38. — Receveurs particuliers sédentaires. 39 à 46. — Receveurs ambulants. 47 à 51. — Entreposeurs spéciaux. 52. — Receveurs principaux. 56. — Receveurs particuliers entreposeurs et receveurs principaux entreposeurs. 53 à 55.

Attributions des chefs. Directeur général. 2167. — Directeurs des contributions indirectes. 2168. — Directeurs des manuf. de l'Etat. 2197. — Sous-directeurs. 2200. — Inspecteurs départementaux. 2225. — Inspecteurs sédentaires. 2245. — Contrôleurs et commis principaux chefs de poste. 2247.

Particularités dans les attributions des chefs, pour les décisions à prendre et la formation d'états, de documents périodiques :

Abonnements résiliés, 2223.
Acquits-à-caution, 2176, 2188, 2217.
Appels mensuels et trimestriels, 2220, 2222.
Arrêté des reg., 2239.
Avis des recettes, 2180.
Baux, 2219.
Bordereau de caisse, feuille 86 D, 2187.
Bulletin 86 D, 2229.
Cahiers des charges, 2219.
Certificats de quitus, 2214.
Circulaires, 2241.
Compte 108 A, 2177.
Compte général 108 B, 2184.
Compte de clerc à maître, 2179.
Conduite privée, 2228, 2253.
Contentieux, 2216.
Contraintes, opposition, 2188.
Coupons détachés des acq.-à-caution., 2176.
Décharges, 2223.
Décision de l'Administration, 2167.
Etat des frais de régie, 2181.
Etat de situation, 2185.
Etat des créances restant à liquider, 2185.
Etat des mouvements de fonds, 2182.
Etat 33, 2221.
Etat 80 A, 2211.
Etat 91 A, 2212.
Etat 91 B, 2172, 2175.
Etat 95 A, 2172, 2212.
Etat 98, 2174.
Etats 100 A et 100 B, 2208.
Etat 101, 2213, 2177, 2178.
Etat 104, 2213.
Etat 122 B, 2213.
Etat 169, 2213.
Etat 196, 2213.
Exonération des droits d'entrée ou de taxe unique, 2188.
Expertise des tabacs saisis, 2218.
Feuilles 86 D, 2187.
Frais de saisies et de poursuites, 2208.
Frais de transport de tabacs et de poudres, 2209.
Indemnités de tournée des direct., 2192 à 2196.
Indemnités diverses, 2223.
Instruments, 2241.
Intérim de direct., 2190.
Intérim de sous-direct., 2224.
Ordonnances de délégation, 2169, 2204.
Ordonnateur secondaire, 2170, 2185, 2204.
Passe-debout, apurement, 2223.
Perceptions insuffisantes ou exagérées, 2230.
Pièces de dépense, 2171, 2175, 2176.
Portatifs, 2220, 2236, 2240.
Provisions de pension, 1382, 2223.
Quittance à demander aux contribuables, 2242, 2143, 2254.
Rapport 86 A, 2187.
Récépissés 87 B, 2230.

Reg. 9, 2254.
Reg. 74, 2234, 2235, 2243, 2254.
Reg. 75, 2234.
Reg. 76, 2234, 2235.
Reg. 90, 2211.
Reg. 100 B, 2183.
Reg. 103, 2213.
Reg. des comptes-ouverts, 2232, 2233.
Reg. des crédits délégués, 2185.
Reg. des droits constatés, 2185.
Reg. des mandats délivrés, 2185.
Reg. épuisés, 2221.
Remise des droits exigibles à titre d'amende, 2188.
Répartitions, 2176.
Restitutions de droits, 2223.
Saisie mobilière, 2188.
Sorties non justifiées, 2223.
Suspension des comptables, 2238.
Tabacs saisis, 2218.
Tableaux d'appointements, 2205.
Transactions, 2188.
Tournées des direct., 2189.
Tournées des inspect., 2225 et s., 2244.
Ustensiles, 2241.
Vérifications de fin du mois, 2186.
Versements, 2203.
Virements de fonds, 2210.

Autorisations. Autorisation préalable de dépense pour travaux de constructions, achats, fournitures, etc. 1107-1108. — Autorisation de réserve de fonds chez les comptables. 229 et 2502. — Autorisation de retenues volontaires pour dettes. 837. — Paiement après autorisation. Principes généraux. 981 et suiv. — Paiement avant autorisation. Dépenses d'urgence. 1000. — Lettre d'avis-mandat pour les dépenses qui ne peuvent être faites sans autorisation. 1007. — Perte de mandat. Duplicata. Demande d'autorisation de paiement. Pièces à produire. 1010, 1011. — Autorisation préalable de l'Administration pour les adjudications et marchés. 1105 et suiv. — Remboursement, par suite d'erreur, de retenues pour pensions. Autorisation de l'Administration. 1291. — Autorisation d'absence. On en fait mention dans la liquidation des appointements. 1468. — Renvoi de poudres hors d'usage ou de poudres de saisies, aux poudreries. Autorisation nécessaire. 1555. — Répartitions d'amendes. Diverses contraventions réunies dans un même procès-verbal, et motivant des répartitions différentes. L'Administration doit être consultée. 1744.

Autorité incompétente. Enlèvement de deniers en caisse. 329.

Avances. Distinction entre les avances pour dépenses publiques et les avances pour opérations de trésorerie. 1367. — Classement des avances de trésorerie : — en recette. 1314 ; — en dépense. 1861. — Subdivision de ces dernières avances, avec instructions à l'appui :

En dépense.

Frais judiciaires, 1862.
Frais de poursuites pour le recouvrement des droits, 1863 et suiv.
Timbres de l'enregistrement (transactions etc.), 1872.
Frais d'appel des jugements prononcés dans une autre division, 1875.
Frais de loyer acquittés d'avance, 1876.
Frais de chauffage, d'éclairage et de loyer du matériel des corps de garde, 1880.
Arrérages de pensions payés par provision, 1881.
Frais de transport acquittés par exception et d'urgence, 1885.
Frets et autres frais non prévus. — Paiements pour le compte des manufactures de l'Etat, 1886.
Frais de démolition et de refonçage de colis, 1887.
Frais de garde de chargements de poudre à feu, 1888.
Avances faites pour le service des contributions indirectes ou des manufactures de l'Etat, 1381.

En recette.

Recouvrements de frais judiciaires suivant les états 100 A, 1369.
Frais judiciaires à la charge de la Régie et des manufactures de l'Etat, 1374.
Frais à la charge de la compagnie générale des allumettes, 1375.
Frais admis en reprise indéfinie, 1376.
Frais à la charge des communes, 1377.
Recouvrements de frais de contraintes et autres, pour le recouvrement des droits, 1378.
Recouvrement d'avances faites pour le service des contributions indirectes, ou celui des tabacs, pour achats de timbres de l'enregistrement et pour divers services, 1381.
Timbres de transactions, 1047.
Arrérages de pensions payés par provision, 1382.

Emploi du registre 89 B. 166 et suiv. — On ne doit pas y porter les frais de poste. 167. — Les receveurs principaux doivent toujours être en mesure de justifier, par des pièces, les avances à régulariser. 167. — On porte aux avances provisoires la contribution foncière des bacs, francs-bords, etc. 1004. — Avances pour services régis par économie. Instructions. 1442 et suiv. — Fonds particuliers du comptable. Recette. 1364. — Dépense. 1860. — *Avances recouvrables*. Frais de perception des octrois gérés par l'Administration. 1671. — Indemnités aux experts pour classement de tabac indigène. 1681. — *Comptereaux* : 108 D (1re partie), amendes et confiscations ; 108 D (2e partie), consignations, et 108 E (avances provisoires). 2094. — Contrôle des avances provisoires par es directeurs. 1383. — Instructions pour la vérification du compte des avances provisoires. 2322. — Avances des contribuables. Ecritures à passer en fin d'année en cas de trop perçu. 195, 1336, 1851.

Avaries. Avaries d'impressions. 2481. — *Avaries de tabacs ou de poudres.* Retenues pour avaries de tabac. 1278. — Retenues pour avaries de poudre. 1283. — Tarif. 1551. — Prix des barillages de poudre, en cas de perte ou soustraction. 1551. — Justifications à produire à l'appui du relevé 101, en fin d'année. Imputation d'exercice. 2038.

Avertissement avant contrainte nº 54. 685 et suiv. — Avertissement nº 77. 692. — Avertissement verbal. 684.

Avis. Avis des recettes 76 L (directeurs). 1959. — Avis des recettes 76 K (receveurs ambulants, sédentaires et principaux). 1960. — Bulletin d'avis nº 26 des enlèvements de sucres des fabriques. 597. — Avis du directeur des domaines pour la fixation des redevances, en matière de concessions pour occupation du domaine public fluvial. 1253. — Avis donné au directeur du mouvement général des fonds, par formule nº 52, de l'envoi de traites au caissier central du Trésor. 576, 1954. — Lettre d'avis-mandat adressée par l'Administration pour les dépenses qui ne peuvent être faites sans autorisation. 1007.

Avocats et avoués. Honoraires, par traitement fixe, aux avocats et avoués. Justification de dépense. 1612.

Bacs et passages d'eau. — Constatation des redevances. 434. — Moins-values du matériel des bacs. 434. — La contrainte doit être visée par le préfet. 718. — Elle doit être délivrée par huissier. 719. — Copies de procès-verbaux d'adjudication et de cahiers de charges affranchies du timbre, pour la constatation des redevances. 1026, 1251. — Il n'en est pas de même pour les titres qui sont remis à fin de poursuites en paiement. 1030. — Justifications à fournir, en fin d'année, à l'appui du relevé 101. Moins-values. Copies de titres portant la mention de l'enregistrement. 1250. — Etat 183 de développement du produit des bacs à fournir en fin d'année à l'Administration. 1252. — Contribution foncière. État de proposition d'admission en dépense. Justifications des dépenses, etc. 1614 et suiv. — Cautionnements des adjudicataires. 2442.

Bailleurs de fonds pour les cautionnements. Privilège. Intérêts. Remboursements, etc. 2357 et suiv. — Modèle de déclaration de reconnaissance de bailleur de fonds. 2358.

Banque. — V. **Billets de banque.** 212 et suiv. — Mandats sur la Banque de France. 226 et suiv.

Baux à loyer. Le chapitre 37, page 295, est entièrement consacré à cet article :

Approbation ministérielle des baux, dans certains cas, 1061.
Baux, 1055 et suiv.
Baux conclus au nom de la Régie, 1057.
Bureaux de garantie, 1059.
Certificat constatant la part du comptable ou de l'employé logé, 1058.
Changement de local, 1059, 1060 ; — de titulaire, 1056-1058.
Contributions, 1063.
Constructions, réparations de magasins à poudre, 1088.
Copies des baux, 1069.
Déclarations nº 168, 1056, 1058.
Directeurs, 1057 à 1061, 1066.
Dixième du traitement, 1055.
Durée du bail, 1062, 1069.
Enregistrement, 1057, 1059.
Entrepôts de tabac, 1060.
Etat des lieux, 1065, 1066.
Gratuité de l'enregistrement pour ce qui concerne exclusivement le service, 1067.
Incendies, 1064.
Justification des dépenses publiques pour location d'immeubles, 1542.
Logement des employés, 1055 et suiv.
Location au nom de l'Administration, 1057, 1060, 1070.
Modèle de bail, 1068.
Paiement des loyers, 1070.
Portion du loyer à la charge des employés, 1055.
Projets de baux, 1061 et suiv.
Retenues, 1055.
Réparations locatives, 1066.
Tacite reconduction, 1069.
Timbre, 1067 et 1069.

Bénéficiement. Retenues à exercer pour avaries de tabac. 1278. — Idem de poudre. 1283. — Achats de tabacs de bénéficiement offerts en livraison par des fournisseurs (manufactures de l'Etat). Justifications de dépense. 1689.

Bières. Droit de fabrication. Constatation. Exigibilité. 421. — Tarif. 1236. — Licence. Tarif. 1247. — Obligations cautionnées. 539 et suiv. — Remise de 1/3 p. 0/0 sur obligations. 669 et suiv. — Remboursement du droit sur les bières exportées. 1731. — Contraventions. Répartitions. 1750.

Billets de banque. Cours forcé et cours légal des billets de la Banque de France. 213. — Caractères distinctifs de ces billets. 212 et suiv. — Explication de leur numérotage. 215. — Mandats sur la Banque admis en paiement des droits. 226 et suiv.

Blanc-seing. Délit d'abus de blanc-seing. 342.

Boissons. Constatation des droits. Exigibilité. 366 et suiv. — Tarifs. 1230 et suiv. — Répartitions d'amendes et de droits sur acquits-à-caution. 1746 et suiv. — Etat 154 E du produit de l'impôt des boissons. 2004. — Pour le surplus, voir chaque article de recette : **Circulation, Consommation, Entrée,** etc.

Bons et mandats des trésoriers généraux. 1015. — Echange de numéraire contre des pièces de dépense, avec les percepteurs. 1017.

Bons du Trésor acceptés comme cautionnement d'adjudicataires et fournisseurs 1092-1094.

Bons provisoires. Les comptables ne doivent pas en accepter. 235.

Bordereau. Bordereau de versement aux finances. 246 et suiv. — Bordereau n° 50 d'envoi d'obligations cautionnées au caissier central du Trésor. 574. — Bordereau de virement de fonds n° 92 (Contributions indirectes). 1389 et suiv. — Idem (Douanes), série C, n° 34. 1410 et suiv. — Bordereau de fonds de subvention reçus de la douane, série C, n° 32. 1419. — Bordereau 80 A. 1961. — Bordereau 91 A (instructions pour sa confection). 1979 et suiv. — Rectifications au bordereau 91 A. 1988. — Bordereau 91 B. 1989. — Etat mensuel des coupons d'acquits-à-caution (tabacs et poudres). 1992. — Comptes de gestion 108 A (1re et 2e partie). 2055 et suiv. — Bordereau 108 B. 2092 et suiv. — Procès-verbal de situation de caisse au 31 décembre, n° 108 C. 2093. — Bordereau de vérification de caisse. 316, 2187, 2229. — Modèle de p.-v. de débet. 293 bis. — Bordereau ou mandat de régularisation, n° 98, 1995.

Bougies. Constatation du droit. Exigibilité. 446. — Tarif. 1243. — Licence, tarif. 1247. — Obligations cautionnées. 539 et suiv. — Remise de 1/3 p. 0/0 sur obligations. Partage. 669 et suiv. — Vérification des vignettes de bougies chez les comptables. 1052 et suiv. — Comptabilité de ces vignettes. 1054 bis. — Ce sont les chefs de poste et non les receveurs qui les remettent aux fabricants. 1052. — Création de vignettes spéciales à 15 cent. pour bougies importées. 2505. — Répartitions d'amendes. 1752

Bouilleurs et distillateurs. Licence. 1247. — Cautionnement au 52 C. 2416 et suiv.

Bouteilles. Calcul des droits sur les liquides en bouteilles. 347 et suiv.

Brasseurs. V. **Bières.**

Budget. Origine du mot *Budget.* Renvoi (1) page 17. — Renseignements sur les budgets de 1871 à 1884. 4. — Budget des recettes, 5 à 8. — Budget des dépenses. 9 et 10. — Division du budget des dépenses en trois catégories : dépenses ordinaires, dépenses sur ressources spéciales, dépenses extraordinaires. 9. — Préparation du budget. 851. — Pour le surplus, V. **Recettes, Dépenses.**

Bulletin. Bulletin de liquidation. Tout créancier a le droit de se faire délivrer un bulletin énonçant la date de sa demande de liquidation et les pièces produites à l'appui. 870. — Bulletin de réclamation. 1204. — Bulletin de vérification de caisse. 316, 2187, 2229. — Bulletin de versement aux finances. 246.

Buralistes. Les demandes de recettes buralistes et les commissions d'emploi sont soumises au timbre de dimension. 1030. — Les buralistes sont tenus de gérer personnellement leur emploi. 30. — Ils perçoivent les droits au comptant et concourent à la répression de la fraude. 30. — Dans certaines localités, ils encaissent le prix des résidus de tabac. 31 et 81. — Ils versent au receveur particulier. 32 et 80. — Sont obligés de tenir leur bureau ouvert depuis le lever jusqu'au coucher du soleil. 34. — Font, sur leurs registres élémentaires, la perception du droit d'octroi qu'ils versent au receveur municipal. 36, 84. — Peuvent être tenus d'avoir un livre de caisse. 35 et 105. — Les fonctions de buraliste sont incompatibles avec celles de receveur ambulant. 48. — Leurs recettes sont récapitulées par le receveur ambulant, contrôleur ou chef de poste, sur le reg. 33 B. Emploi de ce registre. 79 à 84. — Les remises aux buralistes sont développées au 33 B. 83. — Elles sont dépensées d'urgence. 1000 et suiv. — Tarif des remises aux buralistes. 107 et 1497 et suiv. — Etat n° 34 des remises aux buralistes. Instructions à l'appui. 1949. — Formation de l'état récapitulatif des remises, n° 107. 2000. — Indemnités à divers pour insuffisance de remises.

1492 et suiv. — Relevé 80 ter. 1965. — État 82 B (contrôle du droit de consommation). 1969. — Consignations aux buralistes sur acquits-à-caution. 1319. — Emploi du reg. 33 A. 1321 et suiv. — Apurement des consignations faites aux buralistes. Dépenses de trésorerie. 1839 et suiv. — Vérification d'une recette buraliste. Instructions. 2295. — Vérification des consignations buralistes. 2278.

Cacao. V. Chocolat.

Cachetage des sacs d'argent pour dispenser du comptage. 225.

Cahiers des charges. V. Marchés et adjudications. 1071 et suiv. — Modèle de cahier des charges pour adjudications, travaux et fournitures. 1165. — Cahiers des charges pour adjudications de pêche, bacs, francs-bords, etc. Copies affranchies du timbre pour la constatation des redevances. 1026, 1251. — Celles qui servent de base à une action judiciaire doivent être timbrées. 1030.

Caisse. Le chapitre 6, page 75, est consacré à la caisse, et aux valeurs en caisse et en portefeuille, n°s 208 et suiv.

Autorités incompétentes pour l'enlèvement des deniers en caisse, 329 et suiv.
Billets de banque. — Cours forcé, cours légal, etc., 212 à 216.
Concussion — Abus de confiance (chap. XII), 338 et suiv.
Coffre, 208, 211.
Convention monétaire, 221 à 223.
Déficit — Débet, 208, 282 et suiv.
Échange de numéraire contre des pièces de dépenses avec les percepteurs, 1948.
Écritures. On ne doit pas passer en bloc dépense des états 100 A et 93 A, 1339, 1340.
Escorte de fonds, 277 et suiv.
Faux billets. — Caractères distinctifs des billets de la Banque, 212 et suiv. 216.
Fonds de subventions fournis à la Douane, 1937.
Idem. à la poste, 1940.
Force armée, 211.
Garde des fonds, 209.
Livres officiels de caisse, 208.
Mandats sur la Banque, 226 et suiv.
Modèle de p.-v. de débet, 293 bis.
Modèle d'opérations au 87 A, 141.
Monnaies, 212, 217 à 224.
Monnaies de cuivre ou de billon, 223.
Monnaies étrangères, 223.
Numérotage des billets de Banque, 215.
Passe des sacs, 225.
Perte de fonds, 210.
Portefeuille, 208.
Précautions à prendre, 208, 314 et suiv.
Prévarication et divertissement de deniers publics, 332.
Procès-verbal 108 C, 2093.
Réserves autorisées, 229, 2502.
Responsabilité, 208.
Saisies-arrêts sur produit des droits, nulles et non avenues, 795.
Sûreté des deniers, 208, 314 et suiv., 2264.
Système monétaire, 217 à 220.
Timbres-quittances en caisse (remise à défalquer), 1044-1045.
Titre des monnaies, 220, 222.
Trafic de fonds interdits, 224.
Unité de caisse, 208.
Valeurs de caisse et de portefeuille, 212 et suivants.
Vérifications de la caisse, 2260.
Vérif. d'une recette buraliste, particulière, principale (instructions), 2275.
Versements au Trésor en numéraire, 1902, — en obligations, 1903.
Versements aux finances, 1919.
Vols de fonds (chap. 11, page 112), 210, 314 et suiv.

Caisse de retraites pour la vieillesse. Instructions relatives aux écritures à passer pour la recette des retenues et majorations, sur les gages et salaires des ouvriers des manufactures de l'État. Versements à la caisse des dépôts et consignations. Justifications. 1358 bis. — Apurement des sommes consignées pour cet objet. 1858.

Caisse des dépôts et consignations. Le chapitre 38, page 233, est consacré à la caisse des dépôts et consignations.

Attributions, 839 à 842.
Cautionnements des employés non retirés 1 an après la cessation des fonctions, 849.
Cautionnements des entrepreneurs et fournisseurs, 849, 1083.
Curateurs, 846.
Droits délaissés depuis plus de 6 mois comme consignations buralistes, 501-502.
Idem — ou pour doubles et sextuples droits non réclamés après justification de décharge, 1206.
Paiements, 842.
Prix des immeubles grevés d'hypothèques, 847.
Récépissé de versement, 841.
Recette extraordinaire après deux ans, pour non-émargement d'appointements, 848.
Receveurs des finances, comptables de la caisse des dépôts, 840 et suiv.
Sommes frappées de saisie-arrêt, 815, 843.
Sommes consignées, 844-845.
Successions vacantes, 848.
Versements, 815, 843 à 849.

On trouvera des instructions complémentaires dans le chap. 35, *Saisies-arrêts sur traitements et cautionnements*, page 223, n°s 798 et suiv.

Caissier payeur central du Trésor. Son intervention pour la remise à l'encaissement de la Banque de France des mandats sur cet établissement donnés aux comptables de la Régie en paiement des droits. 226 et suiv. — Fonds reçus du caissier central du Trésor. Instructions. 1387. — Versement au Trésor, en numéraire. 1902; — en obligations. 1903 et suiv. — Envoi des obligations cautionnées. 574. — Protêt des obligations. 588. — Bordereau d'envoi des obligations n° 50. Lettre d'avis 51 et Lettre d'avis d'envoi n° 52. Instructions à l'appui. 1954.

Canaux. Francs-bords. Recette. Justifications. 1853 et suiv. — Contribution foncière. Avances provisoires 1004. — État de proposition d'admission en dépense. Justifications. 1614 et suiv.

Carence. Procès-verbal de carence. V. au chapitre des reprises indéfinies les n°s 756 et suiv.

Carnet. Carnet des ordonnateurs, par circonscription administrative, pour les ordonnances émises et les paiements. 886. — Carnet n° 87 D des valeurs versées aux finances. 249, 1925. — Carnet spécial de timbres-quittances à 10 c. chez les débitants de tabac, 1044.

Cartes à jouer. Constatation et exigibilité des droits, 429. — Tarif des droits. 1257. — Licence des fabricants. Tarif. 1247. Les demandes de débit de cartes sont soumises au timbre. 1030. — Prix des matières de cartes. Imputation. Manquants chez les fabricants et chez les comptables. Premier et second droit. 1257, 1268. — Obligations cautionnées, 539. — Remise de 1/3 p. 0/0 sur obligations. 669 et suiv. — Contraventions. Répartitions d'amendes. 1756. — Comptes 108 A bis et 108 B bis. 2095-2097.

Casernement (Frais de). — Constatation. Exigibilité, 439. — Tarif. Justifications à fournir en fin d'année à l'appui du relevé 101. 1258, 2040. — Imputation d'exercice. Rattachement à l'exercice expiré, 1311. — Relevé 101 bis. 2042. — Suppression, pour la comptabilité publique, du décompte général. 1258, 2040. — État des communes assujéties aux frais de casernement, à joindre au relevé 101. 2040. — Quittances du reg. 74 pour frais de casernement. Timbre. 1127 et suiv., 1258.

Cautionnement des adjudicataires de bacs et passages d'eau. Chap. 61, page 812, n°s 2442 et suiv. — Hypothèques. 2446. — Immeubles. 2443 à 2446. — Numéraire. 2443. — Rentes sur l'État. 2433.

Cautionnement des employés. Le chap. 63, page 788, n°s 2340 et suivants, est spécialement consacré à cet article.

Bailleurs de fonds, 2345, 2357 à 2367.
Certificats d'inscription, 2340 à 2349.
Commis principaux, 2352.
Comptables destitués, faillis, etc., 300-302.
Contributions indirectes. — Fixation des cautionnements, 2351 à 2353.
Débets, 282 et suiv., 2364.
Dettes, 2394.
État général et état supplémentaire des intérêts de cautionnement, 2368 et suiv.
Garantie (cautionnement des employés de ce service), 2354-2355.
Intérêts de cautionnement, 2368 à 2379.
Manuf. de l'État (cautionnements), 2356.
Oppositions, saisies-arrêts sur cautionnements (chap. 26), 808.
Prescription des intérêts, 2373.
Privilège de 1er et de second ordre, 2344, 2357.
Quitus, 2214.
Récépissés de versement, 2347 à 2349.
Remboursements (pièces à produire), 2360-2361, 2380 à 2393.
Résidence (changement de), 2341 à 2343.
Versement à la caisse des dépôts et consignations des cautionnements non retirés 1 an après la cessation des fonctions, 849.

Cautionnements des entrepreneurs et fournisseurs. Aucun paiement ne peut être fait sur fournitures ou travaux, avant justification de la réalisation du cautionnement. 987. — Les cautionnements sont versés à la caisse des dépôts et consignations. 1083. — Garanties en numéraire, en rentes sur l'État, en bons du Trésor, etc. 1090 à 1098. — Débet des entrepreneurs et fournisseurs. Contrainte décernée par le Ministre pour retenue sur cautionnement, 1098.

Cautionnements des redevables. Le chap. 60, page 806, est consacré à cette nature de cautionnement. Cautionnement pour acquits-à-caution, soit par article, soit pour une période déterminée. Reg. 52 D. 2430 à 2438. — Entrepositaires. 2416 à 2427. — Faillite des redevables. 2429. — Cautionnements des marchands en gros, bouilleurs, distillateurs, etc., au 52 C. 2416. — Renouvellement des cautions. 2424. — Débitants ayant plus de 10 h. d'alcool. 2418. — Cautionnements sur passe-debout à l'entrée des villes sujettes, 2439 et suiv. — On fait mention au reg. 33 B des cautionnements des marchands en gros dépendant de chaque recette buraliste, en ce qui concerne les actes du 52 D. 83. — Prescription à l'égard des cautions. Contrainte décernée au débiteur principal. 1219 bis. — Fin du cautionnement en cas de faillite, 779. — Continuation de commerce par le syndic. Nouvelle caution à exiger. 779.

Cautionnements relatifs aux octrois. Chap. 59, n°s 2396 et suiv. Ferme. 2401,

2411. — Régie simple. 2396 à 2400. — Régie intéressée. 2401, 2411. — Fixation des cautionnements. 2396. — Intérêts. 2397. — Hypothèques sur les biens des fermiers. 2406 et suiv. — Restitution des cautionnements des fermiers d'octroi. 2411. — Remboursement des cautionnements des employés d'octroi. 2412 et suiv. — Certificat de quitus, modèle n° 35. 2413.

Cautions. Privilège de la Régie sur les meubles et effets mobiliers des cautions. 790. — Une contrainte décernée au débiteur principal interrompt la prescription à l'égard de la caution. 1219 bis. — Fin du cautionnement en cas de faillite. 779. — Nouvelle caution à exiger si le syndic continue le commerce. 779. — Solidarité d'intérêts de la caution et du redevable. 790. — *Cautions des souscripteurs d'obligations cautionnées.* Du choix des cautions et de la responsabilité des comptables. 558 et suiv. — Renseignements à prendre aux hypothèques. 559. — Le protêt d'une obligation cautionnée doit être immédiatement dénoncé à la caution. 568.

Centilitres. Calcul du droit sur les boissons et produits à base d'alcool. 347 et suiv.

Centimes. Dans toutes les liquidations de dépenses, les fractions de centime sont négligées au profit du Trésor. 878. — Il en est ainsi spécialement pour les appointements. 1465. — On force la fraction de centime au profit de la caisse des retraites. 1471. — En matière d'obligations cautionnées, les centimes d'appoint doivent être payés en numéraire. 541, 620. — Les centimes d'appoint ne doivent pas être versés par les comptables aux receveurs des finances. On les remet de la main à la main au receveur principal. 237, 1921.

Centralisation des recettes. Opérations d'écritures du receveur principal. Instructions y afférentes. 1295 et suiv.

Cercles. Valeur des vieux cercles laissés aux entreposeurs. Procès-verbal d'estimation. Imputation de la recette. Justifications. 1280, 1307, 1308.

Certificats. Certificat de modération d'amendes. 507. — Certificats d'insolvabilité ou de disparition, à l'appui : 1° des ordonnances, 2° des mandats de reprise indéfinie. 536, 537, 1608. — Certificat de non-paiement de primes, à produire dans le même cas. 760. Certificat des sommes ordonnancées ou restant dues, à délivrer lorsqu'il y a saisie-arrêt entre les mains des comptables. 811 et suiv. — Certificat administratif à réclamer par les comptables aux ordonnateurs secondaires, lorsque les indications consignées sur les mandats de paiement et les pièces à l'appui manquent de précision. 991. — Certificat de propriété délivré par le juge de paix. 1180 ; — par le notaire. 1184. — Enregistrement de ces actes. 1189. — Certificat d'hérédité délivré par le maire. 1192. — Enregistrement. 1189. — Modèle de certificat d'hérédité. 1195. — Certificat de propriété à fournir pour l'apurement d'avances pour provisions de pension (cas de décès du titulaire du brevet). 1382. — Certificat de vie à fournir en pareille circonstance, lorsque le titulaire du brevet est encore existant. 1382. — Certificat d'origine pour le remboursement des sommes consignées faute de paiement. 1857. — Certificat de bonne gestion à délivrer au receveur principal retraité, indiquant que les obligations cautionnées ont été acquittées à l'échéance, qu'il n'y a pas de débet, etc. 2146. — Certificat de décharge provisoire délivré par le receveur principal à un comptable subordonné, au moment de la suppression de son emploi. 2152. — Certificat d'inscription de cautionnement. 2340 à 2343. — Certificat de privilège de second ordre. 2345 et suiv. — Certificat de quitus, modèle 34 bis, à délivrer aux receveurs particuliers et aux entreposeurs non receveurs principaux pour le retrait de leur cautionnement. 2214, 2385. — Certificat de quitus, modèle n° 35, à délivrer aux receveurs d'entrée et d'octroi et aux fermiers d'octroi. 2413. — Certificat modificatif n° 93 C, au tableau d'appointements. 1481 et suiv.

Changement. Changement de domicile. Acquits-à-caution délivrés pour transporter des boissons en franchise. 493. — Changement de résidence des employés dont les traitements sont frappés de saisie-arrêt. Formalités. 829. — Changement de tarif. Droits perçus comme recettes accidentelles. 1276. — Changement de local d'employés logés, d'entreposeurs, etc. Déclaration n° 168, 1056, 1060. — Changement de titulaire d'emploi, dans les mêmes conditions. 1056, 1058. — Changement de gestion. Vérif. des timbres et vignettes chez les comptables. 1050 bis, 1053 bis. — Changement de comptable. Receveurs subordonnés. Instructions. 2147. — Changement par suppression d'emploi. Receveurs principaux. 2151. — Receveurs subordonnés. 2152. — Du changement de résidence pour la formation de l'état des intérêts de cautionnement. 2371.

Chasse. Contraventions aux lois sur la police de la chasse. Sous-répartition des amendes versées à la Régie. 1778. — Droit de chasse sur les rivières et canaux. Perception faite par la Régie. Constatation. Exigibilité des redevances. 135. — Justification des recettes. 1253 et suiv.

Chauffage et éclairage. Allocations faites aux directeurs, sous-directeurs, receveurs principaux, etc., pour le chauffage, l'éclairage de leurs bureaux, de ceux de leurs commis auxiliaires, et des bureaux d'ordre. 1558. — Frais de chauffage et d'éclairage des bureaux concédés au service dans certaines usines soumises à l'exercice. Justif. de dépense. 1571, 1572.

Chemins de fer. Droits sur les voitures publiques. Constatation. Exigibilité. 427. — Tarifs. Licences. Estampilles. 1245. — Imputation d'exercice. 1310. — Recommandations pour la formation du cadre des droits sur les chemins de fer au relevé 101. 2038. — Relevé 101 bis. 2042.

Chemises récapitulatives. Chemises récapitulatives mensuelles. 2117. — Chemises récapitulatives à joindre au compte 108. 2121.

Cheval. Allocations pour chevaux et voitures. Frais de tournées et d'entretien d'un cheval. Tarif des allocations. Justif. des dépenses. 1578. — Indemnités pour pertes de chevaux. Justif. des dépenses. 1580. — Intérim dans les recettes à un cheval, à 2 chevaux. Instructions pour l'attribution à faire aux employés. 1490 et suiv.

Chocolat. Admission temporaire du sucre et du cacao employés à la fabrication du chocolat destiné à l'exportation. 652. — Soumissions cautionnées. Acquits-à-caution spéciaux. 653 et suiv. — Apurement des obligations. Remises. 653 et suiv. — Rôle du service de la douane. 652. — Rôle du service de la Régie. 658. — Virements de fonds avec la Douane pour les droits perçus sur le sucre et le cacao importés. 638 et suiv. — Imputation d'exercice. 644.

Cidres, poirés et hydromels. Droit de circulation au comptant. 344. — Droit de circulation constaté. Constatation. Exigibilité. 376 et suiv. — Droit d'entrée. Id. 383 et suiv. — Droit de détail par exercice ou par abonnement. Id. 412 et suiv. — Taxe unique. Id. 395. Tarifs. Circulation. 1230. — Entrée. 1234. — Détail. 1232.

Cigares. Achat de cigares par les manufactures de l'Etat. Justif. de dépense. 1693, 1694.

Circulaires. — d'abonnement. Recettes du prix de l'abonnement. Inscription à 89 C. Apurement de la recette. Virement de fonds. 198, 1338, 1852, 2474. — Circulaires officielles. Propriété des emplois et non des personnes. Reliure. 2472 et suiv. — Circulaires de la comptabilité publique à communiquer aux directeurs des manufactures de l'Etat. 2138, 2475.

Circulation (Droit de). Droit au comptant. 344. — Droit constaté. 376. — Exigibilité. Constatation de ce dernier droit. 376. — Tarif. 1230. — Mode de répartition des sommes consignées pour amendes ou pour droits sur acquits. 1746 et suiv.

Classement. Classement des droits et produits en droits au comptant et en droits constatés. 343 et suiv. — Classement des dépenses à ordonnancer : dépenses fixes, éventuelles, d'urgence. 861. — Classement de tabacs saisis. 1625. — Classement de poudres saisies. 1557. — Classement de tabacs saisis, jugés de qualité supérieure. Indemnité spéciale. 1626, 1761. — Indemnité aux entreposeurs pour classement de tabacs saisis. 1647. — indemnité aux experts pour classement de tabacs en feuilles (culture du tabac). Justif. des dépenses. 1681.

Clôture d'exercice. Le 30 juin, pour les recettes au compte de l'exercice précédent. 751. — Le 31 juillet de la 2e année pour l'ordonnancement des créances. 955. — Le 31 août de la 2e année pour les paiements. 884, 903, 955. (Une nouvelle loi sur la durée de l'exercice financier a changé toutes ces dates, qui sont respectivement fixées aux 31 mars, 30 avril. Loi du 25 janvier 1889. 2498.) — Etats 85 A, B et C. 2030 et suiv. — Situations de crédits en fin d'exercice, pièces à l'appui. 937 à 953. — *Exercices clos et exercices périmés.* 961 à 980. — Les mandats et crédits d'exercice clos non acquittés au 31 décembre de l'année de leur délivrance sont annulés d'office. 968, 979.

Colis. Principes sur l'exigibilité, la constatation des sommes dues pour colis et plombs manquants. 462. — Prix des colis de tabac. Recette du prix de ces colis livrés aux débitants ou manquants. Vieux cercles. 1280. — Prix des colis de poudre livrés aux débitants ou manquants, et autres recettes accessoires. Consignation du prix des colis.

Écritures. 1284. — Consignation de la valeur des colis de poudre de mine et autres. Échanges. Écritures au 89 C. 1349 et suiv. — Prix des barillages de poudre, en cas de pertes et soustractions. 1551. — Mouvement des colis vides entre les entrepôts et les poudreries. Instructions. 1553 et suiv. — Frais de démolition et refonçage de colis de poudre. Inscription au 89 B. Virements de fonds. 1556, 1887. — Poids moyen des colis de poudre. Bases d'évaluation en cas de renvoi. 1554. — Instruction pour le renvoi en manufacture des colis vides de tabac. 1643.

Colonies. — Bières expédiées aux colonies. Remboursement des droits. 1731.

Colporteurs. Colporteurs de boissons. Licence. Tarif. 1247. — Colporteurs de tabacs. Taux de la prime d'arrestation. Instructions pour l'allocation. 1624 et suiv. — Colporteurs de poudres. Idem. 1557 et suiv. — Colporteurs d'allumettes. Idem. Prime remboursée en fin de mois par la Cie du monopole. 1753.

Commis. Les commissions d'emploi doivent être timbrées. 1030. — Les commis établissent eux-mêmes les avertissements 54 et les remettent aux contribuables. 685 et suiv. — En fin de trimestre, ils remettent aussi les avertissements 77 établis par les receveurs particuliers. 692 et suiv. — Ils signifient les contraintes. 719. — Liquidation et paiement des traitements. 1448 et suiv. — Indemnités de résidence dans certaines localités. 1475 bis. — Indemnité de logement aux employés des sucres et des distilleries. 1475 bis. — Tableau des frais d'intérim. 1487. — Retenues pour dettes. Saisies-arrêts sur traitements. 798 et suiv.

Commis auxiliaires des comptables. Frais de commis auxiliaires. Instructions. Justifications de dépenses. 1567, 1572. — Responsabilité des comptables, en ce qui concerne les actes de leurs agents. 320, 325, 339. — Un entreposeur ne doit pas employer un débitant de tabac comme commis ou homme de peine. 2263.

Commis chefs de poste et commis principaux chefs de poste. Attributions. 2247. — Établissement de situations de timbres 33 D chez les buralistes. 82. — Communication des états de produits aux receveurs sédentaires. 368. — Délivrance et remise des avertissements nos 54 et 77. 690, 695. — Remise de vignettes de bougies aux fabricants. Reg. 33 C à tenir par fabrique ou magasin d'entrepôt. 1052. — État 82 B de contrôle du droit de consommation. 1969. — Arrêté des recettes buralistes. 256. — Vérifications d'envois d'impressions à l'arrivée du magasin central, dans les recettes principales. Comptage des timbres. 1052 bis. — Recensement de timbres en cas de changement de gestion. 1053 bis. — Intérim de contrôleur. Double part d'amende. 1785, dernier §.

Commis principaux adjoints. Cautionnement. 2351 et suiv. — Indemnités spéciales de tournées et de versement dans les recettes à pied. 1578. — Frais d'entretien de cheval, dans les autres recettes. 1578. — Règlement de ces indemnités, en cas d'intérim. 1490 et suiv. — Taux des indemnités d'intérim. 1488. — État 82 B. 1969. — Versements et appels périodiques. 252 et suiv. — Perte de cheval. 1580. — Signification des contraintes. 719.

Commissaires de police. Vacations des commissaires de police pour le service de la garantie. — Justif. de dépense. 1592. — Formation des états trimestriels. 157 et 158, 2012, 2013.

Commissions d'emploi. Ces commissions doivent être timbrées. 1030.

Communes. Acquisitions d'immeubles appartenant à des communes. — Justifications des dépenses. 1532 et suiv. — Les poursuites pour le recouvrement des droits à la charge des communes ne peuvent être exercées sans autorisation préalable de l'Administration. 702.

Compétence, des directeurs en matière d'apurement d'acquits-à-caution. 482 et suiv. — Compétence en matière d'approbation de transactions. 523. — Pour le surplus, V. **Attributions.**

Comptables. Devoirs des comptables. 699 à 713. — Incompatibilité et responsabilité. 64 et suiv. — Fondé de pouvoirs à établir par les comptables sédentaires, en cas de congé. 75 et 76. — Débets et déficits de caisse. Chap. 10, page 101, nos 282 et suiv. — Comptables destitués ou démissionnaires. 301. — Comptables faillis, absents ou en fuite. 302. — Comptables décédés. 303. — Prescription pour les rappels de droits à la charge d'anciens comptables. 1218, 1219. — Vol de fonds. 314 et suiv. — Arrêts de la Cour des comptes. 2153 et suiv. — Suppressions d'emplois de comptables. 2151 et suiv. — Suspension de comptables. 282, 285. — Cautionnements. 2340 et suiv.

Comptabilité en matières. Comptabilité des timbres et vignettes. Recensements.

Vérifications. Manquants. 1050 et suiv. — Comptes de gestion 108 A bis, 108 B bis. 2095 — Etats 151 A et A bis. 2100. — Etats 151 C et C bis. 2101. — Etats 151 AA et CC. 2102. — Procès-verbal d'inventaire 152 B. 2104. — Comptes 73. 2148 et suiv. — Notice des pièces à produire à l'appui des comptes 73. 2150. — Arrêts de la Cour des comptes, 2153 et suiv.

Comptabilité publique. Origine de la Comptabilité publique et de la Cour des comptes. 1 à 10. — Attributions de la Comptabilité publique. Correspondance avec elle. 23 et suiv. — Formation des paquets adressés à la Comptabilité. 28, 2134. — Correspondance à l'occasion de débets. 289 et suiv. — Idem de vols de fonds. 319. — Rapport à adresser à la Comptabilité, en cas de faillite, lorsqu'il y a des obligations cautionnées. 786. — Formalités à remplir en cas de refus de paiement d'un mandat par un comptable. 994. — Avis des recettes 76 L. 1959. — Chemises récapitulatives. 2127 et suiv. — Envoi des pièces de comptabilité, du bordereau 91, etc. 1979, 2125.

Comptes de clerc à maître. Comptes 108 A. Mutation de comptables. 2050, 2140. — Comptes 73. 2148 et suiv. — Notice pour la formation des comptes 73. 2150. — Suppressions d'emplois de comptables (receveurs principaux). 2151. — Arrêts de la Cour des comptes. 2153 et suiv.

Comptes de gestion. *Formation du compte de gestion* 108 A et instructions développées sur tous les articles qui y figurent : observations générales. 2049. — Mutation de comptables. 2052. — *Comptes* 108 A, 1re partie. Authenticité. 2055. — Recette. 2056. — Dépenses. 2057. — Décharges et modérations. 2058. — *Comptes* 108 A, 2e partie. Déclaration du comptable. Résultat du compte rendu pour l'année précédente. 2060. — Recettes. 2061. — Contributions et revenus publics. 2062. — Recettes de trésorerie. 2067. — Correspondants du Trésor. Fonds particuliers du comptable. 2075. — Avances pour divers services. 2076. — Mouvements de fonds. 2078. — Dépenses publiques. 2081. — Dépenses de trésorerie. 2082. Retenues pour pensions. 2088. — Décharges de droits et reprises indéfinies. 2089. — Développement des dépenses d'exercices clos. 2090. — Situation des comptes auxiliaires. 2091. — *Bordereau* 108 B. 2092. — Procès-verbal de situation de caisse 108 C. 2093. — Comptereaux 108 E et 108 D. 2094. — *Comptes-matières* de tabacs et poudres nº 73, 2143 et suiv. — Notice pour les pièces à produire à l'appui des comptes 73. 2150 et suiv. — *Comptes-matières de timbres et instruments* nos 108 A bis et 108 B bis. 2095. — Inventaire 152 B. 2104. — *Comptes de clerc à maître.* 2140, 2149 et suiv. — Arrêts de la Cour des comptes. 2153 et suiv. — *Pièces justificatives* : Certificats de modérations d'amendes, ordonnances de décharge et de reprise indéfinie à produire à l'appui des comptes de gestion. 507 et suiv. — On joint également aux comptes un décompte spécial des intérêts de retard exigibles pour non-apurement, non-paiement à l'échéance, des obligations d'admission temporaire. 634. — Les restes à recouvrer au 31 décembre sont portés en reprise au compte 108 A, 1re partie. 737. — On produit encore à l'appui du compte 108 un état nominatif des créances d'exercice clos acquittées dans l'année. 975. — Certificat de bonne gestion délivré au receveur principal au moment de sa mise à la retraite. 2146.

Compte judiciaire. En cas de débet, au moment de la levée des scellés. 299.

Comptereau des consignations et des avances. — Les receveurs principaux doivent toujours être en mesure de justifier, par des pièces régulières, du solde de leur reg. 89 B. 167. — En fin d'année, ils produisent sous le nom de comptereaux des états qui présentent le développement des sommes restant à apurer à chacun de leurs registres auxiliaires 89 A (1re et 2e partie), 89 C et 89 B. Instructions pour la formation des comptereaux 108 D (1re partie), amendes et confiscations, 108 D (2e partie), consignations, et 108 E, frais judiciaires et autres avances. 2094. — V. aussi, pour le 108 D (2e partie), les nos 196 et 1333, et pour tous les comptereaux en général, les instructions des reg. 89, aux nos 152 et suiv.

Concordat. Le concordat ne porte aucune atteinte au privilège de la Régie. 784.

Concussion. Le chap. 12, nos 338 et suiv., est consacré à cet article :

Abus de confiance, 342.
Blanc-seing, 342.
Commis, 339, 340.
Concussion, 338 à 340.
Débets, 290 et suiv.
Exaction, 338.
Fonctionnaires, 339, 340.
Fraude, 341.
Péculat, 338.
Perceptions illégitimes, 340.
Préposés, 339, 340.
Prévarication, 332.
Probité, 338.
Vol de fonds, 314, 338.

Conduite privée. Renseignements à prendre par les vérificateurs sur la conduite privée, les habitudes de dépense des comptables. 2228, 2262.

Congés. Fondé de pouvoirs à établir, en cas de congé, par un comptable sédentaire 75. — Modèle de déclaration d'établissement d'un fondé de pouvoirs. 76. — Retenues à exercer sur traitements, pour congés et punitions. 1287, 1468, 1473. — Retenues pour la caisse des retraites, sur les traitements des employés en congé. 1473. — Intérim dans les recettes ambulantes. Affectation des indemnités spéciales. 1490. — Tableau général des indemnités accordées aux intérimaires. 1488. — Etat n° 138 des congés, vacances, intérim. 2001.

Conseil d'Etat. Remises sur débets. Avis du Conseil d'Etat. 308, 320. — Contestations entre l'Administration et les comptables. 310. — Un comptable peut se pourvoir devant le Conseil d'Etat, contre les arrêts de la Cour des comptes. 2164.

Consignations. Les sommes consignées aux buralistes sur passe-debout ou sur acquits, à défaut de caution, sont relevées au 33 A. 78, 1319. — Ecritures corrélatives au 89 C. 177, 1319. — Instructions pour l'apurement de ces consignations. 1319 et suiv., 2439. — Bordereaux 80 ter et 80 quater desdites consignations. 1324, 1325, 1965, 1966. — Remboursement des consignations sur passe-debout. 2439. — Les consignations *d'amendes et confiscations* sont portées en recette au reg. 89 A, 1re partie, du receveur principal. Emploi de ce registre. 154 et suiv. — Apurement de ces consignations par répartition, ou remboursement. Justification. 1823 et suiv. — En matière de consignations d'amendes, l'ordonnance de remise ou de remboursement doit être jointe à l'état 100 A. 510. — Etat 100 A. 1814. — Etat 99. 1799, 1997. — Les consignations de droits pour *non-décharge d'acquits-à-caution* sont inscrites au reg. 89 A, 2e partie, de la recette principale. Emploi de ce registre. 161. — Apurement de ces consignations par répartition ou remboursement. Etat 100 B. Justifications. 1826 et suiv., 1998. — Formation de l'état de produit 196. 2016. — Emploi du registre n° 89 C. 177. — Consignations qui doivent y figurer. Droits consignés par les marchands en gros pour manquants, etc. 1315. — Consignations sur acquits. 177, 1319. — Appointements, parts d'amendes, etc., non émargés. 178, 1339. — Redevances de débits de tabac. 178, 1344 et suiv. — Frais de poste. 179, 1332. — Trop perçu. 195. — Abonnements aux circulaires. 198, 1338. — Remise de 1/3 % sur obligations. 200, 1359. — Prix des barils de poudre de mine. 201 et suiv., 1284, 1349. — Autres sommes. 203, 1356. — *Apurement des consignations de toute espèce.* Instructions. Justifications, etc. 1836 et suiv. — Certificat d'origine pour le remboursement de sommes consignées faute de paiement. 1857. — Versement à la caisse des dépôts et consignations des retenues pour dettes, etc. 501, 502, 815 et suiv. — Comptereaux annuels 108 D (1re et 2e partie) et 108 E. 2094. — Vérification du compte des consignations buralistes. 2278. — Vérification du compte général des consignations, à la recette principale. Instructions. 2320. — Consignations pour instruments, recette directe. 1269. — Remboursement. Justification de la dépense. 1545, 1546.

Consommation (Droit de). Droit au comptant. 343. — Droit constaté. Constatation. Exigibilité. 396 et suiv. — Tarif. Simple droit sur l'alcool. Double droit sur l'alcool de surforce des vins alcoolisés. 1233. — Licences. Tarif. 1247. — Calcul du droit sur les produits alcooliques. 347 et suiv. — et sur les vins alcoolisés. 354. — Relevé 82 B du droit de consommation à l'arrivée. 1969. — Vignettes ou bons de transport pour les spiritueux enlevés en petites quantités par des particuliers. 2504. — Reg. 5 D (pour débitants) et reg. 64 B (pour marchands en gros et entrepositaires), enlèvements en petites quantités. 2503.

Contatations des droits. Epoques de constatation et d'exigibilité des droits. Chap. 14, nos 366 et suiv. — Droits constatés en matière de contraventions. 463 et suiv. — Idem, d'acquits-à-caution. 465. — Constatation des droits en matière de sucres. Crédits d'enlèvement. 606 et suiv. Constatation des droits en matière de manquants de timbres et vignettes. 1054. — Etat 122 B. 467 à 475, 2012. — Etat 196. 476, 2016. — V. pour le surplus, **Etats de produit.** Etat trimestriel 154 D. 2013. — Imputation d'exercice. 1310 et suiv.

Constructions et réparations. Certificat d'architecte pour travaux de constructions. 1155, 1430. — Procès-verbal de réception de travaux. 1175. — Formule de devis. 1164. — Formule de cahier des charges. 1165. — Formule de soumission cachetée. 1166. — Formule de mémoire et facture. 1170. — Réemploi d'effets mobiliers. 1172. — Constructions et réparations de magasins de poudre. Justif. des dépenses. 1548. — Constructions nouvelles et grosses réparations (manufactures). Justif. de dépense. 1564. — Réparations ordinaires (idem). 1563.

Consuls. Achats de tabacs par les consuls, à l'étranger. Justif. des dépenses. 1697.

Contestations. Entre l'Administration et les comptables, à l'occasion de débets. 310. — Sur le fond des droits, avec les redevables. 725, 727.

Contrainte. Contrainte décernée par le directeur au comptable en débet. 300. — Valeur de cette contrainte au point de vue de l'inscription hypothécaire à prendre sur les biens du comptable. 313. — Obligations d'admission temporaire. Après contrainte, les obligations ne s'apurent plus que par le paiement des droits et de l'intérêt de retard. 637. — Principes généraux sur le recouvrement des droits. Intérêt qu'il y a, pour les receveurs, à ne pas trop recourir aux actes de poursuites. 699 et suiv. — Les poursuites sur les communes pour recouvrement de droits en vertu d'abonnements de vendanges, d'abonnements généraux de détail et de circulation, et pour indemnité d'exercice, frais d'impressions, frais de casernement, n'ont lieu que sur l'autorisation de l'Administration. 702. — Débet des entrepreneurs et fournisseurs. Contrainte décernée par le Ministre pour retenue sur cautionnement. 1098.

Le chapitre 19, page 202, a trait spécialement aux poursuites en vertu de contrainte :

Actes primitifs de poursuites, continuation de poursuites, 701.
Bacs. — Visa de la formule, signification, 718.
Commis principal chef de poste, 719.
Communes. — Coercition, 702.
Comptables (Devoirs des), 699 à 713.
Contestations sur le fond des droits, 725, 727.
Contrainte, forme, qualité, formule, 714, 715.
Contrôleurs, 719.
Décès des débiteurs, 711.
Détournement d'objets mobiliers saisis, 733.
Directeurs, 712, 714, 719, 729.
Enregistrement (tarif), 720 à 722.
Exécution des contraintes, 712.
Faillites, 711.
Fondé de pouvoirs d'un receveur principal, 714.
Formule n° 78, 715.
Frais, 699, 701, 707.
Garnisaires, 724.
Huissier, 704, 713, 720.
Hypothèque, 730.
Intérimaire, 714.
Opposition à contrainte, 711, 728, 750.
Opposition à la saisie mobilière, 711.
Opposition faite par la Régie, 708, 711.
Porteurs de contraintes, 723.
Poursuites après la saisie, 709, 729.
Prescription (valeur d'une contrainte à ce point de vue), 1219 et suiv.
Privilège, 711, 732.
Quittances, 713.
Receveurs, 703, 712, 714, 721, 729.
Revendication d'objets saisis, 711.
Saisie-brandon, 710.
Saisie immobilière, 710.
Saisie mobilière, 719.
Signification des contraintes (jour férié, etc.), 719.
Sous-directeurs, 712, 729.
Timbre de dimension et timbre spécial de copies, 715.
Vente mobilière (autorisation du directeur), 707, 709.
Visa (par le juge de paix), 716 à 718.
Visa (par le président du tribunal), 718.
Visa (par le préfet), 718.

Contrainte par corps. La contrainte par corps n'est plus applicable contre les détenteurs de deniers publics constitués en débet. 305. — Elle a été supprimée d'une manière générale en matière civile. 624.

Contributions. Contribution foncière des bacs et francs-bords payée aux avances provisoires. 1004. — Justifications des dépenses. Instructions. Etats de proposition. 1614. — Dans les baux, on doit chercher à obtenir des propriétaires de maisons louées à la Régie qu'ils supportent tous les impôts. 1063. — Contribution foncière considérée, à défaut de clause spéciale, comme charge locative. Dépenses du service des manufactures de l'Etat. Justifications. 1558. — Contribution foncière des fabriques d'allumettes chimiques. 1621. — Impôt des portes et fenêtres à la charge des employés logés. 1623.

Contributions et revenus publics. Recette. Chap. 43, n°s 1222 et suiv. Dépenses, 1849 et suiv. — Partie du compte 108 A relative aux contributions et revenus publics. 2062.

Contributions indirectes. Dénomination de l'Administration. 1225. — Aperçu historique des principaux droits perçus par la Régie. 1222. — L'Administration des contributions indirectes est chargée de la liquidation et de l'ordonnancement de toutes les dépenses inhérentes à la vente des tabacs et poudres. 879. — Les comptables des contributions indirectes acquittent les frais de régie et les remboursements inhérents à la perception et à l'exploitation des impôts et revenus indirects. 983. — Ils acquittent aussi les dépenses du service des manufactures de l'Etat. 879.

Contrôleurs. Attributions. Vérifications. 2247. — Etablissement de situations de timbres 33 D chez les buralistes. 82. — Communication des états de produit aux receveurs sédentaires. 368. — Distribution des avertissements n°s 54 et 77. 690, 695. — Délivrance de vignettes de bougies aux fabricants. Reg. 33 C à tenir par fabrique ou magasin d'entrepôt. 1052. — État 82 B de contrôle du droit de consommation. 1969. — Arrêté des recettes buralistes. 256. — Quittances à rapprocher de la souche. 1114. — Vérification à l'arrivée, dans les recettes principales, des envois d'impressions du magasin central. Comptage des timbres. 1052 bis. — Recensement de timbres en cas de changement de gestion. 1053 bis. — Double part d'amende dans les répartitions. 1739 et suiv., 1785. — Cautionnement. 2351 et suiv.

Convention monétaire. 221 et 222. — Tableau des monnaies ayant cours en France. 223.

Copie. Timbre spécial de copie d'exploit. 715. — Copies de pièces justificatives à joindre à l'appui des dépenses. Exemptes du timbre quand elles sont faites par l'Administration pour l'ordre de la comptabilité. 1438. — Copies de baux à produire à l'appui de la première dépense pour loyers. 1068. — Copies de p.-v. d'adjudication et de cahiers des charges à joindre au relevé 101, pour la justification des recettes sur bacs, passages d'eau, pêche, francs-bords, etc. 1250 et suiv.

Correspondance avec la comptabilité publique. 26 à 29 bis. — Avec le bureau de l'ordonnancement du ministère. 891. — Avec le caissier payeur central du Trésor, pour l'envoi des obligations cautionnées. 574,1903,1954. — Frais de correspondance extraordinaire. Justification des dépenses. 1547.

Correspondants du Trésor. Le compte des correspondants du Trésor est une partie des opérations de trésorerie présentées par les comptables. Toutes les instructions qui s'y rapportent sont insérées dans le *Cours de comptabilité*, savoir : *pour les recettes*, sous les nos 1315 à 1363 ; *pour les dépenses*, sous les nos 1836 à 1859. — On y trouve : les consignations, les recouvrements pour des tiers et les fonds à rembourser à divers et recettes à classer. Pour plus de développements, V. **Recettes de Trésorerie**, et **Dépenses de trésorerie.**

Cote et paraphe des registres. 1053 bis et suiv. — Reg. à coter et à faire parapher d'avance. 1051.

Coupons. Coupons d'acquits-à-caution de tabacs et poudres. Timbre à 10 c. pour quittance. 1040. — Envoi de ces coupons. Bordereau n° 96.1992. — Rectifications aux décomptes de frais de transport. Etat 96 bis. 1993. — Coupons perdus. Pièces à produire. 1705. — Les coupons servent de lettre de voiture. 2176.

Cour des comptes. Origine de la Cour des comptes. 1 à 10. — Attributions. 2153 et suiv. — Rectifications. Droits perçus par rappel et imputés aux recettes accidentelles. 1276. Exécution des arrêts de la Cour des comptes. 2159. — Pourvoi en Conseil d'État contre les arrêts de la Cour. 2164 à 2166.

Cours légal et cours forcé des billets de banque. Distinction entre les deux régimes. 213.

Couvertures de portatifs. Ces couvertures sont vendues comme vieux papiers. 2491.

Créances. Constatation des droits. Chap. 14, pages 125 et suiv. Restes à recouvrer en général. Chap. 20, pages 209 et suiv. — Reprises indéfinies. Chap. 21, pages 212 et suiv. — Décharge des droits constatés. Chap. 22, pages 215 et suiv. — Faillite des redevables. Chap. 23, p. 216 et suiv. — Privilège de la Régie. Chap. 24, p. 220 et suiv. — Exercices clos et périmés. Chap. 34, p. 264 et suiv. — Tout créancier a le droit de se faire délivrer un bulletin énonçant la date de sa demande en liquidation et les pièces produites à l'appui. 870. — Etat des créances restant à liquider, à ordonnancer et à payer, à la fin de la 2e année de l'exercice. 974. — Etat des créances d'exercice clos acquittées dans l'année. Pièce à joindre au compte 108, 975. — Dans tous les titres de créances, les quantités, poids et mesures doivent être déterminés d'après le système décimal. 988. — Paiement à des héritiers. Pièces à produire. Créance de moins de 50 fr. 1192 et suiv. — Créances supérieures. 1180 et suiv. — Créances sur l'État. Prescription. 1197 et suiv. — Créances de l'Etat. Prescription. 1211. — Cautions. Prescription. 1219 bis.

Crédits accordés aux redevables. Crédit du droit sur les boissons en magasin accordé aux marchands en gros, entrepositaires, bouilleurs, distillateurs, etc. Engagement cautionné au reg. 52 C. 2016 et suiv. — *Matière de sucres*. Crédits d'enlèvement. 581 et suiv. — Crédits de droits en vue de souscription d'obligations cautionnées. 608 et suiv. — Minimum de ces crédits. 608. — Attributions des receveurs principaux. 609. — Tableau des redevables proposés pour le crédit. 612. — Conditions de domicile. 615. — Conditions de solvabilité. Responsabilité. 617. — Acceptation des obligations. 619. — Remise de 1/3 p. %. 619, 669 et suiv. — Protêt des obligations. 623. — Intérêts de crédit, intérêts de retard. 547. — Recette des intérêts de crédit. 1275. — Recette des intérêts de retard à 5 p. %, comme recette accidentelle. 545, 1276. — Obligations cautionnées en général. Tableau mensuel du montant des droits dont il a été fait crédit et du partage de la remise d'un tiers p. %. 2005.

Crédits législatifs. La loi annuelle de finances ouvre les crédits de chaque exercice. 850. — Préparation du budget. 851. — Ordonnancement. Principes généraux de l'emploi des crédits. 881 — Principe de la spécialité des crédits par exercice. Exemples : Restitutions de droits. Indemnités. Frais, etc. 892. — Tenue des registres des ordonnateurs secondaires. 893 et suiv. — Demandes de crédits. 942. — Erreurs dans l'ouverture des crédits. 905. — Annulation de crédits. 904. — Reversements. 941. — Rectifications d'erreurs dans les écritures des ordonnateurs secondaires. 943. — Créances constatées après la clôture d'un exercice. 918. — Crédits d'exercices clos et périmés. 954 et suiv. — Annulation, à la fin de chaque année, des crédits d'exercice clos non employés. 199. — Feuille 155 et feuille annexe 155 bis. 2006. — Situation finale de crédits, à la clôture d'un exercice. 939 à 941.

Culture des tabacs. Amendes consignées sur p.-v. Constatation à l'état 122 B. 470. — Répartitions d'amendes. 1773. — Abandon d'affaires contentieuses. Liquidation et dépense des frais. 474. — Frais de vérification de culture de tabac. Tournées des directeurs et inspecteurs spéciaux. Justif. des dépenses. 1656, 2198. — Justification des dépenses mensuelles, pour le compte des manufactures. Achats de tabacs indigènes. 1683. — Etat 97 présentant la dépense pour achats aux planteurs. 1994. — Retenue d'un centime pour le paiement des experts. Recette. 460, 1270. — Justif. de dépense. 1681. — Achats de tabacs provenant *de saisies* chez les planteurs. 1701.

Cumul. Les employés qui jouissent de plusieurs traitements dans différents services, doivent en faire la déclaration. 908. — Instructions relatives au cumul de traitements et de pensions. 1453 et suiv.

Curateurs. Le curateur d'une succession administre les biens, mais ne perçoit pas les deniers. 846, 1191.

Débets et déficits de caisse. Tout le chapitre 10, page 101, nos 282 et suiv., est consacré à cette partie de la comptabilité :

Absence, 302.
Administration, 285, 289.
Agence judiciaire du Trésor, 289, 298.
Bordereau, 284, 289, 300, 303.
Cautionnement, 300, 302.
Certificat du maire (débets des receveurs d'octroi), 2414.
Comptabilité en matières, 283, 288.
Comptables présents, absents ou décédés, 300 à 303.
Compte de clerc à maître, 293.
Compte judiciaire, 299.
Conseil d'Etat, 308 à 310.
Contestations, 310.
Contrainte décernée par le directeur au comptable en débet, 300.
Contrainte décernée par le ministre pour retenue sur cautionnement d'adjudicataires et fournisseurs, 1098.
Contrainte par corps, 305, 624.
Créanciers, 299.
Débets soldés, non soldés, 290.
Décès, 303.
Déficits, 284, 285, 288 à 293.
Démission, destitution, 301.
Directeurs et sous-directeurs, 285, 300 à 305.
Division du contentieux des finances, 289, 306.
Ecritures, 290, 1894.
Faillite, fuite, 302.
Fonds et valeurs, 299.
Fonds publics, 282
Forcement en recette, 291, 2335 et suiv.
Frais de poursuites, 294.
Héritiers, 303.
Honneur, probité, 282.
Hypothèques, 300, 313.
Inspecteurs, 283.
Intérêts, 297, 298, 303.
Intérims, 295, 299, 303.
Inventaire, 299.
Liquidation, 307.
Maires, 311, 2414.
Ministre, 308 à 310.
Modèle de procès-verbal de débet, 293 bis.
Partage du cautionnement des employés d'octroi (malversation), 2415.
Octrois, 312, 2414, 2415.
Poursuites, 300 à 303, 306, 312.
Premières mesures, 282 à 287.
Prescription, 312.
Procès-verbaux, 289 à 292, 309, 311.
Rapports, 289, 309.
Receveurs buralistes, 292 ; des finances, 295, 296, 298 ; particuliers, 292 ; principaux, 286, 295.
Reconnaissance des valeurs reçues, 284.
Recouvrements, 295.
Registres, 299.
Remise des débets, 308, 309.
Responsabilité des chefs, 283.
— du prédécesseur, 1895, 1897.
Saisie mobilière, 300.
Scellés, 299, 300 à 303.
Sommes dues aux comptables, 296.
Suspension, 284, 285.
Vérifications, 283, 301, 2323.

Il est de règle de ne pas admettre en non-valeur les débets des comptables résultant du non-paiement d'obligations cautionnées. 564. — Refus de reversement par erreur de paiement. Débet qui en résulte. 998-999. — Les récépissés des sommes versées à valoir sur débets doivent être timbrés. 1022.

Débitants de boissons. Exigibilité des droits. 412 et suiv. — Licence. Tarif. 1247. — Débitants ayant plus de 10 h. d'olcool. Acte au 52 C. 2416 et suiv. — Débitants forains. 402. — Droits sur les restes en la possession de débitants qui cessent. 376, 461. Reg. 5 D pour le transport de boissons par petites quantités. 2503. — Vente en détail sans licence. Répartitions. 1748. — Autres contraventions. 1746.

Débitants de poudre. Demande de débit. Timbre exigible. 1030. — Commission d'emploi. Timbre. 1030. — Consignation du prix des colis. Echange. Ecritures au 89 C. 1349 et suiv. — Poudres reprises des débitants. Remboursements. Justif. de dépense. 1557.

Débitants de tabac. Demande de débit. Timbre. 1039. — Commission d'emploi. Timbre. 1030. — Vente de timbres-poste, de cartes postales, etc. Remise. 1403. — Vente de timbres-quittances. Approvisionnement dans les entrepôts. 1043-1044. — Vente de vignettes ou bons de transport de boissons, nos 171, 172, 173. Remise. 2504. — Un débitant de tabac ne peut être commis ou homme de peine chez l'entreposeur. 2263. — Tabacs repris des débitants. Remboursement. Justif. de dépense. 1634. — Vacance de débit de tabac. Redevance consignée. 178. — Ecritures à passer au 89 C. 1344 et suiv. Apurement de cette consignation. 1855. — Les redevances non attribuées au nouveau titulaire sont portées en recette accidentelle. 1276.

Décès. Comptables décédés. Mesures à prendre. 303. — Employé décédé le dernier jour d'un mois. Calcul du traitement. 1186. — Arrérages de pension payés par provision. Régularisation avec les héritiers. 1382. — Paiements à des héritiers. Pièces à produire. 1180 et suiv. — Décès de redevables. Instructions. 711.

Décharge de droits constatés. Le chap. 22, page 215, est consacré à cet objet.

Amendes et acquits-à-caution (Décharge de constatations), 503 et suiv.
Comptes de gestion (Tableau des décharges et modérations), 2058, 2089.
Décharges à proposer d'office, 768-769.
Décharges en matière contentieuse, 773.
Droits indûment constatés, 765.
Droits justement contestés, 765.
Etat annuel de proposition de décharge n° 85 C, 765, 766, 772.
Modérations d'amendes, 506.
Ordonnances de décharge, 770 à 773.
Suppression de l'ancien état 103, 772.
Vol de fonds (Décharge), 314, 318, 320.

Déclaration. Les comptables de la Régie ne peuvent être assignés en déclaration, à la suite de saisie-arrêt. 811. — Déclaration de bailleur de fonds pour cautionnement. Modèle. 2358.

Décimes. Les buralistes n'ont plus à établir, sur leurs registres, de distinction entre le principal et les décimes. 350 et suiv. Il en est de même en matière de droits d'octroi. 353. — Pas de décimes sur les timbres de la Régie. 1256. — Ni sur les amendes. 1262.

Décisions de l'Administration. Ce qu'on entend par décision de l'Administration. 2167. — L'Administration statue sur les manquants en matière de cartes et décide s'il y a lieu d'exiger le simple ou le double droit. 1268. — Compétence de l'Administration en matière d'approbation de transaction. 523. — Admission de frais en dépense. Décision de l'Adm. 535. — Admission en reprise indéfinie. Idem. 536. — Contestations entre l'Administration et les comptables. Appel des décisions devant le Conseil d'Etat. 310, 2164.

Décomptes. Décomptes de droits, formation des états de produit, etc. 692 et suiv. — Décomptes de frais de transport de tabacs et poudres. 1638 et suiv. — Décompte des traitements des employés. Formation du tableau 93 A. 1448 et suiv. — Décompte des remises aux buralistes. Son établissement au reg. 33 B. 1497 et suiv. — Décompte spécial des intérêts de retard pour obligations d'admission temporaire non apurées ou non réglées à l'échéance. 634. — Décompte général des frais de casernement. Supprimé en tant qu'état spécial. Remplacé par un cadre du relevé 101. 2040.

Déficits de caisse. V. Débets, Vols de fonds.

Délai. Les fonds délaissés depuis plus de 6 mois chez les buralistes, comme consignations de droits disponibles, doivent être versés à la Caisse des dépôts et consignations. 501, 502. — Délai de souscription des obligations (sucres). 621. — Délai d'échéance des obligations pour droits (4 mois). 545. — Délai pour la libération des obligations d'admission temporaire (2 mois). 625. — Délai de prescription des saisies-arrêts. 833 — Délai pour former un pourvoi en Conseil d'État contre les arrêts de la Cour des comptes. 2164 à 2166. — Délai pour répondre aux injonctions de la Cour des comptes (2 mois). 2157. — Délai, avant prescription, pour réclamer un remboursement de droits, un paiement d'appointements, etc. (2 ans). 1212. — Délai pour décerner contrainte aux redevables de droits (1 an). 1214. — En matière d'acquits-à-caution (4 mois). 1216.

Demandes. Les pétitions, les réclamations, les demandes, doivent être établies sur papier timbré, spécialement les demandes de débit de tabac, de recette buraliste, de débit de poudre, de cartes, et d'admission au surnumérariat. 1020, 1030. — Les demandes d'avancement, de congé, présentées hiérarchiquement par les employés, sont affranchies de timbre. 1026. — Demandes en remboursement de droits. Pièces à produire. 1719 et suiv. — Demande en remboursement de cautionnement. Idem. 2380 et suiv. — Demandes d'instruments au matériel. 2459. — Demandes d'impressions timbrées et non timbrées. 2476 et suiv. — Demande de franchise pour transport de boissons par changement de domicile. 493.

Démarches à domicile. Bien qu'en principe les receveurs sédentaires ne se déplacent pas, il est utile qu'ils fassent parfois des démarches personnelles auprès des contribuables en retard, pour les amener à se libérer. 698.

Démission. Comptables démissionnaires. Débets. 301. — Employés réintégrés. Retenue pour la caisse des retraites, du 1er mois de traitement. 1286, 1472. — Employés destitués ou démissionnaires. Droit au partage des amendes. 1729. — Traitement. Jour du décès ou de la démission. 1457.

Dénaturation (Droit de). Constatation et exigibilité du droit. 447 bis. — Tarif. 1255. — Licence. Tarif. 1247. — Produits à base d'alcool importés. Instructions. 363 et suiv.

Deniers publics. Définition. 23. — Débets. 282 et suiv. — Vols de fonds. 324, 2323. — Vérification de caisse. 2260 et suiv.

Départements. Acquisitions d'immeubles appartenant aux départements. Dépenses qui s'y rattachent. Justifications. 1532 et suiv.

Dépenses. *Généralités.* Distinction entre le paiement et la dépense. 881. — Classement des dépenses *à ordonnancer* en dépenses fixes, dépenses éventuelles, dépenses d'urgence. 861. — Nomenclature des dépenses d'urgence. 1996. — Dépenses évaluées en fin d'année. Inscription au reg. des droits constatés. 864. — L'exercice se prolonge jusqu'au 31 août (aujourd'hui 30 avril) de la 2e année, pour le paiement des ordonnances et des mandats. 876. — Dépenses du service des poudreries rattachées au ministère de la guerre. 879. — Principes généraux de l'ordonnancement. 881 et suiv. — Imputations de paiements erronées. Réimputations. 995. — Restitution en cas de paiement effectué par erreur. 995. — Dépenses d'urgence. Constatation des droits des créanciers. 910. — Indication des dépenses qui peuvent être acquittées avant la délivrance des crédits. Paiement avant autorisation. 1000 à 1007. — Mandats de régularisation no 98, pour les dépenses d'urgence. 1996. — Restitution d'amendes. Admission en dépense ou reprise indéfinie de frais judiciaires. Autorisation préalable. 1006, 1007. — Instructions relatives aux paiements à faire en décembre. 1892. — Les paiements ne peuvent être faits qu'aux personnes dénommées sur les mandats. 1008, 1009.

Distinction entre les dépenses publiques et les dépenses de trésorerie. 1367, 1861.

Dépenses de trésorerie (5 groupes) :

1° *Correspondants du Trésor*, nos 1836 à 1859 :

Abonn. aux circul., 198, 1338, 1852.
Appointements non émargés, 1853.
Autres dépenses, 1856.
Avances des redev. appliquées aux droits ou remboursées, 1851.
Caisse de la vieillesse, 1858 bis, 1858.
Certificats d'origine, 1057.
Consignations, 1836 à 1847.
Consignations sur acq.-à-caution, congés de colp., etc. (droits généraux), 1839 à 1842 et 1846.
Consignations sur passe-debout (droits locaux), 1843 à 1846.
Dettes, 1356, 1856.
Droits perçus après les arrêtés, 1335 bis, 1850.
Fonds à rembourser à divers et recettes à classer, 1849 à 1856.
Justifications, 1847.
Loyers, retenues, 1856.
Manquants des march. en gros, consignations, 1836 à 1838.
Objets sujets à dépérissement, 1856.
Parts d'amendes non émargées, 1854.
Perception définitive des droits sur manquants, 1838.

Prix des colis renferm. des poudres, 1349, 1856.
Recettes à classer, 1849 à 1856.
Recettes extraordinaires, 1853.
Redevances de débit de tabac, 1855.
Rembours. de droits sur manquants, 1836.
Répartition de remise de 1/3 p. %, 1859.
Restitution de droits sur manquants, 1836.
Trop perçu, remboursé, 1851.
Vers. à la caisse des dép. et consign., 1837, 1844, 1858.
Vers. des recev. part., 1849.
Vers. sur recouvrements pour des tiers, 1848.

2° *Remboursements de fonds particuliers du comptable*, n° 1860.

3° *Avances pour divers services*, nos 1861 à 1893 :

Appointements des employés changés, 1891.
Arrérages de pension payés par prévision, 1881 à 1884. — Recette, 166, 1382.
Autres avances, 1861.
Avances non prévues, 1893.
Avances pour divers services, 1858 à 1893.
Colis, démolition, refonçage, 1887.
Dépenses faites en décembre pour le compte des collègues, 1892. V. aussi 1896.
Etat trimestriel des frais de garde de chargements de poudre, 1889.
Frais d'appel des jug. prononcés dans une autre division, 1875.
Frais de démolition et de refonçage des colis de poudre, 1887.
Frais de garde des chargements de poudre, 1888.
Frais de loyer acquittés d'avance, 1876 à 1870.
Frais de poursuites pour le recouvrement des droits, 1863 à 1871.
Frais de transport acquittés par exception et d'urgence, 1885.
Frais judiciaires, 1369, 1862.
Frais tombés à la charge de l'Adm., 1862, 1871.
Frets et autres frais non prévus pour tabacs, 1886. V. 166, 1381.
Huissiers, 1863, 1866.
Insolvabilité, 1862, 1871.
Loyers acquittés d'avance, 1876 à 1879.
Manufactures de l'Etat (Paiements pour le compte des), 1381, 1880.
Poudre à feu, garde des chargements, 1888.
Provisions, 1881 à 1884.
Registre n° 75, 1864.
Registre n° 89 B, 1870 et s.
Registre spécial des poursuites, 1864.
Relevé n° 76 F, 1865, 1866.
Relevé n° 76 G, 1865.
Reprises indéfinies, 1862, 1871.
Timbres de l'enregistrement, 1872 à 1874. V. 1371, 1047.
Titres manuscrits au cadre des avances, 1893.
Virements de fonds, 1882, 1884, 1887.

4° *Débets pour déficits de caisse à la charge des comptables*, nos 1894 à 1899. — Receveurs particuliers. 1896. — Recouvrements. 1898, 1899. — Traites dont le prédécesseur est rendu responsable. 1895, 1897. — On trouvera des instructions spéciales au chapitre des débets, page 101, nos 282 et suiv.

5° *Mouvements de fonds*, nos 1900 à 1948 :

Billets de banque. Interdiction d'envoi par la poste, 1922.
Carnet des valeurs 87 C, supprimé, 1925.
Carnet des valeurs versées 87 D, 250, 1926.
Contrôle des versements aux finances, 1926.
Contrôle des fonds de subvention remis aux receveurs des postes, 1947.
Crédits, 1912 à 1918.
Échange de numéraire contre des pièces de dépense avec les percepteurs, 1948.
Escompte supprimé, 1912 à 1918.
Fonds de subvention aux recev. des douanes, 1937 à 1939.
Fonds de subvention aux recev. des postes, 1940 à 1948.
Intérêts de retard, 1912 à 1917.
Mouvements de fonds, 1900 à 1948.
Récépissés des recev. des fin., 1920.
Remises de 1/3 p. 0/0, 1912 à 1918.
Traites et obligations ; versements, 1903 à 1918.
Versements à la caisse du Trésor public, 1902 à 1918.
Versements aux recev. des fin., 1919 à 1926.
Virements de fonds, 1927 à 1936.

Dépenses publiques (9 groupes). Chapitre divisé en 10 parties, en comptant les dispositions ou instructions générales.

1° *Dispositions générales*, nos 1420 à 1445 :

Acompte. 1427 à 1437.
Architecte, 1135 1430.
Avances au service des manufactures, 1442 à 1444.
Baux à loyer, 1421, 1427. V. aussi page 295.
Bordereau énumératif, 1445.
Cautionnements, 1427.
Copies de pièces, 1438.
Date des travaux, 1425.
Décomptes, 1427, 1429, 1434.
Devis et marchés, 1421.
Dispositions générales, 1420 à 1445.
Exercices, 1433, 1436, 1437.
Exercices clos, 1436.
Extraits de pièces, 1439.
Héritiers, 1421.
Illettrés, 1426.
Ingénieurs du service des tabacs, 1431.
Liquidation, 1421.
Mandats annulés, 1433.
Mandats de paiement, 1424, 1427.
Marchés, 1421, 1427.
Mémoires, 1121, 1425.
Ordonnancement, 1421.
Ordonnances de paiement, 1424, 1427.
Paiement intégral, 1426 ; — par acompte, 1427 à 1437 ; — pour solde, 1429 à 1433.
Paiements, 1421.
Paiements à des tiers, 1426.
Paiements par plusieurs caisses, 1432, 1441.
Pièces justificatives, 1424 et s.
Procès-verbal de réception définitive, 1429.
Procurations, 1426, 1440.
Quittances, 1421.
Réassignation de paiement, 1441.
Régie (Travaux en), 1494.
Responsabilité du comptable, 1420, 1423.
Reversement, 1435.

Services régis par voie d'économie, 1442 à 1444.
Solde (Paiement pour), 1429 à 1433.
Sous-directeur. Visa des pièces, 1445.
Tiers, 1426.
Timbre, copies de pièces, 1438.
Visa des pièces, 1445.

2° *Dépenses des exercices clos et des exercices périmés.* Classement. Pièces justificatives, 1446. 1447. V aussi 961 à 980.

3° *Personnel* (traitements, indemnités, remises, gratifications), n°s 1448 à 1517.

Certificat modificatif n° 93 C, 1481, 1482.
Commis auxiliaires, 1474 bis.
Congés, 1473, 1480, 1490.
Cumul, 1453, 1454.
Décès, 1457.
Démission, 1457.
Emplois créés, 1451.
Fractions négligées, 1465.
Frais de bureau, 1475 ; — de commis auxiliaires, 1475 ; — de loyer, 1474 bis ; — de tournées, 1476.
Gratifications aux agents d'exécution, 1510 à 1512.
Honoraires des chimistes des laboratoires, 1483 bis.
Indemnités aux surnuméraires, 1513.
Indemnités de logement, 1475 bis.
Indemnités de résidence, 1475 bis.
Indemnités à divers receveurs pour insuffisance de remises, 1492 à 1496 ; — d'intérim, 1478, 1486 à 1491 ; — spéciales au serv. des poudres dans certaines localités, 1515.
Inscription en dépense, 1458, 1459,
Installations, 1468.
Intérimaires, 1456, 1466, 1468, 1471, 1473, 1478, 1486 à 1491.
Maladies, 1473, 1480, 1490.
Manufactures de l'État, 1461, 1462, 1481, 1485.
Pièces justificatives, 1483 à 1485, 1491, 1496, 1504, 1509, 1512, 1514, 1515, 1517.
Poudres à feu, 1484, 1514 à 1517.
Punitions, 1473.
Rappel de traitement, 1452, 1481.
Remises aux entreposeurs dans certaines localités, 1516, 1517 ; — aux préposés d'octroi, receveurs aux entrées des villes, 1505 à 1509.
Remises aux receveurs buralistes, à raison des expéditions délivrées, 1497 à 1504.
Reprises pour traitements, 1452.
Retenues pour le service des pensions, 1449, 1450, 1471 à 1477, 1480.
Retraite, 1457.
Révocation, 1457.
Serv. des cont. ind., 1483.
Tableau n° 93 A, 1455, 1459 à 1482, 1489, 1490, 1513.
Tableau 93 B, 1480 bis.
Traitements fixes, 1448 à 1485.
Vacances d'emploi, 1455 à 1457, 1466, 1471, 1480.

4° *Matériel* (achats, fournitures, travaux, salaires et gages, etc.), 1518 à 1564.

Absents. Justif. des paiements, 1537.
Achats de poudres reprises ou saisies, 1557.
Achats d'instruments et ustensiles, 1545.
Acompte, 1519, 1522, 1526.
Acquisitions d'immeubles, 1529 à 1541.
Avaries de poudres, 1551.
Caisse de retraite pour la vieillesse, 1560.
Colis vides renvoyés aux poudreries, 1553, 1554.
Communes, 1532, 1539.
Constructions et réparations des magasins de poudres, 1548.
Constructions nouvelles, 1564.
Contributions, 1558.
Correspondance extraordinaire, frais, 1547.
Départements, 1532, 1539.
Échanges de propriétés, 1529 à 1541.
Emballages, 1547.
Entretien et réparations d'ustensiles, 1544, 1559.
Établissements publics, 1532, 1539.
Expropriation, 1533 à 1536.
Femmes mariées, 1531, 1538.
Fournitures, 1518 à 1520.
Fournitures diverses, 1562.
Frais accessoires, 1549 à 1554.
Frais de correspondance, 1547.
Frais d'emballage, 1547.
Frais de refonçage de barils de poudre, 1546.
Frais de transport, 1525 à 1528, 1547, 1555, 1556.
Frais de transport de poudres, 1549 à 1554.
Gages des ouvriers des manufactures, 1560.
Garantie, fournitures, etc., 1544.
Grosses réparations, 1564.
Incapables. Justification des paiements, 1530, 1537.
Indemnités mobilières, locatives ou industrielles, 1540, 1541.
Instruments, 1544, 1545.
Interdits. Justification des paiements, 1530, 1537.
Justifications communes, 1518 à 1543.
Locations d'immeubles, 1542, 1543.
Loyers des manufact., 1558.
Magasins de poudre, 1548.
Majorats, 1537.
Matériaux réemployés, 1548.
Matériel, 1518 à 1564.
Menus frais, 1559.
Mineurs. Justification de dépense, 1530, 1537.
Mobilier des bureaux de garantie, 1544.
Nolis de bâtiments, 1528.
Objets réemployés, 1548.
Paiements fractionnés, 1519, 1522, 1526.
Poinçons, 1544.
Poudres reprises des débitants, 1555, 1557.
Poudres saisies, 1555, 1557.
Refonçage, 1558.
Remboursement de la valeur des instruments, 1545.
Réparations, 1444, 1559, 1564.
Salaires des ouvriers des manufactures, 1561.
Soustraction de poudres en cours de transport, 1551.
Transports, 1525 à 1528, 1547.
Transport de poudres saisies, etc., 1555.
Travaux, 1521 à 1524.
Travaux en régie, 1524.
Ustensiles, 1544, 1545, 1559.

5° *Frais de loyers et indemnités*, n°s 1565 à 1582 :

Chauffage et éclairage (bureaux des directeurs, receveurs, etc.), 1568.
Idem. (bureaux des fabriques), 1571.
Cheval — Frais d'entretien, 1578.
Cheval.— Allocation pour perte de cheval, 1580.
Commis auxiliaires (frais de), 1567.
Dépenses accidentelles (secours, pertes de chevaux), 1580.

Déplacement (frais alloués aux employés), 1575.
Frais de bureau — Fixation — Revision, 1570.
Frais de loyer (dir., receveurs, etc.), 1565.
Frais de loyer des entrepôts de poudre, 1582.
Idem de tabacs, 1573.
Frais de loyer, de chauffage et d'éclairage des bureaux dans les fabriques, 1571.
Indemnités de déplacement, 1575.
Indemnités de log. et de résidence (s. g. et sucres), 1577.
Indemnité pour entretien d'un cheval. 1578.
Indemnités pour frais de recensement et d'inventaire, etc., 1575.
Id. pour frais de tournées, 1578.
Indemnités pour perte de chevaux, 1580.
Id. pour services extraordinaires, 1575 et suiv.
Laboratoires — Loyers et entretien, 1574.
Loyers, en général, 1665, 1573.
Loyers et frais de bureau (s. g., sucres et distilleries), 1565.
Loyers des entrepôts de tabac, 1573.
Loyers des laboratoires, 1574.
Loyers des entrepôts de poudre, 1582.
Menus frais de bureau, 1569.
Recensements, services extraordinaires (frais de 1575.

6° *Dépenses diverses*, n°s 1583 à 1670 :

Achats de tabacs provenant de saisies ou repris des débitants, 1624.
Arrestation de colporteurs. — Primes, 1629.
Avocats et avoués (traitements fixes), 1612.
Bacs, contribution foncière, 1614 et suiv.
Calcul de la prime d'apurement, 1586.
Canaux. — Contribution foncière, 1614.
Colis vides de tabacs. Instructions pour les renvois, 1643.
Commissaires de police. Frais de vacation. Garantie. 1592.
Contribution foncière. 1614 et suiv.
Dépenses imprévues (manuf. de l'Etat), 1656 et suiv.
Entrepôts de tabac. — Frais accessoires, 1637 et suiv.
Fabriques d'allumettes. — Contrib. foncière, 1621.
Francs-bords. — Contribution foncière, 1614.
Frais de destruction et d'emballage de tabacs saisis, 1635.
Frais de classement de tabacs saisis (Indemnités aux entreposeurs), 1647.
Frais judiciaires (contrib. indir.), 1600 et suiv.
Frais judiciaires (culture de tabac), 1655.
Frais de mission (manufact. de l'Etat), 1662
Entrepôts de tabacs (frais accessoires), 1637 et suivants.
Etats n°s 157 et 158 (garantie), 1595-1596.
Garantie. — Frais de vacation, 1592.
Honoraires des avocats et avoués (traitements fixes), 1612.
Impôt des portes et fenêtres, 1623.
Indemnités et primes d'encouragement (manufactures), 1666.
Indemnités et secours viagers (ouvriers blessés), 1668.
Indicateurs, 1628.
Intérimaires (prime d'apurement), 1583.
Maisons éclusières (cont. foncière), 1614.
Menus frais d'entrepôt, 1646.
Ouvriers blessés ou infirmes (secours viagers), 1668.
Paiement des dépenses des manufactures (indemnité au receveur principal), 1650.
Primes d'arrestations (tabacs), 1629.
Primes d'apurement de comptes, 1583 et suiv.
Reprises indéfinies. — Frais judiciaires. — Justifications, 1608.
Salaires des préposés temporaires, frais de vérification de culture, 1656.
Secours et indemnités à des employés, veuves ou orphelins, 1661.
Tabacs repris des débitants, 1624.
Vacations aux commissaires de police (garantie 1592.

7° *Avances recouvrables*, n°s 1671 à 1681.

Avances recouvrables, 1671 à 1681.
Experts chargés du classement des tabacs, 1681.
Frais de perception des octrois gérés, 1671 à 1680.
Indemnités et gratif. sur les frais de perception d'octroi, 1672, 1677.
Manuf. de l'Etat. — Experts, 1681.
Octrois gérés par la Régie, 1672 à 1680.
Traités de gestion des octrois, 1673.

8° *Achats et transports* (manufactures de l'Etat), 1683 à 1718 :

Achats de cigares, 1693 ; — d'échantillons de tabacs, 1695.
Achats de tabacs exotiques, 1687 à 1702 ; — indigènes, 1683 à 1686 ; — par les consuls, 1697 ; — provenant de saisies chez les planteurs, 1701.
Achats et transports (man. de l'Et.), 1683 à 1716.
Acquits-à-caution perdus, 1705.
Algérie, dépenses du serv. des tabacs, 1713.
Bénéficiement, 1689.
Cigares achetés, 1693.
Consuls, achats de tabacs, 1697.
Coupons perdus, 1705.
Culture du tabac, 1683.
Droits de douane, 1699.
Echantillons de tabacs achetés, 1695.
Frais access. de transp. de tabacs, 1707 ; — de transp. des tabacs, 1703 à 1712 ; — divers de transp. des tab., 1699.
Frais (menus), 1699.
Frets, 1699.
Menus frais de réception des tab., 1699.
Planteurs, 1683 et s.
Primes d'assurances, 1699, 1711.
Sauvetage de tabacs, 1691.
Tabacs, achats, frais de transport, etc., 1683 à 1718.
Tabacs de bénéficiement, 1689 ; — provenant de saisies chez les planteurs, 1701 ; — provenant de sauvetage en mer, 1691 ; — reçus par suite d'adjud. ou marchés, 1687.
Transport des tabacs, 1703 à 1712.

9° *Remboursements de produits indirects et divers*, 1719 à 1738 :

Exportation, rembours. des droits de fabr. des bières, 1731 à 1733 ; — des droits de garantie, 1726 à 1730.
Garantie, remb. des droits à l'export., 1726 à 1730.
Manquants aux charges des planteurs, rembours., 1734 à 1738.

Planteurs, manquants, rembours., 1734 à 1738.
Remboursements, 1719 à 1738; — de droits de fabr. des bières à l'export., 1731 à 1733; — des droits de garantie, 1726 à 1730; — des manquants aux planteurs, 1734 à 1738.
Restitution de droits indûment perçus, 1719 à 1725.

10° *Répartitions et remboursements de produits d'amendes*, etc., 1739 à 1834 :

Administrations étrangères, 1742, 1774 et suiv.
Allumettes, 1753, 1817.
Amnisties, 1792.
Boissons, 1746 et suiv.
Bougies, 1752.
Brasseries, 1750.
Cartes, 1756.
Chasse (police de la), 1778.
Circulation, 1741, 1746.
Commis principaux, 1785.
Contrôleurs, 1742, 1785.
Démissions, 1789.
Destitutions, 1789.
Directeurs, 1742, 1794.
Distilleries, 1750.
Double part, 1785.
Droits fraudés, 1808 et suiv., 1817.
Ecritures, 1800, 1819, 1823.
Entrée (droit d'), 1747.
Etat 99, 1799 et suiv.
Etat 100 A, 1812, 1814 et suiv., 1835.
Etat 100 B, 1826 et suiv.
Exercice, 1820.
Feuilles 122 C, 1814 et suiv.
Fonds de réserve du contentieux, 1784.
Frais, 1813 et suiv.
Fraudes antérieures, 1784.
Garantie, 1754, 1797.
Gardes champêtres, 1801.
Gardes forestiers, 1801.
Gendarmes, 1742, 1790, 1801.
Huiles végétales, 1752.
Huiles minérales, 1752.
Indicateur, 1742, 1793 et suiv.
Intérimaire, au point de vue de la double part, 1785.
Inspecteur, 1742, 1785, 1786.
Justification, 1804 à 1807, 1825.
Licence, 1748.
Maire, 1785.
Manuf. de l'Etat, 1773.
Marques de fabrique, 1755.
Mesures disciplinaires, 1788.
Militaires, 1742, 1783, 1790.
Non-rapport d'acquits-à-caution, 1749, 1758, 1760, 1762, 1764, 1826.
Octrois, 1767 à 1772, 1780 et suiv., 1795, 1801.
Pêche, 1779.
Postes, 1777.
Poudres, 1763, 1764.
Préposés des douanes, 1783, 1787, 1801.
Préposés d'octroi, 1742.
Préposés étrangers, 1742, 1801.
Primes d'arrestation (allumettes), 1753.
Rébellion, 1765.
Rectifications aux états 100 A et 100 B, 1826.
Refus d'exercice. Opposition aux fonctions, 1766.
Remboursements, 1826 et suiv.
Répartitions, 1739 à 1835.
Restitutions, 1826 et suiv.
Roulage, 1776.
Saisies à domicile, 1741.
Saisies communes, 1742, 1767 et suiv., 1770.
Salpêtres, 1763.
Sels, 1757, 1758.
Service des pensions, 1775, 1798.
Sous-répartitions, 1774 et suiv.
Sucres, 1759.
Tabacs, 1761.
Timbre, 1776 bis.
Vente en gros et en détail, 1748.
Verbalisants n'ayant pas droit au partage, 1742, 1748, 1786.
Versement des parts des préposés étrangers, 1803.
Vinaigres, 1752.
Voitures publiques, 1751.

Destitution — V. **Démission.**

Détail (Droit de). Droit de détail à l'enlèvement classé comme droit au comptant. 344. — Droit de détail par exercices ou sur manquants. Constatation. Exigibilité. 401 et suiv. — Tarif. 1232. — Licence des détaillants. Tarif. 1247. — Vente en détail sans licence. Répartition. 1748. — Emploi du reg. 5 D de laissez-passer pour le transport par petites quantités. Reg. 64 A employé dans les mêmes conditions par les marchands en gros. 2503.

Détournement d'objets mobiliers saisis. Instructions. 733.

Dettes. Saisies-arrêts sur traitements et cautionnements. Chap. 26, n°s 798 et suiv. — Dettes. Retenues volontaires avec autorisation du directeur. 837, 838. — Retenues pour dettes. Inscription en recette aux fonds à rembourser à divers. 1356. — Versements à la caisse des dépôts et consignations des sommes frappées de saisie-arrêt. 815, 843.

Devis et marchés passés au nom de l'Etat. Le chap. 38, page 301, est consacré à cet article :

Adjudications publiques, 1081.
Approbation des adjudications, 1084, 1088.
Autorisation préalable de dépense pour travaux, fournitures, etc., 1107, 1108.
Bons du Trésor admis pour cautionnement, 1094.
Caisse des dépôts et consignations (cautionnements), 1083.
Cahier des charges. Modèle, 1082, 1165.
Cautionnements des adjudicataires, 1082, 1089 et suiv.
Concurrence limitée ou illimitée, 1082.
Constructions, 1548, 1563.
Débets des adjudicataires, 1083.
Devis. Définition. Modèle. 1071 à 1079, 1164.
Enregistrement des actes d'adjudication ou marché, 1074, 1100.

Excédent de dépense sur devis, 1075.
Marchés de gré à gré (cas dans lesquels ils peuvent être conclus), 1082 et suiv.
Modifications au devis, 1075.
Ratures sur devis, 1075.
Réadjudications, 1084.
Remploi d'effets mobiliers, de matériaux, 1076.
Réparations, 1071.
Timbre des devis, 1072.
Urgence de fournitures, 1086, § 10.

Directeurs des manufactures. Attributions. 2197. — Tournées. 2197. — Ces directeurs sont ordonnateurs secondaires de toutes les dépenses du service des manufactures (tabacs); mais les paiements sont effectués par les receveurs principaux de la Régie. 879. — Attributions de l'ordonnateur secondaire. 885. — Frais de tournées des directeurs de la culture. Justif. des dépenses. 1656.

Directeur du mouvement général des fonds. S'assure que les ordonnances délivrées ne dépassent pas les crédits ouverts. 897. — Reçoit avis, par formule n° 52, de l'envoi de traites au caissier central. 576, 1954. — État sommaire des recettes et des dépenses (R. principaux). Cet état est provisoirement supprimé. 2005 bis.

Directeur général des Contributions indirectes. Ses attributions. 2167. — Il est chargé de la liquidation et de l'ordonnancement de toutes les dépenses du service de la vente des tabacs et poudres 879. — Il est ordonnateur secondaire. 885. — Il délivre des ordonnances de crédit, tandis que les directeurs départementaux délivrent des mandats. 881. — Ce qu'on entend par décision de l'Administration. 2167. — Compétence de l'Administration en matière d'approbation de transactions. 523.

Directeurs. Attributions complètement définies sous les n°s 2168 et suiv. — Intérim de l'emploi de directeur. 2190. — Compétence pour l'apurement des acquits-à-caution. 482 et suiv. — Compétence pour l'approbation des transactions. 2188. — Le directeur vise et vérifie toutes les pièces de dépenses. 14,1445 et suiv. — Il est ordonnateur secondaire pour les dépenses de son département. 13,885. — Dans les départements de culture ou dans les départements à manufactures, il peut se faire adresser tous les 10 jours les pièces de dépenses pour les vérifier. 885. — Il doit vérifier attentivement le compte des avances provisoires. 1383. — Il envoie aux sous-directeurs des extraits d'ordonnances de délégation. 886. — Il délivre des mandats. 881. — Il lui appartient d'apprécier, en cas de manquants de timbres ou vignettes, s'il y a lieu d'exiger immédiatement le versement des droits. 1054. — Baux à loyer et questions qui s'y rattachent. 1055 et suiv. — Changement de directeur. Arrêté des écritures d'ordonnancement. 948, 949. — Mesures à prendre en cas de débets constatés à la charge des comptables. 282 et suiv. — Pouvoir de suspension à l'égard des comptables de tous grades. 285. — Correspondance en cas de débets, de vols de fonds. 282 et suiv., 314 et suiv. — Attributions pour la fixation des réserves de fonds. 229, 2502. — Autorisation de vente, après saisie mobilière. 709. — Formation d'états, de documents, tels que:

Avis des recettes 76 L. 1969. — Bordereaux 77 B et C récapitulatifs des comptes 73, 2148. — Etat 79 B. 2020. — Reg. 90. 1978. — Bordereau 91 B. 1989. — Etat 91 C. 2035. — Tableau d'appointements 93 A. 1460. — Modèle de ce tableau. 1448 et suiv. — Etat n° 98 (frais judiciaires). 535. — Mandats de régularisation n° 98. 1995. — Etat 100 A. 1997. — Relevé général n° 101. 2036 et suiv. — Relevé compl. n° 101 bis. 2042. — Feuille annexe 101 A. 2043. — Reg. 102. 2044. — Reg. 103 nouveau. 2046. — Relevé 104 A. Etat 104 B. 2048. — Comptes de gestion 108 B et B bis. 2092. — Envoi des compteraux 108 D et 108 E. 2094. — Etat 138 (congés, vacances, intérim). 2001. — Etat 154 C (avis des recettes). 2003. — Etat 154 E du produit de l'impôt des boissons. 2004. — Situation de crédits. Feuille 155 et 155 bis. 2006. — Etat de frais de régie. 858.

Direction générale de la Comptabilité publique. Attributions, 23 à 27. — Chemises récapitulatives. 2117, 2124. — Correspondance avec la comptabilité publique. 26 à 29 bis. — Deniers publics. 23. — Enveloppes. Leur préparation, leur suscription. 28. — Etiquette des paquets. 28. — Grand-Livre. 24. — Indications marginales sur les lettres. 28. — Lettre d'avis d'envoi de paquet chargé. 28. — Numéro d'ordre du département. 28. — Paquets. Paquets chargés. 28, 29 bis. — Poids maximum des paquets. 29.

Formation de quelques documents destinés à la comptabilité publique, et instructions à l'appui :

Avis des recettes 76 L. 1959. — Bordereaux 91 A et B. 1979 et suiv. — Bordereaux 95 A et B d'envoi des pièces de dépense. 1990 et suiv. — Etat 96 des coupons d'acquits-à-caution (tabacs et poudres). 1992. — Etat 96 bis (rectifications). 1993. — Mandats de régularisation n° 98. 1995. — Etat 100 A. 1997. — Etat 100 B. 1998. (Ces deux états sont d'abord envoyés à l'Adm.) — Relevé général n° 101. 2036. — Comptes 108. 2049 et suiv., etc.

Disparition. Certificats de disparition à produire : 1° à l'appui des ordonnances ; 2° des mandats de reprise indéfinie. 536, 537.

Distilleries. Licence. Tarif. 1247. Indemnités de logement aux employés des distilleries. Etat 93 A. 1475 bis. — Répartitions d'amendes. 1750. Cautionnement des distillateurs au reg. 52 C. 2416 et suiv.

Dividende. Dans les faillites, il est défendu aux comptables d'accepter aucun dividende. 1780.

Division du contentieux des finances. Rapports à l'occasion de débets. 282 et suiv., 306.

Documents annuels. Le chap. 49, page 666, est consacré spécialement aux instructions pour la formation des documents annuels. L'index de ce chapitre est reproduit ci-après, avec quelques additions :

Avances, 2060, 2076.
Avis des constatations rattachées à l'exercice expiré, 2042 bis.
Bordereau récap. 108 B, 2092.
— 108 B bis, 2095.
Cartes-matières, 2095 et suiv, 2097.
Comptes 73, 2148.
Compte de gestion, 2049 et suiv.
Compte des matières, -timbres et instruments, 2095 et suiv.
Compteresu des consignations et avances, 2094.
Consignations, 2094.
Contrib. et revenus publics, 2062.
Décharges et modérations, 2033, 2058, 2089.
Décompte des intérêts des obligations cautionnées, 545, 2116 bis.
Dépenses publiques, 2081.
Etat de développ. par classe d'emploi, 950, 2111.
Etat des dépenses des exercices périmés, 2113.
Etat des dépenses de l'exercice expiré, non liquidées, 2114.
Etat des mandats d'exercice clos non acquittés, 966, 980, 2115.
Etats annuels n° 73, 2148 et suiv.
n° 76 H, 2619.
— n° 79 B, 2020 à 2029.
— n° 85 A, 2030.
— n° 85 B, 2031.
— n° 85 C, 2032 à 2034.
— n° 91 C, 2035.
— n° 101, 2036 à 2042.
— n° 101 A, 2043.
— n° 101 bis, 2042.
— n° 102 A, 2044, 2045.
— n° 103, 2047.
— n° 104 A, 2047 bis.
— n° 104 B, 2048.
— n° 108 A, 2049 et suiv.
— n° 108 B, 2092.
— n° 108 A bis, 2095 et suiv.
— n° 108 B bis, 2095 et suiv.

Etats annuels n° 108 C, 2093.
— n° 108 E et 108 D, 2094.
— n° 151 A, 2100.
— n° 151 A bis, 2100.
— n° 151 AA, 2102.
— n° 151 C, 2101.
— n° 151 C bis, 2101.
— n° 151 CC, 2103.
— n° 152 B, 2104.
— n° 169, 2106 à 2109.
Exercices clos, 2090.
Exercices périmés, 2090.
Expéd. timbrées et estampilles. Comptes 108 A bis et B bis, 2095.
Fonds particuliers des comptables, 2083.
Frais de régie (Etat), 858, 2110.
Impressions d'octroi, 2020 à 2029.
Instruments, 2099, 2109 et suiv.
Inventaire des timbres et instruments, 2104.
Matières-comptes (timbres et instruments), 2095.
Mouvements de fonds, 2078.
Notice sur la formation des comptes 73, 2148 et suiv.
Opérations de trésorerie, 2067.
Procès-verbaux de caisse. 2093.
Produits perçus et constatés, 2019.
Propriétés de l'Etat, 2116.
Rectifications à opérer en décembre, 2035.
Registre 103, 2046.
Reg. de dépouillement des produits, n° 102, 2044, 2045.
Relevé général des produits, 2036 à 2042.
Reprises au 30 juin, Etat 85 A, 2030.
Reprises indéfinies, 2034, 2089.
Retenues, 2088.
Situation finale de crédits, 939, 2112.
Tabacs et poudres (comptes 73), 2148.
Tableau des propriétés de l'Etat, 2116.
Timbres, 2095 et suiv.
Vignettes, situation au compte 108, 2098.
Virements de fonds. 2106 et suiv.

Pour le surplus, V. **Etats.**

Documents mensuels. Chap. 47, page 636. Suit l'analyse de ce chapitre :

Acquits-à-caution de tabacs et poudres (Etats 96 et 96 bis), 1992-1993.
Admissions temporaires (Etat série C, n° 74), 1955 à 1958.
Avis des recettes, 1959, 1960.
Avis sommaire de recettes et de dépenses (receveurs principaux), 2005 bis.
Bordereau 80 A, 1961 à 1964.
Bordereau 91 A, 1979 à 1988.
Bordereau 91 B, 1989.
Caisse des dép. et cons. (sommes versées), 1967.
Congés (Etat 138), 2001.
Consignations reçues, versées, 1965 à 1968.

Consignations restituées ou réparties, 1997, 1999.
Coupons d'acquits-à-caution, 1992, 1993.
Crédits, 2006, 2007.
Dépenses d'urgence (leur nomenclature), 1996.
Dépouillement des bordereaux 80 A, 1978.
Droit de consom. payé à l'arrivée, 1969, 1977.
Droits perçus au comptant, 2002 à 2004.
Envoi des pièces de dépense, 1990, 1991.
Etats mensuels n° 34, 1949 à 1353 ;
— n° 50, 51, 52 (obligations cautionnées), 1954 ;
— n° 74 bis, série C, 1955 à 1958.
— n° 76 K, 1959 ;
— n° 76 L, 1760 ;

Etat nº 80 A, 1961 à 1964 ;
— nº 80 ter, 1965 ;
— nº 80 quater, 1966 à 1968 ;
— nº 82 B, 1969 à 1977 ;
— nº 91 A, 1979 à 1988 ;
— nº 91 B, 1989 ;
— nº 95 A, 1990 ;
— nº 95 B, 1991 ;
— nº 96, 1992 ;
— nº 96 bis, 1993 ;
— nº 97, 1994 ;
— nº 100 A, 1997 ;
— nº 100 B, 1998 ;
— nº 107, 2000 ;
— nº 138, 2001 ;
— nº 154 B, 2002 ;
— nº 154 C, 2003 ;
Etat nº 154 E, 2004 ;
— nºs 155 et 155 bis, 2006, 2007.
Mandats de régularisation, nº 98, 1995, 1996.
Obligations cautionnées. Envoi, 539 et suiv., 1954.
Rectifications au bordereau 91, 1988, 1989.
Reg. nº 90, 1978.
Remises aux buralistes, 1949 à 1953, 2000.
Remises aux prép. d'octroi, 1951.
Remises sur obligations cautionnées. Etat mensuel de partage entre le Trésor et les comptables, 2005.
Situation des crédits, 2006, 2007.
Situation des recouvrements, 2005.
Tabacs livrés par les planteurs. Etat 97, 1994.
Versement à la caisse des dép. et cons., 1967.
Virements de fonds avec la Douane pour oblig. d'admis. temporaire, 1957.

Pour le surplus, V. **Etats.**

Documents trimestriels. Chap. 48, page 660. Sommaire du chapitre :

Acquits-à-caution en retard. Etat de produit 196, 2016.
Amendes et conf. Etat 122 B, 2012.
Droits au comptant. Etat 82, 2009.
Etat de frais de garde de poudres, 1888, 2017.
— nº 81, 2008.
— nº 82, 2009.
— nº 85, 2010.
— nº 122 B, 2012.
— nº 154 D, 2013.
Etat nº 157, 2014.
— nº 158, 2015.
— nº 196, 2016.
Garantie, frais, 2015 ; — visites chez les assujétis, 2014.
Perceptions, bases, 2013.
Poudres à feu, frais de garde, 1888, 2017, 2018.
Produits constatés. Relevé 81, 2008.
Relevé général des produits, nº 104, 2011.
Restes à recouvrer. Etat 85, 2010.

Pour le surplus, V. **Etats.**

Domaines. Avis du directeur des domaines pour la fixation des redevances en matière de concessions du domaine public fluvial. 1253. — Sous-répartitions d'amendes en matière de fraude sur le timbre. 1776 bis — Vente de vieux objets mobiliers. 2458. — Vente de vieux papiers. 2490 et suiv. — Versement des parts d'amendes revenant aux employés de la Régie. Le receveur des domaines ne se déplace pas. 463. — Tableau des propriétés immobilières de l'Etat affectées à un service public. 2490 et suiv. — Les effets mobiliers ou immobiliers sont vendus par les domaines. 856-857. Effets mobiliers remplacés à livrer aux domaines. Mention à faire dans les mémoires de fournitures ou de travaux, 1173.

Domicile. Condition de domicile des cautions des souscripteurs d'obligations cautionnées. 563, 615.

Douanes. Admission temporaire du sucre et du cacao importés destinés à la fabrication du chocolat préparé pour l'exportation. Obligations cautionnées. Acquits-à-caution spéciaux, série M, nº 46 D. 632 et suiv. — Certificats d'exportation pour l'apurement des obligations d'admission temporaire de sucres. 627. Etat mensuel, série C, nº 74 bis, de situation d'admission temporaire, à fournir avec le bordereau 91 B. 1955. Fonds de subvention fournis à la douane. 1937. — Idem, reçus de la douane. 1467. — Importation de produits médicamenteux ou d'articles de droguerie à base d'alcool. 363. — Imputation d'exercice des droits perçus par suite d'admission temporaire de sucres. 644. — Privilèges de la Régie et de la douane. Ils s'exercent sur le même rang ; mais le 1er prime le second. 788. — Remboursement, après exportation, du droit de garantie. 1726. — Id. du droit de fabrication des bières. 1731. — Répartitions d'amendes. Partage par tête avec la douane. 1786. — Sous-répartitions d'amendes pour fraudes au droit de douane. 1783. — Vins alcoolisés importés. 357. — Virements de fonds avec la douane. Recette. 1410. — Dépense. 1929. Virements de fonds avec la douane pour droits perçus sur obligations d'admission temporaire applicables à des sucres importés. 638 et suiv.

Doubles droits. Calcul des droits sur les vins alcoolisés. 354. Double droit de consommation et d'entrée. Imputation. 1233. — Doubles droits sur acquits-à-caution. Exigibilité, constatation. 465, 476. Doubles droits exigibles en matière de manquants de timbres. 1054, 1268, 1276 ; — d'instruments. 1054, 1276 ; — de cartes à jouer et de matières de cartes. 1054, 1268, 1276.

Double part d'amende. V. **Répartitions,** 1739 et suiv., et spécialement 1785.

Droit de 40 c. par expédition. Figure parmi les droits au comptant. 344. — Tarif. 1231.

Droit de consommation. Exigibilité. Constatation. 420. Tarif. 1233. — Calcul du droit sur les produits alcooliques. 347 et suiv. ; — et sur les vins alcoolisés (double droit pour surforce). 354. — Relevé 82 B pour le contrôle de la perception du droit de consommation à l'arrivée. 1969. — Transport de spiritueux en petites quantités par les simples particuliers. Vignettes nos 171, 172, 173. 2504. — Idem, par les débitants. Reg. de laissez-passer no 5 D. 2503. — Idem, par les marchands en gros. Registre de laissez passer no 64 B. 2503. — Compétence pour l'apurement des acquits-à-caution. 490. — Produits à base d'alcool importés. 363. — Vins alcoolisés importés. 357.

Droits au comptant. Définition des droits au comptant. 7. — Nomenclature des principaux droits au comptant. 344. — Tarifs. 2230. Les droits au comptant sont principalement perçus par les buralistes. 345. — Le droit de garantie des marques de commerce et de fabrique est un droit au comptant. 442. — Droits qui résultent d'une simple imputation de recettes effectives et qui, malgré cela, figurent comme droits constatés. 453. — Les timbres sont payés au comptant. 1256. — Les tabacs sont vendus au comptant, même ceux qui sont destinés à l'exportation. 1276 bis, 1277. — Relevé trimestriel no 82 des droits payés au comptant. 2009.

Droits consignés pour manquants par les assujétis. Recette. 177. — Dépense. 1836.

Droits constatés. Définition des droits constatés. 7, 360. — Principes généraux de constatation. 366 et suiv. — Tarifs. 1230 et suiv. — Le chap. 14, page 124, concerne uniquement la constatation, l'exigibilité des droits. Le sommaire de ce chapitre est reproduit ci-après :

Abonnements collectifs, 418, 419.
Abonnements généraux, 416, 417.
Abonnements individuels, 414, 415.
Acquits-à-caution, 465, 466, 476 et suiv.
Alcools dénaturés, 447.
Allumettes. Redevance de la Cie, 443.
Amendes et confiscations, 463, 464, 467 à 475, 503 et suiv.
Apurement des amendes et droits sur acquits, 503 à 515.
Arbres (Ventes d'), 487.
Argenterie de ménage importée, 441.
Bacs, 434.
Bières (Droit sur les), 421.
Bougies, 446.
Caisse des dépôts et consignations, 501, 502.
Cartes à jouer, 429.
Casernement (Frais de), 439.
Circulation (Droit de), 376 à 382.
Compétence en matière d'apurement d'acquits-à-caution, 482 et suiv., 523.
Consommation (Droit de), 397 à 400, 406 à 411, 420.
Culture des tabacs. Amendes, 470, 532.
Demandes de franchise, 493.
Détail (Droit de), 401 à 405.
Droits constatés, 360, 368.
Droits simples, doubles ou sextuples, 465, 466, 476 et suiv.
Dynamite, 452.
Entrée (Droit d'), 383 à 394, 396 à 400.
Entrée sur les huiles, 445.
Etats : no 22, 432, 433 ; no 27 B, 435 à 439 ; no 27 E, 434 ; no 42, 480 481 ; no 51 A, 372 à 375 ; no 51 B, 376 à 382 ; no 51 C, 396 à 415 ; no 51 C spécial, 447 bis ; 51 I, 444 ; 51 J, 445 ; 51 L, 446 ; 51 M, 447 ; 52 A, 383 à 394, 396 à 400 ; no 55, 412, 413 à 420 ; no 58, 421 ; no 61, 422 à 428 ; no 63, 429 ; no 85 C, 514 ; no 98, 535 ; no 100 A, 528 ; no 101, 515 ; no 115 B, 414 à 419 ; no 122 B, 467 et suiv., 515 ; no 122 D, 524 à 527 ; no 166, 515 ; no 196, 476, 491, 503.
Etat de produit de droits de garantie, 440, 441.
Fabriques de soude, etc., frais de surveillance, 451.
Francs-bords, 436.
Garantie (Droit de), 440, 441.
Garantie des marques de fabrique, 442.
Gérants. Redevances de débits de tabac vacants, 461.
Glucoses, 433.
Huile de schiste, 444, 489.
Insolvabilité. Reprises indéfinies, 533, 537.
Instruments, livres ou manquants, 459.
Jugement définitif, 483.
Jus et résidus de tabacs, 456.
Licence (Droit de), 372 à 375.
Modération d'amendes, 462.
Octroi : abonnement pour les employés, 448.
Impressions, 450 ; indemnité d'exercice, 440.
Papiers filigranés. 458.
Passages d'eau, 431.
Pêche, 435.
Peines corporelles (Remises de), 521.
Pensions (Retenues pour le service des), 457.
Ponts, 434.
Poudres. V. *Tabacs*.
Prises d'eau, 437.
Produits divers, 433.
Produits salifères, 431.
Recettes accessoires à la navigation, 437.
Recettes ambulantes, 367 à 370.
Recettes extraordinaires, 441, 454, 462.
Recettes sédentaires, 367.
Recouvrements, 369, 503 et suiv.
Redevances, 461.
Registres : no 87, 496 et suiv. ; no 88, 496 et suiv. ; no 89 A, 528 ; no 122 A, 464 ; no 166, 466.
Remises, 486 et s., 503 et suiv.
Répartitions, 530.
Reprises, 503 et suiv.
Reprises indéfinies, 533 à 538.
Restes à recouvrer, 515.
Restitution, 503, 504.
Saisies de tabacs et de poudres, 453.
Sels, 430, 431.
Sucres, 432, 433.
Tabacs et poudres : jus et résidus de tabacs, 465 ; retenue d'un centime, 460 ; saisies, portion du Trésor, 453 ; ventes et manquants, 455.
Taxe unique, 381, 382, 395.

Transactions, 463, 516 à 532.
Vente en détail (Droit à la), 412, 413.
Villes rédimées, 395.
Vinaigres, 447.
Voitures publiques, 422 à 428.

Droits de douane. V. **Douane.**

Droit de recherche. Droit perçu comme recette accidentelle. 1276.

Droits des tiers. En cas de faillite. 782. Pour le surplus, V. **Privilège de la Régie,** 787 et suiv. Saisies-arrêts contre la Régie. 795. — Saisies-arrêts sur traitements et cautionnements. 798 et suiv.

Droits fraudés. Calcul, prélèvement des droits fraudés en matière contentieuse. Instructions. 1808.

Droit de traite. Droit aboli en 1790. 223.

Droits et produits. Tous les comptables sont responsables du recouvrement des droits et produits. 756. — V. **Droit au comptant.** 344. **Droits constatés.** 366 et suiv.

Droits indûment constatés. Proposition de décharge à établir. 740. Décharge de droits constatés. 765 et suiv. Remboursements de droits indûment perçus. Pièces à produire, etc. 1719.

Droits insaisissables Les saisies du produit des droits, dans les caisses des employés de la Régie sont nulles et de nul effet. 795. — Les pensions de retraite sont incessibles et insaisissables. Exceptions pour quelques privilèges. 810.

Droits irrécouvrables. V. **Reprises indéfinies.** 756 et suiv.

Droits justement contestés. Décharge de droits constatés. Chap. 22, page 215, n°s 765 et suiv.

Droits (*Prescription*). Prescription acquise aux redevables contre la Régie. 1214. Non-prescription des sommes consignées sur acquits et devenues disponibles. Versement à la caisse des dépôts et consignations. 1206, 1843. — Prescription acquise à la Régie contre les redevables. 1211 et suiv. — Délai pour réclamer les droits sur acquits non déchargés (4 mois). 1216. — Acquits-à-caution joints aux procès-verbaux. — Prescription. 1216. — Oppositions périmées. 833. — Le chap. 41 est entièrement consacré à la prescription. 1197 et suiv.

Droits réunis. Origine de ce titre. 1225.

Droits sur les acquits non rentrés. Constatation. Exigibilité. 465. — Etat de produit n° 196. 476, 2076. — Acquits-à-caution délivrés pour changement de domicile. 493. — Prescription contre la Régie en matière d'apurement d'acquits-à-caution. Délai : 4 mois. 1216. — Acquit-à-caution joint à un pr.-verb. Prescription. 1216. — Consignations de droits sur acquits. Inscriptions au reg. 89 A (2e partie). Tenue de ce registre. 161 et suiv. — Compétence des directeurs en matière d'apurement d'acquits-à-caution. 482 et suiv. — Formation de l'état 100 B. 1999. — Rectification aux états 100 B. 1826 et suiv.

Duplicata d'un mandat. Perte d'un mandat. Duplicata. Autorisation spéciale à demander. Pièces à produire. 1010, 1011.

Dynamite. Constatation et exigibilité des droits. 452. — Tarif. 1234 bis. — Obligations cautionnées. 556 et suiv.

Echange. Echange de numéraire interdit aux comptables. 246. — Echange de numéraire contre des pièces de dépenses avec les percepteurs. 246, 1017, 1948. — Le récépissé comptable délivré, à défaut de fonds en caisse, au receveur des finances, pour obligations protestées, ne s'échange pas dans la suite. 585. — Echange d'instruments de service. Instructions. 1269, 2464 et suiv. — Echange de propriétés immobilières. Justifications. 1259 et suiv. — Echange d'acquits-à-caution en cours de transport. Nouvelle soumission. 2433 et suiv.

Echantillons de tabac. Achats d'échantillons de tabac (manufactures). Justif. de dépense. 1695.

Eclairage. V. **Chauffage et éclairage.** 1568, 1571, 1572.

Ecritures. Tenue des livres de comptabilité. 33 B, 74, 75, 76, 89 A, B, C, etc. V. **Livres de comptabilité.** 77 et suiv. — Tenue du livre de caisse 87 A des receveurs principaux. Modèles d'opérations à ce registre. 141. — Inscription en dépense des traitements, d'après l'état 93 A. Instructions. 1458. — On ne doit pas passer écriture, en bloc, du tableau d'appointements et de l'état 100 A. 1339-1340. — Ecritures en cas de vacances d'emploi, pour les traitements. Intérimaires, frais de loyers, etc. 1455 et suiv. — Ecritures en matière de répartitions d'amendes. 1799 et suiv. — Rectifications aux états 100 A et 100 B. 1826 et suiv. — Justification des dépenses pour frais de loyer, de bureau, de commis auxiliaires, etc. 1566 et suiv. — Ecritures à passer en cas d'admission de frais judiciaires en dépense ou en reprise indéfinie. 171, 533, 1600. — Ecritures de comptabilité à l'occasion des débets, 288 et suiv. — Idem, de vols de fonds. 337. — Consignation et apurement de la consignation du prix des colis de poudre de mine. Ecritures. 1284, 1349 et suiv. — Centralisation des recettes. Instructions pour passer écriture du relevé 90. 1295 et suiv. — Imputation d'exercice de certaines recettes. 1310 et suiv. — Apurement du 89 B pour frais judiciaires. 1369 et suiv. ; — pour frais de poursuites. 1378 ; — pour avances du service des contrib. ind. Achats de timbres, etc. 1381. — Pour arrérages de pension payés par provision. 1382. — Ecritures en cas d'avaries, pertes et soustractions de poudre. 1551. — Idem, de tabacs. 1638 et suiv.

Emargements. Emargement de l'état 34 des remises aux buralistes. Timbre. 1499. — Emargement du tableau d'appointements 93 A. Timbre à 10 cent. Timbres par groupes. 1477 bis. — Quittances données par des tiers. Procuration non timbrée pour les traitements des employés, timbrée et enregistrée dans les autres cas. Modèle de cette procuration. 1135 à 1137. — Paiements à des héritiers. Formalités. 1180 et suiv.

Emballage (Frais de). Frais d'emballage, de transport, et frais de correspondance extraordinaire. Justification de dépense. 1547. — Frais de destruction et d'emballage de tabacs saisis. Justification de dépense. 1635.

Emeutes, Emeutes, guerre, vols de fonds, etc. Force majeure. Précautions à prendre. 323 et suiv.

Emplois à créer. 1451.

Emplois supprimés. Suppressions d'emplois de comptables. Instructions. Receveurs principaux. 2151. — Receveurs subordonnés. 2152 et suiv.

Encaisse. V. Caisse. 208 et suiv. — Débets. 282 et suiv. — Vols de fonds. 314 et suiv. — Réserves autorisées. 229 et suiv. — Vérifications de caisse. 2255 et suiv.

Endossement des obligations. Formule spéciale d'endossement par les receveurs principaux de la Régie. 573.

Enregistrement. Enregistrement des contraintes. Tarif.-Délai. 720 et suiv. — Enregistrement des baux à loyer passés au nom de la Régie. 1057-1067. — Enregistrement des actes d'adjudications et marchés. 1073-1074, 1100 et suiv. — Enregistrement des procurations. Exceptions. 1136. — Enregistrement des certificats d'hérédité. 1189-1382. — Enregistrement des procès-verbaux des gendarmes. Mesures spéciales. Facilités. 1601. — Concessions sur le domaine public fluvial. Droit d'enregistrement. 2039. — Enregistrement des déclarations de bailleurs de fonds, de cautionnement. Tarif. 2358. — Parts d'amendes versées par l'administration de l'enregistrement. Instructions. 463.

Erreur. Erreur de perception. Forcement en recette. Perception comme recette accidentelle. 1276. — Les instructions relatives au forcement en recette sont insérées. Chap. 57, nos 2335 et suiv. — Remboursement, par suite d'erreur, des retenues pour pensions. 1292 et suiv. — Erreur dans l'ouverture des crédits. Instructions. 905.

Entrée. (Droit d'entrée sur les boissons.) Classé comme droit au comptant, en cas de perceptions à l'effectif. 344. — Autrement, comme droit constaté. 383. — Constatations et exigibilité du droit. 383 et suiv. — Tarif. 1234. — Sorties non justifiées. Constatations. 392 et suiv. — Répartitions d'amendes. 1747. — Consignations sur passe-debout à l'entrée des villes sujettes. 1319, 1843, 2439 et suiv.

Entrée. (Droit d'entrée sur les huiles végétales.) Constatations. Exigibilité des droits. 445. — Tarif. 1235. — Répartitions d'amendes. 1752.

Entreposeurs spéciaux. Attributions. 52. — Livres de comptabilité. 52. — Les entreposeurs n'acquittent aucune dépense. 52. — Ils sont justiciables de la Cour des comptes, pour les matières seulement. 52. — Bordereau 80 A. 1961. — Tenue du reg. 74 C. 93 et suiv. — Vente de timbres à 10 c. aux débitants de tabac. 1043, 1044. — Vente de tabacs de luxe. Remises. 1648. — Frais de commis auxiliaires, frais de loyer, de bureau, chauffage et éclairage. Justif. de dépense. 1566 et suiv. — Menus frais. 1001, 1646. — Comptes de gestion et de clerc à maître n° 73. 2148. — Notice des pièces à l'appui des comptes 73. 2150. — Vérifications des écritures des entreposeurs. 2292 et suiv. — V. aussi **Receveurs entreposeurs** et **Receveurs principaux entreposeurs**.

Entrepositaires. Débitants entrepositaires. Cautionnement au 52 C. 2416 et suiv. — Registres 5 D. 2503.

Entrepôts. Choix des locaux. 1060. — Menus frais d'entrepôt 1646. — Frais de commis, de chauffage, etc. 1566 et suiv. — Vérifications dans les entrepôts de tabacs et de poudres. 2292 et suiv. — Entrepôts de sucres. Applications des droits, etc. 638 et suiv.

Entrepreneurs et fournisseurs. Cautionnement à verser à la caisse des dépôts et consignations. 1083. — Justification de la réalisation du cautionnement, avant le 1er paiement. 987. — Les quantités et espèces de marchandises doivent être exprimées d'après le système décimal. 988. — Devis, adjudications et marchés. Chap. 35, nos 1071 et suiv. — Justifications communes à tous les travaux exécutés par adjudications ou en vertu de marchés de gré à gré. 1518 et suiv.

Entretien et réparation d'ustensiles. — Entretien et frais de loyer des laboratoires. 1574. — Entretien d'un cheval. 1578. — Entretien des poinçons et autres instruments de la garantie. 1544. — Réparations d'instruments de service. 2469. — Réparation, entretien d'ustensiles, dépenses des manufactures. Justifications. 1559. — Entretien et réparation des bâtiments. Manufactures. Justifications. 1563.

Envois. Envois de fonds. V. **Versements**. 276 bis. — Escorte de fonds. 277 et suiv. — Vols de fonds en cours de transport. 325. — Envoi d'obligations cautionnées au caissier central du Trésor. 574, 1954. — Envoi de pièces de comptabilité. Formation des paquets. 26 et suiv., 2134. — Envoi du 91 B et des pièces justificatives. 1979, 2125. — Bordereau d'envoi n° 95 A. 1990. — Bordereau d'envoi n° 95 B. 1991. — Chemises récapitulatives mensuelles. 2117. — Id annuelles. 2121. — Envois de timbres et vignettes par le magasin central du matériel. Vérifications à l'arrivée. 1050 bis.

Erreur. Redressements d'erreurs dans les décomptes de droits. Recettes accidentelles. 1276. — Suspension du paiement d'un mandat pour omission ou irrégularité dans les pièces produites. 992, 993. — Erreur dans l'ouverture des crédits. 905. — Rectifications aux états 100 A et 100 B. 1826 et suiv. — Rectifications aux tableaux d'appointements. Certificat 93 C. 1481. — Rectifications aux décomptes de frais de transports de tabacs et poudres. Etat 96 bis. 1993.

Escorte de fonds. Le chap. 9, page. 99, est consacré à cet article :

Gendarmes, 280.
Militaires, 280.
Modèle de réquisition, 281.
Préfets et sous-préfets, 277 à 280.
Refus d'escorte, 279.
Réquisition, 277 à 281.
Vols de fonds en cours de transport, 325.

Estampilles. Tarif. 1245. — Second droit sur manquants porté en recette accidentelle. 1276.

Etats ayant un numéro dans la série des imprimés administratifs :

N° 22 Produit du droit sur les sucres, 432.
N° 27 Id. droit de pêche, francs-bords, etc., 435 et suiv.
N° 27 E. Id. bacs et passages d'eau, 434.
N° 30 B des crédits concédés (sucres), 613.
N° 33. Contrôle des registres épuisés, 2221.
N° 33 D. Situation de timbres buralistes, 82, 1051 bis.
N° 34, Remises aux buralistes, 1497, 1949.
N° 34, série C. Virements de fonds avec la douane, 1389.
N° 42. Produit des sels, 430.
N° 50-51-52. Envoi des obligations cautionnées, 574, 1954.
N° 51 A. Produit du droit de licence, 372.
N° 51 B, Produit du droit de circulation, 376.
N° 51 C. Produit sur manquants (détail et consommation), 401 et suiv.
N° 51 D. Produit du droit sur alcools dénaturés, 447.
N° 51 E. Indemnité d'exercice, 1265.
N° 51 I. Huile de schiste, 444.
N° 51 J. Huiles (entrée), 445.
N° 51 L. Bougies, 446.
N° 51 M. Vinaigres, 447.
N° 52 A. Droit d'entrée des manquants, 383.
Id. Taxe unique, id. 395.
N° 55 Détail et consom. (débitants), 412 et suiv.
N° 58. Produit du droit sur les bières, 421.
N° 61. Produits des droits sur voitures publiques, 422 et suiv.
N° 63. Produit du droit sur les cartes, 429.
N° 71 A. Répartition de valeur de tabacs saisis, 1259.
N° 71 B. Id. de poudres id. 1261.
N° 73. Compte-matières, 2148.
N° 74 bis. Admissions temporaires, 1955 et suiv.
N° 76 A. Bulletin de versement pour entreposeur spécial, 98.

Nº 76 H. Relevé général des droits perçus constatés. Annuel, 2040.
Nº 76 K. Avis des recettes. (receveurs), 1960,
Nº 76 L. Id (directeurs), 1959,
Nº 77 Bordereau récapitulatif des comptes, 73, 2148.
Nº 79 B. Impressions fournies aux octrois (annuel). 450, 1267, 2020.
Nº 80 A. Bordereau mensuel des Rec. particuliers, 1661.
Nº 80 ter. Relevé des consignations par recette buraliste, 1325, 1965,
Nº 80 quater. Relevé des consignations versées en numéraire, 1324, 1966.
Nº 81. Relevé trimestriel de produits constatés, 2008,
Nº 82. Relevé trimestriel des droits au comptant, 2009,
Nº 82 B. Contrôle du droit de consommation, 1969.
Nº 83 B. Situation de timbres chez les Rec. particuliers, 1051 bis,
Nº 85. Etat trimestriel des restes à recouvrer, 735, 2010.
Nº 85 A. Etat annuel des restes à recouvrer au 30 juin, 746, 2030,
Nº 85 A. Id. (par recette principale), 746, 2031.
Nº 85 C. Id. (par direction), 746, 2032.
Nº 90. Reg. de dépouillement des bordereaux 80 A, 1295.
Nº 91 A. Bordereau mensuel des recettes et dépenses, 1979 et suiv.
Nº 91 B. Id. (directeurs), 1989,
Nº 91 C. Rectifications au bordereau 91 de décembre, 2035.
Nº 92. Virement de fonds, 1389,
Nº 93 A. Tableau d'appointements, 1448 et suiv.
Nº 93 B. Id. (Manufactures), 1480 bis.
Nº 93 C. Certificat modificatif du 93 A, 1481,
Nº 95 A. Bordereau d'envoi des pièces de dépenses, 1990.
Nº 95 B. Id. (directeurs), 1991.
Nº 96. Etat mensuel des coupons d'acquits-à-caution, 1992.
Nº 96 bis. Rectification aux décomptes de frais de transport, 1993.
Nº 97. Dépense pour achat de tabacs aux planteurs. 1994.
Nº 98. S. G. Proposition de dépense de frais judiciaires, 534, 1600.
Nº 98. (Comptabilité). Mandat de régularisation, 535. 1995.
Nº 98 B. Mandat de paiement, 881 et suiv.
Nº 99. Etat de répartition d'amendes, 1799.
Nº 100 A. Relevé mensuel des répartitions d'amendes, 1997, 1814, 1826. etc.
Nº 100 B. Répartitions en matière d'acquits-à-caution, 1998, 1826.
Nº 101. Relevé général annuel des produits, 2036,
Nº 101 A. Feuille annexe au relevé 101, 2043.
Nº 101 bis. Relevé complémentaire des produits rattachés à l'exercice, 1310, 2042.
Nº 102. Reg. de dépouillement des états de produits, 2044.
Nº 103. Reg. de renseignements statistiques, 2046.
Nº 104 A. Relevé annuel des produits, 2047 bis.
Nº 104 B. Etat annuel de renseignements statistiques, 2048.
Nº 106 D. Situation de timbres chez les receveurs principaux, 1051 bis.
Nº 106 E. Id. des vignettes id. 1051 bis.
Nº 107. Relevé par recette particulière, des remises aux buralistes, 1497, 2000.
Nº 108 A. Compte de gestion annuel (deniers), 2049 et suiv.
Nº 108 A bis. Id. matières de timbres, 2095.
Nº 108 B. Bordereau récapitulatif des comptes 108 A, 2092.
Nº 108 B bis. Id. nº 108 A bis, 2095.
Nº 108 C. P.-v. de caisse au 31 décembre, 2093.
Nºˢ 108 D et 108 E. Comptereaux, 2094.
Nº 115 B. Etat de produit des abonnements, 414 et suiv.
Nº 122 B. Id. des amendes et confiscations, 467, 2012.
Nº 122 C. Feuille de dossier contentieux, 1814.
Nº 122 D. Proposition d'approbation de transaction, 524.
Nº 116. Situation trimestrielle du contentieux, 712.
Nº 138. Etat mensuel. Congés, vacances, intérim, 2001.
Nº 151 A. Situation de timbres (annuel), 2100.
Nº 151 A bis. Id. id. 2100.
Nº 151 AA. Situation des instruments et ustensiles, 2102.
Nº 151 C. Extrait pour la cour, de l'état 151 A, 2101.
Nº 151 C bis. Id. id. 151 A bis, 2101.
Nº 151 CC. Détail des instruments et ustensiles, 2103.
Nº 152 B. Inventaires des timbres et instruments. Annuel, 2104.
Nº 154 C. Situation mensuelle des recouvrements, 2003.
Nº 154 D. Relevé trimestriel par nature de droit, 2013.
Nº 154 E. Etat mensuel du produit de l'impôt des boissons, 2004.
Nº 155. Situation des crédits, 938, 942, 2006.
Nº 155 bis. Id. feuille annexe, 2006.
Nº 157. Relevé trimestriel de visites (garantie), 1592, 2014.
Nº 158. Etat récapitulatif des frais de garantie, 2025.
Nº 169. Contrôle des virements de fonds, 2106.
Nº 180 AA. Etat annuel de proposition (insuffisance de remises), 1493.
Nº 196. Etat de produit des droits sur acquits-à-caution, 476, 2016.
Nºˢ 182 et 183. Etat annuel de développement des produits de bacs, pêche, etc., 1252.
Nº 197. Répartitions de fonds disponibles, Octrois, 1671 et suiv.
Nº 253. Série C, B. Situation finale de crédits, 937.

V. aussi **Documents annuels, Documents trimestriels, Documents mensuels**

Autres états. 1º *Mensuels.* — Etat mensuel du mouvement des fonds à adresser au Trésorier général, 1926, 2182. — Etat mensuel de contrôle des fonds de subvention fournis à la poste, 1947. — Relevé spécial mensuel de tous les acquits-à-caution de douane, série M, nº 46 D, pour le sucre et le cacao importés destinés à la fabrication du chocolat et placés sous le régime de l'admission temporaire, 668. — Etat de répartition de la remise de 1|3 pour 0|0 sur obligations, 675. Tableau des droits payés en obligations, et du partage de la remise (pour l'administration). 2005. — Situation mensuelle de crédits pour le ministère, série C B, n° 253. 937. — État des primes d'arrestation payées en matière d'allumettes chimiques. 1753. — Bordereau G *ter* des consignations d'octroi. 1328. — Bordereau G *quater* des mêmes consignations versées au receveur municipal. 1328. — Décompte spécial à joindre au bordereau 91, pour intérêts de retard sur obligations d'admission temporaire. 634. — Décompte de la retenue du 1er douzième, pour pensions ; à joindre au 93 A. 1450.

2° *Trimestriels.* État de produit du droti de garantie sur manquants. 440. — Etat des frais de garde de chargements de poudre. Modèle. 1889, 2017. — Etat trimestriel des titulaires de pensions militaires nommés buralistes ou débitants de tabac. 1454.

3° *Annuels.* Etat général et état supplémentaire des intérêts de cautionnement. 2368 et suiv. — Tableau du mobilier des bureaux d'ordre. 2452. — Tableau des propriétés immobilières de l'Etat affectées à un service public. 2416, 2455. Etat des frais de Régie. 858 et suiv. — Etat de proposition de primes d'apurement. 1583 et suiv. — Etat de proposition de dépense de la contribution foncière. 1614 et suiv. — Etat des restes à recouvrer à l'époque de paiement des primes. 1589. — Décompte spécial à joindre au compte 108, pour les intérêts de retard sur obligations d'admission temporaire non acquittées à l'échéance. 634. — Bordereau des dépenses payées sur exercices clos. 962. — Idem sur exercices périmés. 962. — Etat de développement, par classe d'emploi, des dépenses du personnel. 950. — Relevé nominatif des titulaires de créances non liquidées et soldées à la clôture de l'exercice. 875-952. — Relevé des mandats d'exercice clos non acquittés. 966. — Etat des restes à recouvrer au 31 décembre. 752. — Etat de proposition d'admission en reprise indéfinie de droits ou de frais irrécouvrables. 756 et suiv.

Étiquettes formant adresse sur les paquets destinés à la comptabilité publique. 28.

Exaction. Définition. 338.

Excédent de dépenses. Sur les devis. 1075, 1112.

Exceptions au timbre. Quittances du 74 délivrées aux receveurs buralistes et d'entrée, pour leurs perceptions. 80, 88. — Quittance pour la remise d'un tiers pour cent sur obligations. 90, 1049 *bis*. — Quittance de comptable à comptable (administration publique). 1026. — Quittances des tiers pour les sommes inférieures à 10 fr. 1147. — Quittances de versement à la caisse municipale des droits d'octroi perçus par les agents de la Régie. 1148. — Quittances données pour ordre et par duplicata sur les mandats. 1151. — Quittances sur états ou bordereaux administratifs établis par les agents de la Régie pour obtenir le remboursement de dépenses ou avances par eux faites pour le service. 1152. — Affiches de la Régie pour vente d'objets saisis, etc. 1026. — Actes de dépôt au greffe d'objets de service. 1026. — Copies de procès-verbaux d'adjudication de francs-bords, etc., pour la constatation des droits. 1026. — Demandes de congés, d'avancement, etc., présentées hiérarchiquement par les employés. 1028. — Copies ou extraits de pièces faites par les soins de l'administration pour l'ordre de la comptabilité. 1438. — Les quittances de *remboursements de droits*, autrefois exemptes du timbre de dimension, 1026, doivent maintenant être timbrées à 10 centimes. 1723.

Exécution des arrêts de la Cour des comptes. 2159 et suiv. — Exécution des contraintes. 729 et suiv.

Exercice. Le chapitre 34, p. 264, est consacré spécialement à l'exercice budgétaire et aux exercices clos et périmés. Nous en reproduisons ci-après le sommaire, avec différentes références prises dans tout l'ouvrage :

Année, 954.
Annulation de crédits, 978 ; de mandats, 957, 968.
Avaries de tabacs et poudres. Retenues aux voituriers. Imputation d'exercice, 2038.
Bordereau annuel des paiements sur exercice clos, 962, 963.
— et périmés, 967.
Clôture d'exercice. Situation finale et documents à l'appui, 937 et suiv.
Crédits (ordonnances de délégation), 881 et suiv.
Crédits insuffisants, 972, 973.
Définition des exercices clos et périmés, 961, 1197, 1200, 1209.
Délai pour la liquidation des dépenses, 874.
Durée de l'exercice budgétaire, 955.
Durée des exercices clos, 1197, 1209.
Enregistrement des créances, 916.
Etat de développement, par classe d'emploi, des dépenses du personnel, 950.
Etat de situation mensuelle de crédits, Feuille 155, 938 et suiv.
Etat annuel des dépenses des exercices clos, 962 ; id. périmés, 962.

Etat des mandats d'exercices clos non acquittés, 966, 980.

Exercice, 954 et suiv.

Exercice clos, 959, 961 ; — périmés, 961.

Forcement en recettes. Imputation d'exercice, 2338.

Imputation d'exercice : pour les perceptions de frais de casernement, les droits sur chemins de fer, 1310 ; — pour les retenues pour pensions, 1312 ; — pour la part du Trésor dans le prix des tabacs saisis, 1313 ; — pour les amendes réparties, 1820 et suiv. ; — pour les retenues aux voituriers, à la suite d'avaries de tabacs et poudres, 2038 ; — pour les forcements en recette, 2335 et suiv. ; — pour les droits perçus à la suite de souscription d'obligations d'admission temporaire des sucres, 644, 645 ; — pour les droits sur les sucres sortis des entrepôts avec déclaration de livraison à la consommation, 646.

Lettre d'avis d'ordonnances de délégation, 964, 976.

Liquidation, 868, 874.

Mandats. Indications, 862, 920, 977.

Ordonnancement, Chap. 33, n°s 881 et suiv.

Paiement par acompte, 1522 ; — pour solde, 1522 ; — après autorisation, 981 ; — avant autorisation, 1000 ; — à des tiers, 1008 ; — sur mandats d'exercice clos, 968 et suiv. ; — des dépenses de l'année précédente, 955, 996.

Prescription, 1197 et suiv.

Relevé individuel des sommes dues aux créanciers de l'Etat, 952.

Répartitions d'amendes. Imputation d'exercice, 1820 et suiv.

Situations mensuelles, 931 et suiv.

Spécialité d'exercice, 1310 et suiv. V. *Imputation d'exercice*.

Exercice (Indemnité d'). Constatation et exigibilité de la redevance. 449. — Tarif. 1265. — Timbre de quittance. 1048, 1128.

Exigibilité des droits. Epoques de constatation et d'exigibilité des droits. Chap. 14, n°s 371 et suiv.

Exonération de droits d'entrée et de taxe unique, sur passe-debout. Compétence des directeurs. 2188. — Franchise du droit de circulation en cas de changement de domicile. Autorisation du chef divisionnaire. 493.

Expéditions timbrées et estampilles. Vérification des timbres en magasin, cote et paragraphe des registres. 1050 *bis*. — Bordereaux de vérification des timbres, 33 D, 83 B, 106 D, 106 E. 1051 *bis*. — Comptage des feuilles des registres. 1052. — Vérification à l'arrivée des envois du magasin central. 1052 *bis*. — Nombre et époque des recensements à opérer dans les recettes buralistes, particulières et principales. 1053. — Recensement en cas de changement de gestion. 1053 *bis*. — Comptabilité des vignettes. 1054 *bis*. Instruments manquants. Recette du droit. 453, 1269, 1276. — Timbres et estampilles manquants. Constatation du 1er droit. 1054. — Constatation du second droit aux recettes accidentelles. 1268, 1276. — Comptes 108 A *bis*. 2095. — Etats 151 AA et 155 CC. 2102. — Etats 151 A et 151 A *bis*, 2100. — Etats 151 C et 151 C *bis*. 2101. — Manquants de matières de cartes. 1er droit, second droit. 1268. — Pour le surplus, V. **Timbres**, **Instruments**.

Expertise des tabacs saisis. Taux des primes à allouer aux verbalisants. Répartitions. 1259, 1625. — Indemnité aux entreposeurs pour frais de classement de tabacs saisis. 1647.

Experts chargés du classement des tabacs indigènes. Retenue d'un centime par kilogr. pour le paiement des experts. Recette. 460, 1270. — Justification des dépenses pour indemnités de classement aux experts. 1681.

Exportation. Admission temporaire de sucre en vue de l'exportation. Apurement des obligations. 631. — Admission temporaire de sucre et de cacao destinés à la fabrication du chocolat préparé pour l'exportation. Instructions. 652 et suiv. — Remboursement des droits sur les bières exportées. 1731. — Remboursement de droits de garantie pour cause d'exportation. 1726. — Défaut de sortie des objets d'or et d'argent déclarés pour l'étranger. Constatation des droits. Exigibilité. 440. — Ventes de tabacs pour l'exportation. Primes, etc. 1277. — Vente de poudres pour l'exportation. Acquits-à-caution. Droits qu'ils garantissent. 1282.

Expropriation. Acquisition d'immeubles par expropriation. Justification des dépenses. 1533 et suiv.

Extraits. Extraits de pièces justificatives à fournir à l'appui des dépenses publiques. 1438. — Extraits d'ordonnances de délégation de crédits adressées par les directeurs aux sous-directeurs. 886. — Extraits des arrêts de la Cour des comptes. 2156. — Extraits des oppositions sur traitements et cautionnements. 826.

Fabriques de soude. Droit sur les sels. Constatation. Exigibilité. 430. — Indemnité pour frais de surveillance des fabriques de soude, etc. 1274.

Factures. Factures de tabac et de poudre. Les entreposeurs doivent en délivrer pour toutes les livraisons de tabac ou de colis de tabac aux débitants ou aux consommateurs. 97. — Le prix des colis de poudre doit être inscrit au registre des factures n° 64 D. 1350. — Le timbre des factures de tabacs et de poudres est exigible. 1050. — Factures de tabac adirées. Prix du timbre de nouvelles factures délivrées par duplicata. 1297. — Mémoires, factures et quittances des créanciers de la Régie. 1113 et suiv.

Faillite. Chap. 23, page 216. — Index :

Assemblées de créanciers, 780.
Cautions à renouveler, 779.
Concordat, 784.
Contrainte, 776, 781.
Crédits d'enlèvement, 780.
Dividendes, 780.
Droit des tiers, 782.
Feuille n° 122 C, 777.
Obligations cautionnées, 590, 786.
Oppositions, 783.
Premières dispositions à prendre, 774 à 776.
Privilège, 780, 781.
Rapports à faire à l'administration, 777, 785 ; à la comptabilité publique, 786.
Saisie-arrêt, 776, 782.
Saisies-exécution, 776.
Soumissions d'admission temporaire, 786.
Syndic, 776, 778, 780, 782.
Tribunaux compétents, 780, 783.

Fausse imputation de paiement. Instructions pour la réimputation. 995.

Faux billets. Caractère distinctif des billets de la Banque de France. 214. — Billets faux. Instructions pour les comptables auxquels il en est présenté. 216.

Faux découverts dans les comptes. 2161.

Femmes mariées. Achats d'immeubles appartenant à des femmes mariées. Justifications des dépenses. 1531, 1538.

Ferme. Ancienne ferme. Régie générale, etc. Historique. 1223.

Ferme. Octrois affermés. Cautionnement des fermiers. 2401 à 2411.

Feuilles. Feuille annexe 101 A. 2043. — Feuille 122 C. employée pour les propositions de poursuites relatives à l'exercice des contraintes. 729. — Idem, en cas de faillite, en cas de contestation sur le fond des droits, pour rendre compte à l'administration, 728, 777. — Idem pour l'envoi des états 98 (frais judiciaires). 536. — On n'établit pas de feuille 122 C pour l'envoi des dossiers d'affaires contentieuses avec des transactions soumises à l'approbation de l'administration ou du ministre. L'état 122 D suffit. 527. Vente de tabacs en feuilles. 1276 *bis*. — Manquants de tabacs en feuilles aux charges des planteurs. 1279.

Fin d'année. Compte de fin d'année nos 108 A, 108 A *bis*, etc. 2055 et suiv. — Compte 73. 2148. — Notice sur les pièces à joindre aux comptes 73. 2150. — Documents annuels. Chap. 49, p. 666 et suiv. — Inscription au livre des droits constatés de toutes les dépenses connues restant à liquider. 864, 876. — Fin d'exercice. Situation finale pour l'ordonnancement et les paiements. 937.

Fondé de pouvoirs à établir en cas de congé, n° 75. — Modèle de déclaration de constitution d'un fondé de pouvoirs. 76.

Fonds à rembourser à divers et recettes à classer. Les instructions relatives à ces opérations de trésorerie sont insérées, savoir : pour la *recette*, sous les nos 1335 à 1363 ; pour la *dépense*, du n° 1849 au n° 1859.

Fonds de subvention. Fournis aux receveurs des douanes. 1937 et suiv. — Fournis aux receveurs des postes. 1940 et suiv. — Echange de numéraire contre des pièces de dépenses avec les percepteurs. 1012, 1948. — Fonds de subventions reçus des receveurs des finances. Obligations protestées. 584 et suiv., 1338. — Fonds reçus sur lettres de crédit du Trésor public. 1384. — Fonds reçus du caissier central du Trésor. 1387. — Fonds reçus des receveurs des douanes. 1417.

Fonds particuliers des comptables. Recette. 1364 et suiv. — Dépense. 1860.

Fonds publics. V. Caisse. 208 et suiv. — Billets de banque. 212 et suiv. — Monnaies. 217 et suiv. — Versements. 234 et suiv. — Escorte de fonds. 277 et suiv. — Débets et déficits de caisse. 282 et suiv. — Vol de fonds. 314. — Vérifications de caisse. 2260 et suiv.

Fonds de réserve du contentieux. Parts d'amendes mises en réserve dans les cas de pr.-v. rapportés pour fraudes antérieures. 1784.

Force armée. A requérir pour la garantie de la caisse, dans certains cas extraordinaires. 241. — Escorte de fonds. Chap. 9, 277 et suiv. — Réquisition d'escorte, 277 à 281.

Force majeure. En cas de vol de fonds. 320. — Force majeure non opposable à la Régie par les redevables qui ont souscrit des obligations cautionnées. 567.

Forcement en recette. Chap. 57, page 785 :

Détournements, 291.
Erreur matérielle, 2336.
Exercice. Imputation, 2337, 2338.
Fausse application des principes, 2336.
Recettes accidentelles, 1276.
Recours contre les tiers, 2339.
Responsabilité des comptables, 2335.

Formules de contrainte. Modèle n° 78, 715. — Timbre de dimension, 715. — Timbre spécial de copie, non obligatoire lorsque les significations sont faites par les employés, 715.

Fournitures. Justification des dépenses publiques pour fournitures : adjudications et marchés. Paiement unique et intégral. 1518. Premier acompte. 1519. — Acomptes subséquents. 1519. — Paiements pour solde. 1519. — Fournitures exécutées sur simple mémoire, dépense de 1500 fr. au maximum. 1520. Fournitures de poinçons de garantie. 1544. Fournitures diverses (manufactures de l'Etat). Justif. des dépenses. 1562.

Fractions : 1° *de centimes*, négligées dans la liquidation des dépenses à faire par la Régie. 878, 1465. — Forcées dans les retenues pour la caisse des retraites. 1471. — Forcées dans tous les décomptes de droits dus au Trésor. (Loi du 22 frimaire an VII.) — 2° *de franc*. Ne doivent pas être comprises dans les versements aux finances, 237, 1921. — Les receveurs particuliers les versent de la main à la main au receveur principal, 1303.

Frais :

1° *Frais de régie*. Etat annuel des frais de régie, 858 et suiv.

2° *Frais de transport*. Frais de transport acquittés par exception et d'urgence, inscrits aux avances provisoires. 1885. — Frais de transport d'impressions, liquidés et payés à Paris. 2487. — *Manufactures de l'Etat*. Frais de transport. Justif. des dépenses. 1703. — Frais accessoires de transport. Id. 1707. Frais divers réglés sur mémoire. 1709. — Primes d'assurance. 1711. — *Poudres à feu*. Autorisation de paiement par le sous-directeur. 2209. — Avaries. 1551. — Décompte de frais de transport arrêté par le sous-directeur. 889, 2209. — Frais accessoires. 1549 et suiv. — Matières et colis vides. 1553 et suiv. — Poudres soustraites en cours de transport. 1551. — Transport de poudres hors d'usage et de poudres de saisies. 1555. — Transports entre les poudreries et les entrepôts. 1550 à 1554. — *Tabacs*. Frais de transport considérés comme dépenses d'urgence. 1001. — Quittance timbrée à 10 c. sur les coupons d'acquits-à-caution de tabacs et poudres. 1040. — Autorisation de paiement donnée par le sous-directeur. 2209. — Colis vides. 1643. — Décompte arrêté par le sous-directeur. 889, 2209. — Frais accessoires de transport. 1645. — Frais de transport et menus frais d'entrepôt. Justif. des dépenses. 1637 et suiv. — Etat mensuel des coupons d'acquits-à-caution n° 96. 1992. — Etat n° 96 *bis* des rectifications aux décomptes, 1993. — Frais de transport payés par les rec. particuliers entreposeurs pour le compte des receveurs principaux. 1001. Transports entre les manuf. et les entrepôts. Frais. Jutsif. de dépense. 1637. — *Transports exécutés en vertu d'adjudications et marchés*. Justif. de dépense. 1525 et suiv.

3° *Frais judiciaires et frais de poursuites*. Distinction entre les frais judiciaires et les frais de poursuites. 1369. — Appel des jugements prononcés dans une autre division. Instructions. 1875. — Frais judiciaires à prélever sur les amendes consignées, avant toute répartitition. 1813. — Avances provisoires et vu bon à payer du chef divisionnaire. 889, 1006, 1369. — Date qui détermine l'exercice. 911. — Débets. Poursuites. Inscription des frais en dépense. 294. — Dépenses de trésorerie. Frais judiciaires. 1862. — Frais de poursuites. 1863. — Etats 98 pour admission de frais en dépense. 169, 170. — Frais de poste. Recette. Dépense. Tarif. 179 et suiv. — Justif. de la dépense des frais judiciaires. 1660, 1863. — Idem, en matière de culture. 1655. — Poursuites pour le recouvrement des droits. 699 et suiv., 1378, 1863. — Privilège des frais de justice. 788. — Protêt d'obligations cautionnées. Frais. Recouvrement. 586 et suiv. — Recouvrement de frais après reprise indéfinie. Recette extraordinaire. 1605. — Recouvrement de frais de poursuites. Apurement de l'avance provisoire. 1378. — Recouvrement de frais judiciaires sur la Cie des allumettes. 1375 ; — sur les communes. 1377. — Remboursement d'avances de frais aux employés et aux huissiers. 173. — Relevé 76 G. 126. — Répertoire des frais de poursuites. 125. — *Reprises indéfinies* : Extrait 122 B. Etat 98. 533 et suiv. — Registre des reprises indéfinies. 764. — Inscription en dépense des frais admis en reprise indéfinie. 1600 et suiv. — Reg. 89 B. 166 et suiv., 1369 et suiv., 1862.

Frais de bureau. Allocation. Prélèvement en cas de vacance d'emploi. 1455 et suiv.

— Autorisation de paiement. 981. — Insaisissables. 802. — Paiement par anticipation, dans certains cas. 909. — Portés au tableau d'appointements. 1475. — Revision des frais de bureau. 1570.

Frais de chauffage. Frais de chauffage et d'éclairage des bureaux des directeurs, receveurs principaux, etc., et des bureaux d'ordre. 1568. — Frais de chauffage dans les bureaux des fabriques où il y a un service de surveillance ou de permanence. 1571. — Frais de chauffage et d'éclairage des corps de garde. 1880.

Frais de loyer. Le chap. 37, nos 1055 et suiv., est consacré aux baux à loyer. Paiements des loyers aux propriétaires, 1070. — Modèle de bail. 1068. — Retenues pour frais de loyer, mises en consignation au 89 C. 1357. — Vacances d'emploi. Frais de loyer. 1455 et suiv. — Ecritures à passer pour la dépense des frais de loyer. Justifications. 1566, 1572. — Frais de loyer des bureaux dans les fabriques exercées, 1571. — Loyer des magasins des entreposeurs de tabac. Justif. de dépense. 1573. — Inscription au 89 B des frais de loyer acquittés d'avance. 1876.

Frais de tournées. Les frais de tournées, de voyages, de missions spéciales s'imputent à l'exercice pendant lequel les services ont été exécutés. 893. — Vacances d'emploi. Frais de tournées. 1490. — Formation du 93 A. 1476. — Indemnité pour frais de tournées et d'entretien d'un cheval, frais de versement. Justif. des dépenses. 1578. — Frais de tournées des directeurs et inspecteurs de la culture des tabacs, 1456. — Frais de missions (manuf. de l'Etat). Justif. de dépense. 1662. Service des Contrib. indirectes. Frais de tournées des directeurs. 2192. — Des sous-directeurs 2224. — Des inspecteurs. 2225.

Autres frais.

Frais de commis auxiliaires, 1567.
Frais de correspondance extraordinaire. 1547.
Frais de démolition et de refonçage de colis-poudres, 1556, 1887.
Id. de tabac, 1644, 1646.
Frais d'emballage, frais de transport et de correspondance extraord. 1547.
Frais occasionnés par la remise aux domaines de papiers de service, 2496.
Menus frais d'entrepôt, 1648. — Remise sur la vente de tabacs de luxe, 1648.
Frais de classement de tabacs saisis. Indemnités aux entreposeurs, 1647.
Menus frais de réception de tabacs (manufactures), 2699.
Frais inhérents au paiement des dépenses du service des tabacs. Indemnités aux receveurs chargés du paiement, 1650 et suiv.
Frais de paquetage de tabac. Recettes accessoires, 1288.
Frais de garde et d'escorte de chargements de poudre, 1888, 2017.
Frais de poste. Recette. Dépense. Tarif, 179.
Frais d'adjudication de bacs, francs-bords, etc. Recouvrement, 1253. Recettes accidentelles, 1276.
Frais de casernement. V. *Caserment.*
Frais de surveillance des fabriques de soude, etc. Constatation, 451. Encaissement, 1274.
Id. des entrepôts de sucre, 1273.
Frais divers de la garantie. Justif. de dépense, 1544. — Vacations, 1592. — Etats 157 et 158. Instructions, 2014, 2015.
Frais de perception des octrois gérés, 1671 à 1680.
Frais de missions à l'étranger (manufactures), 1662.
Frais d'impressions fournis aux octrois. Constatations, 450. — Timbre de quittance, 1127. — Etat 79 B, 1267, 2020.

Francs-bords. Constatation. Exigibilité des redevances. 436. — Copies des p.-v. d'adjudication et cahiers des charges affranchies du timbre, lorsqu'elles sont délivrées pour la constatation des droits. 1026, 1251. — Il n'en est pas de même, lorsque ces pièces sont délivrées pour l'exercice des poursuites. 1030. — Contrainte. Visa du président du tribunal. 748. — Etat annuel n° 182 du produit des francs-bords. 1253. — Pièces à produire à l'appui du relevé 101. 1252, 1253. — Excédent disponible des frais d'adjudication portés en recette accidentelle. 1276. — Enregistrement de concessions du domaine public fluvial. 2039.

Fraudes. Concussions. 338 et suiv. — Prévarications. 332 et suiv. — Fraude des droits du Trésor. Répartitions d'amendes. 1739 et suiv. — Fraudes antérieures. Fonds de réserve du contentieux. 1784.

Frets et autres frais non prévus du service des tabacs. Avances provisoires. 1886. — Justif. des dépenses définitives. 1699.

Gages payés dans les manufactures. Justif. des dépenses. 1560. — Retenues sur gages pour la caisse de la vieillesse. 1358 *bis*.

Gardes champêtres. Les parts d'amendes leur sont payées directement, contre émargement. 1804.

Gardes forestiers. Les parts d'amendes leur sont payées directement, contre émargement. 1804.

Garantie des matières d'or et d'argent. Droits perçus au comptant. 442. — Droits constatés. Constatation et exigibilité des droits. 440. — Tarif. 1254. — Remboursement de droit de garantie pour cause d'exportation. 1728. — On ne transige pas, en matière de contravention de garantie. 518. — Répartitions d'amendes. 1754. — Vacations aux commissaires de police. Etats 157 et 158. Justif. des dépenses. 1592, 2014, 2015. — Fourniture et entretien des poinçons et frais divers de la garantie. Justif. des dépenses. 1544. — Baux à loyer des bureaux de garantie. 1059. — Réparations à un bureau de garantie. Inventaires. Réemplois, etc. 1169. — Rapprochement des quittances de droits de garantie. 2291.

Garantie des marques de commerce et de fabrique. — Droit perçu au comptant. 442. — Tarif. 1254 *bis*. — Répartitions d'amendes. 1755.

Garnisaires. La loi n'en autorise pas l'emploi en matière de Contributions indirectes. 724.

Gendarmes. Escorte de fonds. 277 et suiv. — Garde des chargements de poudre de commerce. 1888, 2017. — Réquisitions. 280. — Procès-verbaux des gendarmes. Enregistrement au comptant. Facilités. 1601. — Les gendarmes ne peuvent constater toute espèce de contraventions. Dans certains cas, on leur alloue la part d'indicateur. 1791. Quittances de la gendarmerie. Formalités pour les paiements. 1145, 1790.

Gérants de débits de tabac. Redevance due en cas de vacance de débit de tabac Recette au 89 C. 178. — En cas de non-attribution au nouveau titulaire, recette accidentelle. 1276, 1855.

Gestion. Définition de la gestion. 2.

Glucoses. Exigibilité des droits. Constatations. 433. — Fabricants. Licence. Tarif 1247. — V. **Obligations et soumissions cautionnées.**

Grand-livre. 24.

Gratifications aux agents d'exécution. Dépense. 1510. — Gratifications provenant de la répartition de fonds disponibles d'octroi. 1671. — Gratifications ou primes d'encouragement aux agents de la fabrication (tabacs). 1666.

Grattages. Aucun décompte de liquidation ne doit être gratté. 880.

Griffes. Les signatures griffées sont interdites sur les ordonnances, lettres d'avis, mandats et pièces justificatives de dépenses. 890.

Grosses réparations (Manufactures). 1564.

Héritiers. Paiement aux héritiers des employés décédés et de tous autres créanciers de l'Etat. Chap. 40, page 330.

Acte de décès, 1185, 1293.
Acte de notoriété, 1180, 1184.
Actes notariés justificatifs des droits des héritiers, 1184.
Aliénation mentale, 1190.
Arrérages de pension, régularisation des avances pour provisions, 1382.
Certificat de propriété, 1181, 1189 ; — du maire, 1192 à 1195.
Comptables décédés. Débets, 303.
Consignations, 1182.
Créances qui n'excèdent pas 50 fr., 1192 à 1196.
Curateurs, 1191.
Emargement, 1182.
Enregistrement des certificats de propriété, 1189, 1382.
Héritiers (mandats délivrés sous cette indication générale : les héritiers), 1188.
Insuffisance de justifications, certificat qui peut y suppléer, 1187.
Inventaires (intitulé d'), 1180, 1181.
Mandats délivrés au nom des héritiers, 1188.
Modèle de certificat du maire, 1195 ; — de quittance, 1196.
Pensions. Rappel et paiement des arrérages, 1183.
Prescription des appointements après 2 ans, 1182 ; — des pensions de retraite après 3 ans, 1183.
Remboursement de capitaux de cautionnements à des héritiers, 2390.
Timbre des certificats de propriété. 1193.

Historique. Aperçu historique des principaux droits perçus par la Régie. 1222.

Hommes de peine. Il est interdit aux entreposeurs d'employer un débitant de tabac comme commis ou homme de peine. 2263.

Honneur, probité. Débets et déficits de caisse. 282 et suiv. — Concussion, abus de confiance. 338 et suiv.

Honoraires des chimistes des laboratoires. Justif. de dépense. 1483 *bis* ; — des avocats et avoués, par traitement fixe. Dépense. 1612.

Hospices. Vente de tabac à prix réduit aux hospices. 1276 *bis*.

Huiles minérales. Constatation. Exigibilité des droits. 444. — Tarif, 1242. — Obligations cautionnées. 539 et suiv. — Remise d'un tiers p. 0/0 sur obligations. 669 et suiv. — Compétence des directeurs pour l'apurement des acquits-à-caution. 490. — Répartitions d'amendes. 1752.

Huiles végétales et animales. Droit d'entrée. A l'effectif, droit au comptant. 344. — Sur manquants, constatation, exigibilité, 445. — Tarif. 1235. — Licence. Tarif. 1247. — Obligations cautionnées. 539 et suiv. — Remise d'un tiers p. 0/0 sur obligations. 669 et suiv. — Répartitions d'amendes. 1752. — Redevance due par les industriels qui emploient de l'huile en franchise. 451, 1274.

Huissiers. Les huissiers ne doivent pas recevoir directement l'argent des contribuables. 713. — Instructions relatives à l'emploi des huissiers pour les poursuites. 1863.

Hydromel. V. Cidres.

Hypothèques. Inscription d'hypothèque à l'occasion de débets. 313. — Hors le cas où il s'agit de débets, les contraintes n'emportent pas par elles-mêmes droit d'hypothèque. 730. — Renseignements à prendre au bureau des hypothèques sur les redevables qui demandent à souscrire des obligations et sur leurs cautions. 559 et suiv. — Transcriptions du titre. Purge d'hypothèques en cas d'acquisition d'immeubles. Salaire du conservateur. 1529 et suiv. — La Cour des comptes prononce sur les demandes en réduction d'hypothèque formées par les comptables. 2160. — Hypothèques sur les biens des fermiers d'octroi. 2406 et suiv. — Bacs et passages d'eau. Inscription d'hypothèques sur les biens des cautions. 2446.

Illettrés. Formalités à remplir en cas de paiement d'un mandat à un individu qui ne sait pas signer (militaire — indemnité de route). 1015. — Généralités. Paiements à des parties illettrées. Certificat à exiger, etc. 1138 à 1140.

Immeubles. Immeubles par destination. 791. — Le produit d'une vente d'immeubles devient meuble après le prélèvement de ce qui est dû aux créanciers hypothécaires. 791. — Indemnités mobilières, locatives ou industrielles. 1540. — Location d'immeubles, 1542. — Tableau des propriétés immobilières de l'Etat affectées à un service public. 2116. — *Acquisitions d'immeubles.* Justif. de dépense. 1° *Droit commun* : Immeubles appartenant à des personnes capables. 1529. — Immeubles appartenant à des mineurs, absents, interdits, incapables. 1530. — Immeubles appartenant à des femmes mariées. 1531. — Immeubles appartenant à des départements, des communes, des établissements publics. 1532. — 2° *Expropriation* : Immeubles appartenant à des personnes capables. 1533. — Immeubles appartenant à des mineurs, interdits, absents, etc. 1537. — Immeubles appartenant à des femmes mariées. 1538. — Immeubles appartenant à des départements, communes, établissements publics. 1539. — La saisie immobilière est rarement employée ; on ne peut y recourir sans l'autorisation préalable de l'Administration. 710.

Importation. Vins alcoolisés importés. 357. — Alcool et produits à base d'alcool importés. 363. — Sucre et cacao importés pour la fabrication du chocolat destiné à l'étranger. Obligations d'admission temporaire. 652 et suiv.

Impôt des portes et fenêtres. Contribution à la charge des employés logés. 1063. — En ce qui concerne son service, la Régie ne peut avoir à acquitter cet impôt. 1623. — Contribution des bâtiments des manuf. de l'Etat. Justification de dépense. 1558.

Impressions. — Acquits-à-caution pour les envois d'impressions du matériel. 2482, 2484. — Anciens imprimés utilisés. 2488. — Avaries constatées à l'arrivée. 2481. — Bureau du matériel. 2481. — Demandes générales ou accidentelles. 2476, 2478, 2484. — Différences reconnues à l'arrivée. 2480. — Distribution aux employés sur des bons du sous-directeur. 2477. — Frais de transport payés à Paris. 2476 à 2488. — Impressions fournies aux octrois. Etat 79 B. 450, 1267, 2020. — Renvoi d'imprimés sans emploi. 2479. — Soustraction sur les envois. 2481. — Vérification des envois, à l'arrivée. 2480.

Imputation d'exercice. V. Exercice.

Incapables. Acquisition d'immeubles appartenant à des incapables. Justif. des dépenses. 1530 et suiv.

Incendie. Baux à loyer. Stipulation de non-recours du propriétaire, en cas d'incendie. 1064.

Incompatibilités attachées aux fonctions de comptables. Généralités. 64 et suiv. —

Les fonctions de receveur ambulant sont incompatibles avec celles de buraliste. 48. — Un débitant de tabac ne peut être commis ou homme de peine dans un entrepôt de tabac. 2263.

Indemnités. Indemnités de déplacement (manufactures). 1659. — Indemnités diverses. Imputation d'exercice. 893. — Indemnités aux employés des recettes à pied. 1490. — Indemnités aux employés des sucres et des distilleries. 1475 *bis*. — Indemnités de logement et de résidence. 1475 *bis*, 1577. — Indemnités pour frais de tournées et d'entretien d'un cheval, frais de versement, etc. 1476, 1578. — Indemnités spéciales au service des poudres dans certaines localités. 1515. — Indemnités pour frais de recensement et d'inventaire et pour service extraordinaire. Indemnités de déplacement. 1575, 1576. — Indemnités pour perte de chevaux, secours, etc. 1580, 1581. — Indemnités de 50 fr. aux surnuméraires. 1513. — Indemnités d'intérim. Cadre spécial au 93 A. 1478. — Tableau des frais d'intérim. 1486 et suiv. — Intérim dans les recettes à pied, à 1 cheval, à 2 chevaux. 1490. — Indemnités mobilières, locatives ou industrielles. 1540. — Indemnités aux entreposeurs pour classement de tabacs saisis. 1647. — Indemnités aux receveurs principaux pour le paiement des dépenses du service des tabacs. 1650. — Indemnités pour frais de tournées aux directeurs. 2193. — Aux sous-directeurs. 2224. — Aux inspecteurs départementaux. 2225. — Aux inspecteurs sedentaires. 2246. — Indemnités de route payées à des militaires pour le compte de la trésorerie générale. 1014. — Indemnité pour frais de surveillance d'entrepôts de sucre. 1273. — de fabriques de soude, etc. 1274. — Indemnités à divers pour insuffisance de remises. 1492 et suiv. — Indemnité d'exercice. Constatation. Exigibilité. 449. — Taux de l'indemnité. Etat de produit. 1265. — Vacations aux commissaires de police (garantie). 1592 et suiv. — Indemnités et secours aux employés, veuves et orphelins (manuf. de l'Etat). 1661. — Indemnités ou primes d'encouragement aux agents de la fabrication (tabacs). 1666. — Indemnités et secours viagers à des ouvriers blessés ou infirmes. 1668.

Indicateurs. En matière de tabacs. Part qui leur revient dans la valeur des tabacs classés. Prime d'arrestation. 1259, 1628, 1630. — En matière de saisies de poudres. Prime d'arrestation, etc. 1557. — Part des indicateurs dans les répartitions sur procès-verbaux. Instructions générales. 1742, 1793. — On alloue la part d'indicateur aux gendarmes qui renseignent le service sur certaines fraudes qu'ils n'ont pas le droit de constater eux-mêmes. 1791.

Ingénieurs du service des tabacs. Surveillent les constructions de bâtiments. 1431.

Interdits. Justification des dépenses pour achats d'immeubles appartenant à des nterdits. 1530 et suiv.

Intérêts. Intérêts des débets. 297. — Obligations cautionnées. Intérêts de crédits et intérêts de retard. 545. — Les intérêts de crédit ont leur imputation propre au bordereau 91, tandis que les intérêts de retard sont perçus comme recettes accidentelles. 547. — Recette des intérêts de crédit. 1275. — Intérêts de retard exigibles, *sans prolongation de délai*, lorsque les obligations d'admission temporaire de sucres ne sont pas apurées dans les 2 mois. 633. — Intérêts de cautionnement. 2368 et suiv. — Etat général et état supplémentaire des intérêts de cautionnement. 2369. — Prescription. des intérêts de cautionnement. 2374.

Intérimaires. Attributions, pouvoirs des intrimaires. 1486. — Qualité pour décerner contrainte. 714. — Tableau des indemnités d'intérim. 1488. — Constitution d'intérim, en cas de suspension, de décès, etc. 285, 299, 303. — Instructions relatives au paiement des indemnités ordinaires d'intérim et de toutes autres indemnités, pour chevaux, voitures, etc. 1486 et suiv. — Vacance d'emploi. Frais de loyer de commis, etc. Attribution à l'intérimaire. 1456. — Décompte spécial des frais d'intérim au 93 A. Modèle. 1478. — Mode de partage de la remise de 1/3 p. % sur obligations, en cas d'intérim. 673. — Parts de saisies allouées aux intérimaires, et spécialement à l'employé faisant fonctions de contrôleur. 1785. — Intérim de l'emploi de directeur 2190. — Etat 138 (congés, vacances, intérim). 2001.

Inscription en dépense. Tenue du registre 87 A. Libellé des articles. 138. — On ne doit pas passer en bloc écriture du tableau 93 A ou de l'état 100 A. Il faut que les écritures correspondent avec la dépense effective. 138, 1458.

Insolvabilité. Attestations d'insolvabilité à donner, en cas de reprise indéfinie : 1° à l'appui de l'ordonnance de reprise indéfinie pour droits ; 2° du mandat de dépense pour frais. 763, 1608. — Les certificats d'insolvabilité peuvent être établis sur papier non timbré. 1608.

Inspecteurs. Attributions des inspecteurs départementaux. 2225. — Frais de tournées. 2225. — Attributions des inspecteurs sédentaires. 2246. — Frais de service. 2246. — Intérim de l'emploi de directeur. 2190. — Responsabilité en cas de débet. 283 et suiv. — Procès-verbal de débet. Modèle. 293 *bis*. — Procès-verbal de vol de fonds. 316. — Versements après arrêtés. Situation spéciale à présenter au bordereau de caisse 86 H de vérification d'une recette principale. Modèle. 1335 *bis*. — Double part des inspecteurs dans les répartitions. V. **Répartitions**. 1739 et suiv., et spécialement 1785. — Rapprochement de quittances. 1114, 2272. — Rapprochement de l'état 82 B (contrôle du droit de consommation). 1977. — Annotation des feuilles 33. 2221. — Bordereau de caisse 86 D à envoyer par la poste. 2229. — Rapport 86 A à établir par poste vérifié. 2230.

Au chapitre *Vérifications*, n°s 2255 et suiv., on trouvera toutes les instructions qui se rattachent aux vérifications à faire pour les inspecteurs, dans les recettes buralistes, particulières, principales, dans les entrepôts, etc.

Inspecteurs des finances. L'inspection des finances a un droit complet de vérification sur tous les comptables. 2255.

Installation. Les employés jouissent de leur traitement à partir du jour de leur installation. 1468.

Instruments. Il y a, dans le service de la Régie, 2 espèces d'instruments, les instruments sujets et les instruments non sujets à consignation. 1269, 2461. — Achats d'instruments. Marchés approuvés par l'Administration jusqu'à 2000 fr. 1088. — Prix d'instruments sujets et non sujets à consignation. Manquants. 1269. — Recettes accidentelles. 1275. — Achats d'instruments et d'ustensiles. Remboursement de leur valeur consignée. Justification de dépense. 1545, 1546. — Comptes 108 A *bis* et 108 B *bis*. 2095. — États 151 AA et CC. 2102-2103. — Inventaire au 31 décembre. Modèle 152 B. 2104. — Nomenclature, d'après le compte 108, des principaux instruments sujets à consignation. 2099. — Demandes d'instruments au matériel de l'Administration centrale. 2459. — Consignation de la valeur de certains instruments. Instructions. 2463 et suiv. — Instruments hors de service. Réparations, etc. 2469. — Échange d'instruments mis hors d'usage par les employés. 2465 et suiv. — Fourniture et entretien de poinçons de garantie. 1544. — Vérification des instruments par les inspecteurs. 2441.

Inventaires. Déficits de caisse. Inventaire à la levée des scellés. 299. Frais d'inventaire après la récolte, dans les lieux sujets. Justification de dépense. 1575. — Intitulé d'inventaire. Pièce à fournir par les héritiers. 1180, 1181. — Inventaire des meubles et ustensiles de service général n° 152 B. 2106. — Inventaire des timbres et vignettes chez les comptables. Procès-verbaux 33 D (recettes buralistes), 83 B (recettes particulières), 106 C et 106 D (recette principale). 1051 *bis*. — Réparations du mobilier d'un bureau de garantie. Inventaire des meubles. 1169. — Inventaire général des tabacs n° 72 A et des poudres n° 72 B, à joindre au compte 73. Notice. 2150.

Journal des recettes des receveurs ambulants, n° 74 B. 85 et suiv. — Des receveurs particuliers sédentaires, n° 74 A. 87. — Des recettes et dépenses des receveurs principaux, n° 87 A. 132 et suiv. — Des recettes des entreposeurs spéciaux, n° 74 C. 93.

Jours fériés. Les contraintes ne peuvent être signifiées les jours fériés. 729.

Jugement définitif. Constatation des amendes après jugement. 463. — La Régie peut encore transiger après le jugement. 519.

Juge de paix. Constatation de vol de fonds. 316. — Débets et déficits de caisse. Scellés. 299. — Visa des contraintes. 716. — Délivrance de certificat de propriété. Héritiers. 1180 et suiv.

Jus et résidus de tabac. Les recettes pour vente des résidus de tabac sont faites au titre de : *Produits généraux de la vente des tabacs*. 102, 1276 *bis*, tandis que les recettes provenant de jus de tabac sont encaissées comme *recettes accessoires* à la vente des tabacs. 1280. — Dans certains cas, les prix des résidus de tabac peuvent être encaissés par les buralistes et les receveurs particuliers. 31, 81, 102. — Prix des jus. 1280. — Vente de jus dénaturés. 1280. — Prix des résidus. 1276 *bis*. — Justification de la recette. 1280.

Justifications :

Des dépenses de trésorerie, 1836 et suiv.
Des recettes de trésorerie, 1314 et suiv.
Des reprises indéfinies, 759, 1600.
A l'appui des répartitions d'amendes ou de droits sur acquits, 1825 et suiv.
En matière d'apurement de consignation fai-

tes aux buralistes, ou sur passe-debout, 1836 et suiv.
Des dépenses publiques, 1420 et suiv.
Des recettes publiques, 1307 et suiv.
Des retenues pour la caisse des retraites, 1290.
Du compte des correspondants du Trésor par la production du compteréau 108 D (2e partie), 1334.
Insuffisantes. Certificats qui peuvent y suppléer 1187.

Laboratoires d'essai. Honoraires des chimistes et indemnités aux agents. 1483 *bis*. — Frais de loyer et d'entretien des laboratoires d'essai. 1574.

Lettre d'avis pour les envois de pièces à la comptabilité publique. 28, 2137. — Lettre d'avis d'envoi de traites au caissier payeur central du Trésor. 576, 2909. — Lettre d'avis, ou ordonnance de délégation de crédits. 885, etc.

Lettres de crédit. Fonds reçus sur lettres de crédit du Trésor public. — Instructions qui s'y rattachent. 1384.

Lettres spéciales fixant les réserves de fonds chez les comptables subordonnés. 231, 2502.

Licence. Constatation et exigibilité du droit. 372. Tarif pour les licences de voitures publiques. 1246. — Pour les autres professions. 1247. — Faillite. Continuation du commerce par le syndic. 778. — Vente en gros ou en détail sans licence. Répartitions. 1748.

Limite des crédits. En matière d'obligations cautionnées. 540 et suiv. — En matière d'ordonnancement. 881 et suiv.

Liquidation. *Altérations, ratures, surcharges, abréviations.*

Abréviations, 880.
Acompte, 873.
Altérations, ratures, surcharges, 880.
Bulletin de liquidation, 870.
Créances, 864, 865.
Date des travaux, 869.
Direct. gén. des cont. ind., 879.
Droits constatés, 862 et s.
Exercice, 874.
Exercices clos, 868.
Exercices périmés, 868.
Fin d'année, 864, 876.
Fractions de centime, 878.
Liquidation (Mode de), 866.
Liquidation des appointements par mois et à terme échu, 1448 et suiv.
Mandats, 862.
Manufact. de l'Etat, 879.
Ministre, 862.
Ordonnances, 862.
Poudres, 879.
Procès-verbaux de réception, 873, 877.
Production des pièces, 867.
Rectifications, 880.
Réductions, 865.
Revision de liquidation de débets, 307.
Retenues aux entrepreneurs, etc., 872.
Tabacs, 879.
Travaux durant plusieurs années, 877.
Trop perçu, 871.

Livres de comptabilité à tenir par les agents de perception et par les comptables. Instructions à l'appui. Chap. 5, page 35.

Registre des timbres et vignettes en matière de bougies, no 33 C, 77.
Registre de consignations, n° 33 A, 78.
Registre récapitulatif des recettes et des dépenses, n° 33 B, 79 à 84.
Journal général des recettes, n° 74 A, 85 à 102.
Journal général des recettes, n° 74 B, 85 à 102.
Livre de caisse n° 74 D, 103 à 108.
Registre des comptes ouverts, n° 75, 109 à 116.
Sommier, n° 76, 117 à 126.
Registre de recette et de dépense des timbres, n° 83, 127 à 131.
Livre-journal de caisse, n° 87 A, 132 à 141.
Registre de quittances pour les comptables, n° 87 B, 142, 143.
Sommier général, n° 88, 144 à 151.
Registre de développement des consignations provenant d'amendes et confiscations, n° 89 A (1re partie), 152 à 160.
Registre de développement des consignations provenant d'acquits-à-caution, n° 89 A (2e partie), 161 à 165.
Registre de développement des frais judiciaires, n° 89 B, 166 à 174.
Registre des consignations, n° 89 C, 175 et 176.
Droits consignés sur passe-debout, sur acquits, 177.
Non-émargement d'appointements, parts d'amendes, redevances de débits de tabac, 178.
Frais de poste, 179 à 194.
Trop perçu ; avances des redevables, 195 à 197.
Abonnement aux circulaires, 198, 199.
Remise d'un tiers pour cent payée par les assujétis admis à souscrire des obligations, 200.
Prix des barils et des sacs renfermant des poudres de mine, 201 à 203.
Autres sommes portées au registre 89 C, 203.
Registre de recette et de dépense des timbres et vignettes, n° 106 A et 106 C, 204 à 207.

Livres d'ordonnancement. Livre-journal des crédits délégués. 893 et suiv. — Livre d'enregistrement des droits des créanciers. 907 et suiv. — Livre-journal des mandats délivrés. 920 et suiv. — Livre des comptes, par nature de dépense, autrement dit, des paiements effectués. 936 et suiv.

Loyers. Allocations pour frais de loyer (contrib. indir.). 1565 et suiv. — Avances provisoires. Inscription au 89 B. 1876. — Baux à loyer. Instructions générales. 1055 et suiv. — Dépense, en opération de trésorerie, des sommes mises en consignations pour loyers. 1856, 1879. — Indemnité de logement aux employés des sucres et des distilleries. 1577. — Justification des dépenses pour loyers. 1565 et suiv. — Location au nom de l'Administration. 1057, 1060, 1070. — Logement des employés. Part contributive. 1055 et suiv. — Loyer et entretien des laboratoires d'essai. 1574. — Loyer des bureaux dans les usines. 1571. — Loyer des magasins des entreposeurs de tabacs. 1573. — Idem de poudre. 1582. — Modèle de bail. 1068. — Paiement des loyers. Instructions. 1070. — Privilège pour loyers au propriétaire. 787 et suiv. — Retenues pour loyers. Consignation au 89 C. 1357.

Magasins généraux. Timbre des récépissés des marchandises déposées dans les magasins généraux de l'Etat. Recette. 1294.

Magasins de poudre. Entretien. Construction. Frais, jusqu'à 2000 fr. Approbation de l'Administration. 1088. — Justification des dépenses. 1548. — Loyer des magasins des entreposeurs de poudre. 1582.

Maires. Parts d'amendes. 1785.

Maladies. Retenues en cas de congé. 1473 et suiv.

Mandats. La constatation des droits doit précéder l'émission des mandats. 862. — L'exercice se prolonge jusqu'au 31 juillet de la 2e année pour la délivrance des mandats, et jusqu'au 31 août de cette même année pour le paiement des mandats. 876. — Ces dates ont été modifiées. 2498. — Livre-journal des mandats délivrés, son emploi. 920. — Délivrance des mandats. 933. — Les ratures et surcharges sur les mandats doivent être approuvées. 989. — Les comptables doivent vérifier les mandats avant paiement. 985. — Les sommes doivent être libellées en toutes lettres dans l'arrêté des mandats. 990. — Mandats de régularisation n° 98, pour les dépenses d'urgence. 934, 1995. — Acquittement des mandats. 934. — Timbre de quittance. 1130. — Acquittement des mandats pour ordre et par duplicata, par le receveur principal. 1133. — Mandats délivrés au nom d'héritiers. Enregistrement des certificats de propriété. 1188, 1189. — Bons et mandats des trésoriers généraux à acquitter à présentation. 1015. — Reversements par suite de paiements effectués à tort. 941. — Perte de mandat. Duplicata. Autorisation spéciale à demander. Pièces à produire. 1010, 1011. — État des mandats d'exercice clos ou périmés non acquittés dans l'année. 966, 967. — Les mandats d'exercice clos ne sont valables que jusqu'au 31 décembre de l'année pendant laquelle ils ont été délivrés. 968.

Manquants. Exigibilité et constatation des droits pour manquants, savoir : Droit d'entrée. 383 et suiv. — Consommation. 397. — Détail. 401 et suiv., 412. — Cartes à jouer (papier filigrané et jeux manquants). 429. — Imputation du second droit. 1268. — Sels. 430, 431. — Sucres. 432. — Glucoses. 433. — Moins-value de matériel des bacs. 434. — Garantie. 440. — Droit d'entrée sur les huiles. 445. — Vinaigres. 447. — Alcool dénaturé. 447 *bis*. — Dynamite. 452. — Instruments de service manquants. 459, 1054, 1269. — Manquants de timbres. 1er droit. 1054. — 2e droit. 1276. — Manquants de vignettes chez les fabriquant de bougies. 446, 1054. — Manquants de tabacs dans les entrepôts. 1276 *bis*. — Manquants aux charges des planteurs de tabac. 1279. — Remboursement des manquants aux planteurs de tabac. 1734. — Manquants chez les marchands en gros. Consignation. 1315. — Remboursement. 1836 et suiv.

Manufactures de l'Etat. Appréciation des avaries de tabac. 1273. — Idem de poudre. 1283. — Fonctionnement de la caisse des retraites pour la vieillesse. Retenues sur gages et salaires. Instructions. 1358 *bis*. — Abandon d'affaires. Frais admis en dépense ou en reprise indéfinie. 1374. — Avances pour le service des manufactures de l'Etat. Dépense provisoire au 89 B. 1886. — Apurement du 89 B. 1381. — Justification à fournir en cas de paiements pour frais de construction et de réparations. Paiements par acompte, pour solde. 1431. — Justification des dépenses publiques : Loyers et contributions. 1558. — Entretien et réparation des ustensiles et menus frais. 1559. — Gages. 1560. — Salaires. 1561. — Fournitures diverses. 1562. — Entretien et réparations ordinaires des bâtiments. 1563. — Constructions nouvelles et grosses réparations. 1564. — Frais inhérents au paiement des dépenses du service des tabacs. Indemnité aux receveurs principaux de la Régie. 1650 et suiv. — Frais judiciaires en matière de culture de tabac autorisée. 1655. — Appointements des employés des manufactures. Etat 93 B. 1480 *bis*. — Cautionnements des employés. 2340 et suiv.

Marchandises. Timbre des récépissés des marchandises déposées dans les magasins généraux de l'Etat. Recette. 1294. — Prescription en matière de restitution de marchandises. 1206, 1212.

Marchands en gros. Licence. Tarif. 1247. Droits sur les restes, en cas de cessation de commerce. Constatation. Exigibilité. 370 et suiv. — Droits sur manquants. Constatation. 383 et suiv. — Consignation des droits sur manquants. 1315 et suiv. — Tous les marchands en gros sont soumis au cautionnement. 394. — Cautionnement aux registres. 52 C et D. 2416 et suiv. — Vente en gros sans licence. Répartition. 1748. — Registres 64 A et 64 B, pour le transport des boissons par petites quantités. 2503.

Marchés. Adjudications et marchés. Chap. 38, n°s 1071 et suiv. Devis. 1071. Adjudications publiques. 1081. — Marchés de gré à gré. 1085. Régie. Achat d'instruments. Réparations de magasins. 1088. — Paiements par acompte et pour solde. Justification. 1427 et suiv. — Justifications communes à toutes les dépenses du service du matériel. 1518 et suiv.

Marine. Tabacs vendus à la marine. Recette. 1276 *bis*.

Matériaux et effets à réemployer. Justification de leur emploi. 857,1548. — Leur description dans les devis, 1076.

Matériel. Etat des frais de régie (personnel et matériel). 858. — Réception de timbres et vignettes du magasin central du matériel. Vérification à l'arrivée. Comptage sérieux, 1050 *bis*. — Prix d'instruments sujets et non sujets à consignation. 1269. — Prix des colis de tabacs, vieux cercles, etc. Recettes accessoires. 1280. — Dépenses publiques. Justifications communes à toutes les dépenses pour fournitures, achats, transports, travaux, etc. 1518 et suiv. — Comptes-matières des timbres et instruments, et états de développement spéciaux. 2095 et suiv. — Matériel des bureaux de la Régie. Ojbets livrés aux domaines, etc. 2448 et suiv. — Demandes d'instruments au matériel de l'Administration centrale. 2459. — Consignation du prix de certains instruments. 2463. — Instruments hors d'usage, 2469. — Inventaire du mobilier des bureaux d'ordre. 2452. — Moins-value du matériel des bacs. Recette. 1250 et suiv. — Tableau des propriétés immobilières de l'Etat affectées à un service public. 2455.

Matières (Comptes). Comptes 108 A *bis* et 108 B *bis*. 2095. — Etats 151 A et A *bis*. 2100. — Etats 151 C et 151 C *bis*. 2101. — Etats 151 AA. 2102. — Etat 151 CC. 2103. — Inventaire 152 B. 2104.

Médicaments. Taxes locales. 363. — Importation de produits à base d'alcool, 363.

Mémoires, factures et quittances, modèles de devis, cahiers des charges, etc. Chap. 39, page 309 :

Achat sur simple facture au mémoire, 1099.
Appointements. Timbre de quittance, 1036.
Arrêté de liquidation, 1163.
Certificat d'architecte, 1155.
Chef de poste, 1115.
Consignations, 1123 à 1126.
Contrôleurs (vérifications), 1114 et 1115.
Date des travaux exécutés, à mentionner dans les mémoires, 869, 1156.
Dépenses qui n'excèdent pas 10 fr., 1147.
Emargements, 1135.
Factures, 1153 et suiv., 1170 et suiv.
Frais de casernement. Timbre de quittance, 1129.
Illettrés, 1138 à 1140.
Impressions d'octroi. Timbre de quittance, 1129.
Inspecteurs (vérifications), 1114.
Indemnité d'exercice, 1128.
Mandats-quittances, 1130 et suiv., 1161.
Marchés de gré à gré, 1154.
Mémoires, 1153 et suiv., 1170 et suiv.
Modèle de cahier de charges, 1165.
Modèle de devis, 1164-1167, 1168.
Modèle de mémoire, 1170.
Id. de procuration, 1137.
Id. de soumission, 1166.
Pièces justificatives à l'appui des mandats, 1163.
Quittances cumulatives, 1119 à 1122.
Quittances de la Régie, 1113 à 1129.
Id. des créanciers de la Régie, 1130 à 1152.
Id. des tiers, 1135 à 1137, 1147.
Id. exemptes de timbre, 1147 à 1152.
Id. pour consignations, 1123 à 1126.
Id. pour tout versement, 1116 à 1118.
Procurations, 1136, 1137.
Réemploi d'effets mobiliers. Mention spéciale, 1172.
Registre à talon, 1113, 1116, 1133.
Répartitions, 1125, 1126, 1141 à 1145.
Talon, 1113, 1116, 1133.
Tiers, 1135 à 1137, 1147.
Timbre de dimension, 1030, 1130, 1144.
Timbre de 10 c., 1130, 1141 et suiv.

Mémorial 122 A. Ce registre sert de sommier pour les amendes et confiscations, 464. — Mention y est faite des constatations, 469. — On y inscrit les affaires relatives, aux incidents de poursuites (opposition à contrainte, oppositions à saisie, etc.). 711 712.

Mineurs. Acquisition d'immeubles appartenant à des mineurs. Justification des dépenses. 1530. — Un receveur qui admettrait pour caution un mineur, engagerait sa responsabilité. 562.

Menus frais. Menus frais d'entrepôt. Dépense d'urgence. 1001. Justification de la dépense définitive. 1646. — Menus frais de bureau. Fixation. Instructions. Justification de dépense, 1569. — Revision des frais de bureau. 1570. — Menus frais de réception des tabacs (manufactures). Justification de dépense, 1699.

Mesures disciplinaires. Retenues d'appointements. 1473. Retenues de parts de saisies. 1788.

Meubles et effets mobiliers. Privilège de la Régie sur les meubles des redevables. 790. — Ce privilège s'étend à la caution solidaire du débiteur. 790. — Les meubles et effets mobiliers appartenant à l'État, restés sans emploi, sont vendus par les domaines. 856. — Matériel des bureaux de la Régie. Objets à livrer aux domaines. 2448 et suiv. — Mobilier des bureaux d'ordre. Inventaire annuel. 2452. — Matériel des bureaux des comptables et des directeurs. Propriété du titulaire de l'emploi. Cession de gré à gré en cas de changement. 2448. — Instruments de service. Chap. 63, n°s 2459 et suiv.

Militaires. Militaires verbalisants. Répartitions. 1712, 1783-1787. — Gendarmerie. Versement des parts d'amendes. 1790. — Escorte de fonds. 277 et suiv. — Frais de garde de chargements de poudre. 1888, 2017. — Indemnités de route payées à des militaires pour le compte de la trésorerie générale. Instructions. 1014 et suiv. — État trimestriel des titulaires de pensions militaires nommés buralistes ou débitants de tabac. 1454.

Ministres. Attribution du ministre en matière de délégation de crédits. 850 et suiv. — Aucune créance ne peut être liquidée, à la charge du Trésor, que par le ministre ou ses délégués. 862. — Approbation ministérielle des baux à loyers dans certains cas. 1061. — Contrainte décernée par le ministre, en cas de débet, à la charge d'entrepreneurs et fournisseurs. 1098. — Remise sur débet, prononcée par le Conseil d'État, sur l'avis du ministre. 308. — Contestations entre les comptables et l'Administration ou le ministre. Recours au Conseil d'État. 310.

Missions. Frais de missions. Manufactures de l'État. Justification de dépense. 1662.

Modèles. Autorisation de remboursement de consignations pour doubles et sextuples droits convertis en perception définitive et répartis. 1832. — Modèle de bail à loyer. 1068. — Modèle de cahier des charges. 1165. — Modèle rempli de certificat modificatif au tableau 93 A. 1481. — Modèle de certificat d'hérédité. 1195. — Modèle de déclaration de bailleur de fonds pour cautionnement. 2358. — Modèle de déclaration de fondé de pouvoirs en cas de congé. 76. — Modèle de devis de travaux à exécuter. 1164 et suiv. — Modèle d'endossement de traites ou obligations cautionnées. 573. — Modèle d'articles passés au livre de caisse n° 87 A. 141. — Modèle de mémoire. 1170 et suiv. — Modèle de procès-verbal de débet. 293 *bis*. — Modèle de procuration pour toucher des sommes revenant à un tiers. 1137. — Modèle de quittance d'héritiers. 1196. — Modèle de réquisition à la force armée, pour escorte. 281. — Modèle de soumission pour adjudication. 1166. — Modèle rempli de tableau d'appointements. 1480. — Modèle de l'état des frais de tournées des directeurs et sous-directeurs. 2193. — Modèles contenus dans la notice des pièces à produire à l'appui des comptes 73 (tabacs et poudres). 2150.

Modérations. Apurement des constatations d'amendes. 503 et suiv. — Transactions. Compétence. 516 et suiv.

Moins-value des bacs. Fixation. Constatation et justifications. 434.

Monopole des allumettes. Constatation de la redevance. 443. — Taux de cette redevance. Tableau des prix de vente des allumettes. 1239. — Contribution foncière des fabriques. 1614. — Répartitions d'amendes. 1753. — Primes d'arrestation remboursées. 1375, 1753. — Frais judiciaires à la charge de la Compagnie concessionnaire du monopole. 1275.

Monnaies. Système monétaire français. 217 et suiv. — Convention monétaire. 221. — Tableau des monnaies ayant cours en France. 223. — Échange de numéraire interdit. 224. — Versement à la Caisse du Trésor. 1903; — aux finances. 1919. — Fonds de subvention fournis aux administrations étrangères. 1937 et suiv. — Échange de numéraire contre des pièces de dépenses avec les percepteurs. 1948. — Passe des sacs. 225.

Mouvements de fonds.

En recette.	En dépense.
Fonds reçus sur lettres du crédit du Trésor public, 1384.	Versements à la caisse du Trésor en numéraire, 1902.
Fonds reçus du caissier central du Trésor, 1387.	Versements à la caisse du Trésor en obligations, 1903.

Fonds reçus des receveurs des finances (obligations protestées), 1388.
Virements de fonds entre les comptables de la Régie, 1389.
Virements de fonds avec la douane, 1410.
Fonds de subventions reçus de la douane, 1417.
Contrôle des virements de fonds. État 169, 2106.
Versements aux receveurs des finances, 1919.
Contrôle des versements aux finances, 1926.
Virements de fonds entre les comptables de la Régie, 1927.
Virements de fonds avec la douane, 1929.
Virements de fonds avec l'Algérie, 1936.
Fonds de subventions fournis à la douane, 1937.
Fonds de subvention aux receveurs des postes, 1940.
Echange de numéraire contre des pièces de dépense avec les percepteurs, 1948.

Nantissement. Transfert de sucres en garantie d'obligations cautionnées. 618.

Nitro-glycérine. V. Dynamite.

Nolis de bâtiments. Justifications relatives aux dépenses publiques de cette nature. 1528.

Non-émargement d'appointements, parts d'amendes, etc. Consignations au 89 C. 178. — Recette. 1339. — Dépense. 1853.

Non-rapport de certificat de décharge d'acquit-à-caution. Droits exigibles. 465. — Constatations. État 196. 476, 2016. — Répartition des droits consignés. 1745 et suiv. — Ecritures à l'occasion de l'état 100 B. 1799 et suiv. — Rectifications aux états 100 B. 1826 et suiv.

Numéraire. V. Caisse. Monnaies.

Numéro d'ordre du département. A inscrire sur chaque document, lettre ou paquet destiné à la comptabilité publique. 28.

Objets. Objets livrés aux domaines. 2458, 2489 à 2497. — Objets mobiliers à réemployer. 857, 1548. — Objets sujets à dépérissement. Produit de vente portés aux recettes à classer. 1348, 1856. — Objets saisis. Constatation du produit de la vente à l'état 122 B. 467.

Obligations et soumissions cautionnées, en général. Ch. 25, n°s 539 et suiv.

Allumettes, 555.
Avances provisoires. Protêt d'obligations, 584, 589.
Bières, 548.
Bougies, 553.
Caissier central, 573, 576 à 579, 588.
Cartes, 549.
Cautions, 558 à 569.
Centimes, 541.
Crédits de droits, 539.
Débets, 564.
Domicile, 563, 581.
Dynamite, 556.
Endossement, 573.
Envoi des traites, 574.
Etat de renseignements sur les remises payées aux comptables sur obligations (pour le personnel), 678.
Exigibilité des autres traites après un protêt, 587.
Faillite, 590.
Force majeure, 567.
Frais de protêt, 586, 589.
Huiles végétales, 554.
Huile de schiste, 552.
Inscription de la remise au 89 C, 200.
Intérêts de crédit et de retard, 545 à 547.
Limites du crédit, 539, 540.
Mineurs. Ne peuvent être acceptés comme cautions, 562.
Obligations cautionnées, 539 et suiv.
Paiement anticipé, 581, 582.
Part de remise attribuée aux receveurs particuliers, 677.
Poursuites, 565.
Protêt, 568, 569, 583 à 595.
Récépissé comptable, 584, 585.
Recettes accidentelles. Intérêt de 5 0/0, 545, 595.
Receveurs, 539, 558 à 569, 584 à 586.
Registre n° 117 A, 570, 571.
Remboursement, 569, 584, 580.
Remise, 545.
Répartition de la remise, 669 et suiv.
Responsabilité, 558.
Sels, 551.
Sucres, 543, 557.
Tabacs, 550.
Tableau des oblig. en souffrance, 592, 593.
Tableau des crédits et du partage de la remise, 680.
Timbre proportionnel, 572. Les quittances du 74 délivrées pour l'encaissement de la remise de 1/3 p. 0/0 sont exemptes du timbre, 90 et 104 9 *bis*.
Versements, 580.

Obligations cautionnées pour les sucres et glucoses Admissions temporaires. Chocolat. Ch. 26, n°s 596 et suiv.

Acceptation des obligations, 619 à 621.
Acquits-à-caution pour le sucre employé à la fabrication du chocolat, 652 à 668.
Admission temporaire, 625 à 668.
Avis des enlèvements, 597, 606.
Cautions, 599, 616.
Centimes, 620.
Chocolatiers, 652 à 668.
Compte ouvert, 630.
Constatation du droit, 606, 607, 630.

Contrainte, 602, 635.
Contrainte par corps, 624.
Crédit de droits, 608 à 624.
Crédits d'enlèvement, 598 à 605, 608.
Délai, 621, 631, 635, 653.
Domicile, 615.
Entrepôts, 638 à 648.
Etat de renseignements sur les remises payées aux comptables sur obligations cautionnées (pour le personnel), 678.
Intérêts, 545 à 547, 620, 633, 634, 660.
Limites des crédits, 600, 605, 610.
Nantissement, 618.
Obligations cautionnées, 608 à 651.
Paiement, 601, 607, 631.
Poursuites, 602, 623, 633.
Propositions de crédit, 610.
Protêt, 586, 589, 623.
Raffinage, 625 à 651.
Recev. amb., 596, 601, 621.
Receveur principal, 609 à 614, 617, 618, 622 640.
Receveurs des douanes, 640, 641.
Receveur sédentaire, 596, 601, 619, 621.
Recouvrements, 632, 639 à 648.
Remises, 614, 632.
Répartition de la remise, 669 et suiv.
Responsabilité, 617, 618, 649, 650.
Solvabilité, 616.
Soumissions cautionnées, 596 à 607, 652 à 668.
Sucres exotiques, 638 et s., 652 et suiv.
Tableau des crédits et du partage de la remise, 680.
Timbre, 620, 627, 548.
Transcription des obligations, 622.
Virements de fonds avec la douane, 640 à 642.

Oblitération des timbres-quittances. Recommandations de la comptabilité publique. 1042.

Octrois. Droits d'octroi perçus sur les registres élémentaires par les buralistes. 36. — Ces droits sont versés à la caisse municipale. Les quittances sont dépouillées au reg. 33 B. 84, 264. — On ne doit pas faire, sur les registres élémentaires, de distinction entre le principal et les décimes. 353. — Inscription en recette, par le receveur principal, des recouvrements pour le compte de l'octroi. 1331. — Versements de droits d'octroi au receveur municipal. Quittance non timbrée, 1039. — Les timbres des quittances ou des expéditions délivréees en matière d'octroi sont perçus, non au profit de la ville, mais à celui de l'Etat. 1049 *bis*. — Médicaments à base d'alcool. Taxes locales. 363. — Abonnement pour le traitement des employés. Constatation. Exigibilité de la redevance. 448. — Indemnité d'exercice. Constatation. Exigibilité. 449. — Impressions fournies aux octrois. Recette. Constatation de leur valeur. 450. — Etat 79 B. 1267, 2020. — Le privilège du Trésor ne peut être invoqué en matière d'octroi. 794. — Saisies-arrêts sur les traitements des préposés d'octroi. 803. — Versement à la Régie des parts d'amendes revenant à ses employés, dans les affaires d'octroi. Timbre. 1039. — Versement à l'octroi de la part d'amende revenant à la ville ou aux préposés d'octroi. Quittance du K *bis*. Timbre. 1039. — Remises allouées aux agents de l'octroi pour perception du droit d'entrée ou de la taxe unique. Timbre. 1039, 1146, 1508. — Tarif de ces remises. Instructions. 1505 et suiv. — Indemnités à divers receveurs pour insuffisance de remises. 1492 et suiv. — Consignations sur passe-debout, leur apurement. Inscription en dépense. 1843 et suiv. G Reg. BB présentant les consignations d'octroi. 1328. — Bordereaux G *ter* et — *quater* de ces consignations, 1328. Frais de perception des octrois gérés par l'Administration. Justification de dépense. 1671. — Frais à la charge des communes, en matière contentieuse. Apurement du 89 B. 1377. — Affaires communes à l'octroi et à la Régie. Répartitions. 1767 et suiv., 1781. — Sous-répartition des parts d'amendes versées par l'octroi. 1774 et suiv. — Part de la caisse municipale sur amendes, dans les villes soumises à l'abonnement général. Répartitions. 1742. — Cautionnements des employés et des fermiers d'octroi, etc. Chap. 59, n°s 2396 et suiv. — Partage des cautionnements des employés d'octroi, en cas de débet ou malversation, 2415. — Certificat du maire en cas de débet, 2414.

Officier de police. Procès-verbal à dresser en cas de vol de fonds. 316, 326.

Opérations de comptabilité. Tenue du reg. 87 A. Modèles. 141. — Opérations à faire aux reg. auxiliaires 89 A, B et C. 152 et suiv. — Opérations de comptabilité en cas de débet. 288 et suiv. — Opérations du receveur principal pour la centralisation des recettes. 1295. — Virements de fonds. 1389 et suiv. — Instructions pour le paiement des dépenses publiques. 1420 et suiv. — Inscription en dépense des traitements. 1458 et suiv. — Recettes de trésorerie. 1220 et suiv. — Dépenses de trésorerie. 1836 et suiv.

Opposition. Saisies-arrêts sur traitements et cautionnements. Chap. 26, p. 223, n°s 798 et suiv. — Visa de l'opposition par le comptable auquel elle est signifiée. 809. — Registre sommier des oppositions. 830. — Oppositions périmées. Renouvellement. 833. — Oppositions sur cautionnements provisoires ou définitifs d'entrepreneurs et fournisseurs. 1095. — Opposition à contrainte formée par les redevables.

725 et suiv. — Oppositions aux fonctions des employés. Répartitions d'amendes, 1766. — Oppositions faites par la Régie, entre les mains des tiers, des syndics de faillite, etc. 708-711.

Ordonnancement. Chap. 33, page 243, nos 881 et suiv.

Adjudications et marchés, 935.
Acquisitions d'imm., 893.
Annulations, 904, 917, 943, 957.
Avances provisoires, 889.
Carnet des ordonn. par circonscript., 886.
Classement des dépenses à ordonnancer : dépenses fixes, éventuelles ou d'urgence, 861.
Clôture d'exercice, 904, 914, 939.
Consignations, 889.
Correspondance, 891.
Créances constatées après la clôture de l'exercice, 918 et suiv.
Crédits de délégation, 881 à 884, 893 à 906, 942.
Demandes de crédits, 942.
Dépenses d'urgence, 910, 927, 1000.
Différence entre l'ordonnance et le mandat, 881.
Directeur général, 885, 2167.
Directeurs, 885 à 892, 2170.
Direction du mouvem. gén. des fonds, 897.
Droits constatés, 907 à 919.
Erreurs, 905, 941, 943 et suiv.
Etat annuel de dév. par cl. d'emploi des dép. du pers., 950 à 952.
Exercice, 883, 884, 903, 914, 924, 932, 937.
Exercice clos, 916, 918.
Extraits d'ordonnances, 886, 887, 900.
Formalités à remplir en cas de refus de paiement d'un mandat, 994.
Frais de bureau, 909 ; de tournées, 893 ; de transport, 889 ; judiciaires, 889, 893, 911.
Griffes, 890.
Imputations de paiement erronées. Réimputations, 995.
Imputation d'exercice des amendes réparties, 1820.
Indemnités de réforme, 893 ; diverses, 893.
Intérimaires, 949.
Lettres d'avis, 886, 929.
Liquidation, ordonnancement et paiements. Principes généraux, 12 à 22.
Livres de comptes, par nature de dépense, 883, 884, 936.
Livre d'enreg. des droits des créanciers, 883, 884, 907 à 919.
Livre-journal des crédits délégués, 883, 884, 893 à 906.
Livre-journal des mandats délivrés, 883, 884, 929 à 932.
Loyers, 909.
Mandats, 881, 883, 884, 920 à 935, 995.
Mandats de régularisation, 934.
Manuf. de l'Etat, 885, 891.
Ministre, 881, 896.
Mutations d'ordonn. second., 948.
Ordonnances de crédit pour traitements d'activité délivrés pour le montant brut, 888.
Ordonnancement, 881 et s.
Ordonnateurs secondaires, 881 à 891, 948 949.
Perte de mandat. Duplicata, 1010.
Récépissés de reversement, 941, 946, 947.
Rectification d'erreurs, 905, 941, 943 et suiv.
Relevé individuel des sommes dues, 952, 953.
Répartitions, 893.
Restitutions de droits, 893.
Retenues aux entrepreneurs, 893.
Reversements, 941, 946, 947.
Secours annuels, 893 ; temporaires et accidentels, 893.
Signature, 890.
Situation mensuelle, 891, 937, 938 ; finale, 939 à 941.
Sous-directeurs, 886, 2204.
Suspension du paiement d'un mandat, en cas d'omission ou d'irrégularité dans les pièces produites, 992.
Traitement d'activité, 888, 889, 908, 928

Ouvriers blessés ou infirmes. Indemnités et secours viagers, 1668.

Paiements. Chap. 35, nos 981 et suiv.

Annulation des mandats au 31 août, 951.
Appointements, 981, 1001, 1002.
Autorisation de paiement, 981 et s.
Bons et mandats des tr. gén., 1015.
Bordereau des paiements faits sur exercices clos, 962, et périmés, 967.
Cautionn. des entrep. et fourn., justifications avant 1er paiement, 987.
Certif. administratifs, 991.
Clôture des paiements, 991.
Contrib. foncière, 1004.
Créancier, 982, 984.
Dépenses, 981 ; — d'urgence, 1000 et s.
Duplicata, 1010, 1011.
Durée de l'exercice pour le paiement des mandats, 876.
Fausses imput. de paiement, 995.
Frais de bureau, 981 ; — de poursuites, 1001 ; — de transport, 1001 ; — judiciaires, 1006.
Indemn. de route aux milit., 1014.
Lettre d'avis, 984.
Mandat égaré, 1010, 1011.
Menus frais d'entrepôt, 1001.
Paiement, 981 et s.
Paiements à des illettrés, 1138 à 1140.
Paiements par les receveurs particuliers pour le compte des receveurs principaux, 51, 106.
Paiements irréguliers faits nonobstant oppositions, 824, 825.
Percepteurs, 1017.
Perte de mandat. Duplicata. Autorisation de paiement, 1010, 1011.
Prescriptions des traitements après 2 ans, 1182, — et de pensions, après 3 ans, 1183.
Ratures, 989.
Refus de paiements, 992 et 994.
Réimputation, 995.
Respons. des comptables, 985.
Restitutions et remb., 1005.
Reversements, 997 à 999.
Sommes en toutes lettres, 990.
Suspension de paiement d'un mandat pour irrégularité dans les pièces produites, 992.
Système décimal, 988.
Tiers, paiement, 1008.
Timbre, 986, 1019 et suiv.
Trésoriers gén., paiements pour leur compte, 1012 à 1018.

Préliminaires du chapitre des dépenses publiques. Instructions relatives aux paiements. Responsabilité des comptables. 1420 et suiv. — Paiements par acompte et pour solde. Justifications à exiger. 1421 et suiv. — Copies ou extraits de pièces, 1438. — Services régis par voie d'économie. 1442. Réassignation de paiement sur une autre caisse. 1441. — Visa des pièces justificatives. 1445 et suiv. — Paiement des dépenses du service du matériel. Adjudications et marchés. Travaux et fournitures. Justifications communes. 1518 et suiv. — Versements des parts d'amendes aux administrations étrangères. Indication des comptables auxquels les paiements doivent être effectués. 1803.

Papier filigrané et de moulage. Tarif des matières de cartes. 1268. — Droits sur manquants. Imputation. 1268. — Obligations cautionnées. 539. — Remise de 1/3 0/0 sur obligations. 669. — Comptes 108 A *bis* et B *bis*. 2095.

Papiers de service hors d'usage, à livrer aux Domaines. Couverture des portatifs. 2491. — Frais d'inventaire et de remise de ces papiers aux Domaines. 2496. — Procès-verbaux de vente. 2494. — Vente par les Domaines. 2590 et suiv. — Nomenclature des vieux registres et vieux papiers à conserver. 2489.

Paquets chargés destinés à la comptabilité publique. 28, 214. — Poids maximum. 29. — Confection des paquets de service confiés à la poste. 29 *bis*.

Paquetage des tabacs (Frais de). — Recettes accessoires à la vente des tabacs. Tarif. 1280.

Partage de la remise de 1/3 pour cent sur obligations. Chap. 17, page 196 et suiv.

Allumettes, 669.
Apurement de la consignation de la remise, 1859.
Bières, 669.
Bougies, 669.
Cartes, 669.
Dynamite, 669.
Décompte mensuel, 675.
Huile de schiste, 669.
Huiles végétales, 669.
Quotité de la remise, 670 à 674.
Recettes extraordinaires, part du Trésor dans les remises, 675.
Receveur particulier, 677.
Receveur principal, 677 à 679.
Relevé pour le personnel, 678, 679.
Remises 669 à 680.
Sucres, 669.
Tableau des crédits et du partage de la remise, 680.
Trésor, 671 à 676.

Parts d'amendes. Parts d'amendes non émargées. Inscription au 89 C. 178. — Apurement de cette consignation. 1854. — Répartition des amendes. Justifications. Instructions. Mode de partage, etc. 1739 et suiv. — Pour les détails, V. **Répartitions.**

Passages d'eau. Constatation et exigibilité des redevances. 434. — Moins-values du matériel des bacs. 1250. — Justifications à fournir à l'appui du relevé n° 101. 1251. — Mention de l'enregistrement sur les copies des actes d'adjudication. 1251. — Cautionnement des adjudicataires de bacs ou passages d'eau. 2442 et suiv. — La contrainte doit être visée par le préfet. 718. — Les copies des cahiers de charges et d'adjudication remises pour la constatation des droits sont affranchies du timbre. 1251. — Celles qui sont remises pour l'exercice des poursuites, doivent être timbrées. 1030. — Frais d'adjudications. Perception. 1253, 1276.

Passavants 3 B pour le transport de l'alcool dénaturé. Indications qu'ils doivent présenter. 447 *bis*.

Passe-debout. 1° *En nature du droit d'entrée.* Consignations à relever au 33 B. 80. — Inscription préalable au 33 A. 1321. — Relevé 80 *ter* et 80 *quater*. 1324-1325 et suiv., 1965 et suiv. — Remboursements. 1843, 2441. — 2° *En matière de droit d'octroi.* Consignations à relever au reg. BB. 1328. — Relevés G *ter* et G *quater*, 1328.

Passe des sacs. Tarif du droit de passe des sacs. 225. — Cachetage des sacs pour dispenser de comptage. 225.

Pêche (Droits de). Constatation et exigibilité des redevances. 425, 1252. — La contrainte doit être visée par le président du tribunal civil. 748. — Les copies de cahiers des charges et des procès-verbaux d'adjudication délivrées pour la constatation des droits sont affranchies de timbre. 1026, 1251. — Il n'en est pas de même de celles qui sont remises pour exercer des poursuites. 1030. — État 182 de développement du produit de la pêche, des francs-bords, etc., par cours d'eau. 1253. — Frais d'adjudication. Règlement de ces frais. Perception. 1253. — L'excédent disponible desdits frais est porté aux recettes accidentelles. 1276.

Pêche côtière. Sous-répartition des amendes. 1779.

Péculat. Définition. 338.

Peines corporelles. Droit de grâce. 521.

Pensions. Les pensions de retraites sont incessibles et insaisissables. Exceptions. 810. — Rappel d'arrérages. Prescription des pensions non réclamées après trois ans. 1183. — Cumul des pensions. Instructions. 1453 et suiv. — État trimestriel des titulaires de pensions militaires nommés buralistes ou débitants de tabac. 1454. — Recette des produits qui sont imputés à la caisse des retraites. Écritures. Retenue de 5 p. 0/0. 1285. — Premiers mois d'appointements et des augmentations. 1286. — Décompte des retenues du premier douzième de traitement, et des augmentations à joindre au 93 A. 1450. — Retenues pour congés et punitions. 1287. — Portion attribuée dans les amendes et confiscations. 1288. — Idem, dans le prix des tabacs et poudres saisis. 1289. — Autres recettes. 1290. — Remboursement. 1291 et suiv. — Réintégration après démission ou révocation. Retenue du 1er mois d'appointement. 1286. — Imputation d'exercice des retenues pour pensions. 1312. — Arrérages de pensions payés par provision. Instructions. 1382. — Inscriptions au 89 B des avances pour provisions de pensions. 1881. — Fraction de centime forcée dans le calcul de la retenue pour pensions. 1471-1472. — Part de la caisse des retraites dans la répartition des amendes et des acquits. V. *Répartitions*, 1739 et suiv.

Percepteurs. Échange de numéraire contre des pièces de dépense avec les percepteurs. Instructions. 1017, 1948.

Perceptions. Perceptions illégitimes. Exaction. Péculat. 338 et suiv. — Cas de perception et d'exigibilité des droits constatés. Chap. 14, pages 125 et suiv. — Les perceptions de droits d'octroi faites par les buralistes sont versées à la caisse municipale. 84.

Personnel. État annuel des dépenses du personnel et du matériel. Frais de régie. 858. — État de développement, par classe d'emploi, des dépenses du personnel, à fournir à l'appui de la situation finale des crédits, en clôture d'exercice. 980. — État n° 138 des congés, vacances, intérims. 2001. — Appointements, remises, gratifications de dépenses publiques. 1448 et suiv. — Répartitions d'amendes. 1739 et suiv.

Perte de fonds. V. *Débets*, chap. 10, nos 282 et suiv. — V. *Vols de fonds*, chap. 11, nos 314 et suiv. — Perte de fonds. Demande en décharge. 210.

Pertes et soustractions de tabacs. Retenues à opérer. 1278. — Idem, de poudres, 1283.

Pertes de chevaux. Indemnités allouées. Justification de dépense. 1580.

Pétitions. Les pétitions sont soumises au timbre. 1020. — Perte de mandat. Demande d'autorisation de paiement. Pièces à produire. 1011.

Pièces justificatives. Détail des pièces justificatives à produire à l'appui des propositions de reprise indéfinie. 760. — Pièces à produire à l'appui des saisies-arrêts sur traitements. 804. — Perte de mandat. Demande d'autorisation de paiement. Pièces à produire. 1011. — Pièces justificatives à l'appui des mémoires. 1163. — Pièces à joindre au relevé. 101, pour bacs et passages d'eau. 1252. — Idem, pour pêche et francs-bords, etc. 1253. — Justification des recettes publiques. 1307. — Justification des recettes accidentelles. 1308. — Justification des dépenses publiques. Copies ou extraits de pièces à joindre. 1438 et suiv. — Visa des pièces justificatives des dépenses publiques. 1445. — Pièces à joindre au tableau 93 A. 1483. — Justifications à fournir à l'appui des répartitions d'amendes ou de droits sur acquits. 1824 et suiv., 1997. — Bordereaux d'envoi n° 95 A, n° 95 B des pièces de dépenses. 1990, 1991. — Pièces justificatives à annexer aux comptes 73. Notice. 2150.

Planteurs. Droits sur manquants. Emploi des porteurs de contraintes. 723. — Achats de tabacs aux planteurs. 1683. — Achats de tabacs provenant de saisies opérées chez les planteurs. 1701. — Remboursement des manquants aux planteurs. 1734.

Plombs. Prix des plombs apposés. Constatation. 1271. — Manquants. Justification des recettes. 462.

Poinçons. Fourniture et entretien des poinçons de garantie. 1544. — Manquants d'instruments non sujets à consignation. 1054, 1276.

Poiré. V. Cidre.

Police de roulage. Sous-répartition des parts d'amendes versées à la Régie, 1776.

Police de la chasse. Sous-répartition des amendes. 1778.

Ponts. Droit de péage. Recette. Constatation. 434, 1249. — Registres des particuliers ou des compagnies concessionnaires du péage. Quittances. Timbre. 1024.

Portatifs. Dans leurs tournées, les employés doivent toujours être munis des portatifs, 683. — Les receveurs sédentaires doivent se faire communiquer les portatifs pour surveiller la délivrance des avertissements. 689. — Appels des portatifs. 2220. — Vérification des portatifs par les inspecteurs. 2236, 2237. — Vente de vieux portatifs. 2489 et suiv.

Portefeuille. Valeurs de caisse et de portefeuille. 208 et suiv.

Portes et fenêtres. Contribution à la charge des employés logés dans les bâtiments de l'Etat. 1063, 1623. — Contribution des bâtiments des manufactures de l'Etat. Justification des dépenses. 1558. — En ce qui concerne son service, la Régie ne peut avoir à supporter l'impôt des portes et fenêtres, 1623.

Porteurs de contraintes. On n'a recours aux porteurs de contraintes que dans le cas de poursuites à exercer contre les planteurs de tabac pour manquants. 723.

Postes. Taxe des lettres et paquets. Tarif. Recette. Dépense. Instructions. 179 et suiv. — Contraventions aux lois sur la poste. Répartition des parts d'amendes versées à la Régie. 1777. — Fonds de subvention fournis aux receveurs des postes. Instructions. 1940. — Contrôle de ces opérations. 1947.

Poudres. Le produit de la vente des poudres entre en comptabilité par une simple imputation de recettes effectives. 455. — Ventes de poudres aux débitants, aux consommateurs et manquants. 1281. — Ventes de poudres pour l'exportation. Tarif. 1282. — Retenues aux voituriers pour pertes et soustractions, avaries, 1283, 1550 et 1551. — Prix des colis livrés aux débitants et aux consommateurs, manquants et autres recettes accessoires. 1284. — Justification des recettes accessoires. 462, 1309. — Prix des barils et sacs renfermant des poudres de mine. Consignations. Ecritures au 89 C, etc. 201, 1284, 1349. — Factures 64 D. Timbre exigible. 1050, 1282. — Le service des poudreries étant replacé dans les attributions du ministère de la guerre, les receveurs principaux de la Régie n'ont plus à payer les dépenses de ces établissements. 879. — Traitements des préposés aux ventes et expéditions de poudres. 1514. — Indemnités spéciales au service des poudres dans certaines localités. 1515. — Remises aux entreposeurs sur la vente des poudres en Corse. 1516. — Construction. Entretien des magasins jusqu'à 2000 fr. Approbation par l'Administration. 1088. — Modèle de devis pour réparation de magasin à poudre. 1164. — Modèle de cahier des charges de travaux à faire à un entrepôt de poudre. 1165. — Construction et réparation des magasins. Justification des dépenses. 1549. — Mouvements entre les poudreries et les entrepôts. Instructions. 1550. — Mouvements entre les entrepôts de la Régie. 1552. — Renvoi des matières et colis vides aux poudreries. Instructions. 1555. — Frais de transport des poudres de saisies et des poudres hors d'usage. 1556. — Achats de poudres reprises des débitants ou provenant de saisies. 1557. — Répartition de la valeur des poudres saisies. Formation de l'état 71 B. Tarif de la prime. 1261. — Répartitions d'amendes et de droits des acquits. 1763. — Frais de démolition et de refonçage de barils. Instructions. Inscription au 89 B. Virements de fonds. 1556, 1887 et suiv. — Frais d'escorte ou de garde de chargements de poudre. 1888, 2017. — Modèle de l'état de proposition d'admission en dépense de ces frais. 1889. — Etat mensuel n° 96 des coupons d'acquits-à-caution (tabacs et poudres). 1992. — Etat n° 96 *bis* des modifications sur les frais de transport. 1993. — Compte de gestion et de clerc à maître, n° 73. 2148. — Notice des pièces à produire à l'appui du compte 73. 2150.

Poursuites. Poursuites à exercer contre les comptables en débet. 300 et suiv. — Obligations en souffrance. Poursuites. Instructions. 565 et suiv., 583 et suiv., 623, etc. — Poursuites pour le recouvrement des droits en général. 699 et suiv. — Liquidation des frais de poursuites. 1863 et suiv. — Choix des huissiers. 1863. — Répertoire des frais de poursuites. 1864. — Inscription des frais de poursuites au 89 B. 1863.

Pourvoi en Conseil d'Etat. Contestations entre l'Administration et les comptables. 310, 320. — Pourvoi en Conseil d'Etat, sur les arrêts de la Cour des comptes. 2163 et suiv.

Préfets et Sous-Préfets. Visa des récépissés des finances. 236. — Escorte de fonds. Réquisitions. 277 et suiv.

Préposés. Définition juridique du mot « préposé ». 340. — Indemnité de logement aux préposés des sucres et des distilleries. 1475. — Idem de déplacement. 1575. — Préposés d'octroi. Débets. 312. — Indemnités à divers pour insuffisance de remises. 1492 et suiv. — Préposés temporaires de tabacs. Salaires. Justification des dépenses. 1656. — Préposés étrangers qui peuvent verbaliser en matière de contributions indirectes. 1801. — Préposés étrangers. Leurs parts dans les répartitions d'amendes. V. *Répartitions.* 1739 et suiv., et spécialement 1742, 1781 et suiv.

Prescription. Chapitre 41, page 334, n°s 1197 et suiv.

Action criminelle et action civile. Prescription, 311.
Appointements, 848, 1206, 1211.
Cas de force majeure, 1129.
Comptables, 1218, 1219.
Contrainte, 1219.
Créances sur l'Etat, 1197 à 1213.
Bulletins de réclamation, 1204.
Doubles droits, 1206.
Droits, 1206, 1211 à 1213.
Exercice clos, 954, 1199 et s.
Exercices périmés, 961, 1200 et s.
Intérêts de cautionnements. Prescription, 2374.
Marchandises, 1206, 1211.
Oppositions, saisies-arrêts périmées, 833.
Pensions, 1207, 1183.
Prescription, 1197 à 1219.
Prescription en ce qui concerne les cautions, 1219 *bis*.
Prescription sur acquit-à-caution, 1216.
Recettes extraordinaires, 1200.
Redevables, 1211 à 1213.
Régie, 1211 à 1219.

Présents reçus pour favoriser la fraude. 334.

Prévarication. Débets et déficits de caisse, chap. 10, n°s 282 et suiv. — Prévarication et divertissement de deniers publics. 332 et suiv.

Primes d'apurement. Principe de l'allocation de la prime. 739. — La prime d'apurement ne peut être frappée de saisie-arrêt. 802. — Mode de calcul de la prime. Justification des dépenses. 1583 et suiv. — Etat de situation des restes à recouvrer de l'année précédente, au moment du paiement des primes. 734, 735, 1589.

Primes d'arrestation. — Tabacs. 1624 et suiv. — Poudres. 1557. — Allumettes chimiques. 1753.

Primes d'assurances. Tabacs achetés à l'étranger. Frets, primes d'assurances, etc. 1699 et suiv.

Primes d'encouragement aux agents de la fabrication des tabacs. Justification des dépenses. 1666.

Prises d'eau. Constatation. Exigibilité des redevances, etc. 437.

Privilège de la Régie. Chap. 24, page 220, n°s 787 et suiv.

Bases du privilège de la Régie, 737.
Cautions solidaires, 790.
Cautionnements. Privilège, 2340 et suiv.
Contrainte, 791, 793.
Contributions directes, 788.
Douane, 788.
Faillite des redevables, 774 et suiv.
Frais de justice, 788.
Immeubles et immeubles par destination, 791.
Loyers, 787, 792.
Meubles et effets des redevables, 787, 789 à 791.
Octroi. Privilège, 994.
Privilèges spéciaux de l'art. 2101 du Code civil, qui rendent une saisie-arrêt valable, sur pensions de retraite, 810.
Produit de la vente d'immeubles, 791.
Réparations locatives, 792.
Revenus des immeubles dotaux, 791.
Saisie-exécution, 799.
Subrogation, 793, 798.
Tiers, droits acquis, 789.
Vente de mobilier, 791.

Privilège des bailleurs de fonds sur cautionnements. 2357 à 2367.

Prix. Prix d'impressions fournies aux octrois. Constatation. Exigibilité. 450. — Etat 79 B. 1267. — Prix du papier filigrané et des moulages de cartes. Manquants. 1268. — Prix des instruments sujets et non sujets à consignation. Echanges. Manquants, etc. 1269, 2461 et suiv.

Probité. 338.

Procès-verbaux. Procès-verbaux d'adjudication de pêche, francs-bords, etc. Copies sans timbre pour les constatations. 1251. — Avec timbre, pour les poursuites. 1029. — Procès-verbaux de caisse. 2093, 2266, 2228 et suiv. — Procès-verbal de débet. 293 *bis*. — Procès-verbal de vol de fonds. 316. — Procès-verbal de carence pour justifier de l'insolvabilité des débiteurs. 537, 763. — Procès-verbal de réception définitive de travaux ou fournitures à exiger pour la liquidation du solde de la dépense. 877. — Acquits-à-caution joints aux procès-verbaux. Prescription. Délai de contrainte. 1216. — Les procès-verbaux de contravention doivent être établis sur papier timbré. 1030. — Procès-verbaux des gendarmes. Enregistrement au comptant. Facilités. 1601. — Préposés étrangers qui peuvent dresser des procès-verbaux en matière de contributions indirectes. 1801. — Frais judiciaires admis en reprise indéfinie, à la charge de la Compagnie des allumettes ou des communes, etc. 1734 et suiv. — Procès-verbaux de vente de vieux papiers, de vieux objets, par les Domaines. Copies pour la Régie. 2494.

Procuration. Procuration à joindre aux mandats acquittés par des tiers. Timbre et enregistrement. Exceptions. 1135 et suiv. — Modèle, 1137. — Pour les émargements ultérieurs, copie de procuration à joindre, avec indication de la production de l'original. 1135.

Produits. Droits et produits. Constatation. Exigibilité. 372 et suiv. — Tarifs. 1230 et suiv. — Articles qui entrent en comptabilité par une simple imputation de recettes effectives : Portion du Trésor dans les saisies de tabacs et poudres. Recettes extraordinaires. Tabacs. Poudres. Jus et résidus. Retenues pour pensions. Papiers filigranés vendus ou manquants. Instruments livrés ou manquants. Retenue d'un centime pour les experts. Redevances de débits de tabac. 453.

Projets de baux. 1061 et suiv.

Propriétés de l'État. Tableau des propriétés immobilières de l'État, affectées à un service public. 2116.

Protêt. Le protêt d'une obligation cautionnée doit être immédiatement dénoncé à la caution. 568. — Après un protêt, toutes les obligations cautionnées suivantes deviennent immédiatement exigibles. 587. — Instructions spéciales aux cas de protêt d'obligations. 583 et suiv., 623 et suiv., 1388.

Provisions de pensions. Instructions pour les avances à titre de provisions de pensions. Inscription des avances au 89 B. 1881. — Ecritures à passer. Justifications. Recette. 1382.

Punitions (Retenues pour). Sur traitements. Instructions. 1473. — La retenue pour punition peut s'exercer sur les parts d'amendes. 1788.

Purge d'hypothèques. En cas d'échange ou d'acquisition d'immeubles pour le compte de l'État. Salaire du conservateur pour transcription, etc. 1529.

Quittances. 1° *Quittances des receveurs de la Régie :* Leur forme, à talon. 1113. — Leur rapprochement par les inspecteurs et contrôleurs. 1114, 1115, 2243, 2254. — Les quittances doivent être en rapport avec les souches. Indications qu'elles doivent présenter. 86. — Quittances du reg. 87 B. 1118. — Quittances du 74 pour plusieurs droits. 1119. — Quittances de consignations d'amendes ou de droits sur acquits. 1123 à 1126. — Quittances pour indemnités d'exercice, prix d'impressions, frais de casernement, etc. 1127.

2° *Quittances des créanciers de la Régie :* Dispositions générales. Timbre. Facture sur timbre de dimension. Acquit au timbre de 10 c. 1130. — Quand on acquitte le mandat, il est inutile de fournir une quittance spéciale. 1131. — Quittance isolée. Mandat acquitté par ordre et par duplicata par le receveur principal. 1133. — Quittance des tiers. Procuration à joindre. 1135. — Modèle de cette procuration pour les appointements et autres émoluments des employés. 1137. — En principe, la procuration doit être timbrée et enregistrée, excepté celle qui concerne les employés. 1136. — Quittances de la gendarmerie. 1145, 1790. — Les quittances du receveur municipal délivrées aux buralistes pour les perceptions d'octroi doivent être analysées au 33 B. 84.

3° *Quittances soumises au timbre :* Le timbre des quittances pour dépenses de l'État est à la charge des créanciers. 986. — Il en est de même pour tous autres actes. 1021. — Il y a lieu de délivrer des récépissés timbrés pour les sommes versées à valoir sur débets. 1022. — Le timbre à 10 c. des quittances d'appointements est à la charge des employés. 1036. — Timbres spéciaux pour groupages d'émargements sur les états d'appointements. 1037. — Versement à la Régie de parts d'amendes attribuées aux employés dans les affaires d'octroi. Timbre. 1039. — Versement à l'octroi de parts d'amendes revenant à la ville ou à des agents de l'octroi. Quittance du reg. K *bis*. Timbre. 1039. — Versement à l'octroi des remises allouées aux receveurs d'entrée. Timbre. 1039, 1146. — Quittances de frais de transport de tabacs et poudres. Timbre à 10 c. 1040. — Quittances des tiers pour des sommes supérieures à 10 fr. Timbre mobile à 10 c. 1035 et suiv. — Oblitération des timbres-quittances à 10 c. 1042. — Quittances de la gendarmerie. 1145-1790. — Timbre de la Régie sur ses quittances. Ce timbre est *toujours* exigible. 1048. — Exceptions. 1049. — Le timbre des quittances d'octroi ne peut être perçu au profit de la ville. 1049 *bis*. — Quittances pour indemnités d'exercice, frais d'impressions, de casernement, etc. n° 1127. — Quittances de sommes consignées sur acquits. Timbre de la Régie exigible, 1050. — Quittances de remboursements de droits. Autrefois affranchies du timbre de dimension, ces quittances doivent maintenant être timbrées à 10 c. 1723.

4° *Quittances affranchies du timbre :* Quittances du reg. 74 délivrées sans timbre aux receveurs buralistes et d'entrée, pour leurs perceptions. 80, 88. — Quittances du 87 B. 1118, 1026, 1149. — Le timbre du 74 n'est pas dû par les quittances qui portent perception de la remise d'un tiers pour cent sur obligations cautionnées. 90, 1049 *bis*. — En principe, toute partie prenante doit donner son acquit sur le mandat lui-même. 984. — Lorsque l'ayant droit fournit une quittance spéciale, le mandat doit être quittancé, sans timbre, pour ordre et par duplicata, par le receveur principal. 934, 1151. — Quittances des tiers pour des sommes inférieures à 10 fr. 1147. — Quittances de versement à la caisse municipale des droits d'octroi perçus par les agents de la Régie. 1148. — Quittances d'administration publique à administration publique. 1026, 1149. — Les états ou bordereaux d'agents administratifs pour obtenir le remboursement des dépenses ou avances faites par eux dans l'intérêt du service. Exemple : les états de frais en matière contentieuse. 1152. — Les quittances de remboursement de droits, autrefois affranchies du timbre de dimension (V. 1026, 1150), doivent maintenant être timbrées à 10 c. 1723.

Raffinage. Sucres destinés au raffinage, placés sous le régime de l'admission temporaire. Obligations cautionnées. 625 et suiv. — Admission temporaire de sucres destinés à la fabrication du chocolat. 652.

Rapports à faire : sur débets. 304 et suiv. ; — sur faillites. 777 et suiv. ; — sur vol de fond. 319, 328.

Rappel. Rappel de traitements d'activité. Imputation d'exercice. 1452, 1481. — Rappels de droits. 1276, 1309.

Ratures. Les ratures doivent être approuvées. 880. — On doit refuser les ordonnances de paiement dont la partie manuscrite serait raturée et non approuvée. 989. — Ratures et surcharges à approuver dans les devis. 1077.

Réassignation. Réassignation de paiement sur une autre caisse. 1441.

Rébellion. Répartition d'amendes. 1765.

Recensement (Frais de). 1575.

Récépissés. Récépissés 87 B. Emploi du registre. 142, 143. — Le récépissé comptable délivré, à défaut de fonds en caisse, au receveur des finances, pour obligation protestée, ne s'échange pas dans la suite. 585. — Les récépissés des receveurs des finances pour le compte de la caisse des dépôts et consignations sont à talon. 841. — Récépissés de reversement. 947. — Récépissés ordinaires des receveurs des finances pour versements à leurs caisses par les comptables de la Régie. Visa du préfet ou sous-préfet. 236, 1920. — Récépissés à talon à réclamer aux trésoriers-payeurs généraux après acquittement de bons et mandats tirés par eux sur les caisses de la Régie. 1015. — Les récépissés des sommes versées à valoir sur débets doivent être timbrés. 1022. — Timbre des récépissés des marchandises déposées dans les magasins généraux de l'État. Recette. 1294. — Récépissés de cautionnements. 2347 et suiv. — Les receveurs principaux ne doivent se dessaisir des pièces de dépense du compte des avances provisoires que sur un reçu motivé. 167.

Recettes. Distinction entre les recettes publiques et les recettes de trésorerie. 1220. — Époques de constatation et d'exigibilité des droits. Chap. 14, n°s 316 et suiv.

1° *Recettes de contributions et revenus publics.* Chap. 43, page 340, n°s 1222 et suiv. — Instruction spéciale à chaque article de recette. Tarifs, etc.

Abonnements pour traitements (octrois). 1266.
Accise, 1223.
Admissions temporaires. Sucres. Imputations d'exercice, 1310.
Aides, 1222.
Allumettes, 1239.
Amendes et confiscations (cont. ind.), 1262.
— (culture), 1264.

Anciens tarifs (recouvrements), 1276.
Avaries, 1278.
Bacs et passages d'eau, 1250 à 1252.
Bières, 1236.
Boissons, 1230 et suiv.
Bougies, 1243.
Cartes à jouer, 1257.
Casernement, 1258, 1311.
Cercles, 1280.
Centralisation des recettes, 1295 et suiv.
Chemins de fer, 1245, 1311.
Circulation (Droit de), 1230.
Colis (Prix des), 1280, 1284.
Consommation (Droit de), 1233.
Décharges, 1307.
Dénaturation (Droit de), 1256.
Détail (Droit de), 1232.
Doubles droits, 1233.
Droit de 40 cent. par expédition, 1231.
Droits de traite, 1223.
Droits sur acquits non rentrés, 1263.
Dynamite, 1284 bis.
Entrée (boissons), 1234.
Entrée (huiles végétales), 1235.
Exercice (Imputation), 1310 et suiv.
Estampilles, 1245.
Forcement en recette, 1276.
Frais d'impressions et transports (octroi), 1267.
Frais d'adjudication (pêche, etc.), 1276.
Francs-bords, 1253.
Garantie (Droit de), 1254.
Historique, 1222.
Huiles minérales, 1242.
Huiles végétales, 1235.
Imputation d'exercice. Principes, 1310 et suiv.
Indemnités pour frais de surv. (entrep. de sucres), 1273.
Id. (fabriques de soude, etc.), 1274.
Id. pour suite d'exercice (octroi), 1265.
Instruments (consignés ou non), 1269, 1276.
Intérêts pour crédits de droits, 1275.
Intérêts de retard, 1276.
Jus de tabac, 1280.
Justification des recettes publiques, 1307 et suiv.
Licences, 1246, 1247.
Manquants, 1576, 1279.
Marques de fabriques, 1254 *bis*.
Papiers filigranés et moulages, 1257, 1268.
Part du Trésor. Saisies de tabac. Imput. d'exercice, 1313.
Péage, (Droit de), 1249.
Pêche 1253.
Pensions (Imputation d'exercice), 1312.
Plombs, 1271.
Poudres (produits), 1281, 1282.
Poudres saisies (portion du Trésor), 1261.
Poudres (retenues), 1261, 1283.
Rappels de droits, 1308.
Recettes accidentelles, 1276, 1308 et suiv.
Recherche (Droit de), 1276.
Rectifications, 1276.
Redevances des gérants, 1276.
Régie, 1225.
Régie générale, 1223.
Remboursement de retenues, 1291.
Résidus de tabacs, 1276 *bis*.
Retenues pour pensions, 1285 et suiv.
Id. aux voituriers, 1278, 1283.
Retenue d'un centime, 1270.
Second droit, 1268, 1276.
Sels, 1237.
Sextuple droit, 1263.
Sucres, 1238.
Tabacs (produits), 1276 *bis*, 1277.
Id. paquetage, 1280.
Tabacs saisis (Trésor), 1259, 1313.
Tabacs (retenues), 1259, 1278.
Taxe de remplacement, 1234.
Taxe unique, 1234, 1276.
Timbre, 1256.
Timbres de récépissés (magasins généraux), 1294.
Touage (Droit de), 1248.
Vinaigre, 1244.
Voitures pub. et ch. de fer, 1245, 1246.

2° *Recettes de trésorerie*. Chap. 44, page 394, n°s 1314 et suiv. — Instruction spéciale à chaque article de recette:

Abonnements aux circulaires, 1338.
Appointements, 1339 à 1343.
Avances, 1367 à 1383.
Buralistes, 1319 à 1328.
Caissier central, 1387.
Caisse de retraites pour la vieillesse, 1358.
Colis (Prix des) renfermant des poudres, 1349.
Colporteurs, 1319 et s.
Consignations, 1315 à 1328.
Consignations faites aux buralistes, 1319 à 1328.
Dettes, 1356.
Directeurs, 1383.
Douanes, virements de fonds, 1410 à 1417; — subvention, 1417, 1419.
Doubles droits, 1321.
Droits perçus après les arrêtés, 1335 *bis*.
Fonds à rembourser à divers, 1335 à 1364.
Fonds de subvention, 1384 à 1387, 1417 à 1419.
Fonds particuliers des comptables, 1365 à 1367.
Frais admis en reprise indéfinie, 1376.
Frais de contraintes et autres, 1378 à 1380.
Frais judiciaires, 1369 à 1377.
Frais à la charge de la Cie des allumettes, 1375.
Frais à la charge des communes, 1377.
Frais tombés à la charge du Trésor, 1374.
Frets et frais non prévus (tabacs), 1381.
Justifications, 1325, 1334.
Lettres de crédit, 1384 à 1387.
Loyers, 1357.
Manquants, 1315 à 1318.
Mouvements de fonds, 1384 à 1419.
Obligations cautionnées, protestées, 1388.
Octroi, 1322, 1328, 1331.
Parts d'amendes, 1339 à 1343.
Protêts, 1388.
Provisions, 1382.
Recettes à classer, 1333 à 1364.
Recettes de trésorerie, 1314 et s.
Receveurs des finances, 1384 à 1386, 1388.
Recouvrements d'avances, 1367 à 1383.
Recouvrements pour des tiers, 1329 à 1333.
Redevances, 1344 à 1347.
Remise d'un tiers pour cent, 1359 à 1363.
Reprises indéfinies, 1376.
Restitutions, 1319.
Retenues pour dettes, 1356; — pour loyers, 1367.
Taxe des lettres et paquets (aff. correct.), 1332.
Trésor public, 1384 à 1386.
Vente d'objets sujets à dépérissement, 1348.
Versements des recev. part, 1335 à 1337.
Virements de fonds, 1389 à 1416.

Recettes extraordinaires ou accidentelles. Consignations à porter en recette définitive après deux ans, 178. — Droits de garantie consignés à l'entrée en France, avec prévision de réexportation. 441. — Les recettes extraordinaires entrent en comptabilité par une simple imputation de recettes effectives. 453. — Justifications à fournir au relevé 101 à l'appui de la constatation. 462, 1308, 1309. — La part revenant au Trésor dans le partage de la remise d'un tiers pour cent sur obligations est portée aux recettes accidentelles. 675. — Les recouvrements sur droits portés en reprise indéfinie sont imputés aux recettes accidentelles. 764. — Traitements non réclamés dans le délai de deux ans. 848 et 1206. — Second droit pour manquants de matières de cartes. 1268, 1276. — Les manquants d'instruments non sujets à consignation et les seconds droits pour manquants de timbres sont portés en recette accidentelle. 1269, 1276. — Perceptions qui doivent être portées aux recettes accidentelles. Nomenclature. 1276. — Redevances de débits de tabac non attribuées au nouveau titulaire par survivance. 1346. — Recouvrement de frais admis en reprise indéfinie. 1605. — Intérêts de retard de 5 p. 0|0 sur obligations cautionnées. 545, 1275, 1276. — Recettes accessoires à la vente des tabacs. Prix des colis. Jus de tabac. Paquetage, etc. 1280. — Recettes accessoires à la vente des poudres. Prix des colis. 1284.

Receveurs.

1° *Receveurs ambulants.* Attributions. 47 à 51. — Paiements pour le compte du receveur principal. 49, 51. — Incompatibilité avec les fonctions de buraliste. 48. — Emploi du registre 74 B. 91. — Emploi du registre 75. 109 et suiv. — Emploi du registre 76. 117 et suiv. — Emploi des registres 83 et 83 A. 127. — Récépissés 87 B. 143. — Réserves autorisées. 229 et suiv. 2502. — Arrêtés des écritures. Versements mensuels. 252 et suiv. — Agents chargés de faire les arrêtés. 256. — Versements des buralistes après arrêtés. 258. — Versements partiels ou intermédiaires. 261. — Action du receveur en matière d'apurement d'acquits-à-caution. 465. — Part dans la remise de 1|3 p. 0|0 sur obligations. 677. — Action des comptables. Avertissement avant contrainte. 681 et suiv. — Les receveurs doivent, en tournée, être porteurs du registre 74 et du registre des comptes ouverts 683. — Inventaires des timbres et vignettes. 1050 *bis* et suiv. — Intérim dans les recettes à un cheval et à 2 chevaux. Tarif des frais et allocations. Instructions. 1489, 1490. — Frais d'entretien de chevaux et voitures. Justification de dépense. 1578. — Indemnité pour perte de cheval. Justification de dépense. 1580. — Primes d'apurement. Calcul. Justification de dépense. 1583. — Tenue du répertoire des frais de poursuites. 1864. — Avis des recettes 76 K. 1960. — Bordereau 80 A. 1961. — Relevé 80 *ter.* (consignations). 1965. — Relevé 80 *quater* (consignations versées en numéraire). 1966. — Etat 82 B. 1969. — Etat trimestriel des produits constatés. 2008. — Etat des restes à recouvrer n° 85. 2010. — Etat 154 D. 2013. — Relevé 76 H. 2019. — Vérification d'une recette particulière. 2280.

2° *Receveurs buralistes.* Attributions. 30 et suiv. — Les buralistes encaissent, dans certaines localités, le prix des résidus de tabac. 31 à 81. — Ils versent leurs fonds au receveur particulier. 32, 80. — Heures d'ouverture de leur bureau. 34. — Ils font, sur leurs registres élémentaires, la perception du droit d'octroi qu'ils versent au receveur municipal. 36, 84. — Peuvent être tenus d'avoir un livre de caisse. 35, 105. — Les fonctions de buraliste sont incompatibles avec celles de receveur ambulant. 48. — Leurs recettes sont récapitulées par le chef de service ou le receveur ambulant, sur le 33 B. Emploi de ce registre. 79 à 84. — Les remises aux buralistes sont développées chaque mois au 33 B. 83. — Elles sont dépensées d'urgence. 1000 et suiv. — Tarif des remises aux buralistes. Etat 34. 107 et suiv., 1497 et suiv., 1949. — Formation de l'état n° 107. 2000. — Indemnités à divers pour insuffisance de remises. 1492 et suiv. — Relevé 80 *ter.* 1965. — Etat 82 B. 1969. — Demandes de recettes buralistes et commissions d'emploi. Timbre. 1030. — Consignations faites aux buralistes sur acquits-à-caution. 1319. — Emploi du registre 33 A. 1321 et suiv. — Dépense des consignations buralistes. Opérations de trésorerie. 1839 et suiv. — Vérification d'une recette buraliste. Instructions. 2275. — Vérification des consignations buralistes. 2278. — Versements après arrêtés. 258.

3° *Receveurs de la garantie.* Attributions. 38. — Registre de perception 30 A. 38. — Recette du droit des marques de fabrique et de commerce. Registre 30 B. 38. — Versements. 252 et suiv. — Versements partiels. 264. — Bordereau 80 A. 1960. — Vérification d'une recette de garantie. 2290. — Pour le surplus, V. **Receveurs particuliers.**

4° *Receveurs des douanes.* Admission temporaire de sucre et de cacao importés pour la fabrication de chocolat. 652 et suiv. — Virements de fonds avec la douane. 1410 et suiv., 1929. — Fonds de subvention reçus de la douane. 1417 et suiv. — Idem, fournis à la douane. 1937. — Virements de fonds pour droits perçus sur des obligations d'admission temporaire applicables aux sucres importés. 638 et suiv. — Certificats d'exportation des sucres placés en admission temporaire. 627. — Remboursement du droit à l'exportation : Garantie. 1726. — Bières. 1731. — Répartitions d'amendes. Partage par tête avec la douane. 1786. — Sous-répartition des amendes pour fraude aux droits de douane. 1783.

5° *Receveurs des droits d'entrée et d'octroi.* Attributions. 34. — Versement des droits perçus pour le compte du Trésor. 260. — Versements après arrêtés. 258. — Versement des droits d'octroi. 261. — Cautionnements des receveurs d'entrée et d'octroi. 2396 et suiv. — Remises aux receveurs d'octroi chargés de la perception de la taxe unique et du droit d'entrée. Tarif. Instructions. 1505. — Vérifications. 2256 et suiv.

6° *Receveurs des finances.* Il est de règle que les versements aient lieu à la caisse du receveur des finances. 234. — Versements aux finances. Instructions. 1919. — Appoint. 237. — Récépissés à talon. 236. — Bons provisoires. 235. — Bordereau de versement. 246. — Obligations protestées. 583 et suiv. — Paiements pour le compte des receveurs des finances. 1012 et suiv. — Apurement des avances pour arrérages de pensions payés par provision. 1382. — Les receveurs des finances sont comptables de la caisse des dépôts et consignations. 840. — Contrôle des versements aux finances. 1926. — Echange de numéraire contre des pièces de dépenses avec les percepteurs. 1948.

7° *Receveurs des salines.* Attributions. 30 et suiv. — Fondé de pouvoirs à établir en cas de congé. 75, 76. — Versements. 252 et suiv. — Versements partiels. 264. — Part dans la remise de 1/3 p. 0/0 sur obligations. 677. — Vérifications. 2258 et suiv. — V. aussi **Receveurs particuliers sédentaires.**

8° *Receveurs particuliers sédentaires.* Attributions. 39 et suiv. — Les receveurs particuliers sédentaires encaissent les droits au comptant versés par les buralistes et receveurs d'entrée. 39. — Ils font la recette des droits constatés sans aller au domicile des redevables. 39, 367. — Livres de comptabilité qu'ils tiennent comme receveurs particuliers et comme buralistes. 41, 42. — Dépense qu'ils peuvent faire pour le compte du receveur principal. 106. — Versements des buralistes après arrêtés. 158, 1335 *bis.* — Emploi du registre 74 A. 87 et suiv. — Registre 74 D. 103 et suiv. — Récépissés 87 B. 142, 143. — Arrêté des écritures. 252. — Versements. 252 et suiv. — Versements intermédiaires. 264. — Réserves autorisées. 229 et suiv., 2502. — Remise de 1/3 p. 0/0 sur obligations 677. — Action des comptables. Avertissement avant contrainte. 681 et suiv. — Formation des avertissements n° 77. 684, 692 et suiv. — Inventaires des timbres et vignettes. 1050 *bis* et suiv. — Ce sont les chefs de poste et non les receveurs sédentaires qui livrent les vignettes aux fabricants de bougies. 1052. — Baux à loyer et questions qui s'y rattachent. 1055 et suiv. — Justification des dépenses pour frais de loyer, de chauffage, d'éclairage et de commis auxiliaires. 1566 et suiv. — Fixation des frais de commis auxiliaires. 1567. — Fondé de pouvoirs à établir en cas de congé. 75, 76. — Avis des recettes 76 K. 1960. — Bordereau 91 A. 1961. — Relevé 80 *ter.* 1965. — Relevé 80 *quater.* 1966. — Etat 81. 2008. — Etat 85. 2010. — Etat 154 D. 2013. — Relevé 76 H. 2019. — Etat 85 A. 2030. — Vérification d'une recette sédentaire. Instructions 2280.

9° *Receveurs particuliers entreposeurs.* Attributions semblables à celles des receveurs sédentaires. 53 et suiv. — Menus frais d'entrepôt. Dépenses d'urgence. 1001 et suiv. — Comptes 73 (gestion de clerc à maître). 2148. — Notice sur les pièces à produire à l'appui de ces comptes. 2150. — V. **Receveurs sédentaires et Entreposeurs.**

10° *Receveurs principaux.* Attributions. 56 et suiv. — Les receveurs principaux peuvent remplir les fonctions de buraliste. 58. — Fondé de pouvoirs à établir en cas de congé. 75, 76. — Les receveurs principaux délivrent des quittances 87 B pour les versements des receveurs particuliers, 142, 143. — Emploi et tenue du livre-journal de caisse 87 A. Modèles d'opérations à ce registre. 132 et suiv. — Sommier 88, son emploi. 144. — Registres auxiliaires 89 A, B, C. 152 et suiv. — On ne doit pas passer en bloc écriture de l'état 100 A. 160, 1340. — Ni du tableau d'appointements n° 93 A. 1339. — Versements des receveurs particuliers. 273. — Centralisation des recettes. Ecritures. 1295. — Versements après arrêtés. Ecritures. 1335 *bis.* — Ecritures à passer pour les fonds particuliers du comptable. 1364. — Virements de fonds. Contributions indirectes. 1389 et suiv. — Virements de fonds avec la douane. 1410. — Fonds de subvention reçus de la douane. 1417. — Fonds de subvention fournis à la douane. 1937. — Idem aux postes. 1940. — Le receveur principal est chargé du paiement des dépenses du service des manufactures de l'Etat. 878. — Il n'est pas chargé de celles des poudreries, aujourd'hui rattachées au ministère de la guerre. 879. — Les comptables doivent vérifier les mandats avant paiement. 985. — En cas de quittance isolée, le receveur principal acquitte lui-même le mandat pour ordre et par duplicata. 1133. — Refus de paiement d'un mandat. Formalités. 994. — Imputations de paiements erronées. Réimputations. 995. — Reversements. 995 et suiv. — Dépenses d'urgence. 1000 et suiv. — Paiements pour le compte de la trésorerie générale. Instructions. 1012 et suiv. — Justification des dépenses pour frais de commis auxiliaires, de chauffage et éclairage. 1566 et suiv. — Indemnités pour le paiement des dépenses du service des tabacs. 1650. — Ecritures en matière de répartitions d'amendes et de droits sur acquits. 1823 et suiv. — Avis des recettes 76 K. 1960. — Bordereau 91 A. Instructions. 1979. — Etat 95 A. 1990. — Etat 79 B. 2020. — Etat 85 B. 2031. — Compte de gestion 108 A. 2058 et suiv. — Compte de clerc à maître 108 A. 2140. — Comptes de gestion (matières de tabacs et poudres) et comptes de clerc à maître n° 73. 2148 et suiv. — Notice des pièces à produire à l'appui des comptes 73. 2150. — *Obligations cautionnées.* Choix des cautions. Responsabilité. 558 et suiv. — Part de la remise de 1/3 p. 0/0. 671. — Partage avec les receveurs particuliers. 677. — *Matériel, timbres.* Emploi du registre 106 A (timbres) et du registre 106 C (vignettes). 204 et suiv. — Vérification à l'arrivée des envois du magasin central. 1050 *bis.* — Les receveurs principaux n'ont pas à livrer eux-mêmes les vignettes aux fabricants de bougies. 1052. — Baux à loyer et questions qui s'y rattachent. 1055 et suiv. — Suppressions d'emplois de comptables. 2151, 2152. — Vérification d'une recette principale. Instructions. 2308.

Recherche (Droit de). Perçu comme recette accidentelle. 1276.

Recours contre les redevables. En cas de forcements en recette. 2339.

Recouvrements. Recouvrement des droits constatés. Attributions. 366 et suiv. — Epoque d'exigibilité des droits. Chap. 14, pages 125 et suiv. — Vigilance, action des comptables. 681. — Avertissement n° 54. 685. — Avertissement n° 77. 692. — Devoir des comptables de chercher à recouvrer sans frais. 699 et suiv. — Les premiers paiements des contribuables sont d'abord imputés aux frais. 1868. — Pour les frais de casernement, l'indemnité d'exercice, les produits d'abonnements généraux, on ne peut exercer des poursuites sans autorisation de l'Administration. 702. — En toute autre matière, les receveurs décident eux-même s'il y a lieu de décerner contrainte. 703. — Les contraintes doivent généralement être délivrées par les employés de la Régie. 705. — Excepté en matière de bacs. 705. — Les receveurs peuvent faire d'office pratiquer la saisie mobilière. 709. — Mais ils ne peuvent passer à la vente sans autorisation du directeur. 709. — Saisie immobilière et saisie-brandon. Autorisation de l'Administration indispensable. 740. — Les incidents (faillite, opposition, etc.) font classer les affaires au mémorial. 741. — Les huissiers ne doivent jamais recevoir le montant des créances des mains des contribuables. 743. — Forme des contraintes. Qualité. Formule. 1714. — Timbre de dimension. Timbre spécial de copies. 715. — Visa de la contrainte. 716. — Significations des contraintes. 719. — Jours fériés, 719. — Enregistrement. Tarif. Délai. 720. — Porteurs de contraintes. Garnisaires. 723, 724. — Répertoire des frais de poursuites. 1864. — Opposition aux contraintes. Contestations sur le fond des droits. 725 et suiv. — Exécution des contraintes. 729. — Détournement d'objets saisis. 733. — Restes à recouvrer en général. Chap. 20, n°s 734 et suiv. — Etat trimestriel n° 85. 735, 2010. — Etats annuels 85 A, B, C. 746 et suiv., 2030 et suiv. — Etat des restes à recouvrer au 31 décembre. 752. — Faillite des redevables. Chap. 23, pages 216 et suiv. — Privilège de la Régie. Chap. 24, page 220, n°s 787 et suiv. — Prescription acquise aux redevables contre la Régie. 1214 et suiv. — Prescription à l'égard des cautions. 1219 *bis.* — Valeur d'une contrainte au point de vue de la prescription. 1218 et suiv. — Recouvrements pour des tiers. Apurement par l'inscription en dépense de trésorerie. Recette. 1329 et suiv. — Dépense. 1848. — Avis des recettes 76 L adressé par les directeurs à la comptabilité. 1959. — Avis des recettes 76 K (receveurs). 1960. — Etat mensuel 154 E du produit de l'impôt des boissons. 2004. — Situation des recouvrements 154 C pour l'Administration. 2003.

Rectifications. Rectification du budget par une nouvelle loi, au cours de l'exercice. 853. — Rectifications d'erreurs dans les écritures des ordonnateurs secondaires. 943.

— Erreurs dans les paiements. Réimputation. 995 et suiv. — Rectifications prescrites par la Cour des comptes. Droits perçus comme recettes accidentelles. 1276. — Certificat modificatif nº 93 C. au tableau d'appointements. 1481. — Rectifications aux états 100 A et 100 B. 1826 et suiv., 1999. — Rectifications au bordereau 91 A. 1988. — Bordereau 91 C. 2035. — Rectifications aux décomptes de frais de transport de tabacs et poudres. État 96 *bis*. 1993.

Redevances des gérants. Consignation de la redevance. 178. — Apurement de cette consignation. 1344. — Inscription de la portion disponible ou recette accidentelle. 462, 1276.

Réductions. Rectifications aux décomptes de traitements. État 93 C. 1481. — Réductions au livre des droits constatés. 865.

Réemploi d'effets mobiliers et de matériaux. Leur description. 1076. — Mention à faire dans les devis et mémoires. 1172.

Réimputations. Certificat de réimputation à transmettre à l'ordonnancement en cas d'erreur. 943. — Marche à suivre en cas de réimputation de paiements erronés. 995.

Refonçage. Frais de refonçage de colis de poudre. Virements de fonds. 1556. — Inscription en dépense aux avances provisoires, en attendant régularisation. 1887. — Démontage de colis de tabacs. Menus frais d'entrepôt. 1646.

Refus. Refus de paiement d'un mandat. Formalités à remplir par le comptable. 994. — Refus d'exercice. Répartitions. 1766. — Refus d'escorte. 278.

Régie. Régie des droits réunis. 1225. — Régie générale. 1225. — Régie intéressée (octrois, cautionnements). 2401 et suiv. — Régie simple (cautionnements, octroi). 2396 et suiv. — Services régis par voie d'économie. 1442.

Registres :

Nº 9. Droit de consommation à l'arrivée, 2254.
— 30. Reg. des obligations cautionnées (sucres), 613.
— 30 A. Reg. des comptes ouverts pour les obligations (sucres), 613.
— 33 A. Dépouillement des consignations buralistes, 78, 1319 et suiv.
— 33 B. Récapitulation des recettes faites par les buralistes, 79 et suiv.
— 33 C. Reg. pour la comptabilité des vignettes de bougies, 77, 1052.
— 52 C. Cautionnements généraux, 2416 et suiv.
— 52 D. Cautionnements pour acquits, 2430 et suiv.
— 54. Reg. des avertissements, 685.
— 64 B. Reg. des factures (tabacs), 1297.
— 64 C. Reg. des ventes, 1297.
— 64 D. Reg. des factures (poudres), 1297.
— 74 A, 74 B et 74 spéciaux. Journal des receveurs particuliers, 85 et suiv.
— 74 C. Journal des entreposeurs, 93 et suiv.
— 74 D. Livre de caisse des receveurs sédentaires, 103 et suiv.
— 75 A, B, C. Reg. des comptes ouverts, 109 et suiv., 691, 1864, 2234.
— 76. Sommier, 117 et suiv., 2234.
— 83. Reg. de recette et de dépense des timbres, 127 et suiv.
— 83 A. Id. des vignettes, 131.
— 87 A. Journal des receveurs principaux, 132 et suiv., 496, 1295.
Nº 87 B. Reg. des quittances à délivrer aux comptables subordonnés, 142.
— 88. Sommier du receveur principal, 144 et suiv., 496, 1297, 1335 *bis*.
— 89 A (1re partie). Consignations d'amendes, 154 et suiv., 528.
— 89 A (2e partie). Consignations de droits sur acquits, 161 et suiv.
— 89 B. Reg. des avances provisoires, 166 et suiv.
— 89 C. Reg. des consignations et recouvrements pour des tiers, etc., 175, 1335 *bis*.
— 90. Reg. de dépouillement des bordereaux 80 A, 1306, 1978.
102. Reg. de dépouillement des produits, 2044.
103. Id. statistique, 2046.
106 A. Reg. de dépouillement des timbres, 204, 1050 *bis*.
106 C. Id. des vignettes, 207, 1050 *bis*.
122 A. Sommier pour amendes et confiscations, 464.
147 A. Reg. des obligations cautionnées, 570.
166. Sommier pour les acquits-à-caution, 466.

Autres registres, sans numéros :

Reg. de douane, série M, nº 46, pour les acquits-à-caution de sucre et de cacao. Fabrication de chocolat, 658 et suiv.
Reg. des concessionnaires de péage de ponts. Quittances. Timbre, 1024.
Répertoire des frais de poursuites, 1864.

Registres à livrer aux Domaines. 2489 et suiv.

Registre des comptes ouverts individuels. Emploi du reg. 75. 109 et suiv. — Les receveurs ambulants doivent être porteurs de ce registre en tournée. 683. — On doit annoter au compte de chaque redevable la date des avertissements successivement délivrés. 691.

Registres des redevables exempts du timbre. 1026.

Registres épuisés à remettre aux sous-directeurs. 2221. — Établissement de feuilles de contrôle nº 33. 2221.

Registres et imprimés à conserver. Nomenclature. 2489.

Registre des sommes portées aux reprises indéfinies. 764.

Registre-sommier des oppositions. 830 et suiv.

Registres (Vérifications des). 2271 et suiv.

Relevés. V. **Etats. Documents périodiques.**

Reliure des circulaires et autres instructions officielles. 2472.

Remboursements. Remboursements d'amendes consignées. Justifications. 503 et suiv. — Les restitutions d'amendes doivent être préalablement autorisées. 1005, 1006. — L'ordonnance doit être jointe à l'état 100 A. 510. — Rectifications aux états 100 A et 100 B. 1826 et suiv. — Remboursement, par suite d'erreur, des retenues pour pensions. 1291, 1292. — Remboursement de la valeur consignée des instruments et ustensiles. Justification. 1545, 1546. — Remboursement de la valeur des poudres reprises des débitants, en cas de fermeture de débit, etc. 1557. — Restitutions de droits indûment perçus. 1719 et suiv. — Restitutions pour cause d'exportation : 1° Droit de garantie, 1726. — 2° Droit de fabrication des bières. 1731. — Remboursement de manquants aux planteurs de tabacs. 1734. — Obligations protestées. Remboursement aux receveurs des finances. 584 et suiv. — Droits pour manquants chez les marchands en gros. Consignation. Remboursement ou restitution, etc. 1836 et suiv. — Remboursement du trop perçu. 1851. — Remboursement de fonds particuliers du comptable. 1860. — Remboursement de capitaux de cautionnements. Pièces à produire. 2380 et suiv.

Remises.

1° *Remises sur obligations cautionnées.* Chap. 18, page 196, n°s 669 et suiv. :

Allumettes, 555, 669.
Admissions temporaires, 625 et suiv.
Apurement de la consignation de la remise, au 89 C, 1859.
Bière, 548, 669.
Bougies, 553, 669.
Cartes, 549, 669.
Chocolat exporté, 652 et suiv.
Dynamite, 556, 669.
Décompte mensuel pour le partage, 675.
Etat de répartition quittancé, 675.
Huile de schiste, 552, 669.
Huiles végétales, 554, 669.
Inscription au 89 C, 200, 1369.
Intérimaires. Partage de la remise, 673.
Quotité de la remise, 670 à 674.
Recette de la remise au 74 (quitt. sans timbre), 90, 1049 *bis*.
Recettes extraordinaires (portion du Trésor), 675, 1362.
Receveur particulier (1/3), 677.
Receveur principal (2/3), 677, 679.
Relevé par le personnel, 678, 679.
Remises, 669, 680.
Sels, 551, 669.
Sucres, 608, 669.
Tableau des crédits et du partage de la remise, 680, 2005.
Trésor (part de remise), 671 à 676, 1362.

2° *Autres remises.* Remise de droits sur acquits-à-caution. 491 et suiv. — Remises totales ou partielles sur débets. 308. — Remises, modérations, décharges d'amendes. 503 et suiv. — Décharges de droits constatés, 765 et suiv. — Remises aux buralistes. États 34. Tarifs, etc. 1497 et suiv. — État 107. 2000. — Ces remises sont classées dans les dépenses d'urgence. 1001 et suiv. — Indemnités à divers pour insuffisance de remises. 1492 et suiv. — Les receveurs particuliers, en même temps buralistes, n'ont pas droit aux remises. 1503. — Remises allouées par la Régie aux receveurs d'octroi pour la perception du droit d'entrée ou de la taxe unique. Tarif. Instructions. 1505. — Timbre de quittance pour le versement de cette indemnité. 1039, 1508. — Remises aux entreposeurs pour la vente des poudres en Corse. Justification de dépense. 1516. — Remises aux entreposeurs pour la vente des tabacs de luxe. 1648. — Remises aux débitants de tabacs pour la vente des vignettes n°s 171, 172, 173. 2504. — Remise aux débitants de tabacs sur la vente des timbres-quittances. 1043 et suiv.

Rentes sur l'État. Cautionnements d'entrepreneurs et fournisseurs. 1092, 1096. — Idem d'adjudicataires de bacs. 2443 et suiv.

Réparations. Maisons louées par l'Administration. La Régie ne peut être mise en cause au sujet des réparations locatives. 1066. — Ces réparations sont supportées par le propriétaire ou par les employés. 1065. — Modèle de devis pour réparations de magasin à poudre. 1164. — Modèle de cahier des charges. 1165. — Réparations de magasins à poudre. Justification des dépenses 1548. — Liquidation faite sur un décompte d'architecte. 1430. — Réparation des ustensiles et menus frais. Manufactures. Justification de dépense. 1559. — Réparations ordinaires et grosses réparations. Manufactures. 1563. — Entretien des poinçons de garantie. 1544.

Répartition et remboursement de produits d'amendes, etc. 10e partie du chap. 65, page 558, nos 1739 et suiv. :

Administrations étrangères, 1742, 1774 et suiv.
Allumettes, 1753, 1817.
Amnisties, 1792.
Boissons, 1746 et suiv.
Bougies, 1752.
Brasseries, 1750.
Cartes, 1756.
Chasse (police de la), 1778.
Circulation, 1741, 1746.
Colporteurs. Primes d'arrestation. Tabacs, 1629. Poudres, 1557. Allumettes, 1753.
Commis principaux, 1785.
Contrôleurs, 1742, 1785.
Démissions, 1789.
Destitutions, 1789.
Directeurs, 1742, 1794.
Distilleries, 1750.
Double part, 1785.
Droits fraudés, 1808 et suiv., 1817.
Écritures, 1340, 1800, 1819, 1823.
Entrée (droit d'), 1747.
Etat 99, 1799 et suiv.
Etat 100 A, 1812, 1814 et suiv., 1835.
Etat 100 B, 1826 et suiv.
Etat de produit 122 B, 467, 2012.
Exercice, 1820.
Feuilles 122 C, 1814 et suiv.
Fonds de réserve du contentieux, 1784.
Frais, 1813 et suiv.
Fraudes antérieures, 1784.
Garantie, 1754, 1797.
Gardes champêtres, 1801.
Gardes forestiers, 1801.
Gendarmes, 1742, 1790, 1801.
Huiles végétales, 1752.
Huiles minérales, 1752.
Indicateur, 1742, 1783 et suiv.
Inspecteur, 1742, 1795, 1786.
Intérimaire de l'emploi de contrôleur. Double part, 1785.
Justification, 1804 à 1807, 1825.
Licence, 1748.
Maire, 1785.
Manuf. de l'État, 1773.
Marques de fabrique, 1755.
Mesures disciplinaires, 1788.
Militaires, 1742, 1783, 1790.
Non-rapport d'acquits-à-caution, 1749, 1758, 1760, 1762, 1764, 1826.
Octrois, 1767 à 1772, 1780 et suiv., 1795, 1801.
Opérations à faire au 87 A, 158, 496.
Pêche, 1779.
Postes, 1777.
Poudres, 1763, 1764.
Préposés des douanes, 1783, 1787, 1801.
Préposés d'octroi, 1742.
Préposés étrangers, 1742, 1801.
Primes d'arrestation (allumettes), 1753.
Quittances de la gendarmerie, 1145.
Rébellion, 1765.
Rectifications, 1826 et suiv.
Refus d'exercice. Opposition aux fonctions, 1766.
Remboursements, 1826 et suiv.
Répartitions, 1739 à 1835.
Restitutions, 1826 et suiv.
Roulage, 1776.
Saisies à domicile, 1741.
Saisies communes, 1742, 1767 et suiv., 1770.
Salpêtres, 1763.
Sels, 1757, 1758.
Service des pensions, 1775, 1798.
Sous-répartitions, 1774 et suiv.
Sucres, 1759.
Tabacs, 1761.
Timbre des quittances pour amendes versées par l'octroi, 1039. — Versées à l'octroi par la Régie. Quittance K *bis*, 1039. — Autres quittances. Généralités, 1141 et suiv., 1776 *bis*.
Vente en gros et en détail, 1748.
Verbalisants n'ayant pas droit au partage, 1742, 1748, 1786.
Versement de parts des préposés étrangers, 463, 1259, 1803.
Vinaigres, 1752.
Voitures publiques, 1751.

Répertoire des frais de poursuites. Ce registre est indépendant du relevé des frais de poursuites annexé au sommier 76. 125.

Reprise à charge de transport. On appelle ainsi le total des restes à recouvrer au 31 décembre, qui forme la reprise du compte 108 A, 1re partie, 738.

Reprises indéfinies. Chapitre 22, page 212 :

Absence des redevables, 760.
Amendes, 763.
Apurement du compte des avances provisoires pour frais, 1376 et suiv. Autorisation nécessaire pour la présentation de frais en reprise indéfinie, 1006.
Certificats d'insolvabilité. Procès-verbaux de carence, etc. Original et copie à joindre à l'appui de l'ordonnance d'abord, et à l'appui du mandat ensuite, 763, 1608.
Droits et produits, 756 à 762.
Etats de proposition, 759 à 761.
Frais de justice, 763, 1376.
Insolvabilité des redevables, 760.
Justifications à produire, 759.
Ordonnancement de frais judiciaires admis à reprise indéfinie. Propositions, 171.
— Pièces à produire à l'appui des propositions, 533, 759, 760.
— Recouvrements sur reprises indéfinies portés en recette accidentelle, 764, 1276.
Registre des sommes portées aux reprises indéfinies, 764.
Responsabilité, 756 à 758.
Restes à recouvrer, 759.
Tableau de situation au 31 mars, 762.

Reprises pour traitements. Traitements indûment payés. 1452.

Réquisition pour escorte de fonds. 277 et suiv. — Modèle de réquisition. 281.

Réserves autorisées. :

Autorisation nécessaire, 229.
Directeurs et sous-directeurs, 230, 233, 2502.
Etat annuel des réserves autorisées, 2502.
Lettres spéciales fixant les réserves, 231, 2502

Quittances individuelles, 232, 233.
Traitements, 230.
Versements anticipés (dispositions spéciales) 233 *bis*.

Responsabilité. Incompatibilité et responsabilité. 64 et suiv. — Responsabilité des vérificateurs à l'occasion de débets. 283. — Responsabilité des comptables en matière de concession de crédits de droits et d'obligations cautionnées. 617, 786. — Responsabilité des comptables en ce qui concerne le recouvrement des droits. 756. — Responsabilité des comptables en cas de paiement de mandats à d'autres qu'aux titulaires. 1009. — Responsabilité en cas de paiement de mandats pour le compte du trésorier-payeur général. 1013. — Remise de fonds aux percepteurs en échange de pièces de dépense. Responsabilité. 1017, 1018. — Responsabilité des vérificateurs en cas de manquants de timbres dont il a été fait abus. 1051. — Responsabilité générale des comptables dans les dépenses publiques, 1420 et suiv. — Forcement en recette. 2335 et suiv.

Restes à recouvrer. Le chap. 20, page 209, n°s 734 et suiv., est consacré aux restes à recouvrer:

Action des comptables pour le recouvrement des droits. Avertissements, etc., 681 et suiv.
Contrainte. Exécution des contraintes, etc., 699 et suiv.
Compte n° 108 A, 737, 750.
Décharges admises, 747, 749.
Droits indûment constatés, 740.
Droits irrécouvrables, 740.
Etat des restes à recouvrer au 31 mars, 742, 1589.
Etat annuel des restes à recouvrer fourni au ministère, 752 à 755.
Etats annuels des cotes irrécouvrables n°s 85 A, 85 B et 85 C, 745, 2030 à 2032.
Etat trimestriel des restes à recouvrer n° 85, 735, 736, 2010.
Primes d'apurement, 739.
Recouvrements, 734, 751.
Relevé général n° 101. Justification des restes à recouvrer, 515, 736.
Relevés nominatifs par recette, 743 à 745.
Responsabilité des comptables, 747 à 749.
Sommes portées en reprise à charge de transport, 737, 738.

Restitutions. Restitution de droits sur acquits-à-caution. L'Administration doit toujours être consultée. 491, 504. — Marche à suivre. 492, 1827 et suiv. — Droits consignés pour manquants chez les marchands en gros. Restitutions, remboursements ou conversion en perception définitive. 1836 et suiv. — Restitutions d'amendes et confiscations. 505 et suiv. — Rectifications aux états 100 A et B, etc. 1826 et suiv. — Les restitutions de droits se rattachent au budget de l'année pendant laquelle elles ont été ordonnancées ou mandatées. 893. — Restitutions de droits indûment perçus. Marche à suivre. Pièces à produire, etc. 1719. — Remboursement du droit de garantie pour cause d'exportation. Instructions. 1726. — Remboursement du droit de fabrication des bières pour cause d'exportation. Instructions. 1731. — Restitution, par la caisse des dépôts et consignations, des cautionnements provisoires d'entrepreneurs et fournisseurs. 1097. — Remboursement des cautionnements des employés de la Régie. 2380. — Idem des employés d'octroi. 2412 et suiv. — Remboursement de manquants de tabacs aux planteurs. 1734 et suiv. — Les quittances délivrées pour droits remboursés à des contribuables doivent être timbrées à 10 c. quand la somme dépasse 10 fr. 1723. Les demandes de remboursement de droits doivent être faites sur papier timbré. 1720, 1727.

Retenues. Retenue d'un centime par kilog. de tabac pour les experts. Recette effective. 460, 1270. — Retenues pour retard de livraison de fournitures et de services du matériel. Adjudications et marchés. Travaux et fournitures. Justification des dépenses. 1518 et suiv. — Retenues à exercer envers des entrepreneurs et fournisseurs. Liquidation. 872. — Retenues aux voituriers, pour avaries, pertes et soustractions de tabacs. 1278. — Idem de poudres. 1283. — Retenues pour pensions civiles. Recette effective. 457. — Recette des produits qui sont imputés à la caisse des retraites. Ecritures. Retenue de 5 p. %. 1285. — Premier mois d'appointements, etc. 1286 et suiv. — Décompte des retenues du 1er douzième et des augmentations, à joindre au 93 A. 1450. — Fraction de centime forcée dans le calcul des retenues pour pensions. 1471, 1472. — Retenues pour le Trésor et la caisse des retraites dans les répartitions d'amendes ou de droits sur acquits. 1739 et suiv. — Retenues pour pensions. Imputation d'exercice. 1312. — Retenues exercées en vertu de saisies-arrêts. 798 et suiv. — Retenues volontaires pour dettes. 837. — Retenues pour dettes. Mise en consignation au 89 C. 1356. — Retenues pour loyer. Inscription au 89 C. 1357.

Retraites. Retenues pour pensions civiles. Recette effective. 457. — Les pensions sont incessibles et insaisissables. Exceptions. 810. — Prescription des pensions non réclamées, après 3 ans. 1183. — Recette des produits imputés à la caisse des retraites. Ecritures. Retenue de 5 p. %. 1285. — Premier mois des appointements et des augmentations d'appointements. 1286. — Retenues pour congés et punitions. 1287. Parts d'amendes et de droits sur acquits. 1288, 1739 et suiv. — Portion de la caisse des retraites dans la répartition de la valeur des tabacs et poudres saisis. 1289. — Autres recettes. 1290. — Remboursements. 1291 et suiv. — Réintégration après démission, révocation. Retenue du 1er mois de traitement. 1286. — Fraction de centime forcée dans le calcul des retenues pour pension. 1471, 1472. — Décompte du 1er douzième de traitement et des augmentations de traitement à joindre au tableau 93 A. 1450. — Imputation d'exercice des retenues pour pensions. 1312. — Arrérages de pensions payables par provision. Inscription des avances au 89 B. 1881. — Instruction par le règlement de ces avances. 1382. — Caisse de retraites pour la vieillesse. Retenues sur les gages et salaires des ouvriers des manufactures de l'Etat. Instructions. 1358 *bis*. — Versement des sommes retenues. 1858. — Pour le surplus, V. **Pensions.**

Revendication d'objets saisis. 711.

Revenus des immeubles dotaux. Créances saisissables. 791.

Reversements. Opération à faire lorsqu'un paiement a été effectué à tort. 941, 946 et suiv. — Réimputations de paiements, instructions concernant les reversements. 995 et suiv. — Poursuites pour obtenir le reversement. 1435.

Revision des arrêts de la cour des comptes. 2163.

Révocation. Retenue, pour la caisse des retraites, du 1er mois de traitement, en cas de réintégration. 1286, 1472.

Sacs. Passe des sacs. 225.

Saisies à domicile. Répartitions d'amendes. 1746 à 1749.

Saisies-arrêts contre la Régie. V. 795 et suiv. — Les saisies du produit des droits faites entre les mains des comptables de la Régie sont nulles et de nul effet. 795.

Saisies-arrêts sur traitements et cautionnements. Le chap. 26, p. 223, nos 798 et suiv., est consacré à cet article.

Caisse des dépôts et consignations. Versement des retenues, 815 à 823.
Cautionnements. Oppositions, 808, 2340 et suiv.
Certificat des sommes dues, 811 à 814.
Changement de résidence des employés. Instructions, 829.
Dépôt et forme des oppositions. Pièces à l'appui. Nullités, 804 et suiv.
Exploit de saisie-arrêt. Ses énonciations, 804 à 810.
Extrait des oppositions. Récépissé, 826 à 828.
Frais de bureau, non saisissables, 802.
Indemnités, 798.
Limite assignée aux saisies-arrêts sur traitements, 798.
Nullités de forme de l'opposition, 804 et suiv.
Octrois. Opposition sur les traitements des préposés, 803.
Oppositions, 804 à 810.
Paiements irréguliers, 824 et suiv.
Paris. — Signification d'opposition, 807.
Parts de saisies saisissables en totalité, 800.
Pensions de retraites, 810.
Perte de cheval. Allocation à ce titre insaisissable, 801.
Pièces à produire, 804 à 810.
Prescription, 833 et suiv.
Primes d'apurement non saisissables, 802.
Primes d'arrestation, saisissables en totalité, 800.
Privilège du bailleur de fonds de cautionnement, 2345, 2357 et suiv.
Récépissés des extraits, 826 à 828.
Registre des oppositions, 830.
Remises, 798, 799, 818, 820.
Renouvellement des saisies-arrêts, 833.
Retenue sur traitement, à calculer sur le traitement brut, 798.
Saisie-arrêt, 804 et suiv.
Secours. Sommes allouées à ce titre, insaisissables, 801.
Sommes non encore ordonnancées, 809.
Sommier des oppositions, 830.
Surveillance des chefs, 836.
Traitements. Portion saisissable, 798, 799, 818, 820.
Versement à la caisse des dépôts et consignations, 815 à 823.
Visa des oppositions, 809, 826.

Saisie-brandon. La saisie-brandon, c'est-à-dire la saisie des récoltes sur pied, des fruits pendants par racines, doit être autorisée par l'Administration. 710.

Saisies communes. Principaux cas de saisies communes à l'octroi et à la Régie. 1770. — Division, dans les saisies communes, de la part d'amende et confiscation à attribuer à la Régie de celle à attribuer à l'octroi. Partage proportionnel. 1767. — Sous-répartition des amendes versées par les administrations étrangères, y compris l'octroi. 1774 et suiv. — *Timbres de quittance*. Versement par la Régie à l'octroi de parts d'amendes revenant à la ville et à ses préposés. Quittance du K *bis*. 1039. Versement par l'octroi de parts d'amendes attribuées aux employés de la Régie dans des affaires d'octroi. Quittance du 74. 1048.

Saisies de tabacs et de poudres. Envoi aux poudreries des poudres de saisies.

Autorisation nécessaire. 1555. — Achat de poudres reprises des débitants ou provenant de saisies. Prime d'arrestation. Justification des dépenses. 1557. — Achats de tabacs provenant de saisies, repris des débitants, et primes d'arrestation de colporteurs. 1624 et suiv. — Frais de destruction et d'emballage de tabacs saisis. Justification des dépenses. 1635. — Classement des tabacs saisis, valeur de ces tabacs suivant qualités. 1625. — Valeur des poudres saisies. 1557. — Portion du Trésor et de la caisse des retraites dans la répartition de la valeur des tabacs et poudres saisis. États 71 A et B. Modes de répartition. 1259 et suiv.

Saisie-exécution. Exécution des contraintes. 709, 729 et suiv., 776, 793.

Saisie immobilière. La saisie immobilière ne peut être pratiquée sans autorisation de l'Administration. 710.

Saisie mobilière. Les receveurs ont le droit de faire pratiquer d'office la saisie mobilière. 709. — Mais ils doivent demander l'autorisation du directeur pour procéder à la vente. 709. — Détournement d'objets saisis. 733.

Salaires. Retenues sur les salaires des ouvriers des manufactures, pour la caisse des retraites de la vieillesse. 1358 *bis*, 1858. — Salaires des préposés temporaires (tabacs). Justification des dépenses. 1656. — Service du matériel. Salaires à la journée ou à la tâche. Travaux exécutés en régie par économie. Justification des dépenses. 1524. — Gages et salaires des ouvriers de manuf. Dépenses. 1560, 1561.

Salpêtres. Droits dus sur les sels obtenus dans la fabrication du salpêtre. Constatation. Exigibilité. 430. — Fabricants. Licence. Tarif. 1247. — Répartition d'amendes. 1763.

Scellés. Opposition de scellés après constatation de débet. 299 et suiv., 302.

Schiste (Huile de). Constatation. Exigibilité du droit. 444. — Tarif. 1242. — Obligations cautionnées. 539. — Remise de 1/3 p. % sur obligations. 669. — Compétence pour l'apurement des acquits-à-caution. 490. — Répartitions d'amendes. 1752.

Seconds droits. Consignation de droits sur acquits non rentrés. Emploi du reg 89 A (2e partie). 161 et suiv. — Exigibilité de ces droits. 465 et suiv. — Constatation État 196. 476. — Compétence des directeurs en matière d'apurement d'acquits-à-caution. 490. — Répartition de consignations sur acquits. État 100 B. 1827 et suiv. — Second droit sur manquants de timbres. 1276. — Second droit sur manquants de matières de cartes. 1257, 1358. — Second droit sur instruments manquants. 1054, 1269.

Secours. Les secours annuels sont imputés sur l'exercice qui doit en supporter la dépense. 893. — Les secours accidentels et temporaires sont imputés d'après la date des décisions qui les accordent. — Les allocations faites à titre de secours ne peuvent être frappées de saisie-arrêt. 801. — Allocation de secours. Justification des dépenses 1580. — Secours et indemnités à des orphelins ou à des veuves d'employés (manuf. de l'État). Justification de dépense. 1661. — Indemnités et secours viagers à des ouvriers blessés ou infirmes (manufactures). 1668.

Sels. Droit sur les sels. Tarif. 1237. — Constatation. Exigibilité. 430. — Redevance pour indemnité d'exercice chez certains industriels qui emploient du sel en franchise. 451. — Compétence en matière d'apurement d'acquits-à-caution. 490. — Obligations cautionnées. 539 et suiv. — Remise d'un tiers p. % sur obligations. 669 et suiv. — Répartitions d'amendes. 1757.

Séquestre. Mise sous séquestre des biens d'un comptable en débet. 300.

Services extraordinaires. Indemnités pour frais de recensement, d'inventaires, et pour services extraordinaires. 1575.

Services régis par voie d'économie. Avances faites à ce titre. Instructions. 1442.

Sextuples droits. Consignation de droits sur acquits non rentrés. Emploi du reg. 89 A (2e partie). 161 et suiv. — Exigibilité de ces droits. 465 et suiv. — Constatation. État 196. 476. — Compétence des directeurs en matière d'apurement d'acquits-à-caution. 490. — Répartitions de consignations sur acquits. État 100 B. 1827 et suiv., 1998.

Signatures. Les signatures griffées sont interdites en ordonnancement et en comptabilité. 890.

Signification des contraintes, par les employés et par les huissiers. 719 et suiv. — La signification d'une contrainte ne peut avoir lieu un jour férié. 719. — Timbre spécial de copie d'exploit. Les employés de la Régie sont dispensés d'en faire usage. 715.

Simplification des écritures au reg. 87 A et aux registres auxiliaires. 138.

Situation. Situations de finances à publier, 24. — Situation de crédits. Feuille 155 et feuille annexe 155 *bis*. 2006. — Situation finale. 937 et suiv. — Situation des recouvrements. Avis des recettes 76 K et 76 L. 1959 et suiv. — Etat 154 C. 2003. — Situation de timbres et vignettes. 33 D, 83 B, 106 C et 106 D. 1051 *bis*. — Situation de caisse au 31 décembre. Etat 108 C. 2093. — Situation de timbres et instruments. Etat 152 B. 2104.

Solde (Paiement par solde). Dépenses publiques. Justifications. 1429 et suiv. — Justifications concernant les dépenses de matériel en paiements fractionnés. 1518 et suiv.

Solvabilité. Solvabilité des cautions en matière d'obligations cautionnées. 558 et suiv., 616 et suiv. — Renseignements à prendre aux hypothèques. 559. Cautionnements au reg. 52 C et D. Solvabilité. 2416 et suiv. — Reprises indéfinies. Justification de l'état d'insolvabilité des redevables. P. — V. de carence, etc. 760 et suiv.

Sommes (en toutes lettres). En principe, les abréviations sont interdites sur les registres, dans les procès-verbaux et autres actes. 880. Abréviations autorisées dans le libellé des art. du 87 A et des reg. auxiliaires. 138.

Sorties non justifiées. Epoques de constatation et d'exigibilité du droit d'entrée. 392 et suiv. — Apurement des consignations sur passe-debout. 1843. — *Garantie*. Défaut de justification de sortie pour l'exportation. Constatation et exigibilité du droit. 440. — *Obligations d'admission temporaire de sucres*. Apurement des obligations en cas de non-exportation. 631.

Soumissions cachetées. Adjudications et marchés. 1071 et suiv. — Modèle de soumission. 1166.

Soumissions et obligations cautionnées. Les instructions relatives aux obligations, à leur acceptation, aux cautions, protêts, remises, intérêts de crédit et de retard, sont insérées au chap. 15, nos 539 et suiv. ; — au chap. 16, nos 596 et suiv. ; — et au chap. 17, nos 669 et suiv. — V. du reste **Obligations**.

Sous-directeurs. Leurs attributions :

Abonnements. Prop. de résiliation, 2223.
Affaires contentieuses. Suite, 2216.
Appels mensuels et trimestriels, 2220 et suiv., 2288 et suiv.
Attributions, 2200 et suiv.
Apurement des acquits-à-cautions, 2217 ; des passe-debout, 2223.
Autorisation de délivrance d'acquits en franchise pour changement de domicile, 493.
Autorisation de paiement au compte des avances provisoires, 889.
Autorité sur les employés de la circonscription, 2200.
Bacs. — Renouvellement des baux, 2219.
Baux. — Renouvellement, 2219.
Baux à loyer et questions qui s'y rattachent, 1055 et suiv.
Bordereaux des recettes. Reg. 90, 1978, 2211.
Cahiers des charges. — Examen des projets, 2219.
Cautions. — Admission en matière de bacs et francs-bords, 2219.
Certificats de quitus. — Visa du sous-directeur, 2214.
Contraintes. — Surveillance des poursuites, 712, 729.
Décharges. — Formation des états de proposition, 2223.
Etats de répartition n° 71 A, 2218.
Etat 99, 1799, 2218.
— 100 A et B, 2206.
— 101, 104, 122 B, 196, 2047 *bis*, 2048, 2213.
Expertises de tabacs saisis, 2218.
Frais de saisies et de poursuites. — Avances provisoires, 2208.
Frais de transports. Arrêté des décomptes, 2209.
Indemnités. Proposition d'allocation, 2223.
Intérim de l'emploi de sous-directeur, 2224.
Ordonnancement. Le sous-directeur est sous-ordonnateur, 13, 886.
Pièces de comptabilité. Visa, 14, 1445, 2212.
Portatifs. Vérification, 2220.
Préposés temporaires. Indemnités. Propositions, 2223.
Provisions de pensions. Proposition de régularisation, 2223.
Recensement d'entrepôt de tabac, 2201.
Reg. n° 90, 1978, 2211.
Reg. n° 102, 2044, 2213.
Reg. 103, 2046.
Registres épuisés, 2221.
Relevé général des produits n° 101. Formation, 2036, 2042.
Répartitions. Etats 99, 1799, 2218.
Résiliation d'abonnements. Propositions, 2223.
Responsabilité, 283, 2222.
Restitution de droits. — Propositions, 2223.
Sorties non justifiées. Propositions, 2223.
Sommier des oppositions. Surveillance, 836.
Tableaux d'appointements. Formation, 889, 1460, 2205.
Tournées. — Allocations à ce titre, 2202, 2224.
Vérifications qui incombent au sous-directeur, 2201, 2215 et suiv.
Versements. Fixation des dates, 2203.
Virements de fonds, 2210.
Visa des pièces justificatives, 14, 1445, 2212.

Sous-répartitions. Sous-répartition des parts d'amendes versées par les administrations étrangères, et spécialement par les octrois. 1774 et suiv.

Soustractions en cours de transport. Soustractions de deniers publics. 225 et suiv. — Soustractions de tabacs. Retenues à exercer. 1278, 1636. — Idem de poudres. 1283, 1551. — Soustractions d'impressions. 2481.

Successions vacantes. Curateurs. 846.

Sucres. Tarif du droit. 1238. — Sucres destinés au sucrage des vendanges. 1238. — Tarif de la licence des fabricants. 1247. — Paiement du droit exigible au moment de l'enlèvement des sucres. 432, 596. — Constatation. 432. — Bulletins d'enlèvement nº 26. 432, 597. — État de produit nº 22. 432. — Compétence en matière d'apurement d'acquits-à-caution. 490. — Obligations cautionnées pour les droits. 539 et suiv. — Obligations d'admission temporaire. 596 et suiv. — Obligations d'admission temporaire pour la fabrication du chocolat. 652 et suiv. — Remise de 1/3 p. 0/0 sur obligations. 669 et suiv. — Intérêts de crédit. Intérêts de retard. 545. — Les obligations sont souscrites sur le registre nº 31. 620, 629. — Livre spécial des comptes ouverts pour crédits de droits, nº 30 A. 622, 630. — Délai de souscription des obligations pour droits. 621. — Délai de paiement des obligations pour droits (4 mois). 545. — Délai pour la libération des obligations d'admission temporaire (2 mois). 625. — Apurement des obligations d'admission temporaire. 631. — Prix des plombs. 1271. — Indemnités pour frais de surveillance des fabriques et des entrepôts de sucre. 1238, 1273. — Indemnités de logement aux employés des sucres et des distilleries. 1475 *bis*. — Indemnités de déplacement. 1575. — Honoraires des chimistes et indemnités aux agents des laboratoires. 1483 *bis*. — Répartitions d'amendes et de droits sur acquits. 1759, 1760. — État de situation d'admissions temporaires, série C, nº 74 *bis*, à joindre mensuellement au bordereau 91 B. 1955.

Suppressions d'emplois de comptables. Receveur principal. 2151. — Receveurs subordonnés. 2152.

Surcharges. Aucun décompte de liquidation ne doit être surchargé. 880. — Ratures et surcharges à approuver dans les devis. 1077.

Surnuméraires. Les demandes d'admissions au surnumérariat doivent être établies sur papier timbré. 1030. — Indemnité de 50 fr. aux surnuméraires. Dépenses. Justifications. 1513.

Survivance. Attribution des redevances versées par les gérants de débits de tabac. 1346.

Suspension de comptables. Débets et déficits de caisse. 282 et suiv. — Pouvoir de suspension donné aux inspecteurs. 2238.

Syndics. Procédure à suivre pour la garantie des créances de la Régie, en cas de faillite. 774 et suiv. — Le syndic d'une faillite qui, dans l'intérêt de la masse des créanciers, continue le commerce des boissons, doit faire une déclaration de profession et fournir caution, s'il y a lieu. 778. — Les tribunaux de commerce sont incompétents, dans les contestations qui peuvent s'élever entre le syndic et la Régie, pour le privilège, ou sur le fond des droits. 783.

Système décimal. Les titres de créance doivent exprimer les quantités de poids et mesures, d'après le système décimal. 988.

Système monétaire. 217 et suiv.

Tabacs.

Achats de cigares, 1693.
— d'échantillons, 1695.
— de tabacs exotiques, 1687.
— de tabacs indigènes, 1683.
— de tabacs par les consuls, 1697.
— de tabacs provenant de saisies chez les planteurs, 1701.
— de tabacs provenant de saisies ou repris des débitants, 1624 et suiv.
Avaries. — Règlement, 1278, 1707.
Choix des maisons pour l'installation des entrepôts, 1060.
Classement de tabacs de qualité supérieure. Indemnité spéciale, 1626, 1761.
Colis. — Prix, 1280.
Comptes 73 et notice, 2148, 2150.
Constructions nouvelles et grosses réparations (manufactures), 1564.
Dépenses du service des tabacs en Algérie, 1713.
Droits de douane, 1699.
Entretien et réparation d'ustensiles et menus frais, 1559.
Entretien et réparation des bâtiments (manufactures), 1563.

Etats nº 96, 1637, 1992 ; nº 96 *bis*, 1993 ; nº 97, 1994.
Expertise de tabac en feuilles. Frais, 460, 1270, 1681.
Expertise de tabacs saisis, 1625, 1626, 1761.
Factures. Timbre exigible, 1050, 1276 *bis*.
Frais accessoires dans les entrepôts, 1615 et suiv.
Frais de classement du tabac. Indemnités aux entreposeurs, 1647.
Frais de destruction et d'emballage de tabacs saisis, 1635.
Frais de missions (manufactures). 1662.
Frais de paquetage de tabac, 1280.
Frais de transport et frais accessoires, 1637 et suiv., 1703, 1717.
Frais divers réglés sur mémoire, 1709.
Frets et menus frais de réception, 1699.
Gages et salaires des ouvriers (manufactures), 1560, 1561.
Jus de tabac. Recette accessoire à la vente des tabacs, 1276 *bis*, 1280.
Justifications à produire pour les recettes accessoires, 462, 1309.
Loyers des magasins des entreposeurs. Dépense, 1573.
Loyers et contributions. Manuf. de l'Etat, 1558.
Manquants dans les entrepôts, 1276 *bis*.
Manquants chez les planteurs, 1279.
Paiements des dépenses des manufactures. Indemnités aux comptables de la Régie, 1650.
Pertes. Retenues aux voituriers, 1278.
Primes d'arrestation, 1629 à 1633.
Primes d'assurances, 1699, 1711.
Primes d'exportation, 1277.
Prix des colis, 1280.
Recette (produits généraux de la vente), 453, 1276 *bis*.
Recettes accessoires. Paquetage. Colis. Jus de tabac. Justification, 462, 1280, 1309.
Redevance en cas de vacance de débit de tabac, 1276, 1344 et suiv., 1855.
Remises sur la vente des tabacs de luxe. 1648.
Répartition de la valeur des tabacs saisis. Tarif, 1259, 1260.
Répartitions d'amendes, 1761 et suiv.
Résidus de tabac, 1276 *bis*.
Retenue d'un centime pour les experts, 460, 1270.
Retenues aux voituriers pour retards, avaries, etc., 1278.
Soustractions en cours de transport. Règlement, 1278.
Tabacs de bénéficiement, 1689.
Tabacs exportés. Obligations, 550, 1277, 1282.
Tabacs provenant de sauvetage en mer, 1691.
Tabacs reçus par suite d'adjudications ou marchés, 1687.
Tabacs repris des débitants, 1624 et suiv.
Tabacs saisis. Portion du Trésor, 455, 1259, 1312.
Timbre des coupons d'acquits-à-caution, 1040.
Ventes et manquants, 457, 1276 *bis*.
Versements à la douane de la valeur des tabacs saisis, 1259, 1260.

Tableaux. Tableau des redevables proposés pour les crédits de droits. Modèl nº 25. 609 et suiv. — Tableau de prix de vente des allumettes chimiques. 1239. — Tableaux d'appointements 93 A, 93 B, et certificat modificatif nº 93 C. Instructions à l'appui, modèles, etc. 1443 et suiv. — Tableau des propriétés immobilières de l'Etat affectées à un service public. 2116, 2455. — Tableau annuel du mobilier du bureau d'ordre. 2452. — Autres tableaux. V. **Etats.**

Tacite reconduction. Continuation d'un bail à loyer, dans ce cas. Déclaration de location verbale à faire à l'enregistrement. 1069.

Talons de quittances. Rapport exact entre le volant et la souche. 86, 1113.

Tarif du droit d'enregistrement des contraintes. 721 ; — du droit d'enregistremen de déclaration de bailleur de fonds de cautionnement. 2358.

Tarifs des principaux droits perçus par la Régie. 1230 et suiv.

Taxe des lettres et paquets. Recette. Dépense. Tarif. 179 et suiv., 1332.

Taxes locales. Médicaments. 363. — Tarif du droit d'entrée. 1234. — Consignations sur passe-debout. Recette. 1319 et suiv., 1965. — Dépense. 1843, 1966.

Taxe unique. Constatation et exigibilité du droit. Droit au comptant. 344. — Droit constaté. 395. — Définition de la taxe unique. 1234. — Complément de taxe unique perçu comme recette accidentelle. 1276. — Taxe de remplacement à Paris et à Lyon. Tarif. 1234.

Tiers. Droits des tiers à l'égard du privilège de la Régie. 787 et suiv. — Les paiements doivent être faits aux personnes dénommées aux mandats. 1008. — Paiement à des tiers. Procuration. Timbre. Enregistrement. Exceptions. 1135 et suiv. — Paiements à des héritiers. Chap. 40, nºs 1189 et suiv.

Timbres.

1º *Timbres et vignettes considérés comme objets de matériel.* Registre 33 B des recettes buralistes. Son emploi. 79 et suiv. — Registre 33 C. pour la comptabilité des vignettes de bougies. 77, 1052. Situations de timbres. 33 D (recettes buralistes). 82, 1051 *bis*. — 83 B (recettes particulières). 131, 1050 *bis*. — 106 D (recettes principales). 1051 *bis*. — 106 E (vignettes). 131, 1051 *bis*. — Registres de recette et de dépense des timbres et vignettes nºs 83 et 83 A (recettes particulières). 127 à 131. — Registre 106 A des timbres et instruments (recettes principales). 204 et suiv. —

Registre 106 C des vignettes (recettes principales). 204 et suiv. — Tarif des vignettes de bougies. 2098. — Vignettes pour bougies importées. 2505. — Les timbres du receveur ambulant (timbres du comptable) sont portés en recette au 74 B. 91. — Vérification des timbres et vignettes chez les comptables. Instructions détaillées. 1050 *bis*. — Comptage des feuilles. 1052. — Vérification à l'arrivée des envois du magasin central. 1052 *bis*. — Nombre de recensements à faire par les inspecteurs. 1053. — Recensement en cas de changement de gestion, 1053 *bis*. — Comptabilité des vignettes de bougies. 1054 *bis*. — Bonne tenue des magasins. Classement. Manquants. 1054. — Droits exigibles pour timbres manquants. 1er droit perçu comme recette effective. 1054, 1256. — 2e droit perçu comme recette accidentelle. 1276. — Le droit sur manquants est immédiatement exigible. 1052. — Les excédents sont pris en charge. 1052. — Les vignettes de bougies sont livrées aux fabricants par les chefs de poste ou contrôleurs et non par les receveurs sédentaires. 1052. — Comptes-matières 108 A *bis* et 108 B *bis*. 2095. — Etats 151 A et 151 A *bis*. 2100. — Etats 151 C et 151 C *bis*. 2101. — Procès-verbal d'inventaire 152 B. 2104.

2° *Vente de timbres spéciaux.* Bons de transport ou vignettes nos 171, 172 et 173. Remise aux débitants de tabac. 2504. — Vente de timbres mobiles à 10 c. par les entreposeurs aux débitants de tabac. Défalcation de la remise à accorder à ces débitants. 1043 et suiv.

3° *Timbre de la Régie considéré comme élément de recette.* Les expéditions et quittances délivrées par les comptables de la Régie sont frappées d'un timbre spécial à 10 c. 1048. — En ce qui concerne les quittances, ce timbre est toujours exigible. 1048. — Exceptions, dans certains cas, lorsque la somme ne dépasse pas 50 c. 1049. — Il n'y a pas de décimes sur le droit de timbre de la Régie. 1256. — Les timbres des quittances de droits d'octroi sont perçus au profit du Trésor, et non de la ville. 1049 *bis*. — Quittances de sommes consignées sur acquits-à-caution non rentrés. Timbre exigible. 1050. — Factures de tabacs et de poudres. Timbre exigible. 1050. — Le timbre de la quittance du 74 n'est pas exigible pour les versements faits au receveur particulier par les receveurs buraliste et d'entrée. 88. — En principe, les quittances délivrées de comptable à comptable d'administration publique sont affranchies de timbre. 1149. — Quittances non timbrées du registre 87 B pour les versements des receveurs particuliers à la recette principale. 242. — Timbre du registre 74 B exigible pour indemnités d'exercice, frais d'impressions et de casernement. 1127 et suiv. — Le timbre de la quittance du 74 n'est pas exigible pour la recette de la remise de 1/3 p. 0/0 sur obligations. 90, 1049 *bis*. — Timbres manquants aux charges des comptables : 1er droit perçu comme recette effective. 1054, 1256. — 2e droit perçu comme recette accidentelle. 1276. — Le droit sur manquants est immédiatement exigible. 1052. — Vignettes de bougies manquantes aux comptes des fabricants. Constatation du droit. 446. — Timbres des récépissés des marchandises déposées dans les magasins généraux de l'Etat. Recette pour la Régie. 1294.

4° *Timbre mobile à 10 c. pour quittances, reçus et décharges.* Emploi de ce timbre. 1034 et suiv. — Oblitération dudit timbre. 1042. — Vente de timbres à 10 c. pour les débitants de tabac. 1043. — Le timbre n'est jamais à la charge de l'Etat. 986. — Timbre des quittances d'appointements. 1036. — Timbres spéciaux pour émargements par groupes sur les états d'appointements. 1037, 1477 *bis*. — Emargement de l'état 34 des remises aux buralistes. Timbre. 1499. — Timbre des coupons d'acquits-à-caution de tabacs et poudres, pour frais de transport. 1040. — Les quittances de moins de 10 fr. ne sont pas soumises au timbre. 1147. — Il en est de même des quittances constatant le versement de droits d'octroi à la caisse municipale par les receveurs de la Régie ou de l'octroi. 1039, 1148; — ainsi que pour les quittances données pour ordre et par duplicata au pied des mandats. 1151; — et pour les quittances d'agents administratifs, relatives à des avances faites pour le compte de l'Etat (états de frais de plus de 10 fr., etc). 1152. — Le timbre à 10 c. doit être apposé sur les quittances de remboursements de droits. 1723. — Les quittances de l'octroi (K *bis*) pour remises allouées par la Régie aux receveurs d'entrée doivent être revêtues du *timbre mobile* à 10 c. pour quittances, reçus et décharges. On annule, dans ce cas, le timbre de la Régie qui est sur l'ampliation. 1146.

5° *Timbre de dimension, timbre à l'extraordinaire, timbre proportionnel.* Sont assujétis au timbre de dimension, les pétitions, demandes, mémoires, factures, etc. 1030, 1160 ; — ainsi que les procès-verbaux de contraventions, contraintes, transactions, commissions d'emploi, procès-verbaux d'adjudications de pêche et francs-bords délivrés pour exercer des poursuites. 1030. — Tarif du timbre de dimension. 1029. — Timbre des actes d'adjudications et marchés. 1100 et suiv. — Procuration timbrée et enregistrée, hors le cas où il s'agit des appointements et émoluments du personnel. 1136. — Timbre des contraintes. 715. — Timbre spécial des copies d'exploits. Les employés de la Régie sont dispensés de l'employer. 715 — Cas dans lesquels le timbre de dimension est exigible. 1019 à 1025. — Exceptions. 1026. — Avance provisoire des timbres de transaction. 1046, 1872. — Timbre et enregistrement gratuit des acquisitions faites pour le compte de l'Etat. Page 486. Renvoi (1). Sont affranchies du timbre, les demandes d'avancement, de congé, etc., présentées par la voie hiérarchique. 1026 et suiv. — Ainsi que les bordereaux ou états produits par des agents administratifs, pour des avances faites pour le compte de l'Etat. 1152. — Et les copies de p.-v. d'adjudications de pêche, francs-bords, etc., délivrés pour la constatation des droits, les affiches de la Régie annonçant la vente d'objets saisis, les actes de dépôt au greffe, enfin les quittances délivrées de comptable à comptable. 1026. — Timbre à l'extraordinaire. 1046. — Timbre proportionnel pour obligations cautionnées. Tarif. 572, 1033. — En principe, le timbre des dépenses de l'Etat est à la charge des créanciers. 986. — Contraventions aux lois sur le timbre. Sous-répartition des amendes versées par l'Administration de l'enregistrement. 1776 *bis*.

6° *Timbre municipal à 25 centimes.* Timbre du K *bis* pour versement à l'octroi de parts d'amendes revenant à la ville, dans des affaires de Régie. 1039. — Oblitération du timbre à 25 centimes. 1144.

Titre des monnaies. 220.

Tournées. Indemnités de tournées et de versement. 1476, 1476 *bis*. — Frais de tournées et de versement. Taux de ces frais. Justification de dépense. 1578. — Les frais de tournées, de voyages, de missions spéciales s'imputent à l'exercice pendant lequel les services ont été exécutés. 893. — Vacance d'emploi. Imputation des frais de tournées. 1455 et suiv. — Formation du 93 A. Indemnités de frais de tournées et d'entretien de cheval allouées aux intérimaires. Instructions développées. 1490 et suiv. — Tournées des directeurs et inspecteurs de culture des tabacs. Justification des dépenses. 1656. — Tournées des directeurs des contributions indirectes. Indemnités. 2192 et suiv. — Tournées des sous-directeurs. Indemnités. 2224. — Tournées des inspecteurs. Indemnités. 2225.

Touage (Droit de). Constatation. Exigibilité du droit. 438. — Tarifs. 1248.

Trafic des fonds. Interdiction absolue. 224.

Traités de gestion des octrois. Abonnement pour le traitement des employés d'octroi. Constatation. Exigibilité. 448. Modèles nos 198 et 199. 1673. — Frais de perception des octrois gérés par l'Administration. Justification des dépenses. 1671 et suiv.

Traites et obligations. Obligations cautionnées en matière de bières, de cartes, de tabacs exportés, de sels, de dynamite, de sucres, d'huiles de schiste, d'huiles végétales, d'admission temporaire, etc. 539 et suiv. — Remise de 1/3 p. % sur obligations et partage de cette remise. 669 et suiv. — Intérêt de crédit et intérêt de retard. 545 et suiv. — Pour les détails, V. **Obligations cautionnées.**

Traitements d'activité. Principes généraux d'après lesquels les traitements sont acquis. 1448 et suiv. — Retenue de 5 °/. pour la caisse des retraites. 1285, 1472. — Retenue du 1er mois d'appointements et des augmentations. 1286. — Retenues pour congés et punitions. 1287, 1473. — Cumul de traitements. 1453-54. — Vacances d'emploi. Intérimaires. 1455 à 1457. — Instructions pour la formation du tableau 93 A. Renseignements à porter dans chaque colonne. 1460 et suiv. — Attributions en dehors du traitement fixe. 1477. — Modèle de tableau 93 A, rempli. 1480. — Tableau 93 B des agents des manufactures de l'Etat. 1480 *bis*. — Certificat modificatif n° 93 C au tableau d'appointements. 1481. — Modèle de certificat modificatif rempli. 1482. — Inscription en dépense du tableau 93 A. 1458-59. — On ne doit passer écriture, en bloc, du tableau d'appointements. 1339, 1340. — Paiement des appointements par les receveurs particuliers pour le compte du receveur principal. 1002. — Timbre à 10 c. pour quittance à la charge des employés. 1036, 1477 *bis*. — Timbres spéciaux pour émargements par groupes, sur états. 1037. — *Pièces à produire pour les traitements fixes.* Contributions indirectes. 1483. — Honoraires des chimistes des laboratoires. 1483 *bis*. — Service des poudres à feu. 1484, 1515. — Service des manufactures de l'Etat. 1485. — Rappel de traitements d'activité. Imputations d'exercice. 1452. — Reprises sur traitements. 1452. — Saisies-arrêts sur traitements. 798 et suiv. — Appointements non émargés. 178. — Ecriture à passer dans ce cas. 1339. — Apurement des sommes mises en consignation pour appointements non émargés. Paiement d'appointements à des héritiers. Pièces à produire, 1180 et suiv. — Prescription des traitements non réclamés après 2 ans. 1182. — Ces traitements sont portés en recette accidentelle. 1206, 1276, 1342. — Abonnement pour le traitement des employés d'octroi. Constatation. Exigibilité. 448. — Réserves autorisées pour paiement d'appointements. 229 et suiv., 2502.

Transactions. Pouvoir de transiger. Compétence. Formation des dossiers. 516 et suiv. — Timbre. 1030. — Avance provisoire des timbres de transaction. 1047. — Consignations d'amendes inscrites au 89 A, 1re partie. Emploi du registre. 154. — Perceptions faites par les receveurs particuliers pour le compte du receveur principal. 156. — Approbation des transactions. Compétence. 523. — Etat 122 D. 526. — Constatation du montant des transactions à l'état 122 B. 467 et suiv. — Acquits-à-caution joints aux procès-verbaux. Prescription. Contrainte à décerner. 1216. — Répartition et sous-répartitions d'amendes. 1746 et suiv. — Droits fraudés. Calcul. Prélèvement, etc. 1808. — Frais de poste. Tarif. Recette. Dépense. 179 et suiv.

Transports. Transport de fonds par les voitures publiques. 327. Vols de deniers publics pendant le transport. 325 et suiv. — Transports de boissons en franchise par suite de changement de domicile. 493. — Dépenses publiques. Justifications relatives aux transports exécutés en vertu d'adjudication publique ou de marché de gré à gré. Paiement unique. 1525. — Premier acompte. 1526. — Acomptes subséquents. 1526. — Paiement pour solde. 1526. — Transports exécutés sur simple mémoire (1500 fr. au maximum). 1527. — Nolis de bâtiments. 1528. — Frais de transports de poudres acquittés d'urgence. 1550, 1551. — Cas d'avaries, pertes et soustractions. Instructions. 1283, 1551 et suiv. — Renvois de colis de poudres aux poudreries. Instructions. 1553. — Frais de transports de tabacs et menus frais d'entrepôt. 1637 et suiv. — Retenues aux voituriers pour avaries, pertes et soustractions de tabacs. 1278. — Frais de transports de tabacs (manufactures de l'État). 1703 et suiv. — Ecritures de comptabilité. Transports aux contributions et revenus publics des versements des receveurs particuliers 1849.

Travaux. Justifications communes à toutes les dépenses publiques pour travaux. Paiement unique. Paiements fractionnés. 1521 et suiv. — Travaux exécutés sur simple mémoire, lorsque la dépense n'excède pas 1500 fr. 1523. — Travaux exécutés en régie par économie. 1524. — Constructions et réparations des magasins de poudre. Justification des dépenses. 1548. — Constructions nouvelles et grosses réparations (manufactures). 1564. — Réparations ordinaires (manufactures). 1563.

Trésor. La portion du Trésor dans la valeur des tabacs et poudres saisis entre en comptabilité par une simple imputation de recette effective. 453. — Formation de l'état 71 A pour classement de tabacs et poudres saisies. 1259. — Taux des allocations pour tabacs saisis. 1259. — Idem poudres saisies. 1261. — Part du Trésor dans la répartition des tabacs saisis. Imputation d'exercice. 1313. — Part du Trésor dans les répartitions d'amendes. V. **Répartitions**. 1739 et suiv. — La part du Trésor dans la remise de 1/3 p. % sur obligation est portée aux recettes accidentelles. 1276. — Fonds reçus sur lettres de crédit du Trésor public. 1384. — Versements à la caisse du Trésor, en numéraire. 1902. — En obligations. 1903.

Trésoriers-payeurs généraux. Il est de règle que les versements aient lieu à la caisse du receveur des finances. 234. — Versements aux finances. Instructions. 1919. — Appoint. 237. — Récépissés à talon. 237. — Bons provisoires. 235. — Bordereau de versement. 246. — Obligations protestées. 583 et suiv. — Paiements pour le compte de la trésorerie générale. Instructions. 1012. — Apurement des avances pour arrérages de pensions payés par provision. 1382. — Les receveurs des finances sont comptables de la caisse des dépôts et consignations. 840. — Contrôle des versements aux finances. 1926. — Echange de numéraire contre des pièces de dépenses avec les percepteurs. 1948.

Trop perçu. Inscription au 89 C. 195. — Apurement du trop perçu. 196, 197, 1336, 1851. — Liquidation des droits acquits à un remboursement de trop perçu. 871.

Unité de caisse. 208 et suiv.

Ustensiles. Fournitures d'ustensiles pour le service de la garantie. Justification des dépenses. 1544. — Achat d'instruments et d'ustensiles. Remboursement de leur valeur consignée. 1545, 1546. — Pour le surplus, V. **Instruments**.

Vacances d'emploi. Instructions relatives aux traitements en vacance. Intérimaires, etc. 1455 et suiv. — Etat 138 (congés, vacances, intérim). 2001.

Vacations. Frais de vacations aux commissaires de police pour le service de la garantie. Justification des dépenses. 1592. — Formation des états de frais, nos 157 et 158. 2014, 2015. — Les autres frais de vacation étant liquidés avec les frais judiciaires des affaires contentieuses, il n'en a pas été fait mention dans le Cours. — V. **Dictionnaire général.**

Vendanges. Les droits sur vendanges peuvent être perçus par les buralistes sur un registre 74 spécial. 92.

Vente. Constatation à l'état 122 B du produit de la vente d'objets saisis. 467. — Vente de tabacs aux débitants, etc. 1276 *bis*. — Vente de tabacs pour l'exportation. 1277. — Vente de jus de tabac. 1280. — Vente de résidus de tabac. 1276 *bis*. — Vente de poudre aux débitants, etc. 1282. — Vente de poudres pour l'exportation. 1282. — Vente de vieux objets mobiliers de la Régie. 2458. — Vente de vieux papiers. 2490. — Vente mobilière après saisie par la Régie, sur les redevables. 706 et suiv. — Vente d'objets sujets à dépérissement. 1348. — Vente en détail et en gros sans licence. Répartitions. 1748.

Verbalisants. Droit au partage. V. **Répartitions.** 1739 et suiv. Fraudes antérieures. Fonds de réserve. 1784.

Vérifications. Chap. 56, page 760, nos 2255 et suiv.

Avances provisoires, 2322.
Bordereaux 86 D, 2228 et suiv.
— 86 F, 2280 et suiv.
— 86 H, 2308, 1335 *bis*.
Caisse, 2259 à 2270.
Commis chefs de service, 2256.
Comptabilité en matières, 2297 à 2307.
Conduite privée, 2262.
Consignations, 2320, 2321.
Débets et déficits, 282 et suiv., 2323.
Débitants de tabac et de poudre, 2263.
Directeurs, 2256, 2258.
Ecritures, 2271 et s.
Entreposeurs, 2258, 2263, 2292 à 2307.
Entrepôts, 2292 à 2307.
Forcement en recette, 2335.
Hommes de peine, 2263.
Inspecteurs, 2256, 2258, 2259.
Inspecteurs des finances, 2255.
Receveurs ambulants, 2258.
Receveurs buralistes, 2256, 2257, 2275 à 2278.
Receveurs d'octroi, 2256, 2279.
Receveurs des salines, 2258.
Receveurs particuliers sédentaires, 2258, 2280 à 2287.
Receveurs principaux, 2257, 2308 à 2322.
Receveurs spéciaux de garantie, 2258, 2291.
Registres, 2271 et s.
Restes à recouvrer, 734, 2285.
Sous-directeurs, 2256, 2258.
Timbres mobiles à 10 c. chez les entreposeurs 1045.
Timbres et vignettes, 1050 et suiv.
Vérifications, 2255 à 2322.
Versements, 2334.
Versements après arrêtés. Vérif. spéciale, 1335 *bis*.
Vol de fonds, 314 et suiv., 2265.

Versements. Chap. 8, page 89, nos 234 et suiv.

Appels, 238 à 240.
Appoint, 237.
Arrêtés mensuels des écritures, 252 à 256.
Arrêtés trimestriels, 254, 274 à 277.
Avis de recouvrements, 272.
Bons provisoires, 235.
Bordereau des valeurs versées, 249.
Bulletin de versement 70 A, 268.
Carnet des valeurs, 248.
Commis principaux, 240, 243.
Contrôle des versements aux finances, 1926
Directeurs et sous-directeurs, 239, 240, 253, 263.
Echanges de numéraire contre des pièces de dépenses avec les percepteurs, 1948.
Entreposeurs spéciaux, 254 et 267 à 271.
Fonds de subvention. Douane, 1937. — Poste, 1940.
Fractions de franc, 237.
Indemnités de versement, 1476, 1578.
Lieu de versement, 234, 238, 241, 242.
Ordre de versement, 259.
Récépissés, 236.
Recettes de trésorerie. Versement des receveurs particuliers, 1355.
Receveurs ambulants, 240 et 243, 254, 255, 256, 257, 259, 263, 276.
Receveurs buralistes, 234, 256, 258, 259.
Receveurs de garantie, 238, 265.
Receveurs d'octroi, 234, 260 à 262.
Receveurs des salines, 238, 257, 265.
Receveur municipal, 261.
Receveurs particuliers entreposeurs, 240, 245 260.
Receveurs particuliers sédentaires, 238, 254 257, 265, 274.
Receveurs principaux, 254, 273.
Réserves autorisées, 251, 2502.
Trimestre, 240, 254, 274.
Valeurs en caisse, 246 à 248.
Vérification de comptabilité, 239, 240, 244.
Versements après arrêtés, 256, 1355 *bis*.
Versements mensuels, 252 à 258.
— (nouvelles mesures), 276 *bis*.
— au Trésor, 1902.
— en obligations, 1903.
— aux finances, 1919.
Versements partiels ou intermédiaires, 256 à 275.
Visa des récépissés, 236.

Veuves et orphelins d'employés. Secours et indemnités. Manuf. de l'Etat. 1661.

Vieilles impressions. Vente de vieux papiers par les domaines. 2490. — Nomenclature des vieux registres et imprimés à conserver. 249 et suiv.

Vignettes. V. **Timbres**.

Villes rédimées. Constatation du droit de taxe unique. 395 et suiv. Pour le surplus, V. **Entrée. Taxe unique**.

Vinaigre et acide acétique. Tarif du droit. 1844. — Licence. Tarif. 1247. Constatation et exigibilité du droit. 447. — Redevance pour indemnité d'exercice chez les industriels qui emploient du vinaigre en franchise. 451, 1274. — Compétence des directeurs en matière d'apurement d'acquits-à-caution. 482. — Répartitions d'amendes. 1752.

Vins. Droit de circulation au comptant. 344. — Vins importés. 357. — Droit de circulation constaté. Constatation. Exigibilité. 376 et suiv. — Droit d'entrée. 383 et suiv. — Droit de détail par exercices ou abonnements. Constatation. Exigibilité. 412 et suiv. — Vins alcoolisés. Calcul des droits. 354.

Violation de caisse. 314 et suiv.

Virements de fonds. Théorie des virements de fonds et instructions détaillées sur ces opérations. 1389 et suiv. — Virements de fonds entre les comptables de la Régie. Recette. 1402. — Dépense. 1406, 1927. — Virements de fonds avec la douane. Recette. 1410. — Dépense. 1929. — Virements de fonds avec l'Algérie. 1936. — Contrôle des virements de fonds. Etat 169. 2106. — Virements de fonds pour frais de refonçage de colis de poudres. Instructions. 1556, 1887. — Instructions relatives aux virements de fonds du mois de décembre. 1892. — Virements de fonds pour provision de pensions. 166, 1382, 1884 et suiv.

Visa. Visa des contraintes. 716 et suiv. — Visa, par les comptables, des oppositions et saisies-arrêts qui leur sont notifiées. 809. — Visa, par les préfets et sous-préfets, des récépissés des finances. 236. — Visa des pièces justificatives des dépenses publiques. 1445 et suiv.

Visites. Etat 157 des visites chez les assujétis à la garantie. 2014. — Etat récapitulatif n° 158 des mêmes frais. 2015.

Voitures de service des employés. — Emploi de voitures dans les recettes à cheval. Allocations. Dispositions pour les cas d'intérim. 1492. — Frais d'entretien de cheval et voiture. Justification des dépenses. 1578.

Vols de fonds. Chap. 11, page 112, n°s 314 et suiv. :

Autorités incompétentes. Enlèvement de deniers, 329.
Bordereau ou procès-verbal de constatation, 316, 317, 326, 327.
Caisse, 314, 318, 321, 329.
Commis particuliers, 320.
Conseil d'Etat, 320.
Débets, 282 et suiv.
Décharge des fonds, 320.
Déclaration de vol, 316.
Directeurs, 319, 328.
Ecritures, 327.
Emeute, guerre, 322, 323, 324, 331.
Fraude, 333 à 335.
Inspecteurs, 316.
Juge de paix. Constatation des faits, 316, 326.
Ministre, 320.
Octrois, 322, 335.
Officier de police, 316, 326.
Présents reçus, 334.
Prévarication, 332 à 336.
Procès-verbal du vol, 315, 318, 319, 326, 331.
Rapport, 319, 328.
Registres, 316.
Responsabilité, 318, 325, 330.
Transport de fonds, 325 à 328.
Vérification faisant apparaître un débet, un vol de deniers, 2323.
Violation de caisse, 330.
Vol de deniers pendant le transport, 325 et suiv.

FIN.

ERRATA ET ANNOTATIONS.

N° 1456. Supprimer la partie du 1er alinéa qui commence par ces mots : *Mais, dans cette hypothèse...* et supprimer en entier le 2e alinéa qui commence ainsi : *A défaut d'allocation .....* Inscrire ce qui suit en marge des passages supprimés : *Pour l'indemnité de cheval et voiture,* V. *p.* 463, *avant-dernier* §.

N° 1466. 2e et 5e alinéas à supprimer.

N° 1488, page 462, renvoi 2. Au lieu de : *une indemnité de 100 fr.*, il faut : *une indemnité de 50 fr.* L. c. n° 18, du 14 juin 1888.

N° 1490, p. 463. *Recettes à un cheval.* Avant-dernier alinéa, au lieu de : *l'allocation de 100 fr.*, il faut : *l'allocation de 50 fr.* L. c. n° 18, du 14 juin 1888.

Même page, dernier §, au lieu de : *son indemnité de 100 fr.*, il faut : *son indemnité de 50 fr.* L. c. n° 18, du 14 juin 1888.

Page 464, 3e, 5e et 8e lignes, au lieu de : *100 fr.*, il faut : *50 fr.* L. c. n° 18, du 14 juin 1888.

Même page, 3e ligne, au passage suivant : *allouée pour frais de tournées et de versements,* supprimer : *de versements.*

N° 1578, 3e alinéa, 2e ligne, supprimer : *et de versements.*

3e ligne, au lieu de : *100 fr.*, il faut : *50 fr.*

Même numéro, 4e et 5e alinéas, annoter en marge : *V. errata, page 905.*

Les allocations pour chevaux et voitures, frais de versements, frais ordinaires ou extraordinaires de tournées, sont actuellement les suivantes :

Recettes à 1 cheval.	Receveur	Entretien de la voiture	150 fr.	850 fr.
		Entretien du cheval	650	
		Frais ordinaires de tournées	50	
		Frais de versements (fixation spéciale par recette).		
	Commis principal	Frais de tournées	50 fr.	
		Frais de versements (fixation spéciale par recette).		

Dans les recettes à un cheval, à parcours long et difficile, le receveur touche, indépendamment des frais ordinaires de tournées, une indemnité spéciale fixée par l'Administration et qui s'ajoute aux indemnités allouées pour le cheval et la voiture.

Recettes à 2 chevaux	Receveur	Entretien de la voiture	150 fr.	850 fr.
		Entretien du cheval	650	
		Frais ordinaires de tournées	50	
		Frais de versements (fixation spéciale par recette).		
	Commis principal	Entretien du cheval	650 fr.	700 fr.
		Frais ordinaires de tournées	50	
		Frais de versements (fixation spéciale par recette).		

L'indemnité pour frais de versements est, en cas d'intérim, attribuée à l'agent qui a effectué le versement.

Celle qui a trait aux dépenses pour frais ordinaires ou extraordinaires de tournées est allouée à l'intérimaire au prorata du nombre de jours de service. C. n° 259, du 25 janvier 1879, et L. c. n° 18, du 14 juin 1888.

— N° **1584**, page 520. Supprimer le 2e paragraphe commençant par ces mots : *Elle est payée...*

POITIERS — TYPOGRAPHIE OUDIN.

www.ingramcontent.com/pod-product-compliance
Lightning Source LLC
Chambersburg PA
CBHW060715220326
41598CB00020B/2102